国家出版基金项目
NATIONAL PUBLICATION FOUNDATION

"十三五"国家重点出版物出版规划项目

中国水稻害虫天敌的识别与利用

傅强　何佳春　吕仲贤　[菲] 阿尔贝托·塔佩·伯里昂（Alberto Tapay Barrion）　编著

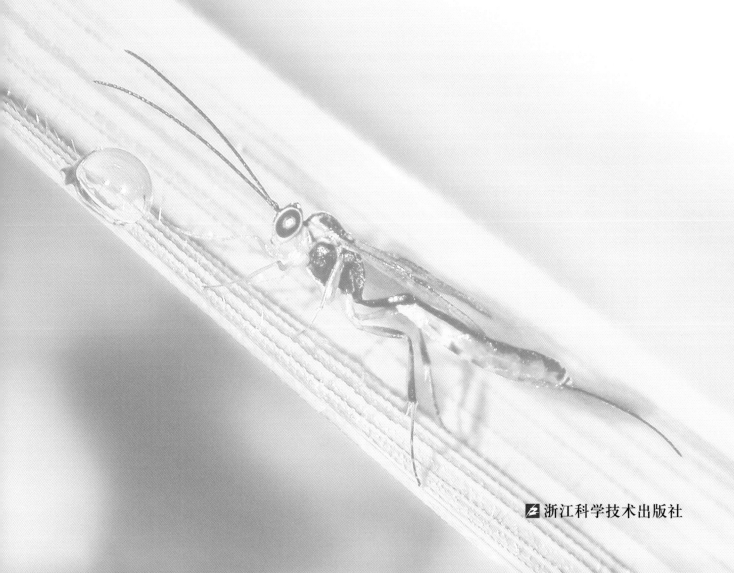

浙江科学技术出版社

图书在版编目(CIP)数据

中国水稻害虫天敌的识别与利用 / 傅强等编著 . —杭州：
浙江科学技术出版社，2021.1

ISBN 978-7-5341-9431-3

Ⅰ . ①中… Ⅱ . ①傅… Ⅲ . ①水稻害虫－中国－图集
②水稻害虫－害虫天敌－中国－图集 Ⅳ . ① S435.112-64

中国版本图书馆 CIP 数据核字（2021）第 004258 号

书 名	中国水稻害虫天敌的识别与利用
编 著	傅 强 何佳春 吕仲贤 ［菲］阿尔贝托·塔佩·伯里昂（Alberto Tapay Barrion）
出版发行	浙江科学技术出版社
	杭州市体育场路 347 号 邮政编码：310006
	编辑部电话：0571-85152719
	销售部电话：0571-85176040
	网址：www.zkpress.com
排 版	杭州万方图书有限公司
印 刷	浙江海虹彩色印务有限公司
经 销	全国各地新华书店
开 本	889mm×1194mm 1/16 印 张 63.25
字 数	1370 千字
版 次	2021 年 1 月第 1 版 2021 年 1 月第 1 次印刷
书 号	ISBN 978-7-5341-9431-3 定 价 600.00 元

策划组稿 詹 喜 **责任编辑** 詹 喜
文字编辑 李羡然 **责任校对** 李亚学 张 宁
封面设计 金 晖 **责任印务** 叶文炀

《中国水稻害虫天敌的识别与利用》
编写人员名单

编著 傅　强　何佳春　吕仲贤　［菲］阿尔贝托·塔佩·伯里昂（Alberto Tapay Barrion）

编写人员（按姓氏笔画排序）

于文娟　四川省农业科学院

万品俊　中国水稻研究所

王孝铭　湖北大学

王国荣　杭州市萧山区农业农村局

王渭霞　中国水稻研究所

田俊策　浙江省农业科学院

吕　亮　湖北省农业科学院

吕仲贤　浙江省农业科学院

朱平阳　浙江师范大学

刘龙生　衡阳市农业科学院

李　波　中国水稻研究所

吴丽娟　中国水稻研究所

何雨婷　中国水稻研究所

何佳春　中国水稻研究所

宋　俐　湖北大学

张　舒　湖北省农业科学院

阿尔贝托·塔佩·伯里昂（Alberto Tapay Barrion）　国际水稻研究所（菲律宾）

陈国庆　中国水稻研究所
郑许松　浙江省农业科学院
胡　阳　贵州省农业科学院
徐红星　浙江省农业科学院
高　源　湖北大学
彭　宇　湖北大学
彭宇聪　湖北大学
傅　强　中国水稻研究所
谢茂成　昭平县农业农村局
赖凤香　中国水稻研究所
魏　琪　中国水稻研究所

前 言

　　天敌是农田生态系统中重要的生物因子之一，保护和利用害虫天敌是害虫绿色防控中最为重要的途径。目前我国水稻害虫仍以化学防治为主，长期和过度使用化学农药除产生农残引起农产品质量安全问题外，还会导致害虫抗药性和再猖獗，引起环境农药残留，破坏稻田生态系统的多样性，这些问题日益受到国家和社会各界的关注。2015年2月，农业部制定了《到2020年农药使用零增长行动方案》；"十三五"期间，科技部将"农药减施增效"纳入了国家重点研发计划。保护和利用害虫天敌是减少农药使用的主要措施之一，而在这项工作中，天敌的调查、识别及其生活习性的掌握是最为重要的基础性工作。

　　我国自1975年提出"预防为主，综合防治"的植保方针后，逐渐开始重视害虫天敌的研究利用工作。1979—1981年，农业部启动了对我国主要作物害虫天敌的全国性普查工作，基本摸清了主要作物害虫天敌的种类和分布，并出版了大量图书。1991年，由农业部全国植物保护总站等编的《中国水稻害虫天敌名录》是一部较为全面体现我国当时水稻害虫天敌研究水平的专著。水稻害虫天敌识别的图册则有《水稻害虫天敌图说》（何俊华等，1986）《云南水稻害虫天敌种类鉴别》（云南水稻害虫天敌资源调查协作组，1986）《稻田天敌昆虫原色图册》（夏松云等，1988）《四川农业害虫天敌图册》（西南农业大学等，1990）等。这些图册对促进水稻害虫天敌研究发挥了积极作用，但受当时摄像设备和技术的限制，所述天敌多为手绘，缺少天敌实物照片，同时介绍也多以省一级地方种类为主，局限性明显。此外，随着昆虫分类学研究的深入，昆虫学家们最新鉴定或重新厘订了大量与水稻害虫相关的天敌种类，并对部分科级甚至总科级的分类归属进行了调整。加之近年来，从事害虫天敌分类和鉴定工作的人才紧缺，生产上急需的天敌识别、鉴定工作常常难以找到有效解决途径，迫切需要一部基于新的分类学研究成果而编著的我国水稻害虫天敌种类的专著和工具书。

　　本书在对我国水稻主产区害虫天敌开展长期调查和研究的基础上，采用现代显微照相技术和数码照相技术，拍摄并配套选用了1894幅水稻主产区常见天敌实体标本的原色图片或生态照片，鉴定和描述了我国水稻主产区常见的天敌517种，同时总结了主要天敌的生物学习性及其

保护利用的研究结果。本书内容丰富、图文并茂，具有以下特色：一是综合性，集天敌识别图鉴及其利用的基础知识为一体，弥补了以往单一出版图鉴的不足；二是系统性，在介绍天敌的形态识别特征时，结合了该类群的分类体系进行系统描述；三是实用性，本书图文并茂，易于查询，可作为广大科技工作者和基层植保工作者的工具书使用。

本书第一编由傅强、何佳春撰写，第二编由何佳春、阿尔贝托·塔佩·伯里昂（Alberto Tapay Barrion）撰写，第三编由彭宇、张舒、田俊策、吕亮、赖凤香、魏琪、胡阳、万品俊、王渭霞、刘龙生、何雨婷、于文娟、陈国庆、吴丽娟、李波、王孝铭、高源、彭宇聪、宋俐撰写，第四编由吕仲贤、郑许松、田俊策、徐红星、朱平阳、王国荣撰写，谢茂成负责全书天敌照片的编辑，傅强负责第一至第三编的统稿和全书校对，吕仲贤负责第四编的统稿。

本书是基于国家现代农业产业技术体系（CARS-01）、国家重点研发计划项目（2016YFD0200800）、中国农业科学院科技创新工程"水稻病虫草害防控技术创新团队"和农业农村部西南病虫害重点实验室开放课题等资助的有关水稻害虫天敌的研究结果编写而成的。在本书编写和出版过程中，南京农业大学丁锦华教授、浙江大学程家安教授为申报国家出版基金做了推荐，中国水稻研究所胡国文研究员、张志涛研究员、浙江大学陈学新教授和贵州大学陈祥盛教授提出了许多宝贵意见，嘎嘎昆虫网站长林义祥先生和浙江永康植保站夏声广研究员惠赠了部分瓢虫和蜘蛛照片，中国水稻研究所冯国忠研究员在病原性天敌识别撰写过程中提供了帮助，四川省农业科学院彭云良研究员、广东省农业科学院张扬研究员、福建省农业科学院何玉仙研究员、吉林省农业科学院高月波研究员、云南省农业科学院谌爱东研究员以及湖南、江西、湖北、安徽、广西、广东、云南、贵州、四川、海南、江苏、浙江、上海、福建等地植保站工作人员协助采集了天敌标本，浙江科学技术出版社在出版方面给予了大力支持，在此致以衷心的感谢！

本书编写过程中，由于水稻害虫天敌种类数量多，研究资料浩繁，内容涉及面广泛，加之编者业务水平和编写时间所限，书中难免存在诸多错误和不足之处，请广大读者不吝指正。

编著者

2020年10月

目 录

第一编 概 况

第二编 天敌的识别

第一章 寄生性天敌

第二章　病原性天敌

第三章　捕食性天敌

第三编　天敌的生活习性与发生规律

第一章　寄生性天敌

第四编　天敌的保护与利用

第一章　稻田自然天敌的保护与利用

第二章　天敌的人工饲养与释放

第一编 概况

水稻是世界上最重要的粮食作物之一，超过50%的世界人口以水稻为食，在我国更是有超过65%的人口以水稻为主食。我国水稻种植面积约$3 \times 10^7 hm^2$，稻米产量占全国粮食总产量的40%以上，因此确保水稻生产的安全与稳定是我国粮食生产安全的重要保障。长期以来，水稻虫害始终是影响稻米高产和稳产的主要因素，威胁着我国的粮食安全。据统计，近年来我国每年因水稻害虫造成的产量损失有$3.22 \times 10^6 \sim 3.87 \times 10^6 t$。

当前我国水稻害虫的防控仍以化学防治为主，但农药的滥用和误用破坏了农业生态系统的结构，降低了生物多样性，显著减弱了害虫天敌的控害能力，致使害虫抗药性发展迅速，造成害虫频发和再猖獗，陷入了越用药越难治的恶性循环。同时，化学防治还造成农药残留、导致环境污染加剧，引发食品安全问题，致使农产品出口贸易受阻，人畜中毒事件频发，成为制约我国社会经济可持续发展的重大隐患。因此，采用环境友好、生态安全、可持续的害虫防控技术已成为当前社会的迫切需求。

在农业生态系统的食物链中，害虫和天敌分别处于第二、三营养级，害虫天敌昆虫是自然生态系统内抑制害虫种群的重要因子，是控制农业害虫虫口数量的自然因子，是安全有效、自然和谐的害虫绿色防控途径之一。近年来，在"预防为主，综合防治""绿色植保，公共植保"等的背景下，绿色防控得到了大力发展。实践证明，充分发挥害虫天敌的控害作用是实现害虫绿色防控的关键，天敌的识别及其生物学习性的掌握是利用天敌控害的重要基础。

第一章 我国水稻害虫天敌的研究概况

20世纪10年代，我国水稻害虫天敌的研究者开始关注天敌特别是寄生蜂在害虫控制方面的作用，随后在寄生蜂种类调查、生活史及习性观察等方面做了一些开创性的工作，如祝汝佐、何俊华等对三化螟、黑尾叶蝉等水稻害虫寄生蜂的研究，赵修复等对姬蜂科、茧蜂科和窄腹细蜂科等重要类群天敌的研究，1957年，夏松云发表了《湖南省主要水稻害虫寄生蜂初志》，1958年，金孟肖等发表了《稻苗泥虫的寄生蜂考查》，1974年，庞雄飞等发表了《中国的赤眼蜂属 *Trichogramma* 记述》。但直到20世纪70年代中期，我国水稻害虫天敌的总体研究水平仍然不高，分类工作基本处于探索阶段，缺少系统研究，发表的研究成果不多，研究类群仅限于少数几科，开展生物学研究的天敌种类则更少。

自1975年我国提出了"预防为主，综合防治"的植保方针后，植保工作者、昆虫研究者对保护和应用天敌（特别是寄生蜂）防治害虫的热情高涨，开展了大量的稻田天敌种类调查、记录和分类鉴定方面的工作。尤其是农业部全国植物保护总站等单位于1979—1981年组织的主要作物害虫天敌的全国性普查工作，在主要作物害虫天敌调查与研究方面取得丰硕的成果，纷纷以专著、论文等方式发表了相关的成果。

一、出版的相关专著

1991年，农业部全国植物保护总站等主编的《中国水稻害虫天敌名录》是我国稻田天敌资源调查的一部里程碑式的专著，该书较为全面地总结了我国"七五"期间及以前在稻田天敌种类调查与研究方面的成果。2004年，何俊华等编写的《浙江蜂类志》则是对包括寄生蜂在内的我国蜂类研究的集大成总结，该书还详细介绍了2002年前出版的相关专著。此后水稻害虫天敌种类的研究多见于各类志书和图鉴，主要有《中国动物志 昆虫纲 第三十七卷 膜翅目 茧蜂科（二）》（陈学新等，2004）、《中国动物志 昆虫纲 第四十二卷 膜翅目 金小蜂科》（黄大卫和肖晖，2005）、《中国动物志 昆虫纲 第四十六卷 膜翅目 茧蜂科（四）窄径茧蜂亚科》（陈家骅和杨建全，2006）、《中国动物志 昆虫纲 第五十六卷 膜翅目 细蜂总科（一）》（何俊华和许再福，2015）《中国动物志 昆虫纲 第六十二卷 膜翅目 金小蜂科（二）金小蜂亚科》（肖晖等，2019）《中国动物志 无脊椎动物 第三十五卷 蛛形纲 蜘蛛目 肖蛸科》（朱明生等，2003）《中国动物志 无脊椎动物 第三十九卷 蛛形纲 蜘蛛目 平腹蛛科》（宋大祥等，2004）《中国动物志 无脊椎动物 第五十三卷 蛛形纲 蜘蛛目 跳蛛科》（彭贤锦，2020）《中国动物志 无脊椎动物 第五十九卷 蛛形纲 蜘蛛目 漏斗蛛科 暗蛛科》（朱明生等，2018）《中国小腹茧蜂》（陈家骅和宋东宝，2004）《中国矛茧蜂》（陈家骅和石秀全，2004）《中国潜蝇茧蜂》（陈家骅和翁瑞泉，2005）《中国小茧蜂》（陈家骅和杨建全，2006）、《中国离颚茧蜂族》（陈家骅和郑敏琳，2020）《湖南茧蜂志（一）》（游兰韶和魏美才，2006）《湖南茧蜂志（二）》（游兰韶等，2015）《东北小蜂及青蜂志》（娄巨贤等，2011）《江西姬蜂志》（盛茂领等，2013）《辽宁姬蜂志》（盛茂领和孙淑萍，2014）《河南蜘蛛志》（朱明生和张保石，2011）、《湖南动物志［蜘蛛类］上、下册》（尹长民等，2012）。

同时，相关研究者还出版了一些分类与鉴定用的图志和图鉴，其中包括了稻田害虫天敌的鉴定和识别内容，如《中国瓢虫亚科图志》（虞国跃，2010）《中国蜘蛛生态大图鉴》（张志升和王露雨，2017）《天敌昆虫图鉴（一）》（崔建新等，2018）《中国蜻蜓大图鉴》（张浩淼，2019）等。

二、发表的相关研究论文

除专著外，水稻害虫天敌的研究亦见于各类期刊论文。对CNKI（中国知网）收录的稻田寄生蜂和蜘蛛期刊论文进行统计（表1-1）发现，1951年以来有两个论文发表高峰：一是1975年我国"预防为主、综合防治"的植保方针被提出以后，研究论文迅速增加，并于1981—1985年达到高峰；二是随着"十一五"期间（2006—2010年）国家启动了农业行业专项和国家农业现代产业技术体系等重大科研项目或科技支撑平台的建设，水稻害虫天敌相关的研究论文明显增多，而且还有不少研究以英文发表，未被CNKI收录，实际研究论文应更多。

表 1-1 我国不同时期发表的稻田寄生蜂与蜘蛛相关期刊论文统计

单位：篇

论文发表时间	寄生蜂	蜘蛛
1951—1960年	2	0
1961—1970年	4	0
1971—1975年	26	0
1976—1980年	31	23
1981—1985年	54	24
1986—1990年	30	19
1991—1995年	31	23
1996—2000年	24	19
2001—2005年	23	22
2006—2010年	21	45
2011—2015年	40	34
2016—2020年	63	13

注：根据CNKI截至2020年12月31日录入的期刊论文统计。表1-2、表1-3同。

以稻田寄生蜂为例，进一步分析其研究方向（表1-2）后发现，总体上以天敌发生规律与生活习性等方面的研究为主（占48.6%），天敌利用与控害效果的研究次之（占25.0%），天敌种类与区系的研究居第三（占18.2%），农药安全性与天敌的协调等方向的研究最少（占8.2%）。其中，天敌种类与区系、天敌发生规律与生活习性等方面研究工作开始较早，天敌利用与控害效果、农药安全性与天敌的协调等方面的研究相对较晚，分别在1971年和1981年才开始有研究论文发表。

表1-2 我国不同时期发表的稻田寄生蜂期刊论文研究方向统计

单位：篇

论文发表时间	种类与区系	发生规律与生活习性	利用与控害效果	农药安全性与天敌的协调
1951—1960年	1	1	0	0
1961—1970年	1	3	0	0
1971—1975年	3	7	16	0
1976—1980年	6	11	14	0
1981—1985年	20	26	6	2
1986—1990年	7	16	1	6
1991—1995年	10	18	3	0
1996—2000年	2	18	2	2
2001—2005年	3	18	1	1
2006—2010年	1	11	1	8
2011—2015年	6	14	13	7
2016—2020年	4	28	31	3
合　计	64	171	88	29
占　比/%	18.2	48.6	25.0	8.2

稻田天敌研究论文的另一个重要特点是与害虫寄主或猎物发生的危害程度密切相关。以寄生蜂为例（表1-3），赤眼蜂的研究论文数量最多（占稻田各主要寄生蜂类别相关期刊论文总数的54.0%），且以寄生水稻螟虫的赤眼蜂研究为主，也最早，原因在于螟虫是1970年以前我国水稻的首要害虫，之后仍是仅次于水稻"两迁"害虫（稻飞虱和稻纵卷叶螟）的主要害虫；缨小蜂和螯蜂的研究论文次之（占稻田主要寄生蜂相关期刊论文总数的30.9%）；姬蜂和茧蜂的研究论文第三（占稻田主要寄生蜂相关期刊论文总数的15.1%）。缨小蜂和螯，姬蜂和茧蜂分别以寄生稻飞虱和稻纵卷叶螟的种类为主，其研究报道最早见于1976—1980年，与稻飞虱和稻纵卷叶螟在20世纪60年代末开始上升为水稻主要害虫的时间相吻合。

表1-3 我国不同时期发表的稻田各主要寄生蜂类别相关期刊论文统计

单位：篇

论文发表时间	赤眼蜂	缨小蜂和螯蜂	姬蜂和茧蜂
1951—1960年	2	0	0
1961—1970年	4	0	0
1971—1975年	24	0	0
1976—1980年	21	6	2
1981—1985年	13	9	15

论文发表时间	赤眼蜂	缨小蜂和螯蜂	姬蜂和茧蜂
1986—1990年	13	10	4
1991—1995年	6	11	5
1996—2000年	3	12	5
2001—2005年	2	12	2
2006—2010年	6	9	3
2011—2015年	19	8	3
2016—2020年	30	5	1
合　计	143	82	40
占　比/%	54.0	30.9	15.1

当前，我国水稻害虫天敌的研究已取得较为丰硕的成果，基本摸清了我国水稻害虫天敌发生的种类和区系，并对一些主要种类开展了年生活史、生物学习性和保护利用等方面的系统研究。研究内容从分类学扩展到生物学、生态学、生理学、行为学以及工厂化天敌繁育与释放控害等各分支领域，为利用水稻害虫天敌进行生物防治奠定了基础，已成为我国水稻害虫绿色防控技术体系中的关键环节，对保障我国水稻生产和口粮安全具有重要意义。

然而，当前尚缺少基于原色实体照片和生态照片的水稻害虫天敌原色图鉴，同时也缺乏对我国主要水稻害虫天敌发生动态、生活习性、控害能力以及保护利用技术等方面的系统总结，需要加强相关工作，为推动我国稻田天敌研究和应用的进一步发展提供重要的参考。

第二章 我国水稻害虫天敌的多样性与地理分布

一、天敌的多样性

我国幅员辽阔，地跨寒带、温带、热带，地形复杂，稻田天敌资源非常丰富。据不完全统计，我国已知的稻田天敌种类不少于1377种，其中寄生性天敌424种，包括膜翅目寄生蜂350种、双翅目69种、捻翅目5种；病原性天敌64种，包括真菌36种、细菌5种、病毒6种、微孢子虫2种和线虫15种；捕食性天敌889种，包括昆虫462种、蜘蛛375种、两栖类32种、爬行类1种、鸟类7种和哺乳类12种（农业部全国植物保护总站等，1991；Lou et al., 2013）。

笔者于2008—2020年采集我国水稻主产区稻田及周边生境的天敌样本，整理得到了常见天敌517种，包括寄生性天敌388种、病原性天敌16种和捕食性天敌113种（见本书第二编），并重点研究了识别较难的膜翅目寄生蜂，计9总科28科192属381种，与《中国水稻害虫天敌名录》中的寄生蜂相比，种、属均有所增多（表1-4），主要原因是增录了相当数量的稻田生境中常见，但寄主未知或未见寄生水稻害虫及其天敌的种类。

表1-4 2008—2020年鉴定的寄生蜂与1991年农业部全国植物保护总站等记录的寄生蜂各类群的比较

寄生蜂类群	2008—2020年整理样本（本书第二编录入种类）				农业部全国植物保护总站等（1991）	
	属的数量		种的数量		属的数量	种的数量
	统计1	统计2 ★	统计1	统计2 ★		
赤眼蜂科 Trichogrammatidae	4	1	13	3	3	13
缨小蜂科 Mymaridae	11	3	28	11	6	14
姬小蜂科 Eulophidae	12	5	27	14	6	25
金小蜂科 Pteromalidae	11	6	16	8	6	13
扁股小蜂科 Elasmidae	1	0	6	2	1	6
旋小蜂科 Eupelmidae	2	1	5	4	3	5
跳小蜂科 Encyrtidae	16	13	21	18	5	5
蚜小蜂科 Aphelinidae	8	8	10	10	1	1

寄生蜂类群	2008—2020年整理样本（本书第二编录入种类）				农业部全国植物保护总站等（1991）	
	属的数量		种的数量		属的数量	种的数量
	统计1	统计2★	统计1	统计2★		
小蜂科 Chalcididae	9	6	22	15	6	16
广肩小蜂科 Eurytomidae	2	1	5	4	1	8
长尾小蜂科 Torymidae	3	1	4	2	0	0
棒小蜂科 Signiphoridae	1	1	1	1	0	0
巨胸小蜂 Perilampidae	0	0	0	0	1	1
蚁小蜂科 Eucharitidae	1	1	1	1	0	0
褶翅小蜂科 Leucospidae	1	1	2	2	0	0
柄腹柄翅小蜂科 Mymarommatidae	1	1	1	1	0	0
茧蜂科 Braconidae	45	20	75	42	33	76
姬蜂科 Ichneumonidae	50	17	77	32	59	110
缘腹细蜂科 Scelionidae	9	6	18	12	4	25
广腹细蜂科 Platygastridae	0	0	0	0	1	2
分盾细蜂科 Ceraphronidae	2	1	6	4	2	4
大痣细蜂科 Megaspilidae	2	2	2	2	1	2
锤角细蜂科 Diapriidae	8	8	9	9	1	1
环腹瘿蜂科 Figitidae	4	4	5	5	0	0
褶翅蜂科 Gasteruptiidae	1	1	1	1	0	0
旗腹蜂科 Evaniidae	2	2	2	2	0	0
螯蜂科 Dryinidae	7	1	17	5	7	16
肿腿蜂科 Bethylidae	4	4	7	7	1	2
合 计	217	115	381	217	148	345

注：加"★"指稻田生境中常见，但寄主不明或不寄生水稻害虫及其天敌的寄生蜂数量。

稻田寄生蜂的优势类群是姬蜂总科和小蜂总科，笔者于2008—2020年整理的寄生蜂中，二者分别占49.1%和32.8%，而1991年报道的天敌名录中分别占51.9%和31.0%，较为接近。

我国稻田生境中已知的寄生蜂的种类数多于国外水稻生产国。1991年，据农业部全国植物保护总站等的统计，我国以外的亚洲地区以及澳大利亚、非洲等部分地区的稻田寄生蜂记录种

类总计为303种，相关国家中，印度136种，菲律宾77种，朝鲜12种，日本117种，泰国60种，马来西亚113种，其中仅印度、日本和马来西亚记录的种类超过了100种，而这些国家的记录均少于我国已知的稻田寄生蜂种类数。1994年，Heinrichs等出版的*Biology and Management of Rice Insects*则记录了东南亚及南亚地区稻田生态系统中的寄生蜂248种，其中约60%的种类在我国有记录和研究报道。

二、天敌的地理分布

全球陆地动物按其地理分布状况可分为六大区：古北区（palaearctic region）、新北区（nearctic region）、东洋区（oriental region）、非洲区（ethiopian region）、新热带区（neotropical region）和大洋洲区（australo-papuan region）。

古北区主要是欧亚大陆的温带地区，包括欧洲、非洲北部、小亚细亚半岛、中东、中国北部地区以及伊朗、阿富汗、俄罗斯、蒙古、朝鲜、日本等国。新北区包括北美大陆，北至阿拉斯加，南达墨西哥的北回归线，还包括东北方的一些岛屿，如格陵兰岛；该区在气候上与古北区相似，动物种类组成也与之有若干相似之处，有时与古北区合称全北区。东洋区位于亚洲的热带、亚热带地区，包括我国的中、南部，南亚、东南亚等热带地区，东达帝汶岛的西里伯斯，南与大洋洲区隔海相邻，喜马拉雅山脉及其东、西部延伸部分在古北区和东洋区之间形成一条天然分界线。非洲区包括撒哈拉沙漠以南的非洲，三面环海，撒哈拉沙漠形成一条到古北区的过渡地带。新热带区北起墨西哥的北回归线，包括中美洲、南美洲，以及西印度群岛，南至玻利维亚、巴拉圭和巴西南部。大洋洲区主要由大洋洲大陆、塔斯马尼亚岛及新几内亚岛等组成（章士美，1998）。

我国是世界陆地区系的组成部分之一，分属于古北区和东洋区，二者在国内的分界线，西部以喜马拉雅山系及秦岭为界，东部因地势平坦，缺乏限制迁移的大屏障，南方种可北延到北纬45°或更北，北方种可向南延伸到南岭北缘或更南，其间形成一条混合带。

我国稻田天敌存在明显的地理分布差异。以寄生蜂为例，长江流域及以南的稻区寄生蜂种类明显多于淮河流域及以北稻区，其中前者大致属于东洋区，后者则属于古北区。以农业部全国植物保护总站等（1991）记录的稻田寄生蜂为例，长江流域及以南稻区各省（自治区、直辖市）分布情况：四川133种、贵州112种、云南169种、湖北133种、湖南132种、江西115种、广东145种、广西159种、福建136种、浙江149种、江苏92种、安徽88种；而淮河流域及以北的河南52种、山东47种、河北22种、陕西83种、甘肃3种、辽宁28种。笔者于2008—2020年对稻田天敌进行了大面积取样，取样区域除长江流域及以南的水稻生产区之外，还包括河南、宁夏、吉林等稻区，但整理出的有效样本主要来源于南方14个省（自治区、直辖市）（表1-5）。

值得一提的是，各地鉴定出的寄生蜂种类数量有差异，除各地寄生蜂自身多样性的差异外，还与寄生蜂取样的地点、时间及研究深度等方面有关。如浙江省天敌数量较多，很大程度上是因为浙江大学等单位开展了长期系统的相关研究。

表 1-5　2008—2020 年整理的稻田寄生蜂的地理分布情况

总科名	浙江	江苏	上海	湖南	湖北	江西	贵州	四川	广东	广西	海南	云南	安徽	福建	合计
小蜂总科 Chalcidoidea	68	35	38	65	36	63	50	27	43	37	21	15	38	41	161
柄腹柄翅小蜂总科 Mymarommatoidea	0	0	0	1	0	0	0	0	0	0	0	0	0	0	1
姬蜂总科 Ichneumonoidea	78	40	29	47	32	42	28	17	30	30	5	8	33	25	152
广腹细蜂总科 Platygastroidea	8	5	3	6	3	7	4	3	7	7	4	2	8	4	18
分盾细蜂总科 Ceraphronoidea	4	1	2	4	1	2	2	2	1	2	2	0	1	1	8
细蜂总科 Proctotrupoidea	2	0	0	2	0	1	0	3	1	1	1	1	0	0	9
瘿蜂总科 Cynipoidea	1	0	0	1	0	2	1	0	0	0	0	0	0	0	5
旗腹蜂总科 Evanioidae	1	0	0	0	0	1	0	0	1	1	1	0	0	0	3
青蜂总科 Chrysidoidea	9	4	6	8	5	4	5	3	2	4	3	2	4	2	24
合　计	171	85	78	134	77	122	90	55	85	82	37	28	84	73	381

第三章 天敌的类型与稻田寄生性天敌的构成

一、天敌的主要类型

水稻害虫天敌包括寄生性天敌、病原性天敌和捕食性天敌三类，除病原性天敌为可致病害虫的病原微生物外，另两类天敌主要为昆虫、蜘蛛、鸟类、蜥蜴和一些小型哺乳动物。其中，寄生性天敌指生活于寄主体内或体上，摄取寄主体内营养物质而维持生活的昆虫；捕食性天敌则主要为通过取食猎物获取营养而维持生活的昆虫或蜘蛛。寄生性天敌与捕食性天敌在习性上有明显的区别（表1-6），稻田天敌多数种类只具寄生或捕食习性之一，但螯蜂等一些寄生蜂类群可兼具寄生性和捕食性。

表 1-6 寄生性天敌与捕食性天敌的比较

比较项目	寄生性天敌	捕食性天敌
身体形态	体型一般较寄主小；幼虫的足、复眼常有不同程度退化	体型一般较猎物大；成虫和幼虫的足、复眼发达，常有捕捉功能
摄食寄主/猎物数量	一般在单头寄主上完成发育	需猎取多头猎物才能完成发育
对寄主/猎物的致死速度	杀死寄主速度慢，需与寄主共同生活一段时间后才杀死寄主	可迅速杀死猎物
寄生/捕食时的活动性	寄生时一般不离开寄主独立生活	捕食时可以离开猎物自由活动
幼虫与成虫食性差异	幼虫与成虫食性不同，一般幼虫营寄生，成虫自由生活	成虫和幼虫常同为肉食性，均自由生活
对寄主/猎物的依赖度	有一定的寄主范围，对寄主的依赖度高	常为多食性，对某种猎物的依赖度不高

天敌的寄生习性比捕食习性复杂得多。首先，寄生有两种情况：一种是寄生物在寄主身体上摄取营养和生活，直至完成发育但不引起寄主的直接死亡，一般发生在寄生物比寄主体型小得多的情况下，是真正的寄生；另一种是寄生物在寄主上取食和生活，完成发育后导致寄主直接死亡，通常发生在寄生物与寄主体型大小相差不大的情况下，又称为拟寄生（parasitoid），水稻害虫天敌对害虫的寄生多属于此类。其次，寄生类型十分丰富，因划分方法不同，同一寄生方式可归为不同的类型（表1-7）。此外，还依据寄生时寄主的虫态将寄生性天敌分为单期寄生：

表 1-7　依据不同划分方法的寄生性天敌类型

区分依据	类　型	定　义
寄主上取食和生活的位置	内寄生 endoparasitism	在寄主体内生活并完成生长发育。寄生物直接将卵产在寄主体内，或产在寄主体表或附近，孵化后钻进寄主
	外寄生 ectoparasitism	在寄主体外生活并完成生长发育。寄生物一般将卵产在寄主体表或附近，孵化后留在寄主体外
单个寄主个体上寄生物的种类数	独寄生 eremoparasitism	单个寄主个体上仅能寄生1种寄生物。这种寄生的雌性寄生蜂能识别寄主的寄生情况，避免在被寄生过的寄主上产卵
	多寄生 multiparasitism 或 synparasitism	单个寄主个体上有2种或2种以上寄生物同时寄生。一般较为少见，多数情况对2种寄生物均不利
单个寄主个体上同一种寄生物的个数	单寄生 monoparasitism 或孤寄生 solitary parasitism	单个寄主个体上只繁育出1个寄生物个体
	聚寄生 gregarious parasitism，以往常称多寄生 polyparasitism	单个寄主个体上可繁育出2个或2个以上同种寄生物个体
寄生物完成发育的情况	完寄生 hicanoparasitism	寄生物能在寄主上顺利完成发育
	过寄生 superparsitism	因一个寄主个体上的寄生物个体较多，寄主体内营养物质不足，导致一部分或全部寄生物死亡，或发育不良而失去繁殖能力
寄生物的寄生次序	原寄生 protoparasitism 或初寄生 primary parasitism	以非寄生性寄主为寄主，如直接以植食性昆虫或捕食性昆虫为寄主
	重寄生 epiparasitism 或 hyerparasitism	以寄生物为寄主，即一种寄生昆虫寄生在另一种寄生昆虫上，多数重寄生为二重寄生（secondary parasitism），偶有发生兼性的三重寄生（tertiary parasitism）或四重寄生（quaternary parasitism）
寄生范围	单主寄生 monophagous parasitism	寄生物限定在1种寄主上寄生的现象
	寡主寄生 oligophagous parasitism	寄生物只在少数近缘种类上寄生的现象
	多主寄生 polyphagous parasitism	寄生物可在多种寄主上寄生的现象
对寄主生活的影响	抑性寄生方式 idiobiont strategy	寄生者产卵时分泌毒液至寄主体内，致寄主停止发育、永久麻醉或死亡，是一种克服寄主免疫系统排斥作用的寄生策略，多见于隐蔽场所的寄主
	容性寄生方式 koinobiont strategy	寄生者容许寄主在产卵后继续生活和发育一段时间才将寄主杀死的寄生策略

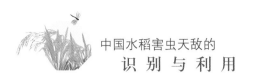

寄生物在1个寄主发育阶段完成发育，包括卵寄生、幼虫或幼期寄生、蛹寄生、成虫寄生，分别在卵期、幼虫或若虫期、蛹期和成虫期寄生；跨期寄生：寄生物需经历2～3个寄主发育阶段才能完成发育，包括卵—幼虫寄生、幼虫—蛹寄生、卵—幼虫—蛹寄生和卵—蛹寄生等，在第1个虫期产卵，直至最后1个虫期才完成发育。详细资料可参阅何俊华等（2004）的《浙江蜂类志》。

二、稻田寄生性天敌的寄主类型及其种类构成

稻田生态系统中，寄生性天敌因寄主不同可归纳为4种类型。第1类：仅初寄生水稻害虫；第2类：初寄生水稻害虫兼重寄生寄生性天敌；第3类：仅重寄生寄生性天敌；第4类：初寄生捕食性天敌。以寄生蜂为例，农业部全国植物保护总站等（1991）编著的天敌名录和本书第二编录入种类中，已知且明确以水稻害虫或其天敌为寄主的寄生蜂333种，其中第1类267种（占80.2%），属绝对多数；第2类16种（占4.8%）；第3类31种（占9.3%）；第4类19种（占5.7%）。详见表1-8。

上述333种寄生蜂属于膜翅目的17个科，所含种类由多至少依次为：姬蜂科（99种）、茧蜂科（69种）、缨小蜂科（25种）、姬小蜂科（24种）、缘腹细蜂科（22种）、螯蜂科（21种）、小蜂科（16种）、金小蜂科（13种）、赤眼蜂科（12种）、广肩小蜂科（9种）、旋小蜂科（6种）、跳小蜂科（5种）、扁股小蜂科和分盾细蜂科（各4种）、肿腿蜂科（2种）以及蚜小蜂科和锤角细蜂科（各1种），其中姬蜂科和茧蜂科分别占29.6%和20.7%，优势较明显。

不同寄生类型寄生蜂的分类归属有所不同。第1类主要归属于姬蜂科（75种）、茧蜂科（68种）、缨小蜂科（25种）、缘腹细蜂科（21种）、螯蜂科（21种）、姬小蜂科（17种）、赤眼蜂科（12种）7科，合计239种，占89.5%；其他28种归属于小蜂科（6种）、金小蜂科（6种）、广肩小蜂科（6种）、旋小蜂科（5种）、扁股小蜂科（2种）、肿腿蜂科（2种）、蚜小蜂科（1种）7科。第2类以姬蜂科（6种）最多，金小蜂科（3种）次之，二者合计9种，占56.3%；其他见于姬小蜂科、小蜂科和扁股小蜂科（各2种），跳小蜂科（1种）4科。第3类主要见于姬蜂科（12种）和小蜂科（6种），二者合计占58.1%；此外还见于分盾细蜂科（4种）、姬小蜂科（3种）、广肩小蜂科和金小蜂（各2种）、跳小蜂科和锤角细蜂科（各1种）。第4类见于9个科，包括姬蜂科（6种）、跳小蜂科（3种），姬小蜂科、金小蜂科、小蜂科（各2种），茧蜂科、广肩小蜂科、旋小蜂科、缘腹细蜂科（各1种）。详见表1-8。

4类寄生蜂在害虫生物防治中的意义明显不同，其中第1类是有效地控害天敌，需尽量采取措施保护和利用；第2、3、4类则难以利用，其中第3、4类还可能导致天敌控害作用的削弱。笔

者曾在衡阳晚稻田观察发现，9月中旬稻飞虱的螯蜂寄生率高达30%以上，似具有有效控制后续稻飞虱发生的基础，但因重寄生蜂——黑角毁螯跳小蜂 *Echthrogonatopus nigricornis* 对该批螯蜂的寄生率超过90%，致使后续稻飞虱的螯蜂寄生率不足5%，难以对稻飞虱形成有效控制。因此，在通过益害比分析后续天敌的控害作用时，应考虑第3、4类天敌的发生情况。

表 1-8　我国稻田不同寄主类型寄生蜂的种类和数量

科　名	第1类	第2类	第3类	第4类	合　计
赤眼蜂科 Trichogrammatidae	12	0	0	0	12
缨小蜂科 Mymaridae	25	0	0	0	25
姬小蜂科 Eulophidae	17	2	3	2	24
金小蜂科 Pteromalidae	6	3	2	2	13
扁股小蜂科 Elasmidae	2	2	0	0	4
旋小蜂科 Eupelmidae	5	0	0	1	6
跳小蜂科 Encyrtidae	0	1	1	3	5
蚜小蜂科 Aphelinidae	1	0	0	0	1
小蜂科 Chalcididae	6	2	6	2	16
广肩小蜂科 Eurytomidae	6	0	2	1	9
茧蜂科 Braconidae	68	0	0	1	69
姬蜂科 Ichneumonidae	75	6	12	6	99
缘腹细蜂科 Scelionidae	21	0	0	1	22
分盾细蜂科 Ceraphronidae	0	0	4	0	4
锤角细蜂科 Diapriidae	0	0	1	0	1
螯蜂科 Dryinidae	21	0	0	0	21
肿腿蜂科 Bethylidae	2	0	0	0	2
合　计	267	16	31	19	333
占　比/%	80.2	4.8	9.3	5.7	100.0

注：依据1991年农业部全国植保总站等编著的天敌名录和本书第二编收录的寄生蜂资料整理（表1-9至表1-13均同此）。表中第1、2、3、4类寄生蜂分别指仅初寄生害虫、初寄生害虫兼重寄生、仅重寄生、仅初寄生捕食性天敌。

（一）寄生水稻害虫的寄生蜂构成

寄生水稻害虫的寄生蜂涉及第1类和第2类，合计283种。

水稻害虫主要以鳞翅目、半翅目害虫为主。对不同类型害虫的寄生蜂种类进行分析，发现寄生鳞翅目害虫的种类最多（188种），寄生半翅目害虫的种类次之（72种），寄生其他害虫的种类较少（33种）（表1-9）。少部分寄生蜂可寄生不同类型的寄主，如部分赤眼蜂（螟赤眼蜂 *Trichogramma japonicum*、黏虫赤眼蜂 *T. leucaniae*、松毛虫赤眼蜂 *T. dendrolimi* 等）可寄生鳞翅目（螟虫、稻纵卷叶螟等）、半翅目害虫（稻飞虱等）和其他害虫（稻负泥虫等），素木克氏金小蜂 *Trichomalopsis shirakii* 则寄生鳞翅目（稻纵卷叶螟等）和其他害虫（稻负泥虫等），但多数寄生蜂均限于寄生某一类害虫。

表1-9 寄生不同类型水稻害虫的寄生蜂种类数量

寄生蜂科名	寄生鳞翅目害虫	寄生半翅目害虫	寄生其他害虫	各科寄生蜂合计
赤眼蜂科 Trichogrammatidae	7	7	3	12
缨小蜂科 Mymaridae	0	21	4	25
姬小蜂科 Eulophidae	16	3	1	19
金小蜂科 Pteromalidae	5	1	4	9
扁股小蜂科 Elasmidae	4	0	0	4
旋小蜂科 Eupelmidae	1	0	4	5
跳小蜂科 Encyrtidae	0	1	0	1
蚜小蜂科 Aphelinidae	0	1	0	1
小蜂科 Chalcididae	8	0	0	8
广肩小蜂科 Eurytomidae	5	0	1	6
茧蜂科 Braconidae	52	12	4	68
姬蜂科 Ichneumonidae	79	0	5	81
缘腹细蜂科 Scelionidae	9	5	7	21
螯蜂科 Dryinidae	0	21	0	21
肿腿蜂科 Bethylidae	2	0	0	2
寄生各类害虫的寄生蜂合计	188	72	33	283

注：本表天敌包括第1、2类寄生蜂。

水稻鳞翅目害虫主要包括稻纵卷叶螟和螟虫(二化螟、三化螟、大螟)等主要害虫,还包括稻螟蛉、稻苞虫、稻眼蝶、黏虫等次要害虫,水稻鳞翅目害虫的膜翅目寄生性天敌至少有188种,包括姬蜂科(79种)、茧蜂科(52种)、姬小蜂科(16种)、缘腹细蜂科(9种)、小蜂科(8种)、赤眼蜂科(7种)、金小蜂科(5种)、广肩小蜂科(5种)、扁股小蜂科(4种)、肿腿蜂科(2种)、旋小蜂科(1种)等11科,其中前2个科种类最多,分别占42.0%和27.7%,其次为姬小蜂科,占8.5%,这3科合计占78.2%(表1-10)。值得指出的是,赤眼蜂科等卵期寄生蜂尽管种类不多,但作为主要的鳞翅目害虫天敌,其田间个体数量大,控害作用较强,是稻田天敌应用研究较多的类群。

不同水稻鳞翅目害虫的寄生蜂种类数量有明显差异,稻苞虫和卷叶螟最多,分别有65种、63种;黏虫、二化螟、三化螟次之,分别为52种、45种、45种;稻螟蛉、大螟、稻眼蝶再次之,分别有28种、27种和21种;其他鳞翅目害虫有38种(表1-10)。

表1-10 寄生水稻鳞翅目害虫的各科寄生蜂种类数量

寄生蜂科名	二化螟	三化螟	大螟	卷叶螟	稻苞虫	稻螟蛉	稻眼蝶	黏虫	其他鳞翅目害虫	各科寄生蜂合计	各科寄生蜂占比/%
赤眼蜂科 Trichogrammatidae	5	6	1	6	6	5	3	5	3	7	3.7
姬小蜂科 Eulophidae	1	1	1	5	5	3	4	4	4	16	8.5
金小蜂科 Pteromalidae	1	2	1	0	3	1	0	2	0	5	2.7
扁股小蜂科 Elasmidae	0	1	0	3	0	0	0	0	2	4	2.1
旋小蜂科 Eupelmidae	0	0	0	0	1	0	0	0	0	1	0.5
小蜂科 Chalcididae	1	1	1	5	2	2	4	1	0	8	4.3
广肩小蜂科 Eurytomidae	1	0	0	2	2	0	0	0	0	5	2.7
茧蜂科 Braconidae	13	14	9	14	6	7	3	13	10	52	27.7
姬蜂科 Ichneumonidae	22	17	13	25	39	10	6	25	17	79	42.0
缘腹细蜂科 Scelionidae	1	3	1	0	1	0	1	2	2	9	4.8
肿腿蜂科 Bethylidae	0	0	0	2	0	0	0	0	0	2	1.1
寄生各类害虫的寄生蜂合计	45	45	27	63	65	28	21	52	38	188	100.0

水稻半翅目害虫主要有稻飞虱(褐飞虱、白背飞虱、灰飞虱)以及次要害虫稻叶蝉(黑尾叶蝉等)、稻蝽、稻蚜虫等,有记录的寄生蜂天敌72种,包括缨小蜂科(21种)、螯蜂科(21种)、茧蜂科(12种)、赤眼蜂科(7种)、缘腹细蜂科(5种)、姬小蜂科(3种)、金小蜂科(1种)、旋小蜂科(1种)、蚜小蜂科(1种)9科,其中缨小蜂科、螯蜂科最多,合计42种,占58.3%(表1-11),分

别为卵寄生蜂和若虫—成虫期的寄生蜂，系稻飞虱、稻叶蝉最重要的天敌；茧蜂科、缘腹细蜂科、赤眼蜂科的种类数量次之，前2个科分别是稻蚜虫成、若虫期和稻螟卵期的重要天敌，赤眼蜂科则是稻飞虱和稻叶蝉的重要天敌。寄生不同半翅目害虫的寄生蜂种类数，以褐飞虱、白背飞虱、灰飞虱最多，分别为29、27和21种，主要隶属螯蜂科、缨小蜂科和赤眼蜂科；寄生叶蝉类的寄生蜂次之，也以这3科寄生蜂为主；寄生稻螟、稻蚜虫的寄生蜂稍少，分别以缘腹细蜂科、茧蜂科寄生蜂为主。

表 1-11　寄生水稻半翅目害虫的各科寄生蜂种类数量

寄生蜂科名	飞虱类					叶蝉类			稻螟	稻蚜虫	各科寄生蜂合计	各科寄生蜂占比/%
	褐飞虱	白背飞虱	灰飞虱	其他飞虱	寄生飞虱类的种类数	黑尾叶蝉	其他叶蝉	寄生叶蝉类				
赤眼蜂科 Trichogrammatidae	4	6	3	1	7	4	1	5	1	0	7	9.7
缨小蜂科 Mymaridae	12	11	10	8	19	4	5	8	0	0	21	29.2
姬小蜂科 Eulophidae	0	0	0	0	0	1	1	2	0	0	3	4.2
金小蜂科 Pteromalidae	1	1	1	0	1	0	0	0	0	0	1	1.4
旋小蜂科 Eupelmidae	0	0	0	0	0	0	0	0	1	0	1	1.4
蚜小蜂科 Aphelinidae	0	0	0	0	0	0	0	0	0	1	1	1.4
茧蜂科 Braconidae	0	0	0	0	0	0	0	0	0	12	12	16.6
缘腹细蜂科 Scelionidae	0	0	0	0	0	0	0	0	5	0	5	29.2
螯蜂科 Dryinidae	12	9	7	12	17	5	3	7	0	0	21	29.2
寄生各类害虫的寄生蜂合计	29	27	21	21	44	14	10	22	7	13	72	100.0

有寄生蜂记录的害虫，除鳞翅目、半翅目害虫以外，主要有稻负泥虫、叶甲类、象甲类、稻蝗、稻瘿蚊、毛眼水蝇、稻秆潜蝇等水稻次要害虫，有寄生蜂33种，主要见于9个科，包括缘腹细蜂科7种，姬蜂科5种，缨小蜂科、金小蜂科、旋小蜂科和茧蜂科各4种，赤眼蜂科3种，姬小蜂科和广肩小蜂科各1种。已知寄生蜂最多是稻负泥虫和稻瘿蚊，分别有13种、9种寄生蜂（表1-12）。该类害虫的寄生蜂种类总体上不多，有两方面的原因，一是害虫发生范围和发生量相对较小，天敌种类有限；二是对其研究相对较少，记录的寄生蜂相应不多。

表 1-12 寄生其他害虫的各科寄生蜂种类数量

寄生蜂科名	稻负泥虫	叶甲类	象甲类	稻蝗	稻瘿蚊	毛眼水蝇	稻秆潜蝇	各科寄生蜂合计	各科寄生蜂占比/%
赤眼蜂科 Trichogrammatidae	3	0	0	0	0	0	0	3	9.1
缨小蜂科 Mymaridae	1	1	1	1	0	0	0	4	12.1
姬小蜂科 Eulophidae	0	0	0	0	0	1	0	1	3.0
金小蜂科 Pteromalidae	2	0	0	0	1	2	2	4	12.1
旋小蜂科 Eupelmidae	0	0	0	0	4	0	0	4	12.1
广肩小蜂科 Eurytomidae	1	0	0	0	0	0	0	1	3.0
茧蜂科 Braconidae	1	1	0	0	0	0	2	4	12.1
姬蜂科 Ichneumonidae	5	0	0	0	0	0	0	5	15.2
缘腹细蜂科 Scelionidae	0	0	0	3	4	0	0	7	21.2
寄生各类害虫的寄生蜂合计	13	2	1	4	9	3	4	33	100.0

（二）寄生稻田捕食性天敌的寄生蜂构成

我国稻田已知有19种寄生蜂可以寄生捕食性天敌，隶属于9科，其中姬蜂科6种，跳小蜂科3种，姬小蜂科、金小蜂科、小蜂科各2种，旋小蜂科、广肩小蜂科、茧蜂科、缘腹细蜂科各1种。被寄生的捕食性天敌包括瓢虫、食蚜蝇、螳螂、草蛉以及蜘蛛等（表1-13）。

表 1-13 寄生稻田捕食性天敌的各科寄生蜂种类数量

寄生蜂科名	瓢虫	草蛉	食蚜蝇	螳螂	蜘蛛	各科寄生蜂合计	各科寄生蜂占比/%
姬蜂科 Ichneumonidae	0	0	2	0	4	6	31.6
跳小蜂科 Encyrtidae	2	0	1	0	0	3	15.8
姬小蜂科 Eulophidae	1	0	0	0	1	2	10.5
金小蜂科 Pteromalidae	0	0	2	0	0	2	10.5
小蜂科 Chalcididae	1	1	0	0	0	2	10.5
旋小蜂科 Eupelmidae	0	0	0	1	0	1	5.3
广肩小蜂科 Eurytomidae	0	0	0	0	1	1	5.3
茧蜂科 Braconidae	1	0	0	0	0	1	5.3
缘腹细蜂科 Scelionidae	0	1	0	0	0	1	5.3
寄生各类害虫的寄生蜂合计	5	2	5	1	6	19	100.0

（三）稻田重寄生蜂的构成

我国稻田重寄生蜂已知47种，包括第2类（初寄生水稻害虫兼重寄生）和第3类（仅重寄生），其中第2类有16种，见于姬蜂科（6种）、金小蜂科（3种）、姬小蜂科（2种）、小蜂科（2种）扁股小蜂科（2种）和跳小蜂科（1种）6科；第3类有31种，见于姬蜂科（12种）、小蜂科（6种）、分盾细蜂科（4种）、姬小蜂科（3种）、广肩小蜂科（2种）、金小蜂科（2种）、跳小蜂科（1种）、锤角细蜂科（1种）8科。此外，姬蜂科、金小蜂科、姬小蜂科、小蜂科和跳小蜂科同时有第2、3类寄生蜂，而扁股小蜂科仅有第2类寄生蜂，其他科则仅有第3类寄生蜂（表1-14）。总体上，姬蜂科的重寄生蜂最多，共计18种，是稻田最常见的重寄生蜂。

表1-14 稻田寄生蜂的各科重寄生蜂种类数量

类别	寄生蜂科名	螯蜂	姬蜂	茧蜂	金小蜂	姬小蜂	寄蝇	头蝇	各科寄生蜂合计	各科寄生蜂占比/%
第2类	姬蜂科 Ichneumonidae	0	5	4	0	0	1	0	6	12.7
	金小蜂科 Pteromalidae	0	2	3	0	0	0	0	3	6.3
	姬小蜂科 Eulophidae	0	2	1	0	0	0	0	2	4.3
	小蜂科 Chalcididae	0	1	2	0	0	1	0	2	4.3
	扁股小蜂科 Elasmidae	0	0	2	0	0	0	0	2	4.3
	跳小蜂科 Encyrtidae	0	0	1	0	0	0	0	1	2.1
	小　计	0	10	13	0	0	2	0	16	34.0
第3类	姬蜂科 Ichneumonidae	0	2	12	0	0	0	0	12	25.5
	小蜂科 Chalcididae	1	1	3	0	0	3	0	6	12.8
	分盾细蜂科 Ceraphronidae	3	2	3	0	0	0	0	4	8.5
	姬小蜂科 Eulophidae	0	1	1	0	1	1	0	3	6.4
	广肩小蜂科 Eurytomidae	1	1	1	1	0	0	0	2	4.3
	金小蜂科 Pteromalidae	1	1	2	0	1	0	0	2	4.3
	跳小蜂科 Encyrtidae	1	0	0	0	0	0	1	1	2.1
	锤角细蜂科 Diapriidae	0	0	0	0	0	1	0	1	2.1
	小　计	7	18	22	1	2	5	1	31	66.0
	寄生各类害虫合计	7	28	35	1	2	7	1	47	100.0

被重寄生的天敌主要有茧蜂科、姬蜂科、螯蜂科、姬小蜂科、金小蜂科、头蝇科、寄蝇科等寄生性天敌，其中茧蜂科最多（35种）。实际上，重寄生对茧蜂科天敌控害作用的影响较为突出，需引起重视。

第四章 稻田天敌的采集方法

样本采集是研究天敌的最基本方法，可直接影响所能观察到的天敌种类和数量，不同采集方法所能采集的天敌差异较大，因此需要根据研究目的选择合适的采集方法。马氏网法、机动吸虫器法、灯光诱集法、扫网法和采集、饲养寄主法等是目前水稻害虫天敌种类和多样性调查中常用的采集方法，简要介绍如下。

一、主要的采集方法

（一）马氏网采集

马氏网又称马莱氏网，是由Malaise（1937）发明的一种利用昆虫趋光和趋上爬行的习性，在其活动场所设置的诱集装置。多年来，经过许多昆虫学家的改进，已发展出适应不同生境条件昆虫收集的马氏网，被公认为是一种有效的昆虫诱集工具，尤其适合用于在植株冠层附近低空活动的膜翅目天敌种类采集和数量动态的系统观察。

目前主流的马氏网是1962年美国昆虫学家Henry Keith Townes发表的Townes型马氏网，其外形像一头略高、两侧开放而中间有隔断的蚊帐，顶部一般用细网眼的白色尼龙纱布而侧面及正中央用黑尼龙纱布制成，因其重量轻、安装方便而成为最常用的马氏网类型。在高的一头侧面上方中央有开口，用以安装样品收集瓶或收集袋，瓶内放置75%的酒精。马氏网安装时，要将顶盖的四个角及顶盖屋脊两头用绳子进行牢固绑定，见图1-1。

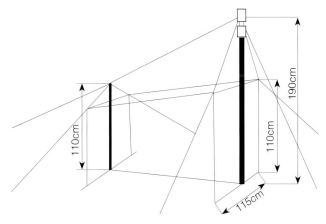

图1-1　收集昆虫工作中最常用的Townes型马氏网

稻田中，因水稻植株通常有1.1～1.4m的株高，且拉线固定也比较困难，常用的马氏网不适合在稻田安装和昆虫采集，笔者设计了一种适合收集稻田节肢动物的专用马氏网，见图1-2，即将马氏网高度增加，确保水稻后期叶片与顶部尼龙网之间仍有一定空间供昆虫飞入。安装时，除将6根竹竿插于稻田泥土中用于固定之外，还在顶脊增加1根固定杆，防止顶脊因重力而下坠，确保顶脊的平直和进入网中的昆虫能爬入较高一端的样品瓶（袋），见图1-2。

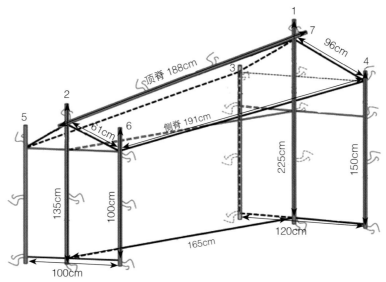

图 1-2　改进的稻田专用马氏网尺寸及其安装固定用杆子位置示意图

注：编号为1～7号的细杆是固定用竹竿或铁杆，稻田土壤湿软，1～6号6根竖杆常会因马氏网下坠而向中间靠拢，因此7号杆对马氏网的安装尤为重要。

马氏网应根据取样需要安装在合适的生境中。用于稻田昆虫收集的马氏网一般安装在稻田中，距道路或周边非水稻生境20m以上田埂区域，见图1-3；马氏网长轴垂直于田埂，且高处靠近田埂，既方便工作者在田埂上进出取样、换瓶（袋），又可避免踩乱田间水稻，影响节肢动物群落的正常消长。

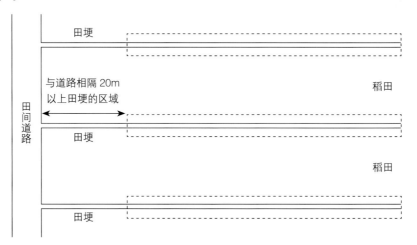

图 1-3　稻田马氏网安装位置示意图

马氏网固定好之后，在收样口固定收样瓶（袋），并装入75%酒精达瓶子或袋子容量的 1/2～2/3，见图1-4。飞入网中的昆虫受到中间和两端隔断的阻挡而落在其上，会往高处及透光 的上方爬行，进入收样瓶（袋），随后落入瓶中或袋中酒精中。必须注意的是，稻田马氏网的安装 高度要确保后期水稻叶鞘顶端低于马氏网低端一定距离，确保昆虫能飞入网内，见图1-5；顶部 及隔断的尼龙纱布网眼不可太大，以小型昆虫不能穿过网眼逃逸为宜；此外，有时蜘蛛会在内 结网，需及时清除，防止昆虫因被阻而难以进入收样瓶（袋）。

根据取样的目的确定更换时间，稻田天敌发生动态的取样一般每1～2周更换1次。通过此 法收集的样本可以真实地反映出所在生境中活动的昆虫种类及其数量动态，可以连续收集挂网 期间活动的昆虫样本，且所收集的样本均是主动爬入，没有植物等其他杂物，生境之外的杂虫 也较少，样品清理和整理较为方便，是一种省工省力、完整收集整个时间段昆虫的取样方法。

图1-4 装好之后的马氏网与收样装

图1-5 马氏网安装中需避免的问题

（二）机动吸虫器采集

机动吸虫器采集法是利用吸虫器产生的吸力将昆虫吸入样品收集袋，是稻田节肢动物调查中常用的取样方法。机动吸虫器目前有专用的设备可以购买，也可以用背负式机动喷雾器进行改装。

稻田取样时，一般先将取样笼罩快速罩在目标取样点上，然后用吸虫器吸取笼罩内的全部节肢动物，见图1-6。其主要优点就是可以收集目标样点中几乎全部的外露动物，包括不同活动习性、从水稻基部到叶层活动的种类。但有以下缺点：①吸入稻叶残体或杂草较多，显著增加了清理虫子的工作量；②取样空间有限，稻田每个点通常只有$0.25m^2$的范围，需要采集较多的样点才有代表性；③受取样时间点的限制，只能体现取样那一刻生境的状况；④对钻蛀于植株内部的种类取样效率较低；⑤常因吸虫器的吸力过大而造成部分样本破碎。

图1-6　机动吸虫器采集田间节肢动物

（三）灯光诱集

灯光诱集法是利用昆虫趋光性进行样品采集的方法，可参照害虫测报方法，采用测报灯（一般采用黑光灯、白炽灯或LED灯作为光源）进行诱集。该方法可以用于稻区天敌的系统监测，可利用当前的害虫测报灯系统，在观察害虫的同时收集天敌样本，不需增加过多的采样成本。但灯光诱集法除诱集到稻田昆虫之外，还能诱集到大量周边生境的昆虫，且后者的数量常常更多，增加了样本整理的难度。

该法诱集的寄生性天敌主要是姬蜂科和茧蜂科，还有少量的细蜂科，几乎没有小蜂总科的蜂类，且捕食性昆虫较多，包括捕食蝽、步甲、瓢虫、草蛉等常见天敌。

灯光诱集的样品可以采用不同目数的样品筛组合来筛选目标种类，譬如大型姬蜂类样品可以用8～10目的样品筛将体型较小的种类筛除，可较大程度地减少样品分拣时间。

（四）扫网采集

扫网法是昆虫采集最常用的方法。它简便易行，采集标本数量多、范围广，适用于野外大范围采集调查。网分为普通采集网和扫网。普通棉纱布制的采集网有易湿的缺点，应以白色透明尼龙纱制作为宜，可避免被早晨植物上的露水弄湿，并尽量选择野外露水干后的无雨天气进行，尽量减少标本因采集网潮湿而粘连损坏。网孔不宜太疏，否则小型蜂类易钻出逃逸。网纱也不宜太硬，否则折曲不易。一般采集网口直径36～40cm，深70～78cm，网底形状最好钝圆。

采集时，将捕虫网口在作物或杂草上半部来回扫动，尽量把所有昆虫扫入网内。扫集一定时间后，要先把落入网内的粗枝、落叶和杂物及时剔除，然后左手将网底拎高，右手持毒瓶伸入网内，同时用左手指取下瓶盖，此时虫多爬向上方（网底），即用右手持样品瓶不停地套取或用吸虫管吸取虫子，如此多次可"一网打尽"，随即在网内塞紧瓶盖。此步骤实际操作时通常耗时，且网内的虫子容易逃逸。有部分研究者在扫网的底部制成可以更换的小袋或管子，见图1-7，用拉链或按扣把小袋与网的上部连接起来，方便收集虫子。

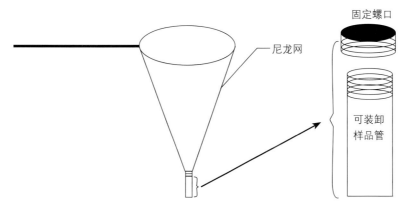

图 1-7　一种底部装有可装卸样品收集管的扫网

（五）采集、饲养寄主获取天敌

通过采集、饲养各种寄主卵、幼虫和蛹育出寄生性天敌，可以清楚地掌握天敌与寄主的关系。一般可根据不同季节和害虫的发生特点，定期或不定期地从田间大量采集各种昆虫的卵或蛹，分别把它们装在小指形管中，每个幼虫、蛹或卵块分别单独放入管中，并移入室内饲养观察，待寄生蜂羽化后，及时把寄生蜂取出，统计各寄主饲养出来的寄生蜂种类、数量，计算寄生率。

此法是获取寄生蜂标本的最好方法，不但便于掌握该寄生蜂与其寄主的关系，还能有目的地进一步采集和研究，以获得更多的寄生蜂，更重要的是有助于观察寄生蜂的生物学特性，可以为寄生蜂的开发与利用提供科学依据。但是，该方法在实际调查中困难较多，一是田间收集和饲育寄主十分花工费力；二是目前对许多昆虫卵、幼虫和蛹的鉴别还有困难。实际工作中，通过饲养活的幼虫获得寄生蜂的方式较为困难，除非研究需要，一般较少采用，但在植物上发现的各种蜂茧或虫茧则相对方便，应妥善取下，分别装管保存，带回饲育并进一步观察和收集寄生蜂样本。

二、不同方法采集样本的比较

2008—2020年，笔者在水稻害虫天敌的调查中采用了上述5种方法，不同方法收集到的天敌种类明显不同。以寄生蜂为例（表1-15），马氏网法收集到的寄生性天敌种类最多，达351种，相当于已鉴定寄生蜂的92.1%；其次为吸虫器法，收集到150种（占39.4%）；扫网采集、灯光诱集法再次之，分别收集到82种（占21.5%）、78种（占20.5%）；采集、饲养寄主获取天敌仅42种（占11.0%）。其中寄主剥查与饲养法收集的种类少，主要是因为采集的寄主多限于越冬代的二化螟幼虫和蛹期。马氏网法和机动吸虫器法对寄生蜂的收集效率差异明显，马氏网的收集效率最高，这主要是因为该方法适合连续样品的收集，而机动吸虫器法仅能收集田间某个操作时间点的样品，且取样范围小。从寄生蜂各总科的收集情况来看，马氏网法适合各总科寄生蜂的收集，而灯光诱集主要诱集姬蜂总科的茧蜂科和姬蜂科，以及细蜂总科、青蜂总科的一些种类，很少诱集到小蜂总科、分盾细蜂总科、广腹细蜂总科、瘿蜂总科的寄生蜂，可能主要是因为灯光诱集的昆虫杂而多，部分体型较小的个体容易遗漏。

综上，马氏网法是稻田寄生蜂种类收集和系统观察的最为有效、简便的采样方法，其他方法可作为补充。

表 1-15 2008—2020 年不同采集法获得的寄生蜂数量

寄生蜂总科名称	鉴定的种数	马氏网采集	机动吸虫器采集	扫网采集	灯光诱集	采集、饲养寄主获取天敌
小蜂总科 Chalcidoidea	161	155	75	40	0	9
柄腹柄翅小蜂总科 Mymarommatoidea	1	1	0	0	0	0
姬蜂总科 Ichneumonoidea	152	129	55	30	73	25
广腹细蜂总科 Platygastroidea	18	18	9	5	0	1
分盾细蜂总科 Ceraphronoidea	8	8	1	0	0	4
细蜂总科 Proctotrupoidea	9	9	0	0	2	0
瘿蜂总科 Cynipoidea	5	4	3	1	0	0
旗腹蜂总科 Evanioidea	3	3	0	1	0	0
青蜂总科 Chrysidoidea	24	24	7	5	3	3
合计种数	381	351	150	82	78	42
占 比/%	—	92.1	39.4	21.5	20.5	11.0

主要参考文献

傅强，黄世文，2019.图说水稻病虫害诊断与防治［M］.北京：机械工业出版社．

何俊华，陈学新，樊晋江，等，2004.浙江蜂类志［M］.北京：科学出版社．

何俊华，陈樟福，徐加生，1979.浙江省水稻害虫天敌图册［M］.杭州：浙江人民出版社．

何俊华，庞雄飞，1986.水稻害虫天敌图说［M］.上海：上海科学技术出版社．

何俊华，许再福，2016.中国动物志 昆虫纲 第五十六卷 膜翅目 细蜂总科（一）［M］.北京：科学出版社．

廖定熹，李学骝，庞雄飞，等，1987.中国经济昆虫志 第三十四册 膜翅目 小蜂总科（一）［M］.北京：科学出版社．

林乃铨，1994.中国赤眼蜂分类［M］.福州：福建科学技术出版社．

刘雨芳，2000.稻田生态系统节肢动物群落结构研究［D］.广州：中山大学．

娄巨贤，方红，丁秀云，2011.中国东北小蜂及青蜂志［M］.北京：北京师范大学出版社．

农业部全国植物保护总站，农业部区划局，浙江农业大学植物保护系，1991.中国水稻害虫天敌名录［M］.北京：科学出版社．

宋慧英，陈常铭，萧铁光，等，1996.湖南省水稻害虫天敌昆虫名录（一）［J］.湖南农业大学学报

（4）：39-52.

宋慧英，陈常铭，萧铁光，等，1996.湖南省水稻害虫天敌昆虫名录（二）［J］.湖南农业大学学报
（5）：54-63.

宋慧英，陈常铭，萧铁光，等，1996.湖南省水稻害虫天敌昆虫名录（三）［J］.湖南农业大学学报
（6）：66-74.

孙翠英，龙见坤，潘盛波，等，2015.贵州不同区域水稻各生育期稻田寄生蜂的多样性差异
［J］.贵州农业科学，43（1）：53-61.

王洪全，颜亨梅，杨海明，1999.中国稻田蜘蛛群落结构研究初报［J］.蛛形学报（2）：95-105.

西南农业大学，四川省农业科学院植物保护研究所，1990.四川农业害虫天敌图册［M］.成都：
四川科学技术出版社.

夏松云，吴慧芬，王自平，1988.稻田天敌昆虫原色图册［M］.长沙：湖南科学技术出版社.

肖晖，黄大卫，矫天扬，2019.中国动物志 昆虫纲 第六十四卷 膜翅目 金小蜂科（二）金小蜂亚
科［M］.北京：科学出版社.

虞国跃，2010.中国瓢虫亚科图志［M］.北京：化学工业出版社.

张浩淼，2019.中国蜻蜓大图鉴（上、下）［M］.重庆：重庆大学出版社.

张志升，王露雨，2017.中国蜘蛛生态大图鉴［M］.重庆：重庆大学出版社.

章士美，1998.中国农林昆虫地理区划［M］.北京：中国农业出版社.

赵修复，1987.寄生蜂分类纲要［M］.北京：科学出版社.

中国科学院动物研究所，浙江农业大学，1978.天敌昆虫图册［M］.北京：科学出版社.

中国科学院《中国自然地理》编辑委员会，1979.中国自然地理 动物地理［M］.北京：科学出版社.

BRANSTETTER M G，CHILDERS A K，COX-FOSTER D，et al.，2018. Genomes of the
Hymenoptera［J］. Current Opinion in Insect Science，25：65-75.

CHEN X X，TANG P，ZENG J，et al.，2014. Taxonomy of parasitoid wasps in China：an overview［J］.
Biological Control，68：57-72.

CHEN X X，VAN ACHTERBERG C，2019. Systematics，phylogeny，and evolution of braconid
wasps：30 years of progress［J］. Annual Review of Entomology，64：335-358.

HEINRICHS E A，1994. Biology and management of rice insects ［M］.New Delhi：Wiley Eastern
Limited and New Age International Limited.

GAULD I，BOLTON B，1992.膜翅目［M］.杨忠岐，译.香港：天则出版社.

LI Y，ZHANG Q，LIU Q，et al.，2017. Bt rice in China-focusing the nontarget risk assessment［J］.
Plant Biotechnology Journal，15（10）：1340-1345.

LOU Y，ZHANG G，ZHANG W，et al.，2013. Biological control of rice insect pests in China［J］.
Biological Control，67：8-20.

第二编 天敌的识别

2008—2020年，笔者从我国主要水稻产区收集到的常见天敌样本中鉴定整理出寄生性天敌388种、病原性天敌16种和捕食性天敌113种，系稻田及周边生境的天敌种类。在鉴定出的寄生性天敌样本中，部分为害虫寄生性天敌的重寄生蜂或捕食性天敌的初寄生蜂，可直接影响害虫天敌的控害能力；部分为寄主不明或并不寄生水稻害虫及其天敌，甚至个别（如竹瘿广肩小蜂 *Aiolomorphus rhopaloides*）为植食性昆虫，但在稻田生境中均较常见，为方便调查水稻害虫天敌时参阅，一并录入本书。

下面将按照寄生性天敌、病原性天敌和捕食性天敌三大类分别进行介绍，每类天敌根据其分类系统，逐一介绍其中文名、学名、异名、中文别名、特征、寄主、分布等基本信息，并配以必要的检索表以及便于识别天敌的实物标本原色照片或生态照片。

第一章　寄生性天敌

我国稻田常见的寄生性天敌均属昆虫纲。昆虫纲属节肢动物门，是动物界中种类和数量最多的纲，几乎遍布世界的每个角落。其主要特征：身体分头、胸、腹三部分；头部有触角（极少数无）、复眼各1对，单眼2～3个或无，口器1个；胸部3节，每节具足1对，足由基、转、股、胫、跗5节组成，中胸和后胸节通常各有翅1对；腹部由11节组成，由于前1～2节趋于退化，末端几节变为外生殖器，可见的节数常较少，除末端数节外，附肢多退化或无，生殖孔后位。昆虫体内没有骨骼，成虫体表长有1层外壳，称为"外骨骼"。昆虫食性多样，其中寄生于水稻害虫的以膜翅目、双翅目、捻翅目等昆虫为主。

一、膜翅目 Hymenoptera

膜翅目是昆虫纲中最大的类群之一，是水稻害虫天敌最主要的类群（图2-1）。成虫体微型至大型，体长0.1～65.0mm，翅展0.2～120.0mm，主要识别特征有：①口器咀嚼式或嚼吸式；头式下口式或前口式。②触角一般9节或以上，有些小蜂较少，个别仅3节；触角形状变化较大

（常雌雄异型），有丝状、念珠状、棍棒状、膝状和栉齿状。③多数有膜质翅2对，故名膜翅目；前翅明显大于后翅，后翅一般有翅钩，飞行时与前翅连接。④雌虫具衣鱼形的产卵器。

膜翅目依据胸、腹结合部是否收缩成细腰状而分为广腰亚目Symphyta和细腰亚目Apocrita，细腰亚目又分为针尾部Aculeata和寄生部Parasitica。

寄生性膜翅目天敌均源自细腰亚目，且多属寄生部。自然条件下，寄生性膜翅目幼虫能寄生并致死大量寄主害虫，在害虫的自然控制和生态平衡中发挥着巨大作用。因此，寄生性膜翅目天敌的成虫还广泛被人为引进，用于害虫生物防治。迄今，国内外引进天敌成功控制农林害虫的案例以此类天敌为主，包括蚜小蜂科90例、茧蜂科53例、跳小蜂科53例、姬小蜂科23例、姬蜂科22例、金小蜂科17例、缨小蜂科9例、其他科15例（何俊华等，2002）。不同类型的寄生蜂成虫见图2-1。

本书介绍了我国稻区常见寄生性膜翅目天敌共381种，分属姬蜂总科Ichneumonoidea（152种）、小蜂总科Chalcidoidea（161种）、青蜂总科Chrysidoidea（24种）、广腹细蜂总科Platygastroidea（18种）、分盾细蜂总科Ceraphronoidea（8种）、细蜂总科Proctotrupoidea（9种）、瘿

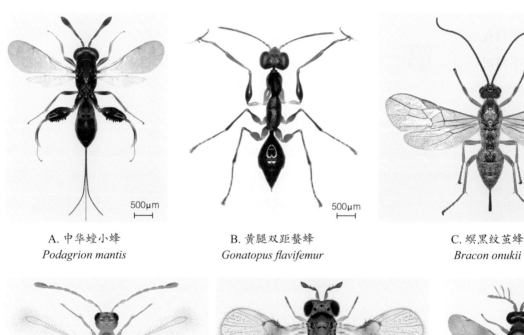

A. 中华螳小蜂
Podagrion mantis

B. 黄腿双距螯蜂
Gonatopus flavifemur

C. 螟黑纹茧蜂
Bracon onukii

D. 稻虱缨小蜂
Anagrus nilaparvatae

E. 稻螟赤眼蜂
Trichogramma japonicum

F. 稻苞虫兔唇姬小蜂
Dimmockia secunda

图2-1　不同类型的寄生蜂成虫

蜂总科Cynipoidea（5种）、旗腹蜂总科Evanioidea（3种）、柄腹柄翅小蜂总科Mymarommatoidea（1种），共9个总科，其中，姬蜂总科和小蜂总科占绝对优势，二者合计313种，占82.2%。值得说明的是，有些总科（如细蜂总科）的种类较少，可能是因相关的研究少，种类鉴定困难。

中国常见膜翅目细腰亚目天敌分总科检索表

（改自：何俊华等，2002，2016）

1. 后足转节2节；前翅有翅痣，后翅有闭室；雌虫腹部末端多数属种稍呈钩状弯曲，产卵管针状，很少外露；上颚大，齿左3右4 ·············· 钩腹蜂总科 Trigonalyoidea*
   上述特征不同时具备 ··· 2

2. 头部单眼周围具5个齿状额突；腹柄常长大于宽；前翅有若干闭室··· 冠蜂总科 Stephanoidea*
   上述特征不同时具备 ··· 3

3. 具触角下沟；后足胫节端部有密生刚毛的洁净刷 ·············· 巨蜂总科 Megalyroidea*
   无触角下沟；后足胫节端部无洁净刷 ··· 4

4. 腹部着生在并胸腹节背面（图2-2A），远在后足基节上方；触角13～14节；前翅有若干闭室；原始腹部气门仅第1、8节开口 ······················· 旗腹蜂总科 Evanioidea
   上述特征不同时具备（图2-3B） ··· 5

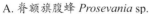

A. 脊额旗腹蜂 *Prosevania* sp.   B. 红腿小蜂 *Chalcis sispes*

图2-2　旗腹蜂总科（A）和小蜂总科（B）的腹部着生位置

5. 雌虫腹末腹板具纵裂，产卵管从腹部末端的前面伸出，并具有1对产卵鞘（狭长，与产卵管伸出腹端部分等长）（图2-3A）；后翅往往无臀叶；转节1或2节 ························ 6
   雌虫腹末腹板无纵裂，产卵管从腹部末端伸出，常为针刺状，无产卵鞘（图2-3B）；前翅前缘室常存在，后翅常有臀叶；转节1节（或为极不明显的2节）····························· 9

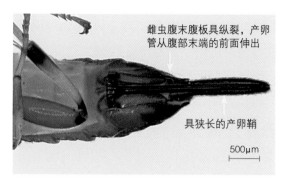

雌虫腹末腹板具纵裂，产卵管从腹部末端的前面伸出

具狭长的产卵鞘

500μm

A. 螟蛉埃姬蜂 *Itoplectis naranyae*

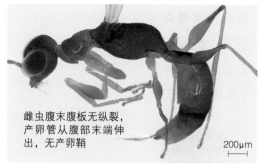

雌虫腹末腹板无纵裂，产卵管从腹部末端伸出，无产卵鞘

200μm

B. 红食虱螯蜂 *Echthrodelphax rufus*

图2-3　姬蜂总科（A）和青蜂总科（B）雌虫的腹部末端纵裂情况

6. 前、后翅翅脉发达（图2-4A），前翅有1个翅痣，通常三角形，少数细长或线形；前缘脉发达，
与亚前缘脉会合而无前缘室，或分开而有前缘室；腹部腹板多为膜质，有1中褶（图2-4C）；
触角多在16节以上 ·· **姬蜂总科 Ichneumonoidea**

前、后翅翅脉退化（图2-4B）；前翅无翅痣；前缘脉远细于亚前缘脉；腹部腹面坚硬骨质化，
无褶（图2-4D）；触角丝状或膝状，常少于14节；转节1或2节 ·································· 7

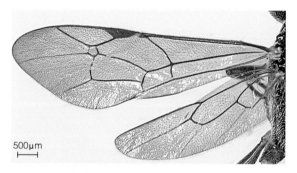

500μm

A. 趋稻厚唇姬蜂 *Phaeogenes* sp.

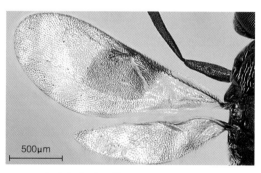

500μm

B. 隐尾瓢虫跳小蜂 *Homalotylus flaminius*

腹部腹板多为膜质，有1中褶

500μm

C. 黄盾凸脸姬蜂 *Exochus scutellatus*

腹部腹面坚硬骨质化，无褶

500μm

D. 白蛾锥索金小蜂 *Conomorium cuneae*

图2-4　姬蜂总科（A、C）和小蜂总科（B、D）的翅脉及腹部特征

7.前胸背板两侧向后延伸达翅基片（图2-5A）；缺胸腹侧片；触角不呈膝状；转节常仅1节；翅
　有径室，多少完整（图2-6A），翅痣极少发达；体多侧扁 ………………… 瘿蜂总科 Cynipoidea
　前胸背板不达翅基片（图2-5B）；胸腹侧片常存在；触角多少呈膝状；转节常2节；翅脉退化，
　有1条线形的痣脉或无，缺径室 …………………………………………………………………… 8

A.中华蚜重瘿蜂 Alloxysta chinesis　　　　　B.黑角毁螯跳小蜂 Echthrogonatopus nigricornis

图2-5　瘿蜂总科（A）和小蜂总科（B）的胸部特征

8.腹柄长，分2节，前翅具网形纹的气泡状刻纹，翅脉退化，无翅痣，具长翅柄和长缨毛（图
　2-6B）………………………………………………… 柄腹柄翅缨蜂总科 Mymarommatoidea
　腹柄只有1节或不存在，前翅具有前缘脉和缘脉，有1条线性翅痣（图2-6C），前翅翅面有少
　量纤毛，无网形刻纹 …………………………………………………… 小蜂总科 Chalcidoidea

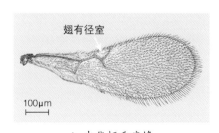
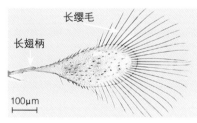
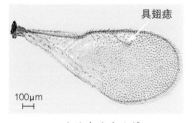

A.中华蚜重瘿蜂　　　　　　B.赵氏柄腹缨小蜂　　　　　　C.绒茧克氏金小蜂
Alloxysta chinesis　　　　　Palaeomymar chaoi　　　　Trichomalopsis apanteloctena

图2-6　瘿蜂总科（A）、柄腹柄翅缨蜂总科（B）和小蜂总科（C）的前翅

9.腹部第1节呈鳞片状或结节状，有时第1、2节均形成结节状，与第3节背、腹两面均有深沟明显
　分开；群体生活，部分为捕食性，没有寄生性（蚁科Formicidae）…… 胡蜂总科 Vespoidea*（部分）
　腹部第1节不呈鳞片状，若为结节状，则第2节与第3节之间无深沟分开 …………………… 10
10.前胸背板两侧向后延伸，达到或几乎达到翅基片（图2-7），其后角无叶状突 ……………… 11
　前胸背板短（少数前方延伸成颈），虽后角有圆瓣状突，但不达于翅基片 ………………… 15

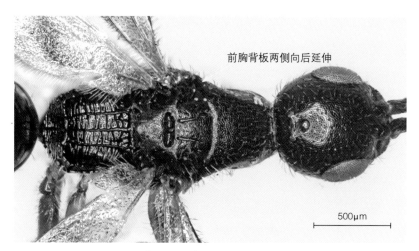

前胸背板两侧向后延伸

500μm

日寄甲肿腿蜂 *Epyris yamatonis*

图 2-7　青蜂总科的前胸背板

11. 后翅有1明显的脉序，而且至少有1关闭的肘室；通常体型较大 ·········· 胡蜂总科 **Vespoidea***

　　后翅无明显的脉序和关闭的翅室；通常为小型或微小蜂类 ····························· **12**

12. 后翅有臀叶（图2-8A）；前足腿节常显著膨大且末端呈棍棒状；前胸两腹侧部不在前足基节

　　前相接或不明显 ······································· 青蜂总科 **Chrysidoidea**

　　后翅无臀叶（图2-8B）；前足腿节正常或端部膨大；前胸左、右两腹侧部细，伸向前足基节

　　前方而相接 ··· **13**

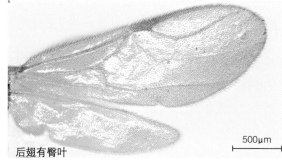

后翅有臀叶

500μm

后翅无臀叶

500μm

A. 黄腿双距螯蜂 *Gonatopus flavifemur*　　　　B. 果蝇毛锤角细蜂 *Trichopria drosophilae*

图 2-8　青蜂总科（A）和细蜂总科（B）的后翅

13. 前足胫节1距（图2-9A）；中胸盾片通常无中纵沟，无小盾片横沟（图2-9B），如有三角片，

　　则与小盾片主要表面不在同一水平上 ································ **14**

　　前足胫节2距（图2-9C）；中胸盾片通常具中纵沟，小盾片通常有1条横沟（图2-9D），并且

　　有三角片，与小盾片主要表面在同一水平上 ········· 分盾细蜂总科 **Ceraphronoidea**

A. 飞蝗缘腹细蜂 *Scelio uvarovi* 足

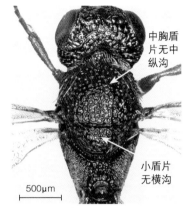

B. 飞蝗缘腹细蜂 *Scelio uvarovi* 头、胸部

C. 蚜大痣细蜂 *Dendrocerus* sp. 足

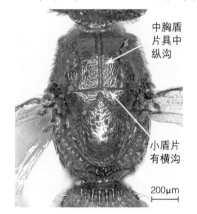

D. 黄分盾细蜂 *Ceraphron* sp. 胸部

图 2-9 细蜂总科（A）和分盾细蜂总科（B）的胸部

14. 触角窝与唇基背缘分开的距离明显大于触角窝直径；如距离较小，其腹部第1节柄状（图2-10A）（某些锤角细蜂科）或上颚外翻；前翅通常有封闭的翅室和多条管状翅脉；腹部两侧圆，如较尖锐，则触角14～15节·······**细蜂总科 Proctotrupoidea**
触角窝与唇基背缘相连，若分开，其距离小于触角窝直径；腹部第1节通常非柄状（图2-10B），前侧角近于直角；前翅无封闭的翅室，只有1～2条翅脉；腹部两侧尖钝，或有明显的翅缘；触角不多于12节，体稍小，一般不长于3mm········· **广腹细蜂总科 Platygastroidea**

A. 果蝇毛锤角细蜂 *Trichopria drosophilae*

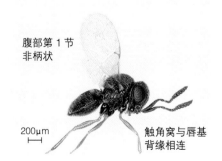

B. 菲岛粒卵蜂 *Gryon philippinense*

图 2-10 细蜂总科（A）和广腹细蜂总科（B）的触角窝和腹节

33

15. 中胸背板（包括小盾片）的毛分支成羽毛状；后足第1节通常大形，常增厚或扁平，常有毛⋯⋯
⋯⋯⋯⋯⋯⋯⋯⋯⋯⋯⋯⋯⋯⋯⋯⋯⋯⋯⋯⋯⋯⋯⋯⋯⋯⋯ 蜜蜂总科 Apoidea*
中胸背板（包括小盾片）的毛简单，不分叉；后足第1节纤细，不宽阔或增厚，常无毛⋯⋯⋯⋯
⋯⋯⋯⋯⋯⋯⋯⋯⋯⋯⋯⋯⋯⋯⋯⋯⋯⋯⋯⋯⋯⋯⋯⋯⋯⋯ 泥蜂总科 Sphecoidea*

注：*示未录入本书的总料。

（一）小蜂总科 Chalcidoidea

　　成虫一般体长0.2～5.0mm，个别种类可达16mm。头部横形；复眼大；单眼3个，位于头顶。触角大多膝状，5～13节组成；鞭节分环状节（1～3节，少数无）、索节（1～7节）、棒节（1～3节，多少膨大）3部分。前胸背板后上方不伸达翅基片，之间被胸腹侧片相隔。小盾片发达，其前角有三角片。通常有翅，静止时重叠，偶有无翅或短翅种类；翅脉极退化，前翅无翅痣，由亚前缘脉、缘脉、后缘脉、痣脉组成，缘脉前斜离翅缘部分称缘前脉，前缘脉远细于亚前缘脉而不易看出，有学者将缘前脉与亚前缘脉合称为亚缘脉；后翅往往无臀叶。足转节2节。腹部腹板坚硬骨质化，无中褶；腹末节腹板纵裂；产卵管从腹部腹面末端前面伸出，具有1对与产卵管伸出腹末部分等长的鞘。

　　成虫的头（含触角）、胸（含翅、足）、腹（含生殖器）的形态结构见图2-11至图2-16，是小蜂总科昆虫形态识别和分类鉴定的重要依据。为便于识别，现以绒茧克氏金小蜂为例概要介绍如下。

图 2-11　成虫结构（绒茧克氏金小蜂 *Trichomalopsis apanteloctena*）

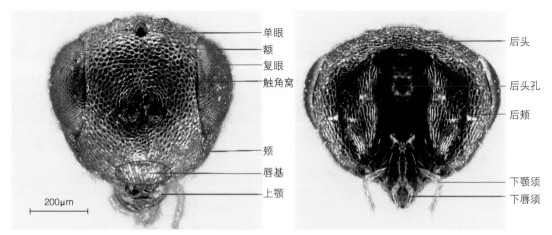

A. 头部正面（左）与后面（右）

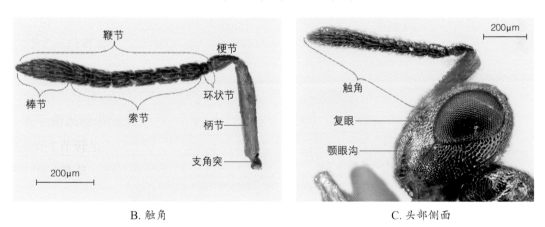

B. 触角   C. 头部侧面

图 2-12　小蜂总科（绒茧克氏金小蜂 *Trichomalopsis apanteloctena*）头部与触角

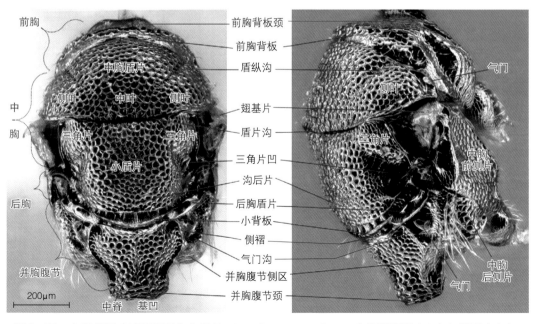

图 2-13　小蜂总科（绒茧克氏金小蜂 *Trichomalopsis apanteloctena*）胸部背面（左）与侧面（右）

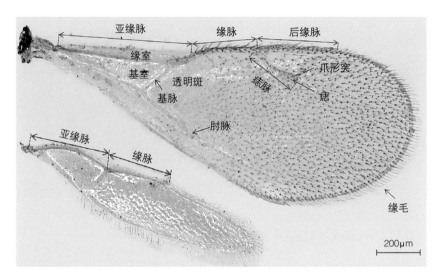

图 2-14　小蜂总科（绒茧克氏金小蜂 *Trichomalopsis apanteloctena*）前翅（上）与后翅（下）

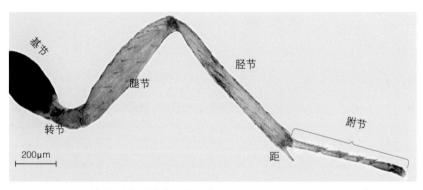

图 2-15　小蜂总科（绒茧克氏金小蜂 *Trichomalopsis apanteloctena*）后足

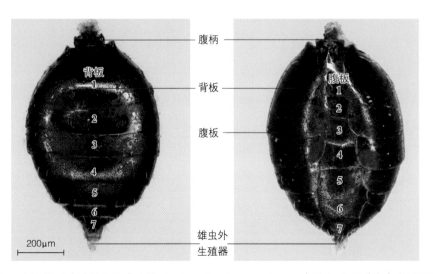

图 2-16　小蜂总科（绒茧克氏金小蜂 *Trichomalopsis apanteloctena*）腹部背面（左）与腹面（右）

　　小蜂总科一般为完全变态，个别为过变态，又称为复变态，即低龄幼虫极为特化，与以后龄期的幼虫有相当大的差异。卵产在寄主体内或体外，有时具柄。幼虫头部第1龄和末龄的构造变化很大，末龄幼虫头部构造极度退化，常仅存1对纤细而弯曲的上颚，有时可见口上骨至口侧骨与上颚上、下2个关节突；通常具3胸节和10腹节，分节不明。可根据第1龄幼虫若干不甚显著的特征，鉴别至科，不过这些特征常与生活环境关系较大，不足以说明缘系关系。蛹为裸蛹；除裹尸姬小蜂属 *Euplectru* 由马氏管分泌的、从肛门排出的"丝状"物质结成稀疏网茧外，其余均不结茧。

　　小蜂总科的食性变化比其他任何寄生蜂总科都大，甚至在属与属之间都表现出较大的差异；绝大部分种类为寄生性，但榕小蜂科的种类只在无花果中发育，广肩小蜂科、金小蜂科、长斑小蜂科和长尾小蜂科中也有部分种类为植食性；有些小蜂的幼虫为捕食性。

　　小蜂总科的寄生性非常复杂：有容性寄生，也有抑性寄生；有单寄生，也有聚寄生；有外寄生，也有内寄生；有初寄生，也有二重或三重寄生；有正常生殖，也有孤雌生殖、多胚生殖；有膜翅型幼虫，也有闯蚴型幼虫。有些种的寄主范围很广，而有些种却非常专一。从寄主的卵、幼虫到蛹甚至成虫（特别是金小蜂科的几个类群）都可被不同的小蜂种类所寄生。小蜂的寄主范围极其广泛，几乎包括所有的昆虫纲内翅部的各个目，以及许多外翅部昆虫和蛛形纲的种类。

　　小蜂总科是寄生性膜翅目中较大的总科，与姬蜂总科相近，全世界均有分布。小蜂总科中有很多种类个体微小，是分类最困难的总科。在科的数目上，不同的分类学家就有不同的意见，采用9科、11科、18科、21科、23科和24科体系的都有。本书参照何俊华等（2004）的意见，采用21科体系。小蜂总科中，我国已知分布有19科，本书录入了我国稻区常见的14科：赤眼蜂科 Trichogrammatidae、缨小蜂科 Mymaridae、姬小蜂科 Eulophidae、金小蜂科 Pteromalidae、扁股小蜂科 Elasmidae、旋小蜂科 Eupelmidae、跳小蜂科 Encyrtidae、蚜小蜂科 Aphelinidae、小蜂科 Chalcididae、广肩小蜂科 Eurytomidae、长尾小蜂科 Torymidae、棒小蜂科 Signiphoridae、蚁小蜂科 Eucharitidae 和褶翅小蜂科 Leucospidae。

中国常见小蜂总科天敌分科检索表

（改自：何俊华等，2004；肖晖等，2019）

1. 足跗节为3节，各节均细长；体微小，最长1mm；体色多为黄色，无金属光泽；中胸盾片具完整的盾纵沟；触角短，5～9节；前翅无后缘脉（图2-17A）⋯⋯⋯ 赤眼蜂科 Trichogrammatidae
   足跗节为4节或5节；其他特征不尽相同（图2-17B）⋯⋯⋯⋯⋯⋯⋯⋯⋯⋯⋯⋯⋯⋯ 2

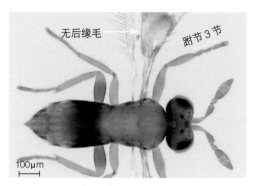

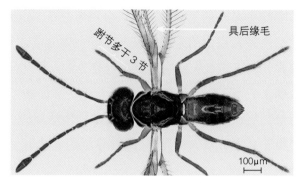

A. 褐腰赤眼蜂 *Paracentrobia andoi*　　　　　B. 黑足长缘缨小蜂 *Anaphes pullicrurus*

图 2-17　赤眼蜂科（A）和缨小蜂科（B）的触角、足（示跗节）比较

2. 触角窝之间距离宽，明显大于头宽的 1/3；触角细长，无环状节；上颚具横形接合线；翅基部
具细柄，翅缘具长缘毛（图 2-18A）；体小，一般不超过 1mm ·············**缨小蜂科 Mymaridae**
触角窝之间距离近，明显小于触角窝与复眼之间的距离；触角较短，具或不具环状节；翅基部
无柄，翅缘毛较短（图 2-18B）··· **3**

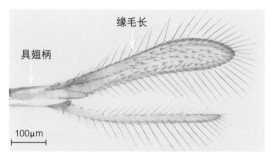

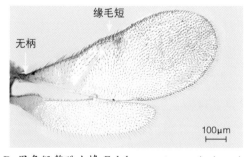

A. 黑足长缘缨小蜂 *Anaphes pullicrurus*　　　　B. 黑角毁螯跳小蜂 *Echthrogonatopus nigricornis*

图 2-18　缨小蜂科（A）和其他小蜂科（如跳小蜂科）（B）翅征比较

3. 中胸侧板为一整块，大而隆起，无明显分区（图 2-19A）······································· **4**
中胸侧板不明显隆起，具明显分区（图 2-19B）··· **8**

A. 黑角毁螯跳小蜂 *Echthrogonatopus nigricornis*　　　B. 素木克氏金小蜂 *Trichomalopsis shirakii*

图 2-19　中胸侧板不分区（如跳小蜂科）（A）与分区（如金小蜂科）（B）比较

4. 胸腹侧片膨大，向体前方伸出，从背面观状如肩；三角片在体中部相交；中胸盾片短，盾纵沟在三角片汇合处前方相连 ·· 长斑小蜂科 **Tanaostigmatidae***

   胸腹侧片正常，从背面观无肩状突出；中胸盾片的盾纵沟特征不同 ······························ 5

5. 三角片小，且距离远，不在体中部相交；前翅缘脉长，后缘脉缺失 ··························· 6

   三角片大，距离近，常在体中部相交；前翅具明显的后缘脉 ······························· 7

6. 中胸盾片上的盾纵沟完整，两盾纵沟后缘之间距离远；触角4～8节，棒节分节（图2-20A）····
   ·· 蚜小蜂科 **Aphelinidae**

   中胸无盾纵沟；触角5～7节，棒节长而不分节（图2-20B）············· 棒小蜂科 **Signiphoridae**

A. 中华四节蚜小蜂 *Pteroptrix chinensis*   B. 福建卡棒小蜂 *Chartocerus fujianensis*

图2-20 蚜小蜂科（A）和棒小蜂科（B）的触角棒节、中胸盾纵沟比较

7. 触角最多9节；中足基节与前足基节距离最近；中胸后片短而隆起，盾纵沟一般缺失；三角片横形且在中部相连（图2-21A）；缘脉短于痣脉 ·································· 跳小蜂科 **Encyrtidae**

   触角7或8节；中足基节与后足基节距离最近；盾纵沟呈较宽的洼（图2-21B），中胸盾片中部相连；中胸盾片长而平；三角片不呈横形且不相连；缘脉明显长于痣脉 ··························
   ·· 旋小蜂科 **Eupelmidae**

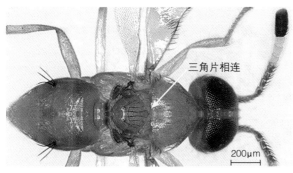

A. 红黄花翅跳小蜂 *Microterys rufofulvus*   B. 花鞘旋小蜂 *Eupelmus testaceiventris*

图2-21 跳小蜂科（A）和旋小蜂科（B）触角、中胸、中后足基节间距比较

8. 后足腿节明显膨大（图2-22），其腹面具齿 ··· 9

   后足腿节不明显膨大（图2-23），其腹面极少具成排的齿 ································· 10

9. 翅基片宽大，常呈椭圆形；后躯被少量刻点；雌虫产卵器向后伸，不向背面弯曲（图2-22A）……
……………………………………………………………………… 小蜂科 Chalcididae

翅基片细小；后躯密被刻点；雌虫产卵器向背面弯曲，背在腹部背面（图2-22B）………
…………………………………………………………………… 褶翅小蜂科 Leucospidae

A. 粉蝶大腿小蜂 *Brachymeria femorata*　　　　B. 束腰褶翅小蜂 *Leucospis petiolata*

图2-22　小蜂科（A）和褶翅小蜂科（B）翅基片、产卵器比较

10. 触角不呈膝状，无明显棒节；前胸背板背面观看不到，其侧面与胸腹侧片融合；胸部明显隆
起；小盾片后缘常分叉；腹柄细长（图2-23A）………………… 蚁小蜂科 Eucharitidae*

触角膝状；前胸背板明显，与胸腹侧片分界明显；腹柄正常（图2-23B）………………… 11

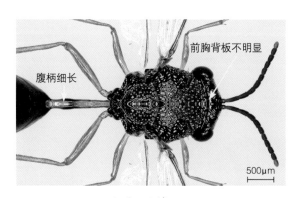
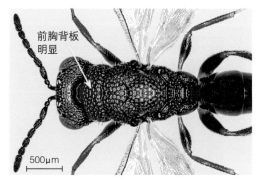

A. 分盾蚁小蜂 *Stilbula* sp.　　　　B. 黏虫广肩小蜂 *Eurytoma verticillata*

图2-23　蚁小蜂科（A）和广肩小蜂科（B）触角、前胸、腹柄比较

11. 各足跗节均为4节；触角最多9节；前翅具或不具后缘脉；前足胫节1距，不弯曲；有时雄虫
触角具分支…………………………………………………………………………………… 12

存在跗节5节；后缘脉及痣脉均明显；前足胫节具1明显弯曲的距；雄虫触角不具分支 …… 13

12. 后足基节、腿节扁平膨大，胫节具有特殊刚毛组成的菱形斑纹；前翅长过腹部末端，楔形或
前、后缘近于平行，后缘脉存在（图2-24A）……………………… 扁股小蜂科 Elasmidae

后足基节和腿节不扁平膨大，胫节正常；前翅不超过腹部末端，不呈楔形，后缘脉存在或不

存在（图2-24B）••• **姬小蜂科Eulophidae**

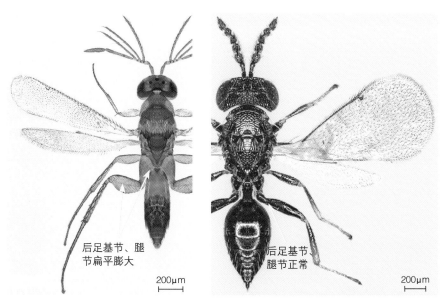

A. 三化螟扁股小蜂 *Elasmus albopictus*　　　B. 皱背柄腹姬小蜂 *Pediobius ataminensis*

图 2-24　扁股小蜂科（A）和姬小蜂科（B）后足及翅的比较

13. 前胸背板大，呈长方形且丰满（图2-25A）；胸部具明显的粗糙刻点；体常为黑色，无金属光泽，有时具黄色斑；盾纵沟完整；缘脉、后缘脉及痣脉均明显•••••••• **广肩小蜂科Eurytomidae**
前胸背板不呈长方形，大小不一（图2-25B）••••••••••••••••••••••••••••••••• **14**

A. 栗瘿广肩小蜂 *Eurytoma brunniventris*　　　B. 斑腹瘿蚊金小蜂 *Propicroscytus mirificus*

图 2-25　广肩小蜂科（A）和其他小蜂科（如金小蜂科）（B）胸部比较（示前胸背板差异）

14. 胸部短而高，背面明显隆起，背面具粗糙刻点或脊纹，不呈网状；触角短，1环状节，7索节（横形）；柄后腹长短于宽，背面隆起•••••••••••••••••••••••••• **巨胸小蜂科Perilampidae***
胸部不明显隆起，如隆起，则其他特征也有所不同••••••••••••••••••••••••••••• **15**

15. 前翅痣脉较长且与缘脉间几乎呈90°夹角，缘脉稍长于痣脉，后缘脉短于痣脉和缘脉；体黄色，一般光滑、无刻点•••••••••••••••••••••••••••••••••••••• **榕小蜂科Agaonidae***

前翅痣脉与缘脉之间夹角明显大于90°；体常具金属光泽 ·················· **16**

16. 后足基节膨大呈三棱形，明显大于前、中足基节；缘脉长为后缘脉的3倍以上············ **17**

后足基节正常，不明显大于前、中足基节；缘脉长不超过后缘脉的3倍 ············· **18**

17. 前胸背板较长，盾纵沟深而完整；产卵器长（图2-26A）；柄后腹背板无大刻点············

················ **长尾小蜂科 Torymidae**

前胸背板短，盾纵沟浅；产卵器短；柄后腹背板被大刻点 ············· **刻胸小蜂科 Ormyridae***

18. 体黑色，被密毛；柄后腹光滑，第1节背板长，与后方背板之间稍缢缩 ·················

················ **四节金小蜂科 Tetracampidae***

体绿色，具金属光泽（图2-26B），被毛稀；柄后腹第1节背板与后方背板之间不缢缩 ············

················ **金小蜂科 Pteromalidae**

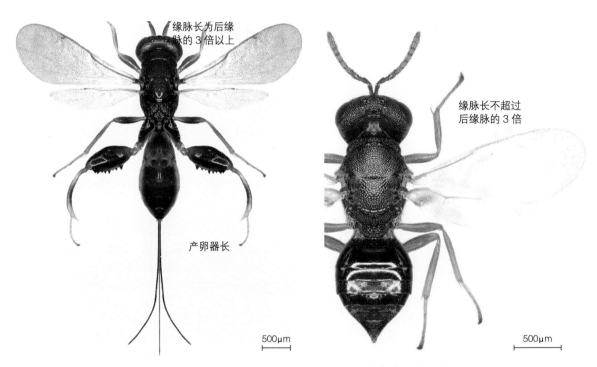

A. 中华螳小蜂 *Podagrion mantis*　　　B. 素木克氏金小蜂 *Trichomalopsis shirakii*

图2-26　长尾小蜂科（A）和金小蜂科（B）后足、翅脉、产卵器比较

注：*示未录入本书的科。

赤眼蜂科 Trichogrammatidae

赤眼蜂科体微小至小型，虫体长0.3～1.2mm，含产卵管可长达1.8mm；体粗壮至细长，黄或橘黄至暗褐色，无金属光泽。触角短，5～9节；柄节长，与梗节呈肘状弯曲；常有环状节1～2个；索节1～2个，呈环状；棒节3～5节；多数属雌雄个体触角相似，仅少数属（如赤眼蜂属）雌雄异型，雄性触角上一般具长轮毛，雌性的毛一般较短。前胸背板很短，背观几乎不可见；前胸背板后缘多不伸达翅基。中胸盾片具完整盾纵沟。翅常发育完全，但有时变短；前翅无后缘脉，缘脉从较长至几乎缺如，有时甚膨大；痣脉较长至很短；一些属（如赤眼蜂属）翅面上的纤毛明显排列成行，呈放射状分布。足跗节3节，各节均细长。腹部无柄，与胸部宽阔相连。产卵管隐藏或露出很长。

赤眼蜂科为卵寄生蜂，以寄生鳞翅目为主，还可寄生鞘翅目、膜翅目、脉翅目、双翅目、半翅目、缨翅目、广翅目、革翅目、直翅目和蜻蜓目。单寄生或聚寄生。营初寄生生活，偶有重寄生，如松毛虫赤眼蜂 *Trichogramma dendrolimi* 可把卵产在松毛虫卵内的平腹小蜂 *Anastatus* sp. 的幼虫上。赤眼蜂被广泛用于多种害虫尤其是鳞翅目害虫的生物防治，有较高的自然寄生率，控害作用显著（详见本书第三编），不少种类还通过人工繁殖和田间释放进行较广泛的商业化应用（详见本书第四编）。

世界性分布，含74属532种。我国有记载的有48属193种（刘思竹，2019）。本书介绍我国稻区常见赤眼蜂4属13种。

中国常见赤眼蜂科天敌分种检索表

（改自：林乃铨，1994）

1. 翅脉呈"S"形弯曲；雌、雄虫触角异型（赤眼蜂属 *Trichogramma*）·················· 2
   翅脉不呈"S"形弯曲；雌、雄虫触角相同 ·· 6

2. 雄虫阳基背突有明显的侧叶。侧叶与中叶区分不明显，渐次成弧形内凹的侧缘 ·············· 3
   雄虫阳基背突无明显的侧叶，或仅基部收窄成弧形的侧缘 ···································· 4

3. 阳基背突末端伸达D（腹中突基部至阳基侧瓣末端的距离，下文统一用D表示）的3/4以上，侧叶宽圆；腹中突长大，其长为D的3/5～3/4。雌虫一般为黄色，腹基部及末端颜色较深······
   ··· 松毛虫赤眼蜂 *Trichogramma dendrolimi*
   阳基背突末端约伸达D的1/2处，侧叶呈半圆形；腹中突两侧缘呈弧形向外微弯，其长为D的1/3；钩爪末端伸达D的1/2处。雌虫整体呈黄褐色，头部和腹部两侧颜色较深··············
   ·· 螟黄赤眼蜂 *Trichogramma chilonis*

4. 腹中突不明显。两钩爪基部内侧相连，阳基细长。雌雄虫体色均为黑褐色 ⋯⋯⋯⋯⋯⋯⋯⋯⋯⋯⋯⋯⋯⋯⋯⋯⋯⋯⋯⋯⋯⋯⋯⋯ 稻螟赤眼蜂 *Trichogramma japonicum*
   腹中突明显。阳基背突基部收窄，基部外缘具缢缩状，弧形内弯，背突最宽处侧缘远不及阳基外缘；钩爪末端约伸达阳基侧瓣的 1/2 处；雌雄虫体色相似，但体上斑纹有区别 ⋯⋯⋯⋯⋯⋯ 5

5. 阳茎及其内突的长之和是阳基长的 1.2 倍；腹中突两侧有突出于阳基腹面的纵隆脊，长为 D 的 1/4～1/3；雌虫体色基本为黄色，头部颜色较浅 ⋯⋯⋯⋯ 黏虫赤眼蜂 *Trichogramma leucaniae*
   阳茎及其内突的长之和等长于阳基；腹中突细长，无上述隆脊，长为 D 的 4/9；雌虫体色大体黄褐色，头部、前胸及腹基端较深 ⋯⋯⋯⋯⋯⋯ 玉米螟赤眼蜂 *Trichogramma ostriniae*

6. 前翅翅面中等宽圆，长约为宽的 2 倍；翅面纤毛规则排列；索节第 1 节极小，斜接于第 2 节的一侧（毛翅赤眼蜂属 *Chaetostricha*）。体黄褐色，翅基至痣脉翅面部分为烟褐色；雌虫产卵器伸出腹末端部分的长度与跗节长度相当 ⋯⋯⋯⋯⋯ 印度毛翅赤眼蜂 *Chaetostricha terebrator*
   前翅狭长或窄圆，长大于宽的 2 倍；翅面密布不规则纤毛或纤毛稀疏 ⋯⋯⋯⋯⋯⋯⋯⋯ 7

7. 触角环状节和索节均 2 节；前翅翅面长，端部圆；缘毛长不超过翅面宽的 1/4（邻赤眼蜂属 *Paracentrobia*）。环状节扁平，呈鳞片状；前翅翅面纤毛稠密；体黄色，腹部第 1～3 或 4 节背板褐色；痣脉下方晕纹面积几乎达到翅下缘 ⋯⋯⋯⋯⋯⋯⋯⋯ 褐腰赤眼蜂 *Paracenrtobia andoi*
   触角环状节、索节仅 1 节；前翅狭长；缘毛长于翅面宽（寡索赤眼蜂属 *Oligosita*）⋯⋯⋯⋯⋯ 8

8. 体色红色；前翅狭长，长约为宽的 4.8 倍；翅面纤毛稀少 ⋯⋯ 红色寡索赤眼蜂 *Oligosita erythrina*
   体色黄色至黄褐色 ⋯⋯⋯⋯⋯⋯⋯⋯⋯⋯⋯⋯⋯⋯⋯⋯⋯⋯⋯⋯⋯⋯⋯⋯⋯⋯⋯⋯⋯⋯⋯ 9

9. 触角棒节末端具有端突 ⋯⋯⋯⋯⋯⋯⋯⋯⋯⋯⋯⋯⋯⋯⋯⋯⋯⋯⋯⋯⋯⋯⋯⋯⋯⋯⋯ 10
   触角棒节末端不具有端突 ⋯⋯⋯⋯⋯⋯⋯⋯⋯⋯⋯⋯⋯⋯⋯⋯⋯⋯⋯⋯⋯⋯⋯⋯⋯⋯⋯ 11

10. 触角细长，梗节略长于索节；前翅面纤毛稀少 ⋯⋯⋯⋯⋯⋯ 长突寡索赤眼蜂 *Oligosita shibuyae*
    触角粗短，梗节长于索节的 2 倍；前翅纤毛稀疏散乱 ⋯⋯⋯⋯ 短角寡索赤眼蜂 *Oligosita breviconis*

11. 头部扁，宽于胸腹；触角梗节长不及索节的 2 倍 ⋯⋯⋯⋯⋯ 伊索寡索赤眼蜂 *Oligosita aesopi*
    头部圆扁，几乎与胸部等宽，触角梗节长略大于索节的 2 倍 ⋯⋯⋯⋯⋯⋯⋯⋯⋯⋯⋯⋯ 12

12. 雌虫产卵器明显露出腹末；前翅无毛区在痣脉后方及下方 ⋯⋯⋯⋯⋯⋯⋯⋯⋯⋯⋯⋯⋯⋯⋯⋯⋯⋯⋯⋯⋯⋯⋯⋯⋯⋯⋯⋯ 叶蝉寡索赤眼蜂 *Oligosita nephotetticum*
    雌虫产卵器不露出腹末；前翅无毛区仅在痣脉后方 ⋯⋯⋯⋯ 飞虱寡索赤眼蜂 *Oligosita yasumatsui*

赤眼蜂属 *Trichogramma* Westwood, 1833

体粗短；雌雄虫触角异型，雌虫7节，包括柄节、梗节、棒节各1节，环状节、索节各2节，雄虫5节，除柄节、梗节各1节外，环状节2节，第2环状节如楔片嵌入棒节基部，索节与棒节愈合为1节，具长刚毛。前翅宽圆，翅脉呈"S"形连续弯曲；翅面纤毛分布成列，具中肘横毛列。雄虫阳基分化明显，具阳基侧瓣和钩爪，腹中突多数明显，有时不明显；阳基和阳茎是本属最重要的分类特征，其主要形态结构见图2-27。

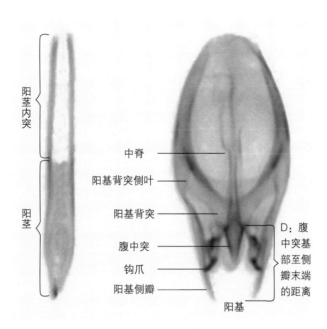

图 2-27　螟黄赤眼蜂 *Trichogramma chilonis* 雄虫阳茎和阳基（腹面观）的结构

本属不同种类体色等特征较为相似，早些年不少种类间的混淆现象较普遍。庞雄飞和陈泰鲁（1980）、林乃铨（1994）对我国混淆的赤眼蜂种类归属进行了总结，需在种类识别和以往文献阅读中予以注意：①螟黄赤眼蜂 *Trichogramma chilonis* 最早由 Ishii 于1941年命名，曾列为稻螟赤眼蜂 *T. japonicum* 的异名，但二者雄性阳基的腹中突明显不同，应为独立种。1974年以前，关于 *T. chilonis* 在我国的分布可能包括玉米螟赤眼蜂 *T. ostriniae* 等体色相似的种。此外，20世纪70年代及以前，在我国和日本等地，*T. chilonis* 常被误为澳洲赤眼蜂 *T. australicum*（仅分布于大洋洲，其雄性阳基背突没有半圆形侧叶），如我国广东生物防治工作队（1974）、庞雄飞和陈泰鲁（1974，1978）等，以及日本、毛里求斯等东洋区的记录中的 *T. australicum* 均可能是 *T. chilonis*。1976年，Viggiani 把东洋区的 *T. australicum* 命名为新种——拟澳洲赤眼蜂 *T. confusum*，Nagarkatti 和 Nagaraja（1979）随后修订为 *T. chilonis*，并把拟澳洲赤眼蜂 *T. confusum* 作为异名。国内直到20世纪80年代末仍普遍沿用 *T. confusum*，之后逐步接受螟黄赤眼蜂 *T. chilonis*（林乃铨，1994）。②玉米螟赤眼蜂 *T. ostriniae*，在我国长江流域以北，特别是华北地区甚为常见。

Nagarkatti和Nagaraja（1977）曾认为玉米螟赤眼蜂是长突赤眼蜂 *T. chilotraea* 的异名，但二者腹中突长度明显不同。曾省（1965）发现的玉米螟卵赤眼蜂 *T. chilonis* 和钱永庆等（1964）发现的螟黄赤眼蜂 *T. chilonis* 可能是此种。③广赤眼蜂 *T. evanescence*，典型分布区在欧洲、非洲的地中海沿岸，以及古北区其他地带。我国仅见于东北三省与北京、山西、内蒙古、新疆等地；广东曾用于防治玉米螟、甘蔗螟的广赤眼蜂可能是螟黄赤眼蜂和松毛虫赤眼蜂的误订。

　　本属广布世界各地，寄主范围广，已知至少涉及鳞翅目、鞘翅目、双翅目、半翅目、脉翅目、膜翅目和广翅目7目56科200多属500多种昆虫的卵，其中特别对鳞翅目昆虫的作用显著，在农田害虫控制和自然生态系统平衡中发挥着十分重要的作用。稻螟赤眼蜂、螟黄赤眼蜂、松毛虫赤眼蜂、玉米螟赤眼蜂、黏虫赤眼蜂在我国稻区较为常见。现将其雄虫外生殖器的特征列表如下，便于比较识别（表2-1）。

表2-1　我国稻区5种常见天敌赤眼蜂属 *Trichogramma* 雄虫阳茎和阳基特征的比较

特征	松毛虫赤眼蜂 *T. dendrolimi*	螟黄赤眼蜂 *T. chilonis*	玉米螟赤眼蜂 *T. ostriniae*	黏虫赤眼蜂 *T. leucaniae*	稻螟赤眼蜂 *T. japonicum*
阳基背突侧叶的有无	有宽圆的侧叶	有半圆形侧叶	基部收窄成弧形侧缘	基部收窄成弧形侧叶	无侧叶
腹中突是否明显	明显	明显	明显（长三角形）	明显（锐三角形）	不明显
腹中突长相当于D的比例	3/5～3/4	1/3	4/9	1/4～1/3	—
钩爪伸达D的比例	3/4	1/2	1/2	2/5	1/2
阳茎∶阳茎内突	≈1	≈1	稍>1	≈1	明显>1
阳茎及阳茎内突的长之和∶阳基之长	≈1	≈1	≈1	1.2	≈1
阳茎及阳茎内突（左）与阳基腹面（右）					

注：D指腹中突基部至阳基侧瓣末端的距离。

1. 稻螟赤眼蜂 *Trichogramma japonicum* Ashmead, 1904

特　征　见图2-28。

雌虫体长0.5～0.8mm。体黑褐色至暗褐色。触角柄节淡黄色，其余黄褐色；触角毛长而尖，最长的为鞭节最宽处的2.5倍。前翅外缘的缘毛长度差异不大，臀角上的缘毛长为翅宽的1/5。产卵管略露出腹部末端。

雄虫体色与雌虫相似。阳基腹中突不明显；中脊自两钩爪之间向基部伸出，长为阳基全长的1/4；阳基背突末端钝圆，基部渐次收窄而无侧叶；钩爪伸达D的1/2处。阳茎明显长于其内突，二者长之和相当于阳基之长，等于或稍长于后足胫节。

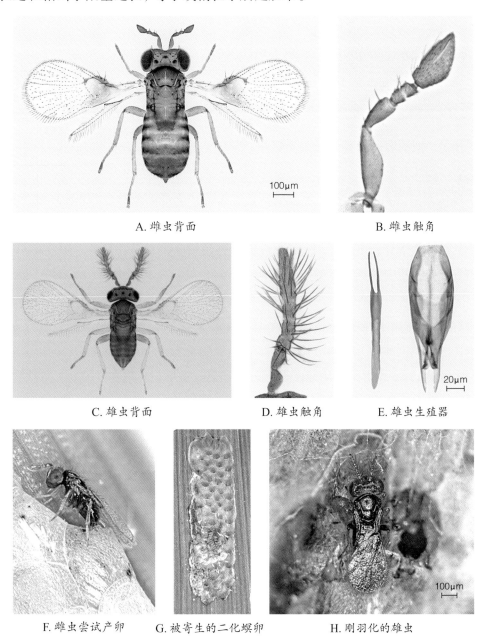

A. 雌虫背面　　　　　　　　　　　　　B. 雌虫触角

C. 雄虫背面　　　　D. 雄虫触角　　　E. 雄虫生殖器

F. 雌虫尝试产卵　　　G. 被寄生的二化螟卵　　　H. 刚羽化的雄虫

图2-28　稻螟赤眼蜂 *Trichogramma japonicum*

寄　主　寄主广泛，包括鳞翅目的螟蛾科、夜蛾科、尺蛾科、灯蛾科、枯叶蛾科、弄蝶科、小灰蝶科、凤蝶科，双翅目的沼蝇科、水蝇科等10余科40多种昆虫，此外，还可寄生鞘翅目负泥虫科、半翅目的飞虱科和叶蝉科昆虫。稻田中可寄生三化螟、二化螟、台湾稻螟、大螟、稻纵卷叶螟、稻显纹纵卷水螟、稻螟蛉、稻条纹螟蛉、禾灰翅夜蛾、稻毛虫、黏虫、稻苞虫、稻眼蝶、褐边螟、稻简巢螟、稻田沼蝇、稻负泥虫、黑尾叶蝉和白背飞虱等多种害虫。单寄生或聚寄生。本种是国内防治稻纵卷叶螟、二化螟等水稻害虫的主要生防天敌之一。

分　布　国内见于浙江、上海、安徽、江苏、四川、福建、台湾、湖北、湖南、江西、广东、广西、贵州、云南、辽宁、河北、山东、河南、陕西。国外分布于朝鲜、日本、印度、泰国、越南、菲律宾、马来西亚。

2. 螟黄赤眼蜂 *Trichogramma chilonis* Ishii, 1941

异　名　*Trichogramma australicum*: Nagarkatti & Nagaraja, 1971；*Trichogramma confusum* Viggiani, 1976。

中文别名　拟澳洲赤眼蜂、日本赤眼蜂。

特　征　见图2-29。

雌虫体长0.5～1.0mm。体黄褐色或暗黄色，头部和腹部两侧颜色较深；翅脉下具淡黄褐色晕斑，其余翅面透明；复眼、单眼红色。体色因环境温度变化而有明显变化：15～20℃时，成虫体暗黄色，中胸盾片褐色；25℃时，腹部褐色而中央具较窄的暗黄色横带；30～35℃时，中胸盾片暗黄色，腹部褐色而中央具较宽的暗黄色横带。头部正面观宽大于高，胸部短于腹部。前翅长为宽的2.2倍，翅痣脉基部略收缩，细长；翅面纤毛中等稠密，排列规则；前翅臀角上的缘毛长约为翅宽的1/5。后翅短于前翅。各足基跗节均短于其余跗节。产卵器明显露出腹部末端。

雄虫体长、体色同雌虫。触角毛长而略尖，最长的毛为鞭节最宽处的2.5倍长。前翅臀角处缘毛长约为翅宽的1/6。外生殖器阳基阔圆，阳基背突三角形，末端达D的1/2，具明显呈半圆形的侧叶；腹中突长约为D的1/3；中脊成对，等长于D；钩爪末端伸达D的1/2。阳茎与其内突长度几乎相等，二者长之和相当于阳基之长，略短于后足胫节。

寄　主　至少可寄生鳞翅目16科60余种昆虫。稻田中可寄生三化螟、二化螟、稻纵卷叶螟、稻螟蛉、稻毛虫、黏虫、稻眼蝶、稻苞虫、曲纹稻苞虫、直纹稻苞虫东亚亚种、白背飞虱等害虫。本种是国内防治稻纵卷叶螟、二化螟等水稻害虫的主要生防天敌之一。

分　布　国内见于江苏、浙江、安徽、福建、江西、山东、湖北、湖南、广东、广西、贵州、云南、海南、台湾、新疆、陕西、北京、河北、山西、辽宁、吉林、黑龙江。国外分布于印度等国。

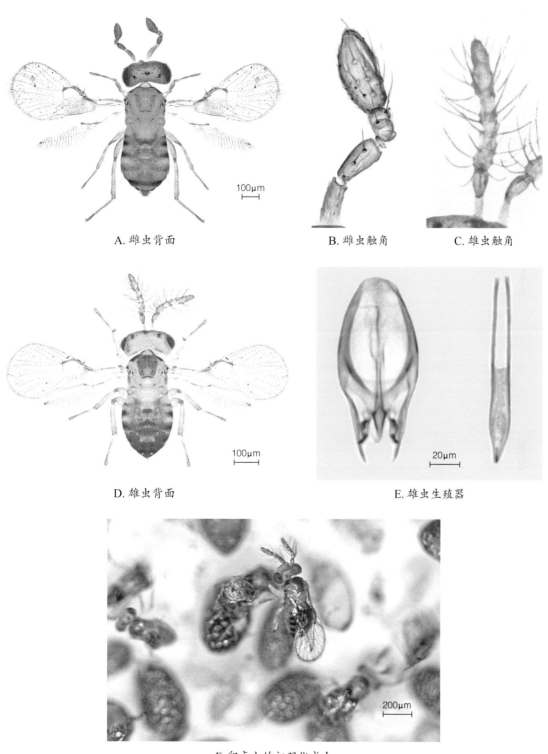

A. 雌虫背面　　　　　　　　　　B. 雌虫触角　　　　　C. 雄虫触角

100μm

D. 雄虫背面　　　　　　　　　　　E. 雄虫生殖器

20μm

200μm

F. 卵卡上的初羽化成虫

图 2-29　螟黄赤眼蜂 *Trichogramma chilonis*

3. 松毛虫赤眼蜂 *Trichogramma dendrolimi* Matsumura, 1926

异　名　*Trichogramma dendrolimi liliyingae* Voegle & Pintureau, 1984；*Trichogramma pallida* Meyer, 1940。

特　征　见图2-30。

雌虫体长0.5～1.4mm。体黄色，腹部和产卵管颜色因环境温度不同而有所变化：如15℃时，腹基部及末端呈褐色；20℃时腹部淡黄色，仅末端呈褐色；25℃以上时，仅腹部末端和产卵管末端有褐色的部分。触角索节之和短于梗节；棒节椭圆状，长于索节、梗节之和。腹部长度大于头、胸部之和。产卵器略露出腹部末端。

雄虫体型与雌虫相当。体黄色，腹部黑褐色。触角毛长，最长毛为鞭节最宽处的2.5倍。前翅臀角上缘毛长为翅宽的1/8。阳基背突有明显宽圆的侧叶，末端伸达D的3/4以上；腹中突明显，长相当于D的3/5～3/4；中脊成对，向前延伸至中部与1隆脊连合，此隆脊几乎伸达阳基的基缘；钩爪伸达阳基背突的3/4。阳茎与其内突等长，二者全长相当于阳基之长，短于后足胫节。

寄　主　寄主广泛，可寄生夜蛾科、螟蛾科、卷蛾科、枯叶蛾科、灯蛾科、大蚕蛾科、毒蛾科、刺蛾科、舟蛾科、尺蛾科、弄蝶科、凤蝶科、灰蝶科、负泥虫科等科昆虫，其中水稻害虫有三化螟、二化螟、稻纵卷叶螟、稻螟蛉、黏虫、稻苞虫、稻负泥虫等。本种是国内防治稻纵卷叶螟、二化螟等水稻害虫的主要生防天敌之一。

分　布　国内见于黑龙江、吉林、辽宁、河北、北京、山东、河南、陕西、江苏、浙江、安徽、江西、湖南、湖北、四川、福建、广东、广西、贵州、云南、海南。国外分布于朝鲜、日本。

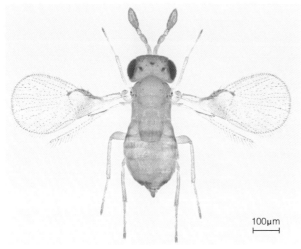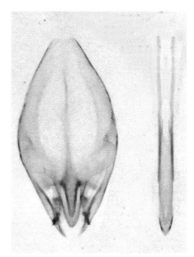

100μm

A. 雌虫背面　　　　　　　　B. 雌虫触角　　　　　　C. 雄虫生殖器

图2-30　松毛虫赤眼蜂 *Trichogramma dendrolimi*

4. 黏虫赤眼蜂 *Trichogramma leucaniae* Pang & Chen, 1974

特征 见图2-31。

雌虫体长0.6mm。体色黄色至浅黄色，头部颜色较浅；触角棒节长度占触角长的1/2。胸部与腹部长度相当。产卵器略露出腹部末端。

雄虫体型与雌虫相似。体黄色，头部暗黄色；前胸及腹褐色。触角毛甚长，且末端尖锐，其中最长触角毛长近于鞭节最宽处的2倍。前翅臀角上缘毛长度相当于翅宽的1/6。外生殖器阳基背突三角形，基部收窄，两侧向内弯曲，末端伸达D的1/2；腹中突端部呈锐三角形，两边具隆起的纵脊，突出于阳基腹面；腹中突长为D的1/4～1/3。阳茎与其内突等长，两者之和相当于阳基的1.2倍，短于后足胫节。

寄主 其寄主范围广，包括鳞翅目的夜蛾科、螟蛾科、卷蛾科、灯蛾科、毒蛾科、凤蝶科、菜蛾科和双翅目的食蚜蝇科等。稻田中可寄生三化螟、二化螟、稻纵卷叶螟、稻螟蛉、黏虫、稻负泥虫、白背飞虱等害虫。

分布 国内见于浙江、湖南、湖北、陕西、新疆、内蒙古、北京、河北、山东、山西、吉林、辽宁、黑龙江。国外古北区有分布。

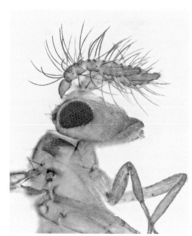
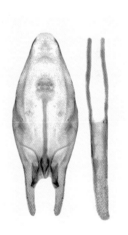

A. 雌虫背面   B. 雄虫头部与触角   C. 雄虫生殖器

图2-31 黏虫赤眼蜂 *Trichogramma leucaniae*

5. 玉米螟赤眼蜂 *Trichogramma ostriniae* Pang & Chen, 1974

特征 见图2-32。

雌虫体长0.4～0.8mm。体黄色，前胸背板、腹基部及末端黑褐色。腹部长度大于头、胸部之和。产卵器稍短于后足胫节，略露出腹部末端。

　　雄虫体型与雌虫相当。体黄色，前胸背板及腹部黑褐色。触角鞭节细长，其上最长的毛长相当于鞭节最宽处的3倍。前翅臀角上缘毛长约为翅宽的1/6。阳基背突呈三角形，基部收窄，两边向内弯曲，末端伸达D的1/2；腹中突呈长三角形，其长为D的4/9；中脊成对，向前伸长度相当于阳基的1/2；钩爪伸达D的1/2，相当于阳基背突伸展的程度。阳茎稍略长于其内突，两者长之和近等长于阳基，明显短于后足胫节。

　　寄　主　寄主范围广，包括二化螟、三化螟、稻纵卷叶螟、稻螟蛉、稻苞虫、稻红瓢虫、针缘蝽、柑橘凤蝶、玉米螟、黄刺蛾、柑橘卷叶蛾、斑蝶、具斑天蛾等。人工饲养释放本种防治玉米螟效果十分明显。

　　分　布　国内见于安徽、江苏、浙江、福建、湖北、江西、台湾、山东、山西、河南、河北、北京、辽宁、吉林、黑龙江。国外分布于美国、南非。

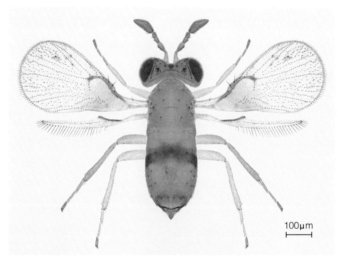

A. 雌虫背面　　　　　　　　　　　　　　　　　B. 雌虫触角

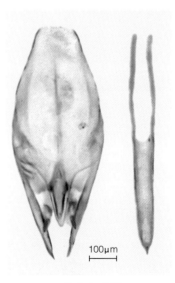

C. 雄虫侧面　　　　　　　　　　　　　　　　　D. 雄虫生殖器

图 2-32　玉米螟赤眼蜂 *Trichogramma ostriniae*

寡索赤眼蜂属 *Oligosita* Walker, 1851

雌、雄虫触角相同；环状节、索节仅1节；棒节3节，端部具端突或亚端突。前翅狭长，长大于宽的2倍；翅脉较直（不呈"S"形弯曲）；缘毛较长，长于翅面宽；翅面密布不规则纤毛或纤毛稀疏。

本属主要寄生飞虱、叶蝉等半翅目昆虫。

6. 长突寡索赤眼蜂 *Oligosita shibuyae* Ishii, 1938

特 征 见图2-33。

雌虫体长0.8～1.1mm。体黄色至黄褐色，但触角（除棒节以外）、前胸背板、后胸侧板、各足胫节、跗节及前翅翅脉淡灰褐色，棒节大部分暗褐色，痣脉及缘前脉之下方具灰褐色昙斑，翅透明。头部正面观近圆形，宽稍大于高，明显宽于胸部。触角细长；除环状节外，各节具刚毛；柄节长棒状，端部略细；梗节长梨形，略长于索节；环状节明显；索节近圆筒形；棒节长锥形；索节及各棒节具若干锥状感觉器，端部2棒节还有条形感觉器；棒节末端具有端突。胸部长仅及腹长的1/2。前翅略窄长，末端斜圆；翅脉较长；缘脉约与亚缘脉等长，为痣脉的3倍；痣脉基部明显收窄如颈状，其下具灰褐色痣斑；翅面纤毛较稀少，除缘脉下方近后缘处有短纤毛外，其余均在痣脉以外端部翅面，排列不规则；缘毛较长，最长者长于翅面宽。后翅与前翅等长，为宽的20倍。足较细长，各足节具细毛。腹部长锥状，末端不尖削，明显长于头、胸部之和。产卵器较发达，长度占腹部的1/2，末端不明显露出腹末。

寄 主 黑尾叶蝉、褐飞虱、白背飞虱等叶蝉科和飞虱科昆虫。单寄生。

分 布 国内见于安徽、浙江、江西、湖北、湖南、台湾、福建、广东、广西、四川、云南、山东、北京、辽宁、吉林、黑龙江。国外分布于日本。

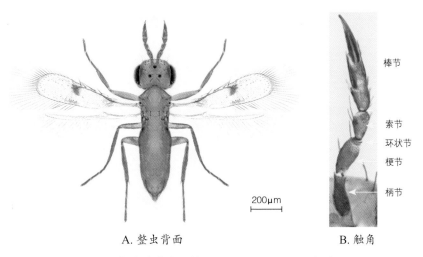

A. 整虫背面　　　　　　　　B. 触角

图2-33　长突寡索赤眼蜂 *Oligosita shibuyae* 雌虫

7. 飞虱寡索赤眼蜂 *Oligosita yasumatsui* Viggiani & Subba Rao, 1978

异　名　*Pseudoligosita yasumatsui* (Viggiani & Subba Rao, 1978)。

特　征　见图2-34。

雌虫体长0.5～0.7mm。体黄褐色至浅褐色，但头顶、翅脉和第1～4腹节背板为淡黄褐色，狭面有时略带红褐色；复眼、单眼黑色；翅透明。头部正面观近扁圆形，宽略大于高，与胸部宽近相等；复眼较大，长度约占头高的1/2。触角较短，除环状节外，各节均具刚毛；柄节细长；梗节梨形，长略大于索节的2倍；环状节明显；索节较短，长小于宽；棒节3节，纺锤形，第3棒节锥形，长稍大于宽，除第2、3棒节上具条形感觉器外，索节与其余各棒节均有锥状感觉器，棒节末端不具有端突。胸部仅及腹长的1/2。前翅较窄长，长为宽的4.3倍；翅脉略长于翅长的1/2；缘脉长；痣脉较宽大；翅面纤毛中等稠密，散乱分布，痣脉后方有无毛区；缘毛较长，最长者长相当于翅宽的1.25倍。后翅约与前翅等长，细窄。腹部长锥形，第1～3节背板具细致纵纹，各节背板后缘具稀纤毛。产卵管高度骨化，长为腹长的3/5，末端不露出腹部末端。

寄　主　褐飞虱、白背飞虱、二条黑尾叶蝉、二点黑尾叶蝉等飞虱科和叶蝉科昆虫。

分　布　我国见于福建、江西、广东、湖北、河南、四川、黑龙江、新疆。国外分布于泰国、马来西亚、印度。

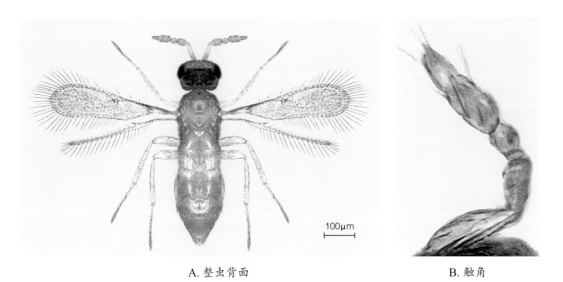

A. 整虫背面　　　　　　　　　　　　　　B. 触角

图2-34　飞虱寡索赤眼蜂 *Oligosita yasumatsui* 雌虫

8. 叶蝉寡索赤眼蜂 *Oligosita nephotetticum* Mani, 1939

特　征　见图2-35。

雌虫体长0.6～0.7mm。体黄褐色，但头顶、颊、中后胸边缘和侧板深褐色；腹部2～4节背板侧边有深褐色条纹；复眼、单眼黑色；翅透明。头部正面观扁圆形，宽大于高，几乎与胸等宽。触角除环状节外，各节具刚毛；柄节长棒状；梗节梨形，长略大于索节的2倍；环状节明显；索节较短，长略小于宽；棒节3节，纺锤形，长度与柄节相当，第2棒节圆锥状，末端较钝，长为宽的1.5倍，索节与各棒节除具锥状感觉器外，第2、3棒节还有若干条形感觉器，棒节末端不具端突。胸部约为腹长的2/3。前翅较宽大，末端斜圆，长为宽的3.4倍；缘脉直而长，长为痣脉的3.75倍；翅面纤毛稠密，分布散乱，痣脉后方及下方有无毛区；缘毛较短，近于翅宽的4/5。后翅与前翅等长，细窄。腹部长锥状。产卵器发达，长度与腹部接近；末端明显露出腹末。

寄　主　黑尾叶蝉、褐飞虱、灰飞虱等叶蝉科和飞虱科昆虫。

分　布　我国见于安徽、福建、江西、广东、广西、湖南、湖北。国外分布于印度、日本等国。

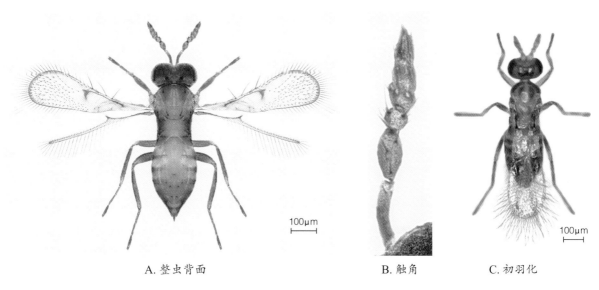

A. 整虫背面　　　　　　　　　B. 触角　　　　C. 初羽化

图2-35　叶蝉寡索赤眼蜂 *Oligosita nephotetticum* 雌虫

9. 伊索寡索赤眼蜂 *Oligosita aesopi* Girault, 1929

特　征　见图2-36。

雌虫体长0.5～0.6mm。体褐色，但头顶、前胸、中胸盾片和侧板深褐色，腹部除第1节褐色外，其余暗褐色；复眼、单眼黑色；翅透明。头部正面观扁形，宽大于高，宽于胸部。触角除环状节外，各节具刚毛；柄节长棒状；梗节梨形，长不及索节的2倍；环状节明显；索节较短，长略小于宽；棒节3节，纺锤形，长度与柄节相当，第3棒节圆锥状，末端较钝，长为宽的2倍；触角棒节除第1节外均具有条形感觉器；棒节末端不具有端突。胸与腹等长。前翅较宽大，末端斜圆；缘脉不及翅长的1/2，翅面纤毛从翅痣开始发散，分布散乱，翅痣上缘有明显无毛区；缘毛较短，近于翅宽的2/3。后翅细窄，短于前翅。腹部长锥状。产卵器长度与腹部接近，末端明显露

出腹末。

寄　主　褐飞虱、白背飞虱、丽中带飞虱等飞虱科昆虫。

分　布　国内见于海南、广东、湖南。国外分布于越南、马来西亚、菲律宾。

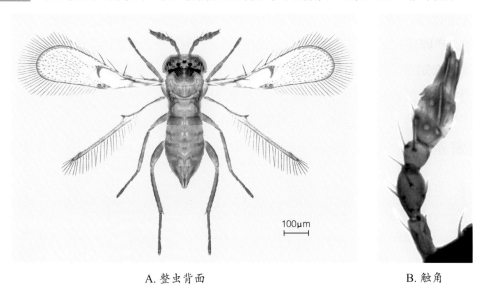

A. 整虫背面　　　　　　　　　　　　　　　　B. 触角

图 2-36　伊索寡索赤眼蜂 *Oligosita aesopi* 雌虫

10. 短角寡索赤眼蜂 *Oligosita breviconis* Lin, 1994

特　征　见图 2-37。

雌虫体长 0.6～0.8mm。体黄色至褐色，但上颚、产卵管为黄褐色；复眼、单眼黑色；翅透明，痣脉及前缘脉下有灰褐色斑。头部正面观扁圆形，宽大于高，宽于胸部。触角粗短，除环状

A. 整虫侧面　　　　　　　　　　　　　　　　B. 触角

图 2-37　短角寡索赤眼蜂 *Oligosita breviconis* 雌虫

节外，各节具刚毛；柄节长为宽的3倍；梗节梨形；环状节明显；索节较短，长明显小于宽，不及梗节的1/2；棒节3节，粗短，第3棒节圆锥状，末端较钝，有1个棒状端突，索节与各棒节具锥状感觉器，第2、3棒节还有条形感觉器。胸部长约为腹长的2/3。前翅中等宽圆，长为宽的4倍，翅脉伸达翅长的2/3；翅面纤毛稀少，分布散乱；缘毛较长，近于翅宽的1.2倍。后翅略短于前翅。腹部锥状。产卵器略短于腹部，末端稍微露出腹末。

寄　主　未知。

分　布　国内见于福建、海南。

11. 红色寡索赤眼蜂 *Oligosita erythrina* Lin, 1994

特　征　见图2-38。

雌虫体长0.7～0.9mm。体大部分鲜红色，但腹部第1、2节淡红褐色；触角和足（除后足腿节及胫节端半淡红色外）灰褐色至褐色；前翅缘脉淡红色；复眼黑色；翅透明。头部正面观正圆形，明显宽于胸部。触角较细长，除环状节外，各节具刚毛；柄节长；梗节长梨形，长为宽的近2倍；环状节明显；索节圆筒形，长为宽的2倍，略短于梗节；棒节长锥形，第3棒节最长，锥状，端部具棒状端突，明显突出棒节顶端。胸部长仅及腹长的3/5，具明显细纵纹。前翅较窄长，末端圆，长为宽的4.8倍；翅脉较长，约达翅长的2/3；翅面纤毛稀少。后翅略短于前翅。腹部近圆锥形，稍长于头、胸部之和，末端较钝尖。各腹节具细致刻纹；产卵器占腹长的2/3；末端露出腹末不明显。

寄　主　未知。

分　布　国内见于福建、广东、广西、湖南、安徽、江西、浙江、河南。

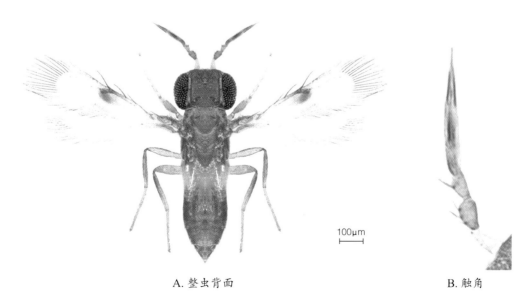

100μm

A. 整虫背面　　　　　　　　　B. 触角

图2-38　红色寡索赤眼蜂 *Oligosita erythrina* 雌虫

邻赤眼蜂属 *Paracentrobia* Howard, 1897

雌、雄虫触角相同；环状节2节；索节广阔连接，但明显分为2节；棒节3节，较长；前翅翅面长，端部圆，长大于宽的2倍；翅脉较直（不呈"S"形弯曲）；缘毛长不超过翅面宽1/4；翅面纤毛稠密散乱或规则排列。

本属主要寄生飞虱、叶蝉等半翅目昆虫。

12. 褐腰赤眼蜂 *Paracentrobia andoi* (Ishii, 1938)

异　名　*Paracentrobia fasciata* (Ishii, 1938)。

中文别名　褐稻虱赤眼蜂。

特　征　见图2-39。

雌虫体长0.5～1.0mm。体黄色，颊和后头近于褐色；触角浅棕色；前胸及中胸侧板大部分

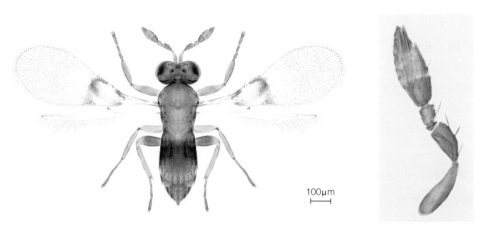

A. 雌虫背面　　　　　　　　　　　　　　B. 雌虫触角

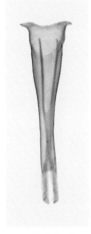

C. 雄虫阳基　　　　　　　　D. 被此蜂寄生的叶蝉卵

图2-39　褐腰赤眼蜂 *Paracentrobia andoi*

褐色；腹部第1~3背板或第1~4背板褐色，第5背板亦有常呈现褐色的部分；前翅透明，但于前缘端部的下方色暗，痣脉的下方有暗色的晕斑，晕纹面积几乎达到翅下缘；翅脉褐色。足浅黄褐色，后足基节及后足腿节中部的大部分为褐色。头部前面观正圆形，略宽于胸部。触角柄节较短，其长仅为梗节的1.5倍左右；梗节粗大，其长为近端部最宽处的2倍；环状节扁平，呈鳞片状，共2节；索节2节，二者相连处宽阔，且均宽大于长；棒节3节，长为梗节的2倍，中间1节最大，其基缘较平直，长、宽几乎相等，各节紧密相接。前翅长为其最宽处的2倍，翅端圆弧形；前翅缘前脉与缘脉的长度相似；翅面纤毛稠密，纤毛于痣脉之外分布散乱，不成毛列；缘毛较短，长仅为翅面的1/5~1/4。腹部长锥形，与头、胸部之和几乎等长，末端较钝尖。产卵器末端露出腹末不明显。

雄虫体色及大部分特征与雌虫相似，外生殖器细长，明显分为阳基和阳茎两部分，阳基简单呈管状，上端较宽，下端窄，呈喇叭形，长约为端宽的10倍，阳基侧瓣等构造分化不明显，阳茎长于其内突，两者全长约为阳基长的1.2倍。

寄　主　黑尾叶蝉等叶蝉科昆虫。

分　布　我国见于安徽、江苏、上海、浙江、江西、湖北、湖南、四川、台湾、福建、广东、海南、广西、贵州、云南、河南。国外分布于日本、马来西亚、朝鲜、菲律宾、泰国。

毛翅赤眼蜂属 *Chaetostricha* Walker, 1851

体型通常细长，头窄于中躯；雌、雄虫触角相似；环状节2节；索节2节，第1节极小，斜接于第2节一侧，第2节长，圆筒形，上具1个条形感觉器；棒节3节，长而尖。前翅翅面中等宽圆，长约为宽的2倍；翅脉不呈"S"形弯曲，较长，为翅长的1/2；翅面纤毛排列规则，具中肘横毛列；缘脉长而直，痣脉基部通常明显收窄。前足胫节外侧常有齿状突。雌虫产卵管长，明显伸出腹部末端。

本属寄生蜂主要寄生半翅目长蝽科、盲蝽科，鞘翅目叶甲科，膜翅目叶蜂科，鳞翅目毒蛾科、螟蛾科等昆虫的卵。

13. 印度毛翅赤眼蜂 *Chaetostricha terebrator* Yousuf & Shafee, 1985

特　征　见图2-40。

雌虫体长0.5~0.7mm。体黄褐色；触角黄褐色；复眼、单眼红色；产卵器黄褐色；足腿节以下浅黄褐色，其余黄褐色；翅透明，翅脉浅褐色，翅基部至痣脉翅面部分为烟褐色。触角索节2节，连接紧密呈短筒形，第1索节极小，斜接于第2索节一侧；棒节各节近等长，具条形感觉

器。前翅长约为宽的2倍，翅脉伸至翅长的1/2；缘脉与亚缘脉近等长，为痣脉长的2倍；翅面纤毛排列规则；前翅最长缘毛为翅最宽处的2/5；前翅长于后翅，后翅最长缘毛与前翅最长缘毛近等长。腹部略长于头、胸部之和。产卵器长于腹部，末端明显伸出腹末，露出腹末端部分的长度与跗节长度相当。

雄虫与雌虫外形、体色相似。

寄　主　未知。

分　布　国内见于云南、广东、广西、湖北、福建、新疆。国外分布于印度。

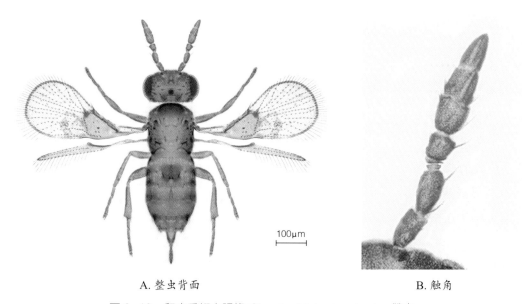

A. 整虫背面　　　　　　　　　　　　B. 触角

图 2-40　印度毛翅赤眼蜂 *Chaetostricha terebrator* 雌虫

缨小蜂科 Mymaridae

体小，科内含有一些地球上最小的昆虫，俗称仙女蜂（fairy flies）。体长0.2～1.8mm；无金属光泽，常呈黄色至黑色，具浅色或暗色的斑纹。头部有3条明显的隆脊，即中单眼下方有1横向的沟或脊，及其两端沿内眼眶呈竖向的脊。触角膝状；雌性触角索节5～8节，棒节膨大，1～3节；雄性触角常长丝状，鞭节9～11节。触角窝间距大于至复眼的距离，一般着生位置很高。中胸背板常具完整的盾纵沟；小盾片大，常横分为前、后小盾片。翅狭长，边缘具或长或短的缘毛，前后翅基部均为柄状；前翅缘脉明显变短或不发达，痣脉短，无后缘脉；后翅有时缩小，甚至退化消失。跗节多4或5节（分类依据）。并胸腹节常较长。腹部具长的腹柄节或仅缢缩或宽阔与胸部相连。产卵管隐藏。

缨小蜂科是飞虱、叶蝉等水稻害虫的重要自然控制因子，内寄生于昆虫的卵，主要为飞虱（占已知寄主的45%）、叶蝉、网蝽、盲蝽、象甲、龙虱及啮虫目昆虫。少数为鳞翅目、脉翅目、直翅目、蜻蜓目昆虫的卵及蚧总科昆虫等，但其中多数尚需证实。以单寄生为主，少数聚寄生。一般喜好在较新鲜的寄主卵上产卵。有数种已被成功地用于生物防治，最知名的为防治新西兰及南欧、南非、南美等地的桉树象甲的短胸缨小蜂 *Anaphes nitens*。

全世界广布，已知161属1400余种，我国34属150余种（金香香，2014）。本书介绍了我国稻区常见缨小蜂10属28种。

中国常见缨小蜂科天敌分种检索表

1. 足跗节5节 ·· 2
   足跗节4节 ··· 10

2. 腹柄节不明显，腹部第1节不收窄；内悬骨伸入腹部。雌虫触角索节5节；前翅翅脉下后缘具深切口（微翅缨小蜂属 *Alaptus*）。体长小于0.5mm；体黄褐色；前翅下缘无纤毛；触角棒节上具2个较大的长感觉器 ····································· 暗微翅缨小蜂 *Alaptus fusculus*
   腹柄节明显或腹部第1节收窄；内悬骨不伸入腹部 ····································· 3

3. 体长通常小于0.5mm；翅端部弯曲，翅后缘略凹缺；雌虫索节7节（弯翅缨小蜂属 *Camptoptera*）
   ··· 4
   体长通常大于0.5mm；翅端部不弯曲，翅后缘不凹缺；雌虫索节8节（柄翅缨小蜂属 *Gonatocerus*）
   ··· 5

4. 体黄色；雌虫第3索节长是第1索节的2倍以上 ········· 日本弯翅缨小蜂 *Camptoptera japonica*
   体暗褐色；雌虫第3索节长是第1索节的1～2倍 ····· 小颚弯翅缨小蜂 *Camptoptera minorignatha*

5. 前胸背板分3叶 ··· 6
   前胸背板分2叶 ··· 9

6. 索节第1节最短，第2、3节长于其他各节，第4节不短于第5～8节，索节第4～8节和棒节上有明显的条形感觉器；雌虫体暗褐色，腹基部颜色较浅 ···· 瘤额柄翅缨小蜂 *Gonatocerus kabashae*
   索节第1～4节长度相当，均短于索节第5～8节 ·· 7

7. 前翅长大于宽的4倍，前翅缘脉下的纤毛不少于后部翅面。体淡黄褐色，触角柄节和腹部第1、2节淡黄色，索节第5～8节和棒节上有条形感觉器，棒节有4～5个条形感觉器 ····················
   ··· 金色柄翅缨小蜂 *Gonatocerus chrysis*
   前翅长小于宽的4倍，前翅缘脉下纤毛少于后部翅面 ······································· 8

8. 翅面宽，长为宽的3倍不到；索节第6节不具有条形感觉器 ······································
   ··· 短毛柄翅缨小蜂 *Gonatocerus brachychaetus*

翅面窄，长大于宽的3倍；索节第5~8节均具有感觉器···
·· 那若亚柄翅缨小蜂 *Gonatocerus narayani*

9. 并胸腹节有中脊；前翅缘脉下无毛；大体黑褐色；触角第5~8节和棒节上具有明显的条形感
觉器······································· 黑色柄翅缨小蜂 *Gonatocerus ater*
并胸腹节中脊不明显；前翅缘脉下有毛；胸部和腹部有黄褐斑相间；触角第7、8节和棒节上
具条形感觉器·· 斑胸柄翅缨小蜂 *Gonatocerus tarae*

10. 胸腹间具明显腹柄节··· 11
胸腹间无明显腹柄节··· 17

11. 前翅如孔雀毛状，具有细长的翅柄，最长缘毛长于翅面宽；后翅很细似丝状或短棒状（缨小
蜂属 *Mymar*）·· 12
前、后翅不如上述··· 13

12. 后翅长，伸达前翅翅面····························· 斯里兰卡缨小蜂 *Mymar taprobanicum*
后翅短，不到前翅翅柄的1/2······························· 模式缨小蜂 *Mymar pulchellum*

13. 触角窝具小凹陷，棒节粗大，其长度占触角长的1/4；翅最长缘毛短于翅面宽（钝毛缨小蜂属
Himopolynema）；体黑褐色；棒节具有3~4个长感觉器···
·· 叶蝉钝毛缨小蜂 *Himopolynema hishimonus*
触角窝不具有凹陷，棒节不如上述；翅最长缘毛长于翅面宽···························· 14

14. 前翅翅面窄，宽度不到翅长的1/4，后翅略短于前翅；触角柄节正常（毛翅缨小蜂属
Chaetomymar）。体大致黄色；触角棒节褐色，上具条形感觉器；前翅缘脉与翅端有浅褐色带
斑 ······································· 异色毛翅缨小蜂 *Chaetomymar bagicha*
前翅翅面宽约为翅长的1/4，后翅明显短于前翅；触角柄节膨大（多线缨小蜂属 *Polynema*）···
·· 15

15. 前胸背板不分叶，并胸腹节中有短中脊。触角棒节具4个长条形感觉器·····················
·· 短脊多线缨小蜂 *Polynema brevicarinae*
前胸背板分叶，并胸腹节光滑··· 16

16. 体黑褐色；前翅翅脉下方暗褐色；棒节具至少3个长条形感觉器·························
·· 马纳尔多线缨小蜂 *Polynema manaliense*
体黄色至淡褐色；翅透明；棒节仅有2个感觉器····················· 多线缨小蜂 *Polynema* sp.

17. 触角棒节仅1节；缘脉上有2~3根刚毛；体色浅，淡黄至浅褐色····················· 18
触角棒节1~2节，如为1节，缘脉上无刚毛；体色深，棕褐至黑色················· 25

18. 触角棒节长度占到触角长的1/5以上，雌虫索节5节（部分6节）；前翅翅面纤毛散乱；内悬骨
不伸入腹部（爱丽缨小蜂属 *Erythmelus*）。前翅翅面几乎无纤毛；雌虫触角索节5节·········
·· 平缘爱丽缨小蜂 *Erythmelus rex*

触角棒节长度不及触角长的1/5，雌虫索节6节；前翅翅面至少有1列规则排列的纤毛（缨翅
缨小蜂属 *Anagrus*）……………………………………………………………………………… **19**

19.索节第2节长于第1索节的5倍以上，占触角长的1/3；体淡褐色，头、中胸和腹部第1～5节
深褐色；前翅翅面下缘无纤毛 ……………………… 半光缨翅缨小蜂 *Anagrus semiglabrus*
索节第2节长度不及第1节的5倍，不及触角的1/3 ……………………………………… **20**

20.触角索节第1节特别短，不到梗节长的1/2…………………………………………………… **21**
触角索节第1节几乎与梗节等长 ……………………………………………………………… **24**

21.体淡黄色；中胸背板中脊明显；触角棒节有长短不一的2个感觉器 …………………………
……………………………………………………… 浅黄缨翅缨小蜂 *Anagrus flaveolus*
体色不单一；中胸背板中脊不明显 ………………………………………………………… **22**

22.前翅翅面密布纤毛不存在无毛区 ……………………… 稻虱缨小蜂 *Anagrus nilaparvatae*
前翅翅面下后缘有无毛区 …………………………………………………………………… **23**

23.头部、中胸上半腹基部深褐色；触角索节第1节长约为梗节的1/2 …………………………
………………………………………………………… 伪稻虱缨小蜂 *Anagrus toyae*
后胸柄胸腹节浅褐色，腹尾部2节黄色；触角索节第1节长约为梗节的1/3 …………………
……………………………………………………… 黄尾缨翅缨小蜂 *Anagrus flaviapex*

24.产卵器伸出腹部末端长仅为后足跗节长的1/5…………… 蔗虱缨小蜂 *Anagrus optabilis*
产卵器长，伸出腹部末端长与后足跗节长相当 ………… 长管缨翅缨小蜂 *Anagrus perforator*

25.翅面较宽，宽度大于翅长的1/5；触角柄节有横脊纹（裂骨缨小蜂属 *Schizophragma*）。体黑
色，腹部第1、2节淡褐色；小盾片后缘有凹陷；触角棒节第2节有1个长条形感觉器与该节
等长 ……………………………………………… 微小裂骨缨小蜂 *Schizophragma parvula*
翅面窄，宽度不到翅长的1/5；触角柄节无横脊纹（长缘缨小蜂属 *Anaphes*）…………… **26**

26.触角棒节1节；产卵管明显伸出腹末端 ……………… 负泥虫缨小蜂 *Anaphes nipponicus*
触角棒节2节；产卵管伸出腹末端不明显 ………………………………………………… **27**

27.头与胸几乎等宽；触角棒节第2节端有2～3个长条形感觉器；体黑褐色，中后足黑褐色 ……
…………………………………………………… 黑足长缘缨小蜂 *Anaphes pullicrurus*
头宽于胸；触角棒节第2节端仅有1个长条形感觉器；体棕褐色，足均为黄色 …………………
…………………………………………………… 象甲长缘缨小蜂 *Anaphes victus*

缨翅缨小蜂属 *Anagrus* Haliday, 1833

体色浅，淡黄色至浅褐色。足跗节4节。胸、腹间无明显腹柄节，内悬骨伸入腹部。雌虫索节6节；棒节仅1节，长度不及触角长的1/5；雄虫鞭节11节。后小盾片分成2个三角形部分。前翅缘脉上方有3根刚毛，翅面至少有1列规则排列的纤毛，见图2-41。

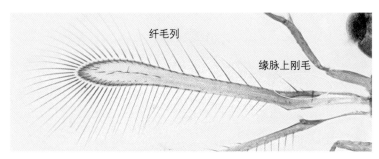

图2-41　缨翅缨小蜂属（半光缨翅缨小蜂 *Anagrus semiglabrus*）的前翅特征

本属形态种间、种内的变异较大，不同分类学者所用特征不统一，分类上较混乱，同物异名现象较普遍。本书介绍我国稻区常见的7种缨翅缨小蜂，尤以稻虱缨小蜂、蔗虱缨小蜂、长管缨翅缨小蜂3种相似度较高，极易混淆，为便于识别，列出其主要形态识别特征（表2-2）。此外，本属还有一种前人文献中报道较多的拟稻虱缨小蜂 *Anagrus paranilaparvatae*，但笔者近年收集的标本中几乎没有该种缨小蜂，因此未录入本书，该种与蔗虱缨小蜂极其相似，区别在于其产卵器从腹部第1节腹板前端伸出，而后者的产卵器从腹板第2、3节间伸出。早期的研究可能将蔗虱缨小蜂误作拟稻虱缨小蜂。

表2-2　我国稻区缨翅缨小蜂属 *Anagrus* 3种常见近似种的主要形态识别特征

缨小蜂名称	雌虫触角形态及描述	产卵器伸出腹末部分长度相当于后足跗节的比例
稻虱缨小蜂 *A. nilaparvatae*	第1索节最短，长约为梗节（次短）的1/3；柄节端部膨大	1/4，明显较短
蔗虱缨小蜂 *A. optabilis*	第1索节次短，略长于梗节（最短）；柄节无明显膨大	1/5，明显较短
长管缨翅缨小蜂 *A. perforator*	第1索节次短，略长于梗节（最短）；柄节中央明显膨大	约等长，明显较长

本属寄主广泛,已知至少可寄生6目20科约137种昆虫的卵。

14. 稻虱缨小蜂 *Anagrus nilaparvatae* Pang & Wang, 1985

特　征　见图2-42。

雌虫体长0.65～0.79mm。体黄褐色,头顶、口器、触角第1～3节浅黄或浅褐色,触角第4～9节、中胸盾片的前部暗褐色;胸、腹间无明显腹柄节。复眼黑褐色,单眼红色。雌虫触角9节,柄节内侧具若干平行横斜纹,第1索节最短,长约为梗节的1/3,约为第2索节的1/4,棒节仅有1节,长度不及触角长的1/5;雄虫触角13节,第3节明显色淡。雌虫触角中胸背板中脊不明显。

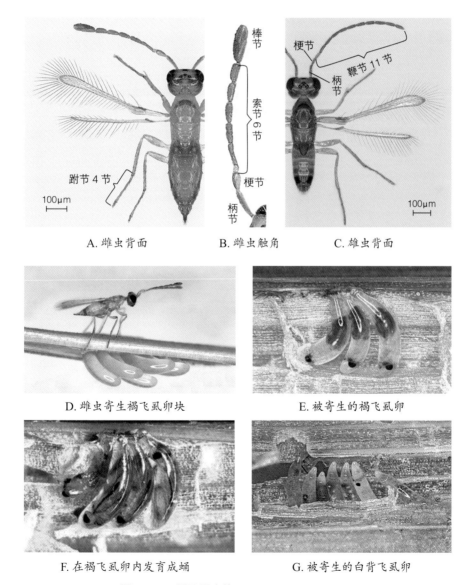

A. 雌虫背面　　　B. 雌虫触角　　　C. 雄虫背面

D. 雌虫寄生褐飞虱卵块　　　E. 被寄生的褐飞虱卵

F. 在褐飞虱卵内发育成蛹　　　G. 被寄生的白背飞虱卵

图2-42　稻虱缨小蜂 *Anagrus nilaparvatae*

前翅翅面密布纤毛，不存在无毛区，自缘脉基部的后方沿翅中央有1毛列，翅最宽端分布不规律纤毛。后翅短于前翅，甚狭窄。产卵管向后伸出于腹部末端部分长度相当于后足跗节长的1/4。

雄虫体长0.60～0.65mm，体色及体型特征与雌虫相似，但触角细长，鞭节有11节，索节第1节略短于梗节。

寄　主　褐飞虱、灰飞虱、白背飞虱、稗飞虱、伪褐飞虱、拟褐飞虱、黑边黄脊飞虱、黑面飞虱、黄脊飞虱、大褐飞虱、长绿飞虱等飞虱科昆虫。

分　布　国内见于安徽、江苏、上海、浙江、江西、湖北、湖南、四川、福建、台湾、广东、广西、贵州、云南、陕西、辽宁、黑龙江。国外分布于韩国、日本、菲律宾、印度尼西亚、马来西亚、泰国、印度、孟加拉国、尼泊尔、斯里兰卡、巴基斯坦、毛里求斯、俄罗斯、美国。

15. 蔗虱缨小蜂 *Anagrus optabilis* (Perkins, 1905)

异　名　*Anagrus panicicolae* Sahad, 1984；*Paranagrus osborni*（Fullaway, 1919）。

特　征　见图2-43。

雌虫体长约为0.8mm，雄虫体长约为0.7mm；体色黄色。胸、腹间无明显腹柄节。雌虫触角9节，其中梗节最短，第1索节略长，次短；棒节仅有1节，为纺锤形，长度不及触角长的1/5，长为宽的3倍。产卵管略伸出腹部末端，长度仅为后足跗节长的1/5。

雄虫与雌虫大体相似，触角为13节，梗节最短。

本种与稻虱缨小蜂、拟稻虱缨小蜂均极其相似，需注意识别。

寄　主　灰飞虱、褐飞虱、白背飞虱、丽中带飞虱、黑边梅塔飞虱等飞虱科昆虫，有时还

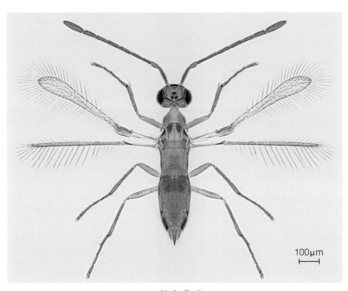

100μm

A. 整虫背面　　　　　　　　　　B. 触角

图2-43　蔗虱缨小蜂 *Anagrus optabilis* 雌虫

能寄生叶蝉。

分　布　国内见于浙江、江苏、上海、安徽、江西、湖北、湖南、广东、四川、陕西、新疆、台湾。国外分布于日本、韩国、越南、菲律宾、马来西亚、印度、泰国、斯里兰卡、印度尼西亚、澳大利亚、斐济、毛里求斯、南非、萨摩亚及关岛、夏威夷群岛。

16. 长管缨翅缨小蜂 *Anagrus perforator* (Perkins, 1905)

异　名　*Anagrus longitubulosus* Pang & Wang, 1985；*Paranagrus perforator* Perkins, 1905。

中文别名　长管稻虱缨小蜂、长管飞虱缨小蜂、长管缨小蜂。

特　征　见图2-44。

雌虫体长0.70～0.79mm，胸宽与头宽相似。体黄褐色；头顶、口器、触角第4～9节、中胸盾片的前部暗褐色；复眼黑褐色，单眼红色。触角柄节内侧具若干平行横斜纹；梗节明显最短，第1索节略长，次短；棒节纺锤形，长为宽的3倍。前翅翅面上自缘脉基部的后方沿翅中央有1规则排列的毛列，最长缘毛约为翅长的1/4。后翅短于前翅，甚狭窄，后缘有1列纤毛；后缘中间缘毛最长。产卵管明显较长，向后伸腹部末端部分约与后足跗节等长。

本种与稻虱缨小蜂很相似，应注意识别。

寄　主　褐飞虱、白背飞虱、灰飞虱等飞虱科昆虫。

分　布　国内见于广东、广西、浙江、福建、江苏、安徽、江西、湖北、湖南、四川。国外分布于日本、孟加拉国、澳大利亚、斐济及夏威夷群岛。

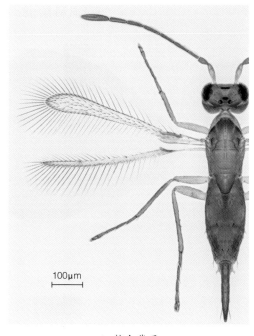

100μm

A. 整虫背面　　　　　　　　B. 整虫侧面　　　　　C. 触角

图2-44　长管缨翅缨小蜂 *Anagrus perforator* 雌虫

17. 伪稻虱缨小蜂 *Anagrus toyae* Pang & Wang, 1985

特　征　见图2-45。

雌虫体长0.6mm，胸与头同宽。体黄褐色；头顶、口器、触角第4～9节、中胸盾片、腹基部及端半部两侧至末端深褐色；复眼黑褐色，单眼红色。触角柄节细长，梗节长梨形；第1索节最短，梗节次短，但明显长于第1索节；棒节长纺锤形，宽约为长的1/4。前翅翅面上自缘脉的端部附近开始沿翅中央至端部有1规则排列的毛列，下方有1片无毛区；最长的缘毛位于后缘近翅端处，长约为翅长的1/4。后翅比前翅短，狭窄，沿前缘自3/4处到翅端有1排纤毛；最长的缘毛位于后缘的中间，比前翅的长缘毛略短。产卵器向后伸出于腹端，伸出部分长相当于后足跗节长的1/5～1/4。

寄　主　黑边梅塔飞虱等飞虱科昆虫。

分　布　国内见于广东、海南。

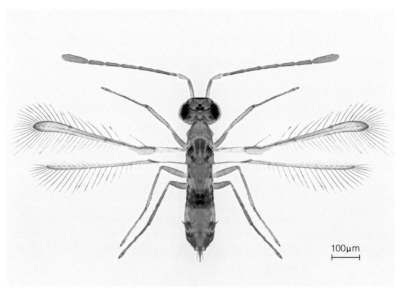

A. 整虫背面　　　　　　　　　　B. 触角

图2-45　伪稻虱缨小蜂 *Anagrus toyae* 雌虫

18. 黄尾缨翅缨小蜂 *Anagrus flaviapex* Chiappini & Lin, 1998

特　征　见图2-46。

雌虫体长0.45mm，头宽于胸部。体黄褐色；头顶、口器、触角第4～9节、中胸盾片、端半部两侧及腹部第1～6节黑褐色；后胸、并胸腹节浅褐色；腹部尾部2节黄色；胸腹间无明显腹柄节。复眼褐色，单眼红褐色。触角柄节细长，梗节长梨形，次短，第1索节最短，长约为梗节的

1/3；棒节长纺锤形，不分节，长不及触角的1/5，宽约为长的1/5，具2个明显的长条形感觉器。中胸背板无明显中脊。前翅翅面自缘脉端部附近开始沿翅中央至端部有1规则排列的毛列，下方无毛；最长缘毛为翅长的1/6。后翅与前翅等长、狭窄，最长缘毛位于中后部的后缘，略短于前翅长缘毛。产卵器伸出腹端部分长相当于后足跗节长的1/5。

寄　主　白背飞虱等飞虱科昆虫。

分　布　国内见于福建。

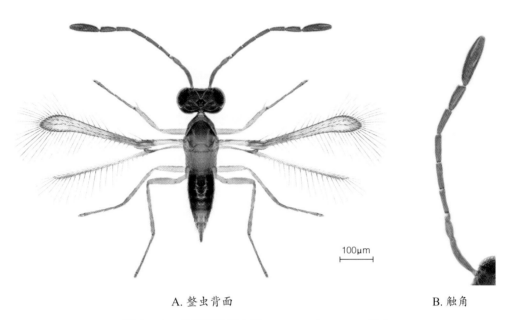

A. 整虫背面　　　　　　　　　　　　　　　　B. 触角

图 2-46　黄尾缨翅缨小蜂 *Anagrus flaviapex* 雌虫

19. 半光缨翅缨小蜂 *Anagrus semiglabru*s Chiappini & Lin, 1998

特　征　见图2-47。

雌虫体长0.50～0.71mm，头略宽于胸部。体淡黄色；头褐色；复眼红色，单眼黄褐色；前胸、中胸及盾片、后悬骨、腹部第1～5节褐色。触角柄节长，背面褐色，腹面黄褐色；梗节梨形，黄褐色；索节与棒节均褐色，索节第2节最长，占触角长的1/3，是第1节的5倍以上，棒节长纺锤形，长于第4～6索节之和，明显有2短1长的3个长条形感觉器。前翅翅面纤毛稀少，仅在中后端见1列纤毛；最长缘毛为前翅长的1/5。后翅短于前翅，狭窄，最长缘毛位于中后部的后缘，略短于前翅长缘毛。产卵器伸出腹末端部分相当于后足跗节长的1/3。

寄　主　未知。

分　布　国内见于福建、江西、辽宁、黑龙江。国外分布于俄罗斯、澳大利亚。

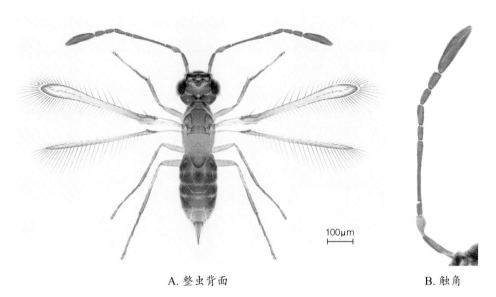

A. 整虫背面   B. 触角

图 2-47　半光缨翅缨小蜂 *Anagrus semiglabrus* 雌虫

20. 浅黄稻虱缨小蜂 *Anagrus flaveolus* Waterhouse, 1913

异　名　*Anagrus armatus* Ashmead, 1988。

特　征　见图 2-48。

雌虫体长 0.40～0.45 mm。体黄至浅黄色；触角 1～8 节浅黄色；棒节褐色。头宽于胸部，胸部中胸盾片 3 条纵脊完整而明显。触角柄节长，梗节梨形；第 1 索节最短，长约为梗节的 1/3；第 2、3 索节长相当，约为第 1 索节的 2 倍；第 4～6 索节进一步变长，棒节长纺锤形，端部有长短不

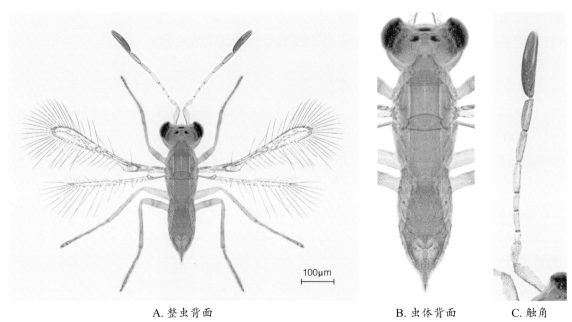

A. 整虫背面   B. 虫体背面   C. 触角

图 2-48　浅黄稻虱缨小蜂 *Anagrus flaveolus* 雌虫

一的2个长条形感觉器。前翅翅面上自缘脉端部附近沿翅中央至端部有1毛列，翅面端部毛列下方无毛，翅最长缘毛为前翅长的1/5。后翅明显短于前翅，狭窄；最长的缘毛位于中后部后缘，与前翅长缘毛长度相当。产卵器基部伸达腹部的基部，向后伸出于腹端，伸出长度相当于后足跗节长的1/5。

寄　主　褐飞虱、白背飞虱、灰飞虱、拟褐飞虱、稗飞虱、玉米花翅飞虱、日本小盾飞虱、叉飞虱、长突飞虱、大青叶蝉、黑尾叶蝉、二点黑尾叶蝉、二条黑尾叶蝉等飞虱科和叶蝉科昆虫。

分　布　国内见于福建、海南、台湾。国外分布于日本、韩国、菲律宾、马来西亚、泰国、印度、孟加拉国、巴基斯坦、斯里兰卡、古巴、美国、海地、牙买加、毛里求斯、巴哈马、巴巴多斯、委内瑞拉。

长缘缨小蜂属 *Anaphes* Haliday, 1833

体色深，棕褐至黑色。足跗节4节。胸腹间无明显腹柄节，内悬骨不伸达腹部。雌虫触角柄节无横纹；索节6节，第1索节明显短于其余索节；触角棒节1～2节。雄虫触角鞭节10～11节。并胸腹节中部具纵沟。前翅亚缘脉中部到前翅后缘具1斜毛列；翅面窄，宽不到翅长的1/5；翅缘毛较长，最长缘毛长于翅面宽。

本属寄主广泛，已知至少可寄生5目19科约107种昆虫的卵。

21. 象甲长缘缨小蜂 *Anaphes victus* Huber, 1997

特　征　见图2-49。

雌虫体长0.88mm。体棕褐色；但触角第2索节及以后各节、各足基节、前后足端跗节淡黄褐色，触角柄节、梗节和第1索节、各足转节、胫节、腿节、前后足第1～3跗节、中足跗节淡黄色；翅脉淡黄色，其余翅面透明。头宽于胸部；头部正面观近圆形，头顶具鱼鳞状横脊纹。触角第1索节最短，端部略斜截；第2索节次短，且明显细于其后各索节；第3～6索节长近等于宽；棒节2节，略呈锥形，分界斜，长约为宽的3倍，略短于第5、6索节之和，与柄节长度相当；索节第3节之后有明显的感觉器；棒节第2节端仅有1个长条形感觉器。前翅翅脉处前后缘近平行，端部略膨大；翅面纤毛较长、稠密、散乱排布；缘毛较长，略长于前翅最宽处。后翅略短于前翅，缘毛略短于前翅缘毛。腹部略长于胸部。产卵管着生于腹部第4节，伸出腹末端不明显。

寄　主　象甲科等鞘翅目昆虫。

分　布　国内分布于海南、贵州。国外分布于美国。

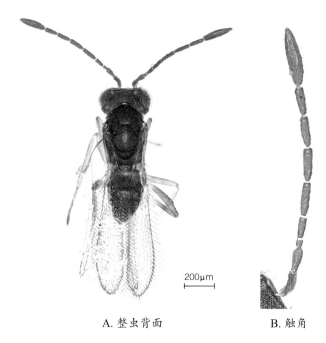

A. 整虫背面   B. 触角

图 2-49   象甲长缘缨小蜂 *Anaphes victus* 雌虫

22. 黑足长缘缨小蜂 *Anaphes pullicrurus* Girault, 1910

异　名   *Patasson pulicrura*: Peck, 1951。

特　征   见图 2-50。

雌虫体长 0.76 mm。体黑褐色；触角除柄节、梗节基部为浅褐色外，其余为黑褐色；前足黄褐色，中后足为黑褐色；翅脉淡黄色，其余翅面透明。头略宽于胸；头部正面观近扁圆形。触角

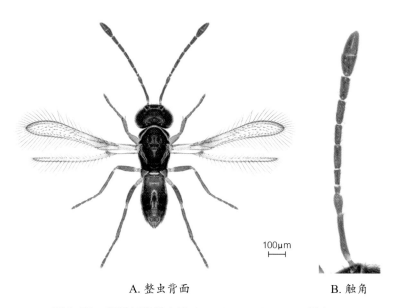

A. 整虫背面   B. 触角

图 2-50   黑足长缘缨小蜂 *Anaphes pullicrurus* 雌虫

第1索节最短，端部略斜截；第2索节次短，但明显短于第3索节，第3～6索节等长，逐渐变粗，第4索节开始有感觉器；棒节2节，第2节端有2～3个长条感觉器，长卵圆形。胸部比腹部略长。前翅窄长，端部尖圆，长约为宽的7倍；翅面纤毛较长、稠密、散乱排布；缘毛较长，约为前翅最宽处的2倍。后翅略短于前翅，缘毛短于前翅缘毛。腹部各节背板上具若干细小纤毛。产卵管着生于腹部第4节，伸出腹末端不明显。

雄虫体长0.64mm。体色及外部形态特征与雌虫基本相似。

寄　主　叶甲科等鞘翅目昆虫。

分　布　国内见于海南、安徽。国外分布于美国。

23. 负泥虫缨小蜂 *Anaphes nipponicus* Kuwayama, 1932

特　征　见图2-51。

雌虫体长0.5～0.7mm。黑色而有光泽，全体着生稀疏的灰白毛。触角柄节及梗节浅褐色，其余各节黑褐色；复眼黑色；足灰黄色，中、后足基节黑色；翅透明而有虹彩，周缘及基部稍带暗色，缘毛及翅面上的纤毛褐色。头略宽于胸；颜面平坦，头顶稍突出。触角9节，柄节圆筒形，基部稍膨大，长为宽的3倍；梗节末端粗大，短于柄节的1/2；索节长过于宽，向末端渐粗，各索节有1感觉孔；棒节1节，纺锤形，具3个长条形感觉器，略短于第5、6索节之和。产卵管明显伸出腹末端。

雄虫体黄褐色，触角12节，比雌虫稍长，约为体长的1.5倍，其余特征与雌虫相似。

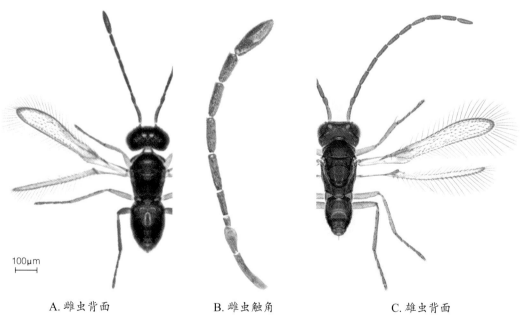

100μm

A. 雌虫背面　　　　　B. 雌虫触角　　　　　C. 雄虫背面

图2-51　负泥虫缨小蜂 *Anaphes nipponicus*

寄　主　稻负泥虫等负泥虫科昆虫；单寄生。

分　布　国内见于浙江、江西、湖北、湖南、福建、广东、贵州、黑龙江。国外分布于日本。

柄翅缨小蜂属 *Gonatocerus* Nees, 1834

体长通常大于0.5mm。头部具角下沟，伸达唇基边缘。雌虫触角索节7～8节，雄虫鞭节11节。前胸背板无横脊。腹柄节明显或腹部第1节收窄，内悬骨不伸入腹部。足跗节5节。前翅翅端部不弯曲，翅后缘不凹缺。

本属是缨小蜂中种类最多、分布最广的属，与杀卵缨小蜂属 *Ooctonus* 关系最近，二者可依据前胸背板、并胸腹节有无横脊等特征进行区分，本属均无横脊，而杀卵缨小蜂属则均有，且并胸腹节的横脊为两边分支的菱形脊。

本属寄主范围广，已知至少可寄生5目12科约57种昆虫的卵。

24. 斑胸柄翅缨小蜂 *Gonatocerus tarae* (Narayanan & Subba Rao, 1961)

异　名　*Gonatocerus miurai* Sahad, 1982；*Gonatocerus clami* Shamim & Shafee, 1984；*Lymaenon tarae* Narayanan & Subba Rao, 1961。

特　征　见图2-52。

雌虫体长0.94～1.16mm。体黄褐色；但前中足、后足（除基节外）、前后翅翅脉淡黄褐色，触角棒节、中胸盾片前半部及产卵管褐色，胸部和腹部黄褐斑相间。头部正面观近圆形；头部横脊短于触角窝之间的距离。触角柄节筒形，中间略膨大；梗节长梨形；索节第7、8节明显粗于之前索节；棒节长卵形；第7、8索节和棒节各具条形感觉器。中胸长略大于宽；后小盾片具刻纹；后胸背板中央部分菱形。前翅缘脉下有毛，长为宽的4倍，翅脉占翅长的2/5，翅面纤毛稠密，散乱排列；缘毛较长，约为前翅最宽处的1/2。后翅略短于前翅，缘毛略长于前翅缘毛。柄胸腹节中脊不明显，腹部略长于胸部。产卵管端部略突出腹末。

雄虫体长0.77～1.17mm。体色及形态特征与雌性大致相同；但触角细长，鞭节11节。

寄　主　褐飞虱、白背飞虱等飞虱科昆虫。

分　布　国内见于海南、江苏、福建、台湾、湖北、湖南、四川、新疆。国外分布于印度、日本。

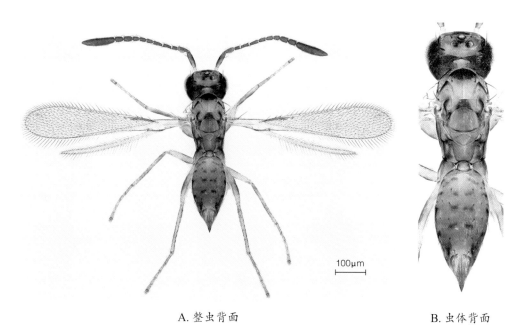

A. 整虫背面 B. 虫体背面

图 2-52　斑胸柄翅缨小蜂 *Gonatocerus tarae* 雌虫

25. 那若亚柄翅缨小蜂 *Gonatocerus narayani* (Subbao Rao & Kaur, 1959)

异　名　*Lmaenon narayani* Subba Rao & Kaur, 1959。

特　征　见图 2-53。

雌虫体长 0.80~1.06mm。体黄褐色；但头顶部、触角棒节、中胸盾中叶和侧叶前半部、前小盾片、并胸腹节、足（转节和跗节除外）及柄后腹基部两节暗黄褐色；翅面其余部分透明。头部正面观近圆形；头部横脊短于触角窝之间的距离。触角柄节棒状，中间略膨大，长约为宽的 3.5 倍；梗节长梨形，长为宽的 2 倍；索节 1~8 节短棒状，依次渐粗大；棒节长锥形；第 1~4 索节等长，短于第 5~8 索节，第 7、8 索节和棒节各具条形感觉器。胸部具细纵纹，前胸背板分 3 叶，中胸盾片长略大于宽的 1/2，小盾片等长于或略短于中胸盾片，长略小于宽，并胸腹节中间光滑。前翅翅面窄，长是宽的 3~4 倍，翅脉占翅长的 1/3，缘脉下纤毛少于后部翅面，翅面纤毛稠密，散乱排列，缘毛较长，约为前翅最宽处的 2/5。后翅短于前翅，缘毛与前翅缘毛等长。腹部略长于胸部，腹柄节不明显。产卵管着生于柄后腹第 2 节，略短于柄后腹，端部稍露出腹末。

雄虫体长 0.88mm。体色及形态特征与雌性大致相同。

寄　主　叶蝉科昆虫，如 *Eucoccosterphus tubercularus* 和 *Sophonia pallidao*。

分　布　国内见于海南、福建、湖北、湖南、新疆。国外分布于印度、泰国。

A. 整虫侧面　　　　　　　　　　　B. 触角

图 2-53　那若亚柄翅缨小蜂 *Gonatocerus narayani* 雌虫

26. 金色柄翅缨小蜂 *Gonatocerus chrysis* (Debache, 1948)

异　名　*Gonatocerus gracilentus* Hellen, 1974；*Lymaenon chrysis* Debauche, 1948。

特　征　见图 2-54。

雌虫体长 0.70～1.04 mm。体淡黄褐色，但头部横脊、触角棒节、中胸盾前半部褐色；翅脉黄褐色，翅面其余部分透明。头部正面观近圆形；头顶具横脊纹；头部横脊短于触角窝之间的距离。触角柄节筒形，中部略膨大；梗节近梨形；索节第 1～4 节明显较短，其中第 1、2 节最短；第 5～8 节较长且长度相当，且渐变宽，均有条形感觉器；棒节长棒状，具 4～5 个条形感觉器。胸部具细小网状刻纹；前胸背板分 3 叶；中胸盾片长略大于宽；后小盾片略短于中胸盾片，长小于宽。前翅狭长，长大于宽的 4 倍；翅脉占翅长的 1/3；缘脉下的纤毛不少于后部翅面；翅面纤毛稠密，散乱排列；缘毛较长，约为前翅最宽处的 3/5。后翅短于前翅；翅面仅前后缘具纤毛列，缘毛比前翅缘毛略短。腹部与胸部长度相当。产卵管着生于柄后腹第 3 节，略短于柄后腹，端部略突出于腹外。

雄虫体长 0.69～0.72 mm。体色及形态特征与雌性大致相同，但触角细长，鞭节 11 节。

寄　主　未知。

分　布　国内见于海南、福建、台湾、四川。

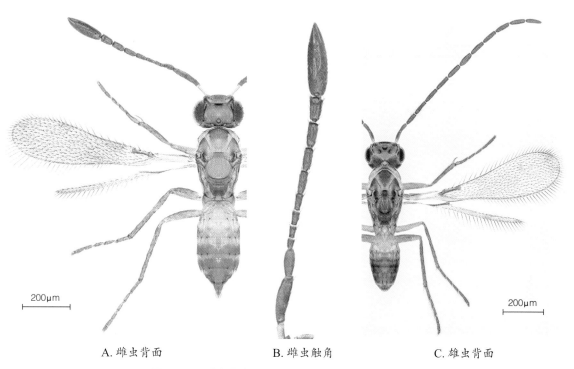

A. 雌虫背面　　　　　　　　　　B. 雌虫触角　　　　　　　　　C. 雄虫背面

图 2-54　金色柄翅缨小蜂 *Gonatocerus chrysis*

27. 瘤额柄翅缨小蜂 *Gonatocerus kabashae* (Debauche, 1949)

异　名　*Lymaenon kabashae* Debauche, 1949。

特　征　见图 2-55。

雌虫体长1.64mm。体深褐色；头顶部、触角柄节至索节第1节、前胸背板、腹柄节及柄后腹1～3节、足、前翅翅脉黄褐色；翅面其余部分透明。头部正面观近圆形；头顶具横刻纹；头部横脊短于触角窝之间的距离。触角柄节筒形，长约为宽的2倍；梗节长梨形；索节第1节最短，第2、3节明显长于其余各节；棒节长锥形；索节第4～8节、棒节各有明显的条形感觉器。胸部具细小刻纹，前胸背板分3叶。前翅宽大，长为宽的3.4倍；翅脉占翅长的1/3；翅面纤毛稠密，散乱排列；缘毛较短。后翅短于前翅，缘毛与前翅缘毛等长。腹部略短于头胸之和。产卵管着生于柄后腹第3节，端部明显突出。

寄　主　未知。

分　布　国内见于海南、江西、福建。国外分布于非洲。

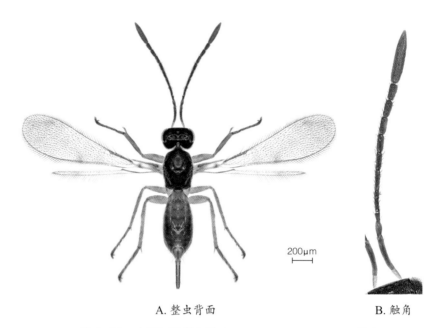

A. 整虫背面　　　　　　　　　　B. 触角

图2-55　瘤额柄翅缨小蜂 *Gonatocerus kabashae* 雌虫

28. 短毛柄翅缨小蜂 *Gonatocerus brachychaetus* Xu & Lin, 2002

特　征　见图2-56。

雌虫体长0.83～0.87mm。体褐色；腿节两端、柄后腹基半部淡黄色；触角及翅脉淡黄褐色；翅面其余部分透明。头部正面观近圆形；头部横脊略长于触角窝之间的距离。触角柄节纺锤形，长约为宽的3倍；梗节近梨形；各索节长均略大于宽；棒节锥形；索节第1～3节长度相

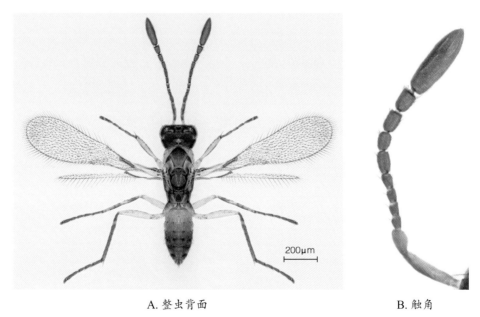

A. 整虫背面　　　　　　　　　　B. 触角

图2-56　短毛柄翅缨小蜂 *Gonatocerus brachychaetus* 雌虫

当，第4节略长于前3节，明显短于索节第5～8节，索节第5～8节中第6节不具有条形感觉器。前胸背板分3叶，中叶无毛；中胸盾片及后小盾片具网状刻纹；小盾片略等长于中胸盾片。翅面宽，翅长不到宽的3倍；缘脉下纤毛少于后部翅面；翅面纤毛短小、稠密，散乱排列；缘毛较长，为翅宽的2/5。后翅短于前翅，翅面端半部纤毛中等稠密，散乱分布，缘毛略短于前翅缘毛。腹部明显长于胸部，但明显短于头胸之和。产卵管着生于柄后腹第4节，明显短于腹长，端部不突出。

寄　主　未知。

分　布　国内见于江苏、浙江、湖南、福建、新疆、北京、辽宁。

29. 黑色柄翅缨小蜂 *Gonatocerus ater* Foerster, 1841

异　名　*Gonatocerus pannonicus* Soyka, 1946；*Lymaenon schmizi* Debauche, 1948；*Lymaenon intermedius* Botoc, 1962；*Lymaenon populi* Viggiani, 1969；*Lymaenon indicus* Subbao Rao & Hayat, 1959；*Lymaenon nigroides* Naray Anan & Subba Rao, 1961；*Lymaenon empoascae* Subba Rao, 1966；*Rachistus ater* Foerster, 1847。

特　征　见图2-57。

雌虫体长0.83～1.17mm。体深褐色；腹部黄褐色；触角柄节和梗节黄色，其余各节浅褐色；足黄色；翅面其余部分透明。头部正面观近圆形，宽略大于高；头顶具网状刻纹；头部横脊短于触角窝之间的距离。触角柄节柱状，中间略膨大，长约为宽的3倍；梗节近梨形；索节第1、2节最短，第3、5节为最长索节，第7、8节逐渐加粗；棒节长锥形；索节第5～8节、棒节各具

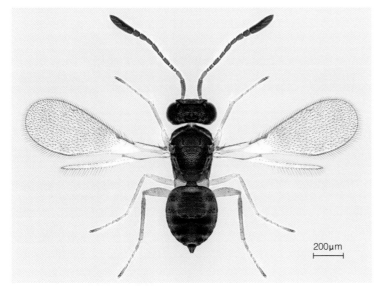  

A. 整虫背面　　　　　　　　　　　　　B. 虫体背面　　　　C. 触角

图2-57　黑色柄翅缨小蜂 *Gonatocerus ater* 雌虫

条形感觉器。胸部具细纵纹；前胸背板分2叶；中胸盾片长为宽的1/2；小盾片略长于中胸盾片，长略小于宽；后胸背板中央部分菱形。前翅中等宽大，长为宽的3.6倍；翅脉占翅长的1/3；缘脉下无毛；翅面纤毛稠密，散乱排列，缘毛较短，不到前翅最宽处的1/3。后翅明显短于前翅，翅面仅前后缘具纤毛列，缘毛略长于前翅缘毛。柄胸腹节有中脊，腹部比胸部略长。产卵管着生于柄后腹第2节，短于柄后腹，端部略突出。

　　寄　主　叶蝉科昆虫，如 *Cicadella viridis*、*Empoasca devastans*、*Sophonia pallida* 等。

　　分　布　国内见于海南、湖北、广西、福建、四川、云南、陕西。国外分布于印度、德国、比利时、罗马尼亚、意大利、芬兰、俄罗斯、英国、澳大利亚。

缨小蜂属 *Mymar* Curtis, 1832

　　足跗节4节。胸腹间具明显腹柄节。雌虫触角柄节细长，长约为宽的5倍，中部缢缩；索节6节，第2索节明显较长；棒节1节。雄虫触角鞭节11节。前翅如孔雀毛状，基部2/3为细长翅柄，最长缘毛长于翅宽；多数种类翅端部具深色翅斑。后翅细长，丝状或短棒状，无膜质翅面。

　　本属主要寄生于飞虱科和叶蝉科昆虫的卵。

30. 模式缨小蜂 *Mymar pulchellum* Curtis, 1829

　　异　名　*Mymar spectabilis* Foerster, 1856；*Mymar vemustum* Girault, 1911；*Pterolinononyktera obenbergeri* Malac, 1943。

　　特　征　见图2-58。

　　雌虫体长0.94 mm。体淡黄褐色；头顶部、柄后腹及前翅端部翅斑、足端跗节黄褐色；触角柄节、索节第4～6节及足端跗节以外均淡黄色，前翅翅面翅斑以外部分透明。头部正面观圆形，宽略大于高。触角柄节与基节愈合，中部缢缩；梗节梨形，略短于第1索节；第2索节为最长节，长度约为之后各节之和，各索节上均无条形感觉器；棒节纺锤形，长为宽的3倍，端部具6条感觉器。中胸盾纵沟明显；小盾片发达，扁圆形，宽明显大于长；并胸腹节大，光滑。前翅膜质部分占整个翅长的2/5，膜质翅面长约为宽的4倍，从基部到端部具1列纤毛，其余散乱排列于翅面靠近前缘部分，端部1/2为褐色翅斑，最长缘毛约为翅最宽处的4倍。后翅短棒状，不到前翅翅柄的1/2，翅缰钩后渐细。足细长，前足胫节端部具1距，端部分2叉。腹柄节光滑，长为宽的5.6倍；柄后腹卵圆形。产卵管着生于柄后腹基部约1/4处，末端不明显伸出腹外。

　　雄虫体色、体型与雌虫相似，但触角细长，鞭节11节。

　　寄　主　未知。

分布 国内见于海南、福建、新疆。国外分布于日本、挪威、英国、丹麦、德国、芬兰、俄罗斯、北美。

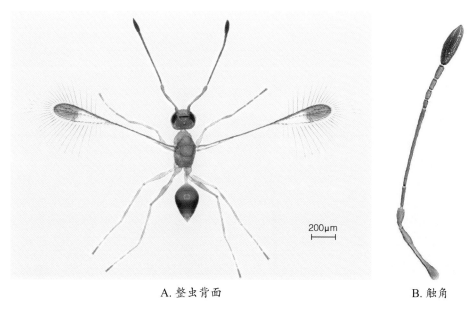

A. 整虫背面   B. 触角

图 2-58　模式缨小蜂 *Mymar pulchellum* 雌虫

31. 斯里兰卡缨小蜂 *Mymar taprobanicum* Ward, 1875

异名 *Mymar tyndalli* Girault, 1912；*Mymar antillanum* Dozier, 1937；*Mymar indica* Mani, 1942；*Mymar tyndalli*: New, 1973；*Oglobliniella aegyptiaca* Soyka, 1950。

中文别名 印度缨小蜂。

特征 见图 2-59。

雌虫体长约 0.98mm。体淡黄褐色；头顶部、柄后腹及前翅端部翅斑、足端跗节黄褐色；触角柄节、索节 4～6 节及足除端跗节外部分均淡黄色；翅面翅痣以外部分透明。头部正面观圆形，宽略大于高。触角柄节与基节愈合，中部缢缩；梗节梨形，略短于第 1 索节；第 2 索节最长，长约为之后各节之和，各索节均无条形感觉器；棒节纺锤形，长为宽的 2 倍，端部具 7 个感觉器。中胸盾片发达，小盾片发达，扁圆形，宽明显大于长；后胸背板月牙状；并胸腹节大，光滑。前翅膜质部分略短于整个翅长的 1/2，长为宽的 4.5 倍，从基部到端部具 1 列纤毛，其余散乱排列于翅面靠近前缘部分，端部翅斑占整个膜质翅面的 2/5，最长缘毛约为膜质部分最宽处的 4 倍。后翅长鞭状，约为前翅长的 3/5，长于前翅翅柄而伸达前翅翅面，翅缰钩后渐细。足细长，前足胫节端部具 1 距，端部分 2 叉。腹柄节光滑，长为宽的 5 倍；柄后腹卵圆形。产卵管着生于柄后腹基部约 1/4 处，末端不明显伸出腹外。

雄虫体长 0.74mm。体色基本同雌虫；但触角细长，鞭节 11 节。

寄　　主　黑尾叶蝉、褐飞虱等叶蝉科和飞虱科昆虫。

分　　布　国内见于海南、广东、福建、台湾、湖北、江西、云南、西藏、新疆、北京、辽宁、吉林、黑龙江。国外分布于日本、韩国、菲律宾、泰国、印度、斯里兰卡、俄罗斯、法国、希腊、意大利、西班牙、澳大利亚、新西兰、美国、哥斯达黎加、马达加斯加、南非、摩洛哥、埃及、肯尼亚、哥伦比亚。

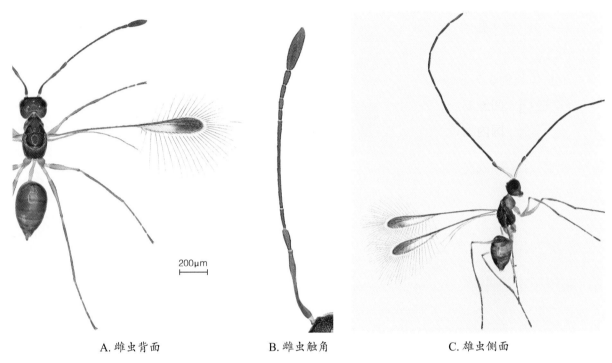

A. 雌虫背面　　　　　　　B. 雌虫触角　　　　　　　C. 雄虫侧面

图 2-59　斯里兰卡缨小蜂 *Mymar taprobanicum*

钝毛缨小蜂属 *Himopolynema* Taguchi, 1977

足跗节4节；胸腹间具明显腹柄节。颜面靠近触角窝具小凹陷；触角：雌虫索节6节，棒节1节，粗大，占触角长的1/4；雄虫鞭节11节。翅最长缘毛短于翅面宽。并胸腹节中部具1纵沟。

本属已知寄主的种类主要为半翅目叶蝉科昆虫。

32. 叶蝉钝毛缨小蜂 *Himopolynema hishimonus* Taguchi, 1977

特　　征　见图2-60。

雌虫体长约0.91mm。全体黑褐色，但触角梗节、各足第1～3跗节、前足胫节、中后足转节和胫节基半部、腹柄节均淡黄褐色，前翅翅脉淡褐色，翅面透明。头部正面观近圆形，宽略大于高；头部横脊略短于两触角窝之间的距离；头顶、颜面及两颊区具明显细小端钝刚毛。触角柄节粗棒状，中间略膨大，上具横向刻纹；梗节长锥状；索节第1节最短，第1、3节较细，第4～6节较粗，且其基部略窄、端部略宽；棒节卵圆形，长约为宽的3倍，与第2～6索节之和等长，其上具3～4个长感觉器。胸部明显长于腹部。前翅长约为宽的4倍；翅脉伸达翅长的1/3；翅面纤毛稠密，散乱排列于翅脉之下；最长缘毛略短于前翅最宽处。后翅略短于前翅，缘毛较长，短于前翅缘毛。腹部长卵形，短于胸部；腹柄节细长，长约为宽的3倍。产卵管发达，着生于柄后腹基部，末端稍露出腹末。

雄虫体长约0.77mm。体色及形态特征与雌性大致相同，但触角细长，鞭节11节。

寄　主　凹缘菱纹叶蝉等叶蝉科昆虫。

分　布　国内见于海南、广东。国外分布于日本、印度。

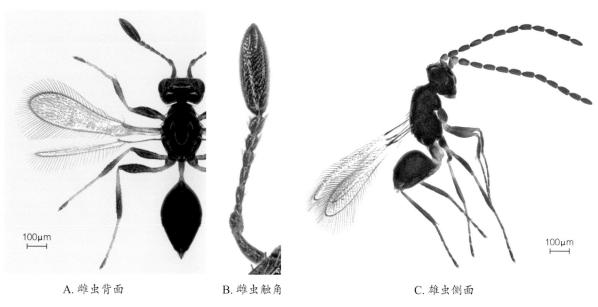

A. 雌虫背面　　　　　　B. 雌虫触角　　　　　　C. 雄虫侧面

图 2-60　叶蝉钝毛缨小蜂 *Himopolynema hishimonus*

毛翅缨小蜂属 *Chaetomymar* Ogloblin, 1946

足跗节4节；胸腹间具明显的腹柄节。上颚3齿，端部弯曲。雌虫触角柄节棒状，梗节长锥状，索节6节，棒节1节、不粗大，长度不及触角长的1/4；雄虫触角鞭节11节，触角窝不具有凹陷。前胸背板完整或有纵裂，具粗钝的长刺毛；中胸盾片的三角片上各具1支粗钝的长刺毛。前胸侧板具2根或更多的短刚毛。前翅翅面窄，宽度不及翅长的1/4，最长缘毛长于翅面宽；后翅略短于前翅。

据记载本属可寄生于半翅目叶蝉科和鳞翅目潜蛾科昆虫的卵。

33. 异色毛翅缨小蜂 *Chaetomymar bagicha* (Narayana & Subba Rao, 1960)

异　名　*Polynema bagicha* Narayana & Subba Rao, 1960。

特　征　见图2-61。

雌虫体长0.7～0.9mm。体黄褐色，触角柄节、梗节、索节黄褐色，棒节黑褐色，上具条形感应器；复眼黑色；足黄褐色；跗节末节黑褐色；翅透明，翅脉褐色，前翅缘脉与翅端有浅褐色带斑。头部正面观近扁圆形，宽略大于高；头部横脊略短于两触角窝之间的距离。触角柄节棒状，中间略膨大；梗节长锥状；索节各节圆筒形，第1节最短，第2～3节最长且几乎等长，约为第1节的2.5倍，第4～6节逐渐缩短；棒节纺锤形，长为宽的4倍以上，其上具3个条形感觉器。胸部明显长于腹部；并胸腹节纵沟两侧平行。前翅细长，宽为长的1/6；翅面纤毛稠密，散乱排列于翅脉之下；缘毛较长，约为前翅最宽处的1.2倍。后翅略短于前翅，缘毛较长，短于前翅缘毛。腹部长卵形，末端短尖，腹柄节细长，长约为宽的3倍。产卵管发达，着生于柄后腹基部，末端稍露出腹末。

寄　主　叶蝉科昆虫。

分　布　国内见于福建。国外分布于印度。

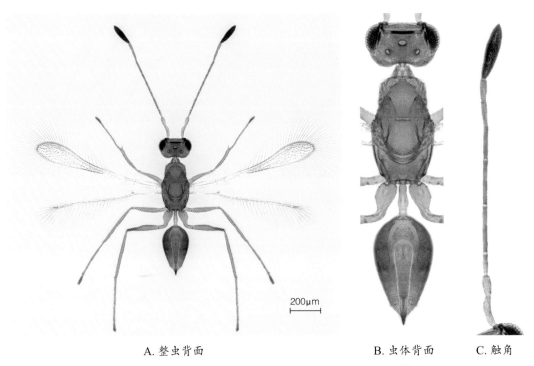

A. 整虫背面　　　　　　　　　　　　B. 虫体背面　　C. 触角

图2-61　异色毛翅缨小蜂 *Chaetomymar bagicha* 雌虫

多线缨小蜂属 *Polynema* Haliday, 1833

体暗褐色到黑色。足跗节4节；胸腹间具明显腹柄节。触角：雌虫柄节膨大，并与基节愈合，索节6节，棒节1节；雄虫鞭节11节。颜面触角窝不具有凹陷。前翅缘脉和痣脉愈合，翅面宽约为翅长的1/4，缘毛长为翅面宽的1/2；后翅明显短于前翅。柄后腹基部伸入腹柄节；并胸腹节光滑或中部具脊。

本属寄生蜂的寄主较广，据报道可寄生于半翅目蚜科、叶蝉科、角蝉科，鳞翅目麦蛾科，双翅目蚊科、瘿蚊科，鞘翅目象甲科，直翅目螽斯科，以及膜翅目金小蜂、蚜小蜂、广肩小蜂等昆虫的卵。

34. 马纳尔多线缨小蜂 *Polynema manaliense* Hayat & Binte, 1999

特　征　见图2-62。

雌虫体长0.8～0.9mm。体大部分黑褐色，但触角支角突至第2索节均黄褐色，第3索节至棒节均褐色，腹柄节黄褐色；翅透明，翅脉褐色；前翅缘脉下方有暗褐纹；足除跗节端部两节褐色外，均浅黄褐色。头宽大于长。触角柄节圆筒形，腹面具弱网状刻纹；梗节圆锥形，近光滑，长为宽的1.6倍；各索节均长大于宽，第2索节最长；棒节长为宽的2.6倍，端部具3～4个条形感觉器。前胸背板完整，完全分为左右2叶；中胸盾片长于前胸背板；小盾片呈矩形；后胸背板窄；并胸腹节近光滑，后部无中脊；腹柄长大于宽，略长于后足基节。前翅翅面宽约为翅长的1/4，翅面密被纤毛。后翅窄，明显短于前翅。产卵器始于腹基部，不伸出或略伸出腹端。

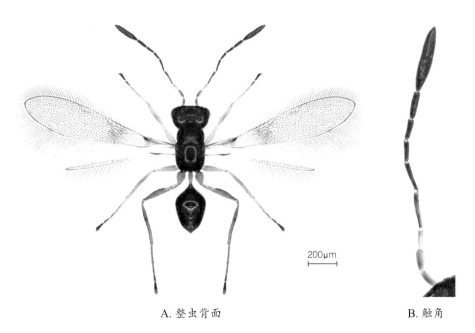

200μm

A. 整虫背面　　　　　　　　　　B. 触角

图2-62　马纳尔多线缨小蜂 *Polynema manaliense* 雌虫

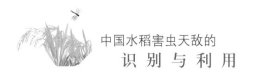

寄 主 未知。

分 布 国内见于四川。国外分布于印度。

35. 短脊多线缨小蜂 *Polynema brevicarinae* Annecke & Doutt, 1961

异 名 *Polynema indica* Narayanan & Subba Rao, 1961；*Polynema truncata* Narayanan & Subba Rao, 1961。

特 征 见图2-63。

雌虫体长0.9～1.0mm。体大部褐色，但触角柄节至索节第4节黄褐色，第5索节至棒节逐渐变深；腹柄节黄褐色；腹部浅褐色；翅透明，翅脉褐色；足浅黄褐色。头宽大于长。触角柄节圆筒形，腹面具刻纹；梗节圆梨形，光滑，长为宽的1.5倍；各索节均长大于宽，第2索节最长，第3～6索节渐短；棒节长为宽的2倍，端部具4个长条形感觉器。前胸背板不分叶；中胸盾片略长于前胸背板；小盾片呈矩形；后胸背板窄；并胸腹节近光滑，后部具短中脊；腹柄长大于宽，长于后足基节与转节之和。前翅宽为长的1/5，翅面密被纤毛；缘毛长，与翅最宽处等长。后翅窄、短于前翅，最长缘毛短于前翅最长缘毛。产卵器始于腹基部，明显伸出腹部末端，伸出部分占腹部长度的1/6。

寄 主 未知。

分 布 国内见于贵州。国外分布于印度。

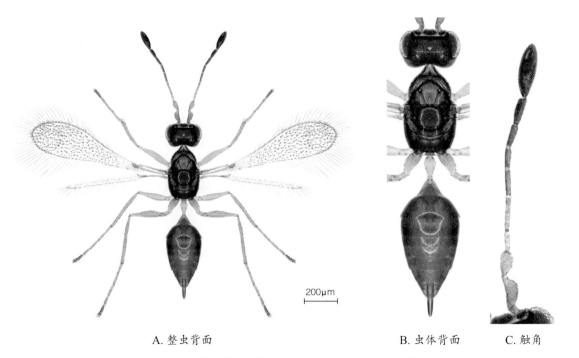

A. 整虫背面　　　　　　　　　　B. 虫体背面　　　C. 触角

图2-63　短脊多线缨小蜂 *Polynema brevicarinae* 雌虫

36. 多线缨小蜂 *Polynema* sp.

特　征　见图 2-64。

雌虫体长 0.7～0.9mm。体黄褐色至褐色，但腹柄节和足（端跗节除外）黄色；翅透明，翅脉黄褐色。头宽大于长。触角柄节圆筒形，腹面具弱网状刻纹；梗节圆筒形，末端略粗，光滑，长约为宽的 1.5 倍；各索节均长大于宽，索节第 1 节最短，第 2 索节最长，第 3 节略短于第 2 节，此后 3～6 节逐渐缩短；棒节长为宽的 3 倍，端部具 2 个条形感觉器。前胸背板分叶；中胸盾片明显长于前胸背板；小盾片呈梯形；并胸腹节近光滑，无中脊；腹柄长稍大于宽，略短于后足的基节。前翅宽约为长的 1/4，翅面密被纤毛；缘毛长，略短于翅最宽处。后翅窄，明显短于前翅，最长缘毛为前翅最长缘毛的 1/3。产卵器始于腹基部，略伸出腹部末端。

寄　主　未知。

分　布　国内见于安徽、江西、浙江。

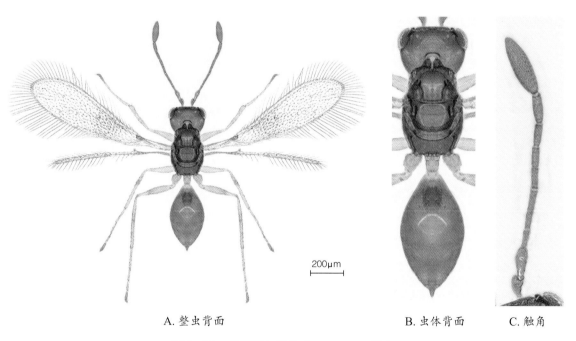

A. 整虫背面　　　　　　　　　　B. 虫体背面　　　C. 触角

图 2-64　多线缨小蜂 *Polynema* sp. 雌虫

微翅缨小蜂属 *Alaptus* Westwood, 1839

足跗节 5 节；腹柄节不明显，腹部第 1 节不收窄，内悬骨伸入腹部。雌虫触角索节 5 节，棒节 1 节；雄性鞭节 8 节。后小盾片发达，呈略微骨化的横带状。前翅翅脉下后缘具深切口，见图 2-65。

本属可寄生蚜科、盾蚧科、粉虱科、啮虫科等昆虫的卵。

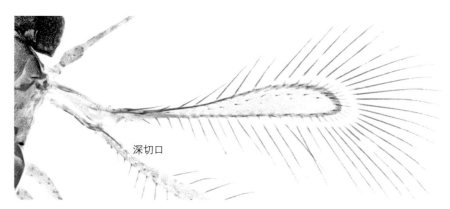

深切口

图 2-65　微翅缨小蜂属 *Alaptus*（暗微翅缨小蜂）的前翅特征

37. 暗微翅缨小蜂 *Alaptus fusculus* Walker, 1846

特　征　见图 2-66。

雌虫体长 0.41~0.46mm。体黄褐色至褐色，头部黑褐色，翅面透明。头部正面观长圆形，宽大于高；触角柄节与基节愈合，近似纺锤形，长为宽的 3 倍；梗节梨形，基部突然收缩；索节 5 节，第 1 索节细、基部膨大、中部略缢缩，长约为宽的 5 倍，与梗节相当，第 2~5 索节依次变短、变粗；棒节为触角最长节，卵圆形，长约为宽的 4 倍，密被细毛，具 2 个较大的条形感觉器，纵贯棒节。胸部具中线；前胸背板完整，盾纵沟明显；中胸盾片发达；后小盾片发达，宽大于长，两侧各具 4 条纵线；后胸背板细带状。前翅窄长，宽为长的 1/8，端部斜圆；翅脉短，缘脉、痣脉愈合，翅脉占翅长的 1/3，脉下后缘具深切口，缘毛较长，为翅宽的 3 倍；后翅与前翅等长，缘毛略短于前翅缘毛。腹部略长于胸部，腹部第 1 节不收缩，无明显腹柄节。产卵管着生于柄后腹第 2 节基部，略露出腹部末端。

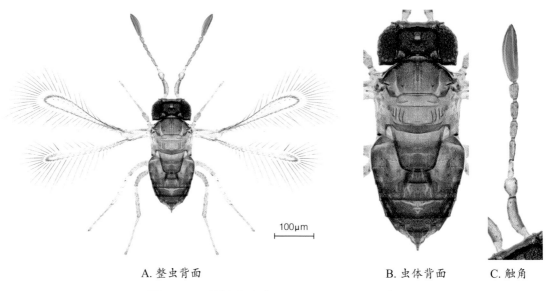

100μm

A. 整虫背面　　　　　　　　　B. 虫体背面　　　　C. 触角

图 2-66　暗微翅缨小蜂 *Alaptus fusculus* 雌虫

寄　主　啮虫目昆虫。

分　布　国内见于安徽、广西、广东、贵州、新疆。国外分布于英国、挪威、丹麦。

弯翅缨小蜂属 *Camptoptera* Foerster, 1856

体长多小于0.5mm。足跗节5节；腹柄节明显或腹部第1节收窄；内悬骨不伸入腹部。雌虫触角索节7节，第2索节很短、似环状节；雄虫触角索节9节，至少有1节似环状节。前翅端部弯曲，故名"弯翅"；翅后缘略凹缺，见图2-67。后头具脊；胸部三角片向前移至中胸盾侧叶处。本属是缨小蜂科中唯一具有弯翅、腹柄节明显、跗节5节的属，较易识别。

据报道本属寄主很广，可寄生于半翅目飞虱科、叶蝉科、粉虱科、胶蚧科，鞘翅目吉丁虫科、小蠹科，膜翅目茧蜂科、瘿蜂科，缨翅目蓟马科，鳞翅目卷蛾科等昆虫的卵。

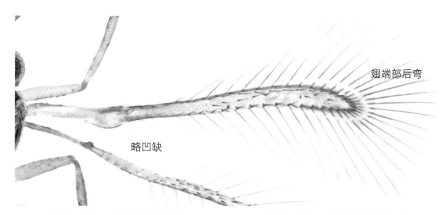

翅端部后弯

略凹缺

图 2-67　弯翅缨小蜂属 *Camptoptera*（小颚弯翅缨小蜂）的前翅特征

38. 小颚弯翅缨小蜂 *Camptoptera minorignatha* Hu & Lin, 2003

特　征　见图2-68。

雌虫体长0.48～0.64mm。体黄褐色至暗褐色，但触角柄节、梗节及足（基节除外）淡黄色；翅脉、触角其余部分淡黄褐色；翅面透明。头部正面观圆形，宽略大于高。触角柄节与基节愈合，略呈纺锤形；梗节近梨形；第1索节远长于梗节，第2索节很短、似环状节，第3索节是最长索节；棒节细长，与第5～7索节之和约相当，宽为长的1/4，两侧各具1细长条形感觉器，直达棒节端部。前胸背板方形，具网状纹；中胸盾纵沟明显，中胸盾片发达；小盾片发达，分为前后两部分，宽均大于长，后小盾片远大于前小盾片；并胸腹节发达，两侧具网状纹。前翅细长，长为宽的15倍，翅端部弯曲，后缘略凹缺，缘毛较长，为翅宽的5倍；后翅略短于前翅，缘毛短于前翅缘毛。腹部与胸部长度相当，胸部明显宽于腹部；腹柄节圆柱形，长为宽的1.4倍；柄后腹

长卵形。产卵管着生于柄后腹后半部,末端露出不明显。

寄　主　未知。

分　布　国内见于湖南、四川、云南、新疆。

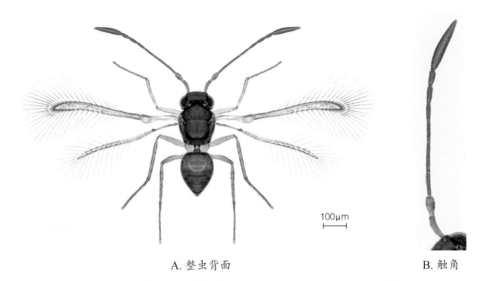

A. 整虫背面　　　　　　　　　　　　　　　　　　　B. 触角

图 2-68　小颚弯翅缨小蜂 *Camptoptera minorignatha* 雌虫

39. 日本弯翅缨小蜂 *Camptoptera japonica* Taguchi, 1977

特　征　见图 2-69。

雌虫体长 0.32～0.35mm。体黄色至黄褐色,但头部、触角棒节、翅脉及腹部淡黄褐色,触角其余部分及足淡黄色,翅面透明。头部正面观圆形,宽大于高,头顶具横纹。触角柄节与基节

A. 整虫背面　　　　　　　　　　　B. 整虫侧面　　　　　　　　　　　C. 触角

图 2-69　日本弯翅缨小蜂 *Camptoptera japonica* 雌虫

愈合，近纺锤形，长为宽的3倍；梗节粗大，近梨形，基部缢缩，长略大于宽；第1索节约为梗节的1/2，第2索节很短、似环状节，第3索节最长，长于第1索节的2倍；棒节细长，与第5~7索节之和大致相当，长为宽的5倍，其中部具1条粗长的条形感觉器，直达棒节端部。前胸背板小，不明显；中胸盾纵沟明显，中胸盾片发达，具横纹；小盾片发达，分为前后两部分。前翅细长，长为宽的17.5倍，端部弯曲，后缘略凹缺，缘毛较长，长为翅宽的9倍。后翅略短于前翅，缘毛短于前翅缘毛。腹部略短于胸部，两者宽度相当；腹柄节短柱形，长宽近相等；柄后腹近圆锥形；产卵管着生于柄后腹后半部，末端略露出。

寄　主　未知。

分　布　国内见于四川、新疆。国外分布于日本。

爱丽缨小蜂属 *Erythmelus* Enock, 1909

体色浅，淡黄色至浅褐色。足跗节4节；胸腹间无明显腹柄节，内悬骨不伸入腹部。上颚单齿。雌虫触角索节5节（部分6节），棒节1节，长度为触角长的1/5以上；雄虫触角鞭节11节。后胸背板伸入至并胸腹节。前翅翅面纤毛散乱或十分稀少，缘脉上方有3根刚毛。雌性下生殖板发达，包于产卵管之外，下生殖板密被小齿突。

本属寄生蜂可寄生半翅目叶蝉科、盲蝽科、网蝽科，双翅目盾蚧科，鳞翅目卷蛾科昆虫的卵。

40. 平缘爱丽缨小蜂 *Erythmelus rex* (Girault, 1911)

异　名　*Anthemiela rex* Girault, 1911；*Erythmelus margianus* Trjapitzin, 1993；*Parallalaptera rex* (Girault, 1911)。

特　征　见图2-70。

雌虫体长0.51~0.71 mm。体黄褐色，但中胸盾片侧叶端半部及腹基部淡黄色，触角、足及翅脉淡黄褐色，前翅基部淡黄色，翅面透明，后翅烟灰色。头部正面观近扁圆，宽略大于高；头部横脊长于触角窝之间的距离。触角柄节与基节愈合，筒形；梗节近梨形；索节5节，从第1~5索节渐长，第5索节为最粗、最长索节；棒节锥形、长约是触角长的1/4，约与第4、5索节之和等长；索节中仅第5节具2个感觉器，棒节具5个感觉器。前胸背板分裂为2叶，中胸盾片纵沟明显；小盾片略长于中胸盾片。前翅细长，前后缘几近平行，长为宽的8倍，翅脉占翅长的1/3；翅面几乎无纤毛，缘毛长，为翅宽的4倍。后翅等长于前翅，缘毛短于前翅缘毛。腹部略长于胸部，明显短于头胸之和。产卵管着生于腹部第2或第3节，明显突出腹部末端。

寄　主　盲蝽科昆虫。

分　布　国内见于海南、广西、新疆、黑龙江。国外分布于俄罗斯、土库曼斯坦、吉尔吉斯斯坦、奥地利、法国、伊朗、西班牙、加拿大、美国、墨西哥、阿根廷、澳大利亚、希腊。

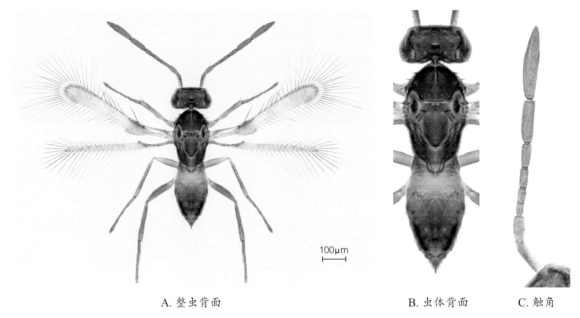

A. 整虫背面　　　　　　　　　　　　B. 虫体背面　　　C. 触角

图 2-70　平缘爱丽缨小蜂 *Erythmelus rex* 雌虫

裂骨缨小蜂属 *Schizophragma* Ogloblin, 1949

体色深，棕褐色至黑色。足跗节4节；胸腹间无明显腹柄节。雌虫触角柄节有横脊纹，索节6节，触角棒节1~2节，如为1节，则缘脉上方无长缘毛；雄虫触角鞭节11节。前小盾片通常具1对刚毛；内悬骨宽大，末端具分裂；翅面较宽，宽度大于翅长的1/5；前翅翅脉下方后缘无突出的圆叶或深切口，较平缓。产卵器基部形成大的圆弧。

本属寄生蜂多数寄主未知，已知种类中有报道的寄主为半翅目叶蝉科昆虫的卵。

41. 微小裂骨缨小蜂 *Schizophragma parvula* Ogloblin, 1949

异　名　*Schizophragma nana* Ogloblin, 1949。
特　征　见图2-71。

雌虫体长0.6~0.8 mm。体深褐色至黑色，但触角（棒节褐色除外）、足（各足末跗节与后足基节端部褐色除外）、腹部第1、2节和其后腹节背中线均浅褐色；翅透明，翅脉褐色。头部头顶具横脊纹。触角柄节外缘具纵脊，内缘具横脊，长为宽的3倍；梗节近光滑；各索节均长大于宽，第3节最长，索节中仅第3、5节具感觉器；棒节2节，稍长于第4~6索节之和，第2节有1长条形感觉器贯穿于该节。前胸背板长，分为左右2块，具网状刻纹；中胸盾片前半部具网状刻纹；小盾片与中胸盾片近等长，后缘有凹陷开叉；并胸腹节近光滑，内悬骨宽，伸达并胸腹节后部。前翅翅面较宽，约为长的1/4；缘脉下方无突出的圆叶，较平缓，最长缘毛与翅最宽处近相等。后翅最长缘毛等长于前翅最长缘毛。腹部略长于胸部。产卵器始于第3腹节基部，产卵器鞘及产卵针均伸出腹端。

寄 主 未知。

分 布 国内见于安徽、福建、云南。国外分布于阿根廷。

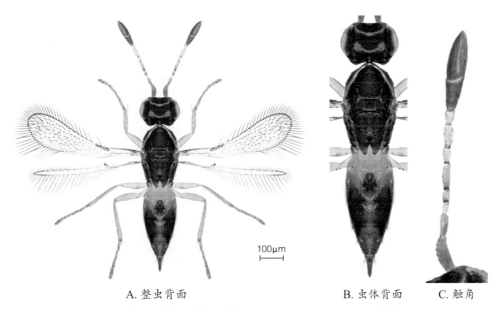

A. 整虫背面 　　　　B. 虫体背面 　　C. 触角

图 2-71　微小裂骨缨小蜂 *Schizophragma parvula* 雌虫

姬小蜂科 Eulophidae

个体一般微小至小型，长0.4~6.0mm，多小于3mm；多数种类的骨化程度较弱，虫体死亡后易皱缩变形。虫体黄至褐色，或具暗斑，有时色斑或整体具金属光泽。触角11节以下，少于大多数其他小蜂科的13节，索节一般为2~4节，故又称"寡节小蜂科"；有的雄性索节呈分叉状，或具长轮毛。中胸盾纵沟常显著，三角片常向前方突出至翅基连线之前；小盾片常有亚中纵沟。前翅缘脉较长，后缘脉和痣脉一般较短（有时很短）。各足跗节均为4节。腹部常具明显的腹柄。产卵管不外露或露出很长。某些姬小蜂的交配习性很复杂，用作区分近缘种的依据。

寄主范围较广，包括双翅目、鳞翅目、鞘翅目、膜翅目、半翅目、脉翅目、缨翅目昆虫以及瘿螨和蜘蛛。一般营寄生性生活，个别兼寄生和捕食性生活。寄生方式多样，在昆虫的卵、幼虫和蛹期都可被寄生，瘿螨和蜘蛛则只见卵被寄生。通常为单期寄生，也有卵—幼虫或幼虫—蛹跨期寄生；有内寄生，也有外寄生；有容性寄生，也有抑性寄生；有初寄生，也有重寄生，甚至三重寄生的；有的种兼有初寄生和重寄生习性；极少为捕食性。多数为隐蔽性生活的昆虫（尤其是潜叶性、卷叶性、钻蛀性害虫和形成虫瘿害虫）幼虫的初寄生。世界上有几种姬小蜂在生物防治上起了重要作用。

姬小蜂科是小蜂总科中最大的科之一，全世界分布。据统计，至2017年，共记录330属6000多种（曹焕喜，2018）。一般下分4个亚科，即姬小蜂亚科Eulophinae、啮小蜂亚科Tetrastichinae、凹面姬小蜂亚科（灿姬小蜂亚科）Entedoninae和艾姬小蜂亚科（纹翅姬小蜂亚科）Euderinae；也有将姬小蜂亚科Eulophinae分成姬小蜂亚科Eulophinae和狭面姬小蜂亚科Elachertinae而设为5个亚科的，本书采用前一体系。我国姬小蜂极为常见，稻区常见前3个亚科，下文介绍其中11属27种。

中国常见姬小蜂科天敌分种检索表

8. 索节 3 节 (狭面姬小蜂属 *Stenomesius*) ·· 9

   索节 2 节, 棒节 3 节 ··· 10

9. 胸部小盾片黑色;腹部中央有 1 椭圆形黑斑 ········· 纵卷叶螟狭面姬小蜂 *Stenomesius maculatus*

   胸部小盾片黄褐色;腹部中央不具黑斑 ···················· 螟蛉狭面姬小蜂 *Stenomesius tabashii*

10. 翅长具黑色毛斑纹, 腹部呈卵圆形 (毛斑姬小蜂属 *Trichospilus*)。体红黄色, 仅在腹部侧缘有

   淡褐色斑, 触角鞭节白色;腹部短于胸部 ·················· 竹舟蛾毛斑姬小蜂 *Trichospilus lutelieaturs*

   翅通常透明无毛斑, 腹部不呈卵圆形 (瑟姬小蜂属 *Cirrospilus*)。体柠檬黄色, 头胸部具黑色

   斑纹, 触角同体色;腹部不短于胸部 ······················· 柠黄瑟姬小蜂 *Cirrospilus pictus*

11. 体高度骨化, 头和胸不皱缩;常具明显腹柄 (柄腹姬小蜂属 *Pediobius*) ······················ 12

   体骨化弱, 至少头和腹皱缩, 有时胸部也皱缩;常无腹柄 ································· 15

12. 索节 4 节;腹部纺锤形, 末端尖, 腹柄长大于宽 ········· 皱背柄腹姬小蜂 *Pediobius ataminensis*

   触角索节 3 节 ·· 13

13. 腹部第 1 节不及腹部长的 1/2 ··························· 梨潜皮蛾柄腹姬小蜂 *Pediobius pyrgo*

   腹部第 1 节长于或等于腹部长的 1/2 ····································· 14

14. 腹柄长宽约相等, 第 1 腹节长为腹部长的 1/2 ············ 瓢虫柄腹姬小蜂 *Pediobius foveolatus*

   腹柄长短于宽, 第 1 腹节长为腹部长的 2/3 ············· 稻苞虫柄腹姬小蜂 *Pediobius mitsukurii*

15. 索节 2 节, 棒节 3 节, 雄蜂索节极少为 3 节 (新金姬小蜂属 *Neochrysocharis*) ··············· 16

   索节 3 节, 棒节 2 节 (金色姬小蜂属 *Chrysocharis*)。腹部长与胸近等长, 两侧缘平行;各索节

   长宽近相等 ······································· 底比斯金色姬小蜂 *Chrysocharis pentheus*

16. 体微小, 不长于 1mm;前翅透明, 无斑 ········· 点腹新金姬小蜂 *Neochrysocharis punctiventris*

   体大小变化大, 部分长于 1mm;前翅痣脉下方有浅褐色斑 ·····································

   ·· 美丽新金姬小蜂 *Neochrysocharis formosa*

17. 并胸腹节存在由侧褶和气门沟脊形成的拱起区;产卵器不露出或仅略露出腹末 (啮小蜂属

   Tetrastichus) ·· 18

   并胸腹节不存在上述的拱起区;产卵器均露出腹末 (长尾啮小蜂属 *Aprostocetus*) ············ 22

18. 中胸盾片中纵沟清晰可见 ·· 19

   中胸盾片中纵沟不可见或仅后缘模糊可见 ································· 21

19. 触角索节 3 节, 几乎等长 ·· 20

   触角索节 3 节, 第 1 节最长, 第 3 节最短 ············ 稻纵卷叶螟啮小蜂 *Tetrastichus shaxianensis*

20. 体黄色至黄褐色, 不具金属光泽 ························· 卡拉啮小蜂 *Tetrastichus chara*

   体黑色至黑褐色, 有金属光泽 ···························· 吉丁虫啮小蜂 *Tetrastichus jinzhouicus*

21. 体金绿色, 中胸盾片中纵沟不可见;索节 3 节等长 ········· 螟卵啮小蜂 *Tetrastichus schoenobii*

体黑褐色，中胸盾片中纵沟仅后缘不清晰存在；索节第1节长于其他2节 ·············
··· 霍氏啮小蜂 *Tetrastichus howardi*

22. 雄虫触角柄节不膨大 ··· 23

　　雄虫触角柄节极其膨大 ··· 26

23. 腹部末节收窄成尖锐而细长的针状，长超过腹长的1/3 ····························· 24

　　腹部末端收窄，但不成细长针状 ··· 25

24. 体均为金绿色；索节以第1节为最长 ······ 天牛卵长尾啮小蜂 *Aprostocetus fukutai*

　　头胸部黑绿色，腹部褐色，基部中间有黄斑；索节以第1节为最短 ················
··· 丝绒长尾啮小蜂 *Aprostocetus crino*

25. 体黑褐色，不具强烈金属光泽；中胸盾片中纵沟深而清晰 ···························
·· 胶蚧红眼长尾啮小蜂 *Aprostocetus purpureus*

　　体黑绿色带强烈金属光泽；中胸盾片中纵沟浅而不清晰 ···························
·· 浅沟长尾啮小蜂 *Aprostocetus asthenogmus*

26. 体浅黄色至浅褐色，不具金属光泽，胸腹部具褐色斑纹 ··· 毛利长尾啮小蜂 *Aprostocetus muiri*

　　体褐色，具金属光泽，胸部不具斑纹 ·············· 大角长尾啮小蜂 *Aprostocetus sp.*

姬小蜂亚科 Eulophinae

　　姬小蜂科中较原始的亚科之一，翅征见图2-72，前翅亚缘脉与缘脉通常平滑连接、不中断；亚缘脉上有3根以上的背生刚毛，后缘脉和痣脉发达，痣脉有明显细长的颈部，大多数属种没有从翅痣或者翅盘向外缘辐射的毛列，在缘脉后方不存在一块从缘前脉直达痣脉的无毛区；大多数属种后缘脉比痣脉长，少数属（如瑟姬小蜂属 *Cirrospilus*）的部分种类后缘脉不发达。多

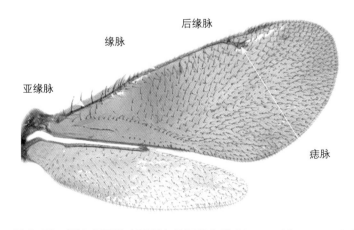

图2-72　姬小蜂亚科（稻苞虫兔唇姬小蜂 *Dimmockia secunda*）的翅

数没有额颜沟，少数（如瑟姬小蜂属 *Cirrospilus*）有额颜沟；下颚须 2 节，下唇须 1～2 节；雄虫触角常分支。柄后腹第 7、8 背板愈合。

兔唇姬小蜂属 *Dimmokia* Ashmead, 1904

体多为深色，常为绿色至蓝紫色，具明显金属光泽。雌虫索节 3～4 节，雄虫索节 4～5 节，常分支；唇基中央具缺刻，颜面中间至触角窝深凹，触角鞭节线状。并胸腹节上的气门小，圆形；腹部卵圆形。该属与羽角姬小蜂属 *Sympiesis* 极相近似，可依据唇基中央缺刻、鞭节线状、腹部卵圆形与后者分开。

本属主要寄生鳞翅目昆虫，还可寄生双翅目寄蝇科以及膜翅目的姬蜂科及茧蜂科昆虫。目前所知种类不多。

42. 稻苞虫兔唇姬小蜂 *Dimmockia secunda* (Crawford, 1910)

异　名 *Dimmokia parnarae* (Chu & Liao, 1982)；*Sympiesis parnarae* Chu & Liao, 1982。

中文别名 稻苞虫羽角姬小蜂。

特　征 见图 2-73。

雌虫体长 1.5～2.3mm。体蓝绿色带金光，但复眼棕褐色，触角柄节黄褐色、梗节以下褐色，翅基片褐色；翅透明，翅上、下两面均被金黄褐色毛，翅脉褐色；足纯黄色；腹部平滑、褐色带金属反光，腹面基部及中央黄褐色，第 1 节背面末端中部微显黄褐色。头具细网状刻纹；头顶呈横形，宽几乎为长的 3 倍；单眼排列成钝三角形；后头缘圆无锐脊。触角着生于复眼下缘连线上，柄节短柱状，梗节长为宽的 1.5～1.7 倍，环状节 1 节、短小，索节 4 节，棒节 2 节，末端收缩。中胸盾片及小盾片宽均大于长，盾纵沟不完整。并胸腹节横宽，后侧陡斜；中纵脊及侧褶均完整。前翅缘脉长为后缘脉的 2.6 倍，痣脉短于后缘脉。足跗节 4 节，第 1 跗节最长。腹卵圆形，略宽于胸而与头等宽，扁平，背面略下凹，腹面膨起。产卵管隐蔽。

雄虫体长 1.5～2.3mm。体色及形态与雌虫相似，但触角全部为黄褐色、第 1～3 索节有分支；中、后足基节黑褐色；翅脉黄褐色。腹与胸大致等长、等宽或稍狭；腹背面近基部的黄褐色斑纹较雌虫明显。

寄　主 初寄生于稻苞虫、稻纵卷叶螟、隐纹稻苞虫、稻眼蝶等水稻害虫，聚寄生，从蛹内羽化。也可重寄生于稻田中多种姬蜂、茧蜂及寄蝇，如横带驼姬蜂、广黑点瘤姬蜂、具柄凹眼姬蜂、黄眶离缘姬蜂、弄蝶长绒茧蜂、纵卷叶螟绒茧蜂、螟蛉盘绒茧蜂、拟螟蛉盘绒茧蜂、稻苞虫赛寄蝇和银颜简须寄蝇等，从蜂茧或围蛹内羽化。

分　布　国内见于安徽、江苏、浙江、江西、湖北、湖南、四川、福建、广东、海南、广西、贵州、云南、河南、陕西。

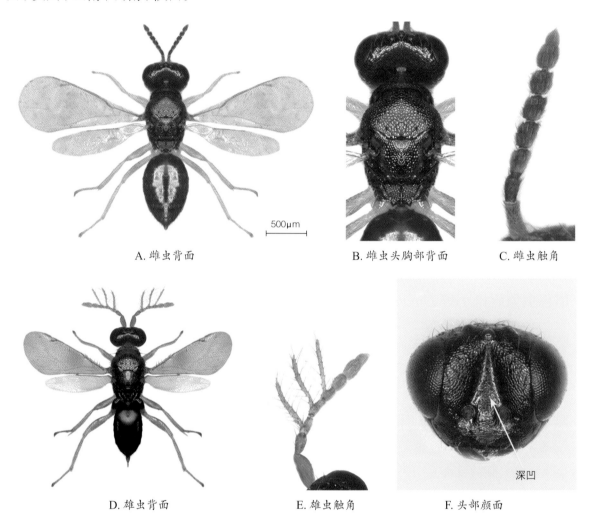

A. 雌虫背面　　　　　　　　B. 雌虫头胸部背面　　　　C. 雌虫触角

D. 雄虫背面　　　　　　E. 雄虫触角　　　　F. 头部颜面

深凹

图2-73　稻苞虫兔唇姬小蜂 *Dimmockia secunda*

羽角姬小蜂属 *Sympiesis* Förster, 1856

体多为深色，常为绿色至蓝紫色，具明显金属光泽。雌虫索节多4节，棒节2节；雄虫索节4~5节，常分支。颜面无深凹；唇基无缺刻，呈横切状，左右上颚末端相遇；触角鞭节或多或少呈扁平状。前翅后缘脉长为痣脉的2倍；中足第1跗节长于第2跗节。腹部为长形。

本属寄生鳞翅目幼虫，营体内或体外寄生生活。

43. 棉大卷叶螟羽角姬小蜂 *Sympiesis derogatae* Kamijo, 1965

特　征　见图2-74。

雄虫体长1.9～2.8mm。体暗绿色具铜色光泽，但柄节基部淡黄色、梗节和鞭节褐色；足淡黄褐色，后足基节暗褐色；翅透明，翅脉和翅面毛淡黄色；腹部第1节背板后部至第3节背板有1大黄白斑，其余紫黑色；腹部腹面黄褐色，边缘部褐黑色。头部横形，与胸等宽。触角鞭节长为头宽的1.3倍；第1～3索节具长分支，第1分支最长，约为索节4节之和，其余2节略短；第4索节无分支，长近宽的4倍。胸长为宽的1.6倍，中胸盾片具粗网纹；盾侧沟完全而明显；三角片密具网纹；小盾片近椭圆形；后胸盾片网纹弱，有时后部光滑。并胸腹节平，中部有时有一些弱纵脊，无褶。前翅亚缘脉几乎与缘脉等长；痣脉短；后缘脉长于痣脉的2倍。腹部约与胸等长，长为宽的2.1～2.5倍，梭形。

寄　主　棉大卷叶螟及栀子卷叶蛾的老熟幼虫，聚寄生。

分　布　国内见于浙江、江西、湖北。

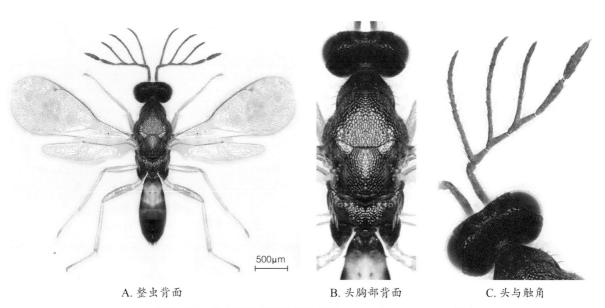

A. 整虫背面　　　　　　　　B. 头胸部背面　　　　　　　　C. 头与触角

图2-74　棉大卷叶螟羽角姬小蜂 *Sympiesis derogatae* 雄虫

潜蝇姬小蜂属 *Diglyphus* Walker, 1848

体多为深色，常为绿色至蓝紫色，具明显金属光泽。雌虫头部正面观略呈三角形、横宽；背面观头顶很短，复眼卵圆形具刚毛。触角着生于复眼下缘连线水平处；雌性索节2节、棒节3节；雄性索节2～3节、无分叉，棒节2～3节。中胸盾片的盾纵沟完整；小盾片也有1对纵沟直达末

端。前翅没有无毛带；缘脉长，痣脉短，后缘脉长度介于二者之间。腹长卵圆形、无柄。产卵管隐蔽。

主要寄生潜蝇科昆虫的幼虫。

44. 白柄潜蝇姬小蜂 *Diglyphus albiscapus* Erdos, 1955

特 征 见图2-75。

雌虫体长1.0~1.5mm。体蓝绿色至暗绿色；头部在触角柄节下有1对黄白色斑，在中单眼有1横黄白带；柄节白色，梗节和鞭节黑色；有时中胸盾片和小盾片具铜绿色金属光泽。各基节和后足腿节的2/3与胸部同色，其余均为黄白色；跗节端部暗色。翅透明，翅脉黄褐色。头部具细刻纹，额洼光滑，中央下凹；复眼被稀毛。触角索节2节，柄节与梗节，第1、2索节之和等长；梗节长稍大于宽，稍短于第1索节；第1索节方形，长大于或稍小于宽；第2索节横形；棒节长为宽的1.7~2.0倍，明显呈棒状。胸部宽短，长为宽的1.5~1.6倍。中胸盾片具细网纹；盾侧沟完

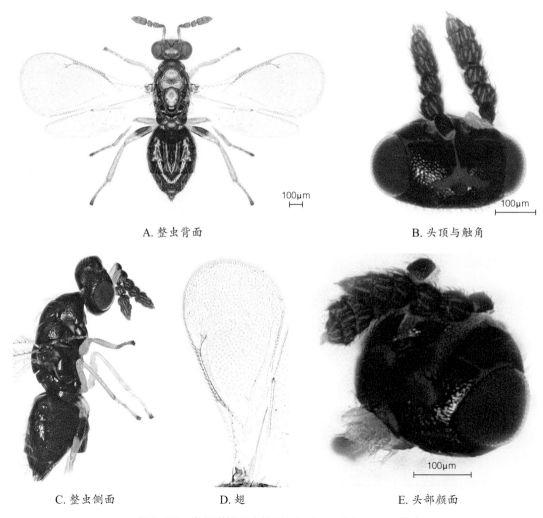

A. 整虫背面　　　　　　　　　　　　　B. 头顶与触角

C. 整虫侧面　　　　　　D. 翅　　　　　　E. 头部颜面

图2-75　白柄潜蝇姬小蜂 *Diglyphus albiscapus* 雌虫

整；小盾片具侧纵沟，网纹更细。并胸腹节稍凸起，具弱皱纹。前翅前缘室颇宽，反面有1排完整的毛；缘脉与亚缘脉近等长，为后缘脉的3倍；痣脉与后缘脉等长；翅面具短毛，缘毛短。腹与胸等长。

<blockquote>
寄　主　豌豆彩潜蝇、美洲斑潜蝇幼虫；据报道也寄生麦叶毛眼水蝇。

分　布　国内见于浙江、山东、江西。国外分布于俄罗斯及欧洲。
</blockquote>

<h2 style="text-align:center">长距姬小蜂属 Euplectrus Westwood, 1832</h2>

（中文别名：裹尸姬小蜂属）

雌虫体黑带黄色，头及胸显现油光及长而粗的刚毛。头部正面观略呈三角形，上宽下窄，较胸为狭；头顶具锐脊，复眼无毛，触角着生于颜面中部的下方，索节4节。前胸长，宽窄于中胸，前缘锋锐。中胸盾纵沟细，并胸腹节具明显中脊。前翅缘脉长几为痣脉的3倍，后缘脉短于缘脉而长于痣脉。足粗大，后足胫节末端具2个长短不一的距，长的超过第1跗节之长。腹近圆形，具柄，第1腹节几乎占腹长的1/2。

本属寄生蜂体外寄生于鳞翅目幼虫。可在寄主旁或寄主体下方做1张稀薄的网，裹住寄主尸体，在网内化蛹，蛹从网外可见。

45. 螟蛉裹尸姬小蜂 *Euplectrus noctuidiphagus* Yasumatsu, 1953

<blockquote>
异　名　*Euplectrus chapadae*: Xia, 1957。

中文别名　噬夜蛾距姬小蜂、夜蛾姬小蜂、螟蛉姬小蜂、稀网小蜂、螟蛉稀网姬小蜂。

特　征　见图2-76。
</blockquote>

雌虫体长1.8～2.4mm。体黑色；复眼红褐色；触角柄节基部、上颚、口缘、足、翅基片黄色，触角其余部分黄褐色，有时深褐色；腹柄黑色，腹部第1节背面黄色，前端侧缘和其余各节褐色，腹部腹面褐色至暗褐色。翅透明无色，翅脉及翅上毛均褐黄色。头、胸部有油光，具细微刻点。散被浅黄色有光泽长刚毛。背面观头略窄于胸。头顶宽，单眼排列成120°钝三角形。触角着生于复眼下缘水平线上，触角窝略凹陷；触角柄节伸达头顶，索节4节，均为宽的3～4倍。前胸长，但短于中胸；中胸刻点较粗，略呈不规则横列，盾纵沟明显；并胸腹节光滑有明显中脊。前翅亚缘脉与缘脉约等长于后缘脉，痣脉短于后缘脉。足粗大，后足胫节末端有2长距，内距长于第1跗节，约等于跗节总长的1/2。腹圆形、光滑、有柄，第1节长达腹部的1/2。

<blockquote>
寄　主　聚寄生稻螟蛉、黏虫、稻条纹螟蛉、白脉黏虫、劳氏黏虫等的幼虫。

分　布　国内见于浙江、山东、河南、江苏、安徽、江西、湖北、湖南、四川、福建、广
</blockquote>

东、广西、贵州、云南。

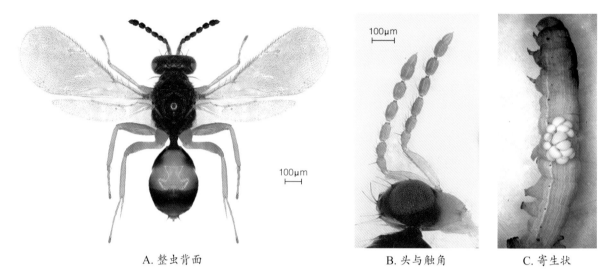

A. 整虫背面   B. 头与触角   C. 寄生状

图 2-76 螟蛉裹尸姬小蜂 *Euplectrus noctuidiphagus* 雌虫

46. 夜蛾长距姬小蜂 *Euplectrus laphygmae* Ferriere, 1941

特 征 见图 2-77。

雄虫体长 1.3~1.6mm。头和腹部整体黄色，胸部黑褐色，足浅黄色，触角亦黄色，腹第 1 节背部中间大部分为黄白色。头部背面观横宽，复眼突出而后颊收缩；头部正面观三角形。触角着生于复眼下缘连线上，触角柄节伸达头顶；柄节长于梗节的 2 倍；索节 4 节，棒节 2 节，第 2 节端部尖锐。唇基呈狭窄的横片状，前端横截。中胸较头略宽，前胸短、狭于中胸，其后端较光滑

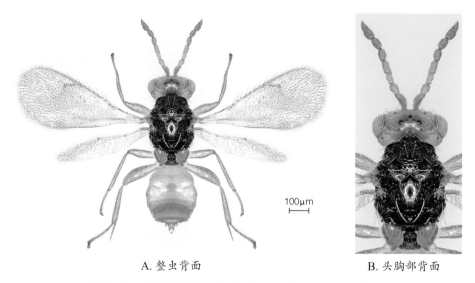

A. 整虫背面   B. 头胸部背面

图 2-77 夜蛾长距姬小蜂 *Euplectrus laphygmae* 雄虫

具粗长刚毛，盾纵沟显著；中胸盾片具粗网刻纹及粗长的刚毛；小盾片前窄后宽，具纵走网状刻纹，末端光滑。前翅透明而长大，后缘脉长于痣脉；足粗长，后足胫节末端具2距，内距长于第1跗节，长于跗节的1/2。腹具腹柄，前窄后宽呈盾状扁平，光滑；第1腹节最长，达腹部的1/2；尾突略外露。

雌虫体长1.4～1.8mm。形态与雄虫相似，但头部为黑褐色，腹背部除中间黄褐色，其余为黑褐色。

寄　主　夜蛾科（如斜纹夜蛾、黏虫）、卷蛾科及麦蛾科等的一些种类的昆虫。

分　布　国内见于湖南、江西、湖北、福建。国外分布于印度、马来西亚、南非、科特迪瓦、肯尼亚、马拉维、毛里求斯、尼日利亚、塞内加尔、苏丹、乌干达、津巴布韦。

狭面姬小蜂属 *Stenomesius* Westwood, 1833

背面观，后头脊呈马蹄形，头顶宽，头狭于胸。正面观，触角着生于颜面中部的下方，触角索节4节、棒节2节；复眼不大，几无毛，颊相当长。胸部长，有黄色斑或全部黄色，前胸相对长，中胸盾纵沟完整。前翅缘脉长几为痣脉的3倍，后缘脉约为痣脉的1.5倍。并胸腹节长，后端突出呈颈状，具1对亚中脊和侧脊。腹纺锤形，具短柄，背面平坦腹面略膨起。产卵器微突出。

本属以鳞翅目若干小蛾类幼虫为寄主；体外群集寄生。

47. 纵卷叶螟狭面姬小蜂 *Stenomesius maculatus* Liao, 1987

中文别名　纵卷叶螟大斑黄小蜂、大斑黄小蜂。

特　征　见图2-78。

雌虫体长1.5～1.7mm。体红黄色，触角柄节同体色，只有近末端及梗节至棒节黑褐色；复眼紫黑色，微带褐色，单眼区黑褐色；前胸背板中央、中胸小盾片、后胸、并胸腹节亚中纵脊间及两侧、腹中部椭圆形斑块、腹基两侧及露出体外的产卵管黑色。头具细刻纹而无粗大刻点；头背面观横宽，额颜区近方形，后头脊完整，单眼区呈钝三角形，稍膨起；头正面观亦横形，复眼圆形突出，无毛，触角洼浅，不甚显著。触角着生于颜面中部偏下方，柄节柱状、细长，高超过中单眼；梗节长大于宽，约为端宽的1.5倍；环状节短小，横宽；索节4节，长均大于宽的2倍左右；棒节2节，长于第1索节，末端收缩；触角各节均有黑色刚毛，鞭节并有长形感觉器。胸、腹部大致等长。前胸后缘附近、中胸盾片及小盾片、盾侧片及翅基片各具黑色粗刚毛；三角片光滑无毛；前胸圆而光滑；中胸盾片宽大于长，盾纵沟明显；小盾片长宽大致相等，较中胸盾片长，小盾片两侧1对纵沟在近端部汇合；三角片前端超过翅基连线；中胸背板及小盾片均具刻点，但

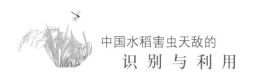

不甚显著；并胸腹节长，具1对亚中纵脊及侧脊。前翅自基至端均具毛，缘脉约为后缘脉的2倍，后缘脉约为痣脉长的2倍；亚缘脉上有刚毛5～6根。中、后足胫节外侧各有1列刚毛，后足胫节2个距均短；跗节4节，除末节稍大外，其余各节大致等长。腹纺锤形，末端较基部为窄；腹光滑，其两侧和后半部及产卵管鞘上均具刚毛。产卵管鞘与端跗节约等长。

　　雄虫体长1.1～1.2mm，与雌虫形态相似，但触角柄节扁平膨大。

　　寄　主　稻纵卷叶螟幼虫。聚寄生。

　　分　布　国内见于浙江、安徽、江西、湖北、湖南、四川、福建、广东、广西、贵州、云南。

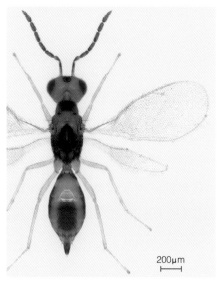

A. 雌虫背面　　　　　　　B. 雌虫头胸部背面　　　　C. 雌虫触角　　　D. 雄虫触角与头侧面

图2-78　纵卷叶螟狭面姬小蜂 *Stenomesius maculatus*

48. 螟蛉狭面姬小蜂 *Stenomesius tabashii* (Nakayama, 1929)

　　异　名　*Elaschertus tabushii* Nakayama, 1929。

　　特　征　见图2-79。

　　雌虫体长1.6～2.0mm。体大致黄褐色，但头顶中央及其前后斑纹，触角柄节及鞭节，中胸盾片前半，三角片后下端，后胸盾片，并胸腹两侧及颈，中胸侧板后方，腹中部两侧缘，第4、5腹节背后方中央均黑褐色；小盾片、三角片及并胸腹节亚中脊两侧赤褐色；足淡黄褐色。翅透明，脉淡黄色。头背面观横宽、光滑无刻纹，头顶具浅黄色长刚毛10余根，上颊钝圆；头前面观呈三角形，触角着生于复眼下缘连线的上方。触角柄节柱状，伸过头顶；环状节1节，短小；索节4节，各节长为宽的3倍；棒节3节，稍长于第1索节，而宽于索节。胸部宽于头部，具刻纹；中胸前半狭，后端平坦；小盾片长于中胸盾片，侧方有浅沟达于后方，侧沟外方平滑；前胸背板、中胸盾片、小盾片及三角片上每侧均具刚毛；并胸腹节中央有1对纵脊，以在基部的1/3处最狭，纵沟间光滑，在后方的胸后颈上刻点明显。前翅长约为宽的3倍；缘脉长为后缘脉的2倍或痣脉的4倍。足细长，跗节4节；后足胫节末端2距均短。腹部长卵圆形，扁平，几乎与胸等长，后端收缩。产卵管稍突出。

寄　　主　稻螟蛉幼虫。

分　　布　国内见于浙江、江苏、湖北、山东、河南、陕西、江西、四川、福建、广东、广西。国外分布于朝鲜。

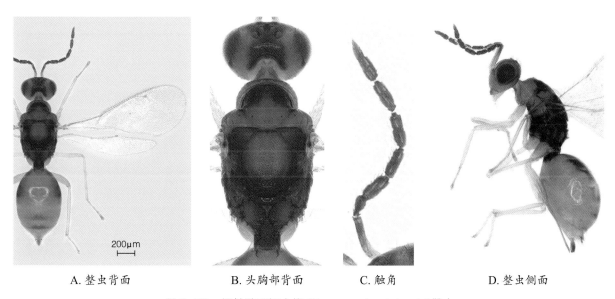

A. 整虫背面　　　　B. 头胸部背面　　　　C. 触角　　　　D. 整虫侧面

图 2-79　螟蛉狭面姬小蜂 *Stenomesius tabashii* 雌虫

瑟姬小蜂属 *Cirrospilus* Westwood, 1832

体不扁平，常呈黄色，有绿色或紫黑色带斑纹。头正面观横宽，头顶不膨起，颊相当长不膨胀，复眼微具毛；触角着生于颜面中部的下方；环状节2节，索节2节，棒节3节。胸背面平坦，前胸不长，中胸盾纵沟明显，具细网刻点，小盾片具纵沟1对，并胸腹节具中脊。前翅缘脉长，痣脉与后缘脉约等长。腹长椭圆形；背面扁平，腹面稍膨起。

本属寄生鳞翅目及鞘翅目的幼虫。

49. 柠黄瑟姬小蜂 *Cirrospilus pictus* (Nees, 1834)

异　　名　*Eulophus pictus* Nees, 1834；*Atoposomoidea ogimae* Howard, 1910。

中文别名　普通瑟姬小蜂。

特 征 见图2-80。

雌虫体长1.65mm。体柠檬黄色,但后头下方的圆斑、前胸与中胸背板间的大斑、小盾片(除两侧前方)、并胸腹节(除两侧外)、腹部背板基端及尾端均紫黑色,胸部黑色部分并具蓝绿色反光;眼紫红色,触角淡褐色。翅透明无色,翅脉黄褐色,翅及翅脉被褐色毛。体有细微刻点但无闪耀的金属光泽。头横宽,上宽下窄;颜面下凹,中上部触角洼凹陷尤为显著。触角着生于颜面中部下方,位于复眼下缘连线上;柄节高达头顶;梗节长2倍于宽;环状节2节、短小;索节2节,均长大于宽,第1索节长于第2索节;棒节略膨大,长略小于索节合并之长。单眼排列成钝三角形。后头圆,略凹陷。中胸背板坚实平坦,盾纵沟明显;小盾片具等长的刚毛;并胸腹节短,有不明显的中脊。前翅亚缘脉长约为缘脉的1.5倍,无折断痕,痣脉短于缘脉的1/2而长于后缘脉。足细长。腹无柄,约与胸等长,两侧平行,末端收缩。产卵器腹末端突出。

寄 主 绒茧蜂,柠黄瑟姬小蜂有从日本雕绒茧蜂羽化的记录。

分 布 国内分布于浙江、江苏。国外分布于日本。

A. 整虫背面　　　　　　B. 头胸部背面　　　　　　C. 整虫侧面

图2-80　柠黄瑟姬小蜂 *Cirrospilus pictus* 雌虫

毛斑姬小蜂属 *Trichospilus* Ferriere, 1930
(中文别名:突颜姬小蜂属)

身体至少部分为黄色。额部凸出,绝不凹陷或平坦;头后缘稍凹,背面观头略呈哑铃形。触角短,着生于复眼下缘连线之下,与口缘接近;触角索节2节。中胸上具粗而长的鬃毛。前翅上具由黑色的粗毛所形成的斑纹或毛丛。腹部亚圆形。

本属多聚集内寄生于尺蛾科、舟蛾科、卷蛾科、螟蛾科、夜蛾科、麦蛾科、粉蝶科等多种鳞翅目昆虫的蛹，其寄主许多为重要农林害虫，故本属在生物防治上具有良好的应用前景。

50. 竹舟蛾毛斑姬小蜂 *Trichospilus lutelieaturs* (Liao, 1987)

异　名　*Cirrospilus lutelieaturs* Liao, 1987。

特　征　见图2-81。

雌虫体长1.6～1.8mm。体火红色或橙红色，但触角鞭节、前中足基节、转节、腿节基半部、跗节基部、有时胫节末端及后足腿节基半均黄白色；复眼朱红色；中胸两侧斑纹、前胸腹部每节两侧斑纹及末节、头胸部刚毛及跗爪、前翅亚缘脉末端通常均为浅黑色；前翅缘脉基部及痣脉周围各有褐色斑1个，除缘脉中部下方1无色透明部分外，前翅端部的2/3呈浅褐色与2个褐色斑相渗连。体较扁平；头横宽；复眼无毛；单眼排列成钝三角形；触角着生于复眼下缘连线上；触角洼较平坦，下方开放、平滑；后头略凹陷，均具细皱刻纹；后头脊不甚明显。触角柄节柱状，其顶端达颜面中部，梗节长约为宽的2倍；环状节2节；索节2节，第1节长略大于宽或呈方形，短于梗节，基端宽，第2节方形至横宽；棒节3节，第1、2节宽均略大于长，第3节长大于宽，逐渐收缩，末端尖。前胸背板呈钟形；前胸及中胸背板均具皱状刻纹，盾纵沟明显，三角片平滑、交于内角；小盾片两侧有1对纵沟。前翅翅基有刚毛1排，亚缘脉无折断痕，具粗刚毛；缘脉长于痣脉，痣脉长于后缘脉，但不足2倍。后足胫节末端具1距，短于第1跗节，跗节自第2节起每节后缘两侧有毛。腹部近圆形，扁平无刻纹；第7腹节末端密布白毛。产卵管长不过腹末。

寄　主　竹篦舟蛾；从蛹内羽化，聚寄生。

分　布　国内分布于浙江。

A. 整虫背面　　　　　　　　　B. 头胸部背面　　　　　　　　C. 整虫侧面

图2-81　竹舟蛾毛斑姬小蜂 *Trichopilus lutelieaturs* 雌虫

凹面姬小蜂亚科 Entedoninae
（中文别名：灿姬小蜂亚科）

大多数属种有额颜沟，下颚须和下唇须均为1节。中胸小盾片只有1～2对刚毛，中胸盾片中叶上只有1～2或3～4对刚毛；三角片前部圆钝，多数略微前伸，有时三角片不前伸；中胸盾纵沟完整，侧瓣不明显。前翅亚缘脉和缘脉不连续或多少有些间断，大部分属种后缘脉和痣脉等长。

柄腹姬小蜂属 *Pediobius* Walker, 1846
（中文别名：派姬小蜂属）

头正面观横宽，但不比胸宽；颊很短；复眼大而具毛，触角具1环状节，索节3、4节多呈球形，棒节2节。胸背光滑无刻点，前胸短、前缘锋锐，中胸盾纵沟后端消失；并胸腹节具1对亚中脊，脊的后端分向两侧成后缘脊，并再向前延伸，与侧褶脊相连构成环绕左右两中室的缘脊。前翅痣脉很短，缘毛亦短。腹卵圆形，腹柄横宽或呈方形，背面具刻点。

本属可寄生鳞翅目的若干科及膜翅目、双翅目的寄生物，尤以蛀茎、潜叶的鳞翅目、双翅目昆虫为多，有时也寄生鞘翅目及膜翅目（包括一些捕食蜘蛛的膜翅目）昆虫。有初寄生或重寄生、单寄生或聚寄生等多种形式，多数寄生幼虫、蛹。

51. 皱背柄腹姬小蜂 *Pediobius ataminensis* (Ashmead, 1904)

中文别名 白跗柄腹姬小蜂

异　名 *Pleurotropis atamiensis* Ashmead, 1904。

特　征 见图2-82。

雌虫体长2.0mm。体黑色有金绿光泽，但触角褐绿色，颜面、头顶、胸侧及腹部微呈褐色，且腹部带有蓝紫色，足胫节末端及跗节黄白色，翅脉浅褐色。头横宽；头顶具刻点，颜面中部触角洼凹陷。触角着生于颜面下方，位于复眼下缘连线上；索节4节，呈念珠状；棒节末端有刺突，后头脊锋锐，内凹。前胸前缘有锐边，中胸盾片及小盾片具鳞状刻纹；中胸盾纵沟完整；并胸腹节光滑，具1对亚中脊。翅透明，缘脉很长，痣脉甚短，短于后缘脉。腹柄长为宽的1.6～2倍；柄后腹纺锤形，背面略膨起，末端尖锐，腹部第1节背板最长，约覆盖腹部的1/2。

寄　主 螟蛉裹尸姬小蜂，单寄生。

分　布 国内见于安徽、江苏、浙江、江西、广东、湖南、四川、陕西。国外分布于日本。

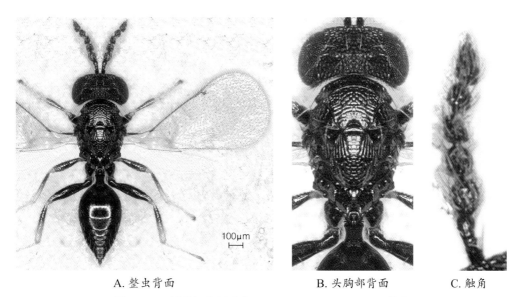

A. 整虫背面　　　　　　　　　　　B. 头胸部背面　　　　　　　C. 触角

图 2-82　皱背柄腹姬小蜂 *Pediobius ataminensis* 雌虫

52. 瓢虫柄腹姬小蜂 *Pediobius foveolatus* (Crawford, 1912)

异　名　*Pleurotropis foveolatus* Crawford, 1912。

特　征　见图 2-83。

雌虫体长 1.5～1.8mm。头顶上部蓝黑色，头其余部位及胸部具铜黄和青铜色光泽；并胸腹节背面绿褐色；腹部暗黄铜色至黑褐色，带金属光泽；足暗褐色，跗节黄白色。体色有一定的变化，多数学者认为这种变化属于种内变异范围。头宽为长的 2.5～3.0 倍；头部刻点颇粗，但侧单眼两侧及后部的较细；复眼被毛。触角梗节长为宽的 2 倍，索节念珠状，共 3 节，第 3 索节最短。

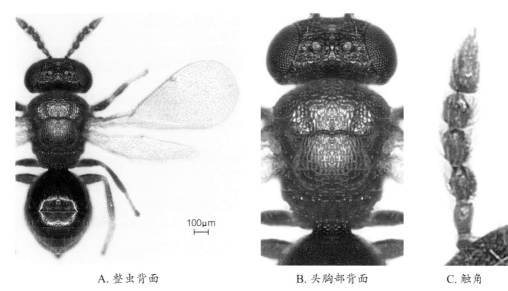

A. 整虫背面　　　　　　　　　　　B. 头胸部背面　　　　　　　C. 触角

图 2-83　瓢虫柄腹姬小蜂 *Pediobius foveolatus* 雌虫

胸部具网纹，中胸盾前部网眼略呈横形；小盾片前之网眼呈纵形，略细，后部较宽而大，盾纵沟较浅但完整；并胸腹节颈状部隆起；翅缘脉长为亚缘脉的1.5倍；痣脉甚短；后缘脉长于痣脉。腹柄短，长宽近相等，端缘具细网纹，有时具短纵脊。腹部第1背板约为腹长的1/2，具细网纹，其后各节具极细的网纹或条纹，后缘光滑。

寄　主　茄二十八星瓢虫。

分　布　国内分布于浙江、江西。国外分布于印度、日本、美国。

53. 稻苞虫柄腹姬小蜂 *Pediobius mitsukurii* (Ashmead, 1904)

异　名　*Derostenus mitsukurii* Ashmead, 1904; *Pleurotropis mitsukurii*: Crawford, 1910。

中文别名　稻苞虫姬小蜂。

特　征　见图2-84。

雌虫体长1.4～1.8mm。体蓝绿黑色，局部有铜紫色反光；触角柄节同体色，梗节、鞭节褐色；足除基节同体色外为黄色，有的浅褐黄色，爪紫黑色；腹柄紫黑色；翅透明，翅脉淡黄色至褐色。头顶及颜面均具粗糙刻点。头顶沿复眼缘具粗刚毛数根；头前面观呈三角形，宽大于长；复眼突出，下缘有凹边；触角洼不明显。触角柄节柱状，中部以上略膨大外倾，约与梗节及第1、2索节之和等长；梗节长为宽的1.5倍；索节3节，节间相连处柄状，第1索节长为宽的1.6～1.8倍，第2、3索节长为宽的1.3～1.4倍；棒节2节，与末2索节等长或稍长，末端有刺突。前胸背板短，具粗刚毛，有横脊；盾纵沟浅，不明显；小盾片长稍大于宽，前端稍窄，后端圆钝，网纹近

A. 整虫背面　　　　　　　　　B. 触角与头胸部背面

图2-84　稻苞虫柄腹姬小蜂 *Pediobius mitsukurii* 雌虫

似纵列；前、中胸及小盾片上均具刚毛。前翅狭长；后缘脉长为痣脉的1.5倍，痣脉短；亚缘脉的背面具粗刚毛。后足胫距短于第1跗节，稍弯曲。腹略短于胸；腹柄横宽，长不及宽，具刻点；腹部圆形、光滑、散生刚毛；第1腹节最长，几乎占腹部的3/4，其背面及两侧下伸部分具细刻点纹。产卵管略露出腹末端。

寄　主　稻苞虫、稻纵卷叶螟、隐纹稻苞虫、稻眼蝶。在稻苞虫蛹内发现有同稻苞虫兔唇姬小蜂共寄生情况，偶然也有与寄蝇或广黑点瘤姬蜂共寄生的。

分　布　国内分布于安徽、上海、浙江、江苏、江西、福建、广东、湖北、湖南、四川、贵州、云南、河南、陕西。国外分布于日本、韩国。

54. 梨潜皮蛾柄腹姬小蜂 *Pediobius pyrgo* (Walker, 1839)

异　名　*Pediobius nawai* (Ashmead, 1904)；*Derostenus nawai* Ashmead, 1904；*Elachestus complaniusculus* Ratzeburg, 1852；*Entedon pyrgo* Walker, 1839；*Eulophus pyralidum* Audouin, 1842；*Pediobius nawaii* (Ashmead, 1904)；*Pleurotropis nawai* (Ashmead, 1904)；*Pleurotropis (Rhopalotus) substrigosa* Thomson, 1878；*Rhopalotus chalcidiphagus* Szelenyi, 1957。

中文别名　潜蛾姬小蜂、潜蛾柄腹姬小蜂、梨潜皮蛾姬小蜂。

特　征　见图2-85。

雌虫体长1.3～1.6mm。体呈金属蓝绿色，但触角黑色且有蓝紫色光泽，中胸盾片紫褐色，足跗节白色（端部黑色）；翅无色透明，翅基片褐色，翅脉黄褐色。头、胸部具粗刻点；头部背面观横宽，具后头脊。触角着生于近复眼下缘连线，柄节不达头顶；环状节1节；索节3节，索节各节具柄，长大于宽；棒节2节，长约为前节长的1.5倍，末端具1刺突。中胸盾侧沟明显；三角片

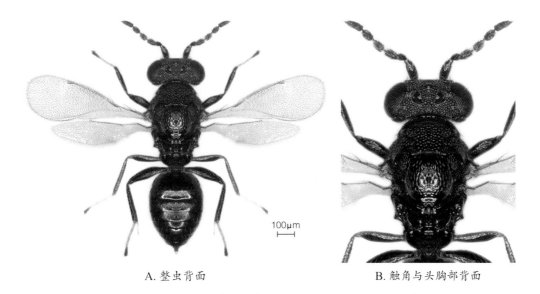

100μm

A. 整虫背面　　　　　　　　　B. 触角与头胸部背面

图 2-85　梨潜皮蛾柄腹姬小蜂 *Pediobius pyrgo* 雌虫

向前突出，有较细网纹；小盾片长大于宽。前翅缘脉长过亚缘脉的2倍；痣脉稍短于后缘脉。腹柄长，具粗网纹；腹部长卵圆形，近等于胸长，但比胸稍窄，最宽处约在前部1/3处；第1腹节背板最长，占腹长的2/5，光滑；其余各节前缘具细刻点和稀毛。产卵管鞘明显突出腹部末端。

寄　主　初寄生兼重寄生。可寄生鞘翅目、革翅目、双翅目、膜翅目和鳞翅目等科的昆虫，以初寄生于鳞翅目昆虫寄主较常见，稻田中可寄生稻苞虫、稻纵卷叶螟、稻眼蝶蛹。作为重寄生蜂，可寄生蝶蛹金小蜂和多种绒茧蜂。

分　布　国内分布于安徽、上海、江苏、浙江、江西、湖北、湖南、福建、台湾、广西、广东、贵州、四川、云南、甘肃、宁夏、青海、陕西、河南、山东、山西、新疆、内蒙古、北京、辽宁、吉林、黑龙江。国外分布于日本、澳大利亚等国及欧洲、非洲、北美洲等地。

金色姬小蜂属 *Chrysocharis* Förster, 1856

体型小，通常1.0～1.8mm，具金属光泽。头长宽相当，无后头脊。触角通常7～8节，具1不明显的环状节，索节3节。胸部具刻点，并胸腹节横宽，具颈。前翅缘脉长于亚缘脉，两脉之间有断痕。腹部略长于或等长于胸长。产卵器从腹末端伸出。

本属广泛分布于欧美和亚洲，寄生双翅目的潜蝇科昆虫。该属化蛹前在寄主体周围用粪便堆成1圈柱形物，随后在此圈内化蛹，其周围的柱形粪便变硬后的作用如同坑道，可防止植物干燥后寄主蛀道被毁坏。

55. 底比斯金色姬小蜂 *Chrysocharis pentheus* Walker, 1839

特　征　见图2-86。

雌虫体长0.9～1.0mm。体金绿色；但复眼红色，口器黄褐色，颜面褐色；触角柄节白色，余节暗褐色；足除基节同体色外均黄白色。头、胸具刻点；头长宽相当，有粗网皱；头顶两侧刻点较弱；额上部明显具皱纹；无后头脊；复眼内缘不内凹。触角除环状节外7节（环状节呈片状不易见），柄节柱状；梗节长是宽的2倍；索节3节，索节各节长均大于宽；棒节2节，各节明显分开，棒节末端有1刺突。胸部背板有粗网皱，前胸背板具脊；中胸盾片后端下沉，宽大于长，上有刚毛；小盾片长宽相等，具较细刻点；三角片伸过翅基连线，隆起，具细网纹；并胸腹节横宽，具细刻纹，具窄颈。前翅透明，无色斑，翅长为宽的1.6倍；前翅缘脉长接近亚缘脉的2倍，两脉之间有断痕，亚缘脉有2根刚毛；后缘脉略长于痣脉，翅端稍宽。腹部宽，与胸近等长，两侧缘平行；除第1、2节背板光滑外，其余均具黄褐色毛。腹柄短，后部扩大微具网纹。

寄　主　豌豆彩潜蝇、美洲斑潜蝇等潜叶蝇幼虫。

分　布　国内见于浙江、江西、广东、海南、台湾、北京、山东。国外分布于以色列、日本、朝鲜等国以及北美洲、欧洲等地。

A. 整虫背面　　　　　　　　　　B. 触角与头部背面　　　　　　　　C. 胸部背面

图 2-86　底比斯金色姬小蜂 *Chrysocharis pentheus* 雌虫

新金姬小蜂属 *Neochrysocharis* Kurdjumov, 1912

体型小，通常长 0.8～1.5mm，具金属光泽。本属与金色姬小蜂属十分相似，主要区别在于其雌虫触角索节为 2 节，棒节 3 节；头部通常横宽，宽大于长；部分种类翅痣下方有烟色斑。

该属广泛分布在欧洲、美洲、非洲及亚洲，一般寄主为双翅目潜蝇科昆虫。

56. 点腹新金姬小蜂 *Neochrysocharis punctiventris* (Crawford, 1912)

异　名　*Derostenus punctiventris* Crawford, 1912。

中文别名　点腹青背姬小蜂。

特　征　见图 2-87。

雌虫体小型，长 0.8～1.0mm。头、胸部暗褐色至黑色，腹部绿褐色，有铜绿色金属光泽；触角黄褐色，柄节黄白色；足除基节和后足腿节为暗褐色外，其余为黄白色。头、胸部及腹部背板均具细而一致的网纹；头胸部等宽。触角 7 节，被毛和条形感觉器；索节 2 节；棒节 3 节，长于索节，有端刺。复眼内缘不内凹；无后头脊。头前胸背板无横脊；盾侧沟完整，中胸盾片上有刚毛；小盾片长宽约相等，上有 1 对鬃；并胸腹节较光滑，无明显中脊。前翅长为翅宽的 1.6 倍，端部圆截，透明无色斑；亚缘脉有 2 条背鬃，与缘脉不连续，缘脉长为亚缘脉的 2 倍以上；后缘脉

不明显，约与痣脉等长。腹部长椭圆形，比胸部稍长或等长，最宽处在腹中部；腹柄短小，光滑而微具网纹；腹部第1节背板最长。

寄　主　美洲斑潜蝇幼虫。

分　布　国内见于浙江、江西、广东。国外分布于美国、塞内加尔、危地马拉。

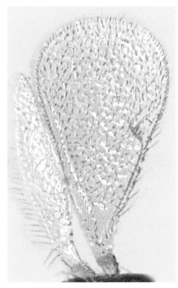

A. 整虫侧面　　　　　　　　　　　　B. 翅

图 2-87　点腹新金姬小蜂 *Neochrysocharis punctiventris* 雌虫

57. 美丽新金姬小蜂 *Neochrysocharis formosa* (Westwood, 1833)

异　名　*Chrysonotomyia formosa* Westwood, 1833。

中文别名　美丽新姬小蜂。

特　征　见图2-88。

雌虫体长0.6～1.5mm。头和胸部青绿色，腹部绿褐色，有铜绿色金属光泽；触角褐色，但柄节黄褐色；足基节褐色，其余各节灰色。头胸部等宽，无后头脊；复眼内缘不内凹。触角具较长毛和较粗短的条形感觉器，环状节1节，微小、不明显；索节2节，第2索节稍长，其长大于宽；棒节3节，长于2索节之和，有尖端刺。头、胸部及腹部第1背板具网状细纹。前胸背板无横脊，侧沟完整；小盾片上的网纹平而密。前翅长为翅宽的1.4倍，痣脉下有1浅褐色斑，翅端稍平；缘脉长为亚缘脉的2倍以上；亚缘脉上有2～3根鬃；后缘脉短于痣脉。并胸腹节有网皱，无明显中脊。腹部长椭圆形，比胸部稍长，最宽处在腹中部，腹柄短小。

寄　主　豌豆彩潜蝇、美洲斑潜蝇的幼虫。

分　布　国内见于上海、浙江、江西、广东、北京、山东。国外分布于美国、意大利、以色列、英国、塞尔维亚等国。

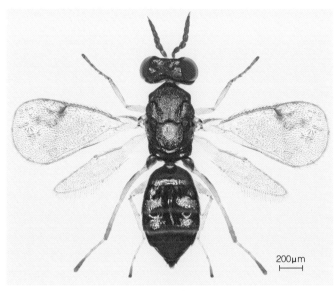

A. 整虫背面　　　　　　　　　　　B. 触角与头胸部背面

图 2-88　美丽新金姬小蜂 *Neochrysocharis formosa* 雌虫

啮小蜂亚科 Tetrastichinae

唇基前缘分2叶；颊沟直线形；下颚须和下唇须均为1节。雌虫触角环状节3～4节，索节3节；雄虫触角柄节通常有腹片，鞭节上有成排或成圈的长毛。中胸盾片中叶无中沟，有散布的毛序；盾纵沟完整，深而直；大多数属种中胸小盾片有明显的2条纵沟。前翅后缘脉一般不明显，或比痣脉短。本亚科是姬小蜂科中最大的亚科。

啮小蜂属 Tetrastichus Haliday, 1843

雌虫头正面观横宽；触角着生于复眼下缘连线，索节及棒节均为3节。前胸短，中胸盾纵沟完整，小盾片具侧纵沟1对；并胸腹节不光滑，具有由侧褶和气门沟脊形成的凸起区。前翅亚缘脉背面具刚毛1根，缘脉长；痣脉发达，但无后缘脉。腹部纺锤形或椭圆形，无柄。产卵器隐蔽或微突出。

雄虫触角柄节不膨大。

本属寄主范围广，包括鳞翅目、双翅目、蜻蜓目、直翅目、缨翅目、半翅目、脉翅目、膜

翅目及蛛形纲，可体内或体外寄生幼虫、蛹或卵，也可捕食卵、幼虫、蛹及成虫；少数种类为植食性。

58. 稻纵卷叶螟啮小蜂 *Tetrastichus shaxianensis* Liao, 1987

特 征 见图2-89。

雌虫体长1.5～1.7mm。头胸部黑色具铜绿色光泽，颜面、腹部微带紫褐色，颊、后头、胸背微带蓝绿色反光，复眼赭褐红色；触角柄节黄色，梗节及鞭节黑褐色，其上的刚毛黄褐色；翅基片褐色；足除基节同体色外黄色，跗爪褐色；翅淡黄色至淡黄褐色，翅面纤毛、缘脉及后缘脉上的刚毛黑褐色。头、胸均具细网状刻纹。头背面观横宽，单眼排列约呈钝角三角形；头正面观亦宽大于长，头顶呈弧形，触角着生于复眼下缘连线的下方。触角柄节柱状，伸达头顶，第1索节最长，长为宽的2.5倍，明显长于梗节，第2索节次之，长为宽的1.5倍，第3索节最短；棒节3节，长稍长于后2索节之和，第1棒节基部稍宽，其端部逐渐收缩，第3棒节末端具尖锐的突起。前胸短，其后缘有6～8根粗刚毛；中胸盾片及小盾片细网刻纹略呈纵向，中胸盾片的盾纵沟、中纵沟以及小盾片上的1对侧纵沟均完整；中胸盾片宽大于长，具刚毛；小盾片长宽大致相等，与中胸盾片大致等长。并胸腹节具中纵脊及不规则的皱脊；气门椭圆形。翅长过腹，基部无毛；亚缘脉短于缘脉，缘脉长于痣脉3倍。腹部长卵圆形，末端收窄，背面平滑，与头、胸合并之长大致相等，较胸部为宽；腹柄短。

寄 主 稻纵卷叶螟的蛹；聚寄生。

分 布 国内见于浙江、江苏、江西、湖北、湖南、四川、福建、广东、广西、云南。

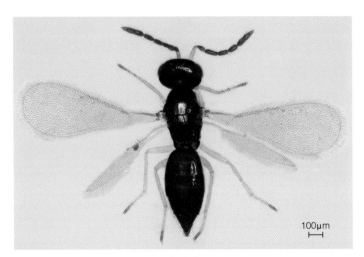

100μm

A. 整虫背面　　　　　　　　B. 头胸部背面　　　　　C. 触角

图2-89　稻纵卷叶螟啮小蜂 *Tetrastichus shaxianensis* 雌虫

59. 螟卵啮小蜂 *Tetrastichus schoenobii* Ferriere, 1931

特征 见图2-90。

雌虫体长0.9~1.5mm。通体金绿色，略有青色闪光。触角柄节基部黄褐色，端部及其余各节褐色；足除前足基节基部和后足基节大部呈绿色外，均为淡黄色。头横宽，上颊很短；单眼排列成钝三角形，侧单眼有浅沟与复眼缘相连；触角着生于颜面中部，10节，其中梗节短，其长不足柄节1/2；环状节2节、短小；索节3节，各节约等长；棒节3节，狭长，几乎与前2索节之和等长。中胸盾片盾纵沟深，中纵沟很浅或不可见；小盾片与中胸盾片等长，上有2条侧纵沟细而明显；并胸腹节有纵中脊及2侧褶脊。翅缘毛短；亚缘脉上具1~2根刚毛，缘脉长于亚缘脉，长于痣脉的4倍。腹部约与头胸之和等长，末端尖。产卵管不明显突出。

寄主 寄生三化螟、橙尾白禾螟、莎草螟、稻白螟和纯白禾螟等的卵（块），有时也会取食已被赤眼蜂或黑卵蜂寄生的卵粒。若寄生较迟，啮小蜂的幼虫也能取食螟卵中已形成的蚁螟，而残留其头部，但不能完成发育。

分布 国内见于长江流域及以南，北限为安徽安庆。国外分布于越南、泰国、马来西亚、印度尼西亚、菲律宾、印度、斯里兰卡。

A. 整虫背面　　　　　　　　B. 头胸部背面　　　　　C. 触角

图 2-90　螟卵啮小蜂 *Tetrastichus schoenobii* 雌虫

60. 卡拉啮小蜂 *Tetrastichus chara* Kostjukov, 1978

特征 见图2-91。

雌虫体长0.9mm。体黄色至黄褐色，但胸部侧缘和腹部后端半颜色较深，有时为深褐色；

触角柄节基部褐色（其余同体色）；复眼和单眼均鲜红色。触角柄节长为宽的3倍；环状节3～4节，微小；索节第1节略长，第2、3节等长；棒节3节，末端收窄。前胸背板短；中胸盾片具中纵沟，小盾片具1对侧纵沟；并胸腹节具1中纵脊。翅透明，具短毛，前翅缘脉长于亚缘脉，长为痣脉的4倍，亚缘脉具1～2根刚毛。腹部长于胸部。产卵管略露出腹末。

寄　主　豌豆彩潜蝇。

分　布　国内见于浙江、湖南、贵州。国外分布于俄罗斯。

A. 整虫背面　　　　　　　　　　　　　　　B. 触角与头胸部背面

图 2-91　卡拉啮小蜂 *Tetrastichus chara* 雌虫

61. 吉丁虫啮小蜂 *Tetrastichus jinzhouicus* Liao, 1987

特　征　见图2-92。

雌虫体长2.3～2.7mm。体黑色有铜色反光，略带蓝绿色及紫色反光；触角柄节、中前足转节末端、腿节、胫节及跗节末节均鲜黄褐色，触角柄节上端、其余各节均褐色；足基节、后足腿节同体色，复眼赭褐色；翅透明无色，翅脉浅黄色至浅褐色。触角索节显著长于梗节，索节3节近等长，长为宽的2.5倍；棒节第1、2节间有不显著的隘缩，第3棒节末端有1短刺（不易察觉，易为长刚毛所遮盖）。中胸盾片宽略大于长，中纵沟清晰可见，小盾片的长、宽大致相等；并胸腹节为小盾片长的1/3，具中脊及侧褶，气门圆形；胸部背面刻纹极为细致，如细鳞而具丝光。前翅长约为宽的2.5倍，与腹大致等长；亚缘脉上面具1根刚毛，亚缘脉稍短于缘脉，缘脉约4倍于痣脉。腹长仅略大于头胸之和，腹宽不窄于胸，腹长为宽的1.6～2.2倍；腹部末端尖锐。产卵器稍露出腹端。

寄　主　吉丁科昆虫。

国内见于贵州、陕西、辽宁。

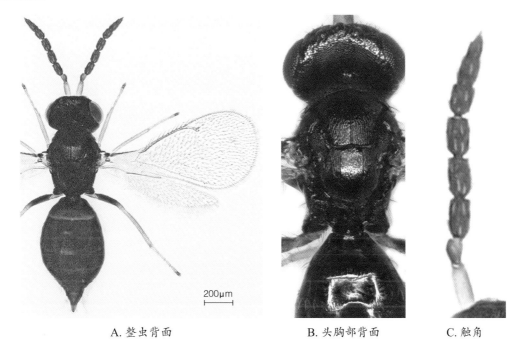

A. 整虫背面　　　　　　　B. 头胸部背面　　　　C. 触角

图 2-92 吉丁虫啮小蜂 *Tetrastichus jinzhouicus* 雌虫

62. 霍氏啮小蜂 *Tetrastichus howardi* (Olliff, 1893)

异 名 *Eupletrus howardi* Oiff, 1893；*Tetrastichus ayyari* Rohwerr, 1921。

中文别名 印啮小蜂。

特 征 见图 2-93。

雌虫体长 1.7～2.0 mm。体黑色至黑褐色，但头、中胸微紫蓝色，腹带紫褐色；足除足基节外均褐色；触角黑褐色；上颚、口缘及翅脉浅褐色；跗节除末端褐色外均黄褐色；翅透明无色。头横形，头顶具细刻纹；单眼排列成钝角三角形；颜面具细刻纹，中、上部及额凹陷。触角着生于复眼下缘连线上；柄节伸达头顶；梗节长为宽的 2.5 倍；索节 3 节，第 1 节最长，第 2、3 节约等长；棒节 3 节，分节不甚明显，末端尖并有 1 刺突。中胸盾片及小盾片刻纹较头部明显，外观略呈纵刻线，小盾片上的更为清晰；中胸盾片中部后端有中纵沟；小盾片的 1 对纵沟平行；并胸腹节具革质的点绞刻纹，有显著的中纵脊及 2 侧褶脊。前翅缘脉与亚缘脉间有折断痕；缘脉略长于亚前缘脉，约为痣脉的 3 倍，无后缘脉。腹无柄，长于胸，略呈纺锤形，以第 2 腹节处最宽，末端收缩；产卵管略突出。

雄虫体长 1.6～1.8 mm，特征与雌虫相似，但触角明显不同：棒节黑色，呈短锥状；索节浅黄色、4 节，呈念珠状；梗节和柄节亦为浅黄色至黄色。

寄 主 二化螟、大螟。从蛹内羽化，聚寄生。

分　布　国内见于浙江。国外分布于印度。

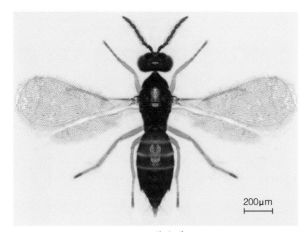

200μm

A. 雌虫背面

B. 雌虫触角与头胸部背面

C. 雄虫触角与头胸部背面

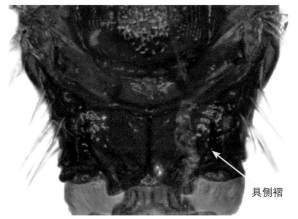

具侧褶

D. 并胸腹节背面（示侧褶和气门沟脊形成的凸起区）

图 2-93　霍氏啮小蜂 *Tetrastichus howardi*

长尾啮小蜂属 *Aprostocetus* Westwood, 1833

触角索节、棒节均3节，其中索节各节均长大于宽。前胸短，中胸盾纵沟完整，小盾片具侧纵沟1对；并胸腹节光滑，不存在由侧褶和气门沟脊形成的凸起区。足胫节及跗节均细长。腹部长形，雌虫末端细长而尖锐；产卵器常明显突出腹部末端。雄虫触角柄节有时膨大。本属与啮小蜂属极为相似，后者并胸腹节不光滑，存在由侧褶和气门沟脊形成的凸起区，且产卵器不露出或略露出腹末，可与本属区分。

本属各区系都有分布，寄主范围很广，至少涉及鞘翅目、双翅目、半翅目、鳞翅目、直翅目和膜翅目等目的40多科的昆虫，初寄生和重寄生，初寄生常见寄生蛀木甲虫的幼虫和卵。此外，还有天南星科、桃金娘科、松科等植物寄主。

本属是啮姬小蜂亚科最大的属,全球已知至少758种,我国记录有36种(厉向向,2013),但该属同物异名现象十分普遍,应予以注意。

63. 天牛卵长尾啮小蜂 *Aprostocetus fukutai* Miwa & Sonan, 1935

中文别名　天牛卵姬小蜂。

特　征　见图2-94。

雌虫体长3.0mm。体黑色带青蓝色光泽,但触角柄节、梗节及唇基末端黄褐色,索节以下黑褐色并有长毛,足黄褐色(后足基节黑褐色);翅透明无色,翅脉淡黄褐色。头前面观梯形,上端略宽于下端;颜面长略大于宽,近头顶处及中部凹陷。触角9节,着生于复眼下缘连线上;柄节伸过头顶;梗节长为宽的2倍;环状节短小;索节3节,第1索节最长,为宽的4～5倍;棒节3节。单眼排列成钝角三角形,单眼区与头顶间有沟。中胸盾片及小盾片有细致的纵刻纹和细毛;盾纵沟明显;小盾片与中胸盾片等长,上有2纵沟;并胸腹节平滑。足细长。前翅缘脉长,约为亚缘脉的1.5倍,亚缘脉与缘脉间有折断痕,无后缘脉。腹部狭长,末端收缩尖锐、光滑、无柄,长于头胸部之和。产卵管伸出,约为腹长的1/3。

寄　主　星天牛、桑天牛等的卵,聚寄生。

分　布　国内见于浙江、上海、江苏、台湾、广东、河北。国外分布于日本。

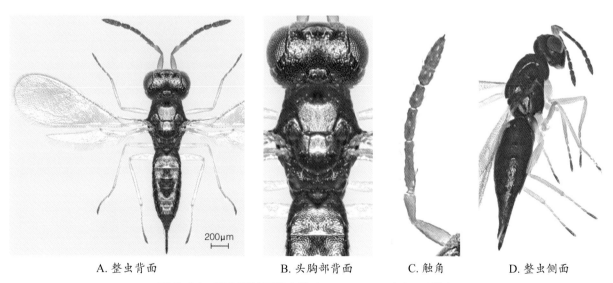

A. 整虫背面　　　　　　B. 头胸部背面　　　　　　C. 触角　　　　　　D. 整虫侧面

图2-94　天牛卵长尾啮小蜂 *Aprostocetus fukutai* 雌虫

64. 胶蚧红眼长尾啮小蜂 *Aprostocetus purpureus* (Cameron, 1913)

异　名　*Hadrothrix purpurea* Cameron, 1913;*Tetrastichus immsii* Mahdihassan, 1923;

Tetrastichus purpureus (Cameron, 1913)。

中文别名 胶蚧红眼啮小蜂。

特 征 见图2-95。

雌虫体长1.5～1.8mm。体黑带紫色反光；复眼鲜朱红色；触角褐色；足黄色至黄褐色，基节基部及跗节末端褐色；缘脉及痣脉黄色。头部发亮，刻点细；正面观近圆形；头顶短，复卵圆形，颜面凹陷。触角鞭形，着生于复眼下缘连线的上方；柄节高达中单眼；梗节、索节均等长，长约为宽的2倍；棒节3节，末节短，末端尖锐、被短毛。中胸背板略具网状刻纹；中胸盾片中纵沟及小盾片的1对背纵沟均明显；并胸腹节短而陡、光滑，具不甚显著的中脊，气门小。翅透明，长过腹长，缘脉长于亚缘脉，痣脉长约为缘脉的1/4，亚缘脉上具4根短刚毛。腹部略长于胸，中部最宽，其后突然收缩变尖。产卵器略伸出。

雄虫体长1.2～1.5mm，与雌虫相似，但触角上着生的毛都较长，甚至超过索节的2倍；腹部短于胸长，第1背板黄色，足鲜黄色，基节、腿节之部分及跗节末端褐色。

寄 主 紫胶蚧。

分 布 国内见于浙江、江西、湖南、贵州。国外分布于印度。

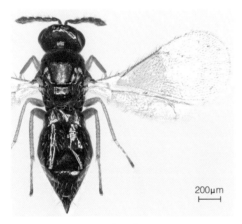

A. 雌虫背面

B. 雌虫触角与头胸部背面

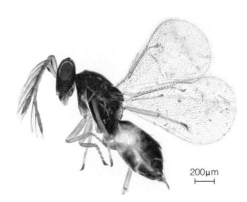

C. 雄虫整体侧面

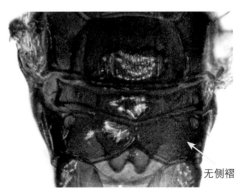

D. 胸部背面（示并胸腹节光滑）

图2-95 胶蚧红眼长尾啮小蜂 *Aprostocetus purpureus*

65. 丝绒长尾啮小蜂 *Aprostocetus crino* (Walker, 1838)

异 名 *Cirrospilus Crino* Walker, 1838；*Ootetrastichus crino* (Walker, 1838)；*Pachyscapus crino* (Walker, 1838)；*Tetrastichus crino* (Walker, 1838)；*Tetrastichus dubius* Bakkendorf, 1955；*Tetrastichus oecanthivrus* Gahan, 1932；*Tetrastichus* (*Geniocerus*) *dispar* Silvestri, 1920。

特 征 见图2-96。

雌虫体长0.7～1.6mm。色多型，体铜绿色，绿色，少数蓝绿色；腹部颜色较浅，在腹基部第2、3节带有浅黄色；口器边缘略带红棕色；触角褐色，柄节与梗节浅褐色；后足基节黑色，其余浅黄色；翅基片淡黄色；翅透明，翅脉褐色。头部正面观上颜面无中脊，但具矩形中间区域。触角柄节长为宽的4倍，超过头顶；梗节长为宽的2倍；索节3节，均较长，第1索节短于其他两节，长为宽的3倍；棒节3节，长于第3索节，末端尖锐。胸部长为宽的1.9倍；中胸盾片中叶每侧具1～2根刚毛，无盾中沟；小盾片中等程度隆起，长略大于宽；并胸腹节具刚毛。足较细长，但后足腿节较粗。前翅形状较窄，长为宽的2.6～3.5倍；前翅亚缘脉短于缘脉；缘脉长为痣脉的4～5倍。腹部末端针锥形，有时略长于头胸部之和。产卵器鞘伸出末节背板，长约为腹部的1/4。

寄 主 树蟋属昆虫的卵。

分 布 国内见于浙江。国外新北区、古北区有分布。

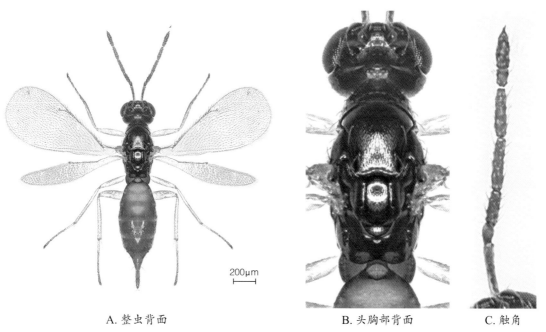

A. 整虫背面　　　　　　　　　　B. 头胸部背面　　　　　C. 触角

图2-96　丝绒长尾啮小蜂 *Aprostocetus crino* 雌虫

123

66. 浅沟长尾啮小蜂 *Aprostocetus asthenogmus* (Waterston, 1915)

异　名　*Tetrastichodes asthenognus* Waterston,1915；*Tetrastichus asthenogmus* (Waterston, 1915)；*Tetrastichus metalliferus* Masi, 1917。

特　征　见图2-97。

雌虫体长2.0～2.2mm。体黑色带暗绿色金属光泽。触角柄节腹面黄褐色，其余黑褐色；中后足基节黑色，其他部分（除第4跗节褐色外）均黄色；翅基片黑褐色；翅透明。头部具极浅的刻纹，宽约为长的1.4倍；复眼上具稀疏的短毛。触角柄节超过中单眼；梗节长为宽的3倍；第1索节最长，占整个鞭节的2/5，长为宽的5倍；棒节长约为宽的2.5倍。胸部较平，长为宽的1.5倍，前胸背板较短；中胸盾片长为宽的1.75倍，盾侧沟明显，中纵沟浅、不显著；小盾片长大于宽，2纵沟显著；并胸腹节中脊在中部分开。前翅长约为宽的3倍，缘脉长为亚缘脉的2倍，无缘后脉。腹部长卵圆形，长为宽的2倍，末端收窄尖锐。产卵器略露出腹末。

寄　主　美洲大蠊、澳洲大蠊和褐斑大蠊。

分　布　国内见于广东。国外分布于东洋区、非洲区、古北区。

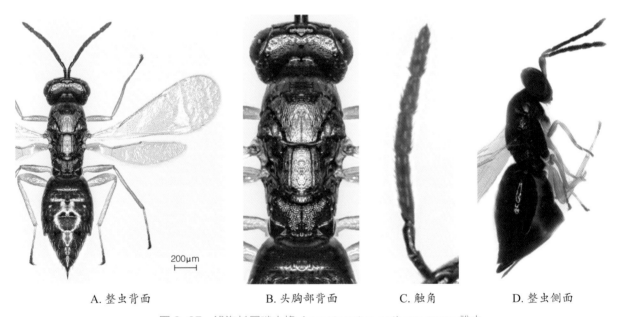

A. 整虫背面　　　　B. 头胸部背面　　　C. 触角　　　D. 整虫侧面

图2-97　浅沟长尾啮小蜂 *Aprostocetus asthenogmus* 雌虫

67. 毛利长尾啮小蜂 *Aprostocetus muiri* (Perkins, 1912)

异　名　*Ootetrastichus muiri* Perkins, 1912。

特　征　见图2-98。

雌虫体长0.9mm。体黄色至浅褐色；复眼深红色，单眼红色；触角柄节灰褐色，其余褐色；

前胸背板侧缘、中胸盾片中叶前方2个斑纹（常合并）和侧叶、三角片、小盾片中央纵纹和后缘、并胸腹节侧缘、腹部背面两侧条纹、后足基节基部及各足端跗节均黑色或暗褐色，足的其余部分淡黄色。头阔于胸，中单眼仅稍在侧单眼前方。触角除环状节外，7节，柄节细长，长约为宽的5倍；环节3节；索节3节，第1节长于后2节之和；棒节3节。前翅缘脉长于亚前缘脉，约为痣脉的3倍，无后缘脉。跗节4节。腹部较细长，呈尖叶形，长度超过头、胸部之和；腹末每边生有1对长毛。产卵管鞘稍伸出腹末端。

雄虫与雌虫相似，仅有以下不同：触角柄节膨大而略扁平，故名"大角啮小蜂"；环状节3节，索节4节；棒节3节，约与前两索节之和等长；腹部1～3节背板黄白色，仅侧缘有褐斑。

寄　主　飞虱科昆虫的卵。

分　布　国内见于浙江、广东。

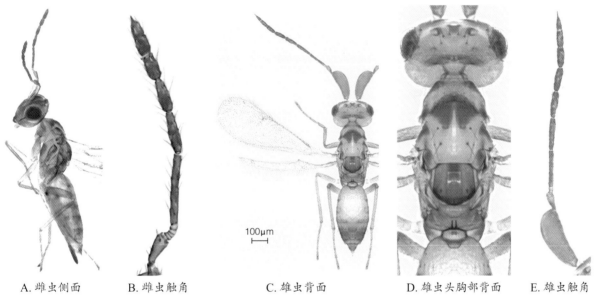

A. 雌虫侧面　　　B. 雌虫触角　　　C. 雄虫背面　　　D. 雄虫头胸部背面　　　E. 雄虫触角

图2-98　毛利长尾啮小蜂 *Aprostocetus muiri*

68. 大角长尾啮小蜂 *Aprostocetus* sp.

特　征　见图2-99。

雄虫体长0.8～1.0mm。头褐色，胸部及并胸腹节深褐色，带紫色金属光泽；腹部第1、2节白色至浅黄色，两侧缘有褐色斑，第3节褐色，其后各节为深褐色带金属光泽；触角浅褐色；前、中足腿节和胫节基半部淡黄色，其余为褐色。头宽于胸部。触角除环状节外，9节；柄节长约占触角总长的1/3，端部膨大，宽度约为梗节宽度的3倍；梗节长度约为柄节1/4；环状节3节，第1节长度约为后2节之和；索节4节，第1节最长，其后各节渐短，第1节长约为第2、3节长度之和；棒节3节，端棒节最短，端部有尖突。小盾片上有2条平行的纵沟。前翅缘脉稍长于亚前缘

脉的1.5倍，约为痣脉的4倍，无后缘脉。跗节4节。腹部较细长，呈尖叶形，长度约等于头胸部之和；腹柄明显，呈短圆柱形；腹末每边生有1根长毛。雄虫生殖器伸出腹端。

寄 主 未知。

分 布 国内见于湖南、四川。

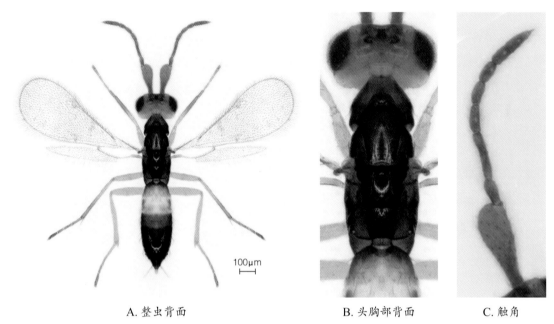

A. 整虫背面 　　　　　　　　 B. 头胸部背面 　　　　　　 C. 触角

图 2-99　大角长尾啮小蜂 *Aprostocetus* sp. 雄虫

金小蜂科 Pteromalidae

　　金小蜂科昆虫体小至中等大，纤细至十分粗壮，长1.2～6.7mm；常具金属的绿色、蓝色及其他有虹彩的颜色，且光泽一般强烈。头、胸部密布网状细刻点。头部形状卵圆形至近方形；触角着生于口缘至中单眼的1/2以上位置；触角8～13节（包括至多3个环状节），通常用"触式"表述触角各部分节数的构成，如触式11263中各数字依次代表梗节、柄节、环状节、索节和棒节的节数。前胸背板短至甚长，略呈方形，常具显著的颈片；中胸盾纵沟完整或缺如。并胸腹节中部一般具显著的刻纹；常有亚侧纵脊，自气门附近伸出；后端常延伸成狭窄的颈状突出。翅几乎均充分发育，个别短翅型或无翅型；前翅缘脉长至少为宽的若干倍，后缘脉和痣脉发达，个别很短；翅基部存在无毛区。跗节5节；后足胫节一般仅1距。腹柄不明显至显著。产卵管从完全隐蔽至伸出腹末很长。

　　本科寄主范围极广，可寄生多数目的昆虫，如双翅目、鞘翅目、膜翅目、鳞翅目、半翅目、脉翅目、直翅目和蚤目等昆虫。有的为重寄生，还有少数寄生蜘蛛。可寄生卵、幼虫、蛹和成虫各个虫期。有些种主要为捕食性，如捕食介壳虫和蜘蛛卵；极少数种类为植食性，取食植物种子。寄生性种类的寄生类型多样，有抑性寄生和容性寄生、外寄生和内寄生、单寄生和聚寄生、多主寄生和寡主寄生。

中国常见金小蜂科天敌分种检索表

（改自：黄大卫和肖晖，2005；肖晖等，2019）

1. 前翅不狭长较宽大；颜面较平缓；触角着生部位多变，具2～3个环状节 ························· 2
   前翅狭长；颜面膨起；触角着生于颜面上部，具2个环状节（狭翅金小蜂亚科Panstenoninae）··· 14

2. 腹柄明显；中胸盾纵沟深而完整；唇基下缘多数左右不对称，具齿（柄腹金小蜂亚科Miscogasterinae）。柄后腹第2节背板极大，和第1节背板几乎覆盖整个腹部（斯夫金小蜂属*Sphegigaster*）。体色蓝绿色，腹部呈黑色；触角索节长不大于宽，呈横形 ········· 横节斯夫金小蜂*Sphegigaster stepicola*
   腹柄无或不明显；中胸盾纵沟完整或不完整，如完整不深凹且后缘变浅；唇基下缘左右对称，具或不具齿（金小蜂亚科Pteromalinae）··················· 3

3. 触角具3个环状节 ·································· 4
   触角具2个环状节 ·································· 5

4. 触角棒节末端圆钝，分节；并胸腹节不明显向后收缩（谷象金小蜂属*Anisopteromalus*）。前胸宽几乎与中胸背板等宽；腹部呈梭形，第1腹节背板后缘向后延长呈三角突状···················· ·················· 谷象金小蜂*Anisopteromalus calandrae*
   触角棒节末端尖锐，不分节；并胸腹节向后收缩有颈部（尖角金小蜂属*Callitula*）。前胸窄于中胸背板且端部明显收窄；腹部卵圆形，稍短于胸部，具不明显短腹柄，腹部中央具有黄褐色区域 ················· 两色尖角金小蜂*Callitula bicolor*

5. 前翅缘脉不粗大，明显长于痣脉 ······················· 6
   前翅缘脉粗大或较膨大，不长于痣脉 ······················· 11

6. 并胸腹节不具中脊 ································· 7
   并胸腹节具明显或不明显的中脊 ······················· 8

7. 头、胸部与腹部的颜色不同；腹部长为宽的2.4倍以上，常具纵向色带；触角索节具2～3轮感觉毛（瘿蚊金小蜂属*Propicroscytus*）。头、胸部墨绿色，具白毛；柄后腹宽大于胸部，黄色，纵向具3条褐色条带··················· 斑腹瘿蚊金小蜂*Propicroscytus mirificus*
   头胸腹体色一致；腹部长不及最宽处的2倍；触角索节常具1～2轮感觉毛（金小蜂属*Pteromalus*）。唇基前缘略微凹入；前翅基室光裸；足的基节与腿节同体色 ··················· ················· 蝶蛹金小蜂*Pteromalus puparum*

8. 翅痣明显膨大；腹部明显长于头胸之和；头、胸具蓝绿色金属光泽，腹部颜色不同（小蠹狄金

小蜂属 *Dinotiscus*）。唇基下缘平截、两侧具齿；触角索节第1、2节约等长；翅痣近似方形······
··· 方痣小蠹狄金小蜂 *Dinotiscus eupterus*

翅痣不膨大；腹部不长于头胸之和；头、胸、腹整体蓝绿金属光泽，具有后头脊（克氏金小蜂
属 *Trichomalopsis*）··· 9

9. 唇基下缘中央明显凹入，唇基上的条刻几乎达颚眼沟····································
··· 绒茧克氏金小蜂 *Trichomalopsis apanteloctena*

唇下缘中央显凹入微弱或平截，唇基上的刻条几乎限于唇基区内················· 10

10. 左上颚3齿，右上颚4齿·················· 素木克氏金小蜂 *Trichomalopsis shirakii*

左、右上颚均4齿···················· 稻克氏金小蜂 *Trichomalopsis oryzae*

11. 触角索节第1节明显长于其他各节，且呈圆锥形；后缘脉短于痣脉（锥索金小蜂 *Conomorium*）。
第1索节长为最大宽处的1.5倍；缘脉长于痣脉；头胸部黑色带金属光泽，腹部深褐色，基部
具有1浅色区················· 白蛾锥索金小蜂 *Conomorium cuneae*

触角第1节不明显长于其他各节，且不呈圆锥形；后缘脉长于痣脉·················· 12

12. 盾纵沟完整；头极宽，腹部第1节呈柄状似腹柄（蟓卵金小蜂属 *Acroclisoides*）。翅痣下方具1
浅褐色翅斑，头侧面观颊凹陷，腹部第4节约占腹部的1/3····························
··· 中国蟓卵金小蜂 *Acroclisoides sinicus*

盾纵沟不完整；头部与腹部不如上述；翅缘脉明显粗大呈楔形（楔缘金小蜂属 *Pachyneuron*）· 13

13. 触角柄节与顶单眼等高；翅基脉无毛，偶有1～2根毛；胸与并胸腹节深绿金色，腹部黑褐色···
··· 丽楔缘金小蜂 *Pachyneuron formosum*

触角柄节超过顶单眼高度；翅基脉具毛；胸、腹均为绿金色·······························
··· 食蚜蝇楔缘金小蜂 *Pachyneuron groenlandicum*

14. 翅基部具毛，头胸部深绿色至绿色，有蓝绿色金属光泽·································· 15

翅基部光滑无毛，头胸部黄褐色，有黄铜色金属光泽，前胸浅黄色，腹部浅黄具2褐色横带···
··· 狭翅金小蜂 *Panstenon sp.*

15. 前胸背板前缘和侧缘黄色，柄后腹褐色，基部和中部具黄褐色带，略宽于胸部··············
··· 黄领狭翅金小蜂 *Panstenon collaris*

前胸背均为墨绿色，柄后腹均为黑褐色，不宽于胸部········ 飞虱狭翅金小蜂 *Panstenon oxylus*

金小蜂亚科 Pteromalinae

体躯多呈墨绿色，具金属光泽。头前面观宽大于高，颜面较平缓，唇基下缘对称，具齿或无
齿；背面观后头具脊或无脊。触角着生于颊中部（多数位的盾纵沟具不完整，如完整后缘较浅，
两侧三角片沟前缘明显分于复眼下缘线上方），13节，其中环状节2节、索节6节或环状节3节、

索节5节。前胸背板宽大于长，中胸盾片开，不汇聚；小盾片后沟有或无；并胸腹节中脊、侧褶有或无。前翅不狭长较宽大，缘脉长于或等于后缘脉，翅痣一般不膨大；后足基节背面有被毛或无。腹部卵圆形或椭圆形，腹柄无或极短而不明显。

金小蜂亚科主要寄生于双翅目、鳞翅目、鞘翅目、半翅目、膜翅目等目的昆虫以及蜘蛛目，一些种类重寄生于膜翅目和双翅目的寄生性天敌。

图2-100　金小蜂成虫形态

（素木克氏金小蜂 *Trichomalopsis shirakii*）

蟓卵金小蜂属 *Acroclisoides* Girault & Dodd, 1915

头横宽而大，明显宽于胸；唇基大而横宽，具明显的纵刻纹；触角位于颜面的中上方，柄节超过头顶；复眼较小；头侧面观颊部明显凹陷；具后头脊。胸部紧凑而凸起，盾纵沟完整且细而深；并胸腹节无侧褶，有弱的中脊，具明显的颈。腹柄很小，近方形；柄后腹第1节缩窄，变长，很像腹柄。

本属寄生蜂分布于非洲区、澳洲区和东洋区，中国北方也有分布；主要寄生半翅目，如刺蟓属、绿蟓属、盾蟓属、丽蟓属、莽蟓属等蟓类昆虫，个别种类也寄生膜翅目缘腹细蜂科沟卵蜂属昆虫。

69. 中国蟓卵金小蜂 *Acroclisoides sinicus* (Huang & Liao, 1988)

异　名　*Neoceruna sinicus* Huang & Liao, 1988。

特　征　见图2-101。

雌虫体长1.5～2.0mm。整体墨绿色，头前面观绿色具光泽。触角柄节黄褐色，索节第6节

黄白色，其余均为褐色；部分个体第5、6索节为黄白色或索节均为褐色。足基节与体同色，其余均为黄色；腹部第1节背板褐绿色。前翅痣脉下方具1浅褐色翅斑。头横宽，明显宽于胸部；颚眼距大于复眼高，复眼间距也明显大于复眼高；唇基宽大，下缘中部呈弧状凹陷。触角位于颜面上部，柄节超过头顶，梗节短于第1索节；索节第1节略长于其他索节，棒节不膨大。后头脊明显；头侧面观，颊部内陷，后部具齿状突。胸部紧凑凸起，腹部第4节约占腹部的1/3。前翅缘室上表面被散毛，下表面被密毛；基室被若干毛，基脉完整，基室下端封闭；缘脉粗大，与痣脉长相当，后缘脉长于痣脉。

寄　　主　蝽科的卵。

分　　布　国内见于湖北、浙江、云南、山西、河南、北京。

A. 整虫背面　　　　　　　　　　　B. 触角　　　C. 头侧（示颊凹陷）

D. 头胸部背面　　　　　　　　　　E. 头部颜面（示唇基和上颚）

图 2-101　中国蝽卵金小蜂 *Acroclisoides sinicus* 雌虫

谷象金小蜂属 *Anisopteromalus* Ruschka, 1912

　　头前面观，近圆形，丰满；触角位于颜面中部稍下方，两复眼下缘连线的稍上方；触式11353；复眼小，表面无毛；无后头脊。胸部短而紧凑；前胸领部前缘无脊，陡降，宽几与胸部宽相当；中胸盾纵沟浅而不完整，小盾片长短于宽；并胸腹节侧后角较为平直，中部被网状刻点，无明显的中脊和侧褶，并胸腹节中后部稍隆起，较为光滑，颈部不明显。柄后腹丰满，为纺锤形。

本属寄生蜂全世界广泛分布，其寄主多为象甲虫等。

70. 谷象金小蜂 *Anisopteromalus calandrae* (Howard, 1881)

异 名 *Anisopteromalus mollis* Ruschka, 1912；*Meraporus wamdinei* Tucker, 1910；*Aplastomorpha prati* Crawford, 1913；*Nennle monmhoe* Ishii & Nagasawa, 1942。

特 征 见图2-102。

雌虫体长2～3mm。整体均为黑色，具绿色光泽，密被短白毛；触角柄节、梗节为棕黄色，其余各节为黑褐色；足基节及后足腿节与体色相同，足腿节为棕褐色，端跗节为浅褐色，其余各节均为黄色。头横宽，具网状刻点，无后头脊；唇基区无口上沟，整个颊几乎均被纵向的刻纹，唇基下缘中部弧形稍向上凹；颚眼沟线状完整。触角柄节不及中单眼；触角具3个环状节，呈递次加长的饼状；第1～3索节长稍大于宽，第4、5节为方形或亚方形；棒节为3节，长于末2索节长之和。头宽稍大于胸宽；前胸前缘无脊；中胸盾片长为宽的1/2，盾纵沟浅而细，不完整，伸至中胸盾片的1/3处；小盾片长短于宽，无明显的横沟；并胸腹节中脊线状仅前半部分明显，无侧褶，颈部不明显。前翅缘脉与后缘脉近等长，为痣脉的1.8倍。后足胫节1距。无腹柄，腹部长纺锤形、光滑，第1腹节背板后缘向后延长，呈三角突状，第2腹节略向后伸长，其余各节均无明显伸长（产卵器伸出部分与腹部近等长）。

寄 主 主要寄生象甲虫，如米象。

分 布 国内见于北京、河北、山西、河南、陕西、上海、浙江、湖南、福建、广西、四川、贵州、云南。全世界广泛分布。

200μm

A. 整虫背面   B. 头胸部背面   C. 触角

图2-102 谷象金小蜂 *Anisopteromalus calandrae* 雌虫

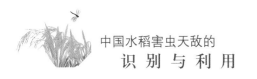
楔缘金小蜂属 *Pachyneuron* Walker, 1833

雌虫头正面观宽大于高，颜面不突起；触角位于中部，触式为11263（蚜虫楔缘金小蜂具3环状节）；索节长均稍大于宽，棒节端部稍尖锐。前胸背板具明显的脊；中胸盾纵沟不完全且不明显。前翅缘脉粗或为楔形，与痣脉等长或长于痣脉。并胸腹节具侧褶，无明显中脊，末端常具半球形的颈。柄后腹具腹柄，圆形至长卵圆形。

本属寄生蜂全世界广泛分布，主要寄生鳞翅目昆虫的卵及食蚜蝇的蛹，也寄生蚜虫和蚧虫。

71. 丽楔缘金小蜂 *Pachyneuron formosum* Walker, 1833

异　名　*Pachyneuron speciosum* Walker: Blanchard, 1840；*Pteromalus incubator* Forster, 1841；*Preromalus amoenus* Forster, 1841。

特　征　见图2-103。

雌虫体长约2mm。体绿色，有金属光泽；触角柄节黑色，其余黑褐色；腹部暗绿色；足基节与体同色，端跗节黄褐色，其余黄色。头部横宽，较胸部宽；触角位于颜面中部，柄节伸达中单眼（即与中单眼等高）；索节长大于宽，外被1轮长感觉毛。胸部膨起，小盾片横沟不明显，但其后部的刻点大而深；并胸腹节具密刻点和明显的侧褶、颈。前翅前缘室上表面无毛，基脉无毛或偶有1～2根毛，基室偶见毛。缘脉短于后缘脉，缘脉长为痣脉的1.2倍，后缘脉长为痣脉的1.4倍，缘脉长为宽的近4倍。腹柄长大于宽，上具刻点。腹部略宽于胸，长为宽的1.2倍，卵圆形，两端尖中部宽。

雄虫体长较雌虫小，触角相对细长，其他特征与雌虫相似。

寄　主　食蚜蝇科昆虫的蛹；国内还有记录可寄生 *Hyaloperns pruni* (Geoffroy)、*Dendrolimus*

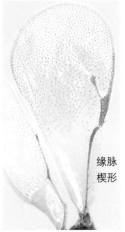

A. 整虫背面　　　　　B. 头胸部背面　　　　C. 触角　　　　D. 翅

图 2-103　丽楔缘金小蜂 *Pachyneuron formosum* 雌虫

sp. 和 *Delias* sp.（鳞翅目）；国外记录可寄生 *Syphus ribesii* L.（德国）和 *Xanthandrus comtus* (Har)（意大利）（双翅目、食蚜蝇科）。

分　布　国内见于江苏、浙江、福建、广东、四川、贵州、云南、西藏、陕西、宁夏、甘肃、新疆、内蒙古、北京、河北、山西、山东、辽宁、吉林、黑龙江。国外分布于英国、法国、德国、意大利。

72. 食蚜蝇楔缘金小蜂 *Pachyneuron groenlandicum* (Holmgren, 1872)

异　名　*Pachymeura mitskuri* Ashmead, 1904；*Pachyneuron kamalensis* Mani, 1939；*Pachyneron coruem* Deucchi, 1955；*Pachyneuron umbratum* Delucchi, 1955；*Pachmewron babronrs* Mani, 1974。

特　征　见图 2-104。

雌虫体长 1.5~1.6mm。体深绿色，具金属光泽；触角柄节基部为黄褐色，其余为褐色；足除基节与体同色外，其余均为黄色。头横宽，宽于胸。触角柄节伸过中单眼（即柄节超过顶单眼高）；梗节稍长于第 1 索节；各索节具 1 轮长感觉毛。并胸腹节短于小盾片，具较粗糙的刻点，侧褶明显，颈部较宽而光滑，两侧有横纹。前翅翅基室无毛；基脉具 3~5 根毛；缘脉明显短于后缘脉，缘脉长为痣脉的 1.1 倍，后缘脉长为痣脉的 1.7 倍。腹柄长大于宽，与基节长相当，上具刻点。柄后腹长卵圆形，光滑。

寄　主　寄生食蚜蝇的蛹，国外有记载寄生于瑞典麦秆蝇 *Oscinella frit* (L.)。

分　布　国内见于上海、浙江、福建、广西、四川、云南、河南、宁夏、新疆、内蒙古、北京、河北、山西、辽宁、吉林、黑龙江。国外分布于日本、瑞典、荷兰、瑞士、捷克、摩尔多瓦。

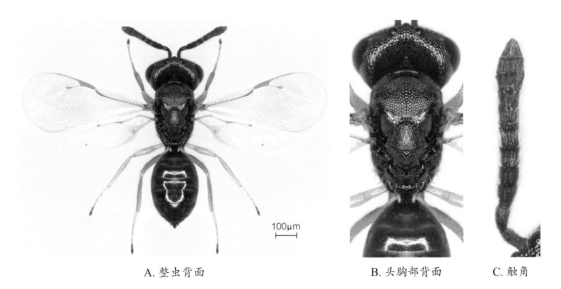

A. 整虫背面　　　　　　　B. 头胸部背面　　　C. 触角

图 2-104　食蚜蝇楔缘金小蜂 *Pachyneuron groenlandicum* 雌虫

克氏金小蜂属 *Trichomalopsis* Crawford,1913

头、胸部及并胸腹节具蓝绿色金属光泽及刻点。头正面观，宽略大于长，颜面平坦，不凹陷；复眼大，卵圆形，无被毛；触角着生于颜面中部或稍高；触式11263，梗节长于第1索节，索节由基部至端部略微膨大，棒节3节末端收缩但不尖锐。具微弱的后头脊。前胸短，中胸宽大于长，无盾纵沟或不完整；并胸腹节具中脊、侧褶，颈呈半球状。前翅缘脉长于痣脉。前足腿节不明显膨大，后足胫节末端具1距。柄后腹为卵圆形，无腹柄或较短。产卵器不突出。

本属寄生蜂全世界广泛分布，寄主包括了双翅目（蝇科、寄蝇科等）、膜翅目（主要是茧蜂）、鞘翅目的造瘿昆虫（Boucek,1988），以及鳞翅目（主要是蛾类）、半翅目（猎蝽科）的部分昆虫；甚至能寄生蛛形纲的园蛛科和逍遥蛛科，共计6目57科230种（Noyes，2002）。

73. 绒茧克氏金小蜂 *Trichomalopsis apanteloctena* (Crawford, 1911)

异 名 *Trichomalus apanteloctenus* Crawford, 1911；*Eupteromalus parnarae* Gahan, 1919。

中文别名 绒茧灿金小蜂、稻苞虫金小蜂、绒茧金小蜂。

特 征 见图2-105。

雌虫体长约2mm。体及足基节孔雀绿色；复眼、单眼赤褐色；口器、触角柄节、翅基片、足基节以外的其余部分均黄褐色；触角鞭节褐色；翅透明，翅脉淡黄色。头横宽，有刻点，头部背面观较长，宽不到长的2倍；颊及唇基上有明显刻条，几乎达复眼下缘和颚眼沟，唇基下缘有明显凹入。触角着生于颜面中部，很靠近，共13节。胸部具刻点；前胸背板短，后缘光滑；中胸盾纵沟仅前部明显，小盾片大、盾形；并胸腹节后方明显缢缩成柄状，中纵脊细或缺，两侧褶脊明显。前翅缘脉和后缘脉几乎等长，明显长于痣脉。后足胫节具1距。腹部与胸等长，呈纺锤形，平滑有光泽，第1节占腹长的1/3。产卵管鞘刚伸出腹部末端。

雄虫体长约1.5mm；腹部近卵圆形。其他特征与雌虫相似。

寄 主 重寄生为主，寄主有螟蛉悬茧姬蜂、具柄凹眼姬蜂、螟蛉盘绒茧蜂、螟蛉脊茧蜂、稻苞虫皱腰茧蜂、弄蝶长绒茧蜂、拟螟蛉盘绒茧蜂、纵卷叶螟长体茧蜂、斑痣悬茧蜂、黏虫悬茧蜂、螟蛉裹尸姬小蜂、黑腹单节螯蜂、稻虱红单节螯蜂及纵卷螟肿腿蜂等；偶尔初寄生隐纹稻苞虫和稻苞虫的蛹等。

分 布 国内见于浙江、江苏、江西、福建、台湾、湖北、湖南、广东、广西、海南、四川、贵州、云南、北京、天津、陕西、山西、山东、甘肃、新疆、吉林、辽宁、内蒙古。国外分布于朝鲜、日本、菲律宾、越南、马来西亚、印度。

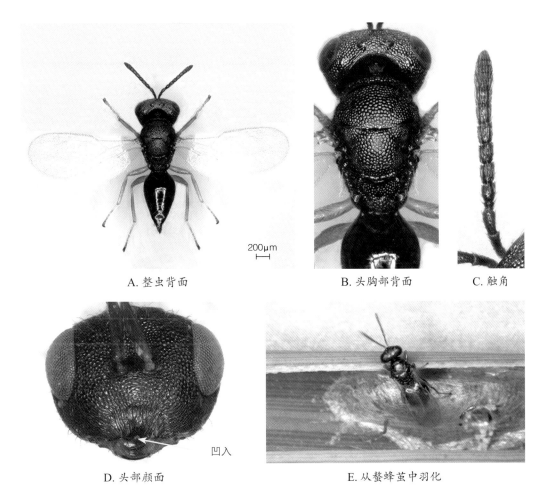

A.整虫背面　　　　　　　　　B.头胸部背面　　　　　C.触角

200μm

凹入

D.头部颜面　　　　　　　　　E.从茧蜂茧中羽化

图 2-105　绒茧克氏金小蜂 *Trichomalopsis apanteloctena* 雌虫

74. 稻克氏金小蜂 *Trichomalopsis oryzae* Kamijo & Grissell, 1982

中文别名　稻虫金小蜂、稻灿金小蜂。

特　征　见图 2-106。

雌虫体长 1.3～2.1mm。体黑色至蓝黑色；胸部背面和小盾片常有铜色光泽；触角柄节黄褐色，端部暗色，梗节和鞭节暗褐色；足黄褐色，基节同体色；翅基片淡黄色。头部背面观较短，宽为长的 2 倍；唇基前缘中央平截，唇基具刻条，前部光滑；左、右上颚均 4 齿。触角窝明显位于复眼下缘连线之上。前胸背板中央具弱脊；小盾片比中胸盾片稍长，横沟弱；胸背板窄；并胸腹节中脊弱，侧褶强，颈状部占并胸腹节长的 2/5，隆起，具网纹。前翅缘脉与后缘脉等长，为痣脉长的 1.6 倍。腹部纺锤形，第 1 节背板占腹长的 1/3 以上，背面光滑无毛。

雄虫体长 1.0～1.9mm；腹部几乎圆形；其余特征与雌虫相似。

寄　主　初寄生于稻负泥虫、稻潜蝇、麦叶毛眼水蝇等害虫；重寄生于粉蝶盘绒茧蜂、螟蛉盘绒茧蜂、螟黄足盘绒茧蜂、拟螟蛉盘绒茧蜂、中红侧沟茧蜂等天敌。

分　布　国内见于浙江、江西、湖南、福建、四川、台湾、宁夏、甘肃、北京、河北、山东。国外分布于朝鲜、韩国、日本。

A. 整虫侧面　　　　　　　　　B. 头部颜面

图 2-106　稻克氏金小蜂 *Trichomalopsis oryzae* 雌虫

75. 素木克氏金小蜂 *Trichomalopsis shirakii* Crawford, 1913

中文别名　负泥虫金小蜂、素木灿金小蜂。

特　征　见图 2-107。

雌虫体长 1.8～2.8mm。体绿色至蓝绿色，有铜色光泽；触角柄节褐黄色，端部较暗，梗节和鞭节黄褐色至暗褐色；足基节与体同色；翅基片黄白色。头稍宽于胸部，头部背面观宽约为长的 2 倍，后头脊缓曲；唇基下缘中央微凹入，唇基上的刻条几乎限于唇基区内；左上颚 4 齿，右上颚 3 齿；触角着生于复眼下缘连线之上；柄节达头顶。前胸背板脊弱；小盾片稍横形；并胸腹节稍短于小盾片，具中脊和强褶，具颈状部。前翅基室和基脉裸；缘脉长为痣脉的 1.4 倍，稍长于或等于后缘脉。腹部卵圆形，稍长于胸部，腹部第 1 节背板占腹长的 1/3，表面光滑；末节宽稍大于长。

雄虫体长 1.5～1.9mm。腹部几乎圆形；其余特征与雌虫相似。

寄　主　初寄生稻负泥虫、稻潜蝇、毛眼水蝇、稻秆蝇、稻螟蛉、黏虫、稻纵卷螟、稻苞虫、食蚜蝇、马尾松毛虫等害虫的蛹；重寄生于螟蛉悬茧姬蜂、稻苞虫绒茧蜂及几种茧蜂。

分　布　国内见于浙江、上海、江西、湖北、湖南、台湾、四川、贵州、云南、河南、陕西、甘肃、河北、山西、内蒙古、吉林。国外分布于朝鲜、日本、印度。

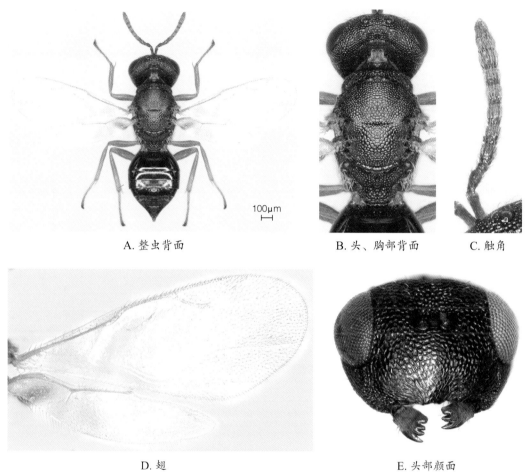

A.整虫背面   B.头、胸部背面   C.触角

100μm

D.翅   E.头部颜面

图 2-107 素木克氏金小蜂 *Trichomalopsis shirakii* 雌虫

锥索金小蜂属 *Conomorium* Masi, 1924

体色暗，体躯粗壮，柄后腹为桃形或椭圆形；触角着生位在复眼间连线上，复眼着生位稍微隆起；复眼较大；下脸稍向腹下伸，唇基下缘中部稍凹；触式11263，第1索节明显长于梗节及其他各索节，呈圆锥状；无后头脊。胸部背面隆起；前胸背板颈和领分界明显，领前缘无脊或仅在中部具弱脊；中胸盾纵沟不完整；小盾片凸起但后部无横沟结构，并胸腹节侧褶不完整。前翅翅缘光滑无缘毛，翅面上的毛稀疏，后缘脉短于或等于痣脉；后足胫节1距。

本属寄生蜂分布于欧洲、美洲及亚洲的部分国家，寄生于鳞翅目的灯蛾科、夜蛾科、舟蛾科和螟蛾科昆虫，此外还有双翅目的个别种类。

76. 白蛾锥索金小蜂 *Conomorium cuneae* Yang & Baur, 2004

特　征　见图2-108。

雌虫体长2.3～3.0mm。头胸部黑色，略带墨绿色光泽；腹部深褐色，基部具金属反光并具1小的浅色区；触角柄节、梗节腹面及环状节黄褐色，梗节背面及其他各节深褐色；各足基节与体同色，腿节和胫节中部色深，显褐色，其余部分黄褐色；前翅透明，翅脉褐色。头横宽，头宽是长的1.9倍，触角着生在两复眼下连线上；下脸弯向腹面，唇基区域被弱的纵刻纹，唇基下缘稍微伸出，颜面被规则深刻的网状刻纹；头侧面观，颚眼沟不明显；触角柄节长与复眼高相当，向上伸及中单眼下缘；索节第1节呈锥形，长为最大宽的1.5倍。胸部窄于头部，其宽约为后者的2/3；前胸背板前缘平，中部略微隆起；中胸盾片表面被规则深刻的网状刻纹，中胸盾纵沟不完整且不明显，小盾片宽大于长，被规则深刻的网状刻纹；并胸腹节侧褶仅在基部强烈，具完整、较强烈且直的中脊。前翅翅缘无缘毛，翅面毛极稀疏；基脉无毛，基室光滑，无毛区延伸到痣脉；缘室内背面无毛；亚缘脉为缘脉的2.6倍；缘脉长于痣脉，为后缘脉的1.7倍；后缘脉短于痣脉，痣脉略弯，末端明显膨大。腹部卵圆形，长为宽的1.2倍；第1节背板占腹长的1/4，后缘中部略微突出，其余各节背板等长，后缘平。产卵器不外露。

寄　主　美国白蛾。

分　布　国内见于辽宁、天津、山东、陕西、湖北、贵州。

A. 整虫侧面　　　B. 胸腹部背面　　　C. 头侧面与触角

图2-108　白蛾锥索金小蜂 *Conomorium cuneae* 雌虫

138

金小蜂属 *Pteromalus* Swederus, 1795

头宽于胸，无后头脊；脸区平坦，颊区中等收缩；唇基两侧自口缘伸出；触角位于颜面近中央，索节1长于梗节。前胸盾片短，前缘陡降，与颈片分界明显，但没有形成前缘脊；中胸盾片宽大于长，中胸盾纵沟不完整；中胸小盾片具或无横沟；并胸腹节无中纵脊，或不明显；一般具胸后颈，其上具横向细脊纹。产卵器微露出。

本属寄生蜂广泛分布于我国；欧洲、亚洲、北非及美国、新西兰、加拿大都有分布；主要初寄生或重寄生于鳞翅目、鞘翅目昆虫的蛹。

77. 蝶蛹金小蜂 *Pteromalus puparum* (L., 1758)

异　名　*Ichneumon puparum* L., 1758。

特　征　见图2-109。

雌虫体长2.3～2.8mm。体蓝黑色，有金属光泽；触角柄节黄褐色，其余各节黑褐色；足基节及腿节同体色，腿节两端和其余部分黄褐色；复眼暗红色；翅透明，翅脉褐黄色至褐色。头稍宽于胸部，宽为长的2.4倍；唇基前缘略微凹入。触角着生于颜面中部，触角柄节伸达中单眼；梗节长略大于宽，短于第1索节；环状节2节；索节6节均长大于宽，索节通常具1～2轮感觉毛，棒节3节末端不甚尖锐。胸部具均匀而致密的网状刻纹；前胸盾片前缘脊不明显；中胸盾片宽为长的1.8倍，盾纵沟仅前半部可见，中胸小盾片长、宽大致相等；并胸腹节不具中纵脊，但侧褶脊明显。前翅前缘室无毛，端部1/3散生纤毛；基室无毛，基脉上具毛，无毛区大；前翅缘脉不粗大，明显长于痣脉。无腹柄，腹部卵圆形，长为宽的1.3倍；第1背板表面光滑，长接近腹长的

A. 整虫背面　　　　　　　　B. 头胸部背面　　　C. 触角

图2-109　蝶蛹金小蜂 *Pteromalus puparum* 雌虫

1/3，后缘弧形后突。产卵器微露出。

寄　主　聚集内寄生于凤蝶科（如黄凤蝶、玉带凤蝶）、粉蝶科（如菜粉蝶）、枯叶蛾科（如思茅松毛虫）、夜蛾科、尺蛾科、鞘蛾科等鳞翅目食叶害虫的蛹。

分　布　世界各地均有分布。

小蠹狄金小蜂属 *Dinotiscus* Ghesquière, 1856

唇基区口上沟明显，唇基下缘中部平截、稍凹陷或明显凹陷；当唇基下缘中部明显凹陷，其两侧各具1个齿状突；触角着生于颜面中部，明显处于复眼下缘连线的上方；触式11263，梗节明显短于第1索节，棒节长短于末2索节长之和。胸部被网状刻点（不同部位刻点大小有所不同）；前胸背板领部具脊；盾纵沟明显但不完整；胸侧板上方常光滑无刻点；并胸腹节具完整侧褶，侧褶内侧常具明显的凹沟，底部光滑具光泽；中脊有或无。前翅褐色翅斑有或无，后缘脉长于前缘脉，缘脉长于痣脉，翅痣常明显膨大。前足腿节不明显膨大。

本属寄生蜂全世界广泛分布，主要寄生于鞘翅目小蠹虫的幼虫。

78. 方痣小蠹狄金小蜂 *Dinotiscus eupterus* (Walker, 1836)

异　名　*Ptreomalus eupterus* Walker, 1836；*Pteromalus dimidiatus* Walker, 1836；*Pteromalus capitatus* Förster, 1841；*Pteromalus lanceolatus* Ratzeburg, 1848；*Dinotus clypealis* Thomson, 1878；*Dinotus acutus* Provancher, 1887；*Cecidostiba polygraphi* Ashmead, 1894；*Cecidostiba ashmeadi* Crawford, 1912；*Uriella pityogenis* Ishii, 1939。

特　征　见图2-110。

雌虫体长约2.4mm。头、胸、并胸腹节均为绿色并具光泽；腹中部及前缘呈黄褐色，其余为褐色；触角柄节、梗节黄色，其余为浅褐色；足基节与体同色，其余各节均为黄色或棕黄色。头横宽，宽为高的1.3倍，宽于胸部；头颜面被网状刻点；唇基下缘中部平截，两侧具齿，其下缘近边缘处呈褐色。触角窝明显位于颜面中部，颚眼沟线状、完整。触角柄节超过头顶，索节1～3节明显长大于宽，第1、2节约等长，第4～6节长、宽近相等，被2轮感觉毛。胸宽约为头宽的4/5，胸部稍隆起，均被网状刻点；中胸盾片盾纵沟不完整，基部较明显，伸至中胸盾片长的1/2；小盾片较中胸盾片隆起；并胸腹节中脊不明显，仅在基部较为明显，侧褶完整。前翅缘室上表面无毛，基脉完整；缘脉略短于后缘脉，后缘脉是痣脉的1.8倍；翅痣近长方形，长是高的1.5倍。腹部背面中部下凹，长于头胸及并胸腹节长之和。

雄虫基本特征与雌虫相似，仅触角索节各节长均明显长于宽。

寄主 寄生于红松、红皮云杉、鱼鳞云杉、冷杉、华山松、青海云杉等植物上的小蠹虫，如云杉四眼小蠹、黑山大小蠹。

分布 国内见于黑龙江、陕西、甘肃、青海、云南、西藏。国外分布于日本等国以及欧洲、北美洲等地。

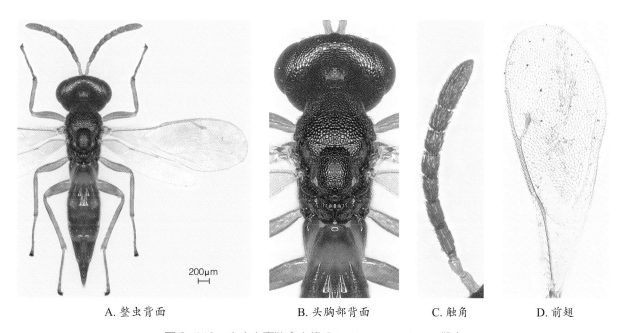

A. 整虫背面　　　　　B. 头胸部背面　　　　C. 触角　　　D. 前翅

图 2-110　方痣小蠹狄金小蜂 Dinotiscus eupterus 雌虫

瘿蚊金小蜂属 Propicroscytus Szelenyi, 1941

头宽于胸，无后头脊；唇基区无明显的口上沟，具明显的纵形刻纹；唇基下缘稍凹或较为平截；无触角洼；触角位于颜面的上方；触式为11263，各索节均长大于宽，被轮状感觉毛。前胸背板短，向前部倾斜而下，前胸背板领部前缘常具脊；中胸盾片盾纵沟不完整；小盾片无明显的横沟；并胸腹节无中脊，侧褶仅在近颈部明显；颈部短。前翅缘室无毛；基脉完整；缘脉、后缘脉长。后足基节背面无毛，胫节具1距。

本属寄生蜂分布在非洲、东南亚及澳大利亚。主要寄生于稻瘿蚊、卷叶蛾；国外记载寄生于在稻子、芒果及多数禾本科植物上形成虫瘿的双翅目昆虫；在东南亚，有些种类寄生于在草丛中生活的瘿蚊科等大型昆虫种类；部分种偏爱寄生于生活在狗牙根属、蟋蟀草属、白茅属、类雀稗属植物上的昆虫。

79. 斑腹瘿蚊金小蜂 *Propicroscytus mirificus* (Girault, 1915)

异　名　*Arthrolysis miriflcus* Girault, 1915；*Arthrolysis flaviventris* Girault, 1915；*Arthrolysis trilongifasciatus* Girault, 1915。

特　征　见图2-111。

　　雌虫体长4mm。头、胸、并胸腹节均为墨绿色，被白纤毛；腹部黄色，纵向具3条褐色条斑带；触角柄节黄色，其余各节为褐色；足各节均为黄色。腹部黄色，宽大于胸部宽。头宽为高的1.3倍，颜面被网状刻点，唇基区无明显的口上沟，整个唇基具纵刻纹；唇基下缘中部稍有凹陷，无明显的齿；颊向内凹陷。触角窝位于颜面中部；头侧面观，触角柄节明显超过头顶；触角索节被2～3轮感觉毛。胸部隆起，被网状点和白色长纤毛；前胸领部前缘具弱脊；小盾片长、宽相当，无小盾片横沟；并胸腹节无中脊和侧脊。前翅透明被毛，长为宽的2.6倍；缘室上表面无毛；基脉有若干根毛，基室无毛；缘脉不粗大，为后缘脉的1.1倍，明显长于痣脉；痣脉的痣不膨大。无明显的腹柄；腹部背面稍凹，为前宽后窄的纺锤形，长为宽的2.5倍，第1～6节较长。

　　雄虫体长2.5～2.8mm，特征与雌虫相近，只有触角均为黄褐色，柄节超过头顶近1/2，各索节长为宽的5～7倍；腹部第1～4节白色，两侧具褐色条带，其后几节均为黑褐色。

寄　主　常寄生于可在水稻等禾本科植物上形成虫瘿的双翅目昆虫的幼虫，如稻瘿蚊。

分　布　国内见于河北、广东、海南、广西、四川、云南。国外分布于印度、泰国、斯里兰卡、印度尼西亚、澳大利亚等国。

 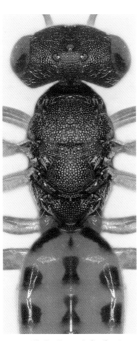   

A. 雌虫背面　　　　　B. 雌虫头、胸部背面　　　　C. 雌虫触角　　　　D. 雄虫背面　　　　E. 雄虫触角

图2-111　斑腹瘿蚊金小蜂 *Propicroscytus mirificus*

尖角金小蜂属 *Callitula* Spinola, 1811

触角棒节前端呈尖突或具1指状突。雌虫头部与胸部近等宽；无后头脊；复眼无被毛；触角位于颜面的中部，3环状节，5索节。前胸背板前缘无明显的脊；并胸腹节无中脊，但颈加长且呈半圆形。前翅具透明斑；柄后腹第1节背板或包括第2节明显加长，其他各节均短。某些种类的雄虫缘脉加粗。

本属寄生蜂分布于大洋洲、非洲及亚洲的北温带至热带到南温带地区；主要寄生于小型双翅目昆虫，尤其是潜蝇科的昆虫。

80. 双色尖角金小蜂 *Callitula bicolor* Spinola, 1811

中文别名 两色卡丽金小蜂。

特 征 见图2-112。

雌虫体长约1.8mm。头胸部蓝黑色，腹部黑褐色且中央具有黄褐色区域；触角柄节、梗节黄褐色，其余节暗褐色，具黄褐色毛；足黄色，后足基节黄褐色。后头脊弱，头部具较细刻点。触角柄节长几乎达前单眼；环状节3节；索节5节，长稍大于宽；棒节不宽，末端尖锐。前胸窄于中胸背板且端部明显收窄；中胸盾片、小盾片和并胸腹节均具粗网纹；盾侧沟仅前端明显；并胸腹节具不太明显的中脊和褶，后部呈颈状隆起。前翅亚缘脉长约为缘脉的1.5倍，上具毛；后缘脉稍短于缘脉而长于痣脉。腹部稍短于胸部，卵圆形，具不明显短腹柄，腹柄后的扩大部分横形；第1腹节背板约占腹长的1/2，以后各节甚短，背面光滑，末端尖。

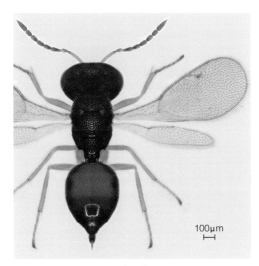

A. 雌虫背面　　　　B. 雌虫头、胸部背面　　C. 雌虫触角　　　D. 雄虫侧面

图2-112　双色尖角金小蜂 *Callitula bicolor*

雄虫体长1.3～1.5mm，特征与雌虫相似，只是腹部短小，窄于胸部，腹部中间黄色区域较小；雄虫生殖器伸出腹末较长。

寄　主　豌豆彩潜蝇的蛹。

分　布　国内见于浙江、湖南、江西、贵州、海南。国外分布于欧洲。

狭翅金小蜂亚科 Panstenoninae

头近球形且显著宽于胸。触角具2个环状节，细长，着生于颜面上部；柄节伸达中单眼以上，棒节稍膨大。胸背较隆起，盾纵沟完整或不完整；并胸腹节长且具明显不规则的网纹，前翅狭长，被密毛，翅脉纤细。腹部卵圆形，具黄色腹柄。

本亚科寄生蜂主要寄生禾本科植物上的蛀茎害虫，有些种类可捕食寄主的卵。

狭翅金小蜂属 *Panstenon* Walker, 1846

头近球形且显著宽于胸；触角细长，触式11263，着生于颜面上部，柄节伸达中单眼以上，棒节稍膨大；胸背较隆起，盾纵沟完整或不完整，并胸腹节长且具明显不规则的网纹；前翅狭长，被密毛，翅脉纤细；腹部具黄色腹柄，柄后腹卵圆形。

本属寄生蜂分布于除南美大陆外各地，主要以禾本科植物蛀茎害虫为寄主；有些种类则有捕食寄主卵的记录。

81. 飞虱狭翅金小蜂 *Panstenon oxylus* (Walker, 1839)

异　名　*Panstenon pidius* Walker, 1850；*Pteromalus assimilis* Nees, 1834；*Pteromalus omissus* Forster, 1841；*Misogaster Ozylus* Walker, 1839。

中文别名　稻虱食卵金小蜂、飞虱攀金小蜂。

特　征　见图2-113。

雌虫体长1.4～2.5mm；头部和前胸背板墨绿色或铜绿色，腹部深褐色；触角柄节棕黄色，其余褐色；后足基节背面基部褐绿色，其余各部分均为黄色。头背面观长、宽相近，呈球形，颜面光滑，具浅网纹，触角位于颜面上方，触角窝无触角洼，唇基区光滑无刻纹，下缘呈弧形稍伸出，口上沟较明显，颚眼沟弱但完整；复眼下侧颜面具明显的突起；头侧面观触角柄节超过头顶近1/2，触角各索节被密毛及1轮感觉毛。胸部凸起，被网状刻点；前胸背板领部前缘向下倾斜具脊；中胸盾片网状刻点稍呈横形，盾纵沟不完整；小盾片横沟明显完整；并胸腹节具不规则粗糙不平的网状刻点，中脊弱，侧褶完整，颈部明显。前翅狭长，被密毛，无透明斑；缘脉长于后缘脉，为痣脉长的3.2倍。腹柄短；腹部宽于胸，中部平或稍凹，第1节背板长，各节均光滑，后缘具白色绒毛。

雄虫与雌虫相似，只有体长略小，体色较浅；触角端部色变深，呈暗褐色；前胸、中胸盾片及腹的前半部一般黄褐色，腹的后半部黑褐色微带蓝绿色光泽，足黄色至褐黄色。

寄　主　稻飞虱的卵。蜂幼虫取食产在叶鞘内的飞虱卵。

分　布　国内见于浙江、湖南、福建、广东、海南、河北、辽宁、宁夏。国外分布于英国、爱尔兰、芬兰、丹麦、德国、奥地利等国。

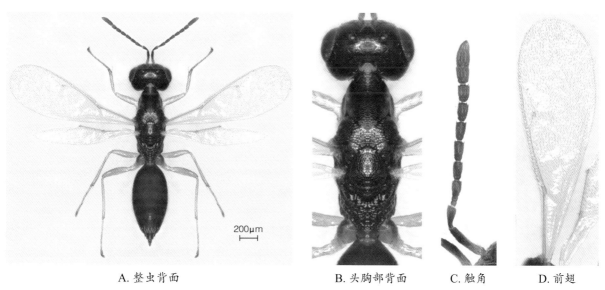

A. 整虫背面　　　　　　B. 头胸部背面　　　C. 触角　　　D. 前翅

图 2-113　飞虱狭翅金小蜂 *Panstenon oxylus* 雌虫

82. 黄领狭翅金小蜂 *Panstenon collaris* Bouček, 1976

特　征　见图2-114。

雌虫体长约2.3mm。前胸背板前缘和侧缘黄色，中、后胸及并胸腹节绿色，有金属光泽；腹部褐色，基部和中部有黄色带；触角柄节黄色，其余褐色；足黄褐色。头前面观，触角位置高，柄节超过头顶的1/2。胸部凸起，前胸前缘具明显脊；中胸背板具网状刻点，盾纵沟浅而不完整；并胸腹节向下倾斜，具不规则突脊刻点，侧褶不明显。前翅窄长，无透明斑；前缘室下表面具1列毛；缘脉略长于后缘脉，为痣脉的4倍。腹柄长稍大于宽，前窄后宽，两侧无毛；腹部长于胸，纺锤形，前宽后窄。

寄　主　未知。

分　布　国内见于海南。国外分布于非洲。

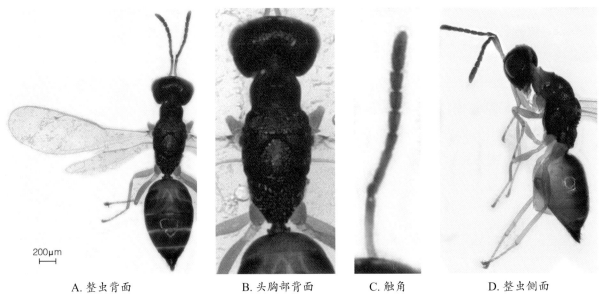

A. 整虫背面　　　　　　B. 头胸部背面　　　C. 触角　　　　　D. 整虫侧面

图 2-114　黄领狭翅金小蜂 *Panstenon collaris* 雌虫

83. 狭翅金小蜂 *Panstenon* sp.

特　征　见图 2-115。

雌虫体长 2.5mm。头胸部黄褐色，有黄铜色金属光泽；前胸浅黄色，腹部浅黄色，具 2 褐色横带；触角黄褐色；足黄色。头宽约为高的 1.2 倍；头颜面光滑，上脸中部具明显浅网纹，触角位于颜面上方，触角洼无；唇基区光滑，无刻纹；颚眼沟完整。触角柄节超过头顶；各索节长均为宽的 2 倍，被 1 轮感觉毛及不规则短毛；棒节稍膨大。胸部被网状刻点；侧面观前胸背板领部前

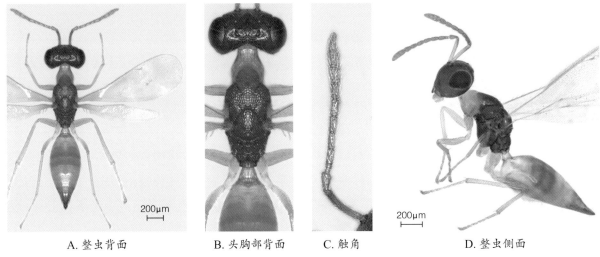

A. 整虫背面　　　　　　B. 头胸部背面　　　C. 触角　　　　　D. 整虫侧面

图 2-115　狭翅金小蜂 *Panstenon* sp. 雌虫

缘向下倾斜，背面观前胸被网纹，两侧拱形；中胸盾纵沟伸至中胸盾片长的1/2；小盾片长大于宽，前窄后宽；并胸腹节侧褶较明显，中区具不规则突脊刻网，中脊无，颈部明显，具小刻点。前翅狭长，被密毛，无透明斑；基室无毛，偶有稀疏几根；缘脉稍长于后缘脉，为痣脉长的3.5倍。腹柄长略大于宽，后部较宽；腹部梭形，中间最宽，长大于宽的2倍，表面光滑，后缘具白毛。

寄　主 未知。

分　布 国内见于广东、海南。

柄腹金小蜂亚科 Miscogasterinae

通常个体较大，头宽于胸，颜面平缓不突出，唇基下缘多数左右不对称，中部凹入，左右齿不对称。触角细长，具2～3个环状节，触角窝位置多变。胸部具有刻点，中胸具有深而完整的盾纵沟，伸达盾片沟处。前翅翅面较宽大；并胸腹节长且具明显不规则的网纹，腹柄明显。

本亚科多数种类的寄主不详，已知种类主要寄生双翅目昆虫，其中潜蝇科寄主最多。

斯夫金小蜂属 *Sphegigaster* Spinola, 1811

触式11263；唇基下端2齿；颊下部具较大的凹陷；无后头脊。领前缘中央常具齿或脊；盾纵沟不完整；并胸腹节中域具均匀刻点，无侧褶，中脊有或无。腹柄细长；柄后腹第1节背板和第2节背板极大，占柄后腹大部。

本属寄生蜂分布于欧洲、东南亚及中国的部分地区，主要寄生于潜蝇科昆虫，常见的多数是潜蝇属、植潜蝇属和黑潜蝇属昆虫。

84. 横节斯夫金小蜂 *Sphegigaster stepicola* Bouček, 1965

异　名 *Acroclisis melanagromyzae* Mani, 1971。

特　征 见图2-116。

雌虫体长1.6～2.0mm。体色蓝绿色，腹部几乎呈黑色；触角柄节、梗节黑褐色，鞭节褐色；足基节同体色，转节、腿节基部大部分棕色，腿节端部、胫节、第1～4跗节褐黄色，端跗节棕色；翅透明，翅脉褐色。头宽约为高的1.2倍；颊外边向中汇聚；口上沟不清晰，唇基上无明显纵刻纹；头侧面无颚眼沟。触角柄节不达中单眼，环状节2节，索节6节，均较短且呈横形，索节、棒节每节具1排感觉毛。前胸的领无突出的前侧角，两侧平行，前缘无明显的齿或脊；中胸背板

长为宽的1/2，小盾片略长于中胸盾片，隆起；并胸腹节无中脊，气门沟细而深。前翅前缘室具毛；缘脉长为后缘脉的1.3倍，是痣脉的2.2倍。腹柄长为宽的3倍，中后部明显变细；腹部第1节短，后缘平直，第2节最长，为第1节的2倍。

    寄　主　寄生于向日葵和豆类叶子上的黑潜蝇、植潜蝇。

    分　布　国内见于北京、河北、内蒙古、浙江、云南。国外分布于捷克、斯洛伐克、印度。

A. 整虫背面   B. 头胸部背面   C. 头侧面及触角

图 2-116　横节斯夫金小蜂 *Sphegigaster stepicola* 雌虫

扁股小蜂科 Elasmidae

　　体小型，狭长，长1.5～3.0mm；整个虫体上面平，不具金属光泽，常黑色，有浅色斑。触角着生处近口缘；触角9节（包括1环状节），雄性触角第1～3索节具分支。中胸盾片长、宽约相等，三角片向前突出；并胸腹节横形，平坦，后端圆。前翅长过腹部末端，楔形或前后缘近于平行；缘脉甚长，为亚缘脉长的3～4倍；痣脉和后缘脉特别短。后足基节呈盘状、扇形，或三角形扁平扩大；腿节亦明显侧扁；胫节多少侧扁，其上一般有特殊刚毛组成的菱形斑纹；跗节4节。腹柄很短，几乎无柄；腹部的横切面略呈三角形。产卵管几乎不露出。

　　扁股小蜂科寄生蜂常聚寄生于生活在袋囊中、缀叶内、丝网中及茧中的鳞翅目幼虫，为抑性初级外寄生蜂。部分种类可重寄生于做茧的茧蜂和姬蜂，甚至同一种蜂兼有初寄生和重寄生，如赤带扁股小蜂和白足扁股小蜂，均以寄生稻纵卷叶螟幼虫为主，偶尔也寄生纵卷叶螟绒茧蜂。

本科仅含扁股小蜂属 *Elasmus*，约有 200 种；欧洲、亚洲、非洲的热带地区种类比较丰富，我国常见，但尚缺少系统研究（何俊华等，2004）。本书介绍我国稻区常见扁股小蜂 1 属 6 种。

扁股小蜂属 *Elasmus* Westwood, 1833

雌虫体铁青黑色，局部微具金属光泽或体色呈黄色至肉黄色。头背面观不宽于胸，后头脊明显；头正面观圆形，宽略大于长，颊几与复眼直径等长，上颚 5～6 齿。触角着生于复眼下缘连线上，具 2 短小环状节、3 索节及 3 棒节。前胸短；中胸具盾纵沟，其前端略细微并具长毛于后缘，小盾片相当狭长，三角片彼此远离；并胸腹节短，具圆形大气孔。腹长，末端尖锐，背面平坦，腹面成脊状。产卵器不露出。前翅呈楔形具短的缘毛，缘脉长于亚缘脉，后缘脉及痣脉均很短，后翅相对较宽。足长，后足基节呈盘状扁平膨大；跗节 4 节，中足及后足的跗节细长，尤以第 1 跗节特别长；后足胫节之距短，在胫节外侧方具菱形花纹或沿前、后缘平行的 2 条纵走刚毛带。

雄虫与雌虫形态相似，只有以下不同：①腹部较短；②触角索节第 1～3 节短，且各具分叉，呈羽状。

本属广泛分布在亚洲、大洋洲、美洲和欧洲，其中热带地区分布较多；主要寄生鳞翅目和膜翅目的幼虫，营体外寄生。

中国常见扁股小蜂属天敌分种检索表（雌虫）

（改自：廖定熹等，1987）

1. 胸部大部黄色，不具金属光泽；前胸基部和中间、中胸三角片和小盾片、后胸基部中央及边缘、并胸腹节中央纵带与两侧均为黑色 ⋯⋯⋯⋯⋯⋯ 三化螟扁股小蜂 *Elasmus albopictus*

　　胸部黑色至黑蓝色，带有金属光泽 ⋯⋯⋯⋯⋯⋯⋯⋯⋯⋯⋯⋯⋯⋯⋯⋯⋯⋯⋯ 2

2. 头、胸、腹均为黑色，不具任何斑纹；后足基节、腿节和胫节基本为黑色至黄褐色。体型较大，体长 2.5～3.0mm ⋯⋯⋯⋯⋯⋯⋯⋯⋯⋯⋯⋯⋯ 新乌扁股小蜂 *Elasmus neofunereus*

　　头、胸、腹不全为黑色，具有不同斑纹；足颜色不同 ⋯⋯⋯⋯⋯⋯⋯⋯⋯⋯⋯⋯⋯ 3

3. 后足基节全部黑色，或仅末端色浅 ⋯⋯⋯⋯⋯⋯⋯⋯⋯⋯⋯⋯⋯⋯⋯⋯⋯⋯⋯⋯⋯ 4

　　后足基节黄色，至少下面 1/3 鲜明；腹部部分（至少腹面）呈红色 ⋯⋯⋯⋯⋯⋯⋯⋯⋯ 5

4. 腹部黑色，带金属光泽，第 1 腹节背板后端有赤褐色横带；后足腿节基部多少透明白色 ⋯⋯⋯

　　⋯⋯⋯⋯⋯⋯⋯⋯⋯⋯⋯⋯⋯⋯⋯⋯⋯⋯⋯⋯⋯⋯⋯⋯ 赤带扁股小蜂 *Elasmus cnaphalocrocis*

腹部褐色至红褐色；后足腿节黑褐色，基部1/3白色 ⋯⋯ 菲岛扁股小蜂 *Elasmus philippenensis*

5.腹部背面黑绿色，腹面红色 ⋯⋯⋯⋯⋯⋯⋯⋯⋯⋯⋯⋯ 白足扁股小蜂 *Elasmus corbetti*

腹部红黄色，每节两侧及腹末各具1黑色斑⋯⋯⋯⋯ 甘蔗白螟扁股小蜂 *Elasmus zehntneri*

85. 赤带扁股小蜂 *Elasmus cnaphalocrocis* Liao, 1987

特 征 见图2-117。

雌虫体长1.2～1.4mm。体黑色，局部有紫色反光及铜色光泽，但腹部第1节背板后端有赤褐色横带，故名"赤带"；触角索节、棒节黄褐色，触角柄节和梗节、翅基片基部、后胸盾片、前足（除基节及腿节基部黑色外）、中后足转节和胫节、后足基节末端和腿节两端、翅脉均淡黄白色至淡黄褐色，足的其余部分黑色。头近半球形；触角着生于复眼下缘连线的上方；额区圆，有较稀疏的刻点；后头脊锋锐；颊短，约等于复眼横径之半；单眼呈钝三角形排列。触角棒形，10节，柄节长约为宽的3倍；梗节梨形，长略大于端宽；环状节2节，极小；索节3节，约等长，依次渐宽；棒节3节，很宽，略短于索节末3节长之和，末端收缩。前胸短，前窄后宽；中胸盾片长大于宽；小盾片圆形，长、宽大致相等；后胸盾片末端突出呈透明的锐三角形。头及前、中胸盾片均有细刻点及黑色刚毛，小盾片基部1对刚毛尤为强大。前翅狭长，缘脉甚长，痣脉甚短，后缘脉较痣脉长。后足基节扁平膨大，腿节侧扁，亦较前中足者长大；胫节亦稍侧扁，其外侧有黑色刚毛组成的菱形纹。腹与胸等长，末端收缩略呈三角锥形，背面略凹陷，腹面呈脊状；腹部光滑，每节背面两侧、第3节起腹面两侧及末端均具棕黑色刚毛。产卵管不突出或微突。

雄虫体长1.0～1.2mm，特征与雌虫基本相似，但触角第1～3节短，各具羽状分叉；部分个体腹部不具赤褐色横带。

A. 雌虫背面   B. 雌虫头胸部背面   C. 雄虫侧面   D. 后足

图2-117 赤带扁股小蜂 *Elasmus cnaphalocrocis*

寄　主　稻纵卷叶螟、稻显纹纵卷叶螟幼虫；偶尔也可重寄生于纵卷叶螟绒茧蜂、拟螟蛉盘绒茧蜂。

分　布　国内见于浙江、安徽、江西、湖北、湖南、四川、福建、广东、广西、云南、贵州。国外分布于马来西亚。

86. 白足扁股小蜂 *Elasmus corbetti* Ferriere, 1930

中文别名　稻卷螟扁股小蜂。

特　征　见图2-118。

雌虫体长2.5～2.6mm。头胸暗绿色，带金属光泽，后胸盾片黄白色；腹部黑色，带墨绿色金属光泽，腹板（除末端外）火红色；触角褐色，柄节黄色；足除后足基节基部与体色相同为暗绿色，中、后足腿节的上下缘各具1狭窄的褐色带之外，均黄白色。头背面观颜面膨起，头顶具细微皱刻点；复眼后面具锐缘脊；单眼排列成钝三角形。触角着生于复眼下缘连线上；柄节短，仅及颜面中部稍上方；梗节细长，长为宽的2倍；环状节短小，横宽；索节3节，长均大于宽2倍以上，第3节略短于前2节；棒节3节，近等长于第2、3索节之和，第2节横宽，第3节末端收缩。前胸短，呈三角形；中胸盾片长略短于宽，小盾片具细微刻皱、发亮；后胸盾片黄白色，末端向后延伸呈透明薄片；并胸腹节具细微刻皱、发亮。前翅长，伸达腹末，除基部靠下缘部分外均被黑色短纤毛。足表面几乎平滑；后足胫节具由黑色纤毛所组成的菱状纹，末端2距，内距长于外距。腹窄于胸而长于头胸之和，末端尖锐；除第1、6节背板长大于宽外，其余腹节均横宽。产卵管微突出。

200μm

A. 整虫背面　　　　　B. 触角与头胸部背面　　　　　C. 整虫侧面

图2-118　白足扁股小蜂 *Elasmus corbetti* 雌虫

寄 主 稻纵卷叶螟、稻显纹纵卷叶螟的幼虫；偶有重寄生纵卷叶螟绒茧蜂，从茧内钻出。

分 布 国内见于浙江、安徽、江西、湖北、湖南、四川、福建、广东、广西、贵州、云南。国外分布于马来西亚。

87. 菲岛扁股小蜂 *Elasmus philippenensis* Ashmead, 1904

特 征 见图2-119。

雌虫体长1.4～1.6mm。体黑色，带暗绿色金属光泽，但腹部除背板末端黑色外均为红黄色至红褐色。触角柄节浅黄白色，梗节与鞭节黑褐色；翅基片及后胸小盾片黄白色；翅透明；后足基节（除端部外）、腿节（除基部1/3和后端外）黑褐色，其余均黄色。触角柄节长为宽的3倍，第1索节与梗节近相等，索节3节几乎等长，长均大于宽；棒节长稍短于第2、3索节之和。前胸短，呈三角形；中胸盾片长短于宽，小盾片近圆形，长、宽相等。前翅长，伸达腹末。足表面平滑；后足胫节具由黑色纤毛所组成的菱状纹。腹窄于胸，几乎与胸部等长，末端尖锐。产卵管几乎不露出腹末。

寄 主 稻纵卷叶螟、瓜绢野螟、棉大卷叶螟的幼虫。体外聚寄生。

分 布 国内见于浙江、湖北、广东。国外分布于菲律宾、马来西亚。

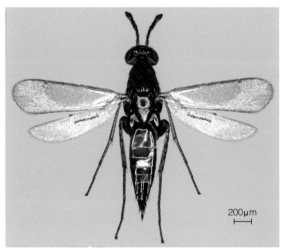  

A. 整虫背面　　　　　　　　B. 头胸部背面　　　　　C. 整虫侧面

图2-119　菲岛扁股小蜂 *Elasmus philippenensis* 雌虫

88. 甘蔗白螟扁股小蜂 *Elasmus zehntneri* Ferriere, 1929

特 征 见图2-120。

雌虫体长2.8～3.0mm。头、胸黑色，带绿色光泽；前胸后缘及侧缘为黄白色；腹部橙黄色至红黄色，基部和末端黑色带绿色光泽，第2～5节两侧均具黑色斑；触角柄节黄色，背面及其余部分为褐色；足除中后足基节两端及腿节上侧缘黑色、跗节略显褐色外，均浅黄色至几乎白色。头短，略窄于胸。触角10节，柄节下面扁平；环状节很短；第1索节长为宽的3倍，第2、3索节渐短渐宽；棒节3节，略长于第2、3索节之和。胸长而狭，背面扁平；中胸盾片具细纤毛，小盾片几乎呈圆形，长略大于宽；并胸腹节基部宽，后端向下凹陷，光滑发亮。足基节显著膨大，后足胫节具由硬刚毛所组成的菱形花纹。前翅痣脉很短，后缘脉长于痣脉。腹呈长三角形锥状。产卵管微突出。

寄　　主　橙尾白禾螟（甘蔗白螟）、红尾白螟。

分　　布　国内见于浙江、广东、广西。国外分布于印度尼西亚。

A. 整虫侧面　　　　　　　　　　B. 虫体背面

图 2-120　甘蔗白螟扁股小蜂 *Elasmus zehntneri* 雌虫

89. 三化螟扁股小蜂 *Elasmus albopictus* Crawford, 1910

特　　征　见图 2-121。

雌虫体长 2.5mm。体黄色微带橙色，颜面下部、翅基片及足黄白色；单眼区及其前后纵带、后头、前胸基部和中间、中胸三角片和小盾片、后胸基部中央及边缘、并胸腹节的中央纵走带及两侧的斑、中胸侧板的1个斑、第1腹节两侧、腹末两节背面、后足基节背面色斑均为黑色。头、胸及腹除小盾片、后小盾片及并胸腹节外具短黑毛，足上具黑刚毛。触角柄节长为宽的3倍；索节3节，均长大于宽，第1索节长于梗节，略长于第2、3索节，第2、3索等长；棒节长短于第2、3索节之和，末端尖锐。前胸短，呈梯形；中胸盾片长短于宽，小盾片近圆形，长、宽相等。前翅长，伸达腹末。足表面平滑；后足胫节刚毛排列成菱形花纹。腹几乎与胸等宽，长于胸部，末端尖锐。产卵管露出腹末。

雄虫体长1.5～2.0mm。体黄色，头部中央及后缘深黄色，前胸中间、中胸小盾片和三角片、腹部（除第1、2节外）均黄褐色。触角索节4节，第4节较长，占触角全长的1/2，第1～3索节很短，具长分支，分支均长于4节索节之和。

　寄　　主　三化螟。

　分　　布　国内见于广东、广西、福建、云南。国外分布于菲律宾。

A. 雌虫背面　　　　　　　　　　B. 雄虫背面　　　　　　C. 雌虫后足

图2-121　三化螟扁股小蜂 *Elasmus albopictus*

90. 新乌扁股小蜂 *Elasmus neofunereus* Riek, 1967

　特　　征　见图2-122。

雌虫体型较大，体长2.5～3.0mm。头、胸、腹均黑色，略带金属光泽，不具斑纹；触角柄节黄褐色，其余黑褐色；翅基片及后胸小盾片黄白色；各足基节均为黑色，前足腿节和胫节黄色，中足腿节、胫节及后足胫节褐色，后足腿节黑色，各足跗节均黑褐色。触角柄节长为宽的3倍，端部略扁；索节3节，第1索节最长，较梗节长，第2、3索节逐渐缩短；棒节短于第2、3索节之和，端部尖锐。前胸短，呈三角形；中胸盾片长短于宽，小盾片近长方形，长大于宽。前翅不伸达腹末。足表面平滑；后足胫节具由黑色纤毛所组成的菱状纹。腹略窄于胸，呈长纺锤形，近等长于头、胸部之和，末端尖锐。产卵管明显露出腹末。

　寄　　主　未知。

　分　　布　国内见于浙江、江西。国外分布于英国、澳大利亚。

A. 整虫背面　　　　　　　　　B. 整虫侧面　　　　C. 后足

图 2-122　新乌扁股小蜂 *Elasmus neofunereus* 雌虫

旋小蜂科 Eupelmidae

体小至较大型，长1.3～7.5mm，热带地区有的种可达9mm，常具强烈的金属光泽，有时呈黄色或橘黄色。雌性触角11～13节（包括1环状节），雄性9节（偶有分支）。前胸背板有时明显呈三角形，延长。雌性中胸盾片中部明显下凹或凸起，盾纵沟弱，中胸侧板膨起，常无沟或凹痕，相当光滑或具网状刻条；雄性中胸背板有时膨起且盾纵沟深，中胸侧板有划分。前翅正常或很短，长翅型缘脉很长，痣脉、后缘脉较长。中足胫节1距，但雌性的甚粗大。跗节5节，有些翅萎缩而靠跳跃进行活动的种类，中足胫节和基跗节扩大，具成列的刺状突起。腹部近于无柄，产卵管不露出至伸出很长。本科昆虫飞行过程中，当纵飞行肌收缩时，胸部在中胸盾片、小盾片缝合处弯曲成屋脊状，同时腹部向前翻到胸部上方，头部向后靠在前胸背板上方，是本科独有特征。

本科寄主涉及鞘翅目、鳞翅目、双翅目、直翅目、半翅目、脉翅目和膜翅目等目的昆虫。多数为初寄生，偶兼性重寄生；常为单寄生，也有聚寄生；一般为内寄生，也有外寄生；多寄生于卵期，也有寄生于幼虫或蛹期，少数可在蚧总科成虫体内生活；还有些捕食昆虫卵、幼虫或蜘蛛的卵。我国最常见、作用也最大的是寄生于半翅目和鳞翅目害虫卵的平腹小蜂属昆虫 *Anastatus* spp.，人工繁殖释放此蜂防治荔枝椿象 *Tessaratoma papillosa* 有很好的效果（何俊华等，2004）。

旋小蜂科世界广泛分布，以热带地区为多，已知全世界有974种；我国南北均有分布，至少

有9属56种（彭凌飞和林乃铨，2012）。本书介绍我国稻区常见旋小蜂2属5种。

中国常见旋小蜂科天敌分种检索表

（改自：杨忠岐等，2015）

1. 雌虫腹部细长，长于胸部，两侧平行或向末端渐窄，第1～4背板后缘中央凹入（旋小蜂属 *Eupelmus* ）·································· 2

   雌虫腹部不长过胸部，向末端渐宽，第1～4背板后缘中央平直（平腹小蜂属 *Anastatus* ）······ 4

2. 头、胸为金属褐绿色，腹部多为黄色，两侧缘褐色；产卵管鞘粗而长，产卵管从腹中部伸出，总长约等于腹长·················· 花鞘旋小蜂 *Eupelmus testaceiventris*

   头、胸、腹均为金属绿色 ······························· 3

3. 前翅透明；产卵器伸出腹末部分约占腹长的3/5 ············· 格式旋小蜂 *Eupelmus grayi*

   前翅浅褐色，翅基部具1个透明斑，翅中部具2个透明斑；产卵器伸出腹末部分约占腹长的1/5 ······························· 旋小蜂 *Eupelmus* sp.

4. 前翅具2个卵圆形透明斑，位于翅中部呈"八"字形，翅端不透明························· 天蛾卵平腹小蜂 *Anastatus acherontiae*

   前翅具2个透明横带，将翅基、翅中和翅痣后方分隔为3个褐色带，翅端透明·················· 舞毒蛾卵平腹小蜂 *Anastatus japonicus*

旋小蜂属 *Eupelmus* Dalman, 1820

雌虫头正面观长宽相等或宽略大于长，颜面略凹陷；上颚3齿；复眼圆形，微具毛；颊短于复眼长径。触角着生于复眼下缘连线附近，13节；柄节柱状；环状节长不及宽；索节由基至端逐渐变短、变粗；棒节不特别膨大，3节。前胸通常短；中胸盾片后端凹陷呈槽，小盾片末端圆，三角片内端稍分开。翅有时为短翅型，后缘脉常短于缘脉。足不长，中足胫节末端膨大，具长而粗壮的距，跗节具小齿。腹部细长，长于头、胸之和；腹两侧平行或向末端渐窄，第1～4背板后缘中央凹入。产卵器长，但少有长过于腹的。

雄虫头宽大于长，触角线形。胸部显著隆起，具深而完整的盾纵沟，中胸侧板凹陷，即具中纵沟将侧板分为前、后侧片两部分，因此不像雌虫那样完整；中足胫节不膨大。腹短于胸，卵圆形。

本属全世界广泛分布；寄主范围广泛，初寄生或重寄生在隐蔽性环境中的寄主上，如蛀干、卷叶、潜叶和虫瘿中生活的昆虫幼虫，有些种类则寄生鳞翅目、鞘翅目和半翅目昆虫的卵。

91. 花鞘旋小蜂 *Eupelmus testaceiventris* (Motschulsky, 1863)

异　名　*Roptrocerus testaceiventris* Motsdhubky, 1863。

特　征　见图2-123。

雌虫体长1.5～2.0mm。头和胸褐绿色,具金属光泽;翅基片黄色;腹暗黄色,腹背板基部和两侧稍带金属反光;触角黑褐色,梗节端部和环状节黄色;翅透明;足基节同体色,端跗节褐色,中足腿节近端部和胫节近基部相对应处各具1褐色斑,其余黄色;产卵器鞘基部黑色,中部黄色,端部褐色。头具细微网状刻纹,并散生较稀疏的毛;正面观宽为高的1.2倍,额宽;复眼光裸;两触角窝相距较远,中部稍隆起;唇基下缘稍凹;上颚左、右各3齿,上端齿较钝;头背面观宽为长的1.73倍;侧观复眼亚圆形,高和宽几相等;复眼高为颊眼距的2.1倍。触角着生于复眼下缘连线上;触角13节,柄节长不达中单眼,长为宽的4倍;梗节长为宽的2倍;第1索节横形,第3索节最长,第4～7索节逐渐变短加粗;棒节稍膨大,长为宽的1.8倍。胸部具网状刻纹,被稀毛;中胸盾片两侧稍隆起,盾纵沟在中部汇合形成1个亚三角形区域;小盾片中部稍隆起;三角片大,两三角片前缘几乎相接;并胸腹节短,后缘在中部上凹。翅透明,前缘脉略长于缘脉,后缘脉约为缘脉的1/2,但长于痣脉。中足胫节端部具1长距,跗节基部稍膨大。腹部长等于头胸之和,具鳞片状刻纹,两侧被毛;背面塌陷,常皱缩;第4～6背板中部被稀毛。产卵鞘突出部分约为腹长的2/3;肛下板长为腹长的1/2～2/3。

寄　主　高粱康瘿蚊。

分　布　国内见于湖南、贵州、江西、广东、海南。国外分布于西班牙、澳大利亚、印度、斯里兰卡、克罗地亚、塞浦路斯、阿曼、西班牙等国及非洲等地。

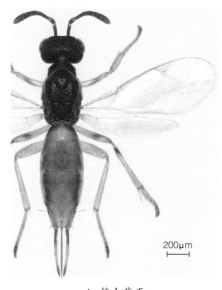

A. 整虫背面　　　　　　　　B. 头胸部背面　　　　　　　　C. 虫体侧面

图2-123　花鞘旋小蜂 *Eupelmus testaceiventris* 雌虫

92. 格氏旋小蜂 *Eupelmus grayi* Girault, 1915

特 征 见图2-124。

雌虫体长1.8mm。体暗金属绿色,稍带蓝紫色光泽;触角黑褐色略带金属光泽;翅透明;前足和后足的基节、腿节、胫节基部与体同色,其余黄色至黄褐色;产卵器鞘黄褐色,端部黑褐色。头具网状刻纹和散生的较稀疏的毛;头正面观长、宽稍大于高,额宽;复眼大而光裸;两触角窝间距大,中部稍隆起;上颚左右各3齿,上端齿较钝。头背面观宽为长的1.2倍。触角着生于复眼下缘连线上;触角柄节长未达中单眼,长为宽的4.5倍;梗节长为宽的2倍;第3索节最长,第4~7索节逐渐变短加粗;棒节稍膨大。胸部具网状刻纹,被稀毛;中胸盾片两侧隆起,小盾片中部稍隆起;三角片大,两三角片前缘几乎相接;并胸腹节短,前缘和后缘在中部相连。翅透明,前缘脉略短于缘脉,后缘脉长约为缘脉的1/4,痣脉略短于后缘脉。中足胫节端部具黑色短齿和1长距,跗节基部膨大,腹面具2排黑色小齿。腹部长为胸部的1.2倍,具鳞片状刻纹,两侧被毛;第1~4节背板后缘中间凹入。产卵器鞘突出部分为腹长的1/3~1/2。

寄 主 菜豆蛇潜蝇。

分 布 国内见于海南、广西。国外分布于澳大利亚。

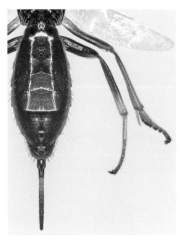

| A. 整虫背面 | B. 头胸部背面 | C. 中后足与腹部背面 |

图2-124 格氏旋小蜂 *Eupelmus grayi* 雌虫

93. 旋小蜂 *Eupelmus* sp.

特 征 见图2-125。

雌虫体长1.8~2.3mm。头部暗金属绿色,胸、腹部褐色带蓝色金属光泽,翅基片黄色;触角黑褐色,柄节腹面、梗节和棒节端部均黄色;前翅浅褐色,翅基部具1个透明斑,翅中部具2个透明斑，后翅透明；足基节同体色，腿节、胫节（除端部）及端跗节褐色，其余黄色至浅黄色；产卵器鞘黄色，端部褐色。头具细微网状刻纹；背面观宽为长的1.2倍；额宽；复眼光裸；侧面观复眼近椭圆形；复眼高为颚眼距的2倍。触角着生于复眼下缘连线稍下方；触角13节，柄节未达中单眼，长为最宽处的3.5倍，中部略膨大；梗节长为宽的2倍；第2索节最长，第3～7索节逐渐变短加粗；棒节膨大，长为第4～7索节之和。胸部具网状刻纹，被稀毛；前胸窄；中胸盾片两侧稍隆起，中部下凹，与两侧隆起形成"Y"形；小盾片中部稍隆起；三角片大，两三角片前缘不相接；并胸腹节短，后缘在中部明显上凹。前翅前缘脉长于缘脉，后缘脉长约为缘脉的1/4，痣脉短于后缘脉，端部膨大。中足胫节端部具1长距，跗节基部稍膨大，腹面具2排黑色小齿。腹长等于头、胸之和，具鳞片状刻纹，两侧被毛，侧面观扁平；第1～4节背板后缘中间凹入，背面常皱缩；第5、6背板略拱起。产卵器伸出腹末部分约占腹部长的1/5。

寄　主　未知。

分　布　国内见于四川、贵州。

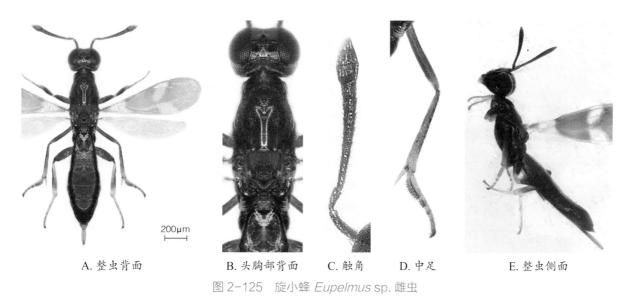

A. 整虫背面　　　　B. 头胸部背面　　　C. 触角　　　D. 中足　　　E. 整虫侧面

图2-125　旋小蜂 *Eupelmus* sp. 雌虫

平腹小蜂属 *Anastatus* Motschulsky, 1859

雌虫头正面观圆或长圆形；复眼光裸，卵圆形；上颚具齿及截齿；触角着生处稍高于复眼下缘连线，细而长，13节，柄节不膨大、略弯曲，环状节长不及宽，索节由基至端逐渐变短变粗，棒节不短于末3索节合并之长，向端逐步膨大，末端斜切。前胸不长、前端收缩，背面凹陷；中胸盾片的盾纵沟明显，在盾片中部常具稠密粗大刻点，小盾片基部狭窄，三角片大，内端彼此稍分离。翅通常发育正常；前翅色暗，缘脉长，后缘脉长为痣脉的2倍余。足细长，中足胫节端部

显著增大，第1跗节亦增大，跗节小齿发达。腹部不长于胸部，三角形，腹基窄，向腹端逐渐变宽，各腹节背板后缘中央平直，呈横截状。产卵器不突出或略微突出。

雄虫触角线形，索节5～7节，棒节不分节，偶尔特别长。胸背隆起，具深而完整的盾纵沟，小盾片大、膨起，三角片内端几相接；中胸侧板分裂为前、后侧片；翅无色。

本属寄生蜂全世界分布，主要寄生于鳞翅目、半翅目（蝽科、蜡蝉科）、螳螂目和直翅目昆虫的卵。

94. 舞毒蛾卵平腹小蜂 *Anastatus japonicus* Ashmead, 1904

异　名　*Anastatus disparis*: Liao, 1987。

特　征　见图2-126。

雌虫体长2.2～3.0mm。体褐色，具墨绿色金属光泽；触角柄节黄色，梗节及鞭节黑褐色；中胸盾片两侧暗绿色，中叶褐铜色；小盾片及三角片除略带绿色外其色泽与中胸侧板同为黄褐色；翅褐色，近基部透明，在亚缘脉和缘脉处各有1弯曲透明横带将翅分为基部、翅中及痣脉后方的3条褐色横带，端横带甚宽，翅尖透明。腹部几乎黑绿色，第1腹节背板有1黄白色横带。头背面观横宽，单眼排列成钝三角形。触角着生于复眼下缘连线上；柄节伸达前单眼；梗节不短于第2索节；索节自第2节起逐渐变短变粗，第6、7节长不及宽；棒节3节，长与索节末3节之和相等。中胸盾片中叶具强烈刻点，小盾片及三角片与中胸盾片的刻纹相同；中胸侧板具细线纹，有光泽；并胸腹节发亮。前翅亚缘脉与缘脉近等长，后缘脉长约为痣脉的2倍。腹部短于胸部，由

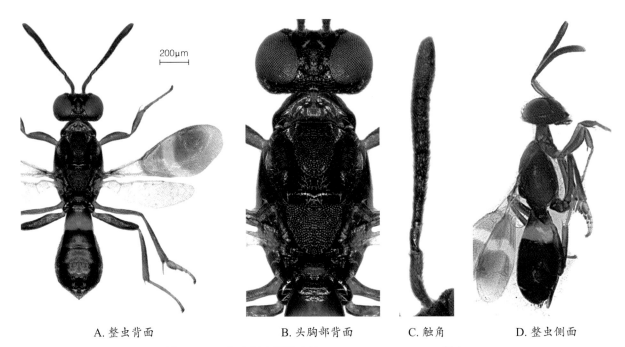

A. 整虫背面　　　　B. 头胸部背面　　　　C. 触角　　　　D. 整虫侧面

图2-126　舞毒蛾卵平腹小蜂 *Anastatus japonicus* 雌虫

基部至端部逐渐变宽，末端圆钝，腹背面平滑，末端具细横线。产卵管微露出腹末。

　寄　主　初寄生舞毒蛾、白斑合毒蛾，也可重寄生黑腿盘绒茧蜂。

　分　布　国内见于浙江、江苏、福建。国外分布于日本、美国等国及欧洲。

95. 天蛾卵平腹小蜂 *Anastatus acherontiae* Narayanan, Rao & Ramachandra, 1960

　特　征　见图2-127。

雌虫体长2.0～2.1mm。体黑褐色，具紫绿色反光；触角柄节黄褐色，梗节及索节黑褐色。中胸盾片的两侧叶暗褐色发亮，中叶、小盾片及三角片金属褐铜色；并胸腹节烟褐色，侧板具绿色反光；足均为黑褐色；翅暗褐色，翅基部具1透明横带，翅中部具2透明卵圆形斑，略呈"八"字形排列；腹大部黑色，仅基部约1/4为黄白色。触角着生于复眼下端连线稍下方，柄节伸达前单眼；梗节明显短于第2索节；索节第2节最长，第3节起逐渐变短、变粗；棒节3节，长与索节末2节之和相等，棒节端部斜截。中胸盾片中叶具强烈刻点，小盾片及三角片与中胸盾片的刻纹相同；中胸侧板具细线纹；并胸腹节窄，后缘上凹。前翅亚缘脉短于缘脉，后缘脉长约为痣脉的2.5倍。腹部短于胸部，由基部至端部逐渐变宽，末端圆钝；腹背面常皱缩。产卵管露出腹末。

　寄　主　栗树及梨树上的天蛾卵。

　分　布　国内见于河北、江苏。国外分布于印度。

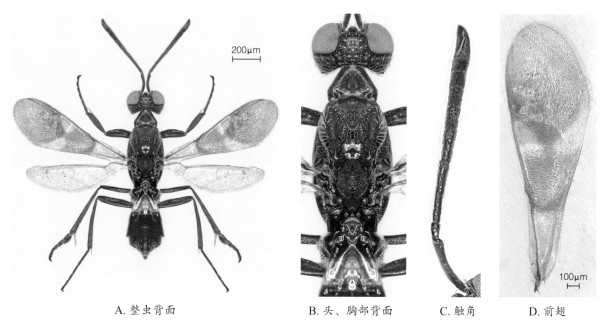

A. 整虫背面　　　　　　B. 头、胸部背面　　C. 触角　　D. 前翅

图2-127　天蛾卵平腹小蜂 *Anastatus acherontiae* 雌虫

跳小蜂科 Encyrtidae

体微小至小型，长0.25～6.0mm，一般1.0～3.0mm。体常粗壮，但有时较长或扁平，暗金属色，有时黄色、褐色或黑色。头宽，多呈半球形。复眼大，单眼三角形排列。触角雌性5～13节，雄性5～10节；柄节有时呈叶状膨大，两性触角颇不相同；无环状节；索节常6节，雌性圆筒形至极宽扁，雄性有时呈分支状节。中胸盾片常大而隆起；无盾纵沟，如有则浅。小盾片大；三角片横形，有时内角相接。中胸侧板很隆起，多少光滑，绝无凹痕或粗糙刻纹，常占胸部侧面的1/2以上。后胸背板及并胸腹节很短。翅一般发达，前翅缘脉短，后缘脉及痣脉也相对较短，几乎等长。中足常发达，适于跳跃，基节位置侧观约在中胸侧板中部之下方；其胫节长，内缘排有微细的棘，距及基跗节粗而长；跗节5节，极少数4节。腹部宽、无柄，常呈三角形；腹末背板侧方常前伸，臀板突具长毛，位于腹部背侧基半位置，此背板中后部常延伸呈叶状。产卵管不外露或露出很长。

本科寄主极为广泛，主要寄生于有翅亚纲昆虫，如直翅目、半翅目、鳞翅目、鞘翅目、脉翅目、双翅目和膜翅目等。多数种类初寄生于半翅目的介壳虫，有的也能寄生螨、蜱和蜘蛛；一些种可重寄生于其他跳小蜂或蚜小蜂科、金小蜂科、茧蜂科、螯蜂科等寄生蜂。有些种兼有捕食习性，如花翅跳小蜂属*Microterys*的一些种寄生的同时也可捕食介壳虫卵。少数种还可为害植物。该科是害虫自然控制和生物防治上重要的小蜂类群之一，如粉蚧长索跳小蜂被引入夏威夷岛防治柑橘堆腊粉蚧、中华球蚧跳小蜂被引入加拿大防治榛腊蚧、红蜡蚧扁角跳小蜂从我国带入日本而控制了柑橘上的红蜡蚧，均取得很大成功。

跳小蜂科是小蜂总科中最大的科之一，全世界分布，已知至少含513属3595种；我国已知105属272种（何俊华，2004）。一般分为2亚科，即跳小蜂亚科Encyrtinae和四突跳小蜂亚科Tetracneminae。

本科寄生蜂尽管多是蚧虫的天敌，与稻田关系不大，但在稻田及其周边环境中是物种丰富度高且数量较多的寄生性天敌类群，其中部分种类是稻田螯蜂、瓢虫等天敌的寄生蜂，对相关天敌的控害作用有重要影响。本书记载了我国稻区常见跳小蜂2亚科16属21种。

中国常见跳小蜂科天敌分种检索表（雌虫）

（改自：徐志宏等，2004）

1.具副背板或至少末节背板以1膜质区与产卵管外瓣连接，边缘或基部近尾须板；前翅无毛斜带边缘不清，几乎均无刺毛；下生殖板三角形，一般达到腹端；上颚齿多数尖锐（四突跳小蜂亚科 Tetracneminae）··2

缺副背板（个别例外）；前翅无毛斜带基侧毛较端侧毛粗长，均具刺毛；下生殖板常短而近矩

形，不达腹端；上颚常具 1 平齿（跳小蜂亚科 Encyrtinae）‥‥‥‥‥‥‥‥‥‥‥‥‥‥‥ 7

2. 前胸背板纵裂，侧面观身体扁；翅透明（扁体跳小蜂属 *Rhopus*）‥‥‥‥‥‥‥‥‥‥‥‥‥ 3

前胸背板无纵裂，侧面观身体不扁；翅面具斑纹或有烟褐色‥‥‥‥‥‥‥‥‥‥‥‥‥‥‥ 4

3. 触角黄褐色，触角棒节 2 节；前翅无毛斜带中间有毛，分成 2 个部分‥‥‥‥‥‥‥‥‥‥

‥‥‥‥‥‥‥‥‥‥‥‥‥‥‥‥‥‥‥‥‥‥‥‥‥ 黄色扁体跳小蜂 *Rhopus flavus*

触角黑褐色，触角棒节 3 节；前翅无毛斜带连续，未分成 2 部分‥‥‥‥‥‥‥‥‥‥‥‥

‥‥‥‥‥‥‥‥‥‥‥‥‥‥‥‥‥‥‥‥‥ 黑棒扁体跳小蜂 *Rhopus nigroclavatus*

4. 体粗短，头背面观长大于宽的 3 倍以上；前翅翅面宽大，不长于胸、腹长之和；触角粗短，不及体

长的 1/2（粉蚧跳小蜂属 *Aenasius*）。体黑色，前翅基半烟褐色‥‥‥ 印度粉蚧跳小蜂 *Aenasius indicus*

体不粗短；背面观头宽略大于或约等于头长；前翅翅面狭长，长于胸、腹长之和；触角细长，

几乎超过体长‥‥‥‥‥‥‥‥‥‥‥‥‥‥‥‥‥‥‥‥‥‥‥‥‥‥‥‥‥‥‥‥‥‥ 5

5. 前翅大部分无色透明，具有烟褐色斜带（丽突跳小蜂属 *Leptomastidea*）。体黄褐色；前翅长约

为宽的 3 倍，端部圆，前、后翅均具浅烟色带‥‥‥‥‥ 草居丽突跳小蜂 *Leptomastidea herbicola*

前翅基本烟褐色，具透明斑（佳丽跳小蜂属 *Callipteroma*）‥‥‥‥‥‥‥‥‥‥‥‥‥‥‥ 6

6. 体均为棕褐色；前翅基本烟褐色，具 5 个透明斑‥‥‥‥‥ 五斑佳丽跳小蜂 *Callipteroma sexguttata*

头黄褐色，胸、腹棕黑色；前翅烟褐色，在基部、中间及端部有 4 个透明带‥‥‥‥‥‥‥‥

‥‥‥‥‥‥‥‥‥‥‥‥‥‥‥‥‥‥‥‥‥ 黄褐佳丽跳小蜂 *Callipteroma testacea*

7. 索节 4 节；后头及小盾片具 1 对鳞状刚毛（羽盾跳小蜂属 *Caenohomalopoda*）。体具金属光泽；

触角黑褐色，索节第 4 节黄白色；前翅具显著的烟褐色放射状图案‥‥‥‥‥‥‥‥‥‥‥‥

‥‥‥‥‥‥‥‥‥‥‥‥‥‥‥‥‥ 韩国羽盾跳小蜂 *Caenohomalopoda koreana*

索节至少 6 节；后头及小盾片不具羽状毛‥‥‥‥‥‥‥‥‥‥‥‥‥‥‥‥‥‥‥‥‥‥‥ 8

8. 小盾片具 1 簇多少排列紧密的粗而长的黑色刚毛，或小盾片上刚毛不成簇则至少刚毛较长并

近直立，或前翅亚缘脉末端有三角形膨大‥‥‥‥‥‥‥‥‥‥‥‥‥‥‥‥‥‥‥‥‥‥‥ 9

小盾片不具 1 丛或 1 簇明显的刚毛，前翅亚缘脉末端无三角形膨大，如有，则触角整个扁平膨

大‥‥‥‥‥‥‥‥‥‥‥‥‥‥‥‥‥‥‥‥‥‥‥‥‥‥‥‥‥‥‥‥‥‥‥‥‥‥‥ 11

9. 前翅缘脉仅稍长于痣脉，缘前脉正常（皂马跳小蜂属 *Zaomma*）。体黑色；头部具蓝色光泽，胸

部无光泽，腹部具铜色光泽；触角黑，但索节第 5、6 节淡黄色；中足白色，但腿节后半部和胫

节近基部黑色‥‥‥‥‥‥‥‥‥‥‥‥‥‥‥‥‥‥‥ 微食皂马跳小蜂 *Zaomma lambinus*

前翅缘脉长至少为痣脉的 3 倍，缘前脉强烈下弯（刷盾跳小蜂属 *Cheiloneurus*）‥‥‥‥‥‥ 10

10. 前翅端缘透明；触角索节全黑褐色‥‥‥‥‥‥‥‥‥‥ 黑角刷盾跳小蜂 *Cheiloneurus axillaris*

前翅端缘不透明；触角第 4、5 索节黄白色‥‥‥‥‥‥‥ 长缘刷盾跳小蜂 *Cheiloneurus claviger*

11. 触角整个扁平膨大；前翅透明或多少呈均匀的烟褐色，具 1～2 个透明斑或带（扁角跳小蜂属

Anicetus）。体黄褐色；棒节背缘长约等于索节，第 3 棒节细长，上缘宽度明显小于第 2 节的

1/2··· 蜡蚧扁角跳小蜂 *Anicetus ceroplastis*

触角不整个扁平膨大，至少索节圆筒形 ································· 12

12. 中胸盾片至少前部的1/3具盾纵沟 ·· 13

中胸盾片无盾纵沟 ··· 16

13. 前翅翅基三角区的毛与缘脉外方的毛一致，具明显的无毛斜带 ············· 14

前翅翅基三角区几乎光裸，没有无毛斜带（瓢虫跳小蜂属 *Homalotylus* ）········ 15

14. 下生殖板不超过腹长的4/5；尾须着生于腹部的基半部；触角柄节扁平膨大（阔柄跳小蜂属 *Metaphycus* ）。头顶和中胸背板黄色；触角柄节黑色，长为宽的3倍，基部和端部浅黄白色；棒节黑色，圆钝，端部1/2渐趋黄色 ········· 锤角阔柄跳小蜂 *Metaphycus claviger*

下生殖板伸达或几乎伸达腹端；尾须时常生于腹部的端半部（艾菲跳小蜂属 *Aphycus* ）。头橘黄色；触角青褐色，棒节白色；前翅有2个烟褐色横带····札幌艾菲跳小蜂 *Aphycus sapproensis*

15. 体黄褐色；触角黑色，第5索节端部、第6索节和棒节为白色；产卵器露出腹部末端 ············· 长尾瓢虫跳小蜂 *Homalotylus longicaudus*

体黑褐色而有时带红褐色；触角仅棒节为白色；产卵器不露出腹部末端 ·········· 隐尾瓢虫跳小蜂 *Homalotylus flaminius*

16. 前翅有由暗色和灰白色刚毛组成的明显花纹而呈烟褐色，常至少在翅脉端部具1个透明带（花翅跳小蜂属 *Microterys* ）········· 17

前翅无色透明 ··· 18

17. 体淡黄褐红色，中胸盾片、小盾片和腹部黑褐色；触角第5~6索节浅黄白色 ············· 白蜡虫花翅跳小蜂 *Microterys ericeri*

体整体为红黄色；触角第4~6索节白色 ············· 红黄花翅跳小蜂 *Microterys rufofulvus*

18. 产卵管露出腹末，至少为腹长的1/5（汤氏跳小蜂属 *Thomsonisca* ）。体黑褐色；触角梗节长过于宽，短于第1索节；缘脉与痣脉近；中足胫节与基跗节等长 ············· 盾蚧汤氏跳小蜂 *Thomsonisca amathus*

产卵管不露出腹末或稍露出 ··· 19

19. 前翅缘脉长度不及宽的2倍；中胸盾片在三角片之上略向后扩展（卵跳小蜂属 *Ooencyrtus* ）。头及胸金绿黑色，腹黑褐色带紫色反光；触角鞭节亚棒状，由基向端逐渐变粗；第1~3索节长略大于宽············ 南方凤蝶卵跳小蜂 *Ooencyrtus papilionis*

前翅缘脉长大于宽的2倍··· 20

20. 复眼上纤毛短且不明显，半透明状，不或几乎不长于小眼面的直径；触角棒节不斜切（蚜蝇跳小蜂属 *Syrphophagus* ）。体褐色，头、胸及腹基有蓝色反光，腹背并带紫色；触角柄节细长，索节由基向端逐渐膨大，棒节中部膨大、卵圆形 ············· 蚜虫蚜蝇跳小蜂 *Syrphophagus aphidivorus*

复眼上的纤毛很长且明显暗色，毛长至少是小眼面直径的2倍；触角棒节强烈斜切（毁螯跳小蜂属 *Echthrogonatopus*）。体黑色，头具蓝黑色金属光泽，胸部、腹部具绿色及紫铜色金属光泽，触角、腹部黑褐色；触角柄节腹面稍膨大••
•• 黑角毁螯跳小蜂 *Echthrogonatopus nigricornis*

四突跳小蜂亚科 Tetracneminae

上颚通常双齿，等长或上齿长于下齿，下齿有时几乎缺如；或3齿，中齿最长；齿通常尖锐，偶尔呈圆形，但绝不平截。前翅无毛斜带的边缘不清，几乎均无刺毛。雌性具副背板或至少末节背板以1膜质区与产卵管外瓣连接，或边缘，或基部近尾须板；下生殖板三角形，一般达到腹端；产卵器外瓣通过侧背片与合背板相连；尾须孔着生在腹部背板中部以上；合背板盾形，前缘在两尾须之间，多少较直，或呈"U"形或"V"形；肛下板伸出，略超过合背板端部；除极个别外，产卵器鞘（第3产卵瓣）与第2负瓣片愈合，不可活动。

本亚科寄生蜂世界广泛分布，主要寄生于半翅目粉蚧科昆虫。

扁体跳小蜂属 *Rhopus* Foerster, 1856

雌虫侧面观身体扁。额顶宽约为头宽之半，具浅网纹、皱状或弯曲状刻纹；后头缘通常尖锐，但有时多少钝圆。上颚具2齿。柄节几呈柱状至明显扁平扩大，通常粗壮，长最多为宽的4倍；索节6节；棒节1～3节，端部多少钝圆，偶尔呈截状。前胸背板纵裂；胸部背板网纹浅。翅发达或强烈缩短，发达型前翅通常透明，有时具烟色斑纹；缘脉常点状或长略大于宽，后缘脉短于痣脉。肛下板伸达腹端；侧背片骨化。

本属寄生蜂全世界广泛分布，主要寄生于半翅目粉蚧科昆虫。

96. 黑棒扁体跳小蜂 *Rhopus nigroclavatus* (Ashmead, 1902)

异 名 *Xanhoencyrtus nigroclavatus* Ashmead, 1902；*Scelioencyrtus nigriclavus* Girault, 1915；*Scelioencyrtus keatsi* Girault, 1915；*Scelioencyrtus tricolor* Girault, 1915；*Xanthoencyrtus fullawayi* Timberlake, 1919；*Xanhoencyrtus comperei* Subba Rao, 1960；*Xanthoencyrtus qadrii* Shafee, Alam & Agarwal, 1975。

特 征 见图2-128。

雌虫体长约1.2mm。体黄色到浅橙色，有时前胸背板、中胸盾片前缘、小盾片和腹部有褐色区域；单眼红褐色；触角黑褐色；翅透明；足黄色，但跗节端部略暗，后足基节浅褐色。头宽为高的1.1～1.2倍；单眼呈钝角三角形排列；触角着生于复眼下缘连线之下，接近口缘。触角柄节长为宽的3倍，梗节长于索节第1节；索节第1节近方形，其余索节宽大于长；棒节3节，长于第2～6索节长之和。中胸盾片具细毛，三角片和小盾片具不明显的多边形网纹；小盾片宽大于长，具细毛。前翅长为宽的2.6～2.9倍；后缘脉非常短，痣脉是缘脉的1.2倍；无毛斜带连续，未被分成两部分；翅末端被1列刚毛封闭。中足胫节距短于基跗节。腹部长约为胸部的1.3倍。产卵管不露出。

寄　主　粉蚧属、嫡粉蚧属、芒粉蚧属等属的昆虫。

分　布　国内见于山东、云南、湖南、江西、贵州。国外分布于印度、尼泊尔、巴基斯坦、孟加拉国、马来西亚、西班牙、澳大利亚、美国、哥斯达黎加、牙买加、埃及。

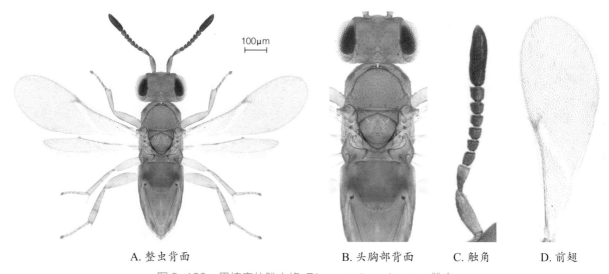

A. 整虫背面　　　　　　　　B. 头胸部背面　　　C. 触角　　　D. 前翅

图2-128　黑棒扁体跳小蜂 *Rhopus nigroclavatus* 雌虫

97. 黄色扁体跳小蜂 *Rhopus flavus* Xu, 2004

中文别名　黄色裂脖跳小蜂。

特　征　见图2-129。

雌虫体长约1.3mm。体侧面观扁瘦，体色较均匀，浅黄褐色，无金属光泽；触角黄褐色，棒节颜色较深；足淡黄色；前翅无色透明。头宽为额顶宽的1.6倍，额顶着生稀疏的刚毛；触角窝着生在复眼下缘连线以下；上颚2齿，下颚须2节，下唇须2节，末端尖。触角柄节稍膨大，长为最宽处的3倍；梗节长为端宽的1.2倍；索节各节向端部渐宽，第1索节长为宽的1.2倍；棒节2节，长为索节长的3/5，稍宽于末索节，末端尖圆。中胸盾片有刻点；小盾片平坦、光滑。前翅长为宽的2.7倍，翅基三角区密生纤毛，斜毛带中间有毛，被分成2个部分，后缘被1列毛关闭。腹部长圆锥形，末端圆钝。产卵管不露出。

寄　主 未知。

分　布 国内见于辽宁、江苏。

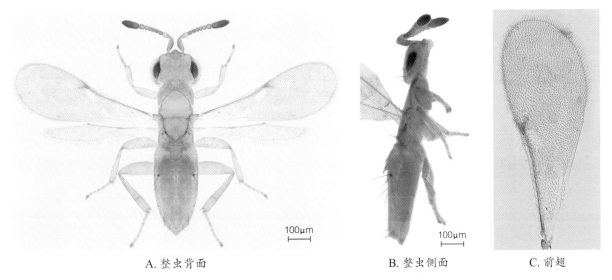

A. 整虫背面　　　　　　　　　　B. 整虫侧面　　　　　　　C. 前翅

图 2-129　黄色扁体跳小蜂 *Rhopus flavus* 雌虫

粉蚧跳小蜂属 *Aenasius* Walker, 1846

体粗短。头背面观窄，复眼大而宽，宽于头部。雌虫触角索节短，棒节粗大，末端具1个斜切面；雄虫触角通常索节极小，呈环状节，棒节1节粗长，长度占整个触角的2/3以上。胸部宽大，宽于腹部；小盾片大，完全覆盖后胸及并胸腹节，几乎延伸至腹基部。翅面宽大，翅基部窄，中部在痣脉处最宽，其后收窄，呈近三角形。

本属分布于美洲、亚洲的部分地区，主要寄生粉蚧科昆虫。

98. 印度粉蚧跳小蜂 *Aenasius indicus* (Narayanan & Subba Rao, 1961)

特　征 见图 2-130。

雌虫体粗短，体长 0.9～1.2mm。体黑色，具光泽；足跗节除端跗节外白色，中足距黑色；翅基部烟褐色，翅脉黑褐色。头部具刻点，背面观横宽，长约为宽的3.5倍，宽于胸部，短于中胸背板；复眼大，背面观复眼宽于头部。触角粗短，柄节中部宽，基部与端部窄；索节横宽，呈梯形，第1～5节逐渐增大；棒节端节有斜截面。中胸盾片短，与小盾片长度相当，均具刻点；小

盾片延伸至并胸腹节末端，几乎完全覆盖了并胸腹节。前翅密布细毛，痣脉长于后缘脉；翅面宽大，翅基部窄，中部在痣脉处最宽，于端部收窄；后翅明显短于前翅，翅面宽短，近三角形。腹部窄于胸部，成倒三角形。产卵器不伸出腹部末端。

雄虫体长0.7～1.0mm；体型特征与雌虫相似，但前翅透明无烟褐色；触角索节4节，极短，呈环状，棒节1节粗长，长于其他各节之和的3倍，密布绒毛。

寄　主　绵粉蚧、蚁粉蚧、腺刺粉蚧属的 *Ferrisia virgata*、鳞粉蚧属的 *Nipaecoccus* sp.。

分　布　国内见于湖南、江西。国外分布于印度。

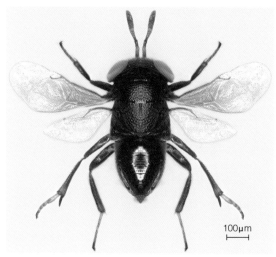

A. 雌虫背面　　　　　　　　　B. 雌虫触角与头胸部背面　　　　　C. 雄虫侧面

图2-130　印度粉蚧跳小蜂 *Aenasius indicus*

丽突跳小蜂属 *Leptomastidea* Mercet, 1916

雌虫体一般短粗壮，无金属光泽；额顶宽约为头宽之半，具规则网纹；后头缘尖锐；复眼大；单眼排列呈钝三角形。上颚2齿，下颚须3节，下唇须2节。触角线状、细长，几乎超过体长，着生于口缘；柄节长，近圆柱状或略扁平扩大，通常长大于宽；梗节长大于宽，常（但不总是）短于第1索节；索节6节，所有索节近等长，各节均长大于宽；棒节3节，端部多少钝圆。胸部背板具细网纹；小盾片宽而平坦，三角形。前翅翅面狭长，长于胸腹，具明显的烟色区或透明；无毛斜带后端封闭；缘脉长稍过宽；痣脉稍长于缘脉；后缘脉等于或长于痣脉。足长，中足胫节距稍短于基跗节。腹部三角形，长过胸部；产卵管不露出。

本属全世界广泛分布，主要寄生半翅目粉蚧科昆虫。

99. 草居丽突跳小蜂 *Leptomastidea herbicola* Trjapitzin, 1965

特　征　见图2-131。

雌虫体长1.0～1.5 mm。头黄色；胸部和腹部大体褐色；前胸背板黄色，中胸侧板黄褐色；触角柄节、梗节黑褐色，索节黄褐色，棒节浅褐色；前翅透明，亚缘脉中部下方、痣脉下方、翅端缘及翅臀角各有1条浅烟色带；后翅基部具1浅烟色带。足腿节黄褐色，胫节和跗节黄白色。额顶具网纹；触角窝上缘几乎与复眼下缘在1条线上；复眼近裸，达后头缘，正面观复眼内缘近平行；上颚具2尖齿。触角柄节细长，等长于第1~4索节长之和；各索节近等长，且长大于宽。中胸盾片具鳞状至皮革状网纹，被毛；小盾片上具鳞状网纹，宽等于长，后缘收窄，具细毛。前翅远超出腹末，长约为宽的3倍，端部圆；后缘脉较长，长于缘脉或痣脉，缘脉近等长于痣脉；无毛斜带短，后端被多列刚毛封闭；后翅长为宽的6倍。中足胫节距长约为胫节的1/4，略短于基跗节。产卵器几乎不伸出腹部末端。

寄　主　未知。

分　布　国内见于黑龙江、吉林、辽宁、陕西、福建、贵州、四川。国外分布于俄罗斯。

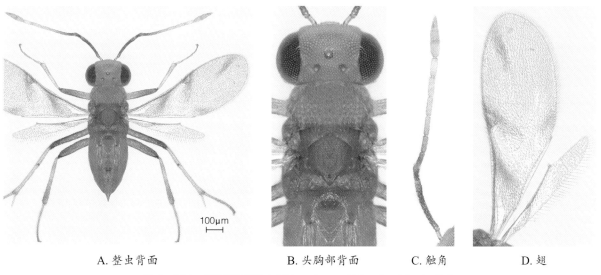

A. 整虫背面　　　　B. 头胸部背面　　　　C. 触角　　　　D. 翅

图2-131　草居丽突跳小蜂 *Leptomastidea herbicola* 雌虫

佳丽跳小蜂属 *Callipteroma* Motschulsky, 1863

雌虫体粗壮或略长形。额顶宽约为头宽之半，具规则的多角形网纹；后头缘尖锐。上颚具2尖齿。触角很长，线状；柄节长，近圆柱形，长通常超过宽的6倍；各索节长均大于宽，向端部渐缩短；棒节3节。前翅狭长，基本上为烟褐色，具无色透明斑或带；无毛斜带后端封闭；后缘

脉略短于或略长于痣脉。

本属广泛分布于亚洲、欧洲、非洲、大洋洲，主要寄生粉蚧科昆虫。

100. 五斑佳丽跳小蜂 *Callipteroma sexguttata* Motschulsky, 1863

异　名　*Callipteroma quinqueguttata* Motschulsky, 1863；*Leptomastix guttatipennis* Girault, 1915；*Calipteroma kiushiuensis* Ishii, 1928。

特　征　见图2-132。

雌虫体长1.1~2.0mm。体棕褐色；触角柄节、胸部腹面及腹基部、各足腿节、胫节两端、第1~4跗节均浅黄褐色；触角梗节、鞭节黑色；前翅大部分烟褐色，翅基及端缘透明，烟褐色区内有5个明显的透明斑；后翅基部烟褐色，端部浅烟褐色。头部背面观略宽于长的1.5倍。触角长于头胸腹长之和，柄节细瘦，长为最宽处的8倍；第1~3索节近等长、等宽，之后索节向端部渐短；棒节稍短于第5、6索节长之和，末端圆。中胸盾片和小盾片隆起。前翅长于头胸腹之和，超出腹末，翅长为最宽处的3.4倍；除缘脉下方1纵条无毛外，烟褐色部分均匀着生纤毛。中足胫节距与基跗节等长。腹部短锥形，尾须孔着生在腹上端两侧，末端尖锐。产卵器伸出腹部末端。

寄　主　绵粉蚧属的*Phenacoccus saccharifolii*、星粉蚧属的*Heliococcus summervillei*等粉蚧科昆虫。

分　布　国内见于浙江、广西、山东。国外分布于澳大利亚、日本、泰国、马来西亚、印度尼西亚、斯里兰卡、印度、巴基斯坦、马达加斯加、俄罗斯等国。

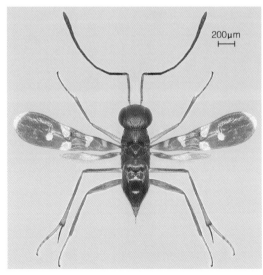

A. 整虫背面　　　　　　　B. 头胸腹背面　　　C. 触角　　　　　D. 翅

图 2-132　五斑佳丽跳小蜂 *Callipteroma sexguttata* 雌虫

101. 黄褐佳丽跳小蜂 *Callipteroma testacea* Motschulsky, 1863

特　征　见图2-133。

异　名　*Calocerinella trifasciatus* Girault, 1913；*Leptomastix trifasciatipennis* Girault, 1915；*Leptomastix penangi* Girault, 1919；*Leptomastix geminus* Girault, 1923；*Leptomastidae sayadriae* Mani & Kaul, 1974；*Callipteroma baglanense* Myartseva, 1982。

雌虫体长2.0～2.4 mm。体棕黑色；触角柄节橙色，其他各节棕色；头黄褐色；胸部及腹部棕黑色；前翅大部分烟褐色，翅基、中间及翅端缘有4段透明带，后翅透明无色斑。头部背面观宽为长的1.2倍，后头缘锋锐。触角柄节细瘦，长为最宽处的9倍。中胸盾片和小盾片隆起。前翅窄长，远超出腹部末端，长为宽的4倍；后缘脉短于痣脉。中足胫节距略长于基跗节。腹部与胸近等长，尾须孔着生在腹上端两侧，末端收窄尖锐。产卵管隐蔽，未伸出腹部末端。

寄　主　未知。

分　布　国内见于云南、贵州。国外分布于印度。

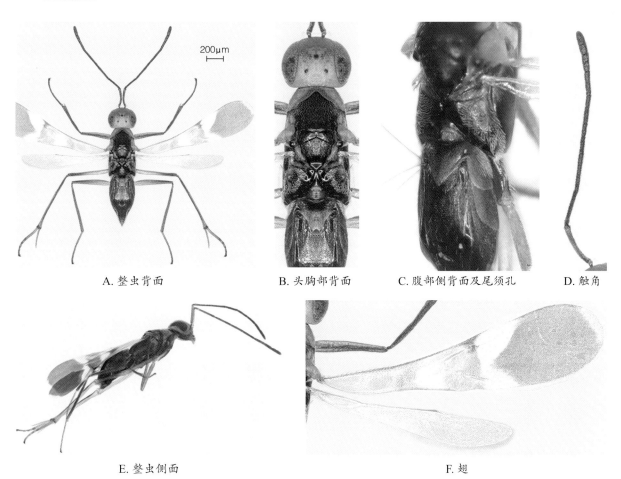

200μm

A. 整虫背面　　　　　B. 头胸部背面　　　　C. 腹部侧背面及尾须孔　　　D. 触角

E. 整虫侧面　　　　　　　　　　　　F. 翅

图 2-133　黄褐佳丽跳小蜂 *Callipteroma testacea* 雌虫

跳小蜂亚科 Encyrtinae

上颚变化多样，长镰刀状单齿、双齿、三齿或四齿，单齿及一截齿或双齿及一截齿，或无齿；盾纵沟有或无。前翅的无毛斜带基侧毛较端侧毛粗长；常有刺毛列。雌性常无侧背片；尾须孔通常着生在腹部背板中部以下；合背板绝大多数呈"U"或"V"形；肛下板端伸达腹部 1/3 至明显超过合背板端部；产卵器鞘通常不与第 2 负瓣片愈合，可活动。

本亚科全世界分布；多数寄生于蚧虫，部分种类还可寄生鳌蜂、瓢虫、食蚜蝇、茧蜂、小蜂等田间天敌。

羽盾跳小蜂属 *Caenohomalopoda* Tachikawa, 1979

雌虫体较粗壮，体色一般较深。额略窄；后头缘具 1 对膨大的鳞片状刚毛；上颚 4 齿或 2 齿及 1 上平截。触角较短，着生于口缘；柄节稍膨大；索节 4 节；棒节 3 节。前胸背板约为中胸背板长的 1/2，中胸盾片具鳞片状网纹；小盾片末端具 1 对膨大的鳞片状刚毛，且中部具明显粗糙的网纹，两边光滑。前翅透明，有烟褐色放射状带；无毛斜带常被 1~2 行刚毛所隔断；缘脉略长于痣脉；后缘脉短。腹部长过胸部。产卵管露出。

本属寄生蜂全世界广泛分布，主要寄生于半翅目盾蚧科和粉蚧科昆虫。

102. 韩国羽盾跳小蜂 *Caenohomalopoda koreana* Tachikawa, Paik & Paik, 1981

特　征　见图 2-134。

雌虫体长约 1.1mm。体黑色，具金属光泽。触角柄节、梗节和第 1、2 索节以及棒节基部黑色；第 3 索节以及棒节端大部黑褐色，第 4 索节黄白色；前翅具显著的烟褐色放射状图案；各足基节、腿节（几乎全部至全部）、胫节（基部或全部）以及末跗节黑色或黑褐色，足的其余部分青黄色到黄白色。后头缘具 1 对鳞片状刚毛；上颚具 2 齿及 1 平截。触角柄节端部略膨大；梗节略长于第 1 索节；索节 4 节，各索节近等长；棒节 3 节，长约为宽的 2.7 倍，稍宽于末索节，与索节近等长。中胸盾片具大型横向多角形刻纹，三角片内角不相接；小盾片宽稍大于长，中部具鳞片状刻纹，两边光滑，末端具 1 对鳞片状刚毛。前翅长约为宽的 3 倍；无毛斜带中断。腹部长卵圆形，末端尖，略长于胸部。产卵管伸出部分约为腹长的 1/5。

寄　主　盾蚧科和粉蚧科。

分　布　国内见于上海、贵州。国外分布于韩国、印度。

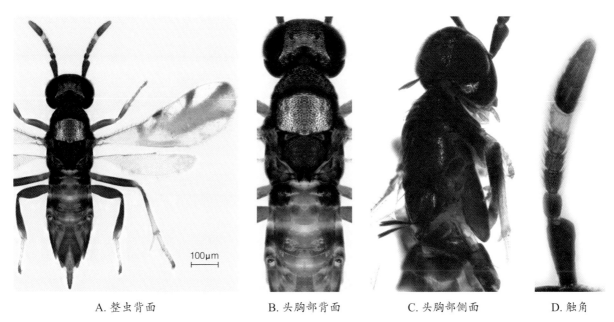

A. 整虫背面　　　　　B. 头胸部背面　　　　　C. 头胸部侧面　　　　　D. 触角

图 2-134　韩国羽盾跳小蜂 *Caenohomalopoda koreana* 雌虫

皂马跳小蜂属 *Zaomma* Ashmead, 1900

　　雌虫体通常较粗壮。后头缘多少尖锐；额顶常约为头宽的 1/4；复眼较大，具毛；单眼区多为锐角三角形。触角着生于口缘附近；柄节近圆柱形，略扁平膨大；梗节通常长于第 1 索节；索节 6 节，方形或宽大于长；棒节 3 节。中胸背板上具纵刻纹；三角片内角相接，具横刻纹；小盾片通常具条形刻纹，末端具密集长刚毛，成簇或不成簇。翅透明，无毛斜带不中断，缘前脉正常；缘脉长大于宽，超过痣脉长；后缘脉常短于痣脉。腹部长卵圆形。产卵管露出。

　　本属全世界广泛分布；主要初寄生于盾蚧科昆虫，也可重寄生于跳小蜂科的其他种类。

103. 微食皂马跳小蜂 *Zaomma lambinus* (Walker, 1838)

　　异　名　*Apterencyrus aspidioti* Girault, 1915；*Apterencyrtus microphagus*: Gahan, 1951；*Chiloneurus microphagus* Mayr, 1876；*Chiloneurus diaspidiarum* Howard, 1894；*Chiloneurinus microphagus* Mercet, 1921；*Cheiloneurus diaspidiarum* Ashmead, 1900；*Encyrtus lambinus* Walker, 1838。

　　特　征　见图 2-135。

　　雌虫体长 1.0～1.1mm。体黑色；头部具蓝色光泽，胸部无光泽，腹部具铜色光泽；触角黑褐色，但第 5、6 索节淡黄色；前、中足白色，中足腿节后半部和胫节近基部黑色；后足腿节黑

色，胫节（除基端中间黑色外）、跗节白色；中胸背板前半部的刚毛黑色，后半部的刚毛白色；翅透明，脉褐色，前翅亚缘脉色很淡。头部与胸部等宽，额顶窄。触角着生于近口缘处，柄节柱状，中部略膨大；梗节比索节粗，等长于前2索节之和；索节6节，由基部向末端逐节扩大，前5节均宽大于长，第6节近方形；棒节3节，膨大，末端收窄。小盾片宽三角形，无光泽，末端具黑色刚毛束。前翅缘脉明显长大于宽，并略长于痣脉，后缘脉短。腹部长锥形、扁平，略短于胸。产卵器略突出。

寄　主　初寄生于桑白蚧、胡颓子白轮蚧、红蜡蚧、桑签盾蚧、榆牡蛎蚧、蔷薇白轮蚧、橙褐圆蚧、茶褐圆蚧、日本蜡蚧、椰圆蚧等，重寄生于跳小蜂科的其他种类。

分　布　国内见于江苏、上海、浙江、湖北、湖南、福建、广东、河南、甘肃、青海。国外分布于日本、印度、印度尼西亚、菲律宾、新西兰、英国、瑞士、西班牙、突尼斯、俄罗斯。

A.整虫背面　　　　　　　　B.头胸部背面　　　　C.触角　　　D.前翅

图 2-135　微食皂马跳小蜂 *Zaomma lambinus* 雌虫

刷盾跳小蜂属 *Cheiloneurus* Westwood, 1833

雌虫体粗壮或略长形。额头顶宽通常小于头宽的1/3，常具鳞状刻纹，有时刻点状或二者混合；后头缘多少尖锐；复眼大而无毛；单眼通常排列成锐三角形；触角洼背外侧有时具隆脊。触角柄节稍扁平膨大，梗节长于第1索节；索节近圆柱状至显著扁平扩大，6节；棒节3节，端部钝圆、斜切或略横截。胸部背板中度突出；中胸盾片具线状或鳞状网纹，通常具有明显的银白色刚毛；三角片在中部多少相遇；小盾片刻纹通常线状，有时刻点状，端部通常有1簇刚毛鬃。前翅大而狭窄，通常具烟色斑纹；刺毛列存在；无毛斜带后端不被阻断；缘前脉强烈下弯；缘脉长至少为痣脉的3倍；后缘脉短于痣脉。腹部长。产卵管不露出或稍露出。

本属寄生蜂全世界分布，初寄生于蚧科、粉蚧科和果蝇科等，可重寄生螯蜂科、蚜小蜂科及跳小蜂科等天敌。

104. 长缘刷盾跳小蜂 *Cheiloneurus claviger* Thomson, 1876

异　名　*Chiloneurus formosus*: Mayr, 1876；*Chiloneurus graffei*: Nikol'skaja, 1952；*Cheiloneurus clariger*: Liao, 1978；*Cheiloneura clariger*: Xu, 1989。

中文别名　刷盾长缘跳小蜂、锤角长缘跳小蜂、蜡蚧刷盾长缘跳小蜂。

特　征　见图2-136。

雌虫体长2.0~2.2mm。体红黄色夹有褐色；前胸背板褐色，中胸盾片前部黄褐色，后部淡黄色被银白色毛；颊、后胸背板和腹部黑褐色；小盾片黄褐色。触角柄节、梗节褐色，但柄节端部有白色斑；第1索节全部和第2、3索节下缘褐色，其他黄白色，第4、5节完全黄白色，第6索节和棒节黑色，棒节端部颜色较浅。前足褐色，中足除腿节基部黄白色外为黄褐色，后足基节和跗节白色，其余褐色。前翅除基部具透明斑之外，均烟褐色并向端部渐淡，翅脉黑褐色；后翅透明。颊、中胸盾片中部和三角片具刚毛，小盾片端部具1簇黑色刚毛。头顶宽约等于复眼长径；颊短于复眼长径，具隆起线；下颚须4节，下唇须3节。触角着生于复眼下缘连线上；柄节长约为宽的5倍；索节6节，第1~3节长大于宽，第4节近方形，第5~6节宽约为长的2.5倍；棒节宽，3节，端部斜截。前翅亚缘脉近端部具1横形粗刚毛群；缘脉短，长过于宽；后缘脉和痣脉约等长。腹部与胸部近等长，长椭圆形，末端尖。产卵管露出约为腹长的1/6以上。

寄　主　初寄生于柑橘绿绵蚧、缘绵蚧、日本蜡蚧、角蜡蚧、白蜡虫、枣大球蚧、皱大球蚧、栎球蚧、朝鲜球坚蚧、褐软蚧、竹巢粉蚧、橘臀纹粉蚧、长尾堆粉蚧；重寄生于花翅跳小蜂

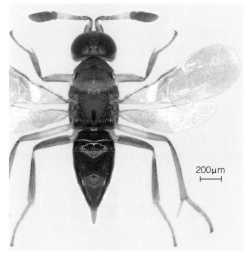   

A. 整虫背面　　　　B. 头胸部背面　　　　C. 胸部侧面　　　　D. 触角

图2-136　长缘刷盾跳小蜂 *Cheiloneurus claviger* 雌虫

属的寄生蜂。

分布 国内见于浙江、江西、湖南、四川、广西、河北、河南、陕西、辽宁。国外分布于日本、俄罗斯、英国、瑞典、匈牙利、奥地利、捷克、西班牙。

105. 黑角刷盾跳小蜂 *Cheiloneurus axillaris* Hayat, Alam & Agarwal, 1975

特征 见图2-137。

雌虫体长1.3mm。体黑褐色；胸部有暗紫色金属光泽。触角柄节黄色，梗节和鞭节黑褐色，前足全部、中足腿节及跗节（除端跗节黑色外）均黄褐色，中、后足胫节及后足腿节、胸部（除小盾片和三角片褐色外）均黑褐色至黑色，中胸背板被银白色毛，腹部除基部黑色外均黄褐色。前翅基部1/3和端缘透明，其余为烟褐色；后缘脉下方、翅下臀角具透明斑。头部背面观宽为长的1.5倍。触角柄节较长，约占触角全长的1/3；梗节长不及第1索节；第1索节明显最长，其后各节逐渐缩短加粗；棒节长为宽的2倍，末端钝，略斜截。中胸盾片及小盾片略隆起。前翅长为宽的2.8倍，缘脉、后缘脉长分别为痣脉的5倍和1/2。中足胫节距长于基跗节。产卵管露出腹末部分为腹长的1/10。

寄主 日本蜡蚧。

分布 国内见于福建。国外分布于印度。

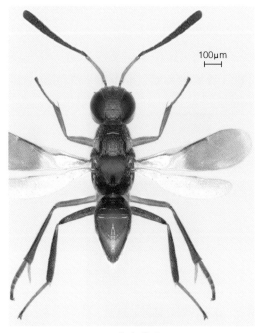

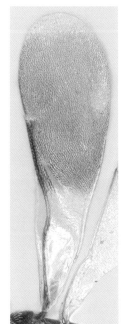

A. 整虫背面　　　　　　　　B. 头胸部背面　　　　　C. 触角　　　　　D. 翅

图2-137　黑角刷盾跳小蜂 *Cheiloneurus axillaris* 雌虫

扁角跳小蜂属 *Anicetus* Howard, 1896

体通常短且粗壮，体色多为黄色。头背面观横宽，额顶狭窄且常小于头宽的1/3；后头缘尖锐；复眼被毛，单眼通常呈锐角三角形排列；触角洼的端部具横脊。触角着生于颜面的中下部，显著扁平、膨大；柄节呈梯形，上下缘间近平行；梗节三角形；索节6节，强烈扁平；棒节3节，端部强烈斜切。胸背部平坦或显著隆起；小盾片具较细腻的条形网纹，上有较长的暗色刚毛。前翅均匀烟褐色，中上部沿翅缘分布有暗褐色环状带；缘脉长一般超过宽的2倍；后缘脉常较短，痣脉一般稍长于缘脉；在痣脉与后缘脉的端部具1透明斑或带。腹部三角形，短于胸部。产卵管突出或不突出。

本属昆虫分布在东洋区、非洲的热带区和北美地区；主要寄生于粉蚧科昆虫。

106. 蜡蚧扁角跳小蜂 *Anicetus ceroplastis* Ishii, 1928

中文别名　蜡蚧长尾跳小蜂。

特　征　见图2-138。

雌虫体长1.5～1.8mm。体通常黄褐色；后胸背板和腹基部褐色；后胸在小盾片两侧、腹部在基中部均黑褐色；触角扁平扩大，黄褐色，柄节边缘、棒节上部及棒节第3节均浅黑褐色；前翅除基部1/3和端缘整圈透明外均为褐色，近端缘环形部分最浓；后翅缘脉后方有1淡褐色斑，余均透明。后足胫节具2褐色环；基跗节端半褐色，第2～4跗节黄白色，第5跗节黑褐色。头背面观横宽，上颚3齿。触角柄节、梗节上面平坦；棒节背缘长约等于索节，第3节细窄，上缘宽度明显少于第2节的1/2，且具与外缘平行的线形感觉孔。前翅缘脉下方透明斑旁有粗刚毛3～5列，排列不规则。腹短于胸，三角形。产卵管长，超过腹长的1/3。

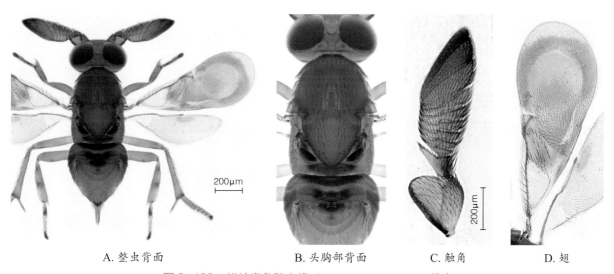

A. 整虫背面　　　　B. 头胸部背面　　　　C. 触角　　　　D. 翅

图2-138　蜡蚧扁角跳小蜂 *Anicetus ceroplastis* 雌虫

寄　主　日本蜡蚧、龟蜡蚧、角蜡蚧、伪角蜡蚧。

分　布　国内见于浙江、江苏、安徽、江西、湖南、四川、福建、广东、海南、贵州、山东、河南、陕西。国外分布于日本。

阔柄跳小蜂属 *Metaphycus* Mercet, 1917

体通常粗壮；体色黄色到黑色，一般不具金属光泽。头背面观横宽；后头缘多少尖锐；复眼具毛，单眼通常排列成锐角三角形；下颚须2～4节；下唇须2～3节；上颚一般3齿。触角着生于口缘附近，通常异色；柄节一般扁平膨大，有时近圆柱形；索节6节，颜色不一致；棒节3节，端部圆锥形或略呈斜切状。胸背部具多角形或鳞片状网纹；中胸盾片盾纵沟完整到近乎无。前翅宽大，无毛斜带通常中断，缘脉及后缘脉均不发达，痣脉明显。腹部短于胸部，下生殖板不超过腹长的4/5，尾须着生于腹部的基半部。产卵器突出或隐蔽。

本属全世界分布，其主要寄生蚧科、盾蚧科、蜡蚧科、胶蚧科、链蚧科、绒蚧科及粉蚧科昆虫。

107. 锤角阔柄跳小蜂 *Metaphycus claviger* (Timberlake, 1916)

异　名　*Aphycus claviger* Timberlake, 1916。

特　征　见图2-139。

雌虫体长0.7mm。头顶和中胸背板黄色；颜面、颊和虫体腹面浅青黄色；前胸背板的领片

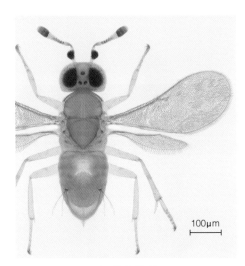

柄节扁平膨大

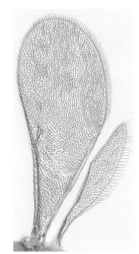

A. 整虫背面　　　　　B. 头胸部背面　　　　C. 触角　　　　　D. 翅

图2-139　锤角阔柄跳小蜂 *Metaphycus claviger* 雌虫

褐色，翅基片淡白色；触角柄节黑色，基部和端部浅黄白色；梗节基部的1/2黑色，端部黄色；第1～4索节浅黑褐色，第5、6索节黄色；棒节黑色，圆钝，端部的1/2渐趋黄色；翅透明；足浅青黄色，端跗节浅黑褐色。头顶长稍大于宽的2倍。单眼排列呈锐三角形。触角柄节长约为宽的2.5倍；梗节长约为第1～3索节之和；各索节向端部渐宽，第6索节宽几乎为第1节的2倍；棒节3节，卵形，稍大于第2～6索节之和。前翅缘脉极短，后缘脉为缘脉的3倍，略短于痣脉，痣脉端部膨大。腹部短略于胸部。产卵管粗壮，略露出腹末。

寄　主　日本蜡蚧。

分　布　国内见于浙江、福建、湖南。国外分布于新西兰。

艾菲跳小蜂属 *Aphycus* Mayr, 1876

雌虫头部圆形，复眼近于光裸，单眼排列呈等边三角形。触角着生于口缘；梗节等于或长于第1～3索节之和；索节6节，梯形或圆筒形，各节常宽大于长，向末端扩大；棒节3节，与索节近等长。中胸盾片至少前1/3具不明显盾纵沟；小盾片三角形。前翅大，有些种类有烟褐色横带；缘脉点状；后缘脉几乎不发育；痣脉长；前翅具明显的无毛斜带，翅基三角区的毛与缘脉外方的毛一致。腹部短，下生殖板伸达或几乎伸达腹端；尾须常着生在腹部端半部。产卵器露出腹末。

本属分布于亚洲、非洲和北美洲，主要寄生粉蚧科昆虫。

108. 札幌艾菲跳小蜂 *Aphycus sapproensis* (Compere & Annecke, 1961)

异　名　*Waterstonia sapporensis* Compere & Annecke, 1961；*Aphycus apicalis*: Xu, Li & He, 1995。

中文别名　札幌华特跳小蜂。

特　征　见图2-140。

雌虫体长1.4mm。头橘黄色；触角除棒节白色外均为黄色；中胸背板及腹基部橘黄色；前胸腹面和中胸侧板多为浅褐色；腹部除基部外均浅黑褐色；产卵管伸出腹末端部褐色；前足浅黄色，中、后足胫节基部暗色，端部浅黄色，腿节和跗节黄白色；前翅有2个烟褐色横带。单眼排列呈锐三角形。触角柄节细瘦，长为梗节与索节之和；梗节长为第1～4索节之和；第1～3索节近等长，各索节宽大于长，第6索节宽为第1索节宽的2倍；棒节端部略斜截，长为第2～6索节之和。中足胫节距稍短于基跗节。产卵管伸出腹末约为腹长的1/3。

寄　主　粉蚧科昆虫。

分　布　国内见于浙江、江苏。国外分布于日本。

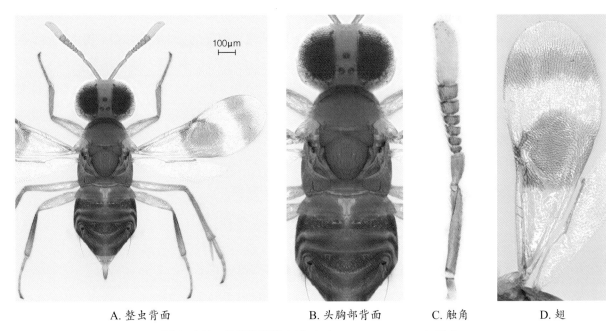

A. 整虫背面　　　　　　　　B. 头胸部背面　　　　C. 触角　　　　D. 翅

图 2-140　札幌艾菲跳小蜂 *Aphycus sapproensis* 雌虫

瓢虫跳小蜂属 *Homalotylus* Mayr, 1876

　　雌虫头卵圆形，头顶具稀疏大圆形刻点；复眼大而长，侧单眼与复眼眼眶极为接近；头顶宽狭于复眼，后头具锐脊，颊短于复眼长径；上颚3齿，下颚须4节，下唇须3节。触角着生于口缘附近；柄节长、柱状；梗节长大于宽，常长于第1索节；索节各节大致等长；棒节不分节，常为白色或黄色，末端呈斜切状。中胸盾片具多排的白毛；小盾片长、三角形，略膨起。前翅不大、具色斑；缘脉几呈点状；痣脉及后缘脉长，两者近等长。足细长，中足胫节末端之距与基跗节等长。腹卵圆形、平整，短于胸。

　　本属全世界广泛分布。主要寄生鞘翅目的瓢虫科幼虫，营内寄生；有时还可寄生叶甲、蚧虫。

109. 隐尾瓢虫跳小蜂 *Homalotylus flaminius* (Dalman, 1820)

　　异　名　*Encyrtus flaminius* Dalman, 1820。

　　中文别名　瓢虫隐尾跳小蜂。

　　特　征　见图2-141。

　　雌虫体长约2 mm。体常为黑褐色，部分个体带红褐色；触角大部分黑色，棒节白色；中胸盾片蓝色，三角片及小盾片暗红色；前翅中央有1宽横带，烟色并具蓝色光泽；并胸腹节及腹部黑色，具蓝色光泽；足黑色，中足胫节距和跗节白色。头卵圆形，后头脊尖锐；上颚具3齿，下唇须3节。触角柄节细长，索节各节几乎等长。腹部短于胸部，末端钝。产卵器不露出腹部末端。

寄　主　稻红瓢虫、大红瓢虫、七星瓢虫、红点唇瓢虫、黑背小瓢虫、龟纹瓢虫、异色瓢虫、六斑月瓢虫等瓢虫科昆虫的幼虫。

分　布　国内见于浙江、江西、湖南、四川、广东、广西、贵州、河南、陕西。国外分布于日本、印度、以色列、美国、巴西、澳大利亚等国以及中亚、欧洲、北非等地。

A. 整虫背面　　　　　　　　B. 头胸部背面　　　　C. 触角　　　　D. 前翅

图2-141　隐尾瓢虫跳小蜂 *Homalotylus flaminius* 雌虫

110. 长尾瓢虫跳小蜂 *Homalotylus longicaudus* Xu & He, 1997

特　征　见图2-142。

雌虫体长2.2mm。体黄褐色；触角柄节、梗节黄褐色，第1~4索节黑褐色，第5索节基部黄褐色，其端部及第6索节和棒节为白色。前足黄色；中足腿节端部和胫节黄色，腿节基部、胫节距和跗节为黄白色；后足除距、端跗节为白色外均为黑褐色。中胸盾片、后胸后缘及两侧、并胸腹节、腹部后端为褐色；翅透明，在亚缘脉基部有三角带褐色斑纹，缘脉至后缘脉下方有浅褐色横带斑。头前面观卵圆形，头顶无明显刻点；上颚3齿。触角柄节稍短于鞭节，各索节约等长，第1~6索节逐渐变宽；棒节1节，斜切至基部。中胸盾片具鳞状较细的刻纹，盾纵沟完整；小盾片宽略大于长，具较粗密的网状刻纹。前胸背板和小盾片具稀疏黑毛，中胸盾片具白毛。前翅长约为宽的3倍，缘脉点状，痣脉稍长于后缘脉。腹部长于胸部，腹部第1节稍短于第2、3节之和；

尾须孔着生于腹部后端。产卵管较长，露出腹部末端约占腹长的1/3。

寄　主　未知。

分　布　国内见于湖南、江西。

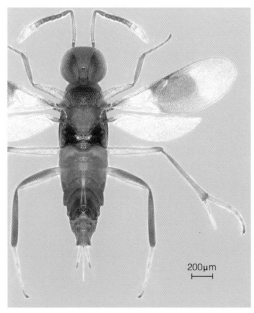

A. 整虫背面　　　　　　　　　B. 头胸部背面　　　　　C. 产卵器　　　　　　D. 前翅

图 2-142　长尾瓢虫跳小蜂 *Homalotylus longicaudus* 雌虫

花翅跳小蜂属 *Microterys* Thomson, 1876

　　体通常粗壮，橘黄色、黄色至部分褐色、黑色，或甚至完全黑色。额头顶宽略微至显著小于头宽之半，常有稀疏的载毛刻窝于鳞状网纹中；复眼较大，稍具短毛；单眼通常排列呈锐角三角形；上颚3齿，或具2齿及1上截齿。触角通常双色，着生处近口缘；柄节近圆柱形到显著扁平膨大；索节6节，颜色不一致；棒节3节，黑色。胸部背板略微至显著突出；中胸盾片具鳞片状网纹；小盾片突出，网纹似中胸盾片，端部通常钝圆，偶尔尖锐；中胸侧板后部不扩展，或扩展接近腹基部。前翅通常发达，具褐烟色斑纹，端半部具1或2条透明横带；无毛斜带的后端不被阻断；缘脉长大于宽，与痣脉近等长；后缘脉短于痣脉。腹部卵圆形，短于胸部；尾须板位于腹中部；肛下板伸达腹部约3/4处。产卵管一般隐蔽或突出。

　　本属全世界分布，主要寄生蚧科、红蚧科及绒蚧科昆虫。

111. 红黄花翅跳小蜂 *Microterys rufofulvus* Ishii, 1928

异　名　*Microterys ceroplastae*: Xu, 1985。

中文别名　蜡蚧花翅跳小蜂。

特　征　见图2-143。

雌虫体长约1.7mm。体红黄色；触角柄节、梗节和第1～3索节褐色，第4～6索节白色，棒节黑色；前翅有3条烟褐色横带，前、中褐色带之间有较宽的透明带，中后部褐色带具3个透明斑；足黄、末跗节褐色。头横宽，与胸等宽；头顶窄，约为头宽的1/4；颜面具圆凹，触角间略隆起。触角生于唇基上方；柄节略膨大，长约为宽的3倍；梗节略长于第1索节，长为宽的2倍；索节6节，由基至端渐粗，第1～3节长均大于宽，第4～6节则宽大于长；棒节3节，略膨大。中胸背板、三角片、小盾片具同样密度和长度的褐色刚毛；翅基片基部具刚毛；中胸侧板满布平行的纵条纹。中足胫节距与基跗节等长。前翅缘脉长为宽的2倍，与痣脉近等长，长于后缘脉。腹扁平略短于胸，末端钝。产卵管略突出。

寄　主　纽绵蚧、红蜡蚧、日本蜡蚧、柑橘绿绵蚧、柿绵粉蚧、皱大球蚧。

分　布　国内见于浙江、陕西、河南、江西。国外分布于日本。

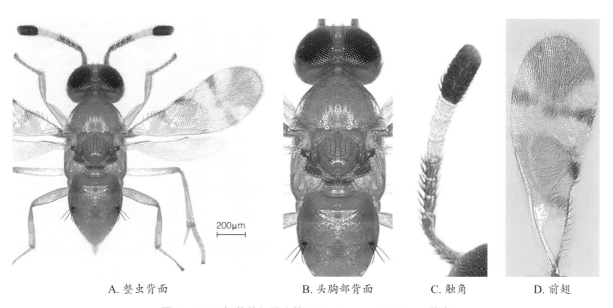

A. 整虫背面　　　　　　B. 头胸部背面　　　C. 触角　　　D. 前翅

图2-143　红黄花翅跳小蜂 *Microterys rufofulvus* 雌虫

112. 白蜡虫花翅跳小蜂 *Microterys ericeri* Ishii, 1923

特　征　见图2-144。

雌虫体长1.5mm。体红黄色至褐色；头部红黄色，触角（除第5、6索节浅黄白色外）、下颚

须第4节、中胸盾片、三角片、小盾片和腹部均为黑褐色，足黄色，前翅具3条烟褐色带，中间1条褐色横带断裂呈3～4个褐斑。头部有细刻点和稀疏浅圆刻纹，背面观宽为长的2倍。触角着生于复眼下缘连线以下，末端圆；柄节中间稍膨大，长为最宽处的3倍；梗节长为端宽的1.8倍，为第1索节的1.5倍；第1索节长为宽的1.5倍，第2、3索节长稍大于宽，第4～6索节宽大于长；棒节长为第4～6索节之和，明显宽过第6索节。中胸盾片及小盾片稍隆起，具鳞皱及刚毛刻点。前翅长为宽的2.5倍；缘脉处的褐色带纤毛黑粗，外方的透明横带纤毛弱；其余部分均匀着生纤毛。中足胫节距与基跗节等长。腹部卵圆形，末端尖。产卵管明显露出腹末。

寄　主　白蜡虫。

分　布　国内见于江苏、浙江、江西、湖南、四川、云南、吉林、河北。国外分布于日本。

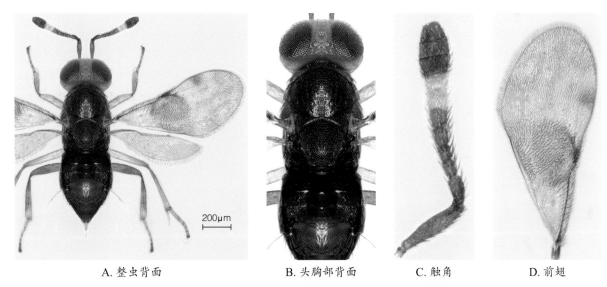

A. 整虫背面　　　　　　B. 头胸部背面　　　　C. 触角　　　　D. 前翅

图2-144　白蜡虫花翅跳小蜂 *Microterys ericeri* 雌虫

汤氏跳小蜂属 *Thomsonisca* Ghesquiere, 1946

（中文别名：多索跳小蜂属）

雌虫头部背面观宽为长的2倍；复眼具毛；上颚具2尖齿1平截；下颚须3节，下唇须2节。触角着生在复眼下缘连线上；柄节圆筒形，索节各节与棒节各节等长。胸部隆起；三角片内角相接。翅脉发达。腹部卵圆形至三角形，近与胸等长。产卵管露出腹末部分至少为腹长的1/5。雄虫与雌虫相似，仅触角具长毛。

本属分布在古北区和东洋区，主要寄生盾蚧科昆虫。

113. 盾蚧汤氏跳小蜂 *Thomsonisca amathus* (Walker, 1838)

异　名　*Encyrtus amathus* Walker, 1838；*Thomsonisca typica*: Mercet, 1921。

中文别名　盾蚧多索跳小蜂。

特　征　见图2-145。

雌虫体长0.7～1.0mm。体黑褐色，头、胸部略带紫色；触角柄节、梗节基部黑褐色，其余浅褐色；复眼和单眼暗红色；足黄褐色至浅褐色，腹部除基部黄褐色外均黑色。头背面观近半圆形，头顶宽。触角11节，柄节长约为宽的4倍；梗节长为宽的1.4倍，较第1索节略短；索节7节，第1索节稍短，其余各节等长；棒节2节，稍短于末2索节之和；各索节和棒节分别具6～8个纵感觉器。中胸盾片、小盾片均具纵网纹；中胸盾片多毛；三角片尖端几乎相触；小盾片末端具刚毛。前翅宽阔，缘毛短；缘脉短，长约为宽的2倍；后缘脉短于缘脉，痣脉与缘脉几乎等长。中足胫节端距与基跗节近等长。腹三角形，端尖。产卵管稍伸出。

雄虫体长0.5～0.8mm，与雌虫相似，但体色褐色至黑褐色；触角9节、黄色，柄节和梗节相对较短，索节少1节（只6节），棒节几乎不分节，具长毛。

寄　主　红圆蚧、黄圆蚧、桑白盾蚧、胡颓子白轮盾蚧、蔷薇白轮盾蚧和柳雪盾蚧。

分　布　国内见于浙江、江苏、上海、湖南、福建、广西。国外分布于日本、瑞典、德国、瑞士、法国、西班牙、匈牙利、俄罗斯。

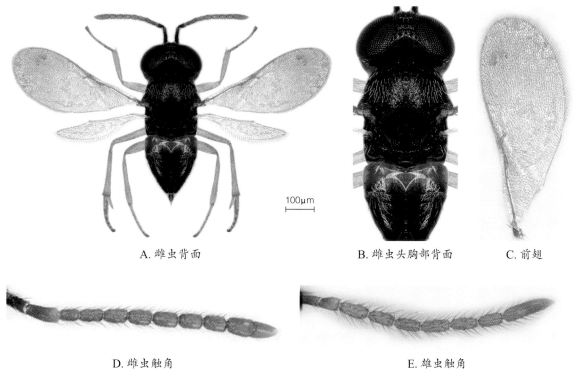

A. 雌虫背面　　　　　　　　B. 雌虫头胸部背面　　　　C. 前翅

D. 雌虫触角　　　　　　　　　　　　E. 雄虫触角

图2-145　盾蚧汤氏跳小蜂 *Thomsonisca amathus*

卵跳小蜂属 Ooencyrtus Ashmead, 1900

雌虫头近圆形、显著膨胀;复眼大,几乎无毛;颊略短于复眼长径;上颚具1齿及切齿,下颚须4节,下唇须3节。触角着生近口缘,柄节柱状或中部略膨胀;梗节长于第1索节;索节近端部膨大;棒节膨大,短于索节合并之长。中胸盾片长,无盾纵沟,在三角片之上略向后扩展;三角片多少向两侧分开,仅极少数内端近相接;小盾片大,适度膨起,末端圆钝。前翅长而宽,透明无色;缘脉长大于宽;后缘脉常不发达。中足胫节端距短于或近等于基跗节长。腹短宽。产卵器隐蔽或略突出。

本属全世界广泛分布;主要寄生鳞翅目昆虫的卵及蜣的卵,一些种类可寄生食蚜蝇的蛹和蚜虫,也有重寄生膜翅目昆虫。

114. 南方凤蝶卵跳小蜂 Ooencyrtus papilionis Ashmead, 1905

特 征 见图2-146。

雌虫体长0.7~1.1mm。头及胸金绿黑色,头正面具蓝色闪光;腹黑褐色带紫褐色反光;触角黄色,足浅黄色;翅透明,脉淡黄色。触角鞭节棒状,由基向端逐渐变粗;第1~3索节长大于宽,棒节略宽于端索节,末端收缩圆钝。复眼大,赭黑色,密布白色短毛,颜额区仅为头宽的1/5~1/4。中胸盾片及小盾片均具刻纹,小盾片末端光滑。前翅缘脉点状,后缘脉短于痣脉,痣脉长为宽的4~5倍,端部稍膨大呈楔形。中足基跗节特长,胫节端距仅略长于基跗节之半。腹短于胸,略呈三角形。产卵器微露出。

寄 主 芭蕉凤蝶及凤蝶属的一种昆虫 *Papilio* sp.的卵。

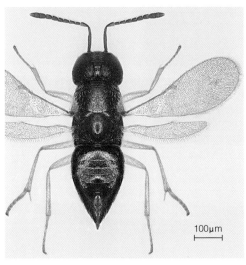

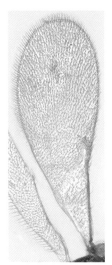

A. 整虫背面　　　　　B. 头胸部背面　　　　　C. 触角　　　　D. 翅

图2-146　南方凤蝶卵跳小蜂 *Ooencyrtus papilionis* 雌虫

分　布　国内见于湖南、广东。国外分布于菲律宾。

蚜蝇跳小蜂属 *Syrphophagus* Ashmead, 1900

体通常较短小。额顶约为头宽的1/3，在网状刻纹中有稀疏的具毛刻点；后头缘较尖锐；复眼大，具毛，纤毛短且不明显，半透明状；上颚3齿或2齿及1上平截，偶有1齿及1上平截；通常下颚须4节，下唇须3节。触角着生于口缘附近；柄节近圆柱形，有时稍扁平膨大；索节6节；棒节3节，端部圆形或略斜切。胸背部具网状刻纹。前翅通常透明；无毛斜带不中断；缘脉长约为宽的2～5倍；后缘脉明显，但常短于缘脉和痣脉。肛下板约达腹部的3/4。产卵管隐蔽或略突出，偶尔明显突出。

本属分布于欧洲、亚洲及大洋洲的部分地区；主要寄生半翅目的蚜科、木虱科昆虫，以及双翅目的食蚜蝇科幼虫。

115. 蚜虫蚜蝇跳小蜂 *Syrphophagus aphidivorus* (Mayr, 1876)

异　名　*Encyrtus aphidivorus* Mayr, 1876；*Aphidencyrtus aphidivorus*: Ashmead, 1900。

中文别名　蚜虫跳小蜂。

特　征　见图2-147。

雌虫体长1.0mm。体黑褐色，头胸及腹基有蓝绿色反光，腹背并带紫色；触角褐色；翅无色

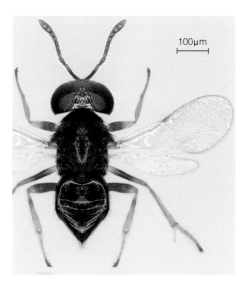

A. 整虫背面　　　　　　B. 头胸部背面　　　　C. 触角　　　D. 前翅

图2-147　蚜虫蚜蝇跳小蜂 *Syrphophagus aphidivorus* 雌虫

透明或略带浅黄色；前、中足腿节中部和后足腿节（除端部）为黑色，足其余部分黄褐至黄色。头横宽，有微细刻点。复眼卵圆形，颊等于或略小于复眼长径。触角着生于口缘；柄节细长，梗节显著长于第1索节；索节由基向端渐膨大，第1～3索节小，呈念珠状，其余显著增大，第4索节长明显大于宽；棒节3节，中部膨大呈卵圆形，与第3～6索节之和等长。胸具网状刻纹。小盾片略长于中胸盾片，稍膨起，末端圆。前翅缘脉长为宽的2倍，长于痣脉，后缘脉短于缘脉。中足胫节端距与基跗节等长。腹短于胸。产卵管隐蔽。

寄　主　菜小脉蚜茧蜂、烟蚜茧蜂及下列蚜虫上的其他蚜茧蜂：麦长管蚜、棉蚜、桃蚜、梅大尾蚜、萝卜蚜、禾谷缢管蚜、柑橘绣线菊蚜、豆蚜、大豆蚜、刺槐蚜、栎蚜、洋麻蚜和椰蚜。

分　布　国内见于浙江、江西、湖南、四川、福建、广东、云南、河南、山东、河北、黑龙江。国外分布于印度及欧洲、北美洲。

毁螯跳小蜂属 *Echthrogonatopus* Perkins, 1906

雌虫头半球形；正面观触角洼深长，洼底平滑，洼外颜面具细网状刻纹；头背面观横宽；复眼大，具疏散纤毛，纤毛很长且明显暗色，毛长至少是小眼面直径的2倍；复眼间距狭于复眼横径；单眼排列呈锐三角形，侧单眼间距大于侧复眼间距；后头脊锋锐；上颚具3锐齿；下颚须4节，相当长，而以末节最长；下唇须3节，其长约为下颚须之半。触角11节，着生于颜面中部下方；柄节柱状；梗节长大于宽，略长于整个索节的1/3；索节6节均宽大于长，由基至端逐渐增大；棒节大，强烈斜切，3节，其长近等于整个索节。中胸盾片横宽，具较细致网纹，且较光滑，密布银白色刚毛；小盾片所具网状刻纹则十分稠密而色暗；三角片内端几乎相接。前翅具斜走无毛带，痣脉甚短，缘脉稍长，后缘脉短。腹短于胸。产卵器微露。

本属分布在亚洲、欧洲及非洲的一些地区，主要重寄生螯蜂科昆虫，部分种类是稻田螯蜂的主要重寄生蜂。

116. 黑角毁螯跳小蜂 *Echthrogonatopus nigricornis* (Hayat, 1980)

异　名　*Metapterencytus nigricornis* Hayat, 1980；*Echthrogonatopus lateocaudafus* Xu & He, 2003；*Cheiloneurus exitiosus* (Perkins, 1906)。

中文别名　毁螯跳小蜂、隐尾毁螯跳小蜂。

特　征　见图2-148。

雌虫体长0.9mm。体黑色，头具蓝黑色金属光泽，胸部及腹部具绿色及紫铜色金属光泽；

触角、腹部黑褐色；足（除中足基节基部）黄色；前翅透明。头背面观呈半圆形，宽为长的2倍；头顶渐并入颜面；后头脊锋锐。触角窝向上收敛，之间突起；上颚具3个尖齿；下颚须2节，下唇须2节。触角柄节腹面稍膨大，长为最宽处的5倍；梗节长为端宽的2.5倍，相当于第1～3索节之和；索节6节，向端部渐宽，第1索节长略大于宽，第2～4索节方形，第5、6节宽大于长；棒节3节，膨大，长近等于第2～6索节之和，端部强烈斜截。中胸盾片平坦，具横列白毛；小盾片平坦，表面具暗色长毛；并胸腹节两侧具白毛。前翅长为宽的2.7倍；缘前脉稍膨大，翅基三角区具众多纤毛；无毛斜带不间断，后缘开放。中足胫节距略短于基跗节。腹部三角形。产卵管隐蔽。

A. 整虫背面　　　　　　　　　B. 头胸部背面　　　　　　　　C. 胸部侧面

D. 触角　　　E. 翅　　　F. 停留在稻茎上　　　G. 在寄主螯蜂的茧旁边

图 2-148　黑角毁螯跳小蜂 *Echthrogonatopus nigricornis* 雌虫

寄 主　稻虱红单节螯蜂、黑腹单节螯蜂、黑双距螯蜂、黄腿双距螯蜂、裸双距螯蜂；聚寄生，一个螯蜂茧中可羽化4~6头黑角毁螯跳小蜂。

分 布　国内见于浙江、江西、福建、广西、陕西、江苏、上海、安徽、湖北、湖南、四川、贵州、广东、云南。

蚜小蜂科 Aphelinidae

　　体微小至小型，长0.2~1.4mm，常短粗或扁平，极少数为长形。体色淡黄至暗褐色，少数黑色，仅少数稍具光泽。复眼大。触角5~8节，具环状节，索节1~4节，棒节1~4节（触角式为本科分属重要特征）。胸部不显著隆起，具细的网状刻纹；前胸背板很短。中胸盾纵沟深而直，三角片突向前方，宽阔分开；小盾片宽，甚平；中胸侧板常斜向划分，但有时不划分，略鼓起，大而呈盾形。后胸背板悬骨长，舌形。少数短翅，正常翅一般前翅缘脉较长，常不短于亚缘脉，痣脉很短，无后缘脉；翅面上常具1无毛斜带，自痣脉处斜伸向翅后缘。中足基节明显位于中胸侧板中部之后；中足胫距较长而发达；跗节4~5节。腹部无柄。产卵管常不外露或露出很短。

　　本科主要内寄生或外寄生（在介壳之下）于半翅目的蚧总科昆虫，或为捕食性，捕食介壳虫的卵。部分寄生半翅目的蚜总科、粉虱总科和木虱总科，少数寄生猎蝽总科以及鳞翅目、直翅目等目昆虫的卵，极少数种寄生螯蜂科、瘿蚊科或斑腹蝇科的幼虫或蛹。该科在害虫生物防治上有较为成功的应用案例，例如温室粉虱恩蚜小蜂被用于防治园艺植物上的主要害虫温室粉虱，在我国取得很好的防效（何俊华等，2002）。

　　蚜小蜂科世界广布，含45属约1400种；我国已记载18属260余种（黄健，1994；陈业，2017）。本书介绍我国稻区常见蚜小蜂8属10种。

中国常见蚜小蜂科天敌分种检索表

（改自：黄健，1994）

1. 后足跗节4节；触角7节，索节2节，第1索节一般长于第2索节；棒节3节，较长，多与触角其余部分等长（四节蚜小蜂属 *Pteroptrix*）。体黄褐色；前翅无斜毛带；产卵管几乎与中足胫节等长，突出腹末端 ·························· 中华四节蚜小蜂 *Pteroptrix chinensis*
   后足跗节5节；触角不同于上述 ·· 2
2. 触角4节，索节、棒节均不分节，棒节细长，长于其他各节之和。并胸腹节仅稍长于后胸背板；

后缘中央无扇叶突（长棒蚜小蜂属 *Marlatiella*）。体色黄色至浅黄色，中足胫距稍长于基跗节；
产卵管长为中足胫节长的1.8倍，突出腹末端长 ·············· 长白蚧长棒蚜小蜂 *Marlatiella prima*
　　触角5～8节 ··· 3
3. 触角5～6节 ·· 4
　　触角7～8节 ··· 9
4. 触角5～6节；体黄色至浅黄色；并胸腹节长，后缘具有扇叶突（黄蚜小蜂属 *Aphytis*）········· 5
　　触角6节；体色多变；并胸腹节不如上述 ··· 6
5. 体淡黄色，具暗色斑纹；后头孔两侧有1明显黑色横条纹；并胸腹节与小盾片近等长 ·········
　　·· 桑盾蚧黄蚜小蜂 *Aphytis proclia*
　　体黄色至浅黄色；后头孔两侧无黑色横条纹；并胸腹节明显短于小盾片 ·····························
　　··· 岭南黄蚜小蜂 *Aphytis lingnanensis*
6. 前翅有暗色纲毛形成的花斑，体和足具有横条斑纹（花翅蚜小蜂属 *Marietta*）。体浅黄色；触角
　　柄节膨大，各节均具有横斑条 ·· 豹纹花翅蚜小蜂 *Marietta picta*
　　前翅和体色不如上述 ··· 7
7. 前翅狭长；体长形；棒节末端常尖（申蚜小蜂属 *Centrodora*）。体黄色至金黄色，中胸至后胸具
　　1浅褐色中线 ·· 线茎申蚜小蜂 *Centrodora lineascapa*
　　前翅阔圆；体粗壮；棒节末端圆钝（蚜小蜂属 *Aphnelinus*）······································· 8
8. 体黄至浅黄色；前翅痣脉下方有1向后延伸的褐色横带 ···
　　·· 横带蚜小蜂 *Aphnelinus maculatus*
　　体墨玉色，触角、足和腹中部颜色浅；前翅无褐色横带 ········· 苹果绵蚜蚜小蜂 *Aphelinus mali*
9. 触角7节，索节4节，第3索节总是最短索节（花角蚜小蜂属 *Ablerus*）。体暗褐色，第1、3索节
　　和棒节暗褐色，其余各节浅褐色；前翅基部及缘脉端部下方暗色 ···
　　··· 裸带花角蚜小蜂 *Ablerus calvus*
　　触角8节，触角式多样，第3索节非最短索节。三角片小，明显向前突出，两三角片间距离大
　　于三角片长度（恩蚜小蜂属 *Encarsia*）。体浅黄色，触角黄褐色；触角棒节、索节均为3节······
　　··· 浅黄恩蚜小蜂 *Encarsia sophia*

四节蚜小蜂属 *Pteroptrix* Westwood, 1833

　　体较短宽。体黄色至暗褐色。头部正面观横宽，复眼具细毛，触角着生于颜面下部接近口
缘。触角7节，索节2节，第1索节一般长于第2索节；棒节3节，明显伸长，多与触角其余部分
等长。胸部长不大于宽，前胸背板由2块骨片组成；中胸盾中叶和小盾片宽分别大于长，三角片

明显前伸。前翅窄，缘毛长，约为翅宽的1/2。足不长，跗节4节，中足胫节端距明显长于基跗节。产卵器稍突出腹末端。

本属主要寄生盾蚧科昆虫的卵。

117. 中华四节蚜小蜂 *Pteroptrix chinensis* (Howard, 1907)

异　名 *Casca chinensis* Howard, 1907。

中文别名 中华圆蚧蚜小蜂。

特　征 见图2-149。

雌虫体长0.50~0.86mm。体黄褐色，触角和足浅黄色；腹部背板浅色至暗褐色；翅透明，缘脉下方弱烟色。复眼具细毛。上颚3齿；下颚须和下唇须各1节。触角柄节长为宽的4.5倍；棒节长约等于柄节、梗节和索节之和，棒节第1、2节近等长，第3节锥形。中胸盾片中叶具毛；每盾侧叶1根毛，每三角片1根毛；小盾片具2对毛。前翅稍窄，长为宽的3倍，无斜毛带；缘毛长，约为翅宽的4/5；亚缘脉长于缘脉；痣脉较短。足跗节4节。产卵管基部从第3~4腹节伸出，几乎与中足胫节等长，稍突出腹末端。

寄　主 红圆蚧、黄圆蚧、椰圆盾蚧、褐圆盾蚧、皱大球蚧、松突圆蚧、蛎盾蚧、留片盾蚧、日本白片盾蚧、片盾蚧、东方盔蚧、桑白盾蚧、蚌臀网盾蚧、梨笠圆盾蚧。

分　布 国内见于浙江、江苏、福建、广东、广西、香港、台湾、四川、河南、河北。国外分布于欧洲（引入）、北美（引入）。

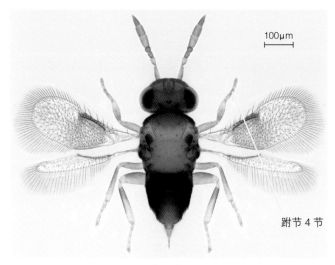

A. 整虫背面　　　　　　　　B. 头胸部背面　　　　　　C. 触角

图2-149　中华四节蚜小蜂 *Pteroptrix chinensis* 雌虫

长棒蚜小蜂属 *Marlatiella* Howard, 1907

体稍长，黄色。头正面观横宽，复眼大，具细毛。触角4节，柄节圆筒形；索节、棒节均不分节，索节短小，似环状节；棒节细长，长于其他各节之和。前胸背板由2块骨片组成，中胸盾中叶比小盾片稍长，常具6根刚毛；并胸腹节稍长于后胸背板，后缘中央无扇叶突。前翅稍窄，缘毛短，具无毛斜带；缘脉显著长于亚缘脉；亚缘脉短，仅具1根毛；痣脉稍伸长，端部膨大。后翅披针形。足跗节5节，中足基跗节约与第2、3跗节等长，短于胫节端距。腹部长，腹末端突出。产卵器稍突出腹末端。

本属主要寄生盾蚧科昆虫的卵。

118. 长白蚧长棒蚜小蜂 *Marlatiella prima* Howard, 1907

特　征　见图2-150。

雌虫体长0.6～0.8mm。体黄色至浅黄色；触角柄节基部浅黄色，其余黄色；翅透明；足黄色。触角具较密的短毛，柄节长为宽的4.5倍；索节甚小；棒节长大，占触角总长的1/2以上，具明显条形感觉器。中胸盾片中叶具毛，长于小盾片，小盾片后缘宽圆；后胸背板窄、平滑；并胸腹节具网状纹。前翅较狭长，长为宽的3倍；缘毛短；亚缘脉显著短于缘脉；痣脉短，端部略膨大。产卵管长，基部从第2腹节伸出，突出腹末端。

寄　主　日本白片盾蚧、长牡蛎蚧。

分　布　国内见于福建、浙江、江西、四川、天津。国外分布于日本、俄罗斯。

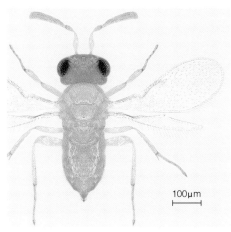
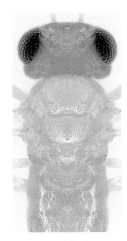

100μm

A. 整虫背面　　　　B. 头胸部背面　　　　C. 触角　　　　D. 翅

图2-150　长白蚧长棒蚜小蜂 *Marlatiella prima* 雌虫

黄蚜小蜂属 *Aphytis* Howard, 1990

体略粗壮，体长约1.0mm；体色浅黄色或淡灰色，有时具色斑。头横形，头顶宽。复眼大，具细毛，单眼排列呈等边三角形或钝三角形。上颚多发达，具2齿和1截齿；下颚须一般2节，下唇须1节。触角多6节（少数5节或4节），索节多为3节，第1、2节短，第3节长；棒节不分节。前胸背板短，常由2片三角形骨片组成。中胸盾中叶梯形，具几对刚毛；三角片向前突出；小盾片横形，有2对毛；中胸后悬骨延长，端部阔圆。后胸背板短，呈窄条状，前缘中央具1个表皮内突。并胸腹节长，后缘具有扇叶突。前翅发达，长为宽的2.5～3.0倍，透明或具晕状斑，有的具显著色斑；翅中域毛密，有1条界线分明的无毛斜带，缘脉下方斜毛区具几列刚毛；缘毛短，通常不超过翅宽的1/3；缘脉长于亚缘脉，痣脉短，无后缘脉。后翅披针形，端部收窄，缘毛不超过翅的宽度。足跗节5节，中足胫节端距一般稍短于基跗节。产卵器略突出。

主要寄生盾蚧科昆虫的卵。

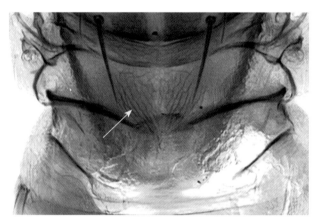

图2-151 黄蚜小蜂属（桑盾蚧黄蚜小蜂 *Aphytis proclia*）并胸腹节后缘的扇叶突（箭头所示）

119. 岭南黄蚜小蜂 *Aphytis lingnanensis* Compere, 1955

中文别名 岭南黄金蚜小蜂。

特　征 见图2-152。

雌虫体长0.73～1.05mm。体黄色至浅黄色，后头孔两侧无黑色横条纹；小盾片后缘具浅黑色窄边；胸部腹板微弱暗色；触角柄节浅色，腹方微暗色，其余各节黄色。头顶和胸部背板具网状纹。头顶沿后头缘具长刚毛。上颚发达，具1明显的下齿。触角6节，柄节细长；索节3节，第1、2索节较短，第3索节长于前两索节之和，具条形感觉器；棒节长且宽，长于各索节之和。中胸盾片中叶具9～13根毛；小盾片略短于中胸盾片中叶；后胸背板短，后缘近于直；并胸腹节长但不长于小盾片，扇叶突的两部分明显分开。前翅长约为宽的2.8倍，缘毛短；缘脉下方斜毛呈

4～5列。中足胫距略短于基跗节长。产卵管明显伸出腹部末端。

寄　　主　红圆蚧、常春藤圆盾蚧、黄圆蚧、褐圆盾蚧、橙褐圆盾蚧、棕榈圆盾蚧。该蜂是盾蚧生物防治历史上著名的红圆蚧寄生蜂。

分　　布　国内见于浙江、福建、台湾、广东、香港。国外分布于印度、澳大利亚、斐济、西班牙、牙买加、萨尔瓦多、塞浦路斯、南非、墨西哥、美国（引入）、土耳其（引入）、摩洛哥（引入）。

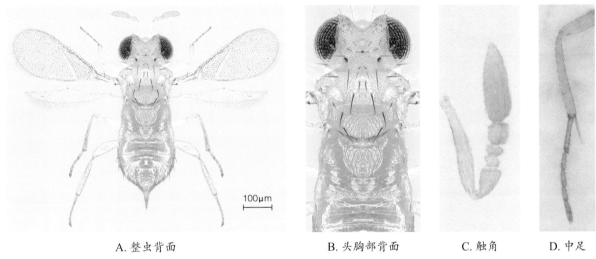

A. 整虫背面　　　　　　　　B. 头胸部背面　　　　C. 触角　　　　D. 中足

图 2-152　岭南黄蚜小蜂 *Aphytis lingnanensis* 雌虫

120. 桑盾蚧黄蚜小蜂 *Aphytis proclia* (Walker, 1839)

异　　名　*Aphytis zonatus* Alam, 1956；*Abhytis sugonjaevi* Jasnosh, 1972。

中文别名　桑盾蚧黄金蚜小蜂。

特　　征　见图2-153。

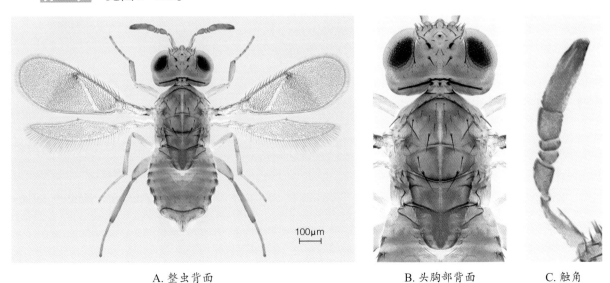

A. 整虫背面　　　　　　　　　B. 头胸部背面　　　　　　C. 触角

图 2-153　桑盾蚧黄蚜小蜂 *Aphytis proclia* 雌虫

雌虫体长0.8～1.2mm。体淡黄色，具暗色斑纹；后头孔两侧有1条明显的黑色横条纹；前胸背板中央暗色；小盾片前端、近中部及两侧具暗色斑，中纵线明显浅色；腹部背板侧缘及后侧缘浅黑色；第6背板后缘脊黑色；触角柄节浅色，棒节基部色浅，端部浅黑色；前翅痣脉下方具明显的暗斑。头部、胸部及腹部两侧的毛粗黑。复眼具细毛；上颚发达，具2齿及1截齿。触角柄节细长，长为宽的4.5～6.0倍，长于棒节；索节3节，棒节1节。中胸盾片中叶8～16根毛；小盾片卵圆形，为中胸盾片中叶长的4/5；并胸腹节短于或近等于小盾片长，扇叶突延长，不重叠。前翅长约为宽的3倍；缘毛较短。中足胫距短于基跗节。产卵管明显伸出腹部末端。

寄　主　桑盾蚧、柳雪盾蚧、梨笠圆盾蚧、福氏笠盾蚧、柳雪盾蚧、柳黑长蚧、灰圆盾蚧、橙褐圆盾蚧、红圆盾蚧、棕榈栉圆盾蚧、常春藤圆盾蚧、杨笠圆盾蚧等多种蚧虫。

分　布　我国见于浙江、陕西、江西、湖南、四川、台湾、福建、广东。国外分布于缅甸、日本、英国、意大利、法国、塞浦路斯、匈牙利、德国、奥地利、俄罗斯、美国、墨西哥、萨尔瓦多等国及北非地区。本种分布记录资料繁多，但由于近缘种类间很容易混杂，很多资料可能尚待进一步证实。

花翅蚜小蜂属 *Marietta* Motschulsky, 1863

体和足具有横条斑纹，前翅有暗色毛形成的花斑。复眼光滑无毛。头部背面观约等于胸部宽，正面观宽略大于高，有明显的颜面凹陷。触角6节，柄节有时膨大；索节3节，第1、2索节短小，第3索节明显较长，宽与棒节近相等；棒节不分节。前胸背板为完整的1块骨片，三角片不或不明显前伸，中胸盾中叶刚毛少；中胸侧板大、无斜缝；后胸背板通常长于并胸腹节；并胸腹节后缘无扇叶突。前翅翅面密生细毛，无毛斜带不明显，缘毛短；缘脉长于亚缘脉；痣脉短，末端膨大。后翅透明，较宽。足跗节5节，中足胫节端距较粗。产卵器长，几乎始于腹部基部。

本属主要寄生于介壳虫、蚜虫和粉虱等昆虫的卵。

121. 豹纹花翅蚜小蜂 *Marietta picta* (André, 1878)

异　名　*Marietta zebra* Mercet, 1914；*Marietta zebratus* Mercet, 1916；*Marietta anglicus* Blood, 1929；*Agonioneurus pictus* André, 1878；*Aphelinus pictus* (André): Dalla, 1898；*Perissopterus zebra* Kurdjumov, 1912；*Perissopterus zebra* Mercet, 1914；*Perissopterus zebratus* Mercet, 1916；*Perissopterus picta* (Andre): Nowicki, 1930。

特　征　见图2-154。

雌虫体长0.5mm。体浅黄色带海蓝色；头部口与触角之间具2条细的水平向褐横带；头、胸的刚毛座黑色；腹部背面中央褐色，体侧具网状褐色图案花纹，部分网纹中有黑斑；触角浅黄色，生于颜面中部，柄节膨大，有2黑色横带；梗节及第3索节基部黑色；第1、2索节及棒节黑色；足浅黄色，基节具黑斑而腿节、胫节则具黑色横条花纹，甚似豹纹，故名。头背面观横宽，复眼略呈桃形，上狭下宽。前胸后缘具刚毛10根。前翅常较短，长不及宽的2.5倍，基部具无毛区及1不明显的无毛斜带；翅面具黑色斑，其中有2个斑在缘脉及痣脉之下成环形。中足胫节端距较基跗节短。产卵器从第5腹节发出，露出腹末端。

寄　主　主要寄生蚧类昆虫，如橘绿绵蚧、褐软蚧、褐圆蚧、榆蛎盾蚧、背刺禾蜡蚧、狐茅背刺毡蜡蚧、水木坚蚧、杏球蚧、杨齿盾蚧，橘臀纹粉蚧、康氏粉蚧；也可寄生蚜虫、粉虱、木虱等。

分　布　国内见于辽宁、河北、山东、陕西。国外分布于韩国、印度、俄罗斯、哈萨克斯坦、加拿大、美国、墨西哥、秘鲁等国及欧洲大部分地区。

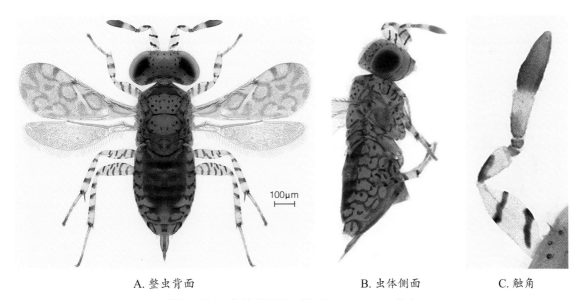

A. 整虫背面　　　　　　　　　B. 虫体侧面　　　　C. 触角

图 2-154　豹纹花翅蚜小蜂 *Marietta picta* 雌虫

申蚜小蜂属 *Centrodora* Foerster, 1878

体长形，黄色至暗褐色。上颚3齿；下颚须2节，下唇须1节。触角6节，柄节圆筒形；索节3节，第1、2索节短小，第3索节长；棒节常不分节，末端尖锐且略弯曲。胸部长明显大于宽，前胸背板由2块骨片组成；中胸背板通常具纵向中沟缝；中胸盾中叶长于小盾片，一般具5对毛。前翅狭长，缘毛短；整个翅脉相对较短，常不超过翅长的1/2；缘脉约与亚缘脉等长或稍短，痣脉短或稍长；翅密布纤毛，无毛斜带有或不明显；缘脉和痣脉的下方透明或暗色。足跗节5节，中足基节端距短于或近等长于基跗节。腹部明显长于胸部；产卵器长，略突出至十分突出腹末。

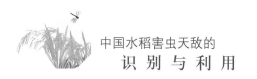

本属主要寄生于直翅目和半翅目昆虫的卵，也有记载寄生于双翅目的蛹和膜翅目螯蜂科的幼虫。

122. 线茎申蚜小蜂 *Centrodora lineascapa* Hayat, 1987

特　征　见图2-155。

雌虫体长0.7～1.0mm。体黄色至金黄色，中胸至后胸具1浅色中线；腹部第1背板后部，第2、5、6背板均浅褐色至褐色。背面观头长为宽的4/5；上颚具3齿。触角柄节长为宽的6倍；梗节长为宽的2倍；索节3节，第1节最短，第3节长大于第1、2节之和；棒节长约为3索节之和，末端尖略弯曲。前翅长约为宽的4倍。中足胫节端距短于基跗节。产卵器为中足胫节长的2倍，明显伸出腹部末端。

寄　主　未知。

分　布　国内见于福建、云南。国外分布于印度。

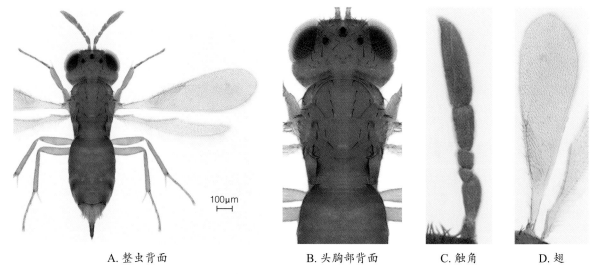

A. 整虫背面　　　　　　　B. 头胸部背面　　　　C. 触角　　　D. 翅

图2-155　线茎申蚜小蜂 *Centrodora lineascapa* 雌虫

蚜小蜂属 *Aphnelinus* Dalman, 1820

体粗壮，黄色至黑色。触角6节；索节3节，第1、2索节短，第3索节长；棒节不分节，末端圆钝。胸部多少隆起，前胸背板由2块骨片组成，并胸腹节无扇叶突。前翅常阔圆、无色，翅中域毛密，具1条界线分明的无毛斜带，缘脉下方斜毛区具几列刚毛；缘毛短；缘脉与亚缘脉等长或略短于亚缘脉；后缘脉不发达；痣脉短。足跗节5节，中足胫节端距约等于或稍短于基跗节。产卵器突出。

本属主要寄生于蚜虫科昆虫的卵。

123. 横带蚜小蜂 *Aphnelinus maculatus* Yasnosh, 1979

特　征　见图2-156。

雌虫体长0.82～1.02mm。体黄色至浅黄色；复眼及单眼红褐色；前翅痣脉下方有1向后延伸的褐色横带斑。头长约为宽的7/10；上颚具2尖齿及1钝的背齿，腹齿和中齿间缺刻深。触角6节，柄节长为宽的5倍；索节3节，第3索节长宽近等长。前胸背板每块骨片后缘约具8根毛，背板网状刻纹弱；中胸盾中叶被刚毛；小盾片长为宽的7/10；后胸背板与并胸腹节等长，并胸腹节后缘中部不明显突起；中胸后悬骨伸至腹部。前翅长为宽的2倍，无毛斜带的内侧具1～2列刚毛。中足胫节端距为基跗节长的4/5。腹部为胸长的1.5倍。产卵器伸出腹部末端。

寄　主　苹果瘤蚜、桃蚜等蚜虫。

分　布　国内见于四川、山东、西藏、辽宁、吉林、黑龙江。国外分布于俄罗斯、日本、印度。

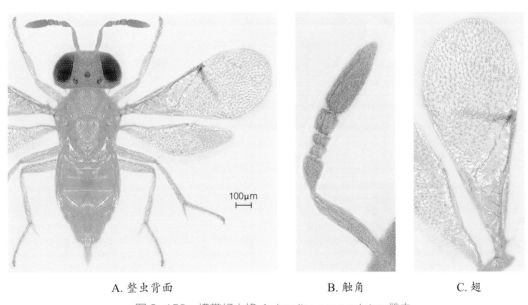

A. 整虫背面　　　　　　B. 触角　　　　C. 翅

图 2-156　横带蚜小蜂 *Aphnelinus maculatus* 雌虫

124. 苹果绵蚜蚜小蜂 *Aphelinus mali* (Haldeman, 1851)

异　名　*Aphelinus varivornis* Girault, 1909；*Eriophilus mali* Haldeman, 1851；*Blastothtrix rosae* Ashmaed, 1886。

中文别名　日光蜂。

特　征　见图2-157。

雌虫体长1.1～1.2mm。体深褐色，无金属光泽；触角、足和腹部为淡黄至黄色；前翅无褐色横带，翅脉褐色，翅透明无色，但自痣脉向后缘基部有1斜走刚毛带，翅脉下方、该毛带至翅

基部无毛。头顶及颜额区宽大于长，头顶上有黑色刚毛。触角6节，柄节稍扁平，高不及头顶，长约为宽的4倍；索节3节，第1、2节短，第3节近等于第1、2节之和；棒节长宽均明显大于索节，其长大于3索节之和。头胸平滑有刻点。中胸盾片及小盾片表面粗糙并具不规则散生毛及细刻点；并胸腹稍倾斜，光滑，有不规则的横脊数条。腹部长卵圆形，与胸近等宽，平滑，背面略凹陷，腹面膨出。产卵器从第6腹节腹面伸出，略露出腹部末端。

寄　主　苹果绵蚜、苹果蚜、菜蚜、蔷薇长管蚜等。

分　布　国内见于山东、四川、云南、台湾。国外分布于朝鲜、日本、南非等国以及欧洲（引入）、大洋洲、北美洲等地、南美洲等地。

A. 整虫背面　　　　　B. 头胸部背面　　　　C. 触角　　　　D. 翅

图 2-157　苹果绵蚜蚜小蜂 *Aphelinus mali* 雌虫

花角蚜小蜂属 *Ablerus* Howard, 1898

体较长，黑色，略带金属光泽。头部背面观不宽于胸部，正面观略呈圆形；复眼大，无毛；上颚3～4齿。触角7节，各节颜色不一致，通常黑白或黑黄相间；索节4节，第3索节最短，近方形或长略大于宽。中胸盾中叶通常具毛，三角片明显前伸。前翅窄长，常具暗色或黑色斑纹和横带，翅面多具暗色粗毛和浅色细毛，翅毛稀疏或者稠密，缘脉和痣脉的下方常具少数粗黑的长刚毛；缘脉约与亚缘脉等长；痣脉长且末端膨大；缘毛稍长。足细长，跗节5节，基跗节约等长于第2、3跗节之和，中足胫节端距短于基跗节。腹部长于头、胸之和，第7背板后部呈横带状，与第8背板分开。产卵器长，显著突出腹末端。

雄虫与雌虫形态多相似，但前翅暗色斑纹较雌虫浅；触角颜色多趋一色，第3索节更短小，其余各鞭节细长。

本属寄生于盾蚧科、粉虱科、瓢蜡蝉科、角蝉科等昆虫的卵，也重寄生于蚜小蜂科，跳小蜂科和缘腹细蜂科的寄生蜂。

125. 裸带花角蚜小蜂 *Ablerus calvus* (Huang, 1994)

异　名　*Azotus calvus* Huang, 1994。

特　征　见图2-158。

雌虫体长0.78mm。体暗褐色，上颚端部黑褐色；触角柄节、梗节浅褐色，第1、3索节和棒节黑褐色，第2、4索节黄白色。翅透明，前翅基部及缘脉端部下方暗色，近缘脉端部下方的毛略粗黑。足大部分暗褐色，关节、胫节端部及第1～4跗节浅白色，末跗节浅褐色。上颚3～4齿。触角7节，柄节长为宽的5倍；索节4节，第3节为最短索节；棒节约与第1～3索节之和等长或稍长。胸部背板具显著的网状纹，网状小室中具刻纹；中胸盾中叶大部分为横网状纹；小盾片宽大于长，布满网状纹；并胸腹节为后胸背板长的3倍，为小盾片长的3/5，后缘略突，中部网状纹稍呈圈状。前翅长为宽的3倍；缘毛长为翅宽的3/5；亚缘脉约与缘脉等长；痣脉短，略伸出；痣脉后方至翅端部有1段无毛区。产卵器长，基部从第1腹节伸出，突出腹末端较长，伸出部分约与后足胫节等长。

寄　主　未知。

分　布　国内见于福建。

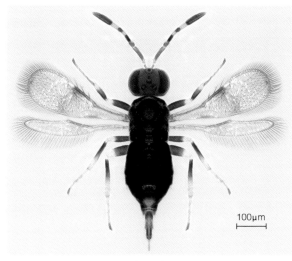

A. 整虫背面　　　　　　　　　　B. 触角　　　　　　　C. 翅

图2-158　裸带花角蚜小蜂 *Ablerus calvus* 雌虫

恩蚜小蜂属 *Encarsia* Förster, 1878

跗节式5节。雌虫体色浅色至暗褐色。头部背面观横宽。触角8节，触角式多样，柄节圆筒形或稍扁，但不膨大。每盾侧叶具1～5根刚毛；三角片小，明显向前突，2三角片间距大于三角

片长度，每三角片具1根刚毛；小盾片通常具2对刚毛。前翅缘脉长于亚缘脉，无后缘脉，痣脉很短，总是短于缘脉的1/4。雄虫体色深于雌虫，触角7～8节。

本属寄生于介壳虫、粉虱，鳞翅目的卵，有一些为重寄生蜂。

126. 浅黄恩蚜小蜂 *Encarsia sophia* (Girault & Dodd, 1915)

异　名　*Encarsia transvena* (Timberlake): Gerling & Rivnay, 1985；*Encarsia shafeei* Hayat, 1986；*Prospaltella transvena* Timberlake, 1926；*Prospaltella sophia* (Girault & Dodd): Compere, 1931；*Prospaltella sublutea* Silvestri, 1931；*Prospatella bemisiae* Ishii, 1938；*Prospaltella flava* Shafee, 1973。

特　征　见图2-159。

雌虫体长0.45～0.71mm。头和体浅黄色；触角黄褐色；前翅透明，翅基片浅褐色，各足浅黄色。触角8节，棒节、索节均为3节，棒节3节几乎与索节3节等长，宽于索节。胸部背板网状纹微弱；盾中叶具刚毛；后胸背板和并胸腹节窄，并胸腹节具刻纹。前翅长为宽的3倍，缘毛为翅宽的1/3；亚缘脉短于缘脉的1/4，痣脉短端部稍膨大。产卵器从第3腹节伸出，稍露出腹部末端。

寄　主　稻粉虱、烟粉虱、温室粉虱、柑橘粉虱、杨梅粉虱、螺旋粉虱等粉虱类昆虫。

分　布　国内见于上海、云南、江西、湖北、北京、福建、四川、广东、香港、台湾、陕西。国外分布于日本、印度、巴基斯坦、美国等国以及非洲地区，世界性广泛分布。

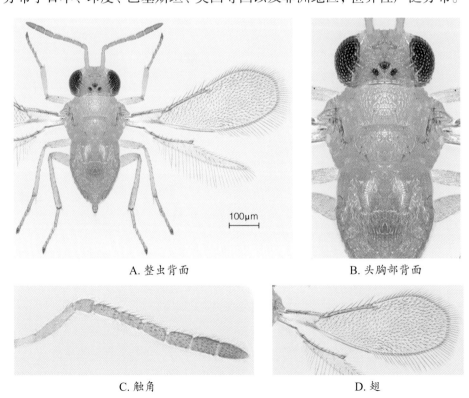

A. 整虫背面　　　　　　　　　　　　　　B. 头胸部背面

C. 触角　　　　　　　　　　　　　　D. 翅

图2-159　浅黄恩蚜小蜂 *Encarsia sophia* 雌虫

小蜂科 Chalcididae

体小型至较大，体长2.0～9.0mm；体坚固，多为黑色或褐色，并有白色、黄色或带红色的斑纹，无金属光泽。头、胸部常具粗糙刻点；触角11～13节，棒节1～3节，极少数雄性具1环状节。胸部膨大，盾纵沟明显。翅广宽、不纵褶，痣脉短。后足基节长、圆柱形；后足腿节显著膨大，在外侧腹缘有锯状或车轮状的齿；后足胫节向内呈弧形弯曲；跗节5节。腹部一般卵圆形或椭圆形，具或短或长的腹柄。产卵管不伸出。

本科所有种类均为寄生性。多数种类寄生于鳞翅目或双翅目，少数寄生于鞘翅目、膜翅目和脉翅目，也有寄生于捻翅目和半翅目粉蚧 *Pseudococcus* sp. 的报道。均在蛹期完成发育和羽化，常产卵于幼虫期或预蛹期，偶见寄生于卵的。多为初寄生，但也有不少重寄生于蜂茧内或寄蝇的围蛹内。一般为单寄生，但少数为聚寄生种类。

小蜂科是中等大小的科，分布于全世界，但多数在热带地区。下分截胫小蜂亚科 Haltichellinae、角头小蜂亚科 Dirhininae、脊柄小蜂亚科 Epitraninae、小蜂亚科 Chalcidinae 和 Smicromorphinae，以往的大腿小蜂亚科 Brachymeriinae 现已并入小蜂亚科。全世界已记录5亚科的70余属1000余种；我国已知前4亚科的20属166种（刘长明，1996）。本书介绍我国稻区常见的小蜂科天敌9属22种。

中国常见小蜂科天敌分种检索表

（改自：何俊华等，2004）

1.后足胫节末端几乎为直的平截，或有些轻微的弯曲，末端具2距（截胫小蜂亚科 Haltichellinae） ·· **2**

  后足胫节末端斜截，在跗节着生处之后形成1粗短的刺，刺末端与跗节着生处之间仅具1距（常不明显） ··· **11**

2.前翅缘脉较短，明显离开翅前缘，后缘脉缺，痣脉不明显；胸部背面通常发亮，刻点间宽且有光泽（少数刻点密且无光泽）（驼胸小蜂族 Hybothoracini）。第1腹节背板具明显的基窝，该背板基部无明显纵隆线；后颊极窄；前胸背板后缘具1排向后的细密毛；小盾片末端常具2个小齿突（毛缘小蜂属 *Lasiochalcidia*）。触角细长，长于头长2倍；并胸腹节具2条明显的纵脊，后足腿节前后有2个明显叶状突···················· *细角毛缘小蜂 Lasiochalcidia gracilantenna*

  前翅缘脉在翅前缘上，后缘脉明显发达（偶尔较短），痣脉明显；胸部多数无光泽，刻点间一般窄且具网纹（截胫小蜂族 Haltichellini）。第1腹节背板具明显的基窝 ························· **3**

3. 后足胫节外侧中部或附近具1条隆线（不同于外侧腹缘隆线）；第1腹节背板大，基部至少具1对隆线；还常具细隆线（截胫小蜂属 *Haltichella*）。前胸前端呈凸形与头后缘相连，小盾片末端常具1对长齿突 ·· 日本截胫小蜂 *Haltichella nipponensis*
后足胫节外侧中部及附近无隆线 ·· **4**

4. 额面无马蹄形隆线，如果可见细隆线，则向上不会弯至中单眼后（霍克小蜂属 *Hockeria*）···· **5**
额面具1强马蹄形隆线，该隆线是从中单眼后发出、与眶前脊相联后而形成 ············· **7**

5. 后足腿节和胫节均为红褐色 ····························· 红腿霍克小蜂 *Hockeria yamamotoi*
后足腿节基部及胫节为黑色 ·· **6**

6. 前翅中段褐色区域中具2个明显的浅色斑；后足腿节2叶状突的基端突高于后端突 ···········
·· 日本霍克小蜂 *Hockeria nipponica*
前翅中段褐色区域中近翅臀浅色斑不明显；后足腿节2叶状突的基端突与后端突等高 ·········
·· 木蛾霍克小蜂 *Hockeria epimactis*

7. 后足腿节腹缘呈特有的3叶状突；前胸背板的前沟缘脊不明显或仅限在侧面（凸腿小蜂属 *Kriechbaumerella*）。前翅缘脉和后缘脉端部下方有烟褐色斑；小盾片末端圆钝；腹部似心形····
·· 心腹凸腿小蜂 *Kriechbaumerella cordigaster*
后足腿节腹缘为单叶突或双叶突或无明显的叶突；前胸背板的前沟缘脊延伸至近背中部，形成1对或强或弱的瘤突（凹头小蜂属 *Antrocephalus*）·································· **8**

8. 前翅缘脉下方和后方具明显的褐色斑 ··· **9**
前翅缘脉下方和后方不具明显的褐色斑 ·· **10**

9. 各足腿节及胫节均为红褐色；触角鞭节长为头长的2倍 ···· 红足凹头小蜂 *Antrocephalus nasutus*
后足腿节黑色；触角鞭节长不及头长的2倍 ·············· 石井凹头小蜂 *Antrocephalus ishii*

10. 后足腿节黑色；小盾片后端两齿明显后突 ············· 箱根凹头小蜂 *Antrocephalus hakonensis*
后足腿节红色；小盾片后端两齿不明显后突 ············· 分脸凹头小蜂 *Antrocephalus dividens*

11. 头部复眼与触角洼间的额面向前强凸，形成两个特有的缘角状突。前翅缘脉特长，但后缘脉和痣脉退化；腹部有具细线的腹柄；后足腿节腹缘具排列整齐的小齿，呈圆滑拱起（角头小蜂属 *Dirhinus*）··· **12**
头部额面无特别的突起。其他特征亦不完全相同 ································ **14**

12. 翅透明，头侧面观额侧脊有2个角突；触角和足均为黑色 ········· 贝克角头小蜂 *Dirhinus bakeri*
翅不完全透明，头侧面观额侧脊无角突 ·· **13**

13. 翅完全烟褐色，触角仅柄节、梗节红褐色 ················ 烟翅角头小蜂 *Dirhinus auratus*
翅仅在缘脉处略烟褐色，触角为黄褐色 ················ 喜马拉雅角头小蜂 *Dirhinus himalayanus*

14. 触角着生于颜面很低位置，在突出于口器之上的唇基板的基部；前翅缘脉很长，后缘脉缺，痣脉退化；腹柄细长且具细隆线；腹部向下凸出（脊柄小蜂亚科 Epitraninae，脊柄小蜂属

Epitranus）。腹部腹面及末端为红褐色，后足腿节腹面具9个分开的齿 ……………………
………………………………………………………… 红腹脊柄小蜂 *Epitranus erythrogaster*

触角着生处相对较高，无特别的唇基板；缘脉相对较短，后缘脉发达（小蜂亚科 Chalcidinae）
…………………………………………………………………………………………… 15

15. 腹部具明显的腹柄，其长一般大于宽；并胸腹节气门一般在近垂直方向上拉长（小蜂族
Chalcidini）。中足胫节端距缺或短于胫节端部宽度；中足基节外侧具密集的毛；雌性肛下
板窄或尖角状伸长，几乎达到或超出腹末；雄性最后一块腹片后或多或少呈凹缘（小蜂属
Chalcis）。腹柄长于腹部长，后足基节与腿节连接处有长齿突，腿节内缘约有15～17个齿……
…………………………………………………………………… 红腿小蜂 *Chalcis sispes*

腹柄一般很短，背面观看不见；并胸腹节气门一般在近水平的倾斜方向上拉长；额颊沟明
显，该位置常具明显的隆线；前翅后缘脉一般长于痣脉（大腿小蜂族 Brachymeriini）。头部和
胸部密布粗糙的具毛刻点（大腿小蜂属 *Brachymeria*）………………………………… 16

16. 后足基节内侧具小结状突；眶后脊达后颊缘；小盾片无凹缘；后足胫节除基部黑色外绝大部
分为黄色。………………………………………………… 广大腿小蜂 *Brachymeria lasus*

后足基节内侧不具结状突 ………………………………………………………………… 17

17. 小盾片不具凹缘 ……………………………………………………………………………… 18

小盾片具凹缘 ………………………………………………………………………………… 21

18. 眶后脊无或不清楚；后足胫节黑色，仅近基部及端部具黄色斑 ………………………………
………………………………………………………… 无脊大腿小蜂 *Brachymeria excarinata*

眶后脊存在且不模糊 …………………………………………………………………………… 19

19. 后足胫节基本为黑色，胫端部略带黄斑；腿节内侧齿突11～12个 ……………………………
………………………………………………………… 黑腿大腿小蜂 *Brachymeria lugubris*

后足胫节中部具1黑斑，两端黄色；腿节内侧齿突不超过10个 ……………………………… 20

20. 胫节黑斑仅占胫节长的1/3；腿节内侧齿突有10个，分隔排列 ………………………………
………………………………………………………… 次生大腿小蜂 *Brachymeria secundaria*

胫节黑斑占胫节长的1/2；腿节内侧齿突8～9个，后端的齿连在一起 ………………………
………………………………………………………… 希姆大腿小蜂 *Brachymeria hime*

21. 后足腿节红褐色，末端背面黄色，足上的红或褐色变化较大；腿节内缘至多不超过10齿，分
隔排列 ……………………………………………… 红腿大腿小蜂 *Brachymeria podagrica*

后足腿节背面黄褐色，偶有中部黑色（少数黄色），胫节和腿节内侧均为黄色；腿节内侧不少
于10齿，后端齿小且连在一起 …………………………… 粉蝶大腿小蜂 *Brachymeria femorata*

大腿小蜂属 *Brachymeria* Westwood, 1829

雌虫体黑色，足常具黄或火红色斑。头正面观宽往往大于长；复眼大，呈卵圆形。触角13节、短而粗，着生于复眼下缘连线处；环状节1节（有时长大与索节相似）；索节7节，各索节长度常小于宽；棒节分节常不清。头及胸具粗密脐状刻点，前胸背板横宽，后缘略向前凹；中胸盾纵沟完整，小盾片膨起，末端圆钝或具2齿状突；并胸腹节具大的网状刻纹，两侧常具齿。腹柄不明显；腹卵圆形，少数腹末尖。后足腿节特别膨大，腹缘具8～15齿；胫节弯曲，休息时与腿节腹缘相吻合。前翅后缘脉及痣脉均相当发达。

本属寄生鳞翅目、双翅目甚至若干膜翅目、鞘翅目昆虫的蛹，在害虫生物防治及自然控制上有重要的意义。

图 2-160　大腿小蜂属（红腿大腿小蜂
Brachymeria podagrica）的并胸腹节

127. 广大腿小蜂 *Brachymeria lasus* (Walker, 1841)

异　名　*Brachymeria obscurata* (Walker): Ishii, 1932；*Chalcis lasus* Walker, 1841。

特　征　见图2-161。

雌虫体长4.5～7.0mm。体黑色，但翅基片以及各足的腿节端部、胫节（除后足胫基部和腹缘外）和跗节均黄色，部分个体均红色。前、后翅翅面密布浅灰色毛，透明，翅脉褐色。头部与胸部几乎等宽；眶前脊仅具很弱的上半段或不明显，眶后脊明显。触角有些粗短，不呈棒状，柄节伸达中单眼；柄节基半部膨大，长于第1～3索节之和；梗节短小，为柄节的1/7；环状节2个；第1索节略长于其余索节。胸部具密集刻点；小盾片略拱，长宽约等，末端无明显凹缘。前翅亚缘脉长于缘脉，痣脉为缘脉的1/10，后缘脉为缘脉的1/3。后足基节腹面内侧近后端关节处有

1小而明显的瘤突；后足腿节长为宽的1.8倍。腹部与胸部长接近或略短；第1腹节背板光滑发亮，长约占腹长的2/5～1/2。

雄虫体长3.7～5.5mm，特征与雌虫相似。

寄　主 一般初寄生，偶尔重寄生，具多主寄生习性，寄主范围广泛，已知超过100种，包括：鳞翅目的谷蛾科、蓑蛾科、巢蛾科、麦蛾科、卷蛾科、螟蛾科、斑蛾科、尺蛾科、蚕蛾科、枯叶蛾科、毒蛾科、夜蛾科、驼蛾科、灯蛾科、弄蝶科、蛱蝶科、粉蝶科和凤蝶科，膜翅目的茧蜂科和姬蜂科，双翅目的寄蝇科。稻田可初寄生稻纵卷叶螟、稻螟蛉、黏虫、白脉黏虫、劳氏黏虫、大螟、稻苞虫、隐纹稻苞虫、台湾秈弄蝶、稻眼蝶等害虫，也可重寄生于螟蛉悬茧姬蜂、稻苞虫凹眼姬蜂、螟蛉脊茧蜂、螟蛉绒茧蜂、稻苞虫鞘寄蝇、黏虫缺须寄蝇等害虫天敌。

分　布 国内见于江苏、上海、安徽、浙江、江西、湖北、湖南、四川、台湾、福建、广东、海南、广西、贵州、云南、香港、北京、天津、山东、河北、陕西、河南。国外分布于日本、韩国、朝鲜、菲律宾、印度尼西亚、越南、缅甸、印度、伊朗、巴基斯坦、孟加拉国、马来西亚、斐济、巴布亚新几内亚、澳大利亚、美国、帕劳以及北非等地。

A. 整虫背面　　　　　　B. 整虫侧面　　　　　　C. 头侧面

D. 后足　　　　　　　　E. 翅

图 2-161　广大腿小蜂 *Brachymeria lasus* 雌虫

128. 无脊大腿小蜂 *Brachymeria excarinata* Gahan, 1925

特 征 见图2-162。

雌虫体长3.0~4.9mm。体黑色，触角黑色，但有时棒节有些褐色；翅基片、各足腿节端部和跗节、前足和中足胫节（中部常具黑斑）、后足胫节亚基部和端部的背半部均为黄色；前、后翅翅面密布浅褐色毛，透明，翅脉褐色。头部与胸部等宽；下脸具光滑无刻点的中区；眶前脊中段较明显；眶后脊缺；触角柄节接近中单眼；触角柄节稍短于1~4索节之和；索节第1节最长，其后逐渐变短。胸部具密集刻点，刻点间隙具微纹；小盾片长宽约等，末端平或圆弧形，无齿突。前翅亚缘脉为缘脉的1.8倍长，缘脉约为后缘脉的3倍，后缘脉约为痣脉的2.5倍。后足腿节长为宽的1.7倍。腹部略长于胸部；第1腹节背板光滑发亮，长约占柄后腹的1/2。

寄 主 初寄生稻纵卷叶螟、稻显纹纵卷叶螟、稻螟蛉、三化螟、小菜蛾、菜粉蝶、梨小食心虫、绣线菊麦蛾；也可重寄生菜蛾盘绒茧蜂、螟蛉内茧蜂、稻纵卷叶螟绒茧蜂；曾有报道寄生东方丽袍龟甲。

分 布 国内见于浙江、江苏、江西、湖南、湖北、四川、台湾、福建、广东、海南、广西、贵州、新疆。国外分布于日本、泰国、新加坡、菲律宾、越南、老挝、印度、埃及、伊朗。

A. 整虫背面　　　　　B. 头与前中胸侧面　　　　　D. 前翅

图2-162　无脊大腿小蜂 *Brachymeria excarinata* 雌虫

129. 次生大腿小蜂 *Brachymeria secundaria* (Ruschka, 1922)

异 名 *Chalcis secundaria* Ruschka, 1922。

特 征 见图2-163。

雌虫体长3.2~4.1mm。体黑色；触角黑色，但有时显暗褐色或红褐色；翅基片黄色，但有时呈红色；翅透明，翅脉褐色；各足的腿节端部、胫节（前中足除中部常具黑色或褐色斑外，后足除中间1/3为黑色外）和跗节均为黄色。头略宽于胸部；着生浓密银色绒毛；下脸具光滑无刻点的中区；眶前脊很弱；眶后脊发达，向后伸达颊区后缘。触角柄节不达中单眼；柄节约为鞭节的1/2，索节各节近等长。胸部小盾片拱起如球面，明显向后倾斜，末端圆钝，无凹缘。前翅亚缘脉与缘前脉相交处有些缢缩，亚缘脉长为缘脉的2.5倍，缘脉为后缘脉的2.7倍，痣脉不及后缘脉的1/2。后足腿节长为宽的1.8倍。腹部等长或略长于胸部；第1腹背板具很弱的刻纹或刻点，但仍光滑发亮，略长于腹长的2/5。

寄　主　常为鳞翅目寄生蜂的重寄生蜂，已知可寄生茧蜂科的伏虎茧蜂、松毛虫脊茧蜂及姬蜂科的稻毛虫花茧姬蜂、螟蛉悬茧姬蜂、具柄凹眼姬蜂指名亚种。

分　布　国内见于浙江、江苏、江西、湖南、四川、福建、广东、海南、广西、贵州、云南、山西、内蒙古、北京、辽宁。国外分布于日本、菲律宾、印度、土耳其、乌克兰、哈萨克斯坦、立陶宛、摩尔多瓦、俄罗斯、罗马尼亚、奥地利、西班牙、塞尔维亚、斯洛伐克、保加利亚、意大利、克罗地亚、法国、德国、匈牙利等国。

A. 整虫背面

B. 整虫侧面

C. 虫体腹面

D. 后足

E. 栖息于稻秆上

图 2-163　次生大腿小蜂 *Brachymeria secundaria* 雌虫

130. 红腿大腿小蜂 *Brachymeria podagrica* (Fabricius, 1787)

异 名 *Brachymeria fonscolombei* (Dufour, 1841); *Chalcis podagrica* Fabricius, 1787。

特 征 见图2-164。

雌虫体长4.4~6.4mm。体黑色；触角黑色，有时柄节红褐色或黄色；翅基片黄白色；翅略带烟褐色，前翅翅脉褐色，后翅翅脉淡黄色；前足和中足的腿节端半部和胫节黄色或黄红色，跗节黄色；后足腿节一般为红色，有时中部有黑斑，胫节黄色，腹缘黑色；腹部腹面两侧缘略带红褐色。头部着生较大较深的刻点，刻点间隙窄、明显隆起；眶前脊明显，眶后脊发达，向后伸达颊区后缘。触角柄节同环状节与第1~4索节之和约相等；第1~3索节约等长，其后略变短。胸部小盾片长宽接近，后缘末端两齿突出。前翅亚缘脉为缘脉的2.5倍，缘脉为后缘脉的3倍，痣脉为后缘脉的1/2。后足腿节长为宽的1.9倍，背面略呈角状拱起。腹部向后端尖细，明显长于胸部；第1腹节背板光滑发亮，略短于腹部的1/2。

寄 主 本种寄主主要为双翅目蝇类，如麻蝇科、寄蝇科、丽蝇科、蝇科和实蝇科的一些种；也寄生鳞翅目蓑蛾科、巢蛾科和毒蛾科等蛾类的蛹。

分 布 国内见于浙江、内蒙古、黑龙江、北京、山东、河北、河南、陕西、甘肃、安徽、江西、台湾、福建、广东、广西、贵州、香港、江苏、湖北、湖南、四川。国外分布于日本、朝鲜、菲律宾、马来西亚、泰国、尼泊尔、蒙古、越南、老挝、印度、澳大利亚等国以及欧洲、非洲、北美洲等地。

A. 整虫背面   B. 整虫侧面   C. 后足腿节和胫节

图2-164 红腿大腿小蜂 *Brachymeria podagrica* 雌虫

131. 希姆大腿小蜂 *Brachymeria hime* Habu, 1960

特 征 见图2-165。

雌虫体长4.1mm；体黑色；触角黑色，棒节褐色；翅基片黄色；前、后翅透明，翅脉褐色；前、中足腿节黑色，端部黄色；前足、中足胫节基部和端部黄色，中部黑色，但前足胫节中部背面黄色；后足腿节黑色，端部具黄斑；后足胫节黑色，基部1/3处具1黄斑；各足跗节黄色；腹部黑色。头部宽于胸部；眶前脊明显；眶后脊伸达颊区后缘；触角柄节明显未达中单眼。触角柄节接近或略短于1~4索节之和；索节1~3节近等长。胸部小盾片长宽约等，末端圆钝。前翅亚缘脉为缘脉的2.2倍，缘脉为后缘脉的3倍，痣脉约为后缘脉的1/2。后足腿节长为宽的1.8倍。腹部与胸部几乎等长；第1腹节背板长约占柄后腹的3/5，背面光滑。

雄虫未知。

寄　主　梨小食心虫及人心果云翅斑螟。

分　布　国内见于浙江、台湾、福建、香港。国外分布于日本、越南、印度、尼泊尔、菲律宾。

A. 整虫背面　　　　　　　　　B. 整虫侧面　　　　　　　　C. 后足

图2-165　希姆大腿小蜂 *Brachymeria hime* 雌虫

132. 粉蝶大腿小蜂 *Brachymeria femorata* (Panzer, 1801)

异　名　*Brachymeria ornatipes*: Habu, 1962；*Chalcis femorata* Panzer, 1801。

特　征　见图2-166。

雌虫体长4.7~5.3mm。体黑色，触角黑色；翅基片黄色，前翅略呈烟褐色，翅脉褐色；各足腿节、胫节和跗节均为黄色，唯前、中足腿节基部为黑色或褐色，后足腿节中部有时为黑色，后足胫节腹缘具黑色带。头与胸几乎等宽；下脸的中区光滑隆起；眶前脊缺，眶后脊发达、弯曲，向后伸达颊区后缘；触角柄节短于第1~4索节之和，第1~3索节约等长，其后各节略短但等长。胸部小盾片长宽接近，末端两齿突出、呈凹缘，近后端处具密集银色毛。前翅亚缘脉为缘脉的2.5倍，缘脉为后缘脉的1.8倍，后缘脉约为痣脉的2.5倍。后足腿节长为宽的1.7倍；腹缘外侧一般具10齿，有时更多，以基部第1齿和中部的齿较大，近后端齿较小。腹部明显短于胸部；第1腹节背板光滑发亮，占腹部的1/2。

寄　主　主要寄生鳞翅目昆虫，如眼蝶科的稻眼蝶，粉蝶科的山楂粉蝶、花粉蝶、菜粉蝶和大菜粉蝶，斑蛾科的珍珠梅斑蛾以及蛱蝶科的一些种。

分　布　国内见于浙江、江苏、上海、江西、湖北、湖南、福建、台湾、香港、山西、陕西、新疆、辽宁。国外分布于日本、朝鲜、蒙古、印度、巴基斯坦、缅甸、菲律宾、印度尼西亚、伊朗、伊拉克、以色列、土耳其、哈萨克斯坦、俄罗斯、罗马尼亚、摩尔多瓦、克罗地亚、塞浦路斯、马其顿、波黑、乌克兰、保加利亚、匈牙利、法国、意大利、希腊、德国、捷克、斯洛伐克、英国、西班牙、波兰、瑞典、瑞士、埃及。

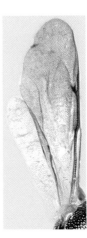

A. 整虫侧面　　　　　　　　　　B. 虫体背面　　　　C. 前后翅　　　D. 后足

图 2-166　粉蝶大腿小蜂 *Brachymeria femorata* 雌虫

133. 黑腿大腿小蜂 Brachymeria lugubris (Walker, 1871)

异　名　*Chalcis lugubris* Walker, 1871；*Chalcis atrata* Kirby, 1883。

特　征　见图2-167。

雌虫体长3.5～4.0mm。体黑色；触角黑色；翅基片黄色；前、后翅透明，翅脉褐色。各足腿节黑色，惟端部黄色；前中足胫节黄色，唯中部黑色，后足胫节黑色，唯端部背缘黄色；各足跗节黄色。腹部黑色。头宽于胸部；眶后脊明显。触角柄节明显未达中单眼；柄节长近等于第1～4索节之和；第1索节基部较窄，1～3索节近等长，其后各节（除末节）相对较短。胸部小盾片宽大于长，末端圆钝。前翅亚缘脉为缘脉的2.8倍，缘脉为后缘脉的3.3倍，痣脉约为后缘脉的1/2。后足腿节长为宽的1.6倍，腿节内侧具11～12齿突。腹部与胸部几乎等长；第1腹节背板长约占腹部的3/5，背面光滑。

寄　主　梨小食心虫、云翅斑螟。

国内见于浙江、台湾、福建、香港。国外分布于日本、越南、印度、尼泊尔、菲律宾。

A. 整虫侧面   B. 头胸腹部侧面   C. 触角   D. 翅

图 2-167　黑腿大腿小蜂 *Brachymeria lugubris* 雌虫

截胫小蜂属 *Haltichella* Spinola, 1811

胸部多数无光泽，刻点间一般窄且具网纹。前翅缘脉在翅前缘上，后缘脉明显发达（偶尔较短），痣脉明显；后足胫节末端几乎为直的平截，末端具2距，胫节外侧中部或中部附近具1条隆线（不同于外侧腹缘隆线）。第1腹节背板大，具明显的基窝，基部至少具1对隆线，且常具另外的细隆线。

本属全世界分布，主要寄生麦蛾科、舟蛾科、卷蛾科等鳞翅目以及茧蜂科、姬蜂科等膜翅目昆虫。

134. 日本截胫小蜂 *Haltichella nipponensis* Habu, 1960

特 征　见图2-168。

雌虫体长3.0～3.6mm。体黑色，但触角柄节、梗节、环状节和第1～3索节为红棕色；翅基片褐色，前翅透明；翅脉褐色，但后缘脉浅褐色；前翅缘脉后方及下方褐色；前、中足为红棕色，后足腿节基部、胫节端部及跗节为红棕色。头宽约为胸宽的1.2倍；头部密布刻点；复眼具密绒毛；触角洼顶部接近中单眼，触角柄节未达中单眼；眶前脊发达，眶后脊向背面渐变弱。触角

213

鞭节向末端略膨大;柄节约等长于1~6索节之和;第1~3索节短且等长,其后各节逐渐增粗增长。胸部背面刻点密集;前胸前端呈凸形与头后缘相连,小盾片长大于宽,后端两齿明显向后突出。前翅亚缘脉约为缘脉的4倍,后缘脉约为缘脉的2/3,痣脉短为后缘脉的1/3。后足基节背面外侧基部具瘤状突,腿节长约为宽的2.2倍,其腹缘在基部1/3处有1钝突。第1腹节背板长约占腹部的2/3,背面几乎平坦,大部分光滑,前缘具明显基窝。产卵管鞘长约为腹长的1/20。

雄虫体长2.9~3.4mm。体型特征与雌虫相似,但触角黑色,仅棒节为棕红色,索节各节均匀且较长。

寄　主　未知。

分　布　国内见于浙江、湖南、台湾、福建、广西、北京。国外分布于日本、印度。

A. 雌虫侧面　　　　　B. 雄虫侧面　　　　　C. 雄虫背面

末端平截

D. 后足腿节至跗节　　　　　　　　E. 前翅

图 2-168　日本截胫小蜂 *Haltichella nipponensis*

霍克小蜂属 *Hockeria* Walker, 1834

额面无马蹄形隆线,如果可见细隆线,则向上不会弯至中单眼后。胸部多数无光泽,刻点间一般窄且具网纹。前翅在缘脉和痣脉下为烟褐色,中间通常具1~2个近圆形的透明斑;缘脉在翅前缘上,后缘脉明显发达(偶尔较短),痣脉明显。后足胫节圆滑,外侧中部附近无隆线,末端几乎为直的平截或有些轻微的弯曲,末端具2距,第1腹节背板具明显的基窝。

本属全世界分布。主要寄生于鳞翅目昆虫的蛹，部分种类可寄生于脉翅目和膜翅目（叶蜂科）昆虫。

135. 日本霍克小蜂 *Hockeria nipponica* Habu, 1960

特征　见图2-169。

雌虫体长2.6～4.1mm。体黑色，触角一般黑色，有时略带红色或为暗褐色、浅褐色；翅基片棕黄色或暗褐色；前翅翅脉褐色，基部和端部无色或较浅，而中部具较大面积的浅褐色，但痣脉后方具1圆形白斑，白斑下方具1无色纵带；后翅翅脉浅褐色，翅面透明；前足和中足腿节和胫节两端红褐色中间黑色，后足腿节（除基部红褐色外）和胫节（除端部外侧红褐色外）黑色，跗节均红褐色。头宽约为胸宽的1.2倍；触角洼具紧密的横向皱褶；触角柄节几乎达中单眼；眶前脊不明显，眶后脊缺。触角柄节短于第1～4索节之和；环状节近方形；鞭节全长约为柄节的2倍，索节第1节最长，其后略缩短。胸部背面刻点密集，刻点间隙光滑；小盾片长略大于宽，后端两齿明显向后突出。前翅亚缘脉约为缘脉的3.5倍，后缘脉短，约为缘脉的1/4，痣脉略短于后缘脉。后足腿节长约为宽的2.0倍，腹缘有2个圆钝叶突，分别在中部和端部的1/3处。腹部长于胸部；基部具明显的下凹陷，第1腹节背板约为腹部的1/2。

寄主　梨小食心虫。

分布　国内见于浙江、湖北、湖南、广西、云南、台湾、福建、河北、北京、山东。国外分布于日本、印度。

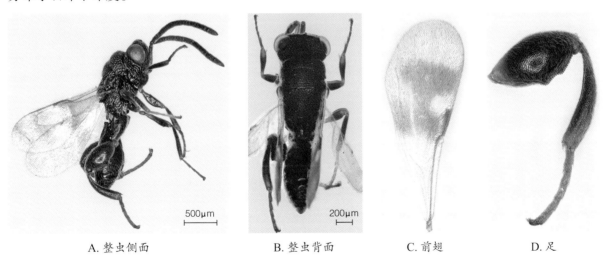

| A. 整虫侧面 | B. 整虫背面 | C. 前翅 | D. 足 |

图2-169　日本霍克小蜂 *Hockeria nipponica* 雌虫

136. 红腿霍克小蜂 *Hockeria yamamotoi* Habu, 1976

特征　见图2-170。

雌虫体长3.0~3.5mm。体黑色，触角柄节和梗节红褐色，其余黑色。前翅基部微褐色、端部褐色、中部暗褐色，近痣脉端部和翅后缘各有1具白毛的白斑，后缘白斑较小或不太明显。前中足腿节和胫节（除基部黑色外）均红褐色；后足腿节颜色变化大，基部和端部背面、内缘为红褐色，有些或全为红褐色，胫节红褐色，中间颜色较深；各足跗节均黄褐色。头宽约为胸宽的1.2倍；触角洼具紧密的横向皱褶，触角柄节未达中单眼；眶前脊不明显。触角柄节长于第1~4索节之和；整个鞭节长约为柄节的1.5倍，索节第1节最长，第2~4索节约等长，其后几节逐渐变短。胸部背面刻点密集，小盾片长略大于宽，后端两齿不明显。前翅亚缘脉约为缘脉的3.2倍，后缘脉短，约为缘脉的1/4，痣脉略短于后缘脉。后足腿节长约为宽的1.8倍，腹缘中间和端部有2个圆钝叶突。腹部长于胸部，基部具明显的下凹陷；腹部第1节背板约为腹部的3/5。

寄　主　未知。

分　布　国内见于江西。国外分布于日本。

A. 整虫侧面　　　　B. 虫体背面　　　　C. 整虫腹面　　　　D. 触角

E. 后足腿节至跗节　　　　　　　　　　F. 前翅

图2-170　红腿霍克小蜂 *Hockeria yamamotoi* 雌虫

137. 木蛾霍克小蜂 *Hockeria epimactis* Sheng, 1990

特　征　见图2-171。

雌虫体长5.0mm。体黑色，体背被黄白色毛。前翅基部1/3透明，端部稍褐，其余烟褐色，具暗褐色毛，近痣脉端部有1具白毛的圆斑，圆斑中有1褐色的斜纹；翅近臀角处有近透明浅色斑。前、中足跗节及胫节端部暗黄褐色，其余黑褐色，后足腿节和胫节黑色，胫节端部及跗节黑褐色。头比胸部略宽；后单眼隆起，复眼凸出；头顶和颜面均具刻点，无眶前脊和颊区斜脊。触角柄节细长，稍短于索节第2～6节长之和；索节第1节最长，稍小于宽的2倍，其他各节向端部渐变短、增粗；棒节末端收窄，分节不明显。胸部具粗刻点，刻点间脊状；前胸背板两前侧方具脊，小盾片长，长大于宽，后端具两齿。前翅长约为宽的2.5倍，亚缘脉长为缘脉的3倍；后缘脉几与缘脉等长；痣脉极短，为后缘脉的1/4～1/3。后足腿节长稍小于宽的2倍，具细刻点和绒毛，腹缘外侧自中央至端部有2个钝叶突，近中央的较小，叶突上均密具小锯齿。腹长略大于2倍宽，较胸部略长；腹部光滑具短柄；腹部末端尖；第1腹节背板光滑，约占腹长的2/5。

寄　主　柑橘木蛾。

分　布　国内见于江西。

A. 整虫背面　　　　　　　B. 整虫侧面　　　　C. 后足腿节至跗节

图2-171　木蛾霍克小蜂 *Hockeria epimactis* 雌虫

凹头小蜂属 *Antrocephalus* Kirby, 1883

触角细长。中单眼几乎位于头部最高处；触角洼深凹；额面具1强马蹄形隆线，该隆线是从中单眼后发出，与眶前脊相连后而形成。胸部多数无光泽，刻点间一般窄且具网纹；前胸背板的前沟缘脊延伸至近背中部，在背中部形成1对或强或弱的瘤突，前胸背板的侧隆线向中央延伸，在中央处略断开并向后弯曲；小盾片后端常具2齿突或分2页。前翅缘脉在翅前缘上，后缘脉明

显发达（偶尔较短），痣脉明显。后足腿节腹缘为单叶突或双叶突或无明显的叶突；胫节外侧中部附近无隆线，末端几乎为直的平截或有些轻微的弯曲，末端具两距。第1腹节背板具明显的基窝。

本属广泛分布于欧洲、亚洲、大洋洲及南非；主要寄生鳞翅目昆虫的蛹。

138. 分脸凹头小蜂 *Antrocephalus dividens* (Walker, 1860)

异 名 *Antrocephalus spicalis*: Habu, 1960；*Chalcis dividens* Walker, 1860；*Haltichella apicalis* Walker, 1874；*Stomatoceras apicali*: Ishii, 1932。

特 征 见图2-172。

雄虫体长4.1～5.9mm。体黑色；触角黑色；翅基片黄褐色；前足腿节和胫节黑色，端部和跗节黄褐色，后足腿节和胫节端部红色，其余为暗褐色。前翅浅烟褐色，翅脉褐色；后翅近无色透明，翅脉浅褐色。头与胸等宽或略宽；头部密布刻点；触角柄节几乎伸达中单眼下缘；眶前脊向下接近眼颚沟，眶后脊不明显。触角柄节明显长于第1～2索节之和，1～4索节近等长，其后略缩短。胸部背面刻点密布，刻点间隙一般光滑；小盾片长大于宽，后端两齿略后突。前翅亚缘脉为缘脉的3.5倍，后缘脉与缘脉近相等，为痣脉的4倍。后足腿节长约为宽的2倍，内侧腹缘近基部无齿突，腹缘外侧近端部具极不明显的圆钝叶突。第1腹节背板短于腹部的1/2，背面光滑，基窝两侧纵隆线短于第1腹节背板的1/6。

雌虫体长3.3～6.3mm。特征与雄虫相似，但触角梗节至第1索节有时暗红色；翅基片和足一般红色或橙红色。

A. 虫体背面　　　　　　　　　　　　　B. 整虫侧面

图2-172　分脸凹头小蜂 *Antrocephalus dividens* 雄虫

寄　主　稻纵卷叶螟、柑橘木蛾。

分　布　国内见于浙江、安徽、江西、湖北、湖南、四川、福建、广东、广西、贵州、云南。国外分布于日本、印度、斯里兰卡、尼泊尔等几乎所有东洋区国家。

139. 石井凹头小蜂 *Antrocephalus ishii* Habu, 1960

特　征　见图2-173。

雌虫体长3.8～6.4mm。体黑色，但翅基片，前足和中足的转节至跗节，后足基节（除背缘外）、转节、腿节基部和端部、胫节（除中间外）、跗节为红褐色至黄褐色；前翅烟褐色，翅脉褐色，缘脉下方及后方具褐色斑，后翅无色透明，翅脉浅褐色。头部密布刻点；触角柄节接近但未达中单眼；眶前脊不伸达围角片，眶后脊仅基部与眼颚沟相连的一小段较明显。触角柄节略长于1～4索节之和，第1索节最长，其后各节逐渐变短。胸部小盾片长大于宽，后端两齿较宽，略呈凹缘。前翅亚缘脉约为缘脉的3.8倍，后缘脉长于缘脉，痣脉约为后缘脉的1/4。后足腿节长约为宽的2.0倍，内侧腹缘近基部无齿突。腹部长于胸部，第1腹节背板长占腹部的1/2，背面光滑。

雄虫体长3.6～5.1mm，形态特征与雌虫相似。

寄　主　未知。

分　布　国内见于浙江、上海、湖南、福建。国外分布于日本。

A. 头胸部背面　　　　　　　　　　　　B. 整虫侧面

图2-173　石井凹头小蜂 *Antrocephalus ishii* 雌虫

140. 箱根凹头小蜂 *Antrocephalus hakonensis* (Ashmead, 1904)

异　名　*Stomatoceras hakonensis* Ashmead, 1904；*Tainania hakonensis*: Habu, 1960。

特　征　见图2-174。

雄虫体长4.4～6.6mm。体黑色；触角黑色，有时棒节略带红色；翅基片黑褐色；足黑色，也有个体为红褐色或暗褐色，前、中足跗节暗褐色，后足跗节黑褐色；前翅淡褐色，翅脉褐色，后翅无色透明，翅脉浅褐色。头与胸几乎等宽；触角柄节不达中单眼；眶前脊向下延伸达围角片，眶后脊明显。触角柄节长于第1～3索节之和；索节第1、2节等长，其后各节逐渐缩短。胸部小盾片长大于宽，后端两齿突出，略呈凹陷。前翅亚缘脉为缘脉的5.5倍，后缘脉为缘脉的1.5倍，痣脉仅为后缘脉的1/4。后足基节长约为腿节的2/3，腿节长约为宽的1.8倍，其腹缘外侧中后部具2个弱的圆钝叶突。腹部第1腹节背板短于腹部的2/5，背面光滑。

雌虫体长4.8～6.9mm，特征与雄虫相似。

寄　主　螟蛾科（柚木梢螟和椰穗螟 *Tirathaba* sp.）、织蛾科和刺蛾科的一些昆虫。

分　布　国内见于浙江、上海、江西、湖北、湖南、四川、台湾、福建、广西、云南、北京。国外分布于印度、日本。

A. 整虫背面　　　　　　B. 虫体侧面　　　　　C. 触角　　　　D. 前翅

图2-174　箱根凹头小蜂 *Antrocephalus hakonensis* 雄虫

141. 红足凹头小蜂 *Antrocephalus nasutus* (Holmgren, 1868)

异　名　*Haltichella nasuta* Holmgren, 1868；*Antrocephalus rufipes* Cameron, 1905；

Antrocephalus momius Masi, 1932；*Antrocephalus longidentata* Roy & Farooqi, 1984。

特　征　见图2-175。

雌虫体长3.8～6.4mm。体黑色；触角黑色；翅基片黄褐色；前、中、后足除基节外基本为红褐色，后足胫节内缘及跗节背缘黑褐色；前翅略带烟褐色，翅脉黑褐色。头部密布刻点；触角柄节接近但未达中单眼；眶前脊不伸达围角片，眶后脊明显凸起。触角柄节略长于第1～5索节之和，第1索节最长，其后各节逐渐变短。胸部小盾片长大于宽，后端圆钝不具齿。前翅亚缘脉约为缘脉的4倍，后缘脉为缘脉的1.5倍，痣脉短，约为后缘脉的1/4。后足腿节长约为宽的2.0倍，内侧腹缘端部具1圆钝叶突，叶突上具密集的黑色小齿。腹部长于胸部，第1腹节背板长占柄后腹的1/2，背面光滑。

寄　主　未知。

分　布　国内见于福建、海南。国外分布于印度、印度尼西亚、菲律宾、马来西亚、越南、新加坡、新几内亚。

A. 整虫侧面　　　　　　B. 虫体背面　　　　　　C. 额面　　　　　　D. 足

图2-175　红足凹头小蜂 *Antrocephalus nasutus* 雌虫

凸腿小蜂属 *Kriechbaumerella* Dalla Torre, 1897

本属与凹头小蜂属十分相近，额面均具1强马蹄形隆线，该隆线是从中单眼后发出，与眶前脊相连后而形成；胸部多数无光泽，刻点间一般窄且具网纹；前翅缘脉在翅前缘上，后缘脉明显发达（偶尔较短），痣脉明显，第1腹节背板具明显的基窝；后足胫节外侧中部附近无隆线，末端几乎为直的平截，或有些轻微的弯曲，末端具2距。与凹头小蜂属不同在于：后足腿节腹缘呈明

显且特有的三叶状突；前胸背板的前沟缘脊不明显或仅限在侧面；前翅通常具有或深或浅的褐色斑纹。

本属寄生蜂广泛分布于欧洲、亚洲、非洲，主要寄生于鳞翅目昆虫的蛹（Narendran 和 van Achterberg，2016）。

142. 心腹凸腿小蜂 *Kriechbaumerella cordigaster* (Roy & Farooqi, 1984)

异　名　*Eucepsis cordigaster* Roy & Farooqi, 1984。

特　征　见图2-176。

雌虫体长5.8～7.8mm。黑色，触角黑色，翅基片暗褐色至黑色；足黑色，但前足和中足跗节黄褐色。前翅翅脉褐色，翅面大部分为无色或浅褐色，在缘脉周围及后缘脉下方具褐色斑。头部密布刻点，刻点间隙相对较小且不光滑；触角柄节几乎达中单眼；眶前脊发达，形成典型的马蹄形，眶后脊相对较弱，但清晰。触角柄节约与环状节及1～4索节之和等长；索节第1节最长，其后各节逐渐缩短。胸部背面密布刻点；小盾片长大于宽，末端圆钝，不具凹缘。前翅亚缘脉为缘脉的4倍，后缘脉为缘脉的1.5倍，痣脉极短，仅为缘脉的1/5。后足腿节长约为宽的1.5倍，有3个叶突。腹部呈心形，比胸部略短；第1腹节背板长约占柄后腹的2/5，背面光滑，无纵隆线。

寄　主　鳞翅目昆虫的蛹。

分　布　国内分布于云南。国外分布于印度、越南。

三个叶状凸

1000μm　　　500μm

A. 整虫侧面　　　　　B. 虫体背面　　　　C. 后足腿节至跗节

图2-176　心腹凸腿小蜂 *Kriechbaumerella cordigaster* 雌虫

角头小蜂属 *Dirhinus* Dalman, 1818

头部复眼与触角洼间的额面向前强凸，形成两个特有的具缘角状突；前翅缘脉特长，但后缘脉和痣脉退化；腹部有具细线的腹柄，腹部第1节背板前缘具有或长或短的纵隆线，后足腿节腹缘具排列整齐的小齿，呈圆滑拱起，后足胫节末端斜截，在跗节着生处之后形成1粗短的刺（有时刺较钝），刺的末端与跗节着生处之间仅具1距（常不明显）。

本属寄生蜂主要分布于亚洲、欧洲及大洋洲，主要寄生于双翅目丽蝇科、蝇科、麻蝇科、实蝇科等昆虫。

143. 贝克角头小蜂 *Dirhinus bakeri* (Crawford, 1914)

异　名　*Pareniaca bakeri* Crawford, 1914。

特　征　见图2-177。

雌虫体长2.5～4.3mm。体黑色；触角黑褐色或黑色，翅基片暗褐色，翅无色透明。前足和中足的基节黑色，转节、腿节（除中部黑褐色外）、胫节（除中部黑褐色外）均为棕色，跗节为棕黄色；后足黑色，跗节棕色。头略窄于胸；头部密布刻点，刻点间隙小且隆起、光滑；额面角突圆滑、无凹陷；触角柄节未超出角突端部；眶前脊细、明显，眶后脊缺，侧面观在额侧脊上有2个角突。触角明显棒状，鞭节较短；柄节略短于整个鞭节；索节第1节最长，其后各节渐缩短。胸部背面刻点一般较大，较稀；小盾片长为宽的4/5，后半部近半圆形，中部近圆形区域无明显的大刻点、近光滑，大刻点分布在四周。前翅翅面毛稀少，亚缘脉与缘脉近相等，无后缘脉，痣脉极短，约为缘脉的1/10。后足腿节长约为宽的1.6倍，腹缘在近基部处具1小尖齿，由此至后

500μm

A. 虫体背面　　　　　　　　B. 整虫侧面　　　　　　　　C. 触角与头胸部侧面

图2-177　贝克角头小蜂 *Dirhinus bakeri* 雌虫

端排列密集、整齐的梳齿。腹部略短于胸；腹柄长约为宽的1/4，背面具纵隆线；第1腹节背板长约占腹部的7/10，背基部具8～10条纵隆线，约占第1腹节背板的2/5。

雄虫体长2.1～3.6mm，特征与雌虫相似。

寄　主　蝇科的家蝇、水虻科的 *Sargus metallinus*、寄蝇科的 *Ptychomyia remota* 及一种实蝇 *Dacus incisus*。

分　布　国内见于浙江、湖南、福建、广西、贵州。国外分布于日本、印度、马来西亚、斯里兰卡、菲律宾。

144. 喜马拉雅角头小蜂 *Dirhinus himalayanus* Westwood, 1836

特　征　见图2-178。

雌虫体长4.1～4.7mm。体黑色；触角、翅基片及前、中足腿节和胫节为黄褐色，后足腿节和胫节足均为黑色，所有跗节为黄色；前翅在缘脉和翅痣下方为烟褐色，后翅为无色透明。该虫

A. 虫体背面

B. 整虫侧面

C. 触角与头胸部腹面

D. 后足

E. 翅

图2-178　喜马拉雅角头小蜂 *Dirhinus himalayanus* 雌虫

与烟翅角头小蜂相似，主要区别在于后者前翅完全烟褐色，触角柄节和梗节红褐色。头略窄于胸；头部密布刻点，刻点间隙小且隆起、光滑；侧面观眼眶与额脊平滑无角，额面角突圆滑、无凹陷。触角柄节未超出角突端部；眼眶脊细而明显；触角鞭节较短；柄节略短于整个鞭节；索节第1节最长，等长于第2、3索节之和，其后各节近等长。胸部背面刻点一般较大、较稀；小盾片中部有明显的大刻点，小盾片长小于宽，后半部近半圆形。前翅翅面明显具毛；亚缘脉短于缘脉，无后缘脉，痣脉极短，不及缘脉的1/10。后足腿节长约为宽的1.2倍，腹缘在近基部处具1小尖齿，由此至后端排列密集而整齐的梳齿。腹部略短于胸；腹柄长大于宽，背面具纵隆线；第1腹节背板长约占腹部的4/5，背基部具5～6条纵隆线，约占第1腹节背板的2/5。

寄　　主　带金果蝇、丝光绿蝇、铜绿蝇、家蝇等双翅目昆虫和美国白蛾。

分　　布　国内见于浙江、上海、福建、广西、北京。国外分布于日本、菲律宾、印度尼西亚、巴基斯坦、印度、马来西亚、沙特阿拉伯、伊拉克、美国。

145. 烟翅角头小蜂 *Dirhinus auratus* Ashmead, 1905

异　　名　*Dirhinus pambaeus* Mani & Dubey, 1974；*Dirhinus circinus* Husain & Agarwal, 1981。

特　　征　见图2-179。

雌虫体长3.5～4.1mm。体黑色，但触角柄节和梗节、翅基片、前中足腿节（除中部褐色外）和胫节为黄褐色或红褐色，后足腿节和胫节足均为黑色，各足跗节黄色；前后翅均为烟褐色。该虫与喜马拉雅角头小蜂较相似，区别在于后者翅仅前翅在缘脉和痣脉下方呈烟褐色，触角为黄褐色。头略窄于胸；头部密布刻点，刻点间隙小且隆起、光滑；侧面观额侧脊平滑无角，额面角突圆滑、无凹陷；触角柄节未超出角突端部；眼眶脊细而明显。触角鞭节较短，柄节略短于整个

A. 虫体背面　　　　　　　　　　　B. 整虫侧面

图2-179　烟翅角头小蜂 *Dirhinus auratus* 雌虫

鞭节；索节第1节最长，为第2、3索节之和，其后各节近等长。胸部背面刻点一般较大、较稀；小盾片中部有明显的大刻点，小盾片长小于宽，后半部近半圆形。前翅翅面明显具毛；亚缘脉短于缘脉，无后缘脉，痣脉极短，不及缘脉的1/10。后足腿节长约为宽的1.2倍，腹缘在近基部处具1小尖齿，由此至后端排列密集而整齐的梳齿。腹部略短于胸；腹柄长大于宽，背面具纵隆线；第1腹节背板长约占腹部的4/5，背基部具5～6条纵隆线，约占第1腹节背板的2/5。

寄　主　实蝇科昆虫。

分　布　国内见于海南、福建、台湾。国外分布于菲律宾、印度、巴基斯坦、越南、泰国、斯里兰卡、老挝。

毛缘小蜂属 *Lasiochalcidia* Masi, 1927

头顶背面观很窄，侧面观也显得狭长，具密集的银色长毛；后颊极窄；触角洼浅，边缘不清晰；复眼相对较小、突出；雌虫眼颊距一般较长；胸部背面通常发亮，刻点间常宽且有光泽；前胸背板后缘具1排较密的毛；小盾片后端一般具2齿突；并胸腹节明显向后倾斜，具纵脊；前翅前缘脉与翅前缘分离，后缘脉缺，痣脉不明显。后足胫节末端几乎为直的平截或有些轻微的弯曲，末端具2距；腿节腹缘基部和端部均具宽的圆钝叶突，腹缘从基部齿突至后端具细密梳齿。腹柄很短或不明显；第1腹节背板具明显的基窝，基部无明显纵隆线。

本属分布在亚洲、欧洲及非洲；主要寄生脉翅目（蚁蛉科）和鳞翅目昆虫。

146. 细角毛缘小蜂 *Lasiochalcidia gracilantenna* Liu, 2002

特　征　见图2-180。

雌虫体长4.6mm。体黑色；触角柄节、梗节和第1索节基部红褐色；翅基片褐色；前后翅无色透明，翅脉褐色；前中足的腿节两端、胫节、跗节为红褐色或棕红色；后足腿节和胫节大部黑色，胫节端部和跗节红褐色；体具银色毛。头略宽于胸，密布刻点。触角柄节未达中单眼；眶前脊上半段略明显，眶后脊缺；正面观头顶中部下凹不明显。触角细长，长于头长2倍，不呈明显棒状；柄节在基部膨大，长为其最宽处的8倍，柄节为鞭节长的3/5，第1索节最长，其余各节近等长。前胸背板刻点小，后缘具浓密银白色毛；小盾片长宽相等，后端齿突不明显，并胸腹节具2条明显的中纵脊。前翅亚缘脉长为缘脉的6.5倍；痣脉为缘脉的1/3。后足腿节长接近宽的1.8倍，在腹缘基部1/3处和端部具2个圆钝叶突，从基部至后端叶状突上具1排密集的梳齿。腹部纺锤形、短于胸，长为宽的1.4倍；第1腹节背板长为腹部的2/5，后缘后突；第2腹节背板后端为凹缘。

寄 主 未知。

分 布 国内见于海南、云南。

A. 整虫侧面   B. 虫体背面   C. 后足

图 2-180　细角毛缘小蜂 *Lasiochalcidia gracilantenna* 雌虫

脊柄小蜂属 *Epitranus* Walker, 1834

　　头部前面观在复眼之下强烈收缩，额面无特别的突起；触角着生于颜面很低的位置，在突出于口器之上的唇基板的基部；眶前脊和眶后脊均发达。并胸腹节颇平坦，后缘内凹。前翅缘脉很长，后缘脉缺，痣脉退化；后足胫节末端斜截，在跗节着生处之后形成1粗短的刺（有时刺较钝），刺的末端与跗节着生处之间仅具1距（常不明显）。腹柄甚长，上具细纵隆线；腹部向下凸出，侧扁，腹端尖锐；第1腹节背板占腹部的1/2以上，基缘不呈脊状。

　　本属全世界分布；主要寄生螟蛾科和谷蛾科昆虫。

147. 红腹脊柄小蜂 *Epitranus erythrogaster* Cameron, 1888

特 征 见图2-181。

　　雌虫体长2.9～4.1mm。体黑色，但前胸和中胸背板上的毛多少有些金色；触角柄节和梗节常为棕黄色，鞭节一般暗褐色；翅基片棕色；前翅透明，翅脉褐色。前足和中足为红褐色；后足基节基部和转节、腿节基部和端部及胫节为红褐色，跗节黄褐色；腹部腹面及末端为红色或红褐色。头略宽于胸；眶前脊细、向上渐弱至不明显；眶后脊向后伸达颊区后缘。触角细长，棒状

不明显；柄节与环状节约等长于第1～5索节之和；第1索节最长，其后各节近等长。胸部背面刻点一般较大；小盾片长宽相等，后半部近半圆形。前翅翅面毛较多，亚缘脉为缘脉的1.4倍，痣脉极短，不及缘脉的1/10。后足基节长约为后足腿节的4/5；后足腿节腹缘在近基部处具1较大的尖齿，其后有8～9个分开、较小的齿。腹柄一般长为宽的4.0～5.0倍；第1腹节背板很大，约占腹部的3/4，背面大部分光滑。

寄　主　二化螟、米蛾。

分　布　国内见于浙江、湖南、台湾、福建、广东、广西、云南。国外分布于日本、印度、菲律宾、尼泊尔、斯里兰卡、泰国、老挝、越南、马来西亚、印度尼西亚。

A. 整虫背面

B. 整虫侧面

C. 后足腿节至跗节

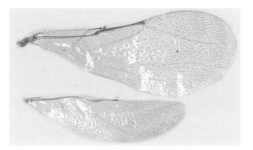

D. 前后翅

图2-181　红腹脊柄小蜂 *Epitranus erythrogaster* 雌虫

小蜂属 *Chalcis* Fabricius,1787

头部额面无特别的突起；触角着生处相对较高，无特别的唇基板；缘脉相对较短，后缘脉发达。腹部具明显的腹柄，腹柄长一般大于宽；并胸腹节气门一般在近垂直方向上拉长。中足胫节端部的距缺或短于胫节端部宽；中足基节外侧具密集的毛；后足胫节末端斜截，在跗节着生处之后形成1粗短的刺，刺的末端与跗节着生处之间仅具1距（常不明显）。雌性肛下板窄或尖角状伸长，几乎达到或超出腹末；雄性最后1块腹片后或多或少呈凹缘。

本属寄生蜂广泛分布于美洲、大洋洲和亚洲；主要寄生水虻科昆虫。

148. 红腿小蜂 *Chalcis sispes* (Linnaeus, 1761)

特　征　见图2-182。

雌虫体长6~7mm。体黑色，触角黑色；翅基片棕色；前中足腿节端部、胫节基端、跗节为红褐色，其他为黑色；后足腿节（除端部）和跗节为红色，其余部分为黑色。前翅烟色，在缘脉和痣脉下方深褐色，翅脉褐色。头略宽于胸；复眼外凸。触角细长，棒状不明显，柄节与环状节约等长于1~3索节之和；第1~3索节近等长，其后各节略短。胸部背面具细而密集的刻点；前胸窄、后缘凹，中胸纵沟明显、前缘前凸、后缘平直；小盾片长略大于宽，近椭圆形，后缘圆钝。并胸腹节倒三角形，两侧具浓密银白毛。前翅翅面毛较多，亚缘脉为缘脉的2.4倍，后缘脉为缘

A. 整虫背面　　　　　　　　　B. 整虫侧面　　　　　　　　C. 头胸部腹面

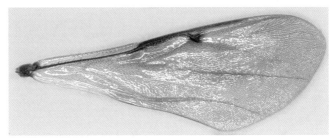

D. 前翅

图 2-182　红腿小蜂 *Chalcis sispes* 雌虫

脉的1.2倍,痣脉约为缘脉的1/3,端部明显膨大。后足基节长约等长于腿节,基节端部背缘有2个刺突(1大1小);腿节长约为宽的1.4倍,腹缘15～17个齿,近基端的齿最大。腹柄长于腹部,长一般为宽的6～7倍,基端有侧突;第1腹节背板长而大,约占腹部的3/5,背面光滑。

寄　主　实蝇科、稻眼蝶。

分　布　国内见于四川、广西、广东、江西。国外分布于欧洲、亚洲、大洋洲及非洲。

广肩小蜂科 Eurytomidae

体微小至中型,体长1.5～6.0mm。体粗壮至长形,通常黑色无光泽,少数带有鲜艳黄色或有微弱金属光泽,常具明显刻纹。触角洼深;触角少于13节,着生于颜面中部;雄虫触角索节上时有长轮毛。前胸背板宽阔,长方形,故名"广肩小蜂"。中胸背板常有粗而密的顶针状刻点,盾纵沟深而完整。并胸腹节常有网状刻纹。前翅缘脉一般长于痣脉;痣脉有时很短。跗节5节;后足胫节具2距。腹部光滑,雌虫腹部常侧扁,末端延伸呈犁头状,产卵管刚伸出;雄虫腹部圆形,具长腹柄。

本科主要寄生于瘿蜂和其他引起虫瘿的昆虫,也寄生于双翅目、鞘翅目、半翅目、直翅目昆虫,通常为单个抑性外寄生,但也有少数为聚寄生、容性内寄生。有些种类是捕食性的,还有一些种类是植食性的。甚至同一种兼有几种食性,如生活于瘿蜂中的褐腹广肩小蜂 *Eurytoma brunniventris* 能直接初寄生于形成虫瘿的瘿蜂,也能重寄生该瘿蜂的寄食者——寄瘿蜂 *Synergus* sp.和寄生瘿蜂的初寄生小蜂,甚至还可取食该虫瘿内的植物组织。植食性的种类主要危害植物的茎或种子,有的危害甚为严重,成为重要的林业害虫。

广肩小蜂科是比较大的类群,广布全世界,全北区发现较多。下分3个亚科,绝大部分种类属广肩小蜂亚科 Eurytominae,全世界已知约79属1200多种(杨忠岐等,2015)。我国分布较广,但缺少系统研究。本书介绍我国稻区常见广肩小蜂2属5种。

中国稻区广肩小蜂科常见天敌分种检索表

(改自:何俊华等,2004)

1.前翅缘脉显著变粗,与后缘脉及痣脉间无昙斑,但有肘脉、基脉等遗脉;雌虫触角11节,索节6节,棒节3节。体黑褐色,前胸两侧具黄褐色斑;胸部较长而匀称;并胸腹节与体轴间倾斜度小,较平坦;后足胫节末端具2距;以竹枝为寄主(竹瘿广肩小蜂属 *Aiolomorphus*)。腹部明显

长于胸部，前翅不伸达腹末端；产卵器长，从腹部第1节末端伸出伸达腹末端 ·················
··· 竹瘿广肩小蜂 *Aiolomorphus rhopaloides*

前翅缘脉不显著变粗，无明显的昙斑和遗脉；触角常具白色毛，雌虫触角少于11节，如为11
节则棒节2节，索节通常5节。体黑色，常相当丰满；颊及后颊下部的后缘具隆脊；翅透明；并
胸腹节与体轴间倾斜度大，显著倾斜；腹部第4节背板长于第3节背板（广肩小蜂属 *Eurytoma*）
··· 2

2. 触角短，鞭节常短于柄节的2倍；索节均长稍大于宽，近方形。腹部与胸部近等宽、等长 ······
··· 栗瘿广肩小蜂 *Eurytoma brunniventris*

触角长，鞭节常长于柄节的2倍；索节均为明显长形或仅第5节近方形 ····················· 3

3. 雌虫头胸为黑色，腹部红褐色；腹部末节明显伸长突出，约占腹部的1/5 ·····················
··· 刺蛾广肩小蜂 *Eurytoma monemae*

雌虫体均为黑色；腹部末节略突出，不及腹部的1/5 ·································· 4

4. 雌虫腹部侧面观拱起高于胸部；前中足腿节及触角柄节（除端部）均为黄褐色；腹部末节较
短，不明显突出 ··· 天蛾广肩小蜂 *Eurytoma manilensis*

雌虫腹部侧面观拱起不高于胸部；前中足腿节中段及触角柄节（除基腹面）为黑褐色；腹部末
端较明显突出 ··· 黏虫广肩小蜂 *Eurytoma verticillata*

广肩小蜂属 *Eurytoma* Illiger, 1807

　　体黑色。雌虫头正面观宽略大于长，下端微窄，颜面常凹陷；颊及后颊下部的后缘具隆脊。
触角着生于颜面中部，常具白色毛，少于11节，如为11节则棒节2节；索节多为5节、线状，棒
节3节，有些种索节为6节，则棒节为2节。胸部相当长，背面膨起，前胸盾片宽2～3倍于长，比
中胸盾片稍短；小盾片卵圆形，膨起。并胸腹节与体轴间倾斜度大，显著倾斜，具大的网状皱
纹，并具窄而深的中纵槽。翅透明，前翅缘脉不显著变粗，常长于痣脉，无明显的昙斑和遗脉。
腹卵圆形，几乎与胸等长，略侧扁而末端尖，腹末节背板往往长，并上翘呈犁头状；腹部第4节
背板长于第3节背板。产卵器微突。

　　雄虫头及胸表面均具顶针状巨型刻点；腹圆形，腹柄长。触角索节5节，似具柄的香蕉状彼
此偏连，并具轮生状长毛；棒节2节。其余特征与雌虫相似。

　　本属全世界广泛分布，其食性复杂，有寄生性，也有植食性。寄生性种类主要初寄生虫瘿昆
虫以及象鼻虫科、豆象科等鞘翅目昆虫，也可初寄生鳞翅目幼虫，重寄生绒茧蜂等膜翅目昆虫。

149. 黏虫广肩小蜂 *Eurytoma verticillata* (Fabricius, 1798)

异　名　*Ichneumon verticillata* Fabricius, 1798；*Eurytoma appendigaster* Swederus: Chen et al., 1982。

中文别名　螟蛉绒茧蜂广肩小蜂。

特　征　见图2-183。

雌虫体长2.8～3.0mm。体黑色；但触角基腹面、各足腿节两端、前中足胫节、后足胫节两端及各足跗节黄褐色。翅透明，脉褐色。头胸部及翅上刚毛浅黄褐色。头、胸部均有较粗大的刻点。头部梯形，与胸等宽或稍宽，上宽下窄。颜面上端略下陷成触角注。触角着生于颜面中部稍上方，位于复眼中部连线上。触角长；柄节长达头顶；索节5节，除末节外均为明显长形，第1索节长且近于宽的2倍；棒节3节，不膨大，末端圆。中胸侧板前端不弯曲；并胸腹节梯形、倾斜、

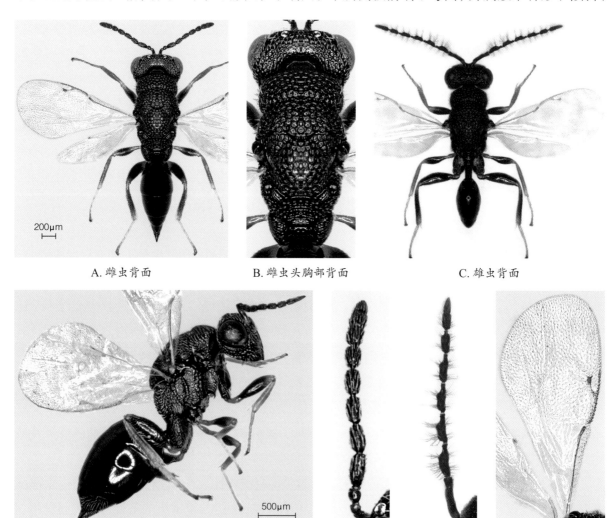

A. 雌虫背面　　　　　　B. 雌虫头胸部背面　　　　　　C. 雄虫背面

D. 雌虫侧面　　　　　E. 雌虫触角　　F. 雄虫触角　　　　　G. 翅

图2-183　黏虫广肩小蜂 *Eurytoma verticillata*

上宽下窄，中央有纵沟槽，槽底有不明显的纵脊。前翅缘脉长于痣脉，而与后缘脉约等长。腹部侧扁，略窄于胸部、光滑，第4腹节略长于第3节；侧面观拱起不高于胸部，以第2、3节最厚，末端延伸略呈犁头状突出，不及腹部的1/5。腹柄呈方形，有皱纹。

雄虫体长2.0～2.5mm；体色、形态与雌虫大致相同。但触角索节间带侧柄呈香蕉状，上多毛；腹柄长于后足基节；腹短小，末端不尖锐；第1、2腹节覆盖腹之大部。

寄　主　范围广，可初寄生或重寄生毒蛾科、尖蛾科、鞘蛾科、茧蜂科、姬蜂科及寄蝇科等科的昆虫。在稻田中，主要重寄生螟蛉悬茧姬蜂、螟黑纹茧蜂、螟蛉脊茧蜂、眼蝶脊茧蜂、稻苞虫皱腰茧蜂、二化螟盘绒茧蜂、黏虫盘绒茧蜂、螟蛉盘绒茧蜂、多丝盘绒茧蜂 *Cotesia* sp.、弄蝶长绒茧蜂、纵卷叶螟绒茧蜂、纵卷叶螟长体茧蜂、黏虫悬茧蜂、黑腹单节螯蜂、稻虱红单节螯蜂等害虫天敌。

分　布　国内见于浙江、江苏、安徽、江西、湖北、湖南、福建、四川、广东、广西、贵州、云南、河南、陕西、河北、北京、吉林、黑龙江。国外分布于日本及欧洲、北美洲等地。

150. 刺蛾广肩小蜂 *Eurytoma monemae* Ruschka, 1918

特　征　见图2-184。

雌虫体长3～4mm。头胸部黑，触角柄节及梗节、上颚、翅基片及足（基节黑色除外）均黄色；触角索节和棒节褐色；腹部红褐色，部分个体腹部背板黑色；翅半透明，翅脉黄褐色。头部颜面中央有1光滑纵脊，自触角间下伸达唇基。触角长；索节5节，均呈明显长形。前翅缘脉长于后缘脉，后缘脉长于痣脉。并胸腹节中央凹陷呈纵槽，槽中央有2条不明显的纵脊。腹与胸等宽，侧扁程度较弱。腹柄横宽，有脊。腹部第4节显著长于其他各节；腹部末节明显伸长突出，约占腹部的1/5，且第5、6节具较长的白毛。

寄　主　黄刺蛾、丽绿刺蛾和一种肩刺蛾 *Thosoa* sp.。本种为盗寄生，据观察，寄生黄刺蛾时，只能利用上海青蜂寄生黄刺蛾时在硬茧上咬开后而填塞的产卵孔洞，产卵于茧内，幼虫孵化后，先杀死上海青蜂幼虫，再取食黄刺蛾幼虫。聚寄生。

分　布　国内见于浙江、天津、江西。国外分布于印度、斯里兰卡。

500μm

图2-184　刺蛾广肩小蜂
Eurytoma monemae 雌虫的侧面

151. 天蛾广肩小蜂 *Eurytoma manilensis* Ashmead, 1904

特　征　见图2-185。

雌虫体长2.8～3.2mm。体黑色，但触角柄节除末端外黄褐色，各足转节、腿节（除后足中段黑色外）和胫节、跗节均黄色或黄褐色；腹部腹板基部略带红褐色，其余黑色；翅透明，翅脉黄褐色。本种与前两种近似，但触角着生于颜面中部的上方，触角洼深，光滑，两侧缘锐利。触角长；索节5节，均长大于宽，第1索节最长，约为宽的1.5倍；棒节长近等长于前2索节之和。前翅缘脉约等长于后缘脉，长于痣脉，痣脉末端略膨大。腹部略侧扁，侧面观拱起高于胸部；第3、4腹节约等长；末节较短，末端延伸不如前两种明显。

寄　主　柳天蛾。

分　布　国内见于江苏。

图2-185　天蛾广肩小蜂 *Eurytoma manilensis* 雌虫的侧面

152. 栗瘿广肩小蜂 *Eurytoma brunniventris* Ratzeburg, 1852

特　征　见图2-186。

雌虫体长2.8～3.0mm。体黑色；但触角黄褐色；各足转节、腿节（除后足腿节中段黑色外）、胫节、跗节和产卵管鞘均黄褐色；翅基片黑褐色。体毛白色。头胸部具脐状刻点；无后头脊；唇基端部中央凹入。触角相对较短，着生于颜面中部；柄节伸达前单眼；梗节短、圆形；索节5节，各节几乎等长，且长仅稍大于宽，近方形；棒节3节，末节收窄，略尖锐；索节和棒节各节具感觉器和白色长毛。胸部隆起，盾侧沟明显，小盾片几乎与中胸盾片等长。并胸腹节具脐状粗刻点，中央稍凹。前翅缘脉约与后缘脉等长，长于痣脉。腹部与胸部近等长、等宽；第4节长于第3节，第5节短，第4节以后每1节上具长白毛。产卵管外露；末端尖。

寄 主 栗瘿蜂。

分 布 国内见于浙江、江西。国外分布于日本、俄罗斯及西欧等地。

A. 整虫背面   B. 整虫侧面

图 2-186 栗瘿广肩小蜂 *Eurytoma brunniventris* 雌虫

竹瘿广肩小蜂属 *Aiolomorphus* Walker, 1871

体黑褐色，前胸两侧具黄褐色斑。雌虫头正面观宽大于高，上宽下窄；复眼长径约为颊长的1.3倍；颜颊缝完整、成脊，颊侧具短脊，颜面两侧及触角洼下具走向唇基聚合的条状刻纹，有的并通往唇基本身；唇基末端光滑，钝圆形，其前端延伸超过口缘沟两侧的颊下缘。触角着生于颜面中部以上，位于复眼下缘连线的上方，两触角间有三角形突起，触角洼两侧呈脊状。触角11节，柄节末端超过头顶；索节6节，第1节长；棒节3节，几乎愈合。胸部较长而匀称；前胸前缘有脊，后缘正中有镶边；中胸盾纵沟前端有1/2存在，后端消失；胸背具半脐状刻点，刻点间距很窄。前翅不伸达腹末端；缘脉明显变粗，有时变厚，有不明显的肘脉、基脉等遗脉，亚缘脉长为缘脉的1.5倍，痣脉略较缘脉的1/3为长，后缘脉为痣脉长的1.5倍。足的胫节短于跗节，后足胫节末端具2距。并胸腹节与体轴间倾斜度小，较平坦，其表面微平，刻纹呈不规则的方形及三角形坑陷，中央纵槽则具少数不规则横走皱褶。腹柄很短，但仍可见。腹部侧扁，明显窄于并胸腹节，但长过头、胸及并胸腹节之和；第4腹节背板长过第1~3节之和。产卵器长，从腹部第1节末端伸出，向后直达腹末端，不上翘。

本属主要分布在亚洲的部分国家和地区；主要以竹子为寄主。我国稻区，尤其在南方稻区，竹子十分常见，该属小蜂也较常见，为便于识别，列入本书。

153. 竹瘿广肩小蜂 *Aiolomorphus rhopaloides* Walker, 1871

特　征 见图2-187。

雌虫体长8~12mm。体黑色，散生灰黄白色长毛；复眼朱红色；触角柄节、梗节、环状节褐色，上颚、下唇须、前胸两侧、各足转节和腿节端部及胫节与跗节、翅基片、翅脉、腹部末端均黄褐色；触角鞭节黑色，各足腿节基部深褐色，后足腿节腹面黑色。翅透明，淡黄褐色，被褐色毛。头梯形、横宽，上端宽于下端。触角着生于颜面中部，位于复眼下缘连线上方；复眼裸；颊长略短于复眼横径，颊缝明显；触角窝明显，颜面、头顶及胸均具大型脐状刻点及刚毛；单眼排列呈钝三角形。后头无脊。触角长、鞭状，12节；柄节略侧扁，长过头顶甚多；梗节短，矮杯状，长宽相等或宽略大于长；环状节短小、横宽；索节6节，均长大于宽，但依次渐短，第1节长约为宽的4倍；棒节3节，第1棒节最长；鞭节各节除被褐色刚毛外还具数个长形感觉孔，越向端部其分布越密。胸部厚实略膨起；前胸大，宽为长的1.5倍；盾纵沟明显，小盾片几乎与中胸盾片等长；并胸腹节平坦，中部下凹有中纵沟。后足胫节2距，内距长；跗节1~4节渐短，第5节与第2节大致等长；爪基具齿。前翅不伸达腹末，后缘脉略短于缘脉，痣脉短于后缘脉；痣脉基部窄、端部宽，肘脉、基脉等遗脉隐约可见。腹柄甚短宽，有脊状刻纹。腹部长于胸部，光滑、柱形略侧扁；第4节最长，末端逐渐收缩呈柳叶刀状。产卵器长，从腹部第1节末端伸出，伸达腹端。

寄　主 为害竹枝，造成虫瘿。

分　布 国内见于浙江、江苏、江西、湖南、福建。国外分布于日本。

A. 整虫背面　　　　　　　　　　B. 虫体侧面　　　　　C. 触角

图2-187　竹瘿广肩小蜂 *Aiolomorphus rhopaloides* 雌虫

长尾小蜂科 Torymidae

　　体一般较长，不包括产卵管长为 1.1～7.5mm，连产卵管可达 16.0mm，个别甚至长达 30mm。体多为蓝色、绿色、金黄色或紫色，具强烈金属光泽，体表常仅有网状弱刻纹或很光滑。触角 13 节，环状节多数 1 节，极少数 2 或 3 节。前胸背板小，背观不易看到；盾纵沟完整，深而明显。前翅缘脉较长，痣脉和后缘脉较短，痣脉上的爪形突几乎接触到前缘。跗节 5 节；后足腿节有时膨大并具腹齿。腹部常相对较小，呈卵圆形略侧扁；腹柄长；第 2 背板常长。产卵管显著外露。

　　本科寄主复杂，因不同的亚科或族而有较大差别。其中大痣小蜂亚科多数为植食性，常危害蔷薇科、松科、柏科和杉科等种子；还有少数为食虫性，单个外寄生于植物致瘿昆虫。在长尾小蜂亚科中，长尾小蜂族大多单独外寄生于致瘿昆虫——瘿蜂、广肩小蜂和瘿蚊等昆虫的幼虫，也有种类寄生鞘翅目、鳞翅目的幼虫及半翅目的若虫；有些种类则属寄食性，产卵入虫瘿，但不在致瘿昆虫幼虫上营寄生生活，而是先把该幼虫杀死，再取食虫瘿中的植物组织，如竹瘿牙长尾小蜂和竹瘿广肩小蜂的关系即如此；还有些种类先与致瘿昆虫（如瘿蜂）幼虫一同生活，而后再将其杀死。螳小蜂族则寄生螳螂卵；单齿长尾小蜂族常在大鳞翅类及叶蜂总科蛹或茧内发现，从鳞翅目蛹内育出的，也可能是重寄生蜂，在鳞翅目蛹内的姬蜂、茧蜂或寄蝇体上营外寄生生活；还可在刚结茧的叶蜂总科、姬蜂总科幼虫体上或刚化蛹的寄蝇、麻蝇围蛹上产卵寄生。此外，从泥蜂科及半翅目同翅亚目昆虫卵内和蚤斯卵外亦曾有发现。

　　长尾小蜂科是中等大小的科，分布较广，已知约 1500 种，分隶大痣小蜂亚科 Megastigminae 和长尾小蜂亚科 Toryminae 2 个亚科。以往还有螳小蜂亚科 Podagrioninae、单齿小蜂亚科 Monodontomerinae 和畸长尾小蜂亚科 Thaumatoryminae 等，现均已降为长尾小蜂亚科的族，长尾小蜂亚科现包括 7 族。我国的研究较少。本书介绍我国稻区常见长尾小蜂 3 属 4 种。

中国常见长尾小蜂科天敌分属检索表

（改自：何俊华等，2004；林祥海，2005）

1. 后足腿节特别膨大，腹缘具 1 列齿，胫节弓形 ·························· 螳小蜂属 *Podagrion*

　后足腿节不特别膨大，腹缘有 1 个明显的齿或无齿 ···························· 2

2. 后足腿节近端部通常无明显的齿；腹部背板后缘不平直，具缺刻 ········ 长尾小蜂属 *Torymus*

　后足腿节近端部有 1 明显的齿；腹部背板后缘平直，无缺刻 ··· 齿腿长尾小蜂属 *Monodontomerus*

螳小蜂属 *Podagrion* Spinola, 1811

雌虫体多具金属闪光,胸常具密刻点。头正面观几乎呈圆形、膨胀,颜面略凹;颊长略短于复眼长径;复眼小,呈卵圆形。触角长,着生于颜面中部;环状节1节;索节7节;棒节大而扁、宽,3节。前胸横长方形,长约为中胸盾片之半;盾纵沟细而浅,三角片大,内端不相接;小盾片略膨起;并胸腹节长,倾斜,具"∧"形叉脊。后足腿节膨大,呈椭圆形并于腹缘有1列锐利的齿;胫节弯曲呈弓形,末端稍呈斜切状并具1细距。前翅缘脉长,痣脉不膨大,后缘脉略较痣脉为长。腹短于胸,略侧扁;产卵器长而直。

本属在非洲区、古北区、东洋区、新北区均有分布。

154. 中华螳小蜂 *Podagrion mantis* Ashmead, 1886

异　名　*Podagrion chinensis* Ashmead: Ishii, 1932; *Podagrion nipponicum* Habu, 1962。

中文别名　日本螳小蜂。

特　征　见图2-188。

雌虫体长3.0~3.5mm。体蓝绿色,带紫色反光。触角褐色,棒节紫黑色。各足基节端部黑褐色;后足腿节蓝褐色,胫节两端黑褐色,其余黄褐色。头前面观近圆形,下端略收缩;颜面长略大于宽,有金属光泽。触角着生于复眼中部水平线上,13节;柄节长达头顶;梗节长大于宽,略短于第1索节;环状节短小;索节第1~3节长略大于宽,第4节方形,第5~7节均宽大于长;棒节膨大、3节,其长超过第4~7索节之和。触角窝不甚显著,单眼排列呈120°钝三角形。前胸背板横长方形,与中胸等宽;中胸盾片的盾纵沟浅而不明显,小盾片近圆形,后端圆;并胸腹节

A. 整虫背面　　　　B. 头胸部背面　　　　C. 整虫侧面　　　　D. 后足

图2-188　中华螳小蜂 *Podagrion mantis* 雌虫

具"∧"形脊。腹部基部狭窄，端部较宽，产卵管较体为长。头、胸具刻点，腹部则光滑无刻点。后足腿节下缘具7～8齿，胫节略弯曲如弓，末端呈斜截状，具1端距。前翅透明，被褐色短毛；后缘脉长于痣脉，短于缘脉。腹部略侧扁，侧面观前端细小而后端膨大。

寄　主　螳螂的卵块。

分　布　国内见于浙江、江苏、四川、广东、云南、广西、福建。国外分布于日本、欧洲、美国。

齿腿长尾小蜂属 *Monodontomerus* Westwood, 1833

雄虫头正面观宽大于长，颜面略瘪，颊短，复眼具密毛，大、卵圆形。触角着生位置略高于复眼下缘连线，长且粗，具环状节1节及索节7节。胸膨起，前胸背板长短于中胸盾片之半；盾纵沟清晰；小盾片隆起，末端圆。并胸腹具中脊。中胸后侧片后缘直，无缺刻。头、胸具皱纹刻点。后足腿节腹缘近末端具1锐齿。前翅后缘脉长于痣脉；第1腹节背板后缘横切状（雌雄一致）。产卵器短于体长。

本属在全北区、新热带区、东洋区均有分布。

155. 黑腹齿腿长尾小蜂 *Monodontromerus nigriabdominalis* Lin, 2005

特　征　见图2-189。

雌虫体长1.2～4.0mm。体蓝黑色，具金属光泽；触角深褐色，前、中足腿节褐色，后足腿节腹部黑色，具紫色反光。头胸部具网状刻纹。头背面观，宽为长的2倍，被白色短毛；单眼排列呈钝角三角形；后头脊明显。触角着生于眼下缘连线之上；唇基前缘突出。触角柄节圆柱形，长不及中单眼；索节第1节短于柄节和之后的索节，后续索节长度近相等。胸部侧面观略隆起，前胸长接近不及中胸的1/2，前胸背板马鞍形；中胸盾片隆起，具粗刻纹，前端隆起比较显著；盾纵沟明显；三角片具明显刻纹，小盾片长略大于宽，小盾片前端具较密的网状刻纹，侧缘具大刻点，刻点不消失中断。并胸腹节具刻纹，后端收缩成颈状，中央有"V"形中脊。前翅缘脉长为亚缘脉的1/2，但长于后缘脉，后缘脉又长于痣脉，痣脉不膨大。后足腿节腹缘具1尖齿，后足胫节具2个不等长的距。腹部近圆柱形，无腹柄，腹长大于宽的2倍；第1腹节背板长于其他各节，后缘平直，具紫色反光，第3节开始每节端缘具白毛。产卵器近于腹部等长。

寄　主　松叶蜂、松毛虫蛹。

分　布　国内见于浙江、广东、四川、湖北。

A. 整虫背面 　　　　　　　　　　　　 B. 整虫侧面

C. 虫体背面 　　　　　　　　　　　　 D. 后足

图2-189　黑腹齿腿长尾小蜂 Monodontromerus nigriabdominalis 雌虫

长尾小蜂属 *Torymus* Dalman, 1820

　　雌虫中胸侧板后缘具缺刻（即不平直）；后足腿节通常无齿状突。头正面观横宽；上颚不大，具3齿；颜面略瘪，颊不长。复眼大，卵圆形。触角着生于颜面中部，线状，索节长大于宽，几呈长方形，环状节短小。胸微膨起，适当长；前胸短，长约为中胸盾片之半。盾纵沟深，小盾片长卵圆形，膨起；并胸腹节略倾斜、短而平滑。足长，后腿节不特别膨大。前翅痣脉短，末端略微变粗，后缘脉长于痣脉。腹与胸约等长。产卵器常长过体。

　　本属在世界广布。多寄生瘿蚊、瘿蜂及叶蜂虫瘿，有些为害蔷薇科果树的种子。

156. 栗瘿长尾小蜂 *Torymus sinensis* Kamijo, 1982

　异　名　*Torymus geranii*: Zhu, 1988。

　中文别名　中华长尾小蜂。

　特　征　见图2-190。

　　雌虫体长2.2～2.5mm。体蓝绿色，具金属光泽，局部紫色。触角柄节、前、中足基节至跗节黄褐色，后足腿节同体色，其余黄褐色（有时胫节中部为蓝绿色）。翅透明。触角梗节、鞭节、翅基片、跗节末节及产卵管鞘紫黑褐色或黑褐色。头背观横宽，宽为长的1.6倍。触角着生于颜面中部的上方。触角13节，柄节柱状，长不达前单眼；梗节卵圆形，长1.5倍于宽；环状节1节，短小；索节7节，由基向端逐渐变宽变短，第1～3索节长均大于宽，第1节最长，第4～7节近方形；棒节3节稍膨大。胸长为宽的2倍。前胸背板窄，中胸盾片宽大于长，具细横网纹；盾纵沟完整；小盾片长大于宽；并胸腹节陡斜，中央光滑无中脊。腹长卵圆形，长大于宽，略侧扁。腹部各节背板后缘具凹刻不平直。产卵管鞘粗壮，长于腹部的2倍。前翅前亚缘脉长于缘脉，后缘脉长于痣脉，痣脉末端膨大略近球形；后足胫节末端具2距，内距长不及基跗节之半；基跗节长与第2～5跗节约相等。

寄　主　栗瘿蜂幼虫。

分　布　国内见于浙江、辽宁、北京、河北、山东、河南、陕西、安徽、江西、湖南、广西、云南。国外分布于日本。

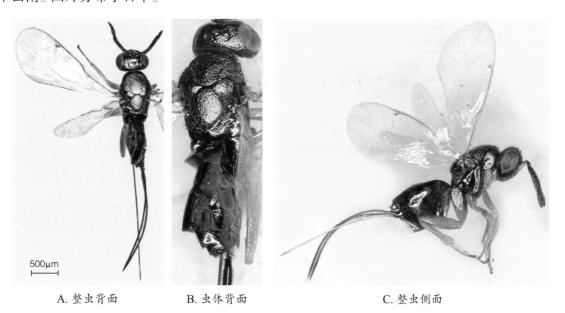

A. 整虫背面　　　　B. 虫体背面　　　　C. 整虫侧面

图2-190　栗瘿长尾小蜂 *Torymus sinensis* 雌虫

157. 褐斑长尾小蜂 *Torymus fuscomaculatus* Lin & Xu, 2005

特　征　见图2-191。

雌虫体长2.5～2.9mm。体蓝绿色，具金属光泽。触角柄节黄褐色，梗节及索节黑褐色；胸部均为蓝绿色，腹部第1节基部蓝绿色，末端及第2、3节黄褐色，第4节绿色，其后均为深蓝绿色；足除后足基节端部黄绿色带金属光泽，其余均为黄褐色。头背观宽为长的2.5倍；单眼区呈钝三角形。触角柄节伸达前单眼，圆柱形；梗节长过于宽，但较第1索节短；各索节均长于其宽，仅末索节方形；棒节3节，稍长于第6、7索节之和，稍宽于末索节。胸部长为宽的2倍；中胸盾片

及小盾片稍隆起；小盾片长为宽的1.5倍，横沟不明显。前翅长约为宽的2.8倍；亚缘脉上具排列整齐的刚毛；亚缘脉长于缘脉、后缘脉长为痣脉的2倍，痣脉末端膨大略近球形。腹部背面观长卵圆形，略侧扁；产卵器短于体长，约与腹部等长。

寄　主　未知。

分　布　国内见于浙江、湖南、贵州。

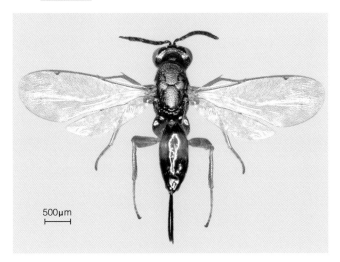

A. 整虫背面

B. 整虫侧面

图2-191　褐斑长尾小蜂 *Torymus fuscomaculatus* 雌虫

棒小蜂科 Signiphoridae

体微小，长0.7～1.0mm；多少扁平。常完全黑色，有时橘黄色或黄色，有光泽。触角4～7节，着生于口缘或略上方；棒节长而不分节，索节（有时称环状节）1～4节。中胸小盾片极宽，前后缘几乎平行，无纵脊；三角片与小盾片不明显分开，形成1横带；并胸腹节具1大而特别的三角形中区。后胸悬骨常远伸进腹部。翅发达，缘毛通常较长；翅常暗色，有无毛的圆斑；前翅缘脉很长，约与亚缘脉等长；后缘脉和痣脉不发育或退化；后翅中区几乎无毛。足的胫节上常有明显的刺；中足胫节距长，有刺或叶状的齿；跗节5节。腹部宽阔无柄，产卵器通常隐藏。

本科一般为内寄生，寄生于介壳虫、粉虱和木虱上的小蜂成为重寄生。亦寄生蝇蛹，常为单寄生，某些种可聚寄生于跳小蜂。以老熟幼虫或蛹在寄主残体内越冬。

棒小蜂科为膜翅目中种类数量较少的科，已知4属75种，新热带区常见；我国已至少报道2属4种。本书介绍我国稻区常见棒小蜂1种。

卡棒小蜂属 *Chartocerus* Nikolskaya, 1859

雌虫头前面观圆形，额顶宽，复眼不大，颊略长于复眼直径，上颚2齿，下颚须2节，下唇须1节。触角着生于口缘附近，具4环状节及长形棒节。前胸背板短，小盾片横宽，三角片左右互相远离。前翅在缘脉的下方及翅端部常呈暗色，缘毛长约为翅最宽处的1/3，痣脉短，呈圆锥形。足不长，中足胫节末端之距具6～8齿，距长几与第1跗节相等，第1、2跗节长度约相等，腹长于头胸合并之长，产卵器稍外露。雄虫触角具3环状节，棒节特别长，长于雌虫。

本属世界分布寄主，主要寄生蚧虫及蝇类 *Leucopis* 属的蛹。

158. 福建卡棒小蜂 *Chartocerus fujianensis* Tang, 1985

特　征　见图2-192。

雌虫体长0.98～1.08mm。黑褐色，触角暗黄褐色。足除基节和腿节褐色外，其余黄色至淡褐色。前翅透明，基部和端部有烟褐色横带，后翅透明，端缘淡烟褐色。头部背面观，其宽度约为长度的2.5倍。额的长度约为头宽度的0.5倍，稍大于本身宽度。单眼呈钝角三角形排列，上颚具2齿，上端齿与下端齿大小几乎相等。触角柄节的长约为宽的5.5倍；梗节的长度为宽度的2.5倍；索节4节，第1节环状，最小，第2、3节约等长，第4节最长，其长度约为第3节的1.5倍；棒节长为宽的5倍，其背面和腹面各具线状的感觉孔。中胸背板宽度约为长度的2倍。每个翅基片上均具1根刚毛。前翅长约为宽的3倍，翅缘毛长为翅最宽处的2/3，缘脉比亚缘脉短，缘脉上具鬃毛。后翅中央在缘脉端部具1根鬃毛，后翅长约为翅最宽处的5倍。中足胫节长约为第1跗

A. 整虫背面　　　　　B. 头胸部背面　　　C. 触角

图 2-192　福建卡棒小蜂 *Chartocerus fujianensis* 雌虫

节的1.8倍，胫距外缘具长刺，胫距长稍短于基跗节。腹部稍长于胸部。产卵器稍外露；下生殖板前缘内凹，后缘中央具1圆锥状突出。

寄　主　堆蜡粉蚧。

分　布　国内见于福建。

蚁小蜂科 Eucharitidae

体型中等，长约5mm，具金属光泽，有时杂以黄绿色，少数纯黄色，形态变化较大。头凸透镜状，上颚呈镰刀状，基部具齿。触角10～14节，柄节短，无环状节，亦不呈膝状。胸部显著膨大，驼状，前胸背板自背面观几乎看不到，小盾片显著隆起，末端常具齿或相当长的突起。腹具长柄，多侧扁，第1腹节长，往往遮盖其余腹节。足细长；前翅痣脉短并往往不清晰。产卵器不突出。

本科以蚁的幼虫或蛹为寄主，以闯蚴附着蚁体带入蚁巢，行寄生生活。

蚁小蜂科多产于热带，已知近30个属150余种，但我国知之甚少。蚁小蜂属 *Eucharis* 及分盾蚁小蜂属 *Stilbula* 较常见。本书介绍我国稻区常见的分盾蚁小蜂属1种。

分盾蚁小蜂属 *Stilbula* Spinola, 1811

雌虫头正面观三角形，宽显著大于长，背面观头胸几等宽。复眼不大，圆形；颊短于复眼长，雌雄两性触角均12节，细长，柄节甚短，各索节则常长大于宽。胸部往往具浅圆形皱刻点；盾纵沟清晰；小盾片显著隆起，末端分裂为左右2个尖锐分叉，三角片相互远离；腹柄长且细。

本属已知约10种，稻田中常见1种。

159. 分盾蚁小蜂 *Stilbula* sp.

特　征　见图2-193。

雌虫体长4～5mm。体墨绿色并有铜色金光，但触角棒节、梗节和第1、2索节、上颚和下颚须、下唇须、翅基片、足转节至跗节、腹柄、腹部腹面均黄色至黄褐色；腹部背面黑色，带紫色光泽，腹侧各有2条褐色带伸入腹面黄褐色区。复眼紫褐色。翅脉褐色。头与胸等宽，头顶、颜面均有围绕触角的环形细刻纹，颊及后颊亦有类似的刻纹。触角着生于颜面中部，12节，第1索节长为宽的2～3倍。上颚呈镰刀状，具3齿，平时左右相交合。复眼小，突出；颊长约等于复眼横径，头顶宽而薄；单眼排列呈约140°钝三角形，侧单眼至中单眼及至复眼等距。胸部及并胸腹节具大型网状刻纹；前胸背板不显著，中胸盾片及小盾片均膨起，盾纵沟明显，三角片不互相接触；小盾片上可见1背盾沟，末端具叉状突出，其基部窄而分叉部分稍扩张。并胸腹节相当长，几与体轴呈垂直方向。腹柄细长不呈扁平状；腹部光滑，呈橄榄状略侧扁。产卵器隐蔽不露出。

寄　主　未知。

分　布　国内见于广西。

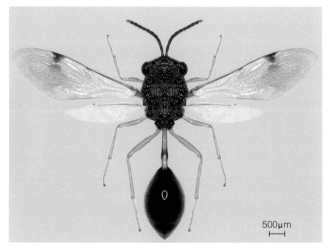

A. 整虫背面　　　　　　　　　　　　　　B. 整虫侧面　　　　C. 触角

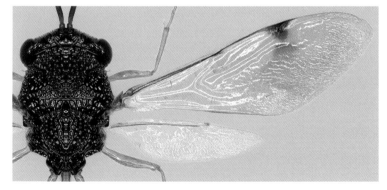

D. 头胸部背面及翅　　　　　　　　　　　E. 头胸部侧面

图2-193　分盾蚁小蜂 *Stilbula* sp. 雌虫

褶翅小蜂科 Leucospidae

体长2.5～16.0mm。其中包括小蜂总科中体型最大的种类。体粗壮，多黑色夹有黄纹。头部的刻点粗而密。复眼大，内眶多凹陷。触角13节；无环状节，索节8节，棒节3节。前胸宽大，背面常具横脊。中胸盾片多光滑，盾纵沟浅；小盾片后缘圆形或平截。后足基节长，近圆柱形，腿节膨大，腿节腹缘具锐齿；胫节弓形，端部尖锐；跗节5节；前、中足爪栉状，后足爪简单。前翅在蜂休止时纵叠，可见原始翅脉痕迹；缘脉甚短，后缘脉甚长，痣脉长于缘脉，端部有1爪状突。腹部具宽柄；第1节极退化，第2和第5节大。腹端部钝圆。产卵管鞘长，弯向腹部背面，长的末端可伸达胸部，腹部背面中央常有1容纳产卵管的纵沟。

本科是独栖性蜂类如蜜蜂总科、胡蜂科、蜾蠃科和泥蜂科等的外寄生蜂。成虫常在伞形花科和菊科植物上取食花蜜，也常见在橡柱中有木蜂危害的孔洞中进出。其产卵管弯向背面，较为特殊，产卵时一般弯曲腹部，借助肛下板的作用，引导产卵管刺穿寄主巢内。卵孵化后，1龄虫先寻找寄主幼虫取食寄主。

褶翅小蜂科寄生蜂各大洲均有分布，但多产于热带和亚热带地区。世界已知6属134种，主要是褶翅小蜂属 *Leucospis*，已知114种；在我国已记载12种（Ye et al., 2017）。本书介绍我国稻区常见的褶翅小蜂1属2种。

褶翅小蜂属 *Leucospis* Fabricius, 1775

雌虫头正面观横宽或呈三角形。头顶圆，颊常长。下颚须4节，下唇须3节，均细长，上颚宽大具3齿。复眼大，触角13节，约着生于复眼中部连线水平。胸常短于腹，前胸几与中胸盾片等长，并常沿横截状的后缘附近具1～2横脊，小盾片隆起，末端圆；后胸相对长，有时几乎与并胸腹节等长，后缘直或具2齿。翅透明无色或呈暗色，痣脉与缘脉约等长，后缘脉长。产卵器长且自腹部末端向上翻转至腹部背面，有的可伸达小盾片末端。

160. 束腰褶翅小蜂 *Leucospis petiolata* Fabricius, 1787

异　名　*Leucospis indiensis* Weld, 1922。

特　征　见图2-194。

雌虫体长9～13 mm。体黑色，但触角柄节基部黄色，前胸前后缘有细的黄色条带，前足腿节端部背缘和胫节背缘、中足胫节背缘均黄褐色，后足胫节背缘和腿节背缘端部至近基部的镰刀形斑以及各足跗节均为黄色。腹柄及腹部第1～3节棕褐色。前后翅均匀烟褐色，翅脉黑褐色。颜面长略大于宽，前颊收窄，具短黄毛；下唇黄色，大而厚，两瓣端部弯曲呈"儿"字形。触角12节，第1索节倒锥形，短于其他各节，其余各节圆柱形，近乎等长。前胸背板具带鬃刻点，近后端具1横脊；中胸盾片较前胸的粗糙，小盾片后端圆钝；并胸腹梯形，中间及两侧覆盖有浓密的黄褐色毛。后足背缘无刺突；腿节长不及宽的2倍，刻点细致，腹缘具齿9个，第1齿短于第2～4齿，且互相分开，其余各齿较小且靠拢在一起。前翅可纵褶。腹部背观在腹柄窄于柄后腹，腹部中部膨大，后端收窄；第2腹节背板最长，占腹长的1/3。产卵管长，弯向背方达第2腹节背板。

寄　主　未知。

分　布　国内见于广东、福建、香港。国外分布于斯里兰卡、印度、孟加拉国、缅甸、泰国、马来西亚、印度尼西亚、菲律宾等国。

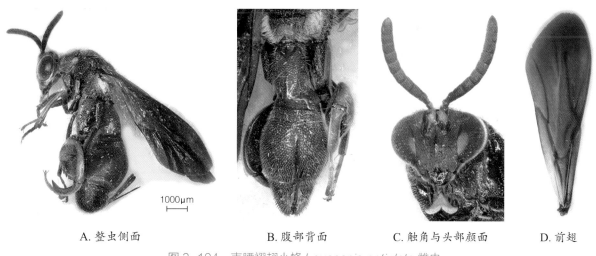

A. 整虫侧面　　　　　　B. 腹部背面　　　　　C. 触角与头部颜面　　　D. 前翅

图 2-194　束腰褶翅小蜂 *Leucospis petiolata* 雌虫

161. 褶翅小蜂 *Leucospis* sp.

特　征　见图 2-195。

雌虫体长8～12mm；体黑色，前、中足腿节端部和胫节基部及端跗节黄褐色，后足基节后端1/3、腿节背缘端部和近基部的1大镰刀形斑以及各足跗节均为黄色，并胸腹节后缘黄色，腹柄基部两侧黑色，其余黄色，第2腹节末端有1圈黄色带斑。前翅均匀烟褐色，翅脉黑褐色。头与前胸背板缘约等宽；颜面长略大于宽，具细皱纹。触角12节；第1索节长约为梗节的1.5倍，第2～4索节近等长，之后各节渐短；棒节锥形。前胸背板具带鬃的刻点，近后端具1横脊；中胸盾片较前胸粗糙，小盾片后端圆钝；并胸腹节两侧较宽，具刻皱，其边缘呈弧形。后足基节刻点均匀，背缘无刺突；腿节长不及宽的2倍，刻点细致，腹缘具齿9～12个，第1齿小，第2～5齿粗

大、互相分开，其余各齿较小且靠拢在一起。前翅可纵褶。腹部背观，柄腹宽于腹部第1节，腹部中部膨大，末节收窄；第2腹节背板最长，占腹长的2/5；产卵管长，弯向背方，末端接近第2腹节背板前缘。

寄　主　未知。

分　布　国内见于浙江、湖南。

A. 整虫背面

B. 整虫侧面

C. 后足（示腿节腹缘的齿）

图2-195　褶翅小蜂 *Leucospis* sp. 雌虫

（二）柄腹柄翅小蜂总科 Mymarommatoidea

　　柄腹柄翅小蜂总科于1993年由柄腹柄翅小蜂科提升为总科（Gibson，1993）。其主要特征是体型微小，现存种类体长在0.7mm以下。无触角下沟；前胸背板不达翅基片，胸腹侧片常存在；触角多少呈膝状，常少于14节；前翅具长翅柄和长缨毛，翅脉退化，无翅痣，翅面具网形纹的气泡状刻纹；后翅退化成简单柄状。足的转节常2节。腹柄长，有2节；腹部腹面坚硬骨质化，无褶；雌虫腹末腹板具纵裂，产卵管从腹部末端的前面伸出。

　　本总科是一类十分稀少的微型寄生蜂种类。包括柄腹柄翅小蜂科 Mymarommatidae 和 Gallorommatidae，但仅前者有现存种类，后者仅见于化石种类。

柄腹柄翅小蜂科 **Mymarommatidae**

体小而纤细，0.35～0.70mm长；腹柄节2节；口腔宽大，与头宽相当；上颚强大，末端不相接；两触角窝接近，位于两复眼之间的上方；雌性触角10节，雄性触角13节；前翅具明显的翅柄，翅面宽大，密具网状纹，缘毛极长；后翅退化呈简单柄状；足跗节5节；后胸背板与并胸腹节之间没有隔缝（林乃铨，1994）。

本科寄主尚不清楚，有学者根据该科昆虫的形态特征、标本采集的场所等推测可能以啮虫目昆虫卵为寄主。

柄腹柄翅小蜂科全世界已知5属20种，其中2属7种仅见于化石，其余3属13种包括化石种和现存种（Hunber et al.，2008），我国现存种已知仅2种。该科种类虽少，但广布世界各大洲，可能是个体微小，没能引起人们的注意（林乃铨，1994）。本书介绍我国稻区常见柄腹柄翅小蜂1种。

柄腹柄翅小蜂属 *Mymaromella* Girault, 1931

前足胫节距长、弯曲、顶端分叉；后头具侧刚毛；雌虫触角棒节具2～3个感觉器，常或多或少位于内侧，有时在背侧1/3；后胸背板一般与并胸腹节愈合。

162. 赵氏柄腹柄翅小蜂 *Mymaromella chaoi* (Lin, 1994)

异 名 *Palaeomymar chaoi* Lin, 1994。

中文别名 赵氏柄腹缨小蜂。

特 征 见图2-196。

雌虫体长0.39～0.49mm；全体黄褐色，但各足、腹柄节淡黄色。前翅透明，网状纹淡灰色。头部正面观扁圆形，宽大于高，头顶不明显收窄；单眼3只；复眼椭圆形，占头高的1/2，眼大而明显。两触角窝紧接，位于两复眼上沿连线之上方。口腔宽大，与头部等宽；上颚2齿，内侧齿小。触角细长，柄节长纺锤形，长为梗节的1.5倍；梗节圆锥状，为第1索节的2.5倍；索节7节，各索节均长筒形，第1、2索节近等长、最短；第3、4索节延长，第5～7索节明显较长，以第6索节为最长索节；棒节1节，显著膨大为纺锤形，长度近等于第4～7索节之和；各索节上纤毛依次渐增，第5～7节具轮生纤毛，端棒节密被纤毛。前胸背板小而不明显，中胸盾片显著隆起，具粗网纹；小盾片不明显凹陷，具网纹；后小盾片横形，具纵纹；并胸腹节背面具粗网纹；胸部侧面

基本光滑。前翅基部为1细柄，约占翅长的1/4，端部翅面极度宽阔，具细网状纹；翅长为翅面最宽处的2.7倍；翅脉短厚，前缘略突出，长度等于翅长的1/5；翅面具粗短刺毛，仅近前后缘各1列刺毛排列规则，其余散乱分布；翅缘毛在翅面基半部粗短，端半部极长，最长者为最宽翅面的1.1～1.2倍。后翅退化为端部分叉的小柄，长约为前翅翅脉的3/5，前缘具3毛，后缘1毛。足较细长，基节近锥状，转节筒形，腿节长棒状，中部略膨大；胫节细长，端部稍膨大；前足胫节末端内侧具1弯形分叉的刺状端距，基跗节具栉毛。腹部腹柄节2节，均长圆筒形，光滑无刻纹；后腹柄节长度仅及前腹柄节的1/2。柄后腹卵圆形；第7腹板后缘中部具1列8根长刚毛，臀突鬃具4根短毛。产卵器较短，稍短于腹长的1/2，端部不露出腹末。

寄　主　未知。

分　布　国内见于福建。

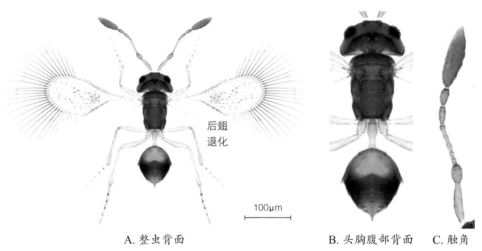

100μm

A. 整虫背面　　　　　　　　　　B. 头胸腹部背面　　　C. 触角

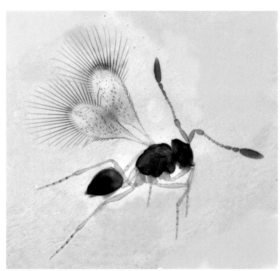

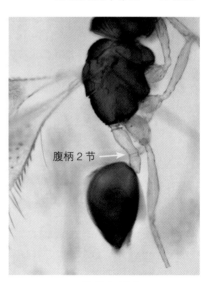

腹柄2节

D. 整虫侧面　　　　　　　　　　E. 胸腹部侧面

图2-196　赵氏柄腹柄翅小蜂 *Mymaromella chaoi* 雌虫

（三）姬蜂总科 Ichneumonoidea

姬蜂总科特征主要为：①成虫上颚一般具2齿，触角多在16节以上。②前胸背板伸达翅基片。②胸腹侧片与前胸背板侧缘垂直方向愈合，中胸气门位于胸腹侧片正上方。③腹部第1腹板分成两部分，前半部分骨化程度高，后半部分骨化程度低；腹部第1、2节通过位于第1背板端缘和第2背板基缘的背侧关节相连接。④前翅前缘脉发达，近贴亚前缘脉；前缘室常缺，或窄于前缘脉宽度；2r-m脉缺；⑤幼虫具口后骨腹支（Sharkey和Wahl，1992）。此外，头（含触角）、胸（含翅、足）、腹（含生殖器）的结构是姬蜂总科昆虫形态识别和分类鉴定的重要特征，掌握各部分的结构是种类识别的基础。为便于使用，现概要介绍如下。

姬蜂总科的头部分区、名称见图2-197。

姬蜂总科的胸部与并胸腹节为"中枢"，背面和侧面主要结构见图2-198。

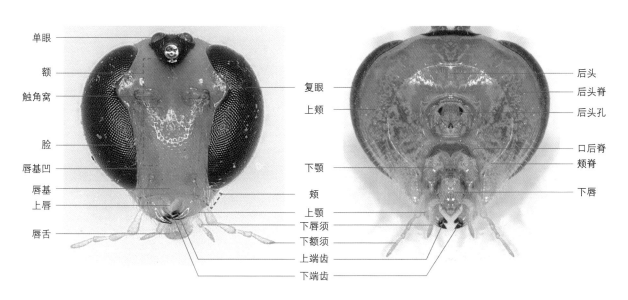

A. 广黑点瘤姬蜂 *Xanthopimpla punctata*

B. 黄愈腹茧蜂 *Phanerotoma flava*

图2-197　姬蜂总科头部（A）和触角（B）的结构

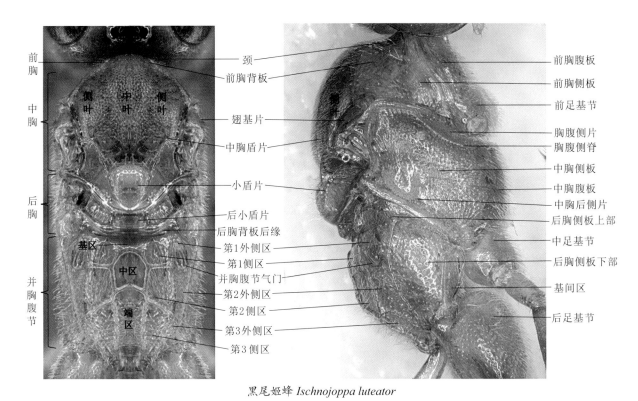

黑尾姬蜂 *Ischnojoppa luteator*

图 2-198　姬蜂总科的胸部结构

　　姬蜂总科昆虫的翅脉发达，是最重要的分类特征之一，不同分类学家采用的翅脉系统并不统一。目前茧蜂科多采用的是 van Achterberg"修改的 Comstock-Needham 翅脉系统"，见图

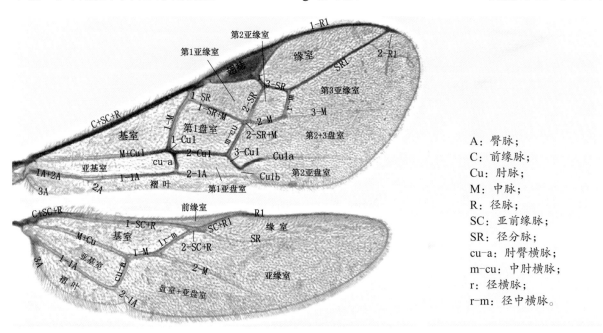

A：臀脉；

C：前缘脉；

Cu：肘脉；

M：中脉；

R：径脉；

SC：亚前缘脉；

SR：径分脉；

cu-a：肘臀横脉；

m-cu：中肘横脉；

r：径横脉；

r-m：径中横脉。

斑痣悬茧蜂 *Meteorus pulchricornis*

图 2-199　茧蜂科修改的 Comstock-Needham 翅脉系统（仿 van Achterberg,1979）

2-199。而姬蜂科则普遍采用Townes（1969）的翅脉系统，见图2-200，有时混用，需特别注意。

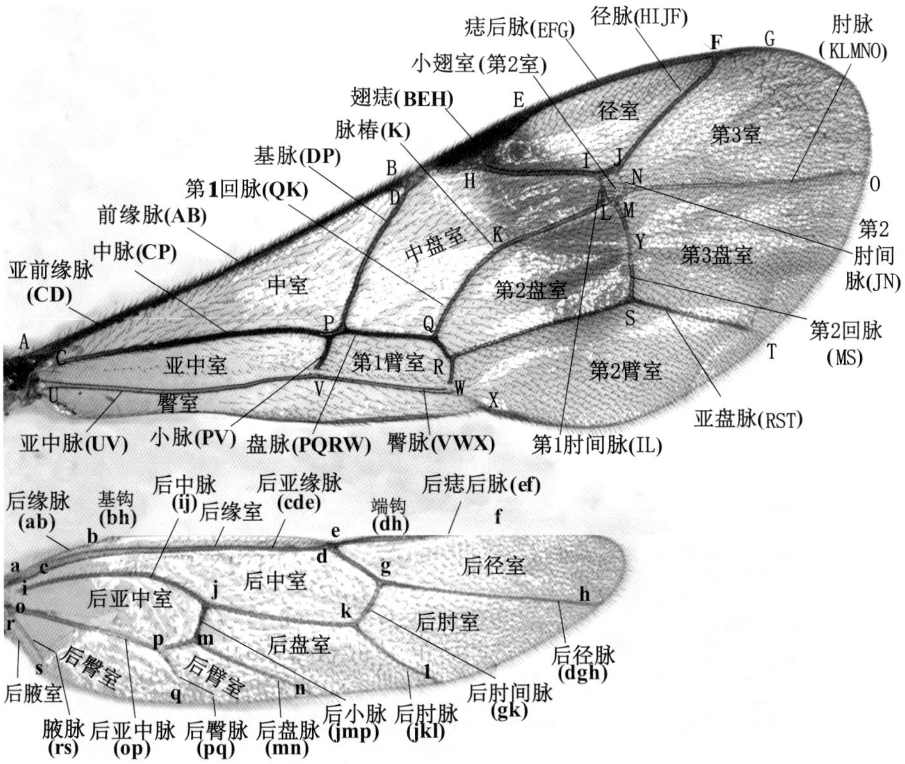

图 2-200 中的标注：

径脉(HIJF) 肘脉(KLMNO) 痣后脉(EFG) F G 小翅室(第2室) E 径室 第3室 翅痣(BEH) 脉椿(K) B 基脉(DP) D H I J N O 第1回脉(QK) 中盘室 K 第2肘间脉(JN) 前缘脉(AB) M 中脉(CP) 第2盘室 第3盘室 亚前缘脉(CD) L Y 第2回脉(MS) A C P Q S 第2臂室 U 亚中室 第1臂室 R W T 亚盘脉(RST) 臀室 V X 亚中脉(UV) 小脉(PV) 盘脉(PQRW) 臀脉(VWX) 第1肘间脉(IL)

后缘脉(ab) 基钩(bh) 后中脉(ij) 后亚缘脉(cde) 后痣后脉(ef) 后缘室 端钩(dh) f b 后径室 a c e d g h 后中室 i o 后亚中室 j k 后肘室 r 后盘室 p m 后径脉(dgh) s 后臂室 q n l 后肘间脉(gk) 后腋室 后小脉(jmp) 后肘脉(jkl) 腋脉(rs) 后亚中脉(op) 后臀脉(pq) 后盘脉(mn)

横带驼姬蜂 *Goryphus basilaris*

图 2-200 姬蜂科的翅脉系统（仿 Townes，1969）

后足各节长度、长宽比、颜色、是否具刺以及转节节数、跗节节数、距的长度与颜色、爪的颜色及爪间垫等均是重要的形态分类依据，见图2-201。

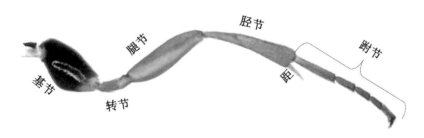

胫节 腿节 跗节 基节 转节 距

二化螟盘绒茧蜂 *Cotesia chilonis*

图 2-201 姬蜂总科的后足

各腹节的长度、长宽比、表面皱褶、颜色，是否具腹柄与柄节长度、腹面膜质化，以及腹节间是否固定等通常用作形态分类鉴定的依据，见图2-202。

A. 中华阿蝇态茧蜂
Amyosoma chinense

B. 混腔室茧蜂
Aulacocentrum confusum

C. 浙江合腹茧蜂
Phanerotomella zhejiangensis

D. 黄斑丽姬蜂
Lissosculpta javanica

E. 广黑点瘤姬蜂
Xanthopimpla punctata

F. 强脊草蛉姬蜂
Brachycyrtus nawaii

图 2-202　姬蜂总科常见种类的雌虫腹部背面观

目前姬蜂总科仅含有茧蜂科 Braconidae 和姬蜂科 Ichneumonidae 两个科。

中国常见姬蜂总科天敌分科检索表

前翅一般仅具 1 条回脉，第 2 回脉缺而第 2 盘室开放；第 1 亚缘室（或称第 1 肘室）与第 1 盘室通常由 1-SC+M 脉分开为 2 个室（图 2-199、图 2-203 A）腹部第 2、3 背板愈合不能自由活动。体长多在 7mm 以下；单寄生或聚寄生 ······················· 茧蜂科 **Braconidae**
前翅常具 2 条回脉，第 2 盘室闭合；无 1-SC+M 脉，第 1 亚缘室（或称第 1 肘室）与第 1 盘室合并成为盘肘室，其他翅脉很少退化（图2-200、图2-203B）；腹部各节均可自由活动。体长多在7mm以上；多为单寄生 ••• 姬蜂科 Ichneumonidae

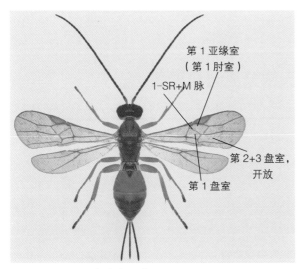

A. 黄胸光茧蜂 *Bracon isomera*　　　　　　　B. 无斑黑点瘤姬蜂 *Xanthopimpla flavolineata*

图2-203　茧蜂科（A）和姬蜂科（B）的雌成虫

茧蜂科 Braconidae

体小型至中等大，体长2～12mm居多，少数雌虫产卵管长等于或数倍于体长。触角丝形，多节。翅脉一般明显，前翅具翅痣；常有1-SR+M脉而将第1亚缘室（或称第1肘室）与第1盘室分开；绝无第2回脉（2m-cu），第2、3盘室合并且开放r-m脉（第2肘间横脉）有时消失；后翅前缘脉上缺连锁功能的翅钩，端翅钩基方缺翅桩见图2-199。并胸腹节大，常有刻纹或分区。腹部圆筒形或卵圆形，基部有柄、近于无柄或无柄；第2、3腹背板愈合，虽有横凹痕，但无膜质的缝，不能自由活动。产卵管有鞘。

茧蜂科Braconidae是种类最丰富的寄生昆虫科之一，也是膜翅目的第二大科，据估计世界上至少有40000种。不少种类相似性较高，加之很多类群个体微小，分类难度较大，不同研究者的分类鉴定结果常不一致，给种类的确定带来困难。

我国稻田及周边栖境常见茧蜂科天敌有16亚科：茧蜂亚科Braconinae、小腹茧蜂亚科Microgastrinae、长体茧蜂亚科Macrocentrinae、内茧蜂亚科Rogadinae、甲腹茧蜂亚科Cheloninae、优茧蜂亚科Euphorinae、索翅茧蜂亚科Hormiinae、滑茧蜂亚科Homolobinae、刀腹茧蜂亚科Xiphozelinae、矛茧蜂亚科Doryctinae、折脉茧蜂亚科Cardiochilinae、角腰茧蜂亚科

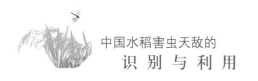

Pambolinae、窄径茧蜂亚科Agathidinae、蝇茧蜂亚科Opiinae、反颚茧蜂亚科Alysiinae、蚜茧蜂亚科Aphidiinae。除矛茧蜂亚科、茧蜂亚科、索翅茧蜂亚科为外寄生蜂之外，其余亚科均为容性内寄生蜂。

本书将介绍我国稻区常见茧蜂44属75种。

中国常见茧蜂科天敌分亚科检索表

1. 上颚直或向外弯曲，闭合时两上颚端部不相触，具3~4齿，偶尔有2齿（图2-204A）……………………………………………………………………………………… 反颚茧蜂亚科 **Alysiinae**

上颚向内弯曲，偶尔外曲，闭合时两上颚端部相接触或重叠，具1~2齿（图2-204B）……… 2

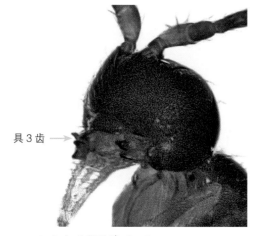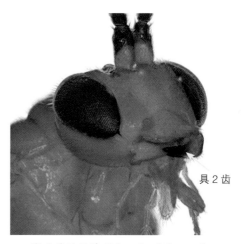

具3齿 →

具2齿

A. 红柄反颚茧蜂 *Aspilota parvicornis*　　　　B. 赛氏黄体茧蜂 *Scheonlandella szepligetii*

图2-204　反颚姬茧亚科（A）和角腰茧蜂亚科（B）的上颚

2. 前翅缘室很窄而长；前翅m-cu脉相对于1-M脉向后发散，前翅Cu1b脉缺（图2-205）；后翅2-Cu脉位于cu-a脉中央或上方；无短翅型或缺翅型……………… 窄径茧蜂亚科 **Agathidinae**

前翅缘室各种各样形状，较宽，或相对短；前翅m-cu脉相对于1-M脉向后收敛，若发散，则前翅Cu1b脉存在；后翅2-Cu脉常缺，或2-Cu脉近2A脉，远在cu-a脉中央下方，偶尔位于中央；有短翅或缺翅型………………………………………………………………… 3

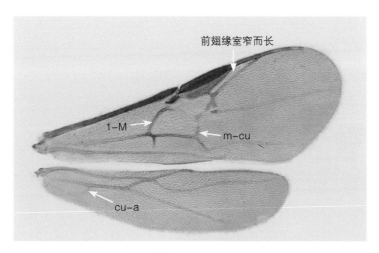

显闭腔茧蜂 *Bassus conspicuus*

图 2-205　窄径室茧蜂亚科的翅

3. 腹部第1背板侧凹圆、深，远离基部；后翅cu-a脉很长，强度外斜（图2-206A）·············
·····································刀腹茧蜂亚科 **Xiphozelinae**

腹部第1背板侧凹多少椭圆形，近基部，或无侧凹；后翅cu-a脉直，中等大小（图2-206B）··· 4

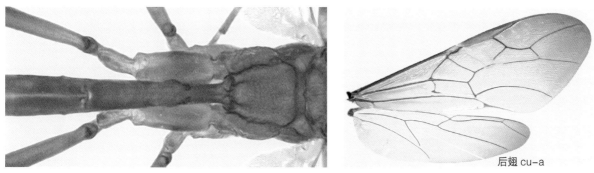

A. 刀腹茧蜂 *Xiphozele* sp.

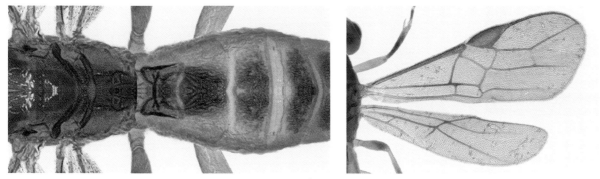

B. 斑头陡盾茧蜂 *Ontsira palliatus*

图 2-206　刀腹茧蜂亚科（A）和矛茧蜂亚科（B）的腹部和翅

4. 唇基下陷深而宽（图2-207A），唇基腹缘中央明显高于上颚上关节基部水平线；唇基下陷底

 部由凹陷的上唇和唇基凹陷部分组成 ·································· **5**

 唇基下陷缺，若有则浅，不明显（图2-207B），唇基腹缘中央近上颚上关节基部水平线；上唇

 平坦，唇基腹方不为唇基下陷的部分 ·································· **10**

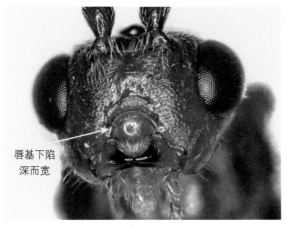

A. 三化螟热茧蜂 *Tropobracon luteus*   B. 二化螟盘绒茧蜂 *Cotesia chilonis*

图2-207 茧蜂亚科（A）和小腹茧蜂亚科（B）的唇基

5. 前胸侧板后突缘缺，极少存在；下颚须5节（图2-208A）；腹部第1背板两侧平坦或第1背板

 与第2背板愈合；胸腹侧脊两侧缺；中胸侧板无阔椭圆形的凹陷；后翅1-M脉长度至少是M+Cu

 脉的1.5倍，基部多少变宽；唇基腹方内陷，成为唇基下陷的上部 ········· **茧蜂亚科 Braconinae**

 前胸侧板后突缘存在；下颚须6节（图2-208B）；腹部第1背板两侧凸起，与第2背板之间可

 以活动，若愈合，则胸腹侧脊两侧存在 ·································· **6**

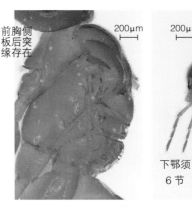

A. 三化螟热茧蜂 *Tropobracon luteus*   B. 赛氏黄体茧蜂 *Scheonlandella szepligetii*

图2-208 茧蜂亚科（A）和折脉茧蜂亚科（B）的前胸和下颚

6. 前足胫节通常有成列的钉状刺或刺，这些刺长至多为宽的6倍（图2-209A），或后足基节前腹

 方成角状，常常形成1个瘤突；产卵管亚端部背方几乎均有2个结；前胸侧板后突缘大部分位

 于背方 ·································· **矛茧蜂亚科 Doryctinae**

前足胫节无成列的钉状刺或刺（图2-209B），但常具粗毛，这些粗毛长至少为宽的8倍；产卵管亚端部背方至多具1个结；前胸侧板后突缘大部分位于后方或不明显 ······················· 7

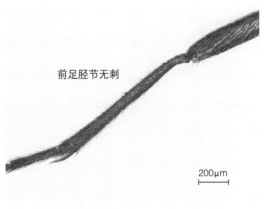

A. 两色刺足茧蜂 *Zombrus bicolor*

B. 螟蛉脊茧蜂 *Aleiodes narangae*

图2-209　矛茧蜂亚科（A）和内茧蜂亚科（B）的前足

7. 腹部第2、3背板背方大部分膜状，几乎均比它们的侧板骨化程度低，且并胸腹节中纵脊短或缺（图2-210A）；梗节与柄节约等长，而且（或）胸腹侧脊缺；腹部第1背板侧方平坦，通常宽 ······························ 索翅茧蜂亚科 Hormiinae

腹部第2、3背板与其侧板骨化程度相同或更强，若骨化程度低，则并胸腹节中纵脊长（图2-210B）；梗节明显短于柄节，或者相对较长，侧胸腹侧脊存在；腹部第1背板多少均匀凸起，其侧方部分窄或缺 ··························· 8

A. 稻纵卷叶螟索翅茧蜂 *Hormius moniliatus*

B. 螟蛉脊茧蜂 *Aleiodes narangae*

图2-210　索翅茧蜂亚科（A）和内茧蜂亚科（B）

8. 胸腹侧脊完全缺；后头脊通常侧方存在，后头脊背方中央缺（图2-211A）；前翅M+Cu1脉大部分不骨化（仅着色但不成管状），若完全管状、完全骨化，则第1背板侧凹明显 ············ ························· 蝇茧蜂亚科 Opiinae

胸腹侧脊至少部分存在；后头脊腹方1/3弯向口后脊或后头脊腹方缺（图2-211B）·········· 9

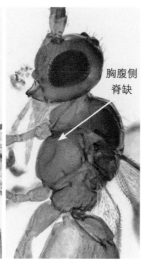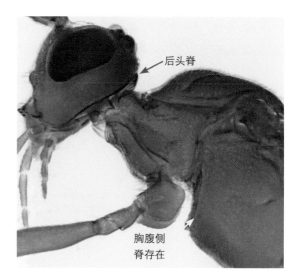

A. 潜蝇茧蜂 *Opius* sp.　　　　　　　　B. 螟蛉脊茧蜂 *Aleiodes narangae*

图 2-211　蝇茧蜂亚科（A）与内茧蜂亚科（B）的后头脊和胸腹侧脊

9. 复眼内缘明显内凹，且（或）第2背板气门位于背板上，并胸腹节中纵脊通常至少达并胸腹节长的1/2，后缘平整；腹部第1背板背脊汇合成1条中脊，直达后缘；第1、2腹节背板折缘细（图2-212A）·······················**内茧蜂亚科 Rogadinae**

　　复眼内缘不明显内凹，并胸腹节中纵脊短于并胸腹节长的1/2，后缘具明显锐突；腹部第1背板背脊不汇合；第1、2腹节背板折缘宽（图2-212B）·············**角腰茧蜂亚科 Pambolinae**

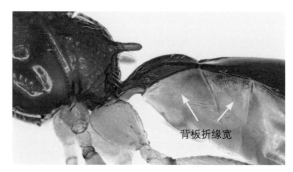

A. 毒蛾脊茧蜂 *Aleiodes lymantriae*　　　B. 红头角腰茧蜂 *Pambolus (Phaenodus) ruficeps*

图 2-212　内茧蜂亚科（A）和角腰茧蜂亚科（B）的腹节

10. 中胸腹板后横脊在中足基节前方完整（图2-213A）；腹部成背甲状或腹部着生部位高，近并胸腹节背表面水平；腹部着生位置近后足基节，明显低于并胸腹节背表面水平；腹部第1背板和第2背板愈合，腹部形成硬的背甲状 ··············**甲腹茧蜂亚科 Cheloninae**

　　中胸腹板后横脊缺（图2-213B），至多在腹方中央呈1条短脊；腹部通常不成背甲状或不同形状；腹部着生位置近后足基节 ···**11**

A. 螟甲腹茧蜂 *Chelonus munakatae*　　　　B. 赛氏黄体茧蜂 *Scheonlandella szepligetii*

图 2-213　甲腹茧蜂亚科（A）和折脉茧蜂亚科（B）的胸部

11.前翅 SR1 脉部分或全部不骨化，导致缘室端部开放（图 2-214A）；腹部常短；后翅轭叶可能
　大；无缺翅型或短翅型 ·· **12**
　前翅 SR1 脉全部骨化，管状，达翅缘，因而缘室端部关闭（图 2-214B）；腹部通常长；后翅轭
　叶通常小；有短翅或缺翅型 ·· **15**

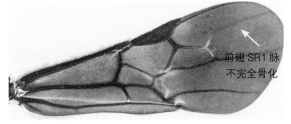

A. 稻纵卷叶螟黑折脉茧蜂 *Cardiochiles fuscipennis*　　　　B. 长须澳赛茧蜂 *Austrozele longipalpis*

图 2-214　折脉茧蜂亚科（A）和长体茧蜂亚科（B）的翅

12.后头脊完全缺；第 1 腹节气门位于弱骨化的侧板（侧背板）上（图 2-215）·················· **13**
　后头脊侧方存在；第 1 腹节气门位于明显骨化的侧板（侧背板）上 ····························· **14**

赛氏黄体茧蜂 *Scheonlandella szepligetii*

图 2-215　折脉茧蜂亚科的腹节

13. 前翅3-SR脉明显长于r脉，并骨化，后翅2r-m脉缺；触角20～51节（图2-216A），节数不固定；下颚须6节；小盾片后方中央具1微凹 ···························· **折脉茧蜂亚科 Cardiochilinae**

前翅3-SR脉短于r脉或r-m脉缺，后翅2r-m脉通常存在；触角节数固定，18节（图2-216B）；下颚须5节；小盾片后方中央无凹陷，但此区可能具刻纹；腹部第1背板形状，即使端部强度收窄也不相同 ···························· **小腹茧蜂亚科 Microgastrinae**

A. 赛氏黄体茧蜂 *Scheonlandella szepligetii*

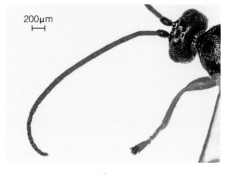

B. 稻螟小腹茧蜂 *Microgaster russata*

图2-216　折脉茧蜂亚科（A）和小腹茧蜂亚科（B）的触角

14. 小盾片前沟光滑；腹部第1节非明显柄状或柄粗短（图2-217A）；后翅通常无封闭的翅室，后翅cu-a脉缺 ···························· **蚜茧蜂亚科 Aphidiinae**

小盾片前沟具中脊或具平行的短刻条；腹部第1背板通常明显柄状或很长（图2-217B）；后翅通常具1～2个封闭的翅室，后翅cu-a脉存在 ···························· **优茧蜂亚科 Euphorinae**

粗短

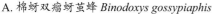

A. 棉蚜双瘤蚜茧蜂 *Binodoxys gossypiaphis*

明显且长

B. 黏虫悬茧蜂 *Meteorus gyrator*

图2-217　蚜茧蜂亚科（A）优茧蜂亚科（B）的小盾片

15. 各足第2转节前侧（亚）端部具梳状的钉状刺，偶尔后足第2转节无钉状刺；腹部着生于并胸腹节的位置稍在后足基节上方；后头脊缺；中胸盾片中叶多少比侧叶凸出；前胸背板盾前凹不明显（图2-218A）；腹部第1背板在气门之后不收窄或仅稍收窄；后翅缘室通常平行或端

部收窄 ●● **长体茧蜂亚科 Macrocentrinae**
足第2转节无钉状刺；腹部着生位置至少部分在后足基节之间；若稍在后足基节上方，则后
头脊存在；中胸盾片中叶与侧叶同样凸出；前胸背板有1明显的盾前凹（图2-218B）；腹部
第1背板在气门之后明显收窄；后翅缘室端部扩大 ●●●●●●●●●●●●●●●●● **滑茧蜂亚科 Homolobinae**

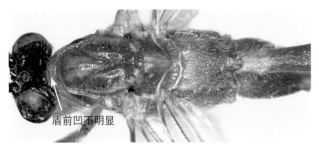
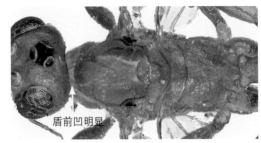

A. 混腔室茧蜂 *Aulacocentrum confusum*   B. 截距滑茧蜂 *Homolobus truncator*

图2-218 长体茧蜂亚科（A）和滑茧蜂亚科（B）的头胸部和腹部

茧蜂亚科 Braconinae

　　头横形；唇基前缘有半圆形凹缘，与上颚之间形成圆形或圆形（有时相当深）的口窝；下颚
须5节；后头脊无。胸腹侧脊常缺；基节前沟无；并胸腹节多光滑，无中区。前翅有3个亚缘室，
第1盘室与第1亚缘室分开；无臀横脉。后翅亚基室短，长度不超过其宽的2倍，亦短于中室长
的1/3；无m-cu脉。腹部第1、2背板之间横沟浅，之间关节可活动；第1背板通常有三角形或半
圆形的中区；侧背板骨化程度较弱。产卵管长，通常超过腹长的1/2。

　　本亚科寄生蜂为抑性外寄生隐蔽性生活的鳞翅目、鞘翅目、双翅目和膜翅目（叶蜂）等的幼
虫；少数茧蜂族Braconini内寄生于鳞翅目蛹。单寄生或聚寄生。

　　本书记录我国稻区常见茧蜂亚科4属5种。

中国常见茧蜂亚科天敌分属检索表

1. 腹部第1、2背板愈合，不可活动；颚眼缝发达 ●●●●●●●●●●●●●●● **盾茧蜂属 Aspidobracon**
　 腹部第1、2背板不愈合，可活动；颚眼缝多变 ●●●●●●●●●●●●●●●●●●●●●●●●●●●●●●●●●●●●● **2**
2. 第2腹背板具1对长且窄、渐汇合的沟，之间为密布刻纹区域。前翅第2亚缘室小，前翅1-M
　 脉较倾斜；SR1脉长约为3-SR脉的4倍，2-M脉长为r-m脉的1.8～2.5倍。盾纵沟完整，具
　 短刻条；后足基节和头顶粗糙；前翅SR1脉长约为3-SR脉的4.0倍；前翅2-M脉长为r-m脉
　 的1.8～2.5倍 ●●● **热茧蜂属 Tropobracon**
　 第2腹背板缺1对长且窄的沟，若有则之间区域光滑，或沟多少不完整且宽。前翅第2亚缘室

中等大小至大，1-M脉不明显倾斜；SR1脉、3-SR脉、2-M脉和r-m脉等的脉长多变。盾纵沟多变，通常光滑，或仅前端具短刻条；后足基节、头顶多变 ·· 3

3.第1腹背板中部骨化区域在气门后方、极窄；第1、2腹背板完全光滑。前翅2-SR+M脉几乎不存在 ··· 阿蝇态茧蜂属 *Amyosoma*

第1腹背板中部骨化区域在气门后方、不变窄，常两侧平行；第1、2腹背板常具刻纹。前翅2-SR+M脉明显，但不长；3-SR脉是r脉长的1.6倍以上 ·························· 茧蜂属 *Bracon*

阿蝇态茧蜂属 *Amyosoma* Viereck, 1913

前翅长2.5～5.5mm；后足腿节和胫节扁平，后足腿节、胫节和跗节具稀疏白色或淡黄色毛。盾纵沟完整，后端浅。前翅1-M脉不明显倾斜；1-SR+M脉直；2-SR+M脉很短，几乎不存在；2-SR脉与m-cu脉几乎连接在同一点；cu-a脉对叉或略后叉（即cu-a脉在M+Cu1脉与1-M脉交叉点相交或略后相交）；后翅1r-m脉直，见图2-219。腹部第1背板和第2背板完全光滑；第1腹背板中部骨化区域在气门后方极窄，第2腹背板前侧角不骨化。

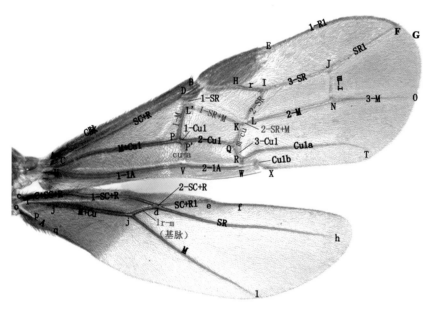

中华阿蝇态茧蜂 *Amyosoma chinense*

图 2-219　阿蝇态茧蜂属的翅征

163. 中华阿蝇态茧蜂 *Amyosoma chinense* (Szépligeti, 1902)

异名 *Amyosoma chilonis* Viereck, 1913；*Agathis noiratum* Ishida, 1915；*Bracon chinensis* Szépligeti, 1902；*Bracon albolineatus* Cameron, 1910；*Microbracon chinensis* (Szépligeti): Sonan,

1944；*Microbracon chilocida* Ramakrishna Ayyar, 1928；*Myosoma chinensis* (Szépligeti): Maeto, 1992。

中文别名 中华茧蜂。

特 征 见图2-220。

雌虫体长3.5～6.9mm；触角长度接近体长，36～38节，端鞭节末端尖细。头、胸部赤褐色，并胸腹节暗褐色或黑色，腹部背板大体黑色，有光泽；触角及上颚齿黑色。翅淡褐色，半透明，翅痣及翅脉黑褐色。前足赤褐色，中、后足大体黑褐色，距淡黄褐色。腹部第1背板两侧、第2背板前缘两侧均白色或淡黄色，呈醒目的"八"字形；其后各节背板后缘的全部或两侧白色。无后头脊，单眼区隆起；中胸盾纵沟明显，达于后缘但不相接。产卵管鞘黑色粗壮，为腹长的1/2，几乎与后足胫节等长。

雄虫与雌虫相似，但雄虫头顶及额黑色，后胸背板及并胸腹节黑色，其中央有暗黄色斑。

茧圆筒形，淡黄或淡黄褐色，长6～8mm，宽2～3mm，两端平截。

寄 主 三化螟、二化螟、大螟、二点螟、甘蔗小卷蛾、高粱条螟等的幼虫。体外聚寄生。

分 布 国内见于浙江、山东、上海、安徽、江西、湖北、湖南、四川、台湾、福建、广东、广西、贵州、云南等地。国外分布于朝鲜、日本、菲律宾、印度尼西亚、印度、巴基斯坦。

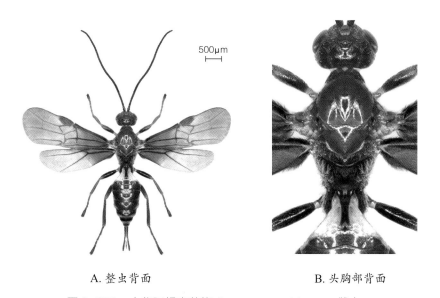

500μm

A. 整虫背面   B. 头胸部背面

图2-220 中华阿蝇态茧蜂 *Amyosoma chinense* 雌虫

茧蜂属 *Bracon* Fabricius, 1804

体小至中型。触角柄节没有特化，明显长于梗节，端部内缘简单，外缘平截；颜面和唇基界线分明，多少突出，不具网状刻纹或脊。中胸盾片通常部分光亮；盾纵沟通常光滑或仅前端具短

刻条。前翅第2亚缘室中等大小至大，1-M脉不明显倾斜，1-SR脉明显；3-SR脉长是r脉长的1.6倍以上，2-SR+M脉不长，约为m-cu的2/5～4/5，见图2-221。第1腹背板中部骨化区域在气门后方不变窄，通常两侧平行。产卵鞘端部背侧正常，腹侧具微齿。

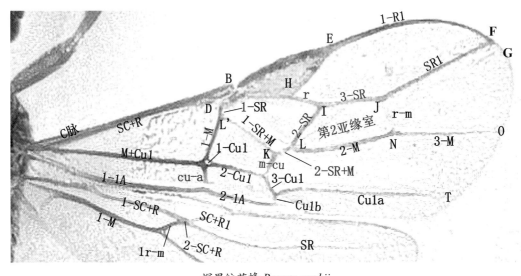

螟黑纹茧蜂 *Bracon onukii*

图2-221　茧蜂属的翅征

164. 螟黑纹茧蜂 *Bracon onukii* Watanabe, 1932

异　名　*Microbracon onukii* (Watanabe): Thompson, 1953。

特　征　见图2-222。

雌虫体长3.3～4.1mm。触角32～34节，端鞭节末端尖，长约为宽的2.7倍。体色变化极大，常赤褐色；单眼区、上颚齿、触角背面、后胸、并胸腹节常具黑斑；第1、2腹节背部有醒目的四方形黑斑或黑斑连片或全无黑斑；爪及产卵管鞘均黑色或黑褐色。翅透明，具紫色闪光；翅痣淡黄色，翅脉淡褐色。足黄褐色。头、胸部光滑，具细毛；无后头脊。中胸盾纵沟伸至后缘中央，在其后半部生长毛；并胸腹节两侧光滑，中央有粗隆线。前翅1-SR脉明显可见；2-SR+M脉不长，约相当于m-cu脉长的4/5；cu-a脉对叉。腹部第1背板梯形，后半中央隆起，上有皱纹；第2背板中央亦有粗皱纹。产卵管鞘约为腹长的1/2，稍短于后胫节。

雄虫与雌虫特征相似，但体色较深，头顶有黑斑，胸部背板全部或大部分黑色，腹部第4节及以后各节背板黑褐色，有的个体几乎全黑色。

茧圆筒形，灰黄色或淡黄褐色，长4.0～6.5mm；质坚韧。常10～15个茧在稻茎内结成1排。

寄　主　二化螟、三化螟、大螟、稻螟蛉、二点螟和棉红铃虫等幼虫。体外聚寄生。

分　布　国内见于江苏、浙江、山西、辽宁、黑龙江、安徽、福建、江西、山东、河南、湖北、湖南、广东、广西、海南、重庆、贵州、云南、陕西、四川、台湾等地。国外分布于日本、朝鲜、韩国、越南。

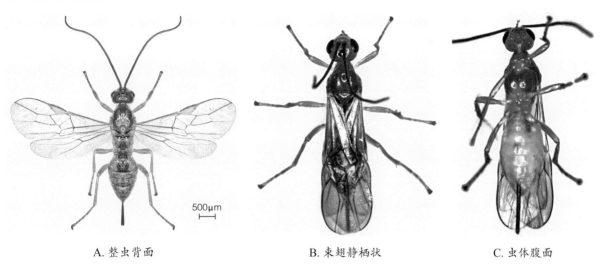

A. 整虫背面　　　　　　　B. 束翅静栖状　　　　　　　C. 虫体腹面

图 2-222　蝗黑纹茧蜂 *Bracon onukii* 雌虫

165. 黄胸光茧蜂 *Bracon isomera* (Cushman, 1931)

异　　名　*Microbracon isomera* Cushman, 1931。

中文别名　黄胸茧蜂。

特　　征　见图 2-223。

雌虫体长 2.9～4.1 mm。触角 30～31 节，端鞭节末端尖。体多黄色至红褐色；触角、复眼、上颚端部、头顶、后头、单眼区，以及有时中胸盾片侧叶均黑褐色；后足跗节稍染黑色；翅膜烟褐色，近端部颜色稍浅呈灰白色；翅痣和翅脉黑褐色；产卵鞘黑色。复眼内缘不凹陷；颜面大部光亮，具稀疏微弱刻点，两侧具密长毛；上颊光亮，被短毛，在复眼后方渐收窄。中胸盾片大

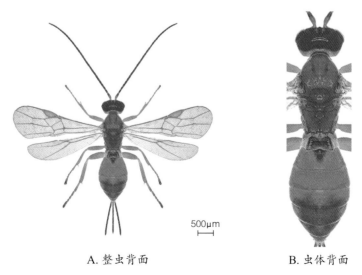

A. 整虫背面　　　　　　　　　B. 虫体背面

图 2-223　黄胸光茧蜂 *Bracon isomera* 雌虫

部分分光亮，后端具毛；小盾片前沟窄、深，具平行短刻条；后胸背板中央区域隆起；并胸腹节光亮，两侧具密长毛，缺中纵脊。前翅 1-SR+M 脉直，长为 1-M 脉的 1.4 倍；2-SR+M 脉长约为 m-cu 脉的 3/5。腹部背板表面完全光滑，不具斑纹；第 1 腹背板端中部隆起，第 2～5 腹背板长度几乎相等，有时仅第 3 腹背板稍长；第 2、3 腹背板间缝窄、深，光滑，缺平行短刻条，中央直或微弱弯曲。产卵鞘短于腹长，约与后足胫节等长。

寄　主　棉红铃虫幼虫。

分　布　国内见于上海、江苏、浙江、福建、湖北、湖南、四川、海南、贵州。国外分布于朝鲜。

热茧蜂属 *Tropobracon* Cammeron,1905

头表面颗粒状，极少数刻纹微弱至光滑；复眼光亮；颚眼缝缺失或仅具微弱痕迹。中胸盾片光滑或颗粒状，大部分光亮，仅盾纵沟附近具毛；盾纵沟完整，具短刻条；小盾片两侧具圆形凹陷；后胸背板端中部隆起，缺中脊；并胸腹节表面颗粒状，具网状纹或前端大部分光滑具光泽。前翅第 2 亚缘室小而细长，两侧平行；1-M 脉较倾斜；2-M 脉长为 r-m 脉的 1.8～2.5 倍；SR1 脉长约为 3-SR 脉的 4 倍；r 脉强烈倾斜。后翅 2-SC+R 脉长；1r-m 脉短，直或微弱弯曲。腹部第 1、2 背板可活动；第 2 腹背板具 1 对长而窄、渐汇合的沟，之间形成密布刻纹区域。肛下板端部尖锐，未超过腹末端；产卵鞘长为前翅的 1/3。

166. 三化螟热茧蜂 *Tropobracon luteus* Cameron, 1905

异　名　*Bracon dorsalis* Matsumura,1910；*Shirakia schoenobii* Viereck, 1913。

特　征　见图 2-224。

雌虫体长 4.5～5.8mm。触角 52 节，鞭节末端稍尖。体色变异较大，多为黄褐色。触角、复眼、单眼三角区、额中部、上额端部、中、后胸侧板黄褐色至黑褐色；并胸腹节黄褐色至黑褐色；跗爪暗褐色；前足黄色，中、后足暗褐色；第 1 腹背板黄色至黑褐色；第 2 腹背板两侧后缘暗褐色至黑褐色，中间为浅鲜黄色区域（前宽后窄）；翅膜烟褐色，翅痣和翅脉暗褐色；产卵鞘黑褐色。头部颜面颗粒状；唇基平坦。中胸盾片光滑，仅中后部具颗粒和短脊，中前部具 1 短沟；盾纵沟深而完整，后端汇合成"V"形，具短刻条；小盾片前沟宽、深，具发达平行短刻条；小盾片光亮，后端具密短毛；后胸侧板具细微豆痕状刻纹和白色长毛；后胸背板中央区域隆起；并胸腹节具粗糙和浓密网状皱刻纹，缺中纵脊。前翅第 2 亚缘室小；1-M 脉较倾斜；SR1 脉长约为 3-SR 脉的 4 倍、r 脉的 10 倍；2-SR 脉、3-SR 脉、r-m 脉长度接近。后翅 1r-m 脉直，略长于

2-SC+R脉；1-SC+R脉与lr-m脉等宽。后足基节粗糙具颗粒。第1腹背板长与端宽相近，背脊后方隆起区域具粗糙网状皱纹；第2腹背板侧纵沟窄，延伸至第2、3腹背板间缝，形成大的三角区；第2腹背板具密集、粗糙的网状皱纹。产卵鞘短于后足胫节。

寄　主　二化螟、三化螟、大螟、台湾稻螟、稻白螟。

分　布　国内见于福建、江西、湖北、湖南、广东、广西、海南、四川、贵州、云南、台湾、香港。国外分布于孟加拉国、印度、印度尼西亚、马来西亚、巴基斯坦、菲律宾、斯里兰卡、泰国、越南。

A. 整虫背面　　　　　　　　　B. 头胸部背面

图 2-224　三化螟热茧蜂 *Tropobracon luteus* 雌虫

盾茧蜂属 *Aspidobracon* van Achterberg, 1984

复眼内缘不凹陷，缺近眼沟；颚眼缝发达。前胸背板前沟缺失，或形成1条窄的裂缝；中胸侧缝和中胸腹板沟具（微弱）平行短刻条；后胸侧板凹缘微弱或缺失；盾纵沟完整，后端不汇合，光滑或具细微平行短刻条；小盾片前沟相当宽；后胸背板常具不完整的脊，后端轻微突起。前翅cu-a脉对叉。腹部第1、2节背板愈合不能活动，第1腹背板具背脊且后端汇合，第2腹背板缺中脊；第3～6腹背板近后缘具横向沟，将背板具刻区域与后缘明显隔开；第6腹背板中度隆起，后缘中部突出。产卵管露出腹部末端部分短。

167. 诺氏盾茧蜂 *Aspidobracon noyesi* van Achterberg,1984

异　名　*Aspidobracon flavithorax* Wang, Chen & He,2007；*Aspidobracon longyanensis* Wang,

Chen & He, 2007；*Aspidobracon hesperivorus* van Achterberg: Wang, Chen & He, 2007。

特　征　见图2-225。

雌虫体长3.0～3.4mm。触角31节，长且有浓密绒毛。体多黄褐色；触角、复眼、上颚端部、额中部、单眼区及其后区域、翅基片端部、产卵鞘黑褐色；中胸盾片多变，侧叶和中叶前半部黑色，中叶后半部、小盾片中部和并胸腹节大体黄褐色。腹部背板大部分黑色，但第1、2腹背板中间有醒目长方形白斑；第3～5腹节背板中部和后缘黄色呈倒"T"形。翅膜半透明，翅痣和翅脉黑褐色。额光滑；头顶、颊、颜面、前胸背板具小刻点。后胸背板具完整的隆脊；并胸腹节表面粗糙且具横向皱纹。前翅r脉长约3-SR脉的1/2、SR1脉的1/8；m-cu脉与1-M脉平行；2-SR脉：3-SR脉：r-m脉＝11：16：9。产卵鞘为前翅长的1/10，明显短于后足胫节；肛下板大，端尖。

雄虫体长2.7～3.0mm；触角29～32节；其余特征与雌虫相似。

寄　主　稻苞虫、隐纹稻苞虫、稻眼蝶等。聚寄生。

分　布　国内见于福建、广东、广西、贵州、云南、台湾。国外分布于印度、印度尼西亚、菲律宾。

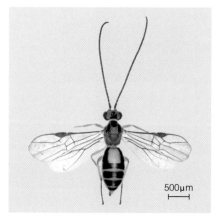  

A. 整虫背面　　　　　B. 头胸部背面　　　　　C. 翅与虫体腹面

图2-225　诺氏盾茧蜂 *Aspidobracon noyesi* 雌虫

小腹茧蜂亚科 Microgastrinae

唇基拱隆，端缘凹，与上颚之间不形成口窝；下颚须5节；无后头脊；触角18节，其中鞭节16节，各节中央收缩似有32节；复眼短，具柔毛。盾纵沟消失或有弱的凹痕；小盾片后方中央无凹陷，但有时具刻纹；胸腹侧脊常消失。前翅3-SR脉短于r脉或r-m脉缺；SR1脉不骨化，通常仅有1不清晰痕迹；第2亚缘室缺，若存在，则小且为三角形或近四边形。跗爪明显。腹部无柄、甚短；第1背板有明显中区，与第2背板有活动的关节。产卵管常短，不长于腹部。

寄主主要为鳞翅目幼虫，偶尔有寄生于膜翅目（叶蜂、蜜蜂）幼虫。单寄生或聚寄生，也有卵—幼虫跨期寄生。

本书记录我国稻区常见小腹茧蜂亚科8属13种。

中国常见小腹茧蜂亚科天敌分属检索表

1. 腹部第1节背板和第2、3背板绝不愈合形成卵形背甲 ··· 2

   腹部第1节背板和第2、3背板扩大且愈合成卵形的背甲 ·················· 拱茧蜂属 *Fornicia*

2. 前翅无r-m脉，小翅室（第2亚缘室）端部开放 ·· 3

   前翅多少具r-m脉，小翅室端部多少封闭 ··· 6

3. 产卵管鞘通常长于后足胫节长度的1/2，其上密布均匀长毛（绒茧蜂族Apantelini）；并胸腹节有中区，且有1分脊 ·· 4

   产卵管鞘几乎均短，其上无均匀密毛，偶尔在端部集中有小而不易见的毛（盘绒茧蜂族 Cotesiini）；并胸腹节无中区，大部分具皱，常有1中纵脊和伸至气门附近的短横脊。第1腹背板通常平行或向端部稍宽；第2腹背板通常近于矩形，常有刻纹 ·········· 盘绒茧蜂属 *Cotesia*

4. 后翅臀叶常凹入或平直，此凹入或平直部位翅缘无缨毛或有稀疏缨毛；第1背板端部通常稍微或强度收窄；第3腹背板通常无刻纹 ··· 绒茧蜂属 *Apanteles*

   后翅臀叶最宽处后方均匀凸出，整段有明显缨毛；第1腹背板琵琶形或两侧近于平行，后端稍宽（雄性可能稍窄） ··· 5

5. 腹部第2背板多少矩形，整个表面皱，以致侧背板不易看到，与第3背板等长；第2、3背板之间缝直；第3背板也常具皱（至少在前方）。并胸腹节具强皱，中区具中沟 ·············· ··· 稻绒茧蜂属 *Exoryza*

   腹部第2背板常不呈矩形或近于矩形，其中央稍长于侧方，短于第3背板；第2、3背板之间缝不直；第3背板通常无刻纹。并胸腹节具各种刻纹，但中区后侧方通常具明显的脊 ·········· ·· 长绒茧蜂属 *Dolichogenidea*

6. 产卵管鞘常长于后足胫节长的1/2，且具均匀分布的毛；小盾片光滑，后方有1连续的光滑宽带，其中央与小盾片难以区分，此带偶尔中断，则断开处也无皱；中胸盾片无清晰盾纵沟（小腹茧蜂族Microgastrini）。腹部第1背板端部明显加宽，长度常明显短于端宽；第2背板满布细皱，长于第3背板；第3背板至少在前方具皱。中胸侧板通常无明显基节前沟；后足基节长，伸近第2背板端部 ··· 小腹茧蜂属 *Microgaster*

   产卵管鞘几乎均短，其上具不均匀分布的毛，偶尔有小毛集中于端部；小盾片后方无连接的光滑带，带中央断开处具皱；中胸盾片至少在前半有清晰的盾纵沟（侧沟茧蜂族 Mlcroplitini）··· 7

7.无胸腹侧脊；盾纵沟甚少发达或无。腹部第1背板常明显长于其宽；第2背板至多侧方有刻
　皱，中域常有1隆起皱痕，绝不长于第3背板；第3背板通常光滑。中胸侧板基节前沟通常明
　显，内具小脊列。后足基节小，不长于或刚长于第1背板；后足胫节内距绝不达基跗节中央……
　………………………………………………………………… 侧沟茧蜂属 *Microplitis*
　胸腹侧脊完整，至少中胸侧沟前端部分存在；盾纵沟深，后端仅由1条中脊分开，沟间呈1盾
　形隆起的中叶 ……………………………………………………… 陡胸茧蜂属 *Snellenius*

盘绒茧蜂属 *Cotesia* Cameron,1891

　　前翅无r-m脉，第2亚缘室开放，见图2-226。并胸腹无中区，大部分具皱，通常有1条中纵
脊和伸至气门附近的短横脊。腹部第1节背板和第2、3背板绝不愈合形成卵形背甲；第1背板通
常平行或向端部稍宽；第2背板通常近于矩形，常有刻纹。产卵管鞘短，不到后足胫节的1/2。

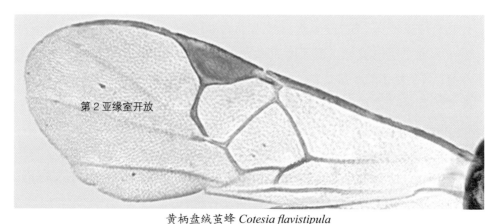

第2亚缘室开放

黄柄盘绒茧蜂 *Cotesia flavistipula*

图2-226　盘绒茧蜂属的前翅特征

168. 螟黄足盘绒茧蜂 *Cotesia flavipes* (Cameron,1891)

异　名　*Apanteles flavipes*: Szépligeti, 1904；*Apanteles flaratus* Ishida, 1915；*Apanteles nonagriae* Oliff, 1893；*Apanteles simplicis* Viereck, 1913。

中文别名　螟黄足绒茧蜂。

特　征　见图2-227。

　　体长1.8mm。通体黑色，但前胸侧面及腹面、翅基片、腹部腹面黄褐色；部分个体自第3腹
节背板以后带暗红褐色。雌虫触角暗褐色，雄虫黄褐色。足均黄褐色，爪黑色。翅透明，翅痣及
前缘脉淡褐色。头部前额突出，后缘两侧后突。雌虫触角呈念珠形，明显短于虫体；雄虫触角丝

形，长于虫体。中胸盾片平坦，有光泽，除后缘外具稀疏刻点；并胸腹节端部稍向下倾斜，表面有皱状刻点。前翅r脉与m-cu脉等长或稍短。腹部第1背板梯形，具皱纹；第2背板中部皱纹近于纵行，侧区有方形光滑区域；以后各节背板光滑。产卵器短、黑色。

茧白色，通常20～50个群聚；各小茧圆筒形，长约3mm，两端钝圆；茧块不规则聚集，外有薄丝缠绕。

寄　　主　大螟、二化螟、三化螟、劳氏黏虫、棉铃虫、二点螟、甘蔗小卷蛾、高粱条螟等。寄生于幼虫，内寄生，在体外结茧。

分　　布　国内见于浙江、湖北、湖南、江苏、安徽、江西、山东、陕西、四川、台湾、福建、广东、广西、贵州、云南等地。国外分布于日本、马来西亚、菲律宾、印度、巴基斯坦、斯里兰卡、澳大利亚、毛里求斯、缅甸、荷兰、印度尼西亚、马达加斯加、美国、英国。

A. 整虫背面

B. 活虫静栖状

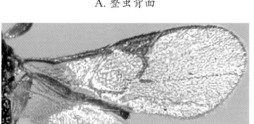

C. 前翅

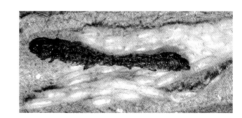

D. 茧块与死亡的寄主尸体

图 2-227　螟黄足盘绒茧蜂 *Cotesia flavipes*

169. 二化螟盘绒茧蜂 *Cotesia chilonis* (Munakata,1912)

异　　名　*Apanteles chilonis* Munakata, 1912；*Apanteles chilocida* Viereck, 1912。

中文别名　二化螟绒茧蜂。

特　征　见图2-228。

本种与螟黄足盘绒茧蜂极相似，主要区别在于本种后足基节除末端外为黑色；颜面不特别突出；r脉短于m-cu脉；并胸腹节较平坦。茧与螟黄足盘绒茧蜂相同。

寄　主　二化螟、玉米禾螟、芦禾草螟等的幼虫。

分　布　国内见于浙江、江苏、安徽、江西、湖北、湖南、四川、福建、贵州。国外分布于日本、印度尼西亚。

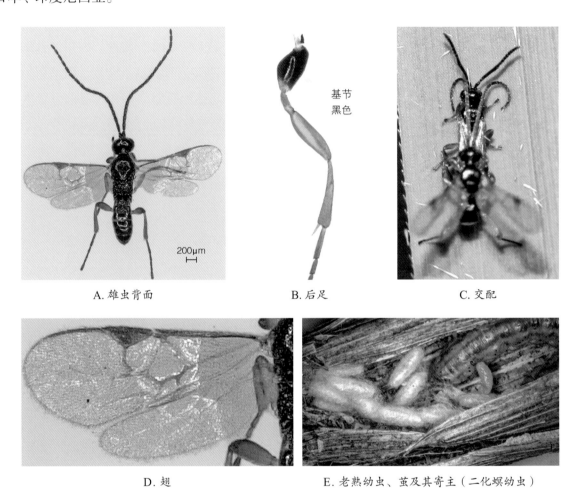

A. 雄虫背面　　　　　　　　B. 后足　　　　　　　　C. 交配

基节
黑色

200μm

D. 翅　　　　　　　　　　E. 老熟幼虫、茧及其寄主（二化螟幼虫）

图 2-228　二化螟盘绒茧蜂 *Cotesia chilonis*

170. 螟蛉盘绒茧蜂 *Cotesia ruficrus* (Haliday, 1834)

异　名　*Cotesia radiantis* (Wilkinson, 1929)；*Apanteles ruficrus*: Chu, 1935；*Apanteles manilae* Ashmead, 1904；*Apanteles sydneyensis* Cameron, 1911；*Apaneles antipoda* Ashmead, 1900；*Apareles narangae* Viereck, 1913；*Microgaster ruficrus* Haliday, 1834。

中文别名　螟蛉绒茧蜂、切根虫盘绒茧蜂。

特　征　见图2-229。

体长约2.3mm。体黑色，腹部腹面带黄褐色，少数第3腹背板黄褐色或第3腹背板以后带暗红褐色。足大体黄褐色，后足基节黑色，后足腿节末端、胫节两端（或仅末端、全部）或仅后足跗节及爪暗褐色（与螟黄足盘绒茧蜂、二化螟盘绒茧蜂区分）。翅基片黄褐色；翅透明，翅脉及翅痣淡黄褐色。头后缘平直，密布细毛，有光泽，颜面密布刻点。腹部第1、2背板具粗糙网状皱纹；第1背板梯形，后缘宽与长度约相等。产卵管短。

茧白色或稍带淡黄，一般10余个至20余个小茧平铺成块，偶尔有不规则重叠。

A.雄虫背面

B.雄虫头胸部侧面

C.初羽化雌虫和茧

D.正在破茧的成虫

E.茧块与寄主尸体

图2-229　螟蛉盘绒茧蜂 *Cotesia ruficrus*

寄　主　稻纵卷叶螟、稻显纹纵卷叶螟、三化螟、二化螟、大螟、稻螟蛉、稻条纹螟蛉、禾灰翅夜蛾、黏虫、劳氏黏虫、稻毛虫、稻眼蝶、稻苞虫、棉小造桥虫、棉铃虫、斜纹夜蛾等的幼虫。

分　布　国内见于浙江、黑龙江、吉林、辽宁、河北、北京、山东、河南、陕西、上海、江苏、安徽、江西、四川、湖北、湖南、台湾、福建、广东、广西、贵州、云南。国外分布于朝鲜、日本、菲律宾、印度、斯里兰卡等亚洲国家，大洋洲、非洲、欧洲等地亦见分布。

171. 黄柄盘绒茧蜂 *Cotesia flavistipula* Zeng & Chen, 2009

特　征　见图2-230。

雌虫体长2.7mm，前翅长2.7mm。体黑色，胸部整体黑色；腹部第1～3节背板两侧黄白色，中央黑色，组成"葫芦状"暗斑；其他背板暗褐色，侧面黄白色；腹部腹面黄白色。触角鞭节深褐色，基半部腹面略黄色；柄节和梗节黄色。足黄色，后足基节深褐色至黑色，胫节距黄色。翅透明，翅脉和翅痣褐色、不透明，翅痣基部和脉略白。头部背观横形，稍窄于中胸盾片。单眼小，排列成矮三角形。触角稍短于体长，鞭节粗，向端部不变尖。后翅臀瓣边缘最宽处之外均匀突出，无毛。

寄　主　未知。

分　布　国内见于浙江、湖南、广东、广西、海南、四川、贵州。

图2-230　黄柄盘绒茧蜂 *Cotesia flavistipula* 雌虫

172. 菜粉蝶盘绒茧蜂 *Cotesia glomeratus* (Linnaeus, 1758)

异　名　*Apanteles glomeratus* Linnaeus, 1758；*Aparnteles aporiaer*: Okamoto, 1921；*Apanteles reconditus*: Kirchner, 1867；*Bracon glomeratus*: Trentepohl, 1826；*Cryptus glomeratus*: Fabricious, 1804；*Cynipsichneumon glomeratus*: Christ, 1791；*Glyptapanteles nawaii* Ashmead, 1906；*Ichneumon glomeratus* Thunberg, 1822；*Microgaster glomeratus*: Spinola, 1808；*Microgaster conglomeratus*: Manuta, 1941；*Microgaster congregalus* var *pieridivora* Riley, 1882；*Microgaster crataegi* Ratzeburg, 1844；*Microgaster pieridis* Packard, 1881；*Microgaster reconditus* Nees Von Esenbeck, 1834。

中文别名　粉蝶绒茧蜂、菜粉蝶绒茧蜂。

特　征　见图2-231。

雌虫体长约3mm。体黑色；须黄色；触角黑褐色，但近基部赤褐色；足黄褐色，后足基节和腿节末端、胫节末端黑色，后足跗节褐色，后足胫节距短于基跗节的1/2。翅基片暗红色；翅透明，翅痣和翅脉淡赤褐色。腹部第1、2节背板侧缘黄色，腹面基部黄白至黄褐色。头横宽，大部分具细皱，有光泽。腹部与胸部等长，末端尖；第1、2背板具刻皱，其余背板光滑；第1背板长约为宽的1.5倍，侧缘平行；第2背板短于第3背板，有深的斜沟，侧方平滑；产卵管鞘短。

寄　主　菜粉蝶、山楂粉蝶、天幕毛虫、大菜粉蝶、花粉蝶、镶边蛱蝶等寄主。

分　布　国内见于全境；国外分布于日本、印度、美国、加拿大等国家及欧洲、非洲北部等地。

200μm

A. 整虫侧面　　　　　　　　B. 虫体背面

图2-231　菜粉蝶盘绒茧蜂 *Cotesia glomeratus* 雌虫

173. 黏虫盘绒茧蜂 *Cotesia kariyai* (Watanabe,1937)

异　名　*Apanteles kariyai* Watanabe,1937。

中文别名　黏虫绒茧蜂。

特　征　见图2-232。

雌虫体长2.5mm。体黑色；触角暗褐色；足黄褐色，胫节末端及跗节带黑褐色；腹部第1、2背板暗褐色，腹面淡黄色；第3、4背板及腹面均黄褐色；翅基片、翅痣及翅脉褐色。头部平滑有光泽，具稀疏白毛，颜面刻点浅。后胫节距等长，约为基跗节长的1/3。腹部第1、2背板具网状皱纹，第1背板至基部渐狭，第2背板横形，与第3背板等长。

茧聚集成块，长9~18mm，白色；小茧外被丝状物。

寄　主　黏虫、稻螟蛉等的幼虫。

分　布　国内见于浙江、黑龙江、吉林、辽宁、北京、山东、山西、河南、陕西、江苏、安徽、江西、湖北、湖南、四川、广西、贵州、云南、宁夏、福建、台湾；国外分布于日本、朝鲜、俄罗斯。

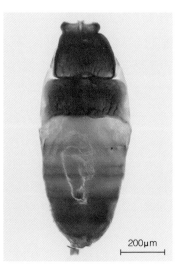

A. 整虫侧面　　　　　　　　　　　B. 腹部背面

图2-232　黏虫盘绒茧蜂 *Cotesia kariyai* 雌虫

绒茧蜂属 *Apanteles* Foerster, 1862

前翅无r-m脉，小翅室（第2亚缘室）端部开放；后翅臀叶常凹入或平直，此凹入或平直部位翅缘无缨毛或毛稀疏。并胸腹节具明显中区，且有1分脊。腹部第1背板和第2、3背板绝不愈合形成卵形背甲，第1背板端部通常稍为或明显收窄，第3背板通常无刻纹。产卵管鞘通常长于后足胫节长度的1/2，其上无毛。

174. 纵卷叶螟绒茧蜂 *Apanteles cypris* Nixon,1965

中文别名 卷叶螟绒茧蜂。

特 征 见图2-233。

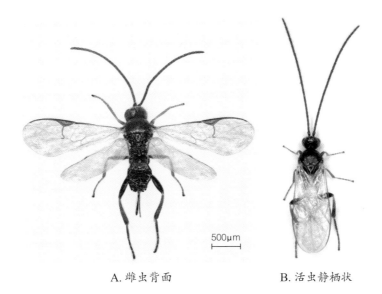

A. 雌虫背面　　　　　　B. 活虫静栖状

C. 结茧的老熟幼虫

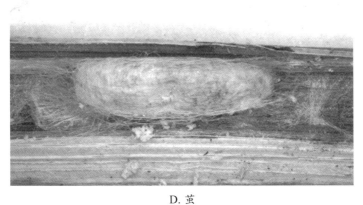

D. 茧

图2-233 纵卷叶螟绒茧蜂 *Apanteles cypris*

雌虫体长2.4～3.0mm。体黑色。前足（除基节）、中足（除基节及腿节）、后足转节、胫节（除端部）、基跗节基部2/5和端跗节黄褐色。翅透明；前缘脉、翅痣（除基角）及痣后脉淡茶褐色，但雄虫翅痣仅周围淡茶褐色，中间色淡。体多细白毛。触角比体略长。翅痣短于痣外脉。腹部第1背板长方形，在中央稍宽（雄虫的较狭长），后半部分宽大于长。产卵管长，向下弯曲。

茧：单个，白色，圆筒形，两端钝圆，两端有长丝粘在叶片上，茧外表肉眼看比较光滑，无粗丝缠附于叶片上。被寄生幼虫的尸体往往粘在附近。

寄　主　稻纵卷叶螟幼虫。

分　布　国内见于浙江、陕西、山东、江西、广西、广东、江苏、上海、安徽、湖南、湖北、四川、贵州、云南、福建、台湾、香港等地。国外分布于菲律宾、马来西亚、斯里兰卡、印度、尼泊尔、巴基斯坦、日本。

175. 棉大卷叶螟绒茧蜂 *Apanteles opacus* (Ashmead, 1905)

异　名　*Apanteles derogatae* Watanabe, 1935；*Urogaster opacus* Ashmead, 1905。

特　征　见图2-234。

雌虫体长2.6～3.0mm。触角暗红褐色；头、胸、并胸腹节黑色，腹部第1背板黑色、第2背板黄褐色，二者两侧及第3背面均浅黄色；第4～6节黑褐色。足深黄色。有些个体第2、3背板黑色，后足腿节基部1/4或1/2为黄色。翅透明，翅痣暗褐色，脉褐色。颜面光滑，有中纵皱及极微细刻点；头顶和颜面均密布白色长柔毛；单复眼间距与后单眼间距相等；触角比体稍短。中胸盾

A. 整虫背面　　　　　　　　　　　B. 虫体腹面

图2-234　棉大卷叶螟绒茧蜂 *Apanteles opacus* 雌虫

片有光泽及较强刻点，刻点在盾纵沟处呈粗糙皱纹带，在后端加宽呈明显细线刻点；小盾片三角形，中部隆起，有稀而粗的刻点。前翅r脉与翅痣的宽等长，m-cu脉比r脉稍短，痣后脉为翅痣长的2倍。后足基节光滑，有微细刻点及白色柔毛，后足胫距长分别为基跗节的1/2和1/3。并胸腹节有网状刻点，分脊强，中区大，五边形，基部封闭。腹部第1背板长，中部隆起，隆起处有显著皱纹，端部中央光滑；第2背板中域小，而端角尖，中部稍突出，有微细皱纹；第3背板有稀疏模糊刻纹。产卵管鞘和后足腿节等长，有毛部分为后足胫节长的3/4。

茧纯白色，圆筒形，长5.2mm，宽1.6mm。

寄　主　棉大卷叶螟。

分　布　国内见于浙江、湖南、广西等地及华北地区。国外分布于菲律宾、马来西亚、印度、日本。

稻绒茧蜂属 *Exoryza* Mason, 1981

该属又名稻田茧蜂属。前翅无r-m脉，小翅室端部开放；后翅臀叶最宽处后方均匀凸出，整段有明显缨毛。并胸腹节具强皱，有中区，具1分脊。腹部第1节背板和第2、3背板绝不愈合；第1背板琵琶形或两侧近于平行、后端稍宽；第2、3背板等长，二者间缝直，第2背板整个表面具皱，第3背板至少前部具刻皱。产卵管鞘常长于后足胫节长度的1/2，其上不具毛。

176. 三化螟稻绒茧蜂 *Exoryza schoenobii* (Wilkinson, 1932)

异　名　*Apanteles schoenobii* Wilkinson, 1932。

中文别名　三化螟绒茧蜂、三化螟稻田茧蜂。

特　征　见图2-235。

雌虫体长约2.7mm。体黑色。头胸部黑色，腹部第1节背板中间黑色，两侧黄白色；第2~6腹节背板黄褐色至暗褐色。触角黑褐色。足赤褐色，后足腿节、胫节和基跗节的末端，各足的基节和爪均黑色，部分标本端跗节黄色。翅基片黄褐色；翅透明，有闪光。头、胸部密布刻点和白色细毛。并胸腹节中区及分脊明显，内有不规则的皱状刻点，中区底端呈"U"形；腹部第1背板梯形，第2背板长方形，第3背板等于或稍长于第2背板。产卵管鞘约与后足胫节等长。

寄　主　三化螟、二化螟幼虫。单寄生。

分　布　国内见于浙江、江苏、江西、湖北、湖南、四川、台湾、福建、广东、广西、贵州、云南等地。国外分布于印度、菲律宾。

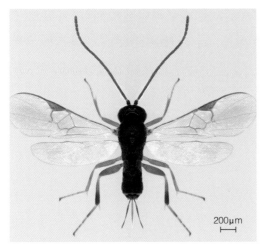

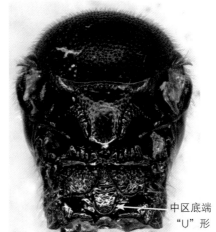

中区底端
"U"形

A. 整虫背面   B. 胸部背面   C. 腹部背面

图2-235 三化螟稻绒茧蜂 *Exoryza schoenobii* 雌虫

长绒茧蜂属 *Dolichogenidea* Viereck, 1911

本属又名长颊茧蜂属。前翅无r-m脉，小翅室端部开放；后翅臀叶最宽处后方均匀凸出，整段有明显缨毛。并胸腹节具各种刻纹，中区后侧方通常均由明显的脊分出。腹部第1背板和第2、3背板绝不愈合成背甲；第1背板琵琶形或两侧近于平行，在后端稍宽；腹部第2背板短于第3背板，第2、3背板之间的缝不直，第3背板常无刻纹。产卵管鞘通常长于后足胫节长度的1/2，其上不具毛。

177. 弄蝶长绒茧蜂 *Dolichogenidea baoris* (Wilkinson, 1930)

异 名 *Apanteles baoris* Wilkinson, 1930；*Apanteles parnarae* Watanabe, 1935。

中文别名 弄蝶绒茧蜂、稻苞虫绒茧蜂、稻苞虫长颊茧蜂。

特 征 见图2-236。

雌虫体长2mm。体黑色。前足（除基节）、中足（除基节和常在腿节基部的1/2）、后足胫节（除端部）褐色；后足腿节、跗节和胫节的端部色暗；须和距灰白色。翅痣灰白透明并具颜色略深的窄边；前缘脉和痣后脉褐色；r脉、2-M脉有色部分及第1肘间脉（2-SR）与翅痣窄边色相同，其余翅脉无色。雌虫头大部具小刻点，颜面凹陷，与唇基顶端间距小于与复眼的间距；侧单眼间距较单、复眼间距近。中胸盾片前半部密布细刻点，后半部刻点稀疏并具光泽；小盾片的中域及边缘有小刻点、具光泽；并胸腹节具模糊刻纹，在中区内及中区附近光滑。前翅r脉与2-SR脉的相接点模糊，二者呈圆形，长度之和为m-cu脉长的近2倍；2-M脉有色部分与1-SR脉等长；

翅痣比痣后脉短。后足胫节长距短于基跗节的1/2，短距则短于其2/5。腹部第1背板略圆形并向下弯，基部稍凹，中间稍拱，端部2/3具模糊条纹至虚弱皱纹，端部中间多少平滑和具光泽，两侧平行，中长是端宽的2倍；第2背板平滑，中长是基宽的1/2，端部圆，侧沟比中间长度短；第3背板及其后背板平滑。产卵管鞘比后足胫节长。

雄虫腹部第1背板端部有时窄，第2背板长短于基宽，并长于侧沟。

寄　主　大螟、稻苞虫、隐纹稻苞虫、台湾稻螟。

分　布　国内见于浙江、山东、陕西、江苏、上海、安徽、江西、湖北、湖南、四川、台湾、福建、广东、广西、贵州、云南、香港。国外分布于马来西亚、日本、菲律宾、尼泊尔、印度、斯里兰卡、巴基斯坦。

A. 雌虫背面　　　　B. 雄虫侧面　　　　C. 雄虫胸腹部背面　　　　D. 雄虫外生殖器

图2-236　弄蝶长绒茧蜂 *Dolichogenidea baoris*

小腹茧蜂属 *Microgaster* Latreille, 1804

中胸盾片无清晰的盾纵沟；中胸侧板通常无明显基节前沟。前翅小翅室（第2亚缘室）端部多少被r-m脉封闭。后足基节长，伸近第2背板端部；后足胫距长。腹部第1背板和第2、3背板绝不愈合成背甲；第1背板往端部明显加宽，通常长度明显短于端部宽度；第2背板满布细皱，长于第3背板；第3背板至少在前方也具刻皱。产卵管鞘通常长于后足胫节长度的1/2，其上均具毛。

178. 稻螟小腹茧蜂 *Microgaster russata* Haliday,1834

特征 见图2-237。

雌虫体长4.2～5.5mm。头、胸部黑色，有光泽；腹部背板大体黄褐色，雄虫第4背板及以后各节黑色，雌虫自第4或第5背板中央向后扩展成三角形黑斑。触角柄节黑色，鞭节黄褐色。翅透明，翅脉黄褐色，翅痣除基部淡黄色，主要为淡褐色。足黄褐色，爪、后足胫节末端和跗基节下端大部分黑褐色。产卵管鞘黑色。体被短柔毛；头横宽，触角细；上颊在复眼后方弧形收窄，单眼大。前胸背板具粗刻点。中胸盾片具粗密刻点；小盾片两侧缘具疏刻点。中胸侧板前方2/3和翅基下脊下方具密刻点，其余光滑。后胸侧板上方光滑，下方具粗网皱。并胸腹节中纵脊发达，基横脊不明显，中纵脊中段向两侧发出数条横脊，表面具粗皱，后侧区小而光滑。前翅翅痣长为宽的3.5倍，稍短于1-R1脉长；r脉微弯；小翅室大；1-Cu1脉略短于2-Cu1脉；1-SR脉接近1-M脉的1/2；m-cu脉短于2-SR+M脉。后翅cu-a脉直。后足跗节端部稍膨大，爪微弯，无齿和小刺。腹部稍长于胸部。第1背板具粗糙网皱，两侧缘至端部均匀扩大。第2背板矩形，宽为长的2.3倍，明显长于第3背板；具粗糙网皱纹。第3背板具皱状刻点。第4背板及其后各背板平滑。肛下板短，远离腹端，具中纵折，无侧褶。产卵管鞘长为后足胫节的1/2，基部具柄。

寄主 二化螟、三化螟、大螟以及巢蛾、苞螟等的幼虫。单寄生。

分布 国内见于浙江、辽宁、北京、山东、河南、陕西、江苏、安徽、江西、湖北、湖南、四川、福建、广西、贵州、云南。国外分布于日本、印度尼西亚、俄罗斯等国。

A. 整虫背面　　　　　　　　　　B. 虫体背面　　　　　　　　　C. 雌虫产卵器

图2-237　稻螟小腹茧蜂 *Microgaster russata* 雌虫

陡胸茧蜂属 *Snellenius* Westwood, 1882

中胸背板盾纵沟深，后端仅由1中脊分开，中叶呈盾形隆起；小盾片后方没有连续光滑带，带中央稍断开处具刻皱；胸腹侧脊完整，至少中胸侧沟前端部分存在。前翅具r-m脉，小翅室端部封闭。腹部第1节背板和第2、3背板绝不愈合成背甲。产卵管鞘短，其上无毛，端部偶尔集中有短毛。

179. 马尼拉陡胸茧蜂 *Snellenius manilae* (Ashmead,1904)

异 名 *Microplitis manilae* Ashmead,1904。

特 征 见图2-238。

雌虫体长约2.9mm，体黑色。上颚常黄褐色，须黄色，触角黑褐色。翅烟褐色、透明，翅痣和翅脉黑色。前中足棕色至浅褐色，端跗节及爪暗褐色；后足黑色，基节端部和转节褐色，胫节上段约全长的1/3及胫距同为黄褐色至白色。头部密布细刻点；触角丝状，18节。胸部密布中等粗刻点；盾纵沟明显，中叶呈盾形隆起。中胸侧板后方2/3光滑。并胸腹节侧观明显隆起，有中纵脊，粗而直。腹部第1背板稍长于宽，密布中等粗刻点，其余各节光滑。产卵管鞘几乎不伸出。

寄 主 禾灰翅夜蛾、斜纹夜蛾、甜菜夜蛾和棉铃虫等的幼虫。单寄生。

分 布 国内见于浙江、上海、湖南、台湾、广东。国外分布于菲律宾。

图 2-238 马尼拉陡胸茧蜂 *Snellenius manilae* 雌虫

侧沟茧蜂属 *Microplitis* Foerster, 1862

中胸背板盾纵沟不发达或无；小盾片后方无连接的光滑带；中胸侧板基节前沟通常明显，内并列小脊；胸腹侧脊无。前翅有r-m脉，小翅室封闭。后足基节小，不长于或刚长于第1背板；后足胫节的内距绝不达基跗节中央。腹部第1节背板和第2、3背板绝不愈合成背甲；第1背板通常明显长于其宽；第2背板至多侧方有刻皱，中域通常有1隆起皱痕，绝不长于第3背板；第3背板通常光滑。产卵管鞘短，无毛，端部偶尔集中有短毛。

180. 瘤侧沟茧蜂 *Microplitis tuberculifer* (Wesmael,1837)

异 名 *Microgaster tuberculifer* Wesmael,1837。

特 征 见图2-239。

雄虫体长约3mm。体黑色；触角黑褐色；上颚端部黄褐色；颚须和唇须红黄色；翅基片红黄色；腹部第1～3腹板黄褐色，其余黑色。胫距淡黄色；前中足、后足转节、腿节至胫节红黄色，后足基节黑色；跗节黑褐色。翅透明，翅痣黑褐色，基部1/3处具1块明显黄色斑；大部分翅脉黄褐色。头横宽；触角细，长于体。额具皱纹，中央光滑。头顶、上颊密布小刻点。单眼小，呈锐角三角形排列。中胸盾片密布刻点，盾纵沟浅，小盾片密布皱纹，盾前沟内具5条小脊；并胸腹节具粗糙皱纹。前翅翅痣长为宽的3倍，略长于1-R1脉，r脉微弯，与2-SR脉等长；小翅室四角形；1-Cu1脉不到2-Cu1脉的1/2，1-SR脉为1-M脉的1/4；m-cu脉略长于2-SR+M脉。后翅cu-a脉下端微弯向翅基。后足胫节内、外距约等长，为基跗节的1/3，爪微弯。腹部长于胸部；第1背板长为最宽处的2倍，后方1/3稍收窄；第2背板光滑与第3背板等长；第3背板及其后各背

A. 整虫背面   B. 虫体背面

图2-239 瘤侧沟茧蜂 *Microplitis tuberculifer* 雄虫

板平滑，后方具稀疏横排细毛。肛下板短，远离腹端。产卵管长为后足基跗节的1/3。

　　寄　主　斜纹夜蛾、甜菜夜蛾、甘蓝夜蛾、棉铃虫等的幼虫。

　　分　布　国内见于浙江、黑龙江、吉林、辽宁、河北、北京、山东、河南、新疆、湖北、四川、台湾、福建、贵州。国外分布于欧洲、俄罗斯、蒙古、日本、印度尼西亚等地。

拱茧蜂属 *Fornicia* Brulle, 1846

　　头小，头宽仅为胸部最宽处的2/3左右；大部分鞭节由于具2排板状感器似假的分节。前胸背板下沟宽大，无上沟。中胸侧板具1强的胸腹侧脊；小盾片末端和后胸背板末端各有1个向后伸的端刺。并胸腹节中纵脊在基部呈"Y"形分叉并围成1小基室，分叉的两脊上又伸出两分脊斜伸向侧后方至气门后，两分脊之后为典型的垂直面；斜脊前方的水平面呈斜坡状；1对侧纵脊从分脊中部伸向并胸腹节后缘，从而围成的1个较大的菱形"室"（中纵脊从中央贯穿）。前翅无r-m脉，第2亚缘室（小翅室）开放；后翅小脉（cu-a）曲波状，褶叶边缘内凹且无毛。腹部第1背板和第2、3背板扩大且愈合成卵形的背甲，盖住其后各节。下生殖板均匀骨化；产卵管短而下弯，产卵管鞘仅近端部有稀疏细毛。

181. 暗翅拱茧蜂 *Fornicia obscuripennis* Fahringer,1934

　　特　征　见图2-240。

　　雌虫体长5.6mm。体黑色。足基节黑色，腿节红褐色，后足胫节近基部1/3白色，中段黑色，端部1/3红色。翅烟褐色，翅痣褐色，基部约1/5色浅，翅脉褐至淡褐色。头部背观宽为长的1.7倍，后头中部稍凹入。中胸盾片具均匀的细刻点，盾纵沟处皱纹和刻点较为密集；小盾片有刻点，端部延长，具2齿；后胸背板中部具齿；并胸腹节有皱纹和刻点，中纵脊端部分叉成1五边形中区。后足基节长达腹部第2背板之后，胫节内距长为基跗节的1/2。前翅比体长；翅痣长约为宽的3倍，痣后脉稍长于翅痣；r脉从翅痣端部1/4处发出，明显长于2-SR脉；第1盘室宽大于高，1-Cu1脉短于2-Cu1脉；腹部背甲约与胸部等长，具强而规则的波状纵脊，纵脊间有不规则的短纵脊和皱纹；第1、2背板及第3背板间的横缝深而呈弧形；第2背板稍长于第1、3背板；第3背板纵脊减弱，后缘呈三角形凹缘。肛下板隐藏；产卵管鞘短，与后足第4跗节等长。

　　寄　主　刺蛾。

　　分　布　国内见于浙江、江苏、湖南、四川、台湾、福建、广西、贵州。

A. 整虫背面   B. 虫体背面

图 2-240 暗翅拱茧蜂 *Fornicia obscuripennis* 雌虫

长体茧蜂亚科 Macrocentrinae

  虫体通常细长，头强度横形。唇基端部无凹缘，直或弧形凸出，与上颚不形成口窝。上颚向内弯曲，粗短或细长。触角丝状、细长，常具端刺。复眼裸。中胸盾片中叶隆起，高于侧叶；中胸腹板后横脊缺。前翅 SR1 脉全部骨化，伸达翅缘，缘室关闭；有 2-SR 脉和 r-m 脉，r-m 脉偶尔消失，m-cu 脉前叉式；后翅缘室通常平行或端部收窄。足基节延长；各足第 2 转节前侧端部常具梳状的钉状刺。腹部通常长，着生于并胸腹节的位置稍在后足基节上方。产卵管长，通常长于腹长。

  本亚科寄生蜂为鳞翅目的容性内寄生蜂，主要寄生于卷蛾科、谷蛾科、螟蛾科、夜蛾科、巢蛾科、鞘蛾科、斑蛾科、毒蛾科、尺蛾科、透翅蛾科、麦蛾科、织蛾科、蛱蝶科、灰蝶科等昆虫。一些种类已被成功地用于生物防治。

  本书记录我国稻区常见长体茧蜂亚科 3 属 6 种。

中国常见长体茧蜂亚科天敌分属检索表

1. 第 1 腹节无侧凹，偶尔在基侧凹处浅凹；第 1 背板基部中央平或拱隆，具横刻条。前足腿节背方刚毛中等长，稍短于腹方刚毛 ·························· 腔室茧蜂属 *Aulacocentrum*

 第 1 腹节侧凹大而深，明显不同于基侧凹；第 1 背板基部中央几乎均稍凹 ····················· 2

2. 后足胫节内距长为基跗节的1/2～4/5；产卵管鞘长约与腹部高相当，为前翅长的1/10～2/5；
　后翅SR脉明显弯曲；前足腿节基腹方刚毛长于端腹方刚毛 ············ 澳赛茧蜂属 *Austrozele*
　后足胫节内距长为基跗节的3/10～1/2；产卵管鞘明显长于腹部端宽，至少为前翅长的2/5；
　后翅SR脉至多稍弯曲；前足腿节基腹方刚毛长度明显比较均匀，且短于背方刚毛 ·············
　··· 长体茧蜂属 *Macrocentrus*

澳赛茧蜂属 *Austrozele* Roman, 1910

　　体长6～10mm。触角细长，约为前翅长的1.5～2.0倍，第1节粗大，第3节及以后各节长明显大于宽，端节具刺。上颊短；头顶和额光滑，偶尔具刻点，头顶在单眼后方常陡斜；额凹入；脸中央上方稍纵凹；唇基隆起，与脸明显分开，端缘稍凹或平；上颚粗壮，上齿大，两齿尖；下颚须长。前胸背板侧方大部分光滑，凹槽内通常具并列短刻条。中胸盾片散生细刻点，盾片中叶弧形隆起，盾纵沟深，具并列刻条，后方中央有1纵脊；小盾片散生细刻点，小盾片前凹深，内有纵脊；中胸侧板具刻点；胸腹侧脊完整，基节前沟宽，后端稍深。后胸侧板叶突三角形。并胸腹节表面较平，外侧区下方散生横刻条，气门椭圆形或近圆形。前翅r脉从翅痣中央外方伸出，m-cu脉明显前叉式，第2亚缘室外端稍窄，cu-a脉稍后叉式，亚基室端部约1/3处下方具淡黄色斑纹，偶尔无。后翅SR脉明显弯曲，见图2-241。足转节有端齿；前足腿节基腹方刚毛长于端腹方刚毛；后足胫节内距长为基跗节的1/2～4/5；爪具基叶突。腹部第1节侧凹大而深，明显不同于基侧凹，背板基部中央几乎均稍凹。产卵管鞘长接近腹部高，约为前翅长的1/10；产卵管端前背缺刻深，端尖。

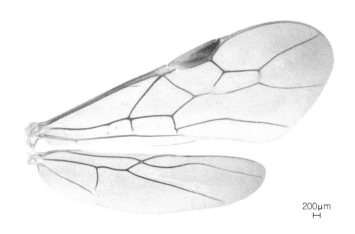

200μm

图 2-241　澳赛茧蜂属（长须澳赛茧蜂 *Austrozele longipalpis*）的翅

182. 长须澳赛茧蜂 *Austrozele longipalpis* van Achterberg, 1993

特　征　见图2-242。

雌虫体长7~8mm。体褐黄色，下颚须长，为头高的2倍以上。头顶、上颚端齿、触角端部带黑色，腹端部烟褐色。足褐黄色，后足跗节黄白色。触角50~51节，第3节略长于第4节。头顶光滑；单眼中等；额光滑，具浅中纵沟；脸中央大部分光滑，侧方具细刻点；唇基宽而微凹，具刻点，端缘薄；上颚下齿相当钝。前胸背板侧面光滑，凹槽上下具并列刻条；中胸侧板满布稀疏刻点，胸腹侧脊完整，基节前沟前端具粗密刻点，后端具点皱；后胸侧板散生刻点；并胸腹节表面具皱网，但前端光滑，在前中凹处有1条短中脊。前翅亚基室大部分光滑，在端部1/3处有毛，具1小褐斑；后翅缘室向端部稍扩大。后足基节光滑；转节端齿3个。腹部第1背板长约为端宽的3倍，表面具纵刻条，基部1/4光滑。第2、3背板基半部具纵刻条，其余背板光滑且侧扁。产卵管鞘长为前翅长的1/10。

寄　主　长须夜蛾的幼虫。

分　布　国内见于浙江、湖北、湖南、福建、云南。国外分布于荷兰、德国、英国、匈牙利。

A. 整虫侧面　　　　　　　　　　　　B. 头胸部侧面　　　　　　　　　C. 转节端齿

图2-242　长须澳赛茧蜂 *Austrozele longipalpis* 雌虫

腔室茧蜂属 *Aulacocentrum* Brues, 1922

后翅SR脉明显弯曲。前足腿节背方刚毛中等长，稍短于腹方刚毛；后足胫节长距为基跗节的1/3~1/2。腹部第1腹节无侧凹，偶尔在基侧凹处浅凹，背板中央平或拱隆具横刻条。

183. 混腔室茧蜂 *Aulacocentrum confusum* He & van Achterberg, 1994

异　名　*Mocrocentrus japonicus*: Chu, 1935；*Mocrocentrus philippinensis*: Shenefelt, 1969。

特　征　见图2-243。

体长7～11mm。头黑色；唇基、颜面下方和上颚除端齿外赤黄色；须黄白色；触角黑褐色，中段黄褐色。胸、腹部赤黄色，翅基片及腹部（特别是基部）色较浅，或第1～3腹节每节后缘带黑褐色；腹部第4节及以后各节黑褐色。足赤黄色，前、中足转节及胫节色稍浅；后足腿节端部和胫节端部黑褐色，胫节基部、距及跗节黄白色。翅透明，翅痣及翅脉黑褐色，翅痣基部、副痣及痣外脉黄褐色。触角45～48节。上颊极短。腿节基半有齿14个，呈不规则1排；爪具基叶突。产卵管鞘稍长于前翅长。

寄　主　亚洲玉米螟、桑绢野螟、竹织叶野螟、杨扇舟蛾、杨卷叶野螟。

分　布　国内见于浙江、黑龙江、吉林、辽宁、江苏、安徽、江西、湖北、四川、广西、贵州。

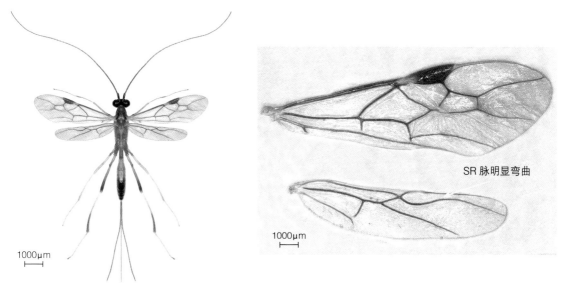

SR 脉明显弯曲

1000μm

1000μm

图 2-243　混腔室茧蜂 *Aulacocentrum confusum* 雌虫

184. 菲岛腔室茧蜂 *Aulacocentrum philippinense* (Ashmead,1904)

异　名　*Macrocentrus philippinensis* Ashmead, 1904。

特　征　见图2-244。

体长5.2～9.3mm；前翅长4.5～8.6mm。体黑色；须和触角柄节内侧（外侧浅褐色）、梗节端半黄色，鞭节中部黄白色。翅基部、后胸侧板、并胸腹节基部有1褐黄色狭条；腹部第1节背板基部、第3背板中部黄色。足黄色；后足基节红色，腿节除基部外黑色，胫节端部黑褐色。翅透明，翅痣黑色，翅脉褐色。触角45～47节，第1节粗大。上颊很短。后足基节具中等刻点，转节端齿3～4个呈1排，腿节基段几乎无齿。爪具基叶突。产卵管鞘稍长于前翅长。

寄　主　稻纵卷叶螟、二化螟、桑绢野螟、白蜡卷野螟、杨卷叶野螟。

分　布　国内见于浙江、山西、陕西、湖北、湖南、四川、台湾、广西、云南。国外分布于日本、印度、菲律宾。

A. 整虫背面　　　　　　　　　　B. 翅与虫体背面

图 2-244　菲岛腔室茧蜂 *Aulacocentrum philippinense* 雌虫

长体茧蜂属 *Macrocentrus* Curtis, 1833

触角 24～61 节，等长或稍长于体长。唇基凸；上颚通常强度弯曲，下齿通常明显小于上齿、尖锐，但有些种类等长、钝。侧观中胸盾片中叶明显高于侧叶；胸腹侧脊存在，常在前足基节后方断缺；后胸背板中纵脊前端不分叉。前翅 1-SR+M 脉、1-M 脉均直至明显弯曲，二者的夹角近直角；2-Cu1 脉平直，r-m 脉偶尔缺，Cu1a 脉无淡褐色斑，3-M 脉常长于 3-SR 脉的 2 倍，常有

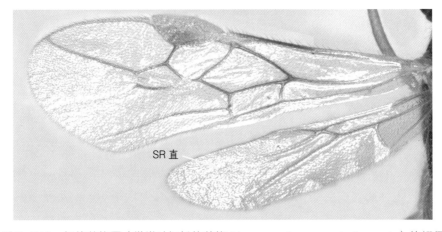

图 2-245　长体茧蜂属（纵卷叶螟长体茧蜂 *Macrocentrus cnaphalocrocis*）的翅征

2A脉。后翅缘室窄，平行或端部稍扩大，SR脉直或至多稍弯曲、不骨化，1r-m脉直、短至中等长，SC+R1脉直至弯曲。足通常中等长或短；前足腿节基腹方刚毛长度明显比较均匀，而且短于背方刚毛，胫节距长是其基跗节长的1/5～3/5；后足基节至多有少许横刻纹，胫节内距长是其基跗节长的3/10～1/2。第1腹节侧凹大而深，明显不同于基侧凹；第1背板基部中央几乎均稍凹。产卵管鞘至少为前翅长的2/5；产卵管具端前背缺刻。

185. 纵卷叶螟长体茧蜂 *Macrocentrus cnaphalocrocis* He & Lou, 1993

异　名　*Mocrocentrus* sp. Chao, 1975；*Macrocentrus abdominalis* (Fabr.): Chen et al., 1980；*Macrocentrus thoracius*: Xia, 1957。

中文别名　黄长距茧蜂、长角赤茧蜂。

特　征　见图2-246。

体长4.1～5.8mm，前翅长4.3mm；产卵管鞘长为前翅长的1.6倍。体黄褐色至红黄色，侧面和腹面色更浅；须、上颚（除端齿）、翅基片黄白色；单眼区褐色；并胸腹节中央具1淡褐色梯形斑；腹部背板黑褐色，端部4节黑色，第1背板端半褐黄色，足和腹部腹板浅黄色，各足跗节色较深。翅半透明；翅痣黄色，端部带褐色；痣后脉及副痣黄色；翅脉浅褐色；后翅缘室中央稍收窄，端部稍宽于基部。触角49～51节，第3节长为第4节的1.1倍；单眼大。后足基节具细刻点；转节端齿2个；爪具基叶突，但齿甚弱。

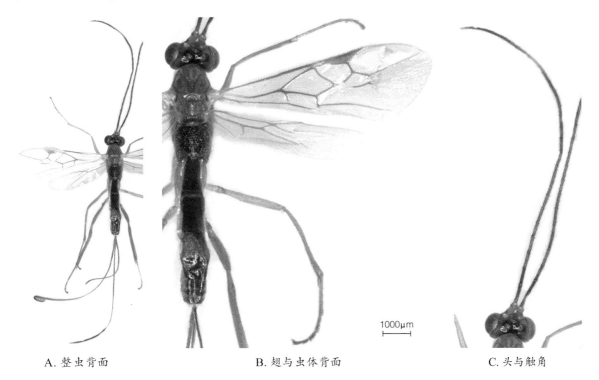

1000μm

　A. 整虫背面　　　　　　　B. 翅与虫体背面　　　　　　C. 头与触角

图2-246　纵卷叶螟长体茧蜂 *Macrocentrus cnaphalocrocis* 雌虫

寄主 稻纵卷叶螟、三化螟等的幼虫。单寄生。

分布 国内见于浙江、甘肃、江苏、安徽、江西、湖北、重庆、福建、广东、海南、广西、贵州、云南。国外分布于菲律宾、韩国。

186. 螟虫长体茧蜂 *Macrocentrus linearis* (Nees, 1811)

异名 *Macrocentrus gifuensis* Ashmead, 1906；*Macrocentrus abdominalis* Fady & Clark, 1964；*Macrocentrus tenuis* Shenefelt, 1969；*Macrocentrus iridescens* French, 1880；*Macrocentrus amicroploides* Viereck, 1912；*Bracon linearis* Nees, 1811；*Ichneumon abdominalis* Fabricius, 1793；*Ichenumon abdominator* Thunberg, 1822；*Rogas tenuis* Ratzeburg, 1848。

特征 见图2-247。

体长3.9～5.2mm，前翅长3.5～4.5mm；产卵管鞘长5.0～7.2mm，为前翅长的1.4～1.6倍。浅色个体黄褐色；头顶单眼区及周围、上颚端齿、触角鞭节、并胸腹节、腹部第1～3背板浅褐色。足黄褐色。翅透明，翅痣浅黄褐色，中央有浅褐色斑；副痣及痣外脉黄色，翅脉浅褐色。深色个体黄褐色部位为火红色，浅褐色部位为褐色，且深色部位扩大，如脸、小盾片后端、翅痣均为浅褐色，腹部背板完全黑褐色。头背观宽为中长的2.7倍。触角50～52节；第3节长为第4节长的1.3倍。后翅缘室中部与翅缘近于平行。后足基节光滑，散生弱刻点；转节端齿5个；爪无基叶突。

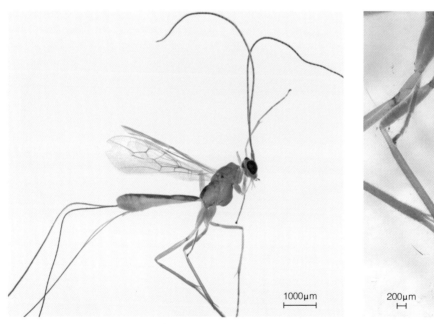

A. 整虫侧面　　　　　　　　B. 中、后足

图2-247　螟虫长体茧蜂 *Macrocentrus linearis* 雌虫

寄　主　夜蛾科、卷蛾科、蛱蝶科、麦蛾科、鞘蛾科、毒蛾科、波纹蛾科、尺蛾科和巢蛾科等昆虫。

分　布　国内见于浙江、吉林、新疆、山东、甘肃、江苏、安徽、江西、四川、广西、贵州、云南。

187. 两色长体茧蜂 *Macrocentrus bicolor* Curtis, 1833

异　名　*Macrocentrus limbator*: Shenefelt, 1969；*Macrocentrus gracilipas* Telenga, 1935；*Macrocentrus gibber*: Papp, 1982。

特　征　见图 2-248。

雌虫体长 4.3～6.0mm；前翅长 3.7～4.8mm；产卵管鞘长为前翅长的 1.6 倍。头部（包括触角）、前胸、并胸腹节及腹部黑色至黑褐色；中后胸和部分标本前胸火红色；上颚基部、须及翅基片黄白色。足浅黄褐色，后足胫节端部黑褐色。翅透明，翅痣污黄色，翅脉浅褐色。头背面观头宽为长的 2.5 倍。触角 48 节，第 3 节略长于第 4 节，端节具刺。头顶光滑。前胸背板侧面光滑，凹槽内及后缘具并列刻条，盾片中叶稍隆起，前方弧形陡斜；盾纵沟深，后部汇合处有 1 条中纵脊；小盾片前凹深，内有 3 脊。前翅翅痣长为宽的 3.4 倍，r 脉自翅痣的 3/5 处伸出，亚基室端部上半具稀疏的刚毛，下半光滑，近下缘有淡黄色斑。各转节端齿 4 个；后足基节散生刻点。腹部第 1、2 背板具纵刻条；两侧缘向后稍扩大；第 3 背板基部的 3/5 处具细纵刻条。产卵管端前

A. 整虫侧面　　　　　　　　　　　　　　　　B. 头胸部侧面

C. 腹部背面　　　　　　　　　　　　　　　　D. 产卵管末端

图 2-248　两色长体茧蜂 *Macrocentrus bicolor* 雌虫

背缺刻深，端尖。

  寄　主　蔷薇黄卷蛾、潜蛾、山杨麦蛾、防风草织蛾、桔织蛾等昆虫的幼虫。

  分　布　国内见于辽宁、浙江、湖北。国外分布于朝鲜、日本、俄罗斯等国。

内茧蜂亚科 Rogadinae

  触角14～104节，梗节明显短于柄节，或者相对较长。复眼内缘明显内凹。下颚须6节，下唇须4节；上唇内凹，光滑无毛，通常近垂直，不向后倾斜；上颚多粗壮，向内弯曲，闭合时2上颚端部相接触或重叠，具1～2齿。前胸背板凹常不存在，前胸侧板后突缘存在，多位于后方或不明显；胸腹侧脊常存在。中胸盾片横沟无或仅中央存在。腹部第1背板背脊常愈合，侧凹无或模糊，与第2背板之间常可活动。前足胫节无成列的钉状刺，但常有粗毛或成簇的粗毛。前翅M+Cu1脉常平直或稍弯曲，有时明显弯曲；后翅cu-a脉直，中等大小；有短翅或无翅型。前足基跗节常具内凹，有特化的毛；前足和中足端跗节一般正常，短于第2～4跗节之和（但阔跗茧蜂族例外，前中足端跗节大而长，长于第2～4跗节之和）；后足基跗节有特化区。产卵管亚端部背方至多具1个结。

  本亚科寄生蜂为鳞翅目昆虫的容性内寄生性茧蜂，主要寄生于螟蛾总科、夜蛾总科、弄蝶总科等总科的30多科。绝大多数种类为幼虫单寄生，少数为聚寄生；寄生蜂在寄主僵硬虫尸内化蛹。

  目前我国已知有阔跗茧蜂族Yeliconini、内茧蜂族Rogadini、横纹茧蜂族Clinocentrini分布（国外还有潜蛾茧蜂族Stiropiini）。本书介绍我国稻区常见的内茧蜂亚科内茧蜂亚族的2属7种。

脊茧蜂属 *Aleiodes* Wesmael, 1838

  触角27～75节。头顶和额光滑或具刻纹，颚眼沟缺；下颚须、下唇须细长，少数宽；口头脊在腹方与后头脊连接，或在腹方退化；后头脊常在背方中央断开；复眼或多或少内凹。盾前凹或多或少发达；前胸腹板常较宽、向上弯曲至弱小；胸腹侧脊完整；盾纵沟有变化，有时部分消失；并胸腹节不分区，至多有一些脊，通常无并胸腹节瘤。前翅m-cu脉相对于1-M脉平行或向后收窄；后翅1-M脉直，基室不狭小。跗爪无叶突和刚毛，某些种呈栉形；后足胫节端部内方罕有梳状黄白色毛。腹部背板不愈合，除第2、3背板外，其余背板间可活动；第4、5背板不具尖锐的侧褶。雌性下生殖板小至中等，腹方平直，端部平截；产卵管鞘较宽大。

188. 黏虫脊茧蜂 *Aleiodes mythimnae* He & Chen,1988

异　名　*Aleiodes australis* He & Chen,1988；*Aleiodes chui* He & Chen, 1988；*Rhogas fuscomaculatus* Ashmead: Chao & Chen, 1947；*Rogas fusomaculatus* Ashmead: Chao, 1982。

中文别名　南方脊茧蜂、祝氏脊茧蜂、褐斑内茧蜂。

特　征　见图2-249。

雌虫体长5.0～5.5mm，前翅长3.9～4.8mm。体红黄色；触角端部变暗。翅透明，翅痣及脉红黄色至褐黄色，但有的个体翅痣及脉黑褐色；触角大部、眼眶、前胸背板侧面近中胸盾片处、中胸盾片后部、小盾片、中胸侧板大部、后胸侧板、足（后足胫节端部色较深除外）以及腹部腹板均黄色至浅褐色；腹部第1背板基部中央、第2背板中央以及第3背板基部中央组成1大的黄褐色斑。翅透明，痣黄色，有1暗斑，脉褐色。雄性体色较雌性为淡，整个头部、中胸盾片黄色至黄褐色。触角43～44节。上颊在复眼后方呈圆弧状，稍收窄。腹部第1～3背板有细纵刻条和中纵脊，第4背板基半具细刻条，其余背板光滑。第1背板长是端宽的1.2倍，第2背板长是端宽的9/10。产卵管鞘长接近后基跗节的1/2。

寄　主　黏虫幼虫，单寄生。

分　布　国内见于浙江、黑龙江、吉林、湖北、四川、福建、海南、广西、贵州、云南。国外分布于古北区。

A. 整虫背面　　　　　　B. 翅与虫体背面　　　　　　C. 头部颜面

图2-249　黏虫脊茧蜂 *Aleiodes mythimnae* 雌虫

189. 静脊茧蜂 *Aleiodes aethris* Chen & He,1997

特　征　见图2-250。

雌虫体长6.8～7.8mm；前翅长5.8～7.6mm。体黄色至红黄色；须黄白色，触角鞭节黑褐色；端跗节和产卵管鞘褐色。翅端部带暗色，基部黄色；触角58～63节，各节似分两节。背观复眼为上颊长的3.8倍；上颊在复眼后方明显收窄。复眼明显突出。后头脊背方中央缺。小盾片前沟深，具3条纵脊。并胸腹节中纵脊细而完整，具细刻纹，后缘两侧角具钝瘤突。腹部第1～3背板具明显的皱状纵刻条和中纵脊，第3背板端缘和其后背板光滑；第2、3背板具锐侧褶。产卵管鞘长是前翅的1/10。

寄　主　毒蛾科的幼虫。

分　布　国内见于浙江、黑龙江、吉林、湖北、湖南、四川、福建、广东。

A. 整虫背面　　　　　　　　　　　B. 翅与虫体背面　　　　　　　　　　C. 腹部背面

图2-250　静脊茧蜂 *Aleiodes aethris* 雌虫

190. 凸脊茧蜂 *Aleiodes convexus* van Achterberg, 1991

异　名　*Chelonorhogas rufithorax* Enderlein, 1912；*Aleiodes rufithorax* (Enderlein): He & Chen, 1992。

特　征　见图2-251。

雌虫体长4.6～5.0mm。头、腹部深褐色至黑色，有时腹部基方色稍浅；胸部红黄色；触角、须上半段和足深褐色至黑色。翅膜、痣及脉褐色。触角41～51节。中胸侧板除前背方具刻纹外光滑；胸腹侧脊完整；基节前沟缺。后胸侧板具皱纹。中胸盾片前方陡，盾纵沟窄，小盾片近光滑，端部具刻点、侧脊。并胸腹节短，明显后倾，具不规则皱纹，中纵脊基半完整。前翅2-SR脉与r-m脉等长，1-Cu1脉略短于2-Cu1脉，cu-a脉近垂直；后翅缘室向端部逐渐扩大，cu-a脉近垂直，无m-cu脉。后足胫节距长为基跗节的2/5。腹部第1背板略长于端宽，第2背板长是第3背板的1.5倍；第1、2背板具明显的皱状纵刻条和中纵脊；第2、3背板具锐侧褶；第3背板凸，端缘下曲，将其余背板盖住。产卵管鞘长是后足胫节的1/6。

寄　主　未知。

分　布　国内见于浙江、湖北、湖南、福建、广东、海南、广西、贵州、云南。

图2-251　凸脊茧蜂Aleiodes convexus 雌虫

191. 螟蛉脊茧蜂 Aleiodes narangae (Rohwer,1934)

异　名　*Rhogas narangae* Rohwer,1934；*Rogas narangae*: Chu et al.,1976。

中文别名　螟蛉内茧蜂、黄色小茧蜂、黄脊茧蜂、夜蛾茧蜂。

特　征　见图2-252。

雄虫体长4.5~5.3mm。体红黄色；单眼区黑色；触角端部变暗；上颚端部、产卵管鞘、后足腿节和胫节关节处黑褐色；有的黑化个体，头、胸、腹全褐色。翅透明，痣黄色，脉黄色至浅褐色。触角44~47节。额微隆起，有横皱。头顶有横皱和1条弱的中纵脊。眼凹很浅，胸腹侧脊上端折向前缘。后胸侧板叶突明显；并胸腹节有细网状刻纹，无侧纵脊，中纵脊明显。后足基节有细皱；胫节长距是基跗节的1/4；爪简单。腹部第1~3背板有细纵刻条和中纵脊，第3背板端缘近于光滑；第4背板基半有细纵刻条，其端半及以后各节背板光滑；第1背板明显向基部收窄，基区突然收窄，第2背板长约与端宽等长。产卵管末端钝圆，长约是后基跗节长的1/2。

寄　主　稻螟蛉、稻条纹螟蛉和三点水螟等。

分布 国内见于浙江、江苏、江西、湖南、四川、台湾、福建、广东、海南、广西、贵州。国外分布于日本、泰国、马来西亚、菲律宾和印度等国。

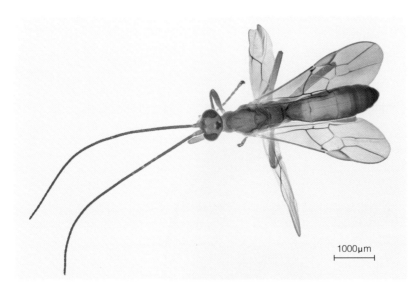

A. 整虫背面

B. 翅与虫体背面

图 2-252 螟蛉脊茧蜂 *Aleiodes narangae* 雄虫

192. 毒蛾脊茧蜂 *Aleiodes lymantriae* (Watanabe, 1937)

异 名 *Rhogas lymantriae* Watanabe, 1937；*Rogas lymantriae* (Watanabe): Schaffer et al., 1984。

特 征 见图 2-253。

雌虫体长 7.7~7.8 mm。体黑色；上颊、前中足、后足转节红黄色；须、翅基片黄色；后基节和腿节红褐色，胫节、跗节褐色；腹部第 1 背板端缘中央和第 2 背板中央全部或端半各有 1 块黄斑。翅透明，翅痣基部黄色、其余棕色，脉黄色至棕色。触角 54~56 节。额凹陷，细颗粒状，有光泽，无中纵脊；复眼眼凹中等，外缘与后头脊平行；脸有明显或不明显的横刻条，中纵脊明显。前胸背板背面皮革状，背板槽内有粗刻条。小盾片皮革状，前凹深；中胸侧板上角有明显的纵刻纹；并胸腹节具明显的网状刻纹，中纵脊明显，无侧纵脊。前翅第 2 亚缘室长是高的 1.7~1.9 倍，向外端稍收窄；后翅 SR 脉几乎与痣外脉平行，缘室不向外端扩大，M+Cu 脉长。腹第 1、2 背板和第 3 背板基部 2/3 有纵刻条和中纵脊；第 3 背板端部 1/3 及以后各节背板具细刻点，近于光滑，有时第 4 背板基半具纵皱刻点；第 1 背板长是端宽的 1.1 倍，向基部明显收窄，背凹小。产卵管鞘端部钝尖，长是后基跗节的 2/5~1/2。

寄 主 栎毒蛾、舞毒蛾。

分　布　国内见于吉林、湖北。国外分布于日本、美国。

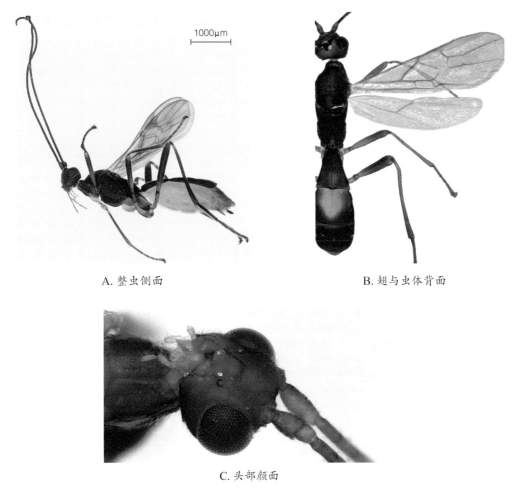

A. 整虫侧面　　　　　　　　　　　　B. 翅与虫体背面

C. 头部颜面

图 2-253　毒蛾脊茧蜂 *Aleiodes lymantriae* 雌虫

刺茧蜂属 *Spinaria* Brulle, 1846

　　头背面观横形；复眼中等大小，内缘凹入；后头脊缺；前胸背板前缘中央叉状，背中央有 1 根垂直、端部前弯的长刺；胸腹侧脊完整；中胸侧板具完整的基节前沟；并胸腹节具刻皱，后端两侧具强齿。前翅 r 脉出自翅痣近中部；SR1 脉长约为 3-SR 脉的 2 倍；2-SR 脉斜，与 3-SR 脉等长；r-m 脉垂直；cu-a 脉后叉。腹部 5 节具显著的纵刻条和侧褶，背板间缝具平行短刻条；第 3、4 节背板端侧角具长刺，后缘中央具 1 根钝刺；第 5 节背板端缘中央有 1 根尖刺。产卵管鞘短，不超过腹部末端，粗壮被黑毛。

193.暗翅刺茧蜂 *Spinaria armator* (Fabricius, 1804)

异　名　*Spinaria armatrix* Schulz, 1906；*Spinaria curvispina* Cameron, 1902；*Spinaria furcator* (Thunberg, 1822)；*Spinaria fuscipennis* Brullé, 1846；*Spinaria nigricanda* Enderlein, 1905；*Spinaria udei* Enderlein, 1905。

特　征　见图2-254。

雌虫体长10.0～12.0mm。头胸部黄色，触角黑色至黑褐色。翅面全深褐色，基部有时黄色。前中足黄色，跗爪黑色；后足黑色。前胸背板中央有1对叉状钝刺。腹部第1～4背板黑色，第5背板黄白色；各节腹部腹面均白色。

寄　主　褐边绿刺蛾。

分　布　国内见于浙江、广东、海南、广西、台湾。国外分布于印度尼西亚、马来西亚。

A.整虫背面　　　　　　　　　　　　B.虫体侧面

图2-254　暗翅刺茧蜂 *Spinaria armator* 雌虫

优茧蜂亚科 Euphorinae

触角线状，有时柄节巨大，鞭节基部环状节特化；触角常位于复眼之间近额处，但有时着生于近唇基、突出的触角架上。下颚须6节，唇须3节。前胸背板无前凹；小盾片后方中央有平行刻条的凹陷；胸腹侧脊存在；中胸腹板后横脊缺，并胸腹节后缘常具脊和分区，有时弱。前翅SR1脉骨化，缘室大至很小，1-M脉直，Cu1b脉缺；后翅缘室平行或向端部变窄，臀叶不明显或小，2A脉缺，cu-a脉常存在且直。后足胫节端部无钉状刺。腹部第1背板柄状或细长，气门位于背板中部或中部后方；背凹明显，背脊至少基部存在。产卵管及鞘短至长，细长至宽阔。

本亚科寄生蜂内寄生于鳞翅目幼虫、鞘翅目成虫和幼虫，以及半翅目、膜翅目、脉翅目的成虫，少数寄生于啮虫目和直翅目成虫。

本书介绍我国稻田常见优茧蜂亚科4属5种。

中国常见优茧蜂亚科天敌分属检索表

1. 触角柄节扩大，长于触角第3节，达到或超过头顶；如果处于中间类型，则第1腹节背凹存在；雌性柄节长，内侧毛较稀。复眼正常至较小，如果大，则脸宽与高相当；足细长，后足腿节长为宽的6~7倍；上颚腹方无宽叶状突 ·············· 长柄茧蜂属 *Streblocera*
　触角柄节正常，稍微或不扩大，等长于或短于触角第3节，不达头顶高度，若达到头顶高度，则第1腹板凹 ·· 2

2. 前翅M+Cu1脉多不骨化或r-m脉缺；产卵管通常强度下弯，并短于后足基跗节；产卵管鞘长为其最大宽度的3倍或更短；前翅缘室小或缺（优茧蜂亚族）。前翅1-SR+M脉存在，2-Cu1脉常不骨化；后头脊背方中央缺 ························· 优茧蜂属 *Euphorus*
　前翅M+Cu1脉完全骨化，若不骨化则r-m脉存在；产卵管直或仅端部弯曲，长于后足基跗节；产卵管鞘长于其最大宽的5倍。前翅缘室中等大小至大 ·············· 3

3. 后翅缘室端部变宽；并胸腹节前端有横脊；腹部第4、5背板大部分具密毛，第1背板背凹存在。茧无端丝 ··· 赛茧蜂属 *Zele*
　后翅缘室端部变窄，很少近两侧平行；并胸腹节前方常无横背；腹部第4、5背板大部分无毛（仅雄虫具毛）；背凹多样。部分种的茧具长端丝 ·············· 悬茧蜂属 *Meteorus*

赛茧蜂属 *Zele* Curtis, 1832

触角柄节正常，稍微或不扩大，不长于第3节，不达头顶高度，若达到头顶高度，则第1背板凹。后头脊完整，额无瘤状突起，复眼裸而无毛，颜面不强烈隆起，口上沟完整；唇基强烈隆起，腹缘甚宽，鳃叶状，前缘中央平直；上颚强壮，腹面具1对多少突出、细的鳃叶状脊，末端多少扭曲。盾凹中大、且深，盾纵沟完整；小盾片两侧多少有皱，中后部有刻纹；并胸腹节前端有横脊。前翅SR1脉平直，m-cu脉前叉或对叉，r-m脉存在，有3个亚缘室；后翅缘室端部变宽。后足胫节明显比腿节窄，跗爪具有1大的爪中突。腹部第1背板具背凹，明显成柄状；第2背板

光滑或具革状小刻点；至多第3节及其后各节背板的端半部具密毛。产卵管细长而平直或仅端部弯曲，长于后足跗节。

194. 暗赛茧蜂 *Zele caligatus* (Haliday,1835)

异 名 *Meteorus caligatus* Haliday,1835；*Meteorus neeszi* Ruthe, 1862；*Dysmletes alaskensis* Ashmead,1902

特 征 见图2-255。

雄虫体长5.1mm。体暗红褐色；须、唇基腹方、触角（除端部）、翅基片、并胸腹节后背角、足、腹部第2、3背板和它们的缝、下生殖板端部和产卵管鞘端部，均为黄色；翅痣褐色；后足胫节基部具黄白色的环。雄虫除并胸腹节后背角、腹部第2、3背板等处色较深（红褐色），体色与雌虫大体相似。触角35节，第3、4节约等长，均为各自宽的3倍。上颊在复眼后方圆弧状收窄；

A. 整虫侧面

B. 整虫背面

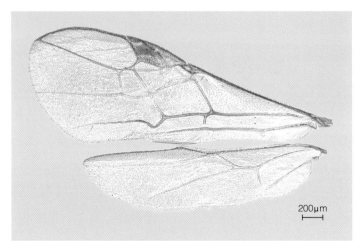

C. 翅

图2-255 暗赛茧蜂 *Zele caligatus* 雄虫

头顶拱隆，具弱刻点；胸腹侧片大部分光滑，后背方具微皱；基节前沟窄，内具不规则的并列刻条；中胸盾片中叶具不明显小刻点，盾纵沟窄，具并列刻条；小盾片相当拱隆，具弱小刻点；后胸侧板具网皱，仅中央近光滑；并胸腹节背表面前方光滑，具1弱横脊和1短中脊，后方具微皱；前翅cu-a脉后叉式；后翅1-M脉长略短于cu-a脉。腹部第1节背板长为端宽的1.7倍，表面具不明显微皱（几乎光滑），背脊消失，侧凹和背凹大而深。产卵管鞘长略短于前翅长。

　　寄　主　鳞翅目尺蛾科小花尺蛾属的一些种类。

　　分　布　国内见于河北、山西、辽宁、吉林、黑龙江、浙江、安徽、湖北、甘肃、宁夏、新疆。国外分布于蒙古及欧洲、非洲。

悬茧蜂属 *Meteorus* Haliday, 1835

　　触角23～28节，端节无刺，柄节端部平截，不长于第1鞭节，不达头顶高度（若达到头顶高度，则第1背板凹）；额凹，几乎光滑；口上沟存在；唇基稍凸起；颚眼沟很发达；上颚细长，上齿明显长于下齿、尖锐；下颚须6节，下唇须3节；复眼大而裸。胸腹侧脊完整；中胸侧沟具平行刻条；盾纵沟完整，深并具平行刻条；小盾片前沟深，内有数条脊；小盾片中部凸起，侧脊缺，中央后方有小凹陷；并胸腹节前方常无横脊。前翅1-R1脉约等长于翅痣长，1-SR脉短、骨化（若不骨化，则r-m脉存在）；后翅M+Cu脉明显长于1-M脉，cu-a脉的近于垂直，2-SC+R脉长，SR脉不骨化，缘室向端部收窄或平行，端部不阔。腿细长，爪简单而细长。腹部第4、5背板大部分雌虫无毛，但雄虫具毛；腹部第1节常成明显柄状，背板细长；第2、3背板有侧褶。产卵管直或仅端部弯曲，长于后足跗节。

195. 黏虫悬茧蜂 *Meteorus gyrator* (Thunberg, 1822)

　　异　名　*Ichneumon gyrator* Thunberg, 1822。

　　中文别名　黏虫黄茧蜂。

　　特　征　见图2-256。

　　雌虫体长4.5～5.5mm。体黄褐色至赤褐色，北方虫体色较深；单眼区及腹部后端色稍暗；触角末端、端跗节及爪、产卵管鞘均黑褐色至黑色。翅透明；翅痣淡黄褐色。触角32～36节。胸部刻点细而稀；并胸腹节具网状皱纹，基半有中纵脊。腹部第1背板基部呈柄状，在气门前方的凹洼明显，后方纵行刻条明显，背板下缘在腹面近于平行不相接触；第2背板及其后各节背板光滑。产卵管鞘略长于腹长的1/2，约后足胫节长的2/3。

　　寄　主　黏虫幼虫。

> [!note] 分 布
国内见于浙江、黑龙江、吉林、辽宁、河北、北京、山西、河南、陕西、江苏、上海、江西、湖北、四川、福建、广东、贵州、云南。

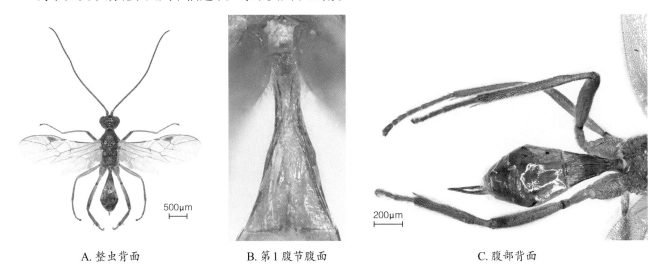

A. 整虫背面　　　　　　　　　B. 第1腹节腹面　　　　　　　　　C. 腹部背面

图 2-256　黏虫悬茧蜂 *Meteorus gyrator* 雌虫

196. 斑痣悬茧蜂 *Meteorus pulchricornis* Wesmael, 1835

> [!note] 异 名
Meteorus greaffei Fischer, 1957；*Meteorus japonicus* Ashmead, 1906；*Meteorus macedonicus* Fischer, 1957；*Meteorus nipponensis* Vicreck, 1912；*Metonus striatus* Thomnson, 1895；*Meteorus thomomi* Marshall, 1899；*Meteorus tuerculifer* Ficher, 1957；*Perilitus pulchricornis* Wesmael, 1835。

> [!note] 中文别名
斑痣方室茧蜂、日本黄茧蜂。

> [!note] 特 征
见图 2-257。

雌虫体长 3.5～5.0mm。体黄褐色至赤褐色；单眼区、触角至端部、并胸腹节、通常腹部第 1 背板及腹末、后足腿节端部、胫节端部、端跗节及爪均褐色或黑色；翅痣前缘黄色，下方有褐色斑，故名"斑痣方室茧蜂"。触角 29～32 节。并胸腹节具不规则刻纹，有中脊。腹部第 1 背板近基部常有 2 个侧凹，但有的个体侧凹极小不易识别，侧凹之后具纵刻条，背板下缘在基端 2/7～3/7 处腹面短距离相接。产卵管鞘约为腹长的 1/2 或后足胫节长的 1/2。

> [!note] 寄 主
稻苞虫、黏虫、棉小造桥虫、棉铃虫、四星尺蠖、棉大卷叶螟、红腹白灯蛾、桑绢野螟、桑剑纹夜蛾、瓜绢野螟、甜菜夜蛾、斜纹夜蛾以及舞毒蛾、油杉毒蛾、栗黄枯叶蛾等的幼虫。单寄生。

> [!note] 分 布
国内见于浙江、河北、吉林、河南、陕西、江苏、安徽、福建、江西、湖南、湖北、四川、贵州。国外分布于日本、土耳其、法国、德国、英国、匈牙利、爱尔兰、塞浦路斯、荷兰、波兰、葡萄牙、瑞典、瑞士。

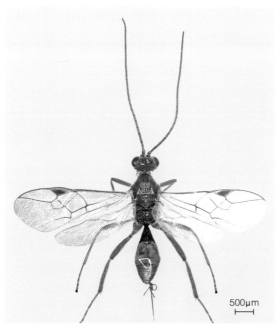

A. 整虫背面   B. 第1腹节腹面（背板下缘相接）

图 2-257 斑痣悬茧蜂 *Meteorus pulchricornis* 雌虫

长柄茧蜂属 *Streblocera* Westwood, 1833

头背面观横形。雌性触角异常特化，柄节扩大、长于触角第3节，达到或超过头顶的高度；触角在第3、7～10节处曲折或不曲折；后头脊完整，有时背中部有短的间断，腹方与口后脊汇合或分离；颜面有时具1角突；下颚须6节，下唇须3节；颚眼沟存在；上颚腹方无宽叶状突。基节前沟和盾纵沟存在；前翅1-SR+ M脉和r-m脉缺；足细长，跗爪简单。腹部较粗壮；第1背板端部明显变宽，背凹和侧凹通常存在，但有时缺，气门位于中部后方；第2节及以后各节背板光滑；第5节腹板有时具1对齿。产卵管鞘细长，具毛；产卵管弯曲。

197. 冈田长柄茧蜂 *Streblocera okadai* Watanabe,1942

异 名   *Streblocera orientalis* Chao,1964；*Streblocera zhongmouensis* Wang,1982；*Streblocera shaanxiensis* Wang,1984；*Streblocera flava* You & Xiong, 1988。

特 征   见图2-258。

雌虫体长3.3mm。体黄褐色，头部单眼区黑褐色或黑色；触角基部2节黄色，其余各节烟褐色；并胸腹节全部或后半部烟褐色；腹部第1背板暗赤褐色；柄后腹前半黄色，后半略带赤褐色。有时整个并胸腹节、腹部第1背板及柄后腹后部色较浓。头背面观横形，侧面观大略呈三角形。触角21～22节；柄节腹方近基部具齿，该齿或较粗大，或几乎消失仅余小黑点；第6、7鞭节末端腹方成小钩刺状突出；前胸背板具并列弱短刻条，中胸侧板光亮，基节前沟长而阔，并胸腹节满布网状粗纵脊。腹部与胸部约等长；腹部第1背板不短于端宽的2倍，具纵脊，气门位于背板中部两侧，两气门间距小于由气门至背板末端的距离，背凹大。产卵器显露，其末端或微呈波浪状，或稍弯曲。

    寄　主　单个内寄生于黑条麦萤叶甲成虫。

    分　布　国内见于浙江、吉林、辽宁、河北、陕西、河南、山东、安徽、江苏、江西、湖北、湖南、福建、云南。国外分布于日本、俄罗斯。

A. 整虫侧面　　　　　　　　　　　　B. 翅和虫体背面

C. 头胸部背面　　　　　　　　D. 触角（示特化柄节和鞭节的齿）

图2-258　冈田长柄茧蜂 *Streblocera okadai* 雌虫

优茧蜂属 *Euphorus* Nees, 1834

触角16节，触角柄节不长于第1鞭节，端节无刺。下颚须5节，下唇须3节；后头脊中央缺一大段，腹方直或近于直；额、头顶和上颊光滑；中胸背板和小盾片光滑。前翅缘室小或缺，SR1脉远离翅尖；1-SR+M脉和2-M脉存在，M+Cu1脉、2-Cu1脉常不骨化。腹部第1背板两侧几乎平行或端部稍变宽，腹方不愈合，侧凹缺；第2、3背板无侧褶，几乎伸达腹末，其后各节隐藏。产卵管通常明显下弯，短于后足基跗节；产卵管鞘长不超过其最宽处的3倍。

198. 红胸优茧蜂 *Euphorus rufithorax* Chen & van Achterberg,1997

特　征　见图2-259。

雄虫体长2.2mm。体红褐色；头、前胸背方黑色，脸和头腹方红黄色；腹部暗红褐色，第1背板黄褐色；触角褐色，基部3节黄色；须浅黄色；足黄色；翅透明，有褐色密毛，翅痣褐色，基部色浅，翅脉褐色。触角16节，短于体长，第3节长为第4节长的4~5倍。中胸侧板前方、中胸盾片中叶大部和后胸侧板全部具刻点；盾纵沟明显、窄、具平行刻条；小盾片前沟宽、深，有3条脊；并胸腹节基部横脊明显。前翅1-R1脉长为翅痣长的2/5、痣宽的4/5；SR1脉和2-SR脉发自翅痣同一位置；m-cu脉刚前叉。腹部第1背板长为端宽的2倍，表面具不规则纵皱纹，基部存在弱背脊，背凹小，之后腹部背板光滑；第2背板缝缺。

寄　主　未知。

分　布　国内见于浙江、江西。

A. 整虫侧面

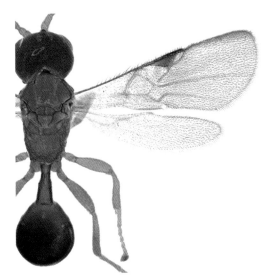

B. 翅与虫体背面

图 2-259　红胸优茧蜂 *Euphorus rufithorax* 雄虫

甲腹茧蜂亚科 Cheloninae

上颚向内弯曲，闭合时端部相接；唇基拱隆，与上颚间无口窝，唇基无下陷，若有浅下陷，唇基腹缘中央接近上颚上关节基部水平线。无胸腹侧脊；中胸腹板后横脊完整。腹部第1～3节背板呈背甲状不能活动，具皱状纵刻条；其余背板隐藏于背甲下方。前翅有3个亚缘室，r-m脉存在；后翅cu-a脉直。

本亚科寄生蜂容性内寄生于鳞翅目卵—幼虫期，常见于隐蔽性生活的卷蛾科和螟蛾科；单寄生。

本书记录我国稻区常见甲腹茧蜂亚科3属8种。

中国常见甲腹茧蜂亚科天敌分属检索表

1. 后头脊不与口后脊相连；胸部通常黑色；腹部背甲无完整横沟，呈1块均匀隆起，具刻皱的表面（甲腹茧蜂族 Chelonini）。前翅无2-SR+M脉，r脉通常从翅痣中央附近伸出·· 甲腹茧蜂属 *Chelonus*

   后头脊与口后脊相连；胸部通常大部分黄色；腹部背甲有2条完整而明显的横沟（愈腹茧蜂族 Phanerotomini）··· 2

2. 前翅有2-R1脉，无Cu1b脉，第1亚盘室端后方开放；后翅无r脉，M+Cu脉短于1-M脉·· 合腹茧蜂属 *Phanerotomella*

   前翅无2-R1脉，常有Cu1b脉，第1亚盘室端后方闭合；后翅r脉常存在，M+Cu脉与1-M脉等长；触角通常23节，偶尔有达25～27节····························· 愈腹茧蜂属 *Phanerotoma*

甲腹茧蜂属 *Chelonus* Panzer, 1806

体长2.0～7.0mm。触角16～44节；复眼裸或具刚毛；唇基端缘无齿突；后头脊不与口后脊相连。胸部通常黑色。前翅2-SR+M脉缺或很弱，第1盘室与第1亚缘室合成1个大室，r脉通常从翅痣中央附近伸出，具Cu1b脉；后翅无r脉，M+Cu脉不短于1-M脉。腹部背甲无完整横沟，呈1块均匀隆起，表面具皱。产卵器鞘短。翅征见图2-260。

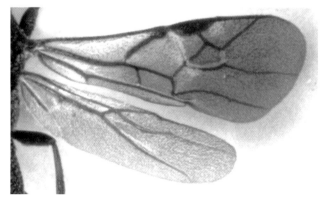

图2-260　甲腹茧蜂属（螟甲腹茧蜂 *Chelonus munakatae*）的翅征

199. 蟆甲腹茧蜂 *Chelonus munakatae* Matsumura, 1912

异　名　*Chelonus chilonis* Cushman, 1929。

特　征　见图2-261。

体长6～7mm。体黑色，触角多于16节，黑色，稍短于体。雌虫腹背近基部两侧各有1矩形白斑；前、后翅除基部、翅痣基部下方半透明外，其余带煤烟色，翅痣及翅脉黑褐色。足黑色；前、中足腿节末端、前足胫节和跗节淡红褐色；中、后足胫节除近基部、距及基跗节基半部淡黄色外，其余均暗褐色。头部密布细皱，在头顶后方和上颊皱纹带线形；后头光滑，向内凹入；并胸腹节后侧角有小齿状突起，并有1条皱状横脊相连，横脊后方（端区）陡峭。前翅翅痣长于缘室上缘。腹部背板仅见1节，呈盾甲形，末端钝圆，表面密布网状皱纹，基部皱纹粗糙且略成纵列，端部的不明显。产卵器极短，背面不可见。

寄　主　二化螟、二点螟、三化螟、禾螟、玉米螟等昆虫的卵，单寄生。

分　布　国内见于浙江、辽宁、内蒙古、河北、北京、天津、山东、山西、河南、陕西、江苏、湖北、湖南、四川、台湾、福建、贵州、云南、台湾等地。国外分布于朝鲜、韩国、日本。

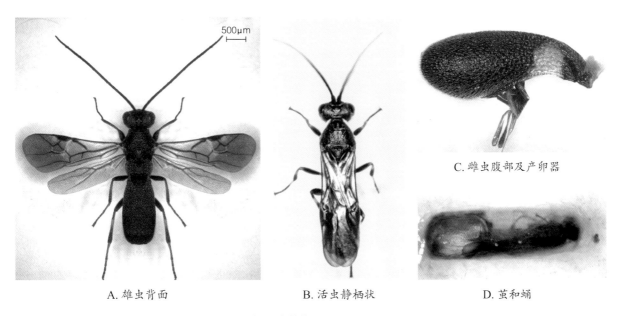

500μm

C. 雌虫腹部及产卵器

A. 雄虫背面　　　　　　　　　B. 活虫静栖状　　　　　　　　D. 茧和蛹

图 2-261　蟆甲腹茧蜂 *Chelonus munakatae*

200. 棉红铃虫小甲腹茧蜂 *Chelonus pectinophorae* (Cushman,1931)

异　名　*Chelonella pectinophorae*: Chu, 1935；*Chelonella nitobei* Sonan, 1932；*Chelorus nitobei* Thompson, 1953；*Apanteles pectinophora*: Sohi, (1964) 1965；*Microchelonus pectinophorae* Cushman, 1931。

中文别名 红铃虫甲腹茧蜂。

特 征 见图2-262。

雌虫体长约3.2mm。黑色。触角16节，除柄节和梗节腹侧红褐色外，其余均黑褐色。前、中足的基节黑色，转节、腿节红褐色，胫节、跗节黄色；后足黑色，基节端部、转节、腿节基部、胫节基部2/3或中部、跗节为红黄至白黄色。翅透明，前缘脉、痣后脉、翅痣暗褐至黑褐色，其余翅脉浅褐至无色；后翅翅脉无色（雄虫的后翅暗）。腹部基端2/5（除最基部黑色）黄白色。头横宽；触角短，近端部几节长稍大于宽（雄性触角细长，近体长）；后头略浅凹，上颊明显外凸；头顶、颊、额两边具细刻条；颜面具微细颗粒，暗淡；唇基有微细刻点，较颜面光泽强。胸粗壮；前胸背板具网状皱褶，中胸盾片端中央密布细小刻点，并胸腹节粗糙，具网状皱褶。腹部仅见1节，盾甲状，其基部稍窄，近端部最宽，其长约为基宽的3倍。产卵器短，不超越腹甲末端。

寄 主 棉红铃虫、鼎点金纲钻、甘蔗小卷蛾、大豆食心虫，跨期寄生卵至幼虫期。

分 布 国内见于浙江、黑龙江、江苏、上海、安徽、江西、湖北、四川、台湾、云南。国外分布于朝鲜、日本。

A. 整虫背面   B. 虫体侧面

图2-262 棉红铃虫小甲腹茧蜂 *Chelonus pectinophorae* 雌虫

201. 章氏小甲腹茧蜂 *Chelonus zhangi* Zhang & Chen, 2008

异 名 *Chelonus chinese* Zhang, 1984; *Microchelonus chinese* (Zhang): Chen, 2003。

中文别名 桃小甲腹茧蜂。

特　征　见图2-263。

雌虫体长3.3～3.4mm。体黑色；触角16节第1～5鞭节黄褐色，其余褐色；上颚深黄褐色；须浅黄褐色；翅基部透明，端部半透明。前、中足除跗节淡黄褐色（端部褐色）外，其余各节深黄褐色；后足基节基部、腿节端部及胫节两端黑褐色，基节端部、转节、腿节基部以及胫节中段深黄褐色，跗节褐色至浅褐色。腹甲基部中央有1上窄下宽近梯形的黄褐色斑。触角明显短于体长。颊具弯曲的线状纹；额稍凹陷，具线状纹；脸具细密且不规则的网状皱；唇基均匀凸起。前胸背板、侧板具粗糙皱纹；中胸背板均匀凸起，具不规则且细小的网状皱；并胸腹节具粗糙网状皱，端横脊明显，脊两侧各具明显的齿突。腹部背面观椭圆形，在端部1/3处强烈收缩，基背脊明显，基半部具粗糙的纵皱，相互之间被短横皱连接，端半部具粗糙的网状皱；背面观长为其最宽处的近2倍；腹端向内弯曲。产卵器短，不超越腹甲末端。

寄　主　桃小食心虫等。

分　布　国内见于辽宁、山东、山西、河南、河北、浙江、贵州、湖南。

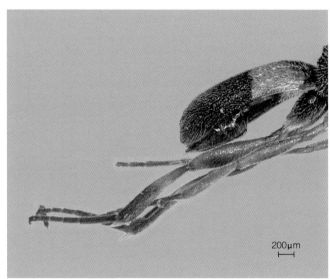

200μm

A. 整虫背面　　　　　　　　　　　B. 腹部侧面及后足

图2-263　章氏小甲腹茧蜂 *Chelonus zhangi* 雌虫

合腹茧蜂属 *Phanerotomella* Szepligeti, 1900

触角24～60节；复眼裸；后头脊与口后脊相连。胸部通常大部分黄色。腹部背甲有2条完整而明显的横沟；第3背板无较细的侧齿，至多后侧有前伸的角状物。前翅翅痣通常相对较细，前翅有1-SR+M脉及2-R1脉，第2亚缘室或多或少三角形，第1盘室前方较尖，无Cu1b脉，第

1亚盘室端后方开放；后翅无r脉，M+Cu脉短于1-M脉。

202. 浙江合腹茧蜂 *Phanerotomella zhejiangensis* He & Chen,1995

异　名 *Phanerotomella bicoloratus* He & Chen, 1995。

特　征 见图2-264。

雌虫体长4.0mm。体黄色；头部、中后胸背板黄褐色；第1背板中央后方、第2背板中央、第3背板中央前方各有1个浅褐色斑。足黄褐色。翅透明，翅痣及翅前缘脉黑褐色，其余黄褐色。头横形，宽为中长的近2倍；复眼较小。并胸腹节具不规则细网皱；水平部分无纵脊，中足胫节外侧有钉状刺。腹部背甲长稍短于胸长，为腹宽的1.7倍，相当拱隆，具蜂巢状刻纹；后缘齿钝圆；基脊长约为第1背板长的1/3。

寄　主 未知。

分　布 国内见于浙江。

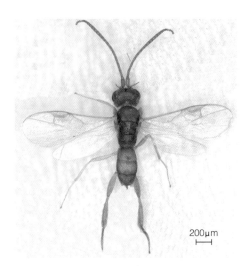
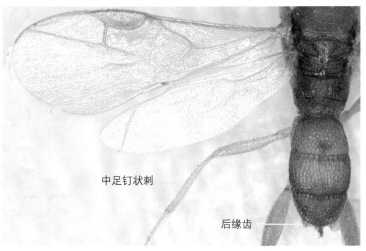

A. 整虫背面　　　　　　　　　　　　　　　B. 翅与胸腹部背面

图2-264　浙江合腹茧蜂 *Phanerotomella zhejiangensis* 雌虫

203. 中华合腹茧蜂 *Phanerotomella sinensis* Zettel, 1989

特　征 见图2-265。

雌虫体长4.7mm。体黑褐色，色深者胸腹部几乎全部黑色。齿红褐色，须黄色；胸腹部色泽变化大；前胸腹面中央、中胸侧板四周、中胸腹板、后胸侧板、并胸腹节、腹甲基部黄褐色。触角暗褐色。足黄色至褐黄色，浅色足型仅后足腿节和胫节两端黄色，深色足型则所有腿节和胫节黑褐色（除两端），后足基跗节带黑褐色。翅脉黑褐色。头部横形，宽为长的1.3倍；复眼大，强度突出；前翅痣后脉长于或刚长于翅痣；腹部背甲长与胸近等长，为腹宽的1.6倍，拱隆，具蜂巢状刻纹；基脊长约为第1背板的1/3，近于平行。

寄 主 未知。

分 布 国内见于浙江、江苏、湖南、福建、广东。

A. 整虫背面   B. 虫体侧面

图2-265 中华合腹茧蜂 *Phanerotomella sinensis* 雌虫

愈腹茧蜂属 *Phanerotoma* Wesmael, 1838

雌雄虫触角通常23节，偶尔有25～27节；额不具中纵脊；复眼裸；后头脊与口后脊相连；唇基腹面有3个不明显的齿或腹缘直、无齿。胸部大部分黄色。前翅翅痣相对粗大，有1-SR+M脉，无2-R1脉，第2亚缘室四边形或五边形，第1盘室前方或多或少平截，常有Cu1b脉，第1亚盘室端后方闭合；后翅r脉常存在，M+Cu脉与1-M脉等长。腹部背甲有2条完整而明显的横沟；第3背板无侧齿或至多侧后方有角状物伸出。产卵器鞘端部至多1/3处有刚毛。

204. 黄愈腹茧蜂 *Phanerotoma flava* Ashmead, 1906

异 名 *Phanenerotoma taiwana* Sonan, 1932。

中文别名 黄色白茧蜂。

特　征　见图2-266。

雌虫体长7.3mm。头胸部火红色；单眼区、复眼、上颚端齿、触角黑褐色；须、上颚基部黄色。腹部浅黄褐色。足黄褐色，但后足胫节端部内侧和跗节黑褐色。翅膜烟黄色，部分个体端部2/5带烟褐色；翅痣、副痣黑褐色。触角23节，鞭状，亚端节长不少于宽的2倍；单眼区小，额和头顶均具不规则刻皱；腹部长椭圆形，稍拱隆；背甲具细网状皱纹；第2背板缝稍前曲，第3背板缝相当细而密。雌虫第3背板端缘背观近于平截，后观圆弧形凹入。雌虫下生殖板刚伸出腹端，端部针状且上翘。产卵管短，刚伸出腹端。

寄　主　棉红铃虫、缀叶丝螟、核桃楸螟、酸枣缀叶螟、黄莲木缀叶螟等。

分　布　国内见于浙江、辽宁、河南、甘肃、江苏、上海、安徽、湖北、湖南、四川、台湾、福建、广东、广西、贵州。国外分布于朝鲜、日本。

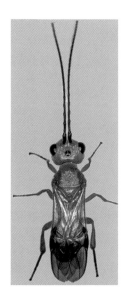

A.整虫侧面　　　　　　　　　　B.翅与虫体背面　　　　　　　C.活虫静息状

图2-266　黄愈腹茧蜂 *Phanerotoma flava* 雌虫

205. 东方愈腹茧蜂 *Phanerotoma orientalis* Szepligeti,1902

异　名　*Phanerotoma philippinensis* Ashmead,1904；*Neophanerotoma orientalis*: Szepligeti,1908。

特　征　见图2-267。

雌虫体长4.6mm。体黄褐色；单眼区、复眼、上颚端齿、触角端部、有时中后胸背板后缘光滑部位黑褐色；前胸背板、中胸盾片前方、腹部第1、2背板有时黄色，腹端有时浅褐色。足黄色；中足腿节端半和胫节端半黄褐色；后足腿节端部背方、胫节基部和端部黑褐色。翅膜透明，翅痣下方稍烟褐色；翅痣(基部黄色)、副痣及其相连翅脉黑褐色，其余翅脉黄色。触角23节，中段稍粗。腹部椭圆形,明显拱隆,背甲密布细网状皱纹;第1背板背脊长,几达于后缘;第2背板缝近于直,第3背板端缘背观半圆形,后观稍弧形凹入。下生殖板三角形,端部指状突出。产卵管中等长,与后足基跗节约等长。

寄　主　桑绢野螟、棉大卷叶螟和桃斑野螟等,单寄生。

分　布　国内见于浙江、山东、江苏、江西、四川、重庆、海南、广西、云南。国外分布于菲律宾、新加坡、马来西亚、印度尼西亚。

A. 整虫背面　　　　　　　　　　B. 虫体背面

图 2-267　东方愈腹茧蜂 *Phanerotoma orientalis* 雌虫

206. 愈腹茧蜂 *Phanerotoma* sp.

特　征　见图 2-268。

雌虫体长4.8mm,翅长3.8mm。头部红褐色,头顶和颚颜色稍浅,单眼区和复眼黑色;触角柄节、梗节黄褐色,鞭节红褐色,胸部与腹部黑色,前胸背板红褐色,腹部第1、2节中区黄褐色。前中足为褐色,后足为深褐色,但胫节中间黄白色,端部褐色。翅略带淡烟褐色,翅脉褐色,翅痣褐色仅前端黄白色。头宽是头长的1.5倍,几乎与中胸等宽;头顶和颊具细横皱小刻点;单眼区隆起,呈锐三角形排列;触角23节,柄节粗大,近似圆筒状,长是宽的4倍。前胸从中胸背板前方伸出,中胸盾片密布刻点,中胸小盾片稍拱,具细纵皱小刻点,有光泽;并胸腹节具细网状皱纹。翅痣长是最宽处的1.5倍,翅痣中间呈弧形上凸,前翅2-SR脉弯曲,cu-a脉后叉式,m-cu脉和r-m脉不明显。腹部长椭圆形,长是最宽处的2倍,中后部略拱起,呈弧形,产卵器不

露出腹末。

寄　主　未知。

分　布　国内见于浙江、江西、广西。

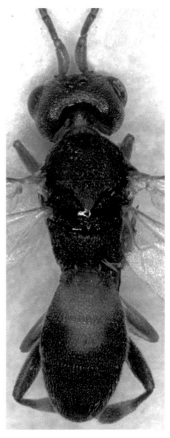

A. 整虫背面　　　　　　　　　　　B. 虫体背面

图 2-268　愈腹茧蜂 *Phanerotoma* sp. 雌虫

滑茧蜂亚科 Homolobinae

　　口窝缺；触角37～55节，触角柄节端部近平截，触角端节具刺或无刺；后头脊存在，后头脊与口后脊在上颚基部上方连接；下颚须6节；下唇须4节，第3节常退化。前胸背板凹缺；中胸盾片前凹存在，且均匀隆起，小盾片无侧脊；胸腹侧脊几乎伸达中胸侧板前缘；中胸腹板后横脊缺，后胸侧板下缘脊薄，透明。前翅1-SR脉常不明显，m-cu脉明显前叉于2-SR脉，2-SR、2A和Cu1b脉存在，第1亚盘室端部封闭；后翅亚基室大，臂叶较大。足第2转节无钉状刺。腹部具均匀的毛，第1背板无背凹，气门位于中部前方，腹部第1背板近基部，侧凹椭圆形或无侧凹。下生殖板端部平截，大至中等大小；产卵管直，亚端部具1小结。

本亚科寄生蜂内寄生于裸露生活的鳞翅目幼虫，主要是夜蛾科和尺蛾科，少数寄生毒蛾科和枯叶蛾科。

本书介绍我国稻区常见滑茧蜂亚科1属1种。

滑茧蜂属 *Homolobus* Foerster, 1862

体长约4.4～15.0mm，前翅长约4.6～16.0mm。唇基腹缘薄；后头脊完整；下唇须第3节长是第4节的1/7～3/5。前胸背板中央近中胸盾片前缘处有凹窝；盾纵沟明显；后胸侧板突大。前翅1-SR+M脉直，有r-m脉，cu-a脉斜，第1盘室无柄；后翅缘室向外扩大，有或无r脉。后足胫节端部内侧无梳状栉。腹部第1节无柄，气门位于背板基部，背板长是端宽的1.7～4.8倍，基部中央凸起。雌性腹末侧扁。产卵管长是前翅长的1/25～4/5。

207. 截距滑茧蜂 *Homolobus truncator* (Say,1828)

异 名 *Bracon truncator* Say,1828；*Zele chlorophthalma*: He & Wang, 1987。

中文别名 绿眼距茧蜂。

特 征 见图2-269。

雌虫体长6.8mm；前翅6.3mm。体褐黄色。单眼区黑色；触角鞭节褐色；须和产卵管鞘为

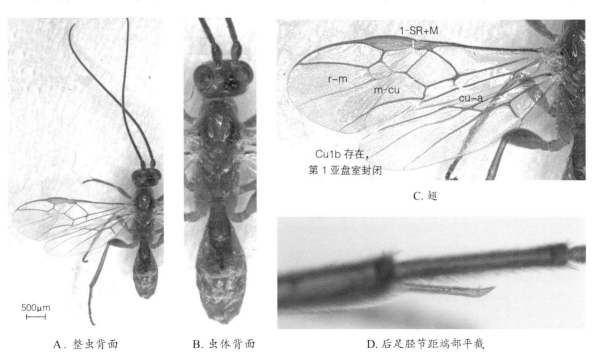

A.整虫背面　　　　B.虫体背面　　　　D.后足胫节距端部平截

图2-269　截距滑茧蜂 *Homolobus truncator* 雌虫

黄白色。触角50节。复眼内缘微凹，背观长度为上颊的1.6倍；额几乎平坦，在近触角窝处有浅刻条，脸相当平，在下方有刻条。前胸背板侧面大部分光滑，中部有稍宽而后部有更窄的扇状刻条；胸腹侧区具皱状刻点，基节前沟有相当粗的夹刻点皱；中胸侧板的其余部分光滑。腹部第1背板的长为端宽的3倍，表面不规则的点状刻皱；第1背板背脊在基半部稍发达。后足胫节距端部通常着色，一般平截；跗爪简单，基部有鬃状刚毛，腹方无齿或薄片状。产卵管鞘短，略伸出腹部末端。

寄　主　小地老虎、棉大造桥虫以及其他一些夜蛾科、尺蛾科的种类。

分　布　国内见于浙江、黑龙江、吉林、辽宁、内蒙古、河北、北京、山西、河南、陕西、甘肃、宁夏、新疆、江苏、江西、四川、台湾、贵州。国外分布于全北区、新热带区、东洋区。

索翅茧蜂亚科 Hormiinae

后头脊完整；下颚须6节；口上缝明显，唇基下陷深而宽，唇基腹缘中央明显高于上颚上关节基部水平线；梗节与柄节约等长。前胸侧板后突缘存在，大部分位于后方或不明显；并胸腹节中纵脊短或缺。腹部第1背板侧方平坦，通常宽，与第2背板之间可以活动；腹部第2、3背板背面大部分膜状，其骨化程度低于侧板。有翅者前翅Cu1a脉常与2-Cu1脉相连，亚盘室完整，r-m脉常存在，m-cu脉伸入第2亚缘室；后翅cu-a脉直；有短翅或缺翅型。前足胫节无成列的钉状刺或刺，但常常具粗毛或成簇的粗毛，毛长至少为宽的8倍；后足胫节距短。产卵管亚端部背方至多具1个结；产卵管稍伸出腹端。

本亚科寄生蜂为抑性外寄生于鳞翅目的麦蛾科、卷蛾科、鞘蛾科、尖蛾科、潜蛾科等，聚寄生，在寄主体外结茧，茧成块，外覆丝膜。

本书介绍我国稻区常见索翅茧蜂亚科1属1种。

索翅茧蜂属 *Hormius* Nees, 1818

胸腹侧脊上方远离中胸侧板前缘。前翅端部具缘毛，1-R1脉长于翅痣长，SR1脉直；m-cu脉明显后叉，2-SR脉明显，r-m脉有时缺，3-SR脉不短于2-SR脉；后翅M+Cu脉短于1-M脉。中胸盾片大部分光滑，若颗粒状则第1背板缺背凹。后足腿节通常光滑。产卵管鞘长度短至中等长。

208. 稻纵卷叶螟索翅茧蜂 *Hormius moniliatus* (Nees,1811)

异　名　*Bracon moniliatus* Nees,1811。

中文别名　纵卷叶螟索翅茧蜂。

特　征　见图2-270。

雌虫体长2.4mm。头、胸部赤褐色,复眼、单眼区、触角鞭节、上颚齿或并胸腹节黑色或黑褐色;腹部第1背板中央黑褐色,其余黄褐色;足黄褐色,端跗节及爪褐色。翅透明,稍带淡黄色,翅脉及翅痣淡黄色。头横宽;具前口窝,后头脊明显。单眼正三角形排列,单复眼间距约为单眼区宽的2倍。复眼小,稍突出,在颜面近于平行。触角22节,细长,稍长于体。前胸背板向前突出;中胸盾片后缘几乎平直;盾纵沟明显,达于后缘但不相接,其后半之间具网状细皱;小盾片近正三角形,平坦,前方横沟宽,内具皱纹和1中脊。腹部比胸部长而宽;第1背板中央隆起,长与后缘宽相近,侧缘后半平行,多网状脊纹,自前角至后缘有1对平行的细脊;第2背板后缘宽约为长的2倍,前侧角有1斜沟,第3～5背板约等长,约为第2背板长的2/5。产卵管鞘约与后足基跗节等长。

寄　主　稻纵卷叶螟幼虫;结茧于幼虫体外,聚寄生。

分　布　国内见于浙江、四川、云南、台湾。国外分布于古北区。

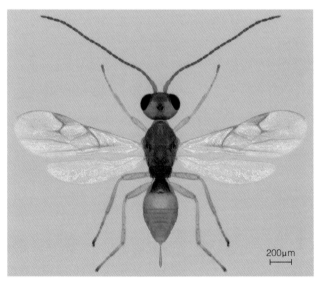

A. 整虫背面　　　　　　　　　B. 头胸部背面　　　　　　　C. 头胸部侧面

图2-270　稻纵卷叶螟索翅茧蜂 *Hormius moniliatus* 雌虫

刀腹茧蜂亚科 Xiphozelinae

体大型，类似于"瘦姬蜂型"，黄色，单眼和复眼均大，夜间活动。后头脊退化，但留有痕迹。颚须长为头高的1.8～2.8倍。第1腹节无中凹和背脊，在基部约1/3处气门正前方有1深而圆的侧凹；前翅m-cu脉在2-SR脉前方；后翅cu-a脉强度内斜；爪腹面有1多少发达的叶状突。产卵管鞘短，约等于腹端的厚度。

本亚科寄生蜂主要寄生鳞翅目夜蛾科的幼虫。

本书介绍我国稻区常见刀腹茧蜂亚科天敌1属1种。

刀腹茧蜂属 *Xiphozele* Cameron, 1906

该属外形与姬蜂相似。后头脊远离口后脊，仅中段有1段残迹；上颚齿强；唇基强度隆起；额光滑或几乎光滑；触角细长，端节具刺。盾纵沟明显，在端部汇合处有1中脊；小盾片无侧脊，在后方有宽阔的刻纹，胸腹侧脊伸至中胸侧板前缘；中胸侧板除前上方具刻点外，多光滑。前翅1-SR+M脉较直，cu-a脉与1-M脉相交，端方突然弯曲，明显细于周围的翅脉，并有1骨化片，亚基室在端部多少裸露无毛，透明。后翅1r-m脉直；R1脉稍微弧形。雌跗爪具刚毛，亚中部有1叶状突；雄跗爪内面有些直，端部有尖叶状突。第1腹节侧凹深，之间多少分开。产卵管鞘短壮。

209. 刀腹茧蜂 *Xiphozele* sp.

特 征 见图2-271。

雌虫体长14.5mm。体黄至黄褐色；头部、触角柄梗节、前胸黄褐色；第1背板基部浅黄褐色；上颚端部、单眼周围、中胸盾片3纵条及腹端部褐色。足黄色，转节和腿节相交处褐色，跗节和后足胫节色较浅。翅透明，翅痣、副痣、痣外脉黄褐色，其余翅脉黑褐色。触角51～52节。后足基节具刻点；后足2个胫距长为基跗节的1/2。腹部第1背板长为端宽的6倍，基部光滑，后半具浅而弱的皱纹，近后端有1条短中纵脊；第2～4背板有明显中纵脊。产卵管鞘长约为后足基跗节的2/5。

寄 主 未知。

分 布 国内见于浙江。

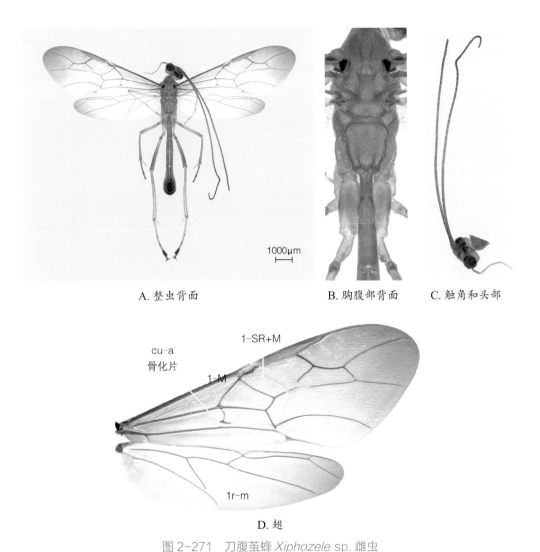

A. 整虫背面　　　　　B. 胸腹部背面　　　　　C. 触角和头部

1-SR+M

cu-a
骨化片

1-M

1r-m

D. 翅

图 2-271　刀腹茧蜂 *Xiphozele* sp. 雌虫

矛茧蜂亚科 Doryctinae

囗窝明显，但较小或近于无；唇基下陷深而宽。前胸侧板后突缘常存在且大部分位于背方；胸腹侧脊常存在。腹部第1背板两侧凸起，与第2背板之间可以活动。后翅M+Cu脉长于1-M脉，m-cu脉常存在。前足胫节通常有成列的钉状刺，其长至多为宽的6倍，或后足基节前腹方成角状，常形成1个瘤突。产卵管亚端部背方几乎均有2个结。

本亚科寄生蜂抑性外寄生于隐蔽处生活的幼虫，特别是鞘翅目，还有鳞翅目、膜翅目（叶蜂）等，部分种的幼虫能取食植物种子。

本书介绍我国稻区常见矛茧蜂亚科3属3种。

中国稻区常见矛茧蜂亚科分属检索

1. 后足基节背方有2个弯曲的刺，1长1短；体大部光滑；并胸腹节具刻皱，无中区··············
·· 刺足茧蜂属 *Zombrus*

后足基节形状正常，无刺；体表多刻纹；并胸腹节多少光滑，有中区··················· 2

2. 腹部具柄，长为端宽的2倍以上，明显狭于第2背板；中胸盾片中叶前方不突出于前胸背板上
方；前翅m-cu脉伸入第2亚缘室·················· 柄腹茧蜂属 *Spathius*

腹部无柄，长不超过端宽的2倍，仅稍狭于第2背板；中胸盾片中叶前方突出于前胸背板上
方；前翅m-cu脉伸入第1亚缘室·················· 陡盾茧蜂属 *Ontsira*

刺足茧蜂属 *Zombrus* Marshall, 1897

体大部光滑。头方形；具后头脊。盾纵沟明显；胸腹侧脊明显；并胸腹节具刻皱，无中区。前翅具3个亚缘室；m-cu脉伸入第1亚缘室；cu-a脉后叉式；后翅m-cu脉明显弯向翅尖；后足基节背方有2个弯曲的刺，1长1短。腹部不具柄，第2背板具1卵圆形稍隆起中区。产卵器长度多变。

210. 两色刺足茧蜂 *Zombrus bicolor* (Enderlein,1912)

异　名　*Neotrimorus bicolor* Enderlein, 1912；*Odontobracon bicolor*:Fahringer, 1929。

中文别名　双色刺足茧蜂。

特　征　见图2-272。

雌虫体长6.5～14.0mm。头胸部黄赤色，触角、须、上颚端部、足和腹部黑色。翅黑褐色，端方色稍浅，翅痣及翅脉黑色，第1亚缘室上方附近有白色斑。体光滑，具黄白色长毛。头近正方形；颜面具粗刻点或网皱，有中纵脊；唇基前端有半圆形凹缘，与上颚形成近圆形的口窝。后头脊细，中央间断；触角45～54节。后足基节背面有2个尖锐的刺状突起，近基部的细而长，近端部的短而似三角形。腹部第1、2背板及第3背板基部有多数纵刻条，其他腹节光滑；第2背板有1块卵圆形稍隆起的中区。产卵管鞘长为后足胫节的1.7～1.8倍。

寄　主　橘褐天牛、葡萄脊虎天牛、竹绿虎天牛、红胸天牛、八星粉天牛、白带窝天牛、槐绿虎天牛、青杨天牛、星天牛、云斑天牛、中华蜡天牛、长蠹、竹长蠹等钻蛀性甲虫的幼虫。体外生活，单寄生。

分　布　国内见于浙江、北京、陕西、安徽、湖北、湖南、四川、台湾、福建、广东、海南、广西、贵州。国外分布于日本、韩国、蒙古、俄罗斯。

A. 整虫背面　　　　　　　　　　　B. 翅与虫体背面

图 2-272　两色刺足茧蜂 *Zombrus bicolor* 雌虫

柄腹茧蜂属 *Spathius* Nees, 1818

　　头近方形；具后头脊；触角细长；第1鞭节至少等长于第2鞭节，常微长，鞭节不少于16节。体表多刻纹，但并胸腹节多少光滑，且有中区。中胸盾片中叶前端不突出于前胸背板上方。前翅具3个亚缘室；m-cu脉伸入第2亚缘室；Cu1a脉在第1亚盘室的上半端伸出，有时对叉。后翅亚基室存在，但短；1-M脉总是长于M+Cu脉；雄虫后翅有时具翅痣。前足和中足胫节前缘具1列刺；后足基节形状正常，无刺。腹部具柄，长为端宽的2倍以上，明显狭于第2背板。产卵器长度多变。

211. 黄头柄腹茧蜂 *Spathius xanthocephalus* Chao, 1977

特　征　见图 2-273。

　　雌虫体长4mm。头顶、触角黄褐色、中胸背板黄褐色，中胸其余部分和后胸、并胸腹节一样为黑褐色；翅痣中间褐色，两端黄褐色，下方有烟色斑；后足腿节后端黑褐色，其余黄褐色；腹柄节黑褐色；其余背板基部（至少基部两侧）褐色，其余部分黄色；产卵器黄褐色，产卵器鞘

基部黄褐色，末端褐色。头背面观方形，具完整后头脊；上颊光滑，在复眼后弧形收敛；头顶具横脊，额微凹陷，具平行横脊，中间断。触角30节，第1鞭节长为宽的5倍。中胸盾片盾纵沟完整，小盾片前凹具3条纵脊；小盾片略突出具颗粒状刻点；并胸腹节皱，具中区，中室内具横脊后端瘤突明显。前翅r脉从翅痣中间略后伸出，长为痣宽的1/2；SRl脉伸至翅尖；m-cu脉伸入第2亚缘室；cu-a脉略后叉式；第1亚盘室末端关闭于m-cu脉之后；Cu1a脉从第1亚盘室末端基部伸出。腹柄节长为并胸腹节长的1.5倍，短于柄后各节之和，末端扩大，具纵脊和细横脊；其余背板光滑。产卵器较长。

寄　主　未知。

分　布　国内见于云南、福建、海南。

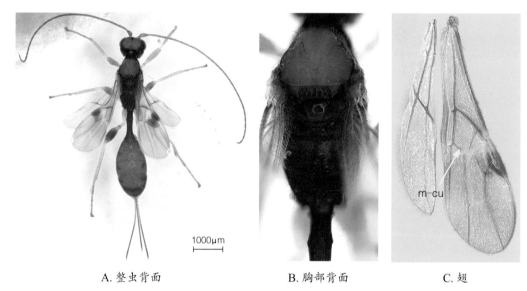

A. 整虫背面　　　　　　　　B. 胸部背面　　　　　　　　C. 翅

图 2-273　黄头柄腹茧蜂 *Spathius xanthocephalus* 雌虫

陡盾茧蜂属 *Ontsira* Cameron, 1900

头方形，具后头脊。体表多刻纹，并胸腹节多少光滑，有中区；前胸背板正常，不肿大；盾纵沟明显；中胸盾片中叶前方突出于前胸背板上方。前翅具3个亚缘室；m-cu脉前叉式，伸入第1亚缘室；cu-a脉后叉式；第1亚盘室末端关闭，Cu1a脉从第1亚盘室下半端伸出。前足胫节外缘具1列刺；后足基节形状正常，无刺。腹部无柄，长不超过端宽的2倍，仅稍狭于第2背板；腹部第2、3背板基部常具刻纹。

212. 斑头陡盾茧蜂 *Ontsira palliatus* (Cameron,1881)

异　名　*Ontsirapalliata* Belokobylskij, 1998；*Doryctes palliatus*: Nixon, 1939；*Doryctes picticeps* Kiffe, 1921；*Ischiogonus palliatus*: Ashmead, 1901；*Ischiogonus palliates*: Ashmead, 1901；*Ipodoryctes palliatus*: Granger, 1949；*Ipodoryctes palliales*: Granger, 1949；*Monolexis palliatus* Cameron, 1881。

特　征　见图2-274。

体长4.3～7.0mm。头土黄色；头顶中央的纵纹、复眼后大斑、颜面上侧斑黑色；触角黑褐色，至鞭节基部黄褐色。胸部及并胸腹节黄褐至黑褐色，两侧较中间色浅。腹部第1、2背板（中央带红色）、第3背板基方、第4～7背板后方及第8背板前缘黑褐色。翅带烟黄色；翅痣黄褐至黑褐色。足黄白色，腿节中段上下条斑及端部、胫节中段长斑及基部、跗节基端均黑褐色。头近方形；脸、头顶光滑；单眼小，排列呈正三角形；并胸腹节基半有1条中脊，又脊向两侧后又与侧纵脊相连；基侧区大部分光滑。腹部第1背板长与端宽等长；第1、2背板具纵刻条。产卵管鞘略长于后足胫节。

寄　主　粗鞘双条杉天牛、松墨天牛、长角深点天牛、杉棕天牛、青杨天牛、双条合欢天牛、星天牛幼虫等。聚寄生于体外。

分　布　国内见于浙江、河南、云南、湖南、福建、广东、台湾、广西。国外分布于日本、越南、印度、印度尼西亚、马来西亚、美国、塞舌尔、尼泊尔、菲律宾、瓦努阿图、俄罗斯。

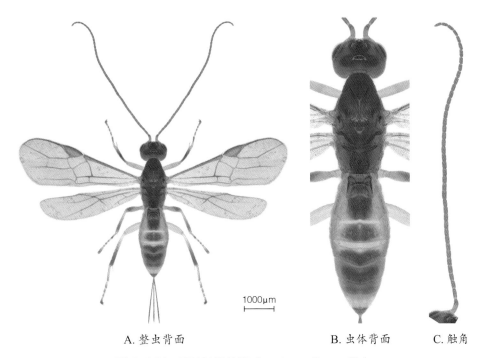

1000μm

A. 整虫背面　　　　　　B. 虫体背面　　C. 触角

图 2-274　斑头陡盾茧蜂 *Ontsira palliatus* 雌虫

角腰茧蜂亚科 Pambolinae

触角11～14节，若多于14节，则上唇具刻纹；口窝存在；复眼内缘不明显内凹；后头脊存在；下颚须6节；胸腹侧脊存在；并胸腹节中纵脊短于并胸腹节长的1/2，后缘具1对明显的锐刺突，若刺突缺则腹部第1背板端部明显变宽。腹部第1背板背脊不汇合；腹部第1、2背板折缘宽，侧面大而呈旗状，第2背板基部中央无三角区；第2、3背板气门位于侧背板上，明显低于侧褶线；第4及以后背板大部分外露。产卵管亚端部背方至多具1个结。

本亚科寄生蜂抑性外寄生于鞘翅目和鳞翅目的幼虫，通常为聚寄生。

本书记录我国稻田常见角腰茧蜂亚科1属1种。

角腰茧蜂属 *Pambolus* Haliday, 1836

触角多于11节，通常不短于体长；后头脊腹方退化，与口后脊在腹方不汇合。胸腹侧脊存在；并胸腹节后侧方有1对明显的刺或突起。翅正常或短翅或缺翅；有翅者前翅翅痣阔，不成线状；前翅有2-SR和r-m脉，m-cu脉在2-SR脉前方伸出（前叉）。腹部背板全部骨化，第1背板长，至少与端宽等长。

213. 红头角腰茧蜂 *Pambolus ruficeps* Belokobylskij, 1988

特　征　见图2-275。

雌虫体长3.0～4.2mm。体红褐色，有时胸部和腹部暗色，其余几乎黑色。触角基部浅红褐色，端部1/3处有5～11节白色，其余均暗褐色。足黄色，基节至转节基部白色。须白色。翅透明，翅痣浅暗色。触角丝状，为体长的1.7倍，33～40节，第1鞭节长为其端宽的4倍。头光滑，头顶、额和颜面密布颗粒状刻点，头背面观宽为中长的2倍。上颊复眼后强度收窄；复眼稍椭圆形、凸出。前胸侧板皱密；中胸盾片中央前侧有明显角度，无明显中脊；并胸腹节中央陡然下斜，刺突与后足第2或第3跗节等长。前翅r脉发自翅痣中央，长略短于痣宽；3-SR脉长约2倍于r脉，为2-SR脉的2/3；cu-a脉在1-M脉外方。腹长与头、胸部之和等长。腹部第1背板有2条明显而向后收拢的脊，中央具微皱。腹部其余部分光滑，偶尔有第2背板中央具短皱。产卵管鞘与第1背板等长。

寄　主　未知。

分　布　国内见于浙江、福建、台湾。

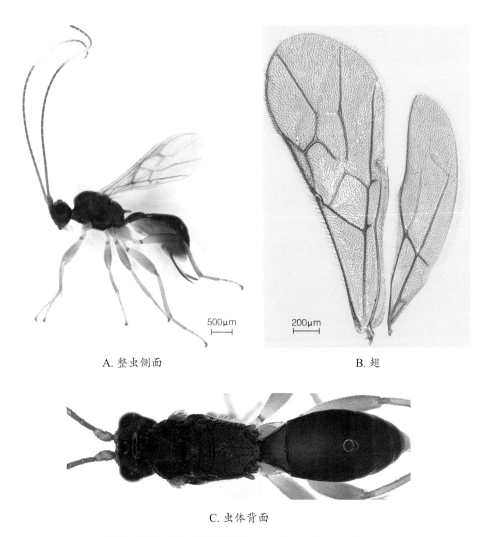

A. 整虫侧面   B. 翅

C. 虫体背面

图 2-275 红头角腰茧蜂 *Pambolus ruficeps* 雌虫

折脉茧蜂亚科 Cardiochilinae

唇基拱隆，但不与上颚形成口窝；后头脊完全缺；触角20～51节，变异大；下颚须6节；小盾片前沟浅而弯，后方中央具1微凹。中胸腹板后横脊缺，至多在腹方中央呈1条短脊；腹部第1背板侧凹，多少椭圆形，近基部，或无侧凹；腹部常短；腹部着生位置近后足基节；腹部无柄、短。第1背板气门位于膜质（弱骨化）侧背板上。前翅第2亚缘室常近矩形，长明显大于宽；SR1脉基部多少有1强度折曲，部分或全部不骨化，缘室端部开放；3-SR脉骨化并明显长于r脉；后翅2r-m脉缺。

本亚科寄生蜂容性寄生于鳞翅目幼虫，单寄生。

本书介绍我国稻区常见折脉茧蜂亚科2属3种。

中国常见折脉茧蜂亚科天敌分属检索表

前翅3r脉总是存在、痕迹状，若缺则口器延长；中唇舌常中等长，端部深裂成2瓣状；外颚叶狭长，刀片状 ·· 黄体茧蜂属 *Scheonlandella*

前翅3r脉总是缺；中唇舌多样；外颚叶常长而阔，但不呈刀片状 ········ 折脉茧蜂属 *Cardiochiles*

折脉茧蜂属 *Cardiochiles* Nees, 1818

体中等大小，大部分黑色，伴有白色或黄色斑，或橘黄色伴黑斑。唇基宽为高的1.4～3.3倍，其腹缘中央具2突起；中唇舌短，端部弱2分叉；外颚叶宽阔且长，但不成刀片状；下颚须6节；上颚2分叉；后头脊在颚眼区绝大多数缺。触角33～44节，柄节长是宽的1.0～1.9倍。盾纵沟光滑或具皱纹。中胸盾片无中脊；小盾片光滑，端部无杯状凹，盾前沟宽为长的3.5～8.0倍；并胸腹节中区完整，卵圆或钻石形，无中纵凹槽；胸腹侧脊缺。后足胫节端部不突出，基跗节圆柱形；跗爪栉状。前翅3r脉缺，盘室延长，SR脉均匀弯曲；后翅具4～6翅钩，2r-m脉缺，2-1A脉常缺。腹部第1背板长为宽的1.0～2.7倍。产卵管鞘较直、具毛，长为后足胫节的0.5～1.1倍；下生殖板有1非骨化的中纵区，有时成膜状凹入，端部尖。

214. 纵卷叶螟黑折脉茧蜂 *Cardiochiles fuscipennis* Szepligeti,1900

异 名 *Cardiochiles assirmilator* Tumer,1918；*Cardiochiles fasciatus* Saepligeti, 1900；*Cardiochiles similes* Brues,1918；*Cardiochelis trichiosomus* Cameron,1913；*Cardiochelis piliventris* Cameron, 1913。

特 征 见图2-276。

体长6～7mm，黑色，翅膜从几乎透明到中等暗烟褐色都有；前翅的径脉在其近基部有稍微的弯曲。头复眼被有白色细毛；头部具中等长毛；下唇下颚的复合体稍延长，外颚叶长为复眼高的1/2；口上沟中央凸起；唇基端缘拱隆，瘤状突存在并明显。触角35～37节，略短于体长；柄节长约为宽的2倍。腹板侧沟浅，端半腹面拱形，呈扇形；前胸侧板光滑；胸腹侧脊消失。前足胫节距等长于基跗节；后足胫节从基部到端方扩大，短毛中夹有黑色长刺，内距长于外距，为基跗节的1/2；后足基跗节为典型的长卵圆形，基部有背脊，长约为宽的3倍；跗爪栉状，后足跗爪有约6齿。

寄 主 稻纵卷叶螟幼虫，单寄生。

分 布 国内见于四川、福建、湖南、广西、湖北、云南、浙江。国外分布于巴布亚新几内亚、所罗门群岛、印度尼西亚、澳大利亚。

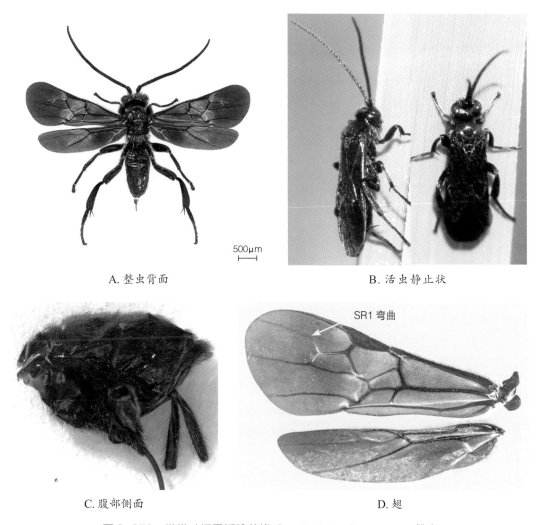

A. 整虫背面

B. 活虫静止状

SR1 弯曲

C. 腹部侧面

D. 翅

图2-276 纵卷叶螟黑折脉茧蜂 *Cardiochiles fuscipennis* 雌虫

215. 横带折脉茧蜂 *Cardiochiles philippensis* Ashmead, 1905

异 名 *Cardiochiles* sp. He et al., 1986。

特 征 见图2-277。

雌虫体黑色,体长6～7mm。复眼有长细毛。足黑色,长有白色细毛。前翅痣脉后有褐色斑纹。本种与纵卷叶螟黑折脉茧蜂 *C. fuscipennis* 相似,主要不同点:①翅膜的烟褐色和色斑较稳定,不如后者多变。②前翅中央浅烟褐色,仅在端部1/4和基部1/8有明显较暗的烟褐色;后翅中央浅烟褐色,端部1/6和基部1/4具明显较暗的烟褐色。

寄 主 稻纵卷叶螟幼虫,单寄生。

分 布 国内见于湖北、福建、广东、广西、贵州、云南、台湾。国外分布于菲律宾、印

度尼西亚、马来西亚、泰国、尼泊尔、老挝。

图2-277　横带折脉茧蜂 *Cardiochiles philippensis* 雌虫

黄体茧蜂属 *Scheonlandella* Cameron, 1904

　　复眼明显具毛；唇基腹缘具2突起；后头脊在颚眼区消失；中唇舌延长，端部深裂成2瓣状；外颚叶长，刀片状，长是基宽的2倍，上颚端具2齿；下颚须6节。触角33～34节。中胸盾纵沟具刻纹，盾片无中脊，小盾片端部无杯状凹、光滑。并胸腹节分区完整；胸腹侧脊缺。后足胫节端部不突出，跗节圆柱形，跗爪具栉。前翅3r脉存在，若明显缺，则口器延长，SR脉与3r脉成角状；翅痣长是宽的3～4倍；盘室延长。后翅2-1A脉常缺，具4～7个翅钩。腹部第1背板长为宽的1～2倍，第2背板中区宽为长的1.3～3.4倍。产卵管鞘长为后足胫节的1/3；产卵管直。下生殖板端部尖，完全骨化或中央内凹、不骨化或绝不膜质。

216. 赛氏黄体茧蜂 *Scheonlandella szepligetii* (Enderlein, 1906)

　　异　名　*Cardiochiles szepligetii* Enderlein, 1906；*Cardiochiles testaceus* Szepligeti, 1902。

　　特　征　见图2-278。

　　雌虫体长5mm。体红黄色，触角和产卵管鞘黑色；后足跗节褐色；翅痣褐色至深褐色，基部色黄；翅面烟褐色，不透明。产卵管与后足基跗节等长。

　　寄　主　未知。

分　布　国内见于台湾、浙江。国外分布于马来西亚、新加坡、斯里兰卡。

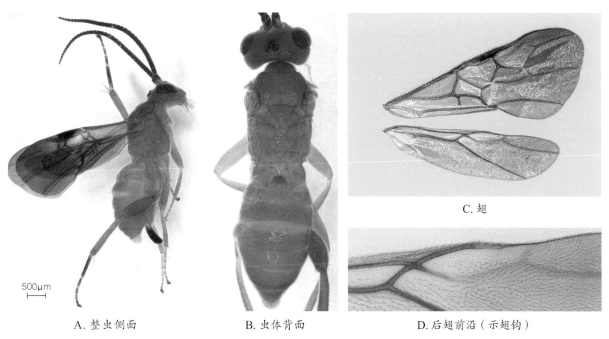

C. 翅

A. 整虫侧面　　　　　　　　B. 虫体背面　　　　　　　D. 后翅前沿（示翅钩）

图 2-278　赛氏黄体茧蜂 *Scheonlandella szepligetii* 雌虫

窄径茧蜂亚科 Agathidinae

头横形；头顶后方稍凹或强度凹入；无后头脊；额凹；脸中央拱隆，有1对脸瘤，有喙状延长或无；唇基平截或突出呈1齿，与上颚之间不形成口窝，与脸间无沟分开；上颚常向内弯曲，闭合时两上颚端部相接触或重叠，具1~2齿；颚须5节，唇须4节，须长。触角长而壮。前胸背板通常狭窄；中胸盾片中叶有或无脊或沟；胸腹侧脊存在。前翅SR1脉强，止于翅尖，致缘室很狭窄，故名"窄径茧蜂"；1-SR+M脉常缺致第1亚缘室与第1盘室合并（但全脉径茧蜂属 *Earinus* 有1-SR+M脉，两室分开）；第2亚缘室小至中等大，三角形或菱形；缺r-m脉致第2、3亚缘室合并，或r-m脉存在，且伸出1支脉桩。前中足跗爪明显。腹部无柄或近于无柄；腹部第1背板具基侧凹。产卵管刚伸出至较长伸出；产卵管鞘狭或宽，有时扁平。

本亚科寄生蜂寄生于灯蛾科、银蛾科、纹蛾科、鞘蛾科、邻绢蛾科、麦蛾科、尺蛾科、细蛾科、毒蛾科、粉蝶科、螟蛾科、透翅蛾科、卷蛾科等鳞翅目昆虫幼虫；容性内寄生，单寄生。

本书记录我国稻区常见窄径茧蜂亚科2属5种。

中国常见窄径茧蜂亚科天敌分属检索表

1. 前、中足跗爪分裂；前翅r-m脉弯折，具有径分脉（RS），第2亚缘室闭合成不规则四边形⋯⋯⋯⋯⋯⋯⋯⋯⋯⋯⋯⋯⋯⋯⋯⋯⋯⋯⋯⋯⋯⋯⋯⋯⋯⋯⋯⋯⋯⋯⋯⋯ 真径茧蜂属 *Euagathis*

  前、中足跗爪简单；前翅r-m脉直、无径分脉（RS），第2亚缘室闭合成三角形⋯⋯⋯⋯⋯⋯⋯⋯⋯⋯⋯⋯⋯⋯⋯⋯⋯⋯⋯⋯⋯⋯⋯⋯⋯⋯⋯⋯⋯⋯⋯⋯⋯⋯⋯⋯⋯⋯ 闭腔茧蜂属 *Bassus*

真径茧蜂属 *Euagathis* Szepligeti, 1900

体小至大型。头横宽，头顶光滑至有密的刻点；后单眼后方中度凹陷；额凹浅，稍平滑、无脊；脸光滑至有网状刻点，中部稍凸出，唇基稍至中度凸出，端缘平截；下颚须5节，下唇须4节；颚眼距明显；复眼较圆、不凹陷；上颊中度膨大。前胸背板光滑至有强的刻点，后缘具弱脊；小盾片前凹有1～5条纵脊；小盾片三角形或近方形、光滑至有强刻点，后表面常有1条端横脊；中胸侧板基节前沟明显，具刻痕，长为中胸侧板长的1/2～1；后胸侧板有一些不规则的脊；并胸腹节中等程度具脊或有强脊，小室明显。前翅r-m脉弯折处具径分脉（RS），第2亚缘室闭合成不规则的四边形。前、中足跗爪分裂。腹部光滑，第1背板有或无背侧脊，第2背板方形或横形。产卵器鞘相当短。

217. 日本真径茧蜂 *Euagathis japonica* Szepligeti, 1902

异　名　*Euagathis semiflavus* Szepligeti, 1908；*Euagathis formosana* Enderlein, 1920。

特　征　见图2-279。

体长10.8mm。体黄褐色，但触角、后足距节、后头、头顶、额、脸近触角窝处、额正下方两三角形斑带均黑色，后足胫节端部、第3～6背板多少烟褐色。前、后翅端半部烟褐色，基半部黄色，二者界限清晰，其中前翅烟褐色区在翅痣直至近Cu1a脉部分被黄色三角形区域分开。触角57节。背观复眼长为上颊的2.3倍，上颊侧缘稍凹；后头脊有宽檐边，端缘水平。前胸背板侧面具刻点，后方有强的并列刻条；前沟缘脊简单。中胸盾片具细刻点，无后凹；盾纵沟光滑、浅。小盾片拱隆，亚后方有强褶，中央后方有短横脊。后胸侧板具带毛刻点。并胸腹节有很粗糙的中区，分脊完整。前翅第2亚缘室四边形，前角尖，无3-SR脉，SR1脉直。后足腿节长为宽的4倍，具浅而密刻点。腹部光滑，第1背板端部明显加宽，长稍大于端宽。产卵管鞘为前翅长的近1/10。

寄　主　缘点黄毒蛾、榆绿木黄毒蛾等的幼虫。单寄生。

分　布　国内见于浙江、江西、湖南、四川、福建、台湾、广东、海南、广西、贵州。国外分布于日本、缅甸、尼泊尔、泰国、印度尼西亚、马来西亚、斯里兰卡、印度、巴基斯坦等国和加里曼丹岛等地。

A. 整虫侧面   B. 翅与虫体背面

图 2-279 日本真径茧蜂 *Euagathis japonica* 雌虫

闭腔茧蜂属 *Bassus* Fabricius, 1804

正面观头部梯形，脸稍微延长或不延长；触角窝间区域具 1 对脊突，有时具槽或瘤突；颊纵长是其横宽的 1.0～1.5 倍，颊在复眼下方强烈变窄；唇基通常至少部分平坦。口器正常，下颚的外颚叶长不长于宽，且短于下唇须；触角窝后方区域稍凹；基节前沟完整；盾纵沟明显。前翅缺 3-SR 脉，r-m 脉无径分脉（RS），第 2 亚缘室闭合成三角形，1-SR+M 脉完全缺或稍存在；后翅 1-M 脉是 M+Cu 脉的 1.1～1.6 倍。前中足跗爪简单，无基叶，相对粗壮。腹部第 1～3 背板光滑或部分至完全具刻纹；第 2、3 背板通常有 1 条横沟。产卵器直，产卵器鞘长约为前翅长的 0.6～2.0 倍。

218. 显闭腔茧蜂 *Bassus conspicuus* Wesmael, 1837

异　名 *Bassus carpocapsae* Cushman, 1915；*Bassus variablis* Chou & Sharkey, 1989；*Agathis conspicua*: Klost & Hincks, 1945；*Agathis zonata*: Kloet & Hincks, 1945；*Earinus zonatus* Marshall, 1885；*Eumicrodus conspicuous*: Ivanov, 1899；*Microdus conspicuus* Wesmael, 1837；*Microdus tumidulus*: Szepligeti, 1908。

特　征 见图 2-280。

雌虫体长3.2～4.5mm。体黑色，但复眼周围、口器、前中足、后足（除胫节端部、距暗褐色外）、中胸盾片与小盾片、腹部第1、2节背板两侧、第3节全部为黄色或黄褐色。头顶光滑至有稀疏的细刻点，额侧面具刻点，额凹浅。触角30～35节，柄节长为宽的2倍。前胸背板光滑，前缘具微弱的皱纹；中胸盾片盾纵沟明显且完整具刻痕，小盾片前凹具1条纵脊，侧板除基节前沟两侧较光滑外，其余具明显的刻点，基节前沟窄，具明显刻痕；后胸侧板具刻点，侧面有网状皱纹；并胸腹节有2条不规则中纵脊和1条横脊，两侧区具皱纹，中区较光滑。腹第1背板长略大于端宽，表面具明显纵刻纹；第2背板光滑，长略超宽的1/2，中央具1弱横沟。前翅长为宽的近3倍，翅痣长为宽的3倍，cu-a脉后叉式，第2亚缘室三角形，SR1脉直或稍弯。前、中足胫节外侧5～7刺。产卵器鞘略短于前翅。

寄　主　螟蛾科、卷蛾科、细卷蛾科的一些种类。

分　布　国内见于福建、湖北、宁夏、台湾。国外分布于日本、比利时、芬兰、法国、英国、匈牙利、爱尔兰、意大利、荷兰、瑞典、瑞士、俄罗斯、美国。

　　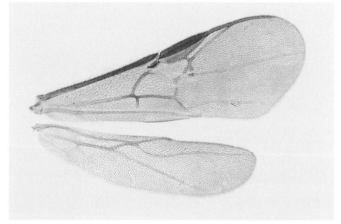

500μm

A. 整虫侧面　　　　　　B. 整虫背面　　　　　　　　　　　　　　C. 翅

图2-280　显闭腔茧蜂 *Bassus conspicuus* 雌虫

219. 棉褐带卷蛾闭腔茧蜂 *Bassus oranae* (Watanabe,1970)

异　名　*Bassus festivus* (Muesebeck,1953)；*Agathis festiua* Muesebeck,1953；*Agathis oranae* Watanabe,1970；*Microdus oranae* Watanabe, 1970。

中文别名　棉褐带卷蛾深径茧蜂。

特　征　见图2-281。

雌虫体长3.5～6.5mm。体黑色，但须、上颚、前足和中足（基节基部黑色除外）等均淡黄色或黄色，后足除基节、腿节、胫节端部为黑色、跗节暗褐色外，其余均淡黄色或黄色；腹部腹面基半象牙白色，第2背板基部有1淡黄色狭带；翅透明，翅痣暗褐色，翅脉褐色。触角褐至暗褐色，32节。前胸背板、中胸盾片、中胸侧板光滑；盾纵沟明显，具并列横脊，在盾片后方的1/3处会合；小盾片光亮，具稀刻点，无侧脊。并胸腹节具网状刻皱。腹部细，与头、胸部之和等长，第1、2背板具纵刻条，第3节及以后各节背板光滑。前翅第2亚缘室小、三角形，无3-SR脉；cu-a脉在1-M脉端方。产卵管长，略长于体长。

茧白色，椭圆筒形，长7.0～8.0mm，径约2.0mm。

寄　主　寄生于棉褐带卷蛾、棉红铃虫、棉铃虫、棉大卷叶螟、亚洲玉米螟和咖啡豹蠹蛾、梨小食心虫、杏小食心虫等幼虫体内；在体外结茧。单寄生。

分　布　国内见于浙江、山东、江苏、上海、福建、湖北、宁夏。国外分布于日本、印度、尼泊尔、菲律宾，曾有从中国引种至北美洲。

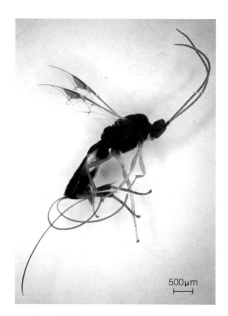

图2-281　棉褐带卷蛾闭腔茧蜂 *Bassus oranae* 雌虫

220. 平颊闭腔茧蜂 *Bassus parallelus* Chou & Sharkey, 1989

特　征　见图2-282。

雌虫体长7.0～7.2mm。体色黑色，但触角暗褐色，须黄褐色；翅透明，翅痣和翅脉暗褐色；前中足黄褐色、基节暗褐色；后足暗褐色，胫节距黄褐色；前胸背板、中胸盾片，小盾片和中胸侧板前端红褐色。头顶具稀疏的细刻点；额凹浅，侧面具刻点；触角39～40节，柄节长为宽的2倍，第1鞭节长为宽的3倍。前胸背板光滑，边缘具稀疏的细刻点；中胸盾片具稀疏的细刻点，盾纵沟明显且完整、有弱刻痕，小盾片具刻点和端横脊，前凹具3条纵脊；后胸侧板背缘具稀疏的细刻点，腹缘具网状皱纹；并胸腹节具网状皱纹，有2条不规则的中纵脊。前翅长为宽的近3倍，翅痣长为宽的近3倍，cu-a脉后叉式，第2亚缘室三角形、小，无3-SR脉，SR1脉直。中足

胫节外侧具5刺，后足基节腔闭合。腹第1背板长为端宽的1.4倍，基部具纵条纹；第2背板基部隆起，具横沟，背板基半具纵条纹；第3背板基部隆起，光滑。产卵器鞘略短于前翅长。

寄 主 未知。

分 布 国内见于福建、台湾。

A. 整虫侧面　　　　　　　　　　　　　B. 整虫侧背面

图2-282　平颊闭腔茧蜂 *Bassus parallelus* 雌虫

221. 豆食心闭腔茧蜂 *Bassus glycinivorellae* (Watanabe, 1938)

异 名 *Agathis glycinivorellae*: Shenefelt, 1970；*Microdus glycinivorellae* Watanabe, 1938。

特 征 见图2-283。

雌虫体长4.5～5.5mm。体色黄红色。单眼区、上颚端部、触角鞭节及产卵器鞘黑色；并胸腹节基部烟褐色。翅透明，翅痣和翅脉暗褐色。头顶光滑，后头稍凹；额凹浅，平滑，侧缘具稀疏的细刻点。触角33～36节，柄节长为宽近2倍；第1鞭节长为宽的3.3～3.5倍。前胸背板光滑；中胸盾片具稀疏的细刻点，盾纵沟明显，具刻痕；小盾片稍隆起，具稀疏的细刻点，前凹有4条纵

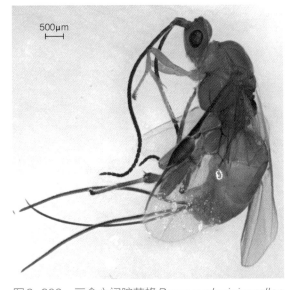

图2-283　豆食心闭腔茧蜂*Bassus glycinivorellae*

脊；并胸腹节具粗糙的网状皱纹，中区皱纹纤细，无明显的小室。前翅长为宽的2.4～2.5倍，翅痣长为宽的2.6倍，cu-a脉后叉式，第2亚缘室三角形，无3-SR脉，SR1脉稍弯曲。前足胫节外侧无刺，中足胫节外侧4～6刺，后足基节腔闭合、基节光滑。腹第1背板长为端宽的1.3～1.4倍，有明显纵条纹；第2背板光滑，长稍短于宽，有1条中横沟；第3背板至腹末光滑。产卵器鞘长略长于前翅。

寄　主 大豆食心虫。

分　布 国内见于辽宁、吉林、福建、山东、河南、湖北、宁夏。

蝇茧蜂亚科 Opiinae

头横形；唇基隆起，腹缘通常不凹入；唇基与上颚之间无口窝，或有1浅横形开口；触角通常细长，长于体长；后头脊背方中央缺，侧方常存在，通常与下颊脊相连；下唇须4节；胸腹侧脊完全缺（*Ademon*属存在）。腹部第1背板非柄状，至基部渐窄，侧凹明显。前翅翅痣常楔形，有时两侧缘近于平行，少数宽三角形；1-M脉常偏于翅基部，位于基方1/3处；无臀横脉；M+Cu1脉大部分不骨化，仅着色但不成管状，若完全管状、骨化，则第1背板侧凹明显。产卵管短，偶尔有长于腹部。

本亚科寄生蜂容性内寄生于双翅目环裂亚目蝇类老熟幼虫，为幼虫—蛹跨期寄生，但也有产卵于寄主卵内，为卵—蛹跨期寄生；单寄生。

本书介绍我国稻区常见蝇茧蜂亚科3属6种。

中国稻区常见蝇茧蜂亚科分属检索表

1.并胸腹节前端通常具中纵脊；颚眼沟缺；上颚基部宽，在亚中部急剧收窄 ······················
·· 颚蝇茧蜂属 *Opiognathus*

并胸腹节通常无中纵脊；具颚眼沟且深；上颚基部扩大成齿状凸起，中部不急剧收窄 ········ 2

2.后足胫节基部内侧多少具1微斜脊，并胸腹节具明显粗糙刻纹 ··············· 胫脊茧蜂属 *Utetes*

后足胫节基部内侧无斜脊，并胸腹节较光滑 ······································· 潜蝇茧蜂属 *Opius*

颚蝇茧蜂属 *Opiognathus* Fischer, 1972

额在触角窝后具1对凹陷；唇基不同程度隆起，唇基下陷明显；颚眼沟缺；上颚基部宽，在

亚中部急剧收窄。前翅2-SR脉存在，1-M脉微或中等弯曲，1-SR脉中等弯曲；后翅cu-a脉存在，m-cu脉缺。后足胫节中等至长，基部内侧多少具1微斜脊。前胸背板短，背凹缺或大；中胸背板中后凹缺或大；小盾片前沟相当宽到中等；并胸腹节网状或后端大部分光滑，并胸腹节前端通常具中纵脊。第2腹板缝无锐利侧褶、光滑。产卵管鞘具刚毛部分长为前翅的1/10。

222. 潜痕颚蝇茧蜂 *Opiognathus aulaciferus* Li, van Achterberg & Tan, 2012

特　征　见图2-284。

雌虫体长2.3mm。体黑色至黑褐色；触角暗褐色，但柄节褐黄色；下唇须和下颚须、上颚、翅基片和足淡黄色；唇基、腹部第2背板基部和腹部腹面黄褐色；前胸侧板和中胸侧板在基节前沟下方区域暗褐色；翅痣和翅脉主要为淡褐色，翅膜半透明。触角26节。唇基光滑、隆起，唇基下陷中度；上颚基部宽，在亚中部急剧收窄。前胸无背板凹；中胸盾片光滑，中叶端具深凹痕，中后凹大、深、椭圆形；小盾片光滑、稍隆突，前沟具宽齿状刻纹；并胸腹节短，具1短中纵脊与1不规则的横脊相接，表面具1近三角形小室。前翅翅痣长三角形，1-R1脉伸达前翅翅缘，稍长于翅痣，r脉不明显，1-M脉弯，m-cu脉中度后叉，cu-a脉稍后叉，Cu1b脉长，第1亚盘室闭合。腹部第1节背板长度略大于其端宽，表面向中部均匀隆起，具网状皱纹；第2~6节背板光滑；第2背板缝缺失，第3~6节背板端部骨化。产卵管鞘长为后足胫节长的1/3。

寄　主　未知。

分　布　国内见于湖南。

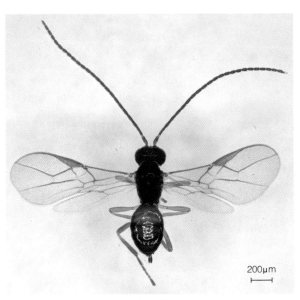

200μm

A. 整虫背面　　　　　　　　　　B. 头胸部腹面

图2-284　潜痕颚蝇茧蜂 *Opiognathus aulaciferus* 雌虫

潜蝇茧蜂属 *Opius* Wesmael, 1835

具颚眼沟, 且深; 上颚基部扩大成齿状凸起, 中部不急剧收窄, 基半部相当窄, 形成1个小齿。中胸背板中后凹多样, 中胸后横脊完全缺; 并胸腹节常无中纵脊。前翅翅痣楔形或三角形; 2-SR脉通常存在, 少数种类不存在; 1-M脉通常直。后足胫节基部内侧无斜脊。第2、3背板基半部无锐利侧褶, 若有, 则第2背板光滑; 第4节及以后各节背板露出。

223. 短胸潜蝇茧蜂 *Opius amputatus* Weng & Chen, 2005

特 征 见图2-285。

雌虫体长1.6~1.7mm。口器、柄节、梗节、中胸背板两侧、并胸腹节、翅基片、足、第1、2腹节背板和腹面、第3腹节背板前缘均为黄色至黄褐色。中胸背板、第3腹节背板后半部及之后腹节背板均暗褐色; 翅膜淡烟褐色。头宽为长的2倍, 头顶均匀被细刻点毛; 后头明显凹陷, 后头脊伸至复眼之后; 口腔开放, 上颚基部弱齿状扩大, 上齿稍长于下齿, 下颚须长等长于头高; 触角长为体长的1.5~1.9倍, 24节。胸长略大于胸高; 前胸背板整片革质纹; 中胸盾纵沟仅前端存在, 不平、背凹缺如; 小盾片前沟均匀具齿, 后缘宽为前缘的1/2; 中胸侧板光滑, 胸腹侧沟不平, 腹板侧沟浅月牙沟状、平; 后胸侧板光滑, 被细刻点长毛; 并胸腹节后缘中间具半圆形脊, 上具短脊, 两前侧角至侧缘中域具短网状脊。前翅翅痣楔形, r脉斜始自其1/3处, 长为翅痣宽的1/3; 3-SR脉为2-SR脉长的1.7倍以上; SR1脉稍外弯, 长为3-SR脉的2.5倍; m-cu脉后叉式; 第2亚缘室末端窄, r-m脉仅为痕迹; cu-a脉几乎对叉; 臂室闭合, 长为宽的3.4倍, Cu1a

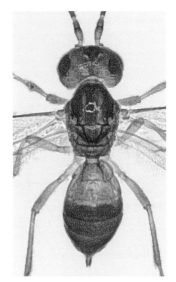

A. 整虫背面　　　　　　　　　　　B. 虫体背面

图 2-285　短胸潜蝇茧蜂 *Opius amputatus* 雌虫

脉始自臀室的后2/5处。腹部第1背板长为端宽的1.25倍，密具细网状纹；第2节背板沟模糊；第2、3背板革质纹；其余腹节光滑。产卵器鞘长约为第1腹节背板的2/3。

寄　主　未知。

分　布　国内见于福建。

224. 横纹潜蝇茧蜂 *Opius isabella* Chen & Weng, 2005

特　征　见图2-286。

雌虫体长1.8~2.4mm。头、胸部背板、中胸腹板为红褐色至暗褐色；胸部侧板、前后胸腹板为橘黄色；腹部第1、2节背板大部、第3节及之后各节背板后缘横条斑为黄褐色；口器、足、腹部背板和腹面侧缘为黄色；翅膜淡黄褐色。头顶均匀被细刻点毛；后头凹陷，后头脊伸至复眼之后；复眼稍凸出上颊腹缘稍宽于背缘；复眼眶左右两侧几乎平行；单眼中等大小。中脊隆起，密被毛。胸隆起；前胸背板两域光滑，前沟宽、具齿，后沟平；翅下区具细粒皱褶；后胸侧板仅基节前短纵脊，其余光滑。前翅翅痣楔形，cu-a脉稍后叉，第1亚盘室闭合。

寄　主　未知。

分　布　国内见于福建、湖北。

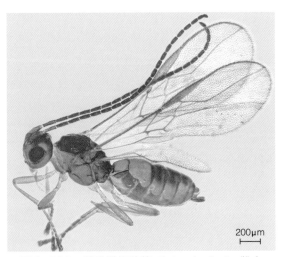

200μm

图2-286　横纹潜蝇茧蜂 *Opius isabella* 雌虫

225. 稻小潜蝇茧蜂 *Opius* sp.

特　征　见图2-287。

雌虫体长1.5~1.7mm。头褐色，头顶黑褐色，复眼、上颚齿、触角褐色，柄节和第1鞭节黄色，其余黑褐色；胸部背面黑褐色，侧面、腹面及足（除端跗节和爪）黄褐色。翅透明，翅脉淡褐色。腹部第1、2背板黄褐色，其余背板黑褐色。头胸部光滑，具稀疏白毛。头横宽，与胸宽相近；后头脊仅侧方存在。唇基端缘与上颚之间有扁圆形开口。触角细长，23节。腹部第1背板隆起，具细刻纹；第2背板具极细皱纹，其余背板光滑。前翅狭长，翅痣狭；后翅亦狭长，后缘具长毛。产卵器伸出腹端。

　　寄　主　毛眼水蝇、稻秆潜蝇。

　　分　布　国内见于浙江、江苏、上海、江西、湖北、湖南、四川、广西。

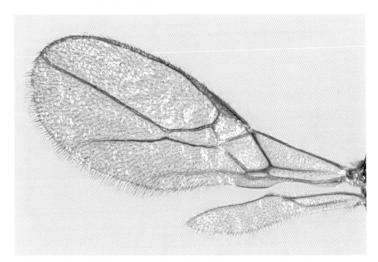

A. 整虫背面　　　　　　　　　　　　　　　　B. 翅

图2-287　稻小潜蝇茧蜂 *Opius* sp. 雌虫

226. 潜蝇茧蜂 *Opius* sp. 1

　　特　征　见图2-288。

　　雌虫体长2.3mm。体红褐色，但口器、触角、足、腹侧为黄褐色，腹部腹面为白色；翅膜淡黄褐色。头顶均匀被细刻点毛；复眼不凸出，头于复眼后稍渐窄，复眼眶两端弯曲；口腔闭合，上颚基部不扩大，上齿略大于下齿。触角长于体长，23节，鞭节第1节长约为宽的4倍，往后各节渐短。前胸背板仅中域光滑；中胸背板整片披细毛，盾纵沟仅前端存在，小盾片被细毛，盾前沟宽、具齿；并胸腹节具极细刻点，前1/3具1条横脊，具细网状脊。前翅长为宽的2.3倍，翅痣半椭圆形，r-m脉不明显，第2亚缘室开放。腹部第1背板长稍短于端宽，后1/3处隆起，整片具细纵条脊，侧缘往前渐窄；第2、3腹节背板合并成盾，长为柄后腹的1/2，整片密被细网状脊，其余腹节光滑，光秃；腹部腹面各节被2～3列细刻点毛。产卵器微露出腹末。

　　寄　主　未知。

　　分　布　国内见于福建、湖北。

A. 整虫背面   B. 头胸部腹面

图2-288 潜蝇茧蜂 *Opius* sp.1 雌虫

胫脊茧蜂属 *Utetes* Foerster,1862

后头脊多样，侧方存在或背面延长，多长于头高的1/2；唇基多均匀突出，少数种类平。前胸侧板通常无斜脊；中胸盾片中后凹长，深成泪滴形；盾纵沟深，具刻纹或无，常短；中胸腹板后横脊缺。后足胫节基部内侧具1条弯曲的斜脊。前翅翅痣楔形或三角形，第2亚缘室相对较长；3-SR脉长于2-SR脉，r-m脉不明显。

227. 粒皱潜蝇茧蜂 *Utetes punctata* Chen & Weng, 2005

特 征 见图2-289。

雌虫体长2.4mm。头、胸、第1腹节背板为深红褐色；口器、唇基、柄节、梗节、足、第2腹节背板为黄褐色；第3腹节背板以及其后各腹节背板为红褐色；腹部基部侧缘为白色；翅膜淡褐色。头顶均匀被毛；后头微凹，后头脊伸至复眼后；复眼大，长为上颊的2.6倍，额微凹，唇基隆起，半圆形，下缘中间稍凸，口腔开放，上颚基部增大但不扩大。触角长于体长，28节，第1鞭节长为宽的3倍以上，往后渐短。前胸背板前后沟具齿；中胸背板盾纵沟存在、深具齿，小盾片前沟宽、深、具齿，后胸侧板整片粒状皱褶；并胸腹节整片密具细网状皱褶。前翅翅痣卵圆形，第2亚缘室末端明显窄；臂室闭合，长接近宽的3倍。第1腹节背板具不规则纵皱褶，背凹明显，侧缘稍往前渐窄，基脊会聚于中域后平行伸至后缘；第2腹节背板沟模糊，侧面具零星不规则纵条纹；其他腹节光滑。

寄　主　未知。

分　布　国内见于福建。

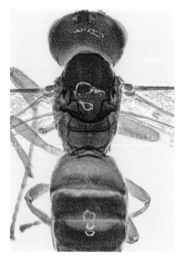

A. 整虫背面　　　　　　　　　　　B. 头胸部背面

图 2-289　粒皱潜蝇茧蜂 *Utetes punctata* 雌虫

反颚茧蜂亚科 Alysiinae

唇基与上颚间无口窝；上颚桨状，端部宽阔分开，并稍扭曲，颚齿通常多于2个（3～7齿），外翻，闭合时端部不相接触；无后头脊、胸腹侧脊。有无翅、短翅或长翅型；长翅型前翅具2～3个亚缘室；后翅常有m-cu脉；并胸腹节和腹部第1背板常具白毛。腹柄节具背凹。

本亚科寄生蜂容性内寄生于双翅目蝇类幼虫或蛹。单寄生。

广布全世界，已知65属。本书介绍我国稻区常见反颚茧蜂亚科3属4种。

中国常见反颚茧蜂亚科天敌分属检索表

1. 中胸盾片两侧具纵沟，延伸至中胸的1/2处；并胸腹节有明显分区，小室完整；前翅r-m脉（第2肘间横脉）存在，第2亚缘室（第2肘室）闭合 ·· 2

　 中胸盾片两侧无纵沟，后部具1段中纵沟；并胸腹节分区不明显，小室不可见有1中纵脊；前翅r-m脉缺，第2亚缘室（第2肘室）开放 ······················ 离颚茧蜂属 *Dacnusa*

2. 前翅第1亚缘室（第1肘室）和盘室合并，2-SR脉（第1肘间横脉）存在，但1-SR+M脉不存在 ··· 缺肘反颚茧蜂属 *Aphaereta*

　 前翅第1亚缘室和第2亚缘室合并，2-SR脉（第1肘间横脉）弱或几乎不存在，1-SR+M脉存在 ··· 巨穴反颚茧蜂属 *Aspilota*

巨穴反颚茧蜂属 *Aspilota* Foerster,1862

　　头近方形；鞭节通常短，第1鞭节不短于第2鞭节；上颚小、无皱纹，仅基部或第3齿下缘被毛。中胸盾片两侧具纵沟，延伸至中胸1/2处；小盾片稍隆起；并胸腹节有明显分区，小室完整，气门多变；前翅翅脉完整，2-SR脉（第1肘间横脉）弱或缺，3-SR脉（径脉第2段）比2-SR脉明显长，r-m脉存在，形成闭合的第2亚缘室（第2肘室）。雌虫腹部侧扁；柄后腹光滑，无皱纹；产卵器短，鞘上被中长疏毛。

图 2-290　巨穴反颚茧蜂属（锐齿反颚茧蜂 *Aspilota acutidentata*）的翅征

228. 锐齿反颚茧蜂 *Aspilota acutidentata* (Fischer,1970)

　　异　名　*Synaldis acutidentata* Fischer,1970。

　　特　征　见图2-291。

　　雌虫体长2mm。体黄褐至褐色。头部横宽，褐色有光泽；触角、上颚、下颚须、足均黄褐色。触角粗短，16节，略长于体长的1/2。复眼小，头顶在单眼后有中纵沟，颜面明显隆起；上颚3齿，尖而长，第1、2齿间成锐角。中胸盾片呈弧形隆起，小盾片隆起，盾前沟内具纵脊。并胸腹节具网状刻纹，有明显分区。腹部与头胸部之和约等长，第1背板具纵行刻条，其余背板光滑。前翅翅痣、缘室均狭长，1-SR+M脉至少前段明显，致第1亚缘室与第1盘室界线明显，而2-SR脉近乎消失，第1、2亚缘室合成1室；后翅狭长，后缘缘毛长，基室狭，缺臀室。产卵管鞘较短，约为腹长的1/5。

　　寄　主　稻秆潜蝇、稻苞虫蛹内的蚤蝇。

　　分　布　国内见于浙江、湖南、贵州、四川、云南、福建。国外分布于奥地利。

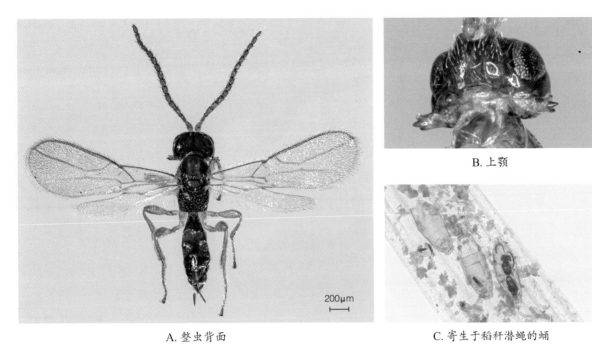

A.整虫背面

B.上颚

C.寄生于稻秆潜蝇的蛹

图2-291 锐齿反颚茧蜂 *Aspilota acutidentata* 雌虫

229. 红柄反颚茧蜂 *Aspilota parvicornis* (Thomson, 1895)

异 名 *Alysia parvicornis* Thomson, 1895；*Synaldis parvicornis*: Fischer, 1962。

特 征 见图2-292。

A.整虫背面

B.头部颜面

图2-292 红柄反颚茧蜂 *Aspilota parvicornis* 雌虫

雌虫体长1.6mm。体黑褐色。柄节、梗节、足(跗爪暗褐色外)、翅基片及翅脉黄色；腹柄节背板红棕色，故名"红柄"。头宽为长的2倍以上；后颊略长于复眼。上颚端部不特别宽大，与基部相似，3齿皆尖锐。触角15~20节，鞭节上具明显条纹，第1、2鞭节长均为宽的2倍，第3、4鞭节长均为宽的1.5倍。前胸侧面光滑。中胸背板几乎完全光滑，仅肩角被稀疏的细微毛，小盾片前沟具稀疏的纵脊，侧面光滑；小盾片及后胸背板光滑，并胸腹节光滑，具五角形小室。前翅翅痣与痣后脉几乎等宽；1-SR+M脉仅前半段明显，2-SR脉几乎消失，r-m脉仅留痕迹；Cu1a脉(亚盘脉)着生于第1亚盘室(臂室)中部。足细长，后足腿节长为宽的4倍，胫节略长于跗节。腹与头胸之和等长。腹柄节长为端宽的2倍，中部明显隆起，具不明显的细脊。产卵器甚短，几乎不伸出腹末。

寄　主　未知。

分　布　国内见于湖北、云南、福建。国外分布于瑞典、德国、奥地利。

缺肘反颚茧蜂属 *Aphaereta* Foerster, 1862

头近立方形，上颚多毛，具3齿，第2齿最长，第3齿外侧斜脊甚明显。触角第1鞭节明显短于第2鞭节。小盾片低，微隆，后胸背板脊完整，并胸腹节气门微小。前翅翅脉不完整，1-SR+M脉不存在；翅痣短而窄，前翅第1亚缘室(第1肘室)和盘室合并，2-SR脉(第1肘间横脉)存在，与第2亚缘室明显分开，雌虫腹部侧扁，柄后腹光滑，鞘上毛中长。

230. 食蝇反颚茧蜂 *Aphaereta scaptomyae* Fischer, 1966

特　征　见图2-293。

雌虫体长1.4mm。体暗褐色；触角同体色，口器、足、翅基片和翅脉黄褐色，翅透明，翅痣基半暗褐色。触角18~20节，所有鞭节均长大于宽，各节明显分开；翅痣狭。腹部第1背板长为端宽的1.25倍，拱隆，梯形，具纵刻条，后面其余背板光滑。前翅1-SR+M脉很弱，第1亚缘室和第1盘室似合成1室，2-SR脉明显，与第2亚缘室明显分开。产卵管鞘长为腹长的2.3倍，生殖板伸至腹端之前。

寄　主　未知。

分　布　国内见于浙江。国外分布于朝鲜、俄罗斯、德国等国。

A. 整虫背面　　　　　　　　　B. 头胸部侧面　　　　　　　　C. 头部颜面

图 2-293　食蝇反颚茧蜂 *Aphaereta scaptomyae* 雌虫

离颚茧蜂属 *Dacnusa* HaHday, 1833

头光滑；头背面观横形；上颚具发达的3齿，3齿几乎等长；复眼大，无毛。中胸盾片两侧无纵沟或纵沟不完整，后部具1段中纵沟；后胸侧板具稀疏至浓密的毛；并胸腹节分区不明显，小室不可见，有1纵脊。前翅翅痣雌雄异型，雄性色深或较大，翅脉退化，r-m脉（第2肘脉）缺，第2亚缘室（第2肘室）开放；有时或r脉缺失，或1-SR+M脉缺失。腹部第1背板无背中脊，具纵刻纹，第2及以后各节背板光滑，每节后缘具1排毛。

231. 离颚茧蜂 *Dacnusa* sp.

特　征　见图2-294。

雄虫体长约2mm。体黄褐色；触角柄节、梗节及鞭节前3节黄褐色，其余黑褐色，中胸盾片两侧颜色较深，复眼和单眼区及腹部第1节黑褐色。头横宽，在复眼后明显膨出；具细刻纹，触角基部和复眼眼眶被白毛，头顶触角窝处隆起。触角细长，21节，约为体长的1.2倍；柄节长于第1鞭节的2倍。并胸腹节多白毛，后方尤密，具网状刻纹。足正常，腿节基部稍细；端跗节粗于基跗节。前翅翅痣雌雄不同，雌虫翅痣狭长，与痣外脉不易区分，雄虫翅痣较大，伸达缘室的1/2处；r脉与翅痣近于垂直；1-SR+M脉缺，第1亚缘室与第1盘室合并成1大室；中脉（2-M、3-M）色淡。腹部第1背板前端呈柄状，后端扩大，后缘宽为前缘宽的2.4倍，与长度相近，具细刻纹和纵行刻条，中央略隆起；第2节长于第3、4节之和；除第1节外，其余各节背板均光滑。产卵器短，仅稍伸出腹端。

寄　主　潜叶蝇科。

分　布　国内见于浙江、湖南。

A．整虫背面

B．翅与虫体背面

图 2-294　离颚茧蜂 *Dacnusa* sp. 雄虫

蚜茧蜂亚科 Aphidiinae

体小型，体长约1.4～2.5mm。体色通常呈黄褐色或黑褐色。后头脊侧方存在；唇基端缘突出，不与上颚形成口窝。小盾片前沟光滑。前翅亚缘室有1～3个，翅脉常趋减少，SR1脉（径脉第3段）部分或全部不骨化，致缘室端部开放；3-M脉缺，横脉多缺；后翅常无封闭的翅室。腹部具柄，着生于并胸腹节下方、后足基节之间，干标本腹部一般向胸部下方弯曲。蚜茧蜂亚科翅脉系统见图2-295。

本亚科寄生蜂寄生于蚜科。产卵于蚜虫体内。

本书介绍我国稻区常见蚜茧蜂亚科4属6种。

中国常见蚜茧蜂亚科天敌分属检索表

1. 中脉（1-SR+M、2-M、3-M）完全，将第1径室（第1亚缘室）与中室（第1盘室）分隔，径间脉（2-SR、r-m）消失 ·· 蚜外茧蜂属 *Praoon*

中脉前段或全部消失，第1径室与中室合并，基室以外的翅脉常减少 ·········· 2

2.径室（第1、2亚缘室）与中室（第1盘室）合并，外侧由r-m脉（第2径间脉）关闭，r-m脉有时色浅，但明显；SR1径脉远离翅边缘，第3亚缘室不完整（图2-295）；并胸腹节上的脊形成小室 ···························· 蚜茧蜂属 *Aphidius*

径室与中室合并，但边缘未被r-m脉（第2径间脉）关闭而开放 ·········· 3

3.端腹节腹板具1～2刺突从端腹节末端伸出；腹柄节背板具气门瘤及次生瘤；径脉长度超过翅痣 ························ 双瘤蚜茧蜂属 *Binodoxys*

端腹节腹板不具刺突；腹柄节背板无次生瘤；径脉长度不超过翅痣···· 少脉蚜茧蜂属 *Diaeretiella*

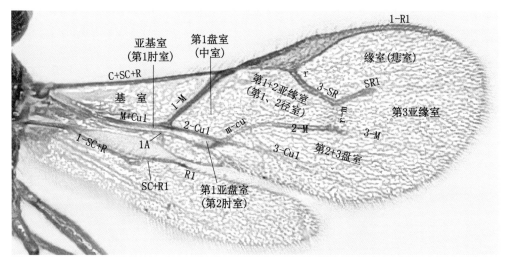

A：臀脉；C：前缘脉；Cu：肘脉；M：中脉；R：径脉；SC：亚前缘脉；SR：径分脉。cu-a：肘臀横脉；m-cu：中肘横脉；r：径横脉；r-m：径中横脉；"（ ）"中为陈家骅和石全秀（2001）的翅室名称。

图2-295　蚜茧蜂亚科（烟蚜茧蜂）修改的 Comstock-Needham 翅脉系统（仿 van Achterberg, 1979）

蚜茧蜂属 *Aphidius* Nees,1819

背面观头横形，触角线形，12～24节。正面观复眼中等大小至大。盾纵沟在中胸盾片肩角明显；并胸腹节具明显小室，小室较狭小。前翅翅痣三角形，痣后脉（1-R1）长于痣宽，痣室不完全，中脉前段（1-SR+M）消失，径室（第1、2亚缘室）与中室（第1盘室）合并，外缘明显由r-m脉关闭，r-m脉有时色浅，但明显；SR1脉远离翅边缘，第3亚缘室不完整。雌性腹部矛形，雄性腹末段圆；腹柄节长至少为宽的2倍。产卵器鞘和产卵器相对短，直或稍上弯曲；产卵器鞘具稀疏毛。

232. 烟蚜茧蜂 *Aphidius gifuensis* Ashmead, 1906

特　征　见图2-296。

雌虫体长2.8～3.0mm。头黑褐色；颊、唇基、口器黄色；触角黄褐色，柄节、梗节和第1鞭节黄色；胸部中胸盾片黑褐色，并胸腹节黄色；腹部第1节背板及与第2、3节背板之间呈黄色，之后各腹节背板均黄褐色；足黄褐色。头横形，光滑，散生细毛，比胸部宽；复眼大、宽，椭圆形。触角17～18节，稍短于体长。前翅翅痣长约为宽的4倍，与痣后脉（1-R1）约等长。并胸腹节的脊明显，中室五边形。

寄　主　麦二叉蚜、麦长管蚜、烟蚜、棉蚜、蔷薇绿长管蚜、萝卜蚜、无网长管蚜等。

分　布　国内见于浙江、黑龙江、吉林、辽宁、内蒙古、河北、北京、天津、山东、山西、河南、陕西、江苏、上海、江西、湖北、湖南、四川、重庆、福建、台湾、广东、海南、广西、贵州、云南。国外分布于日本、韩国、美国等国。

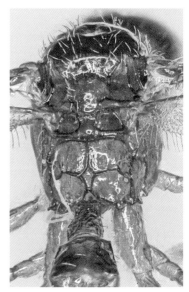

A. 整虫背面　　　　　　　　　　B. 胸部背面（示并胸腹节的五边形小室）

图2-296　烟蚜茧蜂 *Aphidius gifuensis* 雌虫

双瘤蚜茧蜂属 *Binodoxys* Mackauer, 1960

背面观头横形。触角线形，雌性11～12节，雄性13～14节。盾纵沟在中胸盾片肩角处明显；并胸腹节具小室或光滑。前翅翅痣三角形，缘室开放；径脉（r、3-SR、SR1）长度超过翅痣，Cu1脉明显，1-M脉向翅端方向的中脉和横脉均消失。后翅无基室。腹柄节细长，具气门瘤及次生瘤；雌性端腹板有1对腹刺突。产卵器鞘向下弯曲。

233. 广双瘤蚜茧蜂 *Binodoxys communis* (Gahan,1926)

异　名　*Trioxys communis* Gahan, 1926；*Trioaxys glycines* Takada, 1966；*Trioaxys capitophori* Tadada, 1966。

特　征　见图2-297。

雌虫体长1.1～1.2mm。头胸腹部大体褐色至黑褐色，口器黄褐色。触角11节，柄节、梗节与第1鞭节下部黄色，其余为褐色；翅近于透明，脉褐色。足褐色，转节、腿节基部、胫节基部黄色；腹柄节黄色，其余腹节褐色。产卵管鞘与肛刺突略淡。头横长、光亮；上颊较眼横径略窄。并胸腹节具光滑小室，发亮，毛稀。前翅翅痣长为宽的2.5倍，痣后脉（1-R1）超过痣长的1/2。外生殖器成钳口状；肛刺突背缘有4根长毛，顶部有2根毛。

寄　主　棉蚜、大豆蚜等。

分　布　国内见于浙江、黑龙江、辽宁、吉林、北京、山西、山东、陕西、江苏、上海、江西、湖南、湖北、四川、云南、台湾、福建、广西。国外分布于东洋区，曾引入美国加利福尼亚州。

图2-297　广双瘤蚜茧蜂 *Binodoxys communis* 雌虫

234. 棉蚜双瘤蚜茧蜂 *Binodoxys gossypiaphis* Chou & Xiang,1982

特　征　见图2-298。

雌虫体长1.3～1.8mm。头、中后胸背板棕褐色；触角柄节、梗节及第1、2鞭节黄褐色，其余棕褐色。前胸、腹柄节、足均黄色至黄褐色，腹部第2节开始均棕褐色。背面观头横宽，表面光滑，具稀毛。复眼大，卵圆形。头宽为脸宽的2倍以上；唇基半圆形。触角11节，密生短毛，除端鞭节外，各鞭节近等长。中胸盾纵沟仅肩角明显。并胸腹节具小室。前翅翅痣三角形，长为宽的3倍；痣后脉（1-R1）长于翅痣长的1/2；径脉（r、3-SR、SR1）长大于痣脉长。腹部披针形，表面光滑；气门瘤与次生瘤邻近；瘤上具2～3根簇生毛。其余各节光滑，具稀疏毛。产卵器鞘向下弯曲，基部粗大端部较细，上密生短毛；腹刺突细长而平直，仅末端上曲。

寄　主　棉蚜、苜蓿蚜。

分　布　国内分布于四川、陕西。

A. 整虫侧面   B. 虫体背面与翅   C. 头胸部背面

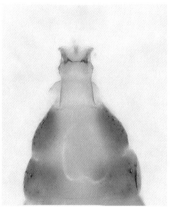

D. 腹部侧面   E. 腹部前3节背面

图 2-298 棉蚜双瘤蚜茧蜂 *Binodoxys gossypiaphis* 雌虫

235. 龙首双瘤蚜茧蜂 *Binodoxys carinatus* (Stary & Schlinger, 1967)

异　名 *Trioxy scarinatus* Stary & Schlinger, 1967。

特　征 见图2-299。

雌虫体长2.8mm。头上半部分褐色至黄褐色，下半部分包括口器黄色至黄白色；触角褐色，柄节、梗节及第1鞭节基部黄色；胸部褐色，前胸黄色，中胸盾片基部有时色浅，中胸侧叶及并胸腹节黄色；足黄色，距节端部及后足腿节端部褐色。腹柄节端部黄色；第2腹节黄色，基侧斑，第3、4腹节两侧缘褐色，第9腹节具1块褐色斑，其余腹部黄色；腹刺突端部褐色。背面观头横形，光滑，有光泽。正面观复眼大，卵圆形，密生长毛。触角线形，11节，第1、2鞭节等长，长约为宽的3.5倍。中胸盾片具较稠密毛，特别是在边缘及背面沿盾纵沟痕迹具稠密毛；盾纵沟宽且深，只在肩角明显，在背面缺。并胸腹节具明显脊，形成多少完整的小室。前翅翅痣三角形，长为宽的3.5倍；痣后脉约与翅痣等长；径脉长于翅痣长。腹部矛形，气门瘤和次生瘤明显，次生瘤明显突起；具相当凸起的中纵脊，表面光滑，有光泽，具稀疏长毛。其余各腹节着生较稠密的毛。腹刺突细长。

寄　主　长管蚜。

分　布　国内见于福建、台湾。

 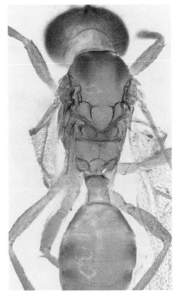

A. 整虫侧面　　　　　　　　　　　　　B. 虫体背面

图 2-299　龙首双瘤蚜茧蜂 *Binodoxys carinatus* 雌虫

少脉蚜茧蜂属 *Diaeretiella* Stary, 1960

背面观头横形，与胸部翅基片处等宽或略宽；触角线形，节数变异，12～18节；正面观复眼中等大小；上颚2齿。盾纵沟仅在中胸盾片的肩角明显；并胸腹节具小室；腹柄节背板无次生瘤。前翅翅痣三角形，径脉（r+3-SR+SR1）弱，长不超过翅痣长的2/3，痣后脉（1-R1）长于痣宽，1-M脉外侧除有弱骨化的肘脉之外，其余翅脉（包括M脉和横脉）均消失。雌性腹部矛形，端腹节不具刺突。产卵器鞘和产卵器直或微向上弯，具稀疏毛。

236. 菜少脉蚜茧蜂 *Diaeretiella rapae* M'intosh,1855

异　名　*Diaeretus aphidum* Mukerji & Chaterjee, 1950；*Diaeretus californicus* Baker, 1909；*Diaeretus chenopodiaphidis* (Ashmead)：Timberlake, 1918；*Diaeretus coaticus* Quilis,

1934；*Diaeretus napus* Quilis, 1931；*Diaeretus nipponensis* Viereck, 1911；*Diaeretus obsoletus* Kurdjumov, 1913；*Diaeretus plesiorapae* Blanchard, 1940；*Diaeretus rapae*: Musesbeck & Walkley, 1951；*Aphidius affinis* Quilis, 1931；*Aphidius brassicae* Marshall, 1896；*Aphidius picens*: Melander & Yothers, 1915；*Aphidius rapae* M'intosh, 1855；*Lipolexis chenopodiaphidis* Ashmead, 1888；*Lipolexis piceus*: Ashmead, 1888；*Lysiphlebus crarefordi* Rohwer, 1909；*Trioxys picens* Cresson, 1880；*Torares rapae* (Curtis): Marshall, 1872。

中文别名 菜蚜茧蜂。

特征 见图2-300。

雌虫体长1.8～2.4mm，头黑褐色；触角柄节、梗节及第1鞭节的基部黄色，其余鞭节均呈褐色；口器黄色至浅褐色。中胸背板黑褐色；腹柄节及第2、3腹节之间背板为黄褐色，其余腹节褐色；产卵器鞘褐色。足黄色，后足腿节与胫节浅褐色；翅脉褐色。头横形，光滑，散生细毛，与中胸背板等宽。触角通常14节，第1、2鞭节等长。并胸腹节具窄而小的五边形小室。前翅的翅痣长三角形，长为宽的3倍。柄后腹圆锥形。产卵器鞘宽而短。

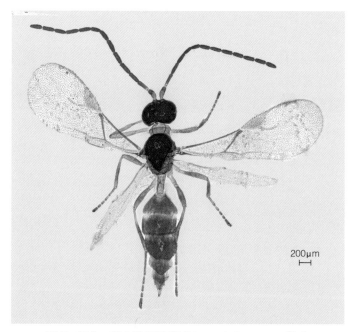

图2-300 菜少脉蚜茧蜂 *Diaeretiella rapae* 雌虫

寄主 禾谷缢管蚜、麦长管蚜、麦二叉蚜、菜溢管蚜、甘蓝蚜、萝卜蚜、棉蚜、苦艾姬长管蚜等30余种蚜虫，在蚜虫体内化蛹。

分布 国内见于浙江、黑龙江、吉林、辽宁、内蒙古、河北、北京、天津、山东、河南、陕西、新疆、上海、江西、湖北、湖南、四川、台湾、福建、广东、广西、贵州、云南、西藏等地。国外广布。

蚜外茧蜂属 *Praoon* Haliday,1833

背面观头横形，与胸部翅基片处等宽或略宽；后头脊明显；唇基密生长刚毛；下颚须4节，下唇须3节。触角线形，节数变异，13～23节。中胸盾片垂直落向前胸背板，具或多或少的刚毛；盾纵沟全程明显。前翅翅痣三角形，细长，痣后脉明显；径脉明显，但不达翅边缘，痣室（缘室）不完整；中脉完全，将第1径室（第1亚缘室）与中室（第1盘室）分开；径间脉（2-SR、r-m）消失；中间脉（cu-m）多少明显或缺。并胸腹节光滑；腹柄节方形，长稍大于宽。雌性腹部矛形，雄性圆形。产卵器鞘直或微向上弯，三角形，末端尖，具稀疏刚毛。

237. 蚜外茧蜂 *Praoon* sp.

特 征 见图2-301。

雌虫体长2.4～2.6mm。头黑褐色，唇基和上颚色稍浅；颚须和唇须白色至黄色；触角柄节、梗节和第1鞭节黄色，其余鞭节黑褐色；足黄色至浅褐色，跗爪黑色；前胸背板褐色，胸部其余黑褐色；腹部第1背板黄褐色，其余腹节和产卵管鞘黑褐色。背面观头横形，光滑，有光泽，具稀疏长毛；后头脊完整；正面观复眼大，卵圆形，着生稀疏毛，向唇基收敛；唇基微凸、卵圆形，具稀疏长毛。触角线形，19节，第1鞭节长为第2鞭节长的1.4倍。中胸盾片密被刚毛，侧叶有小的卵圆形无毛区；盾纵沟深，全程明显；并胸腹节光滑，侧缘被密集长刚毛。前翅翅痣长三角形，长度为其最宽处的4倍；痣后脉长约与翅痣等长；径脉与痣后脉等长；中脉完整，基部稍淡；径间脉、中间脉均缺，致径室（第1、2亚缘室）、中室（第1盘室）均开放。腹部气门瘤突出；两侧缘着生稀疏长毛，其余各腹节光滑。产卵管鞘略露出腹部末端，背面微凹陷，向末端收窄。

寄 主 未知。

分 布 国内见于福建、广东。

 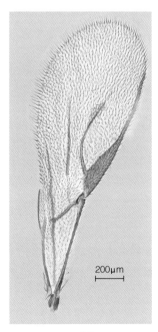

A. 整虫侧面　　　　　　　　　　　B. 前翅

图2-301　蚜外茧蜂 *Praoon* sp. 雌虫

姬蜂科 Ichneumonidae

成虫微小至大型，体长为2～35mm（不包括产卵管）；体多细弱。触角长，丝状，多节。足转节2节，胫节距显著，爪强大，有1爪间突。翅一般大形，偶有无翅或短翅型；有翅型前翅前缘脉与亚前缘脉愈合而前缘室消失，具翅痣；因肘脉第1段（对应茧蜂的1-SR+M）消失，第1肘室（对应茧蜂的第1亚缘室）和第1盘室而合并成盘肘室；有2条回脉（对应茧蜂的m-cu），因第2回脉（2m-cu）存在致第2盘室封闭，其他翅脉很少退化；第1肘间横脉（对应茧蜂的2-SR）常向翅端位移，致使第2肘室（对应茧蜂的第2亚缘室）成小翅室。并胸腹节大，常有刻纹、隆脊或由隆脊形成的分区。腹部多细长，圆筒形、侧扁或扁平；各节均可自由活动。产卵管长度不等，有鞘。

姬蜂科寄生蜂可寄生于鳞翅目、鞘翅目、双翅目、膜翅目、脉翅目和毛翅目等全变态昆虫的幼虫和蛹，绝不寄生于不完全变态的昆虫，但有寄生蜘蛛的，可寄生成蛛，或在蜘蛛卵囊内营生。

姬蜂科全世界分布，种类丰富，全世界姬蜂科估计可达6万种（Townes，1969），而已经被描述的种类约有1601属的25285种，其中约有320属1860余种分布在中国（Bennett et al.，2019）。稻田姬蜂科天敌，是种类数量最多的科之一。本书介绍74种，分属姬蜂亚科Ichneumoninae、瘤姬蜂亚科Pimplinae、缝姬蜂亚科Porizontinae、瘦姬蜂亚科Ophioninae、分距姬蜂亚科Cremastinae、秘姬蜂亚科Cryptinae、柄卵姬蜂亚科Tryphoninae、菱室姬蜂亚科Mesochorinae、蚜蝇姬蜂亚科Diplazontinae、盾脸姬蜂亚科Metopinae、拱脸姬蜂亚科Orthocentrinae、栉姬蜂亚科Banchinae、短须姬蜂亚科Tersilochinae、高腹姬蜂亚科Labeninae 14个亚科。

中国常见姬蜂科天敌分亚科检索表

（改自：何俊华等，1996，2004）

1. 唇基与脸之间无明显的缝把它们分隔（图2-302A），二者合并起来成1稍拱起、较宽的表面；小翅室菱形，通常较大（图2-302B）；中胸腹板后横脊不完整；爪栉状；腹部第1背板有甚大的基侧凹，气门生在该节中部附近及稍后（图2-302B）；第4节及以后各节背板表面几乎都很光滑；雄性抱握器的末端形成长棒状突；雌性下生殖板大形，侧面观呈三角形·······················
·························· 菱室姬蜂亚科 **Mesochorinae**
与上述各点不完全一致，唇基于脸之间通常有1条明显的缝把它们分隔（图2-302C），这2个区域不宽，表面不如上述；小翅室形状不一定，有时缺如，甚少呈菱形；有时翅退化，或无翅；中胸腹板后横脊完整或不完整；爪栉状，或不呈栉状；腹部第1背板有基侧凹，或无；气门在该节的位置不定，或前或后，或在中部；第2节及以后各节背板表面光滑，或不光滑，或具刻

点；雄性抱握器末端无长棒状突（部分例外）；雌性下生殖板形状各样，侧面观常很小，不明显
·· 2

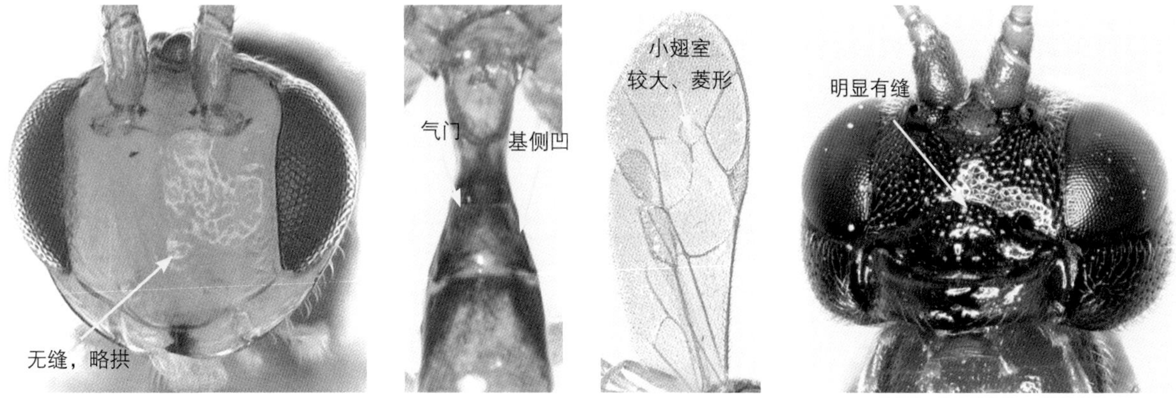

气门　基侧凹

小翅室
较大、菱形

明显有缝

无缝，略拱

A. 盘背菱室姬蜂
Mesochorus discitergus

B. 中华横脊姬蜂
Stictopisthus chinensis

C. 夹色奥姬蜂
Auberteterus alternecoloratus

图 2-302　菱室姬蜂亚科（A、B）与姬蜂科其他亚科（C. 姬蜂亚科）的区分特征

2. 腹部第 1 背板的气门生在该节中部后方（图 2-303A）··· 3
　 腹部第 1 背板的气门生在该节中部，或在中部前方（图 2-303B）·· 9

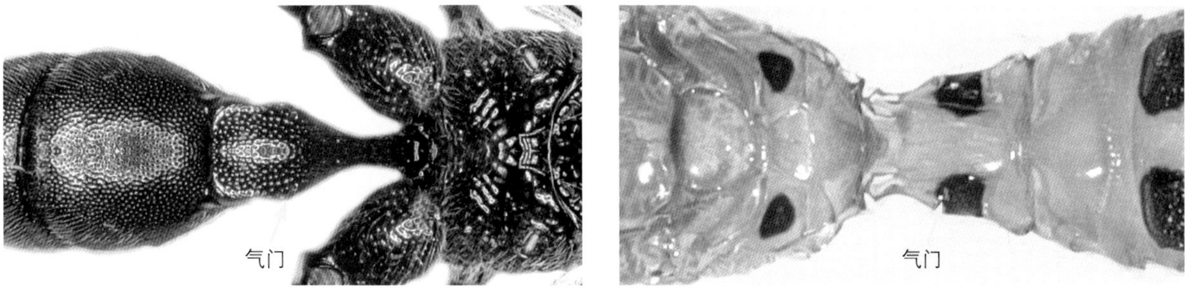

气门

气门

A. 紫绿姬蜂 *Chlorocryptus purpuratus*

B. 广黑点瘤姬蜂 *Xanthopimpla punctata*

图 2-303　秘姬蜂亚科（A）和瘤姬蜂亚科（B）的腹部

3. 腹部侧扁，第 3、4 节的厚度大于宽度 ··· 4
　 腹部扁或圆筒形，第 3、4 节的厚度小于宽度。后足胫节具 2 距；唇基与脸之间有缝分隔，如果
　 愈合，则小翅室上方无柄，有时翅退化，或无翅；上唇较小，大部分或完全隐藏在唇基之下，
　 端缘中央无缺刻 ·· 7

4. 第 2 臂室的伪脉很长，与翅的后缘平行；第 1 肘间横脉与肘脉连接处于第 2 回脉的外侧，该连
　 接点至第 2 回脉的距离大于第 1 肘间横脉长度的 1/2（图 2-304A）；翅绝不退化或无翅；无前
　 沟缘脊；前足胫节外侧端缘无刺或齿；身体中型至大型，通常浅褐色，单眼甚大···············
　 ··· 瘦姬蜂亚科 Ophioninae

第2臂室无伪脉，或伪脉甚短；第1肘间横脉与肘脉连接于第2回脉的内侧（图2-304B），或者与第2回脉相连，如果在第2回脉的外侧，则由该连接点至第2回脉之间的距离小于第1肘间横脉长度的1/2，如偶有上述的距离大于第1肘间横脉的1/2，则有前沟缘脊，且很长；翅有时退化或无翅；前足胫节外侧端缘常有1根小刺或齿。并胸腹节通常分区，或者除1条基横脊外，还有其他脊，其表面纹理很细致，不呈粗糙网状；后头脊通常生在正常位置上，头部在该脊处的宽明显窄于在复眼处的宽度；后足跗节不肿大 ·········· 5

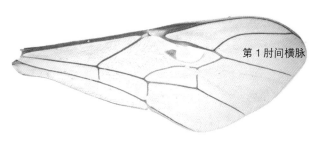
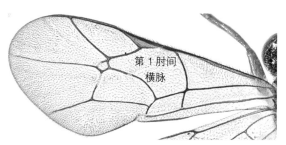

A. 同心细颚姬蜂 *Enicospilus concentralis*　　B. 半闭弯尾姬蜂 *Diadegma semiclausum*

图2-304　瘦姬蜂亚科（A）与姬蜂科其他亚科（B. 缝姬蜂亚科）前翅的对比特征

5. 中胸腹板后横脊缺如；唇基与脸之间有缝。前翅基脉前端靠近翅痣粗大，两段径脉形成直角，无小翅室（图2-305A）；下颚须4节，下唇须3节；唇基宽，端缘镶以平行长毛 ··········

································ **短须姬蜂亚科 Tersilochinae**

中胸腹板后横脊完整；如在中足基节窝前方间断，唇基与脸之间愈合或有沟；前翅基脉前端靠近翅痣正常，两段径脉通常形成钝角（图2-305B）·········· 6

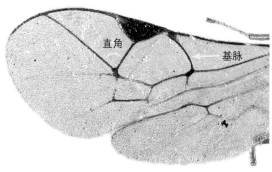
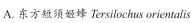
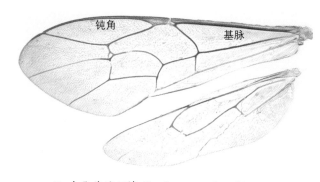

A. 东方短须姬蜂 *Tersilochus orientalis*　　B. 中华黄缝姬蜂 *Xanthocampoplex chinensis*

图2-305　短须姬蜂亚科(A)与姬蜂科其他亚科（B. 缝姬蜂亚科）前翅的对比特征

6. 胫距与跗节同生在胫节末端的薄膜上（图2-306A），两者之间没有什么东西把它们分隔；唇基通常与脸愈合（图2-306B）；脸常黑色 ·········· **缝姬蜂亚科 Porizontinae**

胫距与跗节生在胫节末端两片不同的薄膜上（图2-306C），两者之间有1条几丁质的"桥"把它们分隔；唇基与脸之间有1条沟；脸通常多少浅色 ·········· **分距姬蜂亚科 Cremastinae**

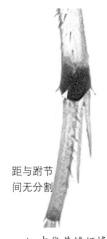

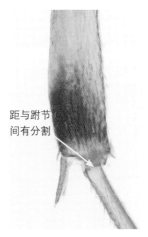

A. 中华黄缝姬蜂
Xanthocampoplex chinensis

B. 大螟钝唇姬蜂
Eriborus terebranus

C. 红胸齿腿姬蜂
Pristomerus erythrothoracis

图2-306　缝姬蜂亚科（A、B)与分距姬蜂亚科（C）的区分特征

7. 产卵管亚端部背方有1缺刻，腹瓣末端无明显的齿；腹部第1节腹板不与背板愈合⋯⋯⋯⋯⋯⋯
⋯⋯⋯⋯⋯⋯⋯⋯⋯⋯⋯⋯⋯⋯⋯⋯⋯⋯⋯⋯⋯**栉姬蜂亚科Banchinae**（若干属）
产卵管亚端部背方无缺刻，或具1微弱缺刻，且腹瓣末端具明显的齿；腹部第1节腹板与背板
愈合。复眼内缘不向下方收敛；小翅室上方通常无柄，有时无小翅室；有时翅退化或无翅⋯ 8

8. 腹板侧沟常有，其长度常不短于中胸侧板长的1/2；产卵管常超出腹末很长，产卵管鞘如果不
是很短的话，都很柔软；第2肘间横脉有或无；唇基形状不定，通常强度拱起，其端缘常凹陷
（图2-307A)；胸腹侧脊背端差不多都高于前胸背板后缘高度的1/2，并且与中胸侧板前缘接
近⋯⋯⋯⋯⋯⋯⋯⋯⋯⋯⋯⋯⋯⋯⋯⋯⋯⋯⋯⋯⋯ **秘姬蜂亚科Cryptinae**
腹板侧沟甚短或无，如果有，则其长度短于中胸侧板长的1/2；产卵管常不明显伸出腹末（少
数属例外），产卵管鞘常坚硬；有第2肘间横脉（个别属例外）；唇基常宽大、微弱拱起，其端
缘常平截或近似平截，无凹陷（图2-307B)⋯⋯⋯⋯⋯⋯⋯⋯⋯⋯⋯⋯⋯⋯⋯⋯
⋯⋯⋯⋯⋯ **姬蜂亚科Ichneumoninae**（圆孔姬蜂属*Alomya*和角突姬蜂属*Megalomya*除外）

A. 紫绿姬蜂 *Chlorocryptus purpuratus*　B. 稻纵卷叶螟白星姬蜂 *Vulgichneumon diminutus*

图2-307　秘姬蜂亚科（A)与姬蜂亚科（B)的唇基特征

9. 唇基与脸之间无缝，它们或则形成1个圆凸形表面，强度拱起，表面光滑（图2-308A）；或则（在盾脸姬蜂属 *Metopius*）形成1个甚大的盾状构造，其表面平坦或稍凹陷，四周围以隆脊。眼常无毛；小翅室有或无；雌性的爪简单或呈栉状 ·· 10

唇基与脸之间有1条多少比较明显的缝（图2-308B），很少无缝，若无缝则脸较为平坦 ····· 11

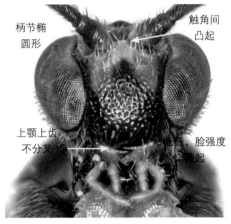

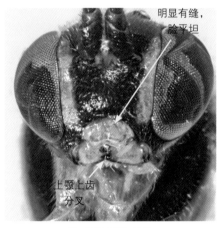

A. 盾脸姬蜂亚科
（黄盾凸脸姬蜂 *Exochus scutellaris*）

B. 蚜蝇姬蜂亚科
（四角蚜蝇姬蜂指名亚种 *Diplazon tetragonus tetragonus*）

图2-308　盾脸姬蜂亚科和蚜蝇姬蜂亚科头部颜面特征

10. 触角柄节圆筒形（图2-309A），其长度为宽度的1.8～2.4倍；脸和唇基共同形成1强度突出的区域（图2-309B）；脸的上缘在2个触角窝之间无突起 ········ **拱脸姬蜂亚科 Orthocentrinae**

触角柄节椭圆形，其长度为宽度的1.2～1.7倍；脸与唇基共同形成1均匀隆起的表面；脸的上缘几乎总有1三角形突起伸至触角窝之间或上方（图2-308A）；爪简单或栉状 ··············
··· **盾脸姬蜂亚科 Metopiinae（*Periope* 等属除外）**

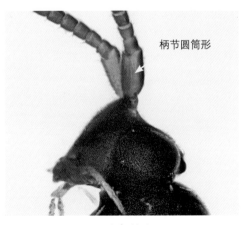

A. 头部侧面

B. 头部颜面

图2-309　拱脸姬蜂亚科（褐足拱脸姬蜂 *Orthocentrus fulvipes*）的头部与触角

11. 上颚的上端齿很阔，其端缘有1个微弱缺刻，把它分为上下2个小齿，因而上颚显似具有3齿；腹部第1背板方形，不明显向基方变细（图2-310A）；前翅3.5～8.0mm；产卵管不露出腹部末端 ·· 蚜蝇姬蜂亚科 Diplazontinae
    上颚只有1齿或2齿，上端齿不再分为2个小齿，偶而有点像分为2个小齿，则腹部第1背板向基方变细（图2-310B） ··· 12

A. 花胫蚜蝇姬蜂 *Diplazon laetatorius*　　　　B. 强脊草蛉姬蜂 *Brachycyrtus nawaii*

图2-310　蚜蝇姬蜂亚科（A）和其他亚科（B. 高腹姬蜂亚科）腹部第1节对比特征

12. 腹部在并胸腹节着生处较高，侧面观腹部的基部与后足基节基部相距颇远，有时着生处不是特别高；腹部第2～4背板折缘相当宽，其宽为腹宽的2/5～3/5（图2-311A）·················· ··· 高腹姬蜂亚科 Labeninae
    腹部在并胸腹节着生处较低，位于后足基节之间或稍上方；腹部第2～4背板折缘宽度常小于腹宽的2/5，腹板部分或完全膜质（图2-311B）；腹部第2～5背板光滑，或具各种凹陷，这些凹陷绝不围成三角形；无前沟缘脊，如有则其上端很少突出如齿。前足胫节外侧端缘圆，无小齿，偶有例外；前、中足爪的亚端部无小齿（瘤姬蜂亚科 Pimpiinae 部分属除外）、无胸腹侧脊，爪呈栉状或具1甚大基齿。上唇不外露或仅稍外露；小盾片末端常无刺。前翅长度通常大于3.4mm；后小脉通常曲折。雌性下生殖板较小，有时呈三角形，但较短，没有明显超出腹末；产卵管短至长，有时亚端部背方具1缺刻，腹瓣除末端外无齿····················· 13

A. 强脊草蛉姬蜂 *Brachycyrtus nawaii*　　　　B. 夹色奥姬蜂 *Auberteterus alternecoloratus*

图2-311　高腹姬蜂亚科（A）和其他亚科（B. 姬蜂亚科）的腹部对比特征

13. 产卵管背瓣亚端部背方有1缺刻，不是生在背结上，腹瓣端部光滑无齿，或仅末端具不明显小齿或脊。第2回脉明显，且有1个弱点，很少2个，该脉大体上竖直或内斜，或完全缺如；径脉与肘脉不合并，肘间横脉1条或2条（图2-312）。爪通常栉状；后胸侧板下缘脊通常形成1个强大的叶状突，生在中足基节后方；雌性下生殖板在侧面观大形，明显；腹部第1腹板不与背板愈合⋯⋯⋯⋯⋯⋯⋯⋯⋯⋯⋯⋯⋯⋯⋯⋯⋯⋯⋯**栉姬蜂亚科Banchinae**（多数属）
产卵管背瓣亚端部背方无缺刻，或有1个微弱缺刻，生在背结上，腹瓣末端通常有明显的齿或脊⋯⋯⋯⋯⋯⋯⋯⋯⋯⋯⋯⋯⋯⋯⋯⋯⋯⋯⋯⋯⋯⋯⋯⋯⋯⋯⋯⋯⋯⋯⋯⋯⋯⋯⋯⋯⋯**14**

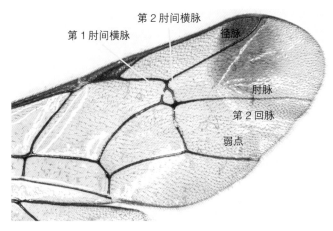

图2-312　栉姬蜂亚科（稻切叶螟细柄姬蜂 *Leptobatopsis indica*）的翅征

14. 爪通常栉状，但有时简单，绝无1个大齿；唇基通常很阔，端缘有1排毛，中央无缺刻（图2-313）；腹部第1腹板差不多都是与背板游离；卵有柄或柄的变形，用以附着在寄主身上⋯⋯⋯⋯⋯⋯⋯⋯⋯⋯**柄卵姬蜂亚科Tryphoninae**（单距姬蜂属 *Sphinctus* 除外）

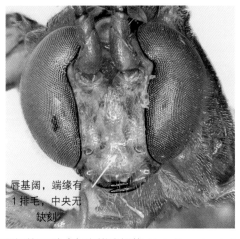

图2-313　柄卵姬蜂亚科（东方拟瘦姬蜂 *Netelia orientalis*）的唇基特征

爪非栉状，雌性爪常有1个大形基齿；唇基形状各种各样，有时端缘中央有1个缺刻；腹部第1腹板有时与背板愈合；卵不是以柄附着在寄主身上 **15**

15. 腹部第1节腹板多少与背板游离，第1背板有基侧凹，并且（或者）并胸腹节完全没有基横脊（图2-314B）；爪常具1齿或基齿，尤其是雌虫 .... **瘤姬蜂亚科 Pimplinae**

腹部第1腹板与背板完全愈合，第1背板无基侧凹，并胸腹节至少有基横脊的痕迹（图2-314A）；爪简单，产卵管不露出腹末；无腹板侧沟；有第2肘间横脉 .... **姬蜂亚科 Ichneumoninae**

 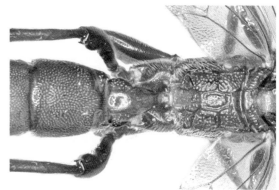

A. 螟蛉埃姬蜂 *Itoplectis naranyae*　　　　B. 弄蝶武姬蜂 *Ulesta agitate*

图2-314　瘤蜂亚科（A）和姬蜂亚科（B）的第1、2腹节背面与并胸腹节

姬蜂亚科 Ichneumoninae

唇基较平，与颜面有弱沟分开，端缘稍微弧形，或平截，中央有或无钝齿。上颚上齿通常长于下齿。无盾纵沟和腹板侧沟，或短而浅，偶尔例外。并胸腹节端区陡斜；有纵脊；中区存在，形状各异，常隆起，气门线形或圆形。小翅室五角形，肘间横脉向径脉合拢。腹部平，通常纺锤形。第1背板基部横切面方形；气门位于中央之后；后柄部平而宽，或锥形隆起。腹陷通常宽而明显凹入。产卵管通常短，刚伸出腹端。触角：雌虫鞭节通常在亚端部变宽，雄虫则细而尖。

本亚科寄生蜂寄生于多种鳞翅目蛹。通常产卵于蛹，有时产卵于幼虫，在蛹期羽化。单寄生。

姬蜂亚科是姬蜂科中较大的亚科，全世界分布，约有424属4300多种，我国有记录的有98属，超过250多种（盛茂领等，2012）。本书介绍我国稻区常见姬蜂亚科天敌7属8种。

中国常见姬蜂亚科天敌分属检索表

（改自：何俊华等，1996）

1. 并胸腹节气门圆形或近于圆形。后头脊在上颚基部上方与口后脊相遇；上颚常具2齿；唇基短，其端缘常呈弧形拱出（厚唇姬蜂族 Phaeogenini）·······················2

   并胸腹节气门椭圆形或长形。小盾片无隆瘤，若偶有锥形，则并胸腹节有强而钝的齿。第1腹节柄部中央方形或高大于宽，若雌性有时高小于宽，则下生殖板小，其端部与产卵管基部相距一段距离···3

2. 腹部第2节背板窗疤的宽度大于两窗疤之间距·············*厚唇姬蜂属 Phaeogenes*

   腹部第2节背板窗疤的宽度常小于两窗疤之间距············*奥姬蜂属 Auberteterus*

3. 上颚宽，末端不尖锐，或仅向末端稍窄，两端齿长而尖；上颊隆肿；脸和唇基形成1个表面匀整的圆凸面；颊脊与口后脊相接在上颚基部·····································4

   不完全如上述，或上颚向末端变尖，或者颊脊与口后脊相接于上颚基部上方。并胸腹节侧面观可见背面和后背面在第2侧区末端处相遇，多少呈明显角度，或者突出如齿，否则第2侧区末端与腹部连接处之间距大于与分脊之间距，或则小脉生在基脉内侧，或与基脉相连，或则上颚下端齿甚小或无（圆齿姬蜂族 Gyrotiontini）·······························5

4. 腹部细长，第2背板长约为宽的1.4倍；小脉生在基脉外侧，有时与基脉相连。腹部第2~4背板后侧角圆、呈钝角；颊长约为上颚基宽的2倍（瘦杂姬蜂族 Ischnojoppini）。雌性触角在中央之后膨大，且下方稍平坦；体中等，13~15mm·············*瘦杂姬蜂属 Ischnojoppa*

   腹部常较短而宽，第2背板长一般为宽的0.6~1.1倍；小脉位置不定。腹部第2背板窗疤宽度与2窗疤间距相等，凹陷甚深。小翅室上方平截、五边形，径脉基部短而直；雌性触角多数短，中等尖，中央之后不膨大；体小（灰蝶姬蜂族 Listrodromini）。颊长约为上颚基宽的1.1~1.8倍，雌性爪栉状（至少前、中足）。基间脊缺，唇基端缘中央常无尖突··············

   ···*新模姬蜂属 Neotypus*

5. 腹部第2背板窗疤甚阔，两窗疤之间距小于窗疤宽度的7/10。唇基较长，侧面观，微弱拱起，唇基端缘凹陷；上颊宽··*武姬蜂属 Ulesta*

   腹部第2背板两窗疤之间距大于窗疤宽度的7/10，窗疤凹陷常多少明显。小盾片无侧脊，或侧脊甚短，不及小盾片中部··6

6. 并胸腹节基部中央几乎都有1小的瘤状突（如基区明显则在其基部中央）；中区大约呈马蹄形，其基端圆凸，末端中央内陷；后柄部中央周围有隆脊，界限分明，常具稀疏刻点，并常有微弱纵线纹；腹部第2、3背板强度拱起、强度硬化，具较粗而明显的刻点；第2背板窗疤常较小而甚浅。雌性触角鞭节中部以后不阔，或稍阔则最阔节的宽仅为长的1~1.5倍；端部几乎为圆筒形，末端稍尖；体中等细长···························*俗姬蜂属 Vulgichneumon*

并胸腹节基部中央几乎都没有瘤状突，中区常六边形或四边形；后柄部中央常具明显纵线纹，但无明显刻点；后柄部匀称拱起，中央不明显隆起，两侧无隆脊；腹部第2、3节背板不那样强度硬化，背面不那样强度拱起，通常具弱小刻点；第2背板窗疤常较大，但凹陷不甚深。上颚有2端齿，下端齿生在上颚下缘。小盾片匀称拱起，由几乎平坦至强度圆凸；并胸腹节侧突常不明显 ·· 丽姬蜂属 *Lissosculpta*

奥姬蜂属 *Auberteterus* Diller, 1981

体长9～10mm。唇基短，上颚端缘内弯，2齿，侧角突出。上颚强，上下缘近平行，中央稍缢缩，上齿略大于下齿。并胸腹节分脊位于中区前方；并胸腹节气门圆形。腹部第1节气门位于背板后方，离中部甚远；第2背板上的窗疤大而明显凹陷，其直径小于两者间的距离。

本属分布东洋区，主要分布于中国和印度，仅含1模式种。

238. 夹色奥姬蜂 *Auberteterus alternecoloratus* (Cushman, 1929)

异　名 *Centeterus alternecoloratus* Cushman, 1929。

中文别名 夹色姬蜂。

特　征 见图2-315。

雌虫体长9～10mm。体黑色和赤褐色相间。头、后胸、并胸腹节、腹部第5节及以后各节、产卵管鞘黑色，或有蓝色反光；前胸、中胸及腹部基部4节赤褐色有光泽。雌虫触角鞭节赤褐色，自第5节起至末端渐黑褐色。翅透明，翅痣黑褐色，基部淡黄色；足赤褐色，中、后足腿节下方大部、胫节近末端和端跗节黑褐色，其他跗节和距淡黄褐色。头部稍宽于胸，光滑，有粗而稀刻点；颜面很宽，中央稍隆起，有夹刻点的刻条；唇基端部光滑，端缘略内弯，中央有2齿，侧角亦突出。并胸腹节分区明显。翅短，小翅室近正五角形。足粗短。腹部长矛形；产卵管短；鞘与腹末节等长。

雄虫体长及体色特征与雌虫相似。

寄　主 二化螟、二点螟、台湾稻螟、玉米茎螟，据福建记载寄生于稻苞虫。单寄生，从寄主蛹内羽化，羽化孔在胸部背面。

分　布 国内见于浙江、江苏、江西、湖北、湖南、福建、台湾、广东、广西、四川、贵州、云南。国外分布于印度、法国、俄罗斯。

A. 雄虫背面

B. 胸部与并胸腹节背板

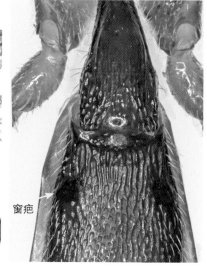

窗疤

C. 腹部前两节背板

D. 雄虫身体侧面

E. 寄生于二化螟的蛹

图 2-315　夹色奥姬蜂 *Auberteterus alternecoloratus*

瘦杂姬蜂属 *Ischnojoppa* Kriechbaumer, 1898

　　体中等，13～15mm。颊长约为上颚基宽的2.0～2.5倍。颜面和唇基形成1表面匀整的圆凸面，无沟分开。上颚向端部收窄，2齿长而尖，齿间缺刻深。上颊隆肿，口头脊与口后脊在上颚基部相接。雌性触角在中央之后膨大，且下方稍平，至端部尖。小翅室五边形，上方平截；小脉对叉；后小脉外斜，在下方曲折。并胸腹节正常、分区；气门长椭圆形。腹部细长，端部稍尖，不很扁平；第2背板长度约为后缘宽度的1.5倍。产卵管稍突出腹端。

　　本属主要分布于印澳板块及非洲热带地区。

239. 黑尾姬蜂 *Ischnojoppa luteator* (Fabricius, 1798)

异 名 *Ichneumon luteator* Fabricius, 1798。

特 征 见图2-316。

雌虫体长13～15mm。体黄褐色；触角中段黄白色，末端暗褐色（有些个体全部黄褐色或暗褐色）；复眼、单眼、翅痣、后足腿节端部、胫节基部和端部、跗节第1、2节端部和第3～5节、腹部第5～7节背板（第5节基部前下角黄褐色、有时第6节后缘和第7节后缘或整个中央白色），均黑褐色至黑色。颜面与唇基形成1均匀弧形的表面，无明显分沟，密布刻点，但唇基端部光滑，端缘弧形；复眼小；颚眼距甚长，为上颚基宽的2.5倍；额中央稍纵凹，但不成沟，触角洼大而光滑。前胸背板前沟缘脊强，但不达背缘；小盾片馒形隆起，侧脊薄而高伸至后缘；并胸腹节分区完整。小翅室五边形，上边甚短。腹部长；第1背板具粗刻点，在基部和亚端部光滑；第2、3背板密布刻点，第4及以后各节背板刻点渐少趋于平滑，至腹端稍侧扁而尖。产卵管稍伸出腹端。

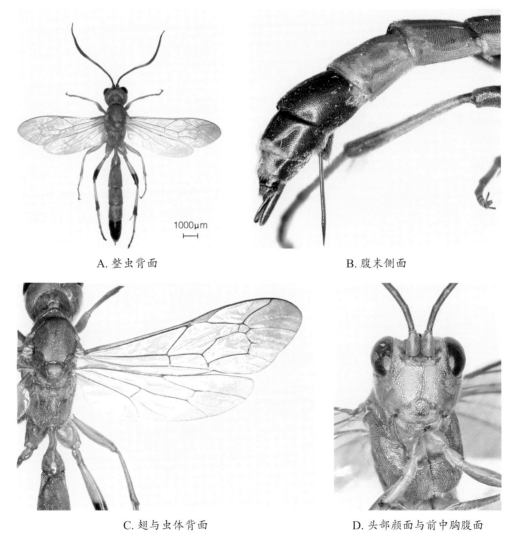

A. 整虫背面

B. 腹末侧面

1000μm

C. 翅与虫体背面

D. 头部颜面与前中胸腹面

图2-316 黑尾姬蜂 *Ischnojoppa luteator* 雌虫

寄　主　稻苞虫、隐纹稻苞虫、三化螟等。单寄生，从寄主蛹内羽化。

分　布　国内见于浙江、江苏、江西、湖北、湖南、香港、台湾、四川、福建、广东、广西、贵州、云南、西藏。国外分布于朝鲜、日本、菲律宾、印度尼西亚、新加坡、马来西亚、缅甸、印度、斯里兰卡、澳大利亚、孟加拉国、巴布亚新几内亚、塞内加尔、乌干达。

丽姬蜂属 *Lissosculpta* Heinrich, 1934

小盾片无侧脊，平坦。腹陷小，宽大于长，明显而深。并胸腹节分水平部分和陡斜部分；基区常常侧方明显，差不多两侧平行；中区大多数仅向前稍收窄，不明显或完全缺；侧突通常不明显。后柄部均匀拱起，无凸起的中区，两侧无隆脊，其上具分散刻点，或无刻点，光滑。腹部基色为黑色或红色，但腹端部有白斑，且前面几节背板后缘也有浅色斑；腹末不很尖；产卵管不外露。

本属分布于全北区、印澳板块及非洲热带地区。我国仅知1种。

240. 黄斑丽姬蜂 *Lissosculpta javanica* (Cameron, 1905)

异　名　*Cratojoppa okinawana*: Chu, 1937；*Munaonumon javanicus* Camerom, 1905。

特　征　见图2-317。

雄虫体长13mm。体黑色，多黄斑；颜面、颊、额眶、柄节和梗节下面、鞭节中段、颈中央及下方1斑点、前胸背板上缘、前胸侧板下半、翅基片、中胸盾片后方2纵条、小盾片除中央纵

A. 整虫背面　　　　　　　　　B. 整虫侧面　　　　　　C. 腹末侧面

图2-317　黄斑丽姬蜂 *Lissosculpta javanica* 雌虫

斑、后小盾片、翅基下脊、中胸侧板下半、后侧片、中胸腹板（与侧板下半部分相连）、后胸侧板上方部分、气门区、后侧角（包括后胸侧板后上角）、腹部第1节背板后缘（侧方向前扩展）、第2～5节背板后缘两侧大斑、第7节背板后缘，均黄白色。足黄赤色；各足基节和转节黄白色；后足基节、腿节末端、胫节两端及跗节黑色。翅透明，稍带烟黄色；翅脉黑褐色，翅痣暗黄褐色。本种特征从色斑可以区别。从背面观，胸部在颈中央、前胸背板背缘、中胸盾片2纵条、小盾片两侧、后胸侧板上方部分、并胸腹节基中区及后侧方有黄斑。

寄　　主　马尾松毛虫。

分　　布　国内见于浙江、台湾。国外分布于日本、印度尼西亚、印度。

新模姬蜂属 *Neotypus* Foerster, 1869

唇基端缘中央有很弱突起或完全无，唇基凹小；颜面中央与稍微隆起的唇基之间不分开。颚眼距明显长于上颚基宽，约为1.1～1.8倍。雌性触角大多短线形，触角至多27节；上颚很宽，至端部几乎不收窄，2齿明显。颊脊与口后脊在上颚基部相接。前胸背板横沟内无中瘤。雌性跗爪具栉齿，至少前、中足具栉齿；雄性简单。小盾片从基至端圆弧形或隆起或锥形（特别是雄性）。腹部通常较短而宽，第2背板长为宽的0.6～1.1倍。腹板侧沟非常弱。翅基下脊弱，不全横脊状。后胸侧板无基间脊。并胸腹节很短，从基部至端部均匀弧形。下生殖板几乎伸到腹末背板。

本属分布于全北区、东洋区和非洲热带地区。寄主为灰蝶科。

241. 东方新模姬蜂 *Neotypus nobilitator orientalis* Uchida, 1930

异　　名　*Neotypus lapidator orientalis* Uchida, 1930。

特　　征　见图2-318。

雌虫体长5～8mm。头部黑色；触角柄节、梗节、鞭节第1节基部黑褐色，其余赤褐色，末端几节颜色较深，胸部和并胸腹节赤褐色，除完全赤褐的外，腹部黑褐色；第1、2节背板后角斑点，第4、5节背板后缘中央及以后各节黄白色。翅透明，稍带烟褐色；翅脉及翅痣黑褐色。前中足基节、转节、腿节除端部暗赤褐色至淡黑褐色，腿节端部以后褐色，胫节背面有时淡褐色；后足大部分黑褐色至黑色，基节端部有时黄色；胫节基部赤褐色。唇基沟不明显，颜面与唇基分界不明显；触角鞭节少于27节；上颚2端齿明显可见。并胸腹节较短，弧形隆起。前翅小翅室大，近正五角形；径室短；小脉刚前叉式。足粗壮，后足胫节距长，约为基跗节的1/2；各跗爪均有栉齿。腹部纺锤形；第1背板光滑，仅后柄部散生少数极细刻点，后柄部后缘中央稍隆起；第

2背板稍横形，后缘宽，密布刻点，窗疤大，疤宽约为疤间距的1.2倍；第3背板横长方形，密布刻点，但较前节稍浅而小；以后各节背板渐收窄，刻点渐弱而趋于光滑。产卵管刚伸出腹端。

寄　主　短尾蓝灰蝶、台湾蓝灰蝶。

分　布　国内见于辽宁、吉林、黑龙江、河南、江苏、浙江、湖南、福建、广东、台湾。国外分布于朝鲜、日本、俄罗斯。

图 2-318　东方新模姬蜂 *Neotypus nobilitator orientalis* 雌虫

厚唇姬蜂属 *Phaeogenes* Wesmael, 1845

雌虫触角短，柄节基部及端部不隆肿，侧缘拱形。唇基与颜面明显短，之间通常有1明显横沟分开；唇基端缘反折、甚厚。上颚2齿。口头脊在与上颚后角连接处强度弯曲。并胸腹节有背表面、倾斜表面，分区明显，中区完整，有时长。后翅小脉通常外斜或少数垂直。雌性后足基节上有1条脊突，长短、高低不定。腹部第2背板上的窗疤宽而明显，多少凹陷，疤宽大于2窗疤之间距，疤长大于窗疤至背板基缘之间的距离。

本属常见，分布于全北区、东洋区和新热区，我国种类甚多。

242. 趋稻厚唇姬蜂 *Phaeogenes* sp.

特　征　见图 2-319。

雌虫体长10～11mm。头部、胸部及腹部第4节开始往后（第4节除侧缘赤褐色外）黑色，腹部的其余部分和足的大部分赤褐色，有时腹部第1节基方、后足腿节的末端、后足胫节的基部和末端几乎呈黑色；后足跗节色较暗；前、中足的基节和各足的转节色较浅。触角基方数节赤褐色，向末端逐渐变成黑褐色，中间3～4节背面浅黄色。

寄　主　二化螟、三化螟、稻纵卷叶螟、稻显纹纵卷叶螟。单寄生，从蛹内羽化。

分　布　国内见于浙江、安徽、江西、湖北、湖南、四川、福建、广东、广西、贵州、云南、陕西、河南。

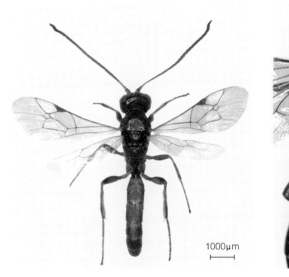  

A. 整虫背面　　　　　　　B. 胸腹部及腹部窗疤　　　　　　C. 头部颜面与上唇

图2-319　趋稻厚唇姬蜂 *Phaeogenes* sp. 雌虫

武姬蜂属 *Ulesta* Cameron, 1903

体细长。头大，上颊宽，在复眼后方稍肿大。后头宽，稍凸出。脸几乎平。唇基与脸不分开，端缘稍圆凸。上唇稍露，前缘有密而长的毛。上颚上齿长于下齿。触角中等粗，鬃形，中部以后变宽，但端部有所变细，鞭节基部几节长大于宽；柄节长，圆柱形。胸部和头部具分散的大刻点。小盾片几乎平。并胸腹节分区完整，中区六角形，长大于宽；气门椭圆形。前翅小翅室五边形，小脉对叉或稍后叉；后小脉在中部稍下方曲折。足细长，后足基节下方有1明显毛刷。腹部长，末端尖。腹部第2背板窗疤甚阔，2窗疤之间距小于窗疤宽度的7/10；后柄部宽，拱起，无中区，中央多少具刻点。腹陷明显深而大，横形，明显大于中间区域。第2、3背板密布明显皱状刻点；第2～4背板之间的切口很深。产卵管稍露出。

本属分布于东洋区及古北区东部。寄主已知为弄蝶科，从蛹中羽化，单寄生。

243. 弄蝶武姬蜂 *Ulesta agitate* (Matsumura & Uchida, 1926)

异　名　*Chasmias agitatus* Matsumura & Uchida, 1926。

特　征　见图2-320。

雌虫体长12~14mm；前翅长约9~11mm。体黑色；头部黑色，触角中段、小盾片、翅基下脊黄色；腹部黑色，腹部第1~3节赤褐色；上颚基部赤褐色；须淡褐色或污黄色；触角黑褐色，柄节、梗节及第1~3鞭节赤褐色，中段（第7~10鞭节）背面白色。翅带烟黄色，翅脉黄褐色或黄色，翅痣黄色。前中足赤褐色。后足赤褐色，而腿节除基部、胫节端部及所有跗节端部为黑色。

寄　主　稻苞虫。单寄生，从蛹内羽化。据日本记载还有曲纹多孔弄蝶和芋弄蝶。

分　布　国内见于陕西、江苏、浙江、安徽、湖北。国外分布于朝鲜、日本。

窗疤宽

A. 整虫背面　　　　　　　　B. 胸部侧面　　　　　　C. 腹部背面　　　　D. 触角

图2-320　弄蝶武姬蜂 *Ulesta agitate* 雌虫

俗姬蜂属 *Vulgichneumon* Heinrich, 1961

体中等长。雌性触角长，丝形，鞭节的端部近圆筒状，末端稍尖，在中央以后不宽。并胸腹节稍短，分区完全；中区通常长于其宽，分脊强，约呈马蹄形，其基端圆凸，末端中央内陷。后柄部中区明显，周围有隆脊，界限分明，具稀疏刻点，有时为不规则微弱纵刻条，偶尔光滑。第2背板窗疤通常较小而甚浅。腿节不很短。腹部末端尖。

本属分布全北区、东洋区及非洲热带地区。寄主有夜蛾科和螟蛾科的蛹，单寄生。

244. 黏虫白星姬蜂 *Vulgichneumon leucaniae* (Uchida, 1924)

异　名　*Melanichneumon leucaniae* Uchida, 1924。

特　征　见图2-321。

雌虫体长13～15mm。体黑色；触角鞭节中段有4～5节、腹部第7节背板中央的圆形大斑均黄色；小盾片黄白色，故名。前足胫节、有时中足胫节带赤褐色。翅透明，稍带烟黄色；翅脉和翅痣黑褐色。颜面宽，密布细网皱；唇基光滑或散生刻点；额及头顶具粗刻点，触角洼小；上颊在复眼之后收窄，侧观长与复眼相等。触角33～34节。前胸背板满布网皱，上方呈夹刻点皱；并胸腹节分区完整，满布网皱，但背表面的模糊。小翅室五边形，上边短。腹部纺锤形；第1背板柄部光滑，与后柄部之间角度明显；后柄部满布粗刻点，中央稍隆起，隆起部侧缘有脊，产卵管刚伸出。

雄虫触角鞭节分节明显，中段无白斑或白斑不明显。腹部较狭窄。

寄　主　大螟、黏虫、劳氏黏虫、白脉黏虫等。单寄生，从蛹内羽化。

分　布　国内见于黑龙江、吉林、辽宁、河北、北京、山西、山东、河南、陕西、甘肃、江苏、上海、浙江、江西、湖北、湖南、四川、福建、广东、广西、贵州、云南。国外分布于日本、俄罗斯。

A. 整虫背面　　　　　　　　　　　B. 头部与脸颊

图 2-321　黏虫白星姬蜂 *Vulgichneumon leucaniae*

245. 稻纵卷叶螟白星姬蜂 *Vulgichneumon diminutus* (Matsumura, 1912)

异　名　*Ichneumon diminutus* Matsumura, 1912。

特　征　见图2-322。

雌虫体长7.0～8.4mm。头、胸部黑色；触角第7～12鞭节腹面、小盾片黄白色；触角其他部分黑褐色。腹部第1～3背板（除第3背板后缘黑）赤褐色，第4、5背板黑色，第6（有时除基端）、7节背板白色。翅透明，带烟黄色；翅痣褐色。足赤褐色；前足（胫节污黄色除外）、中足胫节端部和跗节带暗色；后足胫节端部和跗节、有时腿节端部和胫节基部黑褐色。雄蜂前中足基节和转节黄白色。颜面甚宽，中央很隆起，密布刻点；头部在复眼之后收窄；雌蜂触角常卷曲，29～30节，在鞭节基部较瘦。并胸腹节密布粗刻点；分区完整，脊明显。小翅室五边形，上缘短，小脉稍后叉。腹部短纺锤形；第1节基部光滑，柄部后方散生粗刻点，后柄部刻点密，有明显的中央隆区。产卵管刚伸出腹端。

雄虫体长等特征与雌虫相似，但腹部狭窄，触角柄节下方和第12～15节有白斑，唇基两侧白色。

寄　主　稻纵卷叶螟、稻苞虫。单寄生，从蛹内羽化。

分　布　国内见于浙江、江西、湖北、湖南、四川、台湾、福建、广东、广西、云南。国外分布于印度、菲律宾、日本。

A. 雌虫背面

B. 雄虫背侧面

C. 雌虫并胸腹节和腹部第1节

D. 头部颜面

图 2-322　稻纵卷叶螟白星姬蜂 *Vulgichneumon diminutus*

瘤姬蜂亚科 Pimplinae

身体中等至大型，少数小型。唇基端缘薄，中央具1缺刻，呈双叶状（但嗜蛛姬蜂族Polysphinctini、新凿姬蜂族Neoxoridini及皱背姬蜂族Rhyssini呈其他形状）；上唇隐藏在唇基及上颚下方。小翅室有或无。腹板侧沟无，或甚微弱；并胸腹节完全没有基横脊，由隆脊围成的区域甚小，或无区域，但黑点瘤姬蜂属*Xanthopimpla*和囊爪姬蜂属*Theronia*的一些种具分脊。爪常具副齿，尤其是雌虫，爪基部常有1个甚大的基齿或基突。腹部第1节通常短而宽，气门位于该节中部或之前，腹板通常与背板游离，如愈合则背板有基侧凹；背板折缘颇阔或甚窄，或仅余残迹；腹部端部1/3通常扁或圆筒形，但有的雌性（特别是皱背姬蜂族）多少侧扁；雌性下生殖板通常呈横方形，微弱骨化，中央常有1膜质区域；产卵管通常比腹长，有的种类（如马尾姬蜂属*Megarhyssa*）比身体还要长，产卵管背瓣亚端部无缺刻。

本亚科种类较多，全世界已知1500余种，我国已知45属，220余种（刘经贤，2009）。本书介绍我国稻区常见瘤姬蜂亚科天敌7属18种。

中国常见瘤姬蜂亚科天敌分属检索表
（改自：何俊华等，2004）

1. 中胸侧板缝中央处不明显曲折成角度，如果形成角度（如黑点瘤姬蜂属），则唇基有1条横缝，且上颚明显扭曲，下端齿朝向口方；如果后足胫节黑色与浅色相间，则通常是基部与端部黑色，中间1段浅色（长尾姬蜂族 Ephialtini）·· 2
   中胸侧板缝中央曲折呈微弱的角度；唇基无横缝，上颚不扭曲。如果后足胫节黑色与浅色相间，则通常是亚基部与端部黑色，基部和中部浅色。腹部第1腹板多少与背板游离，有基侧凹（如无基侧凹，则后头脊背方缺如）·· 5

2. 唇基由横缝分成基部和端部两部分；下端齿远小于上端齿，上颚末端扭曲呈90°角，致使下端齿位于内侧；并胸腹节光滑，通常具强脊；后小脉大约在上方1/4处曲折；体通常黄色，并常有黑斑点或黑斑纹·· 黑点瘤姬蜂属*Xanthopimpla*
   唇基无横缝，不分成基部和端部两部分；上颚端部宽，下端齿不明显小于上端齿········· 3

3. 复眼内缘在触角窝上方处稍微凹陷；雄性的脸黑色，雌性跗爪无基齿；产卵管明显伸出腹部末端；产卵管鞘长稍短于前翅长的1/2；颜面上部不明显向前伸出；雄性第2鞭节长约为宽的3倍，雌性约为5倍；胸部不扁，长约为高的1.35倍························ 黑瘤姬蜂属*Pimpla*
   复眼内缘在触角窝稍上方处强烈凹陷；雄性的脸白色或黄色或黑色；雌性前足跗爪有大齿；产卵管直；雌雄两性的脸和眼眶完全黑色························· 埃姬蜂属*Itoplectis*

5. 雌性爪无基齿；腹部第2～4背板光滑至具粗刻点；有小翅室；雄性下生殖板长常大于宽；并胸腹节端区常围有隆脊，腹部光滑，无或几乎无刻点；跗爪扩大（内有1大"毒囊"），每爪具1根明显粗的毛，毛端部扩大呈匙状；体多黄色或褐色（囊爪姬蜂族 Theroniini）。上颚不是强度变尖，端齿等长；产卵管几乎圆筒形，上下瓣相遇几乎成1直线，但不相重叠 ························
·· 囊爪姬蜂属 *Theronia*
　雌性的爪（至少前足）有基齿；腹部第2～4背板通常有明显而较粗的刻点；有或无小翅室；雄性下生殖板宽常大于长；并胸腹节端区甚少围有隆脊叠 ························· 6

6. 跗节末节扩大，稍阔于基跗节；后头脊完整；雌性产卵管由中部附近至末端逐渐变细，末端尖锐（嗜蛛姬蜂族 Polysphinctini）。有小翅室，如无则后小脉在中央或上方曲折，且并胸腹节无亚端侧瘤；第1背板短宽，第2～4背板具刻点 ······················ 聚蛛姬蜂属 *Tromatobia*
　跗节末节通常不扩大，常稍细于基跗节，有时稍阔于基跗节，则后头脊的背方缺如；雌性产卵管由中部至末端宽度均匀、不变细（瘤姬蜂族 Pimplini）··························· 7

7. 后头脊背方常缺如，有时侧方也缺；如完整，产卵管侧扁且较厚。盾纵沟强大，伸达中胸盾片中部；腹部第1背板与腹板游离，有基侧凹；产卵管直或稍向下弯曲·······················
·· 伪瘤姬蜂属 *Pseudopimpla*
　后头脊完整，中央部分向下弯曲，很细，甚至消失。唇基基半部或更多些较为强度拱起，雄性唇基黑色；后小脉在上方或接近中央处曲折；后足胫节常明显黑白相间；产卵管通常稍侧扁或圆筒形 ·· 聚瘤姬蜂属 *Gregopimpla*

聚瘤姬蜂属 *Gregopimpla* Momoi, 1965

　　体中等长。唇基亚基部强烈隆凸，端部平，雌雄均黑色；后头脊完整，背方中央下弯。中胸盾片具中等密均匀分布的细毛；后胸侧板下缘脊完整；并胸腹节侧观强烈隆突，中纵脊存在。前翅小翅室长大于高，近端部受纳第2回脉（2cu-m）；后翅小脉（cu-a）在上方2/5至中央之间曲折。腹部第2背板基侧沟弱。产卵管长为前翅长的3/5～4/5；产卵管腹瓣基部的脊与产卵管纵轴呈30°角。

　　本属分布于东洋区、全北区。寄主为鳞翅目幼虫，聚寄生。

246. 桑蟥聚瘤姬蜂 *Gregopimpla kuwanae* (Viereck, 1912)

　　异　名　*Epiurus satanas* Morley, 1913；*Epiurus nankingensis* Uchida, 1931；*Epiurus mencianae* Uchida, 1935；*Epiurus kimishimai* Uchida, 1942；*Iseropus kuwanae*（Viereck, 1912）；

Iseropus heichinus Sonan, 1930；*Iseropus satanas*: Chang et al., 1954；*Iseropus himalayensis*: Twones et al., 1961；*Pimpla heichinus*: Thompson, 1946；*Pimpla kuwanae* Viereck, 1912。

中文别名 南京瘤姬蜂、桑蟥瘤姬蜂、松毛虫瘤姬蜂。

特 征 见图2-323。

雌虫体长7.0～10.0mm。头、胸部黑色；触角柄节、鞭节基部背面黑褐色；前胸肩角及翅基片黄色。翅透明略带黄色，翅痣淡黄色，翅脉黄褐色。足淡黄色，中后足基节、后足腿节和转节黄褐色，前足基节基部、后足胫节近基部和末端、各跗节末端和爪黑褐色。腹部全黑，有些标本黄褐色有黑色后缘。颜面光滑，无纵隆起；触角雌虫25节，雄虫23节；并胸腹节中央有2条明显细纵脊，其间前方光滑，后方有细皱。前翅小翅室四边形；后小脉在中央至下方2/5处曲折。腹部长约为头、胸部之和的1.5倍；第1背板后缘宽大于长，后方中央不甚隆起；第2、3背板后缘宽明显长于该节长度。产卵管鞘长约为腹长的4/5、后足胫节的2倍。

茧灰黄色，数个或20余个茧集聚成一块。

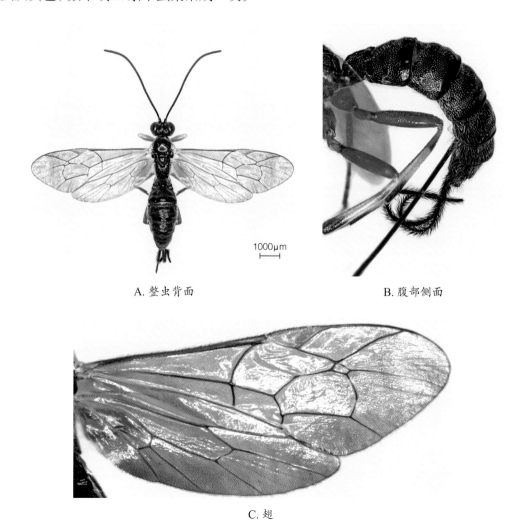

A. 整虫背面

B. 腹部侧面

C. 翅

图2-323 桑蟥聚瘤姬蜂 *Gregopimpla kuwanae* 雌虫

寄　主　二化螟、稻纵卷叶螟、稻毛虫、稻苞虫、稻负泥虫、稻金翅夜蛾等幼虫。卵产于寄主老熟幼虫的节间膜上，成熟后即吐丝作茧于寄主茧内。聚寄生。

分　布　国内见于浙江、黑龙江、吉林、辽宁、北京、河北、山东、河南、新疆、陕西、江苏、安徽、上海、江西、湖北、湖南、台湾、福建、四川、贵州、云南。国外分布于日本、印度、朝鲜。

埃姬蜂属 *Itoplectis* Foerster, 1869

前翅长2.5～12.5mm。颜面和眼眶完全黑色。上颚等长；唇基基部微横隆，端缘微凹；颜面均匀隆起，具密刻点；额凹入；后头脊完整；复眼内缘在触角窝稍上方处强烈凹陷。前沟缘脊存在；盾纵沟不明显；胸腹侧脊发达；中胸侧板缝在中央处不明显曲折成角度；并胸腹节短，具中纵脊。雌虫前足跗爪通常具基齿，中后足跗爪简单；雄性所有跗爪简单。前翅有小翅室，受纳第2回脉于中央外方；后小脉在中央上方曲折；外小脉端段明显。腹部粗壮，具密刻点。产卵管直。

本属世界性分布。寄生鳞翅目蛹，少数种类有时成为重寄生蜂。

247. 螟蛉埃姬蜂 *Itoplectis naranyae* (Ashmead, 1906)

异　名　*Itoplectis immigrans* Timberlake, 1920；*Nesopimpla naranyae* Ashmead, 1906；*Nesopimpla rufiventris* Sonan, 1939；*Pimpla naranyae*: Schmiedeknecht, 1907。

中文别名　螟蛉瘤姬蜂。

特　征　见图2-324。

雌虫体长6.5～13.0mm，寄生于绒茧蜂的仅4.0mm。头、胸部黑色；腹部赤褐色，末端第2、3节黑色，有时不黑。触角鞭节赤褐色，各节之间黑色。翅基片黄色；翅透明，翅痣基角黄褐色，其余黑色。足赤褐色；后足腿节末端、胫节基部及末端、所有端跗节末端及爪均黑色；各足第1～4跗节端部淡褐色，其余部分淡黄褐色。头稍狭于胸；复眼在近触角窝处明显凹入；额光滑，甚凹陷。触角比体短。中胸盾片无盾纵沟；并胸腹节2条亚中脊在中段之后稍向外侧扩张。足粗壮。腹部背板密布刻点；第2～5节背板各节左右稍呈瘤状隆起，近后缘亦稍隆起。产卵管直而粗壮，鞘与后足胫节等长。

雄虫体长和体色特征与雌虫相似。

寄　主　二化螟、三化螟、稻纵卷叶螟、稻显纹纵卷叶螟、稻螟蛉、大螟、黏虫、稻金翅夜蛾、稻毛虫、稻苞虫、台湾籼弄蝶、稻负泥虫等水稻害虫；亦可重寄生于稻毛虫花茧姬蜂、螟蛉悬茧姬蜂、具栖凹眼姬蜂指名亚种、纵卷叶螟绒茧蜂、螟蛉脊茧蜂、稻眼蝶脊茧蜂、纵卷叶螟寄蝇。单寄生，为幼虫—蛹跨期寄生蜂，产卵于老熟幼虫体内，在蛹期羽化。

分　布　国内见于黑龙江、浙江、辽宁、河北、山东、山西、陕西、江苏、上海、安徽、江西、湖北、湖南、四川、台湾、福建、广东、海南、广西、贵州、云南、北京。国外分布于朝鲜、日本、俄罗斯、美国、墨西哥、菲律宾等国。

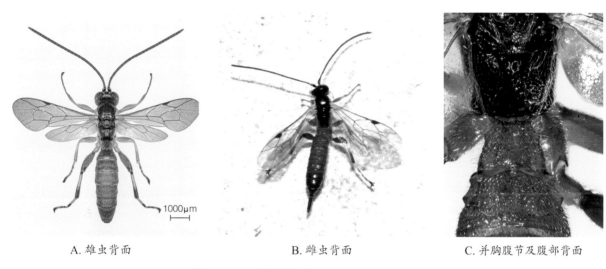

A. 雄虫背面　　　　　　　B. 雌虫背面　　　　　　　C. 并胸腹节及腹部背面

图 2-324　螟蛉埃姬蜂 *Itoplectis naranyae*

黑瘤姬蜂属 *Pimpla* Fabricius, 1804

前翅长 3.2~17.5mm。体色大体为黑色，体小至粗壮。颜面中等隆起，宽大于高；复眼内缘在触角窝上方稍微凹陷；唇基基部略隆起，端部平，端缘中央通常具缺刻；颚眼距长约为上颚基部宽的 0.33~1.50 倍，颊具细的颗粒状刻点；上颚基部通常具刻点，端齿等长或上端齿稍长；额凹入；后头脊完整。前沟缘脊存在；盾纵沟微弱存在或无；小盾片均匀隆起；中胸侧缝中央不弯成角度，并胸腹节中纵脊有或无；并胸腹节气门圆形至线形。足粗壮，后足腹缘无齿；各节跗爪大而简单，无基齿或端部扩大的鬃。前翅有小翅室，四边形；后小脉在中央上方曲折，外斜；外小脉明显。腹部第1节背板与腹板分离，基侧凹明显；各节背板具密刻点或光滑。产卵器明显伸出腹部末端，产卵管近圆柱形，端末有时扁平或稍下弯；产卵管鞘长约为后足胫节长的 0.71~1.20 倍。

本属世界性分布。寄生鳞翅目蛹。

248. 满点黑瘤姬蜂 *Pimpla aethiops* Curtis, 1828

异　名　*Pimpla aterrima* Gravenhorst, 1829；*Pimpla Pimpla parnarae* Viereck, 1912；*Ephialtes parnarae*: Hofimann, 1938；*Pimpla parnarae*: Uchida, 1940；*Coccygomimus aethiops*（Curtis, 1828）；*Coccygomimus parnarae*（Viereck, 1912）。

中文别名　稻苞虫黑瘤姬蜂、满点瘤姬蜂。

特　征　见图2-325。

雌虫体长11.0～17.0mm，前翅长9.0～12.0mm，产卵管长6.0～7.5mm。体色完全黑色，足黑色，但前足腿节外侧带褐色。触角32节，长与前翅相当。并胸腹节密布细皱，无中纵脊；后胸侧板具点皱。前足第4跗节端缘缺刻深。腹部第1节背板无明显的隆丘；第2～6节密布网点，无端缘光滑横带；第2～5节背板折缘狭窄，长分别为宽的11.0、5.4、2.8、3.0倍。

A. 雌虫背面　　　　　　　B. 雄虫背面　　　　　　　C. 头腹部背面

D. 翅　　　　　　　　　　E. 头部颜面

图2-325　满点黑瘤姬蜂 *Pimpla aethiops*

雄虫体长与体色特征与雌虫相似。

本种与野蚕黑瘤姬蜂极为相近，其区别详见"野蚕黑瘤姬蜂"。

寄　主　大螟、稻纵卷叶螟、稻苞虫、劳氏黏虫、黏虫、白脉黏虫、拟稻眉眼蝶等。单寄生，幼虫—蛹跨期寄生。

分　布　国内见于黑龙江、吉林、辽宁、河北、北京、山西、陕西、宁夏、山东、河南、江苏、上海、浙江、安徽、江西、湖北、湖南、台湾、福建、广东、广西、四川、贵州、云南。国外分布于日本、朝鲜、俄罗斯、法国、德国、奥地利、保加利亚、匈牙利、意大利、波兰、罗马尼亚、西班牙、英国。

249. 野蚕黑瘤姬蜂 *Pimpla luctuosus* Smith, 1874

异　名　*Pimpla aterrima neustriae* Uchida, 1928；*Apechthis bombyces* Matsumura, 1912；*Coccygomimus luctuosus*（Smith, 1874）。

中名别名　野蚕瘤姬蜂。

特　征　见图2-326。

雄虫体长约17mm。体黑色。与满点黑瘤姬蜂极相似，其区别为：①本种多少有光泽，全体刻点较粗而稀，后者全体特别是腹部几乎无光泽，刻点细而密。②本种并胸腹节中央网状刻纹较粗，中央基部有2条短纵脊，后者中央网状刻纹较细，基部纵脊消失。③本种颜面、中胸背板及并胸腹节等处细毛近于黄白色，后者近于棕黑色。④本种雌虫触角长，约36节，后者为32节。

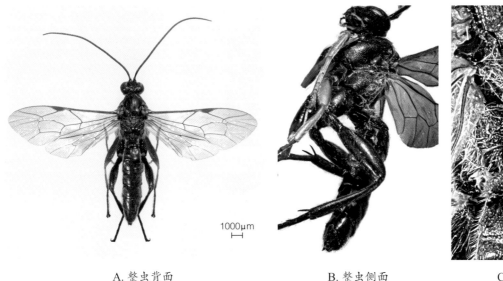

A. 整虫背面　　　　　　　B. 整虫侧面　　　　　　　C. 并胸腹节

图 2-326　野蚕黑瘤姬蜂 *Pimpla luctuosus* 雄虫

<table>
<tr><td>**寄　主**</td><td>稻苞虫等。单寄生，从蛹内羽化。</td></tr>
</table>

寄　主　稻苞虫等。单寄生，从蛹内羽化。

分　布　国内见于浙江、辽宁、北京、河北、山东、河南、陕西、甘肃、江苏、上海、江西、湖北、湖南、四川、台湾、福建、广西、贵州、云南。国外分布于朝鲜、日本、俄罗斯。

250. 红足黑瘤姬蜂 *Pimpla rufipes* (Miller, 1759)

异　名　*Pimpla instigator*: Gravenhosrt, 1829；*Pimpla instigator sibirica* Meyer, 1926；*Pimpla instigatrix* Schulz, 1906；*Pimpla intermedia* Holmgren, 1860；*Pimpla aegyptiaca* Schmiedeknecht, 1897；*Pimpla hypochondriaca*: Fitton et al., 1988；*Apechthis flavipes* Matsumura, 1912；*Ichneumon hypochondriacus* Retzius, 1783；*Ichneumon inguinalis* Geoffroy, 1785；*Ichneumon compunctor* Geoffroy, 1785；*Ichneumon instigator* Fabricius, 1793。

特　征　见图2-327。

雄虫体长9.8～18.0mm；前翅长6.9～15.2mm。体被黑褐色细毛，尤其是颜面和并胸腹节密被细毛。足红褐色，后足跗节黑褐色。触角鞭节35～36节，第1节长为端宽的8倍。并胸腹节具网状皱纹，中纵脊仅在基部有痕迹。前足跗节第4节端缘缺刻深。腹部密布刻点。

寄　主　松茸毒蛾、山楂粉蝶、花棒毒蛾、青海草原毛虫等。据记载全世界约有126种寄主。

分　布　国内见于黑龙江、辽宁、内蒙古、北京、河北、山西、新疆、宁夏、甘肃、青海、河南、台湾。国外分布于古北区。

A. 整虫背面　　　　　　　　B. 整虫侧面　　　　　　　　C. 头部颜面

图2-327　红足黑瘤姬蜂 *Pimpla rufipes* 雄虫

251. 暗黑瘤姬蜂 *Pimpla pluto* Ashmead, 1906

异　名　*Coccygomimus pluto*（Ashmead, 1906）。

特　征　见图2-328。

雄虫体长约17.2mm。体毛淡褐色；体黑色；翅带烟褐色，翅痣黑褐色、基端黄褐；前足腿节前侧及端部、胫节、第1~4跗节棕色；中足腿节端部、胫节和第1~4跗节棕色。头光亮；额凹入，具微细刻点；触角37节，顶端钝圆；雄虫鞭节角下瘤位于第6、7节。中胸侧板凹附近光滑区域直伸至后角；后胸侧板具明显细刻条。前翅小脉对叉。腹部背板密布刻点，第6节及以后刻点浅而细，各背板后缘光滑无刻点；第1背板基半斜而光滑，背中脊弱；第2、3背板折缘甚狭，长为宽的4倍以上，第4、5背板折缘长均为其最宽处的2.2倍。产卵管鞘长为后足胫节的9/10。

寄　主　油松毛虫、野蚕、柑橘凤蝶、天幕毛虫、桑蚕、琉璃蛱蝶日本亚种、灰白天蛾、菜粉蝶日本亚种、亚洲蓑蛾、圆掌舟蛾等；单寄生，从蛹内羽化。

分　布　国内见于浙江、陕西、宁夏、江苏。国外分布于朝鲜、日本、俄罗斯。

A. 整虫侧面

B. 头胸部侧面

图 2-328　暗黑瘤姬蜂 *Pimpla pluto* 雄虫

252. 日本黑瘤姬蜂 *Pimpla nipponicus* Uchida, 1928

异　名　*Coccygomimus nipponicus*（Uchida, 1928）。

中文别名　日本瘤姬蜂。

特　征　见图2-329。

雌虫体长约8mm。体黑色；头、胸部柔毛白色至淡黄色；触角鞭节基部数节下面暗褐色，其余黑褐色；翅基片黑色，翅痣淡褐色或淡黑褐色，基部黄褐色；足赤褐色；基节黑色（后足基节端部多为赤褐色），后足胫节基部及端部半带褐色或带黑色，亚基部淡黄色或淡赤褐色，后足跗节基部褐色。体多光泽；颜面刻点细，头顶和额近于光滑。雄虫触角无角下瘤。中胸盾片刻点较

细而稀；并胸腹节基部具短中纵脊，纵脊外侧及后方均具横行皱状刻条，在端部中央光滑。前足第4跗节末端缺口甚深呈两叶分开。腹部密布粗刻点，第1～5背板后缘光滑；第2～5背板折缘宽。产卵管鞘约与后足胫节等长。

　　寄　主　稻纵卷叶螟、稻螟蛉、稻苞虫等。单寄生，寄生于幼虫期，在蛹期羽化。

　　分　布　国内见于黑龙江、辽宁、河北、山东、河南、江苏、浙江、上海、安徽、江西、湖北、湖南、四川、贵州、云南、台湾。国外分布于朝鲜、日本、俄罗斯、印度。

A. 整虫背面　　　　　　　B. 前足（示跗节和爪）

图2-329　日本黑瘤姬蜂 *Pimpla nipponicus* 雌虫

伪瘤姬蜂属 *Pseudopimpla* Habermehl, 1917

　　前翅长5.5～9.5mm，体中等比例。颜面脸眶或全部黄白色，微隆起，密布刻点；唇基部分白色，部分褐色，通常较窄，基部边缘隆起；上颚短，端齿等长；颚眼距约为上颚基部宽的3/5；上颊短，隆突；后头脊背方缺或完整。胸部近于光滑，刻点细小，但并胸腹节的刻点较粗；前沟缘脊长而强；中胸盾片长，中叶隆起；盾纵沟发达，伸至中胸盾片中央；胸腹侧脊存在；后胸侧板下缘脊强而完整；并胸腹节相当光滑，均匀隆起，外侧脊存在，端横脊有或无；并胸腹节气门长椭圆形。前翅具小翅室，近三角形，受纳第2回脉于外角前方；后小脉在上方3/10处曲折。雌性跗爪通常具基齿。腹部第1节背板中等长，向基部强烈收窄；背中脊仅在基部明显，背侧脊发达；第2～4节背板强烈隆起，密布刻点，无基侧斜沟。雌虫生殖下板短，高度骨化，铲状；产卵管鞘约为前翅长的1/4，产卵管强度侧扁，直或微弱下弯；背瓣端部背缘具锯齿形齿凸，但通常被腹瓣包围；腹瓣末端具许多近于垂直的小波纹状的细脊。

本属分布于古北区、东洋区。寄主为鳞翅目幼虫和膜翅目茎蜂科幼虫。

253. 全脊伪瘤姬蜂 *Pseudopimpla carinata* He & Chen, 1990

特 征 见图2-330。

雌虫体长8.4mm；前翅长6.7mm。体黑色；颜面、唇基、上颚(除端部)、须、眼眶、颈前方、前胸背板前缘和后角、前胸侧板前方、中胸盾片基前角、侧方1小斑和2个纵条、小盾片、后小盾片、并胸腹节背面下半区及气门后侧、腹部各节后缘均黄色；足红褐色；前中足基节和前足转节、后足胫节中央(除端部)、跗节黄色；中足端跗节后半、后足胫节基部外侧和端部、各跗节端部和基跗节腹面黑褐色；翅透明，翅痣和翅脉黑褐色。颜面均匀隆起，额、头顶、上颊、后头光滑；触角刚长于前翅，鞭节38节，几乎等粗。小翅室三角形，上具短柄，后小脉在上方3/10处曲折。各足距爪均有基齿。腹部密布粗刻点，各节后缘光滑；第1节背板长为端宽的1.5倍，侧观均匀隆起；第2背板长略小于端宽的1/2，在中央之后有横行弱凹痕。产卵管鞘长为前翅的1/4，与后足胫节等长；产卵管直强度侧扁。

雄虫与雌虫相似，仅体较小，前翅长5.1mm，鞭节35节。

寄 主 茎蜂科幼虫。

分 布 国内见于江苏、辽宁、河北、山东、河南、甘肃。

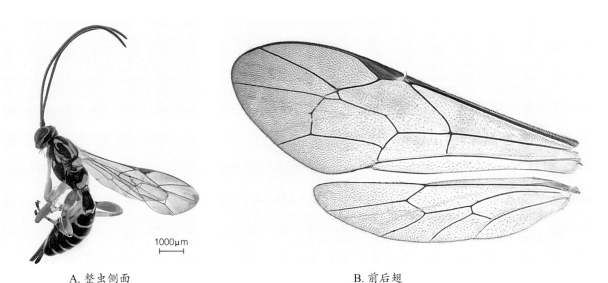

A. 整虫侧面   B. 前后翅

图2-330 全脊伪瘤姬蜂 *Pseudopimpla carinata* 雌虫

囊爪姬蜂属 *Theronia* Holmgren, 1859

前翅长 5~19mm。体长，较粗壮。上颚端齿等长，唇基端缘平截，或具缺刻，或具瘤凸，基部横隆，端部平；颜面隆肿，具刻点；复眼内缘在触角窝对过处凹入；颚眼距很短；触角短粗；头顶在单眼后方陡斜；后头脊完整。前胸背板短；前沟缘脊存在；中胸盾片中等隆起；盾纵沟前方明显；胸腹侧脊存在；后胸侧板下缘脊发达，通常在中足基节后方呈三角形凸起；并胸腹节短，具中纵脊和侧纵脊，少数种类分脊和端横脊完整。足粗壮，端跗爪简单无基齿，但基部具1端部膨大的鬃，鬃的端部扩大呈匙状，爪间垫大。前翅具小翅室，受纳第2回脉在端部7/10处；后小脉在中央上方曲折；外小脉端段明显。腹部光滑，无或几乎无刻点，第1节背板，中纵脊弱，侧纵脊不明显，端侧斜沟明显；第2~4节背板具弱横形瘤凸。产卵管鞘长稍短于前翅长的1/2；产卵管圆柱形。

本属世界性分布，寄主为鳞翅目蛹或幼虫以及膜翅目姬蜂科一些种类。

254. 黑纹囊爪姬蜂黄瘤亚种 *Theronia zebra diluta* Gupta, 1962

异　名　*Theronia (Poecilopimpla) zebra diluta*: He, 1984；*Theronia zebroides*: Chu, 1935；*Theronia rufescens*: Chu, 1937；*Orientotheronia rufescens*: Wu, 1941。

中文别名　黑纹囊爪姬蜂、松毛虫匙鬃瘤姬蜂、黑纹黄瘤姬蜂。

特　征　见图2-331。

雌虫体长9.0~12.0mm。体黄色至黄褐色，有黑纹。复眼、单眼区、后头脊前方、柄节和梗节、中胸盾片的3条纵纹及后缘、翅基片下方1纹、中胸侧板前缘及近翅基下脊与之相连的"T"形斑（下方有时断开）、后缘下半、并胸腹节2纹、腹部第1~6背板前半段1对相靠近的横纹均黑色。后足转节末端、腿节上斑纹及产卵管鞘，均黑色或黑褐色；触角黄赤色。翅透明，翅痣黄褐色。小盾片侧脊明显，超过侧缘长度的1/2；后胸侧板下缘脊在靠近中足基节处突然高起，形成1明显的叶状突，并胸腹节中区梯形，后方向外扩张。足端跗爪具1端部膨大的鬃，鬃的端部扩大呈匙状。腹部背板光滑，几无刻点，其上的瘤状横隆起较明显。产卵管鞘长约为后足胫节长的1.3~1.5倍。

雄虫体长与体色特征与雌虫相似。

寄　主　稻苞虫等害虫，松毛虫黑胸姬蜂、花胸姬蜂等天敌。单寄生，从蛹内或蜂茧羽化。

分　布　国内见于黑龙江、江苏、浙江、江西、湖南、四川、台湾、香港、福建、广东、广西、贵州、云南、西藏。国外分布于日本、印度、缅甸。

1000μm

A. 雌虫背面   B. 雄虫虫体背面   C. 头胸部侧面   D. 爪

图 2-331 黑纹囊爪姬蜂黄瘤亚种 *Theronia zebra diluta*

聚蛛姬蜂属 *Tromatobia* Foerster, 1869

前翅长 3.5～7.8mm。体中等细长。雄性唇基黄白色，颜面白色或黑色；雌性颜面和唇基颜色不定，通常黑色或带黑色，颜面侧方有白斑和唇基部分白色。额眶通常白色或浅黄色。唇基隆起，端缘微凹，或近平截；后头脊完整，背方中央不下弯。中胸盾片具中等密、均匀分布的毛；后胸侧板下缘脊完整或部分存在或在中足基节后方呈小突起；并胸腹节相当短而且隆起，中纵脊有或无。前翅小翅室有或开放；后小脉在中央上方曲折；足跗爪具基齿。腹部第 1 节背板短宽，背中脊和背侧脊发达；第 2 节背板基侧斜沟弱；第 3、4 节背板具明显的背瘤，端缘光滑，横带约占背板长的 3/20。雌性生殖下板完全骨化或基部中央具膜质区。产卵管侧扁而直，腹瓣具细横皱；产卵管鞘约为前翅长的 3/5。

本属分布于全北区、东洋区、非洲区和新热带区。寄主为园蛛科、管巢蛛科。

255. 黄星聚蛛姬蜂 *Tromatobia flavistellata* Uchida & Momoi, 1957

特　征　见图 2-332。

雌虫体长 5.4～7.0mm。黑色；须、顶眶有 1 小点（有时不显）、前胸背板肩角、翅基片黄色；唇基淡黄褐色；腹部第 1 节背板后缘赤褐色；第 2～5 节背板（除光滑端横带黑色外）赤褐色；触

角褐色，柄节端半、梗节和鞭节基部若干节腹面黄色。翅透明，翅痣和翅脉褐色。前中足赤黄色，基节和转节黄色(有时前中足黄色，仅腿节背面和各跗节端部赤黄色)；后足赤黄色，转节、胫节中段和跗节黄色，胫节端部和第1～3、5跗节端部黑色。颜面表面稍隆起，后头脊完整，不下弯；上颊光滑，向后收窄，侧观明显短于复眼横径；复眼大，在触角窝对过明显内凹；触角24～26节，约与前翅等长，端部稍膨大。前胸背板侧面观短，中胸盾片毛较密；小盾片稍隆起；足第1跗节约与第2～4跗节之和等长，末跗节稍长于或等于第3跗节。翅痣长约为宽的3倍；径脉从翅痣中央伸出；小翅室亚五角形，第2肘间横脉无色，外小脉在下方曲折；后小脉在中央稍上方曲折。腹部第1背板长约与后缘宽相等，背中脊止于基部光滑的倾斜部位，第2～5节背板后缘光滑，各节基部收窄，中央之后具浅横凹痕，侧瘤不很隆起。产卵管鞘长与后足胫节等长。

雄虫与雌虫基本相似，唯腹部较细瘦，有时第1背板完全赤褐色或完全黑色。

寄　主　粽管巢蛛卵囊，聚寄生。

分　布　国内见于辽宁、河北、河南、江苏、浙江、江西、湖北、湖南、四川、台湾、福建、广东、贵州、云南。国外分布于日本。

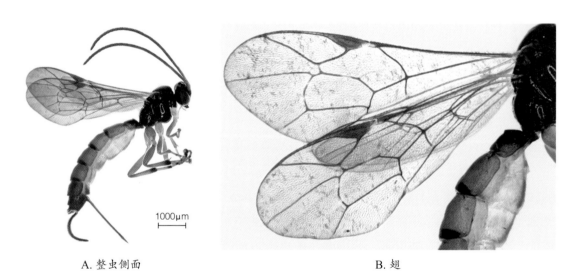

A. 整虫侧面 　　　　　　　　　　　　　　　B. 翅

图 2-332　黄星聚蛛姬蜂 *Tromatobia flavistellata* 雌虫

256. 金蛛聚蛛姬蜂 *Tromatobia argiopei* Uchida, 1941

特　征　见图2-333。

雌虫体长8～10mm。头黑色；整个唇基和须黄白色；触角黄褐色，胸部红褐色至红黄色；中胸盾片有2条黄色纵带；肩角、翅基片、中胸侧板上方、小盾片两侧和并胸腹节后方黄色。足浅红黄色，但前中足基节，转节黄白色，后足胫节基部和端部有黑环。腹部褐黄色，第2～6背板端缘黑色、光亮，第7背板雌性完全黑色、雄性暗褐色。翅透明，翅痣浅黑色。头横形，光滑，具细白毛，在复眼之后强度收窄；触角窝不深，光亮。触角丝状，刚短于体。胸部密布细白毛，几乎光滑，散生细刻点。并胸腹节短，圆弧形，上方具细刻点，但基部中央有2个短肿瘤状突起，后方陡落，两侧刚拱隆。后翅小脉明显在中央上方曲折。腹部长于头、胸部之和，密布粗刻点，但第7背板光滑；第2背板有大而深的凹陷；各背板明显横形，侧瘤不大。产卵管几乎达腹长的1/2。

寄　　主　悦目金蛛。

分　　布　国内见于浙江。国外分布于日本。

A. 整虫侧面　　　　　　　　　　B. 头胸侧面

图 2-333　金蛛聚蛛姬蜂 *Tromatobia argiopei* 雌虫

黑点瘤姬蜂属 *Xanthopimpla* Saussure, 1892

前翅长4～18mm。体粗壮。体黄色，通常具黑斑。复眼内缘强烈凹入；颜面均匀隆起；唇基短，被1横缝分成基部和端部两部分；颚眼距短；上颚短，基部宽，端部非常尖细且扭曲呈90°角，致使下端齿位于内方，上端齿长于下端齿；头顶在单眼后方陡斜；后头脊完整。盾纵沟强，其前端有1短横脊；小盾片通常具发达的侧脊，均匀隆起或呈锥状凸起；后胸侧板下缘脊通常完整；并胸腹节光滑，通常有纵脊和横脊。足粗壮，跗爪简单无基齿，通常有1端部扩大的鬃。前翅透明或亚透明，一般有小翅室，受纳第2回脉于中央或近外角；后小脉在中央上方曲折；外小脉端段明显。腹部光滑，具强横沟和粗刻点。产卵管鞘通常长约为腹部长的2/5，但有少数种类较长。产卵管微扁平和下弯，极少上弯。

本属分布于东洋区、澳洲区、非洲区和新热带区，但主要在东南亚。寄主为鳞翅目蛹，单寄生。

257. 广黑点瘤姬蜂 *Xanthopimpla punctata* (Fabricius, 1781)

异　名　*Xanthopimpla ruficornis* Kricger, 1899；*Xanthopimpla brunneciornis* Cameron, 1903；*Xanthopimpla kandyensis* Cameron, 1905；*Xanthopimpla maculiceps* Cameron, 1905；*Xanthopimpla lissonota* Cameron, 1906；*Xanthopimpla punctuator*：Schmiedeknecht, 1907；*Xanthopimpla kriegeri* Szepligeti, 1908；*Xanthopimpla tibialis* Morley, 1913；*Xanthopimpla pyraustae* Rao, 1953；*Xanthopimpla transversalis*：Wu, 1941；*Ichneumon punctatus* Fabricius, 1781；*Neopimploides syleptae* Viereck, 1912；*Pimpla punctuator* Smith, 1858；*Pimpla transversalis* Vollenhoven, 1879；*Pimpla ceylonica* Cameron, 1899；*Phygadeuon punctator* Ishida, 1915；*Zanthopimpla appendiculata* Cameron, 1902。

特　征　见图2-334。

雌虫体长10.0～14.0mm。体黄色，具黑斑。单眼区黑色。胸部和腹部多黑色斑纹；中胸盾

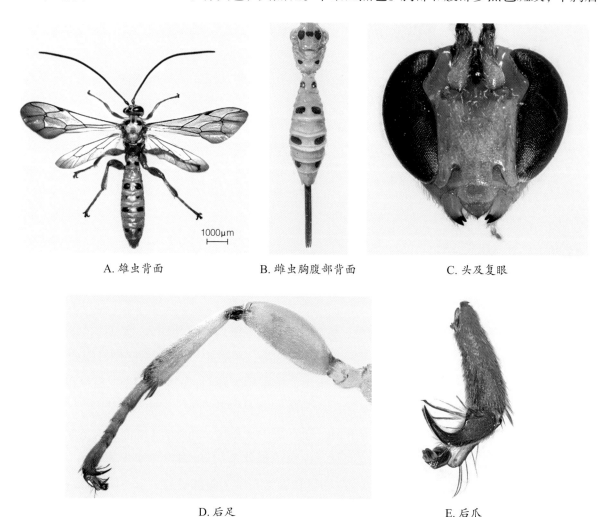

A. 雄虫背面　　　　　　　B. 雌虫胸腹部背面　　　　　　　C. 头及复眼

D. 后足　　　　　　　　　E. 后爪

图2-334　广黑点瘤姬蜂*Xanthopimpla punctata*

片的横纹有时间断呈3个斑点，有时中央的点特别微弱而小；并胸腹节差不多都有1对黑斑；腹部除第1、3、5、7节有1对黑斑外，第4节有时也有1对黑斑或褐斑，但比第3、5节的小。后足胫节基端黑色。小翅室封闭。中、后足爪最粗的刚毛末端不扩大；后足胫节端部有4～8根分散的小齿。产卵管鞘黑色，产卵管鞘长约为后足胫节的1.8倍，微弯。

雄虫体长与体色特征与雌虫相似，但雄虫腹部第2、6节或4、6节常常也有1对较小的黑斑或褐斑。

寄　主　稻苞虫、隐纹谷弄蝶、稻纵卷叶螟、二化螟、大螟、稻螟蛉、稻显纹纵卷叶螟、稻眼蝶、欧洲玉米螟、亚洲玉米螟等。单寄生于幼虫—蛹期。

分　布　国内见于北京、河北、河南、陕西、山东、江苏、上海、浙江、安徽、江西、湖北、湖南、四川、台湾、福建、广东、海南、广西、贵州、云南、西藏、香港、澳门。国外分布于日本、印度、越南、印度尼西亚、老挝、马来西亚、缅甸、泰国、尼泊尔、尼日利亚、巴基斯坦、巴布亚新几内亚、菲律宾、新加坡、斯里兰卡、多哥等国。

258. 松毛虫黑点瘤姬蜂 *Xanthopimpla pedator* (Fabricius, 1775)

异　名　*Xanthopimpla scutata* Krieger, 1899；*Xanthopimpla punctatrix* Schulz, 1906；*Xanthopimpla punctuator*: Chu & He, 1975；*Xanthopimpla braueri* Krieger, 1914；*Xanthopimpla manilensis* Krieger, 1914；*Xanthopimpla braueri*: Wu, 1941；*Xanthopimpla punctator*: Wu, 1941；*Xanthopimpla iaponica*: Agric. Research, 1955；*Ichneumon pedator* Fabricius, 1775；*Ichneumon puntator* Linnaeus, 1767；*Ichneumon mulipunctor* Thunberg, 1824。

中文别名　印黑点瘤姬蜂。

特　征　见图2-335。

雌虫体长10.0～18.0mm。体黄色。单眼区、额的一部分、头顶后方和后头的上方黑色，触角黑色。并胸腹节两侧区，腹部第1～5、第7节具大或呈横条形黑斑，第6和8节具1对小斑。后足转节腹面基方、胫节基端和基跗节基端黑色，后足腿节后方通常有1较大黑斑。产卵管鞘黑色，基方3/10处的背面黄色。在两个触角窝下方各有1条垂直的脊，两脊甚低而弯，之间具小刻点。小翅室封闭。中、后足爪最粗的1根刚毛末端扩大。产卵管鞘较直，其长度约为后足胫节的1.2倍。

寄　主　二化螟、稻苞虫、稻毛虫等。单寄生，产卵于寄主老熟幼虫或前蛹内，在蛹期羽化。

分　布　国内见于北京、天津、浙江、山东、陕西、河南、江苏、江西、湖北、湖南、四川、台湾、福建、广东、广西、贵州、云南、香港、澳门、西藏。国外分布于日本、法国、缅甸、新加坡、巴基斯坦、印度尼西亚、马来西亚、印度等国。

A. 整虫背面   B. 翅与虫体背面   C. 后足

图 2-335 松毛虫黑点瘤姬蜂 *Xanthopimpla pedator* 雌虫

259. 无斑黑点瘤姬蜂 *Xanthopimpla flavolineata* Cameron, 1907

异　名　*Xanthopimpla emaculata* Szepligeti, 1908；*Xanthopimpla immaculata* Morley, 1913；*Xanthopimpla hyaloptila* Krieger, 1914；*Xanthopimpla xanthostigma* Girault, 1925；*Xanthopimpla xara* Cheesman, 1936；*Meiopius sesamiae* Rao, 1953。

中文别名　无点黑点瘤姬蜂。

特　征　见图 2-336。

雌虫体长 6.0～11.0 mm。全体黄色，仅单眼区及产卵管鞘黑色；触角柄节，梗节和鞭节第 1、2 节黄色，背面常褐色，其余鞭节黄褐色至黑褐色；翅痣黄色至浅褐色。前翅有小翅室。并胸腹节中区的长约为宽的 0.8～1.4 倍。爪的最粗 1 根刚毛末端扩大。腹部第 1 背板长约为宽的 1.2～1.6 倍，该节的背侧脊完整或几乎完整；腹部第 4、5 背板刻点中等大小至颇粗。产卵管约为后足胫节的 1/2。

雄虫体长与体色特征与雌虫相似。

寄　主　二化螟、稻纵卷叶螟、稻显纹纵卷叶螟、大螟、稻苞虫、隐纹稻苞虫、台湾籼弄蝶等，也见有从螟蛉悬茧姬蜂茧内羽化。单寄生于寄主幼虫—蛹期体内。

分　布　国内见于浙江、江西、湖北、湖南、四川、台湾、福建、广东、香港、海南、广西、贵州、云南。国外分布于日本、越南、老挝、马来西亚、印度、印度尼西亚、澳大利亚、巴基斯坦、尼泊尔、巴布亚新几内亚、菲律宾、孟加拉国、所罗门群岛、斯里兰卡、瓦努阿图等国。

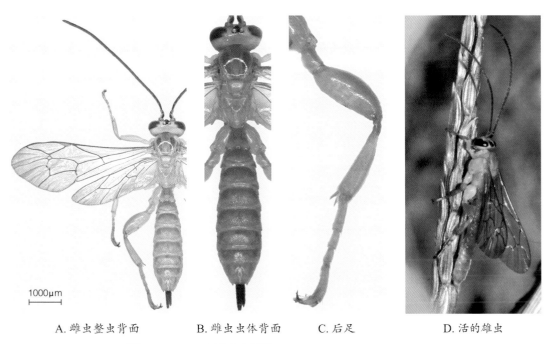

A. 雌虫整虫背面　　　　B. 雌虫虫体背面　　　　C. 后足　　　　D. 活的雄虫

图 2-336　无斑黑点瘤姬蜂 *Xanthopimpla flavolineata*

260. 短刺黑点瘤姬蜂指名亚种 *Xanthopimpla brachycentra brachycentra* Krieger, 1914

异　名　*Xanthopimpla brachycentra* Krieger, 1914。

特　征　见图 2-337。

雌虫体长 9.5～10.0mm。体黄色；单眼区、中胸盾片前方 3 个斑点（或相连）和后方 1 横

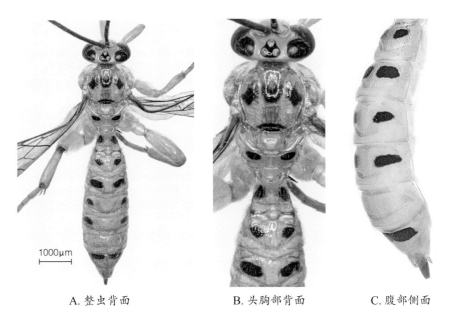

A. 整虫背面　　　　B. 头胸部背面　　　　C. 腹部侧面

图 2-337　短刺黑点瘤姬蜂指名亚种 *Xanthopimpla brachycentra brachycentra* 雌虫

点、并胸腹节第1侧区斑点、腹部第1～5和7节背板的2个斑纹（第7节背板2斑纹相连）、产卵管鞘均黑色。触角黄褐色至淡褐色，基部上方黑褐色。翅透明；翅痣黑褐色，基部黄褐色。足黄色，仅后足胫节基部黑色。盾纵沟前端横脊强，盾纵沟明显；小盾片均匀隆起，中央较凸，侧叶明显。中区宽为长的1.25倍，分脊在中央或中央刚后方发出，周围的脊强。前翅具小翅室，上有柄。腹部第1背板长为端宽的1.30倍，背中脊几乎伸达亚端横沟；第2背板中区中段横列一些粗刻点；第3～5节背板中区密布粗刻点。产卵管鞘短，长约为后足胫节的1/3。

寄　主　蕾鹿蛾。

分　布　国内见于浙江、河南、江西、湖南、四川、贵州、台湾、广东、海南。国外分布于印度。

261. 蓑蛾黑点瘤姬蜂 *Xanthopimpla naenia* Morley, 1913

异　名　*Xanthopimpla imperfecta* Krieger, 1914。

特　征　见图2-338。

雄虫体长10.0mm；前翅长9.0mm。体黄色，中胸盾片前方有1横黑带，小盾片前方有黑横斑，并胸腹节基区两侧有1对黑斑，腹部第1、7节黑斑呈横带状；第2～5节背板均有1对黑斑（第2节黑斑较小）、第6、8节背板完全黄色。触角39～40节。盾纵沟前端横脊甚高，盾纵沟明显；并胸腹节中区六边形，长约等于宽。前翅无小翅室，第2回脉强度折曲；小脉前叉。腹部第1背板长为端宽的1.2倍，背中脊明显，背侧脊在气门之后不明显；第2背板中区除中央外密布

A. 整虫背面　　　　　　B. 头胸部背面　　　　　　C. 虫体侧面

图2-338　蓑蛾黑点瘤姬蜂 *Xanthopimpla naenia* 雄虫

粗刻点；第3、4背板呈粗点状网皱。产卵管鞘长为后足胫节的2.3～4.0倍。

寄　主　蓑蛾科的一些种类。

分　布　国内见于浙江、贵州、台湾。国外分布于日本、印度、越南、菲律宾、马来西亚。

262. 优黑点瘤姬蜂指名亚种 *Xanthopimpla honorata honorata* (Cameron, 1899)

异　名　*Xanthopimpia cera* Cameron, 1908；*Xanthopimpla kriegeriana* Cameron, 1908；*Xanthopimpla binghami* Cameron, 1908；*Xanthopimpla erythroceros* var. *assamensis* Krieger, 1915；*Xanthopimpla erythroceros* Krieger, 1914；*Xanthopimpla varimaculata*: Townes et al., 1961；*Pimpla honorata* Cameron, 1899。

特　征　见图2-339。

雌虫体长5～10 mm；前翅长4～9 mm。体黄色，中胸盾片仅在前方有1黑横带；并胸腹节基部有1对黑斑；腹部第1、3、5、7节背板各有1对相互靠近的黑斑，其余各节背板无黑斑。并胸腹节中区不完整，端模脊中央断；后足胫节端前鬃4～7个。产卵管鞘约与后足胫节等长。

寄　主　竹织叶野螟、棉卷叶野螟、白斑佩蛾等。

分　布　国内见于江西、云南、广东、澳门、台湾、海南、西藏。国外分布于印度、越南、泰国、老挝、新加坡、印度尼西亚、马来西亚、缅甸、尼泊尔、菲律宾。

1000μm

A. 翅与虫体背面　　　　　B. 整虫侧面

图 2-339　优黑点瘤姬蜂指名亚种 *Xanthopimpla honorata honorata* 雌虫

263. 棘胫黑点瘤姬蜂 *Xanthopimpla xystra* Townes & Chiu, 1970

特 征 见图2-340。

雄虫体长约9.0mm。前翅长约7.2mm。体浅黄色,但触角柄节、梗节腹侧褐黄色,背侧褐黑色;鞭节腹侧黄褐色,背侧棕褐色(端部黄褐色)。上颚端齿褐黑色;单眼区、中胸盾片中部的3斑点(两侧纵长、中央心形靠上)、并胸腹节第1侧区位置的大斑、腹部第1节亚基部的横斑、第2~5和第7节背板上的斑点对(第2背板的斑点小、星状)、第6节背板两侧的点斑、产卵器鞘、胫节基部和爪端半部均黑褐色。翅脉和翅痣(基部黄色)褐黑色。复眼内缘在触角窝处强烈凹入。触角丝状,短于体长,鞭节32节。翅稍带灰褐色透明,小脉位于基脉内侧;小翅室四边形,具结状短柄;第2肘间横脉稍长;第2回脉强烈扭曲,约在小翅室的下方中央处相接;外小脉稍内斜,约在下方3/10处曲折;后小脉强烈外斜,约在上方1/4处曲折。中后足胫节端半部外侧具成片的棘刺(超过10个);腹部第1节背板粗壮,相对光滑,背中脊基部较明显;第2~6节背板在基部和亚端部具强横沟,侧沟也非常显著,使背板中央形成显著的横瘤突。产卵器鞘约为后足胫节长的2/3,较直。

寄 主 未知。

分 布 江西。国外分布于印度。

A. 翅与虫体背面   B. 后足

图 2-340　棘胫黑点瘤姬蜂 *Xanthopimpla xystra* 雄虫

秘姬蜂亚科 Cryptinae

身体小型至大型，少数种类无翅或翅退化；腹部第1节气门位于该节后方，甚少位于中部或稍前方，气门前方无基侧凹，该节背板与腹板愈合；腹常扁，第3、4节宽度大于厚度（蝇蛹姬蜂属 *Atractodes* 雌性腹部侧扁）；腹板侧沟通常明显，其长度超过中胸侧板长度的1/2。小翅室通常五边形或四边形，有时外方开放。产卵器长，通常超出腹末甚多，背瓣亚端部无缺刻，如有则在亚端部隆起处。

秘姬蜂亚科在体型、腹部第1节形状（及气门位置）、小翅室形状等方面，与姬蜂亚科 Ichneumoninae 甚为相似，有时不易区别。姬蜂亚科的主要的区别特征是：腹板侧沟弱而短，不及中胸侧板长度的1/2；唇基更大些，也更平坦，端缘更近于平截。这些主要的区别特征偶有例外，且二者幼虫的区别明显。

本亚科寄生于鳞翅目、膜翅目（叶蜂、茧蜂、姬蜂等）昆虫的茧，𠮷丁虫科昆虫的茧，蜘蛛卵囊，蝇类的围蛹以及胡蜂、泥蜂的巢，毛翅目幼虫囊，茎中的蛹，木材蛀虫等。

本亚科种类众多，本书介绍我国稻区常见的14属15种。

中国常见秘姬蜂亚科天敌分属检索表
（改自：何俊华等，2004）

1. 第2回脉常有弱点2个，其后端常外斜，致第2盘室后端角比前端角较长、较尖；少数种类第2回脉直竖，只有1个弱点，则腹板侧沟几乎伸抵中胸侧板后缘，该沟末端位于侧板下后角稍上方，或者触角柄节末端截面只是稍呈斜面，或腹部第2节背板折缘向中间；雄性的脸甚少白色或黄色；并胸腹节常具网状脊，有纵脊和横脊。个别完全无翅或短翅，若为后者，则并胸腹节侧纵脊由基端至气门处完整，有基横脊（粗角姬蜂族 Phygadeuentini）·····················**2**

   第2回脉只有1个弱点，其后端常不外斜，而是常与亚盘脉垂直；如腹板侧沟伸抵中胸侧板后缘，则该沟末端位于侧板下后角的下方；触角柄节末端截面甚斜；雄性的脸常为白色或黄色。后胸背板背缘两侧无三角形向后的突起（有时在背缘下方有）；并胸腹节无纵脊，如只有1条横脊，则是基横脊；翅若仅余残根，并胸腹节侧纵脊由基端至气门处消失（秘姬蜂族 Cryptini）·····
   ·····················**8**

2. 紧接在镜面区下方的中胸侧板凹呈1小凹陷，位于中胸侧缝前方，相距颇远；中胸腹板后横脊常完整，小盾片常有侧脊，其长至少为小盾片侧缘的1/4；下颚须常长达中胸腹板中部；唇基端缘中央无齿或1对齿；翅发达（长须姬蜂亚族 Chiroticina）。上颚2端齿近等长；腹板侧沟完整，伸达中足基节；腹部第1节腹板无亚端横脊 ·····························卫姬蜂属 *Paraphylax*

　　紧接在镜面区下方的中胸侧板凹呈1条短横沟，与中胸侧缝相连；中胸腹板后横脊常不完整；小盾片常无侧脊（但洛姬蜂亚族 Rothneyina 等例外）；下颚须甚少长达中胸腹板中部；少数种类无翅或短翅 ·· 3

3. 前胸背板背方紧接在颈的后方，具1粗短的中纵脊，与横槽相交叉；并胸腹节侧脊基段（即气门前的一段）常缺如；唇基端缘中央无齿或1对齿（脊颈姬蜂亚族 Acrolytina）。胸部相对短；前翅第2肘间横脉弱，后小脉在中央附近曲折，近于垂直 ···················· *刺姬蜂属 Diatora*

前胸背板背方无粗短中纵脊，但有时有细纵脊（不比附近的脊或皱纹更粗）；并胸腹节侧纵脊的基段常存在；唇基端缘中央常有1齿或1对齿 ···································· 4

4. 腹部第2背板与折缘之间无褶缝分隔，该节背板弯向腹部下方，甚少呈悬垂状；腹部第2节非强度侧扁；并胸腹节中区与端区分隔；后小脉曲折（亨姬蜂亚族 Hemitelina）。中胸盾光滑，纵沟前端明显，第1肘间横脉很斜，约为肘脉第2段的1.7倍；第2肘间横脉消失，后小脉不曲折，近于垂直 ·································· *光背姬蜂属 Aclastus*

腹部第2背板侧缘曲折，至少折缘与背板之间有褶缝把它们分隔 ···················· 5

5. 上颚外面亚基部具1强大隆肿，基端具1横沟，使该隆肿特别显著；常无翅（沟姬蜂亚族 Gelina） ·· 6

上颚外面亚基部具1微弱隆肿，或无隆肿；甚少无翅 ································ 7

6. 中胸腹板后横脊完整；第2回脉具1弱点；腹部第2、3节气门生在折缘上 ··· *权姬蜂属 Agasthenes*

中胸腹板横脊不完整；第2回脉具2弱点，第2肘间横脉无或弱 ·················· *沟姬蜂属 Gelis*

7. 后小脉直竖，或稍内斜或稍外斜；腹部第1背板细长至甚细长，该节腹板稍微超出气门后方，或超出甚远，气门位于该节中央或前方；触角柄节末端截面与横轴呈10°～45°角（泥甲姬蜂亚族 Bathythrichina）。盾纵沟长，超过中胸背板中央；腹部第1节背板具纵脊；并胸腹节无侧突 ··· *泥甲姬蜂属 Bathythrix*

后上脉明显内斜；小盾片侧脊长度超过侧缘长度的1/2；触角柄节末端截面甚斜，与横轴呈40°～65°角；第2回脉具1个弱点（洛姬蜂亚族 Rothneyiina）。腹部第2、3背板不愈合；盾纵沟伸过中胸盾片后方，其后方相连；颜面中央有角状隆起 ················· *角脸姬蜂属 Nipponaetes*

8. 上颚长约为中部宽的4.5倍，上端齿远长于下端齿，下端齿有时不明显；唇基阔，它的端缘具很长一段平截，或凹进，或甚为微弱地凸出，中央无齿或叶状突；腹部第1节背板细长，后端仅稍阔于前方（长足姬蜂亚族 Osprynchotina）。后头脊完整；小翅室大，有点斜，后小脉在中部上方曲折；产卵鞘长为足胫节的1.3倍，产卵管上弯 ·················· *巢姬蜂属 Acroricnus*

上颚长为其中部宽的1.2～3.5倍，上端齿不比下端齿长或仅稍长；腹部第1背板各种各样，通常后端甚宽；翅正常，比胸部长 ·· 9

9. 产卵器仅达腹末；雌性下生殖板阔、菱形、微凸；第2肘间横脉缺如，无痕迹（胡姬蜂亚族 Sphecophagina）。无小翅室，肘间横脉与第2回脉相连，或位于稍内侧；并胸腹节端横脊缺如；

盾纵沟较明显 ⋯⋯⋯⋯⋯⋯⋯⋯⋯⋯⋯⋯⋯⋯⋯⋯⋯⋯⋯⋯⋯⋯⋯⋯⋯⋯⋯ 双洼姬蜂属 *Arthula*
产卵器几乎都超过腹末；雌性下生殖板不大，也非菱形；第2肘间横脉常存在，至少有一点痕
迹。中胸腹板后横脊不完整，仅有侧方的一段，或者在中足基节窝前方的间断不短于中足基
跗节宽。产卵管腹瓣无背突；雌性前足第4跗节常分裂成两叶，裂口甚深；腹部第1背板常有
背中脊 ⋯⋯⋯⋯⋯⋯⋯⋯⋯⋯⋯⋯⋯⋯⋯⋯⋯⋯⋯⋯⋯⋯⋯⋯⋯⋯⋯⋯⋯⋯⋯⋯⋯⋯⋯ 10

10. 产卵管背瓣末端具齿，或横脊、斜脊，产卵管末端近圆筒形；上颚粗短，强度向末端尖细，下
端齿明显短于上端齿(刺蛾姬蜂亚族 Baryceratina)。后中脉微弯至很直；腹部第1节的腹柄部
呈棱柱形；体粗壮；呈金属蓝、绿或紫色 ⋯⋯⋯⋯⋯⋯⋯⋯⋯⋯⋯⋯⋯ 绿姬蜂属 *Chlorocryptus*
产卵管背瓣末端无一系列齿或横脊、斜脊；上颚细长，如末端强度变细，通常下端齿仅稍短
于上端齿 ⋯⋯⋯⋯⋯⋯⋯⋯⋯⋯⋯⋯⋯⋯⋯⋯⋯⋯⋯⋯⋯⋯⋯⋯⋯⋯⋯⋯⋯⋯⋯⋯⋯⋯ 11

11. 后中脉末端3/5很直。中胸腹板后横脊中央部分有，颇长而直；腹板侧沟长约为中胸侧板长
的3/5，几乎很直，或稍上弯(田猎姬蜂亚族 Agrothereutina)。唇基端缘多少凸出；并胸腹节
端横脊仅中央一段完整，且该段稍弯向前方；小翅室两侧边平行 ⋯⋯⋯⋯⋯ 亲姬蜂属 *Gambrus*
后中脉末端2/3呈微弱弧形弯曲或强度弯曲 ⋯⋯⋯⋯⋯⋯⋯⋯⋯⋯⋯⋯⋯⋯⋯⋯⋯⋯⋯⋯ 12

12. 小翅室宽常为高的1.5倍，有时小翅室缺如；第1肘间横脉几与第2回脉相连，由于径脉与肘
脉甚为接近，第1肘间横脉几乎消失；腹部第1背板无背中脊(但脊额姬蜂属 Gotra 有残迹)；
盾纵沟较长，超过中胸背板中央；窗疤几乎都是宽逾于长(裂跗姬蜂亚族 Mesostenina)。体较
粗壮；额具1垂直中脊；小翅室宽约为长的3倍，第2肘间横脉较长 ⋯⋯⋯⋯ 脊额姬蜂属 *Gotra*
小翅室宽不及高的1.4倍；腹部第1节背板常至少有背中脊残迹；窗疤常长逾于宽。后足基
节前面基部无短横沟；镜面区下方的中胸侧板凹呈1凹坑，该凹坑与中胸侧缝之间有1短横
沟相连，或无(驼姬蜂亚族 Goryphina) ⋯⋯⋯⋯⋯⋯⋯⋯⋯⋯⋯⋯⋯⋯⋯⋯⋯⋯⋯⋯⋯⋯ 13

13. 前沟缘脊缺如；小盾片两侧缘至少在基方的2/5处具脊；后小脉在中央或下方曲折，几乎直
竖，或稍外斜；并胸腹节气门长约为宽的2倍；产卵器背瓣在背结处几乎都呈角度；腹部第1
节背板后柄部密生大刻点；前翅亚中室和臀室下边上的毛与上边上的毛差不多一样⋯⋯⋯⋯
⋯⋯⋯⋯⋯⋯⋯⋯⋯⋯⋯⋯⋯⋯⋯⋯⋯⋯⋯⋯⋯⋯⋯⋯⋯⋯⋯⋯⋯ 菲姬蜂属 *Allophatnus*
前沟缘脊弱至强，由前胸背板隆肿的前缘(颈)逐渐分歧；小盾片无侧脊，或侧脊不及基方
的1/3。额在触角窝上方无角状突，无半圆形突起；后臂脉有，其长至少为该脉基端至翅缘的
1/2；唇基端缘不平截，无亚端齿 ⋯⋯⋯⋯⋯⋯⋯⋯⋯⋯⋯⋯⋯⋯⋯⋯⋯⋯ 驼姬蜂属 *Goryphus*

光背姬蜂属 *Aclastus* Foerster, 1869

前翅长1.8～4.0mm(有时为短翅型)。体和足很细。唇基窄，强度隆起，端缘薄，中等突出。

上唇突出于唇基前缘成1宽度均匀的狭片。中胸盾片光滑或近于光滑。盾纵沟前端明显,伸至盾片中央或较短。后胸腹板后横脊不完整。并胸腹节中区六角形,常宽大于长,分脊从中央稍前方伸出。第1肘间横脉很斜,约为肘脉第2段长的1.7倍;第2肘间横脉完全消失。第2回脉内斜。后小脉不曲折,近于垂直。产卵管鞘约为前翅长的1/3。产卵管中等宽,侧扁,端部长全顶端渐尖,上瓣无背结或下瓣无脊。

本属世界性分布。

264. 择捉光背姬蜂 *Aclastus etorofuensis* (Uchida, 1936)

异 名 *Hemiteles* (*Opisthostenus*) *etorofuensis* Uchida, 1936。

特 征 见图2-341。

雌虫体长2.8mm,前翅长2.4mm。头部黑色;唇基、上颚除端部、须黄褐色;触角褐色,至鞭节基部色淡,柄节和梗节黄褐色。胸部及腹部褐色,足黄褐色。翅透明,翅脉黄褐色。头横形,复眼之后稍弧形收窄,完全平滑,有强光泽;触角长为前翅的1.15倍,20节,丝状,至端部稍膨大,第1鞭节稍长于第2鞭节,第2鞭节刚好长于第3鞭节。中胸盾纵沟伸至中央稍后;小盾片具细侧脊;并胸腹节散生刻点;脊强,分区完整;中区长等于宽或稍长于宽;小翅室五角形,但外方翅脉消失;第2回脉稍内斜,仅有1个气泡;后小脉不曲折,近于垂直。腹部稍扁平;第1背板具细纵皱,其余光滑,至端部多细毛;第1背板长为端宽的2倍,为第2节背板长的1.5倍;产卵管鞘长为后足胫节的4/9。

寄 主 螟蛉绒茧蜂。单寄生,从茧内羽化。

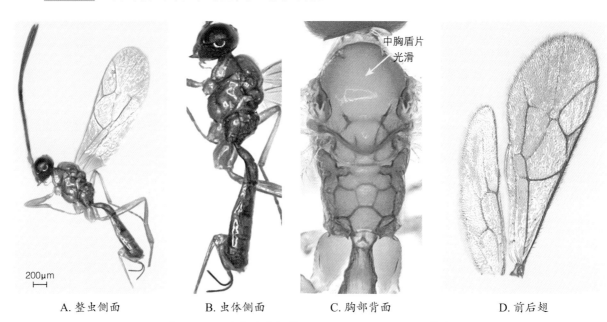

A. 整虫侧面   B. 虫体侧面   C. 胸部背面   D. 前后翅

图 2-341 择捉光背姬蜂 *Aclastus etorofuensis* 雌虫

分 布 国内见于江苏、浙江、湖南、四川、台湾。国外分布于日本、俄罗斯。

巢姬蜂属 *Acroricnus* Ratzeburg, 1852

前翅长6.5～14.0mm。颊长约为上颚基宽的4/5。后头脊完整，或下端不达口后脊。并胸腹节端横脊完整，但有时弱，无侧突。后足端跗节腹面中央有1组大鬃毛（通常4根）。小翅室大，有点斜。小脉稍后叉。后小脉在中部上方曲折。腋脉长，离臀区边缘很远。第1腹板端部位于气门后方，基部下面看向上斜。第1背板气门位于端部2/5处。产卵管鞘长是后足胫节长的1.3倍。产卵管上弯，端部扁平，下瓣包圈上瓣，下瓣端部有竖脊，但上瓣几乎光滑。

本属分布于北半球。寄主为蜾蠃蜂巢，特别是*Eumenes*属的巢。

265. 游走巢姬蜂中华亚种 *Acroricnus ambulator chinensis* Uchida, 1940

特 征 见图2-342。

雌虫体长14～16mm。头、胸部黑色，但额眶、脸眶上部、唇基中央、小盾片端半、后小盾片、并胸腹节后方两侧大斑黄红色；腹部第1～3节砖红色，第1节基半部黑色，第4～7节背板黑褐色；触角鞭节基部淡褐色，中段黄色，以后黑褐色；翅透明，稍带烟黄色，外缘稍暗；翅痣黄褐色；足砖红色，基节、转节、后足胫节端部和端跗节黑色，各胫节和跗节黄褐色。头向下收

1000μm

A. 整虫背面　　　　　　　　B. 翅与虫体背面

图2-342　游走巢姬蜂中华亚种*Acroricnus ambulator chinensis* 雌虫

窄;颜面、唇基、额密布刻点,头顶刻点较细而稀;触角至端部稍粗。胸部密布刻点皱;盾纵沟浅;并胸腹节基横脊中央前伸,端横脊中央模糊;小翅室大,五角形。腹部细长近于光滑;产卵管鞘为后足胫节长的1.3倍。

寄　　主　胡蜂科。

分　　布　国内见于浙江、江西、湖南、四川、贵州、河南。

权姬蜂属 *Agasthenes* Foerster, 1869

前翅长2.8～3.7mm。唇基除近端缘外强度突起,端部平截,无齿。前沟缘脊缺。腹板侧沟明显,几乎达中胸侧板下角,其后端转向中足基节的基部。中胸腹板后横脊完整。中胸盾片毛糙。盾纵沟伸达中胸盾片中部。并胸腹节中区长宽相等。翅窄。小翅室五边形,外方开放。第2回脉稍内斜,具1个弱点。小脉后叉约为其长度的1/2。后小脉在中部下方曲折、近垂直。背中脊中等程度强。第1腹板在气门的很后方。气门位于背板中部。第2、3背板折缘被褶分开,气门在折缘上。产卵管鞘长是前翅长的1/6。产卵管中等强壮,其端部窄矛形。

本属分布于全北区、东洋区。

266. 蛛卵权姬蜂 *Agasthenes swezeyi* (Cushman, 1924)

异　　名　*Arachnoleter swezeyi* Cushman, 1924。

特　　征　见图2-343。

雌虫体长4.5～5.0mm。头胸部、腹部第1节及端节黑色,前胸背板侧方一部分和第2～5背板火红色;触角鞭节褐色,柄节和梗节黄褐色;足黄褐色,中足胫节端部、后足胫节两端和腿节端部黑褐色,跗节端部稍暗;翅基片黄色,翅透明;翅痣淡褐色,基部色稍浅。体具细革状纹,后头脊明显。盾纵沟细,伸至后方2/3处,但不相接,腹板侧沟内具短脊,后胸侧板具发达皱纹。小翅室五角形,但外方开放。第1背板狭长,后半两侧近于平行,大部分具不规则皱纹,其余颗粒状刻点。腹部纺锤形。产卵管鞘稍短于后足胫节的1/2。

寄　　主　肖蛸科的直伸肖蛸、前齿肖蛸、日本肖蛸、圆尾肖蛸、尖尾肖蛸、鳞纹肖蛸以及园蛛科和跳蛛科的一些种类。

分　　布　国内见于浙江、江苏、江西、湖南、广西、云南、台湾。国外分布于菲律宾、马来西亚、印度、美国。

A. 整虫背面　　　　　B. 虫体背面　　　　　C. 腹部侧面　　　　　D. 前后翅

图 2-343　蛛卵权姬蜂 *Agasthenes swezeyi* 雌虫

菲姬蜂属 *Allophatnus* Cameron, 1905

前翅长 6.0～8.9mm。额有 1 中竖脊，其中央可能中断。唇基端缘凸出，在中央稍延长如 1 中叶。上颚下齿几乎等长于上齿。无前沟缘脊。腹板侧沟仅前半存在。小盾片侧脊伸达 3/10～8/10 处。并胸腹节基横脊完整；端横脊雄性弱或模糊，雌性的完整而强；有明显侧突；气门长约为宽的 2 倍。小翅室高约为宽的 4/5，与第 2 回脉（稍外斜）气泡以上一段等长，气泡宽；有第 2 肘间横脉，亚中室和臂室下方的毛与上方的毛大致同样。外小脉在中央或稍下方曲折；后小脉约在下方 9/20 处曲折；后臂脉几乎伸至翅缘。腹部第 1 背板基部有三角形齿，纵脊多变。后柄部中央有大而密的刻点。产卵管鞘长约与后足胫节等长。产卵管端部有明显的背结。

本属分布于东洋区和非洲热带区。

267. 褐黄菲姬蜂 *Allophatnus fulvitergus* (Tosquinet, 1903)

异　名　*Cryptus fulvitergus* Tosquinet, 1903。

特　征　见图 2-344。

雌虫体长 11mm。体黑色，但额眶、胸部及并胸腹节背板、第 1 背板（端部较浅）、第 2、3 背板褐黄色；触角鞭节黑褐色，第 5～9 鞭节内面黄色。翅带烟黄色，翅痣黑褐色。足褐黄色，但前足基节、雄性中足基节和后足基节大部、后足胫节端部和跗节黑褐色，腹部第 7 节背板后端白

色。颜面密布细皱纹状刻点；额具细刻点；头部在单眼之后收窄；触角鞭节至端部稍粗。胸部密布夹刻点皱；中胸盾片较光亮，刻点稍稀；盾纵沟浅，伸至后方3/4处；并胸腹节基横脊明显。小翅室五边形，长约为高的1.5倍，两侧几乎平行；小脉前叉式。腹部第1节柄部光滑，后柄部具粗刻点，第2及以后各背板刻点渐细几乎光滑。产卵管鞘与后足胫节约等长。

寄　　主　未知。

分　　布　国内见于辽宁、浙江、山东、河南、江西、湖南、台湾、福建、四川。国外分布于日本、印度尼西亚、印度等国。

A. 整虫背面　　　　B. 头胸部背面　　　　C. 整虫侧面　　　　D. 翅

图2-344　褐黄菲姬蜂 *Allophatnus fulvitergus* 雄虫

双洼姬蜂属 *Arthula* Cameron, 1900

前翅长6～10mm。体细，第1背板长为宽的3倍。盾纵沟明显，伸达至盾片的3/5处。并胸腹节基横脊强而完整，端横脊缺。肘间横脉短，与第2回脉对叉或稍前叉。第2～5背板中央各有1对凹痕。

本属分布于印度和日本南部。寄主为巢内的马蜂。

268. 台湾双洼姬蜂 *Arthula foemosanus* (Uchida, 1931)

异　名　*Orientocryptus foemosanus* Uchida, 1931。

特　征　见图2-345。

雄虫体长7.5～9.6mm，前翅长5.5～7.0mm。体黄色，但以下位置有黑褐色斑纹：上颚端齿、从额包围单眼至后头脊的倒"V"形斑、后头孔的斑纹、前胸背板前缘中部、中胸盾片的凸形斑、中胸侧板翅基下脊下方和中央、腹板侧沟上方的大斑、中胸腹板后缘山形斑、后胸侧板四周及并胸腹节基横脊之前的条斑、后胸腹板中央；腹柄基部侧缘均黑色，气门之间一段、第2背板基部2/3火红色，第3～6节背板基半火红色至褐色。翅半透带烟黄色，翅痣及翅脉淡褐色；前、中足黄色，中足第2转节和腿节基部背方褐色；后足基节、转节、腿节黄色，但基节外侧条斑、转节背方、腿节基部黑色，腿节背面火红色，胫节暗火红色，跗节黑褐色。后头脊明显，触角长比前翅稍长，30节。前翅无小翅室，肘间横脉短，位于第2回脉稍内方；径脉端段端部弯曲。足细长；后足腿节长为宽的6～8倍，后足基跗节约与其余跗节等长；后足跗爪甚弯曲成钩状。腹部细，长梭形，密布刻点，第1背板柄状，长为端宽的4.4倍，第2背板长形，中后方亚侧部有纵凹，第3～5背板横形，依次渐粗，亚侧部亦有纵凹，依成纵槽，其中脊尤高。

寄　主　未知。

分　布　国内见于浙江、台湾、广西、云南。

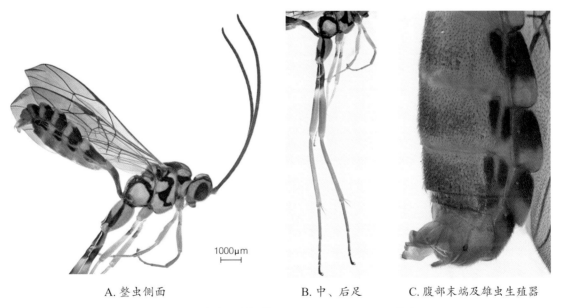

1000μm

A. 整虫侧面　　　　　　B. 中、后足　　　　　C. 腹部末端及雄虫生殖器

图2-345　台湾双洼姬蜂 *Arthula foemosanus* 雄虫

泥甲姬蜂属 *Bathythrix* Foerster, 1869

前翅长2.5～7.5mm。唇基端缘通常薄而锐，常有1对中齿突。上颚上、下齿等长。盾纵沟通常长而明显，伸达中胸盾片很后方并突然中止。并胸腹节无突起，侧纵沟基段存在。小翅室较小，2条肘间横脉收拢。第2回脉内斜，有2个弱点。后小脉曲折或有时不曲折。第1背板气门通常位于中央后方。第1背板背侧脊和腹侧脊完整或几乎如此，背中脊弱到无。

本属世界性分布，北半球较多。寄主为各种小茧，包括姬蜂和茧蜂的茧。

269. 负泥虫沟姬蜂 *Bathythrix kuwanae* Viereck, 1912

特 征 见图2-346。

雌虫体长4.0～4.5mm，寄生于绒茧蜂的仅2.5mm。头、胸部黑色，有光泽；触角暗褐色；足黄褐色，后足胫节和中、后足跗节带褐色。第1腹节黑色有光泽，背板后方中央常有土黄色小斑；以后各节背板土黄色，第2～4背板基部各有1对三角形大黑纹，第2节的黑纹内有土黄色圆形窗疤，第4节黑纹合拢呈带状，第5、6背板基部黑色，有时第4～6背板全黑。胸部隆起，中胸盾片2纵沟明显，近于平行，末端稍深而粗，止于中胸盾片后缘的稍前方。小翅室五角形，外方开放；肘脉外段无色；后小脉在中央下方曲折；有后盘脉。产卵管直而尖锐，端部呈矛形；鞘长约为后足胫节的3/5。

寄 主 稻负泥虫，亦可重寄生于螟蛉悬茧姬蜂、桑蟥聚瘤姬蜂、稻毛虫花茧姬蜂、螟蛉脊茧蜂、祝氏脊茧蜂、稻眼蝶脊茧蜂、黏虫悬茧蜂、螟蛉绒茧蜂、侧沟茧蜂、斑痣悬茧蜂。单寄生，从茧内羽化。

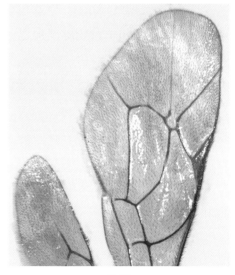

A. 整虫背面　　　　　　　　B. 虫体背面　　　　　　　　C. 翅

图 2-346　负泥虫沟姬蜂 *Bathythrix kuwanae* 雌虫

分　布　国内见于浙江、黑龙江、吉林、辽宁、山东、河南、陕西、江苏、上海、安徽、江西、湖北、湖南、四川、台湾、福建、广东、广西、贵州、云南。国外分布于日本、朝鲜。

绿姬蜂属 *Chlorocryptus* Cameron, 1903

前翅长9.5～13.5mm。体粗壮，呈金属蓝、紫及绿色；额无角或脊。雌性鞭节端部3/10稍为变宽，下方稍平，向端部渐尖。中胸盾片微隆起；盾纵沟缺，或仅由刻纹显出；前沟缘脊长而强。前胸背板上缘不肿大；中胸侧板凹与中胸侧板缝相近，两者由浅凹痕相连。腹板侧沟伸至侧板的2/3处；中胸腹板后横脊中段呈瘤状。并胸腹节相当短；基横脊缺或不完整；端横脊有或缺，亚侧方常形成弱侧突。小翅室小，四边形，第2肘间横脉存在，但弱；小脉稍后叉；后中脉微弯曲至很直；后小脉在下方3/10处曲折；腋脉端部向臀区边缘合拢。腹部第1节的腹柄部呈棱柱形，腹侧脊完整，背侧脊明显。背中脊不明显或缺；窗疤宽是长的3倍。产卵管鞘和与足胫节等长。

本属分布于东洋区和古北区东部。寄主为刺蛾科，从茧中育出。

270. 紫绿姬蜂 *Chlorocryptus purpuratus* (Smith, 1852)

异　名　*Cryptus purpuratus* Smith, 1852。
中文别名　刺蛾紫姬蜂。
特　征　见图2-347。
雌虫体长13～18mm。体紫色有蓝黑金光泽。复眼紫褐色，单眼赤黄色；触角黑褐色；翅带黄褐色，透明，翅痣及翅脉黑褐色；前、中足腿节蓝黑色，胫节褐色，后足胫节及各足跗节和爪黑褐色；产卵管基部黄色，末端黑色，鞘黑褐色。头部横宽，正面观额面具中纵脊，后头脊完全，头在复眼之后强度收窄；触角短于体长，在中央之后稍粗。中胸盾片无盾纵沟，但该处有细皱纹。足基节具致密刻点。小翅室近于正方形，第2肘间横脉不全仅存。腹部稍长于头、胸部之和，具细密的刻点；第1腹节后柄部宽大于长或近于等长；第2背板梯形，其后缘是腹部最宽处；以后各节渐短狭。产卵器略长于后足胫节。
寄　主　丽绿刺蛾、褐边绿刺蛾、桑褐刺蛾和扁刺蛾幼虫。单寄生，寄生于寄主茧内的幼虫。
分　布　国内见于浙江、北京、河北、河南、山东、山西、陕西、江苏、福建、上海、江西、湖南、四川、广西、贵州、云南、香港。国外分布于印度、马来西亚、尼泊尔。

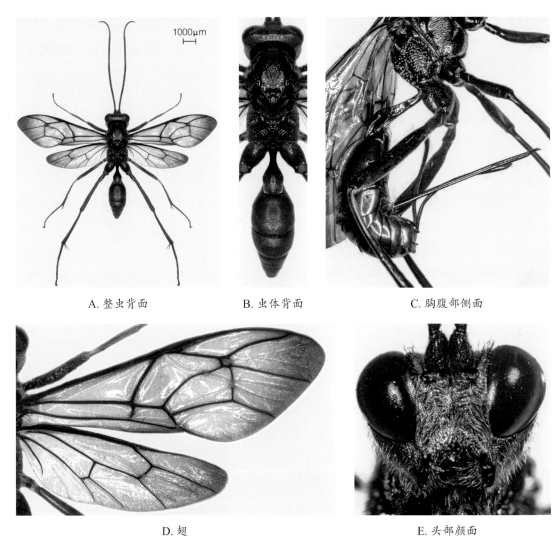

A. 整虫背面   B. 虫体背面   C. 胸腹部侧面

D. 翅   E. 头部颜面

图 2-347　紫绿姬蜂 *Chlorocryptus purpuratus* 雌虫

刺姬蜂属 *Diatora* Foerster, 1869

前翅长 2.0～2.8mm。唇基端缘缓弧形，雄性钝，雌性锋锐并稍反折；上颚亚基部肿胀，端部强度收窄，齿短。胸部相当短；中胸盾片光滑无刻点；盾纵沟明显深，伸至中胸盾片近后缘处，其后端相当陡峭；并胸腹节短。第2肘间横脉无或弱，肘脉在第2肘间横脉处稍有角度；后小脉在中央附近曲折，近于垂直。第2背板光滑无刻点，折缘宽，不被褶分开。产卵管侧扁，顶端长矛形，有1明显背结，下瓣有少许弱齿。

本属分布于东洋区，日本和马达加斯加。寄主为绒茧蜂等茧蜂，也有报道从鳞翅目中育出（可能为重寄生）。

271. 斜纹夜蛾刺姬蜂 *Diatora prodeniae* Ashmead, 1904

中文别名　螟蛉刺姬蜂。

特　征　见图2-348。

雌虫体长2.2mm。头、胸部及第1腹节漆黑色；上颚（除端部）、前胸背板后角、翅基片淡黄色；腹部第2、3背板暗赤褐色。触角基部淡黄色，鞭节带褐色。翅透明；翅痣暗黄褐色。足黄褐色；后足胫节基部和端部褐色。头稍宽于胸；颜面宽，具细刻点，中央稍隆起；唇基小，基部具刻点，端部光滑且下斜，端缘钝圆；头顶光滑；头部在复眼之后稍收窄；触角20～22节。中胸盾片极光滑；盾纵沟明显，止于后方4/5处，端部几乎接近；小盾片光滑；中胸侧板具细刻条，后胸侧板具细夹刻点皱且多毛。并胸腹节基横脊之前几乎光滑，之后具细夹刻点皱且多毛，腹部光滑。前翅无第2肘间横脉。腹部第1背板长为端宽的1.8倍，柄部有极细模糊刻纹。产卵管端部侧扁，矛形。

寄　主　重寄生于螟蛉盘绒茧蜂、双沟绒茧蜂、纵卷叶螟绒茧蜂以及稻苞虫、黏虫上一些绒茧蜂。单寄生，从茧内羽化。

分　布　国内见于陕西、浙江、安徽、江西、湖南、湖北、福建、台湾、广东、四川、广西、贵州、云南。国外分布于菲律宾、马来西亚。

A. 整虫背面　　　　B. 头胸部背面　　　　C. 整虫侧面

D. 前后翅　　　　　E. 额面和唇基

图2-348　斜纹夜蛾刺姬蜂 *Diatora prodeniae* 雌虫

亲姬蜂属 *Gambrus* Foerster, 1869

前翅长2.8～9.8mm。唇基端缘凸，通常有1明显的端中叶或钝齿。中胸盾片不光滑，有中等大小或细小刻点。并胸腹节端横脊完整，中间部分向前弯曲，具侧突。小翅室常常似四边形。产卵管鞘是后足胫节长的1～2倍。

272. 二化螟亲姬蜂 *Gambrus wadai* (Uchida, 1936)

异　名　*Hygrocryptus wadai* Uchida, 1936。

中文别名　二化螟沟姬蜂。

特　征　见图2-349。

雌虫体长7.6～12.2mm。体黑色，无光泽；腹部第7节背斑中央大斑和触角鞭节中段（第7～9鞭节）上面白色。前足胫节前面带褐色；前、中足基节，中、后足转节和腿节连接处黄褐色。翅透明，外方稍带烟褐色；翅痣褐色。触角25节，至端部渐粗。胸部满布细刻纹；前沟缘脊发达；盾纵沟伸至盾片2/3处，但后端不相接；小盾片仅在基部有侧脊，腹板侧沟仅在前半稍明显。并胸腹节满布细刻纹，基横脊和端横脊中段均前突，侧面观并胸腹节侧突稍呈角状。前翅小翅室甚大，五边形，宽约等于高，两肘间横脉近于平行；小脉前叉式；后小脉在中央附近曲折。腹部纺锤形，密布细刻点；第1背板向后渐扩大，长约为端宽的2倍多，后柄部长与端宽约相等；第2背板窗疤横椭圆形，近于背板侧缘。产卵管鞘长为后足胫节的9/10。

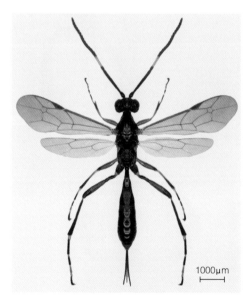

A. 整虫背面　　　　　　　　B. 虫体背面　　　　　　　C. 并胸腹节侧面

图2-349　二化螟亲姬蜂 *Gambrus wadai* 雌虫

寄　主　二化螟和芦苞螟。单寄生。

分　布　国内见于浙江、山东、江苏、安徽、陕西。国外分布于日本。

273. 红足亲姬蜂 *Gambrus ruficoxatus* (Sonan, 1930)

异　名　*Habrocryptus ruficoxatus* Sonan, 1930。

特　征　见图2-350。

雌虫体长7.3～15.3mm。体黑褐色；腹部第1～3背板及第4背板基部赤褐色，第7背板中央黄白色；触角柄节黑色，梗节和鞭节暗褐色，第1～3鞭节赤褐色，第6（或仅后半）、7、8鞭节背方白色；翅透明，稍带烟褐色，翅痣褐黄色；足赤褐色，后腿节端部、后胫节端部、后足端跗节及各足跗爪褐色。头具极细刻点，颜面稍粗，上颊较光滑；唇基隆起；触角26节，鞭节至端部稍粗。中胸背板密布刻点，盾纵沟明显，不达后缘亦不相会，其后方之间的盾片上刻点较粗糙；小盾片稍隆起。并胸腹节具刻点，端横脊完整，中段伸向前方，侧面观并胸腹侧突很弱。前翅小翅室甚大，略呈五角形，两侧近于平行，小脉前叉式；后小脉在中央稍下方曲折。腹部第1背板光滑，在基部有侧突；后背板具稀疏细刻点，但亦光亮。产卵管鞘长约与后足胫节等长。

寄　主　二化螟幼虫、稻纵卷叶螟蛹、稻显纹纵卷叶螟，据日本记载还有稻负泥虫。亦可重寄生于具柄凹眼姬蜂指名亚种。单寄生。

分　布　国内见于浙江、安徽、陕西、河南、江西、湖南、湖北、四川。国外分布于日本、朝鲜、俄罗斯。

A. 整虫背面　　　　　　　　　　B. 翅与虫体背面　　　　　　　　C. 腹部侧面

图 2-350　红足亲姬蜂 *Gambrus ruficoxatus* 雌虫

沟姬蜂属 *Gelis* Thunberg, 1827

前翅长2.4～5.5mm。雌性无翅或有翅，但无短翅；无翅个体胸部大小和结构多少退化。并胸腹节退化或消失。体中等粗细。唇基较小，端缘中央常有1对弱突起。无前沟缘脊。腹板侧沟在有翅个体中伸达中胸侧板长度的4/5，在无翅个体中常缺。中胸盾片毛糙，刻点细至中等粗糙。有翅个体盾纵沟浅，伸达中胸盾片的中部。中胸侧板和后胸侧板毛糙，或有时近于光滑，常有刻点和皱纹。有翅个体的并胸腹节中等长，脊较弱或部分或全部不明显。中区为六边形，长等于或大于宽。翅痣很宽，两色，基部约3/10为白色，其余褐色；第1肘间横脉斜，长为肘脉第2段的1.0～1.5倍；第2肘间横脉通常缺，有时弱；第2回脉有2个弱点；小脉对叉或稍后叉；后小脉内斜、曲折。第1腹节常较细长，气门明显位于中部以后。第2、3背板折缘很窄，被褶分开。产卵管鞘短至中等长；产卵管中等粗壮，其端部矛形。

本属分布在全北区。寄主范围很广，有蓑蛾科、鞘蛾科、草蛉科、姬蜂科、茧蜂科等昆虫的茧，蜘蛛的卵囊。

274. 熊本沟姬蜂 *Gelis kumamotensis* (Uchida, 1930)

异 名 *Hemiteles kumamotensis* Uchida, 1930。

特 征 见图2-351。

雌虫体长3.3～3.0mm。体黑褐色；胸部、腹部第1节背板赤褐色；腹部第2～5节中央黑褐色，其余赤褐色。触角褐色，鞭节5～7节背面黄白色，其后逐渐黑褐色。翅透明，前翅有2条横带，一条在基脉和小脉周围，另一条在翅痣和径室下方。足暗黄褐色，转节色稍浅（活蜂红色，

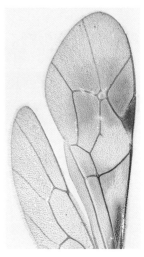

| A.整虫背面 | B.虫体背面 | C.腹部侧面 | D.翅 |

图 2-351　熊本沟姬蜂 *Gelis kumamotensis* 雌虫

死后变暗）。雄蜂头胸部密布极细颗粒状刻点。头部稍阔于胸；颜面下方稍宽，唇基与颜面分开，端部光滑；头部在复眼之后稍弧形收窄；触角与前翅约等长，24节，至端部稍粗大，第1鞭长为宽的4倍。并胸腹节亦满布颗粒状细刻点，分区完整；中区扁六角形，中部向下弯曲。前翅缺第2肘间横脉，第2回脉有2个弱点，小脉对叉，后小脉内斜、曲折。腹部长纺锤形，具极细颗粒状刻点；第1节背板向后直线扩大，刻点相对较粗。产卵管长，鞘长为后足胫节的1.2倍。

寄　主　重寄生于落叶松毛虫、赤松毛虫上的毒蛾绒茧蜂。

分　布　国内见于浙江、湖南、黑龙江。国外分布于日本。

驼姬蜂属 *Goryphus* Holmgren, 1868

前翅长3.2～9.5mm。体中等比例至很粗短。额有1条窄的竖脊；唇基端缘稍凸，通常中央无特化，但有时稍叶状，或稍2叶状，或偶有1中齿；上颚短，下齿等于或短于上齿。前沟缘脊强而长，延伸到腹方，包围颈片后缘；腹板侧沟达中足基节，仅稍弯曲；小盾片通常无侧脊，或侧脊不及基方的1/3；并胸腹节基横脊完整，端横脊完整，或弱或缺（雄），有或无侧突或瘤突。小翅室高约为第2回脉弱点上段长度的1/2；小翅室通常方形或稍五边形，第2肘间横脉有但常弱；第2回脉直或近于直；后小脉在下方3/10处曲折；后臂脉有，其长至少为该脉基端至翅缘的1/2。腹部第1背板中等宽至很宽，基部有侧齿；腹侧脊、背侧脊和背中脊通常强而完整；背中脊伸达或超过气门。产卵管鞘约为前翅的9/10；产卵管粗壮，端部较短，结节通常明显，下瓣有斜或近垂直的齿。

本属分布于热带和亚热带。寄主为各种小至中等大小的茧，有时裸蛹。

275. 横带驼姬蜂 *Goryphus basilaris* Holmgren, 1868

异　名　*Goryphus longicornis*: Chu, 1935; *Goryphus lemae*: Zhao, 1976。

中文别名　横带沟姬蜂、负泥虫驼姬蜂。

特　征　见图2-352。

雌虫体长7～10mm。头、前胸、中胸盾片黑色。触角黑褐色，第9～11节上面白色。小盾片、中胸侧板后方（小盾片前缘的切线以后）、并胸腹节赤黄色至橙红色。翅脉黄褐色，翅痣下方有1块褐色大斑几达后缘似成横带。足大部黄赤色（部分足完全黑色），前足基节至腿节，中后足胫节或连腿节近端部，跗节第1、2、5节和爪暗褐色至黑色，各足第3或第3、4节跗节白色；后足第2～4跗节为白色，其余黑色。腹部第1背板赤黄色；第1、2背板后缘和第7背板白色，雄蜂第1～3背板后缘和第7背板白色。头、胸部密布细刻点，额中央多细皱；盾纵沟明显，近后端多细皱。并胸腹节有网状细皱，基横脊中央向前凸出。小翅室通常方形或稍五边形，高约为第2回脉弱点上段长1/2，第2肘间横脉有但常弱；后臂脉有，其长至少为该脉基端至翅缘的1/2。腹第1背板中等宽至很宽，基部有侧齿；腹部密布细刻点，第1腹节基段柄状；雌蜂在第3节最宽，雄蜂两侧近于平行。产卵管粗壮，鞘的长度约为后足胫节长的7/8。

雄虫体长与体色特征与雌虫基本相似。

寄　主　二化螟、三化螟、稻纵卷叶螟、黏虫、稻螟蛉、大螟、稻苞虫、稻眼蝶、稻负泥虫等害虫，广黑点瘤姬蜂、松毛虫黑胸姬蜂、黑足凹眼姬蜂、螟蛉脊茧蜂、螟蛉悬茧姬蜂、稻毛虫花茧姬蜂等寄生性天敌。单寄生，从寄主蛹内或茧内羽化。

分　布　国内见于陕西、浙江、安徽、江苏、江西、湖北、湖南、四川、台湾、福建、广东、广西、贵州、云南、海南、香港。国外分布于马来西亚、日本、缅甸、印度尼西亚、印度。

A. 雄虫背面

B. 雌虫背面

C. 雌虫虫体背面

D. 雄虫的翅与头胸部背面

E. 雌虫侧面

图 2-352　横带驼姬蜂 *Goryphus basilaris*

脊额姬蜂属 *Gotra* Cameron, 1902

前翅长 6～14mm。体较粗壮。额具1垂直的中脊，有时此脊近中部隆起成1个侧扁的小齿或低角；唇基端缘薄，略凸，无中瘤突；上颚齿约相等；上颊侧面观在上方3/10处约为复眼宽的1/4。前胸背板上缘肿大而厚；前沟缘脊长，上端曲向中部近前胸背板上缘；盾纵沟长而明显；并胸腹节较短，端横脊仅见侧突或瘤状突。小翅室宽约为长的3倍，受纳第2回脉于中部外方；第2肘间横脉较长；小脉对叉至前叉（距离为其长度的3/10）。第1背板柄部中等粗壮，横切面长方形；腹侧缘有脊；基部两侧各有1个强齿。

本属分布于印度—巴布亚区。通常生活于灌木丛、森林，少数种喜开阔的草地。

276. 花胸姬蜂 *Gotra octocincta* (Ashmead, 1906)

异　名　*Mesostenus octocincta* Ashmead, 1906; *Stenaraeoides octocinctus*: Chu, 1935。

特　征　见图 2-353。

雌虫体长 10～16mm，前翅长 7.5～12.5mm。体黑色；体多黄白色斑纹，分布于颜面、唇基、上颚除端齿、须、颊、眼眶、上颊，触角第5～13节背方，前胸背板的前缘、背缘、颈部和侧板，中胸盾片正中1圆斑、小盾片及其前侧方的脊、后小盾片、翅基片、翅基下脊、中胸侧板2个大斑点（或相连）、腹板侧沟下方的腹板、后胸侧板的1个大斑、并胸腹节中央横点与后侧方大斑相连的斑纹，腹部第1、4～8节背板后缘，第2、3节背板的亚后缘。翅透明，翅脉及翅痣黑褐色。前中中足红褐色，基节基部黄白色，第4、5跗节黑褐色；后足基节基部背面黄白色，转节上有黑色斑纹，腿节红褐色，胫节黄褐色，两端黑色，跗节第1～4节褐色，每节端部和爪黑色。触角长为前翅1.3倍，33～34节，第1鞭节长为宽的6.7倍，稍长于第2鞭节。前胸侧板背缘稍隆起，具粗刻点，中胸盾片具网状刻点，盾纵沟明显，伸至盾片后方1/4处黄斑的两侧，但不相接；并胸腹节侧面白斑处侧突明显。前翅小翅室小而长，第1肘间横脉长约为第2肘间横脉的1/2，受纳第2回脉近于外角；小脉稍前叉式；后小脉在下方1/5处曲折。腹部第1节背板除基部和端缘光滑外满布网状细刻纹，后柄部长约为端宽的2/5，背中脊伸至气门稍后方位置；第2、3节背板密布细刻点，但端缘光滑；第4及其后各节背板近于光滑。产卵管鞘长为后足胫节的0.9～1.0倍。

茧结于松毛虫茧的内壁，茧长 9～16mm，径 3～5mm，灰白色至灰黄褐色，蜂茧多时常充满整个寄主的茧。

寄　主　马尾松毛虫、油松毛虫、赤松毛虫、思茅松毛虫和松小枯叶蛾。

分　布　国内见于陕西、河南、江苏、浙江、安徽、江西、湖北、湖南、四川、重庆、台湾、福建、广东、广西、贵州、云南。国外分布于朝鲜、日本。

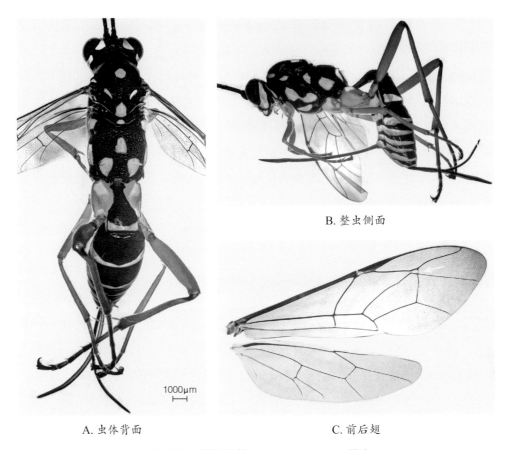

B. 整虫侧面

1000μm

A. 虫体背面   C. 前后翅

图 2-353   花胸姬蜂 *Gotra octocincta* 雌虫

角脸姬蜂属 *Nipponaetes* Uchida, 1933

前翅长4.2mm。脸中央有1垂直侧扁突起。唇基突起，端部中部有点平坦；端缘薄，中间2/5平截。上颚相当窄，下齿明显短于上齿。盾纵沟明显伸过中部并在后方汇合。小盾片隆起、短，背观近三角形，侧脊弱，几乎伸达端部。中胸腹板后横脊完整。并胸腹节有中区，五边形或几乎如此，长宽约等长。并胸腹节没有明显的突起。小翅室开放，第1肘间横脉近垂直，第2肘间横脉缺。第2、3背板分离，不特化。

本属的寄主为螟蛉绒茧蜂。

277. 黑角脸姬蜂 *Nipponaetes haeussleri* (Uchida, 1933)

异　名　*Hemiteles* (*Nipponaetes*) *haeussleri* Uchida, 1933。

特　征　见图2-354。

雌虫体长3.5mm；黑色。腹部第1节背板端部和第2节背板多为暗黄褐色至褐色，也有黑褐色个体；翅痣褐色；足黄褐色，跗节第1～4节端部和端节黑褐色；后足基节基部、腿节端部和胫节两端黑色。颜面宽，下方扩大，中央有稍纵扁的角状隆起，额和头顶密布极细刻纹；上颊在复眼之后弧形收窄，触角22节，至端部稍粗。无小翅室，小脉对叉式，后小脉在下方1/3处曲折。腹部长卵圆形，光亮，第1背板近三角形，具细纵刻线；第2背板除端部外亦具细纵线。产卵管鞘长为后足胫节的2/3。

寄　主　重寄生于螟蛉盘绒茧蜂，据记载还可寄生梨小食心虫。单寄生，从茧内羽化。

分　布　国内见于浙江、江苏、湖北、广东、台湾。国外分布于朝鲜、日本、菲律宾、印度。

脸中央具垂直凸起

A. 整虫背面　　　　　　　　　　B. 头部颜面

图2-354　黑角脸姬蜂 *Nipponaetes haeussleri* 雌虫

卫姬蜂属 *Paraphylax* Förster, 1869

颜面中部弱至强烈隆起；唇基均匀隆起，端缘隆起或几乎平截，通常具1对小且弱的齿；后头脊下端与口后脊相遇；上颚端齿尖，2端齿等长或下端齿稍短；下颚须常很长。中胸盾片中叶具1纵沟；盾纵沟伸达中胸盾片中部之后；小盾片通常具1弱的中纵脊；腹板侧沟基半部强壮，端部逐渐变弱，伸达中足基节；中胸腹板后横脊完整。并胸腹节具强壮的基横脊和端横脊，若具中区，中区为六边形或五边形。前翅肘间横脉通常与肘脉第2段等长，但有时较短。腹部第1节腹板无亚端横脊。第2、3节背板具褶缝。产卵器鞘长约为前翅长的1/2，产卵器端部拉长似矛状。

本属分布于湖南、江西、香港和台湾等地。

278. 皱卫姬蜂 *Paraphylax rugatus* Sheng & Sun, 2013

特 征 见图2-355。

雌虫长4.5～5.0mm。前翅长3.0～4.0mm。体黑色，触角、上颚（端齿齿尖除外）、下唇须、下颚须、足腿节（背侧带红褐色）黄褐色；末跗节及后足腿节基缘和端部、胫节端部带黑褐色，后足胫节基部淡黄褐色；唇基端部，前胸侧板，前胸背板，中胸盾片，中胸侧板前上部，腹部第1、2节背板暗红褐色（第2节中央黑褐色），其余背板黑褐色。翅稍褐色，透明；翅脉褐色，翅痣褐黑色，前翅小脉和基脉之前（上缘色淡，宽约为后部横斑宽度的1/2）、翅痣下及后方（小翅室处和下外缘色淡）具黑褐色横斑带。触角鞭节24～26节；颜面宽为长的1.5～2.0倍；具非常稠密的斜细纵皱，中央稍纵隆起，上颚向端部显著收敛；下端齿稍短于上端齿。中胸盾片均匀隆起，后胸侧板具稠密的细刻点，下半部具稠密的斜细纵皱。小脉位于基脉稍外侧（几乎对叉）；无小翅室；第2回脉远位于肘间横脉的外侧，外小脉稍内斜，约在中央处曲折；后中脉强烈弓曲，后小脉约在下方1/3处曲折。腹部第1节背板长为端宽的1.5倍，向基部显著变细，背表面平缓；背中脊弱，基部可见，背侧脊完整。产卵器鞘短，约为后足胫节长的4/5。

寄 主 未知。

分 布 国内见于江西、湖南。

A. 整虫侧面

B. 头胸部侧面

图2-355 皱卫姬蜂 *Paraphylax rugatus* 雌虫

缝姬蜂亚科 Porizontinae

前翅长2.5～14.0mm；体中等健壮至很细。唇基通常横形；与颜面不是明显分开。上颚2齿，仅短颚姬蜂属 *Skiapus* 上颚1齿。雄性触角无角下瘤。中胸腹板后横脊通常完整，仅少数属有些例外。并胸腹节通常部分或完全分区。跗爪通常具栉齿。通常有小翅室，少数无；除棒角姬蜂族 Hellwigiini 外，肘间横脉在第 2 回脉内方；第 2 回脉仅 1 个气泡。腹部第 1 节背板中等细或很细，气门位于中央以后，无中纵脊。腹部多少侧偏，但有时不明显。第 2、3 节背板折缘除都姬蜂外均被褶所分开，并折于下方。下生殖板横形，不扩大。雄性抱器端部圆（少数属有时呈棒状）。产卵管鞘与腹端部厚度等距离长或更长；产卵管端部有 1 端前背缺刻，下瓣无端齿。

缝姬蜂亚科大部分寄生于鳞翅目幼虫，少数寄生树生甲虫和象甲、叶甲，也有寄生于蛇蛉。

本亚科现分 5 族 70 属，在我国均有分布的为 26 属。本书介绍我国稻区常见的 7 属 12 种。

中国常见缝姬蜂亚科天敌分属检索表

（改自：何俊华等，2004）

1. 腹部第 1 节在基方 1/3 处横切面圆形或扁椭圆形，该节背板与腹板之间的缝位于侧方或亚背方；在该节基方 1/3 处侧面观，此缝位于该处厚度的中部或稍高处；该节气门前方无凹陷（缝姬蜂族 Porizontini）⋯⋯⋯⋯⋯⋯⋯⋯⋯⋯⋯⋯⋯⋯⋯⋯⋯⋯⋯⋯⋯⋯⋯⋯⋯⋯⋯⋯⋯⋯⋯⋯⋯⋯⋯⋯⋯⋯⋯ **2**
   腹部第 1 节基方 1/3 处横切面略呈方形、梯形或三角形，该节背板与腹板之间的缝位于亚腹方；在该节基方 1/3 处侧面观，该缝位于该处厚度的中部以下，这条缝常消失，或仅余痕迹；该节背板在气门前方有 1 基侧凹。腹部第 1 节气门在腹板端部的端方，背侧脊几乎总是存在，有时弱或不完整，柄部通常短壮；体短而壮，腹部通常短，第 2 背板常较短宽（马克姬蜂族 Macrini）⋯⋯⋯ **3**

2. 中胸侧缝中央 1/3 或更长一些的部分凹陷呈 1 条明显的沟；腹部第 1 节基端的腹板没有占据该节整个厚度，因而在侧面观，该节的侧缝稍低于该节的上缘；有小翅室；第 2 盘室下外角通常尖形⋯⋯⋯⋯⋯⋯⋯⋯⋯⋯⋯⋯⋯⋯⋯⋯⋯⋯⋯⋯⋯⋯⋯⋯⋯⋯⋯⋯ 凹眼姬蜂属 *Casinaria*
   中胸侧缝中央 1/3 或更长一些的部分不凹陷，该处呈示为隆起的中胸后侧片和一些横皱脊；腹部第 1 节基端的腹板占据该节整个厚度，因而在侧面观，该节的侧缝位于该节的上缘；无小翅室；第 2 盘室下外角呈直角 ⋯⋯⋯⋯⋯⋯⋯⋯⋯⋯⋯⋯⋯⋯⋯⋯⋯ 悬茧姬蜂属 *Charops*

3. 后小脉曲折，后盘脉与后小脉连接；有或无基侧凹，但有小翅室，并且（或者）后足基跗节腹面中央无成行排列甚密的毛。第 2 回脉由小翅室中央稍内侧处生出；唇基端缘中央有 1 齿状突，该齿或尖或钝，有时甚阔而弱，不易识别⋯⋯⋯⋯⋯⋯⋯⋯ 齿唇姬蜂属 *Campoletis*
   后小脉不曲折，后盘脉不与后小脉相连；有基侧凹，至少有其痕迹，除非无小翅室，或后足基跗节腹面中央有 1 行排列甚密的细毛 ⋯⋯⋯⋯⋯⋯⋯⋯⋯⋯⋯⋯⋯⋯⋯⋯⋯⋯⋯⋯⋯ **4**

4. 后足基跗节腹面中央具 1 行排列甚密的小毛，后足第 2～4 跗节和中足的第 1、2 跗节通常也有类似的毛 ⋯⋯⋯⋯⋯⋯⋯⋯⋯⋯⋯⋯⋯⋯⋯⋯⋯⋯⋯⋯⋯⋯⋯⋯⋯⋯⋯⋯⋯⋯⋯⋯⋯⋯⋯⋯⋯⋯ **5**
   后足基跗节无上述 1 行细毛 ⋯⋯⋯⋯⋯⋯⋯⋯⋯⋯⋯⋯⋯⋯⋯⋯⋯⋯⋯⋯⋯⋯⋯⋯⋯⋯⋯⋯⋯⋯ **6**

5. 唇基端缘钝，不反卷，呈弓形；无小翅室；有基侧凹；产卵管鞘通常比腹末厚度长得多 ………………………………………………………………… 钝唇姬蜂属 *Eriborus*

　　唇基端缘薄而反卷，端缘中央常平截；有小翅室（偶尔无）；常无基侧凹；产卵管鞘长度为腹末厚度的 1.0～2.2 倍。中胸侧板粗糙，有弱刻点，无刻条；后小脉垂直或近于垂直 ………………………………………………………………… 黄缝姬蜂属 *Xanthocampoplex*

6. 无基侧凹；产卵管鞘长与腹端厚度相等，产卵管端缘背缺刻位于端部 3/10 处 ………………………………………………………………… 弯尾姬蜂属 *Diadegma*

　　有基侧凹；产卵管鞘通常 2 倍长于腹端厚度，产卵管端缘背缺刻离端部较远 ………………………………………………………………… 食泥甲姬蜂属 *Lemophagus*

齿唇姬蜂属 *Campoletis* Holmgren, 1869

　　前翅长 3.3～7.5mm。复眼内缘微凹；唇基中等宽，端缘光滑，有 1 中齿、中齿尖或钝或不明显；上颊短到中等长。中胸侧板毛糙，具明显的刻点；中胸腹板后横脊完整。后胸侧板下缘脊完整。并胸腹节中等长，中区六角形，与端区明显分开或合并。后足基跗节腹面中央无 1 行排列甚密的毛。小翅室具柄，第 2 回脉由小翅室中央稍内侧处生出；后小脉曲折，后盘脉与后小脉相连，但不著色。有基侧凹；窗疤亚圆形。产卵管中等粗，下弯或直，长为腹端厚度的 1.6～3.5 倍。

　　本属世界性分布。通常寄生农田夜蛾科和弄蝶科的未成熟幼虫。

279. 棉铃虫齿唇姬蜂 *Campoletis chlorideae* Uchida, 1957

特　征　见图 2-356。

　　体长 5～6mm。体黑色，腹部后柄基缘、第 2、3 节背板后缘、其余各节背板（除基部中央为黑色外）及腹部侧板均黄褐色，有时腹部大部分黑色，仅第 2 节背板端缘或第 2～4 节背板端缘有黄褐色带。翅基片黄色。前中足黄褐色，转节和胫节外侧黄色，基节基部稍带黑色；后足基节黑色，第 1 转节暗褐色，第 2 转节黄色，腿节黄褐色，其基部侧面烟褐色，胫节中央有白黄色带，亚基部和端部有 1 烟褐色带，跗节大部分黑褐色。翅透明，翅痣黑褐色。头胸部具颗粒状刻点；唇基端缘有 1 个宽而甚明显的小中齿。触角 28～29 节，中央稍粗。前胸背板中央具细横刻条；中胸盾片后方稍有细皱；并胸腹节脊强。中区五角形或近六角形，内具不均匀细刻点。小翅室小，四边形，具柄；小脉在基脉稍外方；后小脉在下方 1/5 处曲折；后盘脉无色，与后小脉相接。腹部第 1 背板后柄部及第 2 背板基半部具颗粒状细刻点，以下各节几乎无刻点，有些光泽。产卵管稍上弯；产卵管鞘长约为后足胫节的 3/5。

寄　主　稻条纹螟岭、黏虫、棉铃虫等。

分　布　国内见于浙江、辽宁、河北、北京、天津、山东、山西、河南、陕西、江苏、上海、安徽、江西、湖北、湖南、四川、台湾、贵州、云南。国外分布于朝鲜、日本、尼泊尔、印度、孟加拉国、毛里求斯、巴基斯坦、叙利亚。

| A. 整虫背面 | B. 虫体背面 | C. 腹部侧面 | D. 头部颜面 |

图 2-356　棉铃虫齿唇姬蜂 *Campoletis chlorideae* 雄虫

凹眼姬蜂属 *Casinaria* Holmgren, 1859

前翅长 3.7～9.0mm。体健壮至很细。复眼内缘在触角窝对面强度凹入；颊短，上颊短且平。中胸侧板缝至少在中央 1/3 凹痕有 1 明显的沟。并胸腹节中等长至非常长，其端部伸至后足基节基部 1/3 端部之间，有时超过后足基节；该节通常有 1 中纵槽，分区常不完整，但有时中纵脊包围 1 个长形中区。小翅室存在，第 2 回脉通常内斜，第 2 盘室下外角常尖形；后小脉不曲折。腹部第 1 节背板基部圆柱形或稍扁平，中等长至非常长，分开背板和腹板之间的缝在中间或稍上方。雄性抱器端部圆，有时长形，无端前背缺刻；产卵管长为腹端节厚度的 0.8～1.4 倍。

本属世界性分布。寄主为裸露取食的鳞翅目幼虫。

280. 具柄凹眼姬蜂指名亚种 *Casinaria pedunculata pedunculata* (Szépligeti, 1908)

异　名　*Compoplex pedunculatus* Szépligeti, 1908；*Casinaria colacae* Sonan, 1939。

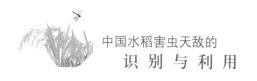
中文别名 稻苞虫凹眼姬蜂、稻苞虫瘦姬蜂、两色瘦姬蜂。

特 征 见图2-357。

雄虫体长11.4～13.0mm。体黑色；腹部第2背板侧方及第3～5节（有时仅第3节）背板（除背中线外）赤褐色，有时第6背板大部分黑褐色；上颚端齿赤黄色；须黄色；前足转节以下、中足腿节末端以下和后足胫节基端褐色至赤褐色，其余为黑褐色。全体密布细毛；颜面和唇基具细皱，额具细皱；头顶和上颊具极细刻点，复眼内侧中上部内凹；触角45节。胸部多具皱纹或网皱；前胸背板在盾纵沟位置及中胸盾片中后方、小盾片和后胸侧板刻皱较强，小盾片有侧脊。并胸腹节具发达网纹，端部突出；中纵沟深，内具强横皱，两边平行，有波形的脊；无端横脊。前翅小翅室大，上方具柄；后小脉不曲折，稍外斜，后盘脉不相接。腹部细长而侧扁；第1节长而直，后柄部鳞茎状膨大；第2背板窗疤甚大，在中央稍前方。产卵管长为第1背板的1/2；产卵管鞘约等长于腹端节厚度。

寄 主 稻苞虫、隐纹稻苞虫、台湾籼弄蝶、么纹稻苞虫、曲纹稻苞虫等；本种是稻田常见寄生蜂，单寄生。

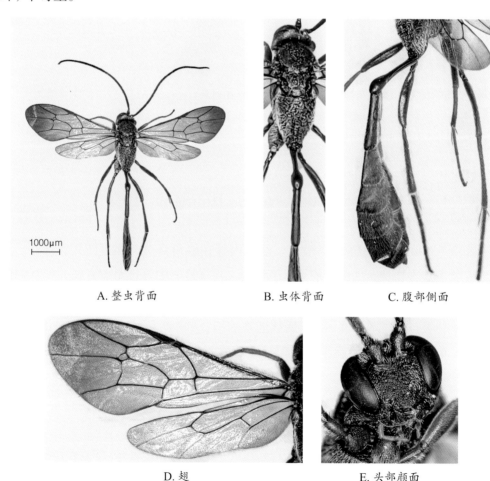

A. 整虫背面　　　　　　B. 虫体背面　　　　　　C. 腹部侧面

D. 翅　　　　　　E. 头部颜面

图2-357　具柄凹眼姬蜂指名亚种 *Casinaria pedunculata pedunculata* 雄虫

分布 国内见于浙江、山东、河南、陕西、上海、安徽、江西、湖北、湖南、四川、福建、台湾、广东、广西、贵州、云南。国外分布于印度、印度尼西亚、缅甸、尼泊尔、俄罗斯。

悬茧姬蜂属 *Charops* Holmgren, 1859

前翅长3.7～8.0mm。复眼内缘在触角窝对面强度凹入，上颊短。中胸侧缝中央1/3或更长一些的部分不凹陷，由1稍为隆起的中胸后侧片而凸出，其内有横皱（脊）。并胸腹节通常有弱脊，该节后端接近后足基节端部1/4处。无小翅室，第2回脉直，第2盘室下外角呈直角；后小脉在中央下方曲折或不曲折。腹部第1节柄部非常长，稍微上弯或直，圆筒形。分开背板和侧板的缝在腹柄基部位于背方，在腹柄近端部位于侧方或腹方。雄性抱器通常棒状，但有时正常。产卵管长约为腹端节厚度的1.3倍。

本属世界性分布，但大部分种发现于旧世界的热带地区。

281. 螟蛉悬茧姬蜂 *Charops bicolor* (Szepligeti, 1906)

异名 *Agrypon bicolor* Szepligeti, 1906；*Zachadropd narangae*: Chu, 1935。

中文别名 灯笼蜂、螟蛉瘦姬蜂。

特征 见图2-358。

雌虫体长7～10mm。头、胸部黑色，密布细白毛；触角黑褐色，基部两节下面黄色；前、中足全黄色，后足带赤褐色，跗节第4、5节褐色；翅基片黄色；腹部背板褐色，腹面鲜黄色；第2背板基半的倒箭状纹和后缘及雄蜂腹末（第6节以后）黑色。头、胸部有细皱纹；复眼在近触角窝处强度凹入，呈肾形；中胸盾片近圆形，无盾纵沟；小盾片近方形，中央稍凹；并胸腹节略呈三角形，后方显著向下倾斜，后端狭且伸至后足基节1/2处，表面细隆线一般模糊不清。翅短，无小翅室。腹部第1节柄部长，约占该节3/4，后柄部圆盘状，第2节以后显著纵扁。产卵器露出腹部末端，鞘短于末两节背板长度之和。

茧圆筒形，长6～7mm；灰色，有并列的黑色环斑；有丝将茧悬于空中，故有"灯笼蜂"之称。

寄主 稻纵卷叶螟、稻显纹纵卷叶螟、稻螟蛉、黏虫、稻毛虫、稻条纹螟蛉、禾灰翅夜蛾、稻苞虫、么纹稻弄蝶、稻眼蝶等，据国外记载还有三化螟、劳氏黏虫、隐纹稻苞虫。单寄生。

分布 国内见于浙江、黑龙江、吉林、辽宁、北京、河北、陕西、山东、河南、江苏、安徽、江西、湖南、湖北、四川、台湾、福建、广东、广西、海南、贵州、云南。国外分布于朝

鲜、日本、泰国、斯里兰卡、马来西亚、印度、印度尼西亚、澳大利亚、孟加拉国、巴基斯坦等国。

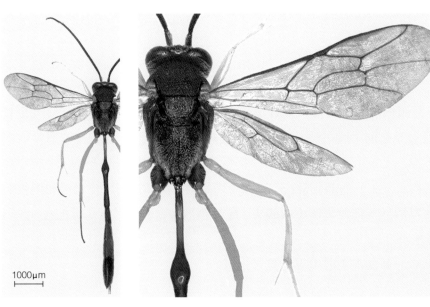

A. 整虫背面　　　　　　　　　　B. 翅与头胸部背面　　　　　　　　C. 悬挂的茧

图 2-358　螟蛉悬茧姬蜂 *Charops bicolor* 雌虫

282. 短翅悬茧姬蜂 *Charops brachypterus* (Cameron, 1897)

异　名　*Anomalon brachypterum* Cameron, 1897。

特　征　见图2-359。

雌虫体长11～13mm。头部和胸部黑色，翅基片黄色；中足基节黑色，其余部分和前足同为黄褐色，有时跗节褐色；后足黑褐色至黑色，但转节、腿节的两端及胫节基端黄色，胫节距黄色至褐色；腹部侧板赤褐色，第1节背部基端黑色，中后部赤褐色，第2节背板黑色，第3节及以后各节背中线略带黑褐色，雌虫末节常为赤褐色，雄虫则末3节黑色。并胸腹节无中纵脊，分区模糊。雄性抱握器的棒状突细长。

该蜂与螟蛉悬茧姬蜂甚为相似，区别在于它的身体稍大，后足黑褐色至黑色，而非黄褐色或赤褐色；茧亦相似，但较大，且黑色黄板带的斑块不连续，茧中间区域色斑多。

寄　主　国内已知有稻苞虫、稻眼蝶幼虫，国外记载有禾灰翅夜蛾。单寄生。

分　布　国内见于浙江、陕西、江苏、上海、江西、河南、湖北、湖南、福建、台湾、广东、四川、广西、贵州、云南。国外分布于菲律宾、印度尼西亚、印度、斯里兰卡。

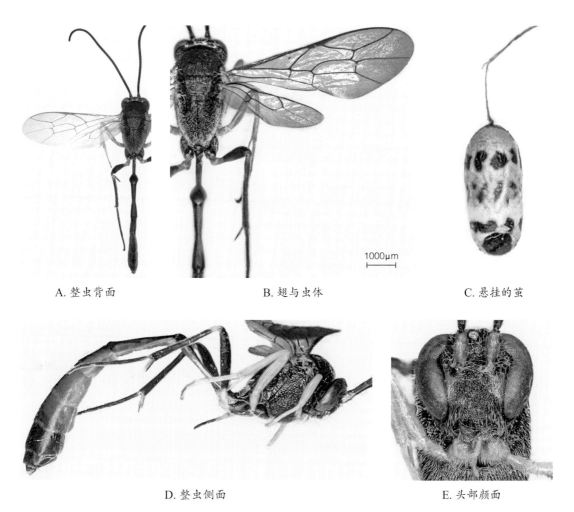

A. 整虫背面　　　　　　　　B. 翅与虫体　　　　　　　　C. 悬挂的茧

D. 整虫侧面　　　　　　　　　　　E. 头部颜面

图 2-359　短翅悬茧姬蜂 *Charops brachypterus* 雌虫

弯尾姬蜂属 *Diadegma* Foerster, 1869

　　前翅长2.5～9.0mm。体型变化大，粗短到细长都有。复眼内缘微凹；颊短到中等长。中胸侧板毛糙或略有光泽，通常具明显的刻点；中胸腹板后横脊完整；并胸腹节中区通常长大于宽，并与端区合并，或有时并胸腹节上的脊不明显；气门圆形。小翅室通常具柄，受纳第2回脉于中部外方，若无小翅室，则肘脉第2段短于肘间横脉；后小脉垂直或稍外斜，后盘脉不达后小脉。腹部常有基侧凹，有窗疤。产卵管鞘常为腹端厚度的2倍多；产卵管鞘长与腹端厚度相等，产卵管端缘背缺刻位于端部1/3处。

　　本属世界性分布，我国亦常见。多记录于新疆和青海。寄主为小型至中型的鳞翅目幼虫。

283. 半闭弯尾姬蜂 *Diadegma semiclausum* (Hellen, 1949)

异　名　*Angitia semiclausa* Hellen, 1949；*Diadegma* (*Nythobia*) *eucerophaga* Horstmann, 1969；*Diadegma xylostellae*: Kusigemati, 1988。

特　征　见图2-360。

雌虫体长5.0~7.0mm，前翅长2.4~4.1mm；产卵管伸出腹端部分长0.4~0.9mm。头、胸部黑色，上颚（除端齿）、须及翅基片黄色；前、中足基节端部、转节、胫节外侧、距、基跗节基部均黄色，跗节端部黑至黑褐色，基部火红色；后足基节、第1转节、胫节亚基部和端部、跗节（除基跗节基部）黑至黑褐色，第2转节、胫节基部及中段外侧、基跗节基部3/5黄色，腿节大部分火红色；腹部完全黑色，第2~4节背板黑色带有暗褐色，其中第2、3节背板侧方带有黄褐色或橙褐色。触角鞭节21~25节；并胸腹节中区两侧多少平行，其后扩大处在端区与中区之间几乎不明显。分脊不完整。前翅第2肘间横脉存在，小翅室受纳第2回脉明显在中央之后。腹部侧面观明显弯曲。产卵管端缘背缺刻位于端部1/3处。

寄　主　小菜蛾幼虫，单寄生。

分　布　国内见于浙江、北京、山东、河南、山西、宁夏、新疆、台湾、云南、江苏、上海。国外分布于印度、印度尼西亚、尼泊尔、巴基斯坦、泰国、菲律宾、以色列等国及欧洲、大洋洲等地。

A 整虫背面　　　　　　　　　B. 翅与虫体背面　　　　　　　　C. 腹末侧面与产卵器

图2-360　半闭弯尾姬蜂 *Diadegma semiclausum* 雌虫

284. 台湾弯尾姬蜂 *Diadegma akoensis* (Shiraki, 1917)

异　名　*Angitia akoensis*: Zhejiang Agric.Univ., 1962；*Eripternus akoensis* Shiraki, 1917。

中文别名　台湾瘦姬蜂。

特　征　见图2-361。

雌虫体长7mm。头、胸部黑色；触角黄褐色至末端渐褐色；翅基片黄色；翅透明，翅痣淡灰黄色；足大体黄褐色，转节灰黄色，爪黑褐色，后足胫节末端和跗节末端褐色，距淡黄色；腹部背板大体黄褐色，第1、2节背板（除后缘）和第3节背板前缘黑色，第6～8背板红色。全体多细刻点及白毛；颜面宽，中央稍隆起；额和头顶具极细刻点；触角38～39节。盾纵沟仅前方有痕迹；小盾片馒头形隆起。并胸腹节基区近梯形；中区长约为宽的2倍，后方稍窄，端缘开放；除端区具横刻条外，均为细刻点。小翅室菱形，上有短柄；小脉刚后叉式；后小脉不曲折，后盘脉无色，与后小脉不相连。腹部至端部渐呈棒形膨大；第1节柄部近方柱形，后柄部扩大呈盘状。产卵管侧扁，长为腹部末2节之和，在端部1/3有凹缺。

寄　主　三化螟、纯白禾螟和尖翅小卷蛾。单寄生于幼虫体内。

分　布　国内见于浙江、河南、陕西、江苏、上海、安徽、江西、湖北、湖南、台湾、四川、福建、广东、海南、广西、贵州、云南。国外分布于日本。

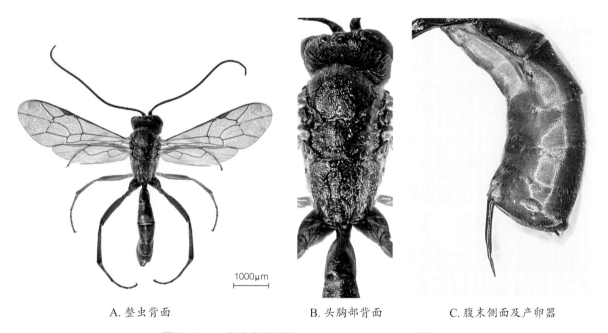

A. 整虫背面　　　　　B. 头胸部背面　　　　　C. 腹末侧面及产卵器

图2-361　台湾弯尾姬蜂 *Diadegma akoensis* 雌虫

钝唇姬蜂属 *Eriborus* Foerster, 1869

前翅长2.5~11.0mm。体中等粗壮至很细。复眼内缘稍微至中等程度凹入。唇基很大，稍隆起；端缘钝，不反卷，呈弓形。中胸侧板无光泽或略有光泽；具显著的中等大小到粗糙的刻点；中胸腹板后横脊完整；并胸腹节中区长大于宽，后方稍收窄，通常与端区分开，有时中区与侧区愈合；并胸腹节气门圆形至短椭圆形。后基跗节腹面中央具1列不明显的毛。无小翅室；肘脉第2段长为肘间横脉的0.5~1.2倍；小脉刚在基脉外方；后盘脉不达后小脉，后者垂直。腹部有基侧凹，稍微至强度侧扁；窗疤近圆形或有时长椭圆形。产卵管是腹部末端高度的1.3~5.0倍。

本属分布于旧世界，但大部分种分布于东洋区。寄主为各种鳞翅目幼虫。

285. 大螟钝唇姬蜂 *Eriborus terebranus* (Gravenhorst, 1829)

异　名　*Gampoplex terebranus* Gravenhorst, 1829；*Inareotata punctoria*: Li, 1935。

中文别名　大螟瘦姬蜂。

特　征　见图2-362。

雌虫体长7~10mm。体黑色；翅基片黄色；翅透明，翅痣褐色；足黄褐色，前足基节和转节、中足转节及全部距黄色；中足基节（除端部黄）和胫节端部，后足基节、腿节及胫节末端，第1~4跗节末端和端跗节、各足的爪均黑色。颜面与唇基不分，密布刻点，唇基端缘钝而平截；上颊在复眼之后稍收窄；侧观与复眼等长；触角38~39节。胸部密布刻点；中胸小盾片均匀隆起；并胸腹节刻点粗或为不规则细皱，基区三角形，中区长稍大于宽。前翅无小翅室，小脉稍在基脉外方；后小脉不曲折，后盘脉不达后小脉。后足跗节第3节稍长于第5节；爪从基部至端部有若干栉齿（不少于7个栉齿）。腹部端部稍呈棒状膨大，第1背板柄部近方柱形，光滑，有基侧凹；第2背板长大于端宽，窗疤近圆形。产卵管鞘长约为后足胫节的1.5倍。

茧圆筒形，长9.0~11.0mm，径2.5~3.5mm，两端几乎平截，外表较光滑；灰黄褐色。

寄　主　二化螟、三化螟、亚洲玉米螟、大螟和稻金翅夜蛾等。单寄生于幼虫体内。越冬代二化螟被该蜂寄生十分常见。

分　布　国内见于浙江、黑龙江、吉林、辽宁、河北、山东、山西、河南、陕西、江苏、湖北、湖南、福建、广东、四川、云南。国外分布于朝鲜、日本、俄罗斯、匈牙利、法国、意大利、密克罗尼西亚、保加利亚、摩尔多瓦、波兰、罗马尼亚、土耳其、美国、加拿大。

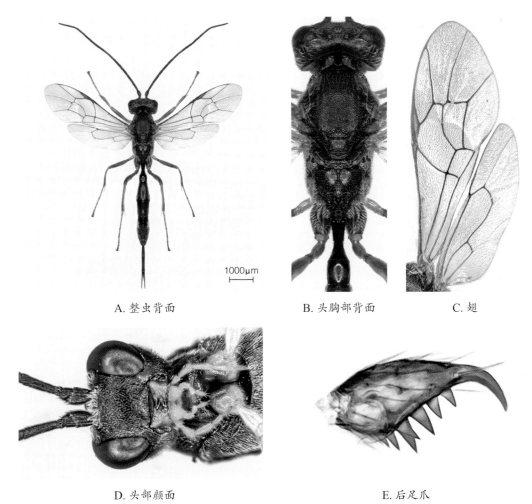

A. 整虫背面　　　　　　　　B. 头胸部背面　　　　　　　C. 翅

D. 头部颜面　　　　　　　　　　　E. 后足爪

图 2-362　大螟钝唇姬蜂 *Eriborus terebranus* 雌虫

286. 中华钝唇姬蜂 *Eriborus sinicus* (Holmgren, 1868)

异　名　*Angitia chilonis*: Cai（=Tsai），1932；*Dioctes chilonis*: Wu, 1941；*Limneria sinica* Holmgren, 1868。

中文别名　螟黑瘦姬蜂、螟黑钝唇姬蜂。

特　征　见图 2-363。

雌虫本种与大螟钝唇姬蜂 *E. terebranus* 极相似，其区别主要在于爪的栉齿较少（少于7个栉齿），仅在基部有齿；后足跗节第3节和第5节约等长；中胸盾片刻点间的距离多半约等于刻点直径。

寄　主　三化螟、二化螟、大螟、二点螟等。单寄生于寄主幼虫体内。

分 布 国内见于浙江、江苏、江西、湖南、湖北、台湾、福建、广东、贵州、云南、四川、河南、陕西、山东、安徽。国外分布于菲律宾、日本、美国。

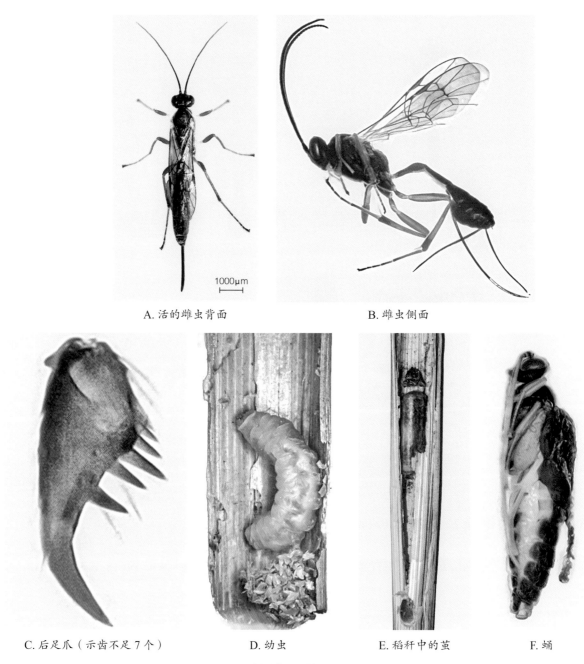

A. 活的雌虫背面　　　　　　　　　　B. 雌虫侧面

C. 后足爪（示齿不足7个）　　　D. 幼虫　　　　E. 稻秆中的茧　　　F. 蛹

图 2-363　中华钝唇姬蜂 *Eriborus sinicus*

287. 稻纵卷叶螟钝唇姬蜂 *Eriborus vulgaris* (Morley, 1912)

异 名 *Dioctes vulgaris* Morley, 1912。

特　征　见图2-364。

雄虫体长6~7mm。头、胸部及第1背板、第2背板基部3/5、第3背板基部均黑色(有时不黑)，其余背板赤褐色，雄虫第6、7节背部中线有褐色斑。触角柄节和梗节下方、翅基片黄色。足基节黑色，但前、中足基节大部或部分、转节及距均黄色，腿节至跗节黄褐色；后足腿节至跗节赤褐色，胫节亚基部及端部、跗节多少带黑褐色。翅透明，翅痣黑褐色。颜面、唇基密布刻点，唇基端缘钝圆；额和头顶具颗粒状细刻点；上颊在复眼后稍收窄，侧观稍短于复眼；触角32~34节。前翅无小翅室，小脉在基脉外方(后叉)；后小脉不曲折。腹部多少侧扁；第1背板有基侧凹；第2背板窗疤近圆形。产卵管末端稍上翘；产卵管鞘长稍短于后足胫节。

寄　主　稻纵卷叶螟幼虫。寄主幼虫开始吐少量丝准备结茧化蛹时，蜂的老熟幼虫才钻出体外结茧。单寄生。

分　布　国内见于浙江、江西、湖北、湖南、四川、台湾、福建、广东、广西、云南。国外分布于日本、印度、巴基斯坦、斯里兰卡、塞舌尔等国。

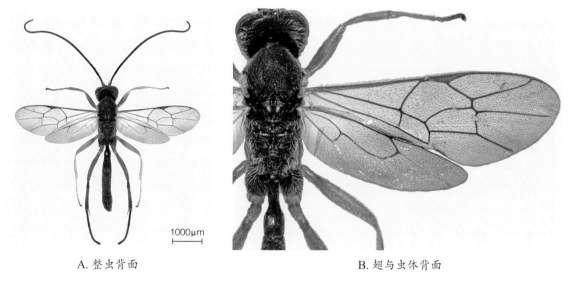

A. 整虫背面　　　　　　　　　　B. 翅与虫体背面

图2-364　稻纵卷叶螟钝唇姬蜂 *Eriborus vulgaris* 雄虫

食泥甲姬蜂属 *Lemophagus* Townes, 1965

前翅3.5~5.0mm。并胸腹节脊显著，分脊存在，有基侧区；中区小三角形，与端区大部分愈合。小脉与基脉对叉或后叉；小翅室窄小或呈三角形，具柄。缺明显的基侧凹，产卵管背瓣在亚端部1/3处有1缺凹，且常远离端部。本属与弯尾姬蜂属 *Diadegma* 的区别在于产卵管长与腹末端高相当，而与 *Hyposoter*(未录入本书)的区别在于上颚下缘的脊窄，而且唇基也较窄。

288. 负泥虫姬蜂 *Lemophagus japonicus* (Sonan, 1930)

异　　名　*Anilasta japonica* Sonan, 1930。

中文别名　负泥虫瘦姬蜂。

特　　征　见图2-365。

雌虫体长4.0~4.5mm。头、胸部黑色；单眼暗黄色；触角黑褐色；翅透明，稍带淡褐色，翅痣暗褐色；足黄褐色，前足基节、各足转节、胫节和距淡黄色，后足基节黑色；后足胫节端部及各足端跗节暗褐色。腹部第1节黑色；雌蜂第2背板基半、第3背板前缘及第4背板后缘及第5、6背板背面黑色，其余部分黄褐色；雄蜂仅第2背板后部及第3背板后半部分黄褐色，其余黑色；产卵管黄褐色，鞘黑色。体表具细刻点及细白毛。头稍宽于胸；颜面与唇基不分开，宽约与长相等，唇基端缘纯圆；上颊在复眼后弧形收窄；触角26节。前胸背板下方具细横皱；中胸盾片球面隆起；无盾纵沟；小盾片明显隆起，仅在基部有侧脊；中胸侧板后方稍光滑，侧凹内具细横皱。并胸腹节基区小，长三角形；中区五角形，后方开放与端区相连，分脊近前方伸出。前翅径脉曲折角度大；小翅室斜长方形，上方有短柄；小脉后叉式；后小脉不曲折，无后盘脉。腹部向端部多少纺锤形膨大，雄蜂末端呈断截状；第1背板基部方柱形，光滑，无明显的基侧凹。产卵管短，末端稍向上弯，略露出腹部末端。

寄　　主　稻负泥虫幼虫至蛹。单寄生。

分　　布　国内见于浙江、陕西、安徽、江西、湖北、湖南、四川、福建、广东、广西、贵州、云南。国外分布于日本。

500μm

A. 整虫背面

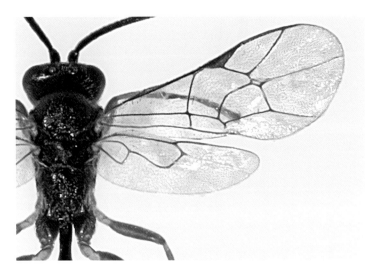

B. 翅与头胸部背面

图2-365　负泥虫姬蜂 *Lemophagus japonicus* 雌虫

黄缝姬蜂属 *Xanthocampoplex* Morley, 1913

前翅长3.5～8.0mm。体中等壮至相当细。复眼内缘微凹至强度凹入。唇基小，端部多少隆起，端缘薄而反卷，中央常平截；上颚短，下缘在端前方有突然狭的叶突；上齿稍小。中胸侧板粗糙，通常有弱刻点，无刻条；并胸腹节脊有强有弱或消失，均匀隆起，有些种或有1弱纵槽；如有中区，则其与端区愈合；气门圆形或椭圆形。中、后足胫距长度很不等；后足基跗节有1列很密的小毛，像明显的纵脊；跗爪具栉齿。小翅室常小，上有长柄，受纳第2回脉在中央端方；小脉在基脉对方至外方1/4处；后盘脉不与后小脉相接；后小脉垂直或几乎垂直。第1腹节中等细，柄部近圆柱形；基侧凹小或无。腹部中等至强度侧扁；窗疤圆形或亚圆形。产卵管长约为腹端厚度的1～2倍。

本属寄主为鳞翅目幼虫，特别是螟蛾科幼虫。

289. 中华黄缝姬蜂 *Xanthocampoplex chinensis* Gupta, 1973

特　征　见图2-366。

雌虫体长7.3mm，前翅长5.9mm；体黄色。柄节和梗节侧方的细纵条、鞭节、单眼区并连接后头中央的斑均黑色；上颚齿褐色；中胸盾片有3条黑线，中央的短，不与小盾片基部的黑斑相连，侧条在后方汇合并前伸至翅基片基部稍前方；并胸腹节第1侧区有1黑点；后足基节基半外侧、第1转节、胫节两端、跗节端部均黑色；翅透明，翅痣和翅脉褐色。后柄部（除端部）、腹

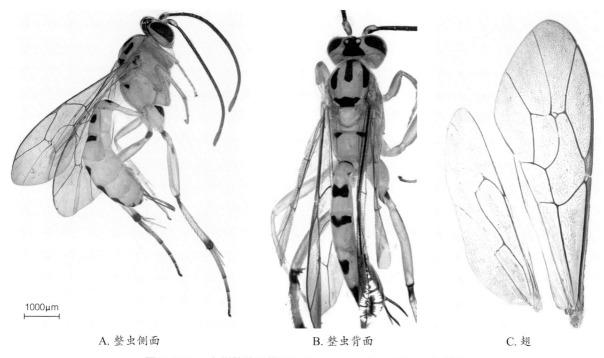

A. 整虫侧面　　　　　　　　　　B. 整虫背面　　　　　　　　C. 翅

图2-366　中华黄缝姬蜂 *Xanthocampoplex chinensis* 雌虫

部第2背板中央、第3及以后背板基部、产卵管鞘均黑色；翅透明，翅痣和翅脉褐色。颜面和唇基稍隆起，上颚下齿短于上齿；颚须正常，不扁平；额无中脊；触角31～33节，第3节长为第4节的1.5倍；前翅小脉后叉，其距为脉长的1/4；小翅室中等大小；后小脉稍外斜，不曲折。腹部背面观纵扁，第1背板近于光滑，长为端宽的2.8倍；基侧凹明显；第1腹板端部在其背板气门基方；第2及以后背板近于光滑。产卵管短，约为腹端厚度的1.5倍；产卵管鞘长约为后足胫节的2/3。

寄　主　未知。

分　布　国内见于浙江、福建。

290. 湖南黄缝姬蜂 *Xanthocampoplex hunanensis* He & Chen, 1992

特　征　见图2-367。

雌虫体长9mm；前翅长7mm。体黄色须白色；触角鞭节暗红色；上颚端齿、单眼区及向后连至后头中央的斑、触角柄节外侧、中胸盾片3纵条（中条不达后方、侧条在中后方，后端与小盾片前凹黑斑相连）、中胸侧板及并胸腹节第1侧区斑纹、后柄部基半、腹部第2背板中央愈合的2斑、第3背板基部的2斑（中央淡褐带相连）、第4及以后各节背中央基方的斑均为黑色；第3及以后各节背板侧面后角具2褐色斑。足黄色；后足基节基半外下方黑色；第1转节，腿节基部下方圆斑及胫节最基部和最端部黑褐色，各跗节端部淡褐色。颜面长与宽相等，向上稍扩张，唇基稍隆起端缘稍弧形。上齿宽于下齿。额有细中纵脊。复眼在触角窝对过明显凹入。后头脊上方均匀弧形，下端直达上颚基部。触角44节。前翅小脉刚内斜，在基脉端方，其距约为小脉长的1/4；小翅室小，约为柄的1/2；后小脉垂直。后足基跗节长为长距的1.8倍。腹部近于光滑，侧

图2-367　湖南黄缝姬蜂 *Xanthocampoplex hunanensis* 雌虫

扁。产卵管鞘长约为后足胫节的1/2。

　　寄　主　未知。

　　分　布　国内见于湖南。

分距姬蜂亚科 Cremastinae

　　前翅长2.5～14mm。体型中等至非常细长,腹部中等程度至强度侧扁(除*Belesica*属外,本书未录入)。复眼裸露;雄性单眼有时很大。唇基小至中等,与脸之间有1条沟;端缘凸出、简单。无角下瘤。腹板侧沟无或弱,不达中胸侧板的1/2;有胸腹侧脊;后胸侧板后横脊完整;并胸腹节各脊完整或几乎完整,有时中纵脊和侧纵脊部分或完全缺,极少情况下所有脊都缺。所有胫节距与基跗节所着生的膜质区有1条骨片将它们分开(可与其他亚科的姬蜂区分)。前足胫节端部外方无齿。小翅室有或无,若有,则具柄(除*Dimophoroa*属外,本书未录入)。第2回脉具1气泡;后小脉在下方1/5～2/5处曲折;后盘脉通常存在,但仅为1条不着色的痕迹。腹部通常强度侧扁;第1背板延长,常有1个长而浅的基侧凹,气门在中部之后,偶有在中部;第2背板折缘由1褶分出,通常无毛,折在下方或有时下垂;第3背板折缘仅在基部被褶分开或不分开,常有毛。雌虫下生殖板不特化,常看不出;产卵管外露(除*Belesica*属外),背瓣在亚端部有缺刻,下瓣无横刻条。

　　分距姬蜂亚科寄生卷叶、植物组织和果实内等处的鳞翅目幼虫,体内寄生;有些寄生叶甲等鞘翅目幼虫。

　　本亚科全世界分布,有26属;我国已知5属17种。本书介绍我国稻田常见的3属7种。

中国常见分距姬蜂亚科天敌分属检索表

（改自：何俊华等，2004）

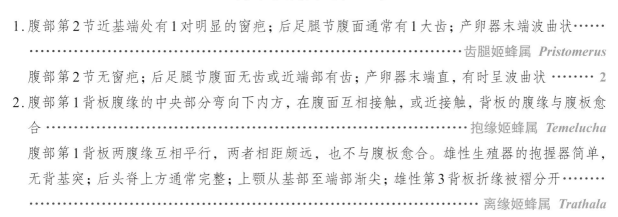

1. 腹部第2节近基端处有1对明显的窗疤;后足腿节腹面通常有1大齿;产卵器末端波曲状……
……………………………………………………………… 齿腿姬蜂属 *Pristomerus*
　　腹部第2节无窗疤;后足腿节腹面无齿或近端部有齿;产卵器末端直,有时呈波曲状……… 2
2. 腹部第1背板腹缘的中央部分弯向下内方,在腹面互相接触,或近接触,背板的腹缘与腹板愈
　　合 ………………………………………………………… 抱缘姬蜂属 *Temelucha*
　　腹部第1背板两腹缘互相平行,两者相距颇远,也不与腹板愈合。雄性生殖器的抱握器简单,
　　无背基突;后头脊上方通常完整;上颚从基部至端部渐尖;雄性第3背板折缘被褶分开………
………………………………………………………………… 离缘姬蜂属 *Trathala*

齿腿姬蜂属 *Pristomerus* Curtis, 1836

前翅长2.5～8.5mm。体中等细，腹部中等至强度侧扁。后头脊通常完整，且上方中央均匀弧状，有时中部消失或中央横直或稍下弯。后足腿节常常肿胀（雄性尤显著），几乎总是在中部或中部稍后的下方有1大齿，该齿与腿节端部之间常有1列小齿（雄性尤其显著）。翅痣通常宽，径室短，无小翅室，肘间横脉在第2回脉的很内方；后小脉在下方1/3处曲折；后盘脉明显但不着色。腹部第1背板中等细瘦，气门之前有1长而有点斜的沟（可能被误为基侧凹）；第1背板下缘明显，约平行。腹部第2节近基端处窗疤明显、横形或近圆形；第2背板折缘窄，被1褶分出、下折。雄性抱器端部钝圆；雌性产卵管鞘是后胫节的1.2～3.2倍，产卵器末端波曲状。

本属世界性分布。寄生于生活在荫蔽场所的小蛾类幼虫，但也有作为重寄生蜂从蜂茧中育出的。

291. 中华齿腿姬蜂 *Pristomerus chinensis* Ashmead, 1906

特　征　见图2-368。

雌虫体长6～7mm。大体黑色；柄节和梗节处赤褐色；前沟缘脊附近黄褐色；翅基片黄色；翅痣褐色；足赤褐色，但后足转节基部及腿节、胫节末端、端跗节黑褐色；腹部黑色，但雌虫第1背板基部、第2背板窗疤、第3背板近后缘或第3背板大部分（除基部中央）和第4背板及以下各节侧面赤褐色。头、胸部有细刻点，单眼区隆起，盾纵沟前半明显。翅痣大、三角形，径脉曲折角度大；无小翅室。后足腿节下面有1个大齿，位于端部1/3处，其后方的小齿不明显。腹部第1背板后端1/3、第2背板、第3背板基部有纵行细刻纹，第1背板下缘在腹面平行不相接触。产卵管端部弯曲，产卵管鞘约为腹长的2/3。

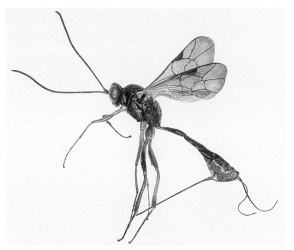

A. 雄虫背面	B. 雌虫侧面	C. 雌虫后足腿节腹面齿

图2-368　中华齿腿姬蜂 *Pristomerus chinensis*

雄虫体长及体色特征与雌虫相似，但是雄蜂头顶近后单眼处赤褐色，腹部全黑色，雄虫后足腿节下一个大齿位于中央，由大齿至腿节末端还有若干小齿。

寄　主　二化螟、欧洲玉米螟、棉红铃虫等。

分　布　国内见于浙江、黑龙江、吉林、辽宁、北京、河南、河北、陕西、江苏、上海、安徽、江西、湖北、湖南、四川、台湾、广东。国外分布于日本、朝鲜。

292. 光盾齿腿姬蜂 *Pristomerus scutellaris* Uchida, 1932

特　征　见图2-369。

雌虫体长6.4～7.0mm。体黄褐色，头部黑褐色，脸眶、唇基、颊黄色至黄褐色，额眶和上颊眶上段红褐色，触角柄节、梗节、第1～3鞭节黄褐色；胸腹部黄褐色，有时前胸色稍浅，腹部第1背板端半、第2背板（除窗疤、侧缘和后缘）、第3背板基部均黑褐色，腹柄黄褐色；前、中足黄褐色，但转节淡黄色；后足红褐色，但胫节端部及各跗节端部褐色。翅稍带烟黄色，翅痣黑褐色。颜面宽，上颊短而强度收窄；触角31～33节。前翅无小翅室，小脉刚后叉，后小脉在下方1/3处稍曲折。后足腿节长为厚的4倍，在腹缘中央后方具大齿，大齿与后缘之间有8～12个小齿；腹部第3背板以后多少侧扁；第1背板后柄部、第2背板全部和第3背板基半中央有细纵刻条。产卵管长，稍短于腹长，产卵管末端呈波曲状。

寄　主　桑绢野螟幼虫。

分　布　国内见于浙江、江苏、上海、江西、湖北、湖南、台湾、广西、四川。国外分布于日本、朝鲜。

1000μm

A. 整虫侧面　　　　　　　　　　　B. 后足

图2-369　光盾齿腿姬蜂 *Pristomerus scutellaris* 雌虫

293. 红胸齿腿姬蜂 *Pristomerus erythrothoracis* Uchida, 1933

异　名　*Pristomerus vulnerator* f. *erythrothoracis* Uchida，1933。

特　征　见图2-370。

雌虫体长6.0～6.5mm。体黄褐色；中胸背板赤褐色，额中央、单眼区、上颊连后头两侧、触角鞭节、并胸腹节、腹部第2背板基缘和中间、第3背板基部均黑褐色至黑色；唇基、翅基片、腹柄基部、窗疤及腹板为黄褐色；翅透明，翅痣淡褐色；足赤黄色；后足胫节端部及跗节端部黑褐色。颜面满布刻点；唇基隆起；额、头顶、上颊具革状细刻纹，上颊强度收窄；后头脊上方弧形。胸部满布刻点；小盾片侧脊细而完整。并胸腹节满布略带皱状的刻点；基区近三角形，中区近五角形，端区具横刻条。后足腿节腹方2/3处有1大齿，齿与腿节后端之间还有若干小齿。腹部第3节以后侧扁，第1节端半，第2、3节基半背板具纵行细刻条。产卵管端部扭曲，鞘长约为后足胫节的1.8倍。

寄　主　咖啡豹蠹蛾、棉褐带卷蛾、棉红铃虫、甘薯麦蛾、棉铃虫、菜粉蝶等。寄生于幼虫体内，在寄主体外结茧；单寄生。

分　布　浙江、江苏、上海、江西、湖北、湖南。国外分布于朝鲜、日本。

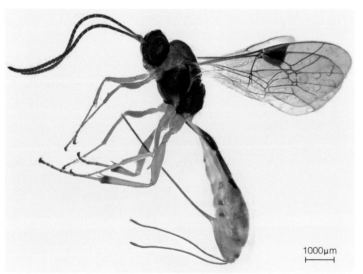
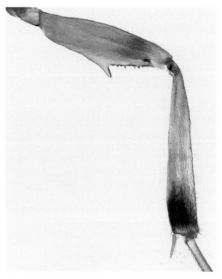

1000μm

A. 整虫侧面　　　　　　　　　　　B. 后足

图 2-370　红胸齿腿姬蜂 *Pristomerus erythrothoracis* 雌虫

抱缘姬蜂属 *Temelucha* Foerster, 1869

前翅长3.1～6.5mm。体细，腹部强度侧扁。后头脊上方中央断开，断处下弯。小盾片常具侧脊。后足腿节下方无齿。并胸腹节的脊完整或几乎完整。翅痣中等宽至很宽，径脉直，径室很短至中等长；无小翅室，肘间横脉在第2回脉内方，肘脉第2段长为其长度的1/10～9/10。小脉与基脉对叉，或在基脉附近；后小脉在下方1/5～2/5处曲折；后盘脉仅为1条无色的痕迹。第1背板中等长至非常细长，基侧凹不明显或明显但浅，很短、很斜至很长并与第1背板纵轴平行，第1背板的腹柄部分与背板的下缘相接，腹板除端部和基部外被包围，无窗疤；第2背板有1被褶痕分出的折缘，折向下方。雄性抱器很长，端部宽圆或亚平截状；雌性产卵管鞘是后胫节的1～3倍，其端部直或稍下弯。

本属世界性分布。寄主为鳞翅目幼虫。

294. 菲岛抱缘姬蜂 *Temelucha philippinensis* Ashmead, 1904

异　名　*Apanteles simplicis*: Shiraki, 1917。

中文别名　菲岛瘦姬蜂、黑柄瘦姬蜂。

特　征　见图2-371。

雌虫体长6.7～11.0mm。体黄褐色；复眼、单眼区、腹柄基部、第2背板基部2/3及第3背

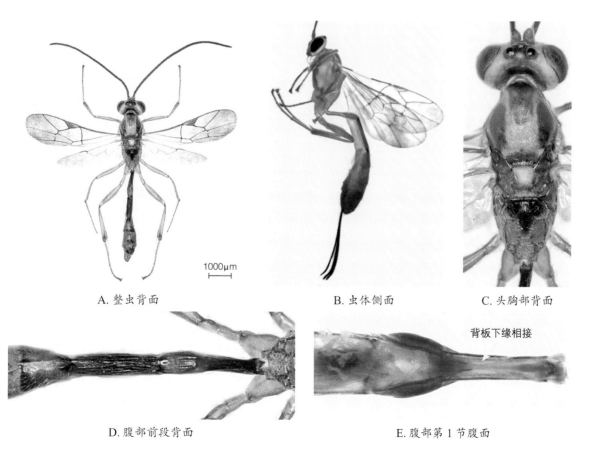

A. 整虫背面　　　　　　　　　B. 虫体侧面　　　　　　　　　C. 头胸部背面

D. 腹部前段背面　　　　　　　　　E. 腹部第1节腹面

图 2-371　菲岛抱缘姬蜂 *Temelucha philippinensis* 雌虫

板基部黑色；中胸盾片3纵条淡褐色；触角黑褐色；翅痣淡黄褐色。颜面宽，密布细刻点；额和头顶刻点极细；触角33～34节。胸部密布中等刻点；中胸盾片刻点在后方呈皱状；盾纵沟明显至后方，但不相接；小盾片有细侧脊；中胸侧板镜面区光滑，侧凹具平行细皱。并胸腹节端部延长，密布细横皱；基区小，近三角形；中区近五角形，长为端宽的2倍，稍宽于第2侧区；端区长为中区的1.5倍。前翅无小翅室，径室短，小脉刚前叉式；后盘肘无色，伸达后小脉（不曲折或稍微曲折）下方2/5处。足较细。腹部细瘦、侧扁；第1背板后柄部膝状膨大，背板下缘在腹面一部分相接；第2背板长为端宽的3.5（雄）或4.0～4.5倍（雌），与第1背板约等长，具细纵线。产卵管鞘长为后足胫节的2.1倍。

茧长圆筒形，长10～11mm，径3mm；黄褐色。

寄　主　二化螟、三化螟、稻纵卷叶螟、稻显纹纵卷叶螟、稻苞虫、棉大卷叶螟等害虫幼虫。单寄生。

分　布　我国稻田常见种类，国内见于浙江、河北、河南、江苏、上海、安徽、江西、湖北、湖南、四川、台湾、福建、广东、海南、广西、贵州、云南。国外分布于菲律宾、泰国、马来西亚、印度、孟加拉国。

295. 螟黄抱缘姬蜂 *Temelucha biguttula* (Matsumura, 1910)

异　名　*Cremastus bigutullus*: Chu, 1935；*Cremastus (Cremastidia) chinensis* Viereck, 1912；*Ophionellus biguttullus* Matsumura, 1910。

中文别名　螟黄瘦姬蜂、黄腹瘦姬蜂。

特　征　见图2-372。

雌虫体长8.0～11.5mm。体黄褐色；头部色稍浅，单眼区及上颚端齿黑褐色；触角黄褐色；中胸盾片3纵条淡褐色；腹部第1、2背板后缘，第3背板前缘黑褐色；翅透明，翅痣黄褐色。颜面宽，密布细刻点；额和头顶具极细颗粒状刻点；胸部密布细刻点；盾纵沟浅；小盾片侧脊弱。并胸腹节后端稍延伸，满布横皱；中区延伸至柄胸腹节末端，比第2侧区窄。腹部细瘦，后方侧扁；第1背板后方膝状隆起膨大，具细刻线，背板下缘近中央处在腹面向内呈弓形弯曲，两边几乎相接；第2背板最宽，长约为宽的2.7倍，有细纵刻线。产卵管鞘长为后足胫节的1.8倍。

茧圆筒形，长10～11mm，径5mm；暗黄褐色。

寄　主　二化螟、三化螟、大螟、稻纵卷叶螟、稻螟蛉、棉红铃虫和棉大卷叶螟等。单寄生。

分　布　我国长江流域稻田常见，国内见于辽宁、河南、河北、北京、山东、陕西、山西、江苏、安徽、江西、湖北、湖南、四川、广东、广西、台湾、福建、云南、贵州。国外分布于朝鲜、日本、美国、印度尼西亚。

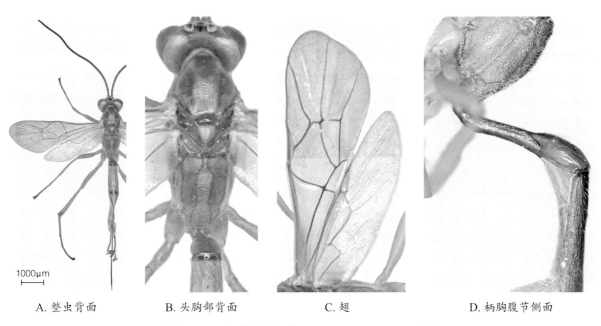

A.整虫背面   B.头胸部背面   C.翅   D.柄胸腹节侧面

图 2-372 螟黄抱缘姬蜂 *Temelucha biguttula* 雌虫

296. 三化螟抱缘姬蜂 *Temelucha stangli* (Ashmead, 1904)

中文别名 三化螟瘦姬蜂。

特 征 见图 2-373。

雌虫体长 9～10mm；前翅长 4.5mm。体大致黑褐色，腹部第 3～6 各节背板侧面赤褐色；胸

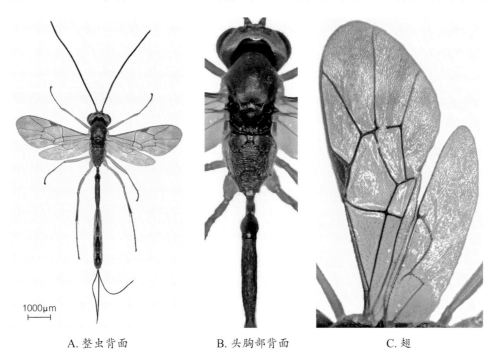

A.整虫背面   B.头胸部背面   C.翅

图 2-373 三化螟抱缘姬蜂 *Temelucha stangli* 雌虫

柄延长呈亚圆柱形；后足腿节粗短，长为厚的3倍；前翅第2盘室基角呈明显锐角。头部在复眼之后收窄；后头脊细，中央缺口明显；触角长为前翅的3/4，42节，第1、2鞭节几乎等长，端节稍粗，为端前节长的2倍。胸部强度延长并成亚圆柱形；前胸背板满布细网状刻点；中胸盾片明显长于其宽，均匀隆起，具细刻点；无盾纵沟；小盾片具细刻点，在基角有侧脊；侧凹内具细刻条并胸腹节长；密布细刻点和白毛，分区明显；中区五边形；长为最宽处的3倍；端区短于中区，翅无小翅室；第2盘室在基部成明显钝角；后翅外方翅脉均未骨化。腹部细瘦，自第3节以后侧扁；第1、2节背板有细而明显的纵行刻线；第1节柄部较强，向后逐渐加宽。产卵管鞘为后足胫节的1.7倍。

寄　主　三化螟幼虫，单寄生。

分　布　国内见于江西、湖北、四川、福建、广东、海南、广西、贵州、云南。国外分布于菲律宾、马来西亚、泰国、印度。

离缘姬蜂属 *Trathala* Cameron, 1899

前翅长2.3～13.6mm。体中等细至很细，腹部强度侧扁。后头脊上部完整，稍弧状或有时中央消失；上颚从基部至端部渐尖。小盾片通常具部分至完整的侧脊；并胸腹节分区完整或几乎完整。后足腿节下方无齿。翅痣宽；径脉几乎直；无小翅室；肘间横脉中等长，长为肘脉第2段的2.5倍；小脉与基脉对叉或几乎如此；后小脉在中部和下方1/5之间曲折，后盘脉很弱。第1背板中等长至长，有1长而浅的基侧凹，腹部第1背板两腹缘互相平行，两者相距颇远，也不与腹板愈合；窗疤缺。第2背板折缘被1折痕所分出，折缘折入。雄性抱握器形状简单，无背基突。产卵管鞘为后胫节的1.0～2.5倍。产卵管端部直、下弯，或有时波状。

本属世界性分布。寄主通常为螟蛾科幼虫，亦有寄生鞘翅目和膜翅目的记录。

297. 黄眶离缘姬蜂 *Trathala flavoorbitalis* (Cameron, 1907)

异　名　*Cremastus flavoorbitalis*：浙江农学院，1962。

中文别名　褐腹瘦姬蜂。

特　征　见图2-374。

雌虫体长6～8mm。大体黄褐色或赤褐色；颜面黄色；复眼、单眼区及其前后、触角鞭节背面、中胸盾片3个斑纹（或仅中央1个明显，或3个均为褐色）、小盾片前凹、中胸背板腋下槽、后胸背板、并胸腹节前方、腹部第1节柄部、第2背板全部或近前方大部、以后各节背板中央的狭长条斑、产卵管鞘、前翅翅痣及大部分翅脉、后足胫节及跗节末端，均为黑色或黑褐色。颜面与唇基间有横沟分开；触角短，仅伸达第2腹节；并胸腹节分区完全，中区内具细横皱。径脉明显曲折；无小翅室。腹部细瘦，在第3节以后侧扁；第1背板下缘在腹面平行不相接触，后柄部及第2背板有细纵刻纹。产卵管鞘长约为后胫节的2倍。

寄　主　二化螟、三化螟、稻纵卷叶螟、欧洲玉米螟、棉红铃虫等。单寄生于寄主幼虫。

分　布　国内见于浙江、辽宁、吉林、河南、河北、北京、天津、山东、山西、陕西、江苏、安徽、上海、江西、湖南、湖北、四川、台湾、福建、广东、香港、广西、贵州、云南。国外分布于俄罗斯、朝鲜、日本、菲律宾、缅甸、泰国、马来西亚、印度、斯里兰卡、密克罗西亚、美国。

A. 整虫背面　　　　　　B. 翅　　　　　　　　C. 生态照　　　　　D. 茧（羽化过程中）

E. 头胸部背面　　　　　　　　　　F. 腹柄节腹面（示背板下缘不相接）

图 2-374　黄眶离缘姬蜂 *Trathala flavoorbitalis* 雌虫

盾脸姬蜂亚科 Metopinae

前翅长2.3～16.0mm。体短而壮，有时仅中等壮，足通常亦很壮。复眼中等大小；单眼常中等大至小，少数扩大。颜面上缘几乎总有1三角形突起，伸至触角之间或其基部上方；唇基与颜

面之间不被沟分开，而与颜面形成1均匀隆起的表面；上唇露在唇基下方，有部分裸露如1新月形片；上颚2齿，下齿常明显小于上齿，或单齿。触角柄节卵圆形，长为宽的1.2～1.7倍；雄性鞭节无角下瘤。盾纵沟短，常缺；腹板侧沟无，或由1宽而浅的沟而显出；并胸腹节短至长，通常有脊。前、中足第2转节与腿节之间的缝常消失或模糊；中、后足胫节1距或2距；前足胫节端部外方圆，有时有1齿；跗爪简单或具栉齿。小翅室存在或无；存在时通常小，三角形，但有时较大，为菱形；第2回脉常有1气泡。腹部第1背板常短而壮，有基侧凹，气门在中央前方，有时第1背板较细，或气门近于中央或后方，或无基侧凹；腹部扁平，某些属或其雌性近端部有些侧扁；通常无窗疤；折缘非常宽至消失。雌性下生殖板通常大而骨化。产卵管不突出于腹端部，无端前背缺刻。

　　本亚科寄主为裸露的或折叶、卷叶的鳞翅目幼虫，产卵于寄主幼虫，结茧化蛹于寄主蛹内，成蜂从寄主蛹前端外出。单寄生。本亚科已知25属，全世界分布。我国已知9属77种（何俊华等，2004）。本书介绍我国稻田常见的3属4种。

中国常见盾脸姬蜂亚科天敌分属检索表

（改自：何俊华等，2004）

1. 腹部第3～5节折缘几乎无(仅余甚窄且不明显的痕迹)；小盾片侧缘扩大呈镶边状；各足的爪呈明显栉状。颜面的触角间突在触角窝前方成1三角形突起，但在触角窝之间无高的片状突；腹部上方隆起，两侧平行，非棍棒状·····················黄脸姬蜂属 *Chorinaeus*
   腹部第3～5节折缘发达；小盾片侧缘不扩大呈镶边状；前足和中足的爪通常简单。两触角窝之间无叶状片突起，如有则背方无纵沟；无小翅室；后胸侧板无毛或毛很少·····················2
2. 头部在侧单眼后方垂直；中足2距近等长·····················等距姬蜂属 *Hypsicera*
   头部在侧单眼至后头脊之间向后倾斜，后头脊至后头孔几乎垂直。第3背板折缘很发达，宽约为背板的1/4～2/3；颊长不大于开口部位的1/2；中足胫节不等长，中足前方的距明显短于后方的距(偶有例外)·····················凸脸姬蜂属 *Exochus*

黄脸姬蜂属 *Chorinaeus* Holmgren, 1856

　　前翅长3.0～7.0mm；体色较一致，通常黑色，脸黄色，口器、颊、翅基片基部、腿节端部、胫节基部1/5、足的斑纹等均为淡黄色，足大部分褐黄色或火红色，后足基节常带黑色。体刻点相当粗糙。颜面上方有1三角形叶突伸过触角基部上方，此叶突端部约呈90°角；额在触角窝之间无叶突；上颊宽，隆起；后头脊下方缺；上颚下齿小于上齿。小盾片几乎平，侧脊伸至端部。

无小翅室，小脉在基脉外方；后小脉约在下方1/3处曲折。胸腹侧脊发达，前端达于侧板前缘；后胸侧板上半具毛，其余部位几乎或完全裸露；并胸腹节通常没有分脊，气门短椭圆形。前、中足跗爪强度栉形，后足跗爪简单。腹部上方强度隆起，两侧平行；第1背板中等长，气门近基部1/4处，侧纵脊和中纵脊强而完整；第2背板中纵脊完整，侧纵脊至多伸至2/5处；第3背板中纵脊约伸至2/3处。

本属分布于全北区、东洋区及非洲区。

298. 稻纵卷叶螟黄脸姬蜂 *Chorinaeus facialis* Chao, 1981

特征 见图2-375。

雌虫体长6.2～6.4mm。体黑色；颜面连及额的两侧下方、唇基、额、触角柄节（除背面外）、翅基片及足均为黄色；后足基节、腿节（除两端及背纵浅黄色外）黑褐色，有时后足胫节末

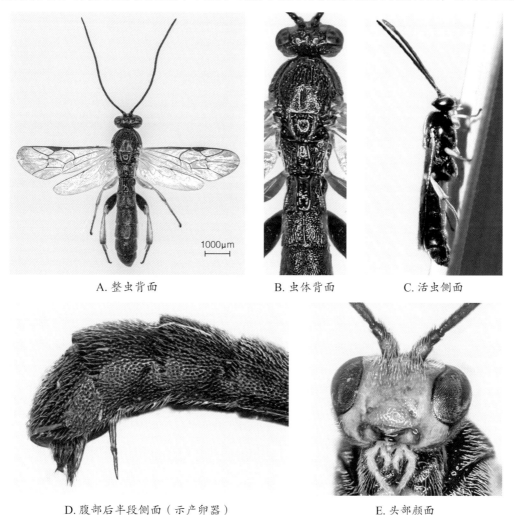

A. 整虫背面　　　　　　B. 虫体背面　　　　　　C. 活虫侧面

D. 腹部后半段侧面（示产卵器）　　　　　　E. 头部颜面

图 2-375　稻纵卷叶螟黄脸姬蜂 *Chorinaeus facialis* 雌虫

端及跗节带锈褐色；触角锈褐色。颜面宽，表面均匀隆起，密布刻点；额近于光滑；头顶在单复眼后陡斜；上颊侧观长与复眼相等；触角30～32节。前胸背板大部分光滑；中胸盾片具细刻点，后方有中纵沟；小盾片具细刻点，具强侧脊；中胸侧板后半近于光滑；后胸侧板下方约3/4光滑。并胸腹节基区和中区合并，长为宽的2倍；气门椭圆形，接近外侧脊。前翅无小翅室，小脉后叉式；后小脉下方1/3微弯。后足腿节长约为厚的2.7倍；爪简单。腹部略扁，末端稍宽，顶端钝圆；各节密生粗刻点，但第1背板两纵脊之间几乎光滑；第2背板具中纵脊及甚短亚侧脊。产卵管短，几乎与腹部末节等长，不伸出腹部末端。

寄　主　稻纵卷叶螟。单寄生于4、5龄幼虫体内，在蛹期羽化，羽化孔在蛹的前端。

分　布　国内见于浙江、山东、河南、江苏、安徽、江西、湖北、湖南、福建、广东、广西、四川、贵州、云南。

凸脸姬蜂属 *Exochus* Gravenhorst, 1829

前翅2.7～7.5mm长。脸强度突起，脸上缘触角间突三角形，其后方有1条脊，伸达额基部；额通常无中脊；上颊很长，致使头近于方形；颊为上颚基宽的1/2。上颚下齿远小于上齿。小翅室缺；小脉通常后叉，有时对叉；后小脉强度内斜，在上方1/2处曲折。胸腹侧脊完整；后胸侧板光滑，有时稍有稀疏刻点；并胸腹节分区常完整或近于完整，分脊常缺，基区中部与中区常愈合，有时其他脊也缺；气门长形。足粗壮；中足胫节2距不等长，跗爪简单。腹部两侧平行或向基部收窄；第1背板气门位于基部的1/3处，两侧脊强壮达端部，中纵脊基部强壮但不达端缘；第2背板无背脊；第1、2节背板折缘退化，第3节及以后各节折缘很宽。

本属世界性分布。

299. 黄盾凸脸姬蜂 *Exochus scutellaris* Chiu,1962

特　征　见图2-376。

雌虫体长7.0mm。体黑色，但颜面上方包括触角间突起（但不伸达复眼边缘）、头顶眼眶处的1近三角形的小斑点、柄节前方、须、中胸侧板背缘、翅基片、小盾片、后小盾片黄色，触角（除柄节）褐色；足黄色，有时前足基节黑色，仅最端部黄色，有时中足基节基半褐色，后足基节至基部渐赤褐色，后足胫节黄褐色；翅透明。头部侧观颜面上方突出部位约为复眼最大宽度的1/3，颜面具粗糙刻点，且与唇基完全愈合，强度圆凸状隆起；额具细刻点，稍凸圆，其下部有1强而侧扁的中脊，此中脊伸至触角间突起下方。翅无小翅室；肘间横脉在第2回脉基方，二者相距约为肘间横脉长的1.2倍。足粗壮，跗爪简单；后腿节长约为基厚的2.4倍；第1背板长约为端部宽的 9/10，其中纵脊仅在基半存在；第 2 背板无背纵脊；第 3 及以后各节折缘相当宽。产卵器短，不伸出腹部末端。

寄　主　棉褐带卷蛾。

分　布　国内见于浙江、江苏、湖南、四川、台湾、云南。

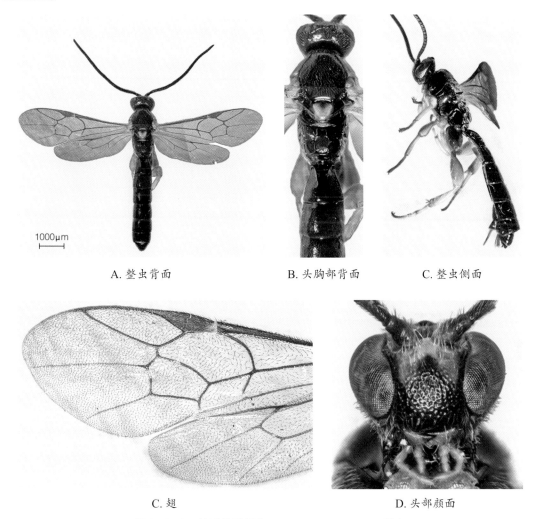

A. 整虫背面　　　　　B. 头胸部背面　　　　　C. 整虫侧面

C. 翅　　　　　　　　D. 头部颜面

图 2-376　黄盾凸脸姬蜂 *Exochus scutellaris* 雌虫

300. 缘盾凸脸姬蜂 *Exochus scutellatus* (Morley, 1913)

异　名　*Xantherochus scutellatus* Morley, 1913。

特　征　见图 2-377。

雌虫体长 9.7mm。体黄褐色，多黑斑，黑斑位于侧单眼之间、后头、上颚端齿、中胸盾片上的"山"字形斑及前侧缘、小盾片前沟、前翅腋槽大部分、中胸侧板上缘及后缘、后翅腋槽后缘、后胸侧板前缘、并胸腹节前缘、腹部第 1 节两侧、其后各背板前缘、后足胫节两端；触角褐色，腹面带暗赤褐色；翅透明，稍带烟色；翅痣黑褐色。颜面满布粗而浅的刻点；额具细刻点，在中单眼下方稍隆起；头顶在单复眼之后陡斜；后头脊上方完整；复眼大；上颊侧观与复眼横径约等长。触角56节，各节长宽约相等。前胸背板光滑；中胸盾片具带毛刻点；小盾片刻点极细，具侧隆脊；中胸侧板近于光滑。并胸腹节光滑，中区近六边形。后腿节长为厚的2.1倍。腹部光滑，具极细刻点；第1背板长约为端宽的9/10。

寄　主　未知。

分　布　国内见于浙江、云南。国外分布于印度、孟加拉国。

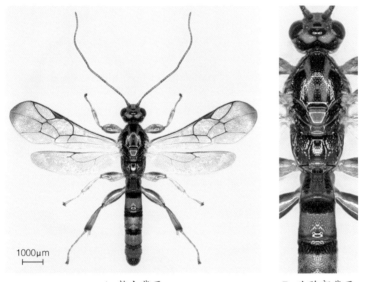

A. 整虫背面　　　　　　　　B. 头胸部背面　　　　　　　C. 头胸部侧面

图 2-377　缘盾凸脸姬蜂 *Exochus scutellatus* 雌虫

等距姬蜂属 *Hypsicera* Latreille, 1829

前翅长2.25～6.5mm。体刻点细，中等密。颜面强度隆起，从口器至触角窝附近向前倾斜；颜面上缘的触角窝间突为1短宽的尖突，并弯向背方；上颊隆起。头部背方从侧单眼后缘至后头孔陡直；后头脊弱或侧方缺；颊长约为上颚基宽的1.1倍；上颚相当小，下齿明显短于上齿。小盾片稍微隆起，无侧脊。无小翅室，小脉在基脉很外方；后小脉在下方约1/3处曲折。胸腹侧脊完整；后胸侧板近外侧脊处有1沟，除背缘附近有些毛外，光滑无刻点；并胸腹节相当长，在端横脊处陡落；脊完整，中区与基区合并，有些种分脊也消失。足粗壮；中足胫节的两距近于等长。腹部在中央稍宽；第1背板基部相当狭窄，气门在基部1/3处；侧纵脊明显，通常伸至端部，中纵脊在基部明显。

本属主要分布在旧热带地区，古北区和南美洲有少数种。

301. 光爪等距姬蜂 *Hypsicera lita* Chiu, 1962

异　名　*Hypsicera exserta* Chiu, 1962。

中文别名　突脸等距姬蜂。

特　征　见图2-378。

雌虫体长6.0mm。体黑色；翅基片黄色，足赤褐色；触角红褐色。侧观头部在复眼前方突出部位约为复眼最宽处的2/3、为上颊长度的4/5；触角37节，第2～23鞭节均宽大于长。小盾片平，稍长三角形；后胸侧板光滑无刻点；并胸腹节基区和中区愈合，其长约为宽的3倍、端区长的2.4倍。前翅无小翅室，小脉在基脉外方，甚内斜。前、中足具栉齿；后足腿节长为厚的2.6倍。腹部第1背板长为端宽的1.3倍，背中脊达于中央；第2背板长为端宽的2/3。产卵管短，几乎隐藏于腹部末节内。

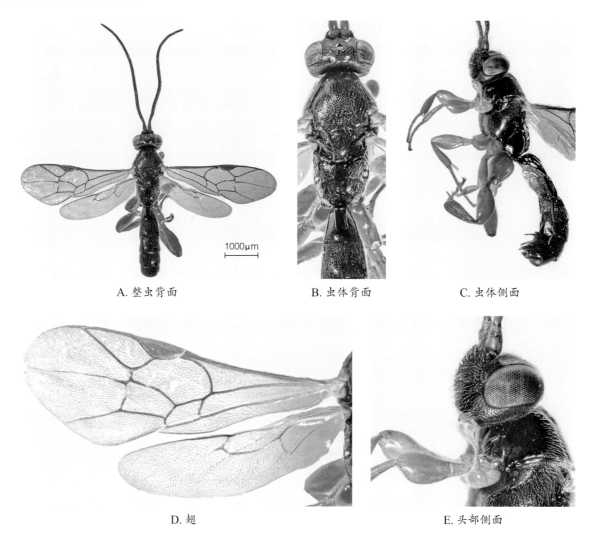

A. 整虫背面　　　　　B. 虫体背面　　　　　C. 虫体侧面

D. 翅　　　　　　　　E. 头部侧面

图2-378　光爪等距姬蜂 *Hypsicera lita* 雌虫

寄　主　棉红铃虫。

分　布　国内见于浙江、江苏、台湾。

瘦姬蜂亚科 Ophioninae

前翅长6.5～29.0mm。体中等至大型；复眼裸露，通常大，内缘凹入；单眼常大。唇基与脸之间几乎都有1条明显的沟。鞭节无角下瘤。无前沟缘脊。腹板侧沟缺或浅而短；后胸侧板后横脊常常完整；并胸腹节分区有时完全或不完全，但一般仅有基横脊，有时无任何脊。跗爪通常全部栉状。无小翅室，肘间横脉总是在第2回脉的很外方；第2臂室总有1条与翅后缘平行的伪脉（为本亚科独有特征）。腹部通常强度侧扁；第1节长，背板与腹板完全愈合，无基侧凹，气门在中部之后；第2背板折缘窄，由褶分出、下折，有的折缘较宽、不由褶分出，下垂，布满毛。雌性下生殖板侧观三角形，中等大小；产卵管几乎总是稍短于腹末端高度，背瓣亚端部有凹缺，腹端无明显的脊。

瘦姬蜂亚科为鳞翅目幼虫的内寄生蜂；从寄主幼虫或蛹内羽化，单寄生。

本亚科全世界分布，有32属，我国已记录7属121种。本书介绍我国稻区常见的细颚姬蜂属的4个种。

细颚姬蜂属 Enicospilus Stephens, 1835

本属上颚端部多少扭曲，变细；后头脊一般完整。中胸腹板后横脊完整。前足胫距在长毛梳后方，缺少被称为"垂叶"的膜质构造；中、后足第2转节一般不特化。前翅盘肘室内胫脉第1段（亦有称径分脉第1段，Rs+2r）下方有1个大型的透明斑，且常生有1块或多块游离的"骨片"；后翅径脉第1段直或微曲；端翅钩大小、形状相似。

302. 细线细颚姬蜂 Enicospilus lineolatus (Roman, 1913)

异　名　*Henicospilus lineolatus* Roman, 1913。

特　征　见图2-379。

雌虫体长16～21mm。体黄褐色，但脸、眼眶淡黄色；有时腹末几节褐色；翅透明，翅痣红褐色或黄褐色。上颚中等长，基部匀称渐细，端部两侧缘几乎平行，10°～20°角扭曲；唇基侧面观微拱，端缘稍尖，无刻痕。触角56～64节，第20鞭节长为宽的1.8～2.1倍。中胸侧板具刻点或夹刻点纹；后胸侧板具密致刻点；并胸腹节后区具不规则皱纹至网状刻纹，气门与侧纵脊间无脊相连。前翅盘肘室仅具端骨片，通常线状，但有时较宽，中间无骨片；小脉内叉式或交叉式；后翅径脉直。后足第4跗节长为宽的2.1～2.5倍；爪对称。

寄　主　竹缕舟蛾、红腹白灯蛾、马尾松毛虫、棉古毒蛾、沁茸毒蛾和橘黑毒蛾。

分　布　国内见于浙江、吉林、河北、山西、陕西、江苏、安徽、湖北、湖南、四川、台湾、福建、广东、海南、广西、贵州、云南。国外分布于苏联、日本、菲律宾、印度、尼泊尔、斯里兰卡、马来西亚、印度尼西亚、澳大利亚等国。

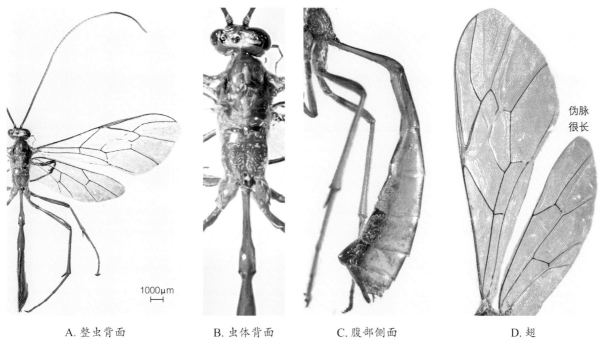

A. 整虫背面　　　　B. 虫体背面　　　　C. 腹部侧面　　　　D. 翅

图 2-379　细线细颚姬蜂 *Enicospilus lineolatus* 雌虫

303. 黄头细颚姬蜂 *Enicospilus flavocephalus* (Kirby, 1900)

异　名　*Ophion flavocephalus* Kirby, 1900。

特　征　见图2-380。

雌虫体长12～16mm。体黄褐色，但头淡黄色，腹末常烟褐色；翅透明，翅痣黄褐色。上颚中等长，基部强烈变细，端部微弱变细，25°～30°角扭曲；唇基侧观微拱，端缘钝，无刻痕。触角稍短，46～53节，第20鞭节长为宽的1.7～2.1倍。中胸侧板光滑，具细刻点，有时下方具点条刻纹；后胸侧板具细弱的点条刻纹；并胸腹节后区存在不规则细皱纹，气门近缘与侧纵脊间偶有弱脊相连。前翅盘肘室中的基骨片卵形，端骨片弱，不与基骨片相连，中骨片小，近卵形；小脉近对叉式；后翅径脉第1段直，第2段微曲。后足第4跗节长为宽的2.3～2.5倍；爪对称。

寄　主　黏虫、茶毛虫、台湾毒蛾和棉铃虫。

分　布　国内见于浙江、湖南、台湾、福建、广东、广西、贵州、云南。国外分布于日本、菲律宾、印度、斯里兰卡、马来西亚、印度尼西亚、巴布亚新几内亚、澳大利亚等。

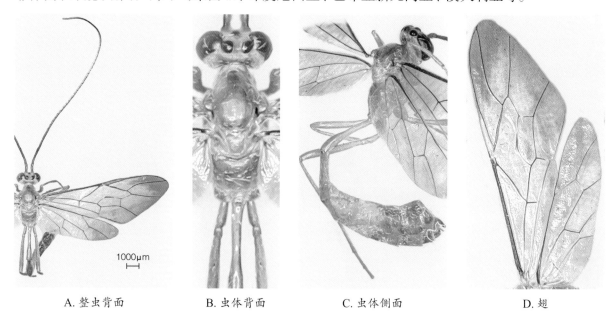

| A. 整虫背面 | B. 虫体背面 | C. 虫体侧面 | D. 翅 |

图 2-380　黄头细颚姬蜂 *Enicospilus flavocephalus* 雌虫

304. 黑斑细颚姬蜂 *Enicospilus melanocarpus* Cameron, 1905

中文别名　黑细颚姬蜂。

特　征　见图 2-381。

雌虫体长 14～18mm。体黄褐色，但腹部第 5 节及之后有时黑色；翅透明，翅痣黄褐色或浅黑色。上颚中长，匀称变细，扭曲；唇基侧观微弱至中度拱起，端缘尖，具刻痕。触角 55～69 节，第 20 节鞭长为宽的 1.8～3.0 倍。中胸侧板上方具刻点，下方渐呈点条刻纹；后胸侧板具刻点或点条刻纹；并胸腹节后区具不规则皱纹，气门边缘与侧纵脊间通常无脊，有时有弱脊相连。前翅盘肘室中的端骨片明显，与基骨片相连，中骨片卵圆形或短杆状；小脉前叉式；后翅径脉大致直。后足第 4 跗节长为宽的 2.4～3.0 倍；爪对称。

寄　主　棉铃虫、枯叶蛾、缘点毒蛾等。

分　布　国内见于浙江、河北、北京、山西、陕西、江苏、江西、湖南、福建、广东、海南、广西、贵州、四川、台湾、云南、西藏等。国外分布于日本、朝鲜、菲律宾、缅甸、印度、尼泊尔、巴基斯坦、斯里兰卡、马来西亚、新加坡、马尔代夫、印度尼西亚、巴布亚新几内亚、澳大利亚、斐济等。

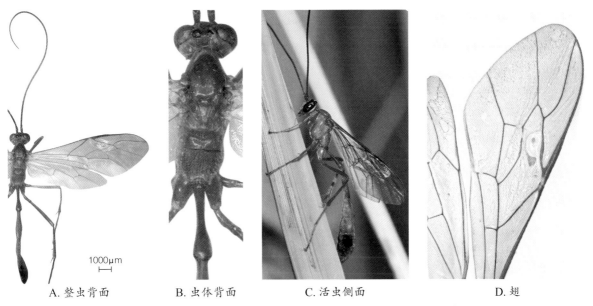

A.整虫背面　　　　　B.虫体背面　　　　　C.活虫侧面　　　　　D.翅

图 2-381　黑斑细颚姬蜂 *Enicospilus melanocarpus* 雌虫

305. 同心细颚姬蜂 *Enicospilus concentralis* Cushman, 1937

特　征　见图 2-382。

雌虫体长 11.5～12.0mm，唇基、眼眶、中胸盾片边缘和翅基下突淡黄色，触角、足和腹部第 1～4 腹节背板黄褐色，腹部末端几节深褐色；翅弱烟色，翅痣黄褐色。上颚中等长，强烈变细，有 50° 角扭曲；唇基侧面观微拱，端缘稍钝，无刻痕；颊在复眼后方收缩，后头脊完整。触角细长，60 节，第 1 鞭节长为第 2 鞭节的 1.7 倍，第 20 鞭节长为宽的 2.3 倍。中胸侧板具刻条；后胸

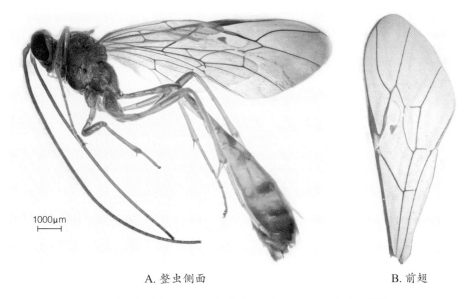

A.整虫侧面　　　　　　　　　B.前翅

图 2-382　同心细颚姬蜂 *Enicospilus concentralis* 雌虫

侧板具不规则皱纹；并胸腹节后区具不规则皱纹，气门边缘与侧纵脊间有1条脊相连。前翅盘肘室中骨片呈长线状，端骨片呈三角形，小脉后叉式，与基脉间的距离为自身长的1/5；亚中室几乎无毛；胫脉第1段粗大；后翅径脉第1段直，第2段波状弯曲。腹部细长，窗疤卵形，与背板前缘间的距离为本身长的2.5～4.0倍。后足第4跗节长为宽的2～2.2倍；爪对称。产卵器直，长为第2腹节背板长的3/5。雄性腹部第6～8节腹板被密直立长毛；阳茎基侧突端部钝圆。

寄　主　未知。

分　布　国内见于浙江、福建、台湾。国外分布于菲律宾、缅甸、印度及加里曼丹岛、苏拉威西岛、新几内亚岛等地。

柄卵姬蜂亚科 Tryphoninae

前翅长2.5～23.0mm。体通常壮实，有时细长。唇基端缘常宽，有1列长而平行的毛缨；上颚通常2齿。雄性触角无角下瘤。无腹板侧沟或短。中胸腹板后横脊不完整；并胸腹节常部分或完全分区，有时脊退化或无。跗爪多少有栉齿，有时简单。小翅室通常存在，上方几乎总是尖或具柄；第2回脉几乎均有2个气泡。第1腹节气门在中央或中央之前，除个别属种外，多具基侧凹，背中脊通常强。腹部扁平（拟瘦姬蜂属 Netelia 侧扁，例外）。产卵管常不长于腹端厚度（但有的属种有若干倍长），端部无端前背缺刻，其下瓣端部通常有齿。卵大形，常具1柄，柄端埋于寄主体壁内。

外寄生于老熟的鳞翅目幼虫和叶蜂幼虫，蜂幼虫并不立即侵害寄主，而是等到寄主幼虫结茧或进入蛹室时才侵害。

广布世界。本书介绍我国稻区常见的拟瘦姬蜂属1种。

拟瘦姬蜂属 *Netelia* Gray, 1860

通常有横行端侧脊突（侧突），侧突基方有横刻条。前足胫距净角梳不达距之端顶。中、后足胫节各2距；跗爪栉齿达于爪端。小翅室狭三角形，偶尔开放；第2回脉弯曲，有2个很分开的气泡。腹部第1背板从端部至基部收窄，无明显的背中脊（近基部偶尔有），有基侧凹，气门在中央前方；第2～4节折缘宽，第2背板全部、第3背板部分或全部有褶与背板分开。产卵管长为腹端部厚度的1～4倍。

306. 东方拟瘦姬蜂 *Netelia orientalis* (Cameron, 1905)

异　名　*Paniscus orientalis* Cameron, 1905。

特　征　见图 2-383。

雌虫体长 13～21 mm。体浅褐色至褐色，但单眼区黑色。头前面观长几乎等于宽；颜面宽、均匀隆起，具中等刻点；额平滑；上颊中等宽，在后方收窄；复眼强度内凹。胸部通常密布细刻点；前胸背板颈部密布细刻条，盾纵沟长而强，其基部有细皱，小盾片侧脊强，直至端部；中胸侧板具稍粗刻点；后胸侧板密布细横刻条；并胸腹节密布细刻条，侧突非常弱，侧突后方具皱纹。后足内距长为基跗节的 1/2，跗爪端部中等弯曲，有 3 根鬃和约 13 个栉齿。小脉在基脉外方，亚中室端部有少许毛，第 1 臂室下方无毛，小翅室近长三角形，近无柄；后小脉在其上方 1/3 处

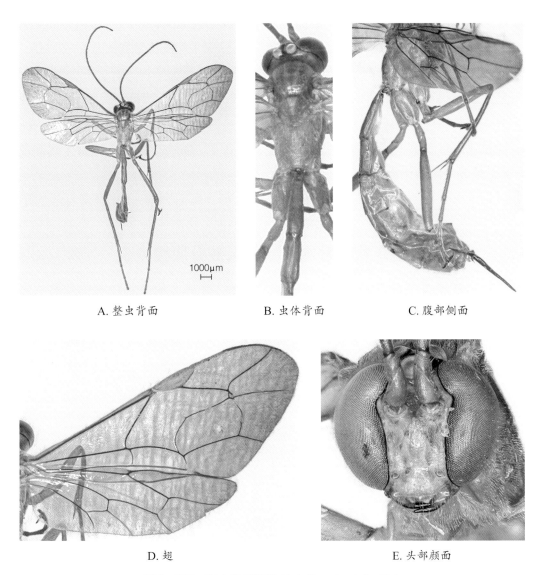

A. 整虫背面　　　　　B. 虫体背面　　　　　C. 腹部侧面

D. 翅　　　　　E. 头部颜面

图 2-383　东方拟瘦姬蜂 *Netelia orientalis* 雌虫

曲折。产卵期长为腹部长的1/3。

　　寄　主　黏虫、斜纹夜蛾幼虫。单寄生。

　　分　布　国内见于浙江、山东、湖南、台湾、广西。国外分布于日本、缅甸、斯里兰卡、印度。

菱室姬蜂亚科 Mesochorinae

　　前翅长1.9～14.0mm。体中等粗壮至细瘦，腹部有时延长。唇基与脸不分开，端缘很薄，通常稍凸出；上颚2齿。雄性鞭节无角下瘤。后胸腹板后横脊不完整；并胸腹节通常具完整的脊，有时脊减少。跗爪常栉状。前翅常有小翅室，大而呈菱形，前面尖；第2回脉具1气泡；后小脉在中下方曲折或不曲折。腹部通常稍侧扁，至少端半侧扁；第1背板长是宽的1.3～6.7倍，向基部收窄，基侧凹大，气门在中部或明显的中部以后。雄性抱器长细竿状。雌性下生殖板大，中褶，侧观大而呈三角形；产卵管鞘硬而甚宽，长是宽的2.5～13.5倍；产卵管很细，端部无明显的缺刻和脊。

　　菱室姬蜂亚科重寄生于姬蜂科、茧蜂科幼虫，内寄生，被寄生的寄主原寄生蜂幼虫仍可结茧，而后菱室姬蜂从蜂茧中育出。

　　本亚科全世界分布，已知7属；在我国已知5属25种。本书介绍我国稻区常见的2属2种。

中国常见菱室姬蜂亚科天敌分属检索表

胸腹侧脊的上端不与中胸侧板的隆肿边缘脊相接触，两者之间距离约与触角鞭节的直径相等；腹部第1背板端部通常几乎完全没有皱脊或线纹；脸部在触角窝下方的横脊的中央突然下凹；小脉与基脉相连，或者稍位于基脉外侧；中胸侧板和后胸侧板通常具稀疏甚细的刻点 ⋯⋯⋯⋯⋯⋯⋯⋯⋯⋯⋯⋯⋯⋯⋯⋯⋯⋯⋯⋯⋯⋯⋯⋯⋯ 菱室姬蜂属 *Mesochorus*

胸腹侧脊的上端与中胸侧板的隆肿的边缘脊相接触；腹部第1背板的端部多少具皱脊或线纹；脸部在触角窝下方的横脊的中央不下凹；小脉位于基脉外侧；中胸侧板和后胸侧板密生粗刻点，通常刻点之间距约与刻点自身直径相等；产卵管鞘的长为宽的2.3～7.0倍；雌雄两性并胸腹节末端不达后足基节的1/2⋯⋯⋯⋯⋯⋯⋯⋯⋯⋯⋯⋯ 横脊姬蜂属 *Stictopisthus*

菱室姬蜂属 *Mesochorus* Gravenhorst, 1829

前翅长1.9～10.5mm。体粗壮至很细，腹部端半多少侧扁。脸上缘通常具1横脊，中部下弯；颊在复眼与上颚之间有1条沟。单、复眼有时很大，但单眼通常小。上颚齿通常等长。胸腹侧脊上端远离中胸侧板前缘。小翅室通常大，肘间横脉等长，小脉与基脉相连，或者稍微位于基脉的外侧。后翅前缘脉端部有1～3个小钩；后小脉不曲折，后盘脉完全不存在。第1背板长约为宽的4.2倍，背板无侧纵脊，表面光滑或具稀疏刻点，极少有纵脊或纵皱。产卵管长是宽的2.2～13.5倍。

307. 盘背菱室姬蜂 *Mesochorus discitergus* (Say, 1836)

异 名 *Cryptus discitergus* Say, 1836；*Mesochorus fascialis nigristemmaticus*: Chu, 1933；*Mesochorus fascialis*: Chu, 1935。

特 征 见图2-384。

雌虫体长4.0～4.5mm。头、胸部黄褐色；复眼、单眼区黑色；触角柄节、梗节黄色，鞭节稍带暗褐色；中胸盾片3条黑色纵纹；并胸腹节基方大部黑色；翅透明，翅痣黄褐色。足黄褐色，后胫节两端、各跗节末端及爪黑褐色。腹部第1节背面黑褐色，但第2背板后半和第3背板前半形成1盘状黄褐色大斑，周围黑褐色。颜面和唇基间无沟，形成1宽而微凸的表面，其侧下方及颊具细刻条；触角窝下方横脊中央突然下凹；并胸腹节分区明显，中区五边形，分脊在中央稍前方。前翅小翅室菱形且大；后小脉不曲折，无后盘脉。爪具栉齿。腹部第1～3背板稍平；背面除第1节后柄部有细纵刻纹外，其余均光滑；第1节基侧凹大；第2背板长稍大于宽，基角有窗疤。雌虫产卵管鞘比第2腹节稍长；下生殖板大，侧面观呈三角形。

500μm

A. 整虫背面　　　　　　　　　　B. 整虫侧面　　　　　　　　　　C. 头部颜面

图2-384　盘背菱室姬蜂 *Mesochorus discitergus* 雌虫

寄　主　重寄生于螟蛉绒茧蜂、黏虫绒茧蜂、拟螟蛉绒茧蜂、稻纵卷叶螟绒茧蜂、弄蝶绒茧蜂、稻毛虫绒茧蜂、螟蛉脊茧蜂等。单寄生，从蜂茧内羽化。

分　布　世界广布。国内见于黑龙江、吉林、辽宁、内蒙古、北京、河南、山东、山西、陕西、江苏、浙江、安徽、江西、湖北、湖南、四川、福建、广东、广西、贵州、云南。国外分布于日本、印度、匈牙利、英国、奥地利、意大利、南非、美国、加拿大、墨西哥等国。

横脊姬蜂属 *Stictopisthus* Thomson, 1886

前翅长2.1～3.7mm。体中等粗壮，常扁平，腹部端半稍侧扁。脸上缘的1条横脊直，中部不弯曲。颊在复眼与上颚上关节之间有1条沟。单眼不大。上颚齿等长。胸腹侧脊上端折向前缘，达中胸侧板前缘的肿胀部位。并胸腹节气门圆。并胸腹节后端不超过后足基节中部。跗爪简单。小翅室大，肘间横脉约等长，小脉明显位于基脉外侧；后翅前缘脉端部具1钩，后小脉不曲折，后盘脉不存在。第1背板长是宽的2.2～3.1倍；无背侧纵脊或皱，表面通常是纵皱。产卵管鞘长是宽的3.3～7.0倍。

308. 中华横脊姬蜂 *Stictopisthus chinensis* (Uchida, 1942)

特　征　见图2-385。

雌虫体长2.7mm。体黄褐色，但触角褐色，并胸腹节基半、第2背板侧前方黑褐色；翅透明，翅痣黄褐色；足淡黄褐色，后足跗节藁黄色，各节端部带褐色。颜面宽，表面稍均匀隆起，刻点较大但不密；额及触角洼凹入深且光滑，中央有1宽的纵隆，正中还有1短而弱的中脊；头顶、上颊光滑，后头脊完整；触角27节（雌）或30节（雄）。前胸背板光滑；中胸盾片背面平坦，散生刻点；盾纵沟甚弱；小盾片平而光滑；中后胸侧板散生刻点；并胸腹节基区和中区愈合，有时有细皱划分，基中区长六角形，长约为宽的3倍，比端区长，分脊在后方1/3处。小翅室菱形，小脉明显在基脉外方；后小脉不曲折。后足腿节长为厚的3.3倍。腹部光滑；第1背板侧观背面弧形，气门刚在中央之后，后柄部端部1/3处有1条横沟，基部2/3有浅刻条。产卵管鞘长为后足胫节的4/5。

寄　主　重寄生于黏虫上的螟蛉盘绒茧蜂及桑绢野螟、巢蛾上的绒茧蜂，单寄生，从蜂茧内羽化。

分　布　国内见于浙江、江苏、辽宁。

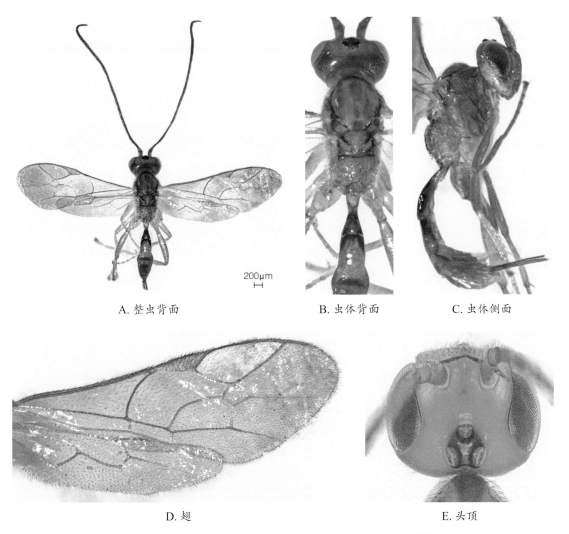

A. 整虫背面　　　　　B. 虫体背面　　　　　C. 虫体侧面

D. 翅　　　　　　　　　　E. 头顶

图 2-385　中华横脊姬蜂 *Stictopisthus chinensis* 雌虫

蚜蝇姬蜂亚科 Diplazontinae

前翅长 2.8～8.0mm。头和胸粗短，腹部粗短至长。唇基与脸之间有沟或凹痕分开，端部常薄，中央有 1 缺刻；上唇隐蔽；上颚短宽，上齿很宽，端缘有 1 缺刻或凿状凹缘，似将上齿分成 2 齿，下齿尖，比上齿略短。雄性鞭节通常有角下瘤。前沟缘脊消失或弱；盾纵沟短或消失；腹板侧沟短或缺；胸腹侧脊除两侧外消失；小盾片无侧脊；并胸腹节短，均匀隆起，常无脊，或有 1 个很大的端区，有时还有其他一些脊。跗爪简单。前翅小翅室有或无，若有则上方有柄；第 2 回脉有 1 个弱点；后小脉在中部或中部以下曲折，极少在中部以上曲折。腹部扁平，少数种类雌性侧扁；第 1 背板宽，基部宽，端部稍宽或更宽，气门位于中部前方，有基侧凹，通常小而浅。雌性下生殖板很大，横长方形；产卵管比腹部末端厚度短。

蚜蝇姬蜂亚科为食蚜蝇科的内寄生蜂，单寄生。产卵于食蚜蝇卵或初孵幼虫体内，至蛹期羽化。

本亚科全世界分布，本亚科已知20属304种；我国已知7属46种。本书介绍我国稻区常见的蚜蝇姬蜂属2种。

蚜蝇姬蜂属 *Diplazon* Viereck, 1914

盾纵沟在中胸背板前部明显；腹部后端数节背板后缘不凹陷，第3腹节气门生在背板上；腹部1～3节背板中央后方都有1条线沟。前翅无小翅室。雄性触角无角下瘤；脸粗糙，像鲨鱼皮，如较光滑，则无2条纵向浅凹。后足胫节黑白相间。

309. 花胫蚜蝇姬蜂 *Diplazon laetatorius* (Fabricius, 1781)

异　名　*Bassus laetatorius*: Li, 1935; *Ichneumon laetatorius* Fabricius, 1781。

中文别名　食蚜蝇姬蜂。

特　征　见图2-386。

雌虫体长5～7mm。头、胸部黑色；唇基、复眼内缘纵条、前胸后角、中胸盾片两侧前方、小盾片及后小盾片均黄色；触角鞭节黄褐色，柄节和梗节黑褐色。足赤褐色，前、中足转节及后足第2转节黄色；后足胫节基部黑色、中段黄白色，紧邻为黑褐色，近端部赤褐色；后足跗节黑

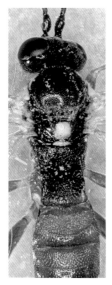

A. 整虫左侧背面　　　　B. 虫体背面　　　　C. 活雌虫侧面　　　　D. 翅

图 2-386　花胫蚜蝇姬蜂 *Diplazon laetatorius* 雌虫

褐色。翅透明，翅痣褐色，但翅痣基部黄色。腹部黑褐色，第1背板后方或全部，第2、3背板赤黄色。颜面宽，唇基平，端缘中央有缺口；上颚3齿，即上齿分为2小齿；上颊在复眼之后收窄；触角18节，鞭节端部稍膨大。小盾片方形、拱隆，后胸侧板中央隆起，近中足基节处有凹注。前翅无小翅室，小脉对叉式；后小脉在下方1/3处曲折。腹部扁平；第1～3背板具皱状粗刻点，近后缘有明显横沟（第1、2节横沟内有纵刻条），其后各节近于光滑，至端部略侧扁；第1背板长约等于端宽，近基侧角突出，背中脊达于横沟，后端近于平行，侧观在中央拱隆成1突起。产卵管鞘短，不露出腹端。

寄　主　寄生黑带食蚜蝇、短刺刺腿食蚜蝇、大灰食蚜蝇、凹带食蚜蝇及狭带食蚜蝇等20多种食蚜蝇。单寄生，产卵于卵或初龄幼虫，从蛹内羽化。

分　布　国内见于浙江、黑龙江、辽宁、内蒙古、河北、山西、陕西、山东、河南、宁夏、甘肃、新疆、江苏、安徽、江西、湖北、湖南、四川、台湾、福建、广东、广西、四川、贵州、云南等全国各地，全世界广布。

310. 四角蚜蝇姬蜂指名亚种 *Diplazon tetragonus tetragonus* (Thunberg, 1822)

异　名　*Ichneumon tetragonus* Thunberg, 1822。

特　征　见图2-387。

雌虫体长5～7mm。体黑色，但眼眶、唇基、前胸背板肩角、小盾片、后小盾片、翅基片、翅基下脊、中胸后侧片上方均黄色，第1背板后缘、有时第2、3背板后方为黄褐色或黄色；翅透明；翅痣淡褐色，翅痣基部淡黄色；前中足基节鲜黄色，其余淡赤黄色；后足基节、腿节、距、转节黄色，胫节中央约2/3黄白色，胫节基部和端部约1/3、跗节黑褐色。颜面宽，唇基端缘中央有缺刻；上颊在复眼之后弧形收窄，触角19节。小盾片均匀隆起，并胸腹节短，端横脊之前多具刻点，之后有不规则皱纹；中区（连基区）横长方形；第1、2侧区合并，在外下角略凹，有皱状刻条。前翅无小翅室；小脉后叉式，有些内斜；后小脉在下方2/5处曲折。腹部扁平，第1～4节背板具点状网皱，亚端部有横沟；第1背板长约等于端宽，背中脊伸至横沟处。产卵器短，不露出腹末。

寄　主　食蚜蝇科。单寄生，从蛹内羽化。

分　布　国内见于浙江、黑龙江、辽宁、湖南、福建、贵州。国外分布于朝鲜、奥地利、捷克、丹麦、英国、法国、德国、匈牙利、爱尔兰、意大利、荷兰、瑞典。

A. 整虫背面　　　　　　B. 虫体背面　　　　　　C. 腹部侧面

D. 翅　　　　　　　　　　E. 头部颜面

图 2-387　四角蚜蝇姬蜂指名亚种 *Diplazon tetragonus tetragonus* 雌虫

栉姬蜂亚科 Banchinae

前翅长 1.8～16.0mm。体健壮至很细。唇基几乎均有沟与颜面分开，端缘无缨毛，形状不定，但绝无中齿。上颚2齿。雄性无角下瘤。腹板侧沟无或短；胸腹侧脊缺如；后胸侧板下缘脊完整，或仅在前方存在，前部通常延长呈发达叶状。并胸腹节通常有端横脊且发达，常仅此1脊，有时更多或全无。小翅室有或无，若有，则上方通常尖。腹部扁平或侧扁；第1节有基侧凹。雌性下生殖板大，突出，侧观呈三角形，端部几乎均有1中凹；产卵管小而短至长为后足胫节的5倍；产卵管端部几乎都有1亚端背缺刻，下瓣无齿（除极少在最端部有弱齿）。

栉姬蜂亚科常产卵于鳞翅目低龄幼虫体内，并在幼虫期成熟而钻出结茧，绒脸姬蜂属 *Stilbops*（本书未录入）产卵于长角蛾科卵内，寄主结茧后再钻出化蛹。

本亚科较大，全世界分布。本书介绍我国稻区常见的细柄姬蜂属1种。

细柄姬蜂属 *Leptobatopsis* Ashmead, 1900

前翅长5.3～12.5mm。体细或很细。后头脊上方一部分或全部没有。中胸盾片通常有中等大小、中等密的强刻点。从后方观，后足基节基部之间后胸腹板上有1对向内合拢的齿。第1节背板气门近于中央，有时在端部9/20处。产卵管鞘长为后足胫节的1.5～3.0倍。

本属分布于印度和古北区东部。寄主仅知在我国寄生于鳞翅目螟蛾科幼虫，在体外结茧，单寄生。

311. 稻切叶螟细柄姬蜂 *Leptobatopsis indica* (Cameron, 1897)

异　名　*Cryptus indicus* Cameron, 1897。

特　征　见图2-388。

雄虫体长约8mm；前翅长5mm。体黑色，前翅末端有1个大形烟褐色斑；腹部黑褐色，唇基、上颚额的两侧、中胸盾片前缘两侧、小盾片（除基方外）、翅基下脊、后翅基部下方、腹部第1～3背板基方以及第2、3背板端缘浅黄色，第6节以后各节背板白色；足赤色，但前足和中足基节黄色，后足腿节端部黑色，胫节基部和第1跗节基半部浅黄色。腹部第1节细长如柄，以后各节向末端渐粗大，下生殖板大形；产卵管鞘几与腹部等长。颜面稍向下扩张，触角长为前翅的1.3倍，42节，鞭节在基部稍细，第1鞭节长为第2鞭节的2倍。前胸无盾纵沟；小盾片隆起，光滑，后胸侧板下缘脊强。前翅小翅室四边形，具柄，小脉前叉式；后小脉在下方2/5处曲折。足细

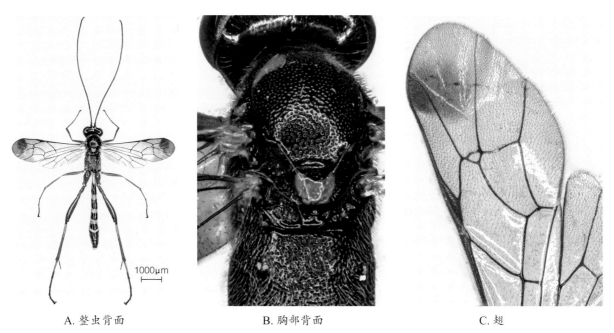

A. 整虫背面　　　　　　　　　B. 胸部背面　　　　　　　　　C. 翅

图2-388　稻切叶螟细柄姬蜂 *Leptobatopsis indica* 雄虫

长，前中足跗爪有栉齿。腹部第1节背板细长，长为端宽的3.8倍，光滑，第2、3背板长均大于端宽，表面具极细刻点，第4及以后各节侧扁且渐宽，近于光滑。下生殖板三角形，大，突出于腹端；产卵管鞘长为后足胫节的1.65倍。

寄 主 三化螟、稻纵卷叶螟、稻显纹纵卷叶螟、稻切叶野螟和竹织叶野螟幼虫。单寄生。

分 布 国内见于浙江、陕西、江西、湖北、湖南、四川、台湾、福建、广东、广西、贵州、海南、香港、云南。国外分布于日本、菲律宾、马来西亚、缅甸、泰国、印度尼西亚、新加坡、印度、斯里兰卡、澳大利亚。

拱脸姬蜂亚科 Orthocentrinae

前翅长1.7～4.7mm；偶有短翅。脸和唇基共同形成1个强度突出的区域。触角柄节圆柱状，长为宽的1.8～2.8倍。额无脊、隆堤或瘤突；常有颊沟；后头脊常缺。头和胸粗壮；腹部粗短至长而扁平，或雌性腹末端多少侧扁。上颚细弱，有1或2齿，有2齿时下齿比上齿小。雄性鞭节偶有角下瘤。无前沟缘脊；盾纵沟短或缺；腹板侧沟很短或缺；胸腹侧脊常两侧存在，有时缺，或完整；中胸侧板后横脊常不完全。并胸腹节端区大，四周有脊，中纵脊和侧纵脊常存在，缺分脊，或全无脊。胫节端部外侧有1小齿，跗爪简单。前翅小翅室有或无。腹部第1背板气门在中部前方，有基侧凹；第2、3背板折缘完全，第3背板折缘部分被褶所分开，第4及以后背板折缘宽，不被褶分开。雌性下生殖板大，骨化，沿中线曲折；产卵管鞘通常比腹端厚度短，或极少数较长；产卵管直或向上弯，亚端部有或无缺刻，下产卵瓣端部常无齿。

拱脸姬蜂亚科在全世界均有分布，但主要分布在全北区。寄主为蕈蚊科和瘿蚊科的昆虫。

本亚科在我国目前仅知3属，但实际上为数众多，尚需进一步研究。本书介绍我国稻区常见的拱脸姬蜂属1种。

拱脸姬蜂属 Orthocentrus Gravenhorst, 1829

前翅长2.2～4.7mm。唇基与脸同一弧度弯曲，端部稍凸，与上颚紧接；上唇不外露；上颚下齿比上齿短得多，或仅有1齿，且常退化、互不相接。中胸盾片毛均匀分布，中等密至稀。盾纵沟常有，达盾片的1/4处，沿盾纵沟前缘有1条细脊，常比盾纵沟本身更明显；胸腹侧脊侧方存在，腹侧方和腹方缺；并胸腹节常有外侧脊、侧纵脊、中纵脊及端横脊。小翅室有或无，若有，则很阔、无柄。后小脉常内斜，有时垂直，通常在中部下方曲折。腹部毛密或稀；产卵管鞘除最基部外有毛,长的短于腹末高度(少数种类例外);产卵管直或上曲。

312. 褐足拱脸姬蜂 *Orthocentrus fulvipes* Gravenhorst, 1829

特征　见图2-389。

雄虫体长4.5mm,前翅长3.7mm。体黑褐色,但颜面、唇基、颊、口器、触角柄节、梗节下方、前胸背板后角、前胸侧板下方、翅基片、翅基部为黄色;触角鞭节背面褐色,腹面黄色,且颜色逐节加深;腹部第2、3节背板后缘狭条黄褐色。翅透明,翅痣及翅脉黑褐色。前中足黄色;后足浅褐色,转节和胫节基部颜色较浅。颜面均匀隆起,唇基端缘突出;颊沟明显、微弯,长为上颚基部宽度的4倍;额光滑;头顶在单眼之后陡斜,上颊在复眼之后收窄。触角比前翅稍长,鞭节30节,至端部渐尖,柄节长柱形,第1鞭节长为第2鞭节的1.5倍。前翅小翅室五角形;小脉后叉式;亚盘脉从外小脉下方伸出,后小脉内斜,在近下端处稍微曲折。腹部稍扁平;第1、2节背板长分别为端宽的2倍和1倍,表面具粗刻纹;足粗壮,后足基节明显粗大,侧面观其厚度大于腹部侧面厚度的2倍;第1节背板背中脊伸达后缘附近,第2节背板背中脊仅在基部存在;第3节背板基部有模糊刻点,其余背板几乎光滑。

寄主　未知。

分布　国内见于辽宁、台湾、云南。国外分布于日本、俄罗斯、乌克兰、英国、荷兰、挪威、波兰、立陶宛、奥地利、比利时、保加利亚、克罗地亚、芬兰、法国、德国、瑞士、瑞典、匈牙利、爱尔兰、西班牙、土耳其。

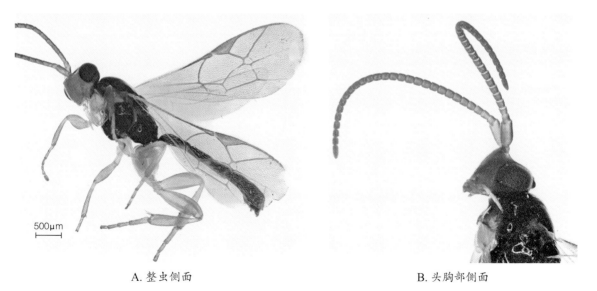

500μm

A. 整虫侧面　　　　　　　　　　　B. 头胸部侧面

图2-389　褐足拱脸姬蜂 *Orthocentrus fulvipes* 雄虫

高腹姬蜂亚科 Labeninae
（曾用名：唇姬蜂亚科 Labiinae）

前翅长 2.5～22.0mm。体壮至细长。唇基与颜面间有沟分开，端缘无齿，上唇明显露出端部之外。上颚 2 齿，颚须、唇须均为 4 节。触角圆柱形，端部或稍扩大或尖，无角下瘤。中胸腹板后横脊不存在。并胸腹节通常分区，气门通常长形。腹部在并胸腹节着生处较高。第 2、3 背板光滑或稍有刻纹；折缘常相当宽且有褶与背板分开。产卵管常相当长，无端前背缺刻，下瓣端部有齿。

高腹姬蜂亚科分 4 族，含有若干可能是缘系不接近的属，寄主甚为复杂，寄生在蜂巢、虫瘿、草蛉茧内或蛀木甲虫上等。

本亚科大多发现于大洋洲及新热带区。我国仅发现草蛉姬蜂属 Brachycyrtus 中 1 种，在稻区较常见。

草蛉姬蜂属 Brachycyrtus Kriechbaumer, 1880

前翅长 3.3～9.0mm。上颚端部中等宽；上齿宽；上颊非常短。中胸盾片相当平；盾纵沟在中胸盾片前缘呈点状凹痕。雌性前、中足跗爪简单。小脉在基脉外方，二者间距离约与小脉等长；无小翅室；第 2 回脉 1 个气泡。第 1 节背板近基部无瘤，亦无背侧脊。第 2、3 节背板折缘宽，有褶分开。产卵管鞘长约为前翅的 1/4；产卵管端部背瓣在背结处厚而圆，而后突然变尖；下瓣渐尖。

313. 强脊草蛉姬蜂 Brachycyrtus nawaii (Ashmead, 1906)

异　名　*Proteroarsprus nawaii* Ashmead, 1906。

特　征　见图 2-390。

雌虫体长约 5.5mm。体黑色，有光泽，但额（除触角窝 2 圆斑或相连的 1 斑）、颜面、唇基、复眼后眶、颊、柄节腹面、前胸背板上缘、中胸盾片 2 纵条、翅基片、小盾片、后小盾片、中胸侧板方形大斑、并胸腹节除基缘和端区中央、后胸侧板除前缘和下缘（有时并胸腹节和后胸侧板全黑）、腹部各节后缘、前中足、后足（除基节黑及转节基部、腿节近端部上方、胫节基部和端部黑褐外）均黄色或黄白色，雄虫与雌虫相似，仅胸部侧板为黑色。头横形，几乎呈双凸透镜状；颜面较平坦；上颊狭且向后倾斜。复眼在触角窝处短距离深凹，凹入处外方还有 1 短纵脊。触角 27 节。胸部拱起具粗刻点；前胸在背面看不见，前沟缘脊发达，伸至背缘并有些突出；中胸盾片呈圆形，均匀拱起；小盾片均匀隆起。前翅外方甚宽；小翅室外方开放；小脉在基脉很外方，此两脉之间的盘脉增粗；第 2 盘室甚大；后小脉在中央曲折。足胫节较短。腹部细长，长为头胸部之和的2倍，两端细瘦，中央稍粗；第1背板光滑，背腹板完全愈合，后端稍向上弯；以后各背板具细刻点和白毛；第2、3背板折缘宽。雌虫产卵管鞘长为后足胫节的1.2倍。

寄　主　大草蛉等昆虫的茧。单寄生。

分　布　国内见于浙江、河北、陕西、江西、湖北、四川、福建、广东、台湾。国外分布于日本、印度、菲律宾、美国。

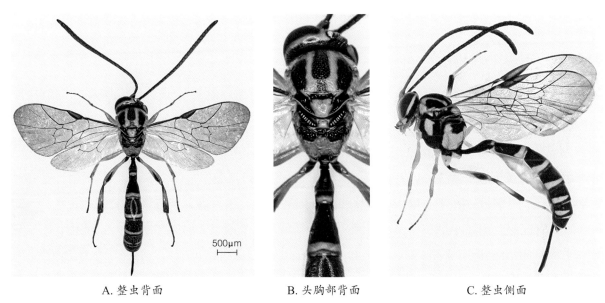

A. 整虫背面　　　　　　B. 头胸部背面　　　　　　C. 整虫侧面

图 2-390　强脊草蛉姬蜂 *Brachycyrtus nawaii* 雌虫

短须姬蜂亚科 Tersilochinae

下颚须4节，下唇须3节；唇基宽，端缘具平行的长毛；翅痣大，约呈三角形；前翅基脉前端靠近翅痣粗大，两段径脉形成直角；无小翅室；后翅后中脉强烈弯曲，非常弱化或消失；后小脉通常不曲折。

短须姬蜂亚科主要为鞘翅目象甲科、叶甲科、负泥虫科、天牛科的内寄生蜂，单寄生。部分属为膜翅目姬蜂或者茧蜂的重寄生蜂。

本亚科含22属，我国已知5属。本书介绍我国稻区常见的短须姬蜂属1种。

短须姬蜂属 Tersilochus Holmgren, 1859

头较宽；胸部短；腹柄非常细长。上颚上端齿长于下端齿；下颚须和下唇须延长呈短舌状。

上颊和中胸盾片的刻点非常细弱或不清晰。触角鞭节15～30节。中胸侧板横沟斜伸，与水平夹角约45°；胸腹侧脊抵达中胸侧板前缘。并胸腹节端区较大，它的侧面具1小端区；具基区；端区和并胸腹节基部之间具2短纵脊；气门靠近外侧脊，二者之间有1脊连接。前翅第2回脉位于肘间横脉的外侧，肘间横脉合并；后中脉端部较拱起；后小脉垂直或稍外斜。后足胫节的长距约为基跗节长的1/3；爪无栉齿。腹部第1节背板柄部非常细长；基侧凹非常小，位于背板中部之后，稍在气门的前下侧；窗疤长不大于宽。产卵器鞘长通常为后足胫节长的0.7～2.5倍。

314. 东方短须姬蜂 *Tersilochus orientalis* (Uchida,1942)

特 征 见图2-391。

雌虫长约5.0mm；前翅长约3.5mm。头、胸部和腹部第1节黑色；触角柄节和梗节黄褐色，鞭节黑褐色；下颚须、下唇须、上颚、唇基端部和翅基片黄色；翅痣暗褐色；足黄色；腹部第1节之后主要为黄褐色，第2～4节背面和侧面前部褐色至暗褐色，后部黄褐色。上颚粗，基部具清晰的刻点，上端齿远长于下端齿；上颊圆弧形向后收敛。触角鞭节向端部稍变细；鞭节21～24节。后头脊完整。前翅小脉位于基脉外侧；翅痣宽短，无小翅室，肘间横脉合并、增粗，两段径脉几乎成直角汇合于肘间横脉处，外小脉内斜，后小脉不曲折。足细长，后足胫距端部稍弯曲；爪强烈弯曲，无栉齿。腹部第1节背板长约2.9倍于端宽、光滑；第2节背板稍呈横，或其长约与基部宽相当。产卵器鞘长约2倍于腹部第1节背板长，2.3倍于后足胫节长。

寄 主 重寄生蜂，从黏虫白星姬蜂茧中羽化。

分 布 国内分布于浙江、福建、辽宁。

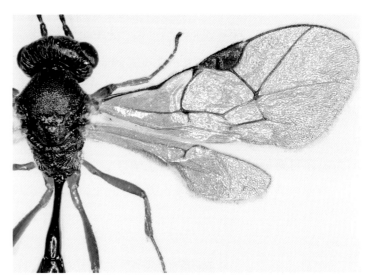

A. 整虫背面　　　　　　　　　　　　　　B. 翅与头胸部背面

图2-391　东方短须姬蜂 *Tersilochus orientalis* 雌虫

（四）广腹细蜂总科 Platygastroidea

以往广腹细蜂作为一个科划分在细蜂总科内。近年来，科学家偏向于将广腹细蜂从细蜂总科中独立出来，提升为广腹细蜂总科（何俊华和许再福，2015），本书采用该系统。广腹细蜂总科的主要特征是微小型至小型，体长一般不超过3mm，但少数可达8mm；体色通常较暗，部分为红黄至黄褐色。触角窝与唇基背缘相连，若分离其距离小于触角窝直径，触角不多于12节。前胸背板两侧向后延伸，达到或几乎达到翅基片；无小盾片横沟；如有三角片，则与小盾片主表面不在同一水平线上。前翅无封闭的翅室，只有1～2条翅脉，痣脉存在或不存在；后翅无臀叶。前足胫节只有1距。腹部无柄状节，第1节前侧角近于直角，腹部两侧尖钝或有明显的侧缘。

本总科种类繁多，是仅次于姬蜂总科、小蜂总科的第3大寄生蜂总科，全世界分布，均为寄生蜂，多为初寄生蜂，也有重寄生蜂。目前全世界已知该总科寄生蜂主要为广腹细蜂科和缘腹细蜂科，约236属超过5300多种（Branstetter et al.，2018）。我国除了对黑卵蜂属的寄生蜂有过较为详细的分类和生物习性的研究，其他大部分科属研究不多，然而该总科下的一些类群如缘腹细蜂属、粒卵蜂属、窄盾卵蜂属等在稻田及其周边环境中大量分布，其中部分种虽已初步了解其寄主，但大部分种类的寄主和寄生习性均尚未知，有待进一步研究。

缘腹细蜂科 Scelionidae

微小至小型，体长0.5～6.0mm。体大多暗色，有光泽、无毛。触角膝状，着生在唇基基部，两触角窝距离很近；雌虫11～12节，偶有10节，末端数节通常形成棒形，棒节愈合时亦有7节的；雄虫12节，丝形或念珠形，但寄生于蝗虫卵的缘腹细蜂属Scelio仅10节。盾纵沟有或无；并胸腹节短，常有尖角或刺。有翅，偶尔无翅；前翅一般有亚缘脉、缘脉、后缘脉及痣脉，无翅痣。足正常，各足胫节1端距，前足胫节距分叉。腹部无柄或近于无柄，卵圆形、长卵圆形或纺锤形，稍扁；腹两侧有锐利的边缘或具有隆脊；以第2、3腹节的背板最长。

缘腹细蜂科寄生蜂可寄生昆虫及蜘蛛的卵，可寄生昆虫包括鳞翅目、半翅目、直翅目、鞘翅目、双翅目、纺足目、脉翅目及膜翅目（蚁）；寄主多数为害虫，对某些害虫有很大控制作用，但也有些黑卵蜂寄生益虫（如草蛉）的卵，有时寄生率很高。绝大多数种类为初寄生，个别种可为兼性重寄生。许多种为单寄生，但会因寄主状况而异，如黑卵蜂寄生大粒卵时可聚寄生。尽管大多数黑卵蜂为单寄生，但不少种类却寄生成堆产的寄主卵。

本科的食性相当专化，许多种类仅限于寄生一种寄主，仅有少数种寄生一个科或几个科的寄主卵，但迄今未发现能寄生不同目昆虫卵的种类。不同亚科及属常有不同的寄主类群，表2-3列出了主要的对应关系。

表2-3　缘腹细蜂科不同亚科或属的主要寄主类群

缘腹细蜂科		主要寄主
黑卵蜂亚科 Telenominae	黑卵蜂属 *Telenomus*	鳞翅目
	沟卵蜂属 *Trissolcus*	半翅目
缘腹细蜂亚科 Scelioninae	缘腹细蜂属 *Scelio*	直翅目
	粒卵蜂属 *Gryon*	半翅目
	常腹卵蜂属 *Idris*、窄盾卵蜂属 *Baeus*	蜘蛛目
剑卵蜂亚科 Teleasinae		鞘翅目

本科由寄主携带传播（寄附）现象较常见。如鳞黑卵蜂 *T. gracilins* 雌虫春季能找到枯叶蛾蛹，待其羽化后爬到刚羽化的成蛾身上，藏匿在它胸部浓密的柔毛中，能待5～6个月，直到寄主产卵时再寄生。螳黑卵蜂 *Mantibaria manticida* 爬附于欧洲螳螂体上，当螳螂产卵时就下来在刚产下的新鲜卵粒上产卵。三化螟身上、蝽象身上和蝗虫节间膜处也有黑卵蜂寄附现象。黑卵蜂一般只能成功地寄生比较新鲜的卵。

本科全世界分布，种类繁多，是个大科，下分黑卵蜂亚科 Telenominae、剑细蜂亚科 Teleasinae 和缘腹细蜂亚科 Scelioninae 3个亚科，全世界已知168属2696种；我国种类也很多，但多未深入研究，仅黑卵蜂属 *Telenomus* 做过一些工作（何俊华等，2004）。本书介绍了我国稻区常见缘腹细蜂9属18种。

中国常见缘腹细蜂科天敌的分属检索表

（改自：Masner，1980）

1. 腹部第2背板明显为最长一节，不短于其后各节之和，是第3背板的好几倍长，且背板侧缘甚阔，与腹板接触不紧密，无亚缘沟；触角式（雌-雄触角节数）11-12，甚少10-12（黑卵蜂亚科 Telenominae）·· 2

　腹部第2背板通常不是最长一节，如长于第3背板则背板侧缘甚窄、紧贴腹板，并有亚缘沟，触角式通常12-12，甚少7-11或9-12等 ······························· 3

2. 复眼具毛；头和小盾片几乎光滑；后翅较狭，缘毛至少长于翅最宽处的1/2；腹部明显长大于宽 ·· 黑卵蜂属 *Telenomus*

　复眼裸；头和小盾片具刻纹；后翅较宽，缘毛长至多为翅最宽处的1/4；腹部长等于宽或稍长

于宽 ⋯⋯⋯⋯⋯⋯⋯⋯⋯⋯⋯⋯⋯⋯⋯⋯⋯⋯⋯⋯⋯⋯⋯ 沟卵蜂属 *Trissolcus*

3. 侧单眼间距至多与单复眼间距等长，通常短得多，且腹部第3节背板常是最长一节；前翅前缘脉比痣脉长好几倍；后缘脉退化或缺如（剑细蜂亚科 Teleasinae）。小盾片、后胸及并胸腹节具尖锐长刺；腹部第1节明显收窄呈柄状 ⋯⋯⋯⋯⋯⋯⋯⋯⋯ 细颈黑卵蜂属 *Trimorus*

侧单眼间距通常比单复眼间距长，如果等长或更短（甚少），则第3腹节背板不是最长一节，或前翅前缘脉比痣脉短，且后缘脉长于缘脉或缺如（缘腹细蜂亚科 Scelioninae）。小盾片、后胸及并胸腹节具尖长刺；第1腹节明显收窄，第3腹节最长、最宽 ⋯⋯⋯⋯⋯⋯⋯⋯⋯⋯⋯⋯⋯ 4

4. 侧单眼间距近等于或小于单复眼间距，体明显侧扁；头部额中央具凹脊；雌雄触角均为12节，柄节通常明显膨大，雌虫柄节端部形成犄角状 ⋯⋯⋯⋯⋯ 扁体缘腹细蜂属 *Platyscelio*

侧单眼间距大于单复眼间距，体正常不侧扁 ⋯⋯⋯⋯⋯⋯⋯⋯⋯⋯⋯⋯⋯⋯ 5

5. 雄蜂触角常10节；前翅缘脉短，并在痣脉处膨胀；后翅亚缘脉不完整，桩形；腹部短，第2、3背板约等长，节间几乎直，第5、6背板横形 ⋯⋯⋯⋯⋯ 缘腹细蜂属 *Scelio*

雌雄触角不为10节；前翅缘脉不在痣脉处膨胀 ⋯⋯⋯⋯⋯⋯⋯⋯⋯⋯⋯⋯ 6

6. 体窄长，腹部明显长于头胸部之和；头长宽近相等；雌雄触角式为12-12，雄虫触角第5节常有角下瘤；中胸具2条盾纵沟，在后缘逐渐靠拢但不相交；腹部2～4节长度相当，末节圆钝或尖锐 ⋯⋯⋯⋯⋯⋯⋯⋯⋯⋯⋯⋯⋯⋯⋯⋯⋯⋯⋯⋯⋯⋯ 蟊卵蜂属 *Macroteleia*

体宽圆，腹部不长于头胸部之和 ⋯⋯⋯⋯⋯⋯⋯⋯⋯⋯⋯⋯⋯⋯⋯⋯⋯⋯ 7

7. 雌雄触角式为12-12；前翅后缘脉较长，长于痣脉和缘脉；雌虫触角棒节6节，膨大；额具触角洼；腹部通常第2节最长，偶有第1、2节等长，第1～3节背板具明显较宽的光滑间隔带，其后间隔较窄 ⋯⋯⋯⋯⋯⋯⋯⋯⋯⋯⋯⋯⋯⋯⋯ 粒卵蜂属 *Gryon*

雌雄触角式为11-12；前翅后缘脉短或不存在；雌虫触角棒节分节不明显 ⋯⋯⋯⋯⋯⋯ 8

8. 腹部宽圆，第1节极窄，几乎不可见；第2节背板最长，几乎占腹部4/5；雌雄虫常无翅；如有翅，前翅缘脉极短，具后缘脉 ⋯⋯⋯⋯⋯⋯⋯⋯⋯⋯ 窄盾卵蜂属 *Baeus*

腹部明显侧扁，第1节正常，第2、3节几乎等长；前翅缘脉长，无后缘脉 ⋯⋯⋯⋯⋯⋯⋯⋯⋯⋯⋯⋯⋯⋯⋯⋯⋯⋯⋯⋯⋯⋯⋯⋯⋯⋯⋯ 常腹卵蜂属 *Idris*

黑卵蜂亚科 Telenominae

　　黑卵蜂亚科是缘腹细蜂科中最常见的亚科，其体色通常较暗，微小至小型，一般不超过3mm。胸腹都比较圆，腹部第2背板明显最长，不短于以后各节之和，是第3背板长的几倍，且背板侧缘甚阔，与腹板接触不紧密，无亚缘沟。触角式11-12，甚少10-12；雌虫末端4～6节常形成长棒节。

黑卵蜂属 *Telenomus* Haliday, 1833

复眼具毛，头横宽，不窄于胸部，头部和小盾片几乎光滑；后翅较狭，缘毛是翅最宽处的1/2以上；腹部长明显大于宽，第1腹节基部明显收窄，窄于并胸腹节，背板布满粗而明显的纵刻纹；第2腹节最长且最宽，背板光滑，其长常超过后续各节之和。

本属全世界广泛分布，主要寄生鳞翅目、半翅目昆虫的卵；通常为单寄生，寄主专一，每种寄生蜂只有1种寄主。

315. 二化螟黑卵蜂 *Telenomus chilocolus* Wu et Chen, 1979

异　名　*Telenomus* sp. Chu et He，1979。

特　征　见图2-392。

雌虫体长0.58～0.65mm。体褐色至黑褐色，初羽化时体色较淡，后变暗；足褐色，转节、腿节两端、胫节两端、第1～4跗节均淡黄色。头宽为长的2倍，略宽于胸部。触角11节，第7～11节组成棒状部，其中第7节最短，宽为长的2倍；第9～10节等长，第11节最长。头顶后缘具细网纹，无脊。腹部椭圆，短于头及胸之和；第2背板后缘最宽，长宽相等，第1～2背板基部具纵脊沟，余各节光滑。

寄　主　二化螟卵。

分　布　国内见于浙江、江西、湖北、湖南、四川、福建、广东。

A. 整虫侧面　　　　　　　　B. 虫体背面　　　　　　　　C. 寄生于二化螟卵块

图2-392　二化螟黑卵蜂 *Telenomus chilocolus* 雌虫

316. 等腹黑卵蜂 *Telenomus dignus* Gahan, 1925

异 名 *Phanurus dignus* Gahan, 1925。

特 征 见图2-393。

雌虫体长约0.74mm。触角黑褐色，梗节腹面及柄节基部黄褐色；足基节黑色，余黄褐色。头宽约为长的2倍。触角11节，索节3节，棒节6节；柄节长为宽的4倍；梗节长为宽的2倍；第3、4节长明显大于宽，二者明显长于第5节，后者长仅稍大于宽；第6节显著增大，第6～10节宽相近，但第11节迅速收窄，呈三角形。胸部长，小盾片半圆形。后足胫节长为基跗节的2倍。腹部近等长于头与胸之和，第1、2节背板基部各具10～12条纵脊，余各节光滑。

寄 主 三化螟卵；单寄生，一般只能寄生于卵块表层卵粒。

分 布 国内见于浙江、江苏、安徽、江西、湖北、湖南、四川、台湾、福建、广东、海南、广西、贵州、云南。国外分布于菲律宾、印度、巴基斯坦。

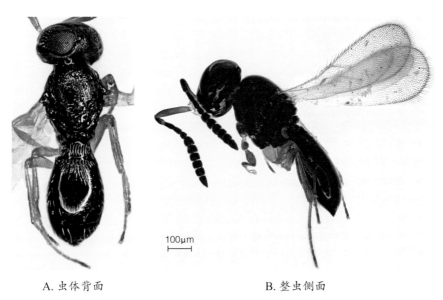

100μm

A. 虫体背面　　　　　　　　　B. 整虫侧面

图2-393　等腹黑卵蜂 *Telenomus dignus* 雌虫

317. 稻螟小黑卵蜂 *Telenomus gifuensis* Ashmead, 1904

特 征 见图2-394。

雌虫体长1.4～1.5mm。体黑色；足、上颚和触角柄节基部均黄色，梗节、索节黑褐色。头横宽，宽于胸；额几乎光滑，有光泽；头顶具细刻点；复眼大且毛多。触角细长，11节，索节4节，棒节5节；第3节长显著大于宽，且明显长于第4～5节，第6节近圆形，第8节明显增大，第8～10节宽均稍大于长，第11节端部收窄呈长三角形。中胸背板密生网状刻点，小盾片光滑而有

光泽；后小盾片中部半月形隆起，具皱纹。腹部长大于宽，第1、2节背板具纵脊；产卵管伸出腹部末端。

雄虫体黑色，仅足和触角柄节黄色；触角12节、细长，第3～5节长均大于宽，第6～11节念珠状，第12节呈锥形。

寄　主　稻黑蝽、斑须蝽、碧蝽和广二星蝽的卵；单寄生。

分　布　国内见于浙江、山东、江苏。国外分布于日本。

A. 雌虫背面　　　　　　　　　　B. 雄虫背面

图 2-394　稻蝽小黑卵蜂 *Telenomus gifuensis*

318. 长腹黑卵蜂 *Telenomus rowani* (Gahan, 1925)

异　名　*Phanurus rowani* Gahan, 1925。

特　征　见图 2-395。

雌虫体长0.78～0.98mm。触角柄节、梗节腹面黄褐色，其余各节黑褐色。足黄色，端跗节黑褐色。头宽为长的2倍；与胸宽相等。复眼不达头的后缘；头顶具微网纹。触角11节，第3～6节近等宽，第7～10节逐渐膨大，第11节端部收窄。胸部长宽相等；小盾片半月形，具细刻纹和稀的短毛。腹部尖叶形，长超过头及胸之和，窄于头胸部；第1腹节背板基缘具8～10条细小而不规则的短纵纹；第2背板基部具13～15条纵脊沟；腹部末端收窄。产卵器明显伸出腹部末端。

寄　主　三化螟卵；单寄生。

分　布　国内见于浙江、江苏、安徽、江西、湖北、湖南、四川、台湾、福建、广东、海南、广西、贵州、云南。国外分布于越南、菲律宾、印度、马来西亚。

A. 整虫侧面　　　　　　　　　　　B. 虫体背面

图 2-395　长腹黑卵蜂 *Telenomus rowani* 雌虫

319. 松毛虫黑卵蜂 *Telenomus dendrolimi* (Matsumura, 1925)

异　名　*Holcaerus dendrolimi* Matsumura, 1925。

特　征　见图 2-396。

雌虫体长 0.84～1.26 mm。体黑色；触角及足黑褐色；足转节、腿节两端、胫节和跗节均黄褐色，各足端跗节黑褐色。头略宽于胸，横形，宽为长的 3 倍；额光滑，仅具网状细纹；头顶具粗

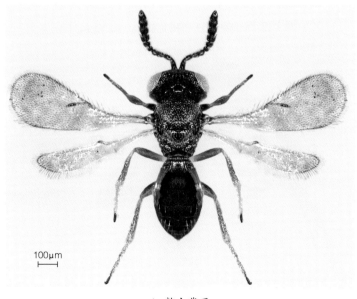

A. 整虫背面　　　　　　　　　　　B. 触角

图 2-396　松毛虫黑卵蜂 *Telenomus dendrolimi* 雌虫

刻点，后头向内凹。复眼有毛，两侧单眼靠近复眼眼缘。触角着生于颜面中央下方，10节，棒节5节；第2节长于第3节，第5节念珠状，第6节开始膨大，第7～9节近等宽，第10节端部收窄。腹部长椭圆形，窄于头部，其长度不及头胸部之和，第1、2背板基部各具约10条纵脊沟。

寄　主　马尾松毛虫、油松毛虫、赤松毛虫、思茅松毛虫、落叶松毛虫等的卵；聚寄生。

分　布　国内见于浙江、江苏、安徽、江西、湖北、湖南、四川、福建、广东、广西、贵州、云南、河南、山东、河北、辽宁。国外分布于日本、朝鲜。

沟卵蜂属 *Trissolcus* Ashmead, 1893

头很宽，通常较窄，头宽度约为长的3～5倍，头部近等宽于胸部，复眼裸；头和小盾片不光滑，具明显的刻纹；后翅较宽，缘毛长不超过翅最宽处的1/4。腹部长等于宽或稍长于宽，不长于胸部；第1腹节背板基部略收窄，不窄于并胸腹节末端，背板具粗而明显的纵刻纹；第2腹节是最长的一节，长度通常大于其他所有各节背板之和；腹部侧面不具侧脊，背板表面不光滑。

本属全世界广泛分布；主要寄生半翅目昆虫的卵，通常为单寄生。

320. 稻蝽沟卵蜂 *Trissolcus mitsukurii* (Ashmead, 1904)

异　名　*Telenomus mitskurii* Ashmead, 1904。

特　征　见图2-397。

雌虫体长约1mm。体黑色；触角棒节黑褐色，其余黄褐色；足黄褐色，基节均黑色。头宽约为长的3.5倍，略阔于胸。触角11节，棒节5节；第3节（第1索节）近等长于第2节（梗节），第

A. 虫体背面　　　　　　　　　　　　　　B. 整虫侧面

图2-397　稻蝽沟卵蜂 *Trissolcus mitsukurii* 雌虫

7～10节近等宽、显著膨大、第11节端部收窄呈三角形。胸部宽厚，中胸盾片拱起，高于头部，有网状皱褶，在盾纵沟间呈纵皱；小盾片刻点细而浅。腹部宽扁，第2背板宽大于长，且最长，长度大于其他各节之和；第1背板及第2背板基部2/3处有纵脊沟。产卵器露出腹部末端。

寄　主　稻褐蝽、花角缘蝽、稻绿蝽、碧蝽、斑须蝽的卵；单寄生。

分　布　国内见于浙江、安徽、江西、湖北、湖南、四川、福建、广东、广西、贵州、云南、山东、河南。

321. 沟卵蜂 *Trissolcus* sp.

特　征　见图2-398。

雌虫体长1.1～1.2 mm。体黑色，触角除柄节基部、梗节端部黄褐色外，均为黑色；足除基节黑色外均为黄色。头横形，稍宽于胸；额、头顶具鳞状网皱，侧单眼之间无脊；复眼裸无毛；上颚3齿。触角细长，11节，棒节6节；第3节与第2节等长，长为端宽的2倍，为第4节长的1.5倍；第5节圆形；第6节开始逐渐变宽，第7～9节显著膨大、近等宽，第10节开始变窄变短，第11节端部尖锐呈三角形。中胸背板隆起，高于头部，密布网皱，在后半无纵刻条；小盾片微光亮，具很细的鳞状网纹；中胸侧板在前下方凹。前翅痣脉相当长，长于缘脉；后翅宽，缘毛较长。腹部长等于宽，近圆形；第1背板基部有纵刻条；第2背板长明显短于其宽，但长于其他各节之和，具弱的刻条，伸于基部1/3处；各节后缘具白毛。

寄　主　未知。

分　布　国内见于浙江、江苏、安徽、江西。

100μm

A. 整虫背面　　　　　　　　　　　B. 整虫侧面

图2-398　沟卵蜂 *Trissolcus* sp. 雌虫

剑细蜂亚科 Teleasinae
（中文别名：长缘黑卵蜂亚科）

前额无凹陷，侧单眼间距至多与单复眼间距等长，通常短得多；雌雄触角均为12节，雌虫触角末端具棒节，雄虫触角细长，不具明显的棒节。前翅前缘脉比痣脉长数倍，后缘脉退化或缺如。各足胫节均只有1距。腹部不明显加宽，侧脊明显，第3腹节背板常是背板中最长的一节。

细颚黑卵蜂属 *Trimorus* Foerster, 1856

体小型，长0.6～1.4mm；头、胸部体色不一致，通常红黄色至黄褐色，头胸腹有黑色或白色斑纹。雌虫触角末5～6节形成棒节，雄虫触角细长，鞭节各节长大于宽。小盾片、后胸及并胸腹节具尖锐长刺，中胸盾片不光滑、具明显刻点。腹部第1节明显收窄，腹部第3节最长、最宽，第1、2节背板具粗刻纹，第3节背板具细刻纹及细刻点。

本属全世界广泛分布，为剑细蜂亚科最大的属，目前研究不多，有记录表明其主要寄生鞘翅目步甲科昆虫的卵。

322. 细颚黑卵蜂 *Trimorus* sp.

特 征 见图2-399。

雌虫体长1.2～1.4mm。体红黄色或黄褐色，但头部（口器除外）、中胸盾片和小盾片、腹部第2背板后半段及以后各节为黑色；触角柄节端部、梗节基部褐色；翅烟褐色。头横形，稍宽于胸；头顶具网皱，后颊及额具刻纹，侧单眼间距小于单复眼间距，复眼裸无毛。胸部隆起，具刻纹，小盾片半圆形，小盾片末端、后胸中央及并胸腹节两侧具尖锐长突刺。前翅前缘脉较长，痣脉短，端部膨大，后缘脉几乎不存在。腹部近等长于头胸部之和，第1腹节明显收窄，似柄状，第1、2腹节具有纵脊沟，第3腹节背板最长、最宽，长于第1、2节之和，具细纵刻纹，两侧具刻点，前后缘平行；其后各节光滑，具黄棕色缘毛。产卵器略伸出腹部末端。

雄虫体长0.8～1.1mm；体色等特征与雌虫相似，唯其小盾片及后胸锐刺较小、不明显；触角丝状、较长，长于体长，除梗节较短呈梨状外，其余均呈筒状，长均远大于宽。

寄 主 未知。

分 布 国内见于江西、四川、广西。

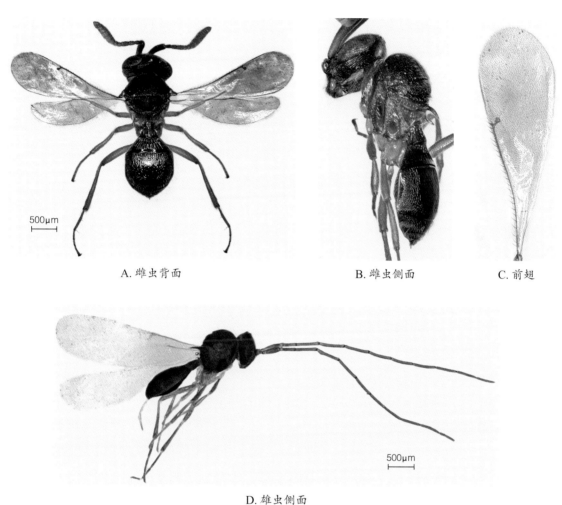

A. 雌虫背面　　　　　　B. 雌虫侧面　　　　C. 前翅

500μm

D. 雄虫侧面

图 2-399　细颚黑卵蜂 *Trimorus* sp.

缘腹细蜂亚科 Scelioninae

头前额具凹或不具凹，颚须比变化较多。雌雄虫触角差异较大，大部分属的雌雄触角式为12-12，少数14-14、11-12、9-12、7-12或6-11。侧单眼间距通常比侧单眼至复眼间距长，如果等长或甚少更短，则第3腹节背板不是最长的背板；第3腹节通常最长；胸腹部侧片完整，腹部侧脊常明显存在。前翅前缘脉短于或近等于痣脉，部分属缘脉极短；后缘脉存在或不存在，存在则长于缘脉。足距式1-1-1或1-2-2。腹部：雌虫常为6～7节，雄虫为8节，偶有7节。

本亚科是缘腹细蜂科中最大亚科之一，其包含了本科的大部分属种，目前其有记录的有效属超过70余种，且还有不少新属在陆续发表（Galloway and Austin，1984）。

扁体缘腹细蜂属 *Platyscelio* Kieffer, 1905

体小型,体长2~6mm,狭长,侧面观明显扁平。头部额中央具凹脊,在上颚处与中单眼处两头分叉,呈"Y"形;侧单眼间距小于侧单眼至复眼的距离;上颚须极短,最多不超过2节。雌雄触角均为12节,柄节通常明显膨大,雌虫柄节端部形成犄角状。中胸盾片宽大于长,两条盾纵沟平行,垂直于小盾片横沟;并胸腹节具明显的中纵沟。前翅缘脉长于或近相等于痣脉,后缘脉不存在。腹部长于头胸之和,末节圆钝,第2~5腹节长度近相等,背板具细刻点,侧缘具细刻条。

本属分布在非洲、亚洲及大洋洲的部分国家和地区,热带地区较多;主要寄生直翅目蝗科、螽斯科昆虫的卵。

323. 异角扁体缘腹细蜂 *Platyscelio abnormis* Crawford, 1910

特　征　见图2-400。

雄虫体侧扁,长1.9~2.2mm。体黑色,但触角和足(除基节外)为黄色。头部具中央凹脊,额光滑,在单眼区有细刻纹;触角长12节,柄节膨大且呈倒锥形,梗节圆念珠状;鞭节1~3节近等长,长于其后几节,鞭节4~10节近等长,末节端部收窄。前胸窄,侧板与翅基片相连,具细刻点;中胸盾片具纵刻纹,小盾片和并胸腹节光滑;并胸腹节具中纵沟,中纵沟中具短横脊,两侧后缘具粗刻点。前翅狭长,但不伸达腹部末端,缘脉长于痣脉,短于前缘脉,后缘脉不存在。腹部长于头胸之和,各节节间缝平行,呈矩形;第2~5腹节近等长;各节背板中部具刻点,两边纵刻纹,腹部末节圆钝。

A. 整虫背面　　　　　B. 头胸背面　　　　　C. 整虫侧面

图2-400　异角扁体缘腹细蜂 *Platyscelio abnormis* 雄虫

寄　主　未知。

分　布　国内见于四川。国外分布于韩国、日本、美国。

324. 秘扁体缘腹细蜂 *Platyscelio mysterium* Taekul & Johnson, 2010

特　征　见图2-401。

雌虫体侧扁，长2.6～3.0mm。体黑褐色，但触角（除棒节黑褐色外）、足（除基节同体色外）均为黄色。头部具中央凹脊，额具细刻纹光滑；触角短、12节，柄节膨大，端部形成犄角状；梗节椭圆形，长大于宽；鞭节第1节与梗节等长，鞭节2～5节均短于梗节，各节宽大于长；棒节5节，膨大，近等长，末节圆钝。前胸窄，侧板与翅基片相连，具细刻点；中胸盾片具纵刻纹，小盾片和并胸腹节光滑，并胸腹节具中纵沟，中纵沟中具短横脊。前翅狭长，缘脉长于痣脉，短于前缘脉，后缘脉不存在。腹部长于头胸之和，各节节间缝平行，呈矩形，2～5节近等长，各节背板具刻点及刻纹，腹部末节圆钝，产卵器长，露出腹末。

寄　主　未知。

分　布　国内分布于海南，国外分布于非洲。

A. 整虫背面　　　　　　B. 头胸腹面和触角　　　　　　C. 整虫侧面

图2-401　秘扁体缘腹细蜂 *Platyscelio mysterium* 雌虫

缘腹细蜂属 *Scelio* Latrellle, 1805

额无凹脊；雄蜂触角常10节；头胸部具明显的大刻点；胸腹侧片完整，小盾片无齿；后胸背板中央无刺，并胸腹节后缘上凹，与柄后腹相接触似有腹柄；各足胫节距式为1-1-1；前翅翅脉

通常完整,后翅亚缘脉不完整、桩形,缘脉在伪翅痣处膨胀。腹部短,背板具明显的纵刻纹;第3、4背板约等长,节间几乎直而深;第5、6背板横形;雌性第6背板有钝的边缘。

本属全世界广泛分布;主要寄生直翅目蝗总科昆虫的卵。

325. 飞蝗黑卵蜂 *Scelio uvarovi* Ogloblin, 1927

特 征 见图2-402。

雄虫体长4.6～4.8mm。体黑色;触角、上颚(除小齿外)、下唇须、翅基片、各腿节中部及爪均黑褐色,足的基节、胫节、跗节黄褐色。头部和胸部均具大形网状刻点;头部后方深陷;触角10节;触角窝及单眼周围光滑,有光泽。胸部小盾片半月形,网状刻点似中胸;后小盾片由深脊沿1光滑的间隔与后胸背板分开。前翅达第5腹节;前翅缘脉极短,缘脉在伪志脉处膨胀,后翅亚缘脉不完整、桩形。腹部纺锤形,末端圆钝;第1、2、3、4、5节背板分别具8、16、20、20、16条纵脊线;第1～3节间缝宽而下凹,且光滑。

寄 主 稻蝗、飞蝗、负蝗及土蝗的卵;单寄生。

分 布 国内见于浙江、山东、江苏、安徽、湖南。国外分布于古北区。

A. 整虫背面　　　　B. 头胸部背面　　　C. 腹部侧面　　　D. 头侧与触角

图2-402 飞蝗黑卵蜂 *Scelio uvarovi* 雄虫

常腹卵蜂属 *Idris* Foerster, 1856

体微小,长0.5～1.0mm;体褐色至暗色,体表被白色细毛。头宽于胸腹,呈半圆形,具明显的后头脊；侧单眼距大于侧单眼至复眼的距离。雌雄触角式为11-12，雄虫触角棒节不膨大，雌虫末端5节合并形成膨大的棒节，分节不明显。前翅痣脉长于缘脉，后缘脉不存在。腹部第3节最长，第1、2节具明显的粗纵脊沟；腹部侧面观窄，表面扁平，末节圆钝。

本属全世界广泛分布；主要寄生蜘蛛的卵。

326. 棕褐常腹卵蜂 *Idris fusciceps* Johnson & Chen，2018

特　征　见图2-403。

雄虫体长0.58~0.66mm；体棕褐色，但足和触角浅黄色，被白色绒毛。头宽于胸腹，呈半圆形，具明显的后头脊，侧单眼距大于侧单眼至复眼的距离。触角10节，柄节最长，占触角的1/3；梗节和鞭节第1节近等长，长均大于宽，其后各节长宽近相等，念珠状，末节端部收窄圆钝。中胸盾片隆起，具鱼鳞状刻纹；小盾片半圆形，具鱼鳞刻纹；并胸腹节具纵刻纹，中央分开，具锐刺突。前翅痣脉长于缘脉，后缘脉不存在。腹部侧略扁，第1、2腹节背板具粗纵脊沟；腹部第3节最长，其后各节表面光滑，末节末端圆钝。

寄　主　幽灵蛛科贝尔蛛属的*Belisana khaosok*的卵。

分　布　国内见于浙江、江西。国外分布于泰国。

A. 虫体背面　　　　　　　　　　　B. 整虫侧面

图2-403　棕褐常腹卵蜂*Idris fusciceps*雄虫

窄盾卵蜂属 *Baeus* Haliday, 1833

体微小，长0.4～0.7mm；体宽圆，似球形，体表被白色细毛。腹部第1节极窄，几乎不可见；第2节长而宽大，几乎占腹部的4/5。雌雄触角为11-12，雄虫无明显棒节；雌虫末端5节合并成膨大的纺锤形棒节，分节不明显。通常无翅，极少数有翅且前翅狭窄，缘脉极短，痣脉长于缘脉和后缘脉之和。

本属全世界广泛分布；主要寄生园蛛科、球蛛科等蜘蛛的卵。

327. 窄盾卵蜂 *Baeus* sp.

特　征　见图2-404。

雌虫体长0.36～0.42mm，无翅；体棕褐色，但触角梗节端部和鞭节、足胫节两端及跗节（除端跗节黑色）为黄褐色；体被白色毛。头宽于胸腹，具明显的后头脊，头部呈弧形，两侧缘延伸至胸部；侧单眼极其靠近复眼，侧单眼距大于中单眼至复眼的距离。触角11节，梗节长于第1索节的3倍；索节4节，呈念珠状，大小近相等；棒节5节合并，膨大分节不明显。中胸盾片隆起，宽明显大于长，侧面延伸至胸侧片。腹部呈球形，表面具网状刻纹，宽大于头部；第1腹节短；第2腹节长而宽大，几乎占腹部的4/5。产卵器露出腹末。

寄　主　蜘蛛的卵。

分　布　国内见于浙江、安徽、上海、湖南。

A. 整虫背面　　　　　　　　B. 触角

图2-404　窄盾卵蜂 *Baeus* sp. 雌虫

粒卵蜂属 *Gryon* Haliday, 1833

体小型，长0.8～1.5mm。头部背面观窄，呈弧形，额具触角洼，侧单眼距通常大于侧单眼至复眼的距离。雌雄触角式12‑12；雌虫触角末端6节形成膨大的棒节。前翅缘脉较短，短于痣脉，后缘脉较长，常长于痣脉。腹部通常第2节最长，偶有第1节与第2节等长；第1节具明显的纵刻粗纹；第2节基部具刻纹，后缘具细刻点；第1～3节背板之间具明显宽且光滑的间隔带，其后间隔较窄。

本属是缘腹细蜂亚科中较大属之一，全世界广泛分布；主要寄主为半翅目昆虫的卵。

328. 菲岛粒卵蜂 *Gryon philippinense* (Ashmead, 1904)

异　名　*Hadronotus philippinensis* Ashmead, 1904；*Hadronotus homoeoceri* Nixon, 1934。
特　征　见图2‑405。

雌虫体长1.2～1.5mm。体黑色，但口器、触角柄节基端黄褐色，足除基节、端跗节黑色外均黄色；体被白毛。头圆弧形，稍宽于胸，具鳞状网皱；额具触角洼，侧单眼距大于侧单眼至复眼的距离；复眼裸无毛。触角12节，柄节长，约为触角的2/5；梗节长于第1索节；索节4节，第2～4索节念珠状；棒节6节，各节宽大于长，第1棒节略短，第2～5棒节近相等，末节端部尖锐，呈三角形。中胸背板隆起，高于头部，密布皱刻网纹；小盾片半圆形，末端绒毛较长；并胸腹节极窄，基本被小盾片覆盖。前翅缘脉较短，痣脉长于缘脉，后缘脉较长、为痣脉的2.5倍。腹部圆，长近等于宽，第1、2背板具纵刻条；第2背板最长，但不长于其他各节之和；第1～3节背板

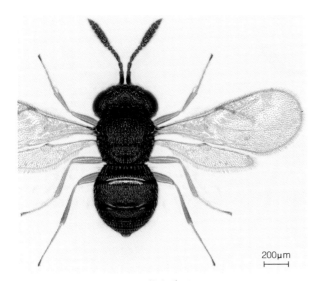

200μm

A. 整虫背面

B. 整虫侧面

图 2‑405　菲岛粒卵蜂 *Gryon philippinense* 雌虫

之间的具明显宽而光滑的间隔带，其后间隔较窄；侧面观腹侧具明显的脊，背板一直包裹至腹板侧缘，第1、2节背板侧缘及其后各节被白毛。产卵器略伸出腹末。

寄　主　瘤缘蝽、一点同缘蝽的卵。

分　布　国内见于海南、广西。国外分布于印度、泰国、菲律宾等南亚及东南亚国家。

329. 日本粒卵蜂 *Gryon japonicum* (Ashmead, 1904)

异　名　*Hadronotus japonicum* Ashmead, 1904；*Gryon mischa* Kozlov & Kononova, 1989。

特　征　见图 2-406。

雌虫体长 1.4～1.6mm。体黑色；但上颚褐色，触角柄节（除背面近端部黑色外）、梗节（除基部背面黑色外）、索节以及各足的转节、腿节、胫节和跗节（除端跗节黑褐色外）均为黄褐色；体被白色细毛。头圆弧形，稍宽于胸；头具鳞状网皱，额具触角洼，侧单眼距大于侧单眼至复眼的距离；复眼裸无毛。触角12节，柄节长约为整个触角1/2；梗节长度与第1索节近相等；索节4节，第2～4索节短于第1节，横形；棒节6节，纺锤形，各节宽大于长，第1棒节略短，末节端部尖锐，呈三角形。中胸背板隆起，高于头部，宽大于长，密布网皱刻纹；小盾片半圆形，宽大于长；并胸腹节极窄，基本被小盾片覆盖。前翅缘脉较短，不到痣脉的1/2；后缘脉略长于痣脉。腹部长圆形，长大于宽，第1节背板和第2节背板基部具纵刻条；第2节背板宽大于长，为各节中最长1节，但不长于其他各节之和；第1～3节背板之间具明显宽且光滑的间隔带，其后间隔较窄；侧面观腹侧具明显的脊，背板一直包裹至腹板侧缘，第1、2节背板侧缘及其后各节被白毛。产卵器略伸出腹末。

寄　主　稻缘蝽、稻棘缘蝽、宽棘缘蝽、斑腹同缘蝽、大针缘蝽、瘤缘蝽的卵。

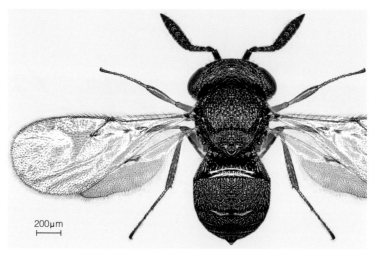

A. 整虫背面　　　　　　　　　　　　　　B. 虫体腹面

图 2-406　日本粒卵蜂 *Gryon japonicum* 雌虫

分 布 国内见于浙江、上海、江西、湖南；国外分布于日本、韩国、菲律宾等国。

蠢卵蜂属 *Macroteleia* Westwood ,1835

体小型，3～7mm。体窄长；头部圆，长宽近相等；侧单眼距通常大于侧单眼至复眼的距离；触角着生在唇基基部。雌雄触角式为12-12；雄虫触角丝状，第5节常有角下瘤；雌虫触角端部6节形成膨大的棒节。前胸窄，侧板与翅基片相接；中胸具2条盾纵沟，在后缘逐渐靠拢但不相交；并胸腹节窄，后缘中部上凹。腹部细长，长于头胸部之和；腹侧脊明显，腹部背板常延伸包住腹板侧缘；腹部第1节有时上凸；第2～4节长度相当，末节圆钝或尖锐，背板表面不光滑，具不同的刻纹或刻点。

本属全世界分布，但以热带和亚热带地区为主；主要寄生直翅目蠢斯科昆虫的卵。

330. 克劳氏蠢卵蜂 *Macroteleia crawfordi* Kieffer, 1910

异 名 *Macroteleia kiefferi* Crawford, 1910；*Macroteleia crates* Lê, 2000；*Macroteleia demades* Lê, 2000。

特 征 见图2-407。

雄虫体长3.5～3.8 mm。体黑色，被黄白色细毛；上颚褐色；触角末4节黑褐色，其余黄褐色；足除端跗节黑褐色外为黄褐色。头圆，宽略大于长，复眼长约为头长的1/2；头具细圆刻点，

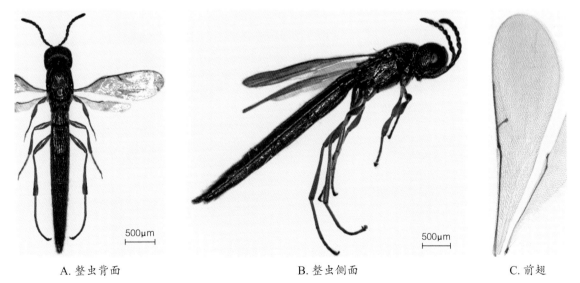

A. 整虫背面   B. 整虫侧面   C. 前翅

图 2-407 克劳氏蠢卵蜂 *Macroteleia crawfordi* 雄虫

颊在复眼下方具条形刻纹，复眼裸无毛。触角12节，柄节长约为整个触角1/4；梗节长度与第1~3鞭节近等长，长于第4~9鞭节，第10鞭节较长，端部收窄。前胸背板窄；中胸背板平，长大于宽，盾纵沟明显，在后缘相互靠拢；小盾片舌形，向后延伸，中胸及小盾片具圆刻点；并胸腹节表面具细纵刻纹。前翅狭长，但不伸达腹部末端；缘脉长于痣脉，后缘脉长，约为缘脉的1.8倍。腹部狭长，长约为头胸部之和的2倍。腹部第1节具粗纵刻纹，短于第2节；第2~4节近等长，背板均具细刻纹；腹侧缘具明显的脊，腹部末端圆钝。

寄　主　螽斯的卵。

分　布　国内见于广东、海南。国外分布于越南、泰国、菲律宾。

331. 印度螽卵蜂 *Macroteleia indica* Saraswat and Sharma, 1978

异　名　*Macroteleia cebes* Lê, 2000；*Macroteleia dones* Lê, 2000。

特　征　见图2-408。

雌虫体长3.2~4.5mm。体黄色，被白色细毛；上颚褐色；触角棒节6节黑褐色，其余黄色；足除端跗节黑褐色外均黄色；腹部末2节为黑褐色。头圆，长宽近相等，具细圆刻点；复眼裸无毛，长约为头长的1/2。触角12节，柄节长约为整个触角的2/5；梗节长度与第1索节近等长，为第2索节的2倍；索节4节，第3、4索节略短于第2节，第4索节端部膨大，呈倒梯形；棒节6节，第1~4节棒节近等长，第5、6棒节缩短，第6棒节端部收窄、圆钝。前胸背板窄；中胸盾片，长宽近相等，盾纵沟明显，在后缘相互靠拢；小盾片舌形，向后延伸；并胸腹节中间分离，后缘上

A. 整虫背面　　　　　　　B. 胸部背面　　　　　C. 触角　　　　D. 前翅

图2-408　印度螽卵蜂 *Macroteleia indica* 雌虫

凹，两侧叶呈三角形；中胸及小盾片具圆刻点，并胸腹节表面具细纵刻纹。前翅狭长，但不伸达腹末；缘脉长于痣脉，后缘脉长，约为缘脉的1.2倍、痣脉的2.2倍。腹部狭长，长约为头胸部之和的1.5倍；第1腹节较短，约为第2腹节的2/3，具粗纵刻纹，前端伸入并胸腹节的后凹缘；第2腹节略短于第3节，第3、4节近等长，其后各节逐渐缩短；背板均具细刻纹，腹侧缘具明显的脊。腹部末端尖锐。

寄　主　未知。

分　布　国内见于浙江、湖南、广西、广东、云南、福建、台湾。国外分布于印度、越南。

332. 长腹螽卵蜂 *Macroteleia dolichopa* Sharma, 1980

特　征　见图2-409。

雌虫体长5.2～7.5mm。体黄色，被白色细毛，但上颚褐色，头部、触角棒节6节、第1腹节和第4腹节后缘至第7腹节背板为黑褐色，第2腹节周缘及第3腹节末端浅褐色，足端跗节端部及爪黑褐色。头圆，具细圆刻点，长宽近相等；颊具网状刻纹；复眼裸无毛，长约为头长的1/2。触角12节，柄节长约为整个触角1/3，梗节长短于第1索节；索节4节，第1索节近等长于第2～4索节之和，第3索节开始逐渐加宽；棒节6节，第1～5棒节近等长，末节缩短、端部收窄，呈三角形。前胸背板窄；中胸盾片，长宽近相等，盾纵沟明显，在后缘相互靠拢；小盾片舌形，向后延伸；并胸腹节中间分离，后缘上凹，两侧叶呈三角形；中胸及并胸腹节表面具细纵刻纹。前翅

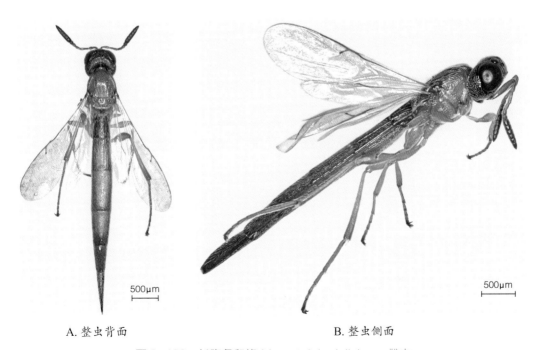

A. 整虫背面　　　　　　　　　　　B. 整虫侧面

图 2-409　长腹螽卵蜂 *Macroteleia dolichopa* 雌虫

不伸达腹部末端，缘脉与痣脉近相等，后缘脉长，约为痣脉的2.2倍。腹部狭长，长约为头胸部之和的2.8～3.0倍。腹部第1节长为第2节的4/5，具粗纵刻纹，前端伸入并胸腹节的后凹缘；第2节略短于第3节，第3节最长，第2节和第4节近等长，第5节与第6节近相等，略短于第4节，第6节明显收窄，末节尖锐似长刺；背板均具细纵条刻纹，腹侧缘具明显的脊。

寄　主　未知。

分　布　国内分布于广东、湖北。国外分布于印度、越南。

（五）分盾细蜂总科 Ceraphronoidea

体长大部分不超过4mm；多为黑色或黄褐色个体。外形颇似小蜂，但前胸背板侧观三角形，并伸达翅基片。触角膝状，9～11节，着生于唇基基部。中胸盾片大、横宽，常有1～3条纵沟；小盾片大，多少隆起，常在后方有1横沟，基角有斜沟将三角片明显分出。前翅径脉长但不完整，翅痣线状或膨大，无后缘脉；后翅无脉；部分种类无翅。前足胫节2距，是细腰亚目中唯一前足胫节具2个端距的类群。腹部无柄或短柄，多为卵圆形，两侧圆；第2腹节超过腹长的1/2，基部有刻条。

本总科全世界广泛分布，含2个现存的科：分盾细蜂科 Ceraphronidae 和大痣细蜂科 Megaspilidae，均为寄生性种类，多为重寄生，但也有初寄生。重寄生种类多为外寄生，主要寄生膜翅目茧蜂科、小蜂科和瘿蜂科的寄生蜂；初寄生主要寄生双翅目、半翅目、长翅目和脉翅目的昆虫。本总科全世界已知约800种，我国尚缺乏系统研究。本书介绍稻田常见的分盾细蜂2科4属8种。

中国常见分盾细蜂总科天敌分属检索表

1. 翅痣线状；胫距2-1-2，栉状，前足较大的胫距不分叉；触角雌虫9～10节、雄虫10～11节；中胸盾片至多只有中纵沟；腹柄节几乎不可见；腹部第1节基部宽（分盾细蜂科 Ceraphronidae）···2

翅痣膨大，偶有线状；胫距2-2-2，前足较大的胫距分叉；雌雄触角都11节；中胸盾片常有盾侧沟和中纵沟，偶尔缺1或均缺；腹部第1节基部收窄成腹柄（大痣细蜂科 Megaspilidae）····3

2. 中胸盾片具1～3条完整中纵沟；腹基部具明显的粗纵沟；小盾片不长于中胸盾片···分盾细蜂属 *Ceraphron*

中胸盾片无明显中纵沟，或仅在盾片端缘存在且不完整；腹基部无明显的粗纵沟，偶有侧缘

可见短纵刻；小盾片常长于中胸盾片 ⋯⋯⋯⋯⋯⋯⋯⋯⋯⋯ *隐分盾细蜂属 Aphanogmus*

3. 雄触角具长分支；中胸背板前缘近平直，两侧缘几乎平行；小盾片通常长大于宽；中侧胸板三角片大，具明显的粗纵沟和横沟 ⋯⋯⋯⋯⋯⋯⋯⋯⋯⋯ *蚜大痣细蜂属 Dendrocerus*

　　雄虫触角不分支；中胸背板前缘呈弧形，两侧缘不平行；小盾片常长宽相等或宽大于长；中胸侧板三角片不具明显的纵、横沟 ⋯⋯⋯⋯⋯⋯⋯⋯⋯⋯ *大痣细蜂属 Conostigmus*

分盾细蜂科 Ceraphronidae

　　体小型，前翅 0.3～3.5mm，一般为黑色。触角着生于近口器处，膝状，无环状节；雌性 9～10 节，有时端部呈棒状，雄性 10～11 节。前胸背板向后伸达翅基片；翅痣线状。足转节 1 节，胫距式 2‑1‑2。

　　分盾细蜂科寄生蜂可初寄生于双翅目的瘿蚊科、果蝇科、蚤蝇科、食蚜蝇科和澳蝇科，半翅目的粉虱科、蚜科和蚧总科以及脉翅目的草蛉科和粉蛉科，也有报道可寄生缨翅目蓟马的蛹，一些热带种类为鳞翅目的幼虫—蛹寄生蜂，还有些种类可寄生瘿蚊科的捕食性天敌。不少种类可重寄生于茧蜂科、姬蜂科、肿腿蜂科和螯蜂科的寄生蜂，菲岛细蜂 *Ceraphron manilae* 是我国稻田、棉田、蔗田、桑田园、果园及玉米田的姬蜂、茧蜂、肿腿蜂和螯蜂上常见的寄生蜂，从茧内羽化，多寄生。分盾细蜂是内寄生蜂，一般在老熟的寄主幼虫体内化蛹。

　　本科全球广泛分布。

隐分盾细蜂属 *Aphanogmus* Thomson, 1858

　　体小型，长常在 1.0～1.6mm；体多为黑色至黄褐色。头横宽，具额缝，无后头脊。触角雌虫 10 节、膝状、柄节长，占触角的 2/5～3/5，棒节 3 节膨大；雄虫 11 节、丝状、鞭节各节具长刚毛。前胸极窄几乎不可见，中胸盾片宽大于长，前缘平直，两侧近乎呈直角，无明显的中纵沟，如有仅在盾片端缘存在，且不完整；小盾片狭长，一直延伸至柄胸腹节末端，长明显大于宽，三角片相触；并胸腹节后缘中部和两侧具向后凸的锐齿。前翅狭长，翅痣线状。腹部表面光滑，长圆形或圆锥形，近等于或长于头胸部之和；第 1 腹节背板最长，占腹部的 1/2 以上，基缘具 1 圈隆脊，无明显的刻纹或纵沟，偶有极短的刻纹；腹部每 1 节后缘具白毛。雌虫产卵器略伸出腹部末端。

　　本属世界广泛分布；可初寄生双翅目、半翅目、脉翅目的昆虫，也可重寄生膜翅目姬蜂科、

茧蜂科寄生蜂。

333. 斐济隐分盾细蜂 *Aphanogmus fijiensis* (Ferrière, 1933)

异　名　*Calliceras fijiensis* Ferrière, 1933。

特　征　见图2-410。

雌虫体长1.0~1.2mm，头胸部黑褐色，腹部大部黄色、末端黄褐色，足除跗节浅黄色外均黄色，触角柄节黄色、索节黄褐色、棒节3节黑褐色。头部及胸部有鳞片状细纹，多细柔毛。头横宽，宽于胸部，具额缝，无后头脊。触角着生于唇基上方，10节，柄节长约为整个触角长的1/3，末3节膨大形成棒状，第10节长为第8、9节之和。前胸极窄几乎不可见，中胸盾片宽大于长，前缘平直，两侧近乎呈直角，不具盾纵沟，小盾片狭长，一直延伸至并胸腹节末端，长明显大于宽；并胸腹节极窄，后缘中部和两侧中央各具向后凸的锐齿。前翅透明、狭长，翅痣线状，

A. 雌虫背面　　　　　　　　　　B. 雌虫侧面　　　　　　　　　C. 雌虫头胸部背面

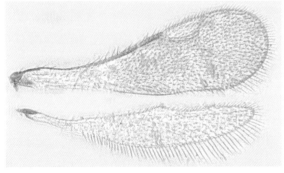

D. 前、后翅　　　　　　　　　　　　E. 雄虫侧面

图2-410　斐济隐分盾细蜂 *Aphanogmus fijiensis*

径脉弧形，长于翅痣；后翅缘毛长。腹部光滑且呈圆锥形，长于头胸部之和；第1背板大，占腹部长的2/5，基缘具1圈隆脊和极短的纵刻纹。产卵器伸出腹部末端。

雄虫体型大小及体色与雌虫相似，但触角为11节，丝状无膨大的棒状节。

寄　主 重寄生螟黄足盘绒茧蜂、螟蛉盘绒茧蜂等盘绒茧蜂族及小腹茧蜂亚科的一些寄生蜂。

分　布 国内见于浙江、福建、广东、江西、广西、海南。国外分布于亚洲、非洲、南美洲和大洋洲的一些国家。

334. 灰胫隐分盾细蜂 *Aphanogmus fumipennis* Thomson, 1858

异　名 *Ceraphron oriphilus* Kieffer, 1913；*Aphanogmus laevis* Förster, 1861；*Aphanogmus grenadensis* Ashmead, 1896。

特　征 见图2-411。

雌虫体长0.4～0.6mm；体黄色至浅黄色，触角和腹部末端黄白色，足浅黄色，胫节和跗节黄白色；翅透明，翅脉黄色。头光滑，横宽，宽于胸部，具额缝，无后头脊。触角着生于唇基上方；雌10节，柄节长约为整个触角长的1/3，末3节膨大形成棒状，索节第1节长大于宽，其后索节长宽近相等，念珠状，棒各节近等宽，第10节端部收窄，长度略大于第9节。前胸极窄几乎不可见；中胸盾片宽大于长，前缘平直，两侧近弧形，不具盾纵沟；小盾片狭长，长于中胸盾片，一直延伸至柄胸腹节末端，2个三角片大，中间相连处分脊不明显；并胸腹节极窄，后缘锐齿较小，不明显。前翅狭长，明显伸出腹末端，翅痣线状，径脉弧形。腹部光滑，近圆形，不及头胸部

100μm

A. 整虫背面　　　　　　　　　B. 整虫侧面

图2-411　灰胫隐分盾细蜂 *Aphanogmus fumipennis* 雌虫

之和；第1背板大，占腹部长的1/2，基缘具1圈隆脊。雌虫产卵器未伸出腹部末端。

寄　主　未知。

分　布　我国分布于海南、广东、福建。国外分布于古北区、新北区、非洲区。

335. 隐分盾细蜂 *Aphanogmus* sp.

特　征　见图2-412。

雌虫体长0.9～1.3mm；头胸部黑褐色，腹部红褐色，足黄色；触角柄节、梗节黄色，其余黑褐色。头长宽近相等，具额缝，无后头脊；头部略宽于胸部，头部及胸部有鳞片状细纹。触角着生于唇基上方，10节，柄节长约为整个触角长的2/5，梗节与第1索节近等长，约为第2～3索节之和，第2～5索节逐渐变短加宽，末3节膨大形成棒状；最后1节略短于之前2棒节之和。前胸极窄几乎不可见，中胸盾片宽大于长，前缘平直，两侧近乎呈直角，在盾片前缘隐约可见盾中纵沟，小盾片狭长，一直延伸至柄胸腹节末端，长明显大于宽；并胸腹节极窄，后缘中部和两侧中央具明显向后凸的锐齿。前翅透明，狭长，翅痣线状，径脉弧形，长于翅痣。腹部光滑，呈长圆锥形；近与头胸部之和相等，窄于头部；第1背板大，占腹部长的3/5，基缘具1圈隆脊，两侧缘具短纵刻纹；腹部末端具白色刚毛。产卵器伸出腹部末端。

寄　主　二化螟盘绒茧蜂。

分　布　国内见于浙江、湖南。

A. 整虫侧面　　　　　　　　　　　　B. 整虫背面

图2-412　隐分盾细蜂 *Aphanogmus* sp. 雌虫

分盾细蜂属 *Ceraphron* Jurine, 1807

体小型，通常在1.5～2.5mm；体色多为黑褐色至黄色。头横宽，具额缝，无后头脊。雌虫触角9～10节，膝状，柄节长，占触角的1/3～1/2，棒节3节膨大；雄触角10～11节，丝状，每节长均大于宽。前胸极窄几乎不可见；中胸盾片宽大于长，隆起，前缘平直，收窄；小盾片椭圆形或圆形，一直延伸至柄胸腹节，三角片相触；并胸腹节后缘中部和两侧具向后凸的锐角；前翅狭长，翅痣线状，径脉长，但不伸达翅端缘。腹部表面光滑，近等于或短于头胸部之和，第1节背板最长，占腹部的1/2以上；基缘具横脊，具有明显的粗刻纹或纵沟；腹部腹面和背面末端具白毛，末端收窄呈圆锥形。产卵器明显伸出腹部末端。

本属世界广泛分布；可初寄生双翅目、半翅目、脉翅目、缨翅目和鳞翅目的昆虫，还可重寄生膜翅目肿腿蜂科、螯蜂科寄生蜂。

336. 菲岛分盾细蜂 *Ceraphron manilae* Ashmead, 1904

中文别名　菲岛黑蜂

特　征　见图2-413。

雌虫体长1.2～1.4mm；头胸黑色，腹部黑褐色有光泽；触角末端3节黑褐色，其余黄褐色；各足基节及前足腿节基部背面黑褐色，其余黄褐色。头宽为长的2倍；头部及胸部有鲨皮状细纹，多细柔毛；后头脊细。触角着生于唇基上方，触角10节，柄节长，约为整个触角的1/3；索节第1节长为宽的2倍，其余索节念珠状；末3节膨大形成棒状；第3棒节节长为第1棒节的2倍，端部收窄呈长三角形。胸部窄于头部；前胸不明显；中胸中央具1条浅纵沟；小盾片长盾形，长

A. 整虫背面　　　　　　　　B. 整虫侧面　　　　　　　　C. 头胸部背面

图2-413　菲岛分盾细蜂 *Ceraphron manilae* 雌虫

大于宽，三角片小，在盾片端部相接；后胸盾片和并胸腹节很短，几乎被小盾片完全覆盖；并胸腹节后侧角尖，中央具1个向后凸的锐齿。翅透明，翅痣细长，径脉长于翅痣。腹部光滑，呈三角锥形，长略短于头胸部之和，背面稍隆起；第1背板大，近占腹部的4/5，基部具8～10条平行的纵脊；腹部第2～3节后缘、腹末端均具细毛。产卵器伸出腹部末端。

寄　主　重寄生螟蛉悬茧姬蜂、螟蛉悬茧蜂、螟蛉脊茧蜂、眼蝶脊茧蜂、螟蛉盘绒茧蜂、纵卷叶螟绒茧蜂、弄蝶长绒茧蜂、纵卷叶螟长体茧蜂、纵卷叶螟肿腿蜂及螯蜂等。从茧内羽化，聚寄生。

分　布　国内见于浙江、江西、台湾、福建、湖北、贵州、云南。国外分布于菲律宾。

337. 长侧脊分盾细蜂 *Ceraphron parvalatus* Kieffer, 1913

特　征　见图2-414。

雌虫体长0.7～1.0mm；头胸黑褐色，腹部红褐色、有光泽；下颚须和触角黄色；各足黄色，唯中、后足基节基部红褐色。头部及胸部有鳞片状刻纹；头宽约为长的2.2倍，宽于胸部；后头脊细。触角着生于唇基上方，触角10节，柄节长，约为整个触角的1/3，索节第1节与梗节等长，长为第2索节的2倍，其后各节逐渐缩短膨大；末3节膨大形成棒状，第10节长于其他各节，端部收窄呈长三角形。前胸不明显；中胸略隆起，中央具1条纵沟；小盾片近宽盾形，长宽近相等；三角片宽，在盾片端部相接；后胸盾片很短；并胸腹节后侧角尖，中央具1个向后凸的小锐齿。翅透明，翅痣细长，径脉长于翅痣。腹部呈三角锥形、光滑，背面稍隆起，长与头胸部之和近相等；第1背板大，占腹部的近3/5，基缘有1圈隆起的脊两侧具向上突的锐齿，基部具10～12条隆起纵脊；腹部腹面、第2～4节后缘和腹部末端具毛。产卵器伸出腹部末端。

A. 整虫背面　　　　　　　　B. 整虫侧面　　　　　　　　C. 虫体背面

图2-414　长侧脊分盾细蜂 *Ceraphron parvalatus* 雌虫

未知。

分　布　国内见于海南、广西。国外分布于非洲和亚洲的热带地区。

338. 螯蜂黄分盾细蜂 *Ceraphron* sp.

特　征　见图2-415。

雌虫体长1.0～1.7mm；体色黄褐色，但触角（除柄节外）和腹部末端为黑褐色。头部长宽近相等，略宽于胸部，额具中脊，表面具细刻点。触角10节，着生于唇基边缘，触角从鞭节基部渐变粗，鞭节第1节最长，长于其他各节。复眼大，几乎与头长相等。胸部前胸背板极短不可见；中胸盾片宽大于长，正中有1明显纵沟，具2个较浅的侧纵沟；盾片与小盾片之间横沟粗而明显，小盾片长大于宽，中部具粗刻点，基角两斜沟形成2个大三角片，小盾片几乎延伸至并胸腹节末端；并胸腹节窄，中间和侧角具小凸齿。前翅窄，翅痣细长，径脉长呈弧形弯曲，长为翅痣的2倍，无后缘脉；后翅无脉。腹部与头胸部之和等长，近于无柄；第1背板占腹部的2/3，基部有10条短纵脊，表面光滑。产卵器明显伸出腹部末端。

寄　主　重寄生于黄腿双距螯蜂、稻虱红单节螯蜂、黑双距螯蜂、两色食虱螯蜂的蛹。

分　布　国内见于浙江、江苏、上海、安徽、江西、湖南、湖北等长江中下游稻区。

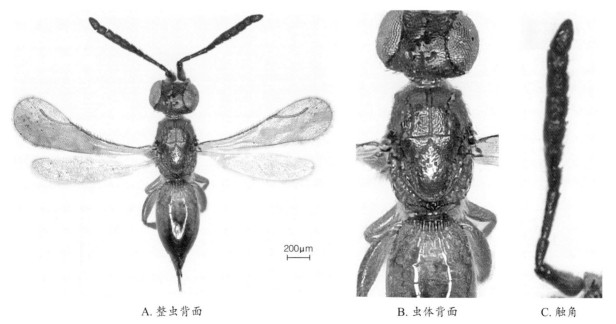

A. 整虫背面　　　　　B. 虫体背面　　　　C. 触角

图 2-415　螯蜂黄分盾细蜂 *Ceraphron* sp.

大痣细蜂科 Megaspilidae

体小型，通常黑色；前翅正常或短翅或无翅，翅发达者前翅翅痣膨大，偶有线状。雌雄两性触角都是11节，常着生于离口器很近处，膝状，有时雌性触角呈棒状，无环状节。前胸背板侧角向后延伸达翅基片；中胸盾片通常有盾侧沟和中纵沟，偶尔缺1或均缺；足的转节为1节，胫距2-2-2，前足胫距中较大1个的末端分叉。第1节背板基部收窄成较短的腹柄。

本科寄生蜂寄主范围非常广，为外寄生，包括半翅目的蜡蚧科、木虱科、粉蚧科和蚜科，长翅目的雪蝎蛉科，脉翅目的褐蛉科、草蛉科和粉蛉科及双翅目的瘿蚊科、食蚜蝇科、秆蝇科、斑腹蝇科、舌蝇科、潜蝇科和蝇科，为初寄生；也有不少种类可重寄生多种小蜂和瘿蜂，如蚜大痣细蜂属 Dendrocerus 的多数种类重寄生于蚜虫体内的蚜茧蜂和蚜小蜂。

本科分布于世界上大部分地区。

大痣细蜂属 Conostigmus Dahlbom, 1858

体小型，通常在1~3mm；体色多为黑褐色至黄褐色。头横宽，具额缝，后头脊细；雌雄触角11节，雌虫触角末端棒节膨大，雄虫触角丝状，每节长均大于宽，棒节细长，无分支。有翅型前翅翅痣膨大，径脉长；前胸窄，与中胸之间具明显的隆脊分割；中胸盾片宽大于长，前缘弧形，具深而宽的中纵脊和侧纵脊，侧纵脊延伸至中胸前侧缘；小盾片椭圆形或圆形，宽大于长或近相等，常不延伸至并胸腹节，周围具刻点1圈。无翅型则前胸宽大，中胸盾片和小盾片较小，短于前胸长，不具盾纵沟。前胸侧板大，延伸至中胸侧板三角片，三角片光滑，偶具浅横沟。并胸腹节后缘收窄，具纵脊或横脊。腹部第1节前端收窄成腹柄，具纵脊，其余表面光滑；腹部纺锤形，末端收窄，短于头胸部之和，第1节背板最长，占腹部的1/2以上。产卵器不伸出或略伸出腹部末端。

本属世界广泛分布；可初寄生于双翅目、半翅目、脉翅目、长翅目的昆虫，也可重寄生膜翅目小蜂科、瘿蜂科和茧蜂科寄生蜂。

339. 分额大痣细蜂 Conostigmus divisifrons Kieffer, 1907

特　征　见图2-416。

雌虫体长1.4~2.0mm；头胸部黄褐色，但腹部、触角和足（除中后足基节同体色外）为黄色。头横宽，宽为长的3~4倍，额中央具额缝；后头脊细。触角11节，柄节长，约为整个触角的1/3；鞭节以第1节最长，约为梗节的2倍，鞭节逐渐缩短和膨大，末节端部收窄圆钝。前翅翅痣膨大，径脉长约为翅痣长的1.2倍。前胸窄，与中胸之间具明显的隆脊分割；前胸侧板大，延伸至中胸侧板三角片，三角片光滑，与前胸侧板间有凹刻形成的沟；中胸盾片宽大于长，前缘弧形，中部隆起，具深而宽的中纵脊和侧纵脊，侧纵脊延伸至中胸前侧缘；小盾片近菱形，长宽近相等，其周围具1圈刻点；后胸窄，不完全被小盾片覆盖；并胸腹节后缘收窄，具纵脊和横脊。腹部纺锤形，末端收窄，短于头胸部之和，腹部第1节收窄成腹柄，具纵脊，其余腹部表面光滑；第2节背板最长，占腹部的1/2，基部具8～10条短纵脊。产卵器不伸出腹部末端。

寄　主　重寄生于蚜茧蜂科昆虫。

分　布　国内见于浙江、上海。国外广泛分布于古北区。

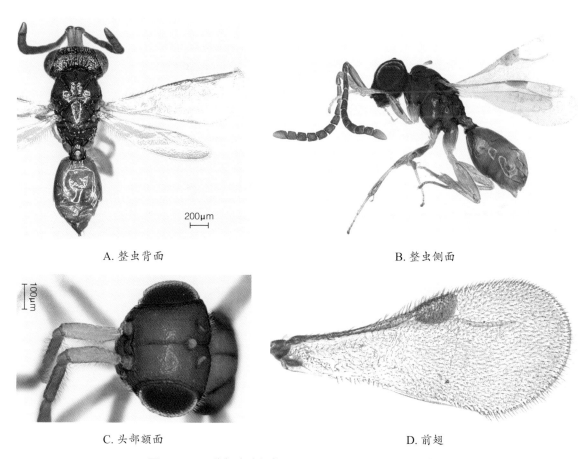

200μm

A. 整虫背面

B. 整虫侧面

100μm

C. 头部额面

D. 前翅

图 2-416　分额大痣细蜂 *Conostigmus divisifrons* 雌虫

蚜大痣细蜂属 *Dendrocerus* Ratzeburg, 1852

体小型，通常在1.5～3.0mm；体多为黑至黑褐色。头横宽，无额缝，后头脊明显。雌雄触角11节，雌虫触角末端膨大成棒节；雄虫触角鞭节1～6节具长分支，分支具细长毛。前翅翅痣

膨大，径脉短。前胸背板完全被中胸盾片覆盖；中胸盾片宽大于长，前缘平直，两侧缘几乎平行，具深而宽的中纵脊和侧纵脊，侧纵脊延伸至中胸前侧缘；小盾片椭圆形，长大于宽，其周围具1圈刻点，通常延伸至并胸腹节。前胸侧板小，与中胸侧板三角片之间具沟分隔；三角片大，部分种大于中胸侧板，表面不光滑，具横沟和纵沟。并胸腹节横宽，前缘中部下凹，具纵脊或横脊。雌虫腹部第1节前端收窄，具腹柄；雄虫腹部第1节宽与并胸腹节相接，无腹柄；腹部第1节基部常具纵脊，腹部其余表面光滑，第1节背板最长，约占腹部的1/2，腹部末端收窄，呈圆锥形。雌虫产卵器明显伸出腹部末端。

本属世界广泛分布；可重寄生膜翅目蚜茧蜂科和蚜小蜂科的寄生蜂，也能初寄生双翅目、半翅目的昆虫。

340. 蚜大痣细蜂 *Dendrocerus* sp.

特　征　见图2-417。

雌虫体长1.5～1.8mm；头胸部黑色，腹部黑褐色，带光泽。触角柄节黑褐色，其余黑色；足除腿节背面黑褐色外，均为黄褐色。头横宽，宽大于长，与胸部等宽，无额缝；后头脊明显。触角11节，梗节最长约为整个触角的3/5，鞭节各节往后逐渐膨大。前翅翅痣膨大，径脉与翅痣

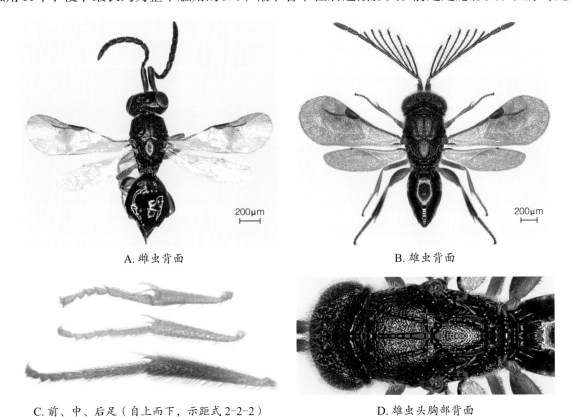

A. 雌虫背面　　　　　　　　　　　　B. 雄虫背面

C. 前、中、后足（自上而下，示距式2-2-2）　　　　D. 雄虫头胸部背面

图2-417　蚜大痣细蜂 *Dendrocerus* sp.

长近相等。前胸背板被中胸盾片覆盖，不可见；中胸盾片宽大于长，前缘平直，侧角几乎为直角，具深而宽的中纵脊和侧纵脊，侧纵脊延伸至中胸前侧缘；小盾片椭圆形，长大于宽，其周围具1圈刻点，通常延伸至并胸腹节。前胸侧板小，与中胸侧板三角片之间具沟分隔；三角片大，表面具横沟和纵沟。后胸背板被小盾片覆盖，不可见；并胸腹节横宽，前缘中部下凹，后端收窄，具横脊和侧边脊。后足长于前中足，胫距为2-2-2。腹部第1节收窄成腹柄，具纵脊，与并胸腹节末端相接；第2节背板最长，占腹部的1/2左右，基部常具10纵脊；腹部其余表面光滑；腹部末端收窄，呈圆锥形。产卵器明显伸出腹部末端。

雄虫体长1.2～1.6mm，体除了足为褐色外，其余为黑色；头部及复眼被浓密细毛；触角第1～6鞭节具长分支，分支上具细长毛；腹部第1节较短，腹柄几乎不可见；第2节长度约占整个腹部的4/5，基部同雌虫一样具纵脊。

寄　主　未知。

分　布　国内见于湖南、江西、浙江。

（六）细蜂总科 Proctotrupoidea

细蜂总科是一个很古老而庞杂的类群，尽管广腹细蜂科和缘腹细蜂科等几个差异很大的类群已从本总科分出，独立为广腹细蜂总科，剩余细蜂总科的分类单元仍较庞杂，可能还不是一个全系类群（何俊华等，1999）。

目前细蜂总科下有11科：锤角细蜂科Diapriidae、柄腹细蜂科Heloridae、修复细蜂科Hsiufuproniidae、细蜂科Proctotrupidae、窄腹细蜂科Roproniidae、离颚细蜂科Vanhoriidae、澳细蜂科Austroniidae、莫明细蜂科Maamingidae、纤腹细蜂科Monomachidae、长腹细蜂科Pelciniidae和优细蜂科Peradeniidae，我国已知有前6科。其中，仅锤角细蜂科和细蜂科种类较多、研究较久，其余各科都比较单纯，或发现较迟或研究不多（何俊华和许再福，2015）。值得一提的是，有学者基于近几年细蜂总科系统发育关系和遗传学方面的研究结果，提出将锤角细蜂科提升为独立的总科（Chen et al.，2014），但由于我国的研究较少，本书仍采用何俊华和许再福（2015）《中国动物志昆虫纲膜翅目细蜂总科（一）》的分类系统，将锤角细蜂科作为细蜂总科下的科来介绍。

细蜂总科具有以下特征：体型微小至小型，体色暗色或金属色。触角直或膝状；触角窝与唇基背缘分开的距离明显大于触角窝直径；如距离较小，其腹部第1节柄状或上颚外翻。前胸背板后角伸达翅基片，两腹侧部细。前足胫节1距；无小盾片横沟，如有三角片，则与小盾片主表面不在同一水平上。大多数种类前翅脉序退缩，通常有封闭的翅室和多条管状翅脉，但部分种类

（如锤角细蜂亚科），无封闭的翅室。后翅无明显的脉序或闭室，无臀叶；有些种无翅。前翅腹部两侧圆，如较尖，则触角14～15节。腹部尖，侧缘有明显的脊，或锋锐或圆滑。产卵管针状，自腹部顶端伸出。

该总科均为寄生性蜂，多为初寄生蜂，也有重寄生蜂，目前很多类群尚不知其寄主，报道较多的寄主为鞘翅目、鳞翅目、双翅目和膜翅目昆虫。全世界广布，以温带和热带地区数量较多。目前全世界已知至少273属3400余种，其中锤角细蜂科和细蜂科数量最多，有记录的种均超过1000种，而其余大多种类较少。

锤角细蜂科 Diapriidae

体微小至小型，体长多数2～4mm，个别小至1mm或大至8mm；体黑色至褐色，光滑，有光泽。头球形或近于球形，极少横形。3个单眼很靠近，正三角形排列。上颚多为2齿。触角多少膝状；柄节长，常着生于颜面中央的隆起（额架）上，长至少为宽的2.5倍；雄蜂12～14节，丝状或念珠状；雌虫9～15节，棒状；两性的第1或第2鞭节有不同的特化。前胸背板从上方刚可见；盾纵沟有或无；小盾片常隆起，基部有凹洼；并胸腹节短，后缘前凹。前翅缘毛发达，翅脉退化，无明显翅痣，但偶具副痣，缘脉点状或无，有时具关闭的前缘室和缘室；后翅具1个翅室或无；常有无翅种类。足胫节距式1-2-2。腹部卵圆形或锥卵形，近于有柄，少有长柄；第2节常大。产卵器缩入腹部内。

本科寄生蜂寄主选择因亚科而有明显差异。其中寄螯细蜂亚科 Ismarinae 寄生螯蜂科昆虫，折缘细蜂亚科 Ambositrinae 和突颜细蜂亚科 Belytinae 差不多以低等双翅目（尤其是菌蚊科和尖眼菌蚊科）昆虫为寄主，一些突颜细蜂寄生于腐烂海藻中的鼓翅蝇科或土壤中生活的蚁类幼虫。锤角细蜂亚科 Diapriinae 多寄生于高等双翅目环裂亚目（如杆蝇科、蝇科、寄蝇科、丽蝇科、麻蝇科和实蝇科）昆虫的蛹或幼虫。

锤角细蜂科是细蜂总科内种数最多的科，全世界分布，且热带与温带地区种类数差不多，即使在亚北极生境也有相当多的种类。下分折缘细蜂亚科 Ambositrinae、寄螯细蜂亚科 Ismarinae、突颜细蜂亚科 Belytinae 和锤角细蜂亚科 Diapriinae 4个亚科，其中前三个亚科较原始，而锤角细蜂亚科是细蜂总科中唯一仍在扩展的类群。Masner（1993）估计全世界可达4500种；我国锤角细蜂科种类丰富，近年来尽管有一些关于锤角细蜂亚科和突颜锤角细蜂亚科的研究报道，依旧缺乏较为全面系统的研究（何俊华和许再福，2015）。本书介绍我国稻区常见的锤角细蜂科2亚科8属9种。

中国常见锤角细蜂科天敌属检索表

（改自：Masner, 2002 和 Quadros, et al., 2017 ）

1. 雌虫触角12~13节，末端棒状明显；雄虫触角13~14节，雄性特化结构位于第2鞭节；前后翅无封闭翅室；前胸背板领部具毛（锤角细蜂亚科 Diapriinae ）····································· **2**

   雌虫触角12~15节，棒节不明显；雄虫触角14节，鞭节第1节偶有特化结构；前翅常有2~3个封闭翅室，后翅有1个或无翅室；前胸背板领部不具毛（突颜细蜂亚科 Belytinae ）·········· **6**

2. 雌虫触角棒节不明显膨大；柄节粗大，在端部具侧突角；头顶单眼区两侧额顶具小或宽大的突角；唇基长，上颚发达向外或向后突出，似喙；前翅亚前缘脉短，无缘脉和翅痣，偶有小翅痣 ···喙头锤角细蜂属 *Coptera*

   雌虫触角棒节明显膨大·· **3**

3. 前翅具基脉·· **4**

   前翅不具基脉··· **5**

4. 雌虫棒节突然膨大；基脉长短变化大，部分不明显；中胸盾片盾纵沟无或不明显；后翅矛形，但翅柄不细长 ···基脉锤角细蜂属 *Basalys*

   雌虫棒节不突然膨大；基脉清晰，略倾斜；中胸盾片盾纵沟完整而明显；后翅长矛形，且具细长翅柄···斜脉锤角细蜂属 *Chilomicrus*

5. 触角棒节逐渐膨大，不明显呈棒状；小盾片基部具明显的深凹洼；并胸腹节末端明显收窄与腹柄相当；腹柄较长，圆柱形·····································毛角锤角细蜂属 *Trichopria*

   触角棒节末节突然膨大，呈棒状；小盾片基部无明显的凹洼；并胸腹节末端略收窄，但宽于腹柄；腹柄短，端部圆钝，末端收窄·····································钝柄锤角细蜂属 *Turripria*

6. 雌虫触角12节；前翅仅2个翅室，后翅不具翅室；偶有短翅型，不具后翅；长翅型缘脉加粗，长于缘脉与基脉之间的距离；产卵器较长，约占腹部长的1/4~1/2····异角锤角细蜂属 *Synacra*

   雌虫触角至少14节；前翅通常3个翅室，后翅具1翅室·· **7**

7. 雌虫触角14~15节，触角架强度隆起，与触角基部连接处在复眼上部；径室闭合且完整，第2径分脉明显存在或较浅·····································镰颚锤角细蜂属 *Aclista*

   雌虫触角仅14节，触角架略隆起，与触角基部连接处在腹眼中部；径室闭合或不闭合；第2径分脉不存在···突颜锤角细蜂属 *Belyta*

锤角细蜂亚科 Diapriinae

体小型，体长一般 1~5 mm，体黑色至褐色，全部种类的绝大多数体表极光滑、无刻纹、具光泽；头胸部前胸背板领部具鬃毛或软毛，部分位置（如前胸基部、腹柄等部位）被浓密的毛。头顶具光滑或具突角；上颚常不明显，部分属较发达，向后伸长。触角多少膝状，柄节长，常着生于颜面中央的隆起（额架）上；雌虫触角 12～13 节，末端棒状明显，触角 12 节者，或腹部合背板后具 3 节环形背板（*Diapria* 及相近属），或于额部具突起（*Psilus* 属），或亚前缘脉末端远离翅前缘（*Aueurhynchus* 属）；雄虫触角 13～14 节，雄性特化结构位于第 2 鞭节；少数（*Corynopria* 属）完全无此特化结构。前翅无封闭翅室，亚缘脉长，无明显翅痣，但偶具副痣；缘脉点状或无，部分属具短基脉和一些残脉，部分属翅缘具凹陷，缘毛长至无；后翅无封闭翅室。胸部盾纵沟有或无；小盾片常隆起，小盾片基部常有凹洼。腹柄有或无，其变化是本亚科分属重要特征之一；腹部第 2、3 节合并成合腹板，长度占腹部的 1/2 以上；腹部通常卵圆形或锥卵形。

锤角细蜂亚科为世界性分布的大亚科，分化明显，特殊种类很多，生活在极端的小生境，具有甚为特殊的寄主关系。有些种类水生或半水生，生活在近海岸的潮间带里，还有些种类钻入土中寻找寄主。多数种类初寄生于秆蝇科、蝇科、寄蝇科、丽蝇科、麻蝇科和实蝇科等高等双翅目环裂亚目昆虫，常产卵于寄主围蛹中的蛹或幼虫体内；一般为聚内寄生，从一个寄主的围蛹中可羽化出 3～50 头，最多超过 290 头。少数种类可寄生隐翅甲科、扁泥甲科的昆虫。有些种类为重寄生或兼性重寄生。本亚科有许多高度特化的种类与各种蚁（如白蚁）相联系，甚至出现转换寄主的现象，有些原本寄生蚁巢内双翅目幼虫的种类，可变成蚁幼虫的寄生蜂（何俊华和许再福，2015）。

毛角锤角细蜂属 *Trichopria* Ashmead, 1893

体长 1.0～3.5 mm；体色多变，暗黑色至浅黄色均有；体表一般光滑无毛，通常具发达的毛垫。额部无角状突起；后头圆，不呈脊状或梯状；触角架隆起至复眼的上部，雌虫触角棒节往末端渐增大，而非突然膨大，各棒节有明显分隔，常近球状或念珠状，末节腹面通常具特化的凹孔。并胸腹节一般具稍发达的褶脊，褶脊与中脊间常具毛丛，并胸腹节后端明显收窄与腹柄相等宽；腹柄为较长的圆柱形，具纵脊和浓密柔毛。足腿节和胫节常具细长的刺毛。

本属全世界广泛分布，新北区和新热带区分布相对较多；主要寄生双翅目昆虫，也有寄生鞘翅目扁泥甲科的种类，部分种类为蚁幼虫的寄生蜂，还有些种类具水生或半水生习性（Masner 和 García，2002）。

341. 果蝇毛锤角细蜂 *Trichopria drosophilae* Perkins, 1910

特　征　见图2-418。

雌虫体长1.8～2.4mm；体黑褐色，但足及触角（除棒节同体色外）均黄褐色，腹部腹面略带红褐色，下颚须浅黄褐色；翅透明，略带浅烟褐色，前翅翅脉亮黄褐色，其他翅脉黄褐色；头顶和颊部光滑具强光泽，有多根长而直立的毛。头近球形，宽几与长相等。后头缘凸窄，无凹孔；头顶触角架上凸，后颊具紧贴表面的银白色毛丛。脸具多根细短毛，两复眼间具1对刻点，刻点上着生长毛。触角棒状，12节；柄节长，稍弯，表面光滑；鞭节具较密的半直立状刚毛，第7鞭节大小接近第8鞭节；末端膨大的棒状部分由3节组成，末节长于前1节但几乎等粗。胸背观长大于宽；前胸肩部具极厚且浓密的银白色毛丛，形成极发达的毛垫；中胸盾片盾纵沟缺失，三角片光滑且具光泽；小盾片基部凹孔大而浅，沿侧缘具浓密的毛丛；并胸腹节具中脊，末端强度收窄，近与腹柄等宽，侧缘和后缘具长的毛丛。前翅亚前缘脉紧贴翅前缘，痣脉短，与前缘脉融合于亚前缘脉端部，形成1楔形膨大，后缘脉缺失；翅面密布细毛，基部沿亚前缘脉下方无毛。

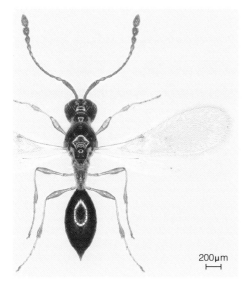

A. 雌虫背面　　　　　　B. 雌虫头胸部背面　　C. 雌虫触角与头侧　　D. 雄虫触角

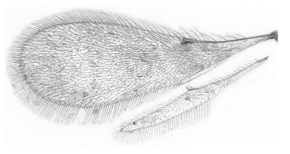

E. 雄虫侧面　　　　　　　　　　F. 前、后翅

图2-418　果蝇毛锤角细蜂 *Trichopria drosophilae*

后翅无翅脉，下基部1/4无毛。足细长，基节、腿节和胫节端部明显膨大，表面具长刚毛。腹柄长约为宽的2.5倍，具纵刻纹，腹柄具1圈白色柔毛；腹部呈纺锤形，侧面观扁平；合背板大、无毛、光滑且具强光泽，几乎占腹部的3/4；末节端部收窄尖锐。

雄虫体长1.2～1.8mm，体色及大部分特征与雌虫相似，唯触角14节、细长，每一鞭节近纺锤形，具1～2轮细长毛。

寄　主　黑腹果蝇、斑翅果蝇等果蝇科的大多数种类。

分　布　国内见于浙江、安徽、福建、江西、湖南、四川、贵州、云南、广西。国外广泛分布于亚洲、欧洲、北美洲等地。

基脉锤角细蜂属 *Basalys* Westwood, 1833

体小型，长1.0～3.5mm；体黄色至黑色。雌性触角12节，末端3～4节突然膨大成棒状；雄性触角14节，鞭节布满短软毛。前胸背板常有厚的毛领；盾纵沟缺或浅，盾片有基部凹；并胸腹节背面被1条中纵脊分为2个裸露光亮的区域。前翅缘毛短而密，翅面覆毛，亚前缘脉终结于翅痣，有1清晰可见的基脉；后翅一般为矛状，缘毛长于前翅缘毛。足细长，基节发达，腿节后半部呈棍棒状，胫节后半段呈亚棍棒状；腿节被稀疏刚毛，胫节被中等密毛，跗节具密软毛。腹柄长宽相等或者轻微延长。

本属全世界广泛分布；主要寄生双翅目的幼虫或蛹，也有在蚁穴中发现的种类。

342. 遗基脉锤角细蜂 *Basalys exsul* (Kieffer, 1913)

异　名　*Loxotropa exsul* Kieffer, 1912。

特　征　见图2-419。

雌虫体长1.4～1.6mm；体黑色，但腹部腹面基部和端部红褐色；触角（除3节棒节黑褐色外）、足和颚须均为黄褐色；翅透明，翅脉黄褐色。头部背观近圆形；触角架中度突出，侧面观与头顶等高，颜面着生稀疏短刚毛；复眼卵圆形，大而明显；上颊逐渐收窄，散生刚毛；后头脊简单、无毛；唇基轻微隆起。触角12节，具毛；末端3节突然膨大成棒节，且排列紧凑。前胸背板窄、不明显，肩角两侧具密毛；中胸盾纵沟缺失，盾片散生刚毛，小盾片光滑无毛，基部具大而浅的凹洼；并胸腹节中纵脊和两侧脊发达，脊间区域光滑无毛。前翅基脉明显，中部微弯曲。腹部腹柄显著延长，圆柱状，长约为宽的2倍，其上具纵皱脊，周圈密布长毛。腹部侧观微弯曲，背观从基部开始加宽，直到腹末收窄，合背板长为腹部的4/5。产卵器微露出腹末。

寄　主　未知。

　国内见于云南、四川、广西。国外分布于法国。

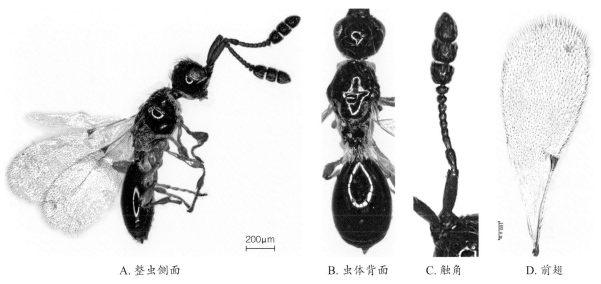

A. 整虫侧面　　　　　　　　B. 虫体背面　　C. 触角　　D. 前翅

图 2-419　遗基脉锤角细蜂 *Basalys exsul* 雌虫

343. 猎户基脉锤角细蜂 *Basalys orion* Nixon, 1980

异　名　*Loxotropa orion* (Nixon, 1980)。

特　征　见图 2-420。

雌虫体长 0.9～1.2mm。头、胸部暗褐色；腹部基部红褐色，末端黑褐色；触角（除 3 节棒节

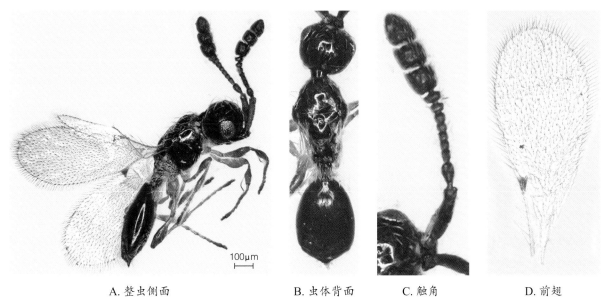

A. 整虫侧面　　　　　　B. 虫体背面　　C. 触角　　　　D. 前翅

图 2-420　猎户基脉锤角细蜂 *Basalys orion* 雌虫

红褐色外）、足和颚须为黄褐色；翅透明，翅脉黄色。头部背观近圆形，长略大于宽；触角架突出，侧面观不高于头顶；颜面和整个头部着生稀疏短刚毛；复眼卵圆形，大而明显；上颊收窄，具刚毛；后头脊细，无毛；唇基不明显隆起。触角12节，具毛，末端3棒状突然膨大，排列紧凑。前胸背板窄，不明显，肩角两侧具密毛；中胸盾纵沟缺失，中胸盾片散生刚毛，小盾片侧缘具长刚毛，基部具大而浅的凹洼；并胸腹节中纵脊和两侧脊发达，侧后缘角略下突，两侧密布长毛。前翅基脉较浅，微弯曲，略倾斜。腹部腹柄圆柱状，长约为宽的2.2倍，具纵皱脊，且密布长毛。腹部侧观直，背观中后部宽大，腹末明显收窄，合背板长为腹部2/3。产卵器微露出腹末。

　　寄　主　　未知。

　　分　布　　国内见于云南、贵州、湖南。国外分布于英国。

钝柄锤角细蜂属 *Turripria* Masner, 2002

　　体小型，长1.5～3.0mm；体黄色至红褐色。雌性触角12节，末端3节逐渐膨大呈棒状，末节最大。后头圆，复眼侧面观靠近前额；前背板常有毛领；盾纵沟浅，盾片有基部凹不明显；并胸腹节一般具褶脊与中脊，两侧和后缘被毛丛。前翅翅缘毛长而密，翅面覆短毛，亚前缘脉终结于翅痣；后翅一般短窄。足细长，基节发达，腿节后半部呈棍棒状，胫节后半段呈亚棍棒状；足腿节和胫节常具细长的刺状刚毛。腹柄明显，端部圆钝，后端与腹部相连处收窄、具绒毛。腹部纺锤形，末端收窄尖锐。

　　本属分布于东洋区和新热带区；主要寄生于膜翅目蚁科的昆虫。

344. 钝柄锤角细蜂 *Turripria* sp.

　　特　征　　见图2-421。

　　雌虫体长1.2～1.5mm。头、胸部深褐色，腹部红褐色，各足、上颚、颚须及触角（除柄节略带深褐色）均黄色；翅透明，翅脉黄色。头部背观近圆形，侧面观椭圆形；触角架突出，且高于头顶；颜面和头顶着生稀疏短刚毛。复眼卵圆形，大而明显；上颊收窄，具刚毛；后头脊缺，中部略凹陷；唇基微隆起。触角12节，具毛，末端3棒状逐渐膨大，末节最为宽大，长约为前2节之和。前胸背板窄、不明显，肩角两侧具密毛；中胸盾纵沟较浅，侧缘具刚毛，小盾片宽大于长，近矩形，基部凹洼不明显；并胸腹节中纵脊和两侧脊发达，侧面观侧脊前端具隆起的角状突，两侧和后缘被毛丛。前翅翅缘毛长而密，长可达翅面的1/3；亚前缘脉终结于翅痣，长不到翅长的1/3。足细长，基节发达，腿节后半部呈棍棒状，胫节后半段呈亚棍棒状。腹柄明显，端部圆钝；后端与腹部相连处收窄，具绒毛。腹部纺锤形，合背板长为腹部2/3，腹末明显收窄。产卵器露出腹末。

　　寄　主　未知。

　　分　布　国内见于浙江、上海。

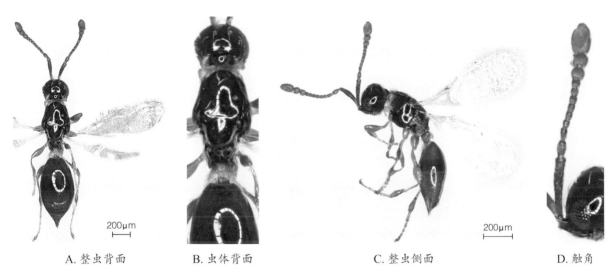

| A. 整虫背面 | B. 虫体背面 | C. 整虫侧面 | D. 触角 |

图 2-421　钝柄锤角细蜂 *Turripria* sp. 雌虫

斜脉锤角细蜂属 *Chilomicrus* Masner，2002

　　体小型，长 1～3mm；体黑色至黑褐色。雌性触角 12 节，雄性触角 14 节，触角鞭节布满短软毛，触角架与柄节相连处在复眼中上部。头后缘和前胸背板肩角具稀疏的毛。盾纵沟完整而明显，小盾片基部具凹洼。并胸腹节背面具侧褶，中脊不存在或不明显。前翅缘毛短，翅面覆毛；亚前缘脉长，翅痣近小三角形，基脉清晰，略倾斜，不与翅的上下缘相接；后翅一般为长矛状，翅柄较长，后翅缘毛长于前翅缘毛。足细长，基节发达；腿节、胫节后半段呈圆棒状，被稀疏长刚毛。腹柄长大于宽，与腹部相连处收窄；腹基缘有浅缺刻。

　　本属分布于新热带区和东洋区，目前报道种类很少，寄主尚不明确。

345. 斜脉锤角细蜂 *Chilomicrus* sp.

　　特　征　见图 2-422。

　　雄虫体长 1.2～1.5mm。体黑色，但足和上颚黄褐色，触角暗褐色；翅透明，翅脉黄褐色。头具长刚毛，头后缘和前胸背板肩角具稀疏的毛；上颚略突出；触角架与柄节相连处在复眼中上部。触角 14 节，柄节长圆筒状，梗节和鞭节纺锤形，鞭节布满短软毛。盾纵沟完整，小盾片基

部具大而浅的凹洼；并胸腹节背面具侧褶，中脊不明显，侧缘具浓密毛丛。前翅缘毛短，翅面覆毛，亚前缘脉长不及翅长的1/3，翅痣近小三角形，基脉清晰，略倾斜，不与翅的上下缘相接；后翅长矛状，翅柄细长，后翅缘毛长于前翅缘毛。足细长，基节发达；腿节、胫节后半段呈圆棒状，被稀疏长刚毛。腹部呈纺锤形，腹柄长约为宽的1.5倍，具纵刻纹，侧面和腹面具短丛毛，腹基缘有浅缺刻，合腹板约为腹部长的5/7。

寄　主　未知。

分　布　国内见于湖南、江西。

A. 整虫侧面　　　　　　　　B. 整虫背面　　　　　　　C. 触角与头侧

D. 胸部背面　　　　　　　　　　　　E. 前后翅

图 2-422　斜脉锤角细蜂 *Chilomicrus* sp. 雄虫

喙头锤角细蜂属 *Coptera* Say, 1836

体小型至中型，长3～7mm；黑色。雌性触角12节，柄节粗大，在端部具侧突角，末端3～4节逐渐膨大；雄性触角14节，柄节小，弯折不明显，具突角，末端不膨大；触角架与柄节相连处在复眼上方；头顶单眼区两侧具小或宽大的突角；唇基长；上颚发达向外或向后突出，似喙状。前胸背板窄；中胸盾片两纵沟完整而明显、弧形，小盾片基部具1对凹洼，两侧具或不具凹洼；

并胸腹节背面具横脊和侧脊，中脊存在且较浅。前翅可折叠，缘毛短，翅面覆毛；亚前缘脉短，缘脉和翅痣不存在，偶有小翅痣，具中脉的残脉、似褶痕；部分种翅中有长的中褶痕，与翅端缘凹缺相连。足细短，腿节、胫节后半段膨大，被稀疏刚毛。腹柄长而粗壮，具粗纵刻纹；腹部椭圆形，表面光滑，平坦。

本属全世界广泛分布；主要寄生双翅目昆虫，最常见是寄生果蝇科昆虫。

346. 细沟喙头锤角细蜂 *Coptera strauziae* (Muesebeik,1980)

特 征 见图2-423。

雌虫体长2.2～2.8mm。体黑色，但足和上颚黄褐色，翅浅烟褐色。头近长方形，长约为宽的2倍；头顶单眼区隆起，两侧突角端部平，后方至后头具粗刻点；复眼微突呈椭圆形；触角架与柄节相连处在复眼上方，额面平；唇基长，上颚发达向后突出，呈喙状。触角12节，柄节粗大，在端部具侧突角，末端3～4节略膨大。前胸背板窄；中胸盾片两纵沟宽而明显，呈弧形，在

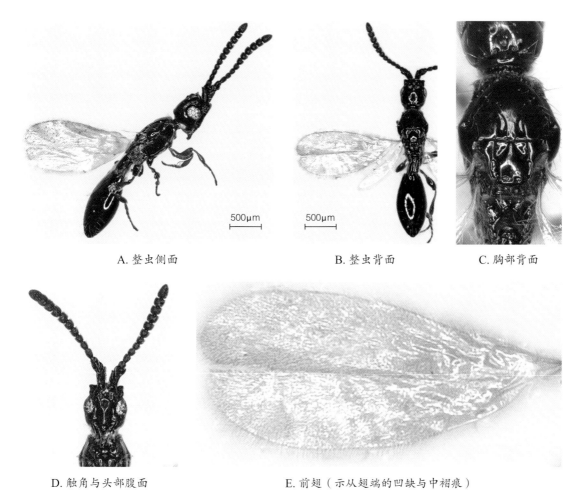

A. 整虫侧面　　　　　　　B. 整虫背面　　　　　　C. 胸部背面

D. 触角与头部腹面　　　　E. 前翅（示从翅端的凹缺与中褶痕）

图 2-423　细沟喙头锤角细蜂 *Coptera strauziae* 雌虫

末端与小盾片2个基凹近相接，小盾片两侧缘具小凹洼；并胸腹节中部具短中脊，两侧具侧脊，中脊在并胸腹节中部分成两条斜脊延伸至侧脊，成2块近三角形的区域。前翅可折叠，缘毛短，翅面覆毛；亚前缘脉短几乎不可见，缘脉和翅痣不存在；翅中有长的中褶痕，与翅端缘凹缺相连。足细短，腿节、胫节后半段膨大，被稀疏刚毛。腹柄长而粗壮，长约为宽的2.5倍，具粗纵刻纹；腹部椭圆形，表面光滑，平坦，合背板约占腹部背板的4/5；腹末端圆钝。产卵器不伸出末端。

寄　主　未知。

分　布　我国见于四川、云南。国外分布于加拿大、美国。

突颜锤角细蜂亚科 Belytinae

　　体小型，体长一般2～5mm；体黑色至褐色；所有种类绝大多数体表极光滑、无刻纹，具光泽；头胸部被长刚毛；触角被浓密短毛或稀疏长毛，腹部无毛。头部中间具1隆起的触角架，雌虫触角14～15节（*Synacra*属等少数仅12节），末端棒状不明显；雄虫触角14节，雄性特化结构位于第1鞭节。大多数种的上颚发达且呈镰刀状，且端部明显交叉，少数种的上颚短；额面下方与唇基常隆起。前翅特征见图2-424，翅脉发达，具2～3个封闭的翅室：前缘室、径室和中室，而*Synacra*属缺径室；后翅具1个或不具封闭的翅室。中胸盾片盾纵沟深凹，末端不交叉；小盾片基部具1～2个深凹洼；并胸腹节具侧脊，中脊存在或不存在，侧缘具浓密柔毛。腹柄明显，表面具纵脊或横脊；腹部第2、3节合并成合背板，长度占腹部的1/2以上。雌虫产卵器明显伸出腹部末端，部分较长。

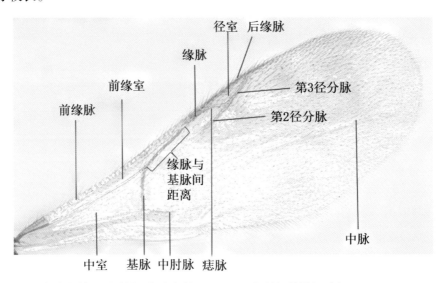

图 2-424　突颜锤角细蜂亚科（镰颚锤角细蜂 *Aclista* sp.）前翅的特征（参照 Quadros et al., 2017）

本亚科是锤角细蜂科中种类数量第2的亚科,广泛分布于全世界,但其寄主和生物学习性的研究报道很少,目前仅知其部分属如镰颚锤角细蜂属 *Aclista* 寄生双翅目的菌蚊科,异角锤角细蜂属 *Synacra* 寄生眼蕈蚊科和潜蝇科的昆虫(Quadros et al., 2017)。

镰颚锤角细蜂属 *Aclista* Förster, 1856

体细长,小型,长2.0~3.5mm;体黑色或褐色,通常光滑、有光泽。头正面观为近三角形;大部分种的上颚发达呈镰刀状,且端部明显交叉,少数上颚短。触角着生于颜面中央1强度隆起额架上,覆浓密短毛或稀疏长毛;雌虫触角圆柱状,14~15节,偶有端部若干节近卵圆形;棒节均长;雄虫树胶丝状、14节,第1鞭节有不同程度的凹陷特化。并胸腹节呈矩形或梯形,具明显皱脊,部分种后缘具三角区。前翅缘脉较短,短于径室长,以及缘脉与基脉之间的距离,径室于端部闭合且完整,第2、3径分脉通常存在,偶有第2径分脉不明显;后翅有1封闭的翅室。腹柄长,长为宽的2~3倍,具纵向纵脊或无,两侧被稀疏长毛;腹部多呈纺锤状,第2节大。

本属全世界广泛分布,其中东洋区和非洲区分布较多;目前已报道的寄主仅有双翅目的菌蚊科昆虫。

347. 镰颚锤角细蜂 *Aclista* sp.

特　征　见图2-425。

雌虫体长2.6~2.8mm;头、胸部暗褐色,腹部红褐色,腹末颜色加深;触角、足和颚唇须均为黄褐色。头背面观宽为长的1.9倍,略窄于胸部;触角支角突强度突出,高于复眼上方;上颚较短,颚须较长;上唇基隆拱,被短柔毛;颜面光滑被柔毛;复眼卵圆形、被毛;后头脊完整。触角14节,丝状,具细短毛;柄节稍弯,其余各节圆筒状;梗节最短,成念珠状;第1鞭节具浅凹、特化。胸部背面具密毛;中胸盾片微隆拱;盾纵沟完整,末端部收拢;盾片与小盾片间横沟深而明显,小盾片基部凹洼大且呈近梯形,小盾片圆隆、光滑;并胸腹节两侧具短柔毛,中间光滑,中纵脊后缘与后横脊形成小三角区,侧纵脊后缘不突出。前翅具3个封闭的翅室,缘脉较短,短于径室长,以及缘脉与基脉之间的距离,第2径分脉存在,第3径分脉完整;后翅具1个封闭翅室。腹柄圆柱状,具纵脊,较长,长为宽3.5倍,约为腹长的1/2;腹部纺锤状,末端向下弯曲,下生殖板端尖;合背板占腹长的3/4。

寄　主　未知。

分　布　国内见于四川、云南。

A. 整虫背面 B. 整虫侧面 C. 虫体侧面 D. 头侧与触角

E. 头部颜面与触角基部 F. 胸部背面

图 2-425 镰颚锤角细蜂 *Aclista* sp. 雌虫

突颜锤角细蜂属 *Belyta* Jurine, 1807

体细长、小型，体长 2～5mm；体黑色或褐色，通常光滑，有光泽。头正面观为近三角形；上颚发达前突，端部不交叉，少数种的上颚短；触角着生于颜面中央微隆起的支角架上，覆浓密短毛或稀疏长毛；雄蜂 14 节、丝状；雌虫 14～15 节，柄节基部略膨大或粗，近基部的几节长大于宽，中部和端部各节常为念珠形。并胸腹节近梯形，具明显侧脊和中脊。前翅缘脉较短，短于径室长，以及缘脉与基脉之间的距离，径室于端部闭合或开放，第 2 径分脉通常不存在，第 3 径分脉完整或不完整；后翅有 1 封闭的翅室。腹柄明显，长约为宽的 1～2 倍，具纵脊，两侧被稀疏或浓密的长毛；腹部多呈纺锤状，合背板通常在整个腹部的 1/2 以上。产卵器常露出末端，可占腹部长的 1/4～1/2。

本属全世界广泛分布；主要寄生双翅目的菌蚊科昆虫。

348. 突颜锤角细蜂 *Belyta* sp.

特　征　见图2-426。

雌虫体长2.0～2.5mm；头部暗褐色，胸腹部红褐色，颚唇须、足和触角前4节为黄褐色，其余触角暗褐色。头背面观宽为长的1.5倍，窄于胸部；支角突轻度突出，仅达复眼中部；上颚较长，端部合拢不交叉；上唇基隆拱，被短柔毛，颜面光滑被柔毛。触角15节，柄节基部略膨大，第2、3节长均大于宽，其后各节长宽近相等，呈念珠状。复眼卵圆形、被毛；后头脊完整；后颊两侧具浓密毛丛。胸部背面具稀疏的毛；中胸盾片微隆拱；盾纵沟完整，末端部收拢；盾片与小盾片间横沟明显；小盾片圆隆、光滑，基部凹洼大且呈椭圆形，小盾片；并胸腹节近梯形，两侧具长柔毛，中间光滑，中纵脊和侧脊完整。前翅具3个封闭的翅室，缘脉较短，短于径室长，以及缘脉与基脉之间的距离，第2径分脉不存在；后翅具1个封闭翅室。腹柄圆柱状，具弱纵脊，

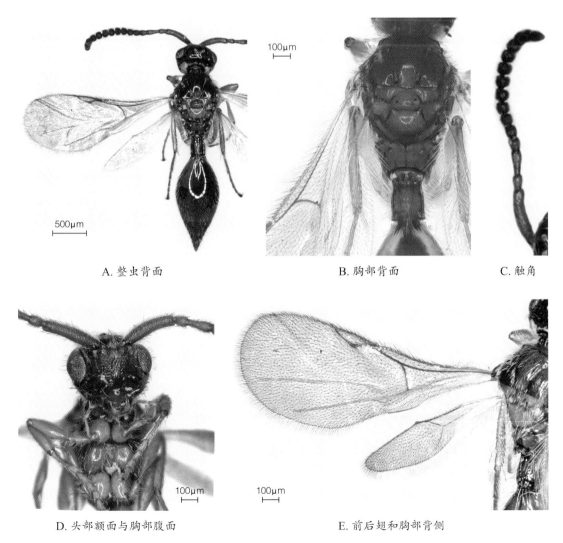

A. 整虫背面　　　　　　　　　　B. 胸部背面　　　　　　　C. 触角

D. 头部额面与胸部腹面　　　　　　　E. 前后翅和胸部背侧

图2-426　突颜锤角细蜂 *Belyta* sp. 雌虫

长约为宽2倍；腹部纺锤状，末端尖而直、不下弯；合背板占腹部的4/5。

寄　主　未知。

分　布　国内见于湖南、江西。

异角锤角细蜂属 *Synacra* Foerster, 1856

体细长、小型，体长2～5mm；体黑褐色或褐色，通常光滑，有光泽。头正面观近三角形或圆形；上颚发达明显前突，端部交叉；触角着生于颜面中央隆起的额架上，覆浓密短毛；雄蜂14节、丝状，各节圆筒形，偶有第1鞭节具特化结构；雌虫12节，近基部的几节圆筒状，中部和端部各节常为念珠形或圆形，棒节长。并胸腹节近梯形或扇形，具明显侧褶，中脊完整或不完整。具有长翅形和短翅型；长翅形前翅不具径室，缘脉加粗长于缘脉与基脉之间的距离，痣脉存在或不存在，后翅仅有亚缘脉，无封闭翅室；短翅型后翅退化，前翅极小狭窄，不具翅室，仅有缘脉和亚缘脉。腹柄长，长约为宽的2倍，具纵脊，两侧被稀疏或浓密的长毛；腹部多呈纺锤状，合背板大，通常占整个腹部的1/2以上。

本属全世界广泛分布，但以全北区分布较多；主要寄生双翅目眼蕈蚊科和潜蝇科的昆虫（Chemyreva和Kolyada，2019）。

349. 异角锤角细蜂 *Synacra* sp.

特　征　见图2-427。

雌虫体长1.2～1.5mm；胸背板、侧板和腹部中后部背板为红褐色；触角末端4节为暗褐色，其余部位为黄褐色；翅透明略带烟褐色，翅脉黄褐色。头背面观圆形，宽略大于长，与胸部宽近相等；支角突中度突出，与复眼上部持平；复眼较小，远离额面，呈圆球形；上颚较长，端部交叉；上唇基隆拱，颜面光滑被柔毛，额面下方收窄，正面观头呈近三角形；后头脊完整而突出，头部及后颊被稀疏长毛。触角12节，柄节长、略弯曲；梗节端部膨大，长约为宽的2倍；第1鞭节长为宽的1.5倍，第2～5鞭节等长，长略大于宽，第6～7鞭节渐膨大，末节最粗，端部收窄。胸部背面具稀疏的毛；中胸盾片隆拱；盾纵沟完整，末端部微收拢；盾片与小盾片间横沟明显，小盾片基部凹洼大且呈椭圆形，小盾片明显圆隆、光滑；并胸腹节近梯形，两侧具长柔毛，中间光滑，中纵脊和侧脊完整。前翅具2个封闭的翅室（前缘室和中室），缘脉加粗，长于缘脉与基脉之间的距离，痣脉不存在；后翅仅有亚缘脉，无封闭翅室。腹柄长，长约为宽的2倍，上表面具浅纵脊，被稀疏的长毛；腹部多呈纺锤状，合背板长度为腹部的2/3；末端直。产卵器长，明显露出腹部末端，长约为腹长的2/5。

寄主 未知。

分布 国内见于浙江。

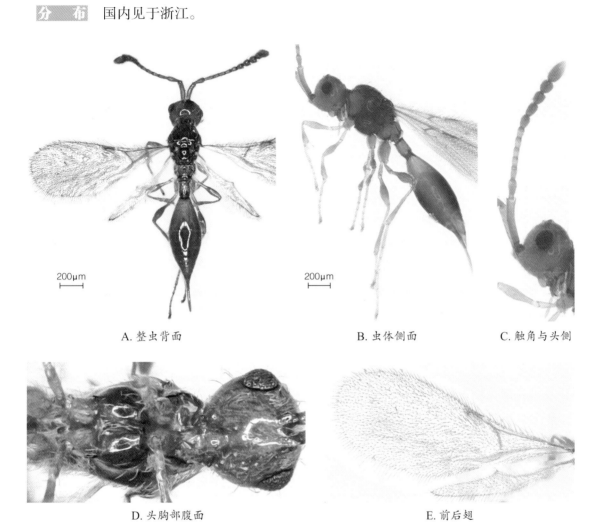

A. 整虫背面　　　　　　　　　B. 虫体侧面　　　　C. 触角与头侧

D. 头胸部腹面　　　　　　　　　E. 前后翅

图 2-427　异角锤角细蜂 *Synacra* sp. 雌虫

（七）瘿蜂总科 Cynipoidea

　　瘿蜂总科体微小型至小型，体长一般 1～13 mm，个别（如枝跗瘿蜂属 *Ibalia* 的一些种）可达 16 mm；粗壮；体褐色或黑色。无触角下沟；触角丝状，常少于 14 节；前胸背板侧后方伸达翅基片；缺胸腹侧片；侧观中胸小盾片与并胸腹节常同样大小。前后翅的翅脉退化，前缘脉远细于亚前缘脉；无真正的翅痣，偶有伪翅痣；径室常呈显著的三角形。跗节 5 节，转节缩小，常仅 1 节。腹部常侧扁，腹面坚硬骨质化、无褶，腹末腹板具纵裂；产卵管从腹部末端的前面伸出，并具有

1对产卵鞘。

瘿蜂总科的分类仍有较大分歧。目前被划分有4个科，分别为跗瘿蜂科Ibaliidae、光翅瘿蜂科Liopteridae、瘿蜂科Cynipidae和环腹瘿蜂科Figitidae，而过去的匙胸瘿蜂科Eucolildae及长背瘿蜂科Charipidae现均为环腹瘿蜂科下的亚科Eucoilinae及Charipinae（王娟，2014；Simon van Noort et al., 2015），我国稻区最为常见的是环腹瘿蜂科。

瘿蜂总科被人熟知的是它的一些种类能在植物上形成虫瘿。实际上，这些致瘿的种类全属瘿蜂科，其中无寄生类型，而其他3个科均为寄生类型，为体内寄生。尽管瘿蜂科是瘿蜂总科最大的科，已知形成虫瘿的瘿蜂数量占瘿蜂总科数量（约3300种）的1/2以上（Gauld and Bolton, 1992），但近年来研究表明，本总科的种数可能有2万种，其中近3/4是寄生性种类。寄生性瘿蜂可初寄生和重寄生，寄主主要包括鞘翅目、双翅脉、半翅目及膜翅目昆虫；一般产卵于寄主幼虫和卵中，多数为单寄生。

环腹瘿蜂科 Figitidae

体小型，体长小于10mm。雌性触角13节，雄性触角14～15节。前面观，头常呈横向卵圆形，有时梯形。头表面有时具发散的短白毛；头表面刻纹具有光滑、革质、暗皱和线条刻纹等不同状态，是重要的分类特征。胸部至少部分具刻纹，胸部背观多少隆起；前胸背板的形状、背中长度、中胸侧板沟是否存在是重要的鉴别特征。小盾片末端有时具有1刺脊。翅膜质透明或具密毛，有或无缘毛；前翅基脉不延伸至翅下缘，2r脉与Rs脉相交处有小翅室根，R1脉短或延伸至翅缘，径室（R）开放或不开放，翅征见图2-428。腹部可见背板常为7节，第1腹节呈短柄状；雌虫腹部侧扁，通常第3背板最大，有时第2、3腹背板愈合，则第2背板最大；雄虫腹部不侧扁。

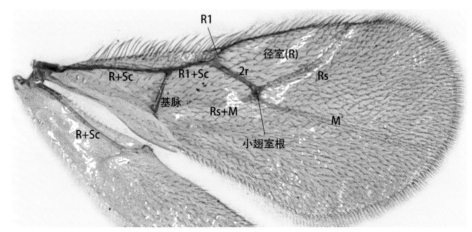

图2-428　环腹瘿蜂科（钝刻匙胸瘿蜂 *Diglyphosema conjungens*）的翅征（参照 Melika，2006）

本科寄生蜂主要寄生双翅目、膜翅目和半翅目昆虫的幼虫；一般为内寄生。

本科世界广泛分布，多数分布于新热带区。全世界共描述 135 属 1400 多种（Buffington，2010），本书仅介绍我国稻区常见的4属5种。

中国常见环腹瘿蜂科天敌分属检索表

1. 小盾片中央有近卵圆形的凹坑，中胸侧板沟明显；腹部第2节背板长于第3节背板；触角通常
雌性13节，雄性15节 ·· 2
　小盾片无上述凹陷；腹部背节长短和触角节数不定 ·································· 3
2. 中胸盾片盾纵沟存在或完整；小盾片杯大于小盾片面积的1/2；前翅径室宽大 ···········
 ·· 刻匙胸瘿蜂属 *Diglyphosema*
　中胸盾片背板盾纵沟不存在；小盾片杯小于或等于小盾片面积的1/2；前翅径室短小 ·······
 ·· 柄匙胸瘿蜂属 *Leptopilina*
3. 头和胸部具突脊和凹刻；小盾片后缘形成长刺脊；腹部第3节最长；前翅径室开放，小翅室根
通常较短，短于2r脉 ································· 剑盾狭背瘿蜂属 *Prosaspicera*
　头和胸部光滑；小盾片光滑后缘圆钝，不具刺脊；腹部第2、3节近等长；前翅径室闭合，小翅
室根通常较长，与2r脉近相等 ····························· 蚜重瘿蜂属 *Alloxysta*

蚜重瘿蜂属 *Alloxysta* Förster, 1869

体小型，体长通常不超过8mm；头顶、中胸及腹部光滑；雌虫触角13节，雄虫14节；前胸背板陡落，前胸侧板上缘具侧脊，中胸侧板下缘无侧板沟，中胸盾片与小盾片长近相等，小盾片前缘和中心无凹陷，后缘圆钝不锐刺。前翅R1脉长，径室封闭，Rs+M脉缺如。腹部第1节柄状，第2节背板基部有1圈柔毛，第2、3节腹部背板不愈合可自由活动，第2节背板与第3节背板长度相当。

本属全世界广泛分布，但多数种类分布在古北区，少数种类在东洋区和非洲区；主要寄生蚜茧蜂和蚜小蜂，为重寄生蜂（Simon van Noort et al., 2015）。

350. 中华蚜重瘿蜂 *Alloxysta chinesis* Fülöp & Mikó, 2013

特　征　见图2-429。

雌虫体长1.5～2.0mm；体黄至黄褐色；头顶黄褐色，前额、上颚和脸颊及胸侧板黄色，胸背板和腹部深褐色，足和触角第1～5节浅黄色，触角第6、7节黄褐色，其后颜色逐渐加深。头

横宽，宽为长的1.5倍；表面光滑，上颚4齿，唇基于前额具沟。触角13节，柄节略长于梗节，鞭节第1~3节细，第1节与梗节近相等，第2、3节短于第1节，第4节粗于前3节，略长于第1节，其后各节粗细近相似，末节端部收窄，且长于其他鞭节。胸部与头近等宽，表面光滑，具细白毛；前胸窄，侧板上缘具脊；中胸隆起，侧板下缘无侧板沟，小盾片背面光滑，无凹陷，后缘圆钝，侧面观明显陡落；并胸腹节短密布长绒毛。前翅表面具毛，最长缘毛长为前翅最宽处的1/4，Rs+M脉不明显，M脉可见残脉，R1脉长，胫室封闭，小翅室根较长与2r脉长度相当。腹部窄于胸部，表面光滑；第1节柄状，密布绒毛；第2、3节背板长度相近，基部具绒毛；其后各节短，收缩于第3节背板之下；腹部腹面明显下突。

寄　主　未知。

分　布　国内见于福建、浙江、湖南。国外分布于韩国。

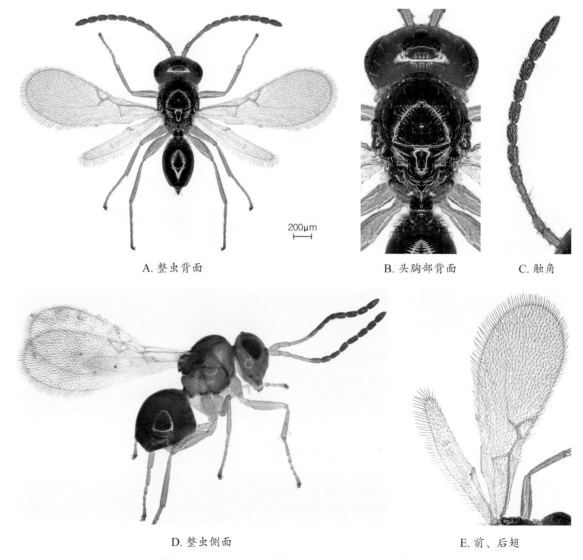

A. 整虫背面　　　　B. 头胸部背面　　　　C. 触角

D. 整虫侧面　　　　E. 前、后翅

图 2-429　中华蚜重瘿蜂 *Alloxysta chinesis* 雌虫

剑盾狭背瘿蜂属 *Prosaspicera* Kieffer, 1907

头部侧额脊明显，具或不具额脊；头顶具强烈或微弱刻纹，头顶中竖直沟深，且两侧具1~2条纵脊；后头脊明显。触角丝状，雌性13节，雄性14节。前胸侧板有时具横脊；中胸背板光滑或具毛，中沟明显，占中胸背板长的1/3，中胸有时具横脊，前平行沟和盾纵沟存在，中胸侧板光滑或后部的2/3皮质；小盾片长大于中胸背板，具两大且明显的小盾片窝，小盾片脊长，通常表面具纵脊，小盾片长是中胸背板长的0.9~3.9倍。前翅R1脉不存在或短，径室（R）开放；基脉长、直或弯曲，Rs+M脉和M脉通常缺如，翅缘毛短或不存在。足胫节后表面具强烈纵脊，前表面常具1条纵脊；腹柄短，长与宽相等，第2腹背板马鞍状且光滑，第3腹背板具强烈刻点。

本属广泛分布于亚洲及新北区、新热带区、北非区；主要寄生双翅目食蚜蝇科幼虫。

351. 异剑盾狭背瘿蜂 *Prosaspicera confusa* Ros-Farre, 2006

特 征 见图2-430。

A. 虫体背面

B. 虫体侧面

C. 腹部侧面

D. 前、后翅

图2-430 异剑盾狭背瘿蜂 *Prosaspicera confusa* 雌虫

雌虫体长 3.3～3.8mm；头、胸黑色，前翅翅脉深棕色，腿节和胫节黑褐色，触角褐色。头额脊强烈，侧额脊突起，后头脊在复眼后 1/3 处呈钝角；背观头顶具很多刻纹，在后部中竖直沟两侧具纵脊、单眼明显突起；侧观颊具横脊，触角 13 节；胸背观中胸背板皮质、具横脊，中胸背板中脊突起，在中胸背板中前端分叉；盾纵沟宽，光滑；中胸背板中沟光滑；中胸背板长是宽的 1.9 倍；小盾片窝大，横卵圆型、深，具微弱纵脊且具后缘；小盾片中脊和侧脊突起，且延伸至整个小盾片刺脊的后 1/4，小盾片刺脊长，延伸至腹部第 3 节；小盾片和小盾片刺脊皮质；侧观前胸侧板具明显的横脊和波纹状脊。前翅膜质透明，R1 脉短，径室开放，径室长是宽的 2 倍，翅缘具密毛；基脉长，端部略膨大，不明显弯曲。腹部第 2 节背板后缘隆起，第 3 节具明显细刻点，长于各节之和，4 节之后各节收缩于第 3 节背板之内。

寄　主　未知。

分　布　国内见于宁夏、浙江、福建、广东、云南。国外分布于缅甸。

刻匙胸瘿蜂属 *Diglyphosema* Förster, 1869

头部光裸；唇基、颚间沟和颊具绒毛。雌性触角 13 节，念珠状或棍棒状，3～13 节具感器；雄性触角 15 节，念珠状，第 3 节明显较长，外侧膨大，鞭节具感器。前胸背板小，后部具刻点，密布绒毛，背缘圆钝，两边具开放的大侧凹，前胸侧板具发达的侧脊。中胸背板光滑、光亮，亚侧沟完整；盾纵沟发达，在盾片 2/3 处趋于汇合，具刚毛；中胸侧板下方光滑具侧板沟。后胸背板隐藏在小盾片下，后胸侧板相对较短，后缘有时具绒毛；小盾片前窝细窄，表面具网状褶皱。小盾片中央具圆凹孔，其周围具刻点或光滑，侧观悬于并胸腹节上；小盾片杯大，圆形至椭圆形，其面积超过小盾面的 1/2；并胸腹节具绒毛。前翅径室宽大，开放或关闭，表面具密绒毛，翅缘具短的缨毛。足基节前部具绒毛，中基节后部背侧具单列绒毛。腹部第 1 背板光裸，具褶皱或刻纹；第 2 背板最大；腹背板光裸，后部具刻点。

本属分布在古北区和热带区，主要寄生潜叶蝇科的蝇类幼虫。

352. 钝刻匙胸瘿蜂 *Diglyphosema conjungens* Kieffer, 1904

特　征　见图 2-431。

雌虫体长 1.9～2.2mm；体黑色，但触角暗褐色，腹部腹面及后缘褐色，小盾片杯边缘透明；足黄褐色；翅透明，翅脉黄褐色；体毛黄白色。头部背观呈横向，宽约为长的 1.8 倍；复眼光裸，高为宽的 1.6 倍；后头具少数绒毛；颜面、颊侧具绒毛；颚间距约为复眼高的 1/2、具刻纹。触角棍棒状，第 3 节长于第 4 节，鞭节具感器。前胸背板片大，中脊窄，具侧凹，后端具刻点和绒毛；前胸侧板具短的脊和绒毛。中胸背板长约为宽的9/10，盾纵沟具绒毛，后端明显趋于汇合；中胸侧板突起、光滑，三角区明显；中胸侧沟存在。后胸背板位于小盾片之下；后胸侧板后缘弯曲。小盾片杯大，长约为宽的1.6倍，到达小盾片后缘，侧缘圆钝，后端微加宽，具大的长凹孔，两侧具刻点。翅透明，表面具绒毛，翅缘具短缘毛；R1脉长，径室前缘关闭，长为宽的2.3倍。足基节和腿节中后部具绒毛。腹部长为高的1.2倍，呈斧形，第2节背板最长，背板中部处强度隆起，向下弯曲。

寄　主　黑潜蝇属的蝇类幼虫。

分　布　国内见于湖南、江西、江苏、黑龙江。国外分布于法国。

| A. 整虫侧面 | B. 头胸背面与触角基部 | C. 翅 |

图 2-431　钝刻匙胸瘿蜂 *Diglyphosema conjungens* 雌虫

柄匙胸瘿蜂属 *Leptopilina* Förster, 1869

体光滑、光亮。头前观，颊强烈趋于汇合于上颚，颜面光滑，唇基前缘圆钝；头背观与胸同宽，头顶光滑，单眼微突起。雌性触角13节，第3～10节棍棒状，但在一些种较细长、丝状。雄性触角15节，丝状或棍棒状，第3节在外侧膨大，鞭节具感器。前胸背板片微突起，两侧具开放的侧凹。中胸背板宽，突起，前平行沟、盾纵沟、亚侧沟缺失；中胸侧板高、突起，中胸侧沟微曲或较直。后胸背板完全隐藏在小盾片之下；后胸侧板后缘突起，小盾片前窝浅。小盾片倾斜，具刻点—网状或网状—褶皱，具刚毛。小盾片杯形状各异，通常突起，面积不超过小盾片的1/2，前方凹坑具刻点和刚毛，中央具或不具凹坑。并胸腹节两侧密布绒毛，亚侧脊几乎平行或

中间微凸。前翅较宽，顶端圆钝，表面具绒毛，翅缘具缨毛；径室短小，完全关闭或开放，小翅室根短，中脉（M）残脉隐约可见。足基节后部背侧具绒毛。腹柄后端加宽、具沟；第2背板通常最大；最大腹背板基部具窄的毛环。雌虫产卵器外露明显。

本属广泛分布在东洋区、古北区、全北区、热带区；主要寄生果蝇科的蝇类幼虫。

353. 钝柄匙胸瘿蜂 *Leptopilina circum* Liu, 2017

特 征 见图2-432。

雌虫体长1.6～1.8mm；体黑褐色，但腹部红褐色，足、触角1～4节黄褐色；翅透明，翅脉黄褐色。头部光滑、光亮；颜面光滑。触角13节，第1、2节短粗，第3～12节棍棒状，末节长椭圆形；第5～13节具感器。胸长大于宽；前胸背板片微突起，具开放性侧凹，背缘圆钝。中胸背板光滑，长略小于宽；中胸侧板光滑、光亮，中胸侧沟微曲。后胸背板位于小盾片之下；后胸侧板具两条窄脊。小盾片长约为宽的1.1倍，具网状褶皱，后端圆钝；小盾片杯长约为宽的1.2倍，中间最宽，杯面积约为小盾片面积的1/2，后端具较小而浅的凹坑，凹坑两侧具绒毛。翅透明，前翅相对较宽，表面具绒毛，翅缘具缨毛；径室前缘闭合，长为宽的1.9倍。足细长，基节中部具

A. 整虫侧面　　　　　　　　　　B. 整虫背面　　　　　　　C. 触角与头侧

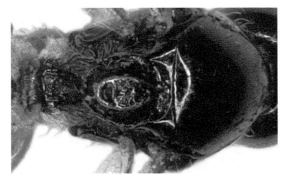

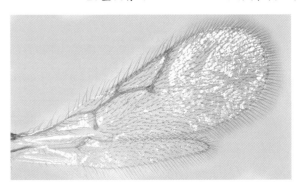

D. 胸部背面（示小盾片杯）　　　　　　　　E. 前、后翅

图2-432　钝柄匙胸瘿蜂 *Leptopilina circum* 雌虫

分散的绒毛、基节后部在后背缘具单列绒毛。腹长为宽的2.2倍；腹柄较宽，具沟；第2腹背板最宽大，几乎占整个腹部的5/6，基侧具完整的绒毛环。侧观第2、3腹背板可见，表面光滑。腹背缘和后侧缘较为圆钝。产卵器伸出末端。

寄　　主　　未知。

分　　布　　国内见于贵州、云南。

354. 短柄匙胸瘿蜂 *Leptopilina thetus* Quinlan, 1988

特　　征　　见图2-433。

雌虫体长2.3~2.5mm；体黑色，腹部侧缘黑褐色，触角1~5节黄褐色，其余黑褐色，足黄褐色。头部光滑、光亮，背观头略窄于胸。触角13节，丝状，第1~2节短、膨大，第3节长于第4节，第4、5节近等长，短于第6~13节，第6~13节具感器。胸部长为宽的1.5倍；前胸背板片微突起，具开放性侧凹和窄的中脊，背缘微凹。中胸背板光滑、光亮，长略短于宽；中胸侧板光滑、光亮，中胸侧沟微曲。后胸背板位于小盾片之下。小盾片具网状褶皱，后端圆钝，长约为宽的1.2倍；小盾片杯长约为宽的2.3倍，中间最宽，顶端趋于汇合，未到达小盾片后缘，面积小于

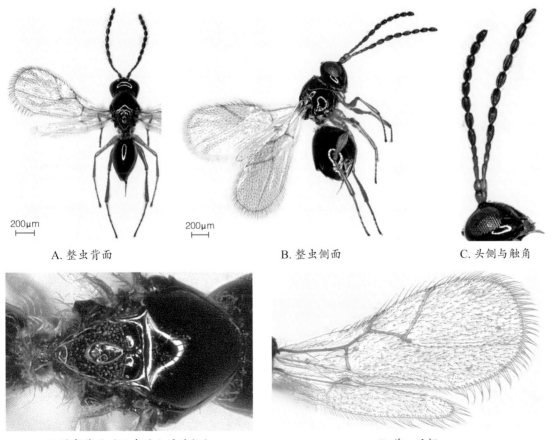

200μm

200μm

A. 整虫背面　　　　　　　　　　B. 整虫侧面　　　　　　　　　　C. 头侧与触角

D. 胸部背面（示中胸小盾片杯）　　　　　　　　E. 前、后翅

图2-433　短柄匙胸瘿蜂 *Leptopilina thetus* 雌虫

小盾片面积的1/2，后端具凹坑，凹坑上方两侧各具1个刻点。并胸腹节亚侧脊平行，中间具稀疏的绒毛，侧面具密绒毛。翅透明，顶端圆钝，表面具绒毛，翅缘具缨毛；径室前缘闭合，小翅室根短小，向后弯曲，中脉（M）残脉可见。足短，基节后部在后背缘具少数绒毛。腹部长为宽的2.3倍；腹柄较宽，具沟；第2腹背板基部侧具绒毛，背部光裸，约占整个腹部的4/5；侧观可见第3～5节背板。产卵器伸出末端。

寄　主　未知。

分　布　国内见于贵州、四川。国外分布于南非、刚果（金）。

（八）旗腹蜂总科 Evanioidea

旗腹蜂总科原包括旗腹蜂科 Evaniidae、褶翅蜂科 Gasteruptiidae 和举腹蜂科 Aulacidae。但这三个科的生物学习性截然不同，缺少足够的共近裔性状，一直被认为是人为分出的类群。现已有学者认为旗腹蜂总科仅包含旗腹蜂科，将其余2科放入另外新建的褶翅蜂总科 Gasteruptioidea。本书仍参考何俊华等（2004）按传统分类处理的方式，作为1总科，下分3科。

本总科的主要特征是腹部着生在并胸腹节背面，远在后足基节上方；触角13～14节，无触角下沟；原始腹部气门仅第1节及第8节开口。

旗腹蜂总科分科检索表 *

（何俊华等，2004）

1. 后翅有臀叶；腹部短，侧扁，有长的腹柄；产卵管短，缩于体内；前胸不成颈状 ················· ··· 旗腹蜂科 **Evaniidae**
   后翅无臀叶；腹部长，呈细长棍棒状；产卵管长，伸于体外；前胸形成颈状部 ················· 2
2. 前翅不纵褶，回脉有2条；有2个多少完全关闭的亚缘室，第1盘室正常；触角着生于唇基正上方；雌虫后足基节内侧通常有缺刻，胫节正常 ···························· 举腹蜂科 **Aulacidae***
   前翅纵褶，回脉至多1条；至多有1个显然关闭的亚缘室，第1盘室很小；触角着生于唇基很上方；雌虫后足基节内侧正常、无缺刻，胫节膨大 ······················ 褶翅蜂科 *Gasteruptiidae*

---

*　示未录入本书的总科。

褶翅蜂科 Gasteruptiidae

体细长，中等大小；常黑色。触角雄虫13节、雌虫14节，着生于唇基很上方。前胸侧板向前延长呈颈状。前翅可纵褶，翅脉发育良好；仅1条回脉（m-cu）和1个大型的第1亚缘室，第1盘室小或无；后翅翅脉减少，无臀叶。雌虫后足胫节棍棒状膨大，端部肿胀。腹部长，末端呈棍棒状，第1腹节细长，着生于并胸腹节背方，腹板相当骨化。雌虫产卵管长至很长，伸出腹末。

褶翅蜂科寄生蜂外寄生于在小枝、树木内的独栖蜂（如泥蜂、胡蜂及独栖性蜜蜂）巢中，主要以其寄主贮藏的食料为食，主要营盗寄生生活方式。雌虫钻入寄主巢内，产卵于寄主卵、贮藏的食料或巢室的任一角落，或在巢室之外其他合适的地方；幼虫孵化后首先取食寄主的卵和幼虫，然后取食巢内食料（何俊华等，2004）。

本科世界各区均有分布，已知2亚科约500种，我国仅知褶翅蜂亚科Gasteruptiinae中的褶翅蜂属 Gasteruption 1个属，计28种。本书介绍我国稻区常见的褶翅蜂属1种。

褶翅蜂属 Gasteruption Latreille, 1796

头在复眼后常收窄。后头脊发达，或无。触角雌虫14节，雄虫13节。复眼细长，表面光裸或覆刚毛。上颚短，左右上颚重叠不多，基齿与端齿间最多1齿；颚唇须节比6/4。前胸侧板延伸成颈状。前翅无轭叶，有第2肘间横脉（r-m），常有盘室；后翅有3～4个翅钩。后足转节有亚端沟，胫节呈棒状。腹部着生于并胸腹节上端；腹部第1背板几乎完全遮盖住腹板。雌性肛下板有"Y"形或"V"形凹缺；产卵器伸出腹部末端；产卵鞘端部多呈白色、黄色或褐色。

本属幼虫主要营盗寄生，寄主包括蜜蜂总科Apoidea、泥蜂总科Sphecoidea以及可能包括胡蜂总科Vespoidea的昆虫。

355. 褶翅蜂 Gasteruption sp.

特 征 见图2-434。

雌虫体长20mm。体黑色；触角除柄节、梗节、鞭节1～2节黑色，其余黄褐色，上颚除端齿外红褐色。前、中足腿节两端、胫节端部、跗节大部黄褐色；后足胫节腹方在基部黄色；腹部第1～4节后方连接部红黄色；鞘端部白色。翅稍带烟色，翅痣和翅脉黑色。头部几乎光滑，后头脊窄，稍有檐边，具极细革状刻纹和细毛。雌虫触角14节，触角第1～2节长于其后各节，第3鞭节之后各节逐渐缩短。前胸侧板明显向后延伸，中央凹痕宽而深，内有网皱；中胸盾片具极细横

皱，内有分散刻点，盾纵沟深而宽，内有横脊。后胸侧板、中胸侧板下方具不规则皱，多白毛；中胸侧板上方密布极细刻点。后足基节具细刻点，胫节膨大，具长短不一的2个距，后足基跗节与其余4跗节之和等长。腹部约为胸部2.5倍，腹柄长稍短于胸长。下生殖板端缘有狭窄裂缝形缺口。产卵管约为腹长的1/3。

寄　主　未知。

分　布　国内见于浙江。

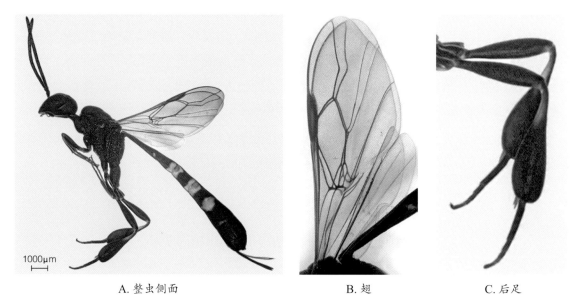

A. 整虫侧面　　　　　　　　　　B. 翅　　　　　　　　C. 后足

图 2-434　褶翅蜂 *Gasteruption* sp. 雌虫

旗腹蜂科 Evaniidae

体长4～17mm；通常黑色，个别全部或部分橙红色；触角13节。前翅翅脉近于完整，或甚减少（限于基半部），具亚前缘室，缘室短而宽或缺；后翅翅脉缺或不明显，具臀叶。前胸不成颈状。腹部短，呈圆柱形并稍弯曲，具长柄，着生于并胸腹节很高处，远离后足基节；柄后腹短小，强度侧扁，近圆形或近三角形，似旗。产卵管短，缩于体内，不突出。

本科寄生蜂主要寄生于蜚蠊卵。成蜂产卵于蜚蠊新鲜卵鞘（卵块）内，每个卵鞘内产1粒卵，产于蜚蠊卵鞘的某一卵内，蜂幼虫孵化后先以此卵粒为食，2龄以后则取食卵鞘内其他卵粒，一卵鞘内的全部卵粒常全被吃光，实际上以捕食习性为主。

本科全世界分布，多产于热带及澳洲区，现在有记录的21属约468种。我国现有记录7属78种（李意诚，2018）。本书介绍我国稻区常见的旗腹蜂2属2种。

副旗腹蜂属 *Parevania* Kieffer, 1907

触角13节，边缘无包围触角洼的纵脊。后足基节近后胸腹板叉处无纵沟。前翅有7个封闭的翅室，基脉上段与亚前缘脉连结处与翅痣基方相距较远，两脉不平行。

本属主要分布于东洋区、非洲区和古北区；主要寄生蟑螂，如棕带蟑螂。

356. 熟练副旗腹蜂 *Parevania laeviceps* (Enderlein,1913)

异　名　*Evania laeviceps* Ender lein,1913。

特　征　见图2-435。

雌虫体长5.8 mm，前翅长4.4 mm。胸部铁锈色，头、触角黑色，梗节、鞭节第1节、第2节基部淡黄色。腹柄前半段黑色，但后半段黄白色；柄后腹黑色。前、中足基节同胸部体色，后足

A. 整虫背面　　　　　　　　　　B. 胸部后端与腹部侧面

C. 头胸部背面　　　　　　　　　　D. 翅

图 2- 435　熟练副旗腹蜂 *Parevania laeviceps* 雌虫

基节黑色；转节暗白色，腿节黑色；前足胫节黑褐色，中、后足胫节黑色（后足胫节基部的1/4暗白色）；后足跗节黑褐色。头比胸宽；脸、额、颊光滑，额的前缘具中脊。复眼前缘靠近；触角柄节长于梗节和第1鞭节之和，梗节长为宽的1.5倍，为第1鞭节的1/4。前胸背板光滑；中胸盾片无刻点；盾纵沟明显，后缘不相接；小盾片无刻点，胸部侧板密生粗刻点。并胸腹节具网状纹，后面不凹陷。腹柄光滑，粗钝，腹柄长为并胸腹节背面长的2倍。柄后腹椭圆形、光滑，无明显的短毛。

  寄　主 未知。

  分　布 国内见于浙江、福建、广西、广东、台湾。

脊额旗腹蜂属 *Prosevania* Kieffer,1912

  触角13节；额凹陷或平坦，额边缘有包围触角洼的纵脊。前翅具7个翅室，基脉上段与亚前缘脉连接处接近，翅痣或两脉几乎平行。后足胫节和跗节无或具小刺，基节近后胸腹板叉处有纵沟。

  本属主要分布于东洋区、非洲区、古北区、新北区；寄主为蟑螂，如德国小蠊。

357. 脊额旗腹蜂 *Prosevania* sp.

  特　征 见图2-436。

  雌虫体长5.3mm。头黑色，但上颚黄色，上颚齿褐色；触角柄节黄褐色，其余褐色。前足黄褐色，但腿节褐色；中足褐色，但中足转节黄白色；后足黑色，但转节基部和胫节基部黄白色。腹柄基半节黄白色，端半节黑色；柄后腹黑褐色。头散生长刚毛，长为宽的4/5；头顶密生细刻点；额稍平坦，中央光滑，触角窝略突起；脸稍突起，具刻条，上颚具3齿；颊具毛，散生细刻点。触角柄节长为宽的8倍，梗节长为宽的3倍，触角鞭节第1节短于第2节，第2～5节近等长，其后各节逐渐变短。胸部密生细刻点，长与高相当；前胸背板侧面平直；中胸盾片稍突起，密生细刻点和粗刻点，长与宽近相等；盾纵沟深，后缘不相接。中胸小盾片中央稍突起，密生细刻点和粗刻点，长为中胸盾片长的1/2。中胸侧板镜面区大，中央稍凹陷；后胸侧板和并胸腹节具粗网状纹和密生细刻点；并胸腹节背面密生细刻点和粗刻点。后足腿节长为胫节长的4/5，胫节距长为基跗节的1/2。腹柄背面光滑，长为并胸腹节背面长的1倍，柄后腹侧扁，卵圆形，光滑。

  寄　主 未知。

  分　布 国内见于浙江、湖南。

A. 整虫背面   B. 虫体侧面   C. 翅   D. 翅

图 2-436 脊额旗腹蜂 *Prosevania* sp. 雌虫

（九）青蜂总科 Chrysidoidea

目前的青蜂总科包括过去的青（金）蜂总科和肿腿蜂总科。据 Brothers（1975）的研究，原青蜂总科的祖征和肿腿蜂总科的特征非常接近，如触角13节，前胸与中后胸分离，后翅有臀叶，跗爪简单，腹部腹面凸出，腹末背板平整不特化，腹板可见6～7节，雌虫有螫针等，因此，青蜂应该是从一个类似肿腿蜂的共同祖先演化而来，并将青蜂总科归于肿腿蜂总科。Day（1977）指出青蜂总科 Chrysidoidea 的命名时间早于肿腿蜂总科 Bethyloidea，根据动物命名法规，前者为有效名称，现已被普遍采用。

青蜂总科 Chrysidoidea 的主要特征是触角节数雌雄两性相同，常为10节、12节或13节，少数为15～39节（短节蜂科）。前胸背板突常伸达翅基片，但有时被1明显间隙分开，后背缘通常浅凹，后侧缘有叶突覆盖刚刚显出的气门，腹侧缘端部宽阔分开；后胸后背板短，横形，与并胸腹节愈合，有时露出，但中央不向后扩大。翅脉退化，前翅通常3个闭室或更少（偶有8个）；后翅1个闭室或无（偶有3个），无扼叶。腹部第1、2腹板不因缢缩而分开；雌性第2生殖突宽，基节内部近基部有关节；产卵器特化成1螫针，在静止时隐蔽，不外露；无羽状毛；性二型程度不等；雄性长翅，偶有短翅或无翅；雌性一般长翅，但常无翅或偶有短翅。

本总科以寄生为主，其中研究较多的螫蜂科主要是以半翅目头喙亚目昆虫为寄主，肿腿蜂科以鳞翅目和鞘翅目昆虫为寄主，青蜂科主要以鳞翅目、竹节虫目和膜翅目（胡蜂科、泥蜂科、

叶蜂科等）昆虫为寄主，梨头蜂科则是以半翅目叶蝉科为寄主，短节蜂科以纺足目昆虫为寄主；此外，该总科还有很强的捕食寄主的能力，如螯蜂科的部分种类，其捕食寄主的数量会大于其寄生的数量。本总科对一些农林害虫有十分重要的控害作用（详见本书第三编）。

目前青蜂总科分为7个科：肿腿蜂科 Bethylidae、青蜂科 Chrysididae、短节蜂科 Sclerogibbidae、螯蜂科 Dryinidae、梨头蜂科 Embolemidae、毛角蜂科 Plumariidae 和菱板蜂科 Scolebythidae，估计种类数量16000余种，而已鉴定的种仅30%左右，其中肿腿蜂科和螯蜂科为已知种类数量最多的2个科（何俊华＆许再福，2002），也是我国稻区最常见的2个科。

螯蜂科 Dryinidae

体小型，长2.5～5.0mm。雄虫有翅，雌虫有翅或无翅，无翅种类的体型和行动似蚁。头大，横宽或近方形；触角10节，着生于唇基正前方，丝状或末端稍粗。雌虫前胸背板甚长；中、后胸和并胸腹节成1圆柱形，从隐约凹痕和气门位置仍大致可划分。前足比中、后足稍大；基节、转节甚长，腿节基半部膨大，而至末端细瘦；第5跗节与1只爪特化形成螯状（常足螯蜂亚科 Aphelopinae 除外）；腹部纺锤形或长椭圆形，有或近于有腹柄；产卵管针状，从腹末伸出，但不明显。雄虫前胸背板很短，从背面几乎看不到；盾纵沟甚明显，常呈"V"形或"Y"形；前足比中后足稍小，不成螯状；前翅见图2-437，具矛形或卵圆形翅痣，有亚前缘室和2个基室，缘室开放；后翅有臀叶，翅基前缘有较短的前缘脉；腹部较细。

前翅翅室和胫脉、雌虫前足的螯以及雄虫外生殖器的结构是科以下单元的重要分类依据。

本科寄生蜂主要寄生半翅目头喙亚目昆虫，包括角蝉科、沫蝉科、叶蝉科、殃叶蝉科、小叶蝉科、飞虱科、菱翅蜡蝉科等约20个科的若虫和成虫，但不同属或亚科的螯蜂有一定的寄主范围。

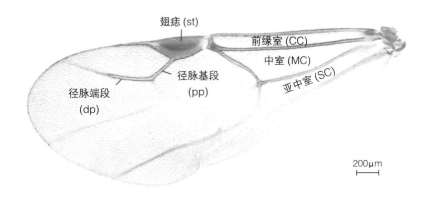

图 2-437　螯蜂科（大裸爪螯蜂 *Conganteon gigas*）前翅的特征

螯蜂科世界广布，已知16个亚科（现存12个亚科）50属1884种（Olmi et al., 2019）；我国已报道16属193种（何俊华等，2004），分别隶属于常足螯蜂亚科Aphelopinae、单爪螯蜂亚科Anteoninae、双距螯蜂亚科Gonatopodinae、裸爪螯蜂亚科Conganteoninae、螯蜂亚科Dryininae和栉爪螯蜂亚科Bocchinae 6个亚科，我国稻区常见除栉爪螯蜂亚科外的5个亚科，本书介绍7属17种。

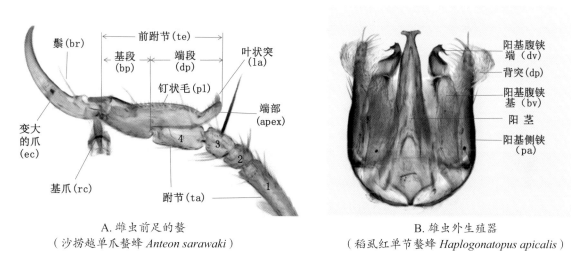

A. 雌虫前足的螯
（沙捞越单爪螯蜂 Anteon sarawaki）

B. 雄虫外生殖器
（稻虱红单节螯蜂 Haplogonatopus apicalis）

图 2-438　螯蜂雌虫前足螯（A）与雄虫外生殖器（B）的特征

中国常见螯蜂科天敌分种检索表

1. 雌虫前足前跗节正常，不特化成螯；雌雄虫均为长翅，前翅仅有由黑化翅脉包围形成的前缘室，径脉与痣脉约等长成弧状弯曲（常足螯蜂亚科 Aphelopinae，常足螯蜂属 Aphelopus）······ 5
   雌虫前足前跗节有1爪特化成螯；有翅或无翅；雄虫有翅。翅脉不如上述 ····················· 2

2. 雌虫螯爪无端前齿，后头脊完整，胫节距式1-1-2；雄虫上颚4齿（单爪螯蜂亚科 Anteoninae）。雌雄虫并胸腹节背表面和后表面间有1强横脊（单爪螯蜂属 Anteon）··········· 7
   雌虫螯爪有端前齿，后头脊完整或不完整；雄虫上颚3或4齿。并胸腹节不如上述············ 3

3. 雌虫胫节距式1-0-1或1-0-2；多数无翅，少数长翅（双距螯蜂亚科 Gonatopodinae）······· 10
   雌虫胫节距式1-1-2；雌雄虫均为长翅 ●●●●●●●●●●●●●●●●●●●●●●●●●●●●●●●●●●●●●●● 4

4. 前翅有由黑化翅脉包围形成的前缘室和中室，径脉端段比基端长（裸爪螯蜂亚科 Conganteoninae，裸爪螯蜂属 Conganteon）。体黑色，中胸盾纵沟缺 ●●●●●●●●●●●●●●●●●●●●
   ●●● 大裸爪螯蜂 Conganteon gigas
   前翅有由黑化翅脉包围形成的前缘室、中室和亚中室；雌虫胫节距式多数1-1-2，颚须节比6/3（螯蜂亚科 Dryininae，螯蜂属 Dryinus）●●●●●●●●●●●●●●●●●●●●●●●●●●●●●●●● 16

5. 雌虫头、胸部为黄褐色，腹部为褐色 ●●●●●●●●●●●●●●●●●●●● 马来亚常足螯蜂 Aphelopus malayanus

双距螯蜂亚科 Gonatopodinae

雌虫多无翅，少数长翅或短翅；下颚须2～6节，下唇须1～3节，颚唇须节比多样；上颚有4

齿，各小齿由小到大整齐排列；有单眼；后头脊缺或很短，不完整，仅在后单眼后方可见。前胸背板突缺；长翅种类的前翅有由黑化翅脉包围形成的前缘室、中室和亚中室；前足转节长宽比大于2；前足前跗节有1个爪，特化成螯，螯有小基爪；胫节距式1-0-1，少数为1-0-2。雄虫长翅；颚唇须节比与雌虫相同，上颚有3齿，各小齿由小到大整齐排列；后头脊常缺，有时不完整，偶尔完整；上颊有，偶尔缺；头顶后缘成弧状凹入，偶尔直；前翅有由黑化翅脉包围形成的前缘室、中室和亚中室；外生殖器的阳基侧铗有背突；胫节距式1-1-2。

双距螯蜂属 *Gonatopus* Ljungh, 1810

雌虫无翅，颚唇须节比6/3、5/3、5/2、4/3、4/2或3/2；前胸背板有1条深的横凹痕，少数无横凹痕，或横凹痕很弱；横凹痕无或弱的种类，颚唇须节比不为5/2，或者无亚端齿，两者不会兼而有之。螯上变大的爪端部尖，有1个亚端齿或无亚端齿，无叶状突，有1个亚端齿的种类其变大爪的内缘常常有一些叶状突，少数无叶状突，有一些鬃毛或钉状毛，无亚端齿的种类其变大爪内缘纵槽的远端有1个叶状突。

雄虫长翅；颚唇须节比与雌虫相同。上颚有3齿，由小到大整齐排列；上颊常明显，后头脊缺或很短，仅在后单眼后方可见，不会伸达上颊；头顶后缘成弧状凹入。中胸盾片的盾纵沟完整或不完整，前翅有由黑化翅脉包围形成的前缘室、中室和亚中室；胫节距式1-1-2。外生殖器的阳基侧铗有或无背突。

本属全世界广泛分布；主要寄生半翅目飞虱科、扁蜡蝉科、短足蜡蝉科、广翅蜡蝉科、蛾蜡蝉科、象蜡蝉科、瓢蜡蝉科、脉蜡蝉科和叶蝉科的昆虫。

358. 黄腿双距螯蜂 *Gonatopus flavifemur* (Esaki & Hashimoto, 1932)

异　名　*Pseudogonatopus flavifemur* Esaki & Hashimoto, 1932；*Dicondylus indianus* Olmi, 1984。

中文别名　黄腿螯蜂、稻虱黄腿螯蜂。

特　征　见图2-439。

雌虫体长3.3～4.0mm；无翅。头顶黑褐色，上颚、唇基、前半额、下半颊、脸眼眶为黄色；触角第1节黄褐色；胸部包括并胸腹节黑色；前足基节和转节黄色，腿节、胫节和跗节褐色；中、后足基节和转节黄色，腿节基部黄色、端部褐色，胫节和跗节褐色；腹柄和腹部黑色。头部有光泽，有弱的颗粒状刻点；后头脊缺或不完整；头顶后缘成弧状凹入；颚唇须节比为4/2。前胸背板无光泽，无横凹槽，有颗粒状刻点；中胸盾片长宽比10：7，无光泽，有颗粒状刻点；小盾片与

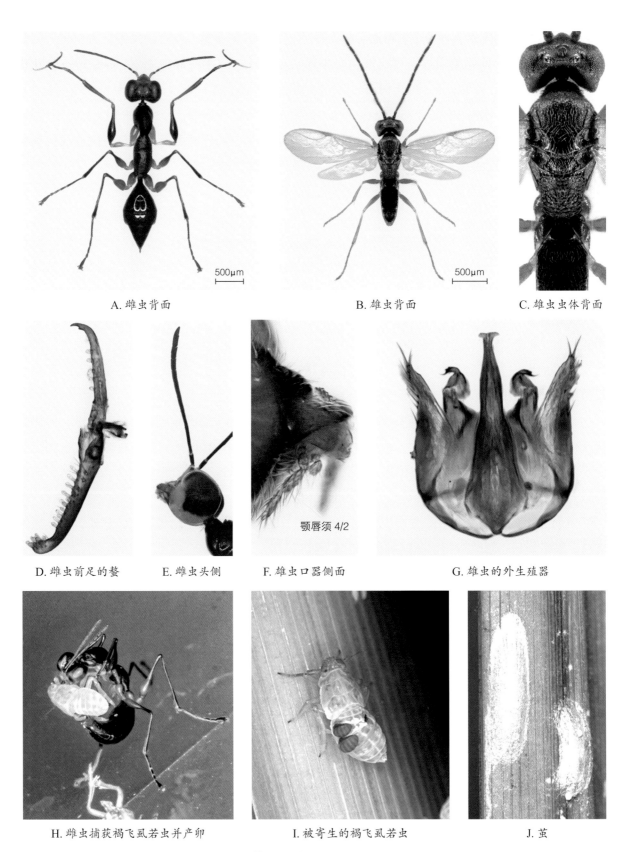

A. 雌虫背面

B. 雄虫背面

C. 雄虫虫体背面

D. 雌虫前足的螯

E. 雌虫头侧

F. 雄虫口器侧面

颚唇须 4/2

G. 雄虫的外生殖器

H. 雌虫捕获褐飞虱若虫并产卵

I. 被寄生的褐飞虱若虫

J. 茧

图 2-439　黄腿双距螯蜂 *Gonatopus flavifemur*

后胸背板等长；后胸背板有横脊。前足螯上无钉状毛，变大的爪具5～8个叶状突、1个亚端齿和1根鬃，排成1行；前跗节端段长于基段，内缘有18～21个叶状突排成2行，端部有5～7个叶状突；胫节距式1-0-1。

雄虫体长2.6～3.2mm，长翅。头黑褐色或黑色；触角褐色或黑褐色；上颚褐黄色；胸部包括并胸腹节黑褐色或黑色；翅基片褐黄色；足黄色；腹部褐色。头部被毛，无光泽，有颗粒状刻点；触角线状，末端不膨大；额中脊很短；头顶后缘成弧状凹入；后头脊缺；下颚须4节、下唇须2节。胸部被毛；中胸盾片无光泽，盾纵沟完整，后端汇合或几乎汇合；小盾片和后胸背板有光泽，有弱的颗粒状刻点；并胸腹节背表面和后表面有网皱。前翅透明，无褐色带状横斑；径脉端段明显比基段长，两者间成弧状弯曲；径室开放。腹部外生殖器的阳基侧铗的背突短小，端部尖。

寄　主　寄生和捕食褐飞虱、灰飞虱、白背飞虱、拟褐飞虱、伪褐飞虱、稗飞虱、长绿飞虱、黑边黄脊飞虱和丽中带飞虱；此外，尽管不寄生黑尾叶蝉，但可以捕食该虫。

分　布　国内见于浙江、江苏、安徽、江西、湖北、台湾、福建、广东、海南、广西、贵州、云南、湖南、四川。国外分布于日本、菲律宾、马来西亚、越南、印度、澳大利亚。

359. 黑双距螯蜂 *Gonatopus nigricans* (Perkins, 1905)

异　名　*Gonatopus fulgori* Nakagawa, 1906；*Gonatopus sauteri* Strand, 1913；*Gonatopus sogatae* (Rohwer, 1920)；*Gonatopus insulanus* He & Xu, 1998；*Paragonatopus nigricans* Perkins, 1905；*Paragonatopus fulgori* (Nakagawa, 1906)；*Haplogonatopus fulgori* (Nakagawa, 1906)；*Pseudogonatopus fulgori* (Nakagawa, 1906)；*Pseudogonatopus melanacrias* Perkins, 1906；*Pseudogonatopus hospes* Perkins, 1912；*Pseudogonatopus sogatea* Rohwer, 1920；*Pseudogonatopus pusanus* Olmi, 1984；*Pseudogonatopus nigricans* (Perkins, 1905)；*Dicondylus sauteri* (Strand, 1913)。

中文别名　侨双距螯蜂、稻虱黑螯蜂、稻虱大黑螯蜂、稻虱黑邻螯蜂、海岛双距螯蜂、飞虱双距螯蜂、普沙双距螯蜂。

特　征　见图2-440。

雌虫体长3.1～4.2mm；无翅。触角黑褐色；上颚、唇基、颊和脸眼眶褐黄色，额、头顶和后头褐色或黑褐色；胸部（包括并胸腹节）黑色，但并胸腹节后缘黄色或褐黄色；前足基节、转节和跗节褐黄色，腿节和胫节外侧褐色、内侧褐黄色；中、后足褐黄色；腹柄黑色，腹部黑褐色。头部有光泽；后头脊缺；颚唇须节比为2/2。前胸背板有光泽，有弱的颗粒状刻点，有1条深的横凹痕；中胸盾片无光泽，有颗粒状刻点，无横脊；小盾片有弱的颗粒状刻点；后胸背板有横脊。前足螯上无钉状毛，变大的爪有4～6个叶状突、1个亚端齿和1根鬃，排成1行；前跗节端段比基段长，内缘有20～23个叶状突排成2行，端部有7～9个叶状突成丛状；胫节距式1-0-1。

寄　主　白背飞虱、褐飞虱、灰飞虱、拟褐飞虱、伪褐飞虱和蔗扁角飞虱。

分　布　国内见于浙江、江苏、上海、安徽、江西、湖北、湖南、福建、广东、广西、海南、贵州、四川、云南、陕西、北京、香港、澳门、台湾。国外分布于所罗门群岛、日本、印度、印度尼西亚、马来西亚、泰国、澳大利亚、斐济。

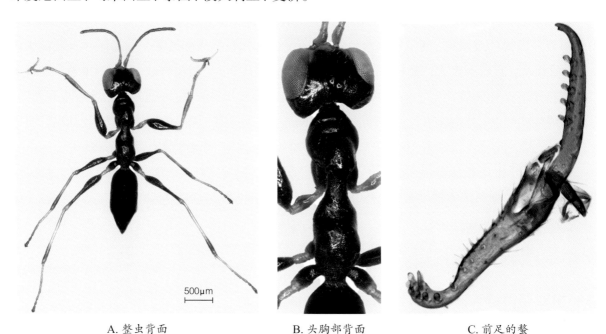

A. 整虫背面　　　　　　　　B. 头胸部背面　　　　　　　　C. 前足的螯

图 2-440　黑双距螯蜂 *Gonatopus nigricans* 雌虫

360. 中华双距螯蜂 *Gonatopus nearcticus* (Fenton, 1905)

异　名　*Gonatopus sinensis* (Olmi, 1984)；*Epigonatopus americanus* Fenton, 1921；*Pachygonatopus nearcticus* Fenton, 1927；*Platygonatopus ugandanus* Benoit, 1951；*Rhynchogonatopus ugandanus*: Benoit, 1951；*Acrodontochelys bouceki* Currado, 1976；*Acrodontochelys ugandanus*: Benoit, 1951；*Acrodontochelys sinensis* Olmi, 1984。

特　征　见图 2-441。

雌虫体长 2.4～3.0mm，无翅。体黑色，上颚、唇基和前额为褐黄色；足黄色，但基节和腿节部分褐色。头有光泽，有弱的颗粒状刻点；触角末端膨大；颚唇须节比为 4/2。前胸背板有光泽，有 1 条深的横凹痕，具弱的颗粒状刻点；中胸盾片无光泽，有颗粒状刻点；后胸背板有光泽，具弱横脊。前足无叶状突，变大的爪有 1 个亚端齿和 2 个钉状毛；前跗节内缘有 9 个叶状突排成 2 行，端部有 5 个叶状突成丛状；胫节距式 1-0-1。

寄　主　主要是叶蝉科昆虫，如 *Balclutha* 属的 *B. frontalis*、*B. rosea*、*B. neglecta* 和 *B. impicta*，以及 *Paradorydium* 属的 *P. spatulatum*。

分　布　国内见于广东、湖南、澳门。国外分布于印度、泰国、越南、法国、意大利、南非、纳米比亚、美国等国。

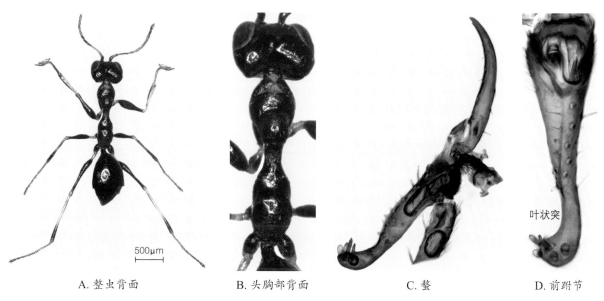

| A.整虫背面 | B.头胸部背面 | C.螯 | D.前跗节 |

图2-441　中华双距螯蜂 *Gonatopus nearcticus* 雌虫

单节螯蜂属 *Haplogonatopus* R. C. L. Perkins，1905

雌虫无翅，颚唇须节比2/1；前胸背板无横凹痕或很弱；前足变大的爪有1个亚端齿和一些叶状突；胫节距式1-0-1。雄虫长翅，颚唇须节比2/1；上颊明显；后头脊缺，或很短，仅在后单眼后可见；前翅有由黑化翅脉包围形成的前缘室、中室和亚中室；胫节距式1-1-2；外生殖器的阳基侧铗有背突。

本属分布在古北区、东洋区、非洲区、新热带区和澳洲区；主要寄生半翅目飞虱科和叶蝉科的昆虫。

361. 稻虱红单节螯蜂 *Haplogonatopus apicalis* Perkins, 1905

异　名　*Haplogonatopus moestus* Perkins, 1905；*Haplogonatopus brevicornis* Perkins, 1906；*Haplogonatopus orientalis* Rohwer, 1920；*Haplogonatopus joponicus* Esaki & Hashimoto, 1931；*Haplogonatopus fuscus* Xu & He, 1995；*Monogonatopus orientalis* (Rohwer, 1920)。

中文别名　稻虱褐螯蜂、稻虱红螯蜂、黑褐单节螯蜂。

特　征　见图2-442。

雌虫体长2.1～2.5mm；无翅。头褐黄色；触角第1节浅黄色，第2、3节黄褐色，第4～9节

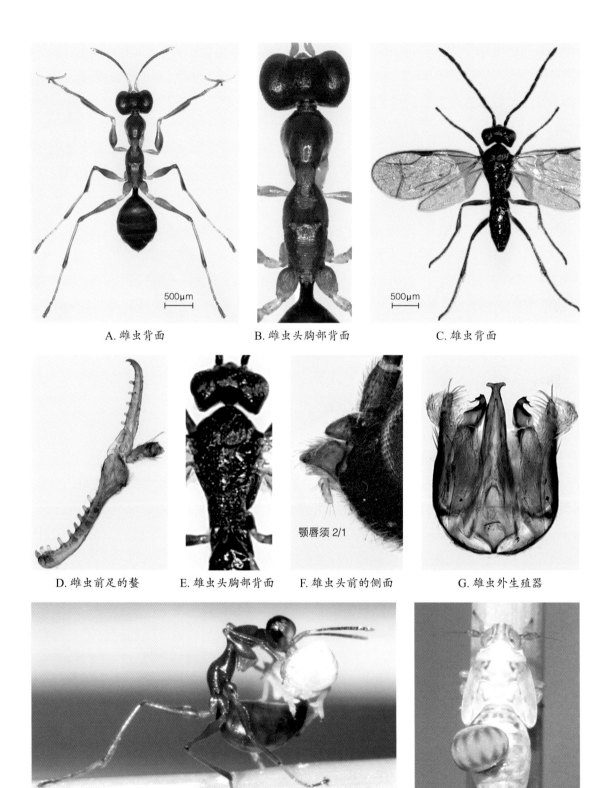

A. 雌虫背面　　　　　　　　B. 雌虫头胸部背面　　　　　　　C. 雄虫背面

D. 雌虫前足的螯　　E. 雄虫头胸部背面　　F. 雄虫头前的侧面　　G. 雄虫外生殖器

颚唇须 2/1

H. 雌虫捕获白背飞虱若虫并产卵　　　　　　　I. 被寄生的白背飞虱

图 2-442　稻虱红单节螯蜂 *Haplogonatopus apicalis*

黑褐色，第10节浅黄色。上颚、唇基、脸、颊和额的前缘黄白色；额的前端至头顶，由浅褐色到黄褐色；上颊黑褐色；后头褐色。胸部包括并胸腹节红褐色或褐黄色，仅前胸背板后缘褐色；足褐黄色；腹柄黑色；腹部红褐色或褐黄色。头部无毛，有光泽，仅单眼区和额线边缘无光泽，有弱的颗粒状刻点；额线完整；后头脊缺；触角末端膨大；颚唇须节比为2/1。胸部前胸背板光滑，无横凹痕；中胸盾片无光泽，有粗的颗粒状刻点，小盾片光滑；后胸背板无光泽，有横脊。前足变大的爪有1个亚端齿、1根鬃和4～5个叶状突排成1行；前跗节端段比基段长，内缘有9～10个叶状突排成2行，端部有3～4个叶状突；胫节距式1-0-1。

雄虫体长1.8～2.5mm，长翅。头黑色；触角褐色，有的个体触角第1、2节褐黄色；上颚黄白色；胸部包括并胸腹节黑褐色或黑色；翅基片黄色；足的基节褐色，转节、腿节、胫节和跗节黄色；腹部黑褐色。头部被毛，无光泽，有颗粒状刻点；触角线状，末端不膨大，额线缺或很短，仅在前单眼前面可见；后头脊缺；颚唇须节比为2/1。胸部被毛；中胸盾片无光泽，有颗粒状刻点；盾纵沟完整，后端汇合成"Y"或"V"形，或后端几乎汇合；小盾片和后胸背板有光泽，光滑；并胸腹节背表面和后表面有网皱，背表面与后表面间无横脊，后表面无纵脊。前翅透明，无褐色的带状横斑；径脉端段比基段长，两者间成弧状弯曲；径室开放。胫节距式1-1-2。雄性外生殖器的阳基侧铗背突端部宽大，有锯齿状顶缘。

寄　主　主要寄生白背飞虱、灰飞虱，对褐飞虱、伪褐飞虱尽管能产卵，但不能正常发育；捕食范围则相对较广，除上述飞虱外，还有长突飞虱、喙头飞虱、稗飞虱和黑尾叶蝉等。

分　布　国内见于浙江、江苏、上海、安徽、江西、湖北、湖南、福建、广东、广西、海南、贵州、四川、云南、山东、河南、陕西、黑龙江、辽宁、台湾。国外分布于印度、斯里兰卡、马来西亚、菲律宾、泰国、日本、伊朗、澳大利亚。

362. 黑腹单节螯蜂 *Haplogonatopus oratorius* (Westwood, 1833)

异　名　*Haplogonatopus atratus* Esaki & Hashimoto, 1932；*Haplogonatopus suchovi* Ponomarenko, 1970；*Haplogonatopus katangae* (Benoit, 1950)；*Gonatopus oratorius* Westwood, 1833；*Gonatopus mayeti* Kieffer, 1905；*Monogonatopus oratorius* (Westwood, 1833)；*Dicondylus oratorius* (Westwood, 1905)。

中文别名　黑腹螯蜂、稻虱黑腹螯蜂、加丹加单节螯蜂。

特　征　见图2-443。

雌虫体长2.1～2.7 mm；无翅。触角第1节黄白色，第2～3节黄色，第4～9节褐色，第10节黄色；上颚、唇基、颊和脸眼眶黄色；额的前端至头顶由褐黄色变为褐色；上颊褐色；后头褐黄色；胸部包括并胸腹节褐色，但前胸背板后缘褐黄色；足黄色；腹柄和腹部黑色。头部无毛，较光滑，而单眼区和额线两侧有颗粒状刻点；额凹陷；额线几乎伸达唇基；头顶后缘成弧状凹入，

后头脊缺；颚唇须节比为2/1；触角末端膨大。胸部前胸背板有光泽、光滑，无横凹痕；中胸盾片无光泽，有颗粒状刻点，有的还有纵刻线，小盾片有光泽、光滑；中后胸侧板沟缺；后胸背板有横脊，后胸和并胸腹节背表面前半光滑或有少许细刻点，后半有横脊；中胸侧板、后胸与并胸腹节侧板有横脊。前足变大的爪有1个亚端齿，1根鬃和4～5个叶状突排成1行；前跗节端段比基段长，内缘有7个叶状突排成2行，端部有3～4个叶状突成丛状；胫节距式1-0-1。

寄　主　灰飞虱、褐飞虱、白背飞虱、长绿飞虱、古北飞虱、黑边黄脊飞虱、*Tarophagus proserpina*、*Hosunka hakonensis*、*Megadelphax sordidulus*。该蜂对寄主种类的偏好性明显，相比于褐飞虱和白背飞虱，更喜取食和寄生灰飞虱。

分　布　国内见于浙江、江苏、上海、安徽、江西、湖北、湖南、福建、广东、广西、贵州、四川、云南、河南、山东、新疆、内蒙古、北京、黑龙江、陕西、辽宁、台湾。国外分布于日本、韩国、蒙古、黎巴嫩、以色列、土耳其、俄罗斯、捷克、斯洛伐克、奥地利、英国、意大利、西班牙、匈牙利、法国。

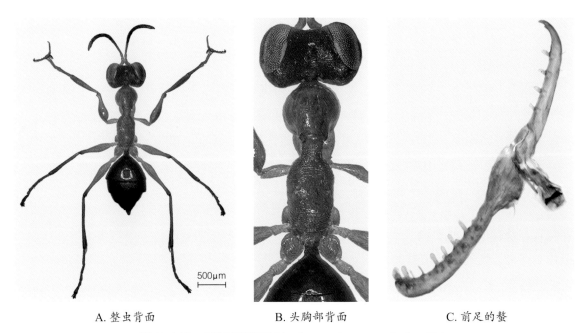

A. 整虫背面　　　　　　　　B. 头胸部背面　　　　　　　C. 前足的螯

图 2-443　黑腹单节螯蜂 *Haplogonatopus oratorius* 雌虫

食虱螯蜂属 *Echthrodelphax* R. C. L. Perkins, 1903

雌虫长翅；颚唇须节比6/3、5/3、5/2、4/2或3/2；后头脊缺或很短，仅在后单眼后可见；前胸背板有1条深的横凹痕；盾纵沟完整；前足变大的爪有1个亚端齿和一些叶状突；前足前跗节内缘和端部有叶状突。前翅有由黑化翅脉包围形成的前缘室、中室和亚中室；胫节距式1-0-1。

雄虫长翅；颚唇须节比6/3、5/2或4/2；上颊明显；后头脊完整，头顶后缘成弧状凹入。前翅有由黑化翅脉包围形成的前缘室、中室和亚中室；胫节距式1-1-2；外生殖器的阳基侧铗有背突。

363. 两色食虱螯蜂 *Echthrodelphax fairchildii* Perkins, 1903

异　名　*Echthrodelphax bicolor* Esaki & Hashimoto, 1931。

中文别名　两色螯蜂、双色螯蜂。

特　征　见图2-444。

雌虫体长2.0~2.8mm；长翅。头、前胸和腹部体色黄色或褐黄色，中、后胸、并胸腹节、腹柄黑色；单眼周围褐色；触角第1、2节黄色，第3~6节褐黄色，第7~10节黄色；翅基片黄色；足褐黄色。头部有光泽，光滑，后头脊缺；触角末端稍膨大；下颚须4节、下唇须2节。胸部前胸背板有光泽，中域有颗粒状刻点；中胸盾片有光泽，光滑；盾纵沟完整，后端几乎汇合；小盾片有光泽，光滑；后胸背板很短；并胸腹节背表面和后表面有网皱和多条横脊。前翅透明，无带状横斑；径脉端段比基段长，两者间成弧状弯曲；径室开放。前足转节的长是宽的5倍；前足变大爪有1个亚端齿，1鬃和4~5个叶状突排成1行；前跗节端部有6~10个叶状突，端段比基段长，内缘有9~12个叶状突排成1行；胫节距式1-0-1。

雄虫体长1.4~1.5mm，具长翅。头褐色；触角第1~2节褐黄色，第3~10节褐色；上颚褐黄色；胸部包括并胸腹节黑色；翅基片黄色；足黄色；腹部褐色。头部少毛，光滑；后头脊完整；触角细长，末端不膨大；下颚须4节、下唇须2节。胸部中胸盾片有光泽，前半有颗粒状刻点，后半光滑；盾纵沟完整，后端汇合；小盾片有光泽，光滑；后胸背板很短；并胸腹节背表面有网皱；后表面有多条横脊。前翅透明，无色斑；径脉端段比基段长，两者间近弧状弯曲；径室开放。胫节距式1-1-2。腹部外生殖器的阳基侧铗的背突基部宽，逐渐向端部变细。

寄　主　褐飞虱、白背飞虱、灰飞虱、伪褐飞虱、长绿飞虱、蔗扁角飞虱，国外还寄生飞虱科的*Tarophagus proserpina*和*Aloha ipomeae*，其中褐飞虱、白背飞虱、灰飞虱是较适宜寄主，寄生这些寄主时繁殖力较高；在可选择的条件下，该蜂对褐飞虱与白背飞虱，白背飞虱与灰飞虱的取食和寄生均无明显偏好性，但褐飞虱与灰飞虱共存时，偏好寄生灰飞虱。

分　布　国内见于浙江、江苏、安徽、江西、湖北、湖南、福建、台湾、广东、广西、海南、云南、四川、陕西、河南、黑龙江、吉林、辽宁。国外分布于日本、菲律宾、越南、泰国、印度尼西亚、马来西亚、孟加拉国、印度、美国。

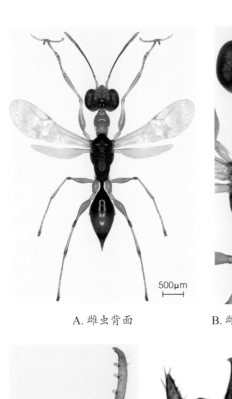

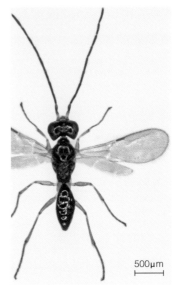

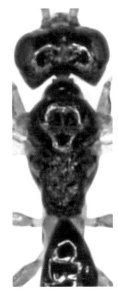

A. 雌虫背面	B. 雌虫头胸部背面	C. 雄虫背面	D. 雄虫头胸部背面

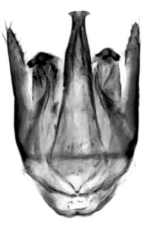

E. 雌虫前足的螯　　　　　F. 雄虫的外生殖器　　G. 雌虫捕获白背飞虱若虫并产卵　H. 被寄生的白背飞虱

图 2-444　两色食虱螯蜂 *Echthrodelphax fairchildii*

364. 红食虱螯蜂 *Echthrodelphax rufus* Olim, 1984

特　征　见图 2-445。

雌虫体长 2.4mm，长翅；体红色或红褐色，腹柄黑色。头有光泽，光滑，仅头顶和后头无光泽，有颗粒状刻点；上颊明显；后头脊完整；颚唇须节比 6/3。前胸背板有 1 条深的横凹痕；颈有光泽，光滑；中域无光泽，有颗粒状刻点；中胸盾片有光泽，光滑；盾纵沟完整；小盾片有光泽，光滑；后胸背板很短；并胸腹节背表面和后表面有网皱；背表面与后表面间无横脊；后表面无纵脊，有多条横脊。前翅透明，有 2 个褐色的带状横斑；径脉端段比基段长，两者间成弧状弯曲；

径室开放。前足变大爪有1个亚端齿和4个叶状突排成1行，前跗节端部有9个叶状突，内缘有9个叶状突排成1行；胫节距式1-0-1。

寄　主　未知。

分　布　国内见于浙江、湖南、台湾、陕西、辽宁。国外分布于老挝、泰国。

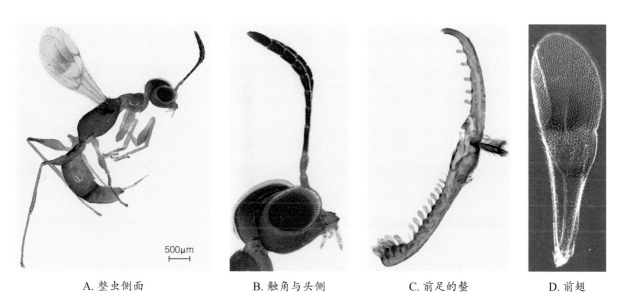

| A.整虫侧面 | B.触角与头侧 | C.前足的螯 | D.前翅 |

图 2-445　红食虱螯蜂 *Echthrodelphax rufus* 雌虫

螯蜂亚科 Dryininae

雌虫长翅；颚唇须节比6/3，少数5/3、4/2或3/2；上颚有4齿，少数3齿，各小齿由小到大整齐排列；有单眼；后头脊完整，或不完整，或缺。前胸背板突明显；盾纵沟多数完整或不完整，少数缺；有胸腹侧片。前翅有由黑化翅脉包围形成的前缘室、中室和亚中室。前足前跗节有1个爪，特化成螯，螯有1个小基爪，螯爪有1端前齿和一些叶状突；胫节距式1-1-2。

雄虫长翅；颚唇须节比6/3；上颚3齿，少数4齿、2齿或1齿，各小齿由小到大整齐排列；后头脊完整。有胸腹侧片；盾纵沟多数完整或不完整，少数缺；前翅有由黑化翅脉包围形成的前缘室、中室和亚中室。胫节距式1-1-2。阳基侧铗无背突。

螯蜂属 Dryinus Latreille, 1804

雌虫长翅；触角第5～10节上无成撮的长毛；上颚有4齿，少数3齿；颚唇须节比6/3；后头

脊完整或不完整，偶尔缺。前胸背板伸达或不伸达翅基片；盾纵沟通常完整或不完整，少数缺；胸腹侧片明显可见。前翅有由黑化翅脉包围形成的前缘室、中室和亚中室。前足变大的爪通常与前跗节等长或稍短，比爪间垫长得多，有1个亚端齿和一些叶状突，少数种类变大的爪有2个或2个以上的亚端齿和一些叶状突，或者无亚端齿，有鬃，或叶状突，或者有1个端前叶状突，少数种类变大的爪明显比前跗节短，与爪间垫等长或稍长，但变大的爪光裸，无亚端齿、叶状突和鬃毛；前足前跗节内缘和端部有一些叶状突；胫节距式1-1-2，少数1-1-1。

雄虫长翅；上颚有3个齿；颚唇须节比6/3；后头脊完整或不完整；胸腹侧片明显可见；前翅有由黑化翅脉包围形成的前缘室、中室和亚中室；胫节距式1-1-2。外生殖器的阳基侧铗无背突。

本属全世界广泛分布，主要寄生于半翅目象蜡蝉科、菱蜡蝉科、短足蜡蝉科、蛾蜡蝉科、峻翅蜡蝉科、瓢蜡蝉科、广翅蜡蝉科、扁蜡蝉科和蜡蝉科的昆虫。

365. 食蜡蝉螯蜂 *Dryinus pyrillivorus* Olmi, 1986

异　名　*Dryinus kaihuanus* Yang & Ma, 1995；*Richardsidryinus gauldi* Olmi, 1987。

特　征　见图2-446。

雌虫体长5.0mm；长翅。头、胸部包括并胸腹节、腹柄、腹部背面均黑色；触角、上颚、唇基、额的前缘、前胸背板两侧缘和后颈、翅基片、足均褐黄色，后足基节黑褐色，腹部腹面红褐色。头部无光泽，有颗粒状刻点，后头脊完整；后头脊不与复眼相接；颚唇须节比6/3。胸部前胸背板有1条弱的前凹痕和1条强的后凹痕；前颈有光泽、光滑；中域无光泽，有颗粒状刻点。中胸盾片无光泽，有颗粒状刻点；盾纵沟完整，后端分离；小盾片无光泽，有颗粒状刻点。后胸背板无光泽，有颗粒状刻点和网皱；并胸腹节背表面和后表面有网皱；背表面与后表面间无横脊；后表面无纵脊；并胸腹节背表面比后表面长。前翅透明，有3个褐色的带状横斑；径脉端段明显长于基段，两者间成弧状弯曲；径室开放。前足变大的爪有1个亚端齿和12个叶状突排成1行；前跗节端段比基段长，内缘有18个叶状突排成2行，端部有10个叶状突成丛状；胫节距式1-1-2。

寄　主　短足蜡蝉。

分　布　国内见于浙江、海南、广东、云南、四川、澳门。国外分布于菲律宾、文莱、日本、泰国、印度、巴基斯坦、斯里兰卡。

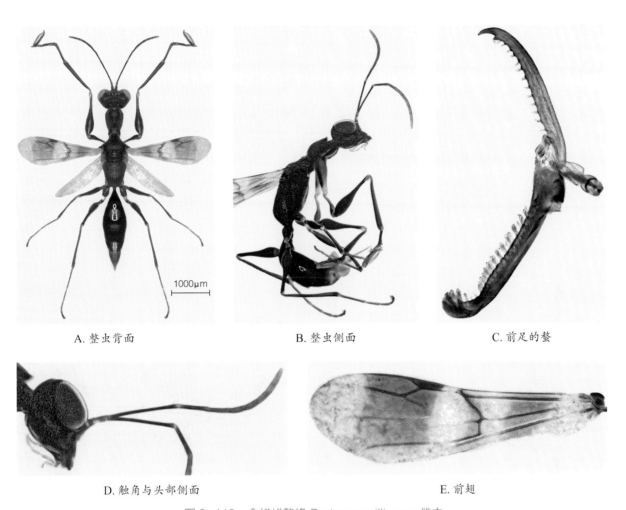

A. 整虫背面　　　　　　　　B. 整虫侧面　　　　　　　　C. 前足的螯

D. 触角与头部侧面　　　　　　　　　　　　E. 前翅

图 2-446　食蜡蝉螯蜂 *Dryinus pyrillivorus* 雌虫

366. 褐黄螯蜂 *Dryinus indicus* (Kieffer, 1914)

异　名　*Dryinus flavus* Xu & He, 1994；*Dryinus masneri* Olmi, 2009；*Chlorodryinus pallidus* Perkins, 1905；*Chlorodryinus koreanus* Móczár, 1983；*Mesodryinus indicus* Kieffer, 1914。

中文别名　黄螯蜂。

特　征　见图 2-447。

雌虫体长 4.8～5.1 mm；长翅。体黄色，但腹柄黑色。头有光泽；额平坦，不凹陷；额和头顶有弱的颗粒状刻点；颊和上颊光滑；触角末端膨大；额线短，不伸达唇基；后头脊不完整；后头光滑；颚唇须节比 6/3。前胸背板有光泽，有 1 条弱的前凹痕和 1 条强的后凹痕；中胸盾片被毛，有光泽；盾纵沟伸达中胸盾片长度的 1/2；小盾片、后胸背板均有光泽，且具弱的颗粒状刻点；并胸腹节背表面和后表面有网皱，背表面与后表面间无横脊，后表面无纵脊，背表面长为后表面的 1.5 倍。前翅透明，翅脉淡黄色；径脉端段明显比基段长，两者间成 1 钝角弯曲；径室开放。

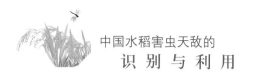

前足变大的爪有1个亚端齿和8个叶状突排成1行，前跗节内缘有20个叶状突排成2行，端部有约12个叶状突成丛状；胫节距式1-1-2。

　　寄　　主　蜡蝉科、蛾蜡蝉科昆虫，如蔗短足蜡蝉*Pyrilla perpusilla*、*Pyrilla* sp.、*Flatida marginella*、*Geisha distinctissima*。

　　分　　布　国内见于浙江、广东、广西、贵州、台湾、云南、河南。国外分布于日本、朝鲜、印度尼西亚、泰国、马来西亚、孟加拉国、印度。

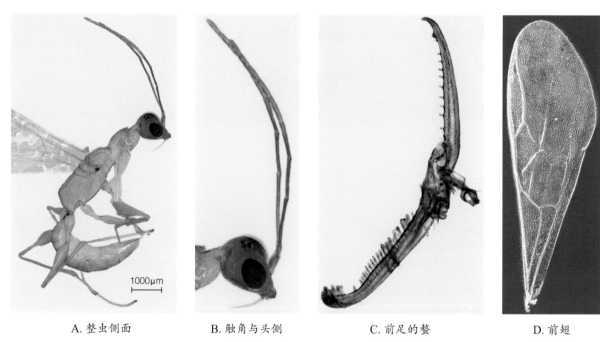

A. 整虫侧面　　　　　　B. 触角与头侧　　　　　C. 前足的螯　　　　　D. 前翅

图 2-447　褐黄螯蜂 *Dryinus indicus* 雌虫

裸爪螯蜂亚科 Conganteoninae

　　雌虫长翅；触角末端膨大；颚唇须节比5/3或6/3；上颚有4齿；有单眼；后头脊完整；有前胸背板突；前翅有由黑化翅脉包围形成的前缘室和中室，径脉端段比基端长；前足前跗节有1个爪，特化成螯，螯有1个小基爪，变大的爪光裸、无叶状突或鬃毛；胫节距式1-1-2。雄虫长翅，触角末端不膨大或稍膨大；除了前足无特化的螯，其余特征与雌虫相似。

裸爪螯蜂属 *Conganteon* Benoit, 1951

雌虫长翅；上颚具3个大齿和1个小基齿；后头脊完整；前胸背板突伸达翅基片；前足变大的爪光裸、无叶状突或鬃毛；前翅有前缘室和中室；翅痣短，呈卵形；径脉端段比基段长。胫节距式1-1-2。雄虫长翅，除了前足无特化的螯，其余特征与雌虫相似。

本属分布于古北区、非洲区和东洋区；其寄主尚不清楚。

367. 大裸爪螯蜂 *Conganteon gigas* Xu & He, 1998

特 征 见图2-448。

雌虫体长3.6mm；长翅。体多黑色，头、胸部、腹柄和腹部、后足基节和腿节均黑色；触角

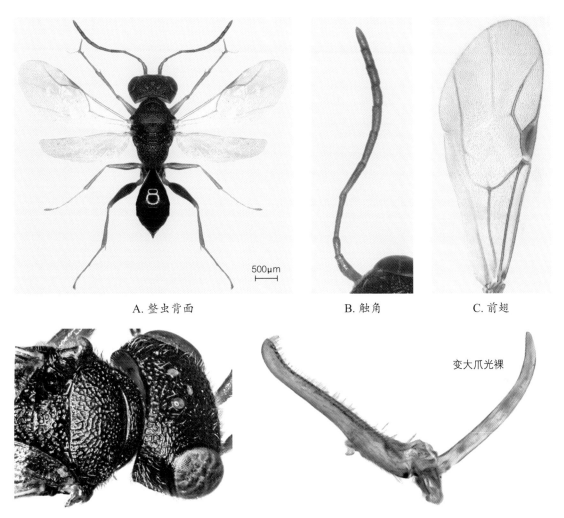

A. 整虫背面　　　　　　　　B. 触角　　　　　　　C. 前翅

500μm

变大爪光裸

D. 头与前中胸背面　　　　　　　　　　E. 前足的螯

图2-448 大裸爪螯蜂 *Conganteon gigas* 雌虫

第1～4节褐黄色，第5、6节褐色，第7～10节黑褐色；上颚黄色，齿红棕色；唇基黄白色；翅基片、各足（除后足基节和腿节黑色外）均褐黄色。头被毛，有光泽；后头脊完整；额、头顶和上颊有网皱；颊无网皱；触角末端膨大；颚唇须节比5/3。胸被白色短毛；前胸背板有光泽，有横脊；中胸盾片盾纵沟缺，有光泽，有网皱和颗粒状刻点；小盾片有光泽，有网皱；后胸背板无光泽，有网皱；并胸腹节背表面和后表面有光泽，有网皱，背表面与后表面约等长，二者间无横脊。前翅烟灰色，无色斑，翅痣褐色，有由黑化翅脉包围形成的前缘室和中室，径脉端段比基段长；径室开放。前足变大的爪无亚端齿、叶状突和鬃毛；前跗节端段比基段长，内缘有44个叶状突和1根短鬃排成1行；胫节距式1-1-2。

寄　主　未知。

分　布　国内见于浙江。

单爪螯蜂亚科 Anteoninae

雌虫长翅或短翅；触角末端膨大；颚唇须节比6/3；上颚4齿，由小到大整齐排列；有单眼；后头脊完整；有前胸背板突；长翅种类的前翅有由黑化翅脉包围形成的前缘室、中室和亚中室；前足前跗节有1个爪，特化成螯；螯无小基爪，螯爪无端前齿或叶状突；胫节距式1-1-2。雄虫长翅，除触角末端不膨大、前足无特化的螯外，颚唇须节比、上颚齿式、后头脊、胫节距式等均与雌虫相似，前翅翅室与有翅的雌虫亦相似。

单爪螯蜂属 *Anteon* Jurine, 1807

雌虫长翅，极少短翅；触角末端膨大；并胸腹节背表面与后表面间常常有1条强的横脊。长翅型种类的前翅有由黑化翅脉包围形成的前缘室、中室和亚中室；前翅径脉端段比基段短得多，偶尔前翅径脉端段比基段稍短，或等长，或稍长，在这些情况下，并胸腹节的背表面与后表面间必有1条强的横脊。前足变大的爪基突上有1根长鬃，前跗节内缘有叶状突。

雄虫长翅；触角丝状，末端不膨大，其上的毛长至多与触角宽相等；后单眼后常无短脊与后头脊相接；并胸腹节背表面与后表面间常常有1条强的横脊。前翅有由黑化翅脉包围形成的前缘室、中室和亚中室，翅痣的长宽比小于4；径脉端段比基段短得多，偶尔前翅径脉端段比基段稍短或一样长或稍长，则并胸腹节的背表面与后表面间必有1条强的横脊。阳基侧铗没有端内突包往阳茎。

本属全世界广泛分布，主要寄生半翅目叶蝉科昆虫。

368. 爪哇单爪螯蜂 *Anteon hilare* Olmi, 1984

异　　名　*Anteon corax* Olmi, 1984；*Anteon javanum* Olmi, 1984；*Anteon munroei* Olmi, 1984；*Anteon transverum* Xu & He, 1999；*Anteon serratum* Xu & He, 1999。

中文别名　横单爪螯蜂、齿单爪螯蜂。

特　　征　见图2-449。

雌虫体长2.2～3.3mm；长翅。体色多为黄褐色，除后胸背板、并胸腹节、腹柄黑褐色或黑

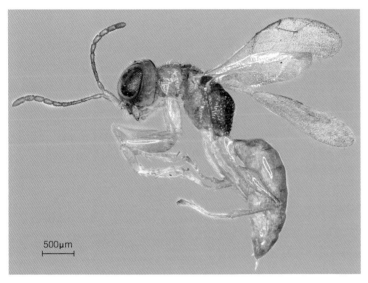

A. 整虫侧面

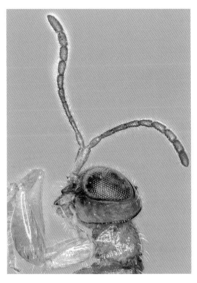

B. 触角、头与前胸侧面

C. 头胸背面

D. 前足的螯

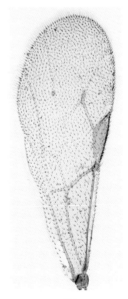

E. 前翅

图2-449　爪哇单爪螯蜂 *Anteon hilare* 雌虫

色外，头、胸、腹部其余部位为黄至黄褐色。头有光泽，光滑；唇基和额的前半多毛；触角末端稍膨大；额中脊伸达额长的1/2。前胸背板有光泽、具刻点；中胸盾片长而有光泽、光滑、无刻点，盾纵沟伸达中胸盾片长度的3/5，小盾片有光泽、光滑；后胸背板有光泽、光滑；并胸腹节背表面有网皱，背表面与后表面等长，二者之间有1条强的横脊，后表面还具2条纵脊。前翅透明，无褐色的带状横斑；径脉端段比基段短，两者间成钝角弯曲；径室开放。前足变大的爪基突上有1根长鬃，爪间垫短小；前跗节端部有4个叶状突，内缘有24个叶状突排成2行。

寄　主　未知。

分　布　国内见于浙江、福建、贵州、湖南、广东、海南、广西、云南、甘肃、陕西、辽宁、宁夏、台湾。国外分布于印度尼西亚、文莱、马来西亚、老挝、缅甸、印度、尼泊尔、泰国、菲律宾、日本、韩国。

369. 安松单爪螯蜂 *Anteon yasumatsui* Olmi, 1984

异　名　*Anteon fijianum* Olmi, 1984；*Anteon vitiense* Olmi, 1998；*Anteon malaysianum* Olmi, 1987。

特　征　见图2-450。

雌虫体长1.8～2.0mm；长翅。头、胸、腹部体色为黑色或黑褐色；触角、翅基片、足为灰黄色；上颚褐黄色。头少毛，无光泽，有颗粒状刻点；触角末端膨大；额线不完整，约伸达额长的1/2。前胸背板有光泽，其前表面有颗粒状刻点和弱的横脊；中胸盾片有光泽，光滑，仅前缘有颗粒状刻点；盾纵沟伸达中胸盾片长度的1/2；小盾片和后胸背板有光泽，光滑；并胸腹节背表面和后表面等长，有网皱，二者间有1条横脊，后表面无纵脊。前翅透明，无褐色的带状横斑；径脉端段比基段短，两者间成钝角弯曲；径室开放。前足变大的爪基突上有1根长鬃，爪间垫细长；前跗节端部有4个叶状突，内缘有20个叶状突排成2行。

寄　主　黑尾叶蝉、二条黑尾叶蝉、二点黑尾叶蝉、马来亚黑尾叶蝉、二室叶蝉。

分　布　国内见于浙江、广东、广西、湖南、台湾。国外分布于泰国、马来西亚、印度尼西亚、印度、澳大利亚、斐济。

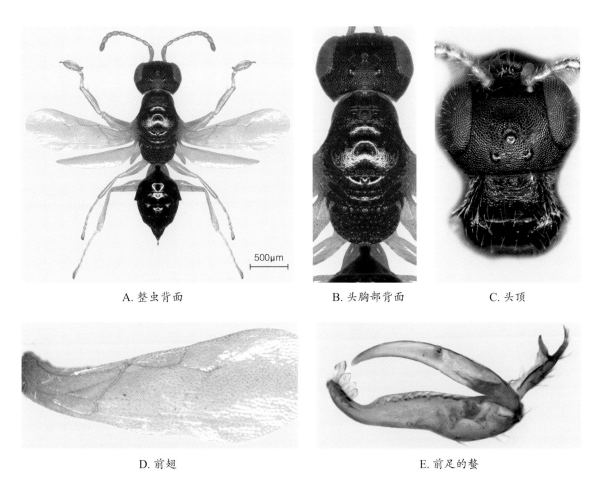

A. 整虫背面   B. 头胸部背面   C. 头顶

D. 前翅   E. 前足的螯

图 2-450 安松单爪螯蜂 *Anteon yasumatsui* 雌虫

370. 阿卜单爪螯蜂 *Anteon abdulnouri* Olmi, 1987

特 征 见图 2-451。

雌虫体长 1.5～2.0mm；长翅。头、胸部黑色或黑褐色，腹部红褐色，触角、上颚、翅基片、足均褐黄色。头被毛，有光泽，有颗粒状刻点；触角末端膨大；额线完整可见。前胸背板有光泽；中胸盾片有光泽、具刻点；盾纵沟伸达中胸盾片长度的 2/5；小盾片和后胸背板有光泽、光滑、无刻点；并胸腹节背表面有网皱，背表面与后表面间有 1 条强的横脊，后表面无纵脊。前翅透明，无褐色横斑带；径脉端段比基段短，两者间成钝角弯曲；径室开放。前足跗节变大的爪基突上有 1 根长鬃；前跗节端部有 5 个叶状突，内缘有 26 个钉状毛排成 2 行。

寄 主 叶蝉科昆虫，如条沙叶蝉、黑脉叶蝉和 *Acomurella prolixa*。

分 布 国内见于辽宁、湖南。国外分布于日本、阿曼、阿富汗、阿联酋、黎巴嫩、土耳其、意大利、匈牙利。

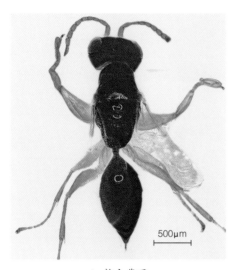

A. 整虫背面

B. 整虫侧面

C. 头顶

D. 前足的螯

图 2-451　阿卜单爪螯蜂 *Anteon abdulnouri* 雌虫

371. 沙捞越单爪螯蜂 *Anteon sarawaki* Olmi, 1984

特　征　见图2-452。

雌虫体长3.0～3.6mm,长翅。头、胸部黑色,腹部黑褐色;上颚、触角和足为褐色。头被毛,有光泽,有颗粒状刻点;触角末端膨大;额线完整可见,且额有2条额侧脊。前胸背板突伸达翅基片、光滑、被毛,有强横刻纹,后表面稍短于中胸盾片;中胸盾片、小盾片和后胸背板光滑、有光泽、无刻点,盾纵沟完整,几乎伸达中胸盾片后边缘;并胸腹节背表面有网皱,背表面与后表面间有1条强的横脊,后表面无纵脊。前翅透明,无褐色的带状横斑;径脉端段比基段短,两者间成钝角弯曲;径室开放。前足变大的爪基突上有1根长鬃;前跗节端部有4个叶状突,内缘约有35个钉状毛排成2行。

寄 主 未知。

分 布 国内见于海南。国外分布于马来西亚、文莱。

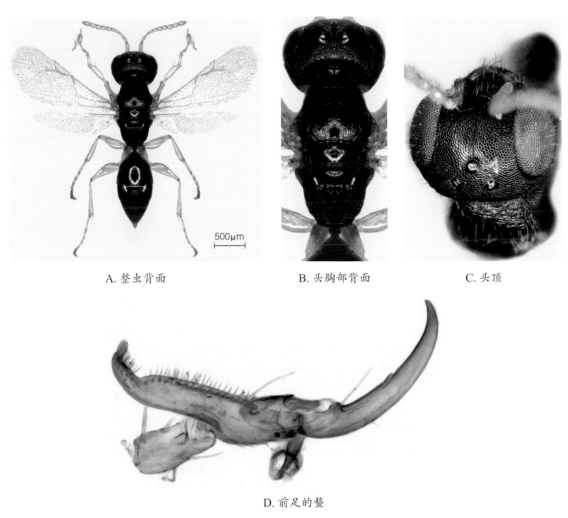

A. 整虫背面   B. 头胸部背面   C. 头顶

D. 前足的螯

图 2-452 沙捞越单爪螯蜂 *Anteon sarawaki* 雌虫

常足螯蜂亚科 Aphelopinae

雌虫长翅；颚唇须节比5/2、5/3或6/3；上颚有3齿或4齿，3齿者的齿由小到大排列，而4齿者则由2～3个大齿和1～2个小基齿组成；有单眼，后头脊完整；前足前跗节正常，不特化成螯；前翅仅有由黑化翅脉包围形成的前缘室，个别有由黑化翅脉包围形成的前缘室和中室，径脉与痣脉约等长，成弧状弯曲；胫节距式1-1-2。雄虫长翅；颚唇须节比5/2或5/3；后头脊完整；前翅仅有由黑化翅脉包围形成的前缘室；胫节距式1-1-2。

常足螯蜂属 *Aphelopus* Dalman, 1823

雌虫长翅；触角末端膨大；上颚有4齿，由2～3个大齿和1～2个小基齿组成；颚唇须节比5/2；唇基较窄，口上沟远离围角片；后头脊完整。前翅只有1个前缘室；径脉成孤状弯曲，约与翅痣等长；头、中胸盾片、小盾片和后胸背板常布满颗粒状刻点，无网皱；前足正常，第5跗节和爪不特化成螯，胫节距式1-1-2。雄虫特征同雌虫，但触角末端不膨大。

本属全世界广泛分布，主要寄生半翅目叶蝉科小叶蝉亚科的昆虫。

372. 马来亚常足螯蜂 *Aphelopus malayanus* Olim, 1984

特　征　见图2-453。

雌虫体长1.5～1.6 mm；长翅。头、中胸盾片和小盾片黄褐色，并胸腹节及腹部黑褐至红褐色；单眼区褐色；触角第1、2节黄色，第3～10节褐黄色；并胸腹节背表面和后表面黑褐色，侧面和腹面褐黄色；翅基片灰黄色；足褐黄色。头无光泽，有颗粒状刻点；后头脊完整；触角末端稍膨大；额线完整；颚须唇节比5/2。中胸盾片无光泽，具颗粒状刻点，盾纵沟伸达中胸盾片长度的1/2，小盾片具光泽，有颗粒状刻点；后胸背板有光泽，较光滑；并胸腹节背表面有网皱，背表面与后表面间有1条横脊，后表面还有2条纵脊。前翅透明，无色斑；径脉短，约与翅痣等长，成弧状弯曲；径室开放。胫节距式1-1-2。

寄　主　白翅叶蝉。

  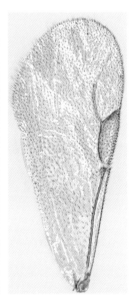

200μm

A. 整虫背面　　　　　　　　　　B. 头胸部背面　　　　　C. 前翅

图2-453　马来亚常足螯蜂 *Aphelopus malayanus* 雌虫

分 布 国内分布于广东、广西、海南、台湾。国外分布于菲律宾、文莱、马来西亚、老挝、尼泊尔、泰国、印度尼西亚、印度。

373. 白脸常足螯蜂 *Aphelopus albifacialis* Xu & He, 1997

特 征 见图2-454。

雌虫体长2.3～2.4mm；长翅。触角第1节黄白色，第2节和第3节基半部黄色，第3节端半部及第4～10节黑褐色；头、胸、腹部基本黑色；上颚、唇基、脸和颊、额的前半部均黄白色，故名；前胸侧板和腹板褐黄色；翅基片灰黄色；足第5跗节褐色，其余各节灰白色。头无光泽，有颗粒状刻点和很弱的网皱；触角末端稍膨大；额线几乎伸达唇基；后头脊完整；颚唇须节比5/2。中胸盾片、小盾片和后胸背板有颗粒状刻点、无光泽，盾纵沟伸达中胸盾片长度的1/2；并胸腹节背表面有网皱，背表面与后表面间有1条横脊，后表面中部有2条纵脊，两侧缘还各有1条纵脊。前翅透明，无色斑；径脉短，约与翅痣等长，成弧状弯曲；径室开放。前足前跗节正常；胫节距式1-1-2。

寄 主 未知。

分 布 国内见于贵州、浙江、四川、台湾。

500μm

A. 整虫侧面　　　　　　　　　　B. 触角与头部颜面

图 2-454　白脸常足螯蜂 *Aphelopus albifacialis* 雌虫

374. 白唇基常足螯蜂 *Aphelopus albiclypeus* Xu, He & Olim, 1999

异　名　*Aphelopus exnotaulices* He & Xu, 2002。

中文别名　缺沟常足螯蜂。

特　征　见图2-455。

雌虫体长1.8mm；长翅。头、胸部基本为黑色，头部仅上颚和唇基白色；触角第1、2节黄色，其余各节黑褐色；翅基片和足褐黄色；腹部黑褐色。头无光泽，有颗粒状刻点；触角末端稍膨大；额线、后头脊完整，颚唇须节比5/2。中胸盾片、小盾片和后胸背板均有颗粒状刻点，但中胸盾片无光泽，后两者有光泽；盾纵沟伸达中胸盾片长度的3/5；并胸腹节背表面有网皱，背表面与后表面间无横脊，后表面有2条纵脊，中区同侧区有网皱。前翅透明，无色斑，径脉短，约与翅痣等长，成弧状弯曲；径室开放。前足前跗节正常；胫节距式1-1-2。

寄　主　未知。

分　布　国内见于云南、贵州、四川、湖北、海南、陕西、宁夏、台湾。国外分布于泰国、越南、马来西亚。

  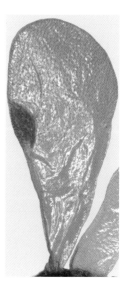

A. 整虫背面　　　　　　　　　　　　B. 虫体背面　　　　　　　C. 翅

图2-455　白唇基常足螯蜂 *Aphelopus albiclypeus* 雌虫

肿腿蜂科 Bethylidae

体小型至中型，多少扁平，长1～10mm；体色一般为金属青铜色。一些种类无论雌雄虫均有无翅型或有翅型，许多种类雌虫无翅似蚁，故过去有"蚁形蜂"之称。头长形、横形或亚球形，且扁平，常为显著的前口式；唇基上常具1中纵脊，向上延伸至两触角间；上颚强大；具触角12～13节，两性节数相同，着生处接近唇基；复眼常很小，内缘平行；足常强壮。具翅个体前胸背板伸达翅基片；前翅翅脉减少；具前缘室、径室和肘室，或仅具前缘室和径室，中室存在或不存在，或完全无翅室；翅痣有或无，径分脉变化较大。后翅无闭室，有臀叶。肿腿蜂科的前翅特征见图2-456。腹部有柄，背板可见7～8节。

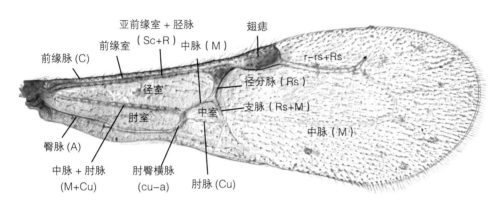

图 2-456　肿腿蜂科 Bethylidae（纵卷棱角肿腿蜂 *Goniozus* sp.）的前翅特征

肿腿蜂科主要寄生于卷蛾科、螟蛾科、麦蛾科、鞘蛾科、细蛾科、谷蛾科、尖蛾科和蓑蛾科等鳞翅目的幼虫，以及吉丁科、天牛科、叩甲科、豆象科、扁甲科、锯谷盗科、拟步甲科、象甲科、皮蠹科、窃蠹科、小蠹科、蛛甲科、木蕈甲科等鞘翅目的幼虫；有报道一些种从蚁巢、瘿蜂虫瘿中育出或发现，一些种与木蜂亚科昆虫有联系，但是寄生还是共栖尚不清楚。肿腿蜂寄生的寄主通常生活在隐蔽性场所，如卷叶中、树皮下、腐烂的木质碎屑中、土室内以及粮食、贮物仓库中。

本科寄生蜂主要寄生方式为外寄生、单寄生及聚寄生。雌虫一旦找到合适的寄主，即行刺螫一次或几次，使其迅速麻痹或当即毙命，即使是麻痹，也常是永久性的，但棱角肿腿蜂属 *Goniozus* 的一些种类仅使寄主暂时性（1.5～2h）麻痹。产卵期成虫需要进行补充营养，硬皮肿腿蜂属 *Scleroderma* 只吃寄主体液，棱角肿腿蜂属 *Goniozus* 需糖类，寄甲肿腿蜂属 *Epyris* 的二者都需要。某些种的雌成虫守候在猎物旁，直到下一代幼虫老熟后才离去。雌虫在所有种中均占优势，有的种类可进行孤雌产雌生殖。化蛹时常结一短椭圆形的茧。不少种能螫人。

本科寄生蜂为全世界广布，已知约96属约2920种（Azevedo et al., 2018）。本书介绍我国稻区常见的4属7种。

中国常见肿腿蜂科天敌分属检索表

（改自：Azevedo et al., 2018）

1. 前翅 Rs 脉与 M 脉分开，二者交叉处有或长或短的支脉（Rs+M），中室存在或不存在，翅痣明显且膨大呈亚三角形或椭圆形；触角通常13节；中胸盾片与小盾片无纵沟或凹洼，并胸腹节

中央具拱隆的光滑区域 ·· 棱角肿腿蜂属 *Goniozus*

前翅 Rs 脉与 M 脉合成 1 脉，绝不存在支脉（Rs+M）和中室，翅痣小或不膨大 ················· 2

2. 触角 13 节；大多数有翅，r-rs+Rs 脉下方具源自径分脉和中脉的不明显残脉；中胸盾片具 2～4
条纵沟，小盾片基部具 1 对浅凹洼，并胸腹节具多条纵脊，纵脊间具密集的横皱纹 ···········
··· 寄甲肿腿蜂属 *Epyris*

触角 12 节；常有无翅型虫，有翅型前翅不具残脉 ·························· 3

3. 中胸盾片具纵沟，小盾片基缘常有凹洼；有翅型个体前翅具 3 个翅室，cu-a 脉极短，与 Rs+M
脉几乎连在同一条线上，翅痣线状 ·················· 异胸甲肿腿蜂属 *Alloplastanoxus*

中胸盾片和小盾片无纵沟和凹洼；有翅型个体前翅仅有 1 前缘室，Sc+R 脉和 C 脉存在，其余
翅室和翅脉不存在，翅痣圆点状 ·················· 头甲肿腿蜂属 *Cephalonomia*

棱角肿腿蜂属 *Goniozus* Förster, 1856

体小型至中型，多少扁平，长 1.5～4.0mm，一般为黑色。头近方形，雌雄虫触角 13 节，呈念珠状，着生处近于唇基，上颚发达。前胸呈梯形，后缘宽，前胸背板伸达翅基片，中胸盾片和盾片无纵沟或凹洼，表面光滑无毛，具细纹或刻点；并胸腹节分为背表面和后表面，背表面具细纹，中部有不同大小的拱隆光滑区，后表面下斜，末端收窄，常光滑或具细纹。各足腿节明显粗壮。前翅前缘室、中室和肘室完整而封闭；Rs 脉倾斜，Rs 脉与 M 脉连接处有支脉（Rs+M）；Cu脉有或缺，如有，则中室封闭；r-rs+Rs 脉长，但不伸达翅缘；翅痣很发达，亚三角形或椭圆形；r-rs+Rs 脉下方具源自 Rs 脉和 M 脉的不明显残脉，是本属种类区分的重要特征。腹部近于具柄，光滑，末端具稀毛。

本属全球广泛分布；主要寄生鳞翅目昆虫的幼虫，部分种类已被成功用作害虫生物防治的天敌。

375. 日本棱角肿腿蜂 *Goniozus japonicus* Ashmead, 1904

特　征　见图 2-457。

雌虫体长 2.5～3.0mm；体黑色，上颚、须、触角和足（除基节、腿节红褐色外）均黄褐色，翅基片黑褐色；翅透明，翅痣暗褐色，翅脉浅黄色。背观头近圆形，表面光滑，具鳞片状刻点，被浅色毛，复眼前方三角形突出，后头弧形；唇基端部三角形突出，有 1 中脊。触角 13 节，柄节和梗节圆筒形，其余念珠形。胸部刻纹如头；并胸腹节具鲨皮状刻纹，背表面矩形，在侧方和后方有弱脊，基部中央有 1 拱隆的三角形光滑区域，三角区的长不到背表面的 1/2；后表面近方形，至端部渐窄，中央光滑部位宽，侧方有脊，刻纹弱于背表面。翅痣端部平，长为宽的 2 倍；

r-rs+Rs脉从翅痣端部伸出，长为翅痣的2.5倍；Cu脉不存在，中室开放；支脉短、短于M脉，不向下延伸。足粗壮，腿节明显膨大。腹部长于头胸之和，腹柄短，腹部表面光滑，有稀疏柔毛；第1背板在基部微凹。

茧椭圆形，褐色，多个聚在一起难以分开。

寄　　主 桑绢野螟、缀叶丛螟等幼虫。聚寄生于体外。

分　　布 国内见于浙江、上海、湖南、四川、台湾。国外分布于日本、朝鲜。

A. 整虫背面

B. 整虫侧面

C. 头胸部背面

D. 前后翅

图 2-457　日本棱角肿腿蜂 *Goniozus japonicus* 雌虫

376. 纵卷棱角肿腿蜂 *Goniozus* sp.

特　　征 见图2-458。

雌虫体长1.5～2.0mm。头部、前胸黑褐色，中胸、并胸腹节及腹部（除基部褐色外）黑色；

足基节、腿节基部褐色，其余部分黄色；上颚、须和触角黄褐色及；翅基片黄色，翅透明，翅痣褐色，翅脉浅褐色。头宽略大于长，近圆形，复眼前方三角形突出；后头弧形，后侧角呈明显角度；额和头顶具浅而稀的刻点，表面具稀疏的细毛。触角13节，柄节、梗节和第1鞭节圆筒形，其余念珠形。胸部具鳞片状细刻纹，前胸侧面具细刻条；并胸腹节具鲨皮状刻纹，背表面近方形，其侧方和后方有脊，基部中央有1拱隆的三角形光滑区域，三角区的长不到背表面的1/2；后表面近梯形，至端部渐窄，具有弱刻纹，侧方有脊。翅痣端部弧形，长为宽的2倍；r-rs+Rs脉从翅痣端部伸出，长为翅痣的2.5倍；Cu脉存在，中室封闭；支脉后方有残脉向下翅缘延伸。足粗壮，腿节膨大。腹柄极短；腹部短于头胸之和，表面光滑，具稀疏柔毛；第1背板有大凹陷。腹部尾针露出腹部末端。

茧椭圆形，灰褐色，常单个排列。

寄　主　稻纵卷叶螟。

分　布　国内见于浙江、江西、湖南、湖北、安徽。

A. 头胸部背面

B. 整虫侧面

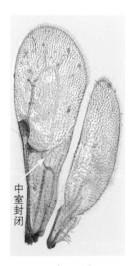
C. 前、后翅

D. 稻秆中的茧

图 2-458　纵卷棱角肿腿蜂 *Goniozus* sp. 雌虫

377. 豆卷螟棱角肿腿蜂 *Goniozus lamprosemae* Xu, He & Terayama, 2002

特　征　见图 2-459。

雌虫长翅；体长2.8～3.2 mm。头、胸部黑色，腹部基部棕褐色，端部黑褐色；上颚褐色；触角黄褐色；足基节和腿节红褐色，其余部分黄褐色。头长宽相近等，呈圆形；复眼前方三角形突出，后侧角呈明显角度；额和头顶具细网纹，有浅而稀刻点，后侧具稀疏的细毛。触角13节，柄节圆筒形，其余各节念珠状。前胸背板长为宽的1/2；前胸背板和中胸盾片具细网纹，有浅而稀的刻点；小盾片具弱细网纹；并胸腹节背表面宽为长的1.5倍，其侧方和后方有脊，基部中央有具拱隆的三角形光滑区域，三角区几乎伸达背表面的末端；后表面近梯形，端部渐窄，侧方有脊，具细刻纹。翅痣端部圆，长为宽的2.5倍；r-rs+Rs脉从翅痣端部伸出，长为翅痣的2倍；Cu脉不存在，中室开放；支脉后方有残脉向下翅缘延伸。足粗壮，腿节明显膨大。腹部不长于头胸部之和，腹柄短，腹部表面光滑，后缘和侧缘具稀疏柔毛；第1背板在基部微凹。

寄　主　豆蚀叶野螟幼虫；体外聚寄生。

分　布　国内见于浙江。

三角区
达末端

A. 头胸部背面　　　　　　　　B. 整虫侧面　　　　　　　　C. 前翅

500μm

图2-459　豆卷螟棱角肿腿蜂 *Goniozus lamprosemae* 雌虫

头甲肿腿蜂属 *Cephalonomia* Westwood, 1833

体小型，多少扁平，长1.0～2.5mm；体色一般为黑色至黄色。头近方形或长方形；雌雄虫触角12节，着生于唇基两侧；上颚略突。前胸近三角形，与头部相接触较窄，后缘宽；中胸盾片和盾片无纵沟或凹洼，盾片和小盾片表面均无毛，具鳞片状刻纹或细刻纹，后者偶具大的点状刻点；并胸腹节背表面长方形，长于后表面，具细纹，后表面下斜，末端收窄，呈近三角形，常光滑或具细纹。各足腿节略膨大。有无翅型和有翅型，有翅型前翅翅脉简单，仅有Sc+R和C脉

存在，翅痣小，圆点状，前缘室完整，其余翅室和翅脉不存在。腹柄不明显；腹部膨大，宽大于胸部，表面光滑。产卵器不明显露出腹末。

本属全世界广泛分布；主要寄生于鞘翅目窃蠹科、长蠹科、扁甲科、拟步甲科、锯谷盗科等的昆虫，以及膜翅目的瘿蜂科昆虫。

378. 红跗头甲肿腿蜂 *Cephalonomia tarsalis* (Ashmead, 1893)

异 名 *Ateleopterus tarsalis* Ashmead, 1893。

特 征 见图2-460。

雌虫体长1.2～2.0 mm。头胸部黑色，腹部黑褐色；上颚、触角和足（除跗节黄褐至红褐色外）均褐色；翅透明，脉褐色。头长大于宽，最宽处在复眼部位；后头平直；上颚处微凸；唇基短，近于矩形；额光滑，有小而明显分散的刻点。触角12节，柄节最粗最长，端部膨大，略弯曲，长为宽的2.5～3.0倍；梗节长为宽的2倍，其后各节念珠状。前胸近三角形，前端窄；中胸盾片光滑，小盾片具2个圆点状大刻点，胸部具鳞片状刻纹。并胸腹节背表面长大于其宽，中脊完整伸至后横脊处，侧脊弱；后表面窄，近梯形，表面有鳞片状刻纹。前翅翅脉简单，前缘室完整，仅有Sc+R和C脉，翅痣小，圆点状。腹柄不明显；腹部圆，宽大于胸部，长短于胸部，长宽近相等，表面光滑。产卵器微露出腹末。

寄 主 杂拟谷盗、锯谷盗、米象、谷象和玉米象。

分 布 国内见于浙江、湖南。国外分布于日本、以色列、阿尔巴尼亚、英国、澳大利亚、尼日利亚、美国。

A. 虫体背面   B. 整虫侧面   C. 前翅

图2-460　红跗头甲肿腿蜂 *Cephalonomia tarsalis*

379. 头甲肿腿蜂 *Cephalonomia* sp.

特　征　见图2-461。

雌虫体长1.0～1.5mm；体黄色；翅透明，翅脉黄褐色。头长大于宽，最宽处在复眼部位；后头平直；上颚凸；唇基短，近于矩形；额光滑，具小不明显细刻点。触角12节，柄节粗长，端部膨大，略弯曲，长为宽的3～4倍；梗节长为宽的2倍；第3～6节近念珠状，其后各节长大于宽，近圆筒状。前胸近梯形，前端窄，后端宽，中胸盾片和小盾片表面光滑，具鳞片状刻纹。并胸腹节背表面长略大于其宽，具弱侧脊和后横脊；后表面窄，近三角形，表面有鳞片状刻纹。各足长，腿节略膨大。前翅翅脉简单，前缘室完整，仅有Sc+R脉和C脉存在，翅痣圆点状。腹柄短；腹部表面光滑，长梭形，长短于胸部，末端弯曲。产卵器不露出腹末。

寄　主　未知。

分　布　国内见于浙江、安徽。

A. 整虫侧面　　　　　　　　B. 胸部背面　　　　　　　　C. 头部背面

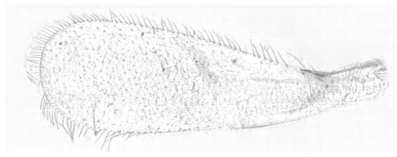

D. 前翅

图2-461　头甲肿腿蜂 *Cephalonomia* sp. 雌虫

异胸甲肿腿蜂属 *Alloplastanoxus* Terayama, 2006

体小型，长1.5～2.0mm，多少扁平；一般为黑褐色至红褐色。头近方形；雌雄虫触角12节，着生于唇基两侧；上颚明显突出。前胸近三角形，前端较窄，后缘宽；中胸盾片具纵沟，小盾片具浅凹洼，表面无毛，具鳞片状刻纹或细刻纹；并胸腹节背表面长方形、具中脊和侧脊，表面具鳞片状细纹；后表面短、下斜，末端收窄，呈近三角形，常光滑或具细纹。各足短，腿节明显膨大。前翅窄，前缘室、径室和肘室封闭；Rs脉与M脉连成一条线；cu-a脉极短，与Rs和M脉几乎在同一条线上；翅痣小，线状；r-rs+Rs脉较长，但不伸到翅缘。腹柄短，腹部纺锤形，表面光滑，侧缘具细毛。产卵器微露出腹末。

本属主要分布于古北区；寄主目前尚不明确。

380. 异胸甲肿腿蜂 *Alloplastanoxus* sp.

特　征　见图2-462。

雌虫体长1.0～1.2mm；头胸部黑褐色，腹部红褐色，足腿节和胫节端部褐色，其余黄褐色；触角第1～4节黄褐色，其余黑褐色；翅透明，翅脉黄褐色。体扁平，头近长方形，复眼处最宽，上颚明显前凸；头后缘平直，单眼靠近头后缘。触角12节，着生于唇基两侧，柄节粗壮，梗节细，此2节均为圆筒形，其后各节近念珠状。前胸近三角形，长于中胸；中胸盾片具纵沟，小

A. 虫体背面　　　　　　B. 头胸部背面　　　　　　C. 翅与虫体侧面

图2-462　异胸甲肿腿蜂 *Alloplastanoxus* sp. 雌虫

盾片中央具浅凹洼，表面光滑无毛，具鳞片状刻纹；并胸腹节背表面长方形、具中脊和侧脊，均垂直于后横脊，表面具鳞片状细纹；后表面短、下斜，末端收窄，呈近三角形，具细纹。各足短，腿节明显膨大。前翅窄，前缘室、径室和肘室封闭；cu-a脉短，与Rs+M几乎连接在一条线上；翅痣小，线状；r-rs+Rs脉较长，略长于前缘脉（C），但不伸到翅缘。腹柄短；腹部纺锤形，长度与胸部近相等，宽于胸部，表面光滑，侧缘具细毛。产卵器微露出腹末。

寄　主　未知。

分　布　国内见于浙江。

寄甲肿腿蜂属 *Epyris* Westwood, 1832

体小型，长2～5mm；一般为黑褐色至红褐色。头近长圆形，后缘平直，后头脊明显；雌、雄虫触角均13节，着生于唇基上方；上颚发达，明显突出。前胸近梯形，后缘宽；中胸盾片具2～4个纵沟，小盾片基部具1对浅凹洼，表面被稀疏细毛，具细刻纹；并胸腹节背表面长方形，具鳞片状细纹和多条纵脊，纵脊间具密集的横皱纹，侧脊明显，延伸至后表面；后表面短、下斜，末端收窄，呈近三角形，同样具纵脊和横皱纹。各足长，腿节略膨大。有短翅型和长翅型，长翅型前翅前缘室、径室和肘室封闭，Rs脉与M脉连成一条线，但cu-a脉在Rs脉和M脉连线的交叉点后方弯曲；翅痣细窄，末端平截；r-rs+Rs脉较长但不伸到翅缘，其下方具源自Rs脉和M脉的不明显残脉。腹柄不明显，腹部纺锤形，表面光滑，侧缘具细毛。产卵器露出腹末。

本属全世界广泛分布，主要寄生鞘翅目拟步甲科和鳞翅目毒蛾科昆虫。

381. 日寄甲肿腿蜂 *Epyris yamatonis* Terayama, 1999

特　征　见图2-463。

雌虫体长2.5～3.0mm；体黑色，但腹部背板末端黑褐色，触角黑褐色，足黄褐色；翅透明，翅脉黄褐色。头圆，长大于宽，复眼处最宽；上颚宽而前凸，后头略弧形，后头脊明显；额和头顶具细网纹和中等刻点。触角13节，着生在唇基后方；柄节粗而长，圆筒形、略弯曲，长约为触角的1/4；梗节长略大于宽，其后各节长宽近相等，末节端部尖锐。前胸背板呈梯形，具细网纹，有中等刻点；中胸盾片具2个倒"八"字排列的纵沟，小盾片具1对凹洼，其宽大于长，中央稍隔开。并胸腹节背表面近方形，侧脊和后横脊突出，中部具3条明显的纵脊，纵脊间具密集的横皱纹；后表面中区有2条弱纵脊和一些横皱，末端收窄，呈近三角形。前翅前缘室、径室和肘室封闭；cu-a脉在与Rs脉和M脉的交叉点后方弯曲；翅痣细窄，末端平截；r-rs+Rs脉较长，为翅痣的近3倍，但不伸达翅缘，该脉下方的残脉中部具1支脉，端部具2分叉支脉。足长，腿节膨大。

腹柄不明显，腹部纺锤形，长度短于胸部，表面光亮，侧缘具细毛。产卵器露出腹末。

寄　主　未知。

分　布　国内见于浙江、上海、山东。国外分布于日本。

A. 整虫背面　　　　　　　　　　　B. 整虫侧面　　　　　　　　　C. 胸部背面

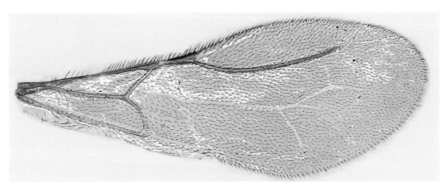

D. 前翅

图 2-463　日寄甲肿腿蜂 *Epyris yamatonis* 雌虫

二、双翅目 Diptera

双翅目昆虫成虫头部呈球形或半球形，有颈、能自由活动。复眼发达，一般雌虫两复眼远离，而雄虫复眼合生或亚合生。头顶中央有3个单眼，成三角形排列，其着生部位或稍隆起，称单眼三角；也有的种类无单眼。触角线状、念珠状或芒状。口器有舔吸式、刺吸式。前、中、后胸节紧密愈合，似为1节，前胸和后胸甚小，中胸特别发达。仅有1对翅，即：前翅发达、膜质，有简单翅脉，后翅退化为平衡棒。足3对，跗节5节，爪间常具爪间突，爪下有针状或垫状爪垫。腹部体节常合并，蚊类一般11节，蝇类仅能见到4～5节，末端数节形成尾器。

双翅目在昆虫纲中较大，是仅次于鳞翅目、鞘翅目、膜翅目的第四个大目，已知有8.5万种以上；食性很杂，有植食性、捕食性、寄生性、粪食性和腐食性等，其中相当大一部分是寄生性和捕食性种类，其生物防治作用仅次于膜翅目昆虫。

寄生性的种类主要见于寄蝇科、头蝇科等科（农业部全国植物保护总站等，1991）。本书介绍我国稻区常见寄生性双翅目天敌6种，包括寄蝇科5种、头蝇科1种。

寄蝇科 Tachinidae

小型至中等大小，成虫体长2～20mm。体粗壮，暗黑色、灰色或带褐色，常有淡色斑纹，多毛。头具额囊缝；触角芒状，芒分3节，第2节具裂缝。颜面不具颜脊，额鬃下降至侧缘达触角基部水平之下；体毛多，胸部下侧片鬃1列，中胸盾片有缝前翅内鬃。中胸背板有横缝分开，翅有腋瓣；后小盾片发达，突出于中胸小盾片之下呈舌状。翅有腋瓣，前翅中脉上支（M1+2）端部急向上弯接近第4、第5合胫脉（R4+5）。腹部第4、5节腹板被背板弯曲包盖，鬃显著。

本科除个别种外，几乎都营内寄生生活。寄蝇幼虫专门寄生在昆虫纲或其他节肢动物幼虫和成虫体内，以鳞翅目、鞘翅目和直翅目昆虫为主，少数寄生于蜈蚣。由于幼虫羽化时杀死寄主，因此寄蝇是农林牧果业控制害虫的重要天敌和维护自然生态系统稳定的调节者。

寄蝇科主要寄生鳞翅目、鞘翅目、半翅目及膜翅目害虫。

全世界已描述寄蝇种类约9500种，我国目前记录已达1200余种（杨定等，2017）。

382. 银颜筒寄蝇 *Halydaia luteicornis* (Walker, 1861)

异　名　*Clytho angentea* Egger：Chu et al.，1978。

特　征　见图2-464。

体长6.5mm。头部短，覆灰白色粉被，每侧各具1行额鬃和1行向前伸展的外侧额鬃；触角黄色，触角芒裸；喙短粗，唇瓣大；下颚须正常，黄色。颊特窄，几乎消失。胸部黑色，覆褐色粉被；足黄色，翅透明，R1、R4+5和Cu三条纵脉背面被短鬃。腹部黄色，细长，筒形，第1～4背板各具1对中鬃。

寄　主　直纹稻苞虫、稻纵卷叶螟、黏虫。

图2-464　银颜筒寄蝇 *Halydaia luteicornis*

分　布　国内见于浙江、安徽、江西、湖南、湖北、四川、福建、广东、广西、贵州、云南、河南、陕西、吉林。国外分布于俄罗斯。

383. 蚕饰腹寄蝇 *Blepharipa zibina* (Walker, 1849)

异　名　*Tachina zibina* Walker, 1849。

特　征　见图2-465。

体长10～18mm。头胸黑色带有金黄色反光，复眼裸，后头被毛。颊密披黑毛。小盾片暗黄或红褐，基部黑褐色。翅基部和沿前缘部分暗褐。下腋瓣杏黄。足黑色，后足胫节的前背鬃长短一致，排列板密。腹部第1节后缘，第2节和第3节前缘两侧及腹面暗黄或红褐，沿背中线及前后端黑色。有些个体整个腹部暗黑。喙粗短，具肥大唇瓣。胸部覆稀薄的灰色粉被及浓密的细小黑毛，背面有4个狭窄的黑色纵条；小盾侧鬃2～3根；下腋瓣黄，内缘凹陷。足黑色，后足胫节的前背鬃长短致，排列紧密如栉状。腹侧片鬃变化2～4根。

图2-465　蚕饰腹寄蝇 *Blepharipa zibina*

寄　主　家蚕、二点螟茶蚕、咖啡透翅蛾、橘黄凤蝶、落叶松毛虫、赤松毛虫、马尾松毛虫、思茅松毛虫、柞蚕、蝙蝠蛾、榆蛰蛾、茸毛毒蛾。

分　布　国内见于浙江、江西、广东、广西、云南、四川。国外分布于日本、俄罗斯、泰国、缅甸、印度、尼泊尔、斯里兰卡。

384. 黑角侧须寄蝇 *Peletiera rubescens* (*Robineau-Desvoidy*, 1830)

特　征　见图2-466。

体长14～16mm。头灰褐色，覆灰黄粉被；触角黑褐色。额鬃两行，前方2～3根下降至侧颜；颊、侧颜、侧额被粗硬黑毛，侧颜在复眼前缘处具2～3根侧颜鬃下额须淡黄、筒形细长，超过触角长度，颊细长，为其直径的6～7倍；口缘显著突出，后头密被淡黄色毛。胸部黑色，覆稀薄灰白粉被，具不清晰的5条黑色纵条；肩鬃5根，排成两行，外侧2根，内侧3根；中鬃3+3，背中鬃3+4，翅内鬃1+3，腹侧片鬃2+1；小盾片全部灰褐色，小盾端鬃发达，

图2-466　黑角侧须寄蝇 *Peletiera rubescens*

小盾心鬃对，翅淡灰色透明，翅脉棕色，前缘脉基鳞黄，第4+5径脉基部脉段被5～6根小鬃，中脉心角后缘具1皱褶，端第五径室远远闭合于翅缘的顶角；足棕黄色，爪和爪垫发达。腹部红棕色，腹面具1条宽的黑纵条，第2背板的中央凹陷，第3、4背板具1对中缘鬃，第5背板具1行心鬃，1行缘鬃。

寄　主　黄地老虎。

分　布　国内见于黑龙江、新疆、内蒙古、云南。国外分布于古北区。

385. 蟒圆斑寄蝇 *Gymnosoma rotundatum* (Linne, 1758)

中文别名　普通球腹寄蝇。

特　征　见图2-467。

体长5～7mm，头胸部黑色。额狭，额带褐色，侧颜黄色，下侧颜灰白色；触角黑褐色，第3节长度约等于第2节。下颚须黄色。胸部背板前颈和头后覆盖密集的灰白毛，胸部具细刻点，后半部及小盾片具光泽；翅基部灰黄色；腹部橙黄色，圆形膨大，背面基部黑色，中央背面有3个黑色三角形斑。足和爪均为黑色，爪垫小型。

图2-467　蟒圆斑寄蝇 *Gymnosoma rotundatum*

寄　主　蜷类。

分　布　国内分布于四川、广西、江西。

386. 追寄蝇 *Exorista* sp.

特　征　见图2-468。

头、胸部灰色,触角黑色,覆灰黄粉被,背面具3个黑纵条,中间1条细;侧额、侧颜覆浓厚灰粉被,侧额被稀疏黑色短毛,颊被细长黑毛;下颚须黄褐色。翅灰色透明;足黑色;腹覆灰蓝色粉被。额宽相当于复眼宽的1/2,具2根向后方弯曲的内侧额鬃;单眼鬃发达,向前方伸展;外顶鬃缺如或不发达,具2根单眼后鬃,每侧各具1根后顶鬃。触角第3节大致呈长方形,基部扩大,其长度为第2节的4倍,触角芒着生在第3节触角基部,基部粗。颊宽为复眼纵轴的1/3,几乎全部为后头伸展区占据;下颚须着生在口器基缘,长与口器颏约等长,筒形,端部略加粗,上被细鬃毛。前胸腹板两侧被毛,前胸侧板中央凹陷;后气门与平衡棒顶端的大小相同或略大于较后者;胸部中鬃3+3,背中鬃3+3。翅前鬃短,翅大致呈长三角形,第5径室开放于翅缘前方。足发达,前足爪及爪垫延长。腹部长圆形,第2背板基部凹陷伸达后缘,第2、3背板各具1对中缘鬃,第4背板具1行缘鬃。

寄　主　稻田中主要寄生鳞翅目害虫。

分　布　国内追寄蝇广泛分布于东北、华北、华中、华东、华南、西南。国外分布于日本、尼泊尔、印度、越南。

A.整虫背面观　　　　　　　　　　B.整虫侧面

图2-468　追寄蝇 *Exorista* sp.

头蝇科 Pipunculidae

小型蝇类，色暗。头部极大，呈半球形或球形；复眼几乎占据整个头部。触角第1、2节很小，第3节发达，末端或圆钝或尖锐，上下两侧多有刚毛。胸部少毛。翅长而狭，常与身体等长或长于身体，透明或略带红褐色；多数种类有翅痣，实为亚前缘室中褐色微毛。足多为黑色或黄色，常有毛或刺。腹部大多为黑色，有的种类被白色或褐色粉状物。雄虫后腹部扭曲且弯向腹面，不对称，第8节常有各种形状和大小的膜质区。雌虫第7～9节形成锥状产卵器，肛门位于刺管背面，近基部与刺管的交界处，周围丛生刚毛。成虫多活动于花草间，非常活跃，飞行极为迅速，能在空中急停。

头蝇科全世界已记载900多种，许多种类是双翅目中一类重要的寄生性天敌，主要寄生于半翅目害虫，特别是稻飞虱、稻叶蝉及沫蝉。

387. 趋稻头蝇 *Tomosvaryella oryzaetora* Koizumi, 1959

中文别名　黑尾叶蝉头蝇。

特征　见图2-469。

成虫体长3.3mm，翅长3.2mm。体色黑；头部近球形；触角第1、2节黑色，第3节淡黄褐，触角芒长、黑色；复眼紫黑色、极大，几乎占整个头部。胸部有褐色粉被；腹部狭，背板覆稀薄粉被，两侧有灰色粉被及密的刚毛。翅稍带烟褐色，密布细毛，无翅痣；平衡棍匙形，淡黄褐色。足黑色，腿节与胫节相接处、胫节末端、第1～4跗节及爪黄褐色。腹部细瘦，侧缘几乎直，背面被极稀薄粉，两侧有明显的灰色粉被及密生的刚毛，第1腹节两侧有数根黄褐色刚毛。雄虫外生殖器小，第5腹节与第4腹节长相等；雌虫产卵器伸向前下方，基部膨大部分黑色，后方针状部

500μm

A. 整虫背面　　　　　　　　　　B. 整虫侧面

图2-469　趋稻头蝇 *Tomosvaryella oryzaetora*

分黄褐色;末端尖锐且稍向上弯曲。

  寄　主　黑尾叶蝉、褐飞虱。

  分　布　国内见于浙江、江西、湖北、湖南、四川、福建、广东、广西、贵州、江苏、上海、安徽、台湾、云南、黑龙江、山东、河南、陕西。国外分布于日本。

三、捻翅目 Strepsiptera

  捻翅目昆虫是寄生性天敌,成虫雌雄异型。雄虫体长1.3～5.0mm,有翅、足,能自由生活;头横向,复眼大,口器极度退化;前翅退化成伪平衡棒,像用纸搓成的捻子,故名;后翅甚大,膜质扇形;触角常为栉状,至少第3节具侧突;口器咀嚼式,但退化。复眼突出;跗节2～5节。雌虫体长2.0～30.0mm,多为蛆形,无足、无翅,营内寄生生活,终生不离开寄主;头与胸愈合;触角、复眼、单眼和口器退化;腹部长袋形,无产卵器。

  复变态,卵胎生,幼虫一般3龄。第1龄幼虫称为"三爪蚴",行动活泼,通过爬行或借助腹部末端的粗长刚毛弹跳到地面、花或寄主昆虫喜欢的植物上,等待寄主幼虫、若虫或飞行的蜂类携带回蜂巢中。"三爪蚴"钻入寄主体内后即行脱皮,成无足的蠕虫型幼虫。幼虫营寄生生活。雌虫终生不离开寄主,雄虫自由生活,寿命几小时至1～2d。1只雌虫体内可孵化出数千至万头幼虫,弱颚型离蛹。部分种类有孤雌生殖和多胚生殖现象。

  捻翅虫主要寄生膜翅目、半翅目、直翅目、螳螂目、双翅目和缨尾目等的昆虫。

  广泛分布于各大动物区系,世界已知600余种,主要分布在全北区,中国仅记载27种(孙长海,2016)。

跗蝙科 Elenchidae

  跗蝙科雄虫跗节常2节,触角4～5节;雌虫头胸部呈环状,上颚位于头中部,寄生于半翅目昆虫。稻田中寄生稻飞虱的以跗蝙科的稻虱跗蝙最为常见。

388. 稻虱跗蝙　*Elenchinus japonicus* Esaki & Hashimoto, 1931

  特　征　见图2-470。

雄虫体长约1.3～1.5mm，前翅棒状，后翅透明，成扇形；复眼大，触角5节，第3节上有长枝伸出。雌虫体型退化，一般除了头胸外，均在寄主体内。幼虫白色，尾部有细毛，眼黑色，像蛆虫。

寄生时蚧蝙头部露于寄主体表外，一般都在寄主的腹部的腹面和侧面。1头飞虱一般寄生1头，有时也有2～3头。

寄　　主　褐飞虱、白背飞虱、灰飞虱等飞虱科昆虫的成虫和若虫。

分　　布　国内见于浙江、陕西、安徽、湖北、湖南、四川、广东、广西、贵州。

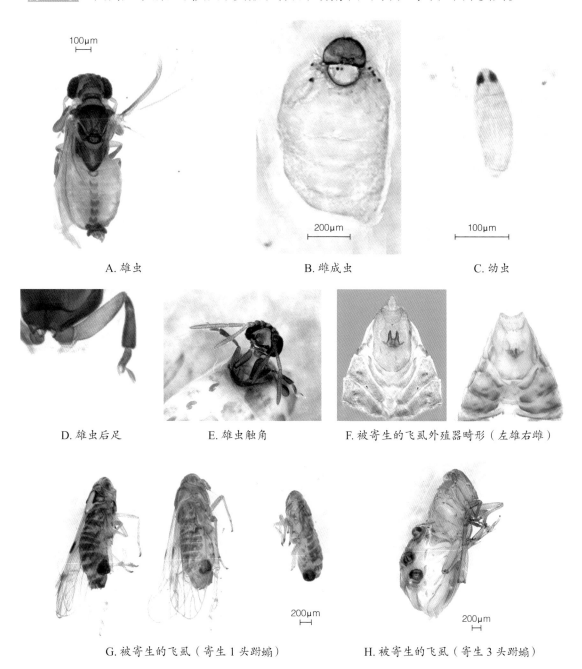

A. 雄虫　　　　　　　　B. 雌成虫　　　　　　　　C. 幼虫

D. 雄虫后足　　　E. 雄虫触角　　　F. 被寄生的飞虱外殖器畸形（左雄右雌）

G. 被寄生的飞虱（寄生1头蚧蝙）　　　H. 被寄生的飞虱（寄生3头蚧蝙）

图2-470　稻虱蚧蝙 *Elenchinus japonicus*

第二章　病原性天敌

水稻害虫常见的病原性天敌包括病源性的线虫、真菌、细菌和病毒。

一、线虫类 Nematode

世界各地已知有寄生于700余种昆虫的线虫逾1000种，对害虫控制最有成效的线虫均属索科Mermithidae和斯氏线虫科Steinernematidae（陈果和伍惠生，1985）。稻田亦常见这两科线虫，其中前者主要寄生稻飞虱、叶蝉等半翅目害虫，后者则寄生二化螟等鳞翅目害虫，并以前者最为常见。本书介绍我国稻田常见的索科线虫2种。

索科 Memithidae

索科线虫是最重要的昆虫寄生线虫，属无尾感器纲Aphasmidia、嘴刺目Enoplida、索线虫总科Mermithoidea，能主动侵染昆虫宿主，自然界中可循环感染，生防潜力极大。

我国水稻害虫褐飞虱、灰飞虱、白背飞虱和电光叶蝉等都可被索科线虫寄生，以对褐飞虱的寄生率最高，自然寄生率14%～80%，甚至90%以上。成虫和若虫，短翅型和长翅型都可被寄生，因短翅型多栖于稻株下部，不大活动，其被寄生率较长翅型的高。据鉴定，寄生于飞虱科的索科线虫有2种，即飞虱多索线虫*Agamermis* sp.和稻虱两索线虫*Amphimermis* sp.（陈果和伍惠生，1985）。

389. 飞虱多索线虫 *Agamermis* sp.

特　征　见图2-471。

成虫乳白色，半透明，体型细长如线。雌、雄虫均有较厚的角质膜和肥大的脂肪体；体光滑而富有弹性，头部稍尖细，尾部稍钝圆，尾末近中部有1乳头状小突起。雄虫长12.0～23.0mm，中宽约0.26mm，后部最宽约0.22mm；食道呈简单窄细的角质管状，长约0.29mm；有交合刺1对，棕褐色，两交合刺稍弯且分开，不超过其尾部对径的2倍，两交合刺形状相似、大小相等，但也有的靠内侧的刺较短小。雌虫长23.0～36.0 mm，中宽约0.33 mm，后部最宽约0.26 mm，食道长约0.35 mm；阴门在虫体后3/5处，开口附近的角质皮无增厚现象；阴道内粗大，呈"U"形；子宫1对，很发达，稍弯曲，成熟时子宫充满了卵。

卵表面有黏液，将卵黏结为成串葡萄状。卵粒呈圆形或椭圆形，乳白色，半透明。卵长宽均0.11～0.12 mm。幼虫共分四期，第1期幼虫乳白色，体长0.05～0.06 mm，在泥水中营自由生活。第2期幼虫，体长1.0～2.0 mm，口部有吻针，尾端尖细，感染侵染害虫体内。第3期幼虫为寄生期幼虫，体长3.0～22.0 mm，因为从飞虱体内得到丰富的营养，体长、体积均迅速增大。第四期为成虫前期幼虫，体色淡黄，半透明，形似成虫，但体壁较薄，弹性较差，性器官未成熟，交合子刺及子宫不明显。

稻飞虱线虫的优势种，平原、丘陵、沿海以及海拔800米山区稻田都有分布。在25～28℃，含水量15%～20%的土壤中生活力好。一般低洼地势，潮湿处多；绿肥生长好、土壤肥沃处线虫多。寄生时，第2期幼虫用针状口针刺破飞虱体壁，从腹面或节间钻入飞虱体内。被寄生的飞虱腹部明显膨大，5龄若虫腹部膨大到几乎看不见翅芽；短翅型成虫腹部占整个身体的90%，四翅平展，盖不住腹侧；长翅型成虫翅不成屋脊状，常平张于膨大的腹部之上。凡被感染的飞虱行动

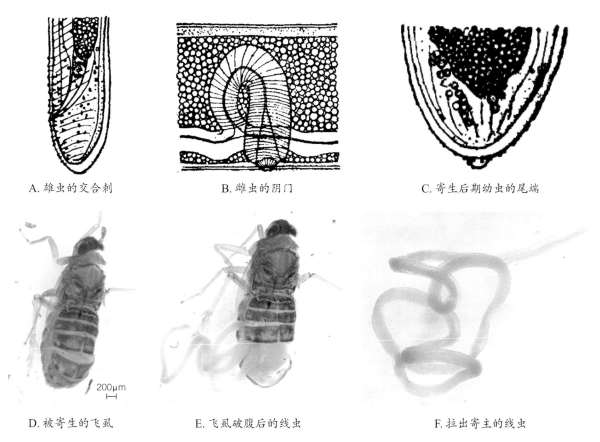

A. 雄虫的交合刺　　　　　　　B. 雌虫的阴门　　　　　　　C. 寄生后期幼虫的尾端

200μm

D. 被寄生的飞虱　　　　　E. 飞虱破腹后的线虫　　　　　F. 拉出寄主的线虫

图2-471 飞虱多索线虫 *Agamermis* sp.（其中A—C引自：夏克祥，1989）

呆板，食量减少，生殖腺萎缩，外生殖器畸形，不交尾，不产卵，丧失生殖能力，最后死亡。

寄　主　褐飞虱、白背飞虱、灰飞虱和叶蝉。

分　布　国内见于浙江、安徽、江苏、湖南、湖北、江西、广东、广西。

390. 稻虱两索线虫 *Amphimermis* sp.

特　征　见图2-472。

虫体细长，雄虫长20.0～30.0mm，雌虫长37.0～51.0mm。头部具6个乳突，4个头乳突位于亚中央位置，另有2个唇乳突位于口的两侧；尾末近中部有1细短刺。雄虫尾部向腹面卷曲，有形状相似、大小相等的交合刺1对，成熟时呈淡棕色，交合刺超过其尾部对径的2倍，两根交合刺扭织在一起呈螺旋形；有大量的尾乳突，生殖孔前的乳突多于生殖孔后的乳突。雌虫尾部直，尾端呈钝圆形，阴门位于身体的中部，开口较明显，附近的角质皮稍增厚，且略凸出体表；阴道细小，呈窄管状。

前期幼虫体长2.3～2.9mm，头端呈平截状，身体最大体宽在神经环处。口针前端矛状，杆状部有轻度"S"形弯曲，口针粗短，矛状部分特别膨大，占口针长的1/3～1/2。口针具韧性，常呈流线型弯曲；无直肠、肛门、排泄细胞。尾细长不呈鞭状。后期幼虫尾末端近中部有1细短刺。

寄主昆虫被寄生后的症状与多索线虫相似。

寄　主　褐飞虱、灰飞虱、白背飞虱、白脊飞虱等10多种飞虱科昆虫。据记载也可寄生食根叶甲。

分　布　国内见于上海、浙江、安徽、四川、广东、湖北、陕西、江苏、广西、湖南、江西等省份。

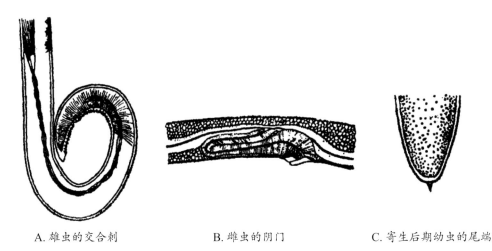

A. 雄虫的交合刺　　　　　B. 雌虫的阴门　　　　　C. 寄生后期幼虫的尾端

图2-472　稻虱两索线虫 *Amphimermis* sp. 的识别特征（引自：夏克祥，1989）

二、真菌类Fungi

虫生真菌是昆虫病原微生物中的最大类群，是自然界中控制害虫种群消长的一个重要因子。据野外调查越冬昆虫发现，昆虫疾病中约有60%是由真菌引起的。据不完全统计，世界上已知的虫生真菌超过100属1000多种（王记祥和马良进，2009），我国已知虫生真菌约405种，包括寄生昆虫的真菌 215种（王清海等，2005）。寄生稻田害虫的常见病原真菌主要集中在半知菌亚门Deuteromycotina的丝孢菌纲Hyphomycetes以及接合菌亚门Zygomycotina的接合菌纲Zygomycetes。

（一）丝孢菌纲 Hyphomycetes

该纲真菌除产生厚垣孢子外，不产生其他任何孢子。孢子发育类型有分生孢子、粉孢子、节孢子、芽孢子、环痕孢子、瓶梗孢子、孔出孢子、合轴孢子等多种类型，它们或产生于菌丝或菌丝的短枝上，或产生于分生孢子梗上，或产生于贮菌器中。分生孢子梗可单生、并生或组合成孢梗束、分生孢子梗座。孢子形态类型、发育类型和产孢组织是该纲分类的重要依据。

该纲集中了与人类关系密切的经济真菌和病原真菌，诸如青霉属、曲霉属、镰刀菌属、轮枝菌属、头孢霉属、白僵菌属、交链孢霉属、木霉属、毛菌和小孢霉属等，它们的代谢产物可制取有机酸、抗生素或真菌毒素；许多种能引起植物和人、畜致病，有的种则能寄生害虫，可用于生物防治。

寄生昆虫的常见丝孢菌有白僵菌属 *Beauveria*、绿僵菌属 *Metarhizium*、拟青霉属 *Paecilomyces*、曲霉属 *Aspergillus*、多毛孢属 *Hirsutella*、野村菌属 *Nomuraea*、青霉属 *Penicillium*、镰刀菌属 *Fusarium*、葡萄孢属 *Botrytis*、轮枝孢属 *Verticillium* 等属。本书介绍我国稻区寄生水稻害虫的常见丝孢菌4属8种。

白僵菌属 *Beauveria* (Vuillemin, 1912)

白僵菌属属丝孢菌纲、丝孢目、丝孢科。菌丝体有白色、奶油色、橙黄色、红色、绿色或蓝绿色等，因菌株、生长条件而有差异。在虫体内蔓延白色菌丝，后转淡黄色，有的很快形成粉层状孢子，有的继续保持絮状；在马铃薯、葡萄糖培养基上生长时，最初呈匍匐状或棉絮状生长，

然后塌陷形成粉状孢子层，也可在产孢子后又重新进行菌丝生长，使试管内充满棉絮状菌丝；有的菌株还可产生丝束状结构的菌丝团。

分生孢子梗单生或分叉，长形、柱形或瓶形，侧生或顶生泡囊，由其上形成产孢细胞。产孢细胞一般球形，也有柱形、瓶形、直或弯，通过其末端变细，抽长成之字形或纤细的聚伞状小枝，分生孢子产在小枝"之"字形转弯角的小梗上。因产孢细胞和泡囊增生，分生孢子梗及菌丝上常聚成球状至卵状的相当密实的孢子头。

白僵菌属 *Beauveria* 是最常见的昆虫寄生真菌，寄主范围很广，野外因感染白僵菌而死的昆虫约占真菌致病总数的20%（王记祥和马良进，2009）；孢子在虫体表萌发后穿过体壁进入虫体，致使虫体僵死，呈白色茸毛状至粉末状。白僵菌还产生的一种抗生素——卵孢霉素（Oosporin）对脊椎动物幼体有剧毒，对小麦、燕麦、豆科植物有明显药害。人接触大量白僵菌孢子，能产生类似感冒的短期症状。

常见的白僵菌有两种，分别为球孢白僵菌 *B. brassiana* 和卵孢白僵菌 *B. tenella*，二者的主要区别是球孢白僵菌产生的分生孢子球形、卵形各占50%，而卵孢白僵菌产生的分生孢子98%呈卵形。

391. 球孢白僵菌 *Beauveria bassiana* (Bals.-Criv.) Vuill., 1912

同模异名 *Spicaria bassiana* (Bals.-Criv.) Vuill. (1910)；*Botrytis bassiana* Bals.-Criv., 1835；*Penicillium bassianum* (Bals.-Criv.) Biourge, 1923。

特征 见图2-473。

有性态 *Cordyceps bassiana* Li, Li, Huang & Fan, 2001。

菌落绒状至粉状，无孢梗束；菌落初白色，后呈淡黄色；背面初无色，渐变为淡黄、乳黄至黄色不等。营养菌落具有明显的"H"形分叉，分生孢子梗着生在营养菌落上，梗粗1.0～2.4mm。产孢细胞簇生于分生孢子梗顶端膨大的孢囊或菌落上，球形或瓶形，颈部延长成（15.2～20.1）μm×（1.0～1.5）μm长的产孢轴，轴上具明显的小齿突，呈"之"字形弯曲。产孢细胞常在分生孢子梗上或菌落上聚集成球形的相当密实的孢子头，低倍镜下也明显可见。分生孢子球形、透明、壁光滑，（1.5～3.2）μm×（2.4～3.6）μm。无性繁殖是该菌的主要繁殖方式，但也可进行有性生殖并产生子实体，即球孢虫草。

球孢白僵菌分生孢子接触害虫后，能够附着在害虫的表皮上，并萌发生出芽管，芽管顶端产生几丁质酶等多种酶溶解昆虫体壁，进而侵入寄主体内生长繁殖，大量消耗害虫体内的养分，并形成大量菌丝和孢子以致布满虫身，还能产生白僵菌素、卵孢白僵菌素和卵孢子素等毒素，扰乱害虫的新陈代谢，最终导致其死亡。

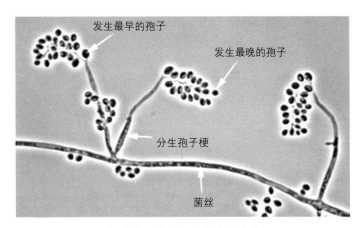

A. 琼脂培养基上的菌落   B. 菌丝体、分生孢子与分生孢子梗

C. 二化螟 3 龄幼虫   D. 稻纵卷叶螟 3 龄幼虫
（依次感染天数为 5d、6d）   （依次感染天数为 2d、3d、4d、5d）

E. 褐飞虱 3 龄若虫（依次感染天数为 3d、4d、5d）

图 2-473 球孢白僵菌 *Beauveria bassiana* 形态（A、B）
（改自：Sardrood and Goltapeh，2018）及其感染的 3 种水稻害虫症状（C—E）

用浸染过球孢白僵菌药液的稻茎饲喂二化螟、稻纵卷叶螟等鳞翅目害虫幼虫，第2～5天时开始虫体发软、死亡（显症时间因白僵菌菌株、害虫种类而异），之后成为僵虫，上覆白色菌体或干燥、发黑；刺吸式口器害虫褐飞虱于第3天开始显症成为僵虫，并长出明显菌体，之后白色菌体进一步生长至完全包被死虫。

寄　主　范围极广，能寄生的昆虫有鳞翅目、鞘翅目、膜翅目、同翅目、双翅目、半翅目、直翅目、等翅目、缨翅目、脉翅目、革翅目、蚤目、螳螂目、蜚蠊目和纺足目等15目149科521属707种；此外，还可以侵染蛛形纲、多足纲等节肢动物中的寄主6科27属13种。在稻田中，可寄生稻纵卷叶螟、三化螟、二化螟、大螟、稻眼蝶、稻苞虫以及稻飞虱、叶蝉类、稻黑蟀等多种水稻害虫。

分　布　全球广布。

392. 卵孢白僵菌 *Beauveria tenella* (Sacc.) Siemaszko, 1954

同模异名　*Botrytis bassiana tenella* Sacc., 1882；*Beauveria doryphorae* Poiss. & Patay, 1935；*Beauveria brongniartii*。

中文别名　布氏白僵菌。

特　征　见图2-474。

菌落初为白色绒状，渐变成淡黄色粉末状，菌落平展，中央稍突起，周围有一圈突起的产孢轮带，菌落背面杏黄色。产孢细胞单生或轮生于分生孢子梗上，有时簇生，也不聚集成头状。产孢轴纤细，具小齿突，呈"之"字形弯曲，大小为(20.4～25.5)μm×(0.3～0.6)μm。分生孢子卵形或椭圆形，透明光滑，(1.3～5.4)μm×(1.3～2.5)μm，基部有时有小尖突。

被卵孢白僵菌寄生的宿主虫体完整、干缩、僵硬，早期颜色无明显的变化，后期在外界温、湿度条件适宜时，菌丝长到虫体之外，并产生孢子，使虫体呈现白色，成为白色的"僵虫"。

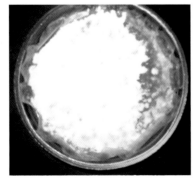
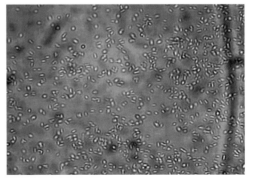

A. 培养基上的卵孢白僵菌落　　　　　B. 卵孢白僵菌孢子

图2-474　卵孢白僵菌 *Beauveria tenella*（引自路国兵等，2007）

寄 主 范围较广，能寄生7目70余种昆虫，特别对鞘翅目昆虫的致病力较好。水稻上主要寄生二化螟、大螟、三化螟、隐纹谷弄蝶等鳞翅目害虫。

分 布 广布于全球。

绿僵菌属 *Metarhizium* (Sorokin, 1883)

绿僵菌属属丝孢菌纲、瘤座孢目、瘤座孢科。分布于热带、亚热带地区，寄生在鞘翅目、半翅目等多种昆虫。因发病后僵死的虫体上会覆盖一层绿色孢子，故名。培养基上菌落绒毛状至棉絮状，扩展较慢，初时白色，产孢子时转为橄榄色；基质反面色泽呈淡褐色，少数菌种可呈赭色。在僵死的虫体上形成直立、单生或分枝的分生孢子梗，然后聚集成分生孢子座；在培养基上分生孢子座不明显或无，分生孢子梗常单生。产孢细胞（瓶状小梗）为单生、对生或轮生于分生孢子梗的末端；小梗以向基式连续形成链状的分生孢子；有些种可形成分生孢子梗束或子座。分生孢子单细胞、圆柱形，两端钝圆，初为白色，慢慢到成熟时即呈绿色或暗绿色，成团时呈橄榄色。

绿僵菌是广谱的昆虫病原菌。据不完全统计，绿僵菌能寄主的昆虫在200多种，诱发昆虫产生绿僵病，并在种群内形成重复侵染。金龟子绿僵菌（*M. anisopliae*）已被国内外成功地用于多种农林卫生害虫的防治，规模上已发展成为仅次于白僵菌的真菌杀虫剂。

393. 金龟子绿僵菌 *Metarhizium anisopliae* (Metschn.) Sorokin 1883

同模异名 *Entomophthora anisopliae* Metschn., 1879；*Isaria anisopliae* (Metschn.) Pettit, 1895；*Penicillium anisopliae* (Metschn.) Vuill., 1904。

特 征 见图2-475。

菌落质地绒毛状至棉絮状，初为白色，产孢后变为深绿色至墨绿色，背面棕黄色，菌落表面常因分生孢子链粘聚而呈厚苔样。分生孢子梗通常不形成分生孢子座，常单生，直径2.2～3.1μm，与分枝的营养菌落很难区别。末端产生柱状瓶梗，瓶梗对生或轮生，（9.0～18.4）μm×（1.5～3.0）μm。在瓶梗末端向基部连续形成长链分生孢子，分生孢子常聚集成孢子团，（5.6～8.4）μm×（2.5～3.2）μm。

绿僵菌对寄主昆虫的感染与其他虫菌基本上相同，分生孢子很容易附着于寄主昆虫体表节间处，温湿度适宜时即萌发，产生芽管，并形成菌丝。菌丝可分泌能够溶解几丁质的酶，溶解昆虫体壁，侵入寄主的体壁，进而逐步向内侵染，侵入体内脂肪组织和肌肉。菌丝在昆虫体内繁殖，最终导致昆虫死亡。寄主昆虫被绿僵菌初感时，在体壁可见到黄褐色的斑点，因受到绿僵菌

毒素的作用，开始表现神经系统障碍的现象，幼虫停止取食，对刺激的反应降低，最终死亡。死亡后的尸体僵化，虫体内的菌丝开始向体外延伸，虫尸很快被一层白色菌丝所包被，之后1～2日在菌丝上形成分生孢子梗和分生孢子，变为绿色或暗绿色。

用金龟子绿僵菌CQMa421制剂处理的水稻饲喂褐飞虱3龄若虫，第2天即开始死亡，且肉眼可见白色菌丝，此后死虫逐步全身包裹黄绿色至绿色的菌丝和分生孢子；饲喂二化螟、稻纵

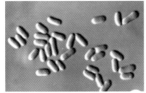

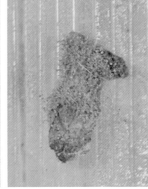

A. 分生孢子梗与分生孢子　　　　B. 感染后不同时间的褐飞虱3龄若虫（依次感染天数为2d、3d、4d）

C. 感染后不同时间的二化螟3龄幼虫（依次感染天数为4d、5d、6d）

D. 感染后不同时间的稻纵卷叶螟3龄幼虫（依次感染天数为3d、4d、5d）

图2-475　金龟子绿僵菌 *Metarhizium anisopliae* 的形态（A）及感染3种水稻害虫后的症状（B—D）

卷叶螟等鳞翅目害虫的幼虫时，幼虫于第3、4d开始死亡，体色变深、虫体发软，之后死虫变僵硬，初现白色菌落，后菌落变为黄绿色或绿色，覆盖死虫全身。

金龟子绿僵菌是最早用于生物防治的昆虫病原真菌，杀虫谱广。该菌具有在根围长期存活的特点，可以有效侵染入土的幼虫，而且金龟子绿僵菌孢子可以黏附入土的幼虫体表，即使其入土也可带菌感病致死，因此对土栖害虫的防效尤其突出。

寄　主　寄主范围广，已知有不少于8目42科204种寄主，水稻上可寄生褐飞虱、白背飞虱、二化螟、三化螟、大螟、稻纵卷叶螟等主要害虫，不寄生稻田常见天敌。

分　布　广布于全球。

拟青霉属 *Paecilomyces* (Bainier, 1907)

拟青霉属属丝孢菌纲、丝孢目、丝孢科，但有人将其归到半知菌亚门、丛梗孢目、丛梗孢科，主要是不同研究者选择的分类特征不同所致。该属具有以下属征：瓶梗基部膨大，颈部向上变细且多弯曲，常偏离主轴；瓶梗着生情况复杂，有的呈轮状，有的不规则地丛生与短的小枝上，有的单个分散于气生菌丝上；分生孢子排列成离散的链状。菌落白色或灰色、淡黄色，偶尔淡绿色或绿色。

该属是一类全球分布的昆虫病原真菌，已知至少能侵染8目40多种昆虫。我国可寄生水稻害虫的常见种是粉质拟青霉和玫烟色拟青霉。

394. 粉质拟青霉 *Paecilomyces farinosus* (Holmsk.) A. H. S. Br. & G. Sm., 1957

异　名　*Ramaria farinosa* Holmsk., 1781；*Clavaria farinosa* (Holmsk.) Dicks., 1790；*Corynoides farinosa* (Holmsk.) Gray, 1821；*Isaria farinosa* (Holmsk.) Fr. 1832；*Spicaria farinosa* (Holmsk.) Vuill., 1911；*Penicillium farinosum* (Holmsk.) Biourge, 1923。

有性态　*Cordyceps memorabilis* (Ces.) Ces., 1861。

特　征　见图2-476。

菌落呈毡状、絮状或绳索状；分生孢子梗分枝；瓶状小梗基部膨大，上部逐渐变得细长，并常向分生孢子梗主轴弯曲；瓶梗有不同的排列方式，梗有多个轮生、扫帚状分枝、短枝上单生或从菌丝上直接生出等多种方式产出；梗大小为（6.2～12.4）μm×（1.7～2.6）μm，平均9.5μm×2.0μm；营养菌丝直径1.5～3.7μm，平均2.1μm。分生孢子卵形至椭圆形、壁光滑，有时微粗糙或有刺，无色、单细胞，平均直径5.4μm，在基质菌丝上单生或多个串生、间生、顶生。

感染该菌的幼虫虫体腹面肿，临死前往往作间歇性抽搐，且体色深红。刚死后体躯仍保持柔软，36小时后即长出白色毛状物，7天后虫尸全部为白色絮状物所覆盖。

寄　主　寄主范围广，可寄生于鳞翅目、鞘翅目、半翅目、双翅目等多种昆虫上。水稻上可寄生二化螟、三化螟、大螟、稻纵卷叶螟、黏虫、稻飞虱、稻褐蝽等害虫。

分　布　全球广布。

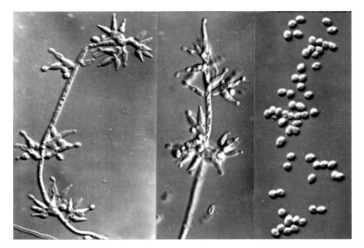

图 2-476　粉质拟青霉 *Paecilomyces farinosus* 分生孢子梗及分生孢子

395. 玫烟色拟青霉 *Paecilomyces fumosoroseus* (Wize) A. H. S. Br. & G. Sm. 1957

异　名　*Isaria fumosorosea* Wize, 1904；*Spicaria fumosorosea* (Wize) Vassiljevsky, 1929；*Cordyceps fumosorosea* (Wize) Kepler, Shrestha & Spatafora, 2017。

特　征　见图 2-477。

分生孢子梗呈瓶状或近球形，单生或聚集成饱子梗束，壁光滑、透明；多由一个瓶梗的轮生体组合成轮状分枝。分生孢子呈柱形至梭形、光滑，透明到微淡红色，大小为（3～4）μm×（1～2）μm；无厚垣孢子，芽生孢子呈酵母形至菌丝状。在麦芽琼脂上，菌落呈长绒状，形成孢子后呈肉红色粉状，背面无色或黄色，一些菌株易形成分枝的粉红色孢梗束。玫烟色拟青霉在察氏培养基上生长快，菌丝直立毛状，白色，稍后下塌，孢子形成后肉红色，孢梗束明显，柱状或珊瑚状，有渗出液滴，菌落反面黄色。在固体培养基平板上生长时，拟青霉易在瓶梗上形成孢子链，当液体培养时易以菌丝段出芽的形式而生成芽生孢子。

感染玫烟色拟青霉的昆虫取食量降低，进而死亡，发病较轻的个体看出现畸形蛹、蛹重减轻等现象。

寄　主　寄主范围广，可寄生半翅目、鳞翅目、鞘翅目、双翅目、膜翅目、脉翅目、等翅目等多目的昆虫。水稻上可寄生稻飞虱等害虫。

分　布　地理分布广，是常见的土壤微生物。

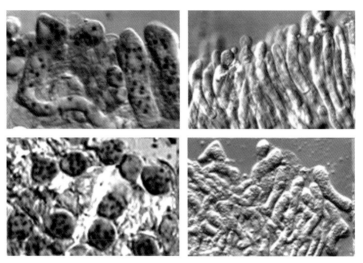

图 2-477　玫烟色拟青霉 *Paecilomyces fumosoroseus* 分生孢子梗及分生孢子

曲霉属 *Aspergillus* (P.Micheli ex Haller, 1768)

分生孢子梗由一根直立的菌丝形成，菌丝的末端形成球状膨胀（顶囊），在一些种中，顶囊的部分或全部为瓶梗（初生小梗）融合层所覆盖，而在大部分种中，顶囊由小梗（初生小梗或梗茎）融合层和瓶梗的融合重叠层所覆盖。每个瓶梗向茎地产生一条球形、有色、不分隔的分生孢子链。根据种的不同，分生孢子可以是黄色、绿色或黑色等。

此属在自然界分布极广，是引起多种物质霉腐的主要微生物之一（如面包腐败、煤生物分解及皮革变质等）。曲霉具有很强的酶活性，在食品发酵中广泛用于制酱、酿酒，也用于生产葡萄糖氧化酶、糖化酶和蛋白酶等酶制剂。黄曲霉具有很强的毒性，所产生的强致癌物质——黄曲霉毒素，其致癌强度比致肝癌剂奶油黄（二甲基偶氮苯）大900倍，比二甲基亚硝胺大75倍。

有名的曲霉种类有黄曲霉 *A. flavus*、烟曲霉 *A. fumigatus*、黑曲霉 *A. niger*、灰绿曲霉 *A. glaucus*、构巢曲霉 *A. nidurans*、寄生曲霉 *A. parasiticus*、土曲霉 *A. terreus* 和杂色曲霉 *A. versicolor* 等，其中部分种类还寄生昆虫，如：黄曲霉、烟曲霉、黑曲霉是稻田害虫常见的寄生性真菌。

396. 黄曲霉 *Aspergillus flavus* Link,1809

异　名　*Monilia flava* (Link) Pers,1822；*Sterigmatocystis lutea* Tiegh, 1877。

有性态　*Petromyces flavus* Horn, Carbone & Moore, 2009。

特　征　见图2-478。

在察氏琼脂培养基上，菌落质地丝绒状、白色；分生孢子星状分布，不均匀，初为淡黄色至草绿色，后期变为淡黄橄榄色，分生孢子头裂成糠皮状物平铺于基质或培养物表面；菌落背面无色至麂皮色，后期变为蜜黄色。

分生孢子头扇形至球形，至放射状，直径一般为88～114μm，平均100.6μm，老熟后裂成分散状。分生孢子梗生自基质或气生菌丝，孢梗茎一般（517.0～1380.0）μm×（10.5～14.2）μm，平均857.0μm×11.9μm，发生于气生菌丝者一般93.0～118.0μm，平均105.6μm，壁呈淡黄色略显粗糙。顶囊棒槌形至球形，与孢梗茎呈锤状或烧瓶状，直径27.3～42.8μm，平均30.8μm。梗基粗杆状，上部稍缢缩，（7.9～11.6）μm×（2.8～3.8）μm，平均9.8μm×3.3μm，瓶梗下部稍有缢缩，上部呈瓶口状缢缩，（5.9～7.4）μm×（2.3～3.4）μm，平均（6.8×2.9）μm。分生孢子近球形，表面光滑或略有细刺，脱落后呈念珠状或分散状，直径3.7～5.2μm，平均4.3μm。

宿主昆虫感病后，致死初期虫尸肿胀发僵，挺直或扭曲；第2～3天从虫体体壁上长出绒毛状或棉毛状菌丝体；第3～5天普遍出现产孢结构，产生大量分生孢子，体色变为黄褐色（柴一秋，1995）。

寄　主　稻飞虱、叶蝉类、夜蛾、蝗虫、虻类等数十种昆虫。

分　布　国内见于浙江、上海、江苏、安徽、湖北、湖南、广东、云南、四川、福建、河南。

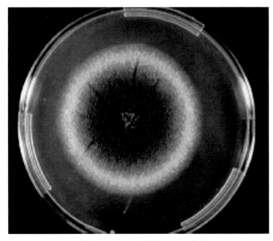

A.察氏琼脂培养基上的菌落　　　　　　B.分生孢子梗与分生孢子

图2-478　黄曲霉 *Aspergillus flavus* 的菌落与分子孢子（引自：Hedayati等，2007）

397. 烟曲霉 *Aspergillus fumigatus* Fresen., 1863

同模异名　*Sartorya fumigata*。

有性态　*Neosartorya fumigata* O'Gorman, Fuller & Dyer, 2009。

特　征　见图2-479。

该菌在沙氏葡萄糖琼脂培养基（SDA）上，菌落生长快，棉花样，初始为白色，第2～3天后转为绿色，再往后变为深绿色，呈粉末状。分生孢子头的顶囊烧瓶状，小梗单层，排列成木栅状，布满顶囊表面3/4，顶端有链形分生孢子，产孢结构单层。分生孢子头呈球形或半球形，孢梗茎壁光滑，大小为（300.0～500.0）μm×（3.0～5.0）μm。分生孢子绿色、球形，直径2.0～3.0μm，壁稍粗糙，有小棘。

宿主昆虫感病后的症状与"黄曲霉"相似，仅后期虫尸上菌丝体为深绿色。

寄　主　稻飞虱、叶蝉、三化螟、二化螟、大螟以及松墨天牛、金叶女贞瓢叶甲、猿叶虫、家白蚁和菜青虫幼虫。

分　布　国内见于浙江、上海、江苏、安徽、湖北、湖南、广东、广西、贵州、云南、四川、福建。

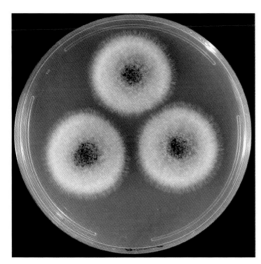

A. SDA 培养基上的菌落　　　　　　B. 分生孢子梗与分生孢子

图 2-479　烟曲霉 *Aspergillus fumigatus* 的菌落与分子孢子（引自：Lockhart et al., 2020）

398. 黑曲霉 *Aspergillus niger* Tiegh., 1867

异　名　*Sterigmatocystis nigra* (Tiegh.) Tiegh., 1877；*Rhopalocystis nigra* (Tiegh.) Grove, 1911；*Aspergillus lacticoffeatus* Frisvad & Samson, 2004。

特　征　见图2-480。

在SDA培养基上，菌落质地初为长丝状、白色，分生孢子结构很快形成，分布较均匀，颜色初为深褐色、栗色，后期变为黑色，分生孢子头到后期分裂不明显。菌落背面起初不变色，后期变为青铜色。分生孢子头近球形至放射状，直径38.9～62.6μm，平均48.3μm。分生孢

子梗生自基质或气生菌丝，生于基质者孢梗茎（645.0～911.0）μm×（11.0～16.0）μm，平均778.5μm×13.2μm；发生于气生菌丝者则很短，壁光滑；分生孢子顶囊球形，与孢梗茎形成烧瓶状，直径28.9～56.1μm，平均46.9μm，90%的表面可育，产生梗基或瓶梗；梗基棍棒形或锤形，上部稍有缢缩，（19.8～30.4）μm×（3.8～5.7）μm，平均24.0μm×4.9μm，瓶梗下部稍有缢缩，上部呈瓶口状缢缩，（8.3～12.1）μm×（1.8～2.6）μm，平均10.2μm×2.1μm。分生孢子球形或近球形，壁上光滑、有细刺或疣状突起，直径1.9～5.0μm，平均3.3μm。

寄　主　三化螟、二化螟、大螟、桃蚜、玉米螟等多种昆虫。

分　布　国内见于浙江、上海、江苏、安徽、湖北、湖南、广东、云南、四川、福建、河南。

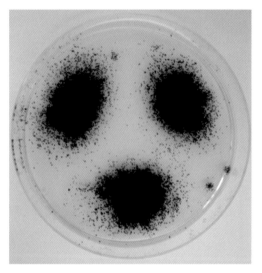 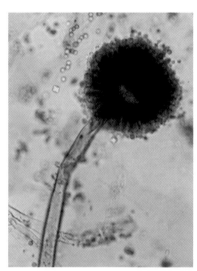

A.SDA 培养基上的菌落　　　　　　　B. 分生孢子梗与分生孢子

图 2-480　黑曲霉 *Aspergillus niger* 的菌落与分生孢子（引自：Svanström, 2013）

（二）接合菌纲 Zygomycetes

菌丝一般无隔多核，菌丝体发达、有分枝；细胞壁主要成分为几丁质。无性型主要以内生的孢囊孢子、厚垣孢子和外生的节孢子、酵母状细胞或芽生细胞为繁殖单位，有性型是由在同一菌丝体或不同菌丝体上产生的两个同形等大或同形不等大的配子囊，通过配子囊接合形成形状各异的接合孢子。多数腐生，分布于土壤、有机物和粪上，少数寄生于人、动物、植物和真菌上。下分内囊霉目、毛霉目、虫霉目、捕虫霉目、梳霉目和双珠霉目等6个目，其中仅虫霉目以昆虫为主要寄主，是一类较重要的害虫寄生性天敌。本书介绍我国稻区寄生水稻害虫的常见虫霉1种。

虫霉目成员的菌丝体多核。一般通过分生孢子进行无性繁殖，在少数情况下有性生殖。无性繁殖时，菌丝体形成隔膜，然后断裂成虫菌体，或是在孢子体的顶端形成初生分生孢子（即单孢孢子囊），有时虫菌体可产生厚垣孢子。初生分生孢子有近球形、拟梭形或长椭圆形等多种形状，成熟后被弹射出去，遇目的物后可迅速粘住，并萌发成新的菌丝，若未遇适宜环境则可产生次生孢子并弹射出去，可重复产3～4次。有性生殖与接合菌纲的其他种类大体相同，可形成接合孢子。接合孢子是由菌丝上的两个膨大细胞或两个虫菌体接合而成的，有厚壁、无色或有色，外壁光滑或有纹饰。有时可进行孤雌生殖，并形成拟接合孢子。

虫霉目真菌多数为昆虫寄生菌，少数寄生于藻类、蕨类和高等真菌上，有的腐生于蛙、蜥蜴等动物粪便上或土壤中。寄生昆虫的虫霉主要为虫疠霉属 *Pandora* 和虫霉属 *Entomophthora* 的种类。就对稻田害虫的寄生而言，前者更为常见。

虫疠霉属 *Pandora* (Humber, 1989)

在虫体内以丝状的原生质体或丝状、球状至不规则状的菌丝段生长；细胞核大，直径一般大于5μm，间期具明显浓缩的染色质，易为醋酸、地衣红等核染料所染色。分生孢子梗顶部掌状分枝，偶二歧分枝或不分枝，交织成致密的子实层。常具假囊状体，较分生孢子梗粗2～3倍，向顶部渐尖。初生分生孢子单核、双囊壁，倒拟卵形至圆筒形、倒棒形或梭形，不明显对称，乳突可能偏离主轴，孢子经乳突翻转而强力弹射。次生分生孢子形似初生分生孢子，无毛管孢子。假根单菌丝状，比分生孢子梗粗2～3倍，多液泡，端部形成盘状或不规则分枝状开展的固着器。

本属已知22种，我国发现14种，全部为昆虫的寄生菌（黄勃等，2000），其中寄生水稻害虫的有飞虱虫疠霉 *P. delphacis* 和叶蝉虫疠霉 *P. cicadellis* 两种，分别寄生稻飞虱、稻叶蝉，以前者较常见。

399. 飞虱虫疠霉 *Pandora delphacis* (Hori) Humber, 1989

异名 *Entomophthora delphacis* Hori, 1906；*Entomophthora delphaxini* Hori, 1906；*Erynia delphacis* (Hori) Humber, 1981；*Zoophthora delphacis* (Hori) Balazy, 1993。

特征 见图2-481。

初生分生孢子无色透明，双囊壁，多为拟卵形，少数近椭圆形，顶部圆形，基部乳突不明显，大小（23.4～26.0）μm×（11.7～19.5）μm；细胞核单核，近圆形或稍呈椭圆形，直径3.9～6.5μm，平均5.2μm；次生分生孢子与初生分生孢子形状相同，稍小和短粗。菌丝段长圆筒形，个别不规则状，9.1～11.7μm。分生孢子梗呈掌状分枝，直径7.8～9.1μm。假囊状体单

菌状，直径17.9～23.5μm。

飞虱虫疠霉侵染始于初级分生孢子通过主动弹射方式降落到昆虫体表，即孢子的附着。分生孢子到达昆虫体壁后，若环境条件适宜，就开始萌发形成侵染性芽管或附着胞和侵入钉，穿透寄主体壁而进入血腔，利用寄主营养而快速繁殖，几天之内使寄主体内充满菌丝体而死。接着，虫尸体内的菌丝长出体壁，发育成为分生孢子梗，产生新的初级分生孢子侵染寄主。

感染飞虱虫疠霉死亡的飞虱，多附着于水稻植株的中、下部茎或叶上。尸体表面覆盖着浓密的乳白色或灰白色的飞虱虫疠霉子实层。从子实层上伸出很多呈丝状的假囊状体。尸体周围有时可见弹射出的白色孢子堆，掉落到地面的尸体周围孢子堆更为明显。

图2-481　飞虱虫疠霉 *Pandora delphacis* 侵染致死的褐飞虱

寄　　主　褐飞虱、白背飞虱、灰飞虱以及叶蝉、蚜虫等多种刺吸式口器害虫。

分　　布　国内见于浙江、安徽、江西、湖南、四川、福建。国外分布于日本。

三、细菌类 Bacteria

昆虫病原细菌是一类重要的杀虫微生物，其生物防治功能很早就受到关注。早在1879年，细菌就已经用于害虫的防治。该类细菌可分为专性病原细菌、兼性病原细菌和潜势病原细菌3类。其中，专性病原细菌一般只能在寄主细胞中繁殖，难以在人工培养基上正常生长，通常经口服传染，寄主范围较窄，如日本金龟子芽孢杆菌 *Bacillus popilliae*、天幕毛虫芽孢杆菌 *Clostridium malacosomae*。兼性病原细菌可以在昆虫以外的条件下繁殖，较容易用人工培养基进行繁殖，其寄主范围广，又可以分为兼性芽孢病原细菌和兼性无芽孢病原细菌两类，前者产孢，如苏云金芽孢杆菌 *Bacillus thuringiensis*、蜡质杆菌 *Bacillus cereus*，后者不产孢，如黏质沙雷氏菌 *Serratia marcescens*。潜势病原细菌则普遍存在于昆虫的消化道中，主要是一些不产芽孢的杆菌，通常因毒素和酶的数量少，难以侵入体腔给宿主造成为害，如荧光假单孢菌 *Pseudomonas fluorescens*。

兼性病原细菌因易于培养，寄主范围广，常被用作开发微生物杀虫剂，兼性产芽孢病原菌苏云金芽孢杆菌及兼性无芽孢病原细菌黏质沙雷氏菌是迄今研究最多、较深入的两种昆虫病原细菌。

芽孢杆菌科 Bacillaceae

芽孢杆菌科隶属于厚壁菌门 Firmicutes、芽孢杆菌纲 Bacilli、芽孢杆菌目 Bacillales，是芽孢杆菌中属、种最多的科，属于革兰氏染色阳性杆状细菌，是能形成芽孢(内生孢子)的杆菌或球菌。

本科细菌广泛分布于淡水、咸水、土壤、动植物体、空气等环境，特别是在一些高温、低温、高盐、极碱、极酸、高辐射等极端环境中常有芽孢杆菌的存在，在农林业、食品、工业、医学、冶金、环保、军事等领域均有广泛的应用。在农林害虫防治领域，效果突出且应用最为广泛的是苏云金芽孢杆菌 *Bacillus thuringiensis*。

400. 苏云金芽孢杆菌 *Bacillus thuringiensis* Berliner, 1915

特　征　见图2-482。

该菌常以芽孢的形式存在，芽孢呈椭圆形、卵圆形、柱状、圆形；一旦遇到有利条件，芽孢便萌发形成营养体，营养体发育成熟形成芽孢，完成其生命循环。其营养体为杆状，两端钝圆，大小为(3.0～5.0)μm×(1.2～1.8)μm；芽孢大小2.0μm×(0.8～0.9μm)。细胞以周生鞭毛运动；好氧或兼性厌氧；化能异养菌，具有发酵或呼吸代谢类型，通常接触酶阳性。能够水解酪朊、明胶和淀粉，能利用柠檬酸盐，硝酸还原阳性，在含有0%～7%(w/v)的NaCl培养基上能生长，抗溶菌酶活性。在LB培养基上菌落圆形，表面干燥，不隆起，粗糙，边缘不整齐，略带放射状向周围散开。当营养体释放芽孢后，菌落表面光泽且黏稠。

该种细菌与其他芽孢杆菌的区别在于其在产生芽孢时，会释放伴孢晶体，这些晶体中含有一类或多类δ-内毒素蛋白，具杀虫广谱性，对鳞翅目、双翅目、鞘翅目、膜翅目、半翅目、直翅目、食毛目等昆虫，以及线虫、螨类和原生动物等有杀虫活性。δ-内毒素的作用方式为杀虫晶体蛋白在被敏感昆虫幼虫取食后，经肠道消化酶作用后，与昆虫中肠上皮细胞上的特异性受体结合，进一步插入膜内形成孔洞或通道，导致昆虫死亡。δ-内毒素是Bt毒效的主要来源，此外，还有β-外毒素、γ-外毒素、水溶性外毒素、营养期毒素(VIPs)等。

饲喂浸染过苏云金芽孢杆菌的水稻，二化螟3龄幼虫在第2天开始有个别幼虫出现中毒症状，体色变深、行为稍缓，甚至死亡，虫尸随之发黑、腐烂、流脓，最后萎缩、变干；稻纵卷叶螟3龄幼虫于第2d开始死亡，部分虫体发黑，行动变缓，第3d虫尸体腐、流脓，第4d死尸萎缩、变干。

寄　主　可以寄生鳞翅目、双翅目、鞘翅目等目的昆虫；其毒素作用范围更广，据统计可对无脊椎动物的4个门和节肢动物门中的9个目，计522种害虫具有致病力。*Bt*被广泛应用于100余种害虫的防治，对超过20种重要害虫防效显著。水稻上对二化螟、三化螟、稻纵卷叶螟、

稻苞虫等鳞翅目害虫有效。

分布 分布广泛，全球均有分布，但亦存在区域差异，一般在热带、亚热带地区的出菌率较高，温带其次，寒带较少。在同一经度，植株覆盖度高、腐殖质总量高、环境系统稳定等条件下较丰富；黏土中多于沙土。土壤中铜离子有利于增加其抗逆能力，而锌离子与铁离子则不利于菌株的存活。含钾、钙、磷、硫、钠和镁等元素的环境下生长有利。此外，在pH7.5～8.2的土壤中适宜生存，pH＞8.5或者pH＜5.0的土壤中鲜有分布。

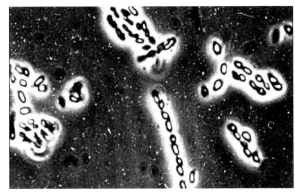

A. Bt 芽孢　　　　　　　　　　　　　　　B. Bt 芽孢的伴孢晶体

C. 二化螟 3 龄幼虫（依次感染天数为 2d、4d）　　　D. 稻纵卷叶螟 3 龄幼虫（依次感染天数为 2d、3d、4d）

图 2-482 Bt 芽孢（A）、伴孢晶体（B）及二化螟和稻纵卷叶螟幼虫感染 Bt 后的症状（C、D）

肠杆菌科 Entrobacteriaceae

肠杆菌科无芽孢，周身鞭毛或无鞭毛，是革兰氏染色阴性的直杆菌。肠杆菌科细菌分布广，寄主范围大，人、动物、植物都有寄生或共生、附生、腐生，也可在土壤或水中生存。伯杰分类法将该科下分为5族和12属。其中，沙雷氏菌属 *Serratia* 具有重要的生物防治功能，至少有15种以上，其中黏质沙雷氏杆菌 *S. marcescens*、*S. liquefaciens* 和 *S. proteamaculans* 等能感染超过70种昆虫，并造成宿主败血症。黏质沙雷氏杆菌是该属的重要组成成员，已用于多种害虫的防治。

401. 黏质沙雷氏杆菌 *Serratia marcescens* (Bizio, 1823)

中文别名　灵杆菌。

特　征　见图2-483。

菌体直杆状，（0.5～0.8）μm×（0.9～2.0）μm，端圆。通常周生鞭毛运动；兼性厌氧。菌落大多数不透明，白色、粉红或红色，有些虹彩。几乎所有的菌株能在10～36℃、pH5～9、含有0%～4%（w/v）NaCl的条件下生长。接触酶反应强阳性，发酵*D*-葡萄糖和其他糖类产酸，有的产气。发酵并利用麦芽糖、甘露醇和海藻糖作为唯一碳源。利用*D*-丙氨酸、*L*-丙氨酸、4-氨基丁酸盐、癸酸盐、柠檬酸盐、*L*-海藻糖、*D*-葡萄糖胺、*L*-脯氨酸、腐胺和酪氨酸作为唯一的氮源。胞外酶可以水解DNA、脂肪（甘油三丁酸、玉米油）和蛋白质（明胶、酪素），不水解淀粉（4天以内）、聚半乳糖醛酸或果胶。不产生苯丙氨酸和色氨酸。不产生脱氨酶、硫代硫酸盐还原酶和脲酶。大多数菌株水解*O*-亚硝基苯-*β*-*D*-半乳糖吡喃糖苷（ONPG）。一般不要求生长因子。与同属其他种的主要区别是阿拉伯糖、棉子糖、木糖均为阴性。

该菌以接触感染为主，致病能力与环境温度、湿度和菌株生活力有关。宿主感染后造成败血症而导致死亡。黏质沙雷氏菌产生的几丁质酶可以破坏昆虫中肠围食膜中的几丁质和体表的几丁质，使得类产碱假单胞菌的杀虫蛋白更易渗入虫体，破坏消化道，提高对昆虫的感染和致死率。

寄　主　寄生范围广，能侵染多种昆虫的成虫和幼虫。近年来，该菌广泛用于棉铃虫、甜菜夜蛾、斜纹夜蛾、菜青虫、大蜡螟、棕尾毒蛾、美国白蛾、天幕毛虫、褐飞虱、蚜虫、黄曲条跳甲、红棕象甲、草地螟、小车蝗、瓜实蝇、埃及伊蚊、狄斯瓦螨等农林卫生害虫的防治。但水稻害虫仅见于褐飞虱。

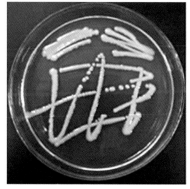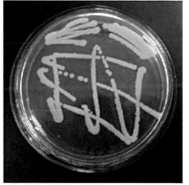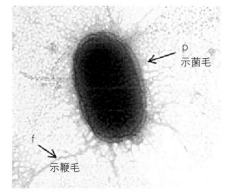

A. 平板培养菌落（马月等，2019）正面（左）和背面（右)　　　B. 电镜观察照（迟宝杰，2018）

图 2-483　黏质沙雷氏杆菌 *Serratia marcescens*

中国水稻害虫天敌的
识 别 与 利 用

分　布　黏质沙雷氏菌广泛分布于自然界，是水和土壤中的常见菌群，没有地域分布特异性。

四、病毒类 Virus

自然界中能够感染昆虫的病毒有15科600余种，然而大部分病毒对昆虫的侵染率和致病力并不高，不具备有效控制害虫的能力。对昆虫有较强致病力、可进行产业化开发应用的主要是杆状病毒科 Baculoviridae 的病毒，此外，还有部分属呼肠孤病毒科 Reoviridae 质型多角体病毒属（*Cypovirus*, CPV）、痘病毒科 Poxviridae 昆虫痘病毒属（*Entomopoxvirus*, EPV）的病毒，以及细小病毒科 Parvoviridae 的浓核症病毒（Densonucleosis virus, DNV）（秦启联等，2012）。

杆状病毒科 Baculoviridae

杆状病毒是在自然界中专门感染节肢动物的昆虫病毒，依据其最初分离的宿主命名。杆状病毒具有双链、圆形、超螺旋的基因组，其大小为80～180kb，编码90～180个基因。杆状病毒基因组包装在棒状核衣壳中，长度为230～385nm，直径为40～60nm。杆状病毒的一个最显著的特征是其具有双相复制周期，产生两种具有不同形态、不同功能的病毒粒子，即芽生型病毒（budded virus, BV）和包埋型病毒（occlusion-derived virus, ODV）。BV 在昆虫体内的细胞和组织间传播，而 ODV 则在昆虫间进行传播。杆状病毒的病毒粒子呈杆状，其宿主主要有鳞翅目、膜翅目及双翅目害虫。

依据已有的杆状病毒基因组序列数据，病毒学家重新将杆状病毒科划分为 4 个属：① α 杆状病毒属 *Alphabaculovirus*，宿主是鳞翅目昆虫的核型多角体病毒（nucleopolyhedrovirus, NPV），如苜蓿银纹夜蛾核型多角体病毒 *Autographa californica* multiple nucleopolyhedrovirus, AcMNPV；② β 杆状病毒属 *Betabaculovirus*，宿主是鳞翅目的颗粒体病毒（granulovirus GV），如芽孢杆菌病毒 *Cydia pomonella* granulovirus, CpGV；③ γ 杆状病毒属 *Gammabaculovirus*，是膜翅目昆虫的 NPV，如红头松树叶蜂核型多角体病毒 *Neodiprion lecontei* nucleopolyhedrovirus, NeleNPV；④ δ 杆状病毒属 *Deltabaculovirus*，是双翅目昆虫的 NPV，如魏仙库蚊核型多角体病毒 *Culex nigripalpus* nucleopolyhedrovirus, CuniNPV。值得注意的是，α 杆状病毒又分为 Group I 和 Group II 两个类群，其系统发生和包膜融合蛋白种类各异。目前得到开发并大面积应用的大多数病毒

598

杀虫剂都是针对鳞翅目昆虫的NPV和GV（*Alphabaculovirus* 和 *Betabaculovirus*）。

402. 甘蓝夜蛾核型多角体病毒 *Mamestra brassicae* NPV

特　征　见图2-484。

病毒多角体可被伊红染成粉红色，Giemsa染液不着色。电镜观察多角体呈四、五、六边形和近圆形，角钝圆，0.9～3.0μm。多角体经弱碱降解后，电镜观察在多角体膜内存有许多杆状病毒，病毒粒子大小约300nm×70nm。

感染甘蓝夜蛾核型多角体病毒后，初期无明显症状，随后食欲减退，死时多以腹足附着呈"Λ"形吊悬。体内组织液化，表皮易破，流出乳白或黄白色脓状体液，无臭味。涂片镜检可见大量折光的多角体颗粒。组织病理观察可见脂肪、真皮、气管管壁细胞和血细胞的细胞核明显膨大，核内充满多角体。

用浸染过甘蓝夜蛾核型多角体病毒的水稻饲喂二化螟3龄幼虫，幼虫第4d开始死亡，身体萎缩、变软、发黑。用类似方法饲喂稻纵卷叶螟3龄幼虫，其显症相对较早，第2d开始死亡，体色变褐色，之后虫体进一步变黑。

寄　主　对稻纵卷叶螟、二化螟、大螟、茶尺蠖、斜纹夜蛾、甜菜夜蛾、棉铃虫、黏虫、小地老虎等多种鳞翅目害虫均有致病性。

分　布　国内见于湖北、湖南、江西、广东、广西、江苏。

A. 感染 4d 后的二化螟 3 龄幼虫　　　B. 感染 2d 后的稻纵卷叶螟 3 龄幼虫

图 2-484　二化螟和稻纵卷叶螟幼虫感染甘蓝夜蛾核型多角体病毒
Mamestra brassicae NPV 后的症状

403. 稻纵卷叶螟颗粒体病毒 *Cnaphalocrocis medinalis* GV

特　征　见图2-485。

病毒颗粒体呈卵形或肾形，大小为长350～450nm，宽200～330nm。病毒粒子杆状，微弯而两端钝圆，长280～320nm，宽56～62nm。每个颗粒体内一般只含1条病毒粒子，偶有两条。颗粒体不溶于水、酒精、丙酮、乙醚、二甲苯，但能溶解于强酸和强碱。

该病毒对稻纵卷叶螟幼虫的田间致死率可达30%～40%，虫口密度大的田块尤多。感染病毒的幼虫表皮常出现黄色斑点，继而体色变白或略带橙黄色，比正常幼虫显得不透明；活动迟钝，龄期拉长，但发病前期和中期仍能卷叶取食，继续为害水稻。病虫多不能化蛹，常死于5龄末期，亦有死于蛹期者。死虫体内组织液化，呈乳白色，无臭，死后不久渐变黑色。

该病毒主要感染稻纵卷叶螟幼虫脂肪体细胞，表现出颗粒体病毒Ⅱ型特征。病毒经过较长侵染周期增殖包涵体病毒进而造成稻纵卷叶螟幼虫系统性感染。稻纵卷叶螟感病率与颗粒体病毒含量呈非线性相关，高龄幼虫免疫力显著增强，选择适宜的病毒含量和感染虫龄可提高稻纵卷叶螟颗粒体病毒的感染率。高温、紫外辐射不利于保持稻纵卷叶螟颗粒体病毒对稻纵卷叶螟的感染活力。

寄　主　感染稻纵卷叶螟幼虫的专性杆状病毒，对稻纵卷叶螟幼虫具有较强感染力，可在害虫种群中形成持续传播感染，可作为潜在的生物控制因子利用。

分　布　国内见于广东。

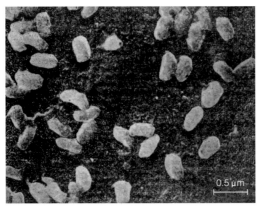

A. 病毒颗粒体

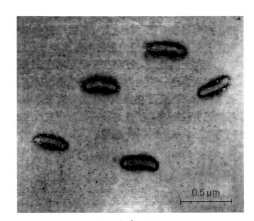

B. 病毒粒子

图2-485　稻纵卷叶螟颗粒体病毒 *Cnaphalocrocis medinalis* GV 的电镜照（庞义等，1981）

404. 稻绿刺蛾颗粒体病毒 *Parasa lepida* GV

特　征　见图2-486。

稻绿刺蛾颗粒体病毒多呈卵圆形，大小不甚一致，平均约为200×340nm。病毒粒子杆状，两端钝圆，个别稍有弯曲，大小平均为50nm×300nm。每个病毒颗粒体只含1个病毒粒（伍建芬等，1983）。

室内条件下，用该病毒饲喂2～4龄稻绿刺蛾幼虫表现出较高的毒力，感染后的第3天即有死虫出现，第7天基本上全部死亡。感病幼虫多于蜕皮前停食时显病。显病幼虫体色变黄，体节肿胀膨大，发亮，最后体色及其上枝刺均变为黑褐色。病死的幼虫体内组织液化，表皮脆弱，一触即破，流出灰白色或深灰色脓液，闻之无臭味。病死的虫尸多粘贴或悬挂于叶背上。

寄　主　稻绿刺蛾颗粒体病毒在自然生境中可对稻绿刺蛾形成流行病，导致幼虫大量死亡。

分　布　国内见于广东、广西、湖北。

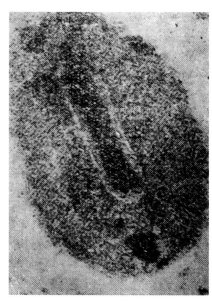

A. 病毒颗粒　　B. 颗粒切片（示仅1个病毒粒子）

图2-486　稻绿刺蛾颗粒体病毒 *Parasa lepida* GV（伍建芬等，1983）

第三章　捕食性天敌

捕食性天敌通常指在生活周期中能捕食不同种类猎物的天敌。其猎物通常包括稻田中许多不同种类的节肢动物，主要是昆虫纲和蛛形纲的天敌类群。捕食性天敌通常食性较广，不仅仅捕食稻田中的害虫，也会捕食田间中性昆虫（既不为害水稻，也不取食或捕食害虫及其天敌的昆虫，如摇蚊科昆虫）、害虫天敌，甚至捕食同类个体，在利用捕食性天敌防控害虫时需引起注意。

稻田捕食性天敌主要是昆虫和蜘蛛，此外还有鸟类（包括家禽）、爬行类、两栖类（如青蛙）等动物。本书主要介绍我国稻区常见的昆虫纲捕食性天敌54种，蛛形纲蜘蛛目捕食性天敌59种，合计113种。

一、昆虫纲 Insecta

昆虫纲捕食性天敌主要分布在半翅目、蜻蜓目、鞘翅目、脉翅目、膜翅目、革翅目、双翅目等目。

（一）半翅目 Hemiptera

捕食性半翅目昆虫多属异翅亚目，其口器刺吸式，喙状而分节，基部生于头的前端，不与前足基节相接触。一般有翅2对，常出现无翅或短翅型。翅发达者，前翅1对，其基半部革质，端部膜质，称为半鞘翅，这是半翅目半翅亚目的主要特征，革质部分为爪片和革片，有的种类尚有楔片和缘片；后翅1对，膜质。

异翅亚目昆虫大多陆生，以植食性为主，为害各种农作物、林木或取食杂草；小部分种类捕食其他昆虫或小动物，或寄生于鸟类、哺乳类动物甚至吸吮人血而传病。水生、半水生种类，栖于水面或水中，以昆虫等小动物或其他有机物为食。此外，尚有少数种类为医用昆虫。捕食性的种类可以是益虫，也可以是害虫，需具体分析。例如水生的仰泳蝽科、蝎蝽科、负子蝽科、划蝽科的某些种类捕食库蚊和按蚊等蚊虫的幼虫，属益虫；同时这些科的某些种类又捕食鱼苗，是水产害虫。

捕食害虫的半翅目天敌，在消灭害虫上能起到一定的抑制作用，有的则作为重要害虫天敌而闻名。这些捕食性半翅目昆虫的足常特化为捕捉式，利于其捕获猎物。喙常较粗短；食管比别的类型长，唾液产生碱性分泌物，用以注入宿主体内，可产生类似荼毒和麻痹剂的作用。

本书介绍我国稻区常见半翅目捕食性天敌7科12种。

盲蝽科 Miridae

盲蝽科昆虫体型及外观变化极大。缺单眼，触角第3、4节略细于第2节；喙4节，位于头的腹面，通常长而向端部渐细，有时短而粗，第1节最短；唇基或多或少垂直。前翅通常具有明显的缘片及楔片，翅面在楔片缝之后常向下倾斜，膜片具1个或2个封闭翅室。足转节2节，跗节通常为3节，有时2节，爪的形状因种而异，爪垫通常位于爪腹面内侧，副爪间突刺状或特化为片状，假爪垫常由爪的基部发出，中足及后足腿节侧面及腹面具2～8个毛点（偶尔更多）。成对的臭腺具臭腺孔及蒸发域，有时极为退化，若虫腹背臭腺位于第4、5腹节的前缘。生殖节明显，雄性抱握器通常左右不对称，左侧常较右侧发达；阳茎一般具有骨化的阳茎基鞘，阳茎系膜可膨胀，有时简单，但常具有不同的骨化刺突，阳茎端具各式端刺或无；雌性具受精囊腺，产卵器具锯齿状缘。

盲蝽科大部是植食性兼食小昆虫，仅有少数种类是捕食性的，多集中在异垫盲蝽亚科Phylinae和合垫盲蝽亚科Orthothylinae。主要捕食半翅目的飞虱、叶蝉、蚜虫、木虱、蚧虫、蝽、网蝽，鳞翅目的小蛾类，双翅目的实蝇、黄潜蝇，鞘翅目的象甲及一些啮虫目、弹尾目昆虫，还可捕食叶螨。有些种类既捕食其他昆虫，又取食植物汁液。

目前世界上已描述盲蝽科昆虫1300属10400余种，隶属于8亚科。我国已知有700种以上，隶属于6亚科，南方分布的种类较北方多，有些种类在全国广泛分布，也有些是地区性分布的种类（刘国卿等，2014）。

1. 黑肩绿盲蝽 *Cyrtorhinus lividipennis* Reuter, 1884

中文别名　黑肩绿盔盲蝽。

特　征　见图2-487。

属于合垫盲蝽亚科（此亚科爪间有成对的狭片状副爪间突，可与叶盲蝽亚科区别），盔盲蝽属。

雌虫3.0～3.8mm；雄虫2.9～3.1mm。体色绿黄色。头部宽扁，从头顶中央至前胸有1黑色斑纹。触角4节，黑色，第1节较粗短，第2节最长。头后的颈状部黑褐，无单眼。前胸背板中前方有黄绿色瘤突，瘤突后方有2块黑色的蝶形肩斑；小盾片呈三角形，其前缘及正中线为黑褐

色。前翅除膜片为灰色外，其余为绿色；覆盖腹端。足腿节绿色，胫节、跗节黄绿色。

猎物 褐飞虱、白背飞虱、灰飞虱、黑尾叶蝉、二条黑尾叶蝉、电光叶蝉、白大叶蝉等的卵和低龄若虫。有报道认为可捕食二化螟、大螟和稻纵卷叶螟的卵和低龄幼虫。猎物缺乏时，也可取食植物汁液、花蜜或灌浆期穗部浆液。

分布 国内见于湖南、陕西、山东、河南、江苏、安徽、浙江、湖北、江西、福建、广东、广西、四川、贵州、云南、河北、天津、上海、台湾、海南等。国外分布于日本、越南、菲律宾、印度尼西亚、印度、新几内亚、斐济等国以及萨摩亚群岛、马里亚纳群岛、加洛林群岛、大尼科巴岛和关岛等地。

A. 成虫　　　　　　　B. 若虫　　　　　　　C. 卵

D. 捕食飞虱　　　　E. 爪（示爪间狭片状副爪间突）

F. 雌虫腹部末端腹面　　　　G. 雄虫腹部末端腹面

图 2-487　黑肩绿盲蝽 *Cyrtorhinus lividipennis*

2. 中华淡翅盲蝽 *Tytthus chinensis* (Stål, 1859)

异　名　*Capsus chinensis* Stål, 1859；*Cyrtorhinus annulicollis* Poppius, 1915；*Cyrtorhinus elongatus* Poppius, 1915；*Cyrtorhinus riveti* Cheesman, 1927；*Tytthus annulicollis*（Poppius, 1915）；*Tytthus elongatus*（Poppius, 1915）；*Tytthus koreanus* Josifov & Kerzhner, 1972；*Tytthus riveti*（Cheesman, 1927）。

中文别名　黑胸盲蝽、华嗜卵盲蝽。

特　征　见图2-488。

属叶盲蝽亚科，淡翅盲蝽属。

体长3.0～3.8mm。体型及大小与黑肩绿盲蝽相似，但成虫体色为黄棕色，前胸背板黑褐色，中胸盾片中央黑色、两端棕黄色，小盾片黑色；腹部每节下边缘显棕褐色线条；足腿节黄绿色至棕红色，胫节、跗节黄棕色，爪间成对的副爪间突刚毛状。半鞘翅淡灰色，翅被毛，楔片与革片同色；膜片淡色，翅脉明显。

猎　物　褐飞虱、白背飞虱、灰飞虱和黑尾叶蝉。

分　布　国内见于秦岭-淮河以南地区，包括江苏、安徽、湖北、湖南、贵州、广西、海南、江西、上海、浙江、台湾、四川、福建、广东等地。国外分布于朝鲜、日本、越南、泰国、老挝、柬埔寨、缅甸、马来西亚、菲律宾、印度尼西亚、韩国、印度、斯里兰卡等国。

A. 成虫

B. 若虫

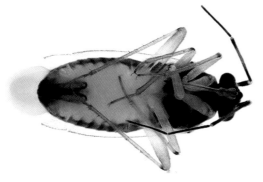

C. 雌虫腹面

D. 爪

图2-488　中华淡翅盲蝽 *Tytthus chinensis*

花蝽科 Anthocoridae

捕食性的小科。体小型，体长1.4～5.0mm。外观变化较大，触角第3、第4节纺锤形，略细于第2节；或线形，明显细于第2节。喙直，长短不等，第1节退化，通常第3节最长。臭腺蒸发域形状不同，臭腺具1个囊和1个开口。前翅具楔片缝，膜片通常有4条脉。前足胫节通常有海绵窝，有时极度退化或缺失。腹部有背侧片，腹侧片与腹板愈合；腹部第1气孔缺。若虫臭腺位于腹部第4～6节背板前缘。雄虫生殖节不对称，右侧阳基侧突退化缺失；左侧阳基侧突常为镰状，有接受阳茎的沟槽，起交配器官的作用。产卵器发达或极度退化。雌虫腹部有与授精有关的雄性外生殖器刺入区域，或刺入孔，或交配管；无受精囊。卵在卵巢管中受精，卵产出前略有发育，卵无精孔。

花蝽科多数种类生活在植物上，花内尤多；也有在树皮下、大型菌内、鸟巢内甚至住宅内的种类。生活在植物上者，一般捕食小虫，但有兼食植物汁液和花粉者。捕食的对象有螨类和昆虫。昆虫以蚜虫、叶蝉、木虱、蚧虫等为首要，尤其是叶蝉的卵被捕食最多。其次是盲蝽若虫、缨翅目、鳞翅目幼虫和卵（如细蛾、麦蛾等小鳞翅类、螟蛾等）、鞘翅目（如香蕉象虫）和啮虫目等。原花蝽族Anthocorini和小花蝽族Orini的某些种类有兼食花粉的习性。

目前世界已描述花蝽科昆虫隶属于7族，有71属445种；我国记录有18属88种（彩万志等，2017）。

3. 淡翅小花蝽 *Orius tantillus* (Motschulshy, 1863)

异　名　*Anthocoris tantillus* Motschulsky, 1863；*Triphleps tantillus*（Motschulsky）: Distant, 1906；*Orius australis* China, 1926；*Orius niobe* Herring, 1967。

特　征　见图2-489。

成虫体长约1.8～2.0mm，头胸及小盾片黑褐有光泽，具微毛。头前端略微褐色；触角4节。前胸后缘中间向前弯曲，小盾片发达。前翅爪片、革片为黄褐色，前端有烟褐色，楔片为深褐色；膜片无色透明，有3条不明显的翅脉；足黄褐色。若虫基本黄色至浅褐色，中胸及腹部2～6节中间为黑褐色。

猎　物　飞虱、叶蝉和蓟马的若虫，蚜虫。

分　布　国内见于湖南、福建、广东、广西、海南。国外分布于泰国、印度、斯里兰卡、菲律宾、马来西亚、澳大利亚。

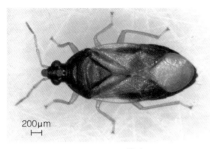
A. 成虫

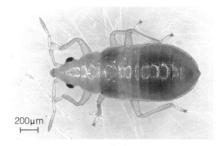
B. 若虫

C. 前翅

图 2-489　淡翅小花蝽 *Orius tantillus*

宽蝽科 Veliidae

宽蝽科昆虫微型到中型，体长为1~10mm，体壁坚固。多在各种自然水体表面生活。体表密被微小绒毛，头较短宽，复眼显著，单眼退化。触角窝位于眼下方，背面不可见。喙4节，第1、第2节短，第3节最长。前胸背板极度向后扩展。中足、后足基节左右距离较远，喙沟不明显。

全世界目前已知61属近962种（彩万志等，2017）。

4. 尖钩宽黾蝽 *Microvelia horvathi* Lundblad, 1933

特　征　见图2-490。

雌雄体长约1.8mm，分为有翅和无翅型。体黑褐色或褐色，密布白毛。触角4节，第1~3节为黄褐，第4节最长，黑褐色；复眼较大，向两侧突出。前胸背板宽阔，有翅型前翅上有明显的白斑；无翅型腹部明显有1条中脊；足黄褐色。

猎　物　栖息于水面附近或落入水面的小虫，如褐飞虱、白背飞虱、灰飞虱、黑尾叶蝉的成、若虫。

分　布　国内见于江苏、浙江、安徽、湖北、湖南、江西、福建、广东、广西、四川、贵州、云南、台湾、上海等地。国外分布于日本等国，以及南亚等地区。

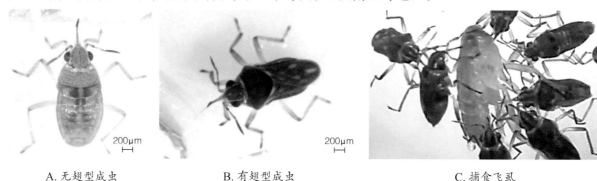

A. 无翅型成虫　　　　　　　B. 有翅型成虫　　　　　　　C. 捕食飞虱

图 2-490　尖钩宽黾蝽 *Microvelia horvathi*

猎蝽科 Reduviidae

猎蝽科为半翅目的一个大科，体型与结构甚为多样。体小型至大型，体长多为16mm。头较长，眼后区多变细。多具单眼。喙多为3节，少数为4节，多弯曲。触角4节，部分种类第2～4节分若干亚节或假节，长短变化较大。前胸背板发达，多具横缢，个别种类形状奇特。前翅革区和膜区的面积比例变化较大，一些种类无明显的革区，大多数种类在膜区有2个翅室。前足多为捕捉足，常具刺、齿等突起，有些种类的前足和中足胫节具海绵沟。侧接缘多无突出，部分种类有突出。抱器多棒状，弯曲，个别种类无抱器。

猎蝽科是半翅目昆虫中最大的捕食性类群，该科已知的猎蝽中除粪食性的 *Lophocephala querini* Laporte、可植食性的 *Zelus araneiformis* Haviland 及部分专化性很强的血食性锥猎蝽外，均为捕食性种类，在农林害虫的自然控制方面起着重要的作用。

目前，全世界共知猎蝽981属6800余种。广布于亚洲、非洲、大洋洲、美洲，尤以热带地区较多。中国已知近400种（彩万志等，2017）。

5. 棘猎蝽 *Polididus armatissimus* Stål, 1859

异　名　*Acanthodesma perarmata* Uhler, 1896。

中文别名　长棘猎蝽。

特　征　见图2-491。

成虫体长8～9mm。通体淡黄褐色。全身长有横向伸出的刺，头部前端两侧各有1锐刺。触角4节，为黄褐色，第1节最长。小盾片有3根长刺。各足腿节及前足胫节均具刺；腹部每节两侧均有刺。前翅膜片翅脉发达。

猎　　物　稻飞虱、稻叶蝉、蚜虫、鳞翅目幼虫。

分　　布　国内见于河南、安徽、浙江、湖北、江西、福建、广东、广西、贵州、云南、海南、台湾。国外分布于日本、韩国、沙特阿拉伯、越南、印度尼西亚、斯里兰卡、印度、缅甸、马来西亚等国，以及太平洋岛屿。

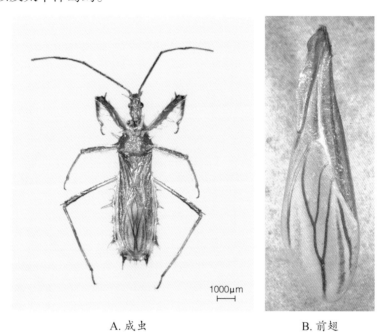

A. 成虫　　　　　　　B. 前翅

图 2-491　棘猎蝽成虫 *Polididus armatissimus*

6. 黄足直头猎蝽 *Sirthenea flavipes* (Stål, 1855)

异　　名　*Rasahus flavipes* Stål, 1855；*Rasahus cumingi* Dohrn, 1860；*Sirthenea cumingi*: Lethierry & Severin, 1896；*Pirates strigifer* Walker, 1873；*Pirates basiger* Walker, 1873；*Pharantes geniculatus* Matsumura, 1905。

中文别名　黄足猎蝽、黄足刺蝽。

特　　征　见图2-492。

体型细长，长16.5～23.0mm，其向前伸的头部及突出的复眼使其极易辨认。触角各节均细长，除第2节为黑色外，其他各节均为黄色。前胸背板分为两叶，其前叶长、黄褐色，中间具1对黑色纵条纹，后叶较短、黑色有光泽。前翅黑色，在黑色

图 2-492　黄足直头猎蝽成虫 *Sirthenea flavipes*

小盾后方具盾形黄斑，小盾片两侧延伸到翅的侧边缘各具1块黄斑；前翅的膜片为黑色。各足均为黄色。

猎　物　叶蝉、蚜虫、螨类、鳞翅目幼虫和卵。

分　布　湖南、北京、甘肃、陕西、山东、河南、江苏、安徽、浙江、湖北、江西、福建、广东、广西、四川、贵州、云南、上海、海南、河北、台湾。国外分布于日本、朝鲜、越南、老挝、印度、印度尼西亚、斯里兰卡、菲律宾、马来西亚。

7. 黑红赤猎蝽 *Haematoloecha nigrorufa* (Stål, 1867)

异　名　*Scadra nigrorufa* Stål, 1867；*Ectrichodia includens* Walker, 1873。

中文别名　黑红猎蝽、二色赤猎蝽。

特　征　见图2-493。

体长约13 mm。头部较短且粗壮、黑色，触角黑色。前胸背板红色、坚硬，明显分为两叶，前叶凸起中间有一条纵沟将其分割，后叶较宽、纵沟延伸到后叶2/3处；小盾片为黑色，黑色一直延伸到前翅基部；侧接缘（腹部两侧未被翅遮住部分）各节端半部为红褐色至黑褐色。前翅的膜片黑色，前翅两侧为红色。各足除跗节为黄色外，其余均为黑色。

猎　物　稻飞虱、稻蛛缘蝽、稻大蛛缘蝽、鳞翅目幼虫。

分　布　国内见于湖南、北京、甘肃、陕西、山东、河南、江苏、浙江、湖北、江西、福建、广东、广西、四川、贵州、河北、台湾、上海。国外分布于日本、朝鲜。

图2-493　黑红赤猎蝽
Haematoloecha nigrorufa 成虫

8. 亮钳猎蝽 *Labidocoris pectoralis* (Stål, 1963)

异　名　*Mendis pectoralis* Stål, 1863；*Ectrichodia pectoralis* Walker, 1873；*Mendis japonensis* Scott, 1874；*Labidocoris splendens* Distant, 1883。

特　征　见图2-494。

体长13.5～15.0 mm；体红色，被绒毛。触角、头的腹面、前翅主要为黑色，前缘域、革片翅脉及膜片基部翅脉红色；腹部第2腹板及各节两侧的大斑（有时第7、8节黑斑消失）均为黑褐色或黑色。触角第1节稍短于头长，第1～4节密生长硬毛。前胸

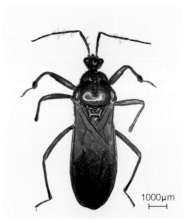

图2-494　亮钳猎蝽 *Labidocoris pectoralis* 成虫

背板前叶显著短于后叶，前叶中央纵沟延伸达后叶中部。小盾片基部宽，两端突较长，具"H"形红色纹。

猎　　物　蚜虫、叶蝉、鳞翅目幼虫。

分　　布　国内见于河南、北京、天津、山东、陕西、甘肃、江苏、上海、浙江、江西。国外分布于日本。

9. 日月盗猎蝽 *Peirates arcuatus* (Stål, 1870)

异　　名　*Spilodermus arcuatus* Stål, 1870；*Pirates mutilloides* Walker, 1873；*Ectomocoris flavomaculatus*: Maldonado-Capriles, 1990。

中文别名　日月猎蝽、穹纹盗猎蝽。

特　　征　见图2-495。

体长10.0～11.3mm，体色黑色。喙之末节、触角、各足胫节端部、跗节褐色至黑褐色，前胸背板、小盾片、爪片及革片基半部黄棕色至暗褐色，雄虫色较雌虫色深；前翅膜区基部横斑及亚端部的"圆斑"淡黄色至暗黄色，亚端部的"圆斑"形状变化较大，有的个体不甚规则。前胸背板前叶较后叶色深，有的个体前叶为暗褐色至黑色。各足基节（除基部的一小部分）、中足及后足股节基部、侧接缘各节基部2/3部分黄色，各足转节黄褐色。结构身体腹面及胸部侧板及前胸背板密被银白色闪光短毛；雌虫触角被褐色短毛，雄虫触角上的毛较长；前胸背板具较长的褐色毛，小盾片背面具黄褐色至暗褐色长毛。复眼大而圆鼓，向两侧突出，几乎占头长的1/2。喙第1、2节短粗，第3节尖细；触角第2～4节等长。小盾片顶端圆鼓，上翘；雌虫前翅不达腹末，雄虫前翅超过

1000μm

图2-495　日月盗猎蝽 *Peirates arcuatus* 成虫

腹末。雄虫具钩状小脏节突。本种膜区基部的弧形斑像新月；亚端部的圆似一轮旭日，故中名有"日月猎蝽"之称。

猎　　物　蓟马、叶蝉、蚜虫、鳞翅目幼虫。

分　　布　国内见于河南、贵州、陕西、江苏、浙江、四川、重庆、湖南、湖北、台湾、上海、江西、福建、广东、广西、云南、海南。国外分布于菲律宾、日本、越南、缅甸、印度尼西亚、印度、巴基斯坦、斯里兰卡。

大眼长蝽科 Geocoridae

本科昆虫复眼极为显著，肾形，头极宽。前足股节不特别粗，无刺。前胸背板横缢不明显。腹部第4、5节间的骨缝显著后弯。雄虫阳茎具极长的螺旋状附器。食性为捕食性。

世界已知25属274种，我国已知2属21种。本书介绍稻区常见大眼长蝽1种（彩万志等，2017）。

10. 大眼长蝽 *Geocoris pallidipennis* (Costa, 1843)

异　名　*Ophthalmicus pallidipennis* Costa, 1843。

特　征　见图2-496。

成虫体长约3.3mm。体黑褐色，复眼红褐色，触角第1节基部和第4节灰褐色，其余黑色；头部及喙黄色，前胸及小盾片黑色，前胸两侧、后缘角及前翅革片、爪片均为淡黄色，膜片透明；足黄色，腿节基部褐色。本种体呈长卵圆形，较扁平，具光泽，头胸部有刻点。头部宽，宽于前胸背板前缘；复眼较大，突出，向后方斜伸，复眼后缘在前胸背板前缘水平位后，具单眼。触角4节，第1节最短；第4节最长，生有白色细毛。

猎　物　稻飞虱、稻叶蝉、棉蚜、盲蝽、叶螨等若虫及稻纵卷叶螟、棉铃虫、红铃虫、小造桥虫等鳞翅目害虫的卵和低龄幼虫。

分　布　国内见于湖南、北京、甘肃、陕西、山东、河南、江苏、安徽、浙江、湖北、江西、四川、贵州、云南、天津、河北、山西、上海、西藏。

A. 背面观　　　　　　B. 头部（示复眼、头顶、喙和触角）　　　　　C. 前翅

图 2-496　大眼长蝽 *Geocoris pallidipennis* 成虫

姬蝽科 Nabidae

姬蝽科是半翅目中较小的类群，该科昆虫多为中型、小型（体长5～14mm）或极小型个体（体长2～3mm）。一般种类体色灰黄，具褐色、黑色或黄色斑；少数种类体色深，呈褐或黑褐色，通常具红色、橘红色的艳丽色彩。体长形，头短于前胸背板的长度，头背面具单眼1对，两侧的复眼大而显著，触角细长，有4节；跗节3节。前胸背板的前后叶之间有1横缢，背板前沿有或无领，小盾片三角形。前翅膜片具2～3个长形翅室。前足粗于中后足。雄虫生殖器通常对称。

本科昆虫常聚集在粮棉、牧草、蔬菜等农作物和杂草上，捕食螨类和蚜虫、叶蝉、木虱、网蝽、长蝽、盲蝽、瘿蚊、跳甲、守瓜、象甲以及蝶蛾类幼虫和卵，有的种类还袭击尺蠖蛾成虫，吸食其体液。尽管其食性不够专一，但分布广，数量多，对害虫的发生有一定抑制作用。

姬蝽科世界已知种类达386种，分属于31属。中国的姬蝽科昆虫已知14属77种（任树芝，1998）。

11. 暗色姬蝽 *Nabis stenoferus* Hsiao, 1964

异　名　*Nabis mandschuricus* Remane, 1964。

中文别名　窄姬猎蝽、暗色姬猎蝽。

特　征　见图2-497。

成虫体长为7.5～8.0mm。体色灰褐色，无光泽。身体长窄，腹部长为宽的5倍以上。头向前伸出；触角4节，复眼较发达，单眼生于复眼内侧下方。前胸背板中央具褐色纵条纹，且有褐色横条带将背板分成前叶和后叶，前叶较为短窄，后叶长大且带有浅褐色花纹；小盾片、前翅革片端部及膜片基部有斑纹，均为灰黑色。前足腿节明显膨大，中后足腿节不特别膨大。

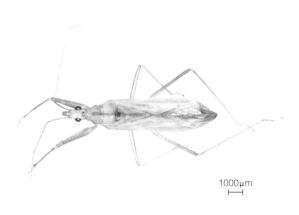

1000μm

A. 成虫（背面）

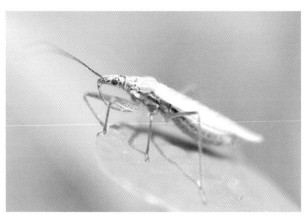

B. 成虫（侧面）

图 2-497　暗色姬蝽 *Nabis stenoferus*

猎　物　稻飞虱、叶蝉、蓟马、蚜虫、红蜘蛛、长蝽、盲蝽及多种鳞翅目幼虫和卵。

分　布　国内见于湖南、北京、黑龙江、吉林、辽宁、宁夏、甘肃、新疆、陕西、山东、河南、江苏、安徽、浙江、湖北、江西、福建、广东、广西、四川、云南、河北、上海、山西、天津。国外分布于日本、朝鲜、俄罗斯。

黾蝽科 Gerridae

黾蝽科昆虫微型到大型，体长为1.7～40.0mm，一般10.0～20.0mm；体型多狭长；体色多灰暗；体表被有银灰色或金黄色拒水毛。头短宽，复眼发达，喙较短，触角4节，第1节较长。前胸背板无领；翅具多型现象；长翅型种类前胸背板发达，向后延伸，遮盖中胸背板及后胸背板；无翅的个体中胸最发达，腹部变小；前足特化，中足、后足甚长。阳茎结构较为复杂，对称或不对称；产卵器不同程度地退化。

本科大多数种类生活在各种水体表面，活动敏捷，以落入水中的昆虫或其他水生昆虫为食；卵多产于漂浮于水面的物体上。

全世界已知67属751种，中国已知18属75种（彩万志等，2017）。

12. 水黾蝽 *Gerris* sp.

特　征　见图2-498。

成虫一般体长约10mm。体色黑和灰黑色，头胸部有金黄色绒毛。头部、前胸均为黑色，前胸长是头部的2倍以上；背具中脊，脊前端为黄褐色，后端灰褐色；胸部至腹部两侧缘为灰白色。前翅灰黑色，翅脉明显，并有金黄色绒毛。足一般为黄褐色，各胫节端部至跗节色深；中后足的腿节极长，比胫节、跗节都长，跗节2节。

猎　物　捕食落于水面上的小虫，如稻飞虱、稻叶蝉。

分　布　国内见于浙江、江西、安徽、湖南、湖北、贵州、云南、四川、广西，广东等南方稻区各省。

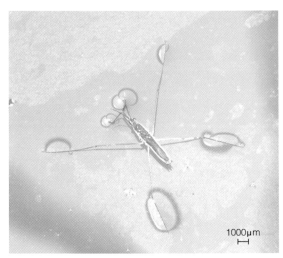

图2-498　水黾蝽 *Gerris* sp. 成虫栖于水面

（二）蜻蜓目 Odonata

蜻蜓身体大形或中等大小，体长 20.0～150.0mm。头部转动灵活，口器咀嚼式，上颚强大。复眼甚大；单眼 3 个。触角细小、刚毛状、4～7 节。前胸较小如颈，能转动。中胸和后胸紧密结合，形成 1 个坚实的胸段，称合胸或具翅胸。两对翅膜质，翅脉甚密如网，翅的前缘中央有 1 个翅节，通常还有翅痣。停息时翅平展体侧（蜻蜓类），或竖立背上（绝大多数豆娘）。足接近头部，不能用于步行，停息时便于支撑身体，在飞行中便于捕获空中飞虫。腹部甚长，10 节；雄性第 2～3 节腹面具次生殖器，而第 10 节腹部末端还有上、下肛附器，通常为钳状，用于与雌性连接时抱握雌性头部。雌性生殖孔位于腹部第 8 节与第 9 节之间。

蜻蜓幼虫（也称稚虫）在水中生活，具发达的咀嚼式口器，捕食水中小动物，包括蚊虫等。有的种类幼虫在水稻田里生活，世代历时一般较短；有的种类幼虫生活在溪河中，要经过 2～3 年才能完成 1 个世代。

所有的蜻蜓都是肉食性的，捕食许多小虫，如小型蛾类、飞虱类、蚊虫等，是一类重要的益虫，它在自然界里为我们消灭掉许多害虫。

蜻蜓目昆虫可分为 3 个亚目：①束翅亚目，统称豆娘，其前后翅形状和翅脉差不多完全一样，停息时四翅竖立在背上，只有个别的种类翅膀会摊开。许多较大形的豆娘，身体和翅膀具各种金属光泽，甚为艳丽，其幼虫多半生活在流动的水中。②差翅亚目，统称为蜻蜓，其前后翅形状不同，后翅常较宽些，翅脉也不一样；平地很常见，有的种类生活在山地溪流附近。③间翅亚目，全世界只有 2 种，分别产于日本和印度，我国尚未发现。

本书介绍我国稻区常见蜻蜓目天敌 3 科 11 种。

蜻科 Libellulidae

蜻科蜻蜓目中仅次于蟌科，属差翅亚目。通常色彩丰富，常见中小型种类。腹部横断面概呈三角形，休息时翅呈水平位置。复眼在头顶紧密相连，复眼后缘稍向内陷。亚前缘脉上、下方的结前横脉连成直线；翅痣无支持脉；前翅三角室纵向，后翅三角室横向，臀套成足形；径副脉发达；后翅三角室近于弓脉，远于翅结。

主要栖息于各种静水水域，在水草茂盛的湿地种类尤其繁多。少数种类生活在溪流、河流等流水环境。雄性具有显著的领域行为，在晴朗的天气，通常停落在水面附近占据领地，有些种类具有长时间悬停飞行的能力。雌性不常见，仅在产卵时才会靠近水面。

世界性分布，全球已知142属1000余种；中国已知142属140余种（张浩淼，2019）。

13. 红蜻指名亚种 *Crocothemis servilia servilia* (Drury, 1773)

中文别名 赤卒、猩红蜻蛉。

特 征 见图2-499。

腹部长度25～35mm，后翅30～38mm。通体呈鲜红色，体中型，无斑纹，少数个体腹背中隆脊上会有黑色线纹。翅膀透明，翅基部具橙黄色斑，翅痣淡褐色，翅顶端具赤色边缘；足赤褐色。

猎 物 在稻田上方飞翔，捕食稻虱、叶蝉、蛾类、蝇类等多种害虫。

分 布 国内见于湖南、北京、陕西、山东、江苏、安徽、浙江、湖北、江西、福建、广东、广西、贵州、云南、辽宁、河北、天津、海南、香港、台湾、吉林、山西。国外分布于亚洲的热带和亚热带区域、中东等地以及美国、牙买加、古巴等国。

图2-499 红蜻指名亚种
Crocothemis servilia servilia

14. 黄蜻 *Pantala flavescens* (Fabricius, 1798)

中文别名 黄衣、薄翅蜻蜓。

特 征 见图2-500。

腹部长度29～35mm，后翅38～41mm。身体基本上浅黄或黄褐色。头部黄褐色，两眼间有1条黑横纹。胸部黄色，但颈侧缝上端和下端具褐色斑点。足自胫节以下为黑色。翅较宽，透明，基部为淡黄色，翅痣黄色，痣两端不成平行，外缘甚斜。腹部黄褐色，自第1～10节背面中央有1黑斑，第1、2节较细，第8节和第9节的黑斑大形。

猎 物 在稻田上方飞翔，捕食稻虱、叶蝉、蛾类等多种水稻害虫。

分 布 国内见于湖南、北京、黑龙江、陕西、山东、江苏、安徽、浙江、湖北、江西、福建、广东、广西、贵州、云南、辽宁、河北、天津、上海、香港、台湾、吉林、山西。国外除南极洲外，全球广布。

图2-500 黄蜻 *Pantala flavescens*

15. 赤褐灰蜻中印亚种 *Orthetrum pruinosum neglectum* (Rambur, 1842)

特 征 见图2-501。

腹长30~38mm，后翅33~40mm，体较为粗壮。赤褐色。上唇为褐色。前后唇基的中部成褐色，两侧有褐色。额至头顶为黑色，后头为褐色，后缘密生细毛。前胸为黑褐色，后胸侧边无斑纹。翅透明，翅脉为褐色，翅痣也为褐色，翅基有褐色斑，前翅的斑较小，后翅的稍大。四翅的顶端带有褐色。足为黑色，具刺。腹部第1~2节为暗紫红色。第3节往下呈红色，老熟时渐呈黑褐色。上肛附器为红黄色。雌雄虫体色相似。

猎 物 多种水稻害虫。

分 布 国内见于江苏、浙江、江西、福建、广东、广西、贵州、云南、海南、山西、香港。国外分布于南亚、东南亚。

图 2-501 赤褐灰蜻中印亚种
Orthetrum pruinosum neglectum

16. 白尾灰蜻 *Orthetrum albistylum* Selys, 1848

异 名 *Orthetrum albistylum speciosum* Uhler, 1858。

中文别名 蓝辛灰蜻、盐霜灰蜻蛉、白刃蜻蜓。

特 征 见图2-502。

腹长33~40mm，雄虫一般蓝灰色。头顶为黑色。胸部背面有两条黑色细纹，胸部侧面各具3条黑色条纹。翅脉和翅痣为黑色。足黑色。腹背两侧有淡黑色纵纹，末端4节黑色，上肛附器为白色。

猎 物 多种水稻害虫。

分 布 国内见于北京、黑龙江、陕西、山东、河南、江苏、浙江、湖北、江西、福建、广东、四川、贵州、云南、河北、台湾、海南、吉林、山西等。国外分布于朝鲜、韩国、日本等东亚国家，以及西伯利亚、中亚、欧洲等地。

图 2-502 白尾灰蜻 *Orthetrum albistylum*

17. 锥腹蜻 *Acisoma panorpoides* Rambur, 1842

中文别名 尖腹蜻、粗腰蜻蜓、镰状蜻。

特 征 见图2-503。

腹长15～20mm，后翅17～22mm。体较小，腹部末端的5节收窄成锥子状的灰蓝色种类。上唇为黄色，上下缘为褐色。前、后唇基为淡蓝色。额常为淡蓝色，其前缘具黑色横条纹。头部后头黑色，后缘有黄色。前胸为黑色，背部中央具黄色的横纹。腹基第1～7节为蓝白色，两侧面有黑色条纹与白尾灰蜻区别。第1节端部常有两条黑横纹，至第2节背面端开始汇成1个三角形斑，第3～7节逐渐有1条中间缩小的黑脊条纹，第8～10节全为黑色。翅透明，翅痣褐色，足黑色。雌雄体色基本相似，但雌虫的体色略淡。

猎 物 多种水稻害虫。

分 布 国内见于湖南、陕西、山东、江苏、浙江、福建、广西、贵州、云南、香港、台湾。国外分布于亚洲、非洲、菲律宾。

A. 雄成虫

B. 静止于稻叶

图2-503 锥腹蜻 *Acisoma panorpoides*

蜓科 Aeshnidae

属差翅亚目。体多大型、飞翔力强，体多具显明色彩，具蓝、绿黑色花纹。两复眼在头背顶上有很长一段接触；下唇中叶中央稍有凹痕。翅具2条原始结前横脉，有支持脉；前、后翅三角室形状相似，亚三角室不发达或缺如；后翅臀套显著。雌性具发达的产卵管。

栖息环境包括各种静水水域的池塘、湖泊和沼泽地，以及清澈的山区小溪。一些最常见的蜓科种类，比如拥有绿体色的伟蜓属种类喜欢栖息于静水环境。溪栖的蜓科种类是山区溪流处的幽灵，多数种类惧怕阳光，白天很难发现，却在清晨和黄昏时非常活跃，飞行技能高超，可轻松躲避捕虫网。

本科世界性分布，全球已知54属近500种；中国已知14属约100种（张浩淼，2019）。

18. 碧伟蜓东亚亚种 *Anax parthenope julius* Brauer, 1865

中文别名 马大头、银蜻蜓、绿胸宴蜓、碧伟蜓。

特 征 见图2-504。

腹长45～54mm，后翅46～52mm。最普通的大型种类，面部一般黄绿色，上唇下缘为黑褐色。前额上缘具1条黑褐色横纹，头顶常为黑色，后头区黄色。合胸背面黄或淡绿色，无斑纹。合胸脊黄色腹部1～2节鼓大。第1节碧绿色常有褐色横纹。第2节基部绿色，端部褐色。第3节前半节收窄，背面褐色，侧面有白色斑纹。翅一般透明，前端区域微带黄色，有时成熟后雌虫可全呈浓褐色。翅痣为褐色，前缘脉为黄色。雌雄形色基本相同。

猎 物 稻叶蝉、蛾类等多种水稻害虫。

分 布 国内除新疆外，全国都有分布。国外分布于缅甸、越南、朝鲜、韩国、日本。

A. 成虫侧面

B. 成虫背面

图2-504 碧伟蜓东亚亚种 *Anax parthenope julius*

春蜓科（箭蜓科）Gomphidae

属差翅亚目。体多大中型，黑色具黄绿色斑纹。复眼在头顶上分离很远。前翅三角室略呈等边三角形；后翅三角室横向而长，一般有亚三角室，臀套界限不明显，具支持脉。雄性腹部第2节侧面各具1个耳状突；交合器大型、外露，容易观察。

本科世界性分布，全球已知超过100属近1000种。中国已经发现37属200余种（张浩淼，2019）。

19. 小团扇春蜓 *Ictinogomphus rapax* (Rambur, 1842)

中文别名 小团扇蜻蜓、台湾扇尾蜻蜓、环纹卵叶箭蜓、粗钩春蜓、黑印叶箭蜓、霸王叶春蜓。

特 征 见图2-505。

腹长46.0～49.0mm，后翅40.0～45.0mm。腹部细长，足为黑色，腹部后端扩大的，前额为黑色。上额背面有额横纹。头顶为黑色。后头为黄色，周围边缘为黄色。后头后方黄色。前胸的黑色有黄色斑点。第1节背面为黄色，侧面有小黄点。第2节背面大黄斑成三角形。第3～7节的基部都有黄斑，尾末端腹面有扇状突起呈黑色。翅为透明。翅痣和翅脉都为黑色。前足腿节腹面具黄色的纵条纹。雌雄形色大致相似。

猎 物 多种水稻害虫。

分 布 国内见于陕西、山东、河南、江苏、浙江、湖北、江西、福建、广东、广西、四川、贵州、台湾、海南。国外分布于斯里兰卡至泰国西北部。

A. 成虫

B. 尾部

图2-505 小团扇春蜓 *Ictinogomphus rapax*

螅科 Coenagrionidae

属束翅亚目。体型比较小的种类多。翅具翅柄，结前横脉2条，翅痣具支持脉，中叉近于翅结，方室棱形，前边较短。具鲜明色彩斑纹的种类较多，常以特定的色彩斑纹作为种类识别的依据。雌、雄个体都随成熟程度而体色有变化。雌性常有两种以上的不同色彩斑纹的类型。

世界性分布，已知114个属1250种以上，包括全世界最小和最长的蜻蜓。中国已知13属70余种，多数种类体小型（张浩淼，2019）。

20. 杯斑小螅 *Agriocnemis femina* (Brauer, 1868)

中文别名 橙红螅、黑小豆娘、白胸小豆娘、白粉细螅。

特　征 见图2-506。

腹长16.0~18.0mm，后翅10.0mm。雄性的头部、腹部第1~8节为黑色，侧面为浅灰色，腹部第9~10节褐色。肩前有条纹为淡蓝色。老熟个体黑色部分会略微渐行扩大，表面常包被白色粉末（老熟的个体特别明显）。翅透明，翅痣为灰色。

猎　物 稻飞虱、稻叶蝉成虫。捕食稻纵卷叶螟、二化螟、褐飞虱、叶蝉等成虫。

分　布 国内见于湖南、陕西、江苏、浙江、福建、贵州、云南、香港、台湾。国外分布于日本及南亚、东南亚和大洋洲等地。

图 2-506　杯斑小螅 *Agriocnemis femina* 雄虫

21. 长叶异痣螅 *Ischnura elegans* (Vander linden, 1820)

特　征 见图2-507。

腹长20～24mm，后翅约15mm。下唇为白色，上唇为黄绿色，一般前缘褐色。前、后唇基为青绿，前、后唇基的后缘成黑色，带光泽。颊、前额和复眼为青绿色。复眼的上部为黑色，两者构成了1条黑水平线，上下分成青绿和黑色2块。头顶为黑色，2个单眼后色为斑青蓝色，呈圆形。后头为黑色。前胸为黑色，前缘有蓝色细窄横纹，后缘有2个横向的圆突起。腹部的第1～6节背面为黑色，侧面呈蓝色。第7～10节背面为蓝绿色。第3～10节侧面的下缘有蓝色至蓝黑色。翅透明，翅痣颜色差异，前翅翅痣半部为黑色，另外半部白色。后翅翅痣灰白色。雌性体色与雄性相似，有部分个体体色偏青绿色。

猎　物　稻纵卷叶螟、二化螟、稻飞虱、稻叶蝉。

分　布　国内见于陕西、浙江、广东、河北、山西。国外分布于朝鲜、日本及欧洲等地。

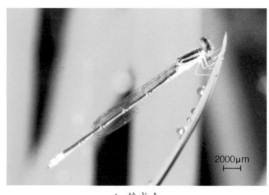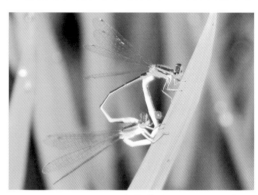

A. 雄成虫　　　　　　　　　　B. 成虫交尾

图2-507　长叶异痣蟌 *Ischnura elegans*

22. 褐斑异痣蟌 *Ischnura senegalensis* (Rambur, 1842)

中文别名　青纹细蟌、塞内加尔弱蟌。

特　征　见图2-508。

腹长为21.0～23.0mm，后翅13.0～15.0mm。脸面除了上唇基部具有细小的黑色横纹和后唇基为蓝黑色，头顶为黑色外，其余部分为褐色，2个单眼后面的色斑为黑色。复眼上方为黑色，下半呈淡褐色。前胸褐色，前叶具蓝色有细横纹，后缘具2个圆形突起，合胸背面具黑色纵条纹，腹部第1～7节背面黑色。翅透明，翅痣前翅大于后翅的，前翅的为褐色，后翅的为黄色。足浅褐色，有些腿节外侧黑色，部分胫节内侧具窄黑纹。

猎　物　稻纵卷叶螟、二化螟、稻飞虱。

分　布　国内见于湖南、湖北、陕西、江苏、浙江、福建、云南、香港、台湾。国外分布于日本及南亚、东南亚和非洲等地。

A. 成虫　　　　　　　　　　　　　　B. 稻田中捕食

图 2-508　褐斑异痣蟌 *Ischnura senegalensis*

23. 褐尾黄蟌 *Ceriagrion rubiae* Laiblaw, 1916

特　征　见图 2-509。

腹长 27.0～30.0mm，后翅 20.0mm。一种较大型的蟌科昆虫。下唇为黄色，上唇、唇基、额、头顶及后头全为红褐色，3 个单眼常呈光亮的黑褐色。复眼上半部为黑褐色，下半部则淡绿黄色。触角也为红褐色。前胸及合胸则是黄色，在合胸背前方色较浓，侧面的颜色逐渐变淡，由黄色渐渐变成青黄色。腹部一般朱红色或橙红色，老熟个体末端 3 节则会色较暗。翅透明，翅脉黑翅痣则为淡褐色，呈平行四边形，四周边缘是白色线包围而成。足为红褐色，常有短刺。雌性与雄性相似。

猎　物　稻纵卷叶螟、二化螟、稻飞虱。

分　布　国内见于浙江。

A. 成虫　　　　　　　　　　　　　　B. 交尾

图 2-509　褐尾黄蟌 *Ceriagrion rubiae*

（三）鞘翅目 Coleoptera

　　头部坚硬，口器咀嚼式；触角一般11节，形态多样。前胸大，从背面看是1完整的前胸背板；前翅骨化成鞘翅，静止时盖住整个或大部分胸部，仅中胸背板的1块近于三角形的小盾片外露，两鞘翅的内缘在体背中央合成1条直缝，即中缝，飞行时鞘翅无动力作用。腹部背板或全部被鞘翅覆盖，或末端1～2节以至数节外露。

　　前胸腹板中央的后面部分突出于两基节窝之间，常形成完整的"T"形骨片，后突部分常称为前胸腹板突；中、后胸腹板较宽大，中胸腹板外侧有中胸前侧片及中胸后侧片；后胸腹板外侧有后胸前侧片及后胸后侧片。腹部腹板的节数变化较大，常外露5～8节，亦有少于5节的。

　　捕食性鞘翅目天敌主要是肉食亚目和多食亚目的昆虫，肉食亚目主要以其他昆虫或小型动物为捕食对象，极少数具有植食性。多食亚目除了捕食其他动物，也会以菌类和植物的枝、茎、花、果等为食。肉食亚目的第1腹板常被后足基节窝所分开，是区别于多食亚目的主要特征。

　　本书介绍稻田及周边生境中常见捕食性鞘翅目昆虫4科23种。

隐翅虫科 Staphylinidae

　　体长1～35mm。体型狭长至卵形。体黄色、红棕色、棕色或黑色，某些部位兼具虹彩色。整体骨质化较强，光滑至多毛，体表微刻纹有或无。头部多型，前口式或下口式，颈或无或具口上沟。通常具复眼，有时具1对侧单眼。触角通常11节，一些属仅有10节、9节或3节，常呈丝状，有时呈微弱至中度棒状。前胸形状极多样，常具侧缘。小盾片常可见，三角形。鞘翅平截，常短，暴露第5、6腹节，偶更长（短），完全覆盖腹部。常具后翅，后翅通过翅痣旁结脉槽之运动而紧密折叠于鞘翅下。跗式多数5-5-5，蚁甲及少量亚科具3-3-3跗式，也有4-4-4、2-2-2或异跗式。常具1对跗爪，某些蚁甲跗爪之一退化。腹部延长，可见腹节明显骨质化，腹板通常第6、7节外露；腹背板通常可见7节，一些亚科仅可见5节。有些属背、腹板愈合形成环状。各腹节常由相对较长（每节长的1/5～1/2）且具纹理的节间膜相连，使得腹部得以大幅伸缩。雌雄第9、10腹节常愈合为一显著的生殖板。雄性外生殖器阳茎形态多样，中叶基部常呈球茎状，背侧具1小孔，基片退化或缺失；常具1对侧叶或无，叶基或可活动，侧叶有时大于中叶；或愈合。雌性外生殖器通常不可见，产卵器短，部分膜质化。常具第10节背板（"载肛突"）及高度特化的第9节背板（"肛侧板"），且具2对生殖突基节（"负瓣片"和"基腹片"）。上述骨片常极度退化、相互愈合或强烈膜质化。第9节腹板不明显或缺如。

本科全世界已知31亚科3200余属6000余种。我国已知530余属4700余种（杨星科等，2018）。

24. 青翅蚁形隐翅虫 *Paederus fuscipes* Curtis, 1826

异　名　*Paederus lindbergi* Fagel, 1958。

中文别名　毒隐翅虫、梭毒隐翅虫。

特　征　见图2-510。

体中型，狭长，体长7～8mm，体色彩艳丽，黄褐色，具金属光泽，背腹适度隆突，雌雄虫体型差异不大。头部、上唇及腹部末端两节黑色，上颚暗棕色，下唇须黄褐色、末端暗褐色；触角柄节、梗节和第1鞭小节棕黄色，其余各节暗褐色；前胸背板及腹部第1～4节红褐色；鞘翅即腹部5节至末节青蓝色；足黄褐色，腿节末端暗褐色。前胸背板卵圆形，微凸。鞘翅密布粗刻点。足细长，跗节5-5-5式，第4跗节深两裂。从第7腹板至腹部末端逐渐变窄。雄虫腹部第8腹板后缘"U"形深凹入，雌虫为三角形状，端部略微突出。

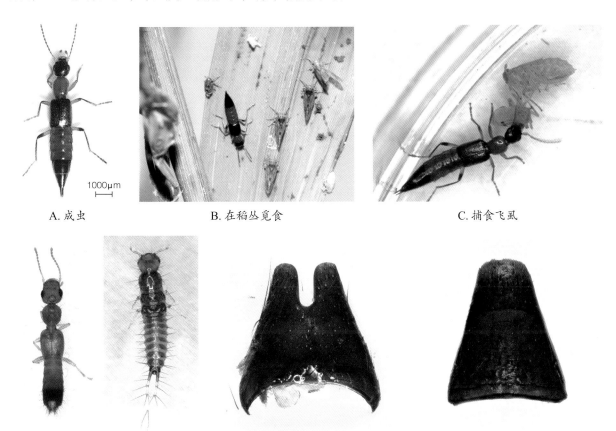

A. 成虫　　　　　　B. 在稻丛觅食　　　　　　　C. 捕食飞虱

D. 高龄幼虫（左）和低龄幼虫（右）　　E. 雄虫第8腹板（示其后缘"U"　　F. 雌虫第8腹板（示其端部不凹，
　　　　　　　　　　　　　　　　　　　　　形深凹）　　　　　　　　　　略微突出）

图2-510　青翅蚁形隐翅虫 *Paederus fuscipes*

该虫是稻田中最常见的一种隐翅虫，数量大，是重要的捕食性天敌昆虫，稻田中优势天敌之一（王助引，1990）。成虫和幼虫均可捕食稻田中几乎所有的重要害虫。多以成虫在稻梗基部、稻梗和稻田堆积物中越冬。

猎　物　稻蓟马、黑尾叶蝉、褐飞虱、白背飞虱、灰飞虱等的成虫及若虫，二化螟、三化螟的蚁螟，稻纵卷叶螟的卵及幼虫，稻螟蛉、稻苞虫、稻负泥虫等的幼虫。

分　布　国内见于湖南、北京、甘肃、陕西、山东、河南、江苏、安徽、浙江、湖北、江西、福建、广东、广西、四川、贵州、云南、河北、上海、台湾、海南。国外分布于土耳其、伊朗、巴基斯坦、哈萨克斯坦、吉尔吉斯斯坦、乌兹别克斯坦、韩国、日本、俄罗斯、印度、马达加斯加、科摩罗、澳大利亚等国。

25. 虎突眼隐翅虫 *Stenus cicindeloides* Schaller, 1783

特　征　见图2-511。

体长4.7～6.8mm。体黑色，具光泽。下颚须和触角红棕色，腿节端部、胫节基部和跗节第1～3节及第5节呈黑褐色，其他部分为黄棕色。头部横宽，复眼大且明显突出，具密集粗大刻点，且刻点间光滑无微刻纹，额区具1条纵向宽隆脊，高度略低于复眼内缘；触角较细短，拉直时末节略超过前胸背板1/2处。前胸背板长略大于宽，且明显比头窄；鞘翅基部明显缢缩，后缘具弧形凹入，刻点与前胸背板刻点相似，无微刻纹。腹部筒形，第3节腹背板具较窄侧背板，第6节末端至第8节收窄。

猎　物　稻蓟马、稻飞虱、稻叶蝉、稻蚜虫，二化螟、三化螟、稻纵卷叶螟等的卵。

分　布　国内见于江苏、浙江。国外分布于欧洲以及蒙古、韩国、日本。

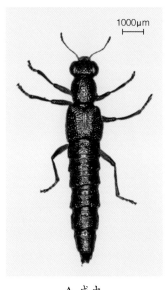　　

A. 成虫　　　　　　　B. 头部（示复眼、触角）　　　　C. 后足跗节（示第4跗节分叶）

图2-511　虎突眼隐翅虫 *Stenus cicindeloides*

26. 小黑突眼隐翅虫 *Stenus melanarius* Stephens, 1833

特　征　见图2-512。

体长3.0~4.0mm。体黑色，具光泽。头部横宽，复眼大且明显突出，具密集、规则刻点，且刻点间具网状微刻纹，额区具1条纵向宽隆脊，其高度与复眼内缘相等。前胸背板长大于宽，且明显比头窄。鞘翅两边近平行，后缘具弧形凹入；后足第4跗节不分叶。腹部近圆筒形，第3~7节腹背板具明显侧背板，其中第3节背板有4条明显的齿状脊；第9节腹板后缘左右端具小突。

猎　物　多种水稻害虫。

分　布　国内见于浙江、上海。国外分布于土耳其、伊朗、蒙古、韩国、日本、菲律宾、印度尼西亚、越南、缅甸、尼泊尔、印度、斯里兰卡等国以及欧洲、美洲等地。

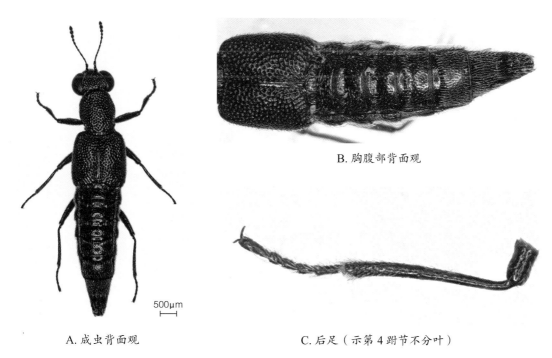

B. 胸腹部背面观

500μm

A. 成虫背面观　　　　　　　　　C. 后足（示第4跗节不分叶）

图 2-512　小黑突眼隐翅虫 *Stenus melanarius*

步甲科 Carabidae

体小型到大型。体色一般较为幽暗，亦有闪烁金属光泽者。前口式。洞居者复眼往往消失。足细而长，适宜行走。鞘翅盖过腹部或端末平截而腹端外露，后翅有时退化或消失；部分局限土中活动的种类，两鞘翅沿翅缝胶结在一起，覆盖于体背。幼虫蛃形，第9腹节背方有1对尾突。

本科广布世界各地。多为土栖，有些树栖。一般多于夜间活动，部分种类具趋光性。它们栖息在隐蔽场所，如土中、石下、树皮下及堆积物下面，亦多发现于森林中、小溪边及靠近水处。

本科多数种类成虫与幼虫以昆虫、蚯蚓、蜗牛为食，食量极大，可捕食大量的害虫，如黏虫、切根虫类的幼虫。少数种类营寄生生活；还有一些种类（包括 *Ophonus*、*Anisodactylus*、*Zabrus*、*Omophron* 及 *Amara* 等属的种类）是植食性的，它们以浆果、种子、嫩根、花粉及叶子为食，其中 *Ophonus* 的一些种类还是谷类作物的重要害虫。

目前全世界步甲科已知有34000余种，我国已知3000种以上（杨星科，2018）。

27. 红胸蠋步甲 *Dolichus halensis* (Schaller, 1783)

异　名　*Calathus halensis*（Schaller, 1783）。

中文别名　赤胸步甲、赤胸梳爪步甲。

特　征　见图2-513。

体长17.5～20.5mm。体红黑色。口须、触角、足、前胸背板边棕黄色，头前部两侧有明显凹洼。复眼微突，触角第3节比第1节略长。前胸背板宽为长的1.0～1.2倍，明显大于头宽，两侧边圆弧形，背中线明显，中央光滑无刻点和毛，基凹宽圆，凹内和周边密被刻点。两鞘翅前端平，具明显的纵刻纹；鞘翅狭长，末端窄缩，背面较平坦，每鞘翅除小盾片刻点行外，有9行刻点沟。腹面黑褐色。

猎　物　螟蛾、夜蛾、蝼蛄、隐翅虫、蛴螬及寄蝇的幼虫。

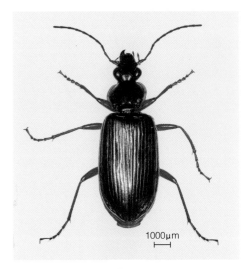

图2-513　红胸蠋步甲 *Dolichus halensis*

分　布　国内见于湖南、北京、黑龙江、内蒙古、甘肃、新疆、陕西、山东、河南、江苏、安徽、湖北、江西、福建、广东、广西、四川、贵州、云南、上海、辽宁、河北、山西、青海、吉林。国外分布于日本、朝鲜、俄罗斯。

28. 印度长颈步甲 *Ophionea indica* (Thunberg, 1784)

异　名　*Attelabus indicus* Thunberg, 1784；*Casnoidea indica*（Thunberg, 1784）。

中文别名　印度细颈步甲。

特　征　见图2-514。

体长6.5～8.0mm。体色黑而带有红色相间。头部后方较窄，成菱形。前胸背板红褐，细长与腹部长度接近，筒状。鞘翅红褐，部分肩胛上有1黑斑，延伸至前缘与鞘缝；鞘翅中部之后有宽阔的黑色横带；黑横带之前后方各有1对白色小圆斑。足黄褐色，各足腿节端部为黑褐色。

猎　物　褐飞虱、白背飞虱、灰飞虱、黑尾叶蝉、白翅叶蝉等的若虫与成虫，二化螟、三化螟、稻纵卷叶螟、大螟、稻螟蛉等的卵及初孵幼虫，稻蓟马。

分　布　国内见于湖南、浙江、江西、福建、广东、广西、四川、贵州、云南、台湾。国外分布于泰国、缅甸、日本、印度、印度尼西亚、马来西亚、尼泊尔、菲律宾、越南、斯里兰卡。

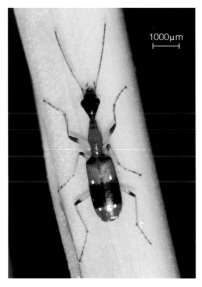

A. 背面

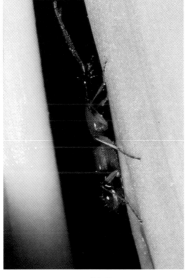

B. 侧面

C. 捕食卷叶螟幼虫

图 2-514　印度长颈步甲 *Ophionea indica*

29. 黄尾长颈步甲 *Eucolliuris fuscipennis* (Chaudoir, 1850)

异　名　*Casnonia fuscipennis* Chaudoir, 1850；*Colliuris fuscipennis*（Chaudoir, 1850）。

特　征　见图2-515。

体长约7.0mm。黑色，闪蓝光。鞘翅端部有1黄褐色斑。唇基及口器褐色。触角基部第3节及第4节基部褐色，第4节端部起黑色。头部在两复眼间有若干粗大的刻点。前胸长筒形，基、端部收窄而成瓶状，上布粗刻点。鞘翅上有9行粗刻点，基部的深而粗，向端部变小变浅。足黄色，第5跗节短于前面4节之和。稻田害虫的天敌。

猎　物　稻叶蝉、稻飞虱、二化螟、三化螟、稻纵卷叶螟的卵及初孵幼虫。

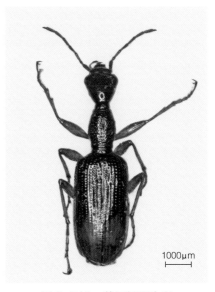

图 2-515　黄尾长颈步甲
Eucolliuris fuscipennis

分　布　国内见于江西、福建、广东、广西、四川、贵州、云南。国外分布于印度、缅甸、日本、柬埔寨、泰国、斯里兰卡、菲律宾。

30. 逗斑青步甲 *Chlaenius virgulifer* Chaudoir, 1876

异　名　*Chlaenius pictus* Bates, 1873。

特　征　见图2-516。

体长15.0mm。背面多铜色或铜绿色。鞘翅近端部各有1个豆形黄色斑点，占据3～8行距，并沿外缘延伸，达鞘翅末端；鞘翅近端部缘折处大毛穴不在黄斑内。

猎　物　鳞翅目幼虫。

分　布　国内见于河北、北京、陕西、江苏、安徽、浙江、湖北、江西、湖南、福建、台湾、广东、广西、四川、贵州、云南、上海。国外分布于朝鲜、日本。

图2-516　豆瓣青步甲 *Chlaenius virgulifer*

31. 黄斑青步甲 *Chlaenius micans* (Fabricius, 1792)

异　名　*Carabus micans* Fabricius, 1792。

中文别名　大逗斑青步甲。

特　征　见图2-517。

体长15.0～16.0mm。头部铜绿或铜色，触角第1～3节黄褐色，其余褐色；前胸背板铜绿或铜色；足黄色；鞘翅黑色带绿色光泽，近基部1/3处有黄斑；腹部黑色。前胸背板具密刻点毛，前缘近等于基缘，后角圆角。

猎　物　鳞翅目幼虫。

分　布　国内见于河北、北京、辽宁、陕西、山东、河南、江苏、安徽、江西、湖北、湖南、福建、广西、四川、云南、辽宁、宁夏、青海、贵州。国外分布于日本。

图2-517　黄斑青步甲 *Chlaenius micans*

32. 老挝青步甲 *Chlaenius laotinus* Angrewes, 1919

特征 见图2-518。

体长12mm。头部铜绿色，触角1~3节黄色，其余黄褐色；前胸背板铜绿色，侧缘有窄黄边；足黄色；鞘翅黑色，侧缘第9行距有黄边，在1/2处开始逐渐加宽。前胸背板前缘与基缘近等，后角尖。

猎物 昆虫等小型动物。

分布 国内见于广西、四川、云南。国外分布于老挝、越南。

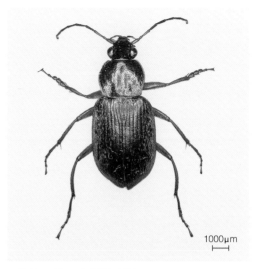

图2-518 老挝青步甲 *Chlaenius laotinus*

33. 黄缘青步甲指名亚种 *Chlaenius spoliatus* (Rossi, 1792)

异名 *Carabus spoliatus* Rossi, 1792；*Chlaenius cupreomicans* Letzner, 1851；*Chlaenius longipennis* Motschulsky, 1865；*Chlaenius cuprinus* Schilsky, 1888；*Chlaenius subpurpuretts* Reitter, 1901；*Chlaenius obscurefemoratus* Breit, 1911。

特征 见图2-519。

体长16.0~17.0mm。头部金属绿或铜色，触角黄褐色；前胸背板金属绿或铜色；足黄色；鞘翅金属绿或铜色，仅第8、9行距有黄边，后缘黄边不加宽。

猎物 昆虫等小型动物。

分布 国内见于北京、陕西、山西、河南、新疆、湖北、云南、江西、黑龙江、天津、河北、甘肃、内蒙古、辽宁。国外分布于法国。

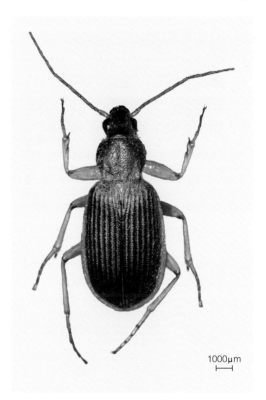

图2-519 黄缘青步甲指名亚种
Chlaenius spoliatus

34. 黄条逮步甲 *Drypta lineola virgata* Chandoir, 1850

中文别名 条逮步甲、钩颚蓝步甲。

特 征 见图2-520。

体长约9.0mm。黄红褐色。鞘翅中央及周围黑褐色，闪蓝色光泽。全身披黄白毛。头密布刻点，上唇中央略向前突。触角第1节长，几乎占触角长度的1/3，端部膨大、黑褐色。前胸背板后部收窄，形似花瓶，满布粗刻点。鞘翅沟深阔，沟中列粗大刻点。足黄褐色，腿节端部黑色；跗节色较深，第4跗节分叶长达第5跗节之半。

猎 物 褐飞虱、白背飞虱、灰飞虱、螟虫幼虫。

分 布 国内见于福建、广东、广西、四川、云南。

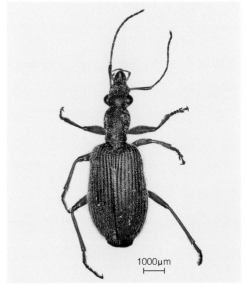

图2-520 黄条逮步甲 *Drypta lineola virgata*

35. 爪哇屁步甲 *Pheropsophus javanus* (Dejean, 1825)

中文别名 爪哇气步甲。

特 征 见图2-521。

体长6.7～8.0mm。头部黄色，有刻点和皱纹，头顶黑斑呈鼎形，头后部有网状纹。复眼微突出。触角黄褐色，第1～4节色较淡；第5～11节色深，密布短毛。上唇前端微凸，唇基前缘微凹。前胸背板黄色，近长方形，中部前方略宽，后缘和前缘约等宽，前、后缘和侧缘黑色；中区黑斑呈"I"字形，中线两侧有浅的横皱纹。小盾片黑色，心脏形，有粗皱纹。鞘翅黑色，外缘和翅端黑色，基部略窄，肩角钝圆，端缘浅弧凹入，常不盖及腹末；每鞘翅各有8条纵脊，脊间宽坦；肩部和翅中有黄色斑，以中部的较大，呈波浪形，其外侧达到翅缘，内侧达第2脊，但不及翅缝。足黄色。雄虫前跗节基部第3节膨大。

猎 物 飞虱、螟虫、叶蝉、蝼蛄、小地老虎、

图2-521 爪哇屁步甲 *Pheropsophus javanus*

黏虫、稻螟蛉、稻苞虫。

分 布 国内见于江苏、江西、台湾、福建、广东、广西、四川、北京、河南、上海、浙江、湖北、湖南、台湾、贵州、云南。国外分布于菲律宾、越南、泰国、缅甸、印度。

虎甲科 Cicindelidae

体中型。与步行虫科十分近似，主要区别在于：虎甲的上颚长大、弯曲有齿；唇基宽度超过触角基部。体色多鲜艳，表面常有闪烁的金属光泽，鞘翅常具有金色的条纹、斑点；但也有一些种类体色幽暗。头大，前口式；上唇宽，两侧超过触角基部。眼隆突。触角丝状，11节。位于额的前侧。前胸一般不宽于头。翅发达，飞行迅速，但也有的种类无后翅。足细长，跗节5节。雌虫腹节6节，雄虫7节。

成虫陆生，也有一些种类树栖。幼虫蛞形，头和前胸大，上颚强大，第5腹节背面有1个具有双钩的突起，它的作用是固定虫体于土穴内。足爪发达，适于掘土。成虫、幼虫都具有捕食性。幼虫伏于穴内，头紧靠穴口，迅速捕食落于穴内的昆虫或小动物。老熟幼虫在土穴内化蛹。

虎甲科是鞘翅目中的小科，全世界已知2000余种，我国已知120余种（杨星科等，2018）。

36. 曲纹虎甲 *Cicindela elisae* (Motschulsky, 1859)

中文别名 云纹虎甲。

特 征 见图2-522。

体长10.0mm。体暗绿带铜色光泽。触角11节，1～4节金绿，5节以后黑褐并布短毛；复眼大而突出，两复眼间凹陷，具粗纵皱纹。头顶密布细皱纹。前胸背板密布横皱，两侧具白色长毛，近前、后缘各有1条横沟，并有中纵沟相连。鞘翅具稀粗深绿色刻点；肩纹半圆形，另一纹在鞘翅中部分出1分支，至端部分出2分支。足除转节红褐外，其余均金绿；股节具白色长毛。

猎 物 鳞翅目幼虫、稻田地面多种小虫。

分 布 国内见于湖南、北京、黑龙江、甘肃、新疆、陕西、山东、河南、江苏、安徽、浙江、湖北、江西、福建、辽宁、上海、福建、吉林、河北、山西、台湾。

1000μm

图2-522 曲纹虎甲 *Cicindela elisae*

37. 金斑虎甲 *Cicindela auruenta* Fabricius, 1801

特　征　见图 2-523。

体长 16～19mm，蓝黑色，具金属光泽。复眼大而突出，两复眼间多皱纹。触角基部 4 节光滑，浓紫色；5 节以后褐色，密被短毛。上唇蜡黄色，宽大于长，中央纵隆，基部两侧有洼凹。前缘弧形突出，具 3 齿，中齿两侧各有 2 根长鬃，两侧角各有 1 根长鬃。前胸圆筒形，前横沟、后横沟和中线均为蓝紫色，中线两侧隆起部分金红色，多皱纹，状似洋梨，两后角的突起上着生白毛。鞘翅深蓝色，布满细小颗粒和较大刻点；翅的基部、端部、侧缘和鞘缝金红色或金绿色，鞘缝距翅基 1/3 处的金红色部分略向两侧晕展；每 1 鞘翅具 3 个较大的黄白色斑，上下有 2 个圆形斑，大小相近，中央斑最大，呈肾形。鞘翅的两侧缘近平行，翅端 1/5 处收窄。胸部侧板、腹板、腹部腹面及各腿节有强金属光泽。

图 2-523　金斑虎甲 *Cicindela auruenta*

猎　物　水稻螟虫。

分　布　国内见于江苏、浙江、四川、台湾、福建、广东、广西、贵州、云南。

瓢虫科 Coccinellidae

瓢虫的大多数种同时具备以下 3 个特征，少数只有其中 2 个特征：①跗节隐四节式（四节瓢虫亚科除外），第 2 节宽大，第 3 节特别细小，第 4 节特别细长，有些种类第 3 节退化或与第 4 节愈合，因而跗爪端节仅有 1 节；四节瓢虫亚科（Tetrabrachinae=Lithophilinae）的跗节第 3 节不特别细小，第 4 节亦不特别细长，因而属于属四节式。②第 1 腹板上有后基线，这是瓢虫科区别于其他近缘科的重要特征；但瓢虫亚科的长足瓢虫属（*Hippodamia*）和食植瓢虫亚科的龟瓢虫属（*Epiverta*）缺此特征。③下颚须末节斧状，两侧向末端扩大，或两侧相互平行，如两侧向末端收窄，则前端薄而平截；但小艳瓢虫亚科的下颚须末节锥形、长锥形、卵形或圆筒形，且向末端缩小。

本科可分为植食性、捕食性 2 个大类群。捕食性的瓢虫以蚜虫、介壳虫、粉虱、叶螨及其他节肢动物为食，是农业上不少害虫的重要天敌。

捕食性瓢虫有不同程度的食性专化性，如瓢虫亚科的大多数捕食蚜虫，常兼食其他昆虫或其他节肢动物，也常兼食花粉、花药或偶尔咬食植物的其他部分；盔唇瓢虫亚科主要捕食有蜡质覆盖物的介壳虫（盾蚧、蜡蚧等）；红瓢虫亚科专食绵蚧或粉蚧；四节瓢虫亚科可捕食绵蚧和粉蚧；小毛瓢虫亚科和小艳瓢虫亚科包括捕食蚜虫、介壳虫、粉虱和叶螨的种类，其中食螨瓢虫族专食叶螨，是叶螨的重要天敌。一些捕食大型介壳虫的小型瓢虫幼虫可钻入介壳内取食，在一个介壳内完成发育，近于寄生性。

目前全世界已记录瓢虫6000余种，我国记录88属725种（虞国跃，2010）。

38. 稻红瓢虫 *Micraspis discolor* (Fabricius, 1798)

异 名 *Coccinella discolor* Fabricius, 1798；*Verania discolor*: Timberlake, 1943。

中文别名 稻小红瓢虫。

特 征 见图2-524。

体长3.7～4.9mm，通体红色。虫体圆形，末端窄。复眼为黑色。鞘翅缝为黑色，鞘翅外边缘有黑色线边缘，部分个体鞘翅后缘各有1个黑斑。鞘翅缘折较宽，约为胸部宽的1/3,后基线不完整。足的颜色与腹面相似。

猎 物 褐飞虱、白背飞虱、灰飞虱、稻蚜、稻蓟马、黑尾叶蝉、白翅叶蝉、稻小潜叶蝇、二化螟、三化螟的蚁螟，稻螟蛉、负泥虫的幼虫，稻纵卷叶螟的幼虫和卵；兼食花粉、花药。

分 布 国内见于湖南、陕西、山东、河南、江苏、浙江、湖北、江西、福建、广东、广西、四川、贵州、云南、台湾、河北、上海、香港、海南。国外分布于日本、菲律宾、泰国、越南、马来西亚、印度尼西亚、印度、斯里兰卡。

A. 背面观   B. 取食飞虱

图 2-524 稻红瓢虫 *Micraspis discolor*

39. 异色瓢虫 *Harmonia axyridis* (Pallas, 1773)

异　名　*Coccinella axyridis* Pallas, 1773；*Leis axyridis*: 刘崇乐, 1963；*Ptychanatis axyridis*: Crotch, 1874。

特　征　见图2-525。

体长5.4~8.0mm。体色变异甚大，有黄色至黑色的变异个体。浅色型鞘翅完全黄色，有或无黑色斑点，头部及前胸白色，具黑色斑纹；深色型，体黑色，鞘翅具1~2对红色圆斑纹，头部及前胸亦为黑色；红色型前胸和头部白色，具黑色不规则斑纹。通常头、前胸背板及鞘翅上具小刻点；鞘翅边缘部分刻点较粗稀而深，鞘翅近末端7/8处有1明显的横脊痕，是该种鉴定的重要特征。前胸背板前缘凹入较深，后缘中部凸出。小盾片三角形，两边不及底边长。腹面密被细毛。

猎　物　稻飞虱、稻叶蝉、三化螟蚁螟，蚜虫、蚧虫、木虱、蛾类的卵及小幼虫，叶甲、食蚜蝇的幼虫。

分　布　国内见于各省、自治区和直辖市。国外分布于日本、朝鲜、俄罗斯、蒙古、越南。已引入或扩散到欧洲、北美洲和南美洲。

A. 无斑型　　　　　　B. 十八斑型　　　　　　C. 深色型　　　　　　D. 红色型

图2-525　异色瓢虫 *Harmonia axyridis* 常见形态

40. 八斑和瓢虫 *Harmonia octomaculata* (Fabricius, 1781)

异　名　*Harmonia arcuata*（Fabricius）: Timberlake, 1943；*Coccinella octomaculata* Fabricius, 1781；*Synharmonia octomaculata*: Liu, 1963。

中文别名　弧斑和瓢虫、八条瓢虫。

特　征　见图2-526。

体长4.0~7.0mm，体色橘红色或暗橙黄色。有1~2对黑色的斑点在前胸背板的中前端部位。鞘翅有10个黑色的斑纹横向排列成3排，从前端至末端分布个数为4-4-2；部分个体中排和后排的斑点连起来形成2个黑色横带。

猎 物 捕食多种小昆虫，如褐飞虱、白背飞虱、灰飞虱、稻蓟马、黑尾叶蝉、白翅叶蝉、麦蚜、豆蚜、菜蚜、三化螟蚁螟；兼食花粉。

分 布 国内见于湖南、山东、安徽、浙江、湖北、江西、福建、广东、广西、四川、贵州、云南、台湾、香港、重庆、海南。国外分布于日本以及南亚、东南亚至澳大利亚。

A.背面观

B.展翅欲飞

图 2-526 八斑和瓢虫 *Harmonia octomaculata*

41. 十五星裸瓢虫 *Calvia quindecimguttata* (Fabricius, 1777)

异 名 *Anisocalvia quindecimguttata*: Sasaji, 1971；*Coccinella quindecimguttata* Fabricius, 1777。

中文别名 十五星瓢虫。

特 征 见图2-527。

体长5.1～7.1mm。头部及前胸背板黄褐至赤褐，有5个黄白斑，分布于前角、后角及中央，但常有变化。小盾片褐色。鞘翅外缘及鞘缝有白色细纹，并各有7个黄白色斑，成2、2、2、1排列。腹面边缘浅黄色，中部深黄色至红褐色。足深黄色。触角长度为额宽的两倍，端节膨大，前缘齐平。唇基在两前角之间平直。复眼大部分被前胸背板所遮盖。

寄 主 捕食多种小型害虫，如麦长管蚜。

分 布 国内见于陕西、甘肃、河南、江苏、山西、浙江、安徽、江西、四川、湖北、湖南、福建、广东、广西、贵州、云南、北京、新疆、山东。国外分布于日本、朝鲜、俄罗斯、蒙古、印度。

图 2-527 十五星裸瓢虫 *Calvia quindecimguttata*

42. 六斑月瓢虫 *Cheilomenes sexmaculata* (Fabricius, 1781)

异名 *Chilomenes quadriplagiata*: Liu, 1963；*Coccinella secmaculata* Fabricius, 1781；*Menochilus sexmaculata*: Timberlake, 1943；*Menochilus quadriplagiatus*（Schonherr）: Timberlake, 1943。

中文别名 四斑月瓢虫、六条瓢虫。

特征 见图2-528。

体卵圆形，长3.6～6.6mm，宽3.2～5.3mm。前胸背板基色黑，鞘翅红色至橘红色。头部黄白色，有时前额中部有三角形黑斑。前胸背板前角、前缘及侧缘黄白色。小盾片黑色。鞘翅缝鞘翅周缘黑色，每1鞘翅上有3条黑色的横带，第1条横带的前缘中部突出，第2条几乎横贯鞘翅中部，其前后缘成波纹状。腹面中部黑色。部分个体头胸和鞘翅为黑色，前胸具有红色点状斑，两鞘翅前后部有大块不相连的红色斑纹。

猎物 捕食小型昆虫，如褐飞虱、白背飞虱、灰飞虱、叶蝉，麦蚜、桃蚜、烟蚜、菜蚜、桔蚜、夹竹桃蚜、麦长管蚜，木虱、粉虱、蚧虫、螨类，二化螟、三化螟的蚁螟。

分布 国内见于湖南、甘肃、陕西、河南、江苏、安徽、浙江、湖北、江西、福建、广东、广西、四川、贵州、云南、台湾、重庆、香港、海南。国外分布于日本、澳大利亚、塞舌尔以东南亚、中亚、南亚等地。

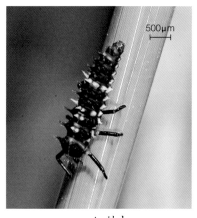  

A.幼虫　　　　　　　B.成虫（林义祥摄）　　　　C.交尾的成虫（林义祥摄）

图2-528　六斑月瓢虫 *Cheilomenes sexmaculata*

43. 七星瓢虫 *Coccinella septempunctata* Linnaeus, 1758

特征 见图2-529。

成虫体长为4.0～7.2mm。体色橘红色，头部黑色，眼区黄色。前胸背板有三个白色的斑点，分别位于其前胸两侧和中间。鞘翅上有7个圆形的黑色斑点，从鞘翅的前端基部至末端呈圆弧形，排成3横排，每排个数分别为3-2-2。

猎　物　稻蚜、飞虱、棉蚜、豆蚜、槐蚜、菜缢管蚜、桃蚜、大豆蚜、麦二叉蚜。

分　布　国内见于湖南、北京、黑龙江、宁夏、甘肃、新疆、陕西、山东、河南、江苏、浙江、湖北、江西、福建、广东、广西、四川、贵州、云南、上海、山西、河北。国外分布于南亚、东南亚、北美洲等地。

A. 幼虫（林义祥摄）　　　　B. 成虫（捕食中）（林义祥摄）

图 2-529　七星瓢虫 *Coccinella septempunctata*

44. 龟纹瓢虫 *Propylea japonica* (Thunberg, 1781)

异　名　*Propylea conglobata*: Miwa, 1931；*Propylea quaturodecimpunctata*: Miwa et al., 1931；*Coccinella japonica* Thunberg, 1781。

特　征　见图 2-530。

体长 3.5～4.7mm。体色黄，带龟纹状黑斑。雄虫头部前额黄色，基部在前胸背板之下黑色；雌虫头部前额有1个三角形黑斑，有时扩大至全头黑色。前胸背板中央有1大形黑斑，其基部与后缘相连；小盾片黑色。鞘缝黑色；鞘翅上黑斑常有变异，部分个体除了头和前胸前缘及中、后胸侧片为黄褐色，背面基本为黑色。足黄褐色。

猎　物　褐飞虱、白背飞虱、灰飞虱、三化螟蚁螟、棉蚜、麦蚜、玉米蚜、高粱蚜、大豆蚜、萝卜蚜、桃蚜、稻蚜等多种蚜虫。

分　布　国内见于湖南、北京、黑龙江、吉林、辽宁、内蒙古、宁夏、甘肃、新疆、陕西、山东、河南、江苏、浙江、湖北、江西、福建、广东、广西、四川、贵州、云南、上海、台湾、河北。国外分布于日本、俄罗斯、朝鲜、越南、不丹、印度。

A. 普通型成虫（♂）

B. 普通型成虫（♀）

C. 深色型成虫（♂）

D. 成虫交配

E. 蛹

图 2-530　龟纹瓢虫 *Propylea japonica*

45. 隐斑瓢虫 *Harmonia yedoensis* (Takizawa, 1917)

异　名　*Harmonia axyridis*: Timberlake, 1943（in part）; *Ballia obscurosignata* Liu, 1962; *Ptychanatis yedoensis* Takizawa, 1917。

特　征　见图 2-531。

体长 6.4～7.3mm。头部红褐色，刻点较浅；前胸背板及鞘翅栗褐色。触角、复眼黑色。前胸背板有大型黄白斑，自前角达后角；小盾片深栗褐色。鞘翅具不明显黄白斑，斑纹沿鞘缝者挂钩形；鞘翅中央 1/3 处有点形斑，沿外缘有窄条黄白斑，斑纹变异大。雌虫腹部第 5 腹板后缘伸延下折，

图 2-531　隐斑瓢虫
Harmonia yedoensis（林义祥摄）

在中央略弯折；第6腹板后缘圆形外凸。

猎　　物　蚜虫、蚧虫。

分　　布　国内见于湖南、北京、甘肃、陕西、山东、河南、浙江、江西、福建、广东、广西、四川、贵州、河北、台湾、香港。国外分布于日本、朝鲜、越南。

46. 黑襟毛瓢虫 *Scymnus* (*Neopullus*) *hoffmanni* Weise, 1879

中文别名　黑襟小瓢虫。

特　　征　见图2-532。

长1.9～2.4mm，体椭圆形体，密被黄色细毛。头红褐色至黄褐色，前胸背板基色暗红褐色，鞘翅基色红褐色。触角、口器均红褐色至黄褐色。前胸背板中部有大型黑斑，几乎伸达前缘。小盾片黑色。鞘翅基部小盾片两侧后伸，形成狭长三角黑斑，沿鞘翅展延到鞘翅的5/6处；鞘翅外缘浅黑色。腹部外缘及后部红褐色。

猎　　物　蚜虫、叶螨。

分　　布　国内见于湖南、北京、黑龙江、陕西、山东、河南、江苏、安徽、浙江、湖北、江西、福建、广东、广西、四川、云南、上海。国外分布于朝鲜、日本。

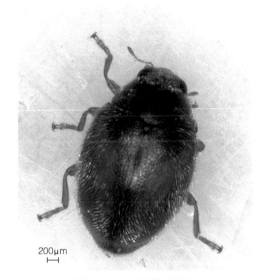

图2-532　黑襟毛瓢虫
Scymnus（*Neopullus*）*hoffmanni*

（四）脉翅目 Neuroptera

昆虫纲中较小的目。成虫通常小型至大型。口器咀嚼式；触角长、多节；复眼发达。翅膜质透明，翅脉网状。无尾须。幼虫蚋形，口器为捕吸式，上颚呈长镰刀状或刺状；胸足发达，但无腹足。完全变态；卵多为长卵形，或有小突起，有时具丝质长柄。幼虫多数陆生，捕食性，少数水生。老熟幼虫在丝质茧内化蛹。

世界性分布。现生脉翅目全世界已知16科60000余种，我国已知14科约900种。本书介绍稻区常见种类1种。

草蛉科 Chrysopidae

复眼发达，具金属光泽；额与唇基区分开，头部多有斑纹。触角丝状、多节；口器为咀嚼式，上颚对称或不对称。前胸一般与头等宽或窄于头部，两侧平行；中胸最宽，被中纵沟分为两半，具前盾片和小盾片；后胸背板窄于中胸，无前盾片。前后翅透明，个别属翅面具斑纹。腹部一般为9节。

草蛉科昆虫因其幼虫具有捕食性（幼虫因捕食蚜虫又称"蚜狮"）而被广泛用于农林害虫的生物防治。

全世界分布约80属1300种，中国记录27属251种（杨星科等，2018）。

47. 中华草蛉 *Chrysoperla nipponensis* (Okamoto, 1914)

异　名　*Chrysoperla kolthoffi*（Navas, 1927）；*Chrysoperla sinica*（Tjeder, 1936）；*Anisochrysa sinica*（Tjeder, 1936）；*Chrysopa nipponensis* Okamoto, 1914；*Chrysopa sinica* Tjeder, 1936；*Chrysopa ilota* Banks, 1915；*Chrysopa kolthoffi* Navas, 1927；*Chrysopa kurisakiana* Okamoto, 1914。

特　征　见图2-533。

体长9~10mm。体黄绿色，胸和腹部背面有浅黄色纵带，头部黄白色，两颊及唇基两侧各有一黑条，上下多接触。触角黄褐色，基部节与头同色，触角比前翅短。下颚须及下唇须暗褐色。足黄绿色，跗节黄褐色。翅透明，翅较窄，翅端部尖，翅痣黄白色。翅脉黄绿色，翅脉上有黑色短毛。

幼虫末龄体长约6mm，黄白色，头部有"八"字形褐纹，胸腹部的毛瘤黄白色，背面两侧有紫褐色纵带，农田和果园都很常见。

猎　物　稻飞虱、蚜虫，二化螟、卷叶螟等鳞翅目害虫的幼虫。

分　布　国内见于湖南、北京、黑龙江、吉林、辽宁、河北、山西、甘肃、陕西、山东、河南、江苏、安徽、浙江、湖北、江西、福建、广东、四川、云南。

图2-533　中华草蛉
Chrysoperla nipponensis

（五）膜翅目 Hymenoptera

膜翅目除前文介绍的寄生性天敌外，还有捕食性天敌和植食性害虫。本书介绍稻区常见膜翅目蚁科捕食性天敌1种。

蚁科 Formicidae

社会性昆虫，营群体生活，1个蚁群中一般有蚁后、雄蚁和工蚁；工蚁无翅。口器咀嚼式，上颚发达；工蚁和雌蚁的触角膝状，柄节较长，与鞭节之间呈膝状弯曲；胸腹结合部具1～2节明显缢缩的腹柄结。

48. 双齿多刺蚁 *Polyrhachis dives* Smith, 1857

特　征　见图2-534。

工蚁体长6.0～6.9mm；体黑色，有时带褐色。柔毛密集，在后腹部更多。前胸背板肩角有1对尖刺，并胸腹节背板有向后弯的长刺，长刺之间的区域有2～3枚齿，如果有3枚齿，则呈"品"字形排列。头、并胸腹节和腹柄结有粗密网状刻纹，后腹部网状刻纹稍细弱。

猎　物　捕食小型昆虫，如稻飞虱、蚜虫。

分　布　国内见于安徽、浙江、云南、湖南、广东、广西、福建、海南、台湾。国外分布于缅甸、老挝、柬埔寨、马来西亚、新加坡、菲律宾、日本、澳大利亚、巴布亚新几内亚。

A. 背面观　　　　　　　　B. 侧面观（示并胸腹节和结节的刺突）

图2-534　多齿多刺蚁 *Polyrhachis dives*

（六）革翅目 Dermaptera

身体长形，中等大小，表皮坚韧。头活动，头壳缝明显，前口式。触角线状；无单眼。前翅短、革质、无翅脉；后翅扇状、膜质，翅脉放射状，平时折起放在前翅下或无翅。跗节3节。尾须钳状，遇捕食对象时，用尾铗夹着从背面弯向前方送到嘴边取食。多喜在夜间活动，日间栖息在黑暗而潮湿的地方，例如砖石的下面、树皮下、粪堆下、垃圾堆和树穴中。杂食性。常两性同居，并有保护子代的习性。卵产在潮湿的土壤中（也有产在树皮下的），若虫与成虫形态相似，脱皮4～6次而羽化为成虫。

球蝗科 Forficulidae

革翅目中最大的一科；体小型到中型，狭长或粗壮；体色多为褐色、褐黄色、污暗或稍具光泽。头部较扁、近三角形，常具"Y"形头盖缝，额部多少圆隆；无单眼，复眼大小不一。触角10～50节，基节长而粗、棍棒形，第2节短小，其余各节长短不同，多为圆柱形。

前胸背板方形、长方形、椭圆形，部分种类两侧向后扩展，后缘弧形或近横直，背面前部圆隆，具中央纵沟，后部平，多少具刻点和皱纹。鞘翅和后翅通常发达，覆盖于中胸背板之上，鞘翅肩角圆弧形，两侧平行；后翅翅展时为卵圆形，休止时褶于前翅之下，仅外露革质化的翅柄部分。足通常较短，部分种类较细长，腿节较粗或扁；胫节较细，短于腿节；跗节3节，第1节细长、圆柱形，第2节短宽，两侧扩展为叶形或肾形，少数种类两侧不扩展，第3节较长，基部细，跗节端部具2爪，少数种类有中垫。

腹部狭长，扁平或稍呈圆柱形，一般11节，第11节常由臀板代替，因此雄虫可见背板10节，而雌虫第8～9节隐蔽不见，只见到8节，第1节常消失，末腹背板宽大，背面多呈拱形，中央有时具中凹，接近后缘两侧常具圆隆突或圆锥形角突。臀板置于两尾铗之间，其长短、宽窄和形状变化较大，雌雄多二型。雌虫尾铗简单而直，雄虫尾铗发达，形状变化较大，常向上或外侧弯曲，内缘和上缘具齿突或刺突，部分种类基部内缘扁扩。

目前全世界已知66属465种，我国已知有22属112种，主要分布于长江以南地区（陈一心，2004）。本书介绍我国稻区常见种类1种。

49. 脊角乔球螋 *Timomenus paradoxa* Bey-Bienko, 1970

图 2-535　脊角乔球螋
Timomenus paradoxa

特　征　见图2-535。

体长 10～15mm，尾铗长雄5～8.5mm、雌4.5～5.5mm。体表红褐色。触角细长、13节，第1～9节黑褐色，第10～11节基半部白色，12～13节浅黄色。头部暗褐色；前胸背板黑色，侧缘黄白色；鞘翅红褐色；足腿节黑色，胫节和跗节褐色。头部较宽，两颊弧形，额部圆隆，复眼较小。触角第1节长大、棍榉形、上缘稍凹，第2节短小，其余各节较长，圆柱形。前胸背板长宽近相等，两侧平行，后缘圆弧形，背面前部圆隆，中央有1纵向沟，后部较平。鞘翅和后翅均发达，鞘翅长约为前胸背板长的3倍，后翅后缘露出。腹部狭长，遍布小刻点，尾铗细长，接近圆柱形，前部直，后部弧形，两支在端部交叉，基部稍后的上缘有1上凸大齿突，中部内缘有1小齿突。

猎　物　小型昆虫和蜘蛛。

分　布　国内见于湖南、广西、贵州、四川。

（七）双翅目 Diptera

双翅目是昆虫纲中仅次于鳞翅目、鞘翅目、膜翅目的第4大目。已知85000万种以上，其中相当大一部分是寄生性和捕食性种类，生物防治作用仅次于膜翅目昆虫。

本目昆虫头部呈球形或半球形，有颈，能自由活动。复眼发达，两复眼一般雌虫远离，而雄虫合生或亚合生。头顶中央有3个单眼，呈三角形排列，其着生部位或稍隆起，称单眼三角；也有的种类无单眼。触角线状或具端刺。前、中、后胸节紧密愈合，似为1节，前胸和后胸甚小，中胸特别发达。仅有1对前翅，后翅退化呈短小的棍棒状，称平衡棒；翅膜质或具毛或具鳞片，有的种类翅上有毛斑，翅脉常有合并或消失的现象。足3对，跗节5节，爪间常具爪间突，爪下有爪垫，爪垫成针状或垫状。腹部体节常合并，蚊类一般11节，蝇类仅能见到4～5节，末端数节形成尾器。

双翅目昆虫食性很杂，有植食性、捕食性、寄生性、粪食性和腐食性等。成虫期为捕食性的双翅目昆虫，食性较为广泛。单纯捕食性，幼虫期完全以捕食昆虫为生，如虹科、食蚜蝇科、斑腹蝇科等；成虫捕食为主，兼具腐生习性的，如水蝇科等；幼虫具有捕食或拟寄生习性的，如沼蝇科。

本书介绍我国稻田常见的捕食性双翅目天敌5种，包括食蚜蝇科3种，水蝇科、沼蝇科各1种。

食蚜蝇科 Syrphidae

成虫体小型或大型，外观似蜂。体色具蓝、绿等金属光泽，或具各种彩色斑纹。头部大，约与胸等宽。眼裸或被毛，单眼3个，颜面变化大。触角3节，第3节基部背侧着生触角芒，芒裸到长羽状。喙柔软。胸部方形或长形，有时拱起。足一般简单。翅脉与蝇类相似，主要区别为：R5室封闭，M室与Cu室较长，m1+2脉与r4+5脉之间有1条褶皱状伪脉，后者为本科主要特征。腹部至少可见4节，一般5～6节，腹部外形狭长、扁宽或棍棒状。

食蚜蝇成虫常在花上或芳香植物上飞舞，取食花粉与花蜜，有时取食树汁。幼虫习性极为复杂，有腐食性、植食性和捕食性多种类型。捕食性食蚜蝇幼虫常能大量捕食蚜虫、介壳虫、粉虱、叶蝉、蓟马、鳞翅目低龄幼虫等，为这些害虫的重要天敌。成虫产卵于蚜虫群或其附近。幼虫孵化后立即捕食周围蚜虫，以口器抓住虫体猛吸其体汁，待体液吸干后即扔掉虫体，继续捕食新个体；每头幼虫一生约可捕食数百甚至数千头蚜虫。

全世界已知230余属6000余种，我国有记录的为110余属900余种（黄春梅等，2012）。本书介绍稻区常见食蚜蝇3种。

50. 短刺刺腿食蚜蝇 *Ischiodon scutellaris* (Fabricius, 1805)

异　名　*Ischiodon boninensis* Matsumura, 1919；*Ischiodon trochanterica* Sack, 1913；*Melithreptus ogasawarensis* Matsumura, 1916；*Scaeva scutellaris* Fabricius, 1805；*Syrphus ruficauda* Bigot, 1884。

特　征　见图2-536。

体长8.0～10.0mm。复眼裸，额与颜黄色，披黄毛。头顶三角黑亮；单眼三角隆。中胸盾片黑亮带有2黄色纵条纹（部分个体完全黑色），具细微刻点，披浅褐色细毛，侧缘自肩胛至翅后胛之前为宽黄色带，内缘界线清楚。胸部侧面披稀疏的黄色长毛；横沟前下方有1竖立的黄斑，腹缘连接1横卧的卵圆形黄斑；密披黄色长毛；小盾片褐。足大部褐色，后足转节后方具1粗短刺。腹部第2节有1对黄斑，第3、4节背板各具1略带弧形的黄色宽横带。

猎　物　稻田蚜虫。

分　布　国内见于湖南、北京、甘肃、新疆、陕西、山东、江苏、浙江、江西、福建、广东、广西、四川、云南、河北、上海、香港。国外分布于日本、越南、印度以及非洲。

图 2-536 短刺刺腿食蚜蝇 *Ischiodon scutellaris*

51. 黑带食蚜蝇 *Episyrphus balteatus* (De Geer, 1776)

异　名　*Episyrphus fallaciosus* Matsumura, 1917；*Musca alternatus* Schrank, 1781；*Musca balteatus* de Geer, 1776；*Musca scitulus* Harris, 1780；*Syrphus nectareus* Fabricius, 1787；*Syrphus pleuralis* Thomson, 1869；*Syrphus andalusiacus* Strobl, 1899；*Syrphus cretensis* Backer, 1921。

特　征　见图 2-537。

体长 8.0～11.0mm。体略狭长。头部除单眼三角区棕褐色外，其余均黄色，覆灰黄粉被，额毛黑色，颜毛黄色；单眼三角显著隆起，披黑毛后方覆黄粉。触角基部上方有 1 对小圆形黑斑。中胸盾片黑亮，有 3 条灰白纵纹，中间较细，不达小盾片；小盾片黄色透明。足黄色；翅透明，翅

A. 雄成虫　　　　　　　　　　B. 雌成虫　　　　　　　　　　C. 雌成虫

D. 幼虫　　　　　　　　　　E. 蛹　　　　　　　　　　F. 蛹

图 2-537 黑带食蚜蝇 *Episyrphus balteatus*

痣黄褐，腋瓣小，平衡棒黄色。雌虫腹部大部分棕黄色，各背板中央有一黑带，后缘黑或棕黄；雄虫腹部为青黄色无黑带。

猎　物　稻田蚜虫等。

分　布　国内见于湖南、北京、黑龙江、内蒙古、宁夏、新疆、陕西、山东、河南、江苏、安徽、浙江、湖北、江西、福建、广东、广西、四川、贵州、云南、天津、河北、山西、辽宁、吉林、黑龙江、上海、福建、海南、重庆、西藏、青海、台湾、香港、澳门。国外分布于俄罗斯、蒙古、日本、澳大利亚、阿富汗等国非洲北部、欧洲等地。

52. 长翅细腹食蚜蝇 *Sphaerophoria menthastri* (Linnaeus, 1758)

异　名　*Musca menthastri* Linnaeus, 1758；*Syrphus melissae* Meigen, 1822；*Syrphus picta* Meigen, 1822；*Syrphus hieroglyphica* Meigen, 1822。

中文别名　黄赤细腹食蚜蝇、门氏食蚜蝇。

特　征　见图2-538。

体狭长，体长6.5mm。触角橙黄色；额正中有1条较宽的黑色纵带，直达触角基部；前额突起，颜面中部隆起。中胸盾片黑色，带青蓝色光泽，有3条不明显的黑色纵带；侧缘和前后肩胛

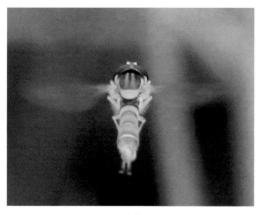

A. 雄成虫　　　　　　　　B. 雌成虫

C. 成虫头部前面观　　　　D. 交配状（左：♀，右：♂）

图2-538　长翅细腹食蚜蝇 *Sphaerophoria menthastri*

黄色，上被黄毛。足黄色至黄褐色。雌虫腹部底色青绿色，第1背板黑色；其他各节前后缘均为黑色，中央具绿色宽横带；第5、6背板中央各有黑色短纵带，部分雌性个体腹部为黄色，各节具粗的黑褐色横带。

雄虫体色腹部狭长，底色金黄色，第1、2节背板黑色，3～5节背板后缘具不明显的黑褐色横带，第6节背板深黄色。

猎　物　稻田蚜虫。

分　布　国内见于湖南、甘肃、新疆、江苏、浙江、广东、广西、四川、云南、河北、四川、云南。国外分布于俄罗斯、蒙古、日本及欧洲、北非。

水蝇科 Ephydridae

体小型，体长一般1.0～11.0mm，极少数种类可达16.0mm。身体多为灰黑色或棕灰色等暗色，部分种类具金属光泽，体表所被的微毛颜色及鬃序多种多样。雌虫个体一般比雄虫大。单眼后鬃呈分散状或缺失。大部分种类的颜向前隆起，口孔大型。触角芒栉状或具短柔毛或裸。翅脉脉序特化，亚前缘脉（Sc）退化，不到达前缘脉（C）脉；前缘脉（C）具两个缺刻，分别位于肩横脉（h）之后和第1纵脉（R）的末端前部，第1纵脉（R）与前缘脉（C）在翅的中部之前交接；中室和第2基室不被横脉分隔；缺臀室。前、后足胫节端部前背鬃缺失。

本科为典型的水生、半水生昆虫。幼虫大部分水生或半水生，有一些则生活在作物的根部或叶片上，为害水稻、甘蔗或甜菜等作物。成虫一般生活在沼泽、湿地、水湾、湖泊、河川、沙滩等潮湿的环境。由于水蝇生活环境具有多样性，它的取食习性也呈现出多样性。成虫大多数种类为杂食性，以酵母、各种藻类（如硅藻、蓝藻、甲藻）和其他一些微生物为食；螳水蝇属 *Ochthera* 为捕食性。幼虫多数种类营腐生生活，也有些种类具滤食性、植食性、捕食性、寄生性或共生性等食性。

全世界已知约124属1833种，我国已知57属208种（杨定，2018），本科稻田中常见的捕食性天敌为螳水蝇。

53. 螳水蝇 *Ochthera* sp.

特　征　见图2-539。

体长为5.0～6.5mm。体色灰黑色至黑色，前足腿节和胫节通常明显膨大，这点可与其他水蝇相区分。前足膨大胫节的端部具长的螯刺，其顶端似剑十分尖锐；胫节腹面锯齿状并有小刺。

螳水蝇喜在水稻灌溉期间活动，常在稻田中较泥泞的区域捕食猎物。其生活习性与稻田中其他属的水蝇相似，如菲岛毛眼水蝇，以及短脉水蝇属、刺角水蝇属、凸额水蝇属和温泉水蝇属的一些种类。

猎　物　成虫可捕食刚孵化爬在叶片外的鳞翅目幼虫，稻纵卷成虫。由于其灰黑色的体色与泥土颜色接近，有助于该螳水蝇提高捕捉猎物的效率。

分　布　国内见于湖南、北京、黑龙江、内蒙古、宁夏、甘肃、新疆、陕西、山东、河南、江苏、安徽、浙江、湖北、江西、福建、广东、广西、四川、贵州、云南。

A. 成虫背面观　　　　　　　　B. 头胸部（示膨大的前足及螯刺）

图 2-539　螳水蝇 *Ochthera* sp.

沼蝇科 Sciomyzidae

沼蝇身体纤细，小到中等大小，体长 1.8～12.0mm。体色从黄色至亮黑色，但多灰色或棕色。触角常前伸，梗节往往明显长于其他蝇类。颜面内凹；具内、外和后顶鬃各 1 对，且后顶鬃竖直背分，不相向或交叉；无口鬃。翅常长于腹，透明或半透明，部分种类翅面密布黑斑而成为网状；C 脉不断开，延伸到 M+2 末端；Sc 脉完整，终止于 C 脉。足细长，胫节末端常有 1 到数根粗鬃。腹部可见 5 节，尾须发达，具刚毛。

成虫陆生，飞行力不强，喜阴，常头向下成蛙状停息于水面或嗜湿的草本植物上。幼虫水生，食物仅限于软体动物，捕食或拟寄生蜗牛或蛞蝓等。幼虫的取食习性很复杂，水生捕食、陆生拟寄生最典型，并有介于二者间的一系列中间习性。有的种类幼虫寄生钉螺，在人畜血吸虫病的生物防治上有重要意义。

广布各大动物地理区。全世界已知61属539种，我国已知10属23种。

54. 紫黑长角沼蝇 *Sepedon sphegeus* (Fabricius, 1775)

特 征 见图2-540。

体长约6.5mm，体型较长。头部紫黑至黑色，略带金属光泽；触角长，第1、3节基部暗黄褐，其余黑褐；额具3条浅纵沟，前额突出；中胸盾片黑褐色，覆灰色粉被，具2～4条不明显的黑色纵带，前部1/3处有1横沟。翅暗褐，端部色较深，翅脉黑褐。足大体红褐色，基节与体同色，胫节端部及跗节褐至黑褐色。腹部紫黑色。

成虫常将卵常产在稻株中下部叶片上，芦苇、水生杂草上，常7～30粒成行排列。卵粒船形，初产乳黄色，后灰褐色。幼虫体呈圆柱形，两端略尖；体色黄色至棕色。蛹属围蛹，船形，飘浮水面。紫黑长角沼蝇的卵是稻螟赤眼蜂重要的交替寄主，在害虫发生的间隔期间起着重要桥梁作用。

寄 主 幼虫捕食锥实螺，亦喜食稻田内常见的小土蜗。

分 布 国内见于浙江、江西、湖北、湖南、四川、福建、广东、广西、贵州、江苏、上海、安徽、云南、海南、台湾。

A. 成虫静栖状   B. 交配状

图2-540 紫黑长角沼蝇 *Sepedon sphegeus*

二、蜘蛛目 Araneae

蜘蛛目属蛛形纲 Arachnida，是稻田内仅次于昆虫的种类多、数量大的节肢动物类群，全部为捕食性，是水稻害虫的主要天敌之一，对抑制水稻害虫的发生和危害起着重要作用。近年来的研究表明，在化学杀虫剂用量较少的地方，每 667m² 蜘蛛数量可达数万头，甚至 10 万头以上。

蜘蛛与昆虫同属于节肢动物门，但两者的形态特征差别很大，蜘蛛最明显的外部特征是：体躯分头胸部、腹部两部分，无复眼，只有单眼，常为 8 只；步足 4 对，无翅、无触角，但有触肢和螯肢。腹部除少数种类外，一般不分节，有纺丝器官，用于结网、筑巢、做卵囊和拉丝。

蜘蛛的鉴别一般以成蛛为准。头胸部的形状、颜色以及单眼、胸甲、背甲、步足、螯肢、触肢和雄蛛触肢器等的结构与形态，腹部的形状、颜色以及纺器、雌虫外雌器等的结构与形态等均是重要的识别特征，见图 2-541。

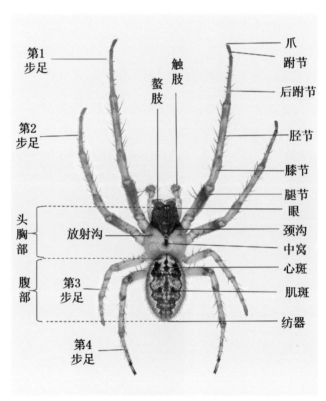

图 2-541 蜘蛛的整体图背面（叶斑八氏蛛 *Yaginumia sia*）

蜘蛛的头胸部与腹部之间由细短的腹柄相连接。头胸部的背面为角质化的背甲。背甲的中央有一纵向的或横向的背中窝，背中窝有时成点状或三角形。由背中窝发出 4 对放射沟。背中窝和放射沟的内陷是体内肌肉的着生处。头和胸背面常有颈沟分界。眼（只有单眼、无复眼）着生于头的前方，多数有 4 对，少数仅有 2～3 对，生活于洞穴中的少数种类缺眼，眼的着生位置、排列及眼的色泽是种类鉴别的重要特征。

　　胸甲为四对步足基节之间的腹板，依不同种类而有三角形、椭圆形、心形及其他各种形状。步足由7节组成：基节、转节、腿节、膝节、胫节、后跗节、跗节。跗节末端有爪2～3个，一些种类还在爪的附近着生1对或数对伪爪（副爪）。步足上密生细毛和刚毛，刚毛有简单的，也有羽状或锯齿状的；一些种类在跗节或后跗节的下方密生长毛群。

　　螯肢是位于口侧的第1对附肢，由2节组成，基节为螯基，端节为螯爪。螯基内有毒腺，开口于螯爪的末端，在猎食时可分泌毒液以杀死捕食对象。静止时螯爪藏于螯基的沟槽（螯肢沟）内，沟槽两侧隆起的脊称齿堤，齿堤上常有细齿，称齿堤齿。齿堤齿的数目、大小和着生位置也是分类上的常用特征。螯肢和下颚是取食的辅助器官。蜘蛛取食猎物的体液，吸食后把猎物的坚硬部分弃去。

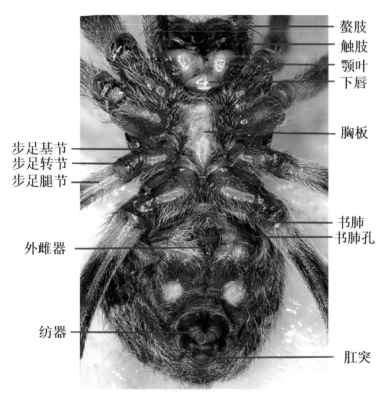

图2-542　蜘蛛（嗜水新园蛛 *Neoscona nautica*）的腹面

　　触肢是位于口侧的第2对附肢，由6节构成：基节、转节、腿节、膝节、胫节和跗节。触肢具有感觉和辅助取食的功能。雌蛛的触肢结构比较简单，雄蛛成蛛的触肢跗节膨大成球状，构造复杂，形成特殊的辅助交配器官，用于从腹部生殖孔摄取精液，并贮存、传递精子给雌蛛的器官，又称为雄器。其形态多变，在分类上经常应用雄蛛的触肢器官作为种间鉴别的重要特征。

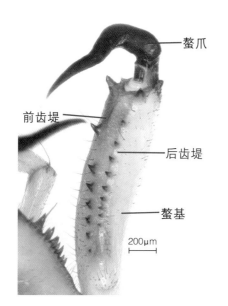

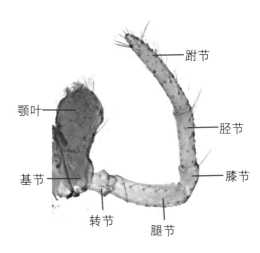

A. 螯肢（华丽肖蛸 *Tetragnatha nitens*）　　　　B. 触肢（食虫沟瘤蛛 *Ummeliata insecticeps*）

图 2-543　蜘蛛螯肢、触肢的主要结构

　　触肢器常包括由跗节特化而来的跗舟、副跗舟，依托着包含雄蛛生殖球的膨大腔室，部分科如肖蛸科没有包含在腔室，直接依托在跗舟和副跗舟上。生殖球包含外部可见的盾片、亚盾片、引导器、侧亚顶突以及射精管等结构，部分科（如肖蛸科）生殖球结构简单只可见利生殖球囊；生殖球上方或中上部通常连接有插入器。

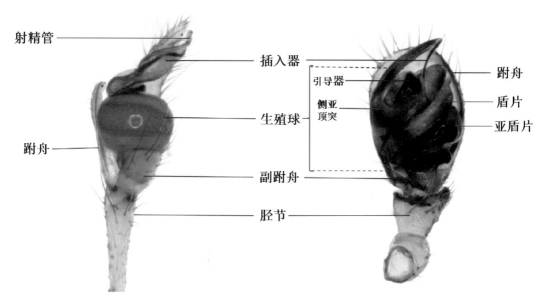

A. 锥腹肖蛸 *Tetragnatha maxillosa*　　　　　　B. 食虫沟瘤蛛 *Ummeliata insecticeps*

图 2-544　蜘蛛雄蛛的触肢器结构

腹部一般不分节，仅少数低等的科尚有残留体节。腹部的外形变化甚大。背面除中央的心脏斑外还有各种色斑。腹面中央近腹柄处有角质加厚的部分，称胃外沟。在胃外沟的两侧有书肺，开口处为书肺孔。呼吸器官除书肺外还有简单的气管系统，通常由1对气管合并为1个开口，称气管气门；气管气门大多数位于纺器的前方，少数位于腹部腹面中央。胃外沟的正中央有生殖孔开口，雄蛛的生殖孔为一简单的小孔，雌蛛的生殖孔则被特化的角质板构造遮盖，结构常甚复杂，称"外雌器"。外雌器具有引导和接纳雄蛛触肢器的功能，包括与雄蛛交媾，贮存接纳的精子或精荚，释放精子与成熟卵子进行受精以及排卵的全过程，其结构千差万别，特化程度与同种雄性外生殖器相关联，是近似种鉴别时的重要特征。

外雌器外部结构（腹面观见图2-545A）绝大多数强角质化，具有明显的交媾孔或1对插入孔对，位于交媾腔两侧，可接纳雄性触肢器的插入器；部分具有位于交媾腔正中的明显龙骨状突起，称为中隔，具有引导作用，凡有中隔的类群交媾腔全部或部分被分隔为二；有些种类在背板部形成具有明显的垂体，由生殖厣延伸的突起，如长棒状或匙状突出于腹部，如园蛛和皿蛛。

外雌器内部结构（背面观见图2-545B）一般具有膨大的纳精囊，接纳并暂时贮存精子的囊状结构，通常与交媾管连接。交媾管又称交配管，是接纳精囊和交媾孔之间的管道，此管有长有短，不弯曲或弯曲多迴，往往近交媾孔处有胶质栓塞，说明雄蛛将精子输入后，分泌胶质将孔口塞住；纳精囊内侧有1向中心延伸的管道，称为受精管，它通向阴道，当卵子成熟后，从输卵管进入阴道时，纳精囊内的精子或精荚经此管进入外子宫，精子与卵子相遇完成受精作用。

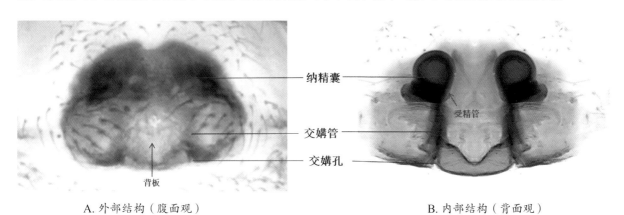

A.外部结构（腹面观）　　　　　　　　　　　B.内部结构（背面观）

图2-545　雌蛛（食虫沟瘤蛛 *Ummeliata insecticeps*）外雌器的结构

纺器位于腹部末端或近末端，通常由3对突起所组成，即前、中后纺器，后纺器常由2节组成，少数3～4节；中纺器较小，常藏于两前纺器的下方；前纺器通常不分节。纺器端部有若干个吐丝孔。一些种类在纺器的前方还有1个椭圆形的筛板，或于前纺器的前方有1小的舌状体；纺器后方有1突起，为肛丘（肛突），肛门开口于肛丘的中央。

蜘蛛的习性多样，如园蛛科、肖蛸科结圆网，可捕食善飞、善跳的落网昆虫；皿蛛科在稻丛内结不规则小网，主要捕食在稻丛内活动的小型昆虫；狼蛛科、猫蛛科不结网，在稻田里徘徊游

猎，袭击稻田内活动的昆虫及其他节肢动物；管巢蛛科的种类还经常钻入卷叶苞内捕食其中的鳞翅目幼虫。蜘蛛的捕食量相当大，每天的摄食量相当于本身体重的2～10倍甚至更多。

蜘蛛与专食性或专寄生性的天敌昆虫所起的作用有所不同，与捕食范围较广或寄主范围较广的天敌昆虫所起的作用较相似。专食性或专寄生性天敌种群数量往往依赖于捕食对象或寄主，蜘蛛的捕食对象甚广，当稻田内害虫数量稀少时，可取食其他昆虫及小动物而维持着一定的种群数量，因而在害虫种群数量增长的早期所起的作用更为明显，与专食性及专寄生性天敌昆虫类群互相补充，共同控制着害虫数量的发展。

蜘蛛目已知106科3000余属，35000余种；我国已知59科540余属，4250余种（尹长民等，2012）。本书介绍我国稻区常见蜘蛛类天敌11科59种。

中国常见蜘蛛目天敌分科检索表

（改自冯钟琪，1990；朱明生和张保石，2011）

A. 拟环纹豹蛛 *Pardosa pseudoannulata*　　　　B. 千岛管巢蛛 *Clubiona kurilensis*

图2-546　蜘蛛步足的两种爪式

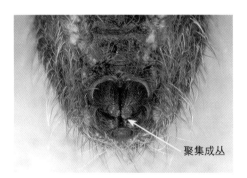
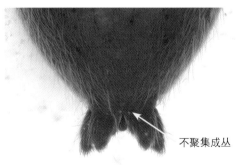

A. 叶斑八氏蛛 *Yaginumia sia*　　　　　　B. 拟水狼蛛 *Pirata subpiraticus*

图2-547　不同形状的蜘蛛纺器

3. 螯肢特别长大，齿堤齿特别发达（图2-548A）；雌蛛外观无明显的外雌器；步足细长 ⋯⋯⋯⋯
⋯⋯⋯⋯⋯⋯⋯⋯⋯⋯⋯⋯⋯⋯⋯⋯⋯⋯⋯⋯⋯⋯⋯⋯⋯⋯ 肖蛸科 Tetragnathidae
螯肢正常，不特别发达（图2-548B）⋯⋯⋯⋯⋯⋯⋯⋯⋯⋯⋯⋯⋯⋯⋯⋯⋯⋯⋯⋯⋯⋯ 4

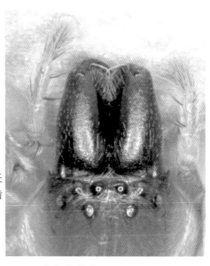

螯肢特别长大，齿堤齿特别发达

200μm

A. 华丽肖蛸 *Tetragnatha nitens*　　　　　　B. 千岛管巢蛛 *Clubiona kurilensis*

图 2-548　螯肢的形态

4. 螯肢前后齿均无齿或仅后堤无齿（图2-549A）；雄蛛触肢器无副跗舟 ⋯⋯⋯⋯⋯⋯⋯⋯⋯ 5
螯肢前后齿堤均具齿（图2-549B）；雄蛛触肢器具副跗舟 ⋯⋯⋯⋯⋯⋯⋯⋯⋯⋯⋯⋯⋯ 6

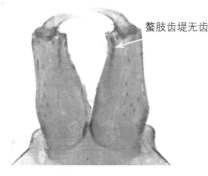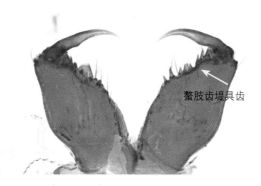

螯肢齿堤无齿　　　　　　　　　　　　　　　　　　　　　螯肢齿堤具齿

A. 八斑丽蛛 *Coleosoma octomaculata*　　　　B. 草间钻头蛛 *Hylyphantes graminicola*

图 2-549　螯肢前后齿堤的具齿情况

5. 眼2列（图2-550A）；部分属步足有1行规则的弯曲长刺，长刺间具短刺；或Ⅳ跗节腹面的锯
齿状毛 ⋯⋯⋯⋯⋯⋯⋯⋯⋯⋯⋯⋯⋯⋯⋯⋯⋯⋯⋯⋯⋯⋯⋯⋯ 球蛛科 Theridiidae
眼列3～4列，几乎排成圆圈（图2-550B）；步足不如上述 ⋯⋯⋯⋯⋯⋯⋯⋯ 猫蛛科 Oxyopidae

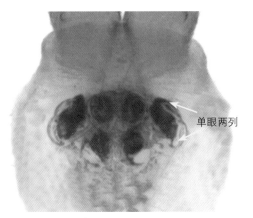

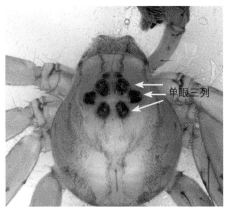

A. 八斑丽蛛 *Coleosoma octomaculata*　　　　B. 斜纹猫蛛 *Oxyopes sertatus*

图 2-550　不同的眼列形式

6. 螯肢外侧常有发生器，无侧结节（图 2-551A）·······················**皿蛛科 Linyphiidae**
　　螯肢外侧无发声器，有侧结节（图 2-551B）·······································**7**

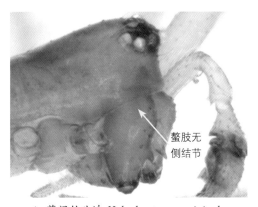

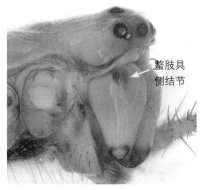

A. 草间钻头蛛 *Hylyphantes graminicola*　　　　B. 横纹金蛛 *Argiope bruennichii*

图 2-551　螯肢外侧结构

7. 下唇宽小于长（图 2-552A）；第1、2足长大于第3足的2倍；前后侧眼大小一致，雄蛛体长不
　　到雌蛛的2/5···**络新妇科 Nephilidae**
　　下唇宽大于长（图 2-552B）；第1、2足长不及第3足的2倍；前后侧眼大小不同，雄蛛体长略
　　小于或不小于雌蛛···**园蛛科 Araneidae**

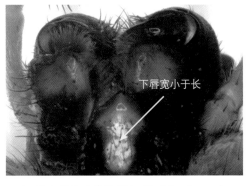

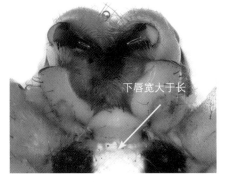

A. 宽小于长（棒络新妇 *Nephila clavata*）　　　　B. 横纹金蛛 *Argiope bruennichii*

　　　　　　　　　　　　　图 2-552　不同类型的下唇

8.腹部后端圆钝，第3眼列稍宽于第2列（图2-553A）。步足成对爪下有少数小齿，第3爪下有
 0～1小齿，雌蛛系卵袋于纺器 ·· 狼蛛科 Lycosidae
 腹部后端稍尖，第3眼列甚宽于第2列（图2-553B）。成对爪下有多数数小齿，第3爪下有
 2～3小齿，第1眼列较第3眼列狭，前中眼较前侧眼大，中眼区宽大于长·····盗蛛科 Pisauridae

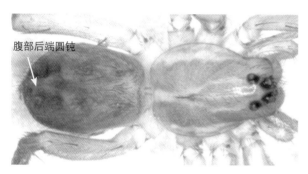

A. 真水狼蛛 *Pirata piraticus*　　　　　　　　B. 黄褐狡蛛 *Dolomedes sulfureus*

图 2-553 蜘蛛腹末形态与眼式

9.步足左右伸展，第1、2步足比后两对步足长而粗壮（图2-554A）；螯肢齿堤很少有齿·········
 ··· 蟹蛛科 Thomisidae
 步足前后伸展，第1、2步足不比后两对步足长而粗壮（图2-554B）；螯肢前齿堤多数至少有1
 齿 ·· 10

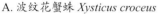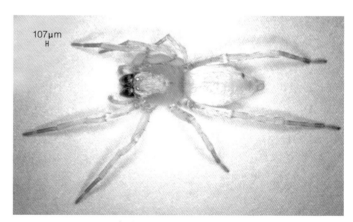

A. 波纹花蟹蛛 *Xysticus croceus*　　　　　　　B. 千岛管巢蛛 *Clubiona kurilensis*

图 2-554 蜘蛛的足式

10.眼2列，眼式4-4，8眼几乎均匀大小（图2-555A）····················· 管巢蛛科 Clubionidae
 眼3列，眼式4-2-2，8眼中以前中眼为最大（图2-555B）····················· 跳蛛科 Salticidae

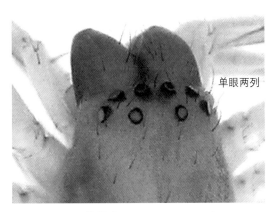
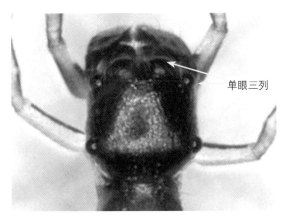

单眼两列

单眼三列

A. 棕管巢蛛 *Clubiona japonicola*

B. 乔氏蚁蛛 *Myrmarachne formicaria*

图 2-555　管巢蛛与跳蛛的眼式

园蛛科 Araneidae

　　体型差异大，体长 2.0～60.0mm。8 眼同型，黑色，少数种类前中眼黑色，其他 6 眼为白色。两眼列 4-4 排列，向外突出，中眼区梯形或方形，两侧眼着生在眼丘上，较接近。额部狭窄，额高且不超过前中眼直径的 2 倍。中窝纵向、横向、三角形或呈点状。螯肢粗短有侧结节；外齿堤 3～5 齿，内齿堤 2～3 齿。颚叶前端较宽。下唇宽大于长，前端增厚并隆起。胸板心形或三角形。步足多刺，第 4 步足基节接近。腹部三角形或椭圆形，有的属种腹部边缘伸延成棘或具疣突，腹背有各种明显的斑纹。纺器前有舌状体。雌蛛触肢末端具 1 爪，外雌器分基部及垂体两部分，形态各异。触肢器较复杂，其腿节近端一侧有 1 枚基突，膝节长刺 2 根，跗舟位于生殖器正中，副跗舟弯钩状、卷须状。生殖球的顶突、亚顶突、插入器、引导器以及中突形态结构多为重要的鉴别特征。

　　本科蜘蛛多在庭园屋檐下、农田果园森林植株间张车轮形圆网，又因空间位置不同可分为垂直网、水平网或斜向圆网 3 种。清晨、傍晚和夜间，蜘蛛居于网中心，白天隐匿在网边的树叶枝条下，并有一信号丝连，有异物触网即能感觉。有的种类在网上卷一叶以隐蔽，有的种类在圆网上布有多回曲折丝带。农田中可捕食半翅目的蚜虫、叶蝉、飞虱、蝽象，鳞翅目的蛾类、蝶类及其幼虫，双翅目的蚊蝇等等。

　　园蛛科是蜘蛛目中的大科，也是蜘蛛目最早建立的科之一，全世界已知 169 属约 3101 种，我国已知 46 属 374 种（张志升和王露雨，2017）。

55. 小悦目金蛛 *Argiope minuta* Karsch, 1879

中文别名　小金蛛。

特　征　见图2-556。

雌蛛体长6.0～12.0mm，体小。背甲黑褐色，上被厚薄不均的白毛。胸甲中央黄斑有两侧支，两侧黑褐色。触肢黄褐色。步足褐色有深色环纹。腹部前端平直，肩略隆起，中、后部略近卵圆形，中、后部横带宽，由黑红色前后嵌合而成，横带上间生白色斑点，前后成行相间排列，体色悦目；腹部腹面黑褐色，2亚轴纵条粗，连续，中横斑倒"八"字排列。本种个体色彩有变异，有淡色型和浓色型两种。外雌器前隆起的框椽薄窄，与细长中隔相连，中隔中段向外稍突出，基板、两侧凹陷均大，其周缘有较宽厚的框椽裙边，将雌孔遮盖。

多布圆网于山林灌木间，也见于稻田。通常停息于网中央，每两足并拢，分叉挂与网上类似"X"形悬于网中央，每对足外角网面上还会织出波浪形白色丝带。当猎物被网所捕捉后，蜘蛛会快速用蛛丝将猎物包裹住，用螯肢分泌的麻痹毒素和蛋白溶解酶逐渐吸食猎物。

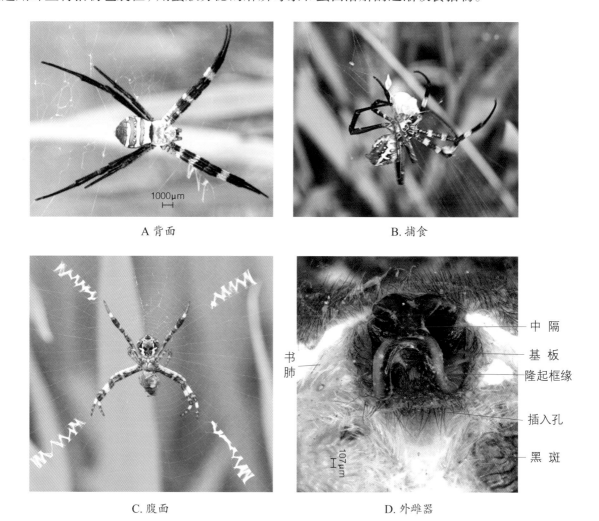

A.背面

B.捕食

C.腹面

D.外雌器

图2-556　小悦目金蛛 *Argiope minuta* 雌蛛

猎 物 田间飞行的小型昆虫，如稻飞虱、蛾类、蝇蚊类。

分 布 国内见于湖南、安徽、浙江、湖北、江西、福建、台湾、广东、广西、四川、贵州、云南、山东、陕西、台湾。国外分布于日本。

56. 横纹金蛛 *Argiope bruennichii* (Scopoli, 1772)

异 名 *Aranea bruennichii* Scopoli, 1772。

特 征 见图2-557。

雌蛛体长18.0～20.0mm。背甲灰黄色，密被银白色毛。中窝、颈沟、放射沟皆深灰色。胸甲正中条斑黄色，两侧缘黑色。螯基、颚叶、下唇、触肢皆黄色。步足黄色，上有黑点及黑刺，自膝节至后跗节各节都有黑色环纹。腹部长椭圆形，肩部稍隆起。腹部背面鲜黄色，上有12条左右黑褐色横纹，故名。腹部腹面亚轴纵斑粗长，共3对侧支皆斜向前方。外雌器与其他金蛛不同，在前隆起处为1中空垂体所代替，无中隔。

生活在向阳草丛、灌木丛中，稻田中常见。雌蛛网上的支持带上下相对，或仅一侧结有支持带；雄蛛幼体圆网上的支持带仅见于下侧，数条呈扇形。

猎 物 田间飞行的小型昆虫，如稻飞虱、蛾类、蝇蚊类。

分 布 国内见于湖南、黑龙江、吉林、辽宁、内蒙古、山东、河南、江苏、安徽、浙江、湖北、江西、福建、广东、海南、广西、四川、贵州、云南、河北、北京、陕西、新疆、宁夏。国外分布于日本、印度尼西亚、土耳其以及西伯利亚、西非等地。

A. 背面   B. 侧面

图2-557 横纹金蛛 *Argiope bruennichii* 雌蛛

57. 四突艾蛛 *Cyclosa sedeculata* Karsch, 1879

中文别名　四突角蛛

特　征　见图2-558。

雌蛛体长3.7~4.8 mm。背甲大部分浅黄色，单眼区深褐色。螯肢、颚叶、下唇皆黑褐色。步足黄色，有褐色环纹，少刺。腹部背面灰褐色，前端稍尖，后端具有上下左右4个黑色的疣状突起，故名"四突艾蛛"。腹部背、腹面散生银白色斑点；腹部腹面中央黑色，两侧书肺及书肺孔上有2对一大一小的褐色突起。纺器位于腹部全长的2/3处。外雌器略圆，垂体短宽，无环纹。

雄蛛体长4.1~4.5mm。背甲浅黄色，头部向前突出。腹部背面浅褐色，散生不规则银白碎斑，同样具4个黑色疣状突。触肢器中突较粗短，远端圆钝，不呈双叉状。

猎　物　田间飞行的小型昆虫，如稻飞虱、蛾类、蝇蚊类。

分　布　国内见于湖南、陕西、河南、安徽、江苏 、浙江、湖北、江西、福建、广西、四川、贵州。国外分布于日本。

A. 雄蛛　　　　　　　　　　　　　B. 雌蛛

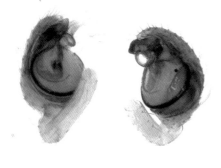

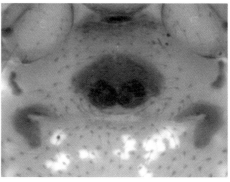

C. 雄蛛触肢器　　　　　　　D. 雌蛛外雌器　　　　　　　E. 若蛛

图 2-558　四突艾蛛 *Cyclosa sedeculata*

58. 四点高亮腹蛛 *Hypsosinga pygmaea* (Sundevall, 1831)

异 名 *Theridion pygmaea* Sundevall, 1831；*Singer pygmaea*（Sundevall）：Simon, 1874；
Hypsosinga Variabilis（Emerton）：Levi, 1972。

中文别名 四点亮腹蛛、四点小金蛛。

特 征 见图2-559。

雌蛛体长5.0～5.5 mm。背甲浅褐色至褐色。头区浅褐色，眼区黑色，胸区褐色，颈沟、放射沟深褐色。胸甲褐色，边缘黑色。螯肢、颚叶、下唇、触肢、步足皆褐色，步足深色环纹不明显。腹部卵圆形，背面褐色，有白色纵带，均由银白粉状块斑形成，纵带外侧的前、后端各有1对黑色斑点，计有4个黑斑，故名"四点亮腹蛛"。体色深浅因个体而异，深色型腹部背面有灰黑斑，四点斑纹不明显。腹部腹面灰褐色，有的个体腹面中央有1大的黑斑。纺器深褐色，基部周围黑色。外雌器中隔呈倒"T"形，纳精囊卵圆形。雌蛛产卵后，将卵包裹在蛛丝中，黏附在稻

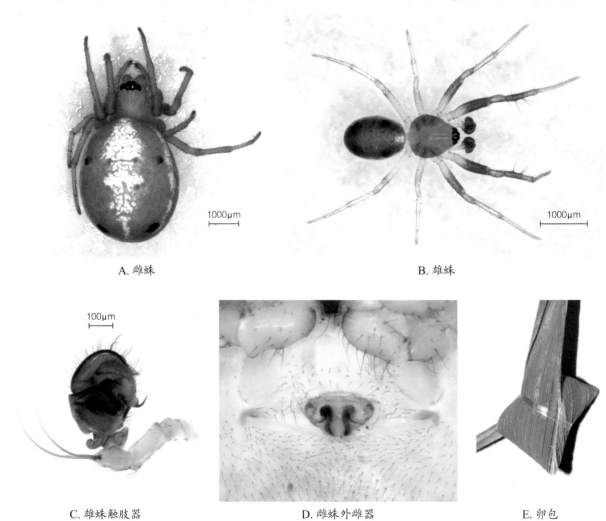

A. 雌蛛　　　　　　　　　　　　　　　　　B. 雄蛛

C. 雄蛛触肢器　　　　　　D. 雌蛛外雌器　　　　　　E. 卵包

图2-559　四点高亮腹蛛 *Hypsosinga pygmaea*

叶上，同时将稻叶弯折形成叶囊，并似裹粽子似的用丝将叶片囊扎起来，以保护卵粒不受其他天敌的猎食。

雄蛛体长3.0～4.0mm。体色褐色，步足有强刺，有的个体腹部背面斑纹与雌蛛相同，有的个体黑色无斑纹，肌痕5对，深褐色。触肢器的插入器细长而弯曲，末端隐入膜质引导器中；顶突膜质，喇叭状，基部有1细柄。

猎　物　田间飞行的小型昆虫，如稻飞虱、蛾类、蝇蚊类。

分　布　国内见于湖南、北京、黑龙江、内蒙古、宁夏、甘肃、新疆、陕西、山东、河南、江苏、安徽、浙江、湖北、江西、福建、广东、广西、四川、贵州、云南、辽宁、河北、上海。

59. 黄金肥蛛 *Larinia argiopiformis* Bosenberg & Strand, 1906

异　名　*Larinia albigera*: Yin et al., 1990。

特　征　见图2-560。

雌蛛体长10.0～12.0mm。背甲黄色，中窝浅褐色，细长、条状。后中眼至中窝间有2条褐色细条纹。颈沟、放射沟明显。胸甲黄色，边缘褐色，长约为宽的2倍。螯肢、颚叶褐色，下唇灰褐色，触肢、步足黄褐色至浅褐色，步足刺多、细弱。腹部近圆柱形，前缘正中尖，背面布满白色小块斑，有2条黄白色纵带贯穿整个腹部，其上各有6个小黑斑，肌痕3对；腹部腹面灰色，正中有1条由白色小块斑形成的纵带。纺器褐色。外雌器垂体大，三角形，边缘增厚，腹壁两侧各有1耳状褶襞。

猎　物　田间飞行的小型昆虫，如稻飞虱、蛾类、蝇蚊类。

分　布　国内见于山东、河南、陕西、江苏、浙江、安徽、江西、湖北、湖南、四川、福建、广东、广西、贵州、云南、吉林、新疆。国外分布于日本。

图2-560　黄金肥蛛 *Larinia argiopiformis* 若蛛

60. 茶色新园蛛 *Neoscona theisi* (Walckenaer, 1841)

异　名　*Epeira theisi* Walckenaer, 1841。

特　征　见图2-561。

雌蛛体长8.0～9.0mm。常见的浅色个体，背甲灰褐色，中部及两侧有褐色纵带。颈沟、放射沟、中窝皆褐色。胸甲深褐色，正中有1箭状黄斑，边缘黑色。螯肢、颚叶、触肢、步足皆褐色。部分体色深褐色的个体，头胸足灰蓝色，腹部箭状纹灰白，两边斑纹深灰色。前齿堤4齿，后齿堤3齿。下唇深褐色。腹部卵圆形，黄褐色或黄白色，背面正中有1黄白色前端呈矢尖状的条斑，此斑向两侧前后分出5对短棒状"人"字形分支，每侧支的末端有黑褐色斜向排列的斑，每斑外侧有1黄白月牙纹。腹部腹面正中深褐色，两侧有4对白斑，腹面外侧呈网状花纹，纺器褐色。外雌器基部扁宽，垂体中心偏前有1收缩，腹面观在紧接收缩部远端有1对稍为外突的侧隆起，垂体远端宽钝，边缘加厚，前后狭宽不均，交尾孔开口于垂体收缩部的背面。

雄蛛体长4.5～6.0 mm。体色较偏灰褐，斑纹与雌蛛相同。触肢器顶突扁而短，引导器也较短小，中突较大，背刺居中。

猎　物　田间飞行的小型昆虫，如稻飞虱、蛾类、蝇蚊类。

分　布　国内见于安徽、浙江、江苏、湖南、湖北、江西、福建、台湾、广东、广西、四川、贵州、云南、河北、甘肃、陕西、山东、河南。国外分布于印度、日本、孟加拉国、新西兰。

A. 雌蛛（浅色型，左；深色型，右）　　　　　　B. 雄蛛（夏声广摄）

图2-561　茶色新园蛛 *Neoscona theisi*

61. 霍氏新园蛛 *Neoscona holmi* (Schenkel, 1953)

异　　名　*Araneus holmi* Schenkel, 1953；*Neoscona doenitzi*（Bösenberg & Strand）: Yin et al., 1980。

中文别名　黄褐新园蛛。

特　　征　见图2-562。

雌蛛体长8.0～10.0mm。背甲黄褐色，在中部及两侧有褐色纵条斑，中窝深褐色，纵向。胸甲黄褐色至黑色不等。螯肢黄色，颚叶、下唇与胸甲同色。触肢、步足黄褐色，无环纹。腹部卵圆形，背面灰褐色，前端两侧有2对黄褐斑，每斑后缘黑色，中间有1黑色小圆斑，心斑之后至腹部末端有4～5条黑色横纹，梯形排列，腹部腹面正中黑色，前缘及两侧以黄白条斑为界，外侧有赤黄褐色或赤褐色斑纹。纺器褐色。外雌器基部短柱形，垂体近似等腰三角形，背面观，交媾腔漏斗形，左右腔之间前端宽圆，后端窄狭。

雄蛛体长3.8～6.7 mm。体色较雌蛛偏黄，斑纹更加清晰。触肢器的盾片前缘腹侧两隆起呈锥形，较小；引导器梯形，远端凹入，左右相对似钳状，其近端无针状刺。

A. 雄蛛

1000μm

B. 雌蛛

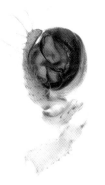

107μm

C. 雄蛛触肢器

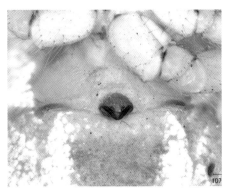

D. 雌蛛外雌器

图2-562　霍氏新园蛛 *Neoscona holmi*

<table>
<tr><td>**猎　物**</td><td>田间飞行的小型昆虫，如稻飞虱、蛾类、蝇蚊类。</td></tr>
</table>

分　布　国内见于湖南、北京、吉林、辽宁、内蒙古、宁夏、河北、山西、陕西、山东、江苏、安徽、浙江、湖北、江西、福建、台湾、广东、海南、四川、黑龙江、天津、河南、广西、贵州、云南。国外分布于日本。

62. 嗜水新园蛛 *Neoscona nautica* (L. Koch, 1875)

异　名　*Araneus nautica*（Koch）：Pocock, 1900；*Epeira nautica* Koch, 1875。

特　征　见图2-563。

雌蛛体长9～10mm。背甲黑褐色或褐色，两侧黑褐色，背面覆盖有浓密的细绒毛。颈沟、放射沟明显，中窝纵向，斑纹黑褐色或黑色。胸甲褐色，正中有1黄色纵斑。螯肢、颚叶、下唇皆褐色，前齿堤4齿，后齿堤3齿。触肢、步足黄褐色，有黑色环纹。腹部卵圆形，灰褐色，前端背面有三角形斑纹，其后为叶状斑，斑的边缘有数个波纹，每波纹处有三角形黑褐斑为界。外雌器基部宽扁，垂体等边三角形，短而宽，有1对侧隆起，位于交接处的腹侧方，无收缩部。

图 2-563　嗜水新园蛛 *Neoscona nautica* 雌蛛

猎　物　田间飞行的小型昆虫，如稻飞虱、蛾类、蝇蚊类。

分　布　国内见于江苏、安徽、浙江、湖南、湖北、江西、福建、台湾、海南、广东、广西、四川、贵州、云南、山西、陕西、山东、河南、西藏、黑龙江。国外全球性分布。

63. 大腹园蛛 *Araneus ventricosus* (L. Koch, 1878)

异　名　*Epeira ventricosus* Koch, 1878；*Epeira senta* Karsch, 1879。

特　征　见图2-564。

雌蛛体长17～29mm。本种大小、体色深浅多变异，一般呈黑褐色。背甲扁平，头区前端较宽、平直。颈沟、放射沟明显。所有附肢及胸甲均呈黑褐色，仅螯基上偶见黄褐色条纹。步足粗壮，基节至膝节及跗节末端黑褐色，其余为黄褐色并有黄褐色环纹。腹部略近三角形，肩角隆起，幼体更甚。腹背有黄褐色心斑，有的个体有白色斑；腹背中央有大叶斑，其边缘黑色。腹部两侧及腹面褐色；书肺板、纺器及其周围黑褐色。外雌器基部近短柱形，垂体长，近端有环纹，中段较宽，匙状部大，框椽厚。

猎　物　田间飞行的小型昆虫，如稻飞虱、蛾类、蝇蚊类。

分　布　国内见于湖南、北京、黑龙江、吉林、内蒙古、青海、新疆、河北、山西、陕西、山东、河南、江苏、安徽、浙江、湖北、江西、福建、台湾、广东、海南、广西、四川、云南、上海、宁夏、甘肃、贵州。国外分布于日本、朝鲜等国。

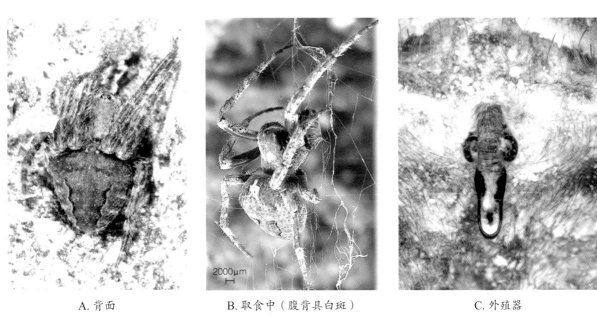

A. 背面　　　　　　　　B. 取食中（腹背具白斑）　　　　　　C. 外殖器

图 2-564　大腹园蛛 *Araneus ventricosus* 雌蛛

64. 长崎曲腹蛛 *Cyrtarachne nagasakiensis* Strand, 1918

异　名　*Cyrtarachne bengalensis* Tikader, 1961。

中文别名　白带曲腹蛛。

特　征　见图 2-565。

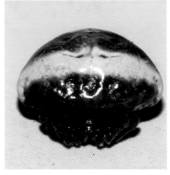

A. 腹部背面观（头上尾下）　　　　　B. 头胸部　　　　　　　C. 纺器

图 2-565　长崎曲腹蛛 *Cyrtarachne nagasakiensis* 雌蛛

雌蛛体长5.4～5.5 mm。背甲及附肢褐色。颈沟浅、中窝和放射沟不明显。前眼列微后曲，后眼列平直，前中眼稍向前突出。胸甲呈三角形、褐色，有稀疏的褐色长毛。螯肢前、后齿堤均3齿。腹部肥大，扁卵圆形，宽大于长，前宽后窄，黑褐色，前端覆盖头胸部的1/2以上；腹背最宽处有1条白色横带，具黄褐色圆斑，腹部的后侧缘黄色。腹部腹面黄褐色，两侧有灰黄色斜条斑。纺器黄褐色。外雌器的垂体宽而短，前方隐约可见1对纳精囊，背面观纳精囊球形，交媾管开孔处卷曲成球形。

    猎 物   田间飞行的小型昆虫，如稻飞虱、蛾类、蝇蚊类。

    分 布   国内见于湖南、安徽、四川、贵州、云南。国外分布于日本、印度、韩国。

65. 叶斑八氏蛛 *Yaginumia sia* (Strand, 1906)

    异 名   *Aranea sia* Strand, 1906。

    特 征   见图2-566。

雌蛛体长9.0～12.0mm。背甲较宽，颈沟深，头区隆起，黑色，被稀疏白毛。胸区深褐色，放射沟处及背甲边缘黑褐色。胸甲褐色，中央较淡。螯肢、颚叶、下唇、步足皆褐色，步足有黑褐色环纹。腹部长卵圆形，背面灰黄褐色，有的个体带紫褐色，正中有1个大型深色叶斑，故名。叶斑外缘有银白色细纹镶嵌，上面散生黄色点斑；叶斑两侧为黑色斜纹，排列整齐，平行，其间散生许多黑色小斑点，此斜纹延伸至腹面两侧。腹部腹面正中黑褐色，两侧为黑色条斑。雄蛛触肢器的胫节较长，中突基片宽，远端尖细，并弯曲向前，顶突边缘有1列小锯齿，易于识别。

农舍屋檐下、橘园、棉田常见，稻田落水后亦有。在农田中，一般布网于植株枝叶间，白天隐匿于网旁枯叶内，早晚及夜间居网中。

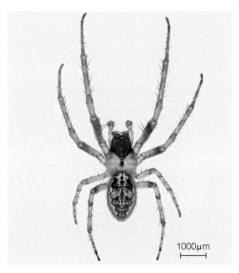

A. 背面   B. 触肢器

图2-566 叶斑八氏蛛 *Yaginumia sia* 雄蛛

猎　物　田间飞行的小型昆虫，如稻飞虱、蛾类、蝇蚊类。

分　布　国内见于湖南、江苏、浙江、湖北、福建、台湾、广东、广西、四川、云南。国外分布于日本。

管巢蛛科 Clubionidae

中小型、无筛器类蜘蛛。体色淡黄或浅褐色，头区及整肢色稍深，背甲长显著大于宽。中窝浅或无。8眼2列，皆夜眼，白色，后眼列稍长于前眼列。螯肢较长，前齿堤2～7齿，后齿堤2～4小齿；颚叶长大于宽，侧缘中部有斜的凹入，端部钝而有毛丛。下唇长大于宽。步足胫节、后跗节腹面有一至数对长刺；2爪，有毛簇和毛丛。腹部卵圆形，腹背被浅色绒毛，腹背后部常有"八"字形斑纹。前纺器相互靠近，后纺器2节，末节短。外雌器常隆起，交尾腔凹入，内具纳精囊1对或1囊2室，即内、外侧室，内侧室与受精管相通，外侧室与交尾管相通，连接两侧室的细管称连接管。雄蛛触肢的胫节突形状各异，一般为单支的后胫节突，有的分为2支，1支位于胫节后侧面称为腹侧支，1支位于背侧面称为背侧支，但有的学者将分支分别称为2个突起。插入器一般分基部和针状部，针状部较短。

管巢蛛昼伏夜出，常见于植物丛中，白天藏匿于巢穴中，其巢多为嫩叶卷曲成棕包状，或把草叶折起来，或在疏松的枯树皮下织丝成巢。卵囊扁而纳于巢中，雌蛛在旁守伏。在农田生态系统中，管巢蛛为重要的控虫类群。

目前全世界管巢蛛科共有16个属632种，我国已知管巢蛛5属，约153种（陈洋，2020）。

66. 棕包管巢蛛 *Clubiona japonicola* Bösenberg & Strand, 1906

异　名　*Clubiona parajaponicola* Schenkel, 1963。

中文别名　棕管巢蛛、卷叶刺足蛛、拟日本管巢蛛。

特　征　见图2-567。

雌蛛体长5.5～8.7mm。头胸部背甲橙黄色，头端色泽较红，被有稀疏红褐色长毛。中窝纵向，红褐色。前眼列稍后曲，后眼列较长，基本平直或稍前曲；各眼大小近相等，后中眼间距大于后中、侧眼间距；中眼域梯形，后边显著大于前边。胸甲橙黄色。螯肢深红色。颚叶、下唇红色。步足橙黄色，第4步足最长。腹部背面心斑红褐色，有时还可见数个小圆斑，腹面无斑纹，呈黄褐色，被稀疏褐色长毛，背面前缘的毛较密。外雌器淡褐色，后端中央两侧有1对大型并列的交尾孔，交媾管短、宽大，在中线两侧平行排列，向前延伸至中央折向两侧成为1对弯曲横向

的细管,通入纳精囊。

　　雄蛛体色、斑纹与雌蛛相似,腹部末端白色横纹明显,前端具明显的粗黑鬃毛。触肢器生殖球盾片微拱,射精管细长,插入器基部较大,纺锤形,针状部游离端弯向生殖球腹侧。

　　猎 物　小型昆虫,如稻飞虱、叶蝉、鳞翅目幼虫。

　　分 布　国内见于湖南、北京、吉林、辽宁、上海、安徽、浙江、湖北、福建、台湾、四川、云南、黑龙江、河北、天津、山东、河南、陕西、江苏、江西、广东、广西、贵州。国外分布于菲律宾、印度尼西亚、泰国、日本、韩国、俄罗斯。

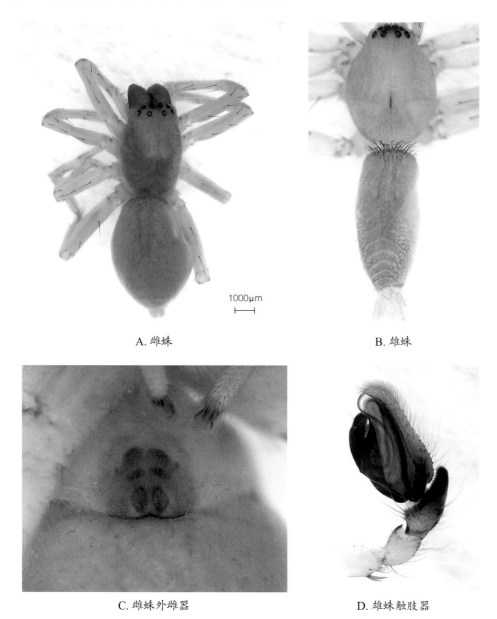

A. 雌蛛　　　　　　　　　　　　　B. 雄蛛

C. 雌蛛外雌器　　　　　　　　　D. 雄蛛触肢器

图 2-567　棕包管巢蛛 *Clubiona japonicola*

67. 千岛管巢蛛 *Clubiona kurilensis* Bösenberg & Strand, 1906

特　征　见图2-568。

雌蛛体长4.3～7.6mm。背甲黄橙色，头端褐色。前眼列端直，后眼列微前弯。前中眼间距小于前中、侧眼间距；后中眼间距大于后中、侧眼间距；中眼域梯形，后边显著宽于前边。胸甲橙黄色。螯肢前齿堤7齿，近爪基的2齿甚小，倒数第2齿最大；后齿堤5齿，近爪基的3齿甚小，末端2齿最大，尤以最后1齿最大。颚叶外缘凹入；下唇长大于宽。步足黄橙色。腹部略带灰色。外雌器稍隆起，前部有数个近圆形的阴影，后缘中部明显前凹，并有1带暗红色的微隆起。交媾孔位于凹陷两侧，阴门背面后缘具1小骨片，将部分交媾管覆盖住。

雄蛛体型与体色近似于雌蛛。触肢后胫节突形状特异；膝节长于胫节（不包括突起）。胫节突大、红褐色，分背、腹两支，腹侧支长大，基部宽三角形，远端分三叉；背侧支呈豆荚状。插入器细长，基部有突起。

猎　物　小型昆虫，如稻飞虱、叶蝉、鳞翅目幼虫。

分　布　国内见于湖南、河北、陕西、山东、河南、江苏、安徽、浙江、湖北、广东、贵州、吉林、北京、天津、四川、福建。国外分布于韩国、日本、俄罗斯。

A. 雌蛛

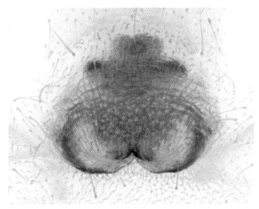

B. 雌蛛外雌器

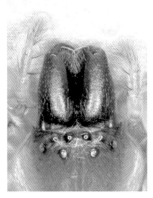

C. 雌蛛头部（示眼列）

D. 雄蛛触肢器（不同拍照角）

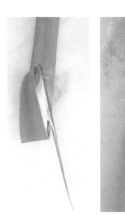

E. 卵包（剥开前后）

图 2-568　千岛管巢蛛 *Clubiona kurilensis*

68. 斑管巢蛛 *Clubiona deletrix* O. P. - Cambridge, 1885

异　名　*Clubiona maculate* Song & Chen, 1979；*Clubiona reichlini* Schenkel, 1944。

特　征　见图2-569。

雌蛛体长4.8～6.8mm。背甲头端红色，头胸部橙黄色。中窝显著。两眼列基本端直。后眼列长于前眼列，前眼列各眼间距基本相等；后中眼间距大于后中、侧眼间距。中眼域梯形，后边大于前边。胸甲黄橙色，近似椭圆形，前缘横切，微后凹，后端较尖。螯肢红褐色，前齿堤4齿，第3齿最大，后齿堤2齿，中等大小。下唇窄长，前缘内凹。腹部黄橙色，背面中央及两侧有红褐色斑纹，斑纹在腹部后半部较有规则地排成"人"字形，但有的个体斑纹不显著。腹部腹面无斑纹。外雌器的交媾腔近似拱形，2交媾孔位于腔的两侧，腔内隐约可见2纳精囊的端部，近似圆形，且向中央靠拢。

猎　物　小型昆虫，如稻飞虱、叶蝉、鳞翅目幼虫。

分　布　国内见于湖南、上海、江苏、安徽、浙江、福建、广东、台湾、河北、河南、湖北、四川、广西、贵州。国外分布于印度、日本。

A. 背面

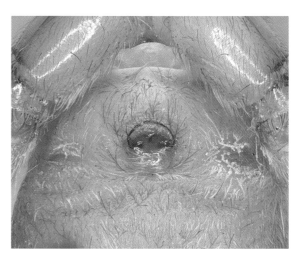

B. 外雌器

图2-569　斑管巢蛛 *Clubiona deletrix* 雌蛛

皿蛛科 Linyphiidae

无筛器蜘蛛，8眼排成2横列。螯肢前后齿堤均有齿，有发声器。下唇前缘增厚。步足刺序简单，全部毛为简单毛，跗节上有听毛，后跗节背缘有1听毛（有时缺失）。步足跗节3爪，无副爪和毛簇。雄蛛触肢器有单独的副跗舟，跗舟大腔窝发达；触肢器中突与盾板愈合，插入器区简单或复杂并以插入器膜与盾板相关联。外雌器外观形状不一，有或无垂体，有成对的受精囊和副腺。腹部背面有或无斑纹。气管系统具有从气管腔发出的4条气管，其中两侧气管不进入头胸部，不分化为微气管，中央1对气管不进入头胸部，不分化为微气管，或中央气管分化为微气管，气管通过腹柄进入头胸部。

皿蛛科的生活环境多样，在地面、石下、草丛间、苔藓中、灌木丛中乃至树上、洞内生活，水、旱田作物上都有分布。结皿网或不规则网。部分类群繁殖快，数量大，对农作物害虫的发生起重要的抑制作用。

皿蛛科是蜘蛛目中的大科之一，目前全世界有记录611属4582种，我国有154属约371种（Irfan，2019）。

69. 隆背微蛛 *Erigone prominens* Bösenberg & Strand, 1906

特　征　见图2-570。

雄蛛体长1.7～2.0mm。背甲红褐色，两侧缘具小锯齿。头区显著隆起呈瘤状。颈沟、放射

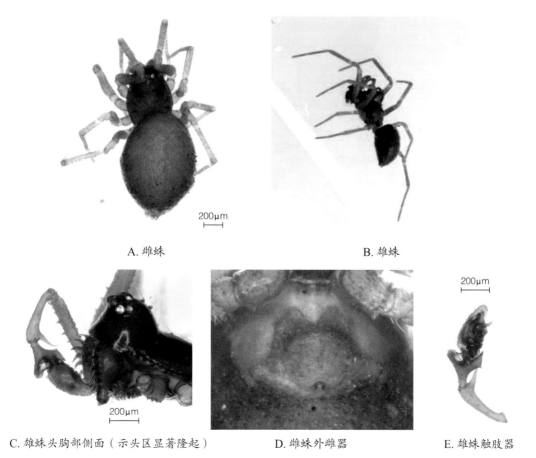

A. 雌蛛　　　　　　　　　　　　　　B. 雄蛛

C. 雄蛛头胸部侧面（示头区显著隆起）　　D. 雌蛛外雌器　　　E. 雄蛛触肢器

图2-570　隆背微蛛 *Erigone prominens*

沟、中窝皆黑褐色。胸甲心形,黑褐色,边缘黑色。螯肢黄褐色,前齿堤5齿,后齿堤4齿;螯基前侧缘有6~8个向下弯曲的长齿。颚叶黄褐色,具疣状小突起。下唇宽大于长。步足黄褐色,第1、2步足腿节前侧面具明显的刺突。腹部卵形,褐色;腹背具1对很细小的肌痕。触肢器黄褐色,转节、腿节上具齿状突起,膝节远端具1个长的指状突起,胫节突复杂。

雌蛛体长1.5~2.2mm。头区显著隆起,但不如雄蛛高。螯基前侧缘无向下弯曲的长齿。颚叶上无疣状小瘤。触肢黄褐色。第1、2步足腿节无刺突。其他特征同雄蛛。外雌器腹面观,似叶状突起,交媾腔很小;背面观,具纳精囊1对,褐色。

猎　物　小型昆虫,如稻飞虱、叶蝉。

分　布　国内见于湖南、湖北、四川、江西、江苏、安徽、浙江、福建、台湾、广东、广西、上海、云南、陕西、甘肃、青海、山东、山西、河南、河北、北京、内蒙古。

70. 驼背额角蛛 *Gnathonarium gibberum* Oi, 1960

特　征　见图2-571。

雄蛛体长2.1~2.4mm。背甲红褐色。头区显著隆起。颈沟、放射沟明显,中窝纵向。眼区

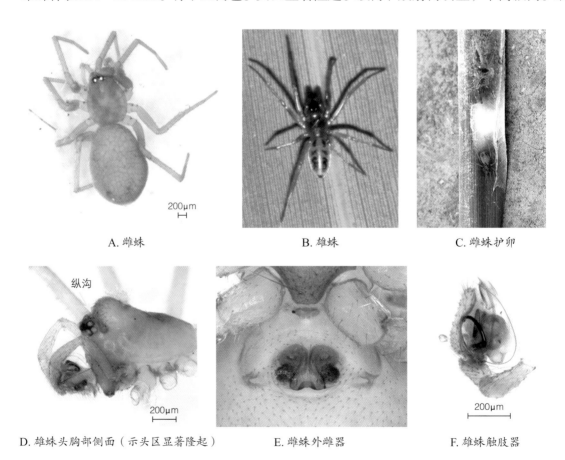

A. 雌蛛　　　　　　　　　　B. 雄蛛　　　　　　　　　　C. 雌蛛护卵

纵沟

D. 雄蛛头胸部侧面(示头区显著隆起)　　　E. 雌蛛外雌器　　　F. 雄蛛触肢器

图 2-571　驼背额角蛛 *Gnathonarium gibberum*

之后有1大瘤状隆起，隆起前面着生较多灰白色短毛。眼区与瘤状隆起间有明显的纵沟。胸甲心形，黄褐色，边缘色深。螯肢黄褐色，前齿堤5齿，后齿堤4齿，螯基具许多瘤状小突和1较大的齿突。颚叶、下唇黄褐色，下唇宽大于长。步足黄褐色。腹部长卵圆形，淡黄色。腹部背面背中线两侧有左右对称的浅灰色斑纹。腹部腹面，胃上沟前方有2块灰色横斑，胃上沟后方有1对灰色纵斑。纺器两侧及近肛丘处灰色。触肢膝节远端有1突起。

雌蛛体长2.2～2.9mm。眼区之后无瘤状突起。螯基无雄蛛所具有的1齿突。触肢黄褐色，其他特征同雄蛛。外雌器腹面观，交尾腔小，前缘圆弧状；背面观，纳精囊1对，深红褐色。雌蛛有护卵习性。

猎　物　小型昆虫，如稻飞虱、叶蝉。

分　布　国内见于湖南、湖北、江西、江苏、安徽、浙江、上海、福建、广东、四川、贵州、北京、河北、陕西、河南。

71. 草间钻头蛛 *Hylyphantes graminicola* (Sundevall, 1829)

异　名　*Erigonidium graminicola*: Locket & Millidge, 1953；*Linyphia graminicola* Sundevall, 1829；*Micryphantes graminicola* Roewer, 1942。

中文别名　草间小黑蛛、翅甲黑腹微蛛。

特　征　见图2-572。

雄蛛体长2.3～2.6mm，头区隆起。颈沟、放射沟处颜色稍深。中窝纵向，黑色。前眼列后曲，后眼列微前曲或端直。胸甲褐色，边缘黑褐色，末端插入第4对步足基节间。螯肢赤褐色，螯基背面具许多小瘤，前侧面具1大的齿状突，突起尖端有1根毛。前齿堤5齿，后齿堤4齿。下唇宽大于长，褐色。颚叶黄褐色。步足黄褐色。腹部背面灰褐色，密被细毛。腹面颜色稍浅。舌状体较大。纺器灰色。触肢膝节远端具1齿状突起；插入器扭曲3圈，呈螺丝钉状。

雌蛛体长3.0～3.8mm；螯肢背面具许多小瘤，但螯基前侧面无雄蛛所具有的大的齿状突起。触肢黄褐色，胫节与跗节具长刺，膝节远端无齿状突起。外雌器腹面观，交媾腔略呈横向椭圆形；背面观，纳精囊1对，并扭曲。

猎　物　小型昆虫，如稻飞虱、叶蝉。

分　布　国内见于湖南、江苏、安徽、湖北、江西、福建、台湾、上海、浙江、江西、广西、广东、四川、云南、贵州、黑龙江、北京、天津、山东、吉林、辽宁、河北、河南、陕西、山西、青海、新疆。国外分布于古北区。

A. 雄蛛   B. 雄蛛触肢器

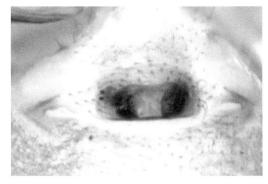

C. 雄蛛头胸部侧面（示隆起的头区）   D. 雌蛛外雌器

图 2-572 草间钻头蛛 *Hylyphantes graminicola*

72. 食虫沟瘤蛛 *Ummeliata insecticeps* (Bösenberg & Strand, 1906)

异 名   *Oedothorax insecticeps* Bösenberg & Strand, 1906；*Trematocephalus acanthochirus* Simon, 1909。

中文别名   食虫瘤胸蛛、翅甲条背微蛛。

特 征   见图2-573。

雄蛛体长2.3～2.7mm。背甲黄褐色至红褐色。头区显著隆起，头区正中有1条凹陷较深的沟，沟后部突起部分形成小瘤突。颈沟、放射沟处颜色稍深。中窝纵向。前眼列后曲，后眼列微后曲；前、后侧眼相接。胸甲褐色或红褐色。螯肢黄褐色或红褐色，螯基近外侧多瘤状颗粒，近内侧处各具1较大的齿状突起；前齿堤6齿，后齿堤4齿。下唇宽大于长，褐色。颚叶黄褐色，具少数瘤状颗粒。步足黄褐色。腹部卵形，淡黄色或淡褐色；腹背2对细小的褐色肌痕，腹背后部左右各有1块褐色斑，有的个体褐色斑不明显。腹部腹面具2块褐色斑，色斑各有1条浅色纵纹。纺器四周褐色。触肢器腹面观，插入器顺时针方向扭曲。

雌蛛体长5.4～7.5mm。头区显著隆起，但头区中央无凹陷横缝。螯基上具瘤状颗粒，但无雄蛛所具有的齿状突起。螯肢前齿堤5齿，后齿堤4齿。触肢跗节具爪。其他形态特征同雄蛛。外雌器腹面观，其背中板明显可见。

　　猎　物　小型昆虫，如稻飞虱、叶蝉。

　　分　布　国内见于上海、安徽、江苏、浙江、湖南、湖北、江西、福建、台湾、四川、广东、广西、贵州、云南、河北、吉林、河南、北京、山东、山西、陕西。国外分布于日本、韩国、俄罗斯、越南。

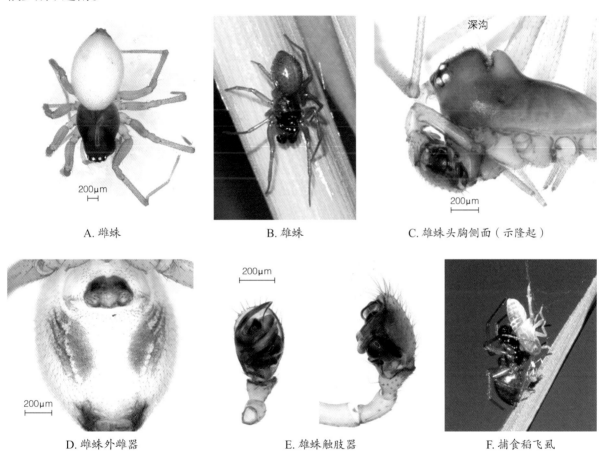

A. 雌蛛　　　　　　　　B. 雄蛛　　　　　　　C. 雄蛛头胸侧面（示隆起）

D. 雌蛛外雌器　　　　　E. 雄蛛触肢器　　　　　F. 捕食稻飞虱

图 2-573　食虫沟瘤蛛 *Ummeliata insecticeps*

73. 齿螯额角蛛 *Gnathonarium dentatum* (Wider, 1834)

　　异　名　*Theridion dentatum* Wider, 1834。

　　中文别名　齿螯隆背蛛。

　　特　征　见图2-574。

雌蛛体长1.7～2.4mm。背甲鲜橘褐色，颈沟、放射沟色稍暗。背面观长卵圆形。头区稍隆起，中线处有1列长毛，周围有一些短毛。胸甲淡褐色，周缘较深。螯肢前齿堤5齿，后齿堤4

齿。步足橘黄色，第1、2步足胫节各有背刺2根，第3、4步足胫节各有1根。腹部灰色或黑色，长卵圆形，背中央有1条浅色纵纹及许多由中央斜向两侧的浅色细斜纹。

雄蛛体长1.8～2.0mm。头胸部隆起较雌蛛显著。螯肢前内侧面有1明显齿突，其尖端有黑硬长毛；前外侧面有若干小的疣状颗粒，被毛。触肢胫节突起内缘近基部有1小齿，远端向内弯成钩状，插入器细长，沿着半圆形薄膜状引导器而弯曲。

猎　物　小型昆虫，如稻飞虱、叶蝉。

分　布　国内见于江苏、安徽、浙江、湖南、湖北、江西、福建、广东、广西、贵州、云南、四川、青海、河北、陕西、山东、河南、甘肃、北京、天津、山西、黑龙江、吉林、内蒙古。

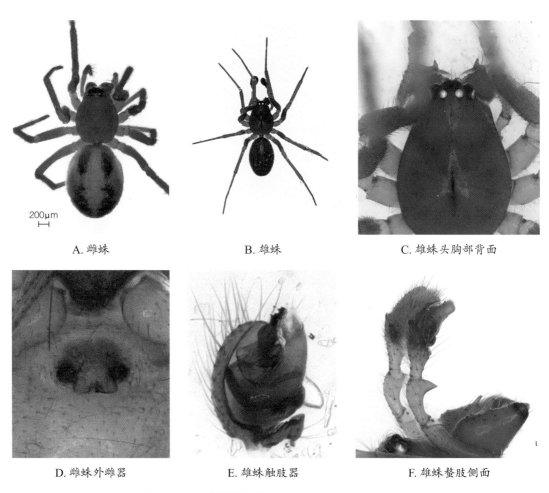

A. 雌蛛　　　　　　　B. 雄蛛　　　　　　　C. 雄蛛头胸部背面

D. 雌蛛外雌器　　　　E. 雄蛛触肢器　　　　F. 雄蛛螯肢侧面

图 2-574　齿螯额角蛛 *Gnathonarium dentatum*

狼蛛科 Lycosidae

体小到大型，体长3.5～31.0mm。8眼同型，皆黑色，后眼列显著后曲，眼式为4-2-2排列；前眼列较小，后眼列大，呈梯形排列。螯肢后齿堤2～3齿。步足粗壮，多刺，末端3爪，上爪有少数齿，下爪无齿或具1齿。足式为4-1-2-3。腹部椭圆形。雄蛛触肢胫节无突起。

本科多数为游猎性捕食者，除马蛛属Hippasa外都不结网，能跳善走，行动敏捷，性情凶猛，有自残习性，是农田优势种群，徘徊游猎于农田间、水面上、草丛、灌木丛和果园内，捕食各种害虫。

雌蛛用纺器携带卵囊，孵出的幼蛛分层群集于母蛛背上，经3～7天待第2次蜕皮后才离开母蛛，营独立生活。

目前全世界狼蛛科有123属2400种，我国已知有26属310余种（张志升和王露雨，2017）。

74. 星豹蛛 *Pardosa astrigera* L. Koch, 1878

异　名　*Pardosa chionophila* Koch, 1879；*Pardosa pseudochionophila* Schenkel, 1963；*Lycosa T-insignita* Bosenberg & Strand, 1906。

中文别名　丁纹豹蛛，丁纹狼蛛。

特　征　见图2-575。

雌蛛体长5.5～6.7mm。背甲黑褐色，正中带赤褐色，前段椭圆形，隐约可见1对黑斑，中段3个较浅缺刻，两段之间狭窄，呈"T"形。中窝、颈沟、放射沟皆明显。侧纵带黑褐色，侧斑不连续，始自颈沟，亚缘带黑褐色，不连续，边缘黑色。胸甲黑褐色，正中有1浅褐色纵条纹。螯肢褐色，前齿堤2齿，后齿堤3齿。颚叶灰褐色，下唇黑褐色，触肢、步足褐色。腹部背面黄褐色底；心斑灰褐色，两侧条斑隐约可见；山形纹5个，排列整齐。腹部腹面黄褐色至灰褐色，正中区色较深。纺器褐色。外雌器中隔前端狭，后端宽且呈倒梨形，凹陷位于后端两侧；垂兜1个，纳精囊棍棒形，交媾管细长。

雄蛛体长6.0～6.8mm。体色较深，斑纹与雌蛛相同。触肢器的跗舟狭长，长1.4mm，宽0.4mm，有跗爪；中突的背突长而弯曲如镰，基突长三角形；顶突半宽环状，未展开时由外侧绕至内侧，从腹正中观，大部分被遮掩，仅远端呈"山"字形显露于外。

猎　物　小型昆虫，如稻飞虱、叶蝉以及鳞翅目幼虫。

分　布　国内见于江苏、上海、安徽、浙江、福建、湖南、湖北、江西、广东、广西、四川、贵州、云南、北京、辽宁、内蒙古、宁夏、甘肃、青海、新疆、河北、陕西、黑龙江、吉林、天津、山东、河南、山西、西藏。国外分布于尼泊尔、日本、韩国、俄罗斯等国。

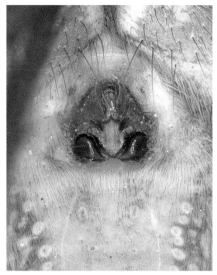

A. 雌蛛　　　　　　　　　　B. 雌蛛外雌器　　　　　　　　C. 雄蛛触肢器

图 2-575　星豹蛛 *Pardosa astrigera*

75. 沟渠豹蛛 *Pardosa laura* Karsch, 1879

异　名　*Pardosa diversa* Tanaka, 1985；*Pardosa agraria* Tanaka, 1985。

特　征　见图 2-576。

雌蛛体长 5.0～7.0mm。背甲的正中斑黄褐色，前段椭圆形，较中段为宽，向前延伸成并行的指状斑，中窝长，中段缺刻极浅；颈沟、放射沟明显。侧纵带黑褐色，侧斑始自颈沟后，连续、

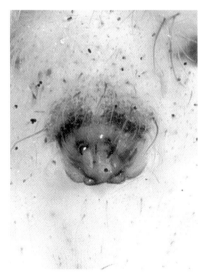

A. 雌蛛　　　　　　　　　　B. 雄蛛　　　　　　　　　　C. 雌蛛外雌器

图 2-576　沟渠豹蛛 *Pardosa laura*

较宽；亚缘带断续，裂割成 1 行，4～5 斑，杆状、褐色，边缘黑褐色。胸甲黄褐色，有灰黑色龟纹。螯肢、颚叶褐色，下唇黑褐色。触肢、步足黄褐色，有灰黑色环纹。腹部背面心斑细而短，两侧条斑长"八"字形，边缘规则；山形纹 5 个，第 1、3 纹两侧有 1 对明显的黑点。腹部腹面灰黄褐色，散生黑点斑。纺器褐色。外雌器长 0.3 mm，宽 0.5 mm；中隔纵板前宽，中段窄，基部横板宽扁，垂兜 1 对浅小，两兜相距或宽或窄；纳精囊圆球形，交媾管粗。

雄蛛体长 3.5～5.0 mm。体色较雌蛛深，斑纹与雌蛛基本相同。触肢器、跗节和步足各腿节黑色。

猎　　物　小型昆虫，如稻飞虱、叶蝉以及鳞翅目幼虫。

分　　布　国内见于江苏、上海、浙江、安徽、湖北、湖南、四川、台湾、福建、广东、广西、贵州、黑龙江、吉林、山东、河南、陕西、甘肃等地。国外分布于日本、韩国等国。

76. 拟环纹豹蛛 *Pardosa pseudoannulata* (Bösenberg & Strand, 1906)

异　　名　*Pardosa annandalei*: Tikader & Malhotra, 1980；*Lycosa annadalei* Gravely, 1924；*Lycosa basivi* Dyal, 1935；*Lycosa cinnameovittata* Schenkel, 1963；*Lycosa pseudoannulata*: Chamberlin, 1924；*Lycosa pseudoterriola* Schenkel, 1936；*Tarentula pseudoannulata* Bosenberg & Strand, 1906。

中文别名　稻田狼蛛、拟环豹蛛、拟环狼蛛。

特　　征　见图 2-577。

雌蛛体长 8.0～11.6 mm。背甲的正中斑黄褐色；前段方形，上有 2 条杆状灰黑斑，向前延伸 1 指状斑，达中列两眼间；中段较窄，2 个缺刻。侧纵带灰黑色，较窄；侧斑宽，始自额，中间有 1 细波纹前后贯穿；亚缘带连续，灰黑色，边缘黑色。中窝赤褐色，粗长。前中眼列平直，微前曲，短于中眼列。胸甲、颚叶黄褐色，胸甲有 3 对或 3 对半黑点，有的个体暗褐色。螯肢褐色，下唇、触肢、步足黄褐略带灰色。步足环纹不明显。腹部背面心斑周边有明显黑点；山形纹 5 个，几乎横直，中间微突起，每纹有 2 对黑点，肉眼观察似环纹，故名。腹面正中区黄褐斑；两侧及纺器黄褐色。外雌器扁圆形，中隔前窄后宽，垂兜 1 对；交媾沟的腹背壁隆起较宽粗呈"V"形；纳精囊棍棒形，远端常现小结节各 2 个，交媾管短。

雄蛛体长 6.1～7.0 mm。触肢的胫节、跗节黑色，多毛，跗舟长 1.5 mm，宽 0.8 mm；跗爪纤细，中突从腹正中观，几乎三角形，远端弯向腹面向外侧，竖立于与主体垂直面上；插入器粗，水平伸展；顶突月牙形，角质化程度高。

猎　　物　小型昆虫，如稻飞虱、叶蝉以及鳞翅目幼虫。

分　　布　国内见于上海、江苏、安徽、浙江、江西、福建、台湾、湖南、湖北、广东、广西、海南、云南、四川、贵州、黑龙江、河北、天津、山东、河南、陕西、甘肃、新疆。国外分布

于巴基斯坦、缅甸、日本、印度。

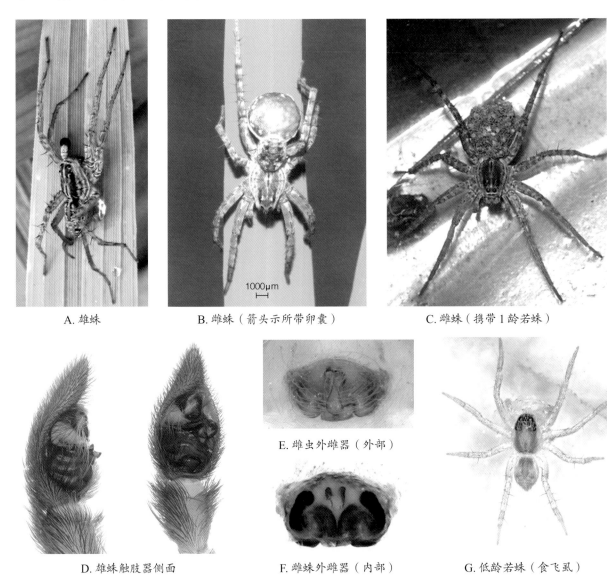

A. 雄蛛   B. 雌蛛（箭头示所带卵囊）   C. 雌蛛（携带1龄若蛛）

D. 雄蛛触肢器侧面   E. 雌虫外雌器（外部） F. 雌蛛外雌器（内部）   G. 低龄若蛛（食飞虱）

图2-577 拟环纹豹蛛 *Pardosa pseudoannulata*

77. 真水狼蛛 *Pirata piraticus* (Clerck, 1757)

异　名 *Araneus piraticus* Clerck, 1757；*Lycosa piraticus* Walckenaer, 1805。

特　征 见图2-578。

雌蛛体长5.9～7.6mm。背甲的正中斑黄褐色，"V"形纹及两侧纵带均呈褐色，亚侧纵带淡褐色，不很明显。胸甲黄褐色，被黑色刚毛，前3对步足基节处有淡褐色横斑。螯肢、颚叶黄褐色，下唇灰褐色。腹部背面无明显斑纹，灰褐色，矛形心斑黄褐色，其后有5条同色横带。纺器黄褐色。外雌器腹面观，透过体壁可见1对像"耳朵"状的结构，背纳精囊隐约可见，外侧纳精囊与生殖沟的相对夹角约为45°，内侧纳精囊下有1宽的黑色支持物；背面观外雌器每叶由1短瓶状的内侧纳精囊和1囊状的外侧纳精囊组成，内侧囊稍长于外侧囊，其后缘有1几丁质的深色支持边缘。

　猎　物　小型昆虫，如稻飞虱、叶蝉以及鳞翅目幼虫。

　分　布　国内见于黑龙江、河南、甘肃、上海、江苏、安徽、湖南、四川、福建、山东、湖北、广东、云南。国外分布于日本。

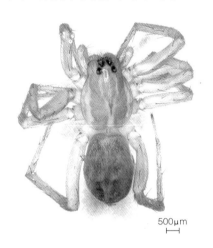

A. 背面　　　　　　　　　　　　　　　　B. 外雌器

图 2-578　真水狼蛛 *Pirata piraticus* 雌蛛

78. 类水狼蛛 *Pirata piratoides* (Bösenberg & Strand, 1906)

　异　名　*Tarentula piratoides* Bösenberg & Strand, 1906；*Pirata japonicus* Tanaka, 1974；*Pirata praedatoria* Hu, 1984。

　中文别名　稻田水狼蛛、弓水狼蛛。

　特　征　见图 2-579。

雌蛛：体长4.0~6.0mm。背甲的正中斑黄褐色，"V"形纹及两侧纵带均呈深褐色，较明显。胸甲淡黄色，边缘色稍深。颚叶、螯肢淡黄色，前齿堤2齿，后齿堤3齿。下唇淡褐色。步足黄褐色，无明显环纹。腹部背面基色变异大，有的个体为黄褐色，有的灰褐色。心斑明显，矛形，心斑两侧及后方的银色圆点斑变异也大，有的个体甚至斑纹不明显，如基色为淡黄褐色者，两侧各有1对短棒形和1对近圆形灰黑色斑，后方有数个近"八"字形排列的灰黑色斑；腹部腹面黄褐色，无斑纹。多数个体的前纺器较长，生活时呈"八"字形。外雌器赤褐色，后缘两叶向生殖沟凸出较多，外面观，每叶腹侧下方并列2个纳精囊，内侧者较小，近圆形；外侧者椭圆形，两囊之上为1对半月形的深色结构，背纳精囊隐约可见；内面观，腹侧2纳精囊后缘几乎在同一水

平线上,背纳精囊向前方伸展,稍偏向外侧方,支持骨片细长,末端超过背纳精囊前缘。

猎 物 小型昆虫,如稻飞虱、叶蝉以及鳞翅目幼虫。

分 布 国内见于浙江、上海、江苏、安徽、江西、湖南、湖北、福建、广东、海南、广西、四川、贵州、云南、吉林、辽宁、北京、河北、天津、山东、河南、陕西。国外分布于日本、朝鲜。

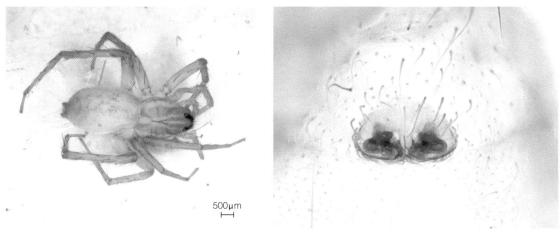

A. 背面 　　　　　　　　　　　　　B. 外雌器

图 2-579 类水狼蛛 *Pirata piratoides* 雌蛛

79. 拟水狼蛛 *Pirata subpiraticus* (Bösenberg & Strand, 1906)

异 名 *Tarentula subpiraticus* Bösenberg & Strand, 1906。

特 征 见图 2-580。

雌蛛体长6.0～10.0mm。背甲黄褐色,"V"形纹及两侧纵带均呈灰褐色,界限不清晰。胸甲淡黄褐色,边缘暗褐色,无斑纹。螯肢黄褐色,前齿堤2齿,后齿堤3齿。颚叶淡黄褐色,下唇淡褐色。步足褐色,多毛和刺。腹部背面矛形心斑明显,两侧2对较大的黑斑,前1对稍长,后1对近椭圆;心斑后方有5或6个暗褐色山形斑,有的个体山形斑不明显,而为数对黑斑,有的个体黑斑亦不明显。腹部腹面淡黄褐色,无任何斑纹。外雌器赤褐色,后缘两叶向生殖沟凸出较多,外面观,每叶腹侧下方可见1横向外展的纳精囊,其内侧颜色较深,前方隐约可见球形背纳精囊;内面观,2对纳精囊,位于内侧者较大,伸向前方,前端膨大呈囊状;外侧囊伸向外侧方;内骨片小,呈钩状弯曲。

雄蛛体长5.0～6.0mm。体色、斑纹与雌蛛相似,斑纹较雌蛛明显。触肢器中突小而尖细,具小的远端突;侧突较细长,镰刀形,向外侧伸展;基囊较大,长椭圆形,位于跗舟腹正中线内侧。

猎 物 小型昆虫,如稻飞虱、叶蝉以及鳞翅目幼虫。

分　布　国内见于湖南、江苏、浙江、上海、安徽、湖北、江西、福建、台湾、广东、广西、四川、贵州、云南、北京、山东、河北、河南、陕西、黑龙江。国外分布于日本、朝鲜。

A. 雌蛛（携带卵囊）

B. 雌蛛外雌器 　　　　　　　　　　C. 雄蛛触肢器

图 2-580　拟水狼蛛 *Pirata subpiraticus*

80. 云南迅蛛 *Ocyale* sp.

特　征　见图 2-581。

雌蛛体长约 20 mm。背甲黄褐色，密被灰白色毛，具少量黑色斑。步足较长，黄褐色，具褐色环纹，密被白色长毛。腹部卵圆形，背面灰黄色，密被白色长毛，生有许多黑褐色小斑。

猎　物　小型昆虫，如稻飞虱、叶蝉以及鳞翅目幼虫。

分　布　国内见于云南。

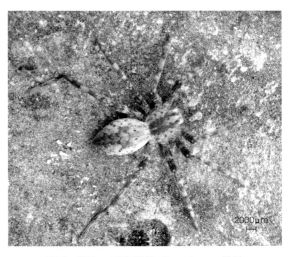

图 2-581　云南迅蛛 *Ocyale* sp. 雌蛛

络新妇科 Nephilidae

中、大型蜘蛛。步足3爪，无筛器；8眼2列。螯肢具有刺突，牙沟前、后缘有齿。下唇边缘加厚。腹部长卵圆形。步足多刺，第Ⅳ跗节有棘突。雄性触肢器跗舟居中，无中突，插入器长，包纳于引导器内。外雌器简单，无垂体，侧凹陷1对，纳精囊球形，交媾管短。雌雄蛛大小悬殊。结大型圆网，偏心，垂直，除主网外，尚有具屏障作用的副网。

目前，全世界本科记述有4属73种，我国已知3属6种（朱明生等，2011）。

81. 棒络新妇 *Nephila clavata* L. Koch, 1878

异　名　*Nephila clavatoides* Schenkel, 1953。

特　征　见图2-582。

雌蛛体长22.0～35.0mm。背甲黑褐色，头区后端有1块倒三角形黄褐色斑，胸区两侧各有1条浅褐色纵带。中窝深，横向。胸甲有1块"H"形黑褐斑，间隔以2条白色纵条斑。螯肢黑褐色。颚叶、下唇黑褐色，端部色浅。步足浅褐色，黑色环纹很明显。腹部背面布满白色粉状斑，前端有1对呈"八"字形排列的深色斑，其后3条深色横带等距排列，末端有2对浅色圆斑。背面中央有叶脉状浅色斑，各向两侧分成2个分支。腹部腹面黑褐色，中央有3条白色纵条纹，中间1条较短，随后有1个白色圆环。中央后面有1对白色圆斑，两侧有不规则白色斜纹。纺器黑褐色，基部两侧有3对白斑。外雌器两侧各有1凹褶。

雄蛛体长7.0～8.0mm，仅雌蛛的1/4～1/3，体色和特征与雌虫差异很大。腹部背面颜色变

A. 背面　　　　　　　　　　　　　　　　　B. 侧面

图2-582　棒络新妇 *Nephila clavata* 雌蛛

异较大，白色、浅褐至黑色。腹部腹面正中为1条宽的黑色纵带，两侧各有1条白色纵带。其余外形特征与雌蛛相同。

猎　　物　田间飞行的小型昆虫，如稻飞虱、蛾类、蝇蚊类。

分　　布　国内见于湖南、安徽、浙江、江苏、湖北、广西、海南、台湾、贵州、四川、云南、河南、北京、辽宁、陕西、山东、河北、山西。国外分布于日本、印度。

猫蛛科 Oxyopidae

小型到中型蜘蛛。全体黄褐色或黄绿色。头部甚隆起；额高而垂直。8眼同型，皆黑色，前眼列强后曲，后眼列强前曲，呈2-2-2-2式排列，前中眼最小，其他3对眼等大。螯肢细长，爪短，具侧结节，齿堤无齿或后齿堤具1齿。步足细长具黑纹和刺，转节有凹槽，跗节末端具3爪，上爪有齿1行，下爪具2～3齿。腹部卵圆形，后端尖，密被鳞状毛及细长黑、白毛。纺器乳突状，略等长，具舌状体。

猫蛛一般生活在草丛、灌木丛的植株上，不结网或在荫蔽处徘徊跳跃。行动敏捷似猫，故又名猫蛛。稻田中一般在落水后迁入，在稻茎和茎叶间游猎捕食稻虫，如飞虱、叶蝉、稻纵卷叶螟等。成熟后产卵，母蛛不携带卵囊，将其系在植株枝叶间，并在其周围引丝固定之。

目前全世界猫蛛科已知114属约1747种，我国已知12属约58种（张志升和王露雨，2017）。

82. 线纹猫蛛 *Oxyopes lineatipes* (L. Koch, 1847)

异　　名　*Oxyopes viabilior* Chamberlin, 1924。

特　　征　见图2-583。

雌蛛体长8.1～11.9mm。背甲黄褐色，中纵带与侧纵带深褐色。头部隆起。中窝细长，赤褐色。颈沟明显。胸甲黄褐色，两侧边缘有3对小黑斑。螯肢、颚叶、下唇、步足皆黄褐色。螯肢前齿堤2齿，后齿堤1齿。步足多刺，各步足腿节腹面有1深褐色细条纹。腹部为前端钝圆、后端稍尖的纺锤形；腹部背面有3对黄褐色斜纹，其边缘为黑褐色。外雌器腹面观生殖厣后缘角质化部分呈半弧形；背面观交媾管呈"C"形弯曲，弯曲度较小，左右分离幅度宽。

雄蛛体长7.4～8.8mm。雄蛛外形、斑纹与雌蛛相似。触肢胫节外侧由几片似花瓣的突起组成，像1朵正要开放的玫瑰花。

猎　　物　小型昆虫，如稻飞虱、叶蝉以及稻纵卷叶螟幼虫。

分　布　国内见于湖南、江苏、浙江、安徽、江西、广东、广西、福建、四川、贵州、云南、陕西。

A. 雌蛛（夏声广摄）　　　　　　　　　B. 雄蛛　　　　　　　　　　C. 雄蛛触肢器

图 2-583　线纹猫蛛 *Oxyopes lineatipes*

83. 斜纹猫蛛 *Oxyopes sertatus* L. Koch, 1877

异　名　*Argiope aequior* Chamberlin, 1924。

中文别名　宽条猫蛛、山猫蛛。

特　征　见图2-584。

雌蛛体长7.5～11.0mm。背甲黄褐色，中纵带及侧纵带褐色，中窝赤褐色。颈沟明显。胸甲黄褐色。颚叶、下唇、螯肢黄褐色，前齿堤2齿，后齿堤1齿。步足多刺。腹部背面黄褐色，心斑赤褐色，棱形，侧面赤褐色，有3～4对黄白色斜行条纹。腹部腹面中央黑褐色，侧面灰褐色。纺器灰褐色。外雌器腹面观生殖厣后缘角质化部分中间呈三角形，透过表皮隐约可见1对纳精囊。

雄蛛体长6.5～7.1mm，外形与雌蛛相似。触肢胫节突呈现出2个分离的大齿，外侧突长而

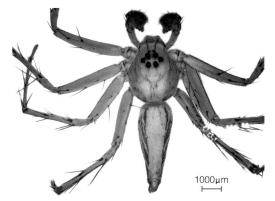

A. 雌蛛　　　　　　　　　　B. 雄蛛背面　　　　　　　　　C. 雄蛛触肢器

图 2-584　斜纹猫蛛 *Oxyopes sertatus* 雄蛛

大,侧面具有几条横行的隆起,内侧突顶端有1向内弯曲的大齿突。

猎 物 小型昆虫,如稻飞虱、叶蝉、稻纵卷叶螟幼虫。

分 布 国内见于江苏、上海、浙江、安徽、湖南、湖北、江西、广东、广西、贵州、四川、云南、福建、台湾、山东、河南、陕西、吉林、辽宁、河北、北京、山西、新疆。

84. 爪哇猫蛛 *Oxyopes javanus* Thorell, 1887

异 名 *Oxryopes hotingchiehi*(Schenkel, 1963)。

特 征 见图2-585。

A. 雌蛛背面

B. 雄蛛头前观

1000μm

C. 雄蛛背面

D. 雄蛛触肢器

图 2-585 爪哇猫蛛 *Oxyopes javanus*

雌蛛体长6.9～9.6mm。背甲黄褐色，头部稍高于胸部，背甲上有1不太明显叉形斑。螯肢除了背面1褐色纵纹外，在侧节结的前缘尚有不长的褐色纵条。胸甲、螯肢、颚叶、下唇皆黄褐色。胸甲两侧及后端具有7个小黑斑。螯肢前齿堤2齿，后齿堤1齿。步足赤褐色。腹部卵圆形，背面中央心斑呈棱形，边缘分支，两侧有3对斜行条斑，各条斑的末端断断续续相连，其他特征近似于斜纹猫蛛。腹部腹面中央深褐色，侧面灰褐色。纺器灰褐色。

雄蛛体长约7.0mm。体色较雌蛛略深。触肢胫节的外侧突呈指头状，内侧突条块状，其末端有1向内弯曲的大隆起，像1个大齿。

猎 物 小型昆虫，如稻飞虱、叶蝉以及稻纵卷叶螟幼虫。

分 布 国内见于湖南、广东、广西、福建、陕西。

盗蛛科 Pisauidae

中、大型蛛。背甲黑色，长大于宽，褐色，常有2条侧纵带，被白色毛，有光泽似银带。8眼2列，一般前眼列端直，后眼列后曲，形成4-2-2，少数2眼列皆强后曲，则呈2-4-2。螯肢较粗壮，有侧结节和毛丛，齿堤有齿。颚叶前宽后窄，长大于宽，左右叶外缘平行。下唇长大于宽。步足长，逐渐尖细，所有转节皆有缺刻，3爪，爪下有齿；第4步足最长，胫节、后跗节和跗节有许多排列不规则的听毛。腹部长大于宽，长卵圆形，后端渐尖，被有羽状刚毛。有侧纵带或其他斑纹。其与狼蛛科的区别在于：后眼列后曲强度不如狼蛛科，第3眼列甚宽于第2眼列；步足爪下齿多且粗于狼蛛科；腹部末端渐尖；多数卵囊系于胸甲。

本科亦为游猎性蜘蛛，常在多水草湿润地带、水沟、水草间、田埂和水田栖息，行动敏捷，捕食昆虫，有时可在水面摄食小鱼、小虾等，还出现相互残食的现象。交配季节，有的雄蛛将猎物作为"信物"向雌蛛"求爱"。雌蛛产卵后将卵囊系于胸甲下面，用螯肢和颚叶将卵囊抱住。孵化前，母蛛布一垂直页状网于灌木树枝上，将卵囊置网上，守候一侧，此网称为"保姆网"。若蛛孵出后沿丝分散。

目前全球已知盗蛛科约有54属330余种，我国已知10属36种（朱明生和张保石，2011）。

85. 黄褐狡蛛 *Dolomedes sulfureus* Koch, 1877

异 名 狭条狡蛛、兴起狡蛛。

特 征 见图2-586。

雌蛛体长14.2～18.5mm。背甲浅褐色，边缘黑褐色，近边缘处两侧各有1条黄褐色纵纹。

颈沟、放射沟明显，淡褐色。胸甲黄白色，近边缘处黄褐色嵌以黑褐色。螯肢红褐色，前齿堤2齿，后齿堤4齿。颚叶、下唇褐色。步足黄褐色，布许多褐色碎斑。腹部长卵形，背面黄褐色，斑纹变异较大；有的个体腹背正中纵带褐色，有的个体无明显的正中纵带，而在心斑之后有数个"人"字形斑，体色也有变异；有些个体整体为褐色，斑纹不明显，腹部腹面黄褐色，正中及两侧共有4条褐色细纵纹。

雄蛛体长13.8～18.0mm。体色、斑纹与雌蛛相似。触肢胫节后侧有1不等长的双叉状突起，其基部附近无成束排列的浓密刚毛；插入器针状部细长弯曲，末端有膜质引导器相伴；中突较细、短。

猎　物　小型动物，如稻飞虱、叶蝉、稻纵卷叶螟幼虫、蜘蛛。

分　布　国内见于湖南、浙江、福建、四川、贵州、云南、陕西、江苏、安徽、广东、广西。国外分布于韩国、日本。

A. 背面　　　　　　　　　　　B. 捕食　　　　　　　　　　C. 触肢器

图2-586　黄褐狡蛛 *Dolomedes sulfureus* 雄蛛

跳蛛科 Salticidae

中、小型蜘蛛。体色鲜明，闪金属光泽。雌雄蛛体色、被毛和鳞片等很不相同。8眼黑色同型，眼式为4-2-2；前列4眼为第1眼列，最大，平直，位于头胸部前缘垂直面上，前中眼形似车前灯；后中眼为第2眼列，最小，难以见及，位于前侧眼后方，不同种类其位置可在第1、3眼列居中，偏前或偏后；后侧眼为第3眼列；眼区占据整个头部，呈方形、长方形或菱形。螯肢后齿堤有1齿，分叉或不分叉，或有多个齿或无齿。胸板长大于宽。步足粗壮，跗节末端具毛丛。多数种类雄蛛第1步足具有特殊的毛带。

　　栖息在水田、旱田、蔬菜、果树、林木、花卉、杂草、篱笆、房屋内外及庭院墙壁上,徘徊捕食农林、卫生害虫,有时能迅速抽丝捕杀飞行昆虫后再借丝回到原处;除个别属外,一般不结网。在交配季节雄蛛在雌蛛前作简单的舞蹈姿势以求偶。在越冬、蜕皮或产卵期可抽丝营巢,巢呈囊状,有几层丝,并有2个开口,巢内含数个卵囊,雌蛛有护卵习性,以若蛛营巢越冬。

　　跳蛛科是蜘蛛目中种类最多的科之一,目前全世界已记录有500余属4400余种,我国已记录88属400余种(彭锦贤,2019)。

86. 华南菱头蛛 *Bianor angulosus* (Karsch,1879)

异　名　*Bianor hotingchiehi* Schenkel, 1963。

特　征　见图2-587。

　　雌蛛体长约4.0～5.8 mm,头胸部为黑褐色,眼域长、宽约相等,占头胸部的1/2。腹部浅褐

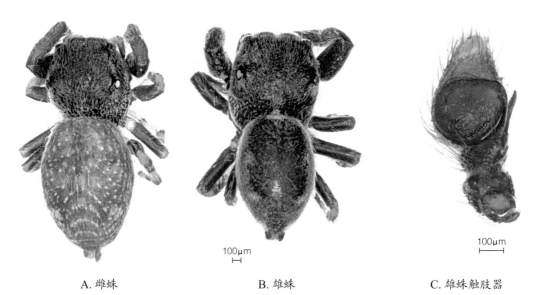

A. 雌蛛　　　　　　　　　　　B. 雄蛛　　　　　　　　　　　C. 雄蛛触肢器

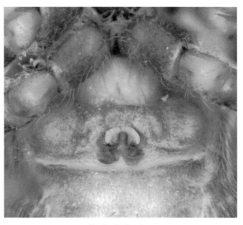

D. 雌蛛外雌器　　　　　　　　　　　E. 雌蛛外雌器

图 2-587　华南菱头蛛 *Bianor angulosus*

色，覆盖浅色毛，腹部两侧隐约可见3对白斑，中部后端具4～5个"Λ"形纹。

雄蛛约4.0～5.3mm；体色特征与虫相似，头胸部中部，第2，3眼列后方隐约各有一对白色浅斑。腹部有4对白斑，腹部末端1对较小。触肢器粗短，胫节细长，末端弯曲。

猎　物　小型昆虫，如：稻飞虱、叶蝉，稻纵卷叶螟、二化螟等鳞翅目幼虫。

分　布　国内见于浙江、江苏、安徽、湖南、福建、广东、广西、贵州、云南、四川、河南、陕西、山东、江西。国外分布于越南、印度。

87. 螺旋哈蛛 *Hasarina contortospinosa* Schenkel, 1963

特　征　见图2-588。

雄蛛体长约5.0 mm。头胸甲隆起，两侧缘较圆，胸甲褐色，前端平切，被浅灰色毛，有黑色、黄褐色斑，螯肢褐色，螯基前侧有浓密的灰白毛，眼周围黑色，颚叶黄褐色，下唇基红褐色。步足褐色，密被白色毛，足上具有黑褐色或黄褐色的环纹。腹部近圆锥形，末端尖，褐色，有白色毛；腹部背面中有1条黑褐色纵斑，两侧具有2对1宽1窄的横条褐斑，后缘两侧具1对长圆形黑色斑。

分　布　国内见于福建、湖南、四川、甘肃。

图2-588　螺旋哈蛛 *Hasarina contortospinosa* 若蛛

88. 卡式蒙蛛 *Mendoza canestrinii* (Ninni, 1868)

异　名　*Marpissa canestrinii* Ninni: Canestrini & Pavesi, 1868；*Marpissa magister* Proszynski, 1973。

中文别名　纵条蝇狮。

特　征　见图2-589。

雌蛛体长9.0～10.8mm，雄蛛体长约7 mm。雌蛛头胸部成梯形状；第1对步足长而粗壮；腹部呈长椭圆形，后端较尖，背面两侧有黑褐色宽纵带，后段有1、2对黑色斑点。雄蛛全体黑褐色；第1步足粗壮；腹部细长，后端较尖。雌蛛产卵于稻叶折成的产室中，雌蛛守护在产室内。

| 猎 物 | 稻田常见种类，有跳跃能力，常徘徊于稻叶上捕食多种害虫。 |

分　布　国内见于安徽、江苏、浙江、湖南、湖北、江西、广东、广西、福建、台湾、四川、贵州、河北、山东、河南、新疆、北京、黑龙江、吉林、山西、陕西。国外分布于日本、越南。

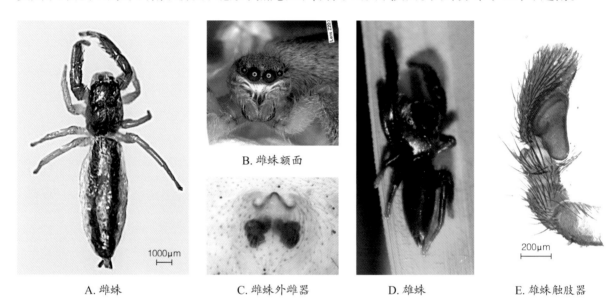

A. 雌蛛　　　　　　　C. 雌蛛外雌器　　　　　D. 雄蛛　　　　　E. 雄蛛触肢器

图 2-589　卡氏蟏蛛 *Mendoza canestrinii*

89. 多色金蝉蛛 *Phintella versicolor* (L. Koch, 1846)

异　名　*Chrysilla versicolor*（L. Koch, 1846）; *Jotus munitus* Bosenberg & Strand, 1906; *Plexipp us versicolor* Koch, 1846。

中文别名　多色菲蛛、警戒蝇豹。

特　征　见图 2-590。

雌蛛体长 4.4～6.0 mm。背甲橙褐色，有黑褐色细边。眼域黑褐色，前中眼后缘之间及后中眼后侧缘均被白色鳞状毛簇。背甲边缘内侧有 1 条黄白色环状带，被白色鳞毛，在此带和眼域之间为 1 "U" 形褐色斑，其内有 1 簇白色鳞状斑，"U" 形斑两侧后缘也有白色毛斑。腹部背面灰黄色，正前缘有 2 纵带褐色，中间两侧夹杂白色鳞状毛簇，中后部有 2 条不连续的波浪形褐色带，末端有白色毛。外雌器结构简单，纳精囊球形，交媾管较粗短，伸向前外侧方。雌蛛产卵时，把树叶略卷成船形，卵囊大小 7.0～10.0mm，每囊具卵粒 10 余枚。

图 2-590　多色金蝉蛛
Phintella versicolor 雌蛛

　　物　　常徘徊于稻叶上捕食多种害虫。

<fen>　　布　　国内见于湖南、青海、安徽、浙江、湖北、江西、台湾、广东、海南、广西、四川、云南、西藏、江苏、福建。国外分布于日本、韩国、印度尼西亚。

90. 波氏金蝉蛛 *Phintella popovi* (Prószynski, 1979)

<yi>　　名　　*Icius popovi* Prószynski, 1979。

<te>　　征　　见图2-591。

雌蛛体长4.4~4.9mm。头胸甲灰褐色,除前中眼外,其余各眼周围黑色;胸部有棕褐色毛形成的前凹弧形斑。螯肢前齿堤2齿,后齿堤1齿。腹部圆形,背面灰黄色,前半部两侧面有网状黑斑,后半部中线两侧有几个波形纹,腹末端有1黑褐色圆斑。第1步足的腿节黑色、胫节内侧面基部、端部都有黑褐色圆斑,第2~4步足的黑褐色圆斑在外侧面。

　　物　　常徘徊于稻叶上捕食多种害虫。

<fen>　　布　　国内见于贵州、辽宁、吉林、北京。国外分布于俄罗斯。

A. 头背部及前额面　　　　　　　　　　　　B. 侧背面

图2-591　波氏金蝉蛛 *Phintella popovi*

91. 条纹蝇虎 *Plexippus setipes* Karsch, 1879

<中文别名>　　蝇虎。

<te>　　征　　见图2-592。

雌蛛体长5.8~6.1mm。背甲深褐色,额部有1土黄白色横带。眼域黑色,胸部正中带褐色,

侧纵带蓝黑色，始于眼域后方。腹部背面有浅黄色纵带条，前端略带黄色，侧纵带黑色。

雄蛛体长6.5～8.5mm。体褐色，腹部背面黄褐色，淡色正中带较宽，从中段开始有数个横向弧形斑。雄蛛触肢之生殖球远离胫节突一侧强角质化部分，跗舟近胫节突的部分有1列整齐而弯曲的毛。

猎 物 徘徊于稻叶上捕食多种害虫。

分 布 国内见于江苏、安徽、浙江、上海、湖南、湖北、江西、福建、广东、香港、广西、四川、云南、贵州、河南、陕西、新疆、山东、宁夏、甘肃。国外分布于土库曼斯坦、韩国、日本、越南。

A. 雌蛛

B. 雌蛛外殖器

C. 雄蛛

D. 雄蛛触肢器

图2-592 条纹蝇虎 *Plexippus setipes*

92. 蓝翠蛛 *Siler cupreus* Simon, 1889

异 名 *Silerella vittata* Yaginuma, 1962。

特 征 见图2-593。

雌蛛体长 6.2～7.4mm。背甲灰褐色，边缘向背面翘起。颚叶、下唇灰黄褐色。腹部背面翠绿色，有金属闪光；前后端1/3处各有1条青白色横向弧形斑。腹面中央灰褐色，两侧1对黑色斜斑为背面后部横斑的延伸。生殖器有1对圆形的交媾孔，隐约可见1对烧瓶状的纳精囊。

【猎　物】　徘徊于稻丛捕食多种害虫。

【分　布】　国内见于湖南、陕西、山东、江苏、浙江、湖北、福建、台湾、广西、贵州、四川、广东。国外分布于日本，韩国。

图 2-593　蓝翠蛛 *Siler cupreus* 雌蛛

93. 东方猎蛛 *Evarcha orientalis* (Song & Chai, 1992)

【异　名】　*Evarcha sichuanensis* Peng, Xie & Kim, 1993；*Pharacocerus orientalis* Song & Chai, 1992。

【特　征】　见图 2-594。

雄蛛体长约 6 mm。背甲黑色，前方被浅褐色毛。第1步足黑色，背浅褐色毛，前2～4对步足褐色。腹部圆筒形，黄褐色，末端尖，沿两侧边缘分布有1对黑色纵纹。

【猎　物】　稻丛中捕食多种害虫。

【分　布】　国内见于湖北、四川。

A. 背面

B. 头额面

图 2-594　东方猎蛛 *Evarcha orientalis*

94. 吉蚁蛛 *Myrmarachne gisti* Fox, 1937

中文别名 吉氏蚁蛛。

特 征 见图2-595。

雄蛛体长5.0~8.0mm。背甲隆起，黑色。头部与胸部之间两侧横缢处各有1被白毛的三角斑。螯肢褐色、长与头胸部相当，具1与螯肢等长的螯牙，螯牙内缘弯曲。前齿堤10齿，近螯爪处2齿较大，其中1齿向前，1齿向前偏外；后齿堤8小齿。颚叶、下唇黄褐色。胸甲深红色，长为宽的3倍。腹部与头胸部等长，黄褐色后半部颜色较深；前端略隆起，有2条浅色横带，前狭后宽。触肢器的胫节突扭曲成"S"形。

猎 物 稻丛中捕食多种害虫。

分 布 国内见于湖南、江苏、安徽、浙江、福建、广东、四川、云南、贵州、陕西、山东、河南。国外分布于日本、韩国、保加利亚。

B. 额面和螯肢

A. 珠体背面　　　　　　　　　C. 头部侧面　　　　　　　　　D. 触肢器

图2-595　吉蚁蛛 *Myrmarachne gisti*

95. 乔氏蚁蛛 *Myrmarachne formicaria* (De Geer, 1778)

异 名 *Myrmarachne joblotii*（Scopoli, 1763）；*Aranea formicaria* De Geer, 1778；*Aranea joblotii* Scopoli, 1763。

中文别名 真蚁蛛。

特 征 见图2-596。

雄蛛体长6.0~8.0mm。背甲隆起，深褐色。眼后头胸结合部横缢处各有1具细白毛的浅色斑纹。螯肢、颚叶红褐色，下唇黑褐色，中段较宽。螯肢有1与自身等长的螯齿，螯齿内缘弯曲。前齿堤7~10齿，近螯爪处2齿较大；后齿堤4~10齿。腹部背面前半部黄褐色，前缘两侧有1对不明显的三角形浅黄色斑；后半部黑褐色带灰白毛。腹部腹面有宽的灰黄带，两侧后半部黑褐色。触肢器之胫节突基部宽，其上的鞭状部分先向背侧然后转向前。

雌蛛体长6.0~8.0mm。和雄蛛相比，眼后白斑粗而明显。螯肢前齿堤7齿，后齿堤6齿。触肢红褐色，胫节、跗节较宽扁，具长毛。胸甲灰褐色，长为宽的3倍。第1、2步足黄色，第3、4步足胫节、转节、膝节黄白色，其余各节为红褐色。腹部黄褐色，中间有大段黑色横带。外雌器有1对耳状凹陷，交媾管扭曲成麻花状。

猎 物 稻丛中捕食多种害虫。

分 布 国内见于安徽、浙江、湖南、湖北、广东、广西、贵州、四川、云南、河南、陕西、北京、吉林、山东。国外分布于日本、韩国、保加利亚、芬兰。

A. 雌蛛背面

B. 雄蛛背面

C. 雄蛛头部前面

D. 雌蛛头胸侧面

E. 雄蛛头胸侧面

图2-596 乔氏蚁蛛 *Myrmarachne formicaria*

肖蛸科 Tetragnathidae

本科蜘蛛体型与步足细长，多数种类触肢发达，雌蛛的较雄蛛短，前、后齿堤各有1行长齿。8眼两列，黑色同型，眼基部有黑色圈斑。腿节有听毛，跗节具3爪。多数种类雌蛛外雌器外形较简单，只见生殖沟与雌孔；雄性触肢器生殖球结构简单，顶部仅具插入器和引导器，无骨片支撑，中部为膨大的球形，有盾片，基部藏于跗舟内。

蜘蛛生活在潮湿地面，近水源处，灌木丛中。静止时2对足向前伸、2对足向后伸，呈直线状；在农作物间张水平圆网，网中央有孔，蜘蛛一般在网中或网旁，有的种类能离网潜伏于附近植株上伺机捕食害虫。

在稻田中或游猎于水稻近根部或布网于剑叶间，网圆形，中空，水平捕食昆虫。农药使用较少的稻田，常可见蛛网密集，是稻田中十分重要的害虫天敌。

本科全世界已记录48属987种，我国有记录约19属137种（张志升和王露雨，2017）。

96. 栉齿锯螯蛛 *Dyschiriognatha dentata* Zhu & Wen, 1978

异 名 *Dyschiriognatha haruigteneru* Barrion & Litsinger, 1995。

特 征 见图2-597。

雄蛛体长2.03～2.24mm。背甲红褐色。颈沟和放射沟暗褐色，颈沟较深。中窝浅，纵向。头部隆起，背甲两侧有许多小圆坑。两眼列均后凹、等宽。各眼均具黑褐色眼斑，尤以后中眼的最为明显。螯肢前面具2列颗粒状的小突起。前齿堤有3齿，第1齿与第2齿的间距大于第2齿与第3齿的间距；后齿堤亦有3齿，第2齿与第3齿相互靠近而远离第1齿。螯牙背面中部具尖突。步足细，无刺和大刚毛，仅在膝节具细弱的刚毛。腹部球形或亚球形，背面灰白色，具黑色斑块和斑点；有些个体腹背呈银白色，具不明显的暗色斑点。腹部侧面银白色。腹部腹面中央从书肺至纺器之间为1宽的浅黑色纵带，纵带的两侧围有浅色窄边，窄边的外侧亦为浅黑色。触肢器的盾板球形，引导器近顶部具1列黑色小齿，呈栉状排列；副跗舟端半部弯曲，近似"Y"形；插入器的基部盘曲，顶部膨大。

猎 物 小型昆虫，如稻飞虱、叶蝉、螟蛾类。

分 布 国内见于四川、云南、陕西、湖南、广东、广西、贵州。国外分布于菲律宾、孟加拉国、日本。

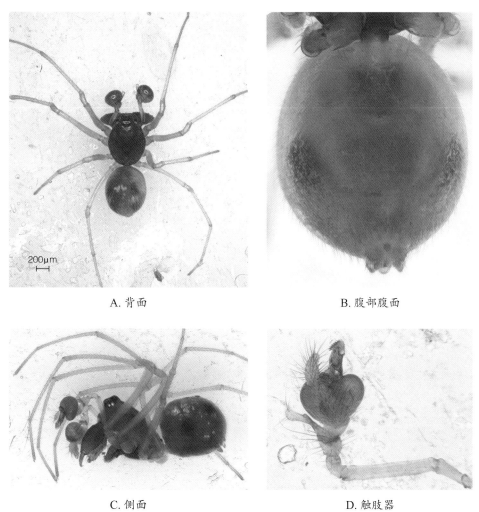

A. 背面   B. 腹部腹面

C. 侧面   D. 触肢器

图 2-597 栉齿锯螯蛛 *Dyschiriognatha dentata* 雄蛛

97. 四斑壮螯蛛 *Pachygnatha quadrimaculata* (Bösenberg & Strand, 1906)

异 名 *Dyschiriognatha quadrimaculata* Bösenberg & Strand, 1906；*Glenognatha nipponica* Kishida, 1936。

中文别名 四斑锯螯蛛、四斑粗螯蛛。

特 征 见图2-598。

雌蛛体长2.5～4.0mm。头胸部和螯肢红褐色。背甲呈梭形，中央有1较深红褐色三角形条斑，两侧黄褐色，边缘深褐色。整个头胸部上散布着一些圆凹形的粗点，以背甲中央部分为最多。前列眼后曲，后列眼端直。背甲与胸甲在步足基节间相连。螯肢不及头胸部长度的1/2，螯肢基部无突起；前齿堤近螯爪基部的一端无齿，隔一段长距离，约在螯肢近螯爪基部1/3处开始有3齿；后齿堤4齿。胸甲、步足淡褐色，腿节上无刺，跗节末端无爪。腹部椭圆形，背面灰色，

有4个不太明显的灰黑色圆斑，有的个体前1对斑呈条块状或呈不规则的斑纹，变异较大。背面两侧集中有银色光泽的鳞斑，有的个体银色鳞斑扩散到背中央。腹部腹面灰黑色。外雌器生殖沟端直，有1对囊状纳精囊，各连接1条弯曲的长管。

雄蛛体长2.0～3.0mm。体色、斑纹、眼列、足式皆与雌蛛相同。螯肢短于头胸部，螯爪基部无突起。前齿堤近螯爪基部的一端有1大的齿状针刺，其尖端不分叉，约在螯肢中段开始3齿分布，其中以第2齿最大；后齿堤4齿，第1齿最大。触肢器的插入器尖端向内弯曲，引导器末端钝圆，呈螺旋状排列。

猎　　物　小型昆虫，如稻飞虱、叶蝉、螟蛾类。

分　　布　国内见于江苏、安徽、浙江、湖南、湖北、江西、广东、四川、福建、广西、贵州、云南、台湾、吉林、河北、北京、天津、山东、河南、陕西。国外分布于韩国、日本。

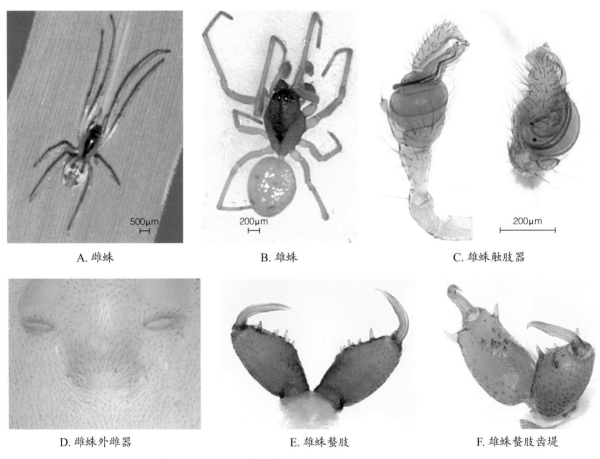

A. 雌蛛　　　　　　　B. 雄蛛　　　　　　　C. 雄蛛触肢器

D. 雌蛛外雌器　　　　E. 雄蛛螯肢　　　　　F. 雄蛛螯肢齿堤

图 2-598　四斑壮螯蛛 *Pachygnatha quadrimaculata*

98. 锥腹肖蛸 *Tetragnatha maxillosa* Thorell, 1895

异　　名　*Tetragnatha conformans* Chamerlin, 1924；*Tetragnatha japonica* Bösenberg &

Strand, 1906；*Tetragnatha listeri* Gravely, 1921；*Tetragnatha propioides* Schenkel, 1936；*Tetragnatha cliens*: Yin, 1976；*Teragmatha dienens*: Zhao, 1993。

中文别名　日本肖蛸、日本长脚蛛。

特　征　见图2-599。

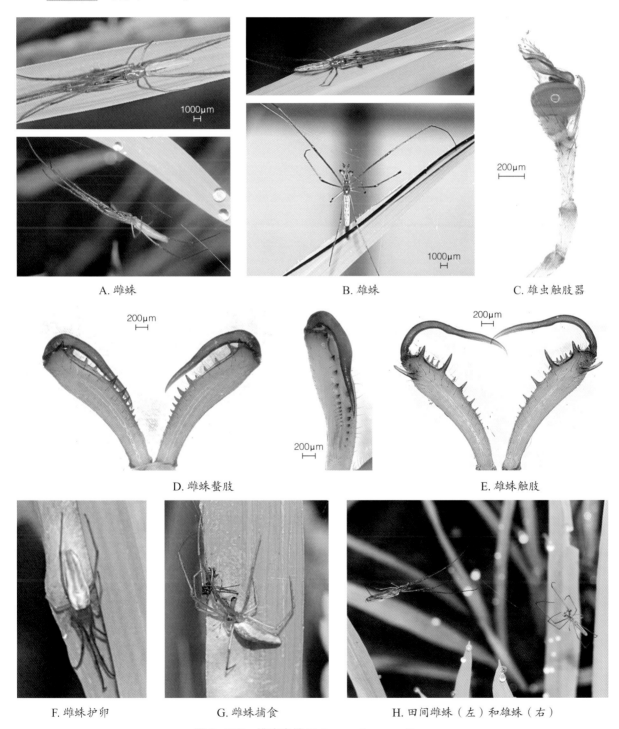

A. 雌蛛　　　　　　　　　B. 雄蛛　　　　　　　　　C. 雄虫触肢器

D. 雌蛛螯肢　　　　　　　　　　　　　　　　　E. 雄蛛触肢

F. 雌蛛护卵　　　　　G. 雌蛛捕食　　　　H. 田间雌蛛（左）和雄蛛（右）

图2-599　锥腹肖蛸 *Tetragnatha maxillosa*

雌蛛体长8.0～11.0mm。背甲和螯肢褐色或黄褐色。颈沟明显，后缘与中窝的弧形斑相连，周缘镶有黑褐色的边。前列眼后曲，后列眼端直。螯肢与头胸部等长或稍短；螯爪基部外缘无突起；前齿堤8齿，后齿堤10齿。颚叶褐色、长方形，远端稍宽，内缘有毛丛。下唇黑色，长稍大于宽。步足细长，与螯肢颜色相同，具有刺。腹部细长，前端较宽，后端稍狭尖，背面密布银色鳞斑，前端一般有2个黑褐色圆斑，有的个体不明显，背面正中央有1条纵向黑色线，自此线向两侧发出数对斜的黑色线纹和4对隐约可见的半月形黑褐色斑，背面后端还有2个黑色圆斑。腹部腹面灰褐色，纺器附近无银色椭圆斑。外雌器的生殖板粗短，也有个体较长；3个纳精囊呈"品"字形排列。

雄蛛体长6.0～7.0mm。体色比雌蛛稍淡。腹部背面的花斑不明显。螯肢与头胸部等长或稍短，螯爪基部外侧无突起，螯肢前端背方有1弯曲的针刺，针刺尖端不分叉，但近尖端不远处生有1小隆起，在针刺的内侧前方有1很小圆锥形的突起。前齿堤7～8齿，后齿堤11齿，触肢器的引导器末端形如镰刀状。插入器的顶端紧紧与引导器相伴而行。

猎　物　小型昆虫，如稻飞虱、叶蝉，蛾类、蚊蝇类。

分　布　国内见于江苏、上海、浙江、江西、安徽、湖南、湖北、四川、台湾、福建、海南、广东、广西、贵州、云南、辽宁、河北、北京、山东、河南、陕西、山西、新疆、西藏。国外分布于南非、孟加拉国、菲律宾。

99. 华丽肖蛸 *Tetragnatha nitens* (Audouin, 1826)

异　名　*Eugnatha nitens* Audouin, 1826；*Tetragnatha eremita* Chamberlin, 1924；*Tetragnatha hotingchiehi* Schenkel, 1963。

特　征　见图2-600。

雌蛛体长9.0～13.0mm。背甲褐色，头区隆起，黄褐色，胸区红褐色，胸区近后缘有4个细杆状黄褐斑。颈沟褐色，宽深，中窝黑褐色，括弧形，放射沟明显。8眼2列，胸甲褐色，边缘有深色细边。螯肢与背甲等长，螯基红褐色，螯爪黑褐色，其基部内外侧无突起。前齿堤10齿，后齿堤11齿。颚叶黄褐色，下唇黑褐色、三角形，长小于宽。触肢、步足黄褐色至红褐色。腹部前宽后窄，略呈长圆锥形。背面密布金黄鳞状斑，中有叶斑，褐色，隐约可见。腹部腹面正中褐色条斑，无鳞状斑，纺器两侧各有2个圆形斑，内侧较大，金黄色，外侧较小，褐色。外雌器的3个纳精囊排列呈"凹"字形，两侧纳精囊卵圆形，中纳精囊球形。

雄蛛体长7.7～9.7mm。体色、斑纹、眼列和足式与雌蛛相同。螯基近螯爪基部的一端有1个较大的针刺，末端分叉。前齿堤10齿；后齿堤11齿，近螯爪基部有1大齿，随后有10齿。触肢器的插入器末端稍弯曲，引导器的末端向内弯曲，呈膜状，伴随插入器而伸展。

猎　物　小型昆虫，如稻飞虱、叶蝉，蛾类、蚊蝇类。

分 布 国内见于湖南、河北、陕西、浙江、湖北、江西、四川、河南、江苏、上海、台湾、福建、广东、广西、贵州、云南、新疆。国外遍布热带地区。

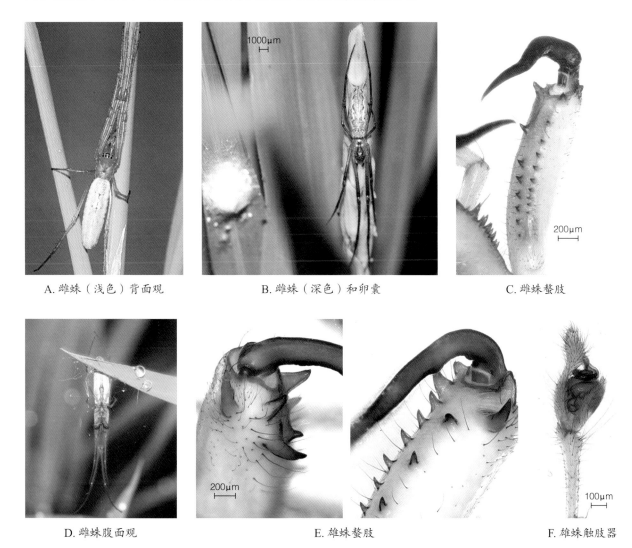

A.雌蛛（浅色）背面观　　　B.雌蛛（深色）和卵囊　　　C.雌蛛螯肢

D.雌蛛腹面观　　　E.雄蛛螯肢　　　F.雄蛛触肢器

图2-600　华丽肖蛸 *Tetragnatha nitens*

100. 圆尾肖蛸 *Tetragnatha vermiformis* Emerton, 1884

异 名 *Tetragnatha shikokiana* Yaginuma, 1960；*Tetragnatha mackenzieri* Gravely, 1921；*Tetragnatha coreana* Seo & Paik, 1981。

中文别名 卵腹肖蛸。

特 征 见图2-601。

雌蛛体长6.0～8.4mm。头胸部、螯肢和步足褐色或淡褐色。前列眼前曲，后列眼后曲，前列眼长于后列眼。螯肢短，约为头胸部长度的1/2，螯爪基部无突起。前齿堤5～7齿，第1齿粗

短，位于螯肢近螯爪基部的一端，后齿堤6～7齿，第1齿接近螯爪基部，隔一小段距离，连续有6齿排列。下唇中央部分黄褐色，边缘深褐色至黑色。步足上有深褐色的细刺。腹部背面布有银白色鳞斑，中央为黑褐色分支纵行条纹，在背面中段有1对小的褐斑，由此斑向后各延伸1条宽的褐色条斑。腹部腹面中央黑灰色，两侧各有1条粗褐带直达纺器前缘，纺器前方附近有1大1小长椭圆形银斑，腹部末端钝圆。外雌器生殖板略呈方形，经浸制后可见每侧有1对圆形囊状纳精囊，由1条粗短管相连，从侧面观，纳精囊呈马蹄形。

雄蛛体长5.5～6.0mm。头胸部与螯肢长度约相等，螯爪比较长，其基部稍有1隆起。螯肢近螯爪基部一端的背面有1个尖端不分叉的针刺。前齿堤7～8齿，第1、2齿最大，相距较远，其他各齿等距排列；后齿堤6～8齿，第1齿位于近螯爪基部的一端为最大，其他齿等距排列。触肢器的插入器顶端尖削。引导器顶端向内弯曲。

猎　物　小型昆虫，如稻飞虱、叶蝉，蛾类、蚊蝇类。

分　布　国内见于湖南、浙江、湖北、江西、广东、河北、北京、山东、河南、陕西、江苏、上海、安徽、四川、福建、广西、贵州、云南、青海、新疆、山西、吉林。国外分布于美国、南非、日本、菲律宾。

A. 雌蛛

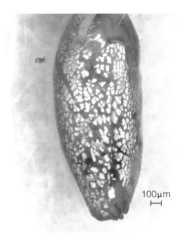

B. 雌蛛腹部侧面

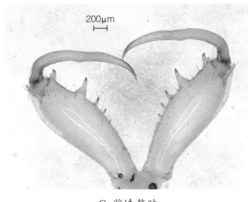

C. 雌蛛螯肢

D. 雄蛛螯肢

E. 雄蛛触肢器

图2-601　圆尾肖蛸 *Tetragnatha vermiformis*

球蛛科 Theridiidae

本科蜘蛛的腹部通常呈球形，故名，偶尔有部分属非球形，如双刃蛛属 *Rhomphaea*。通常背甲光滑，少数有小的刻点，少刺和毛，圆形、梨形，通常扁平或稍隆起。8眼2列，少数为6眼或4眼或无眼者，前中眼为昼眼，黑色，其余为夜眼，白色、异型，与类球蛛科 Nesticidae 和皿蛛科 Linyphidae 相同，但与园蛛科 Araneidae 的8眼同型不同。螯肢无侧结节，有不发达的毛丛，前齿堤齿数不超过4枚，后齿堤无齿，少数1齿或几根微刺。下唇前缘不增厚，颚叶微倾斜。步足粗短（丽蛛属 *Chrysso* 步足细长除外），少刺或无刺、3爪，具有短的毛被，具深色环纹或无；第4步足跗节腹面有一列略弯曲的、具锯齿的硬毛，整齐排列如梳，即"栉状器"，因此本科可称为"梳足蛛类"。腹部大多数呈球形，但有的末端尖，有的宽，或呈卵圆形者不一，表面光泽，少数具有毛被、硬毛或称鬃。有的种类腹部前缘紧靠腹柄处有一列锯齿，可与背甲后方相互摩擦成音，称为"发音器"。纺器3对。通常有舌状体，或无，或在相应位置上仅有数根刚毛。雄蛛与雌蛛颇相似（除丽蛛属雌雄异形，齿螯蛛属雌雄螯肢各异外）；雄性触肢器的膝节、胫节均无突起，可与园蛛科和皿蛛科加以区别。

本科蜘蛛在屋檐、屋角、树杈间、土坡凹壁、杂草丛中结不规则三维网。从各种角度张布短丝，丝与丝相互交错，与园蛛科等不同，没有明显的预定的图案。网的有些部分具有粘滴，如球腹蛛属 *Theridion*，在网的外围丝束上具有黏性；圆腹蛛属 *Dipoena* 和肥腹蛛属 *Steatoda* 的网中部丝厚而成页状，下方具有支持丝束，伸达底物。这些丝的末端具有粘滴，当昆虫（如蚁、甲虫、蚊、蝇）触及其黏性的丝时，丝断裂并将猎物悬挂于空中，这样则能有效地防止猎物在网上挣扎、逃遁。希蛛属 *Achaearanea* 中有的种类在潮湿的山坡凹壁内结钟形或伞形网，其上粘有土粒，蛛匿隐其中，钟形网吊挂于土壁，网口处伸出若干丝束以捕猎。雌蛛的卵囊多系于网上，有的携带于母体纺器之下。球蛛的螯肢虽小，但其毒素作用迅速。

球蛛科是蜘蛛目中较大的科，全世界记录有124属逾2475种，我国已有记录54属389余种（张志升和王露雨，2017）。

101. 拟青球蛛 *Theridion subpallens* Bösenberg & Strand, 1906

异　名　*Theridion mirabilis* Zhu, Zhang & Xu, 1991；*Paidiscura subpallenes*（Bösenberg & Strand）: Yoshida, 2001。

特　征　见图2-602。

雄蛛体长2.3～2.4mm。活体时腹部略带青色，酒精浸泡后则黄白色。背甲红褐色，眼域黑色。胸部略高于头部，颈沟和放射沟不明显，暗黄色。中窝为1菱形凹坑。前眼列后凹，后眼列

近乎平直。8眼近乎同大。额高约为前中眼直径的2.4倍。螯肢橘红色，前齿堤有一非常小的齿，后齿堤无齿。颚叶、下唇橘黄色。胸板黄色，疏生黄色长毛，前缘平直。步足黄色。腹部卵圆形，密生短细毛；背面斑纹变化较大，有的全体黑色，有的呈浅黄色而有4个黑色斑点；腹面黄色。外雌器浅棕色，无明显的陷窝，后缘呈弧形，两端黑棕色，前半部的中央有1对小圆形插入孔。

雄蛛体长1.8～2.0mm。体色特征与雌虫相近。螯肢近乎锥形，基部粗端部细，触肢器插入器基部呈圆盾形骨片，端部呈细管状；引导器和中突的根部均突出在插入器的侧上方。

　　猎　物　小型昆虫，如稻飞虱、叶蝉，蚊蝇类。

　　分　布　国内见于河南、北京、河北、山西、吉林、辽宁、黑龙江、广西。国外分布于日本。

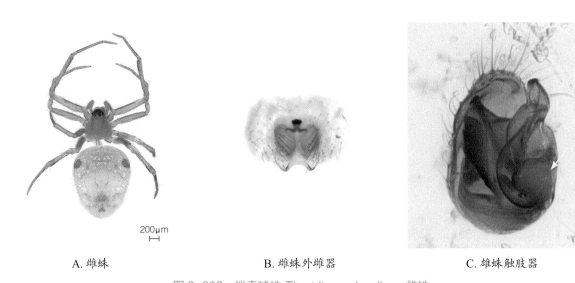

A. 雌蛛　　　　　　　　　B. 雌蛛外雌器　　　　　　　　C. 雄蛛触肢器

图2-602　拟青球蛛 *Theridion subpallens* 雌蛛

102. 宋氏希蛛 *Achaearanea songi* Zhu, 1998

　　特　征　见图2-603。

　　雄蛛体长3.5～4.0mm。背甲黄褐色，颈沟、放射沟黑褐色，颈沟较深。中窝半圆形，其前方、头区后半两侧隐约可见网状纹。前眼列后曲，后眼列稍后曲。前侧眼最大，其余6眼等大。中眼域方形。额高约为前中眼直径的2.5倍。胸甲黄色，后端褐色。螯肢黄色，有灰褐色纵纹，前齿堤2齿，后齿堤无齿。颚叶、下唇、步足皆黄色，步足有黑褐色环纹。腹部背面球形，侧面观倒梨形，背面隆起，中央黄色，两侧有白色和紫褐色相间的斜纹，每条斜纹延伸至腹部腹面两侧。后端有1小丘突。腹部腹面白色，正中有1横向紫黑色弧形斑。纺器褐色，其基部前面及两侧围有宽的紫黑色环。触肢器插入器端管长而弯曲，引导器沿着插入器向下弯曲呈弧形。

　　猎　物　小型昆虫，如稻飞虱、叶蝉，蚊蝇类。

分　布　国内见于湖南、湖北。

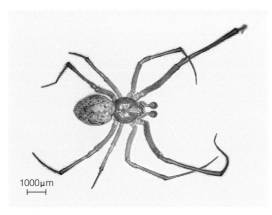

A. 背面

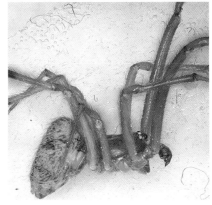

B. 侧面

C. 头胸部背面

D. 触肢器

图 2-603　宋氏希蛛 *Achaearanea songi* 雄蛛

103. 滑鞘腹蛛 *Coleosoma blanda* Cambridge, 1882

特　征　见图 2-604。

雄蛛体长 1.8～2.5mm。背甲、胸甲黑褐色，颈沟、放射沟黑色。头区较高，眼域隆起，额前伸。前眼列后曲，后眼列近乎端直。中眼域近方形。额高约等于前中眼直径的 4 倍。螯肢灰褐色，远端橙色，前齿堤 1 齿，后齿堤无齿。颚叶、下唇及触肢皆黑褐色，颚叶内侧有 1/2 呈黄色。步足黄色或淡黄色，第 1 步足基节、转节及腿节近端前面灰褐色，第 4 步足胫节远端有黑褐色环纹。腹部近乎椭圆形，前端有 2 个圆包形前突，黄褐色，腹部后端 3/4 黑色，侧面各有 1 黄白稍圆盘状，似叠加在前端 1/4 腹部之上。触肢器宽而圆，插入器基部瓶状、纵向，位于生殖球的前半部近内侧，针管长，腹面观其起始点位于正上方；引导器膜质。

猎　物　小型昆虫，如稻飞虱、叶蝉，蚊蝇类。

分　布　国内见于湖南、浙江、福建、台湾、广东、海南、广西、四川、云南。国外分布于日本、缅甸、泰国、印度尼西亚、斯里兰卡、塞舌尔。

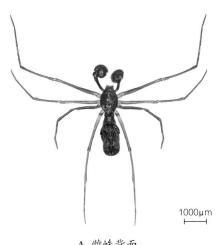

A. 雌蛛背面　　　　　　B. 雄蛛背面局部（示腹部前段　　　　　　C. 雄蛛触肢器
　　　　　　　　　　　　　　圆包形突起）

图 2-604　滑鞘腹蛛 *Coleosoma blanda*

104. 八斑丽蛛 *Coleosoma octomaculata* (Bösenberg & Strand, 1906)

异　名　*Theridion octomaculatum* Bösenberg & Strand, 1906。

中文别名　八斑球腹蛛、八点球腹蛛、八斑鞘腹蛛。

特　征　见图2-605。

雌蛛体长1.9～3.0mm。体色有淡绿色、白色和黄色等。背甲白色或淡褐色，从后列眼至背甲后缘正中有1条黄褐色纵带，颈沟、放射沟橙色。中窝圆形。前眼列后曲，后眼列稍前曲。前中眼最小，其余6眼几乎等大。额高约为前中眼直径的4.5倍。胸甲淡黄色。螯肢黄色，前齿堤1齿，后齿堤无齿。颚叶、下唇橙色。步足黄色，多细毛。腹部卵圆形或球形，前方有数根长毛，背面黄白色或绿色，密生黄色细毛，有3～4对黑色斑点。外雌器的交媾腔小、椭圆形，纳精囊大、卵圆形，交媾管卷曲2～3次。

雄蛛体长1.6～2.3mm。体色较雌蛛深。螯肢基部背面有1齿突。腹部卵圆形，背面斑纹多变，前端有明显的角质环。触肢器与滑鞘腹蛛相似，主要区别是：本种插入器的基部横向，椭圆形，位于生殖球之中部，腹面观察时针管起始点在下方。

猎　物　小型昆虫，如稻飞虱、叶蝉，蚊蝇类。

分　布　国内见于湖南、河北、山西、陕西、山东、江苏、浙江、湖北、江西、台湾、广东、广西、上海、四川。国外分布于日本、韩国。

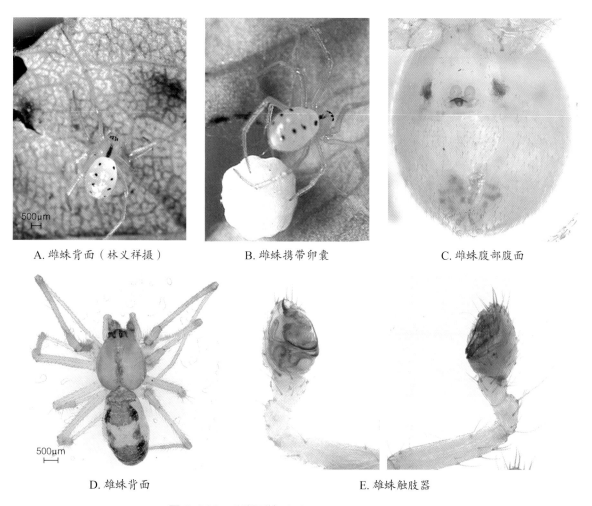

A. 雌蛛背面（林义祥摄）　　　　　B. 雌蛛携带卵囊　　　　　C. 雌蛛腹部腹面

D. 雄蛛背面　　　　　　　　　E. 雄蛛触肢器

图 2-605　八斑丽蛛 *Coleosoma octomaculata*

105. 丽蛛 *Chrysso* sp.

特　征　见图 2-606。

雌蛛体长 2.3～3.0mm。胸腹部背甲黑色，颈沟及放射沟浅褐色，眼域黑色。中窝不明显，横向。前中眼稍突出在额的上方。两眼列均后凹。前中眼间距大于前中侧眼间距，后列各眼呈等距排列，侧眼相接。中眼区长小于宽，前边大于后边，额高约等于前中眼直径的 1.6 倍。螯肢黑色，前齿堤 2 齿，后齿堤无齿。颚叶、下唇及胸板为橙黄色。颚叶具棕色细边，下唇色较深，胸板三角形。步足浅黄色，后足膝节黑色，多细毛，各步足背刺的粗细、长短与毛相差不大。腹部上端椭圆形，后端形成三角形后突，背面基本为黑色，背中后部有白色条纹从由中间延伸至后缘两侧。腹部侧面观下突呈三角形，纺器着生在凸出顶端，腹部腹面中部黄白色，纺器褐色。外雌器黄褐色，近前缘有 1 扁圆形陷窝，陷窝正中有棒状阴影，其下端为插入孔。

雄虫亚成蛛体长约 2mm。体色、形态特征与雌虫相似，但腹部后端不形成三角突。

猎 物 小型昆虫，如稻飞虱、叶蝉，蚊蝇类。

分 布 海南。

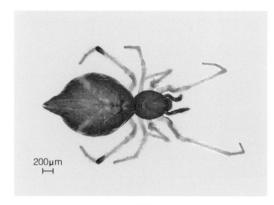

A. 雌蛛

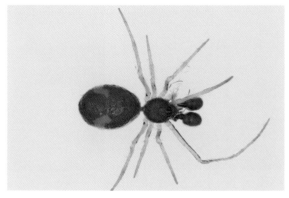

B. 雄蛛亚成蛛

C. 雌蛛侧面观

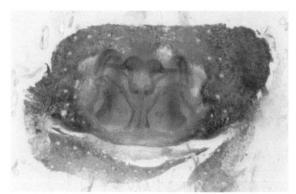

D. 雌蛛外雌器

图 2-606 丽蛛 *Chrysso* sp.

106. 富阳齿螯蛛 *Enoplognatha fuyangensis* Barrion & He, 2016

特 征 见图2-607。

雄蛛体长约4.8mm。头胸中窝略呈三角形，颈沟、放射沟明显。头区稍隆起。前眼列后曲，后眼列近乎端直。前、后侧眼相接。各眼基部有深色环。额高大于前中眼直径。胸甲梨形、黄褐色，边缘深色。螯肢粗壮，深褐色；前齿堤1齿；后齿堤3齿，其中第2齿最小，位于第3齿近基部，第3齿最大，长爪状。颚叶长方形，稍向内倾斜，前缘至内缘1个白色三角区；下唇褐色，宽大于长。触肢、步足黄褐色。腹部长椭圆形，前缘基部有弧形内凹，背面有1片贯穿前、后的银色大叶斑，其两侧为淡黄色缘；叶斑内正中有心斑，色淡，其后有2对黑色斑；斑之两侧，前端有白色银斑。纺器灰黄色，周围有宽的灰黑色环。触肢器胫节长度中等、无突起；生殖球圆形，插入器起始于生殖球的后侧，偏前端，基部呈三角形，向后半弧形延伸至外侧；引导器略呈长菱形；中突较大，长匙状，顶部尚可见爪状顶突1个。

雌蛛体型略大，在腹部背面布满银色斑纹，其余特征与雄蛛相似。

猎　物　小型昆虫，如稻飞虱、叶蝉，蚊蝇类。

分　布　国内见于浙江。

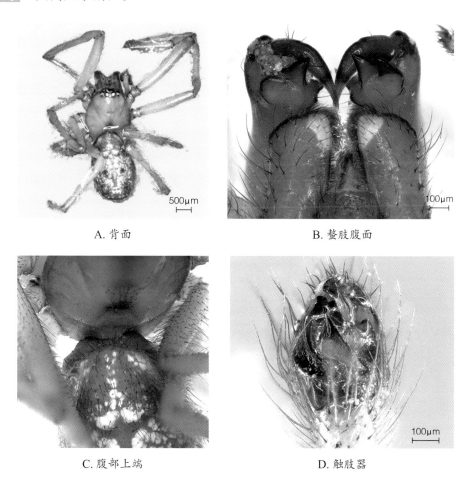

A. 背面　　　　　　　　　　　　　　　　B. 螯肢腹面

C. 腹部上端　　　　　　　　　　　　　　D. 触肢器

图 2-607　富阳齿螯蛛 *Enoplognatha fuyangensis* 雄蛛

107. 唇双刃蛛 *Rhomphaea labiata* (Zhu & Song, 1991)

中文别名　唇形菱球蛛。

特　征　见图 2-608。

雌蛛体长 5.0～10.0mm。整体狭长，步足细长，外形似肖蛸。与肖蛸的区别，一是侧面观其头胸前端、腹部后端收窄形似双刃；二是单眼排序不同；三是触肢极小、无明显的齿，与肖蛸科发达的触肢有明显差异易于区别。本种背甲浅褐色，有不规则棕色斑纹，后半部隆起。步足长，半透明，腿节、胫节和后跗节有不明显的褐色环纹。腹部长矛形，散布不规则白色鳞纹和黑斑，具白色短绒毛，心脏斑褐色。

猎　物　小型昆虫，如稻飞虱、叶蝉，蚊蝇类。

分　布　国内见于福建、湖南、广西、贵州、云南。国外分布于老挝、日本、韩国、印度。

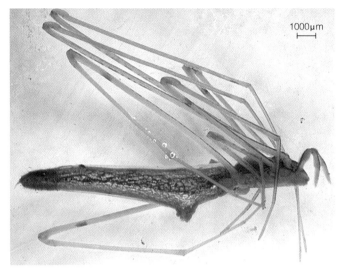

A. 背面　　　　　　　　　B. 头胸部背面　　　　　　　　　　　　C. 侧面

图 2-608　唇双刃蛛 *Rhomphaea labiata* 雌蛛

蟹蛛科 Thomisidae

　　蟹蛛为小至中型蜘蛛。步足向两侧伸展，运动方式可横行，其外形和运动均似螃蟹，故名。眼丘大而明显，能较容易与其他种类蜘蛛区别开来。蟹蛛不同属的种类外形变异相当大，且大部分种类雌雄明显异型，通常雌蛛大于雄蛛；一般种类具显眼的斑纹，少数种类头胸部隆起甚高（如怜蛛、斜蟹蛛等），甚至背甲上有冠块装饰。大部分种类背腹部较扁，少数种类腹部末端向上侧突出（如峭腹蛛）。8眼2列，均后曲；前、后侧眼通常较中眼大很多，且均位于突出的眼丘上，眼丘多为灰白色。第1～2步足远较第3～4步足粗长，胫节及后跗节腹面常具数对粗短的刺，跗节具2爪。腹部常较扁，后端稍为宽圆，一般种类具较密而细长的毛，少数属种类毛呈棒状或羽毛状（如泥蟹蛛、羽蛛等）。2书肺，气孔靠近纺器，有舌状体。雄蛛触肢胫节一般具后侧突和腹突，部分种类仅具后侧突，少数种类有间突，同一属内雄蛛触肢器结构变异较小；盾片一般较平，部分种类具形状各异的盾片突起，一般可见顺时针弯曲的精管盘旋于盾片；插入器一般细长，部分种类粗短；跗舟侧缘有护器。雌蛛外雌器结构变化较大，有的种类具兜，兜为交配时雄蛛触肢定位所用，一般具1特征化的骨片，交媾孔位于两侧缘；交媾管形状变化大，长短不一；纳精囊常具皱褶。

蟹蛛为昼间狩猎类型的蜘蛛，通常白天出来捕食，不结网，游猎或守候在各类植物上捕食过往的昆虫，两对前足试探性地展开，捕捉路过的昆虫。部分蟹蛛具有与植物或花朵颜色相同的保护色，便于捕食及躲避天敌；狩猎时一般不轻易移动，待猎物走近才发动突然攻击；也能像其他蜘蛛一样利用粘丝突然坠落以躲避敌害。

蟹蛛分布广，适应性强，高海拔地区仍有丰富分布，在我国南方种类数量众多。泥蟹蛛、羽蛛等一般生活南方泥地、泥洞中，少数被采集于树叶、灌丛中；锯足蛛、花蟹蛛、壮蟹蛛等种类在枯叶、土壤地层多见；峭腹蛛、绿蟹蛛、微蟹蛛、花蛛、伊氏蛛属喜欢栖居于树叶、植物灌木及花上。

目前全球蟹蛛科已知174属2159余种，我国已知47属约288种（张志升和王露雨，2017）。

108. 三突伊氏蛛 *Ebrechtella tricuspidatus* (Fabricius, 1775)

异　名　*Araneus tricuspidatus* Fabricius, 1775；*Misumenops tricuspidata* Saito, 1936；*Diaea tricuspidatus* Wang, 1991。

中文别名　三突花蛛、稻绿蟹蛛。

特　征　见图2-609。

雌蛛体长4.5～6.1mm，活体时体色通常为绿色，浸泡标本从黄白色到浅褐色。背甲浅黄褐色（有些活体为青绿色），无斑纹，胸甲心形。颈沟、放射沟隐约可见。眼区有一些细毛，8眼着生于白色眼丘上。两眼列均后曲，前、后侧眼眼丘相连，前侧眼最大，其余各眼近相等。螯肢较长、螯爪较小。颚叶前端有毛丛。下唇矛形，长大于宽。步足浅褐色，第1、2步足甚长于第3、4步足，第1、2步足胫节、后跗节腹面刺较多。腹部梨形、后端宽，背面土黄色，有褐色斑纹；腹面为浅黄褐色细小斑纹。纺器位于腹面末端。外雌器淡黄色，腹面观可见褐色双括弧形交媾腔，背面观交媾管迂回弯曲；纳精囊为多个梨形状排列。

雄蛛长3.4～4.0mm。斑纹似雌蛛，体色较雌蛛稍深，从浅褐色到深褐色都有。头胸部两侧自颈沟向后有1褐色带状斑，边缘有1条深褐色带。各步足腿节刺较多。腹部后端比雌蛛瘦小，有的甚至呈长柱形。触肢器胫节有2突起，其中1个大突起尖端分裂，插入器螺旋形弯曲。

猎　物　小型昆虫，如稻飞虱，叶蝉，蚊蝇类。

分　布　国内见于江苏、浙江、上海、安徽、湖南、湖北、江西、福建、台湾、广东、广西、贵州、四川、云南、河南、宁夏、甘肃、青海、新疆、陕西、河北、山西、山东、北京、天津、内蒙古、吉林、辽宁、黑龙江。国外分布于韩国、朝鲜、日本、俄罗斯、法国、瑞典、德国。

A. 雌蛛（色浅）（林义祥摄）

B. 雌蛛（色深）

C. 蛛卵包（林义祥摄）

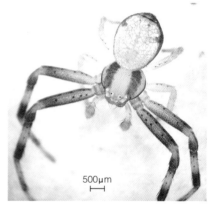

500μm

D. 雄蛛

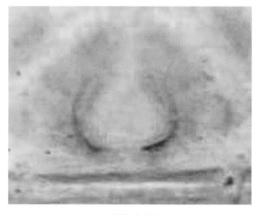

E. 雌蛛外雌器

F. 雄虫触肢器

图 2-609　三突伊氏蛛 *Ebrechtella tricuspidatus*

109. 波纹花蟹蛛 *Xysticus croceus* Fox, 1937

异　名　*Xysticus ephipiatus*（Simon, 1880）。

特　征　见图 2-610。

雌蛛体长 5.5～8.0mm。背甲黄褐色，背中部毛较多，两侧各有 1 深褐色纵带。中窝褐色，颈沟、放射沟不明显。前、后侧眼各具独立眼丘，且皆明显大于前、后侧眼，中眼域方形。胸甲盾形，浅褐色，具密集细长毛。螯肢前端具较多黑毛，前、后齿堤无齿，前齿堤具 1 排密集长刺状毛，末端较细而弯曲。颚叶矛状，下唇柱形。步足多刺，各步足腿节有褐色斑。腹部灰褐色，腹后部 1/3 处最宽；背面有 3 条横纹；腹侧有很多伸向腹面末端的皱褶斜纹。外雌器前缘中部凹入，交媾管在中线处汇合，纳精囊肾形。

雄蛛体长4.5～5.5mm。体型、斑纹类似雌蛛，体色深于雌蛛。背甲、足褐色，头胸部背甲后缘有黄白色"V"形纹。腹部背面深褐色，边缘黄白色，中间2条黄白波浪纹，上下具有黄白色小型散布斑纹。触肢胫节的腹侧突发达，后侧突较长，末端尖；基突弯曲，中突弯曲呈斧状；插入器细长，顺时针方向弯曲。

猎 物 小型昆虫，如：稻飞虱、叶蝉，蚊蝇类。

分 布 国内见于安徽、江苏、浙江、湖南、湖北、江西、福建、广东、广西、四川、贵州、云南、河南、山西、陕西、山东。国外分布于印度、尼泊尔、不丹、韩国、日本。

| A. 雌蛛（林义祥摄） | B. 雄蛛 | C. 雄蛛触肢器 |

图 2-610 波纹花蟹蛛 *Xysticus croceus*

110. 鞍形花蟹蛛 *Xysticus ephippiatus* Simon, 1880

异 名 *Xysticus saganus*: Hu & Guo, 1982；*Xysticus sujatai*：Hu & Li, 1987。

特 征 见图2-611。

雌蛛体长5.8～6.8mm。体浅黄褐色至灰褐色。背甲浅褐色，两侧有褐色纵纹，从后中眼后部至中窝处有1呈"V"形黄斑。中窝褐色边缘有黄斑，放射沟不明显。两眼列均后曲；前列4眼及后侧眼的眼丘均呈白色，前、后列眼间有1条白色横带相隔；中眼域梯形，前边略大于后边。额缘有1列长毛。胸甲盾形，淡黄色，近边缘着生1圈黑毛。螯肢褐色，前齿堤有11根较粗长刺状毛。颚叶较长。步足黄褐色，各步足腿节有麻点状斑，第1、2步足较长，第1步足腿节前侧面有3根粗刺，第1、2步足胫节、后跗节有数对刺。腹部淡褐色，末端宽圆，背面后缘有黄白色条纹，腹面有许多斜条纹。外雌器褐色，前缘圆形，纳精囊管状，肘状弯曲，交媾管在中线处汇合。

雄蛛体长4.8～5.5mm。体色深于雌蛛。步足腿节及膝节黑褐色。触肢器胫节腹侧突不如波

纹花蟹蛛发达,后侧突尖细,中突交叠于基突之上,插入器细长,顺时针方向弯曲。

猎　物　小型昆虫,如稻飞虱、叶蝉,蚊蝇类。

分　布　国内见于湖南、安徽、浙江、湖北、江西、四川、江苏、福建、广东、广西、贵州、云南、河南、宁夏、甘肃、西藏、新疆、河北、陕西、山东、北京、山西、内蒙古、吉林、辽宁、黑龙江。国外分布于俄罗斯、蒙古、韩国、日本、朝鲜。

A.雌蛛背面观(林义祥摄)

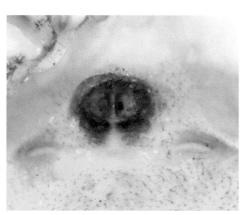
B.雌蛛外雌器

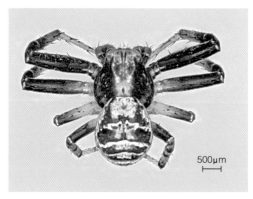
C.雄蛛背面

D.雄蛛触肢器

图2-611　鞍形花蟹蛛 *Xysticus ephippiatus*

111.冲绳蟹蛛 *Thomisus okinawensis* Strand, 1907

异　名　*Thomisus formosae*: Strand, 1907;*Thomisus picaceus* Simon, 1909。

特　征　见图2-612。

雌蛛体长约7mm。背甲长宽相当,胸甲黄褐色,头区白色,有棕色线性花纹,后侧眼突起,呈角状,正前方呈"工"字形。步足黄褐色,第1、2对步足强壮,胫节与后跗节具刺。腹部白色,近似梯形,覆白毛。后缘具明显上突,突点出有短黑斑条。外雌器褐色,前缘圆形,后缘弧状弯曲,交媾管在中线处汇合。

　分　布　国内见于香港、台湾、海南。国外分布于日本、泰国、印度尼西亚、菲律宾。

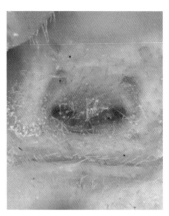

A. 背面　　　　　　　　　　　B. 头胸部（示单眼域）　　　　　　C. 外雌器

图 2-612　冲绳蟹蛛 *Thomisus okinawensis* 雌蛛

112. 白条锯足蛛 *Runcinia albostriata* Bösenberg & Strand, 1906

　特　征　见图 2-613。

　　雌蛛长 5.0～7.1 mm。头胸部黄橙色，前缘是 1 条有棱角的白色隆线，在两侧形成两个直角形突起。头胸部的中线上有 1 条白线与前缘汇合而成 "T" 形纹。头胸部的中央部位较高，向两侧及后缘倾斜，后缘基本上平直。两眼列均稍后凹，前眼列在头部前面的垂直面上，前侧眼显著大于前中眼，前中侧眼距大于中眼间距；后眼列位于隆线后方的水平面上，后侧眼稍大于前中眼，

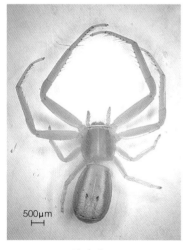
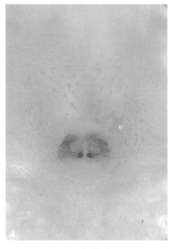
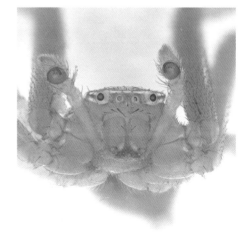

A. 雌蛛背面观　　　　　　　B. 雌蛛外雌器　　　　　　C. 雄蛛头前观（示触肢器）

图 2-613　白条锯足蛛 *Runcinia albostriata*

而与前中眼的大小相仿，后中侧眼距略小于后中眼距；中眼域梯形，后边显著长于前边；8眼中以前侧眼为最大。胸板心形，前缘窄。步足淡黄色，无斑纹，前两对步足显著长于后两对。步足具些细小的刺，第1、2步足的跗节以及第3、4步足的跗节和后跗节的腹面有毛丛。腹部长圆形，后端较宽；背面中部有一些白斑纹，两侧有一些与侧缘大致平行的白色条纹，中部及后缘各具1对大小不一的黑色圆点。

雄蛛长3.5mm。体色特征与雌蛛相似，体背上的条纹和斑纹部分不明显。

猎　物　小型昆虫，如稻飞虱、叶蝉，蚊蝇类。

分　布　国内见于湖南、湖北、安徽、江西、浙江、江苏、上海、广东、广西、贵州、四川、福建、云南、台湾、陕西、河北、河南、山东。国外分布于日本、朝鲜、泰国。

113. 条纹绿蟹蛛 *Oxytate striatipes* L. Koch, 1878

异　名　*Oxytate setosa* Karsch, 1879；*Dieta japonica* Bösenberg & Strand, 1906。

特　征　见图2-614。

雌蛛体长8～12mm。背甲翠绿色，头区向前突出，眼周围黑褐色，颈沟两侧至中窝后方有2条深绿色条纹形成1个"V"形纹。步足翠绿色，胫节与后跗节较弯曲，上有成排壮刺。腹部青绿色，前缘黄绿色；背面散布有黄白色点状斑纹，部分个体点状纹连接在一起，形成有3～4条点状纵纹，心脏斑色淡；腹侧具褶皱，末端钝圆。

猎　物　小型昆虫，如稻飞虱、叶蝉，蚊蝇类。

分　布　国内见于湖南、江西、浙江、台湾、山东、河南、陕西、辽宁、吉林。国外分布于韩国、日本、俄罗斯、朝鲜。

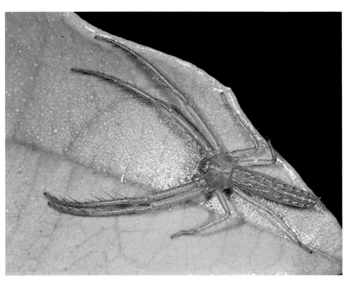

A. 若蛛背面　　　　　　　　　　　B. 雌蛛背面（林义祥摄）

图2-614　条纹绿蟹蛛 *Oxytate striatipes*

主要参考文献

安建梅，贺运春，白锦荣，等，2000.虫生真菌粉质拟青霉对黄刺蛾幼虫的致病性研究［J］.山西农业大学学报（2）：105-107.

彩万志，催建新，刘国卿，等，2017.河南昆虫志 半翅目 异翅亚目［M］.北京：科学出版社.

曹焕喜，2018.柄腹姬小蜂属 *Pediobius*（膜翅目：姬小蜂科）系统学研究［D］.中国科学院动物研究所.

柴一秋，1995.12株虫生真菌对家白蚁致病性的初步研究［J］.中国生物防治（2）：21-22.

陈果，伍惠生，1985.我国昆虫寄生线虫研究进展［J］.生物防治通报，1（4）：25-31.

陈家骅，季清娥，2003.中国甲腹茧蜂 膜翅目：茧蜂科［M］.福州：福建科学技术出版社.

陈家骅，石全秀，2001.中国蚜茧蜂 膜翅目：蚜茧蜂科［M］.福州：福建科学技术出版社.

陈家骅，宋东宝，2004.中国小腹茧蜂 膜翅目：茧蜂科［M］.福州：福建科学技术出版社.

陈家骅，翁瑞泉，2005.中国潜蝇茧蜂 膜翅目：茧蜂科［M］.福州：福建科学技术出版社.

陈家骅，伍志山，1994.中国反颚茧蜂族 膜翅目：茧蜂科 反颚茧蜂亚科［M］.北京：中国农业出版社.

陈家骅，杨建全，2006.中国动物志 昆虫纲 膜翅目 茧蜂科（四）窄径茧蜂亚科［M］.北京：科学出版社.

陈泰鲁，1979.我国黑卵蜂属新纪录［J］.动物分类学报（3）：214.

陈学新，何俊华，马云，2004.中国动物志 昆虫纲 膜翅目 茧蜂科（二）［M］.北京：科学出版社.

陈洋，2020.中国管巢蛛科分类及分子系统发育研究（蛛形纲：蜘蛛目）［D］.河北大学.

陈业，2017.中国蚜小蜂科部分属的分类研究（膜翅目：小蜂总科）［D］.东北林业大学.

陈一心，马文珍，2004.中国动物志 昆虫纲 革翅目［M］.北京：科学出版社.

迟宝杰，2018.白眉野草螟的生境适应及病原细菌的分离鉴定和致病机制研究［D］.山东农业大学.

冯骏，2016.中国镰颚锤角细蜂属分类研究（膜翅目：锤角细蜂科）［D］.华南农业大学.

冯明光，徐均焕，2002.飞虱虫疠霉分生孢子在桃蚜体壁上的附着与入侵［J］.菌物系统（2）：270-273，305-306.

冯玉元，2005.粉质拟青霉菌的主要特性与应用研究［J］.林业调查规划（5）：60-62.

冯钟琪，1990.中国蜘蛛原色图鉴［M］.长沙：湖南科学技术出版社.

韩燕峰，2004.中国拟青霉属资源调查、分类及其利用价值研究［D］.贵州大学.

何俊华，陈学新，樊晋江，等，2004.浙江蜂类志［M］.北京：科学出版社.

何俊华，陈学新，马云，1996.中国经济昆虫志 膜翅目 姬蜂科［M］.北京：科学出版社.

何俊华，陈学新，马云，2000.中国动物志 昆虫纲 膜翅目 茧蜂科（一）[M].北京：科学出版社.

何俊华，陈樟福，徐加生，1979.浙江省水稻害虫天敌图册[M].杭州：浙江人民出版社.

何俊华，庞雄飞，1986.水稻害虫天敌图说[M].上海：上海科学技术出版社.

何俊华，许再福，2002.中国动物志 昆虫纲 膜翅目 螯蜂科[M].北京：科学出版社.

何俊华，许再福，2016.中国动物志 昆虫纲 膜翅目 细蜂总科（一）[M].北京：科学出版社.

何时新，2007.中国常见蜻蜓图说[M].杭州：浙江大学出版社.

后梓，2016.云南基脉锤角细蜂属分类研究（膜翅目：锤角细蜂科）[D].华南农业大学.

胡红英，2003.新疆赤眼蜂科及缨小蜂科分类研究（膜翅目：小蜂总科）[D].福建农林大学.

胡婷玉，胡好远，肖晖，2011.旋小蜂属中国四新纪录种（膜翅目，旋小蜂科）[J].动物分类学报，36（2）：486-489.

湖北省农业科学院植物保护研究所编，1978.水稻害虫及其天敌图册.武汉：湖北人民出版社.

黄勃，樊美珍，李增智，等，2000.中国的虫疠霉[J].安徽农业大学学报（1）：11-14.

黄春梅，成新跃，2012.中国动物志 昆虫纲 双翅目 食蚜蝇科[M].北京：科学出版社.

黄大卫，肖晖，2016.中国动物志 昆虫纲 膜翅目 金小蜂科[M].北京：科学出版社.

黄建，1994.中国蚜小蜂科分类[M].重庆：重庆出版社.

金香香，2015.中国缨小蜂科（Mymaridae）分类研究（膜翅目：小蜂总科）[D].东北林业大学.

李宏科，1984.水稻主要害虫的病原微生物考查[J].微生物学通报（1）：3-6.

李杨，2017.中国茧蜂亚科的分类研究[D].浙江大学.

李耀清，2017.中国匙胸瘿蜂亚科12属昆虫系统分类研究[D].浙江农林大学.

李意成，2018.中国旗腹蜂科系统分类研究[D].华南农业大学.

厉向向，2013.中国Aprostocetus属系统分类研究（膜翅目：姬小蜂科）[D].浙江农林大学.

廖定熹，李学骝，庞雄飞，等，1987.中国经济昆虫志 第34册 膜翅目小蜂总科[M].北京：科学出版社.

林乃铨，1994.中国赤眼蜂分类 膜翅目：小蜂总科[M].福州：福建科学技术出版社.

林乃铨，1994.中国发现柄腹柄翅缨小蜂及一新种描述（膜翅目：柄腹柄翅缨小蜂科）[J].昆虫分类学报（2）：120-126.

林祥海，2005.中国长尾小蜂科常见属分类研究[D].浙江大学.

刘崇乐，1963.中国经济昆虫志 鞘翅目 瓢虫科[M].北京：科学出版社.

刘国卿，郑乐怡，2014.中国动物志 昆虫纲 半翅目 盲蝽科 合垫盲蝽亚科[M].北京：科学出版社.

刘经贤，2009.中国瘤姬蜂亚科分类研究[D].浙江大学.

刘思竹，2019.中国赤眼蜂科部分属的分类研究（膜翅目：小蜂总科）[D].东北林业大学.

刘晔，2010.中国青步甲属分类研究（鞘翅目：步甲科）[D].贵州大学.

刘长明，2002.中国毛缘小蜂属Lasiochalcidia Masi及二新种记述（膜翅目：小蜂科）[J].昆虫学报（S1）：88-92.

路国兵，王更先，韩景瑞，等，2007.白僵菌菌株的分离鉴定及生物学特性研究［J］.中国蚕业
（2）：13-15，32.

马月，2019.柞蚕灰卵病原菌的初步鉴定及对松毛虫赤眼蜂寄生选择适应性的影响［D］.吉林农
业大学.

农业部全国植物保护总站，农业部区划局，浙江农业大学植物保护系，1991.中国水稻害虫天敌
名录［M］.北京：科学出版社.

庞雄飞，王野岸，1985.缨翅缨小蜂属新种记述（膜翅目：缨小蜂科）［J］.昆虫分类学报（3）：
175-184.

庞义，赖涌流，刘炬，等，1981.稻纵卷叶螟幼虫颗粒体病毒［J］.微生物学报通报（3）：103-
104.

彭锦贤，2019.中国动物志 无脊椎动物 蛛形纲 蜘蛛目 跳蛛科［M］.北京：科学出版社.

钱英，李学骝，何俊华，1990.中国凹头小蜂属六种新记录（膜翅目：小蜂科，截胫小蜂亚科）
［J］.浙江农业大学学报（1）：68-70.

秦启联，程清泉，张继红，等，2012.昆虫病毒生物杀虫剂产业化及其展望［J］.中国生物防治学
报，28（2）：157-164.

裘晖，吴振强，梁世中，2004.金龟子绿僵菌及其杀虫机理［J］.农药（8）：342-345.

陕西省林业科学研究所，湖南省林业科学研究所，1990.林虫寄生蜂图志［M］.西安：天则出版
社.

盛金坤，1989.中国的褶翅小蜂及其识别［J］.昆虫知识（4）：233-234.

盛茂领，孙淑萍，丁冬荪，等，2013.江西姬蜂志［M］.北京：科学出版社.

时振亚，申效诚，1995.寄生蜂鉴定［M］.北京：中国农业科技出版社.

宋大祥，朱明生，1997.中国动物志 蛛形纲：蜘蛛目 蟹蛛科、逍遥蛛科［M］.北京：科学出版社.

孙长海，2016.天目山动物志 第5卷［M］.杭州：浙江大学出版社.

孙发仁，1984.甘蓝夜蛾核型多角体病毒的初步研究［J］.微生物学通报（2）：52-54，68.

汤玉清，1985.福建省棒小蜂科一新种描述（膜翅目：小蜂总科）［J］.福建农学院学报（1）：59-
62.

汤玉清，1990.中国细颚姬蜂属志 膜翅目 瘦姬蜂亚科［M］.重庆：重庆出版社.

田洪霞，2009.海南赤眼蜂科及缨小蜂科分类研究（膜翅目：小蜂总科）［D］.福建农林大学.

王宏民，张奂，张仙红，2008.玫烟色拟青霉侵染对菜青虫营养生理变化的影响［J］.山西农业科
学（10）：42-44.

王洪全，颜亨梅，杨海明，1999.中国稻田蜘蛛群落结构研究初报［J］.蛛形学报（2）：95-105.

王记祥，马良进，2009.虫生真菌在农林害虫生物防治中的应用［J］.浙江林学院学报，26（2）：

286-291.

王娟，2014.中国环腹瘿蜂科（膜翅目：瘿蜂总科）10属昆虫分类研究［D］.浙江农林大学.

王清海，万平平，黄玉杰，等，2005.虫生真菌在害虫生物防治中的应用研究［J］.山东科学，18（4）：37-40.

王义平，2006.中国茧蜂亚科的分类及其系统发育研究［D］.浙江大学.

吴燕如，陈泰鲁，廖定熹，等，1979.黑卵蜂六新种记述［J］.动物分类学报（4）：392-398.

吴燕如，陈泰鲁，1980.中国黑卵蜂属*Aholcus*亚属记述（膜翅目：缘腹细蜂科）［J］.动物分类学报（1）：79-84.

伍建芬，戴冠群，石木标，等，1983.丽绿刺蛾颗粒体病毒研究初报［J］.植物保护学报，10（1）：69-70.

西南农业大学，四川农业科学院植物保护研究所，1990.四川农业害虫天敌图册［M］.重庆：四川科学技术出版社.

夏克祥，1989.寄生稻褐飞虱的二种索线虫的识别［J］.昆虫天敌，11（3）：148-149.

夏松云，吴慧芬，王自平，1988.稻田天敌昆虫原色图册［M］.长沙：湖南科学技术出版社.

肖晖，黄大卫，矫天扬，2019.中国动物志 昆虫纲 金小蜂科（二），金小蜂亚科［M］.北京：科学出版社.

徐梅，2002.中国缨小蜂科分类研究（膜翅目：小蜂总科）［D］.福建农林大学.

徐志宏，黄建，2004.中国介壳虫寄生蜂志［M］.上海：上海科学技术出版社.

许再福，何俊华，寺山守，2002.浙江省棱角肿腿蜂属种类记述（膜翅目：肿腿蜂科：肿腿蜂亚科）（英文）［J］.昆虫分类学报（3）：209-215.

吴鸿，王义平，杨星科，等，2018.天目山动物志（第六卷）［M］.杭州：浙江大学出版社.

杨定，王孟卿，董慧，2017.秦岭昆虫志10双翅目［M］.北京/西安：世界图书出版公司.

杨星科，2018.秦岭昆虫志5鞘翅目1［M］.北京/西安：世界图书出版公司.

杨忠岐，姚艳霞，曹亮明，2015.寄生林木食叶害虫的小蜂［M］.北京：科学出版社.

尹长民，彭贤锦，颜享梅，2012.湖南动物志 蜘蛛类（上、下）［M］.长沙：湖南科学技术出版社.

尹长民，王家福，朱明生，等，1997.中国动物志 蛛形纲 蜘蛛目园蛛科［M］.北京：科学出版社.

虞国跃，2010.中国瓢虫亚科图志［M］.北京：化学工业出版社.

曾洁，2008.中国南方锤角细蜂亚科的分类研究［D］.华南农业大学.

曾洁，2012.中国盘绒茧蜂族分类研究［D］.浙江大学.

张浩淼，2019.中国蜻蜓大图鉴（上、下）［M］.重庆：重庆大学出版社.

张红英，2008.中国甲腹茧蜂属分类研究［D］.浙江大学.

张志升，王露雨，2017.中国蜘蛛生态大图鉴［M］.重庆：重庆大学出版社.

赵修复，1976.中国姬蜂分类纲要［M］.北京：科学出版社.

赵修复，1987. 寄生蜂分类纲要［M］. 北京：科学出版社.

赵亚雪，黄大卫，肖晖，2009. 中国长尾小蜂属（膜翅目，长尾小蜂科）分类研究［J］. 动物分类学报，34（2）：370－376.

中国科学院动物研究所，浙江农业大学，1978. 天敌昆虫图册［M］. 北京：科学出版社.

周德庆，徐士菊，2005. 微生物学词典［M］. 天津：天津科学技术出版社.

周善义，陈志林，2019. 中国习见蚂蚁生态图鉴［M］. 郑州：河南科学技术出版社.

朱朝东，1999. 中国姬小蜂亚科生物系统学研究［D］. 中国科学院动物研究所.

朱明生，1998. 中国动物志 蛛形纲 蜘蛛目 球蛛科［M］. 北京：科学出版社.

朱明生，宋大祥，张俊霞，2003. 中国动物志 无脊椎动物 蛛形纲 蜘蛛目 肖蛸科［M］. 北京：科学出版社.

朱明生，张保石，2011. 河南蜘蛛志 蛛形纲 蜘蛛目［M］. 北京：科学出版社.

祖国浩，2016. 中国跳小蜂科（Encyrtidae）分类研究（膜翅目：小蜂总科）［D］. 东北林业大学.

ÅSA SVANSTRÖM，2013. Trehalose Metabolism and Stress Resistance in *Aspergillus niger*［D］. Swedish University of Agricultural Sciences.

AZEVEDO C O, ALENCAR I D C C, RAMOS M S, et al., 2018. Global guide of the flat wasps（Hymenoptera, Bethylidae）［J］. Zootaxa, 4489（1）：1－294.

ABDULLAEV I, DOSCHANOVA M, ABDIKARIMOV F, et al., 2019. Role of *Beauveria tenella*（Del）Siem BD－85 in the control of the populations of termites from the genus *Anacanthotermes* Jacobson［J］. EurAsian Journal of BioSciences, 13（2）：1501－1507.

BENNETT A M R, CARDINAL S, GAULD I D, et al., 2019. Phylogeny of the subfamilies of Ichneumonidae（Hymenoptera）［J］. Journal of Hymenoptera Research, 71（12）：1－156.

BOUČEK Z, 1988. Australasian Chalcidoidea（Hymenoptera）, a biosystematic revision of genera of foureen families, with a reclassification of species［M］. Wallingford：CAB International.

BRANSTETTER M G, CHILDERS AK, COX-FOSTER D, et al., 2018. Genomes of the Hymenoptera［J］. Current Opinion in Insect Science, 25：65－75.

BUNGTON M L, 2010. Order Hymenoptera, family Figitidae. Arthropod fauna of the UAE, vol 3：356－380.

CHEMYREVA V G, KOLYADA V A, 2019. Review of the genus *Synacra foerster*（Hymenoptera, Diapriidae：Pantolytini）in the palaearctic region, with description of new species［J］. Entomological Review, 99（9）：1339－1358.

CHEN H Y, JOHNSON N F, MASNER L, et al., 2013. The genus *Macroteleia* Westwood（Hymenoptera, Platygastridae *s. l.*, Scelioninae）from China［J］. Zookeys, 15（300）：1－98.

CHEN X X, TANG P, ZENG J, et al., 2014. Taxonomy of parasitoid wasps in China：an overview

［J］. Biological Control, 68：57-72.

CHEN X X，VAN ACHTERBERG C，2019. Systematics，Phylogeny，and Evolution of Braconid Wasps：30 years of progress［J］. Annual Review of Entomology, 64：19.1-19.24.

CHIAPPINI E，LIN N Q，1998. *Anagrus*（Hymenoptera：Mymaridae）of China，with descriptions of nine new Species［J］. Annals of the Entomological Society of America, 91（5）：549-571.

E. A. HEINRICHS，1994. Biology and management of rice insects［M］. New Delhi：Wiley Eastern Limited and New Age International Limited.

FÜLÖP D，MIKÓ I，SELTMANN K，et al.，2013. The description of *Alloxysta chinensis*，a new Charipinae species from China（Hymenoptera, Figitidae）［J］. Zootaxa, 3637：394-400.

GALLOWAY I D，AUSTIN A，1984. Revision of the Scelioninae（Hymenoptera：Scelionidae）in Australia［J］. Australian Journal of Zoology Supplementary Series, 32（99）：1-138.

GAULD I, BOLTON B，1992. 膜翅目［M］. 杨忠岐，译. 香港：天则出版社.

IRFAN M，2019. 中国南方皿蛛科蜘蛛分类学研究［D］. 湖南师范大学.

GRAHAM M W R de V，1987. A reclassification of the European Tetrastichinae（Hymenoptera：Eulophidae），with a revision of certain genera［J］. Bulletin of the British Museum（Natural History）Entomology Series, 55：1-392.

GUL M A，SOLIMAN A M，DHAFER H M A，et al.，2018. Species of *Dirhinus* Dalman，1818（Hymenoptera：Chalcididae, Dirhininae）from Saudi Arabia：new species and a new record［J］. Zootaxa, 4483（3）：455-479.

HEDAYATI M T，PASQUALOTTO A C，Warn P A，et al.，2007. Aspergillus flavus：human pathogen, allergen and mycotoxin producer［J］. Microbiology, 153（6）：1677-1692.

GOULET H，HUBER J T，1993. Hymenoptera of the world：An identification guide to families［M］. Ottawa：Research Branch Agriculture Canada Publication.

HUBER J T，GIBSON G A P，Bauer L S，et al.，2008. The genus *mymaromella*（Hymenoptera：Mymarommatidae）in north America，with a key to described extant species［J］. Journal of Hymenoptera Research, 17（2）：175-194.

HUBER J T，2007. Diversity，classification and higher relationships of Mymarommatoidea（Hymenoptera）［J］. Journal of Hymenoptera Research, 16（1）：51-146.

GAULD I, BOLTON B，1992. 膜翅目［M］. 杨忠岐，译. 西安：天则出版社.

JOHNSON N F，CHEN H，HUBER B A，2018. New species of Idris Förster（Hymenoptera, Platygastroidea）from southeast Asia，parasitoids of the eggs of pholcid spiders（Araneae, Pholcidae）. Zookeys, 31；（811）：65-80.

LOCKHART S R，BEER K，TODA M，2020. Azole-resistant aspergillus fumigatus：what you need to know［J］. Clinical Microbiology Newsletter，42（1）：1-6.

LUBOMÍR M，JOSÉ L G R，2002. The genera of Diapriinae（Hymenoptera：Diapriidae）in the new world［J］. Bulletin of the American Museum of Natural History，103（4）：1-138.

MASNER L，1976. Recisoonary notes and keys to world genera of Scelionidae（Hymenoptera：Proctotrupoidea）［J］. Memoirs of the Entomological Society of Canada，108（S97）：1-87.

MASNER L，1980. Key to genera of Scelionidae of the Holarctic region，with descriptions of new genera and species（Hymenoptera：Proctotrupoidea）［J］. Memoirs of the Entomological Society of Canada，112（113）：1-54.

NARENDRAN T C，ACHTERBERG K V，2016. Revision of the family Chalcididae（Hymenoptera，Chalcidoidea）from Vietnam，with the description of 13 new species［J］. Zookeys，576（3）：1-202.

NIHARA R G，CHRISTOPHER K T，2012. New records of *Elasmus*（Hymenoptera，Eulophidae）species from Barrow island，western Australia［J］. Journal of Hymenoptera Research，29：21-35.

OLMI M，XU Z F，2015. Dryinidae of the Eastern Palaearctic region（Hymenoptera：Chrysidoidea）［J］. Zootaxa：61-253.

SARDROOD B P，GOLTAPEH E M，2018. Effect of Agricultural Chemicals and Organic Amendments on Biological Control Fungi［J］. E. Lichtfouse（ed.），Sustainable Agriculture Reviews，31：217-359.

SHEPARD B M，BARRION A T，Litsinger J A，2000. Helpful Insects，Spiders，and Pathogens［M］. Laguna：International Rice Research Institute.

TAEKUL C，JOHNSON N F，MASNER L，et al.，2010. World species of the genus *Platyscelio* Kieffer（Hymenoptera：Platygastridae）［J］. Zookeys，30（50）：97-126.

TRIETSCH C，MIKÓ I，DEANS A R，2019. A photographic catalog of Ceraphronoidea types at the Muséum nacional d'Histoire naturelle，Paris（MNHN），with comments on unpublished notes from Paul Dessart-Corrigendum［J］. European Journal of Taxonomy，527：1-2.

TRIETSCH C，MIKÓ I，EZRAY B，et al.，2020. A Taxonomic Revision of Nearctic Conostigmus（Hymenoptera：Ceraphronoidea：Megaspilidae）. Zootaxa，4792（1）：1-155.

XU Z F，OLMI M，HE J H，2013. Dryinidae of the Oriental region（Hymenoptera：Chrysidoidea）［J］. Zootaxa：361-460.

YE X H，ACHTERBERG C V，YUE Q，et al.，2017. Review of the chinese Leucospidae（Hymenoptera，Chalcidoidea）［J］. Zookeys，651（651）：107-157.

ZHANG YZ，HUANG DW，2004. 中国跳中蜂科（膜翅目 小蜂总科）属的厘订及分属检索表［M］. 北京：科学出版社.

第三编　天敌的生活习性与发生规律

生活习性和发生规律是保护和利用天敌的重要基础，以中国知网（CNKI）收录的期刊论文为例，截至2020年12月，为害习性与发生规律两方面的研究占相关寄生蜂和蜘蛛研究论文的51.0%。本编对主要稻田天敌类群的生活习性与发生规律进行介绍，为天敌的保护利用提供必要参考。

第一章　寄生性天敌

寄生性天敌的相关研究以寄生蜂为主，且主要涉及赤眼蜂、缨小蜂、黑卵蜂、茧蜂、姬蜂、螯蜂和啮小蜂等类型，其中赤眼蜂、缨小蜂、黑卵蜂为卵期寄生蜂；茧蜂、姬蜂和螯蜂为幼虫期和（或）蛹期寄生蜂；姬小蜂则是卵期、幼虫期和（或）蛹期寄生蜂。下文将依次对这些寄生性天敌在我国稻田的种类构成和优势种、生活习性、发生规律及其影响因子等进行介绍。

一、赤眼蜂

赤眼蜂隶属膜翅目Hymenoptera小蜂总科Chalcidoidea赤眼蜂科Trichogrammatidae，系稻田鳞翅目害虫重要的卵寄生蜂，可将害虫控制在为害之前，对大螟、二化螟、三化螟和稻纵卷叶螟等水稻主要害虫有重要的控制作用。人工饲养释放赤眼蜂被广泛应用于这些害虫的防治。此外，部分赤眼蜂种类还可寄生稻叶蝉等半翅目害虫的卵，对其发生有一定的抑制作用。

（一）种类构成及优势种

稻田赤眼蜂以赤眼蜂属 *Trichogramma*、寡索赤眼蜂属 *Oligosita* 和邻赤眼蜂属 *Paracentrobia* 等属较为常见，又以稻螟赤眼蜂 *Trichogramma japonicum*、螟黄赤眼蜂 *T. chilonis*、松毛虫赤眼蜂

T. dendrolimi、褐腰赤眼蜂 *Paracentrobia andoi* 等种类最为常见。其中，稻螟赤眼蜂是寄生鳞翅目害虫卵的优势种，褐腰赤眼蜂是寄生稻叶蝉卵的优势种（表3-1）。

表3-1　我国稻田赤眼蜂的优势种与寄生情况

调查地点	田间优势种类与寄生率	文献来源
江西抚州	三化螟卵的寄生蜂主要是稻螟赤眼蜂，对第2～4代三化螟卵块的寄生率分别为72.9%、71.7%、28.8%～100%，卵粒寄生率分别为14.1%、17.3%、29%～64.5%	佘乾能，1965
湖南长沙	第1～3代三化螟卵的寄生率分别为18.4%、47.8%、28.3%～53.5%，其中稻螟赤眼蜂分别占20.3%、42.5%、21.4%～33.9%	夏松云和叶承思，1965
安徽安庆	三化螟卵的寄生蜂中，稻螟赤眼蜂占绝对优势（＞80%）	高保宗等，1965
云南昆明、玉溪、开远	三化螟卵的寄生蜂：①昆明仅稻螟赤眼蜂，寄生率低，秧田第1代的卵粒寄生率0.96%；迟栽田第2代的卵粒寄生率5.3%～5.8%；②开远蜂种多而寄生率较高，第2、3代的卵粒寄生率分别为30.7%、40.5%，其中稻螟赤眼蜂的寄生率最高，分别为26.7%、18.0%；③玉溪寄生率居中，第2代的卵粒寄生率14.3%，其中稻螟赤眼蜂寄生率13.2%	云南农科所植保组，1974
湖南长沙、石门、安仁	稻纵卷叶螟的卵期优势寄生蜂为稻螟赤眼蜂（寄生率：长沙10%～81%，石门82.2%）、拟澳洲赤眼蜂（寄生率：长沙5%～21%，安仁22.7%）	宋慧英，1983
江西弋阳、丰城	二化螟卵粒被稻螟赤眼蜂寄生的比例：弋阳为28.1%；丰城第1～2代分别为24.0%、14.8%	陈东，1987
江西金溪	寄生稻纵卷叶螟卵的赤眼蜂以稻螟赤眼蜂、澳洲赤眼蜂为主，松毛虫赤眼蜂次之，其对第2～5代稻卷叶螟卵的自然寄生率分别为7.6%、21.9%～47.7%、33.6%～57.6%、73.3%	朱金亮，1978
江苏盐城	第3代稻纵卷叶螟卵的赤眼蜂寄生率为10%，其中稻螟赤眼蜂占78.9%，拟澳洲赤眼蜂和舟蛾赤眼蜂各占8.4%，松毛虫赤眼蜂4.2%	张英健和尤斌，1980
江苏南通	各代稻纵卷叶螟卵的稻螟赤眼蜂寄生率，第2代为5.6%±6.7%，第3代为29.1%±15.5%，第4代为22.4%±15.0%	许美昌，1985
安徽来安	第2～3代稻纵卷叶螟卵期寄生蜂占比：拟澳洲赤眼蜂占71.1%，稻螟赤眼蜂占28.9%	董德山和林海，1985
江苏	稻螟赤眼蜂为螟卵寄生蜂的优势种。常熟、金坛（东部）、金坛（西部）、江阴、高淳的第1代二化螟卵的卵块寄生率分别为100%、87.5%、100%、63.6%、93.8%	郭慧芳等，2002
广东	第3代三化螟的卵寄生蜂以稻螟赤眼蜂为主，惠州、高明、清远和韶关的三化螟卵块寄生率分别为56.25%、23.59%、37.5%和33.33%，卵粒寄生率分别为19.73%、4.46%、8.09%和4.5%	陈玉托等，2006

中国水稻害虫天敌的
识 别 与 利 用

续表

调查地点	田间优势种类与寄生率	文献来源
浙江温州	褐腰赤眼蜂是黑尾叶蝉卵的主要寄生蜂。早稻第1～3代黑尾叶蝉卵寄生率分别为14%、38.2%、60%；晚稻受早稻收割和苗期施药的影响，第4代黑尾叶蝉卵寄生率下降到36.7%，但10月上旬后田间基本停止用药，寄生率回升到52.3%，11月上旬叶蝉虫口衰退，寄生率上升到85.6%	温州地区农业科学研究所植保组，1975
浙江温州	一般年份，褐腰赤眼蜂对第1～3代黑尾叶蝉卵的寄生率分别为10%、20%～40%、＞60%，个别迟熟田块的可高达80%以上	金行模等，1980

注：20世纪80年代前，拟澳洲赤眼蜂 *T. confusum*、澳洲赤眼蜂 *T. australicum* 可能是螟黄赤眼蜂 *T. chilonis* 的误认（参见第二编）。

（二）生活习性

卵 赤眼蜂卵的长度100～400μm、宽度30～50μm。卵一般单产，少量有过寄生现象。不同种类的赤眼蜂的产卵部位有所不同，比如螟黄赤眼蜂把卵产在寄主卵的卵黄外面，而松毛虫赤眼蜂则把卵产在寄主卵的卵黄内（Boivin，2010）。在25℃条件下，赤眼蜂的胚胎发育时间较短。从将卵产入寄主开始至幼虫头、胸、腹部分化并开始取食大约需要24h。初产卵为棒形且透明，逐渐变大，颜色渐白色不透明，到胚胎发育后期，整个身体为透明状，开始进食表明胚胎发育结束，进入幼虫期。

幼虫及蛹期 尽管有研究认为松毛虫赤眼蜂胚胎期有胚膜的存在，幼虫分为3个龄期（王承纶，1981），但大部分研究认为赤眼蜂幼虫只有1个龄期（王雷英等，2015）。幼虫期虫体为乳白色不透明状，开始时呈棒状，随着取食量的增加，中肠逐渐膨大，后期虫体成囊状，最后停止取食，中间乳白色萎缩变小，幼虫期结束，进入预蛹阶段；在25℃条件下，幼虫阶段大约经历36h。预蛹期从虫体停止进食开始到翅芽和足芽外翻为止，其间虫体出现梅花点，分化出翅芽、足芽；在25℃条件下，预蛹期的时间大约为72h。蛹期从翅芽、足芽出现到成虫羽化，随着翅芽、足芽继续分化，身体开始分节，并分化出单眼、复眼和触角，后期表皮颜色加深；在25℃条件下，蛹期时间约为72h。

成虫 赤眼蜂成虫最显著的特征：不论是单眼，还是复眼，都是红色的，除了稻螟赤眼蜂体色为黑色外，其他赤眼蜂体色多为黄色。

羽化、交配习性：成虫一般在上午羽化居多，通常雄虫羽化要早于雌虫。羽化后的蜂在寄主卵内停留近1d才咬破并钻出寄主卵壳，羽化的当天成虫即可交配。

寿命：不同种的赤眼蜂寿命明显不同。在27℃、仅供水的情况下，稻螟赤眼蜂的平均寿命为22h，螟黄赤眼蜂的平均寿命为67h；而在提供1mol/L蔗糖水的情况下，稻螟赤眼蜂的平均寿命为40h，螟黄赤眼蜂的平均寿命为275h（Tian et al.，2016）。在25℃、提供蜂蜜水的情况下，螟黄赤眼蜂的雌成虫寿命为7.2～16.3d，松毛虫赤眼蜂的雌成虫寿命10.0～14.9d，玉米螟赤眼蜂的雌成虫寿命为4.7～11.1d（唐斌等，2008）。

生殖方式和性比：赤眼蜂的生殖方式为两性生殖，目前未见自然品系中有孤雌生殖的报道，不同种之间性别比有所差异。松毛虫赤眼蜂寄生柞蚕卵的后代雌性占比为71%～95%（何丽芬，1990）。螟黄赤眼蜂寄生米蛾卵的后代雌性占比为66%～75%（刘慧等，2017）。稻螟赤眼蜂寄生米蛾卵的后代雌性占比为73%～84%（郭明昉，1992），也有研究显示为88%～91%（李丽娟等2017），田间寄生二化螟卵的出蜂雌性比例为52.6%～69.6%，寄生三化螟卵的出蜂雌性比例为48.7%～66.7%（郭慧芳等，2002）。唐斌等（2008）测定了多种赤眼蜂的性比，发现螟黄赤眼蜂、松毛虫赤眼蜂和玉米螟赤眼蜂的雌性占比分别为66%～80%、69%～80%和54%～82%。

寄生习性：不同种类的赤眼蜂对同一寄主的寄生能力各不相同，且因环境温度而异。对稻螟赤眼蜂、螟黄赤眼蜂、松毛虫赤眼蜂和玉米螟赤眼蜂4种赤眼蜂有系统的比较：①寄生稻纵卷叶螟卵时，在20～32℃条件下，稻螟赤眼蜂的单雌子代出蜂数（20.3～36.6）高于螟黄赤眼蜂（14.4～24.9）、松毛虫赤眼蜂（13.3～28.1）和玉米螟赤眼蜂（14.5～21.3），并在32℃时差异显著（Tian et al.，2017）；单雌寄生的卷叶螟卵粒数结果也有所不同，20℃条件下，稻螟赤眼蜂单雌的寄生卵粒数（32.8）显著高于螟黄赤眼蜂（19.2）、松毛虫赤眼蜂（28.6）和玉米螟赤眼蜂（19.6），而在24～32℃条件下4种赤眼蜂间没有显著性差异。②寄生二化螟卵时，在18～26℃条件下，松毛虫赤眼蜂的单雌寄生卵粒数（12～21）高于稻螟赤眼蜂（2～18）、螟黄赤眼蜂（3～17）和玉米螟赤眼蜂（1～9）；而在30～34℃时，则稻螟赤眼蜂的单雌寄生卵粒数（10～13）高于螟黄赤眼蜂（4～7）、松毛虫赤眼蜂（3～8）和玉米螟赤眼蜂（4～7），且在34℃时差异显著（Yuan et al.，2012）。③对于大螟，仅有稻螟赤眼蜂可以成功寄生，松毛虫赤眼蜂、螟黄赤眼蜂和玉米螟赤眼蜂均未观察到成功寄生的现象。

寄主卵的日龄影响赤眼蜂的寄生能力。稻螟赤眼蜂、螟黄赤眼蜂、松毛虫赤眼蜂和玉米螟赤眼蜂对1～3日龄稻纵卷叶螟卵的寄生力没有显著差异，但对4日龄卵的寄生力显著下降（Tian et al.，2017）。当这4种赤眼蜂寄生不同日龄二化螟卵时，随着日龄的增加寄生量呈显著下降趋势（Yuan et al.，2012）。

功能反应：不同种类赤眼蜂的功能反应因温度、湿度和寄主植物等条件而异。甘蓝夜蛾赤眼蜂寄生麦蛾卵时，在25℃的条件下的功能反应属Holling Ⅱ型，平均每日最大寄生量40粒卵左右，而在20℃和30℃时其功能反应属Holling Ⅲ型，平均每日最大寄生量分别为20粒卵和30粒卵；此外，湿度也能改变功能反应的类型。广赤眼蜂寄生番茄斑潜蝇时，其功能反应的类型受番茄斑潜蝇的寄主植物品系的影响，番茄品系为Early Urbana-703时，其功能反应属Holling Ⅱ

型，平均每日最大寄生量18.06粒卵；而当番茄品系为Mobil和Riogrande时，其捕食功能反应属Holling Ⅲ型，平均每日最大寄生量分别为23.3粒卵和21.7粒卵（Ghorbani et al.，2019）。

控害潜力： 以二化螟卵为寄主时，稻螟赤眼蜂、螟黄赤眼蜂、松毛虫赤眼蜂和玉米螟赤眼蜂24h的最高寄生卵粒数分别为17粒、17粒、20粒和9粒（Yuan et al.，2012）。以稻纵卷叶螟卵为寄主时，上述4种赤眼蜂24h的最高平均寄生卵粒数分别为38粒、33粒、34粒和30粒（Tian et al.，2017）。

赤眼蜂对虫害的控制效果在不同年份之间差异很大。福建北部的调查结果显示，1979年稻纵卷叶螟卵的寄生率高达84.6%，而1980年仅为8.3%；而对稻螟蛉卵的寄生率比较稳定，1979年和1980年的寄生率分别为92.4%和82.9%，年份间的差异可能跟农事操作和调查时间有关（林乃铨，1981）。化学防治显著降低赤眼蜂的控害能力。江西省在20世纪80年代的调查结果显示，赤眼蜂对稻纵卷叶螟卵的寄生率为57%～96%，平均为69%～80.5%，而化防田的平均寄生率为9.5%～13.5%（朱彭年，1993）。

（三）发生规律及其影响因子

发生规律 在福建北部，稻螟赤眼蜂年发生代数不少于20代，在25～27℃下世代周期7～10d。该赤眼蜂的越冬寄主有三化螟和八点灰灯蛾等昆虫的卵。9月上旬至10月中旬寄生第4代三化螟卵内的稻螟赤眼蜂约28.1%可进入滞育状态，以老熟幼虫越冬，翌年3月中旬至4月中旬化蛹、羽化。10月上旬寄生在八点灰灯蛾卵的稻螟赤眼蜂亦有少数可以寄生卵内越冬，翌年3月底羽化。螟黄赤眼蜂则可以在凤蝶、弄蝶、八点灰灯蛾、星黄毒蛾等昆虫的卵内越冬（林乃铨，1981）。

福建北部田间赤眼蜂种群每年有2次数量高峰，大量集中发生在下半年。从冬季到翌年初夏，田间赤眼蜂的种群数量很少；6月中下旬开始增多，至早稻后期（6月下旬至7月下旬）出现第1次数量高峰。晚稻生长期间，赤眼蜂的自然寄主十分丰富，因此赤眼蜂种群数量也逐渐增多，并于晚稻后期（9月下旬至10月下旬）达到全年峰值（林乃铨，1981）。

浙江温州褐腰赤眼蜂每年4月中旬开始羽化，10月开始越冬，1年可繁殖11～12代，以预蛹或蛹在迟熟晚稻叶鞘内的寄主卵内越冬（金行模等，1980）。

常见赤眼蜂的年生活史与越冬情况见表3-2。

表3-2　常见赤眼蜂的年生活史与越冬情况

赤眼蜂	地点	年生活史	越冬	文献出处
稻螟赤眼蜂 *T. japonicum*	福建北部	每年从冬季（11月中旬）至翌年初夏（6月中旬），田间赤眼蜂的种群数量很少；6月下旬至7月下旬出现第1次数量高峰；9月下旬至10月下旬达到全年最高峰。1年可繁殖20代左右	以老熟幼虫或预蛹在三化螟、灯蛾等鳞翅目昆虫卵中越冬	林乃铨，1981
螟黄赤眼蜂 *T. chilonis*	福建北部	同稻螟赤眼蜂年生活史；但在冬季仍常见	以老熟幼虫或预蛹在毒蛾等鳞翅目昆虫卵中越冬	林乃铨，1981
褐腰赤眼蜂 *P. andoi*	浙江温州	每年4月中旬开始羽化，10月开始越冬，1年可繁殖11～12代	以预蛹或蛹在迟熟晚稻叶鞘内的寄主卵内越冬	金行模等，1980

影响因子　影响稻田赤眼蜂发生的因子有很多，包括寄主、稻田周边生境、温湿度和化学农药等。

寄主：寄主种群的消长直接影响着稻田赤眼蜂的发生。越冬的赤眼蜂在早春开始羽化，此时由于寄主较少，赤眼蜂种群处于比较低的水平，至6月中下旬，随着稻田鳞翅目害虫种群数量的上升而增多，9—10月寄主更为丰富时，赤眼蜂的种群也达到高峰（林乃铨，1981）。值得注意的是，除了稻田内最主要的鳞翅目害虫外，一些非主要害虫如稻苞虫、稻螟蛉等也是赤眼蜂的重要寄主，而非稻田害虫如沼蝇、灯蛾、弄蝶等则是赤眼蜂重要的过渡寄主和越冬寄主，对于延续繁衍赤眼蜂种群具有重要的意义（林乃铨，1981，1983；朱彭年，1993）。

周边生境：稻田周边的生态系统如杂草、茭白田等都是赤眼蜂重要的栖息地，是重要的越冬场所，对稻田周边生态系统的保护，有利于稻田赤眼蜂种群的增长。林乃铨（1981）报道了稻田周围生活着不为害水稻的沼蝇、灯蛾、蜂蝶和毒蛾等，它们都可以为稻田赤眼蜂提供过渡寄主，对保护及繁衍赤眼蜂种群有一定意义。黄建华（1990）调查了杂草上鳞翅目昆虫的着卵和寄生情况，发现杂草是繁衍赤眼蜂的良好场所（表3-3），同时稻田周边柑橘、白玉兰、香蕉和荸荠上部分鳞翅目害虫卵上存在着与稻田相同的卵寄生蜂——螟黄赤眼蜂。田埂上及稻田周围的蜜源植物可以提高稻田中赤眼蜂的寿命和寄生能力。例如，芝麻花可提高螟黄赤眼蜂的寿命和寄生力（Zhu et al.，2015）；酢浆草也可以提高螟黄赤眼蜂的寿命和繁殖力（赵燕燕等，2017）；车轴草花可以将螟黄赤眼蜂对米蛾卵的平均寄生力从28.8粒提高到48.5粒，酢浆草花可以提高至62.3粒。取食蜜源可以提高赤眼蜂的控害潜力，当取食1mol/L的葡萄糖溶液时，稻螟赤眼蜂、螟黄赤眼蜂的寄生力分别可以提高1.5倍、近4倍（Tian et al.，2016）。鉴于此，在田埂及田间道路两边种植蜜源植物是提高赤眼蜂控害能力的常用手段。

表 3-3　稻田周边杂草上的鳞翅目昆虫卵及孵出的赤眼蜂种类

杂草名称	鳞翅目昆虫卵	赤眼蜂种类
游草 *Leersia hexandra*	直纹稻苞虫 *Paranara guttata*	稻螟赤眼蜂
	稻螟蛉 *Naranga aenescens*	稻螟赤眼蜂、螟黄赤眼蜂
	稻眼蝶 *Mycalesis gotama*	螟黄赤眼蜂
	八点灰灯蛾 *Creatonotos transiens*	螟黄赤眼蜂
	曲纹稻苞虫 *Paranara ganga*	螟黄赤眼蜂
空心莲子草 *Alternanthera philoxeroides*	么纹稻苞虫 *Paranara naso bada*	松毛虫赤眼蜂
铺地黍 *Panicum repens*	白螟 *Scirpophaga incertulas*	稻螟赤眼蜂

数据来源：黄建华, 1990.稻田周围植物上鳞翅目昆虫卵寄生蜂调查[J].福建农学院学报（3）：289-294.

　　气候：赤眼蜂的控害效果取决于许多环境因素，其中气候条件是最重要的因素。在气候因子中，温度对赤眼蜂的生理生态学特性和行为习惯的影响最为显著。李丽英等（1983）研究了温度对稻螟赤眼蜂、拟澳洲赤眼蜂、松毛虫赤眼蜂、玉米螟赤眼蜂等不同赤眼蜂种类生长发育的影响，明确了常见赤眼蜂生长发育的适温范围、最适温度、发育起点和有效积温（表3-4）。

表 3-4　常见赤眼蜂对温度的反应

蜂种	适温范围/℃	最适温度/℃	发育起点温度/℃	有效积温/℃	发育速率与温度的关系公式
稻螟赤眼蜂 *T. japonicum*	20～31	27	11.09	134.34	$v = \dfrac{14.19}{1+e^{7.3469-0.3632t}}$
螟黄赤眼蜂 *T. chilonis*	20～29	27	11.01	155.85	$v = \dfrac{12.78}{1+e^{0.1616-0.33t}}$
松毛虫赤眼蜂 *T. dendrolimi*	20～27	23	10.34	161.36	$v = \dfrac{13.09}{1+e^{6.2564-0.3111t}}$
玉米螟赤眼蜂 *T. ostriniae*	22～32	28	11.43	130.44	$v = \dfrac{17.5377}{1+e^{4.821-0.21t}}$
舟蛾赤眼蜂 *T. closterae*	22～28	24	13.76	133.32	$v = \dfrac{13.63}{1+e^{7.0431-0.3166t}}$

数据来源：李丽英, 张月华, 张荣华, 1983.赤眼蜂生长发育与温度关系的种间及种内差异[J].环境昆虫学报（1）：6-10.

　　大量的室内研究发现，在适温范围内，随着温度的上升，赤眼蜂的繁殖力增加而寿命缩短（Shirazi et al.，2006）。同时发育速率则随温度的升高而加快，温度还会对赤眼蜂的性别比例产生影响，在高温和低温的条件下，赤眼蜂产生更多的雄性后代（张荆等，1983；Qian et al.，2013）。在适温区外，赤眼蜂的生长发育大多向不利方向发展。耽金虎等（2005）的研究表明，40℃高温对松毛虫赤眼蜂蛹中期和蛹后期阶段有明显的不利影响，尤其是蛹后期在经历了6h的40℃高温处理后，几乎不能羽化。陈科伟等（2006）研究了温度（26℃、29℃、32℃、35℃）对玉米螟赤眼蜂的影响，发现32～35℃高温对玉米螟赤眼蜂各虫态的生长发育有着不同程度的抑制作用，随着温度的上升，卵—幼虫期和蛹期的存活率都逐渐降低，而产卵量、虫体和卵的大小也与温度呈负相关。稻螟赤眼蜂、螟黄赤眼蜂、松毛虫赤眼蜂和玉米螟赤眼蜂在36℃恒温下均不能完成发育（Tian et al.，2017）。

除了温度以外，湿度也是影响赤眼蜂的重要气候因子。多数研究认为，赤眼蜂喜适中的湿度，过高或过低都会对赤眼蜂的生长发育产生不利影响（施祖华和刘树生，1993）。掌握湿度对赤眼蜂生长发育的影响，可为赤眼蜂的人工饲养和释放提供科学依据。但在实际的生产实践中，湿度往往和温度相互协作，共同作用于赤眼蜂的生长发育。有研究显示，大多数赤眼蜂的最适相对湿度为40%～60%，温度为20～29℃（Smith，1996）。Yuan等（2012）比较了稻螟赤眼蜂、螟黄赤眼蜂、松毛虫赤眼蜂和玉米螟赤眼蜂对不同温湿度组合的耐受力，发现松毛虫赤眼蜂和稻螟赤眼蜂最适合在中国东北防治水稻二化螟。

农药：农药对赤眼蜂的影响是稻田赤眼蜂能否有效控害的最重要影响因素之一，常见农药的影响汇总情况见表3-5，现分杀虫剂、杀菌剂两类简述如下。①杀虫剂：对赤眼蜂的影响相对较大，且不同种类杀虫剂类型间差异明显。一般来说，常见杀虫剂对赤眼蜂的毒性：有机磷酸酯类＞氨基甲酸酯类＞苯吡唑类＞拟除虫菊酯类＞新烟碱类杀虫剂。相比较而言，昆虫生长调节剂（IGRS）和植物源杀虫剂对寄生蜂的毒性较低。不同发育阶段的赤眼蜂对杀虫剂的敏感性不同。杀虫剂对赤眼蜂的影响程度一般随着其生长发育的延续呈增大趋势，赤眼蜂成虫对大多数杀虫剂都非常敏感，其他虫期因在卵内度过而对杀虫剂的敏感性相对降低，具体可能因赤眼蜂品种而有所差异。②杀菌剂：对赤眼蜂的影响总体上小于杀虫剂，但也不完全是安全的，不同种类的杀菌剂对赤眼蜂的毒性不同，有些甚至会高于杀虫剂，且因赤眼蜂种类而异，需引起重视。金啸等（2011）报道，对玉米螟赤眼蜂而言，三唑酮具极高风险，咪鲜胺具高风险，肟菌酯和申嗪霉素具中等风险；对松毛虫赤眼蜂而言，三唑酮具高风险，咪鲜胺具中等风险，而肟菌酯和申嗪霉素皆为低风险。恶霉灵被报道对欧洲玉米螟赤眼蜂具高风险性。

表 3-5　稻田常用农药对赤眼蜂的安全性

农药类型	农药名称	稻螟赤眼蜂 T. japonicum		螟黄赤眼蜂 T. chilonis		LC₅₀ 文献 出处
		LC_{50} （mg/L）	风险 等级	LC_{50} （mg/L）	风险 等级	
有机磷杀虫剂	毒死蜱	0.04	高	0.042	高	Zhao et al., 2012; Preetha et al., 2009; 李增鑫, 2021
	马拉硫磷	0.25	高	—	—	
	喹硫磷	0.12	高	—	—	
	辛硫磷	0.11	高	—	—	
	丙溴磷	0.41	中	—	—	
	三唑磷	0.42	中	—	—	
	乙酰甲胺磷	—	—	4.470	中	
氨基甲酸酯杀虫剂	西维因	0.48	高	—	—	Zhao et al., 2012
	丁硫克百威	3.04	中	—	—	
	异丙威	0.49	中	—	—	
	速灭威	0.035	高	—	—	
	猛杀威	0.22	中	—	—	
拟除虫菊酯杀虫剂	三氟氯氰菊酯	11.09	低	—	—	Zhao et al., 2012; Preetha et al., 2009
	氯氰菊酯	21.15	低	—	—	
	甲氯菊酯	28.67	低	—	—	
	醚菊酯	—	—	0.0045	高	
新烟碱类杀虫剂	吡虫啉	95.48	低	0.103	中	Preetha et al., 2009; Zhao et al., 2012; 李增鑫, 2021
	啶虫脒	25.39	低	—	—	
	烯啶虫胺	0.72	低—中	0.396	低	
	噻虫嗪	0.40	低—中	0.0014	高	
	氯噻啉	80.66	低	—	—	
	噻虫啉	75.26	低	—	—	
	噻虫胺	—	—	0.0113	中	

续表

农药类型	农药名称	稻螟赤眼蜂 *T. japonicum*		螟黄赤眼蜂 *T. chilonis*		LC$_{50}$ 文献出处
		LC$_{50}$（mg/L）	风险等级	LC$_{50}$（mg/L）	风险等级	
昆虫调节剂杀虫剂	氟啶脲	4548	低	—		Zhao et al.，2012；金磊，2021
	呋喃虫酰肼	30206	低	—		
	氟铃脲	5650	低	—		
	虫酰肼	3383	低	—		
	噻嗪酮	0.50	中	—		
	氯虫苯甲酰胺	—	—	0.981	低	
大环内酯杀虫剂	阿维菌素	0.50	中	0.353	中	Zhao et al.，2012；张俊杰，2014；金磊，2021
	甲氨基阿维菌素苯甲酸盐	1.11	低	0.0005	高	
苯基吡唑类杀虫剂	丁烯氟虫腈	1.84	低	—	—	Zhao et al.，2012
	乙虫腈	16.23	低	—	—	
	氟虫腈	0.92	中	—	—	
吡啶类杀虫剂	吡蚜酮	2000	低	—	安全	王子辰等，2016
杀菌剂	戊唑醇	9143	低	0.221	中	祝小祥等，2014；王子辰等，2016；金磊，2021
	三环唑	＞1000	低	—	—	
	稻瘟灵	＞1000	低	—	—	
	环唑醇	7877	低	—	—	
	氟环唑	12.38	低	—	—	
	己唑醇	9360	低	—	—	
	苯醚甲环唑	1042	低	1.96	低	
	井冈霉素	10000	低	—	—	
	三唑酮	49.5	低	—	—	

注：风险等级高、中、低分别指风险系数＞2500、＞50且≤2500、≤50，其中风险系数等于药剂的田间推荐剂量（g/hm^2）除以LC$_{50}$（mg/L）。

二、缨小蜂

缨小蜂隶属膜翅目Hymenoptera小蜂总科Chalcidoidea缨小蜂科Mymaridae，资源丰富，分布广泛，通常寄生较为隐蔽的卵（如植物组织内的卵），是稻飞虱、叶蝉和负泥虫等水稻害虫卵期的重要寄生性天敌，对这些害虫的发生有重要的抑制作用。

（一）种类构成及优势种

稻田缨小蜂以缨翅缨小蜂属*Anagrus*、柄翅缨小蜂属*Gonatocerus*、缨小蜂属*Mymar*等属的种类较为常见，其中缨翅缨小蜂属的稻虱缨小蜂*A. nilaparvatae*、长管稻虱缨小蜂*A. perforator*、拟稻虱缨小蜂*A. paranilaparvatae*（可能是蔗虱缨小蜂*A. optabilis*的误认，参见第二编；本节仍按原报道引述）3种最为常见，具体的优势度和寄生率因地区而有所不同（表3-6）。

表3-6 我国稻田缨小蜂的优势种与寄生情况

调查地点	田间优势种类与寄生率	参考文献
浙江温州	稻飞虱卵常被稻虱缨小蜂、长管稻虱缨小蜂和拟稻虱缨小蜂寄生，田间寄生率29.1%～75.7%；优势度因季节而异，7月中下旬、11月上旬稻虱缨小蜂占绝对优势（占77.8%～84.1%）；8月中下旬长管稻虱缨小蜂和稻虱缨小蜂较多（分别占48.4%、43.2%）；9月中旬至10月上旬则稻虱缨小蜂和拟稻虱缨小蜂较多（分别占30.8%～44.9%、37.4%～46.2%）	金行模和张纯胄，1980
福建沙县	寄生稻飞虱卵的缨小蜂有稻虱缨小蜂、拟稻虱缨小蜂、长管稻虱缨小蜂、短管稻虱缨小蜂、稗稻虱缨小蜂等5种，其中前3种缨小蜂占稻飞虱卵寄生蜂的90%以上	罗肖南和卓文禧，1980
江苏东台	寄生稻飞虱卵的缨小蜂主要有稻虱缨小蜂、稻虱黄缨小蜂、黑腹缨小蜂等3种，其中稻虱缨小蜂占94.4%，其余两种合计2.8%	林冠伦等，1985
江苏太湖稻区	晚稻缨小蜂对褐飞虱卵的寄生率4.4%～22.7%，其中拟稻虱缨小蜂占95%以上，其次是稻虱缨小蜂	丁宗泽等，1988
江苏浦口	缨小蜂对灰飞虱、白背飞虱和褐飞虱卵的寄生率分别为27.3%、10.9%～20.7%、19.6%～21.5%，稻虱缨小蜂和拟稻虱缨小蜂为主，其中，6月上旬至8月上旬以稻虱缨小蜂占绝对优势，占比84.6%，主要寄生灰飞虱和白背飞虱；8月中旬开始，拟稻虱缨小蜂上升，占比最高达86.9%，主要寄生褐飞虱	徐国民和程遐年，1988

调查地点	田间优势种类与寄生率	参考文献
江苏海安	寄生稻飞虱卵的缨小蜂中，水稻前中期稻虱缨小蜂占94.7%，后期拟稻虱缨小蜂占97.5%。其中7月上旬至8月上旬，稻虱缨小蜂对白背飞虱卵粒寄生率4.4%～22.8%，对灰飞虱卵粒寄生率0～24.4%；9月上中旬拟褐飞虱缨小蜂对褐飞虱卵粒寄生率4.4%～23.3%	胡进生，1992
广东佛山	寄生稻飞虱卵的缨小蜂中，以长管稻虱缨小蜂、稻虱缨小蜂、拟稻虱缨小蜂3种最为常见，其优势度因季节而不同，3种缨小蜂的占比，6月早稻田分别占52.6%～90.5%、2.7%～18.8%、0～37.4%；10月晚稻田则分别为17.5%～55.2%、12.7%～77.2%、0～45.0%	李伯传和何俭兴，1991
广东四会	寄生稻飞虱卵的缨小蜂中，有稻虱缨小蜂、长管稻虱缨小蜂、拟稻虱缨小蜂、伪稻虱缨小蜂、短管稻虱缨小蜂等5种，以前3种为主，其中早稻和晚稻前期以稻虱缨小蜂和长管稻虱缨小蜂较多，分别占32.4%～49.1%、18.9%～41.1%；晚稻中后期则以拟稻虱缨小蜂最多，占54.7%～83.2%	毛润乾，2002

（二）生活习性

缨小蜂从产卵寄生在寄主卵内开始，一直发育到成虫羽化破出寄主卵壳为止，都在寄主卵内度过。其生活习性的研究以缨翅缨小蜂属 *Anagrus* 较多，柄翅缨小蜂属 *Gonatocerus*、爱丽缨小蜂属 *Erythmelus*、微翅缨小蜂属 *Alaptus*、多线缨小蜂属 *Polynema* 等偶有涉及，其他属则很少研究。下文主要介绍缨翅缨小蜂属 *Anagrus* 内3种缨小蜂（稻虱缨小蜂 *A. nilaparvatae*、长管稻虱缨小蜂 *A. perforator*、拟稻虱缨小蜂 *A. paranilaparvatae*）的相关研究结果。

卵—蛹期 可划分为7个阶段：未见期（卵及幼虫前期）、勾爪期（幼虫中期）、红色期（幼虫后期）、前蛹期、眼点期（中蛹期）、显性期（后蛹期）、附肢期（成蛹期）。前3个阶段为卵和幼虫期，后3个阶段为蛹期。幼虫分为2龄，未见期的幼虫为1龄，无色；勾爪期与红色期的幼虫为2龄，红色或黄色。蛹期有各种斑纹。

成虫 成虫羽化后在寄主卵内短时间停留（称"成虫未脱壳期"），然后再用口器咬破卵壳而出。羽化时间大多集中于凌晨至上午，但具体时间因不同缨小蜂种类而异。稻虱缨小蜂可在1:00—22:00羽化，但集中在5:00—12:00（占96.5%），其中5:00—6:00、6:00—8:00、8:00—10:00、10:00—12:00分别占33.1%、41.4%、14.3%、7.7%。长管稻虱缨小蜂仅在2:00—8:00羽化，其中2:00—5:00、5:00—6:00、6:00—8:00分别为34.0%、40.8%、25.2%。拟稻虱缨小蜂多在5:00—8:00羽化，占89.7%，其中5:00—6:00、6:00—8:00分别为30.1%、

59.6%（罗肖南和卓文禧，1980）。天气状况影响孵化时间，如若遇阴雨天或气温显著降低时，缨小蜂则大多在下午羽化（金行模等，1979）。

缨小蜂一般是雄虫先羽化，约10min后雌虫相继羽化。羽化的雄虫守在寄主卵壳旁，常在雌虫离壳未展翅时雄虫即与之交尾。交尾历时短则2s，长则2min，一般0.5～1.0min。稻虱缨小蜂雌虫一生仅交配1次，而雄虫多者可交配7次。

缨小蜂成虫有趋光性，喜取食花蜜及害虫蜜露等补充营养。

缨小蜂成虫寿命较短。稻虱缨小蜂雌虫寿命一般2～3d，最长可达9d；长管稻虱缨小蜂雌虫寿命约2d，长的可达4d；拟稻虱缨小蜂雌虫居中，寿命一般2～3d，长的可达5d（罗肖南和卓文禧，1980）。同一种蜂，孤雌生殖的雌虫寿命略长于两性生殖的雌虫。缨小蜂雌虫寿命与温湿度等环境因素有关。稻虱缨小蜂的寿命在一定范围内有随温度升高而递减的趋势，10℃时为5～8d，23℃时为2d，33℃下仅17.6h；23℃下不供水饲育时仅能存活约1d（罗肖南等，1980）。

缨小蜂的生殖方式有两性生殖和孤雌生殖，不同种类间有所不同。据罗肖南和卓文禧（1980）观察，稻虱缨小蜂主要行两性生殖，子代中雌虫占66.2%，雄虫占33.8%；也可行孤雌生殖，子代以雄虫为主（占96%），雌虫仅少量（4%）；而长管稻虱缨小蜂和拟稻虱缨小蜂主要行孤雌生殖，子代几乎全为雌虫。不同世代缨小蜂的性别比也波动较大，罗肖南和卓文禧（1980）还观察到，长管稻虱缨小蜂在5—6月和9—10月雄虫占比不超过0.5%，而7—8月则有31.8%～70.1%；拟稻虱缨小蜂4—6月、10月雄虫占比＜3%，而9月则为50.7%，部分雌虫可能子代全为雄虫，推测7—8月产雄虫较多可能是引起之后缨小蜂群体数量衰竭的因素之一。亦有研究发现，稻虱缨小蜂性比（雌∶雄）除第4、15代为1∶（1.5～1.7）之外，其余各代为（3.6～1.3）∶1。寄主卵也可能影响缨小蜂子代性别比，长管稻虱缨小蜂未交尾雌虫寄生白背飞虱卵时，子代全为雌虫；而寄生褐飞虱卵时子代全为雄虫。

缨小蜂交尾后，雌虫即行寻找寄主产卵，产卵前雌虫常在稻茎或叶鞘间来回爬行，并以触角频频敲打寄主卵块，选择合适位置作上下拉锯式活动3～4min，待产卵器全部或大部插入时产卵；产卵时腹部不断抽搐。产卵器插入产卵方式因缨小蜂种类而有所不同。稻虱缨小蜂雌虫产卵管一般从卵痕附近叶鞘组织插入产卵，常见雌虫绕卵痕一侧叶鞘组织用产卵管插试10多次，在稻株组织上留下圆形孔洞；长管稻虱缨小蜂产卵管直接从产卵痕处插入，并在产卵痕内移动探索，连续产卵；拟稻虱缨小蜂产卵管则从卵端蜡质物边缘插入产卵。缨小蜂在飞虱卵内的头向因不同蜂种而异。稻虱缨小蜂头向多位于飞虱卵后端（田间93.0%、室内95.5%），拟稻虱缨小蜂和长管稻虱缨小蜂则几乎全部位于飞虱卵前端（分别为100%、99.8%～100%）。多数缨小蜂都是单寄生，有时在寄主卵内产下1个以上的卵，但仅出1头蜂。雌虫产卵期一般1～2d，长的可达4d，以第1d产卵最多，可占总产卵量的60%～90%（金行模等，1979；罗肖南和卓文禧，1980）。缨小蜂对不同寄主种类有明显的偏好性。可选择条件下，当在灰飞虱和白背飞虱共存或褐飞虱与白背飞虱共存时或3种飞虱卵共存时，稻虱缨小蜂、拟稻虱缨小蜂均偏好寄生灰飞虱或褐飞虱卵,二者对灰飞虱和褐飞虱卵无明显偏好性;而长管稻虱缨小蜂则喜寄生白背飞虱卵(表3-7)。

表3-7　在可选择条件下,3种缨翅缨小蜂对不同种类稻飞虱卵的寄生率(%)比较

缨小蜂种类	褐飞虱与白背飞虱卵共存		灰飞虱与白背飞虱卵共存		褐飞虱与灰飞虱共存		褐飞虱、白背飞虱、灰飞虱三者共存		
	褐飞虱	白背飞虱	灰飞虱	白背飞虱	褐飞虱	灰飞虱	褐飞虱	白背飞虱	灰飞虱
稻虱缨小蜂 *A. nilaparvatae*	21.5a	10.6b	31.7a	12.3b	26.7a	19.4a	20.8ab	12.8b	25.5a
长管稻虱缨小蜂 *A. perforator*	0.1b	26.4a	3.3b	19.9a	—	—	0.0b	38.1a	0.0b
拟稻虱缨小蜂 *A. paranilaparvatae*	29.3a	0.0b	47.3a	4.4b			52.1a	0.0b	31.6a

数据来源:罗肖南,卓文禧.1981.稻飞虱卵寄生蜂——缨小蜂的研究(三)——三种缨小蜂寄生行为的选择性[J].昆虫知识,(1):3-6.

注:同一共存模式下不同飞虱寄生率后随相同英文字母者示无显著差异($p < 0.05$)。

　　寄主种类还影响缨小蜂子代的发育质量。褐飞虱卵育出的稻虱缨小蜂初羽化成虫怀卵量显著高于白背飞虱卵育出的稻虱缨小蜂,但在褐飞虱卵中,缨小蜂发育得较慢。稻虱缨小蜂在白背飞虱卵育出的雌虫在白背飞虱卵上的内禀增长力,相比其在褐飞虱卵的内禀增长力及褐飞虱卵育出的雌虫寄生褐飞虱卵或白背飞虱卵的内禀增长力低25%(祝增荣等,1993)。3种缨翅缨小蜂对不同胚胎发育阶段的稻飞虱卵有明显的寄生偏好性(表3-8),其对胚胎发育早期卵(眼

表3-8　3种缨翅缨小蜂对不同发育阶段稻飞虱卵的寄生率(%)比较

缨小蜂种类	褐飞虱卵		白背飞虱卵		灰飞虱卵	
	发育前期	发育后期	发育前期	发育后期	发育前期	发育后期
稻虱缨小蜂 *A. nilaparvatae*	14.9a	11.2b	19.9a	8.2b	35.5a	15.5b
长管稻虱缨小蜂 *A. perforator*	—	—	40.4b	5.0a	—	—
拟稻虱缨小蜂 *A. paranilaparvatae*	80.0a	12.5b	29.4a	4.6b	41.7a	0.8b

数据来源:罗肖南,卓文禧,1981.稻飞虱卵寄生蜂——缨小蜂的研究(三)——三种缨小蜂寄生行为的选择性[J].昆虫知识,(1):3-6.

注:同一种飞虱卵不同发育阶段的寄生率后随相同英文字母者示无显著差异($p < 0.05$)。

点未出现）的寄生率显著高于对胚胎发育后期卵（出现眼点），长管稻虱缨小蜂、拟稻虱缨小蜂的这种偏好性强于稻虱缨小蜂，这两种蜂对胚胎发育后期卵的寄生率只相当于对前期卵寄生率的1.9%～15.6%，而稻虱缨小蜂则高达41.3%～75.2%。

缨小蜂的控害能力主要取决于产卵量。稻虱缨小蜂每雌产1～46粒，均值11.2～26.7粒；拟稻虱缨小蜂2～41粒，均值16.5～26.4粒；稗飞虱缨小蜂10～38粒，均值19.5粒；长管稻虱缨小蜂3～40粒，均值21.5粒（孤雌生殖）（金行模和张纯胄，1979）。田间调查显示：缨小蜂对稻飞虱卵有较高的自然寄生力，高时60%以上，最高可超过90%，对田间稻飞虱有显著抑制作用，控害作用较强。如1975年6月在广东翁城调查，褐飞虱被稻虱缨小蜂寄生的卵粒为30%～78%；1975年9月在海南保亭和琼中调查，卵粒寄生率为40%～61%。1976年，在广东阳江早稻田中，褐飞虱卵的缨小蜂寄生率达13.1%～60.5%，1977年时高达76.1%。1977—1979年，在浙江温州地区缨小蜂寄生率高时可达75%以上。1979年，在福建沙县田间，稻虱缨小蜂对褐飞虱、灰飞虱和白背飞虱卵的寄生率分别为20.8%～26.7%、10.6%～12.8%、19.4%～31.7%；拟稻虱缨小蜂对这3种飞虱卵的寄生率分别为29.3%～52.1%、0.0%～4.4%、31.6%～47.3%；长管稻虱缨小蜂主要寄生白背飞虱，卵粒寄生率可达19.9%～38.1%。1982—1983年，在江苏东台稻虱缨小蜂7月对灰飞虱卵的田间寄生率为4.0%～16.7%；8月主要寄生白背飞虱卵，寄生率为17.3%～38.7%；9月上、中旬主要寄生褐飞虱卵，寄生率32.47%～55.64%（林冠伦等，1985）。1984年8月和1985年8月，在浙江北部缨小蜂对褐飞虱卵的寄生率分别达70.6%和65.4%，对灰飞虱卵的寄生率分别为89.4%和70.6%；1985年9月初至10月初，缨小蜂对白背飞虱卵的寄生率为14.6%～92.5%。1982—1985年，缨小蜂对褐飞虱卵的平均寄生率为22.4%～54.6%，白背飞虱为18.8%～52.3%，灰飞虱卵为7.34%～80.3%（顾秀慧等，1987）。

国外田间缨小蜂对稻飞虱也有较高自然寄生率。泰国稻田白背飞虱被蔗虱缨小蜂寄生的卵粒可达83.3%（Miura et al.，1979；1981）；越南稻田中缨翅缨小蜂属对白背飞虱卵的寄生率达72.5%，在马来西亚对白背飞虱卵的寄生率达47%（王野岸等，1986）。近年来的研究亦表明，缨翅缨小蜂属和柄翅小蜂属是越南稻田飞虱的优势寄生蜂，卵寄生率为21.1%～47.8%（Gurr et al.，2011）。在日本 *Anagrus* sp. nr *flaveolus* 是稻飞虱卵的优势寄生蜂，5—6月寄生率为11.3%～29.6%，9—11月为3.3%～38.1%；对灰飞虱卵的寄生率可达95%（Gurr et al.，2011）。

3种缨翅缨小蜂中，稻虱缨小蜂对稻飞虱的控制虱作用强于长管稻虱缨小蜂和拟稻虱缨小蜂，其原因是：①世代周期短，发生代数多（年发生20代），每年比后两种缨小蜂多发生5～6个世代，虫口数量积累快。②成虫寿命较其他两种长1～3d，每雌产卵寄生多5～8粒。③冬季无滞育现象，3月春季气温回升就能开始繁殖后代，积累种群数量，而后两种缨小蜂冬季滞育，4月中旬至5月初才完成越冬代发育，虫口积累慢。④寄主范围最广，即使田间飞虱种群波动大也能保持较高的数量，而拟稻虱缨小蜂尽管寄主范围也广，但不寄生白背飞虱卵；长管稻虱缨小蜂寄主范围窄，除白背飞虱等少数种之外，大部分飞虱卵均不寄生。⑤对各种飞虱卵的发育阶段要求不严格，寄主选择范围大，而后两种缨小蜂对发育前期寄主卵的偏好性明显较强，选择范围窄。⑥受7—8月高温影响相对较少，而后两种缨小蜂在高温时子代雄虫比例升高，甚至子代全部为雄虫（罗肖南和卓文禧，1980）。

（三）发生规律及其影响因子

发生规律 在福建北部，3种缨翅缨小蜂的世代发生规律：①稻虱缨小蜂：1年可繁殖约20代，世代重叠，高峰期在5—7月。稻田发生18代，其中早稻8代，晚稻10代；晚稻收割后有2个世代在田边杂草度过。在环境均温为12.1℃（第20代12月8日至翌年2月）、16.2℃（第19代11月8日—12月16日）、19.6℃（第1代2月9日—4月19日）、19.9（第18代10月20日—11月14日）、20～25℃、25～30℃、30～32℃时，全世代历期分别为58.7d、32.6d、30.8d、20.7d、11.3～16.8d、9.3～10.4d、8.9～9.8d；其中，卵和前期幼虫3.0～12.2d（第2～19代3.0～6.7d），中后期幼虫期1.3～16.6d（第2～18代为1.3～4.6d），蛹期1.9～14.3d（第2～18代1.9～4.1d），成虫未脱壳期（成虫羽化后在寄主卵内停留时间）1.1～14.6d（第1～18代1.1～4.1d），成虫孵化至产卵时间0～1.1d。②长管稻虱缨小蜂：1年发生15代，其中早稻发生6代，晚稻发生8代，高峰期在7月至9月上旬；第15代以幼虫在田间杂草上飞虱卵内越冬；世代历期在6—7月为11d，10—11月为15～17d，平均13.5d（罗肖南和卓文禧，1980a）。③拟稻虱缨小蜂：1年发生14代，世代重叠，高峰期在10月。前13代发生在水稻上，其中早稻6代，晚稻7代；第14代在杂草过冬。世代历期26～66d（罗肖南和卓文禧，1980）。

在浙江温州，1978年4月至1979年1月，稻虱缨小蜂连续繁殖了15代，其中第1代（4月中旬至5月下旬）、第2代（4月底至5月底）、第3代（5下旬至6中旬）寄生黑边黄脊飞虱，环境均温分别为18.9℃、20.1℃、23.7℃，世代历期分别为25.6d、21.1d、15.1d；第4～14代（6月上旬至10月中旬）以褐飞虱为寄主，环境均温分别为25.8℃、27.4～28.0℃、28.0～29.8℃、23.5℃、20.0℃、16.6℃时，世代历期分别为13.5d、10.0～11.0d、9.5～9.7d、17.3d、21.3d、27.4d；第15代以黑边黄脊飞虱为越冬寄主，均温13.0℃（11月上旬至翌年1月上旬），历时47.2d。稻虱缨小蜂在冬季无显著滞育现象，可以各虫态在田边禾本科杂草飞虱卵中度过（金行模和张纯胄，1980）。长管稻虱缨小蜂和拟稻虱缨小蜂则冬季滞育，以幼虫在田边禾本科杂草飞虱卵中越冬，翌年3—4月气温达到15℃以上时才开始发育。

影响因子 缨小蜂发生的因子有很多，包括水稻、过渡寄主、营养、温度、湿度和农药等多种因素。

　　水稻：白背飞虱和褐飞虱卵、雌雄成虫、若虫、蜜露以及若虫为害的水稻植株和带卵水稻植株均能产生利他素诱发稻虱缨小蜂的搜索行为，其中有卵植株、卵、雌成虫最具吸引力，与稻飞虱产生的一种含有棕榈油成分的利他素有关（Lou et al., 2001）。稻虱缨小蜂对不同水稻品种挥发物的行为反应存在显著差异。受褐飞虱为害后，水稻品种间引诱作用的差异更趋明显。稻虱缨小蜂对飞虱若虫和怀卵雌虫取食诱导的水稻挥发物响应受飞虱取食时间和飞虱虫口密度的影响。当每株植物接入10～20头飞虱雌虫24h后，对稻虱缨小蜂表现出明显的吸引作用。这种吸引力表现出的时间和褐飞虱种群密度可能影响稻虱缨小蜂后代的存活机会。水稻挥发物的总量和比例受到褐飞虱取食持续时间和密度的影响。挥发性物质的变化可能为稻虱缨小蜂提供有关宿主褐飞虱栖息地质量的特定信息，从而影响到稻虱缨小蜂的行为反应（Lou et al., 2005）。茉莉酸（JA）处理受害水稻，可增加12种挥发物的释放量，显著增加稻虱缨小蜂的数量并提高稻虱缨小蜂对褐飞虱卵的寄生率。JA处理后，挥发物总量和质量在不同水稻品种之间存在显著差异（Lou et al., 2006）。水稻在受到10头待产卵的雌性褐飞虱取食24h后比取食48h吸引更多的稻虱缨小蜂，而且稻虱缨小蜂在遭受10头或20头雌性褐飞虱为害的水稻上的寄生率要高于遭受5头或80头雌性褐飞虱为害的水稻，说明水稻受到褐飞虱为害程度不同，释放的挥发物成分或数量也不同，进而影响吸引稻虱缨小蜂的能力（Xiang et al., 2008）。进一步研究发现水稻中常见的萜类化合物、芳香族化合物和脂肪酸衍生物可引起稻虱缨小蜂的行为响应，且不同挥发物吸引雌性稻虱缨小蜂的剂量有所不同。与单独的挥发物相比，挥发物全组分混合物对稻虱缨小蜂更具吸引力（Mao et al., 2018）。

　　过渡寄主：田间缨小蜂除寄生褐飞虱、白背飞虱、灰飞虱卵外，还寄生于田边杂草的各种飞虱卵，如稗飞虱、拟褐飞虱、伪褐飞虱、黑边黄脊飞虱、黑面黄脊飞虱、大褐飞虱和暗斑飞虱等的卵（王野岸等，1986；李伯传等，1991）。稻飞虱卵寄生蜂的生物学特性受到不同生境中寄主和植被的影响。稻田周围的非稻田生境是稻田寄生性天敌的避难所，同时也是稻田的天敌库。研究发现蔗虱缨小蜂*Anagrus optabilis*的性别比、体重和生长率受到宿主物种、寄主植物和周围栖息地的影响。*Anagrus incarnatus*可通过寄生拟褐飞虱、伪褐飞虱、稗飞虱等越冬（Chantarasa-Ard et al., 1984）。稻虱缨小蜂冬季寄生于田间杂草飞虱的卵中越冬（罗肖南和卓文禧，1980a）。孵化于田间杂草各种飞虱卵中的缨小蜂个体要显著小于稻田白背飞虱卵中的同种缨小蜂。茭白上长绿飞虱的卵寄生有大量的蔗虱缨小蜂，同样对茭白田周围的稻飞虱卵常常有较高的寄生率（郑许松等，2003）。

　　营养：营养显著影响稻虱缨小蜂的寿命与寄生能力。室内实验研究表明，蜂蜜、玉米花粉、褐飞虱蜜露和大豆花均能明显延长稻虱缨小蜂的寿命，并且显著地提高了其对褐飞虱卵的寄生能力。其中，蜂蜜最有效，大豆花次之，褐飞虱蜜露用水稀释或玉米花粉与水的混合物再次之；但单一褐飞虱蜜露或玉米花粉无明显作用（郑许松等，2003）。

　　温度：发育起点温度和有效积温的测定结果表明，稻虱缨小蜂的发育起点温度在3种常见缨小蜂中最低（10.34℃），全世代的有效积温最小（180.57d·℃），因而年发生世代数最多；拟稻虱缨小蜂和长管稻虱缨小蜂的发育起点温度相似（13.0℃左右），但拟稻虱缨小蜂全世代的有效积温（197.77d·℃）略大于长管稻虱缨小蜂（173.47d·℃），因而拟稻虱缨小蜂年发生世代数少于长管虱缨小蜂；由于3种缨小蜂全世代有效积温均较小，年发生的世代数必然较多（卓文禧等，1992）。Ma等（2012）的进一步研究发现，不同性别的稻虱缨小蜂世代发育起点和有效积温有所不同，雌虫为11.3℃和159.1d·℃，雄虫为10.7℃和160.8d·℃；对白背飞虱和褐飞虱卵寄生效率的最适温度均为26℃。徐国民等（1989）则报道了稻虱缨小蜂各虫态的发育历期、发育起点温度和有效积温（表3-9）。

缨小蜂 *Anagrus incarnatus* 的发育起点温度为11℃，有效积温172.6d·℃；在16℃、20℃、24℃、28℃和32℃下，从卵至成虫的持续时间分别为29.2d、21.6d、13.2d、9.8d和11.4d；成虫寿命在32℃下为5.4d，16℃下则为20.8d（Chantarasa-Ard et al.，1984）。

表3-9 稻虱缨小蜂不同虫态的发育历期、发育起点温度和有效积温

虫期	不同温度下的发育历期/d						发育起点温度/℃	有效积温/d·℃
	18℃	21℃	24℃	27℃	30℃	33℃		
卵	3.90±0.75	3.14±0.72	2.77±0.39	2.22±0.26	2.16±0.23	1.57±0.27	8.81	40.25
幼虫	6.21±1.82	5.10±0.62	3.88±0.26	3.13±0.70	3.08±0.41	2.91±0.47	6.20	71.95
蛹	8.46±0.97	7.22±0.63	4.67±0.54	4.50±0.47	4.36±1.33	3.41±0.82	8.52	83.80
全世代	18.57±2.93	15.46±1.31	11.12±0.53	9.84±0.59	9.61±1.25	7.89±1.05	7.11	204.56

数据来源：徐国民，程遐年，1989.温度对稻虱缨小蜂实验种群增长的影响［J］.南京农业大学学报，（1）：53-59.

稻虱缨小蜂与拟稻虱缨小蜂在南京及我国南方稻区田间的消长呈明显的"此起彼落"季节性交替，其生态学原因：以褐飞虱卵为寄主，二者的发育起点温度分别为7.11℃、12.91℃（南京理论上分别发生16~17代、9~10代）；夏季30℃以上高温对稻虱缨小蜂未成熟期的存活和雌虫产卵有明显抑制作用，但拟稻虱缨小蜂具耐高温能力，二者的种群增长理论最适温度分别为27.41℃、31.87℃；两种缨小蜂未成熟期存活的最适温度为27~30℃，此时种群的内禀增长率以稻虱缨小蜂为高。当供以白背飞虱和褐飞虱卵时，拟稻虱缨小蜂只寄生褐飞虱卵，稻虱缨小蜂亦偏好褐飞虱卵；两种缨小蜂对褐飞虱卵密度的功能反应均符合Holling Ⅱ型（程遐年和徐国民，1991）。

金行模和张纯胄（1980）以褐飞虱卵为寄主，观察了缨小蜂的耐冷能力：在老熟幼虫期或蛹期将缨小蜂冷藏，0℃时持续5d即死亡；2~4℃下6d、15d的死亡率分别为30.8%~43.5%、75.7%~85.3%；8~10℃下10d、20d、30d的死亡率分别为32.0%、50.3%和81.6%，表明10℃

以下对褐飞虱缨小蜂寄生卵有明显的致死作用。试验还发现蜂幼虫发育前期对低温的抗逆能力高于发育后期。

湿度：寄主卵内缨小蜂对湿度较为敏感，保湿卵块寄生蜂的羽化率＞85％，而干燥处理的几乎不羽化（金行模和张纯胄，1979）。缨小蜂成虫可在浸于水中的稻茎上正常爬行并不时摆动触角，但在水中29.5h后死亡；浸水对飞虱卵内缨小蜂幼蜂有不良影响，浸水1d、2d、3d的寄生卵出蜂率分别为61.2％、41.2％、6.7％，而未浸水的CK为91.8％；浸水也影响飞虱卵的孵化，浸水1d、2d、3d健康卵的孵化率分别为44％、23.8％、1.7％，未浸水的对照组为88.2％（罗肖南和卓文禧，1980）。干旱能降低稻虱缨小蜂的生态适应性，且降低对褐飞虱卵的寄生力和选择性。稻虱缨小蜂的幼虫发育历期随着干旱胁迫强度的增加而延长，雌幼虫延长程度大于雄幼虫。成虫寿命则随着干旱胁迫强度的增加而缩短（于莹，2014；徐红星等，2017）。

农药：稻田常用杀虫剂对缨小蜂的影响有明显差异。Wang等（2008）通过急性接触毒性测试、口服毒性试验和残留毒性等试验评估了14种杀虫剂对稻虱缨小蜂的影响，为选择合理药剂防治水稻害虫，并减少农药对缨小蜂的影响提供了重要依据。

急性接触毒性：毒死蜱对稻虱缨小蜂的毒性最高，其次为吡虫啉，再次为氟虫腈、甲胺磷、噻虫嗪，继而为异丙威和三唑磷（LC_{50}为1.071～1.253mg a.i./L）、阿维菌素、氟硅菊酯、敌敌畏，噻嗪酮、氟啶脲、氟铃脲、呋喃虫酰肼较安全（表3-10）。

表3-10　14种杀虫剂对稻虱缨小蜂的LC_{50}（mg a.i./L）

农药名称	毒死蜱	吡虫啉	氟虫腈	甲胺磷	噻虫嗪	异丙威	三唑磷	阿维菌素	氟硅菊酯	敌敌畏	呋喃虫酰肼	氟铃脲	氟啶脲	噻嗪酮
LC_{50}	0.002	0.021	0.180	0.191	0.520	1.071	1.253	8.499	14.220	15.946	>1000	>1000	>1000	>1000

数据来源：Wang H Y, Yang Y, Su J Y, et al., 2008.Assessment of the impact of insecticides on *Anagrus nilaparvatae*（Pang et Wang）（Hymenoptera：Mymanidae），an egg parasitoid of the rice planthopper，*Nilaparvata lugens*（Hemiptera：Delphacidae）［J］.Crop Protection，27（3-5）：514-522.

口服毒性：敌敌畏毒性最高，药后2h致死100％；异丙威、吡虫啉和噻虫嗪次之，药后4h致死率100％；氟虫腈、甲胺磷、三唑磷、毒死蜱、阿维菌素再次之，药后8h致死率达到或接近100％；其他药剂的影响较小，其中氟硅菊酯、噻嗪酮药后8h致死率分别为35.4％和27.6％；氟铃脲、氟啶脲和呋喃虫酰肼较安全，药后8h致死率分别为4.0％、1.3％和1.1％。

残留毒性：吡虫啉、噻虫嗪、三唑磷和氟虫腈药后7d后仍能分别引起稻虱缨小蜂80.7％、66.8％、54.6％和50.0％的死亡。呋喃虫酰肼、氟铃脲、氟啶脲对稻虱缨小蜂基本无致死作用，但对寿命和繁殖力表现出一定的负面影响。

三、黑卵蜂

黑卵蜂隶属膜翅目Hymenoptera广腹细蜂总科Platygastridea缘腹细蜂科Scelionidae黑卵蜂亚科Telenominae。稻田黑卵蜂主要包括黑卵蜂属*Telenomus*、沟卵蜂属*Trissolcus*的种类，其寄主专化性较强，前者多以鳞翅目害虫卵为寄主，个别（稻蝽小黑卵蜂*Telenomus gifuensis*）寄生半翅目害虫卵；后者寄生半翅目害虫的卵，是水稻害虫重要的卵期寄生性天敌。

（一）种类构成及优势种

稻田黑卵蜂以黑卵蜂属*Telenomus*种类为主，常见有二化螟黑卵蜂*T. chilocolus*、等腹黑卵蜂*T. dignus*、长腹黑卵蜂*T. rowani*、稻蝽小黑卵蜂*T. gifuensis*等种类。其中前三种是二化螟、三化螟等鳞翅目害虫的重要卵寄生蜂。具体的优势种类因螟虫代别而有所不同。如云南玉溪和开远三化螟第2代的卵寄生蜂以等腹黑卵蜂为主，开远第3代则有等腹黑卵蜂、长腹黑卵蜂、螟黑卵蜂等3种，且以前两种为主（云南农科所植保组，1974）。

田间水稻螟虫卵期的寄生蜂中，黑卵蜂常在后期优势度较明显。如1954年长沙第3、4代二化螟被寄生卵粒中，黑卵蜂寄生的分别占94.3%和98.1%（吴铱和李映萍，1955）。1962年湖南双峰第4代三化螟被寄生的卵粒中，等腹黑卵蜂寄生的达92.3%；1963年湖南长沙第4代三化螟被寄生的卵粒中，被等腹黑卵蜂寄生的在70%以上（夏松云和叶承思，1965）。1973年云南开远第2、3代三化螟被寄生卵粒中，等腹黑卵蜂寄生的分别占42.1%、55.6%（云南农科所植保组，1974）。

稻田沟卵蜂属*Trissolcus*则以稻蝽沟卵蜂*T. mitsukurii*为优势种，是稻蝽等半翅目害虫卵的主要天敌。据1957年7月在杭州稻田的调查，稻褐蝽的卵被黑卵蜂寄生的比例高达97.1%，其中稻蝽沟卵蜂的寄生率为94.2%。另据湖南望城考查，稻褐蝽卵的黑卵蜂寄生率为67.2%，其中大部分被稻蝽沟卵蜂寄生。

（二）生活习性

卵、幼虫及蛹　黑卵蜂的卵、幼虫、蛹都在寄主卵内生活，由于寄生蜂各个发育阶段虫体的体色不同，寄主卵外表色泽也相应发生变化。

卵长椭圆形；幼虫为蠕虫形，体乳白色，无足，体多横皱纹；蛹体除触角、足和翅芽为浅黄或黄白色外，其余部分均为黑色。可由寄主卵外表颜色的变化，大致推知卵内寄生蜂的发育阶段。寄主卵呈乳白色至黄色时，寄生蜂的发育正处卵期（卵内已进行胚胎发育）；寄主卵变为褐色至灰褐色时，寄生蜂发育处于幼虫期；寄主卵变成灰黑色时，寄生蜂已进入蛹期；转变为黑色时，寄生蜂的蛹已发育成熟，即将羽化为成虫。

经室内饲养观察，稻蝽小黑卵蜂在日平均温度21.3～26.9℃的自然变温和相对湿度71%～90%的条件下，完成1个世代约需14d，其中卵历期约3d（日平均温度21.3～22.8℃，相对湿度81%～90%），幼虫历期约4d（日平均温度25～26.9℃，相对湿度75%～88%），蛹历期约7d（日平均温度25.3～26.8℃，相对湿度71%～84%）。稻苞虫黑卵蜂在日平均温度23℃下，全世代历期11～14d，平均约12d。

黑卵蜂寄生的螟卵呈黄褐色，半透明，卵壳内有白色残留物，约占卵内容物的1/3；羽化孔圆形、较大，孔缘整齐，未羽化者可自卵壳外透视其中蜂体（雌雄亦易分清）；每卵一般寄生1头。这些特点可以与被赤眼蜂或啮小蜂寄生的螟卵进行区分，被赤眼蜂寄生的卵呈紫褐色、不透明，羽化后壳内无残留物；羽化孔较小，亦不太整齐，如寄生2头以上常见2个羽化孔，如蜂未羽化，剔破卵壳可见其中有死蜂、死蛹；每卵寄生1～3头。被啮小蜂寄生的卵常因该蜂还有捕食作用而被啮食成支离破碎，无法记数，且附近卵粒也常被取食；每卵寄生1头。未被寄生的正常螟卵，未孵化时蚁螟胚胎卷曲在卵壳内，极易自卵壳外透视；已孵化的螟卵则卵壳透明，卵孔甚大，孔的边缘破碎且极不整齐。

成虫　黑卵蜂的交配行为一般发生在雌虫羽化后的数秒内，持续时间极短，且雄虫间存在激烈的配偶竞争行为。在同一寄主卵块上，黑卵蜂雄虫会先于雌虫数小时羽化，且不离开卵块，而是"蹲守"在卵块上等待雌虫羽化。待雌虫即将羽化时，雄虫会主动在卵粒外撕咬卵壳，协助雌虫从卵粒内钻出。雌虫羽化后马上会遭遇多头雄虫的"追逐"，雄虫以胸足抱住雌虫完成交配，交配时间常不足5s。如果雄虫数量过多，雄虫的交配行为常受到其他雄虫干扰而中断。雌虫交配后约经30min便开始产卵。成虫活跃，有趋光性，可逐株上下爬行搜索寄主，遇寄主卵即产卵寄生。

黑卵蜂产卵时间多在8:00—20:00，但日光灯照射下，1:00以前均可产卵。此蜂为单寄生，每粒寄主卵仅产1粒卵，羽化出1头蜂。具产雄孤雌生殖习性。田间性别比：昆明、玉溪、开远田间采集的2代三化螟等腹黑卵蜂雌虫占79.1%～88.6%，开远第3代三化螟等腹黑卵蜂雌虫占

68.8%（云南农科所植保组，1974）；长腹黑卵蜂田间雌性可达90%以上。

成虫寿命与营养条件有关。在不喂蜂蜜水的情况下，成虫最长寿命为5d，平均约4d；饲喂20%的蜂蜜水时，最长寿命达21d，平均15.5d，分别延长16d和11.5d；喂以纯蜂蜜水时，平均寿命19.5d，比不喂蜂蜜水的延长15.5d，最长寿命仍是21d。雌虫日产卵量也同样受营养的影响，在不喂蜂蜜水时，平均每头黑卵蜂雌虫约产卵31粒，而喂以20%蜂蜜水时则达171粒，产卵量提高了4.5倍，因此，繁殖该蜂时，应喂成虫蜂蜜水，以便延长成虫寿命和提高寄生率或产卵量。

黑卵蜂的寄主专化性高，多数种类只能以1~2种害虫的卵为寄主。如等腹黑卵蜂目前仅知寄生三化螟、白螟。长腹黑卵蜂仅寄生三化螟、白螟、印度白螟。二化螟黑卵蜂寄主范围相对较广，有三化螟、二化螟、台湾稻螟、二点螟、条螟、白螟、黄螟、印度白螟等。黑卵蜂产卵对寄主卵龄的选择性较宽，一般在产后5d以内的寄主卵都能被寄生，并能正常羽化出蜂。但是，寄主卵龄对黑卵蜂成虫产卵有一定影响，一般随卵龄增大，子蜂呈减少趋势，在寄主卵孵化前2d就完全不能被寄生。

黑卵蜂对寄主的功能反应表明，该蜂对寄主的寄生潜力大。24℃下，产卵第1d的平均寄生卵粒数最高可达12粒，且在较大温度范围内基本稳定。黑卵蜂产卵量较大，且产卵期长，产卵相对较分散。在田间同一个寄主卵块的卵粒，如被寄生，一般就有90%以上的卵粒被寄生，甚至全部被寄生。长腹黑卵蜂每头雌虫可繁育子蜂43~64头，平均53头，自然界中雌性占90%以上。

黑卵蜂对水稻螟虫有较强的控害作用。据田间调查，1954年黑卵蜂对长沙第4代二化螟卵粒的寄生率达83.8%。1962年等腹黑卵蜂对双峰第4代三化螟卵的寄生率达71.9%；1963年长沙等腹黑卵蜂对第4代三化螟卵的寄生率达到38.9%~41.6%。1963年浙江东阳地区调查，等腹黑卵蜂对三化螟的最高寄生率达59.85%。1973年在开远进行自然寄生率调查，等腹黑卵蜂对第2代三化螟卵块寄生率、卵粒寄生率分别为53.3%、12.9%，对第3代三化螟的卵块寄生率、卵粒寄生率分别为80.2%、22.5%（云南农科所植保组，1974）。

（三）发生规律及其影响因子

发生规律　黑卵蜂1年约发生10代，每代经历10~40d，一般15d，主要受气温影响，气温越低天数越多。如在浙江，9月上旬寄生，完成1代历时17~18d，而9月下旬寄生，因气温下降，完成1代则需23~84d。浙江、江西、湖南等地，黑卵蜂均以成虫在凋枯的杂草或土缝中越冬。

等腹黑卵蜂在江西1年约发生10代；在日本1年发生8代或9代。晚春至夏初发生数量最多。

寄生水稻螟虫的等腹黑卵蜂和赤眼蜂等卵期寄生蜂存在时间上的交替现象。据长沙观察：螟虫前期（第1、2代）卵寄生蜂以赤眼蜂占优，后期则显著下降，这是因为赤眼蜂以蛹态在寄主卵内越冬，有寄主卵的保护而易于安全越冬，后期则受其他卵寄生蜂所排挤；等腹黑卵蜂则相反，前期少，后逐代直线上升，主要是因为等腹黑卵蜂以成虫越冬，冬季死亡较多，次年第1、2代发生量少，但由于其繁殖力、生活力较强，后期反而占优。不同的黑卵蜂中，等腹黑卵蜂 *Telenomus dignus* 出现在水稻生育后期，稻苞虫黑卵蜂 *Telenomus parnarae* 则在水稻生育前中期及后期均有出现。

影响因子 寄主、气候条件、化学杀虫剂等对黑卵蜂的影响较大。

寄主：黑卵蜂寄主范围较窄，受寄主卵的影响很大，并常常成为制约黑卵蜂繁衍的关键因素。如黑卵蜂一般每年的前期发生数量少，随后才逐代累计上升，主要是因为黑卵蜂的替代寄主少，数量低，需经过数代繁衍才能在逐渐上升到较高的数量。

气候：温度是影响黑卵蜂发育的重要因素。黑卵蜂发育的适宜温度为25～30℃，超过35℃或低于15℃则发育延迟。因温度不同，不同季节的黑卵蜂发育速度亦不同。在南方稻区，等腹黑卵蜂由卵的胚胎前期至成虫，春季、夏季最长的24d，最短的10d，秋季大约2周；成虫的寿命在夏季一般15d或16d，最长的可达1个月。

黑卵蜂发育所需要的适宜相对湿度为75%～80%，相对湿度40%或以下时，适合度明显降低；在胚胎发育过程中浸入20℃和30℃水中，则分别可以存活5d和3d。在自然条件下，一般湿度越大，黑卵蜂产卵量越多，孵化率越高，春季雨后有利于在土壤中越冬代个体的顺利出土。黑卵蜂可耐受高温多雨的环境，较抗雨水的冲刷，但暴雨对初孵幼虫有很大的冲刷和杀伤作用，进而降低虫口密度。研究表明，稻苞虫产卵盛期遇到连续大雨后，稻苞虫黑卵蜂仍有较高寄生率，但夏秋季节连绵的阴雨天气也不利于黑卵蜂的田间活动。

农药：已知氟虫腈、高效氯氟氰菊酯、毒死蜱、溴氰菊酯、杀虫双、三唑磷和阿维菌素等7种杀虫剂对黑卵蜂有较大杀伤作用，是影响黑卵蜂发生的重要因素。

四、茧蜂

茧蜂隶属膜翅目 Hymenoptera 姬蜂总科 Ichneumonidea 茧蜂科 Braconidae，是水稻二化螟、三化螟、大螟、稻螟蛉、稻纵卷叶螟、稻显纹纵卷叶螟、黏虫、列星大螟、劳氏黏虫、条纹螟蛉、稻毛虫、稻苞虫、稻眼蝶、稻叶毛眼水蝇、稻小潜叶蝇等害虫的重要天敌，对控制这些害虫的发生有重要作用。

（一）种类构成及优势种

我国稻田以水稻害虫为寄主的常见茧蜂有中华阿蝇态茧蜂、螟黑纹茧蜂等20余种（表3-11），均属初寄生。由于气候差异、耕作制度的变化、景观生态多样性等因素的影响，稻田茧蜂对主要水稻害虫稻纵卷叶螟、稻螟虫等的寄生率在不同地区和不同年度间均可能有一定的差异。优势茧蜂亦因水稻害虫种类的不同而异，如稻纵卷叶螟幼虫的优势寄生茧蜂是纵卷叶螟绒茧蜂、螟蛉盘绒茧蜂、拟螟蛉盘绒茧蜂、纵卷叶螟黑折脉茧蜂、纵卷叶螟长距茧蜂等，二化螟幼虫的优势寄生茧蜂则是二化螟绒茧蜂、螟甲腹茧蜂和稻螟小腹茧蜂等（表3-12）。

表3-11　稻田常见茧蜂及其水稻害虫寄主

茧蜂种名	寄生的主要水稻害虫							
	二化螟	三化螟	大螟	稻纵卷叶螟	稻螟蛉	黏虫	稻苞虫	稻眼蝶
中华阿蝇态茧蜂 *Amyosoma chinense*	√	√	√					
螟黑纹茧蜂 *Bracon onukii*	√	√	√		√			
螟黄足盘绒茧蜂 *Cotesia flavipes*	√	√	√			√		
二化螟盘绒茧蜂 *C. chilonis*	√							
螟蛉盘绒茧蜂 *C. ruficrus*	√	√	√	√	√	√	√	√
黏虫盘绒茧蜂 *C. kariyai*					√	√		
拟螟蛉盘绒茧蜂 *C. sp.*				√				
纵卷叶螟绒茧蜂 *Apanteles cypris*				√				
三化螟稻绒茧蜂 *Exoryza schoenobii*	√	√						
弄蝶长绒茧蜂 *Dolichogenidea baoris*			√				√	
稻螟小腹茧蜂 *Microgaster russata*	√	√	√					

茧蜂种名	寄生的主要水稻害虫							
	二化螟	三化螟	大螟	稻纵卷叶螟	稻螟蛉	黏虫	稻苞虫	稻眼蝶
菲岛腔室茧蜂 *Aulacocentrum philippinense*	√			√				
纵卷叶螟长体茧蜂 *Macrocentrus cnaphalocrocis*		√		√				
黏虫脊茧蜂 *Aleiodes mythimnae*						√		
螟蛉脊茧蜂 *A. narangae*					√			
黏虫悬茧蜂 *Meteorus gyrator*						√		
斑痣悬茧蜂 *M. pulchricornis*						√	√	
螟甲腹茧蜂 *Chelonus munakatae*	√	√						
稻纵卷叶螟索翅茧蜂 *Hormius moniliatus*				√				
纵卷叶螟黑折脉茧蜂 *Cardiochiles fuscipennis*				√				
横带折脉茧蜂 *C. philippensis*				√				

注:"√"示已知寄主。

表3-12　各地稻田茧蜂优势种及其寄生情况

地点	寄生情况	参考文献
江苏东台	纵卷叶螟绒茧蜂对稻纵卷叶螟第2代幼虫的平均寄生率20%,第3代达32.6%,高的可达50%	张孝义等,1981
湖南	稻纵卷叶螟幼虫优势寄生茧蜂的自然寄生率:纵卷叶螟绒茧蜂在长沙为8%~48%,在嘉禾为8%~74%,在零陵为10%~30%;拟螟蛉盘绒茧蜂在麻阳为1%~14%;螟蛉盘绒茧蜂在长沙为5%	宋慧英,1983

地点	寄生情况	参考文献
江西上高	纵卷叶螟绒茧蜂对第2、3、4代稻纵卷叶螟幼虫寄生率分别为9.03%、24.6%、35.7%；螟蛉盘绒茧蜂对第2、3、4代稻纵卷叶螟幼虫寄生率分别为1.27%、8.95%、15.42%	刘恩柱，1981
贵州三都	稻纵卷叶螟幼虫寄生性天敌以纵卷叶螟绒茧蜂和稻卷叶螟大斑黄小蜂为主，两种蜂共占幼虫寄生性天敌的71.7%～84.7%，且以纵卷叶螟绒茧蜂占优势	刘冬香等，1982
湖北江陵	对1～2龄、3～4龄、5龄稻纵卷叶螟幼虫的寄生率：纵卷叶螟绒茧蜂分别为14.8%、27.6%、2.6%，拟螟蛉盘绒茧蜂分别为0.3%、5.5%、16.2%，黑折脉茧蜂分别为0.5%、7.0%、2.3%	胡兴启等，1987
贵州余庆	稻纵卷叶螟幼虫优势寄生茧蜂为纵卷叶螟绒茧蜂和纵卷叶螟长距茧蜂，前者寄生率为54.6%～60.4%，后者寄生率为5.3%～14.3%	郭世平等，1995
贵州思南	稻纵卷叶螟第2～3代幼虫的寄生率分别为51.2%、29.3%，其中第2代的优势种是纵卷叶螟绒茧蜂和螟蛉盘绒茧蜂，第3代是纵卷叶螟绒茧蜂	田筑萍，1987
海南琼山	稻纵卷叶螟幼虫寄生性天敌以拟螟蛉盘绒茧蜂、螟岭盘绒茧蜂为优势茧蜂类	黄振胜等，1988
贵州思南	寄生稻纵卷叶螟幼虫的茧蜂主要有纵卷叶螟绒茧蜂、拟螟蛉盘绒茧蜂、螟蛉盘绒茧蜂、纵卷叶螟黑折脉茧蜂和纵卷叶螟长距茧蜂，对卷叶螟2龄幼虫的寄生率分别为1.05%、3.05%、1.05%、1.05%、10.52%，对3龄幼虫寄生率分别为12.32%、5.75%、1.86%、7.35%、10.52%，对4龄幼虫的寄生率分别为7.93%、7.04%、1.76%、3.52%、9.25%；对5龄幼虫的寄生率分别为22.16%、2.99%、1.2%、1.2%、16.77%	解大明，2002
广西南宁	纵卷叶螟绒茧蜂是寄生稻纵卷叶螟幼虫的优势种，对稻纵卷叶螟有较大的控制作用，个体数量占寄生蜂总数的26.67%，最高寄生率达21.43%	黄秀枝等，2013
四川	对二化螟幼虫，螟甲腹茧蜂寄生14.8%，占总寄生数的52.2%；稻螟小腹茧蜂寄生12.9%，占45.6%	张若芷等，1985
浙江嘉兴与安吉	二化螟盘绒茧蜂和稻螟小腹茧蜂为二化螟幼虫期的主要寄生蜂。在嘉兴，二化螟盘绒茧蜂寄生率以早期（8月28日）为高，单季稻、双季稻和茭白田分别为10.9%、17.5%和13.7%；稻螟小腹茧蜂寄生率则后期（10月2日）相对较高，三类农田的寄生率分别为6.8%、12.9%和13.6%；在安吉则不同，二化螟盘绒茧蜂的寄生率以8月25日最低，高峰时间因农田类型而异，单季稻和茭白田以中期（9月12日）最高，分别为11.8%和25.2%，双季稻田以后期（10月2日）最高，为9.6%；稻螟小腹茧蜂的寄生率则以早期（8月25日）相对较高，3类农田的寄生率分别为17%、7.4%和9.5%	蒋明星等，1999
江苏扬州	水稻二化螟越冬幼虫的寄生率，二化螟盘绒茧蜂一般为10%～22%	潘丹丹等，2016
安徽	和县第2～4代稻纵卷叶螟幼虫的纵卷叶螟绒茧蜂寄生率10.7%～73.5%；凡昌7月上旬大螟幼虫的螟蛉盘绒茧蜂寄生率25%，9月上旬3代三化螟幼虫的三化螟盘绒茧蜂的寄生率为10%；太平3代稻苞虫的弄蝶长绒茧蜂的寄生率为25%，稻纵卷叶螟纵卷叶螟长距茧蜂的寄生率为8.3%	纪桐云，1983

地点	寄生情况	参考文献
广西	黏虫幼虫的寄生性天敌以螟岭盘绒茧蜂、黏电盘绒茧蜂为优势种，其寄生率分别为20%、14.3%	黄芊等，2018

（二）生活习性

卵　茧蜂的卵可产在寄主幼虫的体内或体外，不同茧蜂种类的产卵部位有所差异。纵卷叶螟绒茧蜂卵产在寄主幼虫体壁与中肠间的体液内（许子良和张帆君，1984）；黏虫绒茧蜂卵产在寄主幼虫腹部4～5节气门线两侧体内的脂肪体处（李含毅和夜梦承，1996）；螟岭盘绒茧蜂卵主要产在稻纵卷叶螟幼虫腹部两侧（江化琴，2015）；二化螟绒茧蜂的卵可多个深插于寄主幼虫脂肪体上，也可游离于寄主体腔中（杭三保，1993）。

幼虫及蛹　茧蜂幼虫营内寄生或外寄生生活，一般寄生于寄主的幼虫期，如纵卷叶螟绒茧蜂寄生幼虫，卵在寄主体内孵化成乳白色幼虫，后期变淡黄色，老熟后钻出寄主幼虫化蛹（陈常铭等，1981）；也有茧蜂寄生蛹和成虫，还有跨期寄生：卵—幼虫、卵—蛹和幼虫—蛹。

茧蜂幼虫有3龄或4龄。纵卷叶螟绒茧蜂幼虫为4龄，幼虫呈囊型，虫体分为13节，头部有口器，尾节形态为尾囊型。在寄主体内，幼虫与寄主的头尾方向相同。在发育过程中，上颚与体态有较大的变化（许子良和张帆君，1984）。螟岭盘绒茧蜂幼虫分3个龄期，1龄幼虫具角质化的颚，2龄幼虫具尾囊，3龄幼虫老熟后钻出寄主体外结茧化蛹，幼虫期约为5d（江化琴，2015）。螟甲腹茧蜂幼虫亦为3龄，3龄幼虫老熟后从寄主体内钻出并作茧化蛹。

茧蜂幼虫化蛹可在宿主体内，或附在宿主体壁上，或离开宿主而在植物的叶或茎上。化蛹时均结茧，寄生体内的茧蜂幼虫成长之后往往钻出寄主结茧，少数即使留在寄主体内的，化蛹时也结薄茧。据观察，纵卷叶螟绒茧蜂幼虫老熟后，多从寄主第1、2腹节或第3、4腹节间的侧面钻出头部，并自寄主尾部吃到头部，只留下头壳与表皮，然后爬行至距离寄主尸体0.7cm左右位置停下来吐丝作1圆筒形单层丝筒，黏附于叶上，并吐丝将两端封闭，后封闭的一端为羽化孔，最后再吐丝加厚；历时45～80min；如初结薄茧被损尚能重结，但损坏3次则不能成茧而死亡。作茧的位置因水稻生育期而异，蜡熟期多在被害叶上，苗期则多在健叶上，所在部位距叶尖2.2～37.7cm（平均5.4cm）；茧长3.4～5.8mm，直径1.2～1.9mm（高凤宝，1980；陈常铭等，1981）。螟岭盘绒茧蜂老熟幼虫爬出寄主幼虫体内后即行吐丝结茧，钻出孔时呈黑褐色，非常醒目；从幼虫开始钻出至结茧结束历时约1h。作茧部位也因水稻生育期而异，抽穗前多位于水稻中上部叶片正面，抽穗后则多在稻丛基部枯黄叶片上；一块茧的茧粒数因结茧时间而异，5—6月每块茧平均23～25粒（10～45粒），6月以后平均仅11～16粒（3～31粒）（叶正襄和汪笃栋，1980）。纵卷叶螟绒茧蜂预蛹复眼部分或全部褐色，头部仍见幼虫口器，体黄白色，根据蛹的复眼色泽变化及体色变化，其发育过程可分为4级（许子良和张帆君，1984）。

纵卷叶螟绒茧蜂在27.6℃条件下，从产卵至羽化历时10.5 d，其中产卵至结茧5～7 d（均值6.1 d），结茧至羽化3～5 d（均值4.4 d）；均温25.4℃时，产卵至羽化历时12.0 d，其中产卵至结茧4～10 d（均值6.9 d），结茧至羽化4～9 d（均值5.1 d）（高凤宝，1980）。

成虫　茧蜂全天均可羽化，但不同种类的羽化习性有所不同。螟蛉盘绒茧蜂雌雄羽化先后似乎无明显差异，1 d之内7:00—12:00、12:00—18:00、18:00—22:00、22:00—翌日7:00羽化比例分别为12.1%、20.8%、3.3%、63.8%。羽化时成蜂在茧的一端咬开1条裂缝，后用头部顶开茧盖并爬出，羽化孔的弧形边缘非常整齐，茧盖常留在茧上并未完全脱落（叶正襄和汪笃栋，1980）。纵卷叶螟绒茧蜂雄虫羽化通常要早于雌虫，1 d中多在6:00—8:00、16:00—18:00羽化，二者所占比例分别为65.2%～77.8%、22.0%～30.4%，少数可在中午羽化（占0.2%～4.4%）；该蜂羽化后先在茧内静伏片刻，再以上颚将茧之一端咬破钻出，完成咬孔约需2 h；羽化孔圆形（陈常铭等，1981）。

成虫一般在白天活动，包括觅食（食花蜜）、交尾和产卵。纵卷叶螟绒茧蜂成虫7:00—9:00、16:00—18:00活动最盛；热天则上午和傍晚最活跃，晚秋天气以中午前后活动最盛；午夜至6:00基本不动。纵卷叶螟绒茧蜂雌虫和雄成虫交尾前，先以触角相互试探，相互碰触1～2次后，雄虫爬至雌虫背上进行交尾，持续16～25 s；两性成虫都可多次交尾（赵厚印，1981）。螟甲腹茧蜂雄成虫和雌成虫主要在白天交配，交配持续的平均时间是11.6±14.6 s（陈常铭等，1981）。

茧蜂有选择非姊妹异性交配的习性。如螟蛉盘绒茧蜂雄虫对同一茧块的雌虫追逐意愿较低，对其他卵块雌虫的追逐相对较强，这有利于不同茧块羽化的蜂群互换雌雄。同一茧块羽化的雌雄交配后，子代的雌雄性比（0.97∶1）显著低于异茧块成虫互换交配后子代的性别比（2.57∶1）（张兆清，1986）。

茧蜂的生殖方式有两性生殖、孤雌生殖和多胚生殖，以两性生殖为主，孤雌生殖后代一般均为雄虫，亦有少数种可育出极少数雌虫（章士美，2000）。行两性生殖的茧蜂，无雄虫时也可能行孤雌生殖。纵卷叶螟绒茧蜂、螟蛉盘绒茧蜂、螟甲腹茧蜂一般进行两性生殖，但在缺少雄虫时可以进行产雄孤雌生殖（陈常铭等，1981；江化琴，2015；Qureshi，2016）。

纵卷叶螟绒茧蜂雌虫羽化当天即可产卵，一般每头寄主幼虫体内产卵1粒。成蜂搜寻寄主时，多在稻株上部叶片爬行，将触角棒节向外方弯曲，边爬边摆动触角，一旦发现稻纵虫苞便改用产卵管对其伸缩刺探，若触及寄主幼虫即产卵于其腹部后半部体内，历时约2 s，最长可达5 s。被寄生幼虫因被刺而麻痹，经一段时间后才能活动，一般1龄幼虫经1～3 min，2龄幼虫经几十

秒。饲喂30%蜂乳液，雌虫怀卵量25～69粒，平均43粒（陈常铭等，1981）。

螟蛉盘绒茧蜂雌虫交配后即可产卵，产卵高峰集中在羽化后1～2d，仅个别在第3d产卵。以稻纵卷叶螟幼虫为寄主，该蜂主要将卵产在寄主幼虫腹部两侧；每雌虫一生平均产卵40.66粒，其中羽化后第1d为24.93粒（占61.3%），第2d为15.73粒（占38.7%）（江化琴，2015）。纵卷叶螟绒茧蜂雌虫平均产卵118粒，产卵期可达9d，逐日产卵量随产卵时间延长而减少。螟黄足盘绒茧蜂每头雌虫抱卵100～200粒（李文凤，1995）。二化螟盘绒茧蜂雌虫分多次将卵产至多只寄主体内，雌虫产卵量呈随产卵序次增多而下降的趋势（李朝晖，2019）。

寄主幼虫及其寄主植物、虫粪等均可影响茧蜂对寄主幼虫的定位和寄生。如二化螟幼虫及其虫粪的挥发物对二化螟绒茧蜂具有显著引诱作用（陈华才等，2002）。

雌虫寿命一般长于雄虫，雄虫寿命常只有几天。纵卷叶螟绒茧蜂在室温23.6～30.3℃下，不给任何食料时成虫寿命最多2.5d（高凤宝，1980）。螟蛉盘绒茧蜂在自然条件下，成虫寿命一般不超过6d，饲以蜜糖水或低温（5℃）条件下，成虫的寿命可延长至10d以上（陈华才和程家安，2004）。交配影响茧蜂的寿命。螟蛉盘绒茧蜂未交配的雌雄成虫寿命一般比交配的长，饲喂20%蜂蜜水时，未交配雌雄成虫寿命分别为6.70±0.56d、4.99±0.40d，而交配过的雌雄成虫寿命分别为3.85±0.17d、2.45±0.12d（江化琴，2015）。

不同种类的茧蜂的寄主范围存在明显不同（见表3-11）。如纵卷叶螟绒茧蜂仅寄生稻纵卷叶螟幼虫（陈常铭等，1981），二化螟盘绒茧蜂仅寄生二化螟幼虫（杭三保等，1989），而螟蛉盘绒茧蜂寄主范围广，可寄生夜蛾科和螟蛾科多种幼虫（张兆清，1986）。

茧蜂有过寄生行为，雌虫可以在被自身寄生过和同种不同个体寄生过的寄主内产卵。过寄生率随着雌虫数量及接蜂时间的增加而增加。据对螟蛉盘绒茧蜂的研究，在稻纵卷叶螟3龄幼虫上产卵1～2次时较为适合，产卵3次及以上时不利于子代生长发育。子代茧量尽管随被产卵次数的增加而增加，但被产卵3～5次的寄主，其体内寄生蜂幼虫死亡较多，且出蜂前寄主的死亡率也随被寄生次数的增加而增加，被产卵5次时寄主死亡率达50%。此外，过寄生还使螟蛉盘绒茧蜂子代蜂卵—蛹的发育历期延长，羽化率和雌性比下降，雌虫体型显著变小（江化琴等，2014）。

茧蜂的寄生行为与自身密度有关。纵卷叶螟绒茧蜂对稻纵卷叶螟2龄幼虫的功能反应符合Holling Ⅱ型或Michaelis-Menten Ⅱ模型，寄生量随着自身密度增加而减小，说明纵卷叶螟绒茧蜂个体之间存在较强的相互干扰作用（周慧等，2011；马恒等，2017）。1头纵卷叶螟绒茧蜂24h内的寄生潜力为10.75头卷叶螟幼虫，寄主半饱和密度为14.39头。纵卷叶螟绒茧蜂对稻纵卷叶螟幼虫的寻找效应（E）与其自身密度（P）的关系符合Hassell模型：$E=0.2956P^{-0.5890}$（周慧等，2011）。二化螟盘绒茧蜂对寄主密度的寄生功能反应符合Holling Ⅱ型（杭三保等，1989；李朝辉，2019）。

茧蜂寄生的寄主幼虫对水稻取食为害减弱，发育受抑制，最后死亡，不能繁育后代。据观察，螟蛉盘绒茧蜂的寄生显著影响了稻纵卷叶螟4龄幼虫的取食与生长，被寄生幼虫体重增量显著低于未被寄生幼虫，取食量仅为未被寄生幼虫的70%，排粪量亦降低48.1%（陈媛，2016）。二化螟幼虫被二化螟盘绒茧蜂寄生后发育受到显著抑制，低龄幼虫寄生期间至多蜕皮1次，高龄幼虫不能蜕皮、化蛹；寄生期间二化螟幼虫的取食总量比对照幼虫减少37%，但在蜂幼虫未啮出寄主期间，被寄生的二化螟幼虫和对照幼虫的取食量没有显著差异，取食量的减少主要在于蜂幼虫啮出之时寄主幼虫停止取食（杭三保等，1989）。

茧蜂寄生后可引起寄主在生理、组织器官、新陈代谢及行为上发生一系列的变化。二化螟幼虫被二化螟盘绒茧蜂寄生后，血细胞总数在寄生后1d即显著高于对照，血细胞延展能力在寄生后0.5d受到显著抑制，死亡率增加，吞噬作用在寄生后2d开始显著降低，包囊作用则在寄生后1d开始显著降低，血淋巴酚氧化酶活性先显著升高后呈逐渐下降（李秀花等，2011）。二化螟盘绒茧蜂的寄生可致二化螟血细胞增多，在被寄生后的第6～10d，血细胞数量比对照幼虫增加了1.53～2.79倍；蜂卵和蜂幼虫形成被囊率分别为0.34%和0.62%；寄生的前期和后期，寄主幼虫血淋巴蛋白质浓度均显著下降；寄生后第2d血淋巴游离氨基酸总浓度明显上升，以后随蜂幼虫发育而逐渐下降；16种氨基酸中，以对苏氨酸、丝氨酸、赖氨酸、精氨酸的影响最大（杭三保等，1992）。

茧蜂对水稻害虫具有较强的控害力。以纵卷叶螟绒茧蜂为例：在贵州余庆，稻纵卷叶螟幼虫的寄生率为34.6%～60.1%，该蜂是卷叶螟幼虫控制作用最大的寄生蜂，其寄生数占幼虫寄生总数的54.6%～60.4%（郭世平和杨再学，1995）。在安徽广德，该蜂对四（2）代稻纵卷叶螟的年均寄生率为28.6%，部分年份可达70%；对五（3）代稻纵卷叶螟的寄生率达51.3%；该蜂主要寄生于二龄期寄主幼虫体内，并将其99%以上消灭在暴食之前（赵厚印等，1996）。1980年在溧阳县殷桥乡调查，纵卷叶螟绒茧蜂对稻纵卷叶螟的年均寄生率为26.4%，其中对第3代稻纵卷叶螟的寄生率达40%～50%；同年如东县农科所调查，该蜂对第2、3代稻纵卷叶螟的平均寄生率分别为12.7%、21.1%～51.4%，可将卷叶螟幼虫消灭在暴食期之前，进而有效减少用药次数，缩小害虫化学防治面积（曹瑞麟和钱永庆，1988）。

（三）发生规律及其影响因子

发生规律 纵卷叶螟绒茧蜂、螟蛉盘绒茧蜂、二化螟盘绒茧蜂和螟甲腹茧蜂等种类的研究相对较多。

纵卷叶螟绒茧蜂1年可发生6～12代，世代重叠，但各代均有较明显的结茧和羽化高峰期，具体发生代数因所在地区不同而异。在安徽岳西，1年可繁殖7～8代，6月完成1个世代

需16～20 d，7—8月完成1个世代需12～16 d（徐来杰和王月娥，1999）；在湖南湘阴，1年发生9～10代，第2～10代成虫分别发生在5月下旬、6月上旬、6月下旬、7月上旬、7月中旬或下旬、8月下旬、9月下旬、9月下旬、10月上旬和10月中旬或下旬（陈常铭等，1981）。螟蛉盘绒茧蜂在温州1年最多可发生12代（张兆清，1986）。二化螟盘绒茧蜂全世代发育起点温度为11.6±1.40℃、有效积温为256.9±26.1 d·℃，推算该蜂在扬州的理论世代数为9代（杭三保等，1989）。螟甲腹茧蜂雌虫和雄虫生长发育起点温度分别为15.5℃和18.5℃，雄虫从卵到成虫需要439.6 d·℃，雌虫从卵到成虫需要336.8 d·℃（Qureshi，2016）。

茧蜂越冬的研究较少。已知纵卷叶螟绒茧蜂可以预蛹或蛹在茧内越冬（陈常铭等，1981；许维岸等，1997），螟蛉盘绒茧蜂在温州室温条件下于11月上旬以预蛹或蛹进入越冬（张兆清等，1986），螟甲腹茧蜂在山东临清以幼虫在粟灰螟越冬代幼虫体内过冬（李文江，1985），但能否成功越冬还受限于当地的气温条件。如纵卷叶螟绒茧蜂在湖州不能越冬，原因是11月中下旬采集的茧均不能越冬，室内7～8℃处理5～10 d，老熟幼虫及后期预蛹均不能羽化（程忠方，1984）；该蜂在湖州长兴11月消失，翌年6月下旬初见，推测系外地迁入。

二化螟盘绒茧蜂无滞育特性，可以寄生滞育期间的二化螟，并正常发育，该蜂对二化螟的寄生不受二化螟滞育的影响（杭三保等，1989）。

影响因子　影响稻田茧蜂发生的因子有很多，主要包括寄主、食物、重寄生蜂、害虫的寄主以及温度等。

寄主： 不同茧蜂种类可能存在着不同的寄主范围（表3-11），适宜的寄主是茧蜂繁衍的基本条件。同时，寄主龄期对茧蜂有明显影响。纵卷叶螟绒茧蜂在无选择条件下，对1龄、2龄、3龄、4龄、5龄稻纵卷叶螟幼虫的寄生率分别为64.6%、62.9%、47.4%、32.3%、2.2%，对1～2龄的寄生率明显较高（陈常铭等，1981）；在1龄、2龄和3龄幼虫组合可选择情况下，该蜂的选择性依次为2龄幼虫＞3龄幼虫＞1龄幼虫（马恒等，2017）。这可能与不同龄期幼虫抵抗茧蜂寄生的能力不同有关。据观察，寄生1～2龄幼虫时，该蜂一般在连续攻击4～5头后才休息，且片刻后可重新攻击；而对高龄幼虫，寄生时因幼虫激烈扭动而难以寄生（高凤宝，1980）。螟蛉盘绒茧蜂寄生稻螟蛉幼虫，一般也喜好寄生3龄前幼虫，3龄后幼虫被寄生者少（叶正襄和汪笃栋，1980）。然而，螟甲腹茧蜂和黏虫盘绒茧蜂则不同，前者主要寄生于二化螟3～5龄幼虫（寄生率4.44%～24.46%），而对1～2龄幼虫的寄生率为0%（佘刚，1988）；后者对3、4、5、6龄黏虫幼虫的寄生率分别为0.3%、1.7%、30%和68%，以对5～6龄高龄幼虫的寄生率为高（张贵有和张阁，1990）。

寄主龄期对茧蜂幼虫存活和发育历期的影响不同于寄生率，龄期较大的寄主幼虫有利于茧蜂幼虫存活和缩短发育历期。如纵卷叶螟绒茧蜂寄生稻纵卷叶螟3龄幼虫时羽化率最高，死亡率最低；而寄生于1龄幼虫时羽化率最低，死亡率最高；寄生1龄幼虫时茧蜂幼虫期显著长于以2龄、3龄幼虫为寄主时茧蜂幼虫期（马恒等，2017）。

寄主的龄期还影响子蜂的性比。纵卷叶螟绒茧蜂寄生1、2、3龄稻纵卷叶螟幼虫时，其子蜂雌雄性比分别为1∶1.67、1∶1、1∶0.25，龄期较大的寄主上雌性子蜂明显较多（陆自强等，1983）。茧蜂性比对种群盛衰有较大影响。雌性占多数时，寄生率提高，种群密度增长；反之寄生率下降，种群衰落。据徐来杰和王月娥（1999）报道，雌雄性比为1∶（0.69～0.78）时，寄生率可达58%～70%；性比为1∶（1.22～1.25）时，寄生率10%～20%。

食物：茧蜂成蜂一般有补充水分和营养的需求。纵卷叶螟绒茧蜂不给任何食料时成虫寿命最多2.5d；饲以水与蜂蜜时，成虫平均寿命3.6～8.4d，最长14d（陈常铭等，1981）。补充营养可以延长二化螟盘绒茧蜂成虫的寿命，寿命由长到短依次为：10%花粉液、10%蜂蜜水、清水、不饲喂水和营养（李朝辉，2019）。成虫产卵时，可专门或顺带用产卵管螯刺寄主，吸取其流出的体液，是茧蜂补充营养的一种重要方式。

重寄生蜂：稻田重要茧蜂的常见重寄生蜂见表3-13。重寄生蜂对稻田茧蜂的发生量有明显抑制作用，有时甚至可使茧蜂对寄主害虫的控制作用失效，是制约茧蜂控害能力的重要因素之一。据观察，纵卷叶螟绒茧蜂350个茧中有102个被寄生，其中稻苞虫金小蜂寄生率占29.14%（高凤宝，1980）。稻苞虫金小蜂还是螟蛉盘绒茧蜂最主要的重寄生蜂，重寄生蜂率可达41.0%～96.5%，一个蜂茧的重寄生蜂数可多达4头（张兆清，1986）。寄生时，稻苞虫金小蜂能逐一产卵于螟蛉盘绒茧蜂的每个茧粒，常至整个茧块100%被寄生。在南昌，稻苞虫金小蜂在螟蛉盘绒茧蜂内越冬，翌年4月下旬开始羽化，羽化时间持续到5月上旬；羽化后即可交尾。成虫寿命4月下旬羽化为4～10d；5月下旬羽化的在不补充营养时能活5～6d，以1∶2蜂蜜稀释液饲喂时可长达16～22d；7—8月高温干燥时的寿命只有2～3d（叶正襄和汪笃栋，1980）。

表3-13 稻田重要茧蜂的常见重寄生蜂

茧蜂种名	常见重寄生蜂名称
螟黑纹茧蜂 *Bracon onukii*	黏虫广肩小蜂
螟黄足盘绒茧蜂 *Cotesia flavipes*	盘背菱室姬蜂、扁股小蜂
二化螟盘绒茧蜂 *C. chilonis*	黏虫广肩小蜂
螟蛉盘绒茧蜂 *C. ruficrus*	盘背菱室姬蜂、中华横脊姬蜂、择捉光背姬蜂、脊须姬蜂、负泥虫沟姬蜂、斜纹夜蛾刺姬蜂、螟蛉折唇姬蜂、黑角脸姬蜂、广大腿小蜂、稻苞虫金小蜂、绒茧金小蜂、黏虫广肩小蜂、菲岛分盾细蜂、温州分盾细蜂
黏虫盘绒茧蜂 *C. kariyai*	盘背菱室姬蜂、负泥虫沟姬蜂、螟蛉折唇姬蜂、绒茧金小蜂、黏虫广肩小蜂
纵卷叶螟绒茧蜂 *Apanteles cypris*	螟蛉瘤姬蜂、盘背菱室姬蜂、斜纹夜蛾刺姬蜂、沟姬蜂 *Gelis* sp.、无脊大腿小蜂、九脊日霍小蜂、黏虫广肩小蜂、稻苞虫金小蜂、绒茧金小蜂、稻苞虫兔唇姬小蜂、白足扁股小蜂、赤带扁股小蜂、菲岛分盾细蜂、温州分盾细蜂
纵卷叶螟长体茧蜂 *Macrocentrus cnaphalocrocis*	绒茧金小蜂、黏虫广肩小蜂、菲岛分盾细蜂、温州分盾细蜂

续表

茧蜂种名	常见重寄生蜂名称
螟蛉脊茧蜂 Aleiodes narangae	螟蛉瘤姬蜂、盘背菱室姬蜂、负泥虫沟姬蜂、横带驼姬蜂、次生大腿小蜂、广大腿小蜂、无脊大腿小蜂、绒茧金小蜂、黏虫广肩小蜂、菲岛分盾细蜂
螟甲腹茧蜂 Chelonus munakatae	绒茧金小蜂
黏虫悬茧蜂 Meteorus gyrator	负泥虫沟姬蜂、次生大腿小蜂、绒茧金小蜂、黏虫广肩小蜂、菲岛分盾细蜂
斑痣悬茧蜂 M. pulchricornis	负泥虫沟姬蜂

害虫的寄主：水稻品种可能通过影响寄主害虫而进一步影响寄生蜂。如用转 *Bt* 基因水稻"KMD1"处理的二化螟饲喂二化螟盘绒茧蜂，尽管茧蜂的卵-幼虫历期、茧块数、羽化率及性比均无显著影响，但寄生率、结茧率均有所下降，蛹历期、虫体大小等均缩短或下降（姜永厚等，2004）。类似地，用转 *crylAc*+*SCK* 双价基因水稻MSB处理的二化螟幼虫饲喂二化螟绒茧蜂，其结茧率、卵—幼虫历期、成虫寿命、茧块数和羽化率、雌性别比等无显著影响，但寄生率降低，蛹期延长，虫体长度缩短（姜永厚等，2005）。螟甲腹茧蜂寄生取食茭白二化螟幼虫时，其发育历期短于寄生取食水稻幼虫的个体，且寄生取食茭白幼虫的个体体重重于取食水稻幼虫的个体（Qureshi，2016）。螟蛉盘绒茧蜂雌成虫可利用稻苗、二化螟和稻纵卷叶螟幼虫及其虫粪的挥发物进行栖境定位和寄主选择，受害水稻苗相对于健康水稻具有更明显的引诱作用，但去除害虫幼虫和虫粪的受害稻株与健康稻株的引诱作用无明显差异（陈华才等，2003），表明受害株的引诱效应是和虫粪的间接作用。纵卷叶螟绒茧蜂已交配雌虫显著趋向稻纵卷叶螟幼虫虫粪，不趋向健康水稻、稻纵卷叶螟幼虫为害后的水稻，但纵卷叶螟绒茧蜂处女雌虫、雄虫对稻纵卷叶螟幼虫虫粪、受害稻株和健康稻株都没有明显趋性（周慧等，2012）。挥发性化合物在寄生蜂定位寄主行为中有至关重要的作用，反-2-己烯醛、芳樟醇、β-石竹烯、2-壬酮对二化螟盘绒茧蜂雌成虫行为的影响极显著（张宇皓，2016）。

温度：茧蜂既不耐低温，也不耐高温。绒茧蜂适宜繁殖的温度为22～30℃，在24～28℃时繁殖力最高，低于或高于此温度范围则繁殖力下降。纵卷叶螟绒茧蜂在0℃左右出现暂时假死现象，7～8℃不能寄生，9～10℃时能少量产卵寄生，10～15℃时或气温突然下降，成虫不活泼，寄生能力弱；气温在17～18℃及以上时，成虫活动敏捷，能进行正常产卵寄生活动（徐来杰和王月娥，1999）。

温度显著影响茧蜂的生长发育。稻卷叶螟绒茧蜂在均温24℃、28℃、32℃条件下，卵历期分别为24h、17h和18h，幼虫历期分别为8.1d、7.3d和7.0d，预蛹和蛹期分别为3.8d、3d和2d。已交尾或未交尾的雌虫都可寻觅寄主产卵，未交尾雌虫所产的子代为雄性。一般每头寄上幼虫体内产卵1粒（陈常铭等，1981）。螟甲腹茧蜂在22.5℃、25℃、27.5℃、30℃、32.5℃等不同温度条件下，雄虫自卵至结茧分别历时44.4d、36.0d、28.0d、23.0d和19.8d，蛹期分别为14.0d、

9.9 d、8.8 d、7.1 d、7.5 d；雌虫自卵至结茧分别历时 44.4 d、37.9 d、28.7 d、23.2 d 和 18.9 d，蛹期分别为 12.0 d、10.4 d、9.4 d、7.3 d、8.1 d（Qureshi，2016）。

农药：张纯胃和金莉芬（1988）用药膜法测定了 6 种杀虫剂对卷叶螟绒茧蜂成虫的毒性，发现：喹硫磷、甲胺磷处理后成虫寿命为 0.05～0.2 d，杀虫脒处理的寿命为 0.77 d，敌杀死处理的寿命为 1.37 d，灭幼脲、杀虫双无明显毒性。吴顺凡等（2012）用药膜法测定了 7 种杀虫剂原药以及 18 种常用农药制剂（12 种杀虫剂、4 种杀菌剂和 2 种除草剂）对扬州、安吉、金华和乐清 4 个地区二化螟盘绒茧蜂雌成蜂的触杀毒性。结果表明，7 种杀虫剂原药中氟虫腈、毒死蜱和三唑磷的毒性较高（LC_{50} 为 0.41～5.24 ng/cm^2），杀虫单、吡虫啉和阿维菌素次之（LC_{50} 为 46.4～304.79 ng/cm^2），氯虫苯甲酰胺则最低（$LC_{50} > 3978$ ng/cm^2）。12 种杀虫剂制剂中，除 20% 氯虫苯甲酰胺悬浮剂和 3 阿维菌素相关制剂的毒性相对较低（2 h 死亡率 0%～40.1%）外，其余均为高毒（2 h 死亡率除个别种群外均达 100%）；4 种杀菌剂中，异稻·三环唑高毒（2 h 死亡率 70.2%～100%），苯甲·丙环唑、井岗·蜡芽菌和盐酸吗啉胍·三氮唑核苷的毒性均较低（2 h 死亡率 0%～12%）；2 种除草剂毒性均较低（2 h 死亡率 0%～24.2%），其中苄嘧·丙草胺毒性（24 h 死亡率 54.1%～100%）相对高于苄·二氯（24 h 死亡率 10.7%～18.6%）。此外，同一种药剂对不同地区茧蜂的毒性也有所不同，如噻虫嗪、吡虫啉处理 2 h 的死亡率，乐清种群为 64.3%～71.4%，低于其他种群的 100%。

马恒（2011）则报道了 9 种稻田常用杀虫剂对卷叶螟绒茧蜂成虫和蛹的毒性测定结果，吡虫啉、噻嗪酮对成虫、蛹均有较高的安全性，杀虫双、敌敌畏处理的成虫在触药 24 h 后均 100.0% 死亡，蛹则分别有 5.0% 和 10.0% 的个体可以羽化；阿维菌素、甲维盐、乙酰甲胺磷、氰氟虫腙和甲氰菊酯 5 种杀虫剂仅对蛹具有较好安全性。甲胺磷的研究也表明，其对纵卷叶螟绒茧蜂成虫杀伤很大，但对蛹杀伤作用相对小（徐来杰和王月娥，1999）。显然，在茧蜂化蛹高峰期施用安全性相对较高的药剂，可减少农药对纵卷叶螟绒茧蜂的负面影响。

五、姬蜂

姬蜂隶属膜翅目 Hymenoptera 姬蜂总科 Ichneumonoidea 姬蜂科 Ichneumonidae。稻田姬蜂的大多数种类为初寄生，是二化螟、三化螟、大螟、稻纵卷叶螟等鳞翅目害虫和稻负泥虫等鞘翅目害虫的重要天敌，对抑制这些害虫的猖獗起着极其巨大的作用；部分种类则重寄生茧蜂或其他姬蜂，还有部分可初寄生蜘蛛等捕食性天敌，对天敌控害有负面影响。

（一）种类构成及优势种

国内已知生活于稻田的姬蜂约96种（何俊华，1996），常见约34种（表3-14），其中，夹色奥姬蜂、螟蛉悬茧姬蜂等29种可初寄生水稻害虫，是二化螟、稻纵卷叶螟等水稻主要鳞翅目害虫的重要天敌，其中有4种（螟蛉埃姬蜂、负泥虫沟姬蜂、横带驼姬蜂、无斑黑点瘤姬蜂）还可重寄生茧蜂或姬蜂等寄生性天敌。此外，斜纹夜蛾刺姬蜂、盘背菱室姬蜂2种只能重寄生稻田茧蜂或姬蜂，不寄生水稻害虫；蛛卵权姬蜂、花胫蚜蝇姬蜂、强脊草蛉姬蜂3种则分别初寄生蜘蛛、食蚜蝇和草蛉等捕食性天敌。

不同稻区的优势种，因水稻栽培制度、景观生态条件和水稻主要害虫种类等的不同而有明显差异（表3-15）。

表3-14　我国稻田常见的姬蜂及其水稻害虫或天敌寄主

姬蜂种名	初寄生										重寄生	
	二化螟	三化螟	大螟	稻纵卷叶螟	稻苞虫	稻螟蛉	稻眼蝶	黏虫	稻负泥虫	捕食性天敌	茧蜂	姬蜂
夹色奥姬蜂 *Auberteterus alternecoloratus*	√				√							
负泥虫沟姬蜂 *Bathythrix kuwanae*									√		√	√
棉铃虫齿唇姬蜂 *Campoleti chlorideae*						√		√				
具柄凹眼姬蜂指名亚种 （稻苞虫凹眼姬蜂） *Casinaria pedunculata pedunculata*				√								
螟蛉悬茧姬蜂（螟蛉瘦姬蜂） *Charops bicolor*		√		√	√	√	√	√				
短翅悬茧姬蜂 *C. brachypterus*					√		√					
稻纵卷叶螟黄脸姬蜂 *Chorinaeus facialis*				√								
台湾弯尾姬蜂（台湾瘦姬蜂） *Diadegma akoensis*		√										

764

姬蜂种名	初寄生										重寄生	
	二化螟	三化螟	大螟	稻纵卷叶螟	稻苞虫	稻螟蛉	稻眼蝶	黏虫	稻负泥虫	捕食性天敌	茧蜂	姬蜂
中华钝唇姬蜂 Eriborus sinicus	√	√	√									
大螟钝唇姬蜂 E. terebranus	√	√	√									
稻纵卷叶螟钝唇姬蜂 E. vulgaris				√								
横带驼姬蜂 Goryphus basilaris	√	√	√	√	√	√	√		√		√	√
桑蟥聚瘤姬蜂 Gregopimpla kuwanae	√			√	√				√			
黑尾姬蜂 Ischnojoppa luteator		√			√							
螟蛉埃姬蜂（螟蛉瘤姬蜂） Itoplectis naranyae	√	√	√	√	√	√		√	√		√	√
稻切叶螟细柄姬蜂 Leptobatopsis indica		√		√								
东方拟瘦姬蜂 Netelia orientalis								√				
趋稻厚唇姬蜂 Phaeogenes sp.	√	√		√								
满点黑瘤姬蜂 Pimpla aethiops			√	√	√		√	√				
野蚕瘤姬蜂 P. luctuosus					√							
螟黄抱缘姬蜂 Temelucha biguttula	√	√	√	√		√						
菲岛抱缘姬蜂 T. philippinensis	√	√		√	√							
三化螟抱缘姬蜂 T. stangli		√										
黄眶离缘姬蜂 Trathala flavoorbitalis	√	√		√								
稻纵卷叶螟白星姬蜂 Vulgichneumon diminutus				√	√							
黏虫白星姬蜂 V. leucaniae			√						√			

续表

姬蜂种名	初寄生										重寄生	
	二化螟	三化螟	大螟	稻纵卷叶螟	稻苞虫	稻螟蛉	稻眼蝶	黏虫	稻负泥虫	捕食性天敌	茧蜂	姬蜂
无斑黑点瘤姬蜂 *Xanthopimpla flavolineata*	√		√	√	√							√
松毛虫黑点瘤姬蜂 *X. pedator*	√				√							
广黑点瘤姬蜂 *X. punctata*	√		√	√	√	√	√					
斜纹夜蛾刺姬蜂 *Diatora prodeniae*											√	
盘背菱室姬蜂 *Mesochorus discitergus*											√	
蛛卵权姬蜂 *Agasthenes swezeyi*										√（蜘蛛）		
花胫蚜蝇姬蜂 *Diplazon laetatorius*										√（食蚜蝇）		
强脊草蛉姬蜂 *Brachycyrtus nawaii*										√（草蛉）		

注："√"示已知寄主。

表 3-15　我国各地稻田的优势姬蜂及其寄生情况

地点	姬蜂优势种及其寄生情况	文献出处
北京	冬初与冬后的水稻与茭白田的优势姬蜂种类为中华钝唇姬蜂，与二化螟绒茧蜂一起致死二化螟幼虫的比例为51.9%～57.4%	韩永强等，2009；张翌楠等，2019
贵州	稻田优势种为螟黄抱缘姬蜂（寄生率高达13.5%）、大螟钝唇姬蜂（多地水稻中后期的优势种，寄生率最高达75.9%）、广黑点瘤姬蜂（多地区水稻中后期优势种）、黄眶离缘姬蜂（多地区水稻中后期的优势种，寄生率为3.4%～4%）、趋稻厚唇姬蜂（水稻后期的优势种）、菲岛抱缘姬蜂（对稻纵卷叶螟寄生率为7%～16%）	刘景文，1984；田筑萍，1987；石庆型等，2013；孙翠英等，2015；戴长庚等，2016
四川	稻田优势种姬蜂为夹色奥姬蜂（二化螟蛹寄生率为56.25%～57.53%）和大螟钝唇姬蜂（越冬代二化螟寄生率为3.27%）	余刚和何荣蓉，1988；杨经萱和郑传刚，2000

地点	姬蜂优势种及其寄生情况	文献出处
重庆	稻田优势种姬蜂为螟蛉埃姬蜂(即螟蛉瘤姬蜂，对稻纵卷叶螟寄生率为1.5%~9.7%)、具柄凹眼姬蜂指名亚种(即稻苞虫凹眼姬蜂，对稻苞虫寄生率为1.2%~4.9%)和广黑点瘤姬蜂(稻苞虫寄生率为0.3%~5.8%)	赵志模，1986；董代文等，2003
安徽	7—8月的调查结果：稻田优势种姬蜂为螟蛉悬茧姬蜂(对稻螟蛉的寄生率为11.1%，对稻纵卷叶螟的寄生率为14.2%)、广黑点瘤姬蜂(对稻苞虫的寄生率为25.0%~33.3%)、菲岛抱缘姬蜂(对三化螟的寄生率为10%)、台湾弯尾姬蜂(即台湾瘦姬蜂，对三化螟的寄生率为12.5%)和稻苞虫弧脊姬蜂(对稻苞虫的寄生率为41.43%)	李友才和陈发扬，1980
江西	稻田优势种姬蜂为具柄凹眼姬蜂指名亚种(即稻苞虫黑瘤姬蜂，对稻苞虫的寄生率为35.71%)和广黑点瘤姬蜂(对稻苞虫的寄生率为8.94%)	盛金坤和杨子琦，1981；熊致富，1982；丁冬荪等，2009；梁朝巍，2011
浙江	稻田优势种姬蜂为中华钝唇姬蜂，其对二化螟的寄生率为0.9%~20.0%	蒋明星等，1999；诸茂龙等，1999
湖北	稻田姬蜂以广黑点瘤姬蜂为优势种，其对稻苞虫的寄生率为23.5%	刘克俭，1980
湖南	稻纵卷叶螟的姬蜂类天敌中，幼虫期优势种为螟蛉埃姬蜂(其在长沙的寄生率为5%~35%)；蛹期优势种有螟蛉埃姬蜂(长沙寄生率为16%)、稻纵卷叶螟黄脸姬蜂(长沙、吉首的寄生率分别为5%、15%)等	陈常铭，1982；宋慧英等，1996
广东	6—10月，稻田优势种姬蜂为无斑黑点瘤姬蜂(对稻纵卷叶螟的寄生率为0.9%~9.6%	孙志鸿等，1980
广西	稻田优势种姬蜂为黄眶离缘姬蜂(对稻纵卷叶螟的寄生率为7.0%)、稻苞虫凹眼姬蜂(对稻弄蝶的寄生率为17.6%)和广黑点瘤姬蜂(对稻弄蝶的寄生率为11.9%)	周至宏，1981；方正尧，1990；黄秀枝等，2013

（二）生活习性

卵 姬蜂的卵一般呈长卵圆型或纺锤形，下方扁平或有些弯曲，大部分种类的颜色为淡黄或淡白色；卵的大小变化很大，长度0.1~6mm，直径0.03~0.7mm，与蜂身体大小成正比；有的卵具柄，有利于卵通过狭窄的产卵管；有的卵端部膨大成"锚"，用以固定在寄主组织内，即使寄主幼虫蜕皮，也不会脱落。

姬蜂可以把卵产在寄主体内或体外。产在寄主体内的称为内寄生，寄生时，雌蜂先用产卵器刺伤寄主注入麻醉物质使其暂时麻痹，然后将卵产于寄主体内。通常情况下，内寄生蜂在产

卵时向寄主体内注入的毒液和卵巢萼液，可调控寄主的免疫和发育，以确保姬蜂幼蜂在寄主体内生存和完成发育（Strand，2012；叶熹骞等，2014；毛沙江洋等，2017）。

卵产在寄主体外的称外寄生，常通过不同方式附着在寄生体外，并且确保不从寄主身体上脱落，从而保证其幼虫的食物来源。例如：嗜蛛姬蜂成虫把其卵粘在蜘蛛腹部上方，幼虫发育后用其口器吸取蜘蛛的体液为生，被寄生的蜘蛛仍然可以正常织网和捕食；柄卵姬蜂则将卵柄深插入寄主体内，即使寄主蜕皮也不会掉落，直到姬蜂的幼虫孵化出来，卵柄固定的寄主幼虫即成为食物（赵修复，1987；何俊华等，1996；郝德君，2003；Quicke，2015）。外寄生类一般都是寄生隐蔽场所中的寄主，例如生活在茧、虫道、卷叶或其他隐蔽场所。外寄生姬蜂产卵时，先注射毒液将寄主长期麻痹，使寄主不食不动也不腐烂，任其慢慢取食。

姬蜂卵历期，螟蛉瘤姬蜂为1d（Shin，1970），二化螟沟姬蜂卵期2～3d（刘自然，1995）。

幼虫及蛹　姬蜂幼虫通常为5龄，由头胸腹三个部分组成，胸节为3节，腹节为10节。大部分外寄生种类幼虫身体为纺锤形，头部高度骨化，躯体环节上具刺，有利于幼虫的移动；少部分（如优姬蜂属）幼虫为闯蚴型。内寄生性姬蜂幼虫为具尾型幼虫，即腹部最后环节具有围状器官，帮助其身体移动。姬蜂幼虫历期，螟蛉瘤姬蜂雄虫14d、雌虫14.9d（Shin，1970）；二化螟沟姬蜂幼虫期9d（刘自然，1995）。

姬蜂多为单寄生种类，当某个寄主产有2个及以上卵时，往往在蜂幼虫1龄阶段以物理方法清除对手，所以其1龄阶段活动性较强。此外，较活跃的1龄幼虫还有利于影响寄主的发育。如蛹期寄生的黑瘤姬蜂属幼虫孵化后即钻入寄主头部破坏寄主的脑，以防止它继续发育为成虫（Short，1959；何俊华，1996）。

姬蜂蛹为裸蛹，即翅、触角、足等附肢在蛹期就已经与其躯体分开，绝大多数都有茧包裹，起到保护蛹的功能。幼虫老熟后先结茧再化蛹，例如悬茧姬蜂的老熟幼虫钻出寄主幼虫体外后，吐丝连在植物叶片上，然后吐丝下垂至一定长度，反复多次后将悬丝加固，然后在丝的下端结茧化蛹，结茧历时5～6h，悬空吐丝结的茧在稻叶上较为明显，茧上黑斑随时间慢慢呈现。有的姬蜂茧还能运动，以离开其寄生场所，例如寄生马蜂的金蛛隆侧姬蜂越冬世代的茧，可以离开马蜂窝转移到地面越冬。

成虫　姬蜂成虫行动活泼，且成虫期较长，一般需补充营养，可取食露水、花蜜、植物茎叶流出来的液汁、蚜虫的蜜露，甚至咬食寄主体液，有的种类用产卵器刺伤寄主，然后在伤口处吸食寄主体液，极少数种类还会用上颚把伤口扩大，然后取食。有的种类甚至会把寄主咬掉一部分，这种行为往往被认为是捕食行为，例如螟蛉瘤姬蜂成虫就有这样的取食行为。研究表明：尽管螟蛉瘤姬蜂成虫可以利用在幼虫期获取的营养产下成熟卵，但是成虫期补充营养可增加繁殖力（Ueno and Ueno，2007）；在没有食物仅供水的情况下，3d内每雌产成熟卵27.3±3.30粒在补蜂蜜水的情况下则可产成熟卵31.3±2.75粒。如果雌虫取食猎物的体液，所产成熟卵数量为35.5±3.14粒（Liu and Ueno，2012）。田间条件下，螟蛉瘤姬蜂喜欢在胡萝卜花上取食，也可以取食水稻蚜虫分泌的蜜露。螟蛉瘤姬蜂雌虫往往避免在寄生过的寄主上产卵，优先选择没有被寄生过的寄主产卵，但该蜂还会取食其寄主，往往导致被寄生蛹内的寄生蜂幼虫死亡率上升，因此不利于生物防治（Ueno，1998）。

大多数姬蜂营两性生殖方式，少部分可以进行产雄或者产雌孤雌生殖。有的种类的后代性别比与其寄主的大小有关，在体型较大的寄主体内则后代雌虫占比高，寄主体型较小的则雄虫比例高。如广黑点瘤姬蜂寄生稻苞虫等大体型寄主时蜂体较大且雌虫多于雄虫，而寄生于体型小的稻纵卷叶螟者则蜂体较小，且多是雄虫。

雄虫羽化时间一般早于雌虫，有的种类雄虫通过跟踪雌虫散发的性信息素对雌虫进行定位；有的种类雄虫则在雌虫取食栖息场所寻找雌虫。螟蛉瘤姬蜂成虫羽化后不久即可交配，产卵前期1～2d（Shin，1970）。夹色奥姬蜂雌虫羽化当天即可交配，而雄虫的性器官需要1～2d的时间才能成熟，交配时间为20s至3min不等，一般认为雌虫只交配1次，而雄虫可以多次交配。雌虫交配后停息一段时间即可寻找寄主产卵，雌虫喜欢寄主新鲜的二化螟蛹，其产卵管多在蛹的背腹侧面插入，产卵时间一般为2min（李芳和胡世金，1983；江西省宜丰县农业局植保站，1984）。

姬蜂寄生的过程大致可以分为四个阶段：寻找寄主生境、搜索寄主、选择寄主和产卵寄生。姬蜂的嗅觉相对发达，通过搜索寄主生境植物气味和寄主气味（例如粪便）来定位寄主的精确位置（Arthur，1971；McAuslane et al.，1991；刘树生等，2003）。寄生蜂在产卵前往往需要将寄主进行相应处理以利于产卵过程的顺利进行，大部分外寄生姬蜂会在寄主体内注入毒液使得寄主暂时或者永久麻痹，而且永久麻痹的寄主可以长期保持其身体不腐烂，保证其幼虫顺利完成发育。姬蜂不同种类的产卵数量变化很大，从几十粒到几千粒不等。如螟蛉瘤姬蜂雌虫一生产卵最多可达859粒，平均300粒，1d最多可产47粒。70%的卵大约在20d内产完；未受精卵可发育为雄性后代（Shin，1970）。

姬蜂成虫的寿命因地而异，在南方气候温暖寿命一般短些，北方气温较低，寿命一般长些，有1～2个月，某些在成虫期越冬的姬蜂，可生活10个月。

姬蜂全部是寄生性昆虫，其寄主除昆虫、蜘蛛和伪蝎外，不寄生于其他动物；稻田常见种类的已知寄主见表3-14。绝大多数姬蜂种类为初寄生性，少数是次寄生性，且只寄生全变态类昆虫的幼虫和蛹；姬蜂不寄生卵，但有时姬蜂成虫可以将其卵产在寄主的卵中，等到寄主卵孵化为幼虫时才孵化，因此一般不认为姬蜂是卵期寄生蜂。差不多所有的姬蜂都是单寄生，即1只寄主育出1头姬蜂。姬蜂对寄主龄期或日龄有偏好性。如螟蛉瘤姬蜂雌虫偏好在低日龄寄主蛹中产卵，如果在老龄蛹上产卵，羽化的寄生蜂以雄虫居多（Ueno，1997）。

姬蜂寄生的寄主虫态多样。寄生幼虫的姬蜂，产卵于寄主幼虫体内或体外，蜂幼虫孵化后即取食寄主幼虫营养物质而完成发育，然后结茧化蛹，如大螟钝唇姬蜂为幼虫期寄生蜂。寄生蛹期的姬蜂产卵于蛹内，一般都喜欢嫩蛹，并在其内完成发育，成虫羽化后即从蛹前方或围蛹钻出，如黏虫白星姬蜂为二化螟蛹寄生蜂。在跨期寄生的类型中包括卵—幼虫期，卵—幼虫—

蛹期和幼虫—蛹期。卵—幼虫跨期类型的姬蜂产卵于寄主卵内,寄主卵不受影响,仍可继续发育孵化为幼虫,在寄主幼虫期姬蜂卵才孵化,而后在寄主幼虫体内取食,完成发育,最后钻出寄主体外,结茧化蛹。卵—幼虫—蛹跨期类型的姬蜂亦产卵于寄主卵内,寄主卵可正常发育至幼虫并顺利化蛹,姬蜂幼虫在寄主围蛹内取食完成发育,并在内化蛹,然后咬孔羽化外出。幼虫—蛹期跨期的姬蜂产卵于寄主幼虫体内,一般都在老熟幼虫体内,但不影响寄主化蛹,姬蜂在寄主蛹期完成发育,如螟蛉瘤姬蜂为二化螟幼虫—蛹跨期寄生蜂(何俊华,1983)。

姬蜂的成虫一般比其他寄生蜂要大些,其飞行速度比小型寄生蜂更快,寻找寄主时的活动和扩散的范围更广更远。在生物防治的工作中,姬蜂尽管因为是单寄生,寄生效率不高,生防效能不如茧蜂和小蜂那么显著,但由于其行动活泼,在寄主虫口密度较低时侵袭寄主比其他各科寄生蜂更有效,有较高的控害潜力,如大螟钝唇姬蜂、夹色奥姬蜂等部分种类的寄生率可在50%以上(表3-15)。

(三)发生规律及其影响因子

发生规律 各种姬蜂,1年发生的代数,各不相同。有的种类1年只生1代,一般仅在某一季节发生,如春季或秋季,通常仅寄生单世代寄主,整年中多是在不活泼的幼虫阶段度过。有的种类年生数代,在各个季节都能找到,他们在不同季节,可能由1种寄主转移寄生到另1种寄主。

稻田姬蜂的世代发育状况和越冬情况依种类而异。例如黄眶离缘姬蜂在长沙1年7代,10月后进入越冬,次年5月始见越冬代出蜂,各虫态历期见表3-16。

表3-16　黄眶离缘姬蜂各虫态发育历期(长沙,1995)

代别	始见期/(月/日)	高峰期/(月/日)	卵+幼虫期/d	茧(蛹)期/d	成虫期/d
越冬代	5/12	5/23—6/3	—	10.49	9.14
第1代	6/25	7/8—7/11	13.20	9.24	8.94
第2代	7/14	7/22—7/26	8.16	9.10	7.88
第3代	8/3	8/8—8/12	7.38	8.14	4.95
第4代	8/24	8/28—8/30	9.69	8.48	6.19
第5代	9/11	9/19—9/24	11.15	10.83	8.38
第6代	10/1	10/5—10/7	—	—	—

数据来源:游兰韶,黎家文,熊漱琳,等,1999.苍耳螟寄生蜂种类调查及黄眶离缘姬蜂生物学特性研究[J].武夷科学(1):55-63.

注:第6代少数在9月下旬结茧,10月上旬羽化,多数以幼虫在寄主体内越冬。

姬蜂的大多数种类以老熟幼虫越冬，少数种类以成虫期越冬（如部分瘤姬蜂属越冬姬蜂大部分为雌性，雄虫极为罕见）。姬蜂比较喜欢在巢穴、干枯树干基部的厚树皮内和腐烂的木材中越冬，少数在苔藓下、杂叶、落叶等处越冬。一般来说，在北向山坡和低地冬季温湿度不大的地方，在树干疏松树皮下潜伏越冬居多。越冬的姬蜂常常几头或几十头聚集在一起，有时甚至是不同的种。在福建仙游县，寄生于稻纵卷叶螟的趋稻厚唇姬蜂常多头聚在干枯的茭白叶鞘下越冬（赵修复，1975）。

影响因子 有以下重要影响因子。

寄主与食物网地位：姬蜂对其寄主有跟随现象，即随着寄主数量的增加，天敌的物种数、个体数也逐渐增加。稻田姬蜂种类和数量的多寡与稻田害虫的存在与否、种类和数量的多少，以及发生和危害情况密切相关（孙翠英等，2015）。稻田中寄生蜂的数量与鳞翅目昆虫数量呈现较为明显的跟随现象。在水稻分蘖期到扬花期鳞翅目昆虫的数量逐渐升高，扬花期达到最大值，寄生蜂的数量在拔节孕穗期到乳熟期逐渐升高，在乳熟期达到峰值，滞后于鳞翅目昆虫。原因在于鳞翅目昆虫的成虫数量达到高峰后距离其次代卵、幼虫及蛹的数量高峰还需要一段时间，而且寄生蜂寄生鳞翅目昆虫的卵、幼虫或者蛹后，也要经过一段发育时期才能羽化为成虫（申昭灿，2017）。

依照姬蜂在食物网中的地位和作用，可分为3类8个型。第一类（P）：完全以植食性昆虫为寄主。Pa型：只寄生于一种植食性昆虫，尚未发现被重寄生，如夹色姬蜂只寄生二化螟；Pb型：能寄生于多种植食性昆虫，尚未发现被重寄生，如螟蛉悬茧姬蜂可寄生稻螟蛉和稻纵卷叶螟；Pc型：只寄生于一种植食性昆虫，但能被多种重寄生蜂寄生，如弄蝶绒茧蜂只寄生稻苞虫，且又被稻苞虫金小蜂等重寄生；Pd型：能寄生多种植食性昆虫，又能被多种重寄生蜂寄生，如螟蛉绒茧蜂可寄生稻苞虫和二化螟等，且又被稻苞虫金小蜂等重寄生。第二类（H）：完全以其他寄生蜂为寄主。Ha型：只寄生一种寄生蜂，如螟蛉折唇姬蜂只寄生螟蛉绒茧蜂；Hb型：寄生多种寄生蜂，如稻苞虫金小蜂可寄生弄蝶绒茧蜂、稻苞虫凹眼姬蜂、螟蛉悬茧姬蜂等。第三类（C）：既能以植食性昆虫为寄主，又能以其他寄生蜂为寄主。Ca型：只寄生一种植食性昆虫，且能寄生于多种其他寄生蜂，如负泥虫沟姬蜂只寄生到负泥虫，可重寄生螟蛉悬绒姬蜂、螟蛉绒茧蜂、螟蛉脊茧蜂等；Cb型：能寄生多种植食性昆虫，又能重寄生多种其他的寄生蜂，如广大腿小蜂可以寄生稻苞虫、稻纵卷叶螟、黏虫等，又可寄生稻苞虫凹眼姬蜂、螟蛉仙剑姬蜂等。营养结构越复杂，影响寄生蜂种群变动的因子也越多，某一个因子的变动对整个种群的影响相对来说较小；相反，营养结构越简单，寄主和寄生蜂的依存关系越明显，寄主密度的波动对寄生蜂种群的影响越大（赵志模，1986）。

种间竞争：在自然界中，当不同物种占据相似的生态位时，就会发生种间竞争。寄生蜂的寄主范围往往很窄，需要与竞争对手合作，利用相同的寄主物种来繁育后代。当不同寄生物种的幼虫在同一宿主中发育时，就可导致竞争。不同的寄生蜂携带的寄生因子不同，能寄生于同一

寄主的不同寄生蜂所携带的寄生因子决定了寄生蜂的竞争能力。携带不同寄生因子的半闭弯尾姬蜂、菜蛾啮小蜂、菜蛾盘绒茧蜂在寄主体内的种间竞争研究表明，这3种寄生蜂都不能识别寄主是否已被产卵，菜蛾盘绒茧蜂总是处于优势，而半闭弯尾姬蜂和菜蛾啮小蜂之间的优势程度由前后产卵顺序和间隔所决定（施祖华等，2003；Shi et al.，2004；时敏和陈学新，2015；Li et al.，2019；时敏等，2020）。若是寄生蜂携带的寄生因子没有区别，则寄生蜂本身的适应度（卵孵化较早、寄主选择标准宽松、能识别不同状态的寄主等）或者抗逆性较强的，在对寄主的控制上就处于优势地位（刘崇乐，1965）。

气候因子：温湿度不仅影响姬蜂的发育和繁殖，对姬蜂的行为和活动也有显著的影响。寄生性天敌受多种因素影响，夏季雨日和降雨强度影响其活跃度；夏季持续高温抑制其发生。据报道，1978年7—8月出现极端高温，不利于寄生蜂（广黑点瘤姬蜂、螟蛉悬茧姬蜂、稻苞虫凹眼姬蜂、横带沟姬蜂、螟蛉绒茧蜂等）的发育，使第3代稻苞虫寄生率极低，羽化出大批成虫，促使第4代大发生，后稻田大量施药，又相应地抑制了天敌，稻苞虫的寄生率急速下降，只及往年的1/2（刘克俭，1980）。

不同温度条件下姬蜂的发育速率不同，一般情况下温度上升发育速率加快，但是成虫寿命会随着温度的上升而逐渐缩短。颈双缘姬蜂在15℃、17.5℃、20℃、22.5℃、25℃、27.5℃、30℃和32.5℃时，从卵发育至成虫的平均历期分别为30.6d、22.5d、17.8d、14.5d、12.1d、11.1d、10.3d和10.2d；发育起点温度为7.4℃，有效积温为225.1d·℃。发育、存活和产卵寄生适温范围为17～30℃；15℃下成虫可贮存20～30d（汪信庚和刘树生，1998）。

湿度和水分是影响姬蜂成虫活动和寿命的重要的因素。一般地说，成虫每天都要喝水，因此在植被较好的地区露水和花蜜较多，能看到姬蜂种类和数量也往往较多。稻田生态系统可以视作一种受到人工频繁干预的湿地生态系统，很容易形成露水，因此姬蜂种类比其他农田生境相对较多。

其他：在农田生态系统中，非作物生境是天敌的栖息地和扩散廊道，其植被和物种多样性对天敌的保护和利用及害虫种群数量的生境调控有重要的作用（Altieri，1994；俞晓平等，1996；尤民生，2004）。在水稻生长期间，当遇到不利的农田生境条件时，如食物短缺，施肥用药或其他敌害等，非作物生境为害虫的天敌提供替代寄主，补充营养和躲避场所；在作物收获期间，非作物生境成了维持天敌种群的过渡场所，为水稻田天敌群落的恢复重建提供了种库（Altieri，1993；1994；1999；Andrew and Rosenheim，1996；刘雨芳等，2000）。稻田周围的田埂和杂草地作为一种非稻田生境，是稻田姬蜂的重要栖息地，调查发现稻田周围杂草上含有丰富的姬蜂资源，如黑尾姬蜂、稻切叶螟细柄姬蜂、螟蛉折唇姬蜂、夜蛾瘦姬蜂、点尖腹姬蜂、纵卷叶螟白星姬蜂、螟黑点瘤姬蜂（李志胜等，2002），适当的保留田埂和稻田周边生境的杂草，有利于保护姬蜂，提高姬蜂对害虫的自然控制作用。稻田生境中的寄生蜂物种数占稻田天敌物种总数的45.89%，杂草生境中的寄生蜂物种数占杂草天敌物种数的46.60%，其中姬蜂在稻田生境中有8

个物种，占总数的11.9%，杂草生境中有7个物种，占7.29（徐墩明等，2004）。稻田周围的非稻田生境在作物收获后给天敌昆虫提供了越冬场所，在田埂和杂草地生境中越冬的寄生蜂比例较高，杂草地为11.11%，田埂为29.69%，而冬闲田中未观察到寄生性天敌（张洁等，2010），杂草地和田埂生境可在水稻寄生性天敌种群的保存和发展中发挥重要作用。

近年来，随着病虫害绿色防控技术的不断发展，应用水稻生态工程控制水稻病虫害的技术发展迅速，利用生态工程技术措施对现有农事进行优化，可以促进稻田生态系统服务功能，保护害虫天敌，抑制水稻害虫，减少化学农药使用，且水稻产量能保持稳定。据朱平阳等（2017）的报道，生态工程控害区采用冬季种植紫云英等绿肥、稻田边保留禾本科杂草、田块间插花种植茭白等生物多样性调节与保护技术，结合田埂种植芝麻、诱虫植物香根草、"三控"（控肥、控苗、控病虫）施肥和性诱剂诱集螟虫技术等生态工程技术，寄生蜂天敌功能团的种群数量显著高于农民自防田，提高了1.20～2.47倍，且数量逐年递增或维持较高水平。

六、螯蜂

螯蜂隶属膜翅目Hymenoptera青蜂总科Chrysidoidea螯蜂科Dryinidae，是稻飞虱和稻叶蝉的寄生性天敌，且多数种类兼具取食习性，主要寄生和取食飞虱和叶蝉的若虫和成虫（何俊华和许再福，2002）。螯蜂在田间对飞虱的寄生率为0.8%～53.0%，有时甚至高达72.7%，是一类很有利用价值的天敌（Kitamura，1987；Koyama et al.，1989；王惠长等，1995；夏温澍，1962）。

（一）种类构成及优势种

螯蜂在昆虫纲中是一个较小的类群。稻田有记录的螯蜂种类至少有16种，其中较为常见种类包括：稻虱红单节螯蜂 *Haplogonatopus apicalis*、黑腹单节螯蜂 *Haplogonatopus oratorius*、两色食虱螯蜂 *Echthrodelphax fairchildii*、黄腿双距螯蜂 *Gonatopus flavifemur* 和黑双距螯蜂 *G. nigricans* 等5种（何雨婷等，2020）。国外，日本稻田中稻虱红单节螯蜂、黑腹单节螯蜂、两色食虱螯蜂、黄腿双距螯蜂、黑双距螯蜂和步双距螯蜂 *Gonatopus pedestris* 等较常见（Kitamura，1982；Kitamura，1987）；越南稻田中稻虱红单节螯蜂、黑双距螯蜂、黄腿双距螯蜂、黑尾叶蝉双距螯蜂 *Gonatopus lucens*、裸双距螯蜂 *Gonatopus nudus*、安松单爪螯蜂 *Anteon yasumatsui* 等较为常见（Mita and hong，2014）；菲律宾稻田以两色食虱螯蜂、裸双距螯蜂、黄腿双距螯蜂、稻虱红

单节螯蜂、黑腹单节螯蜂等较常见（Chandra，1980）；印度稻田中稻虱红单节螯蜂、两色食虱螯蜂、黑双距螯蜂、裸双距螯蜂较常见（Yadav and Pawar，1989）。

　　螯蜂具体的优势种种类因地区、季节而有较大的差异。浙江、福建、湖南、湖北稻田的优势种为稻虱红单节螯蜂，其中稻虱红单节螯蜂在7—9月浙江温州稻区占螯蜂总数的38.1%～93.0%，在湖南长沙稻区占螯蜂总数的71.6%（程遐年等，2003；胡淑恒等，1987；温州农科所生物防治课题组，1986）。贵州稻区螯蜂对飞虱的寄生率高时可达24.8%，其中稻虱红单节螯蜂和黄腿双距螯蜂是优势种，8月中旬，在晚稻田中分别占螯蜂总数的66.7%和23.8%（陈毓祥，1985）。江苏、河南稻区以及日本稻区，黑腹单节螯蜂占优（Kitamura，1982；程遐年等，2003）。菲律宾稻区，裸双距螯蜂为优势种（Chandra，1980）。此外，螯蜂优势种类还因寄主害虫、季节等不同而异。江苏田间白背飞虱大量发生时，稻虱红单节螯蜂和两色食虱螯蜂为优势种，而黄腿双距螯蜂和两色食虱螯蜂则在褐飞虱发生严重时占优（林冠伦等，1986）。

（二）生活习性

　　卵、幼虫和蛹　卵一般为单产，但在室内会因相对较小的空间、较长的实验时间、寄主数量不足等条件而发生过寄生现象（Chua et al.，1984；Kitamura，1986）。据观察，稻虱红单节螯蜂在1头寄主上可产6粒蜂卵，其中能够发育到"囊状物"阶段的最多只有3头，而能够继续正常发育至结茧羽化的一般只有1头（少数也有2头），其余皆中途夭亡（张纯胄和金莉芬，1992）。不同种类稻田螯蜂的产卵部位有所不同。马来西亚常足螯蜂把卵产于寄主体内血淋巴中安松单爪螯蜂产卵于寄主头与前胸之间的两侧；叶蝉黄足黑螯蜂则产在寄主中、后胸节间膜；两色食虱螯蜂在寄主翅芽下产卵；其他稻田螯蜂大多将卵产于寄主腹部节间膜（Xu et al.，2013；何俊华和许再福，2002；杨绍龙等，1982）；上述螯蜂种类除马来西亚常足螯蜂外，它们的卵大部分埋入寄主体内，仅末端一小部分露出寄主外，镜检可见暗白色产卵痕（Guglielmino and Virla，1998；张纯胄和金莉芬，1992）。

　　幼虫一般蜕皮3或4次，分为4或5个龄期，最后一个龄期称为"成熟幼虫"或"老龄幼虫"之前几个龄期称为"未成熟幼虫"（Guglielmino and Virla，1998；Kitamura，1985；何俊华和许再福，2002）。幼虫孵化后仍附着在产卵点上生活，其头部插入寄主体内吸取体液，腹部随幼虫增龄而膨大呈囊状物裸露寄主体外，称为"幼虫囊"（Carcupino et al.，1998；Kitamura，1985；陈毓祥和杨坤胜，1987；何俊华和许再福，2002）。幼虫囊的着生位置和颜色花纹有一定的属间或种间差异，可作为幼虫的初步分类依据（表3-17），但被白僵菌寄生的螯蜂幼虫囊皮干瘪或失去原有花纹特征，无法依此分类（陈毓祥，1988）。老龄幼虫大多在上午离囊而出，爬至水稻叶片或茎秆上，甚至在稻纵卷叶螟虫苞内结茧化蛹，此时寄主死亡（何俊华和许再福，2002）。螯蜂茧一般为椭圆形，分内外2层，而安松单爪螯蜂的老龄幼虫只在晚上结茧，茧为圆形，且茧壁非常厚（表3-17）。

表3-17　不同种螯蜂幼虫囊的着生位置、花纹颜色和蛹茧结构

螯蜂种名	幼虫囊的着生位置、形状与花纹颜色	蛹茧结构	参考文献
稻虱红单节螯蜂 Haplogonatopus apicalis	寄主腹部；蚕豆状；幼虫囊锯状纹，囊背两侧从头至尾各有1纵列黑褐色锯状纹，两列锯状纹齿尖相对形成囊背菱状纹1列，黄白色	茧体分两层，外层扁平，丝体较疏薄，白色，可透视内层，内茧丝体较致密	陈毓祥，1985；1988；杨绍龙等，1982
黑腹单节螯蜂 H. oratorius	寄主腹部；蚕豆状；幼虫囊细横纹，囊背从头至尾有淡黑褐色略带紫色横纹12条或仅尾部数条，横纹粗细一致，与横纹相间的横带黄白至灰白色，远大于横纹	同稻虱红单节螯蜂	陈毓祥，1985；1988；杨绍龙等，1982
稻虱小黑螯蜂* H. sp.	寄主腹部；蚕豆状；幼虫囊表有灰白色和淡褐色横带相间	同稻虱红单节螯蜂	杨绍龙等，1982
黄腿双距螯蜂 Gonatopus flavifemur	寄主腹部；蚕豆状，囊体与寄主相连处溢缩不明显；幼虫囊粗横纹，囊背从头至尾有黑褐色横纹12条，中间粗两端细，与横纹相间横带黄白色至黄褐色，粗细一致	茧体分两层，外层扁平较厚，灰黄色，从上表不能透视内层，从底面观则可明显的分辨内外两层，内层椭圆形	陈毓祥，1985；1988；杨绍龙等，1982
黑双距螯蜂 G. nigricans	寄主腹部；蚕豆状，囊体与寄主相连处溢缩不明显；幼虫囊十字纹，囊背从头至尾有横纹12条与囊背正中一条纵纹相交成十字形，横纹中间粗两端尖细，纵纹粗细一致，黑褐色，十字纹外黄白色，花纹边缘清楚	同黄腿双距螯蜂	陈毓祥，1985；1988；杨绍龙等，1982
裸双距螯蜂 G. nudus	寄主腹部；蚕豆状，囊体与寄主相连处溢缩不明显；幼虫囊黑背无纹	同黄腿双距螯蜂	陈毓祥，1985；1988；杨绍龙等，1982
黑尾叶蝉双距螯蜂* G. lucens	寄主腹背侧；蚕豆状；幼虫囊黑褐色	同稻虱红单节螯蜂	杨绍龙等，1982
申氏双距螯蜂* G. schenklingi	寄主腹面；蚕豆状，囊表有灰白色和淡褐色横带相间	同黄腿双距螯蜂	杨绍龙等，1982
两色食虱螯蜂 Echthrodelphax fairchildii	寄主翅芽；逗点状，囊体与寄主体表相连处明显收缩；幼虫囊黑褐色无纹	同稻虱红单节螯蜂	杨绍龙等，1982

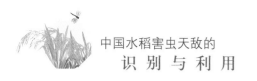

中国水稻害虫天敌的
识别与利用

续表

螯蜂种名	幼虫囊的着生位置、形状与花纹颜色	蛹茧结构	参考文献
安松单爪螯蜂 *Anteon yasumatsui*	寄主头与前胸之间的两侧	茧为圆形，且茧壁非常厚	Omar et al., 1996
叶蝉黄足黑螯蜂* *Chelogynus* sp.	寄主中后胸节间膜处；逗点状；幼虫囊黑褐色	茧体分层不明显，丝质较厚而致密，隆起似长馒头状，灰白色	杨绍龙等，1982

注：*示未采集到标本、未录入第二编的种类。

　　螯蜂各虫态的发育历期因环境温度变化而有较大差异。30～32℃时，黑腹单节螯蜂、稻虱红单节螯蜂、黑双距螯蜂、两色食虱螯蜂和黄腿双距螯蜂的发育历期均最短，见表3-18、表3-19、表3-20。此外，雌虫的发育历期还稍长于雄虫，安松单爪螯蜂老龄幼虫结茧至成虫羽化，雌虫大概需要17～19d，雄虫只需14～15d（Xu et al., 2013）。

表3-18　不同温度下黑腹单节螯蜂各虫态的发育历期

温度/℃	卵至幼虫前期/d	幼虫后期/d	老龄幼虫期/d	蛹期/d	卵至蛹期/d
15	36.3±3.68	25.7±7.56	8.4±1.15	46.7±4.74	117.1
20	15.4±3.4	8.2±1.98	3.6±0.66	16.1±1.48	43.7
25	8.1±1.66	4.5±1.32	2.1±0.31	9.1±0.53	23.8
30	7.8±2.77	3.9±1.00	2.2±0.63	6.3±0.84	20.2

数据来源：Kitamura K，1983. Comparativestudies on the biology of dryinid wasps in Japan 2：Relationship between temperature and the developmental velocity of *Haplogonatopus atratus* Esaki *et* Hashimoto（Hymenoptera：Drynidae）[J]. Bulletin of the Faculty of Agriculture，Shimane University，17：147-171.

注：表中数据为平均值±标准误。

表3-19　不同温度下稻虱红单节螯蜂和黑双距螯蜂各虫态的发育历期

种类	温度/℃	卵至老龄幼虫离囊期/d	老龄幼虫期/d	蛹期/d	卵至蛹期/d
稻虱红单节螯蜂 *Haplogonatopus apicalis*	20	L：21.2±2.8 A：24.9±1.1	L：4.8±0.4 A：4.8±0.3	L：15.4±0.7 A：15.0±0.5	L：41.9±3.6 A：44.6±1.4
	24	L：16.5±6.4 A：19.4±1.1	L：3.0±0.0 A：3.2±0.3	L：10.0±0.0 A：10.0±0.3	L：29.5±6.4 A：32.5±1.0
	28	L：8.4±0.5 A：13.3±0.9	L：2.1±0.2 A：2.1±0.1	L：6.8±0.2 A：7.1±0.3	L：17.2±0.5 A：22.5±0.8
	32	L：9.0±2.3 A：14.3±4.0	L：2.0±0.0 A：2.0±0.0	L：6.0±1.3 A：7.3±1.4	L：16.3±2.7 A：22.7±6.3

776

种类	温度/℃	卵至老龄幼虫离囊期/d	老龄幼虫期/d	蛹期/d	卵至蛹期/d
黑双距螯蜂 *Gonatopus nigricans*	20	L：14.1±0.8	L：7.0±0.0	L：21.5±1.6	L：42.5±2.1
	24	L：8.0±0.0	L：5.4±0.3	L：12.5±0.3	L：25.8±0.5
	28	L：6.1±0.3 A：6.0	L：3.0±0.0 A：3.0	L：9.3±0.5 A：10.0	L：18.5±0.6 A：19.0
	32	L：5.4±0.3 A：5.0	L：3.0±0.0 A：3.0	L：7.6±0.3 A：8.0	L：16.1±0.4 A：16.0

数据来源：Kitamura K，1989. Comparative studies on the biology of dryinid wasps in Japan 9：Development of *Haplogonatopus apicalis*（Hymenoptera，Dryinidae）[J]. Bulletin of the Faculty of Agriculture，Shimane University，23：55-59.

Kitamura K，1989. Comparative studies on the biology of dryinid wasps in Japan 10：Development of *Pseudogonatopus fulgori*（Hymenoptera，Dryinidae）[J]. Bulletin of the Faculty of Agriculture，Shimane University，23：60-63.

注：平均值±95%置信区间。L：老龄幼虫离囊时寄主为5龄若虫；A：老龄幼虫离囊时寄主为成虫。

表3-20 不同温度下两色食虱螯蜂和黄腿双距螯蜂各虫态的发育历期（杭州，2019）

种类	温度/℃	卵至老龄幼虫离囊期/d	老龄幼虫+蛹期/d	卵至蛹期/d
两色食虱螯蜂 *Echthrodelphax fairchildii*	19	16.9±0.1	31.3±0.5	48.3±0.5
	23	8.7±0.1	17.6±0.2	26.4±0.2
	27	7.8±0.1	13.5±0.1	21.3±0.1
	31	5.9±0.0	10.7±0.1	16.6±0.1
黄腿双距螯蜂 *Gonatopus flavifemur*	19	27.6±0.4	40.5±0.6	68.0±0.8
	23	11.1±0.1	15.1±0.2	26.2±0.2
	27	9.9±0.1	12.6±0.1	22.6±0.1
	31	7.2±0.1	8.9±0.2	16.2±0.1

注：表中数据为平均值±标准误。

成虫 螯蜂雌雄成虫羽化时间略有不同。据观察，两色食虱螯蜂、黄腿双距螯蜂和稻虱红单节螯蜂于室内同一条件下的羽化高峰时间相近，但雄虫羽化时间一般早于雌虫，其中80%以上的雄虫在0：01—12：00羽化，80%以上的雌虫则在5：01—14：00羽化（何雨婷，2020）。雌雄成虫均有趋光性，雄虫在诱虫灯下常见；雌虫受惊后，有短暂的假死现象（杨绍龙等，1982；张纯胄和金莉芬，1992）。

成虫羽化当天即可进行交配，但室内饲养种群常因长期近亲繁育使部分雄虫丧失交配能力

（林冠伦等，1986；张纯胄和金莉芬，1992）。生殖方式兼有两性生殖和孤雌生殖，通常以两性生殖为主，其子代有雌有雄，孤雌生殖多为产雄孤雌生殖，仅叶蝉黄足黑螯蜂为产雌孤雌生殖（杨绍龙等，1982；张纯胄和金莉芬，1992）。研究表明，寄主的种类、龄期大小和性别，母蜂的日龄和交配状态以及外界环境等都对螯蜂子代的性别比有直接或间接的影响（Chua et al.，1984；Kitamura and Iwami，1998；Yamada and Kawamura，1999；李帅等，2015）。黄腿双距螯蜂1年各代中以雄性居多，雌雄虫性别比为1∶（2.5～4.7）（黄信飞，1982）。稻虱红单节螯蜂在田间的雌雄虫性别比相差不大，为1∶（1.02～1.3）；在室内以3龄白背飞虱饲养时其后代雌性别比例最高，雌雄虫性别比为1∶2，与田间螯蜂性别比有一定差异（Kitamura and Iwami，1998；李帅等，2015；温州农科所生物防治课题组，1986；张纯胄和金莉芬，1992）。螯蜂在寄主不足或寄主质量不佳的情况下，雄虫比例会显著增加，雌雄虫性别比可高达1∶3.6（张纯胄和金莉芬，1992）。还有研究发现黑腹单节螯蜂越冬代成虫雌虫占比高于雄虫（Kitamura，1989a）。

　　螯蜂成虫的寿命因性别、营养和温度等条件而异。通常雄虫寿命短于雌虫，营养或温度条件对雌虫寿命的影响显著，对雄虫寿命无明显影响（王佩娟，1982）。稻虱红单节螯蜂的雌雄成虫在饥饿或供给清水条件下的平均寿命为2 d左右；补充4%的蜂蜜水，雄虫寿命可延长到4 d；补充寄主若虫，雌虫寿命最长可达38 d（张纯胄和金莉芬，1992）。两色食虱螯蜂、黄腿双距螯蜂和稻虱红单节螯蜂雌虫取食飞虱寄主后的平均寿命是未取食个体的5～11倍（表3-21）。黑腹单节螯蜂雌虫在饲喂蜂蜜水条件下的寿命为11.8 d，而每日供食20头3龄灰飞虱时的寿命可达31.9 d（Kitamura，1986）。另外，螯蜂的寿命还受种类、个体和代次的影响（杨绍龙等，1982）。

表3-21　两色食虱螯蜂、黄腿双距螯蜂和稻虱红单节螯蜂的寿命

单位：d

饲喂食物	性别	两色食虱螯蜂 E. fairchildii			黄腿双距螯蜂 G. flavifemar			稻虱红单节螯蜂 G. apicalis		
		最长	最短	平均	最长	最短	平均	最长	最短	平均
清水	♂	9	1	3.3±0.2	6	1	2.6±0.2	4	1	2.4±0.2
	♀	7	1	2.0±0.2	6	1	1.9±0.2	5	1	2.0±0.1
飞虱若虫	♂	5	1	3.5±0.2	5	1	2.7±0.2	3	1	2.4±0.1
	♀	20	3	10.1±1.2	25	5	14.3±1.8	34	1	21.6±3.5

数据来源：何雨婷，何佳春，魏琪，等，2020.三种稻田常见螯蜂对半翅目害虫的寄主偏好性及控害作用［J］.昆虫学报，63（8）：999-1009.

注：雄虫不取食飞虱，饲喂飞虱若虫无明显影响。

　　螯蜂雌虫具有寄生和取食寄主的双重习性，雄虫一般不取食或只取食寄主飞虱排出的蜜

露，不寄生，仅参与交配（Guglielmino，2002）。雌虫一般6:00—9:00和12:00—15:00发生寄生和取食行为，且取食行为的发生早于寄生行为（Kitamura，1989b）。螯蜂取食时用螯肢钳住寄主，上颚咬破寄主体壁，吮吸寄主体液或组织（Sahragard et al.，1991；胡淑恒等，1987）。寄主被取食后，寄主体表可见被咬破的伤口（Chua et al.，1984）。寄主的伤口症状根据取食程度可分为撕裂型和点状型，而寄主出现撕裂型和点状型伤口的死亡率分别为100%和86.8%，且被取食过的寄主再被寄生的概率极低（仅占0.9%）（Kitamura，1982）。螯蜂寄生时亦用螯肢钳住寄主，并辅以口器固定，腹部弯曲，用产卵器在寄主体上来回刺探并产卵（Yamada and Ikawa，2003）。寄主被寄生后，仍能正常取食、蜕皮，甚至可以迁飞，但其发育历期会明显的延长且通常不能繁殖（Ito and Yamada，2014；Kitamura，1988；何俊华和许再福，2002；李帅等，2015；王佩娟，1982）。

　　螯蜂有明显的取食和寄生偏好性。对不同寄主种类的偏好性明显。两色食虱螯蜂在非选择条件下可取食和寄生褐飞虱、白背飞虱、灰飞虱和伪褐飞虱，但不取食和寄生黑尾叶蝉，其中，寄生褐飞虱、白背飞虱或灰飞虱时产生子代雌虫数较多，是适宜寄主。在选择条件下，除褐飞虱与灰飞虱共存时寄生偏好灰飞虱之外，该蜂对褐飞虱与白背飞虱，白背飞虱与灰飞虱的取食和寄生均无明显偏好性（何雨婷等，2020）。黄腿双距螯蜂在非选择条件下可取食褐飞虱、白背飞虱、灰飞虱、伪褐飞虱和黑尾叶蝉等寄主，但对黑尾叶蝉的取食率显著低于对其余4种飞虱的取食率，而对这4种飞虱的取食率无著差异；该蜂不能寄生黑尾叶蝉，可寄生4种飞虱，其中褐飞虱、灰飞虱的适合性较高，白背飞虱次之，伪褐飞虱最差。可选择条件下，该蜂对褐飞虱和灰飞虱无明显取食、寄生偏好性，但褐飞虱或灰飞虱与白背飞虱共存时，寄生偏好褐飞虱或灰飞虱，而取食则偏好白背飞虱（何雨婷等，2020）。类似的结果见于黄信飞（1982）、Chua和Dyck（1982）等的报道。黄信飞（1982）认为黄腿双距螯蜂可寄生褐飞虱、白背飞虱和灰飞虱，并能育出成虫，且该蜂偏好褐飞虱产卵；Chua和Dyck（1982）发现该蜂偏好褐飞虱而非白背飞虱和黑尾叶蝉。稻虱红单节螯蜂可取食褐飞虱、白背飞虱、灰飞虱、伪褐飞虱和黑尾叶蝉等寄主，对白背飞虱的取食率最高，显著高于对伪褐飞虱和黑尾叶蝉的取食率，与对灰飞虱和褐飞虱的取食率无显著差异。该蜂仅能寄生白背飞虱和灰飞虱，白背飞虱最适；在褐飞虱、伪褐飞虱上可以产卵，但卵不能正常发育至囊状物阶段，对黑尾叶蝉则未观察到产卵行为（何雨婷等，2020）。类似的结果亦见于：稻虱红单节螯蜂可取食白背飞虱、褐飞虱（胡淑恒等，1987），对白背飞虱的取食量大于褐飞虱（王惠长等，1995）；可产卵于白背飞虱和灰飞虱，并能正常发育至成虫，且两种寄主上的发育历期无明显差异（Kitamura，1989c）；喜寄生白背飞虱（杨绍龙等，1982；张纯胄和金莉芬，1992），产卵于褐飞虱时不能正常发育（Kitamura，1989c；张纯胄和金莉芬，1992）。黑腹单节螯蜂对寄主种类有明显偏好性，相比于褐飞虱和白背飞虱，该蜂更喜取食和寄生灰飞虱（Abe and Koyama，1988；Koyama，1991）。

　　螯蜂对寄主龄期亦有明显的偏好性。稻虱红单节螯蜂的产卵受寄主龄期的显著影响，其

适宜寄主龄期是2龄和3龄白背飞虱若虫（李帅等，2015），对白背飞虱2龄若虫的寄生率高达43.0%，之后依次为3龄（39.3%）、1龄（26.7%）、4龄（17.5%）和5龄（5.7%）（胡淑恒等，1987）。黄腿双距螯蜂对褐飞虱4龄若虫的寄生率最高（58.5%），之后依次为3龄（52.3%）、2龄（41.5%）、5龄（38.3%）、雌成虫（36.7%）、雄成虫（20.3%）和1龄（17.4%）；而两色食虱螯蜂对褐飞虱3龄若虫的寄生率最高（46.3%），之后依次为2龄（39.3%）、4龄（23.7%）、5龄（21.7%）和1龄（15.2），雌、雄成虫未观察到被寄生（何雨婷，2020）。对不同龄期的灰飞虱若虫，78.2%的黑腹单节螯蜂雌虫偏好寄生3龄若虫，其次是2龄（17.5%）、4龄（4.2%），1龄、5龄若虫和成虫未发现被寄生（Kim et al.，1984）。裸双距螯蜂偏好于3龄白背飞虱产卵，而1龄若虫和成虫未观察到被寄生（Kim，1990）。*Gonatopus bonaerensis* 取食和寄生均偏好于1～3龄若虫（Espinosa et al.，2019）。

螯蜂取食或寄生均表现为特定的功能反应特征。稻虱红单节螯蜂对不同密度褐飞虱和白背飞虱的取食功能反应属 Holling Ⅱ 型（王惠长等，1995）。黄腿双距螯蜂对不同密度3龄褐飞虱的寄生功能反应属 Holling Ⅲ 型（Chua and dyck，1982；Chua et al.，1984）。

螯蜂对寄主有较强的控害能力。室内观察，黄腿双距螯蜂雌虫一生可寄生400余个寄主（Chua and Dyck，1982）；其田间寄生率可高达30%～40%（黄信飞，1982）。稻虱红单节螯蜂对白背飞虱的田间寄生率为18.9%，室内每天可产卵42～60粒，平均50粒（陈毓祥和杨坤胜，1987；王惠长等，1995）。裸双距螯蜂平均每天可产卵25.3粒（Kim，1990）。黑腹单节螯蜂在室内条件下平均一生可产卵1152.8粒，在日本稻区对越冬代灰飞虱的寄生率为9.3%～34.4%；在韩国稻区对越冬代灰飞虱的寄生率为19.2%，对大麦田中第1代灰飞虱若虫的寄生率为10.8%，对稻田中第2代灰飞虱若虫的寄生率为21.5%（Kim et al.，1984；Kitamura，1986；1989c）。

不同种类螯蜂的控害能力差异显著。何雨婷等（2020）以适宜飞虱寄主3龄若虫为猎物，系统研究了两色食虱螯蜂、黄腿双距螯蜂、稻虱红单节螯蜂的控害能力，发现：雌虫一生致死飞虱数以两色食虱螯蜂最少，黄腿双距螯蜂居中，稻虱红单节螯蜂最多，两色食虱螯蜂与稻虱红单节螯蜂间差异显著；而雌虫单日致死飞虱数则以黄腿双距螯蜂最高，且显著高于另两种螯蜂（表3-22）。

表3-22　3种稻田常见螯蜂对稻飞虱的取食和寄生量

考察指标		两色食虱螯蜂 *E. fairchildii*	黄腿双距螯蜂 *G. flavifemur*	稻虱红单节螯蜂 *G. apicalis*
每头雌成虫一生致死 飞虱数（头）	取食	43.2±6.6b	70.3±9.5b	126.6±20.6a
	寄生	111.5±15.2b	177.0±20.8ab	195.2±33.2a
	合计	154.7±21.6b	247.3±29.8ab	321.8±52.7a

考察指标		两色食虱螯蜂 E. fairchildii	黄腿双距螯蜂 G. flavifemur	稻虱红单节螯蜂 G. apicalis
每头雌成虫单日致死飞虱数（头）	取食	4.1±0.2b	4.9±0.2ab	5.5±0.5a
	寄生	10.8±0.4b	12.6±0.3a	9.1±0.3c
	合计	14.9±0.5b	17.4±0.2a	14.6±0.3b

数据来源：何雨婷，何佳春，魏琪，等，2020. 三种稻田常见螯蜂对半翅目害虫的寄生偏好性及控害作用［J］. 昆虫学报，63（8）：999—1009.

注：表中数据为平均值±标准误；均以适宜寄主的3龄若虫为猎物进行观察，其中前两种螯蜂的猎物为褐飞虱，稻虱红单节螯蜂的猎物为白背飞虱。同一行数据后具相同字母者表示经Tukey氏检验无显著差异（P＞0.05）。

螯蜂的控害作用应包括取食和寄生两个方面，尽管寄生致死相对较多，但取食致死作用不容忽视。据何雨婷等（2020）的观察，两色食虱螯蜂、黄腿双距螯蜂、稻虱红单节螯蜂雌虫一生寄生致死占总致死飞虱数的比例分别为72.1%、71.6%和60.7%，而取食致死的比例则分别为27.9%、28.4%和39.3%；单日致死的情况相似，寄生致死分别占72.5%、71.8%和62.3%，取食致死分别为27.5%、28.2%和37.3%。取食致死大致相当于寄生致死的1/3～2/3。螯蜂取食致死的研究还见于其他报道。如单头初羽化的黑尾叶蝉双距螯蜂1d内可取食12头1龄叶蝉若虫（杨绍龙等，1982）；稻虱红单节螯蜂最多可食18头3龄以上的飞虱（陈毓祥和杨坤胜，1987）；黄腿双距螯蜂可取食20余头低龄飞虱（黄信飞，1982）；黑双距螯蜂12d内可取食飞虱74头（陈毓祥，1989）；黑腹单节螯蜂一生可取食194.4头（Kitamura，1986）。

（三）发生规律及其影响因子

发生规律 稻田螯蜂的世代数和越冬情况依种类而异（表3-23），稻虱红单节螯蜂在浙江、湖南等地年发生7～8代，黄腿双距螯蜂在浙江年发生8～9代。

表 3-23　稻田常见螯蜂的年生活史与越冬情况

螯蜂种类	地点	年生活史	越冬情况	参考文献
稻虱红单节螯蜂 *Haplogonatopus apicalis*	湖南长沙	室内 1 年发生 7~8 代；田间 1 年可发生 7 代，世代重叠。田间各代成虫发生期如下：越冬代 5 月下旬，第 1 代 7 月中、下旬，第 2 代 7 月下旬至 8 月中旬，第 3 代 8 月中旬至 9 月上旬，第 4 代 9 月中、下旬至 10 月上旬，第 5 代 10 月中、下旬，第 6 代 10 月下旬至 11 月上旬，第 7 代 10 月中旬至 11 月下旬	以少量蛹越冬，主要虫源有可能随寄主迁飞而来	胡淑恒等，1987
	浙江温州	1 年可发生 7~8 代，每年 12 月上旬至翌年 4—5 月越冬，8 月中下旬至 9 月中下旬达到发生高峰期	以蛹茧在晚稻叶、田边杂草和再生稻上越冬	张纯青和金莉芬，1992
黄腿双距螯蜂 *Gonatopus flavifemur*	浙江温州	室内饲养，每年 4—12 月可繁殖 8~9 代，越冬时间自 12 月上旬始，翌年 3 月中旬有少数开始羽化，多数在 4 月中下旬、5 月上旬羽化，5 月中旬羽化结束。第 1~4 代成虫分别在 6 月上中旬、6 月下旬至 7 月上旬、7 月中下旬、7 月下旬至 8 月下旬羽化产卵，第 5 代至第 8 代成虫分别发生于 8 月中旬至 9 月上旬、9 月上旬至 10 月中旬、9 月底至 11 月下旬、10 月下旬至 12 月上旬，第 9 代卵、幼虫期发生于 11 月中下旬以后，12 月上旬始老熟幼虫结茧化蛹越冬	以成熟幼虫在迟熟晚稻的叶鞘、叶片、田间稻桩以及杂草叶片上结茧化蛹越冬	黄信飞，1982
黑腹单节螯蜂 *H. oratorius*	日本	1 年发生 4~5 代，越冬第 1 代成虫在 5 月中旬羽化，第 2 代成虫在 6 月末至 7 月初羽化，第 3 代至第 5 代在 7 月初至 10 月羽化	以幼虫在寄主体内越冬	Kitamura，1983
稻虱小黑螯蜂 *H. sp.*	广西南宁	据室内饲养，在广西 1 年可发生 10 代。第 1 代成虫羽化在 5 月上旬，第 1 代在 6 月上旬，第 3 代在 6 月下旬，第 4 代在 7 月中旬，第 5 代在 8 月上旬，第 6 代在 8 月下旬，第 7 代在 9 月中旬，第 8 代在 10 月上旬，第 9 代在 11 月上旬，第 10 代在翌年 2 月中旬	以各虫态在有飞虱和叶蝉的场所越冬，但以成熟幼虫结茧越冬为主	杨绍龙等，1982

影响因子　影响稻田螯蜂发生的因子主要包括寄主害虫、重寄生蜂、水稻等生物因子和温度等非生物因子。

寄主害虫：螯蜂在田间的发生消长情况与其寄主害虫的发生期和发生量有明显的跟随关系，通常在寄主害虫发生高峰后，螯蜂种类数量也随之增多（林冠伦等，1986；杨绍龙等，1982）。据温州田间的调查，黄腿双距螯蜂在早稻田初见于 7 月 5 日，之后随着其主要寄主褐飞虱虫口密度的上升，黄腿双距螯蜂的蜂量亦剧增，7 月 10 日每亩蜂量达 5500 只，7 月下旬至 8 月初，随早稻收割、翻耕，黄腿双距螯蜂量骤减；晚稻栽插后，蜂量又随褐飞虱虫口密度的上升逐渐增多，8 月 10 日每亩蜂量为 400~600 只，8 月 15 日为 800~1600 只，8 月 20 日为 400~1200 只，9 月 5 日为 4000~8000 只，9 月 20 日达全年最高蜂量，每亩蜂量达 8400~10800 只，表现出了明显的寄生蜂跟随寄主发生的现象（温州市农科所植保室褐稻虱课题组，1982）。

重寄生蜂：稻田螯蜂的重寄生现象普遍，常见重寄生蜂有隐尾毁螯跳小蜂 *Cheiloneurus exitiosus*、绒茧克氏金小蜂 *Trichomalopsis apanteloctena*、黏虫广肩小蜂 *Eurytoma verticillata*、异分盾细蜂 *Ceraphron abnormis* 和菲岛分盾细蜂 *C. manilae* 等（Guerrieri and Viggiani，2005；Manickavasagam et al.，2006；Olmi and Xu，2015；Xu et al.，2013；何俊华和庞雄飞，1986；何俊华和许再福，2002；胡淑恒等，1987；王佩娟，1982；温州农科所生物防治课题组，1986；张纯胄和金莉芬，1992）。重寄生是限制田间螯蜂种群数量增长的关键因素，常能极大地削弱螯蜂对害虫的控制作用。在贵州，7月下旬螯蜂对白背飞虱和褐飞虱的寄生率分别为18.6%和6.3%，由于重寄生现象严重（高时可达50%），8月中旬，螯蜂对白背飞虱、褐飞虱的寄生率分别下降为3.1%、1.2%（陈毓祥，1985；1989）。据1983—1985年调查结果显示，湖南长沙田间稻虱红单节螯蜂的重寄生率为3.95%～46.13%，其中以绒茧灿金小蜂为主，占47.3%，毁螯金小蜂占35.3%，毁螯跳小蜂占10.5%，分盾细蜂占6.5%（胡淑恒等，1987）。1988年8—9月，温州田间稻虱红单节螯蜂的重寄生率达48.1%，主要以毁螯跳小蜂居多，占77.8%，其次为绒茧灿金小蜂，占21.3%，分盾细蜂仅占0.88%（张纯胄和金莉芬，1992）。在美国，跳小蜂对黑双距螯蜂和单节螯蜂 *Haplogonatopus vitiensis* 的重寄生率达90%，使这两种螯蜂对防治蔗扁角飞虱作用失效（何俊华和许再福，2002）。目前大多关于稻田螯蜂的重寄生蜂研究只限于田间调查，罕有对重寄生蜂的生物学的研究，仅Manickavasagam等（2006）对裸双距螯蜂的重寄生蜂——隐尾毁螯跳小蜂的产卵行为和寄主偏好等进行了研究，发现交配后的隐尾毁螯跳小蜂偏好寄生裸双距螯蜂的老龄幼虫。

水稻：不同水稻品种田间螯蜂的寄生率有较大差异。据调查，江苏省7—8月香雪糯田块中螯蜂的寄生率高于汕优杂交稻，其中香雪糯田块中螯蜂的寄生率最高时为25%，汕优杂交稻田为7.0%（林冠伦等，1986）。此外，虫害可诱导稻株释放挥发物，进而引诱稻虱红单节螯蜂（李帅等，2014）。

温度：温度是影响螯蜂发生的关键因素。在一定温度范围内，稻虱红单节螯蜂、黑腹单节螯蜂、黑双距螯蜂的世代发育历期与温度呈正相关，世代发育起点温度为11.5～15.0℃，有效积温为264.6～357.2 d·℃，不同种类之间有一定差异（表3-24）。螯蜂不耐低温。稻虱红单节螯蜂茧（绝大多数为蛹发育后期）在7～8℃下冷藏10 d后，仅46.9%的茧可以羽化，而在2～4℃下冷藏10 d后的羽化率几乎为0%（张纯胄和金莉芬，1992）。

表3-24 三种常见螯蜂的世代发育速度、发育起点和有效积温

种类	发育速率（Y）与温度（X）的关系	发育起点 /℃	有效积温 /d·℃	参考文献
稻虱红单节螯蜂 *H. apicalis*	$Y=0.0034X-0.0462$	13.7	296.0	Kitamura，1989c
	$Y=0.0033X-0.0491$	15.0	305.7	张纯胄和金莉芬，1992

种类	发育速率(Y)与温度(X)的关系	发育起点/℃	有效积温/d·℃	参考文献
黑腹单节螯蜂 H. oratorius	$Y=0.0028X-0.0322$	11.5	357.2	Kitamura, 1983
黑双距螯蜂 G. nigricans	$Y=0.0038X-0.0520$	13.8	264.6	Kitamura, 1989d

温度还影响螯蜂的取食和寄生行为。在19～31℃范围内，温度越高，螯蜂雌蜂越活跃，可更多地取食和寄生寄主（表3-25）。温度还显著影响螯蜂茧的羽化，在气温较低的4—5月的羽化率为69.4%，在气温较高的6—7月的羽化率仅有15.2%～26.4%（杨绍龙等，1982）。

表3-25 不同温度下两色食虱螯蜂和黄腿双距螯蜂对飞虱取食、寄生情况

螯蜂种类	温度/℃	取食率/%	寄生率/%	控害率/%
两色食虱螯蜂 E. fairchildii	19	7.7±1.4	8.7±2.1	16.3±2.2
	23	14.8±1.5	22.6±5.5	37.4±4.8
	27	16.7±1.3	46.3±4.3	63.0±5.1
	31	18.2±1.8	47.3±3.2	65.5±3.5
黄腿双距螯蜂 G. flavifemur	19	10.7±1.7	18.1±5.1	28.9±5.9
	23	17.0±1.8	36.3±4.5	53.3±4.2
	27	19.7±1.4	52.3±3.9	72.0±4.2
	31	20.3±1.6	68.0±6.5	88.3±5.7

数据来源：何雨婷，2020.稻田三种常见螯蜂的基本生物学特性及控害作用研究［D］.长沙：湖南农业大学.

注：表中数据为平均值±标准误；控害率指取食率与寄生率之和。

化学农药：螯蜂幼虫和成虫对化学杀虫剂均极为敏感。田间喷施久效磷、甲胺磷、乐胺磷等有机磷农药的2000倍液，对螯蜂的杀伤率为78%～100%（林冠伦等，1986）。Janaka等（2000）报道了9种杀虫剂对稻虱红单节螯蜂雌成虫的独性，吡虫啉、稻丰散、二嗪农的LC_{50}最低（0.12～0.28mg/L），恶唑磷、溴氰菊酯次之（LC_{50}为0.85～1.90mg/L），仲丁威再次之（LC_{50}为4.7mg/L），西维因、醚菊酯、杀螟丹LC_{50}最高（10.0～19.4mg/L）。对比了喷施甲六粉、敌敌畏和乐果等农药的田块中，螯蜂数量较不施农药田块减少97%；农药不仅可以直接杀死螯蜂幼虫及成虫，还影响螯蜂茧的羽化，喷撒杀虫脒，螯蜂的羽化率下降32.6%（杨绍龙等，1982）。稻虱红单节螯蜂茧在室内经苦楝油（$1.5×10^{-4}$g/mL）处理后的羽化率仅为23.33%（钟平生等，2012）。螯蜂茧对杀虫剂的耐受力大于螯蜂幼虫，却远不及重寄生蜂。张纯胃和金莉芬

（1992）采用浸渍法测定了常用杀虫剂对稻虱红单节螯蜂茧的毒性，发现50%甲胺磷1000倍液对稻虱红单节螯蜂茧毒性最小（致死率仅5.7%），50%杀虫脒1000倍液和40%乐果500倍液次之（致死率＜43.1%），而50%马拉松500倍液、90%晶体敌百虫330倍液和12.5%速灭威220倍液的致死率为84.9%～94.0%；但所有供试杀虫剂对重寄生蜂的毒性较低，其羽化率高达73.5%～100%，甲胺磷、杀虫脒等农药几乎无影响，这种差异可能进一步抑制田间螯蜂对飞虱的控害作用。

七、姬小蜂

姬小蜂隶属膜翅目Hymenoptera小蜂总科Chalcidoidea姬小蜂科Eulophidae。姬小蜂科（又称寡节小蜂科）是小蜂总科中最大、种类最多的一科，其寄主种类多样，包括鳞翅目、双翅目、鞘翅目、膜翅目昆虫以及蜘蛛等，而且昆虫的卵、幼虫和蛹都能被寄生，蜘蛛只见卵被寄生；寄生形式有内寄生和外寄生，寄生类型有单寄生和多寄生，寄生关系有初寄生和重寄生，甚至三重寄生（何俊华和庞雄飞，1986）。稻田中，姬小蜂是十分重要的一类天敌，既有初寄生稻纵卷叶螟、稻螟虫、稻螟蛉、稻苞虫等鳞翅目害虫的种类，对害虫的发生有重要控制作用，又有重寄生绒茧蜂、茧蜂和寄蝇等重要寄生性天敌的种类，对相关害虫天敌的控害能力有抑制作用。

（一）种类构成及优势种

我国稻田中常见的姬小蜂科天敌约有20种（表3-26），其中纵卷叶螟狭面姬小蜂Stenomesius maculatus、螟蛉狭面姬小蜂S. tabashii、螟蛉裹尸姬小蜂Euplectrus noctuidiphagus、稻苞虫裹尸姬小蜂E. kuwanae、螟卵啮小蜂Tetrastichus schoenobii、稻纵卷叶螟啮小蜂T. shaxianensis等13种初寄生于稻纵卷叶螟、稻螟虫、稻苞虫、稻螟蛉、稻眼蝶、黏虫、潜蝇等害虫；稻苞虫兔唇姬小蜂Dimmockia secunda、柠黄瑟姬小蜂Cirrospilus pictus、梨潜皮蛾柄腹姬小蜂Pediobius pyrgo、稻苞虫柄腹姬小蜂Pediobius mitsukurii、霍氏啮小蜂Tetrastichus howardi等则既初寄生于稻苞虫等水稻害虫，又重寄生于姬蜂、茧蜂或寄蝇等寄生性天敌；皱背柄腹姬小蜂Pediobius ataminensis仅重寄生于螟蛉裹尸姬小蜂等寄生蜂；瓢虫柄腹姬小蜂Pediobius foveolatus则初寄生瓢虫类昆虫的幼虫。

表 3-26　稻田常见的姬小蜂种类及其寄生类型与主要寄主

序号	姬小蜂种类	寄生类型及主要寄主
1	纵卷叶螟狭面姬小蜂 Stenomesius maculatus	初寄生稻纵卷叶螟幼虫
2	螟蛉狭面姬小蜂 S. tabashii	初寄生稻螟蛉幼虫
3	螟蛉裹尸姬小蜂 Euplectrus noctuidiphagus	初寄生稻纵卷叶螟、稻螟蛉、稻苞虫、黏虫、条纹螟蛉等的幼虫
4	稻苞虫裹尸姬小蜂*E. kuwanae	初寄生稻苞虫幼虫
5	夜蛾距姬小蜂 E. laphygma	初寄生黏虫等的幼虫
6	螟卵啮小蜂 Tetrastichus schoenobii	初寄生三化螟等的卵
7	稻纵卷叶螟啮小蜂 T. shaxianensis	初寄生稻纵卷叶螟、二化螟等的蛹
8	黏虫啮小蜂*T. hagenowii	初寄生黏虫蛹
9	霍氏啮小蜂 T. howardi	初寄生二化螟、三化螟、稻纵卷叶螟、稻苞虫、稻眼蝶等的蛹，亦可重寄生寄生蜂。
10	白柄潜蝇姬小蜂 Diglyphus albiscapus	初寄生潜蝇类害虫**
11	异角短胸姬小蜂*Hemiptarsenus varicornis	初寄生潜蝇类害虫**
12	底比斯金色姬小蜂 Chrysocharis pentheus	初寄生潜蝇类害虫**
13	美丽新金姬小蜂 Neochrysocharis formosa	初寄生潜蝇类害虫**
14	黑尾叶蝉大角啮小蜂*Ootetrastichus sp.	初寄生黑尾叶蝉卵
15	柠黄瑟姬小蜂 Cirrospilus pictus	初寄生稻苞虫蛹；重寄生绒茧蜂蛹
16	稻苞虫兔唇姬小蜂 Dimmockia secunda	初寄生稻苞虫、稻纵卷叶螟的幼虫和蛹以及稻眼蝶蛹；重寄生稻田中多种姬蜂、茧蜂及寄蝇
17	稻苞虫柄腹姬小蜂 Pediobius mitsukurii	初寄生稻苞虫、稻眼蝶和稻纵卷叶螟的蛹和老熟幼虫；重寄生绒茧蜂
18	瓢虫柄腹姬小蜂 P. foveolatus	初寄生瓢虫幼虫***
19	梨潜皮蛾柄腹姬小蜂 P. pyrgo	初寄生稻苞虫、稻纵卷叶螟、稻眼蝶的蛹；重寄生蝶蛹金小蜂和多种绒茧蜂
20	皱背柄腹姬小蜂 P. ataminensis	重寄生螟蛉裹尸姬小蜂

注：*示未收集到标本，未列入第二编的种类；**示已知寄主多为蔬菜潜蝇类害虫，是否寄生水稻潜蝇类害虫尚未见报道；***示已知寄生二十八星瓢虫、墨西哥豆瓢虫等植食性瓢虫（盛金坤和王国红，1992），是否寄生稻红瓢虫等捕食性瓢虫有待进一步研究确认。

常见姬小蜂种类构成因不同稻区而有所不同，如江西省（至少14个县/市）发现有螟蛉裹尸姬小蜂、螟蛉狭面姬小蜂、纵卷叶螟狭面姬小蜂、稻苞虫柄腹姬小蜂、稻苞虫兔唇姬小蜂、皱背柄腹姬小蜂、螟卵啮小蜂、黑尾叶蝉大角啮小蜂和稻秆蝇啮小蜂等9种（盛金坤等，1981）。湖南省有螟蛉裹尸姬小蜂、稻苞虫裹尸姬小蜂、皱背柄腹姬小蜂、稻苞虫柄腹姬小蜂、稻苞虫兔唇姬小蜂、纵卷叶螟狭面姬小蜂、螟蛉狭面姬小蜂、瓢虫啮小蜂、黏虫啮小蜂、螟卵啮小蜂、稻纵卷叶螟啮小蜂、潜蝇柄腹姬小蜂和阿氏姬小蜂等至少13种（吴慧芬等，1980；陈常铭等，1980；宋慧英等，1996）；广东省发现纵卷叶螟狭面姬小蜂、稻苞虫腹柄姬小蜂、稻苞虫兔唇姬小蜂、皱背腹柄姬小蜂、螟蛉狭面姬小蜂、螟卵啮小蜂、稻纵卷叶螟啮小蜂、瓢虫啮小蜂、螟卵啮小蜂、印啮小蜂（霍氏啮小蜂）等10种（孙志鸿等，1980；黄德超等，2005）；安徽省发现了稻苞虫柄腹姬小蜂、稻苞虫兔唇姬小蜂、螟蛉裹尸姬小蜂和纵卷叶螟狭面姬小蜂等4种，其中稻苞虫柄腹姬小蜂是该地区稻苞虫的主要寄生性天敌（李友才等，1980）。

姬小蜂的优势种因寄主害虫种类而异。对稻纵卷叶螟而言，纵卷叶螟狭面姬小蜂（又称稻纵卷叶螟姬小蜂、稻纵卷叶螟大斑黄小蜂）是优势种。例如：在广西南宁，纵卷叶螟狭面姬小蜂在自然控制条件下分布最广、数量多，尤其是上半年的发生数量占寄生蜂总数的89.7%，最高寄生率为39.2%，是稻纵卷叶螟幼虫期的优势寄生蜂（黄秀枝等，2013）；该姬小蜂同样是贵阳石板镇水稻乳熟期的寄生蜂优势种，占该时期寄生蜂个体总数量的27.2%，居于全部寄生蜂的首位（石庆型等，2013）。稻苞虫的优势姬小蜂则不同，在重庆北碚，稻苞虫柄腹姬小蜂、稻苞虫兔唇姬小蜂为稻苞虫寄生蜂的优势种，其中前者对稻苞虫蛹的寄生率高达35.8%（赵志模，1986；董代文等，2003）；在湖南新化，稻苞虫柄腹姬小蜂是稻苞虫的主要寄生天敌，其寄生率为14.5%～48.6%（李春泉，1995）。对三化螟而言，螟卵啮小蜂均是广西多地最主要的卵期寄生性天敌，1972年5代三化螟卵块的螟卵啮小蜂寄生率，南宁、宁明、龙州分别为30%～81%、58%～75%、22.8%～71.9%（金孟肖等，1982）。

姬小蜂种类构成还与水稻生育期有关。据贵州的调查，多数姬小蜂种类在水稻拔节期、抽穗期和乳熟期均有发生，如纵卷叶螟狭面姬小蜂、稻苞虫兔唇姬小蜂、潜蝇柄腹姬小蜂、稻苞虫柄腹姬小蜂、潜蝇纹翅姬小蜂、螟卵啮小蜂、瓢虫啮小蜂、菜蛾奥啮小蜂等；其他种类只在上述水稻生育期中的1～2个阶段可见，如白柄潜蝇姬小蜂、霍氏啮小蜂等仅在水稻拔节期可见，稻纵卷叶螟啮小蜂、螟蛉裹尸姬小蜂等仅在水稻抽穗期和乳熟期可见，皱背柄腹姬小蜂、点腹新金姬小蜂、柠黄瑟姬小蜂等仅在水稻拔节期和乳熟期可见（石庆型等，2013；孙翠英等，2015）。

（二）生活习性

姬小蜂科天敌的习性复杂多样，既有内寄生，又有外寄生；既有单寄生，又有多寄生；既有抑性寄生，又有容性寄生；既有初寄生又有重寄生。现就稻田常见优势种姬小蜂种类的生活习

性介绍如下，主要涉及纯初寄生类和初寄生与重寄生兼有类，而纯重寄生类姬小蜂研究较少，暂不介绍。

纯初寄生类姬小蜂 主要见于对螟卵啮小蜂、纵卷叶螟狭面姬小蜂、螟蛉狭面姬小蜂、螟蛉裹尸姬小蜂等稻田常见优势种的研究，尤以螟卵啮小蜂的研究较多。

螟卵啮小蜂：对三化螟卵块最为有效的寄生性天敌，多为单寄生，内寄生兼具捕食习性；通常产于寄主卵块表层的蜂卵，孵化后先在卵内营寄生生活，耗尽后即取食附近卵粒，1个三化螟卵块若有10头以上的螟卵啮小蜂幼虫寄生，则一般不能再孵出蚁螟，控害作用突出。鉴于此，我国20世纪70～80年代曾掀起过对该蜂的研究热潮，但由于人工繁殖难、控害对象单一（仅限于三化螟）等方面的原因，之后少有新的研究进展（金孟肖等，1982；何俊华和庞雄飞，1986；袁伟等，2007）。

螟卵啮小蜂卵刚产下时为乳白色半透明状，具卵黄；在25～26℃条件下，产于三化螟卵块中的卵，8h即进入胚盘期，12h胚体出现波浪弯曲，开始分节，22～24h完成胚胎发育，开始孵化。幼虫3龄，1、2、3龄幼虫历期分别为12～14h、12～16h、6～6.5d，合计7～8d；温度相同条件下，寄生白螟卵块的螟卵啮小蜂发育历期短于寄生三化螟卵块的个体。3龄幼虫老熟后即排除肠内黑色粪便进入预蛹阶段，预蛹期1d，蜕皮后进入蛹期，蛹历期5～6d；初蛹乳白色，复眼淡黄色，继而复眼由淡红色至深红色，腹部背板出现黑横条带，最后全身出现黑色带青蓝色金属光泽，体色变黑后至羽化尚须时1～2d（在28℃下）。螟卵啮小蜂幼虫耐水耐湿但不耐干，寄主卵块周围的湿度即使达到饱和状态，幼虫取食、发育仍然正常；过饱和时，幼虫有时钻出寄主卵块表面，继续发育成蛹。蛹也要求较高的湿度，在接近饱和湿度和适温范围时，不论在寄主卵块内或卵块表面化蛹，均能继续发育（金孟肖等，1982；袁伟等，2007）。该蜂不同地理种群全龄期（卵、幼虫和蛹）的发育时间有所不同，在25～26℃条件下，海南岛南部种群为362±3.3h，广西南宁种群为312±30.2h，广东阳江、桂林和江西弋阳的种群分别为291±11.7h、290±10.2h和281±1.8h（吴敦肃，1986）。

在室内饲养情况下，该蜂在5:00—10:00羽化最多，就气温而言则以27～28℃范围内羽化数最多；雄虫羽化一般早于雌虫。在7月间，同一寄主卵块内的蜂一般在3d内全部羽化，而越冬代同一寄主卵块内的蜂则羽化期很长，有时先后相距达13～14d。成蜂钻出寄主卵块后即用触角梳刷四翅，不久飞离寄主，觅食求偶。在晴天气温较高时飞爬活泼，气温较低时则常若干头群集一起静栖不动。螟卵啮小蜂成虫能飞能爬，飞翔呈跳跃式，飞翔力颇强，在稻田距放蜂点28m处的螟卵亦有被寄生的。对紫外光的趋性强于对白炽光，但放蜂后田间诱虫灯却未诱到。成虫羽化后当日即可交配，雌雄虫均可交配多次；在无雄蜂或雄蜂数很少时也可行产雄孤雌生殖。羽化当日即可产卵，每天产1至数粒直至死亡，产卵集中于羽化后的1～4d，占总产卵量的80%左右；每雌一生可繁殖子蜂有1～32头，平均10多头。螟卵啮小蜂可在除去鳞毛的白螟和三化螟卵块上产卵繁殖。自然界雌雄性比一般为7：3～3：1（邹祥云等，1978；金孟肖等，1982；禹云裴，1984；袁伟等，2007）。

雌虫产卵时，先用触角频频敲打寄主卵块，然后用中足抓住寄主表面卵毛，腹部向下弯曲，将腹端产卵管慢慢刺入，进而产卵管全部插入，腹部末端上翘，腹中部下陷，身体呈三角形；完成一次成功产卵行为一般需耗时55s以上，35s以下仅为刺探寄主卵，并不产卵。螟卵啮小蜂能通过产卵器上的感觉器辨别不同日龄的寄主卵块和已被寄生的寄主卵块，因此螟卵啮小蜂在已寄生卵块上有试探产卵动作，但通常不会产卵。该蜂一般产卵于寄主卵块表层第一、二层卵粒内，少数产于卵粒外；有时还可以从卵块附着处反面穿过稻叶产卵于卵块底层卵粒；每粒寄主卵一般产卵1粒，少数2～3粒；蜂螟卵啮小蜂有寄生兼捕食的习性，初孵幼虫在卵粒内取食，卵内物质取食完毕后，即咬破卵壳捕食附近卵块，平均每头可取食三化螟卵4～5粒，白螟卵7粒，其食量因卵块大小及蜂产卵数多少而有差异；有时也会取食被赤眼蜂或黑卵蜂已寄生的卵粒，若寄生较迟，该蜂幼虫也能取食已形成的蚁螟螟卵，一般会残留其头部（蒲蛰龙，1978；邱鸿贵等，1984；袁伟等，2007）。

螟卵啮小蜂主要依据寄主栖息地宿主植物颜色和气味以及栖息地小气候环境来搜寻寄主。寄主卵块上卵毛和雌蛾尾毛中存在利它素，可被螟卵啮小蜂用于寄主搜索和识别，已知该利它素可用丙酮∶水（1∶1）溶剂进行抽提，不能被正己烷抽提；经鉴定其成分为甘氨酸和丝氨酸。进入寄主栖息地后，螟卵啮小蜂对寄主的定向反应和寄主选择行为与寄主密度密切相关，寄主密度越高，螟卵啮小蜂寄生率也越高（吴敦肃，1986；袁伟等，2007），该蜂的控害作用较强，在广东崖县和广西玉林曾观察到其对寄主卵寄生率分别高达99.9%和91.2%（浙江农大植保专业昆虫学教研组，1973）。

纵卷叶螟狭面姬小蜂：稻纵卷叶螟幼虫的体外寄生蜂，多寄生。卵长椭圆形，稍向中部弯曲，长约0.4mm，历期17～34h，多为23h（27.9℃）；幼虫老熟时体长1.2～2.0mm黄色，历期2～3.5d，多数3d（27℃）；蛹长1.6～2.2mm，历期3.5～4d，多4d（26.4℃）。羽化时间多在10:00左右及下半夜；刚羽化的成虫静伏不动，约4h后雄蜂寻偶交配。雄蜂接近雌蜂前，前足摩擦触角，后足擦摩腹部；雌蜂接近雄蜂前也有相似动作。雄蜂接近雌蜂后，两触角左右摆动，翅振动，用触角拍打雌蜂触角，如雌蜂不动，即行交配；交配1次约15s。产卵时，雌蜂用触角在叶苞外探明寄主幼虫的位置后，伸出产卵管穿过卷叶，将卵产在寄主幼虫体表，多产在腹部，有散产，也有2～3粒产在一起，产卵1次约需5s。寄主幼虫龄期越高，被产卵数越多，据室内饲养观察，2龄平均2.3粒，3龄5.5粒，4龄6.5粒；田间每头寄主幼虫平均被产卵9.2粒，最少2粒，最多22粒。寄主幼虫被蜂产卵后出现排粪、行动迟钝、体色渐变蜡黄的现象，5～6h后不动不食。寄生蜂幼虫在寄主幼虫体外寄生、化蛹，化蛹前迟钝、不取食和排粪，灰色粒状的粪堆积在虫体后端，此时寄主幼虫只残存表皮和头壳。对不同龄期寄主幼虫的寄生率不同，在广东乳源田间放置不同龄期稻纵卷叶螟幼虫，发现该姬小蜂对1、2、3、4、5龄幼虫的寄生率分别为2.6%、13.3%、31.0%、15.6%和20.0%。羽化成虫中雌性较多，占68.8%～78.8%（李柄夫，1992）。

螟蛉狭面姬小蜂：寄生于稻螟蛉幼虫体内，聚寄生。通常寄生于3龄以上的寄主幼虫；据观察，1、2龄幼虫被刺后则死亡，蜂并不产卵。蜂产卵于寄主体内，孵化后即在体内取食，被寄生的稻螟蛉幼虫仍能折叶做三角形的"蛹苞"，并咬断叶片落于水面，但不能化蛹。结苞后约经3～4d，蜂幼虫即从螟蛉幼虫体内钻出，密集于寄主体躯四周，此时寄主死亡、虫体萎缩。钻出的幼虫体色初为黄绿色，后变淡绿色。在7、8月气候条件下，蛹期为4～5d；羽化的成虫在蛹苞上咬1小孔顺次钻出。刚外出的新蜂，尤其是雄蜂并不远飞，往往巡行于蛹苞上，等待陆续爬出的雌蜂择偶交配，交配后雌蜂分飞各处寻找寄主寄生。一条螟蛉幼虫一般能育出20多头蜂，有时不足10头或超过100头。在浙江东阳，7月下旬晚稻秧田内的寄生率可达32.6%（1963年）；亦有报道浙江5月中下旬早中稻秧田内的寄生率可高达40.6%（何俊华和庞雄飞，1986）。

螟蛉裹尸姬小蜂：黏虫、稻螟蛉、条纹螟蛉等幼虫的体外寄生蜂，多寄生。雌虫产卵于螟蛉幼虫腹部，且多位于第3腹节背侧方，同一寄主一般产卵10余粒，多者25粒，少者5粒。卵呈扁椭圆形，竖于体表，不易脱落。幼虫孵化后呈纺锤形，群集一处吸食寄主体内营养；体色初为绿色，后变黄绿，略透明，两侧白色气管的活动情况用肉眼隐约可见。该蜂幼虫发育极快，8月气候条件下，经4～5d即可老熟。老熟幼虫为乳白色，分散钻于寄主体下与稻叶之间，先用丝把螟蛉幼虫的四周连缀在稻叶上，然后再结粗网状"小茧"准备化蛹。此时寄主已动弹不得，身体皱缩，6～8h后做好小茧，此时寄主已干瘪得只剩背腹紧贴的薄层体壁，呈深褐色；小"茧"为圆形或椭圆形，直径2.5～3.5mm，丝质粗糙，排列稀疏略呈辐射状，黄褐色。少数未爬到腹面下方的幼虫，在寄主体背结"茧"，此"茧"极似发霉的虫粪。蛹期7～8d，初为黄白色，2d后变黑，再经5～6d羽化。成虫十分活泼，羽化后即行交尾。10月初室内成虫寿命为5～7d；11月时供食一次稀蜜糖液，可生活29d。此蜂在黏虫和稻螟蛉幼虫上常见，黏虫上的寄生率可达60%（浙江安吉，1976年5月）；在浙江遂昌山区，稻叶上条纹稻螟蛉幼虫曾几乎全被寄生。螟蛉裹尸姬小蜂有时也可被绒茧金小蜂或皱背腹柄姬小蜂所重寄生，前者寄生率一般不高，后者则可达16.42%（何俊华和庞雄飞，1986）。

初寄生与重寄生兼有的姬小蜂　主要见于对稻苞虫兔唇姬小蜂、稻苞虫柄腹姬小蜂等稻田常见优势种的研究，既初寄生稻苞虫等水稻害虫，又重寄生茧蜂、姬蜂或寄蝇等寄生性天敌。其中稻苞虫兔唇姬小蜂可能并不初寄生水稻害虫（详见下文），限于研究资料较少，暂归于此类。

稻苞虫兔唇姬小蜂：又名稻苞虫羽角姬小蜂。内寄生蜂，从蛹内羽化，聚寄生。该蜂既可初寄生稻苞虫、稻纵卷叶螟、稻眼蝶等水稻害虫，又可重寄生茧蜂、茧蜂、寄蝇等寄生性天敌；一个稻苞虫蛹内平均可出蜂43头（11～148头），而一个凹眼姬蜂茧或一个稻苞虫寄蝇围蛹内平均出蜂30头；还常见本蜂与稻苞虫腹柄姬小蜂共寄生于一稻苞虫蛹内，此状在浙江可占两种蜂全部寄生蛹的10.5%，本种出蜂数平均39.9头，占共寄生蛹出蜂数（平均145.1头）的27.5%（何俊华和庞雄飞，1986）。但龙林根（1986）报道，分别以稻苞虫及其育出的3种寄生性天敌——银颜筒寄蝇、稻苞虫凹眼姬蜂和螟蛉悬茧姬蜂为寄主，稻苞虫蛹、预蛹和老熟幼虫均未被稻苞虫兔唇姬小蜂寄生，而3种寄生性天敌均可被该蜂重寄生；又将稻苞虫初蛹和银颜筒寄绳蛹混合接种，银颜筒寄蝇被寄生，稻苞虫仍未见寄生，似说明该蜂不能寄生稻苞虫，从田间采集的稻苞虫育出的该蜂可能只是寄生稻苞虫的寄生性天敌育出的重寄生蜂，具体如何，尚待进一步研究。

稻苞虫兔唇姬小蜂羽化后即可交配、产卵，交配时间一般仅持续数秒。雄虫可多次交配；而未经交配的雌虫能行产雄孤雌生殖。在27.6℃、饲喂15%蜂蜜水条件下，雌虫平均寿命为4.5d，最短3d，最长8d；雄虫平均为3.2d，最短2d，最长6d。卵产于寄主体内，以银颜筒寄蝇蛹为寄主，1头寄生蜂只寄生1头蝇蛹，且偏好寄生新鲜蛹；蝇蛹被寄生后，寄生蜂较正常蝇蛹晚3～7d羽化；每头蝇蛹出蜂数最多24头，最少为3头，平均15.9头，雌蜂占比一般>85%（龙林根，1986）。

稻苞虫柄腹姬小蜂：内寄生蜂，聚集生。初寄生于稻苞虫、稻纵卷叶螟和稻眼蝶等水稻害虫，偶尔也可重寄生绒茧蜂。寄生时（以稻苞虫为例），该蜂可钻入虫苞内并在老熟幼虫、预蛹或初蛹上产卵，从蛹内羽化；单个稻苞虫蛹内出蜂平均数为147.0头，单头稻纵卷叶螟蛹内出蜂平均数为30头，单头稻眼蝶蛹内出蜂平均数为174头；雌性占75%～85%。7月完成一个世代历时18～19d。本种除能与稻苞虫兔唇姬小蜂共寄生（如前述）外，偶尔也与寄蝇或广黑点瘤姬蜂共寄生于同一稻苞虫蛹内；与寄蝇共寄生于稻苞虫蛹内的，仅出蜂54头，远低于独自寄生时平均的129.8头（何俊华和庞雄飞，1986）。

（三）发生规律及其影响因子

稻田姬小蜂科天敌发生规律及影响因子的研究不多，除螟卵啮小蜂有较系统的研究外，其他姬小蜂仅见零星的研究。

发生规律 以螟卵啮小蜂为例，从全国各地的发生情况看，该蜂的发生大致可分为两种类型。①热带地区型：如海南岛南部，由于终年有水稻生长、三化螟1年发生7代，而且世代重叠，发生不齐，延续不断，各代均有螟卵啮小蜂寄生，但寄生率低，一般<10%，只有在5月下旬至7月，三化螟第3、4代发生量多，卵块密度大时，螟卵啮小蜂的寄生率才较高，最高可达72.3%～99.9%；由于第4代蚁螟盛孵时常受暴雨冲刷死亡，数量锐减，密度下降，该蜂的寄生率也大大下降，此后一直维持在较低的水平，直到翌年5月。②亚热带地区型：有早期凋落现象，其原因是该蜂只寄生三化螟等几个不多的种，中间寄主少，越冬代啮小蜂羽化与白螟、三化螟第一代发生期有脱节现象，自然界又无补充寄主，加上4月气温变幅大，蜂寿命短，导致前期啮小蜂数量稀少；随着后期三化螟世代重叠明显，寄主连续性改善，该蜂数量增加。如广西南宁，三化螟发生5代，第1、2代未见啮小蜂寄生，第3、4代（7—8月）卵块寄生率0.3%～0.6%，

第5代早期(10月中旬)寄生率30%~44%,后期(10月底)寄生率达81%;广西宁明三化螟亦发生5代,第1、2代未见啮小蜂寄生,第3、4代(7—8月)卵块寄生率1.4%~8.1%,第5代早期(10月中旬)寄生率58%、后期(11月中旬)寄生率达75%。在江苏南部、安徽南部、浙江、江西、湖北、湖南、福建、四川等三化螟3~4代区,啮小蜂亦在后期才回升,如在湖南醴陵、零陵1963年的调查发现,第1、2代三化螟未见螟卵啮小蜂,第3代才开始出现(寄生率4.6%~10.4%),第4代寄生率则可高达71.2%~86.4%(金孟肖等,1982;禹云裘,1984;吴敦肃,1986)。

螟卵啮小蜂一般在冬季日平均温度15℃以下的地区,都有明显的越冬期,且该蜂进入越冬滞育的温度范围较广,只要不高于24℃均能进入滞育(金孟肖等,1982;吴敦肃,1986)。该蜂在湖南、浙江1年发生11~12代。据温州地区农科所(1972)报道,1962年冬采集的白螟卵块内越冬幼虫,翌年4月中旬至5月上旬陆续羽化,用三化螟卵或白螟卵饲养,至10月13日已饲育10代,各世代平均历期13.4~18.5d(均温16.8~28.4℃)。在湖南临武观察,螟卵啮小蜂于11月中旬开始以老熟幼虫在三化螟或白螟卵块内越冬,翌年4月中旬羽化,越冬期157d左右(禹云裘,1984)。广西南宁则1年发生15代;室内饲养结果表明,冬季从野外采集的寄生有啮小蜂寄生的白螟卵块在室内常温下过冬后,翌年3月下旬至4月上旬陆续羽化,并开始繁殖,以三化螟卵或白螟卵为寄主,至11月中旬可饲育14代,从11月2日起接蜂的第15代至12月20日发育为老熟幼虫后越冬;第1~14代发生的起止时间分别为3月29日—5月2日、4月27日—5月23日、5月11日—6月9日、6月2日—6月21日、6月15日—7月4日、6月29日—7月21日、7月10日—8月2日、7月29日—8月11日、8月11日—8月24日、8月23日—9月5日、9月3日—9月17日、9月16日—10月3日、9月30日—10月25日、10月15日—11月13日;世代历期因发生时环境温度的不同而异,第5~11代发生时均温26.2~29.2℃,世代历期最短11.6~13.5d;第2~4代、12~14代发生时均温23.1~26.3℃,世代历期13.2~19.2d;第1代发生时均温20.5℃,世代历期26.4d;越冬代(第15代)温度更低,世代历期约5个月(金孟肖等,1982)。

螟卵啮小蜂通常以老熟幼虫在三化螟、白螟等寄主的卵块内越冬(袁伟等,2007),但老熟幼虫的越冬情况比较复杂。据南宁的观察,10月下旬老熟幼虫的大部分个体可在田间或室内的寄主卵块内越冬,滞育期长达5个多月,一般与越冬三化螟的发育进度相吻合,在三化螟越冬幼虫羽化时也羽化;但少部分个体在10月以后和早春仍继续发育为成蜂,可能与寄主、当年10月至翌年3月气温高低和霜降前后几天内蜂的发育进度等有关。对不同寄主饲育出的蜂进行比较发现:①白螟卵饲育的啮小蜂(采自南宁、武鸣和桂林),至霜降(10月23—24日)才发育为老熟幼虫的,不论在田间或在室内,均以老熟幼虫滞育,直至翌年3、4月才羽化;10月中旬前已发育为老熟幼虫或蛹的个体则可在年内或1月羽化,若1月气温较高则羽化期可提前,如1973年1月气温较常年高2~4℃,相当数量的越冬幼虫在1月化蛹和羽化,在田间亦可见到成虫。②三化螟卵育的啮小蜂(采自龙州),在霜降前后不论是老熟幼虫或其他发育阶段均可在年内或翌年1月间羽化，认为上述白螟卵育出的啮小蜂与三化螟卵育出的啮小蜂可能是两个不同的生态型（金孟肖等，1982）。

其他稻田优势姬小蜂发生规律的研究见于稻苞虫羽角姬小蜂。在江西万载县，该蜂从田间稻苞虫蛹中育出的比例为3%～12%，1年发生11～12代，以蛹在寄主体内越冬；第1代成虫于4月下旬至5月上旬羽化。室内用银颜筒寄蝇作寄主，1981年6月29日至9月8日可连续饲育6代，世代平均历期9.4～12.8 d（各代平均温度27.5～29.9℃）；9月8日再次接蜂，至翌年4月28日羽化，属越冬代，世代历期232.5 d（平均温度12℃），但田间采集的稻苞虫蛹置于室内观察到10月上旬仍有蜂陆续羽化；在同一稻苞虫蛹中，有部分当年羽化、部分越冬翌年羽化的现象（龙林根，1986）。

影响因子 主要见于对螟卵啮小蜂的研究，有气候、寄主与食料、农药等重要影响因子。

气候： 温度是影响啮小蜂的最主要气候因子，显著影响其生长发育和繁殖。据观察，在20～45℃范围内，成虫寿命随着温度的升高而缩短，20℃时最长，25～35℃时平均5.3～5.8 d，38℃及以上平均不超过2 d，其中38℃、40℃时2 d内100%死亡，45℃时仅能活1 h。产卵量则以30℃条件下最多，低于30℃时产卵量随温度升高而增加，高于30℃时产卵量随温度升高而下降（表3-27）；低于15℃时，未见产卵寄生。若虫发育起点温度为10℃，在20～30℃范围内发育较整齐，若虫期21～12 d，羽化率65%～97.4%；自20℃以下则历期延长（20℃时若虫期约30 d，越冬代长达225 d），羽化不整齐，且羽化率<56%；当温度升至35℃时，尽管若虫期最短（9.5 d），但羽化率显著下降，仅29.6%～54%，且羽化的子代成蜂生活力衰弱，不大活动；当温度升高至38℃时，子蜂基本上不能羽化，极少羽化者在24 h内就死亡20%以上。若虫发育时所处的温度对性比有明显影响，当温度升达35℃后，雌性比显著下降（赵敬钊等，1979；袁伟等，2007）。值得注意的是，35℃时螟卵啮小蜂成蜂寿命尽管与25～30℃时相近，且若虫期最短，但产卵量和子代羽化率明显较低，加之羽化子代成蜂生活力弱，不属于卵啮小蜂的适宜温度范围。

表3-27 不同温度条件下螟卵啮小蜂的生物学参数

生物学参数	20℃	25℃	30℃	35℃	38℃	40℃	45℃
成虫平均寿命/d	8.35	5.80	5.58	5.30	2.00	1.10	0.04
每雌平均产卵量/粒	22.46	28.42	34.70	17.33	0.21	0.10	0.00

数据来源：赵敬钊，张宣达，董发样，1979.环境因素对螟卵啮小蜂繁殖力的影响.昆虫学报［J］，22（3）：289-293.

低温可延长螟卵啮小蜂的各虫态的存活时间。就成虫而言，羽化后在常温下喂饲蜜糖水1 d后置于8～10℃冰箱内冷藏，其寿命明显延长，平均25.1 d，最长达52 d，且冷藏17 d后，其寄生无明显影响。对其他虫态来说，通过将含不同发育阶段寄生蜂的寄主卵在8～10℃冰箱中冷藏27 d，发现从卵、初龄幼虫、预蛹和后期蛹（眼红色）开始冷藏的螟卵啮小蜂羽化率仅0%～33.3%，低温抗性均差，而老熟幼虫和初蛹（乳白色）开始冷藏的羽化率达95.5%～100%，

耐冷性明显较强，这与老熟幼虫是主要越冬虫态的现象一致。将含螟卵啮小蜂老熟幼虫的寄主卵在8～10℃下冷藏140d后取出常温培养，尚有33.3%的幼虫存活和羽化出蜂；冷藏32～46d的有80.0～75.2%出蜂；冷藏11～22d的有98.4%～100%出蜂。低温耐受时间似还与饲喂啮小蜂的寄主种类有关，10月以后寄生于白螟卵中的啮小蜂越冬代老熟幼虫，在8～12℃冰箱中分别冷藏85d、169d、188d和275d，出蜂卵块比例分别为90%、67%、82%、82%，且羽化的成蜂生活力和繁殖力均正常，而寄生与三化螟卵的老熟幼虫冷藏有效期一般不超过60d，说明寄生白螟卵的啮小蜂老熟幼虫更适合长期冷藏（金孟肖等，1982）。

温度对稻田其他优势姬小蜂的研究亦见于稻苞虫兔唇姬小蜂，在喂食15%蜂蜜水的情况下，均温27.6℃时，雌、雄虫平均寿命分别为4.5d、3.2d，而20.4℃时，雌、雄虫平均寿命分别为26.7d和20.9d，温度较低是寿命明显较长（龙林根，1986）。

光照也是影响螟卵啮小蜂的重要气候因子。尽管光照强弱对该蜂影响较小，但光照长短显著影响其发育。该蜂老熟幼虫的滞育临界光照时数为12.5h，即超过12.5h光照时绝大多数羽化而不滞育，短于该光照时数时滞育率增加，短于12h时几乎全部滞育；实际上，该蜂的越冬滞育持续时间随纬度升高而延长，如该蜂在海南南部（北纬18°）无明显越冬滞育，在广州（北纬22.5°）越冬期约88d，在湖南临武（北纬25.4°）越冬期156d，在湖北武汉（北纬30.5°）越冬期则超过半年。光照还对该蜂成虫的寿命有一定影响，且雌、雄响应不同。在18℃时，雄蜂寿命在全光照、全黑暗条件下均较短（分别为4.3d、4.7d），8～14h光照下则较长（7.5d）；而雌虫寿命与光照长度呈负相关，全光照、16h光照、12h光照、8h光照、全黑暗时分别为4.8d、8.6d、9.7d、10.0d和28.9d（吴敦肃，1986）。

寄主与食料： 螟卵啮小蜂嗜食蜂蜜，供试蜂蜜水时取食多，寿命长，产卵量高；该蜂不喜食葡萄糖。据观察，分别喂以50%蜂蜜水、50%蔗糖水、50%葡萄糖水和清水，螟卵啮小蜂成蜂寿命分别为3.7d、3.1d、2.7d、2.8d，每雌平均产卵量分别为7.53粒、6.63粒、4.76粒和5.69粒。以三化螟卵、白螟卵为寄主时，三化螟卵育出的螟卵啮小蜂对每块寄主卵的寄生数分别为7.96头和8.22头，而白螟卵育出的螟卵啮小蜂对寄主卵的寄生数分别为5.93头和10.06头，寄生数似与亲代寄生蜂寄主以及当代所能利用的寄主种类有关（赵敬钊等，1979）。

寄主卵龄显著影响螟卵啮小蜂的产卵量和子代发育。该蜂对1、2、3日龄荸荠白螟卵，平均每雌产卵量分别为11.2粒、4.4粒、1.0粒，子蜂羽化率分别为89.6%、83.0%和25.0%，明显偏好寄生新鲜的寄主卵（赵敬钊等，1979）；对三化螟卵，该蜂对1日龄卵的卵块寄生率为57%，每雌繁育子蜂14.5头，对2～3日龄卵的卵块寄生率达100%、但每雌繁殖子蜂数锐减为3.6～4.0头，对5日龄卵的卵块寄生率为10%、每雌繁殖子蜂仅0.09头，对6～7日龄卵的寄生率为0%（金孟肖等，1982）。研究发现螟卵啮小蜂能通过产卵器上的感觉器辨别不适宜卵龄的寄主卵块和已被寄生的寄主卵块，在已寄生卵块上只有试探产卵动作，但通常不会产卵（邱鸿贵等，1981）。

是否有连续的寄主卵可用，是影响螟卵啮小蜂种群波动的关键因素。该蜂已知寄主是三化螟 Scirpophaga incertulas 及其同属的荸荠白螟 S. praelata、莎草螟 S. forficellus 和席草螟 S. novella 等的卵，三化螟世代发生整齐，世代间隔长，极容易造成螟卵啮小蜂的寄主脱节，耕作制度改变等因素导致白螟等过渡寄主的宿主（野生荸荠等）的破坏，是螟卵啮小蜂自然种群呈凋落之势的主要原因（袁伟等，2007）。

寄主卵块的大小也影响螟卵姬小蜂的寄生。该蜂发现卵块的能力可能与寄主卵块大小正相关。对三化螟卵块而言，该蜂对卵粒数在10粒以下的卵块寄生率为0%，对卵粒数10～19粒、20～29粒、30～80粒和90粒以上卵块的寄生率分别为20%、42.8%、60%～76.9%和100%，这可能主要是因为寄主卵块大小影响其被姬小蜂发现的概率，卵块大的易被发现寄生，卵块小则不易被发现和寄生。此外，寄主卵块在稻株上的垂直分布也影响螟卵啮小蜂的寄生，在水稻返青分蘖期（平均株高25 cm），10 cm高度以下的三化螟卵有80%被寄生，11～15 cm的卵块有20%被寄生，再高的卵块寄生率为0%；圆秆拔节期的水稻（平均株高70～75 cm），分布与50 cm以上的螟卵寄生率达81.8%，26～50 cm螟卵寄生率18.2%，25 cm以下的卵块未见寄生，该现象可能与螟卵啮小蜂的活动高度有关。此外，水稻不同生长发育期形成的不同的田间小气候，对蜂群落的影响颇大，水稻返青分蘖期田块，寄生率最高可达90%以上，而抽穗、孕穗期田块的寄生率一般仅24%～60%，圆秆拔节期更弱，通常只有百分之几到十几（吴敦肃，1986）。

三化螟发生代数影响螟卵啮小蜂的分布与消长动态。三化螟发生3代及以下代数的地区（山东南部、江苏北部、安徽北部、河南南部和云南、贵州的大部），三化螟世代间的发生间隔大，而螟卵啮小蜂世代周期短，难以渡过较长的无寄主间隔，不能形成群落；三化螟3～4代发生区（江苏南部、安徽南部、浙江、江西、湖北、湖南、福建、四川和云南一部分），前3代之间隔也相当大，只有第4代与第3代间的间隔较小，但不一定每年都发生第4代，啮小蜂群落的形成明显受寄主发生情况的制约；三化螟4代或5代区（广东和广西大部），前3代间隔在1个月以上，且较整齐，不适于啮小蜂生存，但第4代开始参差不齐，世代重叠，适于啮小蜂生存。据调查，广东中山（5代区）第1～3代三化螟均无啮小蜂寄生，第4代寄生率仅0.7%，第5代增至46.4%，啮小蜂高峰在最后一代，对三化螟发生的抑制作用有限；雷州半岛和海南岛三化螟年发生6～7代，且各世代重叠，终年寄主不断，按理螟卵啮小蜂群落应常存不衰，但实际上大为不然。在雷州半岛和海南岛北端只有后期才有螟卵啮小蜂活动，而海南岛南沿虽终年可见啮小蜂活动，但群体甚小，只有在5月下旬到7月才会增强，有一定控制螟害作用（吴敦肃，1986）。

同一世代螟卵啮小蜂个体间发育历期有所不同，甚至同一天产于同一寄主卵块的蜂体发育进度也可相差3～4 d，说明此蜂的发育不仅受气温的影响，还可能因其他环境条件和蜂体生理状况等的不同而有差异，例如在温度基本相同的情况下，以三化螟卵为寄主的啮小蜂世代历期普遍地长于以白螟卵为寄主的（金孟肖等，1982）。

食料条件对稻田其他优势姬小蜂的研究亦见于稻苞虫兔唇姬小蜂，在均温27.6℃条件下，

喂食15%蜂蜜水的成虫寿命(雌雄虫平均分别为4.5d、3.2d)长于不饲喂成虫(雌雄虫平均寿命分别为2.4d、2.2d),而在20.4℃时这种差异更加明显,喂食15%蜂蜜水的雌雄成虫寿命分别为26.7d、20.9d,远长于不饲喂条件下的寿命(雌雄虫分别为6.0d、5.4d)(龙林根,1986)。

农药:对姬小蜂发生有负面效应。以纵卷叶螟狭面姬小蜂为例,早稻后期分别喷施25%杀虫双水剂500倍液、20%杀灭菊酯5000~10000倍液,尽管施药后次日于施药区采集该蜂幼虫和蛹均能安全化蛹、羽化,但施药后6d,施药区田间寄生率明显下降,杀虫双、杀灭菊酯处理分别下降73.9%、94.4%~96.9%,施药后13d,则分别下降66.2%、16.2%~87.3%,施药区的寄生率降低,显然上述药剂对纵卷叶螟狭面姬小蜂有明显负面影响(李柄夫,1992)。

第二章 捕食性天敌

稻田捕食性天敌的研究和了解以捕食性蝽、瓢虫类、隐翅虫类及蜘蛛类等为多,下文主要对我国稻田这几类天敌的常见种类及优势种、生活习性、发生规律及其影响因素等方面进行介绍。

一、捕食性蝽

稻田捕食性蝽类天敌常见于半翅目 Hemiptera 的盲蝽科 Miridae、花蝽科 Anthocoridae、宽蝽科 Veliidae、猎蝽科 Reduviidae、长蝽科 Lygaeidae、姬蝽科 Nabidae、黾蝽科 Gerridae 和丝黾蝽科 Hydrometridae 等8科昆虫,是稻田最常见的捕食性害虫之一,在水稻害虫的控制中发挥重要作用。

(一)种类构成及优势种

稻田常见的捕食蝽类有19种(表3-28),其中黑肩绿盲蝽、中华淡翅盲蝽、尖钩宽黾蝽为主要的优势捕食蝽类。据报道,在浙江富阳和湖南望城,黑肩绿盲蝽在水稻拔节期和齐穗期稻飞虱天敌亚群落中的最大优势度分别指数可达0.33～0.40与0.71～0.78（何佳春等，2014）。在福建沙县捕食性节肢动物群落中，黑肩绿盲蝽为优势度（0.185～0.199）最高的种；尖钩宽黾蝽的优势度（0.36～0.90）排在捕食性节肢动物的第8位，居捕食性蝽的第2位（刘雨芳等，2005）。周霞等（2019）报道海南南繁稻田捕食性天敌中，黑肩绿盲蝽占1.9%～2.6%，也居于捕食蝽的首位。梁朝巍（2011）报道，在江西一有机稻米生产基地，依赖水域生存的天敌昆虫如尖钩宽黾蝽尤为丰富。而安瑞军等（2012）等调查发现通辽地区稻田中捕食性蝽的优势种主要是黑肩绿盲蝽、圆臀大水黾、灰姬猎蝽、华姬猎蝽、猎蝽、食虫齿爪盲蝽和微小花蝽。尖钩宽黾蝽常与稻黑宽黾蝽混合发生，但前者常占优势（肖铁光等，1987）。

表 3-28　稻田常见捕食性蝽类天敌及其猎物

蝽科	蝽种类	猎物与栖境
盲蝽科 Miridae	黑肩绿盲蝽 *Cyrtorrhinus livdipennis*	若虫、成虫多在水稻中下部尤其是基部活动，取食稻飞虱及叶蝉的卵
	中华淡翅盲蝽 *Tytthus chinensis*	若虫、成虫多在水稻中下部尤其是基部活动，取食稻飞虱及叶蝉的卵
宽黾蝽科 Veliidae	尖钩宽黾蝽 *Microvelia horvathi*	捕食落入水中的低龄飞虱、叶蝉若虫为主
丝黾蝽科 Hydrometridae	白条丝黾蝽 *Hydrometa albolineata*	常见在稻丛间、稻田水面及沟边活动，取食飞虱、叶蝉低龄若虫
花蝽科 Anthocoridae	淡翅小花蝽 *Orius tantillus*	生活隐蔽，常在被稻蓟马为害后卷曲的稻叶内取食蓟马若虫，每一个体平均每天取食蓟马若虫3～4头
	黄褐叉胸花蝽 *Amphiareus* sp.	常躲藏于卷曲的稻叶内取食蓟马若虫，或在卷叶苞内取食鳞翅目幼龄幼虫；水稻收获后常在禾秆堆间活动，取食啮虫、跳虫及螨类
	黄褐刺花蝽 *Physopleurella armata*	常于稻田间杂草及禾秆堆间活动，偶尔发现在干枯的叶苞内，取食夜蛾的卵
	黑纹花蝽 *Montandoniola maragnesi*	稻田偶见，数量不多，常在水稻卷叶内取食蓟马若虫；豆类、树木、果树苗圃则较多，喜在虫瘿内猎食蓟马
猎蝽科 Reduviidae	黄足刺蝽 *Sirthenea flavipes*	南方稻区多种大田作物上均常见，且数量颇多，取食鳞翅目幼虫
	日月盗猎蝽 *Pirates arcuatus*	多活动于稻丛基部，猎食各种鳞翅目幼虫；花生、黄豆等大田作物上亦常发现，喜在作物基部及表土附近活动觅食
	轮刺猎蝽 *Scipinia horrida*	多在稻丛及田边杂草上活动，其中在田边杂草上较多，猎食多种水稻害虫，亦常发现稻田蜘蛛被其猎食

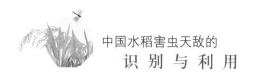

蝽科	蝽种类	猎物与栖境
猎蝽科 Reduviidae	长棘猎蝽 *Polididus armatissimus*	与轮刺猎蝽习性相似，多在稻丛间及田边杂草丛间活动，猎食多种水稻害虫
	南普猎蝽 *Oncocephalus philppinus*	稻丛间常见，取食水稻多种鳞翅目幼虫；亦常发现于稻区其他作物上，如花生、黄豆、黄麻等
	舟猎蝽 *Staccia diluta*	稻田中常见，数量很多，行动活泼，常猎食稻飞虱的短翅型成虫及一些鳞翅目幼虫
	黑光猎蝽 *Ectrychotes andreae*	常活动于稻田田埂及稻丛间，亦常见于豆类、甘蔗等作物，喜在作物基部及表土附近活动，觅食鳞翅目幼虫
	红彩真猎蝽 *Harpactor fuscipes*	常见于稻田边的杂草丛及稻丛间活动，数量颇多，取食稻田的鳞翅目幼虫，亦发现取食短翅型稻飞虱成虫
姬猎蝽科 Nabidae	暗色（灰）姬猎蝽 *Nabis palliferus*	常于稻田附近杂草间活动，取食蚜虫、叶蝉、稻飞虱、蓟马等害虫
	华姬猎蝽 *Nabis sinoferus*	与暗色姬猎椿相似，常于稻田附近杂草丛间活动，取食蚜虫、叶蝉、稻飞虱、蓟马等害虫
长蝽科 Lygaeidae	三色长蝽 *Geocoris ochropterus*	取食棉蚜、棉叶螨、蓟马、叶蝉、盲蝽若虫、棉铃虫、红铃虫、小造桥虫、金钢钻等害虫

（二）生活习性

捕食性蝽类天敌常见优势种的生活习性简介如下：

黑肩绿盲蝽 卵呈茄子形或近似断头香蕉，散产于叶鞘或叶片中脉的组织内，留在叶鞘或叶片中脉组织外的卵帽似针尖大小；卵多在白天孵化，尤其14:00—16:00时孵化最多。若虫绿色或黄绿色，一般有5龄，少数为4龄或6龄。若虫吸食量颇大，低龄若虫日平均吸食4.7粒飞虱卵，高龄若虫吸食7.5粒。在平均室温23.1~30.7℃、相对湿度69.8%~80.8%的条件下，若虫历期平均10.0~15.2 d。昼夜均可见黑肩绿盲蝽成虫羽化，以14:00—17:30羽化为多。羽化后2~3 d交尾，交尾多见于夜间及阴雨天的上午9点半之前，历时1 h左右。雌成虫产卵前期1~13 d。每雌每天产卵量1~40粒不等，平均12.13粒；雌虫一生产卵最多161粒，平均90余粒，环境不适宜时平均仅10余粒。未交尾雌虫也会产卵，但卵量少（常2~15粒），且孵化率低，孵出若虫不能发育至成虫。成虫寿命因食料和温湿度的不同而有差异，一般为10~28 d，最长70 d，雌性寿命与雄性相差不大（傅子碧和卓文禧，1980；吴光荣和陈琇，1987）。

黑肩绿盲蝽成虫畏惧阳光直射，多在较湿润的环境和长势嫩弱、稻飞虱和叶蝉卵密度较大的稻株中下部活动觅食；但水稻生长后期，会移往中、上部活动。成虫趋光扑灯能力较强，具有一定的高空飞翔能力（傅子碧和卓文禧，1980）。黑肩绿盲蝽对不同光波光源的趋性有所不同，根据对紫光（410～415nm）、蓝光（455～458nm）、绿光（515～518nm）、黄光（587～590nm）、红光（615～618nm）、白光（6000～6500k）等6种LED光源趋光率的比较，发现该天敌对蓝光的趋光率最高，达（19.25±1.12）%，显著地高于其他5种光波（邵英等，2013）。齐会会等（2014）于2012和2013年在广西兴安县应用探照灯诱虫器进行分时段监测，发现黑肩绿盲蝽整夜均可扑灯，且一般有1～2个扑灯高峰，迁出高峰期及本地活动期的扑灯高峰主要集中在前半夜。

黑肩绿盲蝽主要刺吸褐飞虱、白背飞虱和黑尾叶蝉的卵，还可捕食其若虫和成虫（吴光荣和陈琇，1987）；有时还捕食二点黑尾叶蝉和二条黑尾叶蝉的卵和若虫（Reyes et al.，2015），以及二化螟的卵和幼虫、稻纵卷叶螟的低龄幼虫（陈常铭等，1985）、大螟卵（周传波和陈安福，1981）。可选择条件下，黑肩绿盲蝽对褐飞虱卵捕食量多于对叶蝉卵（Heong et al.，1990）。不同虫态黑肩绿盲蝽的捕食量以高龄若虫和成虫较高，1、2、3、4、5龄若虫捕食飞虱的日平均卵量分别为2.2、4.1、5.4、5.9和9.0粒，雌、雄成虫则分别为7.0、5.9粒（吴光荣和陈琇，1987）。在无选择条件下，黑肩绿盲蝽雌虫对褐飞虱卵、1龄、2龄、3龄、4龄、5龄若虫和成虫的日捕食量分别为（6.0±5.3）头、（6.9±3.5）头、（3.6±2.6）头、（2.2±1.8）头、（1.2±0.8）头、（0.4±0.9）头、（0.0±0.0）头，捕食量随着龄期的增长而递减，对其中褐飞虱卵、1龄和2龄的捕食选择性和捕食能力均相对较强，对成虫几乎不捕食（唐耀华等，2014）。当害虫猎物缺少时，黑肩绿盲蝽可以其他生物资源如水稻和其他植物的花穗、刺吸式害虫排泄的蜜露为食（Heong et al.，1990）。黑肩绿盲蝽成虫耐饥饿力颇强，仅供鲜稻苗时平均能活4.5d，最长7d；不供食物平均能活3d，最长5d（傅子碧和卓文禧，1980）。

黑肩绿盲蝽是稻飞虱等害虫的重要捕食性天敌，在稻田分布数量大、自然控制效能高。据观察，黑肩绿盲蝽成虫期累计可吸食稻飞虱或稻叶蝉卵203.7～251.4粒（傅子碧和卓文禧，1980）。在田间，福建省8月中旬晚稻分蘖期，对褐飞虱卵的捕食率达47%～60%，8—9月对晚稻前期白背飞虱卵的捕食率为40%～50%（罗肖南和卓文禧，1986）。在浙江省晚稻田中对飞虱卵的捕食率达39.1%（吴光荣和陈琇，1987）。国外如印度，黑肩绿盲蝽对飞虱、叶蝉的若虫的捕食率也高达20%～99.7%（Pophaly et al.，1978）。

中华淡翅盲蝽　卵产于叶片叶脉组织中，卵帽外露，分散呈不规则排列，孵化时卵逐渐从叶脉组织中冒出，若虫一般为4龄。26℃恒温条件下，卵历期7.3d，若虫期8.8d，雌虫寿命13.0d，每雌产卵量平均158粒，产卵量明显高于黑肩绿盲蝽。该盲蝽偏好在水稻上产卵，稻苗上有飞虱卵时吸引力更强）；可取食褐飞虱、白背飞虱、灰飞虱和伪褐飞虱等多种猎物，其中以褐飞虱最为适宜（祝梓杰，2015；郑许松等，2017）。

尖钩宽垫盲蝽　若虫一般有5龄，成虫羽化两天后就能交尾，常在白天进行，且以8:00—

11:00最盛，有重复交配的现象。在22～28℃范围内，尖钩宽黾蝽平均卵期为3.7～8.5d，若虫期15.1～20.6d，成虫寿命22.8～25.3d，雌虫寿命长于雄虫。每雌产卵平均81.27粒；产卵前期2～4d，未经取食则产卵很少或几乎不产卵。若虫多在白天孵化，以4:00—10:00最多。此虫的食性较广，主要捕食稻飞虱和稻叶蝉类，且有较强的耐饥力，在一些专食性天敌受追随作用限制难以控制飞虱或叶蝉时，它可起到一定的控制作用。成虫和若虫觅食时喜在水稻、杂草附近的水面上随意滑行，主要靠触角摆动发现猎物。当碰上大龄猎物时，常4～8头共同围歼猎物。对幼龄猎物可食尽其体液；当猎物密度大时，往往只吸食一部分即弃尸而去。在饥饿状态下，可以几十头围歼1头猎物。若虫的活动和捕食习性与成虫基本相似（肖铁光等，1987）。尖钩宽黾蝽是一种不耐旱而耐饥的昆虫，为保护此天敌，稻田不宜重晒，以免其种群密度大幅度减少。尖钩宽黾蝽取食白背飞虱和褐飞虱低龄若虫时均能完成世代发育，取食白背飞虱的尖钩宽黾蝽若虫存活率、产卵速率明显高于取食褐飞虱的若虫存活率和产卵速率，但取食这2种猎物的宽黾蝽卵期、若虫期、产卵前期、卵孵化率和雌性比基本一致（陈建明等，1998）。尖钩宽黾蝽的空间生态位比较窄，种群数量极易受环境波动的影响而不稳定（杨贤国，1996）。

以取食转*Bt*基因水稻'KMD1''KMD2'的灰橄榄长角跳虫作为捕食对象，尖钩宽黾蝽的捕食量和功能反应均符合Holling Ⅱ型方程，其日捕食量、瞬时攻击率（a）和处理时间（Th）均无显著差异（白耀宇等，2005）。

（三）发生规律及其影响因子

发生规律 稻田捕食性蝽的发生规律研究较少，主要见于对黑肩绿盲蝽、中华淡翅盲蝽和尖钩宽黾蝽等常见优势种的报道。

黑肩绿盲蝽： 具远距离迁飞习性，且与褐飞虱有明显的伴迁现象（邓望喜，1981；朱明华，1989；Riley et al.，1994）。虽然黑肩绿盲蝽和褐飞虱每年的迁入期和迁入量有所不同，但其种群动态大体一致，且盲蝽一般滞后于寄主飞虱（齐会会等，2014）。例如，黑肩绿盲蝽在四川的始见期常出现在6月上、中旬，终见期常在11月上、中旬，较稻飞虱偏迟1候左右（朱明华，1989）。

黑肩绿盲蝽发生时间因不同地区而异。在福建沙县，一年发生7～8代，世代重叠；一般每年5月底至6月初成虫始见，8—10月盛发（傅子碧和卓文禧，1980；罗肖南和卓文禧，1986）。在浙江萧山，6月中下旬至7月初田间成虫始见，8月中旬后虫量开始增加，9月下旬至10月上旬达高峰，以后下降（吴光荣和陈琇，1987）。在广西，灯下高峰期一般出现在7月下旬至8月下旬（齐会会等，2014）。在江西省万载，灯下高峰期发生在8月底至9月初，与褐飞虱的发生高峰期相适应（陈洪凡等，2015）。

中华淡翅盲蝽： 主要发生在水稻生长后期，在我国多数地区不能越冬，每初始虫源均由外地迁入。该虫幼期（卵＋若虫）的发育起点温度和有效积温分别为12.35℃、268.16d·℃。在杭州，该盲蝽每年可能从6月下旬梅雨季节迁入，从7月开始，推算一年可发生5代（祝梓杰，2015）。

尖钩宽黾蝽： 在湖南长沙一年可发生7代，可越冬。在江西第1次高峰期发生在7月中旬至7月底，与白背飞虱的发生高峰期相适应，第2次高峰期发生在8月底到9月初，与褐飞虱的发生高峰期相适应（陈洪凡等，2015）。

影响因子　气候、猎物、水稻品种、农药等非生物和生物因素对黑肩绿盲蝽的发育、捕食和生殖均有重要影响。

气候： 黑肩绿盲蝽发育和繁殖的最适宜温度为26℃左右，在21～29℃时世代存活率、种群增长力和成虫产卵量均较高（陈建明和程家安，1994）；在相对低温9℃和相对高温31℃下，黑肩绿盲蝽的生长发育和繁殖均受到抑制（何晶晶，2013）。温度还影响捕食能力，在20～32℃温度范围内，黑肩绿盲蝽对褐飞虱卵的捕食能力随温度增强，超过32℃反而减弱（Song and Heong，1997）。吴利勤（2012）亦报道，在24～30℃范围内，黑肩绿盲蝽的捕食量随温度的升高而增加，30℃时捕食量达到最大值，30～35℃捕食量随温度的升高而降低。温度还影响黑肩绿盲蝽的耐饥力，仅供水时，26℃下成虫存活仅66.6～68.2h，显著短于15℃下的264.0～277.6h（郑许松等，2014）。中华淡翅盲蝽在14～30℃范围内，内禀增长率随温度升高而增加；26～30℃温度范围内最适宜该盲蝽发育、存活及繁殖（祝梓杰，2015）。尖钩宽黾蝽成虫在气温低时活动迟缓，在温暖天气，则活动频繁。在14～32℃范围内，尖钩宽黾蝽雌、雄成虫的耐饥力亦随温度升高而下降，不同温度间差异显著；14℃时，尖钩宽黾蝽成虫的耐饥时间最长，达32.1d（无翅型）和29.6d（有翅型），32℃时，则分别为9.5d和7.8d；不同温度条件下，尖钩宽黾蝽1龄若虫的耐饥力存在显著差异，14℃和20℃的耐饥力显著高于26℃和32℃；温度对不同翅型的影响似有不同，无翅型成虫的产卵量、卵历期及卵孵化率在各温度间均有显著差异，但有翅型成虫在产卵量方面差异不明显（陈建明等，1999；2000）。

大气二氧化碳浓度升高显著地缩短了黑肩绿盲蝽若虫的发育历期，尤其是缩短了4、5龄若虫的发育历期，但对黑肩绿盲蝽雌雄比率、存活率、寿命等均无显著的影响；在高二氧化碳浓度环境中，黑肩绿盲蝽若虫的捕食量显著增加，成虫期捕食量无显著变化，若虫与成虫期捕食总量虽然有增加的趋势，但未达到显著水平（高会会，2015）。

猎物： 猎物的种类和数量是影响捕食性蝽消长的重要因素。黑肩绿盲蝽可捕食对象众多，但以褐飞虱卵为食时，黑肩绿盲蝽寿命较长、繁殖力较高和种群增长速度较快（Sivapragasam et al.，1985；陈建明等，1994）。在不同褐飞虱若虫密度下，黑肩绿盲蝽的捕食量在一定范围内随密度的增加而增加，其功能反应符合Holling Ⅱ型（吴利勤，2012）。中华淡翅盲蝽以褐飞虱、白背飞虱或灰飞虱为食时，取食褐飞虱时的若虫历期、产卵前期最短，产卵量居中，内禀增长率最

高；取食白背飞虱时产卵量最高，内禀增长率居中；取食灰飞虱时产卵量最少，内禀增长率最低（祝梓杰，2015）。

水稻品种：对捕食性蝽的影响较普遍。据报道，黑肩绿盲蝽在'TN1'和'丙97-34'水稻品种上的产卵持续时间长，雌性别比、产卵量、内禀增长率高；在'丙97-59'水稻上次之；而在'IR26'水稻上产卵持续时间短，雌性别比、产卵量、内禀增长率低（娄永根等，2002）。中华淡翅盲蝽在水稻品种'IR64'上的卵和若虫期存活率均显著高于'秀水134'（祝梓杰，2015）。尖钩宽黾蝽在'株两优02'上的卵期和若虫期较长，在'湘早籼31''嘉育164''威优402'等品种上较短；在一定程度上，抗白背飞虱的水稻品种对尖钩宽黾蝽有抑制作用，其原因可能是水稻品种间接地通过白背飞虱来影响尖钩宽黾蝽的种群动态（唐江霞，2004）。水稻的不同挥发物、不同浓度的挥发物对黑肩绿盲蝽存在引诱和趋避的不同效果（蒋娜娜等，2018）。

转 *Bt* 基因水稻对黑肩绿盲蝽的生物学特性和功能反应一般没有显著影响（Han et al.，2014，2017；Chen et al.，2015；韩宇，2015）。取食转基因抗除草剂水稻Bar68-1稻株伤流液也没有给黑肩绿盲蝽增加新的生态风险（蒋显斌，2016）。取食转 *Bt/Sck* 双价基因水稻MSB上饲养的褐飞虱的尖钩宽黾蝽若虫发育历期、成虫寿命与产卵前期、产卵量、孵化率与对照均无显著差异，但取食 *Bt* 稻'KMD1'上饲养的褐飞虱，尖钩宽黾蝽除2龄若虫的存活率显著高于对照外，其他指标亦与对照无显著差异（姜永厚，2004）。

田边植被：田边显花植物对黑肩绿盲蝽的生长发育和捕食行为有明显影响。据报道，万寿菊、一点红、芝麻、长柄菊等显花植物对黑肩绿盲蝽的捕食、搜索效率、产卵、若虫历期存在影响；黑肩绿盲蝽在取食盛花期的长柄菊、一点红、万寿菊和芝麻花后，其F1代雌若虫历期显著缩短；取食芝麻花、万寿菊后，其F1代黑肩绿盲蝽4龄若虫对褐飞虱卵的捕食能力分别比对照提高了140.8%、79.0%；取食万寿菊后，对褐飞虱雌成虫的捕食能力提高了35.2%（朱平阳等，2013）。人心果、香菜、夹竹桃枝叶粗提物和姜根茎粗提物对黑肩绿盲蝽有显著引诱效果（刘思仪，2017）。

共存天敌：在稻田生态系统中，黑肩绿盲蝽和中华淡翅盲蝽除捕食水稻害虫外，还与各类捕食性或寄生性天敌之间存在密切关系。如在水稻生育前期，黑肩绿盲蝽及中华淡翅盲蝽的主要猎物是白背飞虱和稻飞虱的卵寄生蜂；在水稻生育后期，两种盲蝽的主要猎物是褐飞虱和异种盲蝽（乔飞，2014；乔飞等，2016）。此外，尖钩宽黾蝽及稻虱缨小蜂对黑肩绿盲蝽存在捕食或寄生关系（祝增荣和陈琇，1987）。病原真菌 *Entomophthora erupta* 在广东省可侵染黑肩绿盲蝽成虫或3~5龄若虫，进而引起稻田中的黑肩绿盲蝽种群流行病（贾春生，2011）。显然，评价多种天敌对稻飞虱的控制作用时应予以考虑天敌间的相互关系。

农药：影响盲蝽的控害效果，部分农药对黑肩绿盲蝽的生存影响较大，甚至致死。如噻嗪酮、速灭威、噻虫嗪、毒死蜱、氟虫腈等5种药剂具有高风险性（赵学平等，2008）。黑肩绿盲蝽对氟虫腈、仲丁威、甲萘威、对氧磷、二嗪氧磷均表现出高敏感性（刘陈，2017）。农药还可能通过高抗药性猎物而间接影响盲蝽类天敌，用抗吡虫啉褐飞虱种群饲养黑肩绿盲蝽1代后，黑肩绿盲蝽的功能反应发生变化，捕食功能有所下降（凌炎等，2015）。而一些农药对黑肩绿盲蝽几乎不存在影响。如19%三氟苯嘧啶·氯虫苯甲酰胺悬浮剂对黑肩绿盲蝽的影响较小（梁锋等，2017）。用35%丁硫克百威种子处理干粉剂30 g/kg拌种，对黑肩绿盲蝽没有显著影响（何忠雪等，2017）。真菌药剂金龟子绿僵菌CQMa421可分散油悬浮剂（8×10^{10}孢子/mL）与1×10^{12}/g枯草芽孢杆菌可湿性粉剂对黑肩绿盲蝽种群数量无明显影响（李君保等，2019，李君保和冉文秀，2019）。

值得一提的是，部分亚致死浓度的农药可能对黑肩绿盲蝽的捕食、生殖能力产生有利影响。如用三唑磷、溴氰菊酯、吡虫啉、吡蚜酮和氯虫苯甲酰胺5种杀虫剂亚致死剂量处理后，黑肩绿盲蝽产卵量提高37.6%～55.9%（陆炜炜，2017）。利用药膜法处理后，吡虫啉、三唑磷、溴氰菊酯、吡蚜酮、氯虫苯甲酰胺亚致死浓度（LC_{20}）对黑肩绿盲蝽羽化成虫生殖均有不同程度提高，可能与药剂处理刺激卵黄原蛋白合成有关（刘陈，2017）。亚致死浓度吡蚜酮刺激黑肩绿盲蝽，可使其生殖捕食能力提高20.4%～28.9%（张傲雪，2019）。亚致死浓度的吡虫啉可能通过上调保幼激素（JH）水平来诱导黑肩绿盲蝽卵的繁殖（Zhu et al.，2020）。

其他：灌溉措施也对黑肩绿盲蝽有一定影响。非充分灌溉可促进黑肩绿盲蝽的外迁，长期灌溉能有效减少黑肩绿盲蝽的外迁，间歇灌溉亦显著减少天敌黑肩绿盲蝽的外迁（李超等，2017）。

二、瓢 虫

瓢虫属鞘翅目Coleoptera瓢虫科Coccinellidae。捕食性瓢虫约占瓢虫科种类的80%，其幼虫和成虫均可捕食蚜虫、飞虱、叶蝉、粉虱、螟虫（蚁螟、卵）、螨类等重要的作物害虫，是稻田重要的捕食性天敌之一。

（一）种类构成及优势种

我国稻田常见的瓢虫至少有38种（表3-29），以稻红瓢虫 *M. discolor*、异色瓢虫 *H. axyridis*、七星瓢虫 *C. septempunctata*、隐斑瓢虫 *H. yadoensis*、六斑月瓢虫 *M. sexmaculata*、八斑和瓢虫 *H. octomaculata* 等种类较为常见，稻红瓢虫最常见。

不同稻区作物种类、环境条件等因素有差异，瓢虫种类构成和优势种可能明显不同。稻红

瓢虫是好暖性偏南方种类，热带稻田中发生比例相对较高。在海南三亚南繁稻田，稻红瓢虫数量占全部捕食性节肢动物的21.0%～24.5%，不但是优势度最高的瓢虫类天敌，而且居于捕食性天敌之首；尽管如此，田间还偶见六斑月瓢虫、八斑和瓢虫等其他瓢虫（周霞等，2019）。在福建沙县，稻红瓢虫是唯一常见的瓢虫，其数量占稻田全部捕食性节肢动物的0.8%～1.3%，属于优势度排第13位的捕食性天敌（刘雨芳等，2005）。

水稻盛花期稻田瓢虫数量相对较高。在江西井冈山夏坪（海拔高度为260 m），1981年8月调查，一晚水稻'油优2号'正值盛花期，稻田稻红瓢虫密度可达到11900～34000头/亩，而二晚尚未抽穗，只有570～5100头/亩（章士美等，1982）；1993年8月，一晚盛花期的'汕优63'稻田里有801～2499头/亩，而二晚尚未抽穗，未见稻红瓢虫（江永成，1995）。张润杰（1989）发现，1983—1984年广东省四会早稻田捕食性天敌中，稻红瓢虫是水稻田捕食性瓢虫的优势种，前期田间密度约为0.1头/10丛，6月以后水稻抽穗扬花，密度较高，最高达0.6头/10丛。这可能与瓢虫有采集花粉的习性有关，扬花期水稻能吸引周边瓢虫集中到稻田里。

表 3-29　我国稻田常见瓢虫种类及其猎物

种类	稻田中已知猎物
黑背毛瓢虫 Scymnus babai	稻蚜
黑襟毛瓢虫*S. hoffmanni	稻蓟马、稻蚜、叶螨
黑背小瓢虫 S. kawamurai	稻蚜
连斑小毛瓢虫 S. quadrivulneratus	稻蚜
二星瓢虫 Adalia bipunctala	稻蚜
展缘异点瓢虫 Anisosticta kobensis	稻蚜
细纹裸瓢虫 Bothrocaluia albolineata	稻蚜
华裸瓢虫 Calvia chinensis	稻蚜
十五星裸瓢虫*C. quindecimguttata	稻蚜
七星瓢虫*Coccinella septempunctata	稻蚜、飞虱
横斑瓢虫 C. transvesoguttata	稻蚜
狭臀瓢虫 C. transversalis	稻蚜、褐飞虱、白背飞虱、灰飞虱、蚁螟
十一星瓢虫 C. undecimpunctata	稻蚜
双七瓢虫 C. quatuordecimpustulata	稻蚜
异色瓢虫*Harmonia axyridis	褐飞虱、白背飞虱、灰飞虱、稻叶蝉、稻蚜、蚁螟
红肩瓢虫 H. dimidiata	稻蚜

种类	稻田中已知猎物
奇斑瓢虫 H. eucharis	稻蚜
八斑和瓢虫 *H. octomaculata	稻蓟马、黑尾叶蝉、白翅叶蝉、褐飞虱、白背飞虱、灰飞虱、稻蚜、蚁螟
纤丽瓢虫 H. sedecimnotata	稻蚜
隐斑瓢虫 *H. yadoensis	褐飞虱、白背飞虱、灰飞虱、稻蚜
多异瓢虫 Hippodamia variegata	稻蚜
十三星瓢虫 H. tredecimpunctata	褐飞虱、白背飞虱、灰飞虱、稻蚜
双带盘瓢虫 Lemnia biplagiata	稻蚜
十斑盘瓢虫 L. bissellata	稻蚜
黄斑盘瓢虫 L. saucia	稻蚜、褐飞虱、白背飞虱、灰飞虱
红颈瓢虫 L. melanaria	稻蚜
黑条长瓢虫 Macronaemia hauseri	稻蚜
六斑月瓢虫 *Menochilus sexmaculata	叶蝉、褐飞虱、白背飞虱、灰飞虱、稻蚜、蚁螟、螨类
稻红瓢虫 *Micraspis discolor	稻蓟马、稻蚜、黑尾叶蝉、白翅叶蝉、褐飞虱、白背飞虱、灰飞虱、蚁螟、稻螟蛉幼虫、稻纵卷叶螟幼虫和卵、负泥虫幼虫、稻小潜叶蝇
十二斑巧瓢虫 Oenopia bissexnotata	稻蚜
菱斑巧瓢虫 O. conglobata	稻蚜
黑缘巧瓢虫 O. kirbyi	稻蚜
黄缘巧瓢虫 O. sauzeti	稻蚜
黄宝盘瓢虫 Pania luteopustulata	稻蚜
红星盘瓢虫 Phrynocaria congener	褐飞虱、白背飞虱、灰飞虱、稻蚜、蚁螟
龟纹瓢虫 *Propylea japonica	褐飞虱、白背飞虱、灰飞虱、稻蚜、蚁螟
大突肩瓢虫 Synonycha grandis	稻蚜
海南纵条瓢虫 Brumoides hainanensis	褐飞虱、白背飞虱、灰飞虱

注：*示稻田较常见种类，并录入第二编。

（二）生活习性

瓢虫属于完全变态昆虫，行有性生殖方式，其生长发育共经历卵、幼虫、蛹和成虫4个阶段。

卵 瓢虫的卵一般长度几毫米，排列整齐，成行成块，外观多呈梭形、长椭圆形等，初产时多为橙黄色或黄色，孵化前逐渐变为灰黑色。一般首先从卵的基部（黏着端）开始变色，后逐渐向卵的顶端扩大。孵化时，卵顶端先出现一条裂缝，幼虫胸部背板先露出裂缝，然后头部钻出，继而伸出足。初孵幼虫头部及足呈半透明状。足伸出后，由于腹部还在卵壳中，故需较长时间才能脱离卵壳。此期间足不断伸展，试图抓住树枝等物以帮助身体脱离卵壳。据观察，龟纹瓢虫从裂缝出现到身体爬出仅需5.5min，但可能因孵化过程中消耗能量较大，腹末完全脱离耗时约100min。

卵孵化后，卵壳呈白色。室内观察，龟纹瓢虫卵的孵化率可达83.3%以上（亓东明和郑发科，2007）。

幼虫 一般4龄，也有的仅3龄。初孵幼虫孵出后，先停留在自己的卵壳附近取食自己的卵壳，稻红瓢虫初孵幼虫集中在卵壳上停息8h才分散。初孵幼虫体长为2～3mm，全身黑色。随着龄期的增长，体色渐现各种斑纹。龟纹瓢虫蜕皮前，幼虫不停地爬动，搜寻到合适的蜕皮位置后，以腹部末端固着于叶片背面。经一段时间后，胸部背板出现裂缝，幼虫胸部背板逐渐显现，然后头部逐渐伸出，继而各足逐渐伸出，全过程耗时约320s。初蜕皮的幼虫头部、足皆呈嫩黄色半透明状。蜕皮和孵化过程一样，腹部末端最难脱离，期间身体不断弹动以促使身体脱离残皮，至腹部末端完全脱离约耗时1h。老龄幼虫经过一段时间的静止期后化为褐色盾状离蛹。蛹初期为淡黄色，约2.5h后第5节腹部背板开始出现2个褐色的小斑纹，5h后第2节腹部背板也开始出现不明显的褐色小斑纹，以后各节陆续相继出现这种斑纹（亓东明和郑发科，2007）。稻红瓢虫田间条件下幼虫历期9～15d（江永成，1995）。瓢虫幼虫一般有自残现象，缺食物时自残更为严重。异色瓢虫初孵幼虫可发生同胞自残和非同胞自残，前者指先孵出的幼虫捕食同一卵块中未孵化的卵，整个发生期均可出现；后者指孵出幼虫取食其他卵块中未孵化的卵，多发生在瓢虫产卵的中后期或靠近猎物（如蚜虫、飞虱）的卵块。Osawa（1992b）观察到异色瓢虫卵的自残率达31.2%，其中同胞自残13.9%、非同胞自残17.3%。幼虫仅能耐受短时8℃左右的较低温，再低即不能发育甚至死亡（章士美等，1982）。

蛹 稻红瓢虫的老熟幼虫化蛹前，以腹部末端固定在物体上，化蛹时蜕下的皮置于蛹的腹端；化蛹多在水稻或田边杂草的叶鞘上。自然条件下，蛹历期3.5～5.5d（江永成，1995）。瓢虫蛹的体色多样，稻红瓢虫蛹为红褐色，龟纹瓢虫蛹为黑色。

成虫 稻红瓢虫成虫具较强的趋光性，且在稻田有明显的趋花性，故抽穗扬花的稻田虫口密度最高。略具假死性，惊动后立刻下坠，但很快就会向上爬动。当人用手抓住它时，会分泌一种特殊的恶臭气味。耐饥能力强，停食8d仍有71.4%的存活率。具有自残性，饥饿状态下会食自产的卵（江永成，1995）。

龟纹瓢虫羽化前，以腹部末端为固着点，蛹体不断弹动，后逐渐从蛹体前胸背板处裂开1条缝，虫体头部首先从缝中伸出，继而足逐渐伸出，然后足不停爬动，努力使身体脱离蛹壳，最后腹部末端成功脱离，耗时约150s。初羽化成虫复眼、前胸背板为黑色，鞘翅全为嫩黄色。成虫羽化后休息约2min，然后迅速爬到自己的蛹壳上，开始取食自己的蛹壳。蛹壳透明、柔软。取食蛹壳、休息交替进行。一旦受到惊扰，迅速停止取食，静止不动。在取食过程中等待鞘翅硬化（亓东明和郑发科，2007）。自然条件下，瓢虫雌雄性别比约为1∶1，如龟纹瓢虫越冬代雌雄性别比为1∶0.88（魏建华和冉瑞碧，1983）。瓢虫羽化后不能马上交配，如稻红瓢虫成虫羽化4d后才交配产卵（章士美等，1982）。

瓢虫鞘翅色斑类型十分丰富，变化多样，常造成瓢虫种类鉴别上的困难，但也常被用作遗传学研究的重要材料。异色瓢虫有4种主要色斑型：黄底型、花斑型、二窗型、四窗型，有时也会出现一些其他类型，但所占比例较小（庚镇城和谈家桢，1980）。该虫的优势色型呈鲜明的地域特征，我国北方黄底型占绝对优势，黑底型则为少数；从东北、北部过渡到南部、西南，黑底型比例上升而黄底型比例下降（江永成和朱培尧，1993）。隐斑瓢虫鞘翅色斑型分为6种类型：黄底型、花斑型、二窗型、四窗型、隐斑型和基纹型（佐佐治宽之，1998）；或大致分为3种色斑型：隐斑型、黄底型和花斑型（庞雄飞，1984）。异色瓢虫、隐斑瓢虫的四窗型相似，一般依据鞘翅近末端是否具横脊痕进行判别，有横脊痕的则为异色瓢虫（虞国跃，2010）。其他种类，如六斑月瓢虫的斑纹通常分六斑型、四斑型，其中后者是前者部分斑纹融合或消失而成（蒲天胜，1983）。八斑和瓢虫的斑纹大致分为深色型、浅色型和无斑型3种（蒲天胜，1980）。

龟纹瓢虫交配前，雌成虫表现活泼，常不停爬动，而雄成虫则表现相对较弱。雌成虫爬动一段时间后静止，雄成虫则慢慢靠近雌成虫，其上颚须和触角不停摆动。之后不久，雄成虫突然接近雌成虫，用两前足抱住雌成虫后胸，中足紧抱鞘翅边缘，腹部末端不断弯曲伸出后又缩回，反复多次后雄成虫交配器插入雌成虫生殖器之中，即交配成功（亓东明和郑发科，2007）。大量研究证明，瓢虫具有较频繁的性行为（Osawa，1993；何继龙等，1994；江永成，1995；Hodek, et al.，2000；Obrycki et al.，2001），且可通过增加交配次数与性伴侣数量来获取较高的繁殖量（Heimpel et al.，2000；Omkar et al.，2005）。

产卵前，龟纹瓢虫雌成虫一般会不断爬动，用下颚须、触角不断碰触以搜索合适的产卵位置。一旦找到合适的产卵位置即开始产卵。产卵时，其腹部末端产卵器不断颤动并慢慢打开，即有1粒卵产出，产出后的卵自行固定在叶片上。初产卵成嫩黄色，椭球形，一般排列成2行，偶尔也有单行或成簇排列的。自然条件下，一般产卵于叶片背面阴凉处，有利于防止炎热的阳光使卵过多散失水分而死亡。每产完1枚卵后稍做休整，再产下1枚；每产1粒卵平均耗时3.75s，

而2粒卵之间产卵间隔约为31.75 s(亓东明和郑发科,2007)。稻红瓢虫产卵前期为8~22 d,产卵期为7~104 d(一般约30 d),越冬代最长;产卵量一般为130粒,多者达562粒。成虫一般产卵多次,每次产卵间隔期为1~24 d,一般为1~3 d。卵一般成块产在水稻叶背,竖立成2列;每个卵块含2~26粒卵,以16粒、12粒居多,次为15粒。产卵温度一般要求在20℃以上,25℃左右盛产。卵孵化率一般在65%左右。卵历期3~4 d(章士美等,1982;江永成,1995)。异色瓢虫雌虫一生最多可产卵33次,最少16次,平均24.5次(何继龙等,1994)。产卵载体对异色瓢虫产卵有明显影响,以蚕豆叶、甘蓝叶或油菜叶为载体,日均产卵量分别为116.5、109.3和8.3粒(滕树兵和徐志强,2004)。

梅象信等(2008)于2006—2007年野外观察,异色瓢虫每卵块卵数19~111粒,平均约35.7粒,孵化率为67.7%~96.4%,平均为80.66%。湖北农科院植保所报道(1980),室温下的异色瓢虫成虫羽化后5 d左右开始交配,交配后5 d左右开始产卵。异色瓢虫一生需多次交配才能提高孵化率。如雌虫只交配1次,第1、2 d产的卵孵化率为83.3%~100%,第3 d降到38.9%~60%,第4 d以后不孵化,雌虫一生可产10~20个卵块,单雌产卵量为300~500粒。何继龙等(1994)则报道,室温下以棉蚜为食物,异色瓢虫每头雌虫平均产卵751粒,最少541粒,最多可达1089粒。

胡鹤龄等(1989)据1981—1983年以人工饲料对隐斑瓢虫的幼虫、成虫连续12代饲养的结果表明,在24~26℃条件下,隐斑瓢虫的雌成虫生活力较强,其寿命一般为70~130 d,最短21 d,最长达339 d。而采自田间隐斑瓢虫的蛹,经室内羽化和饲养,雌成虫寿命一般为60~120 d,最短25 d,最长210 d。前后两者间的结果无明显差异。何继龙等(1994)室内饲养观察,异色瓢虫雌虫的寿命一般为48~105 d,平均为86.9 d,而雄虫的寿命一般为60~123.5 d,平均为90.3 d。安瑞军等(1998)发现龟纹瓢虫成虫一般存活2~3个月,雌虫寿命比雄虫寿命长约10 d。魏建华和冉瑞碧(1983)的研究表明,龟纹瓢虫越冬成虫一般可存活7~8个月。章士美等(1982)观察到田间稻红瓢虫成虫寿命第1代约10 d,越冬代最长可达350 d。

瓢虫具有滞育越冬习性。如稻红瓢虫、异色瓢虫等均以成虫聚集状态越冬;越冬时代谢速率明显降低,以利于抵抗严寒。瓢虫多选择在温暖向阳的石缝中、土块间等场所越冬。翌年温度回升后,即可解除滞育并交配产卵。异色瓢虫成虫在我国32°N以北地区,多聚集在背风向阳的石洞或石缝中越冬,这些石洞、石缝就成为"天然种源库"。每年大约10月,它们即开始出北往南(黑龙江至河南)依次"归山"入洞,翌年3月又由南往北出洞活动,取食和繁殖。异色瓢虫除进山越冬外,平原地区也有向村落房舍室内、墙缝以及石块下、土块下、厚叶层下冬眠的。南方,异色瓢虫则多在墙缝、菜地、土缝、山地石缝等处越冬,也有躲在马尾松当年生枝条顶部松针之间越冬的。在松针间越冬的不仅有异色瓢虫,还有隐斑瓢虫、六斑月瓢虫等(江永成和朱培尧,1993)。

瓢虫以成虫越冬,属生殖滞育,表现为雌成虫卵巢发育、卵泡发育停滞,无成熟卵。异色瓢虫的滞育明显降低了其生殖能力,但增加了雌成虫的寿命并保证了其越冬存活率。一般地,滞育成虫的产卵前期明显长于非滞育成虫。如异色瓢虫的产卵前期随滞育程度的加深或减轻而变化，滞育程度深者产卵前期长，浅者则短（黄金，2018）。瓢虫的滞育属兼性滞育，脱离不利环境后即可解除滞育状态。如短光照可诱导异色瓢虫滞育，长光照可解除其滞育（张伟，2012）。

　　瓢虫具有栖境复杂、寄主范围宽、食性广等特点。在田间条件下，捕食性瓢虫多肉食性，一般可捕食蚜虫、飞虱、叶蝉、粉虱、蚧类、蜱螨等小型害虫，从而抑制农业害虫的发生和为害，对农业生态系统起着重要的作用。异色瓢虫能够捕食多种作物、果蔬、林木上的蚜虫、木虱、蚧类、螨类等小型害虫以及一些鳞翅目害虫、叶甲类昆虫的卵、低龄幼虫甚至蛹。此外，还有一些捕食性瓢虫为肉食性兼具植食性，如稻红瓢虫。稻红瓢虫既能肉食，捕食稻蚜、飞虱和叶蝉若虫、稻蓟马、稻纵卷叶螟和二化螟的卵和低龄幼虫；又能植食，取食水稻雄蕊（花药、花丝）、小麦雄蕊及一些禾本科杂草的雄蕊，是稍偏嗜植物（花粉）性食料的兼食类型（江永成，1995）。

　　在农田生态系统中，处于同一营养级的捕食者间亦能相互捕食，称为集团内捕食（Intraguild Predation）现象。集团内捕食可分为2种：单向性集团内捕食和双向性集团内捕食。瓢虫不同种类间普遍存在着集团内捕食现象。单向性集团内捕食是指一种瓢虫捕食另一种瓢虫，但后者不捕食前者。如异色瓢虫和七星瓢虫或二星瓢虫共存时，总是前者捕食后者。双向性集团内捕食即2种瓢虫互为捕食者和被捕食者。如异色瓢虫和十一星瓢虫之间存在相互捕食，但异色瓢虫处于明显优势地位（Félix and Soares，2004）。另外，瓢虫类与其他天敌间亦存在着集团内捕食现象，但很大一部分为单向性捕食。如异色瓢虫偏好取食被阿尔蚜茧蜂 *Aphidius ervi* 寄生的蚜虫（Meisner et al.，2011），能大量捕食食蚜蝇 *Episyrphus balteatus* 的幼虫和卵（Alhmedi et al.，2010）。自然界中，瓢虫与草蛉等一些天敌间存在双向捕食现象。其实在多数捕食性瓢虫食谱中，有的寄主是嗜食的，有的是可食的；嗜食的寄主对异色瓢虫的繁殖起着十分重要的作用，而可食的寄主则对其存活具有极其重要的影响。在生活季节，异色瓢虫还可以在不同的生态系统中穿梭并获取捕食猎物的机会（江永成和朱培尧，1993）。此外，作为食物条件恶劣时的一种生存保护策略，瓢虫具有种内自残的习性。如异色瓢虫在食物不充足或自身虫口密度过大的情况下，经常会残食同胞。这一方面可以减少竞争，另一方面还可补充营养，提高存活个体的存活率（Osawa，1992a；2000）。

　　龟纹瓢虫捕食蚜虫的数量随蚜虫密度的增加而增加，但当蚜虫数量增至一定值时，捕食量增大速度趋于缓慢，属 Holling Ⅱ 型功能反应。当捕食者密度 $P=1$ 头时，在1d内，1头龟纹瓢虫对小麦蚜虫的最大捕食量为75.19头，最佳寻找密度为47.53头。因此，在利用龟纹瓢虫成虫防治蚜虫时，益虫和害虫个数比可以1∶50作为参考值（任月萍和刘生祥，2007）。龟纹瓢虫对棉铃虫的捕食功能反应亦符合 Holling Ⅱ 型功能反应。室内观察龟纹瓢虫成虫对棉铃虫初期幼虫的捕食功能系数为0.9995，日最大捕食量为 $Na=103$ 头。瓢虫不同龄期幼虫的捕食量有明显差异，其中二龄幼虫为24.2头、三龄为79.0头、四龄为91.6头（崔素贞和杨雨琴，1995）。

　　龟纹瓢虫和四斑月瓢虫对不同虫态龙眼角颊木虱 *Cornegena psylla* 的寻找效率从高到低排列顺序是1、2龄若虫＞3、4龄若虫＞成虫，而处理1头猎物所用的时间从高到低排列顺序

是1、2龄若虫＜3、4龄若虫＜成虫。四斑月瓢虫寻找效率高于龟纹瓢虫，其处理1头猎物所用的时间少于龟纹瓢虫。2种瓢虫的日均捕食量因木虱虫态而异，对1、2龄若虫的最大，分别为22.7~190头、35.7~252.7头；对3、4龄若虫的次之，分别为9.7~46.7头、13.7~70.3头；对成虫的最小，分别为3.7~30.3头、4.3~36.3头。在相同虫态条件下，四斑月瓢虫对木虱的捕食量均大于龟纹瓢虫，说明四斑月瓢虫在田间对龙眼角颊木虱可能具有更强的控制作用（邱良妙等，2008）。

（三）发生规律及其影响因子

发生规律 稻红瓢虫、异色瓢虫、隐斑瓢虫、龟纹瓢虫等常见优势种的发生规律简要介绍如下。

稻红瓢虫：在江西南昌1年发生1~3代，而在井冈山茨坪（海拔高度为825m）仅发生1代，两地均以成虫在小麦地、田边杂草及土缝中越冬。在南昌，稻红瓢虫越冬成虫于3月中下旬开始活动，多在小麦、红花、油菜田取食，6月中旬开始产卵，最迟可延至9月7日，10月1—5日羽化出第1代成虫。在井岗山茨坪，越冬成虫于4月上中旬开始活动，7月上、中旬开始产卵，8月中旬同时可见各虫态（章士美等，1982）。在我国西南地区，稻红瓢虫1年约发生1代，以成虫在小麦地、田边杂草上以及土缝中越冬（尤以土缝中为最多）；翌年3月下旬开始活动，首先取食小麦花粉，但为害一般不严重；在栽植苕子、紫云英等绿肥作物地区（如成都），若春季较温暖，则2、3月首遭其为害；4月初，在刚插的早稻田中即有越冬成虫迁入；6月中旬开始在早、中稻田中交配产卵，8月份可同时发现成、幼虫及蛹；7月至8月中旬为化蛹盛期；8月至9月在田间可见第1代成虫大量出现；10月以后成虫开始蛰伏越冬（徐培桢，1959）。

异色瓢虫：在黑龙江龙江1年发生2代，在辽宁铁岭1年可发生3代，在江西赣州1年则可发生8代（江永成和朱培尧，1993）。在上海，异色瓢虫室内饲育1年可发生5代，以成虫越冬。田间在3月发生很少，4月上中旬在大麦田和杂草上有少量发生，5月上中旬迁入柑橘、珊瑚树、桂花树及蔷薇科植物上捕食蚜虫，5月下旬和6月上旬在木槿和柑橘树上大量出现，7月进入越夏状态，9月复出，10月渐多，10月下旬见其在荻草上捕食蚜虫；冬季当气温下降至10℃左右时，成虫纷纷迁至室内或在树缝、落叶层、砖石下等向阳和避风处越冬（何继龙等，1994）。

隐斑瓢虫：在杭州地区1年发生4代，以成虫在背风向阳的松针丛中越冬。3月中旬越冬成虫即开始活动，3月下旬产卵，第1代由3月下旬至7月上旬，第2代由6月上旬至8月下旬，第3代由7月下旬至10月中旬，第4代由9月上旬至翌年6月上旬（胡鹤龄等，1978）。

龟纹瓢虫：在沈阳室内条件下饲养观察，1年可发生4代，以成虫越冬；少部分可发生5代，但不能发育为完全世代。在野外，越冬代龟纹瓢虫成虫春天出蛰后，6月上旬主要在果树、林木、各种蒿草上取食蚜虫；6月下旬麦长管蚜发生，一部分则转移到麦田取食并繁殖；6月中旬以后，大豆蚜、禾缢管蚜、高粱蚜发生，大部分进入高粱、玉米、大豆地取食、繁殖；9月上旬高粱蚜、玉米蚜下降，则又转至林木、杂草取食蚜虫，补充营养；10月中下旬开始越冬（何富刚等，1983）。

影响因子

生物因子：瓢虫作为稻田中重要的一类天敌昆虫，其发生较大程度上受到寄主植物、猎物等生物因子的影响。

寄主植物或者猎物会产生一些挥发性物质引诱或驱避瓢虫。如在受到蚜虫为害时，贴梗海棠、毛白杨、柳树等植物可产生引诱异色瓢虫的挥发性物质，但紫藤则会产生排斥异色瓢虫的物质（曲爱军等，2004；吕小红等，2006）。

猎物密度及空间大小明显影响着瓢虫的生长和捕食。如异色瓢虫捕食高密度下的柑橘木虱更快、更容易，且空间尺寸与异色瓢虫日捕食量存在负相关关系（黄振东等，2019）。在不同饲养密度下，异色瓢虫幼虫存活率随着自身密度的增加而逐渐下降，单雌产卵量随着自身密度的增加而减少，但总产卵量随饲养密度的增加而增大（王良衍等，1983）。

自然条件下，在多物种共存的生态系统中，复杂的种间、种内关系对瓢虫的发生亦有着明显的影响。吴进才等（1993）指出，在多物种生态系统中，不同生态位的多个物种间应按一定的比例合理配置，相互协调，才能获得最佳的自然控制效果，害虫的被捕食量才能达到最大值。娄永根等（1999）认为，通过如田埂种豆、保留部分杂草等一些农业措施，可增加农田植物的多样性，从而增加天敌群落种源库的数量，加快稻田天敌群落的重建或恢复速度，进而提高天敌的增长能力。此外，中性昆虫在维持稻田早期捕食性天敌的种群数量方面亦起着重要作用。

非生物因子：温湿度、光照、农药等非生物因子对稻田瓢虫的发生亦有十分重要的影响。

目前关于温度对瓢虫发生的影响研究较多。温度对瓢虫的产卵量和卵孵化率均有明显的影响。王洪平等（2009）的研究结果表明，以麦蚜为食物，在适宜的温度范围内，异色瓢虫的产卵前期随温度升高而显著缩短；繁殖最适温度为25℃，在此温度下，单雌产卵量最高，达2193粒；20℃时的单雌产卵量为1151粒；15℃时单雌产卵量仅为626粒。25℃和20℃条件下，异色瓢虫卵的孵化率亦较高，分别为93.7%和90.0%，而30℃条件下的卵孵化率仅为73.0%。温度还影响瓢虫的发育历期、存活和捕食等特征。在15～25℃范围内，异色瓢虫各虫态发育历期随温度的升高而缩短（陈洁等，2008）。经过吡虫啉药剂处理后，较高的温度（如30℃）能显著降低异色瓢虫的捕食效率（王峰巍等，2010）。异色瓢虫在3℃的低温下存活率明显下降，但对繁殖、捕食及子代的发育和捕食有积极的影响（杜文梅等，2015）。稻红瓢虫幼虫和蛹仅能耐受短期8℃左右的较低温，再低则不能发育；成虫一般在18℃以上才见交尾，在16℃时偶见；产卵最低温一般要求不低于20℃，25℃以上则盛产。在南昌，9月20日以后所产的卵，因后续低温的原因，一

般难以完成1个世代（章士美等，1982）。

关于湿度的研究较少。马春森等（1997）报道，70%～80%的相对湿度是异色瓢虫越冬的最适湿度，而低于60%或高于90%均不利于其存活。

刘星（2009）研究龟纹瓢虫发现，日照时长对龟纹瓢虫种群密度变化有一定影响，其偏相关系数（$r=0.936$）高于温度（$r=0.865$）、湿度（$r=0.825$）。林带作为瓢虫栖息的重要生境，对农区瓢虫种群的建立和恢复起到重要作用，因此在我国北方有效结合不同类型林带可为营造瓢虫种群起到积极的作用。

姜晓环等（2015）研究7种杀菌剂、7种杀虫剂对异色瓢虫的影响，在田间推荐使用剂量下，对幼虫、成虫的毒力测定结果表明，70%代森锰锌可湿性粉剂、50%多菌灵可湿性粉剂、72%霜脲·锰锌可湿性粉剂、50%腐霉利可湿性粉剂、$1×10^6$孢子/g寡雄腐霉菌可湿性粉剂、4.6%氢氧化铜水分散粒剂、60%嘧菌酯水分散粒剂等7种杀菌剂的影响都不大，相对较为安全；7种杀虫剂的影响相对较大，对成虫的致死率依次为：0.5%苦参碱水剂＞1.8%阿维菌素乳油＞4.5%高效氯氰菊酯乳油＞20%烯啶虫胺水分散粒剂＞1%甲维盐微乳剂＞16000UI/mg苏云金杆菌可湿性粉剂＞10%吡虫啉可湿性粉剂。其中，4.5%高效氯氰菊酯乳油和0.5%苦参碱水剂对幼虫的致死率都达到了80%以上，而16000UI/mg苏云金杆菌可湿性粉剂对异色瓢虫的致死率很低，10%吡虫啉可湿性粉剂对成虫亦安全。因此，科学选择低毒化学农药十分重要，可减少农药对瓢虫等天敌资源的负面影响。

那娃兹（2018）研究了氯虫苯甲酰胺和氟啶虫胺腈对异色瓢虫2龄幼虫的急性毒性，发现其LC_{50}均低于防控田间靶标害虫时的推荐用量，对异色瓢虫均有不良影响；用这2种药剂的LC_{10}、LC_{30}亚致死剂量进行处理，异色瓢虫2龄和4龄幼虫的发育历期和蛹期、产卵前期均显著延长，幼虫、蛹和成虫体重、成虫寿命和繁殖力均显著降低，说明二者的亚致死剂量对异色瓢虫种群的生长发育及生命参数也有不利影响。

三、隐 翅 虫

隐翅虫种类繁多，隶属鞘翅目Coleoptera隐翅虫科Staphylinidae。隐翅虫与人类关系密切，大多数为捕食性昆虫。其捕食范围较广，有飞虱、叶蝉、蚜虫、蓟马、卷叶虫、玉米螟、双翅类、直翅类、蛾类等数十种农林害虫，是农林害虫的重要天敌。值得注意的是，部分隐翅虫种类虫体内含隐翅虫毒素，可引发皮炎，对人有威胁，常被称为"毒隐翅虫"，是重要的卫生害虫。有些隐翅虫既是重要的捕食性天敌，又是常见的毒隐翅虫，如稻田中常见的青翅蚁形隐翅虫*Paederus fuscipes*、黑足蚁形隐翅虫*P. tamulus*均属此类。

（一）种类构成及优势种

稻田中捕食水稻害虫的常见隐翅虫有25种，主要捕食稻飞虱、稻叶蝉、稻螟虫、稻负泥虫、稻蓟马等（表3-30）（陆自强和朱健，1984；王助引，1990）。其中，青翅蚁形隐翅虫、虎突眼隐翅虫等最为常见，是稻田隐翅虫的优势种。

青翅蚁形隐翅虫在广州增城冬季稻田的节肢动物中占比可高达22.6%，是数量最多的捕食性天敌（张娟等，2010）；在重庆万州的抛秧稻田中，青翅蚁形隐翅虫的优势度指数为0.0517~0.2273（程绪生等，2005）；国外在柬埔寨金边的旱季稻田及磅士卑省的雨季稻田中，青翅蚁形隐翅虫也是优势种（辛德育等，2017）。虎突眼隐翅虫（斑足突眼隐翅虫）在江苏扬州、江都、泰县、吴县等多地水稻拔节至乳熟期的稻田中发生数量多，最高可达6400头，平均4400头左右（陆自强和熊登榜，1983）。

值得一提的是，稻区测报灯下隐翅虫的上灯量通常占较大比例。例如：广西桂林2013年佳多虫情测报灯下黑足蚁形隐翅虫的年诱集总量为22301头，卤素探照灯下为31979头，扑灯高峰期（6月中旬和9月下旬）日最高诱虫量超过1500头（齐会会，2014）。江苏扬州，在蓝紫色波长的太阳能诱虫灯下，2016年7—9月长跗隐翅虫属Eusphalerum的诱虫量为8535头（曹宝剑，2014）。

表3-30　稻田捕食水稻害虫的常见隐翅虫种类及其猎物

隐翅虫种类	猎　物
淡红大脚隐翅虫 Aleochara puberula	蚜虫、稻飞虱等
黑尾隐翅虫 Asternus bicolon	褐飞虱、白背飞虱、灰飞虱等
赤尾独角隐翅虫 Bledius yezoensis	蚜虫、稻飞虱、稻蓟马等
尖腹隐翅虫 Conosoma germanum	各种小型昆虫
赤翅长隐翅虫 Lathrobium dignum	稻蓟马和稻飞虱若虫等
神户长隐翅虫 L. kobense	蚜虫、稻飞虱、稻蓟马等小型昆虫
黑尖头隐翅虫 Lithocharis nigriceps	叶蝉、稻飞虱、螟虫卵等
青翅蚁形隐翅虫* Paederus fuscipes	稻蓟马、褐飞虱、白背飞虱、灰飞虱、黑尾叶蝉等的若、成虫，二化螟、三化螟、稻纵卷叶螟、稻螟蛉、稻苞虫、负泥虫等的卵和幼虫，中华稻蝗等
黑足蚁形隐翅虫 P. tamulus	稻蓟马、叶蝉、褐飞虱、白背飞虱、灰飞虱、蚜虫等的若虫和成虫，三化螟、稻纵卷叶螟、稻苞虫等的卵及幼虫
黄足蚁形隐翅虫 P. idae	三化螟等
青光褐胸蚁形隐翅虫 P. parallebus	多种稻田小型昆虫

隐翅虫种类	猎　物
四点小头隐翅虫 *Phionthus macies*	食动植物残渣，有时能猎食蚜虫、飞虱若虫及部分地下害虫的卵
黄足小头隐翅虫 *P. minutus*	可食动植物残渣，有时能猎食多种蚜虫、飞虱若虫及部分地下害虫的卵
六点褐胸隐翅虫 *P. rubricollis*	与黄足小头隐翅虫相似
小黑小头隐翅虫 *P. varuys*	叶蝉若虫、鳞翅目幼虫等
五点方首隐翅虫 *P. rectagulus*	蚜虫、叶蝉飞虱等多种作物害虫，有时也取食植物残渣
细颈隐翅虫 *Rugileus refescens*	蚜虫等小型昆虫，同时也取食植物残渣
二星突眼隐翅虫 *Stenus alienus*	叶蝉、稻飞虱等
虎突眼隐翅虫*S. cicindela*	稻蓟马、蚜虫、叶蝉、稻飞虱、长绿飞虱的若虫以及稻纵卷叶螟、玉米螟的卵和蚁螟等
类虎甲突眼隐翅虫 *S. cicindelloides*	褐飞虱等
黄足突眼隐翅虫 *S. dissimilis*	叶蝉、稻飞虱、蚜虫、负泥虫等
黑胫突眼隐翅虫 *S. macies*	与虎突眼隐翅虫相似
小黑突眼隐翅虫*S. melanarius*	稻飞虱、叶蝉等多种水稻害虫
二点突眼隐翅虫 *S. tenuipes*	叶蝉、稻飞虱、蚜虫等小型昆虫
黑足突眼隐翅虫 *S. verecundus*	褐飞虱、白背飞虱、灰飞虱、叶蝉、蚜虫和稻蓟马等小型昆虫

注：*示录入第二编的种类。

（二）生活习性

　　稻田隐翅虫中，以青翅蚁形隐翅虫的生活习性研究较多。该虫属完全变态昆虫，卵粒长0.605～0.733mm。幼虫共2龄，初孵幼虫较活跃，四处爬动，寻找猎物；2龄幼虫较迟钝，多活动在稻丛基部或土面，猎食小虫，老熟时多在稻丛基部化蛹，单虫蛹重3.2～4.5mg。初羽化的成虫不甚活跃，后翅露在前翅之外，约经1h才折叠起来，置于前翅之下。成虫活动范围广，除稻田外，在麦田、紫云英、甘蔗、玉米、豆、棉、蔬菜、甘薯、烟草、油菜、大豆、蚕豆等作物上都有其踪迹。成虫在稻株上活动频繁，搜捕猎物；稻田中分布在稻株基部、茎部、叶片的比例分别为46.6%、43.8%、9.6%。成虫趋光性和喜温性强，无假死性。雌虫一生交配多次，产卵期长，可断续产卵；卵散产于稻丛基部，1d产卵2～6粒，最多可达23粒（罗肖南等，1990；吴进才等，1993）；单雌产卵量为91.1～316.4粒，卵孵化率76.0～92.9%；雄雌性比为(0.87～1.42)：1

（Bong et al., 2012；Feng et al., 2019）。

青翅蚁形隐翅虫各虫态的历期，不同研究报道的结果有所差异，尤其是产卵前期及成虫寿命差异较大，可能与隐翅虫种群、饲养条件等不同有关。室内（20～30℃）以黑尾叶蝉为食料，福建青翅蚁形隐翅虫种群的世代历期为39～67d，其中卵、1龄幼虫、2龄幼虫的历期分别为4～9d、3～8d、13～23d，预蛹期为1d，蛹期为1～6d，产卵前期为14～20d（表3-31）（罗肖南等，1990）。室内（27℃）以德国小蠊为食料，台湾青翅蚁形隐翅虫种群的世代历期长达153.0～277.8d，其中卵、1龄幼虫、2龄幼虫、蛹的历期分别为4.1～5.6d、4.1～4.8d、7.0～7.8d、3.4～4.1d，雌、雄成虫寿命分别为100.4～251.3d、111.1～255.0d，产卵前期为11.9～87.8d（表3-32）（Feng et al., 2019）。室内（28℃）以灰色大蠊为食料，马来西亚青翅蚁形隐翅虫种群的卵、1龄幼虫、2龄幼虫、蛹的历期分别为4.6～4.9d、3.5～4.5d、5.8～6.3d、3.1～3.4d，雌、雄成虫寿命分别为42.3～56.9d、43.3～58.3d，产卵前期为15.8～20.3d（Bong et al., 2012）。

表3-31 福州市不同时间青翅蚁形隐翅虫世代及各虫态历期（福州，1984）

时间	室温/℃	卵期/d	幼虫期/d		预蛹期/d	蛹期/d	产卵前期/d	世代历期/d
			1龄	2龄				
8月上旬至9月中旬	28～30	4～5	3～4	13～14	1	1	14	39～42
9月上旬至11月上旬	24～26	6～7	5～6	16～17	1	5	17	50～53
11月上旬至12月上旬	20～23	8～9	7～8	17～23	1	6	20	59～67

数据来源：罗肖南，卓文禧，王逸民，1990.青翅蚁形隐翅虫的研究［J］.昆虫知识（2）：77-79.

表3-32 台湾省不同地青翅蚁形隐翅虫的生物学参数（台湾，2019）

地理种群	卵期/d	幼虫期/d		蛹期/d	蛹重/(mg/头)	成虫期/d		产卵前期/d	性别比/(♀/♂)	卵量/粒	卵长/mm
		1龄	2龄			♀	♂				
官渡	4.7	4.2	7.0	3.6	4.2	251.3	255.0	89.8	1.30	91.1	0.65
东区	4.8	4.2	6.8	3.4	3.2	100.4	133.8	18.8	1.14	126.0	0.62
泰安	4.1	4.8	7.2	3.7	4.5	190.9	237.0	23.4	0.97	273.4	0.63
彰化	4.0	4.2	7.1	3.8	4.2	151.9	173.7	11.9	1.08	305.5	0.71
大里	3.8	4.6	7.3	4.1	4.2	115.4	189.3	15.8	1.00	258.3	0.72
五峰	5.0	4.4	7.8	3.7	4.1	123.7	111.1	13.3	0.93	316.4	0.73
白河	5.0	4.5	7.4	3.4	4.5	141.9	139.5	12.1	1.40	272.6	0.64
富里	5.1	4.6	7.5	3.4	4.1	197.3	174.0	55.3	1.42	175.7	0.64

续表

地理 种群	卵期 /d	幼虫期/d		蛹期 /d	蛹重 /(mg/头)	成虫期/d		产卵前 期/d	性别比 /(♀/♂)	卵量 /粒	卵长 /mm
		1龄	2龄			♀	♂				
梓官	5.6	4.7	7.1	3.5	4.3	143.8	138.3	43.1	0.87	114.4	0.66
枋寮	5.1	4.1	7.0	3.6	3.9	167.0	181.2	14.3	1.00	198.6	0.61

数据来源: Feng W B, Bong L J, Dai S M, et al. 2019. Effect of imidacloprid exposure on life history traits in the agricultural generalist predator *Paederus* beetle: Lack of fitness cost but strong hormetic effect and skewed sex ratio [J]. Ecotoxicology and Environmental Safety, 174: 390-400.

青翅蚁形隐翅虫在稻田主要捕食稻蓟马、黑尾叶蝉、褐飞虱、白背飞虱、灰飞虱等的若虫和成虫，以及二化螟、三化螟、稻纵卷叶螟、稻螟蛉、稻苞虫、负泥虫等的卵和幼虫，中华稻蝗等。青翅蚁形隐翅虫的捕食量与猎物种类有关。青翅蚁形隐翅虫成虫每天可吃小白翅叶蝉2只，或稻纵卷叶螟幼虫1.2～2.2头、褐飞虱若虫6～10头、白背飞虱若虫3.7～24.0头，对白背飞虱表现出更强的取食选择性（古德祥等，1989；陶方玲等，1993；丁朝阳，2015）。隐翅虫成虫的捕食量大于幼虫，对低龄虫态猎物的捕食量大于高龄虫态。青翅蚁形隐翅虫成虫对白背飞虱1～2龄若虫、4～5龄若虫的日均捕食量分别为13.3～13.6头（最多17～24头）、3.7～6.2头（最多9～15头），对黑尾叶蝉1～2龄、4～5龄若虫的日均捕食量分别为5.7～8.5头（最多16～23头）、2.0～4.8头（最多5～8头）（丁朝阳，2015）。以稻纵卷叶螟幼虫为猎物，青翅蚁形隐翅虫对其1～5龄幼虫的日均捕食量分别为2.2头、1.8头、1.2头、1.4头、1.2头，捕食率分别为28.2%、23.1%、15.4%、18.0%、15.4%（陶方玲等，1993）。猎物密度为15头/丛时，青翅蚁形隐翅虫对褐飞虱、白背飞虱的捕食量分别为1.4头、4.5头（周强等，1997）。比较青翅蚁形隐翅虫成虫对不同水稻害虫的捕食情况发现，在12h内，对褐飞虱1龄若虫、3龄若虫、5龄若虫、雌成虫和雄成虫的捕食量（捕食率）分别为13.0头（32.5%）、8.4头（42.1%）、4.0头（40.0%）、0.4头（14.8%）、0.9头（14.4%），对白背飞虱3龄、5龄若虫的捕食量（捕食率）分别为7.0头（38.0%）、2.1头（28.0%），对二化螟2龄幼虫的捕食量（捕食率）为0.64头（21.3%）。季恒清（2000）观察到，青翅蚁形隐翅虫的耐饥能力强，在不提供食物的湿润条件下，成虫至少存活20d，1月后仅死亡10%。

青翅蚁形隐翅虫的捕食量与自身及猎物的密度相关。当隐翅虫密度在低水平范围内逐渐增大时，青翅蚁形隐翅虫对稻纵卷叶螟的卵捕食量迅速增加，之后随着密度增加增速渐缓，密度达到一定水平时，因隐翅虫间的相互干扰作用较大，捕食卵量开始明显减少（沈斌斌和庞雄飞，1989）。以蚜虫为猎物时，青翅蚁形隐翅虫对小而鲜嫩的蚜虫低龄若虫捕食量大，且几乎不留残体，耗时短（一般仅需20min/头）；而对体大壁厚的成蚜则捕食量相对较少，且只吸取其体液，弃躯壳，耗时长（一般需要40～60min/头）。在自身虫口密度大而又长期缺食的情况下，青翅蚁形隐翅虫还会取食死去同伴的内脏而留下坚硬的躯壳和鞘翅，但未见自相残食活虫的行为。当日气温较低时，青翅蚁形隐翅虫往往停止捕食活动而蛰伏不动。另外，如果头天捕食量很大的话，则第2、3d乃至第4d其食量会明显减少。

此外，对虎突眼隐翅虫的生活习性也有一些相关研究。该虫成虫具负趋光性，白天惧强光，喜湿，常在小麦、稻丛中下部及土面活动，傍晚有时可爬至作物顶部取食蚜虫等。成虫白天交尾，有多次交尾习性。卵散产，常产于水稻下部叶片及土表。初龄幼虫十分活跃，怕强光，常在土面和植物基部猎食小虫。化蛹前不食不动，在土表化蛹。成虫嗜食麦蚜（6.5头）、蓟马（9.4头）、飞虱（3.6头）、叶蝉若虫（3头）等小虫及稻纵卷叶螟卵（3.2粒），但不取食二化螟和三化螟的卵和幼虫。成虫耐饥力较强，6月在室内观察，相对湿度90%、不给食下20d，其存活率仍高达71.4%。其成虫适宜的相对湿度范围为75%～97%，尤以90%最为适宜。在室温25～28℃、相对湿度90%的条件下，卵历期平均为3.2d，幼虫期为14.6d，蛹期为8.3d。

（三）发生规律及其影响因子

发生规律　青翅蚁形隐翅虫和虎突眼隐翅虫发生规律的研究相对较多，简要介绍如下。

青翅蚁形隐翅虫： 又称为梭毒隐翅虫。在福州1年发生约5代，世代重叠，冬季以成虫在田边杂草、紫云英田、稻桩和再生稻等处越冬，其中田边杂草上虫量较大（1.2～19.0头/m²）、紫云英次之。越冬代成虫直至翌年4月仍在越冬地田边杂草上生活；早稻插秧1个月后才迁入稻田，在5—6月和6—7月分别有2次明显的发生高峰，其中第2次虫量较大（可达10～44头/百丛），早稻收获后则频于绝迹，部分转移于田边杂草中。晚稻插秧10～30d后，成虫又从田边杂草迁入稻田。晚稻田种群数量有3次高峰期，第1次高峰期为8月上中旬，虫量最多（16～48头/百丛），第2次高峰期为9月中下旬，虫量居次（10～26头/百丛），第3次高峰期为10月上中旬，虫量较少（10～14头/百丛），迟插的晚稻田（8月10日插秧），第3次高峰期可延至1月上中旬，虫量也较少（16头/百丛）（罗肖南等，1990）。在四川南充，一般11月底或12月初开始越冬，主要集中在蚜虫较多的青菜地、白菜地、水边草丛、田边杂草、荒坡草以及再生稻田等环境湿润且植被覆盖度较大的场所越冬，而在小麦地、油菜地、蚕豆地等干燥、植被覆盖度小的场所相对较少。越冬期的青翅蚁形隐翅虫活动量减少，能量消耗低，日食量减少，但有明显的捕食行为，主要捕食蚜虫（捕食量为0～1.15头/d，平均0.8头/d，远少于非越冬期的6～10头/d），也可以捕食再生稻田中的蓟马、叶蝉、飞虱等害虫以及菜地中的菜青虫幼虫，甚至取食植物碎屑、小动物尸体、食物残渣、腐烂的植物叶片等。隐翅虫越冬期间可以活动，其活动情况与温度高低密切相

关。在温度低于5℃时，它们常蛰伏于草茎基部、植物根际的缝隙处、草丛中、地表枯枝败叶和土缝中以及植物叶片背面的皱褶内，活跃性弱，触之虽勉强能动，但很快又恢复僵卧状态；若遇到暖和的冬日（10℃以上），就较活跃，四处爬行，搜猎食物；温度5~10℃时，也能看到部分青翅蚁形隐翅虫活动。一般翌年3月上旬青翅蚁形隐翅虫结束越冬，不过会随气温的变化而有所提前或延后。结束越冬期的青翅蚁形隐翅虫若遇到低温时，也会恢复到越冬态（季恒清，2000）。

虎突眼隐翅虫：又称为斑足突眼隐翅虫。在江苏扬州1年发生1代。该虫是扬州等地捕食性隐翅虫中越冬基数最大的一种，以成虫集中于河边、塘边、沟边水生植物及禾本科为主的杂草丛中越冬，各生境中越冬数量与杂草多少和覆盖度有关，禾本科杂草或枯枝落叶较多的生境虫亦多，雌雄性比为1∶0.92。越冬时成虫无休眠现象，可活动，其活动程度与温度有关。一日之中，一般于9:00—10:00开始活动，中午前后最盛，能猎食越冬叶蝉、飞虱若虫等；16:00—17:00后常伏于垫状植物基部。越冬成虫耐寒能力较强，据室内试验，温度-2℃下经10d的生存率为98.2%，-7℃下经6d的生存率仍达67.4%。每年3月上旬至4月上旬，越冬成虫由越冬场所逐渐迁入麦田、油菜田；在稻、麦区，5月中旬后，成虫从麦田和其他越冬场所迁入早、中稻秧田，捕食蓟马等害虫，6月上旬小麦收割后，大都迁入早、中稻本田。越冬成虫寿命很长，最长为330d，平均约为290d；一般5月下旬开始交尾，但产卵均发生在7月中旬至8月上旬。8月中旬后，随着中稻、后茬稻大田稻飞虱等猎物数量激增，隐翅虫密度达到高峰；10月下旬后开始迁回越冬场所。水稻拔节到乳熟期发生数量较多，最高可达6400头，平均约为4400头，在农田中的消长与蓟马、飞虱等小型昆虫的发生跟随现象甚为明显。田间其各虫态出现时间为：卵出现于7月中旬至8月上旬，幼虫出现于7月下旬至8月下旬，蛹出现于8月中旬至9月上旬，成虫于9月上旬开始出现，直至翌年8月上旬止（陆自强和熊登榜，1983）。

影响因子

气候：温度是影响隐翅虫发生的重要因子之一。青翅蚁形隐翅虫世代历期因温度而异，28~30℃时39~42d，24~26℃时50~53d，20~23℃时59~67d（罗肖南等，1990）。湿度亦影响隐翅虫成虫寿命，在供蚜虫、湿润条件下，青翅蚁型隐翅虫成虫2个月后死亡率仅5%，而在供蚜虫、干燥条件下，最长活38d，最短活8d，平均26d（季恒清，2000）。

水稻品种：水稻品种对田间隐翅虫数量有明显影响。在华南稻区的研究发现，不同水稻品种上的隐翅虫的发生量不同。对褐飞虱具不同抗性的水稻品种的观察发现，作早稻种植时，6月初感褐飞虱的'TN1'品种上的隐翅虫发生量较大（237头/百丛），其他时间以及在'RHT'（高抗褐飞虱）和'玉香油占'上的隐翅虫的发生量均较低（0~50头/百丛）；而作晚稻种植时，'RHT'上的隐翅虫的发生量仍然较低（0~5头/百丛），且显著低于'玉香油占'（0~25头/百丛）和'TN1'（0~80头/百丛）（张振飞等，2014），究其原因，可能与不同水稻品种对重要猎物——褐飞虱的抗性不同有关。亦有研究表明，高抗品种水稻田中节肢类捕食性天敌的迁入量和田间虫口密度相对较低，群落物种丰富度、多样性、均匀指数也有所下降，天敌对稻飞虱的控制作用较弱；而中抗水稻品种与天敌群落间可能存在明显的协同性，可有效地控制稻飞虱数量。抗虫品种天敌数量较少，可能是感虫品种上稻飞虱数量多，吸引天敌由抗虫品种迁移到感虫品种上，也可能是抗虫品种对天敌自身产生了不良的影响。转Bt基因的抗虫水稻上青翅蚁形隐翅虫种群数量（6～43头/百丛）高于常规稻田（2～22头/百丛），这也是由于转Bt基因的抗虫水稻为青翅蚁形隐翅虫提供充足的食物所导致，转Bt基因的抗虫水稻田稻飞虱（5～340头/百丛）多于常规稻田的稻飞虱（3～330头/百丛）（吴启佳等，2016）。此外，有报道指出杂交稻上隐翅虫的数量常高于常规稻。杂交稻上隐翅虫的数量为43头/20盘，其生态位宽度为0.6078，对褐飞虱、白背飞虱、蜘蛛的生态位重叠值分别为0.5188～0.6458、0.2105～0.3848、0.8162；常规稻田的隐翅虫数量为13头/20盘，其生态位宽度为0.4082，对褐飞虱、白背飞虱、蜘蛛的生态位重叠值分别为0.1801～0.2135、0.4326～0.6733、0.5585。显然，杂交稻田中的隐翅虫对褐飞虱的重叠值较大，而常规稻田中的隐翅虫对白背飞虱的重叠值较大（闫香慧，2010；周浩东等，2010）。

稻田种植方式：稻田种植方式对隐翅虫发生有明显影响。如对稻鸭共育田与常规田的比较发现，稻鸭共育田隐翅虫百丛虫量由8.93～62.50头提高至14.52～86.67头、相对丰度由0.0317提高至0.0515、益害比由0.0465提高至0.0567（秦钟等，2011；2012）。释放牛蛙则对田间隐翅虫生存发展有一定的抑制作用（王致能，2011）。此外，有机稻田中青翅蚁形隐翅虫发生数量（37.8头/百丛）远高于常规稻田（26.1头/百丛），而有机稻田中褐飞虱（虫量为81.82头/百丛）和稻纵卷叶螟（卷叶数为0～63个/百丛）的为害程度远轻于常规稻田（褐飞虱虫量为815.64头/百丛，卷叶数为0～151个/百丛）（钟平生等，2010）。

农药：农药对隐翅虫的影响十分重大。据研究，敌敌畏、叶蝉散、巴丹、马拉硫磷等对隐翅虫具有较高毒性（林一中等，1988）。田间喷施25%杀虫双250倍液、80%敌敌畏1000倍液、40%乐果1500倍液、40%乙酰甲胺磷1000倍液，药后1d青翅蚁形隐翅虫成虫死亡率分别为0%、29%、100%、88%（罗肖南等，1990）。氟虫腈对隐翅虫的伤害率为42.5%～100%（谭乾开等，2006）。阿维菌素、溴氰菊酯、毒死蜱、氟虫腈等农药使隐翅虫的减退率分别为58.3%、13.4%、51.8%、6.2%和55.0%（李新文，2004）。甲维盐对隐翅虫成虫的LC_{50}为3.07mg/L，对幼虫的LC_{50}为2.58mg/L，亚致死剂量的阿维菌素、甲维盐、吡虫啉、三氟苯嘧啶、噻虫嗪、毒死蜱等可抑制隐翅虫是发育、产卵、存活（Khan et al.，2018；Zhu et al.，2018；Feng et al.，2019）。广东双季稻田间试验表明，施用阿维菌素对隐翅虫等天敌有明显负面影响，而氯虫苯甲酰胺的影响则很小，隐翅虫数量与清水对照无显著差异（李清，2010）。可见，尽管多数化学农药对隐翅虫有着明显的负面影响，但也有氯虫苯甲酰胺等农药较为安全，选择高效低毒药剂是减少化学防治负面影响的重要途径。据观察，田间施用20亿PIB/mL甘蓝夜蛾核型多角体病毒悬浮剂（500mL/亩）、20%氟苯虫酰胺8g/亩等药剂，每亩隐翅虫的虫量分别为4496头、4669头，尽管略低于清水对照的5163头，但无显著差异（郑静君等，2016）。在湖南湘阴，以氯虫苯甲酰胺等对天敌安全的药剂替代杀虫双、三唑磷、阿维菌素和毒死蜱等对天敌毒性高的药剂防治水稻

鳞翅目害虫，早稻、晚稻的隐翅虫的数量均明显增加（成燕清等，2011）。

四、园　蛛

园蛛属蛛形纲Arachnida蜘蛛目Araneae园蛛科Araneidae，是典型的结网蜘蛛，因常结车轮状圆网而得名园蛛。园蛛广泛分布于稻田、棉田、果园、草地和森林等环境，是农田害虫重要的捕食性天敌。在稻田生态系统中，园蛛可以捕食田间飞行的稻飞虱、稻叶蝉及蛾类、蝇蚊类等小型昆虫，对水稻害虫有重要的控制作用和较大的利用价值。

（一）种类构成及优势种

稻田常见的园蛛科蜘蛛有四点高亮腹蛛 *Hypsosinga. pygmaea* 、霍氏新园蛛（黄褐新园蛛）*Neoscona doenitzi*、茶色新园蛛 *N. theisi*、嗜水新园蛛 *N. nautica*、拟嗜水新园蛛 *N. pseudonautica*、角园蛛 *Araneus cornutus*、大腹园蛛 *A. ventricosus*、横纹金蛛 *Argiope bruennichi*、小悦目金蛛 *A. minuta*、四突艾蛛（四突角蛛）*Cyclosa sedeculata*、黄金肥蛛 *Larinia argiopiformis*、长崎曲腹蛛 *Cyrtarachne nagasakiensis* 和叶斑八氏蛛 *Yaginumia sia* 等。其中，霍氏新园蛛、角园蛛、横纹金蛛以及茶色新园蛛为稻田园蛛的优势种。据王洪全和石光波（2002）对全国各稻区117个点田间蜘蛛的调查，拟嗜水新园蛛、角园蛛、横纹金蛛、霍氏新园蛛、四点高亮腹蛛依次为发生数量排名前5位的园蛛，在稻田全部蜘蛛中的发生数量的排名分别为第14、18、19、21、22位。

（二）生活习性

园蛛广布于热带、亚热带和温带地区，从雨林到沙漠各种生境中均有分布。园蛛是典型的结网蜘蛛，多生活于山谷树林的树枝间、杂草间或居民点的墙角、房檐下等处，结车轮状圆网。结网一般在傍晚进行，有些园蛛的网可用数日，如网有破损和污物则加以修补和清理；有些种类的园蛛则在清晨拆掉自己的网并吃掉大部分丝，这样可以吸收大量附着在网上的湿气和露水，等到傍晚时再重新筑网。园蛛白天躲在网的一角由叶片卷曲而成的隐蔽小室中，用一根拖丝与网相连,而住宅周围的园蛛则躲在网的一角的墙缝中;清晨、傍晚和夜间,园蛛则居网的中心,等待昆虫触网(郭胜涛,2011)。新园蛛属 *Neoscona* 蜘蛛(如霍氏新园蛛、茶色新园蛛等)一般分布于较矮的灌木丛、向阳的山坡草丛间,布中小型圆网,不论晚上、白天都栖息于网上,只有受惊动时才逃离网,躲到周围的叶子、灌木丛间。艾蛛属 *Cyclosa* 多数蜘蛛(如八瘤艾蛛、四突艾蛛等)体褐色,并有疣突,多分布于海拔高度100～500m 的山林间,喜在圆网中央集虫骸成条状垃圾或散颗粒状垃圾,自己则隐藏于中,不易被敌害发现而得到保护,同时又使昆虫等误投罗网,充分体现了形态结构、行为特征与生态的适应。金蛛属 *Argiope* 蜘蛛(如悦目金蛛、贝氏金蛛等)在圆网中央有"X"形白色锯齿状丝带。蜘蛛将前后4对步足分成4组,蛛体居网中,头向下腹向上,4组步足恰恰与"X"形的白色锯齿状支持带相一致。蜘蛛白天栖息于4条白色丝带的交叉点上。金珠本身体色艳丽,它利用其显目的白色丝带和艳丽的体色引诱害虫上网。

园蛛捕食的方式采用典型的"坐—等"策略:当飞虫落网发生振动时,它即出来捕食;也有些种类的园蛛将傍晚落网的猎物及时运到网中央取食或贮存,而对白天落网的猎物则用蛛丝捆缚存放在原地,待傍晚再移动、取食。

捕食时园蛛先用足从纺器拉出丝捆缚食物,再注入毒液,然后运到隐蔽处取食。取食时先吸食猎物的体液,再注入消化液,将猎物的柔软组织消化后吸入体内。

园蛛通常都具有极好的保护色,以减少被天敌发现的机会。园蛛具有假死防御习性,当受到触动时,即发生一种强制性昏厥反射,自网上跌落到草丛中,便于逃生。园蛛腹部拖有与网相连的拖丝,待险情过后,还可沿此丝攀缘而回到原处。

园蛛性成熟后,雄蛛到处巡游寻找雌蛛,有时雄蛛也会钻进雌蛛的隐蔽室内,但很少有在室内交配的。交配在网上进行,以清晨和傍晚居多。交配时,雄蛛从正前方接近雌蛛,雌蛛抬起腹部,雌雄蛛头腹方向相同,一对触肢交替进行受精。交配后雌蛛就在隐蔽的室内产卵,产卵后继续在隐蔽室内看护卵袋。雌蛛护卵期间也可捕食。

下文以霍氏新园蛛、角园蛛、横纹金蛛、茶色新园蛛等为代表进一步介绍园蛛的生活习性。

霍氏新园蛛　又称黄褐新园蛛。其雌蛛产卵次数因世代而异,多的产卵12次,少的只有4次,平均8次。其中,第4代产卵次数最多,平均每蛛产卵12次;第3代产卵最少,平均每蛛产卵6次。产卵时,雌蛛先由纺器纺丝织成卵垫,然后把卵产在卵垫上,最后再纺丝形成卵囊,将卵囊附着在水稻叶片上。各世代卵囊含卵量存在一定差异,平均82粒,最多185粒,最少仅有26粒。观察各世代霍氏新园蛛卵囊108个,其中全部孵化的卵囊占38%,孵化率在85%～99%的卵囊占28%,未孵化的卵囊占11%。不同世代间卵孵化率有明显差异,第3代的卵囊孵化率高,孵化85%以上的卵囊数占该代观察卵囊的62%,未孵卵囊数仅占6%;第1代孵化85%以上的卵囊数最少,仅占该代观察卵囊的25%;第4代未孵的卵囊最多,占该代观察卵囊的46%(赵丽等,2014)。

霍氏新园蛛从卵内孵出时为灰白色,后变淡黄绿色,腹背有4个明显的黑点。稍大后,4个

黑点后方出现黑色的横纹，且其间具纵纹，腹面中央有黑纹。大多数若蛛蜕皮6~7次达性成熟，少数蜕皮5次或8次达性成熟。据观察，蜕皮6次达性成熟的占35%，蜕皮7次达性成熟的占56%，蜕皮5次或8次达性成熟的总计只占9%（赵敬钊等，1988）。各世代霍氏新园蛛总的雌雄性别比为1:1，但各世代性别比有所差异，第1代雌雄性别比为1.2:1，第2代为1:1.5，第3代为1.3:1，第4代为1:1（赵丽等，2014）。

角园蛛　角园蛛捕食猎物一般在网上进行，也有将猎物拖至小室旁的隐蔽处的，但很少拖入其栖息的小室内，小室似只是角园蛛休息和躲避敌害、烈日暴雨的场所。雌蛛性成熟后，便在小室内产卵和守卵。角园蛛食性很广，可捕食各种飞行的有翅害虫，甚至可捕食一些个体较大的蛾类、蝶类、稻蝗等昆虫。其食量较大，日捕食飞虱量为10~15头。

角园蛛常在稻田、棉田、麦田、旱地和山坡丛林间结大型轮状圆网，以网捕食害虫。网的大小随龄期和所占空间的不同而异，多为斜向水平。角园珠清晨、傍晚和夜间居网的中心，白天隐匿于网旁隐蔽处。网的旁边通常还织1个丝质小室，白天多藏在小室内。室多用周边叶片卷曲而成，有1个进出口。室的大小随龄期的增长而加大。角园蛛傍晚时从小室出来织网，织完网后便守候在网的中心。日出后再回到小室内栖息。在低龄期，通常是1头蜘蛛处1小室，到达5龄以后，有时雌雄蛛同处一室。据观察，雌、雄蛛都具有织网习性，但雄蛛进入性成熟阶段即到处游荡，寻找雌蛛，织网次数明显少于雌蛛。

角园蛛若蛛有7龄，第6次蜕完皮之后即已达到性成熟。此时，一般都是雄蛛到处巡游，寻找雌蛛；有时雄蛛也钻到雌蛛织的小室同雌蛛在一起，但很少在室内交配。交配大多在网上进行，而且多在傍晚和早晨。雄蛛在巡游中遇到成熟的雌蛛后，便慢慢爬到雌蛛网上，动作缓慢而小心，两前足不断向前伸出又马上缩回，如此数次才向前爬进一步，直到接近雌蛛。如果雌蛛不接受雄蛛求爱，则主动驱赶雄蛛。经数次驱赶之后，雄蛛便离开再寻其他雌蛛求偶。交配时，雌蛛在网上伏着不动，前2足向前伸向雄蛛；雄蛛往往从雌蛛正前方接近雌蛛，待前2足与雌蛛前2足相接触后，雌蛛腹部抬起，雄蛛则身体很快靠近雌蛛，并将触肢伸向雌蛛。有时雄蛛靠近雌蛛时，身体向前后做大幅度运动，连续5~6次之后，才开始交配。交配一般进行2~3次。雄蛛交配后即离开雌蛛，雌蛛回小室栖息或静伏在网上不动。

角园蛛产卵大多在其织的小室内，先用丝做成褥，然后产下卵，再用丝被盖上。整个卵袋呈圆球形，外层有疏松蛛丝包裹，还有附着丝附着在小室内壁。卵粒初为乳白色，后为粉红色，近孵化时呈棕黑色，每个卵袋有80~120粒。角园蛛具有较强的护卵习性。雌蛛一般在小室内守护，在护卵期间不让雄蛛入内，雌蛛则偶尔出小室捕食。幼蛛在卵袋内孵化，再脱皮1次才离开卵袋，四下分散，各自营生（赵敬钊等，1990）。

横纹金蛛　成、若蛛都有在树木、杂草之间泌丝做网捕食的习性。网的大小，随龄期的增长而加大。成蛛网直径0.5 m左右，成铁笊篱状，在网中心做成5 cm长、并上下垂直的粗丝。做网时间多在17:00—18:00。如网受损，金蛛会立即躲在枝叶下隐避。成、幼蛛均有昼夜倒挂网中心捕食的习性。如果有昆虫落网挣扎，就立即赶到泌丝捆绑成团挂在网上，或拖回网中心随时吃掉（王昌贵等，1994）。

横纹金蛛若蛛蜕最后一次皮后2～3d即可交配。交配时间集中在12:00左右，求偶时雄蛛不断靠近雌蛛，经多次相靠，瞬间相交，并立即离开雌蛛，有时相交瞬间被雌蛛用丝捆绑住，则不能逃脱而被吃掉。成蛛交配后3～14d即可产卵，产卵时间多在0:00和2:00。产卵时首先在产卵处泌丝做成灯泡状卵袋，再把卵产于卵袋内成球状，然后在卵袋1/3处泌丝封口；产完卵后再以乱丝相护卵袋，并护卵3h左右再离开产卵处回到原网。每次产卵需2h左右，每头雌蛛可产3～5次（平均4.3次），2次产卵相距6～16d（平均9d），产卵4457～6408粒（平均5776.6粒）。成蛛产完卵3～4d即死亡。产的卵袋离地高度0.5～1.5m（平均1.1m）。幼蛛孵化时间多在8:00—10:00，孵化率约76.4%。据观察，金蛛从1991年8月22日孵化越冬到1992年5月2日至6月5日出蛰，休眠时间长达10个多月（王昌贵等，1995）。

茶色新园蛛 成蛛在树林、灌木丛、杂草间泌丝做网，昼夜倒挂在网中心捕食害虫。网的大小随龄期增长而加大，1龄若蛛网直径在3～4cm，成蛛网在20cm左右，网成铁笊篱状，斜挂在草木间。如果有猎物落网挣扎，茶色新园蛛可在瞬间赶到并泌丝将其捆绑成团挂于网上，或拖回网中心吃掉。如网受损，茶色新园蛛会立即顺丝躲在枝叶草丛中隐蔽，之后再重新做网。结网时间多在18:00或5:00—6:00，若蛛蜕皮时间多在5:00和10:00（庄肃学等，2011）。

成蛛3～6d即可交尾。交尾时间多在8:00—9:00，个别在12:00时。交配后5～9d即可产卵，产卵时间多在2:00—5:00，4:00最集中。产卵前两天不食不动，产卵时爬到枝杈、叶片、杂草丛下泌丝铺底，把卵产在其中成球状，然后再泌丝覆盖，卷叶相护，每次产卵2h左右。产完卵，护卵3～4d后回到网中心。每头雌蛛可产卵376～687粒（平均486粒），卵孵化率平均为99.6%，雌雄性比为4:1（庄肃学等，2011）。

室内饲喂小绿叶蝉成虫，茶色新园蛛平均每头每日可捕食4.5头。野外观察了6头成蛛的网捕猎物，4d内共捉小螟蛾类18头，小绿叶蝉43头，蝗虫9头，有翅蜂类813头，蚊类13头，虻虫95头，蝇类42头，小甲虫类8头，共计1041头，每头成蛛平均日捕食43.4头猎物；经推算每头成蛛每年可捕捉各类害虫2877头（庄肃学等，2011）。

（三）发生规律及其影响因子

发生规律 常见园蛛的发生规律如下。

霍氏新园蛛： 在湖南1年发生4代，以成蛛、若蛛越冬。各世代的历期：越冬代最长，为139.0d；第1代次之，为79.0～89.0d；第2、3代最短，为70.0～79.0d，这可能是越冬代蜘蛛大

多以若蛛越冬，其间停止发育有关。卵历期6.0～20.0d，平均11.6d；若蛛历期40.0～120.0d，平均68.8d；成蛛历期33.0～176.0d，平均101.1d。若蛛性成熟至产卵历时7.0～11.0d，平均约8.5d（赵丽等，2014）。

角园蛛：在湖北武汉1年可发生3个世代，以成虫和若蛛于11月中、下旬在巢内越冬，越冬的场所包括枯叶内、杂草中、树皮内、石块下。越冬若蛛于翌年3月下旬至4月上旬在卵袋内蜕1次皮后爬出卵袋扩散，营独立生活（赵敬钊等，1990）。

横纹金蛛：在山东日照1年发生1代，以1龄若蛛在卵袋内越冬，翌年5月上旬从卵袋内出蛰，7月上旬出蛰结束。若蛛经6龄，7月中旬成蛛，7月下旬交配，8月上旬产卵，8月下旬孵化幼蛛。卵的历期最长为45d，最短的为21d，平均为29.46d。若蛛历期319～346d，平均为311.2d，其中，1～6龄若蛛的平均历期依次为246.17d、20.33d、14.10d、11d、10.30d、9.30d。成蛛历期52～87d，平均为69.80d。整个世代共410.46d（王昌贵等，1995）。

茶色新园蛛：在山东东南沿海1年发生1代，以不同龄若蛛和亚成蛛在松针基部、翘皮下、杂草丛中越冬。翌年4月上旬开始出蛰，5月下旬开始成蛛，6月上旬交配产卵，10月下旬产卵结束，11月上旬开始越冬。据室内外饲养观察，茶色新园蛛各虫态的发育历期平均为：卵期7.74d（7～8d），若蛛期345.3d（342～347d），成蛛期61.7d（62～68d），全世代历期共414.74d（庄肃学等，2011）。

影响因子　主要有温度、天敌、海拔高度等。

温度：横纹金蛛不同温度条件下的卵期，均温25℃（8月）时为10～15d；均温约20℃（8—9月）时为20～22d，均温约15℃（9—10月）时为40～43d；10—11月由于气温低，有时出现0℃，卵不能孵化而冻死，成蛛也随即死亡。茶色新园蛛在山东11月上旬至中旬开始越冬，有时11月上旬气温偏低达到0℃时，所产的卵不能孵化而冻死，成蛛产完最后一次卵或不产最后一次卵而死亡。翌年3月中旬，当平均气温在11.5℃、相对湿度70%时开始活动（庄肃学等，2011）。

天敌：园蛛的天敌包括寄生蜂、鸟类、蝙蝠和壁虎等。据观察，15个横纹金蛛的越冬卵袋有8个（占53.3%）被大山雀、北红尾鸲取食；在网内发现的21头成蛛中，有9头（占42.9%）被鸟类取食；壁虎也可捕食该蛛（王昌贵等，1995）。在山东日照观察到，茶色新园蛛卵袋有36.5%的卵粒被寄生；野外采到的3块土寄蜂，其巢穴内被捕食的茶色新园蛛有4头；此外，麻雀、蝙蝠也捕食该蛛（庄肃学等，2011）。

海拔高度：园蛛的数量受到海拔高度的影响明显。对横纹金蛛的调查发现，在海拔高度100m以下、200m、300m、400m和500m左右的林区，横纹金蛛的数量分别为15头、11头、3头、1头和0头，可以看出该蛛的数量随海拔高度升高而减少，200m及以下海拔地区是其主要分布区。对茶色新园蛛的调查结果与横纹金蛛相似，在海拔高度10m、100m、150m、200m、250m和300m左右的林区，发生量分别为2头、6头、4头、3头、1头、0头，显然该蛛主要分布海拔高度为100～200m的区域，且种群数量随着海拔的升高而减少（庄肃学等，2011）。

五、皿 蛛

皿蛛属蛛形纲Arachnida蜘蛛目Araneae皿蛛科Linyphiidae，广泛分布于我国南北各地的农田内，其中以南方稻田内的种群数量较高。它们结皿网或不规则网，能捕食多种小型昆虫，如蚜虫、叶蝉、飞虱和鳞翅目初孵幼虫，是控制这些害虫的重要天敌。

（一）种类构成及优势种

我国稻田常见的皿蛛有草间钻头蛛 *Hylyphantes graminicola*、食虫沟瘤蛛 *Ummeliata insecticeps*、驼背额角蛛 *Gnathonarium gibberum*、隆背微蛛 *Erigone prominens*、齿螯额角蛛 *Gnathonarium dentatum* 等多种，其中前两者系最为常见的优势种。据对全国各稻区117个样点的调查，食虫沟瘤蛛、草间钻头蛛分别在40个（占34.2%）、25个（占21.4%）样点处于优势种地位（数量占蜘蛛总量的比例≥10%），排皿蛛属的前2位，在稻田全部蜘蛛种类中分别居于第2位和第4位；其中，食虫沟瘤蛛还是稻田所有蜘蛛中发生量最大的种类（王洪全和石光波，2002）。在湖南早稻田，草间钻头蛛发生量常可达稻田总蛛量的70%～80%（王洪全等，1980）。这2种皿蛛在田间不但数量大，而且具有发生早、分布广、活动时间长、种群稳定等特点，对稻飞虱、稻叶蝉等水稻害虫有显著的控制效应，有较高的利用价值。

（二）生活习性

皿蛛广泛分布于农田、果园、茶园、桑田和林区。已知皿蛛科蜘蛛生态类群按其生活习性可分为2个类群。一类主要栖息于林地、灌木丛、杂草、果园、茶园等生境中，在这些植物枝叶间结蛛网，网呈皿状，分上下2层，2层网间有垂直蛛丝相连，上层网如一个倒扣的皿碟，蜘蛛倒立于网的下面，捕食落网的小型昆虫。皿蛛亚科的蜘蛛属这一类。另一类主要生活于稻田、旱作物田以及路边、沟渠边、林地边缘，在地表缝隙中、石头下和杂草丛结不规则网，其潜居于网的边缘捕食小型昆虫，也可离网在地面、水稻和其他作物基部过游猎生活，捕食各种害虫，是重要的害虫天敌（朱雪晶等，2011）。稻田优势种皿蛛——食虫沟瘤蛛、草间钻头蛛的生活习性介绍如下。

食虫沟瘤蛛　卵囊白色，圆形。卵囊大小与卵粒多少有关，一般卵囊直径为3～4mm。卵历期长者9d，短者4d，一般为5～8d。孵化时卵囊外形明显膨大，卵粒由初产时的淡黄色变成深黄色。卵孵化率除7、8月间较低（分别为54.8%和38.7%）之外，3—6月、9—11月都在70%以上（张彩霞和吴运新，1983）。

若蛛初孵时一般群集在卵囊里，经第1次蜕皮后才爬出卵囊，开始觅食、扩散。若蛛蜕皮4～5次。蜕皮前静伏于蛛网上，体色较深，尤其步足由浅黄色变为深黄至灰黑色；蜕皮时先从眼区头额部开始，再到胸腹部，最后至附肢；初蜕皮个体体色极浅，经1d后体色逐步加深。各龄发育历期以第1龄为最短，平均历期1.0～2.5d，个别达4d；第2、3、4、5龄平均历期分别为6.7～26.2d、5.0～19.9d、4.5～14.0d、7.0～13.0d。若蛛历期合计平均26.2～67.8d，长者达82d，短的只需18d。通常在第4龄时才能分辨雌雄（张彩霞和吴运新，1983）。

亚成蛛一般蜕皮3d后可交尾。当雌、雄蛛开始相遇时，雌蛛常驱赶雄蛛多次，待其安静下来时，雄蛛在其周围活动，并经一系列动作后才完成交尾。1次交尾历时2～4h，长者可超过5h。雄蛛可多次交尾，雌蛛一般一生只交尾1次、产卵多次，个别雌蛛可交尾2～3次（其历时极短）。交尾过程中有个别雌蛛较凶，甚至取食1～2头雄蛛后才交尾，或者交尾后把雄蛛吃掉。交尾雌蛛的产卵前期一般为4～6d；未经交尾则不产卵或产卵前期长达15d以上，且卵不孵化。产卵时，雌蛛腹部尤如"蜻蜓点水"上下活动，将蛛丝来回折叠成一个松软的卵囊垫，然后将胶质卵块产在垫上，接着又重复前面的动作，用松软的蛛丝覆盖卵块，逐步过渡到牵直丝，来回交错地覆盖在卵囊的最外层。卵囊外层蛛丝紧密。产卵多发生在夜间，偶然也有在白天的。每雌一般产卵囊6～8个，最多可达16个；接近死亡前所产卵多不能孵化或产1～3个空卵囊；每雌产卵数平均133.2粒，最多285粒；每1卵囊平均含卵粒25.6粒，最多60粒。产卵囊的间隔时间一般为6～8d，即多数在前一卵囊孵化后才产另一个，这与雌蛛护卵习性有关。产卵后雌蛛常伏在卵囊上守护，有的守护至孵化（但也有不护卵的）。护卵期间，若将雌蛛移开，则往往会缩短其产卵间隔时间。雌蛛后期产卵的间隔时间一般相对较长。此外，产卵间隔还与发生代次有关，第5代的雌蛛产卵间隔期比前几代的长，1个月内最多产卵囊4个，平均2.5个，而之前的几代雌蛛在1个月内最多可产卵囊7个，平均4.1个。成蛛寿命也与发生的代次有关，第1代成蛛寿命长约3个月，第2代寿命一般2个月，第3代平均为1个月。性比因不同世代而异，据室内单个饲养的结果，第2、3代都是雌蛛多于雄蛛，雌、雄性比分别为34∶23和43∶27，第4代雌雄数接近（11∶10），第5代则雌少于雄（15∶26）。成蛛食性较广，以摇蚊、蚜虫、叶蝉和飞虱、三化螟蚁螟等为主要食料。据观察，成蛛对三化螟蚁螟的取食量平均每天达26头；从2龄若蛛开始，用蚜虫饲养，能正常发育至成蛛（张彩霞和吴运新，1983）。

食虫沟瘤蛛具有一定的耐饥能力，耐饥能力与以下几种因素有关：①水。3龄若蛛、亚成蛛和成蛛在同时断食断水的情况下，在25～32℃时，一般在3d之内即全部死亡；在断食供水的情况下平均可活15d，最长达35d。②温度。温度低，抗饥能力强，反之温度高则差。在供水但断食情况下，亚成蛛在20℃平均可活20d，25℃时可活约15d，30℃时可活约11d，35℃时仅可活约5d。③发育阶段。成蛛的抗饥能力要大于亚成蛛，亚成蛛大于若蛛。如在供水断食和28℃恒温条件下，3龄若蛛平均可活约10d，亚成蛛平均可活12d左右，成蛛平均可活15d左右（赵敬钊和刘凤想，1987）。

草间钻头蛛 又称草间小黑蛛。卵囊白色、圆形。卵粒初产为乳白色，后呈淡黄色，直径为3～4mm。在湖南常德，第1、2、3、4代卵的平均历期分别为15.1d、6.7d、5.1d和6.0d；卵的平均孵化率分别为81.8%、92.9%、93.8%和75.0%（李实福和邹汉玄，1985）。

若蛛5龄。初孵时群集在卵囊里，第1次蜕皮后才爬出。若蛛蜕皮前体色较深，腹面向上静伏于蛛网上，一般栖息2～3h后开始蜕皮。蜕皮时先从头部前缘螯肢基部向背甲裂开，后到胸腹部，最后至附肢，整个蜕皮过程需40～55min。蜕皮后20～30min步足才呈自然状态，并开始爬行。刚蜕皮若蛛的胸部和步足呈乳白色，后渐呈灰白色，3～4h后变为青灰色。若蛛各龄期以第1龄最短，平均3.0d；第2、3、4、5龄平均历期分别为11.0d、8.2d、13.9d和10.7d（李实福和邹汉玄，1985）。

亚成蛛一般蜕皮2～3d后可进行交尾。交尾时先是雄蛛在雌蛛网旁频繁活动，待雌蛛安定后，立即接近雌蛛；交尾前雄蛛用螯肢将触肢刮8～10次，最多达40次，再在雌蛛的外生殖器摩擦30～100次，后将触肢插入雌蛛生殖孔内，此时雄蛛腹部与触肢不停地蠕动；交尾时雄蛛交替使用左右触肢，一般交替2～5次，历时一般45min左右，最长可达75min。1头雄蛛可连续与2～3头雌蛛交尾；1头雌蛛也可连续与2～3头雄蛛交尾，但交尾时间只有10～25min（李实福和邹汉玄，1985）。

草间钻头蛛的雌蛛无论交尾与否，均能产卵，但未交尾时所产卵囊个数与卵粒数较少，且不能孵化。产卵时间，越冬代和第1代以22:00—24:00最多，也有少部分在白天产卵的；第2、3代均以0:00—3:00产卵最多。产卵前期，第1代13～47d，平均32.8d，第2代2～29d，平均10.5d，第3代7～37d，平均17.8d。第1代寿命最长为78d，最短为25d，平均为49.4d，第2代最长为98d，最短为18d，平均为54.6d，第3代最长为117d，最短为25d，平均为68.5d，第4代越冬代最长为227d，最短为35d，平均为165.5d（王洪全和周家友，1979）。每雌产的卵囊数，第1、2、3、4代平均分别为11.8个、4.75个、7.38个和4.71个，代次间差异较大；每个卵囊所含卵粒数平均分别为32.9粒、24.6粒、26.9粒和29.9粒，代次间差异不大。成蛛的雌雄性比因不同世代而有所差异，第1代为1:1，第2代为1:0.68，第3、4代都是1:0.43，各代平均为1:0.59（李实福和邹汉玄，1985）。

草间钻头蛛在生活环境恶化或受干扰惊动时，可吐丝垂落地面草丛或土壤缝隙中，具假死习性。待平静后，再开始活动或顺丝攀回原处。每当风和日丽的天气，草间钻头蛛即爬上作物叶面、土块高处或树干上放出蛛丝，飘于空中，借气流进行飞航。春插期间绿肥翻耕，正值若蛛飞航季节，因此可利用这一习性，放草把收蛛转移，可减少农事活动的杀伤（王洪全等，1980）。

草间钻头蛛的捕食能力强，食性广泛，能捕食多种害虫。在稻田中可以捕食飞虱、叶蝉、蚜虫、摇蚊以及稻纵卷叶螟的成虫和幼虫等，尤喜食飞虱、叶蝉的初龄若虫。据观察，以飞虱若虫为猎物，1只成蛛一生可捕食飞虱若虫110～465头，平均287.1头，平均日食量为4.34头；若蛛从第2龄开始捕食，2、3、4、5龄若蛛平均捕食数分别为10.5头、16.4头、27.5头、27.6头，平均日食量分别为3.01头、3.88头、5.37头和6.37头。若蛛和成蛛均有较强的耐饥力，2、3、4、5龄若蛛和成蛛的耐饥天数分别为34.2d、34.1d、40.6d、43.9d和46.8d，且有随龄期增加而增强的趋势（李实福和邹汉玄，1985）。以飞虱为主要食料，能正常发育、生殖，而以蚜虫为主要食料，仅能正常发育至成蛛，产卵量明显较少。

（三）发生规律及其影响因子

发生规律　皿蛛繁殖能力强，田间种群数量较大，不少种类生活周期较短，1年内发生世代数较多。优势种食虫沟瘤蛛和草间钻头蛛的发生规律简介如下。

食虫沟瘤蛛：在广州，3月开始从田间采得的新成蛛，室内饲养至12月可到第6代；在田间，因食虫沟瘤蛛成蛛寿命较长，雌蛛不断产卵，各世代重叠。饲养过程中发现，1年中首尾两端的存活率较高，7、8月因气温高等原因而存活率较低，这与田间消长情况基本一致，使得食虫沟瘤蛛在早稻田间为优势种，但晚稻田间其数量却很少（张彩霞和吴运新，1983）。在广西桂南一带，1年可完成6个世代，没有明显的越冬现象。第1代在3月上旬至5月上旬，历时62d；第2代在5月上旬至6月中旬，历时47d；第3代在6月中旬至7月下旬，历时44d；第4代在7月下旬至9月上旬，历时53d；第5代在9月中旬至10月下旬，历时53d；第6代在11月中旬至翌年2月下旬，历时100d。在湖北武汉，根据室内饲养报道，以成蛛越冬的1年可发生4个世代，以若蛛越冬的则发生3个世代。一般每年11月中、下旬开始以若蛛和成蛛在冬播作物、田埂杂草、土缝、石块下越冬，其中以绿肥田为最多。越冬成蛛于翌年3月上旬开始活动，3月中旬开始产卵，为第1代，4月为产卵盛期；第2、3、4代卵开始出现时间分别在5月中旬、7月中旬和8月下旬（赵敬钊和刘凤想，1987）。

草间钻头蛛：主要以成蛛、亚成蛛越冬，成蛛寿命较长，因此存在世代重叠现象。据对湖南常德种群的观察，如果以越冬成蛛所产的卵作为第1代，草间钻头蛛在洞庭湖区1年发生4代。各代发生期大致是第1代4月上旬至6月中旬，第2代6中旬至7月下旬，第3代8月中旬至9月上旬，第4代9月下旬至11月中旬。从卵到成蛛死亡，各世代的周期，最长的是第4代（越冬代），为213.0d，最短的是第3代，为88.4d，平均为130.8d。其中，若蛛历期各代平均为46.3d，但最长的第1代长达74.4d，最短的第3代只需19.9d（李实福和邹汉玄，1985）。

影响因子　温度、食料条件等均是影响皿蛛发生的重要因子。

温度：对食虫沟瘤蛛的研究表明，温度对其寿命、繁殖力、发育历期等都有显著影响。在恒温条件下，15℃、20℃、30℃、35℃时的成蛛寿命分别为＞90d、＞60d、约30d和15～20d，寿命随着温度的升高而缩短。每雌所产卵囊数在15℃、35℃时较少，分别为3个、1个；而20～28℃下最多，约5个。每雌平均产卵量在20～30℃为可达200粒以上，15℃、32℃时150～200粒，35℃时只有60余粒。20℃、25℃、30℃、32℃时，卵期分别为11.0d、6.5d、4.0d和4.0d（35℃时卵不能孵化），若蛛发育历期分别为77.8d、54.3d、49.9d和50.8d（赵敬钊和刘凤想，1987）。

食虫沟瘤蛛在20～30℃时产生的无效卵袋少，产卵袋间隔时间短，产卵袋数量多，寿命长，卵粒总量多。该蛛在武汉地区田间以3—5月的种群数量最多，在6月以后随着高温季节的到来其种群数量减少，出现这种情况的重要原因是高温使其繁殖力降低（柳丰等，2006）。

温度对草间钻头蛛有显著影响，在19℃、25℃、27℃、29℃恒温条件下，3龄若蛛的历期分别为10.2d、8.7d、7.1d、5.8d，4龄分别为7.0d、6.7d、5.9d、6.4d，5龄分别为7.0d、5.1d、4.2d、6.4d（包增涛等，2016）。

食料：与单独饲喂果蝇或摇蚊相比，饲喂果蝇与摇蚊混合食料的草间钻头蛛若蛛存活率较高，历期缩短；雌成蛛的产卵囊数、卵粒数和产卵量均明显提高，对氰戊菊酯的耐药力增强（张征田等，2004）。据观察，稻飞虱和稻叶蝉是食虫沟瘤蛛的主要食料，其中又以稻飞虱为主。因此，稻飞虱发生的密度和分布型，可能会影响到食虫沟瘤蛛的田间分布。

其他：豆娘、蚂蚁以及蛛蜂、泥蜂都是食虫沟瘤蛛的捕食性天敌，对其数量有抑制作用。施用农药不但会造成食虫沟瘤蛛的摄食量降低，而且还会引起其死亡（柳丰等，2006）。

六、狼　　蛛

狼蛛属蛛形纲Arachnida蜘蛛目Araneae狼蛛科Lycosidae，是游猎型蜘蛛，其行动迅速，性凶猛。狼蛛食性广泛，可捕食多种害虫，是稻飞虱和叶蝉的主要捕食者，是稻田天敌的主要类群。如拟水狼蛛是飞虱、叶蝉、黏虫、螟虫等多种稻虫重要捕食性天敌。星豹蛛食性广泛，飞虱、叶螨、潜叶蝇、棉铃虫、烟青虫、造桥虫等幼（若）虫及小型蛾蝶类成虫都是其捕食对象。沟渠豹蛛以飞虱，叶蝉，稻螟虫的幼（若）虫和成虫，以及其他的小型蛾类为食。拟环纹豹蛛、真水狼蛛和类水狼蛛都是飞虱、叶蝉等的重要捕食性天敌。

狼蛛具有数量多、繁殖快、猎食广、食量大、行动敏捷、田间滞留时间长等特点，且其生殖

力和耐饥饿能力均较强；与稻田害虫的生态分布与季节消长相关性强，在稻田害虫的控制中发挥巨大作用。

（一）种类构成及优势种

据已知文献，狼蛛科主要种类有拟环纹豹蛛*Pardosa pseudoannulata*、星豹蛛*P. astrigera*、沟渠豹蛛*P. laura*、真水狼蛛*Pirata piraticus*、类水狼蛛*P. piratoides*、拟水狼蛛*P. subpiraticus*和云南迅蛛*Ocyale* sp.等。其中，拟水狼蛛、类水狼蛛、拟环纹豹蛛为稻田蜘蛛的优势种。据对全国各稻区117个样点的调查，拟水狼蛛和类水狼蛛分别在72个（占61.5%）、16个（占13.7%）样点处于优势种地位（数量占蜘蛛总量的比例≥10%），排在狼蛛科的前两位，在稻田全部蜘蛛种类中分别居于第1位和第7位；此外，拟水狼蛛、拟环纹豹蛛居于全部蜘蛛中最大虫口数量排名的第2位和第3位（王洪全和石光波，2002）。

（二）生活习性

狼蛛为游猎型蜘蛛，生活于草丛、石下、田边、山林等。其适应能力强，生境广阔，从贫瘠的戈壁荒漠、盐碱的海滨地带到高山都有它们的身影；少数种类常年穴居地底，只在繁殖季节外出活动。大多数狼蛛对于开阔的潮湿环境有特殊的偏好，如Jocque等（2005）发现狼蛛在开阔生境中具有很高的丰富度，认为狼蛛可能与草地协同进化。个别狼蛛种类甚至具有独特的生理机制以适应潮湿生活。例如Petillon（2009）发现沿海湿地环境内生存的*Arctosa fulvolineata*具有某种适应水淹的缺氧昏迷反应，在水下可坚持40h。狼蛛具掘土做穴习性。据李剑泉等（2002）观察，拟水狼蛛的土室呈圆形或扁形，多在有水的沟、田、塘等地的湿润土壤处，室壁光滑，其深、长、宽平均为2.29cm、3.69cm、1.76cm；同等条件下，坡地做土室比平地多，分别占89.2%和10.8%。

狼蛛一般情况下仅捕食活的猎物，但个别种类在一定条件下可以取食死的猎物(Peng et al.，2013)。狼蛛不像其他类蜘蛛，它们大多不结网捕猎，但马蛛属*Hippasa*和索蛛属*Sosippus*除外，这两类的蜘蛛结漏斗状的网，平时蜘蛛躲在网的管部，一旦有猎物落到网上，便迅速出来捕食。狼蛛科蜘蛛食性较广，在稻田，主要以飞虱、叶蝉为捕食对象，兼食螟虫、黏虫等中小型蛾类的幼虫和成虫。成蛛日取食量，以星豹蛛为例，蚜虫、飞虱类4～8头，卵20～45粒，玉米螟等中小型蛾类为1～3头，中型蛾类为0.5～1头（李敏等，2020）；拟环纹豹蛛成蛛可日捕食褐飞虱20～25头。在饥饿以及食物不足的情况下，狼蛛同种个体间常相互残杀，强者以弱者为食。狼蛛捕食动作敏捷、凶猛，先以螯爪狠狠抓住虫子的头胸部交界处，后注入毒液，在猎物的腹部背面或腹面，用螯爪划破体壁，吮吸其汁液。狼蛛饱食后一般不主动攻击猎物。

狼蛛属于视觉比较好的蜘蛛类群，各列眼在捕食过程中发挥的作用不同。例如，对卢氏狼蛛Lycosa leuckarti各列眼的视觉功能研究发现，蜘蛛的后列眼主要用于对猎物对象进行远程侦查，而前列眼主要适用于对距离的判断和捕获猎物（Clemente et al.，2010）。狼蛛对外界的振动信号也具有很强的感知能力。Gordon和Uetz（2012）发现裂狼蛛Schizocosa ocreata能对人为噪声、蝉鸣和鸟鸣做出不同的行为反应，人为噪声和鸟鸣明显影响雌蛛对雄蛛求偶行为的响应，蝉鸣则没有。

求偶行为是种内雌雄个体相互识别、顺利完成交配活动的基础和前提。雄蛛的求偶行为可以通过视觉信号、化学信号和声音信号被激发。雄蛛的求偶动作包括步足、触肢和腹部的一些列复杂而有序的运动。一般认为，狼蛛的求偶行为主要由性信息素激发。Roberts等（2004）研究两种裂狼蛛S. ocreata和S. rovneri的雄蛛对同种及不同种雌蛛拖曳丝的反应，发现是化学信号而不是物理信号诱发雄蛛的求偶行为。此外，Baruffaldi等（2010）对裂狼蛛S. malitiosa性信息素的研究发现，在野外条件下，露水能使性信息素很快失活，便于雄蛛能够依据"新鲜"的性信息素追踪到最近的雌蛛，增大了繁殖的成功率。狼蛛的求偶行为复杂多样，有的为视觉信号和振动信号的混合交流，有的则为单一信号交流。Uetz等（2009）研究发现，在求偶过程中Schizocosa rovneri仅使用振动信号，而S. ocreata既有振动信号，又有视觉信号。

狼蛛一般在亚成蛛最后一次蜕皮，即性成熟后，进行交配。一般雄蛛在性成熟后1～5d内开始结精网排精。排精前先在蛛丝上结小网垫，然后腹部接近网垫排出白色精液，最后通过触肢器上的生殖球吸取精网上的精液贮存在贮精囊内，为交配活动做好准备。交配前，雄蛛一般主动求偶，而雌蛛常常等待雄蛛的到来。两者相遇时，雄蛛的活动节奏加快，逐渐接近雌蛛，先以触肢或第1步足试探，发出求爱信号，当雌蛛原地不动并不时摆动触须来表明它愿意接受时，雄蛛则立即从雌蛛头胸部背面爬上雌蛛腹部，雌雄头尾相对进行交配；若雌蛛抬高头胸部，像捕食一样驱赶雄蛛时，雄蛛则会立即举起步足逃走。狼蛛交配时，雄蛛将一侧的触肢伸到雌蛛外雌器处来回摩擦，直到触肢器生殖球中的突钩住外雌器垂兜，然后插入器在引导器、顶突等的辅助下伸至交配口处，此时生殖球血囊充血膨大，插入器通过交配口进入外雌器，并将精液送入外雌器的交配管，然后插入器从外雌器抽出。有的种类为左右触肢交替插入，有的种类则为一只触肢连续插入多次，再换另一只触肢。交配后，有的雄蛛能迅速逃脱，并再与其他雌蛛进行交配；有的则被雌蛛抓住取食。雌雄蛛交配后，精液贮于受精囊内，供一生产卵之用，因而雌蛛可以一次交配、多次产卵（陈军等，1999）。拟环纹豹蛛在交配时，精液输入受精囊孔内需要2～3min，整个交配时间20～70min。雌蛛在第1次交配之后，通常拒绝其他求偶的雄蛛，但也有

多次交配的，不过一经产卵便不再交配。

雌蛛在交配后经过数天便开始产卵。在产卵前，雌蛛会先织一个与体长差不多大小的网，然后将卵产于其上，待产卵结束后再产丝将卵覆盖，做成球形或卵圆形的卵囊，再将卵囊携带于纺器上直至幼蛛孵化。这是狼蛛独特的携卵方式。以拟环纹豹蛛为例，雌蛛在交配后1周内产卵，产卵时间多在夜间，偶见于白天。产卵前，蜘蛛纺丝作架，在网架上，腹部上下、左右、前后活动，纵横纺丝，织成产卵垫，形成卵囊的基底，产卵其中，历时30～50 min。产卵结束后，雌蛛保持姿势不变，在产卵垫上打转，分泌出1层丝覆盖卵粒；然后用足及触肢将卵垫提起，进行滚动张丝，做成1个白色椭球形的卵囊；卵囊做成后，纺器便分泌出丝来，将卵囊粘在腹部末端的纺器上，然后可携带卵囊四处游猎捕食，完成这一过程需60 min左右。拟水狼蛛与拟环纹豹蛛相比，区别主要有：拟水狼蛛雌雄蛛在交配后的2～6 d内产卵，产卵历时20～40 min；拟水狼蛛对于发育较慢的卵囊不予保护，对发育快于本身的卵囊则加以保护（李剑泉等，2002）。拟环纹豹蛛雌蛛具有极强的护卵习性。雌蛛有时将卵囊取下，放置身旁，一旦有动静便马上将卵囊环抱于螯肢、触肢和第3对步足之间，一会儿再重新携于纺器上。若抢取卵囊，会受到雌蛛强烈的反抗；如强行取下卵囊放在其身旁，雌蛛会迅速用螯肢咬住，并将其环抱于胸前，2～4 min后再重新携于纺器上。取走卵囊后，有的雌蛛显得狂躁不安，有的安静不动，若3～5 min后归还其卵囊，雌蛛会迅速抱住卵囊，并携于纺器上。如用大小、形状与卵囊相似的塑料泡沫置于蜘蛛前，它置之不理，但若给它以其他拟环纹豹蛛的卵囊甚至拟水狼蛛的卵囊，同样会携于纺器上，此时即使归还其自己的卵囊，雌蛛也不理睬，说明雌蛛对自身卵囊的辨别能力较差。若强行取走其卵囊不归还，雌蛛会拒食一段时间，6～8 h后再开始正常取食（王智，2007）。

人工饲养的条件下，雌成蛛不论交配与否均能产卵并形成卵囊，且受精卵囊不论是否被携带，只要温湿度适宜均能孵化，但雌蛛携带的卵囊比离体的卵囊孵化率要高。雌蛛对未受精卵囊具有丢弃或用螯爪撕开卵囊将卵吃掉的习性。在护卵条件下，当温湿度适宜时，狼蛛孵化率很高。如拟环纹豹蛛孵化率为73.2%～86.5%，平均为82.6%；拟水狼蛛孵化率为89.9%～95.6%，平均为90.5%；真水狼蛛平均孵化率为91.4%，最高达100%；沟渠豹蛛卵粒孵化率最低为77.3%，最高达100%。狼蛛卵孵化率与卵囊产出的次序有关。星豹蛛第1卵囊孵化率最高为96.6%，第4卵囊最低仅48%（乍光俊等，1988）；真水狼蛛也以第1个卵囊孵化率最高，以后的卵囊孵化率依次下降。

狼蛛卵粒在卵囊内孵化，1龄若蛛常群集在卵囊内。母蛛常用螯爪沿缝合带处将卵囊撕开1个小孔（亦有卵囊被幼蛛咬破的），然后保持不动，后足靠在卵囊两侧，有时用足弹动卵囊，使从卵囊爬出来的若蛛爬向自己腹部背面。若蛛开始爬出卵囊到全部爬上母体，需要5～9 h。狼蛛有背负若蛛的行为习性，即刚孵化出的若蛛会聚集在雌蛛腹部背面数天到一周（星豹蛛为2～5 d）后，才陆续离开母体分散开来独立生活。对简突水狼蛛的研究发现，经过携幼行为与未经过携幼行为的试虫相比，若蛛的生长、死亡率、发育历期以及繁殖力等方面均无明显差异，似表明携幼行为对若蛛的生长发育及繁殖没有明显影响（邬学勤等，2004），但可能有以下意义：避免种内竞争过于激烈，维持种群数量。简突水狼蛛性情凶猛，同类之间也会互相残杀。若蛛是陆续而非同时脱离母体，随着雌蛛的不断移动，能使若蛛分布到更为广阔的空间，为若蛛提供更丰富的生长环境，避免密度过大、竞争激烈、互相残杀，有利于种群的发展。

狼蛛科中不同种的若蛛一生蜕皮次数不完全相同，拟环纹豹蛛8～12次，拟水狼蛛7～9次，沟渠豹蛛4～8次，星豹蛛雌蛛5～7次，真水狼蛛6次。雌蛛的蜕皮次数一般多于雄蛛，如沟渠豹蛛雌蛛5～8次，雄蛛4～6次；星豹蛛雌蛛6～7次，雄蛛5～6次；真水狼蛛雌、雄一样，均蜕皮6次。若蛛蜕皮次数与温湿度、食物等因素有关。半人工饲料饲养的拟环纹豹蛛比纯天然饲料饲养的蜘蛛少蜕皮1～2次。拟环纹豹蛛第2代发生时温湿度适宜，蜕皮次数最少，平均为8～9次；第3代为越冬代，温度低，发育缓慢，蜕皮次数增加，一般9～11次，最长达12次（王智，2007）。拟水狼蛛第2、3代温湿度适宜、食物充足，发育较快，一般蜕皮7～8次；第4代（越冬代）由于温度低、食物少，发育缓慢，越冬后直到次年春季气温回升才再获得营养，一般蜕皮8～9次（李剑泉等，2002）。狼蛛卵囊内可见灰白色蜕皮，说明若蛛在出卵囊前已达2龄。若蛛蜕皮前几分钟，腹部明显膨胀，不吃不动，反应迟钝，体色变暗，而后栖息在叶片间结的小网上或袋状网中蜕皮。蜕皮时先由头胸部前缘螯肢基部向背甲支开，蜘蛛的头胸部不断颤动，腹部的外皮沿侧缘也裂开并使皮逐步向腹部后方蜕下。由于腹部脱出时所发生的一系列节律性的动作，所有步足与触肢随后也全部蜕出。由于1龄若蛛在卵囊内蜕皮，历期不易观察，因此若蛛历期多以出卵囊后蜕皮为序。最后一次蜕皮后，生殖器官结构清晰可见。

从若蛛发育到性成熟，雌蛛历期一般多于雄蛛。拟环纹豹蛛、拟水狼蛛、星豹蛛、真水狼蛛雌雄性比分别为1.08∶1、1.12∶1、1.35∶1、1.21∶1。不同世代间的性比有差异，拟环纹豹蛛第1代和越冬代雌蛛多于雄蛛，雌雄性比分别为1.43∶1和1.33∶1；第2代雌少于雄，雌雄性比1∶1.38。拟水狼蛛则第1代雌蛛少于雄蛛，雌雄性比为1∶1.11；第2～4代雌多于雄，雌雄性比分别为1∶0.78、1∶0.82、1∶0.90。沟渠豹蛛、真水狼蛛的情况稍不相同，各世代均以雌虫为多，其中沟渠豹蛛第1、2代雌雄性别比分别为1.12∶1、1.25∶1，真水狼蛛第1、2、3代雌雄性比分别为1.31∶1、1.08∶1、1.25∶1。

狼蛛成蛛的寿命因种类而异，并与温湿度、食料等条件有关。拟环纹豹蛛，水稻生长季、节20～32℃时寿命一般为80～100d，越冬代因温度低，可活346d。拟水狼蛛，成蛛平均寿命约60d，最长可超过100d；停食不停水时约可活50d，最长约80d；停食且停水时一般只能活3～4d。星豹蛛，18～29.8℃变温条件下成蛛平均寿命为133.20d，最长可达223d；越冬代雌蛛寿命长达250～300d，雄蛛一般为100～120d。沟渠豹蛛，成蛛寿命平均为55～79d，最短为6d，最长为166d。真水狼蛛，成蛛寿命平均为231.5d，最短为85d，最长为378d；雌蛛寿命比雄蛛长20～45d；各世代间以第3代的寿命最长，第1代次之，第2代成蛛期正遇盛夏高潮，寿命最短。

狼蛛的耐饥力较强。拟水狼蛛在供水不供食物的条件下，成蛛仍可存活 28～57d，平均

42.7d（李剑泉等，2002）。真水狼蛛在饥饿的情况下，雌蛛可存活73d，雄蛛可存活63.5d；2～5龄若蛛的耐饥天数为6.5～47.6d，龄期越小耐饥力越差。在早稻收割到晚秧栽插期间，如果在田埂上为真水狼蛛提供一定的隐蔽场所，稻田中真水狼蛛的种群数量就能很快得到恢复。温度也影响狼蛛的耐饥力，23～35℃范围内，真水狼蛛3龄若蛛的耐饥力与温度呈明显的负相关关系。用混合食物饲养真水狼蛛时，3龄若蛛的耐饥力最强，因此人工饲养时可用多种食物混合饲养，以利于真水狼蛛的发育和繁殖。狼蛛的耐旱能力一般很差。真水狼蛛成蛛和若蛛在无水条件下均只能存活1～2d，这可能是因为狼蛛长期生活在稻田、沟边或湖边草丛等靠近水源的环境中，逐渐适应了潮湿、多水的环境，并形成了对这种环境条件的依赖性（彭宇等，1999a，1999b，2000）。

（三）发生规律及其影响因子

发生规律 主要狼蛛在稻区的发生规律如下。

拟环纹豹蛛：据王智（2007）报道，在湘西北地区，拟环纹豹蛛1年发生2～3代。第1代发生于3月中旬至7月上旬，第2代7月中旬至10月上旬，第3代为越冬代，主要为亚成蛛和若蛛。从头年12月中旬开始，以第2代的成蛛和第3代的若蛛、亚成蛛越冬，次年3月上旬越冬的蜘蛛开始活动；越冬分布型为聚集分布。各世代历期67～158d，越冬代最长（136～167d），第1代次之（86～97d），第2代最短（67～72d）。若蛛性成熟至产卵，历时4～11d，平均约为7d。雌、雄蛛性成熟（即最后一次蜕皮后）1～2d后开始交配，第3～5d交配最多。交配后的雌蛛经2～5d（平均约3d）开始产卵。拟环纹豹蛛背负卵囊1年发生5次，第1次于3月中下旬发生在旱作田中，第2～5次发生在水稻田中；10月上旬雌成蛛带卵囊率达50%以上。拟环纹豹蛛在稻田中的2次盛卵期分别在6月15日—30日以及9月25日—10月15日。田间每次盛卵期，每100m^{2}有卵囊48～56个。

拟水狼蛛：根据1998—2000年田间考查与室内、室外饲养观察，拟水狼蛛在重庆地区1年发生3～4代，第4代不完整。第1代发生于3月下旬至6月下旬，第2代发生于4月下旬至8月上旬，第3代发生于6月中旬至9月上旬，第4代为越冬代。由于个体之间的发育差异、成蛛寿命长、产卵期长以及雌蛛多次产卵等原因，田间拟水狼蛛各世代重叠。越冬代于头年11月中旬开始，以成蛛和若蛛在土室越冬，翌年3月中下旬开始活动；冬天气温达5℃以上的晴天，有蜘蛛出洞捕食。越冬期间每个土室的栖息蜘蛛数一般为1～2头，但不同时期数量略有不同，2月每个土室蜘蛛数平均为1.0头，3月为1.25头，4月为1.6头。每个土室栖息1头的占36.8%，1室2头的占63.2%。拟水狼蛛每年在5月初即由田埂等稻田周边生境向稻田内迁移，种群密度在水稻生育期间有2次高峰,分别出现在6月末至7月初和8月上旬。由于代次不同,拟水狼蛛完成1个世代所经历的时间不同。据各代卵囊孵化的个体饲养情况,拟水狼蛛的世代历期少则75d,多则172d,平均104.4d。拟水狼蛛背负卵囊1年发生4次。第1次于3月中下旬的旱作田中,第2~4次在水稻田中,5月上旬雌成蛛带卵囊率达58.3%以上。拟水狼蛛在稻田中的3次盛卵期分别在5月1—15日,5月20—30日,8月5—15日,每次盛卵期,每100 m²平均卵囊个数分别为405个、248个、655个(李剑泉等,2002)。

星豹蛛:据淡燕萍和魏小娥(1989)报道,星豹蛛在陕西西安饲养,全年可完成2个不完整世代,以成蛛和若蛛越冬。以成蛛越冬的星豹蛛,1年可发生2代,但第2代不完整;以若蛛越冬的星豹蛛1年只发生1代。由于越冬虫体既有若蛛,也有成蛛,加之个体发育不整齐,因此世代重叠现象较为严重。一般每年从11月开始,星豹蛛第1代成蛛、亚成蛛、若蛛和第2代若蛛开始在麦根、土缝、落叶丛、草丛及背风向阳河滩沙土中越冬。翌年3月中下旬,开始活动,经蜕皮1~2次,于4月上旬性成熟交尾产卵,下旬孵化为若蛛,经7~8次蜕皮,第1代成蛛于7月上旬性成熟,下旬产卵为第2代,8月中旬孵化;当年完成1个世代为72~109d,平均88.3d,越冬代完成1个世代约需250d。又据田方文(2001)报道,在山东滨州沿海,星豹蛛1年发生2代,世代重叠。每年10月中下旬开始,以成蛛或亚成蛛在背风向阳的土壤缝隙或杂草根部越冬;越冬代蜘蛛于翌年3月下旬活动,5月上旬至中旬初活动最盛,5月中旬至下旬初为产卵盛期,5月中旬至6月初为卵孵化盛期。第1代若蛛经2~3d负子期后扩散,经过5次蜕皮,于7月上旬发育至亚成蛛,7月中旬为成蛛期。从孵化至成蛛历时50~55d,成蛛至交尾需3~5d,交尾至产卵6~8d。7月下旬至8月初为产卵盛期,第2代卵至孵化需15~18d,孵化盛期在8月初至中旬,若蛛期历时约50d。

星豹蛛若蛛互相残杀严重。据对初始虫量为8~74头的22个不同群体的饲养观察,存活2头的占31.8%,存活1头的占68.2%;从离开母体的2龄若蛛开始,经近60d的饲养,死亡率高达90.5%,这除与离开母体后,若蛛抵抗力差,营养消耗大而易死亡有关外,还与3龄后强吃弱、大吃小互相残杀严重有关(淡燕萍和魏小娥,1989)。

沟渠豹蛛:在安徽芜湖,1年发生1~2代,第2代不完整。一般每年从11月下旬开始,以若蛛(5~6龄)和成蛛(包括第1代成蛛)越冬,翌年3月中下旬开始活动,4月上旬交配产卵,5月中旬孵化,6月下旬性成熟为第1代成蛛,若蛛历期约33.9~52.0d。第2代在7月中旬孵化,11月下旬以5~6龄若蛛和成蛛开始越冬,若蛛历期约为307.9d。雄蛛蜕皮次数少于雌蛛,其性成熟就早于雌蛛。沟渠豹蛛的产卵前期和各虫态的历期均随温度的升高而缩短,因此在各个世代的历期不同。第1代发生在27.7~29.2℃,产卵前期3~9d,平均5.8d;卵历期6~20d,平均11d,都比越冬代明显短得多。越冬代在12.7~27.9℃,产卵前期6~17d,平均12.2d;卵历期12~33d,平均23.5d(李友才等,1986)。

真水狼蛛:在湖北武汉,每年发生2~3代,第3代不完整;由于个体之间的发育差异和雌蛛

可以多次产卵，稻田中真水狼蛛世代重叠。一般每年11月下旬开始越冬，翌年3月中旬越冬代成蛛和若蛛开始活动。第1代从4月中旬至6月下旬，第2代从7月上旬至9月上旬，第3代从9月中旬开始。以第3代高龄若蛛和第2代成蛛越冬，以亚成蛛为主。据冬季调查，越冬的成蛛、亚成蛛和高龄若蛛分别占2.0%、84.3%和14.0%。稻区田间越冬场所主要有稻桩、排水沟两侧土堆、水沟边草丛以及稻田和田埂的小裂隙。当日均温降至5℃左右，越冬蜘蛛由地面钻入土壤缝隙里避寒；当温度上升至10℃以上时，大多数个体相继爬出缝隙到土表觅食。真水狼蛛一般在水稻移栽后才开始从田埂等周边生境转移到稻田，连作稻田中一般可见2个发生高峰，分别在7月25日和9月15日，且以后一个高峰的发生量为大（彭宇等，1999a）。

影响因子　气候条件、食物和水、天敌、农事操作和农药是影响狼蛛发生的重要因子。

气候条件：环境温度是制约蜘蛛生长发育和繁殖的关键因子。刘志诚等（1999）研究了不同恒温（20℃、23℃、29℃、32℃和35℃）对星豹蛛的影响，结果表明，29℃时星豹蛛种群数量增长最快，20℃时种群数量增长最慢。星豹蛛在低于5℃条件下一般不活动，高于30℃则活动迟缓。若蛛对低温、高温的抵抗能力均较成蛛差。日平均气温稳定在5℃左右时星豹蛛开始活动，9～10℃时开始产卵，此时要求相对湿度不低于50%～60%。在湿度过高（85%以上）时，所产卵袋为淡绿色，体积小，卵粒少且易霉烂。在气温超过30℃时，星豹蛛活动迟缓，40℃以上易死亡。若蛛对高温的抵抗力较成蛛差。淡燕萍和魏小娥（1989）报道，星豹蛛最适温度为23～25℃，19～22℃时活动减少，发育缓慢；17℃时仅个别能产卵，且所产卵不能孵化；10℃以下很少活动。光周期也影响星豹蛛若蛛的发育，短日照条件下发育受到抑制，龄期延长，可能是因为短日照影响内分泌系统，进而抑制发育。温度影响狼蛛寿命，拟环纹豹蛛成虫寿命在35℃恒温条件下平均约40d，25～32℃时约80d，20℃时约100d。

在湖北武汉观察，真水狼蛛田间种群数量的变化与气候有关。因该狼蛛耐温性较强，其在7—8月的发生高于6月，冬季温度低，稻田发生量很小；同时，田间是否有水或水的深度也会影响真水狼蛛的发生，一般田间无水不利于生存，发生量小，但若水淹没稻丛基部太深，真水狼蛛亦会向田埂转移，田间数量也减少（彭宇等，1999a）。

食物和水：星豹蛛成蛛在有水无食料条件下，可存活17～35d，平均27d；有食无水时，可存活18～22d，平均19.5d；无水无食时，仅存活13～16d，平均14.6d。低龄若蛛对水的要求迫切，无水时3～4d即死亡（董慈祥等，1995）。类似结果见于赵学铭等（1989），星豹蛛成蛛在有水无食料条件下，雌蛛可存活19～41d，雄蛛19～20d；有食无水时，雌雄成蛛可存活20～21d；无水无食时，仅存活15～17d。若蛛无水时4～5d即死亡。真水狼蛛在无水情况下，无论有无食物，3龄幼蛛均在2d内死亡（彭宇等，1999）。

天敌：在山东菏泽观察，一些食虫鸟类、蛙类、蜥蜴、胡蜂等均能捕食星豹蛛，有些寄生蜂、寄生蝇对星豹蛛的种群数量也能造成一定影响（董慈祥等，1995）。在陕西观察到有一沟姬

蜂属 *Gelis* sp. 天敌对星豹蛛的寄生率达50%；腐嗜酪螨 *Tyrophagus putrecentiae* 对其的寄生率可达56.7%，对种群有较大的影响（淡燕萍和魏小娥，1989）。

农事操作：耕翻、灌溉、施肥等均能造成星豹蛛损伤和转移。据调查，耕翻后星豹蛛数量减少79%；灌溉后减少63%。另外，作物收获也会造成其种群数量大量减少。农田灌水后，星豹蛛田间存量下降。灌水前星豹蛛数量为4.2头/m²，灌水后田间基本上见不到星豹蛛，但地头、渠埂上数量剧增，达10～25头/m²，随着地表的干燥，星豹蛛逐渐迁入田内。耕翻亦造成星豹蛛转移，一般10～15 d后才能逐渐恢复（赵学铭等，1989；董慈祥等，1995）。

农药：星豹蛛对大多数化学农药较为敏感，但对不同药剂的敏感性有较大差异。室内测定结果表明，星豹蛛对1605、氧化乐果、来福灵、久效磷、功夫等农药敏感，96 h的杀伤率均在80%以上，而 *Bt* 制剂、克满特、辟蚜雾等对其的杀伤率仅为20%～30%（董慈祥等，1995）。在室内用喷雾法处理星豹蛛，3000倍溴氰菊酯和1000倍复方甲胺磷处理6 h后死亡率都为100%，1000倍辛硫磷、敌敌畏、马拉松、敌马乳油处理的死亡率分别为10%、20%、70%和90%（赵学铭等，1989）。

七、猫　　蛛

猫蛛属蛛形纲 Arachnida 蜘蛛目 Araneae 猫蛛科 Oxyopidae，行动敏捷似猫，故名猫蛛。猫蛛一般生活在草丛、灌木丛的植株上，不结网或在荫蔽处徘徊跳跃。当稻田失水干旱时迁入，在稻茎和茎叶间游猎捕食稻虫，如飞虱、叶蝉、稻纵卷叶螟、螟蛾等（尹长民等，2012），是稻田较重要的捕食性天敌之一。

（一）种类构成及优势种

我国稻田中猫蛛有斜纹猫蛛 *Oxyopes sertatus*、线纹猫蛛 *O. lineatipes*、爪哇猫蛛 *O. javanus* 等30余种。据对全国各稻区117个样点的调查，斜纹猫蛛、线纹猫蛛分别在江南丘陵平原双季稻亚区、闽粤桂台平原丘陵双季稻亚区有样点处于优势种地位（数量占蜘蛛总量的比例≥10%）（王洪全和石光波，2002）。

（二）生活习性

优势种斜纹猫蛛的研究较多，下文以该蛛为例进行介绍。

斜纹猫蛛多活动于植株的上、中部，行动敏捷，善跳跃，不结网（肖铁光等，2004）。此蛛在山区、半山区的山麓稻田或山地杂草间较常见，是山区稻田的常见蜘蛛之一。食性广，食量大，主要捕食黑尾叶蝉、飞虱以及螟虫、稻纵卷叶螟的幼虫、蚊子、蝇类等。据测定，在每笼养蛛3只，每天保持黑尾叶蝉成虫15只的情况下，每只蜘蛛每天最高捕食量为3.7只，平均为2.33只。除捕食水稻害虫外，该蛛还捕食松大蚜、黄色角蝉、草青蛉、松毛虫幼虫、有翅蚜、蚂蚁、松卷叶虫、蝇类、尺蠖、松梢螟蛾、松沫蝉、小绿叶蝉、麦蛾类、刺蛾类、蝗虫、叶甲虫、草青虫等多种害虫的成幼虫。供以松大蚜作猎物时，平均每头斜纹猫蛛成蛛日食松大蚜6.06头，并观察到1头斜纹猫蛛成蛛在1min内吃掉松大蚜2头（王昌贵等，2002）。饲以空心莲子草叶甲，斜纹猫蛛对卵粒、1龄幼虫的理论日最大捕食量分别为10.9粒、17.1头（刘雨芳，2014）。

江波等（2014）以果蝇为饲料，观察了斜纹猫蛛的捕食行为，将其分为瞄、扑、咬和吸等步骤（表3-33）；并观察到斜纹猫蛛的捕食量随猎物密度的增大而增加，在50cm³空间内，果蝇密度为35～40头时，斜纹猫蛛的捕食量趋于稳定，12h内捕食25.3～26.3头。

表3-33　斜纹猫蛛的捕食行为

行为	细节
瞄、扑	多头果蝇在其周围跳动，斜纹猫蛛瞄准果蝇，迅速扑上
咬	扑上果蝇的瞬时，用螯牙咬住果蝇，释放毒液，使果蝇死亡。此时斜纹猫蛛并不急于将捕到的果蝇吸收消化，而是咬着已得猎物继续猎捕其他果蝇。经观察，1头斜纹猫蛛同时咬着的果蝇数量最多可达4头
吸	斜纹猫蛛利用螯牙将已死亡的果蝇压碎，吸取果蝇的营养液

数据来源：汪波，汪昕蕾，张晓津，等．2014.温度和猎物密度对斜纹猫蛛捕食的影响［J］.湖北农业科学，53（17）：4056-4058.

斜纹猫蛛若蛛蜕皮时间多集中在5:00左右，成蛛羽化后4～12d即可交尾，交尾多发生在9:00左右。交尾时雄雌成蛛头部相对，经多次相靠，瞬间相交后，雄蛛立即离开，有的相交时被雌蛛吃掉（王昌贵等，2002）。

斜纹猫蛛交尾后8～10d即可产卵，母蛛无携带卵囊的习性。产卵前几天不食不动，临近产卵时在产卵场所不断地爬动。产卵时首先分泌灰白泡沫涂在产卵介质上，再把卵产在上面，然后再分泌泡沫覆盖在卵上面；卵块成长条状革质卵囊。产完卵后成蛛昼夜守护在卵块上，在卵块上边护卵边取食，直到孵化出的若蛛分散离去后，雌蛛才离开。据室内观察，雌蛛产卵1～2次，平均1.5次；每蛛产卵87～189粒，平均121.8粒；卵孵化率95.2%～100%，平均97.6%。各虫态的历期，卵期10～14 d，平均13.9 d；若蛛期337～346 d，平均341.5 d；成蛛期17～60 d，平均40.6 d，全世代平均历期396.3 d（王昌贵等，2002）。

（三）发生规律及其影响因子

发生规律　以优势种斜纹猫蛛为例介绍如下。

斜纹猫蛛在鲁东南沿海地区1年发生1代，一般每年11月上旬开始，以若蛛在松树翘皮、枝叶基部和杂草丛中越冬，翌年4月上旬出蛰活动。若蛛经7龄，5月上旬羽化为成蛛，并开始交尾，5月中旬开始产卵，5月下旬开始孵化，11月上旬若蛛开始越冬（表3-34）（王昌贵等，2002）。

表3-34　斜纹猫蛛生活史（1996—1999年）

4月	5月	6月	7月	8月	9月	10月	11月—翌年3月
上中下旬	上中下旬	上中下旬	上中下旬	上中下旬	上中下旬	上中下旬	上中下旬
○○○	○						
———	———	———					
	+++	+++	+++	+++			
	●●	●●●	●●●	●●●			
—	———	———	———	———	———		○○○

○：越冬若蛛；—：若蛛；+：成蛛；●：卵

数据来源：王昌贵，谷昭威，陈冬，等.2002.斜纹猫蛛生物学特性的观察[J].动物学杂志，37（4）：46-48.

影响因子　主要有气候、海拔高度、农药、天敌等。

气候： 温度不但影响猫蛛的生长发育速度，还影响其捕食量。斜纹猫蛛在温度为18～28℃范围内，捕食果蝇的数量随温度升高而增加，最适捕食温度为26～28℃，可能是因为在该温度条件下，斜纹猫蛛体内的消化酶等一系列酶活性较强，消化能力、活动能力处于最佳状态（汪波等。2014）。大暴雨可引起猫蛛死亡。据王昌贵等（2002）报道，东港区黄山林区的一场暴雨，使得护卵的斜纹猫蛛成蛛数量锐减45.5%。

海拔高度： 斜纹猫蛛的发生与海拔高度有关。据观察，在山东日照东港区黄山林区，海拔高度约3 m时平均每株树上的斜纹猫蛛数量为5头，海拔高度约100 m时为8头，海拔高度约150 m

时为11头，海拔高度约200m时为8头，海拔高度约250m时为5头，海拔高度约300m时为11头，海拔高度约400m时不见该蛛（王昌贵等，2002）。

　　农药：喷洒2000倍的1605药液防治害虫时，斜纹猫蛛成蛛全部中毒而死亡，死亡率100%（王昌贵等，2002）。

　　天敌：斜纹猫蛛在山东日照田间的卵寄生率可达8.9%。产卵、护卵期间的成蛛1日内被麻雀和大山雀等鸟类取食的比例达11.53%。此外，捕食性蟽、螳螂与该蛛之间也存在互相残杀现象（王昌贵等，2002）。

八、跳　　蛛

　　跳蛛属蛛形纲Arachnida蜘蛛目Araneae跳蛛科Salticidae，别称"蝇虎"，大多以跳跃的方式捕捉昆虫。在稻田常徘徊于稻株上，捕食稻飞虱、叶蝉以及稻纵卷叶螟、二化螟等鳞翅目害虫的幼虫，是稻田害虫的主要捕食性天敌之一。

（一）种类构成及优势种

　　稻田常见主要有微西菱蛛 *Sibianor aurocinctus*（又名微菱头蛛 *Bianor aurocinctus*）、华南菱头蛛 *Bianor angulosus*、螺旋哈蛛 *Harmochirus contortospinosa*、长腹蒙蛛 *Mendoza*（*Marpissa*）*elongata*、卡式蒙蛛 *M. canestrinii*（又名纵条蝇狮 *Marpissa magister*）、多色金蝉蛛 *Phintella versicolor*、波氏金蝉蛛 *P. popovi*、条纹蝇虎 *Plexippus setipes*、蓝翠蛛 *Siler cupreus*、东方猎蛛 *Evarcha orientalis*、吉蚁蛛 *Myrmarachne gisti*、乔氏蚁蛛 *M. formicaria* 等跳蛛。据对全国各稻区117个样点的调查，纵条蝇狮在长江中下游平原双单季稻亚区、江南丘陵平原双季稻亚区和黄淮平原丘陵中晚熟亚区，华南菱头蛛在闽粤桂台平原丘陵双季稻亚区，黑菱头蛛（学名 *Bianor hotingchiechi*，同华南菱头蛛的异名，疑似该蛛为华南菱头蛛的同种）在琼雷台地平原双季稻亚区、江南丘陵平原双季稻亚区，均有样点表现为优势种（数量占蜘蛛总量的比例≥10%）；黑菱头蛛、纵条蝇狮、微菱头蛛的田间最大虫量排跳蛛科前3位，分别居于稻田全部蜘蛛种类的第12位、17位、20位（王洪全和石光波，2002）。

（二）生活习性

跳蛛是游猎型蜘蛛，一般以昆虫等小型猎物为食，仅有极少数跳蛛是"素食"蜘蛛。大多数跳蛛在日间活跃地捕捉猎物，捕猎时通常不靠结网。发现猎物时，跳蛛首先会选定位置并旋转头胸部，使前中眼对准猎物，然后调整腹部姿势使身体成为一条线，慢慢靠近猎物。当靠近猎物时，停止运动，降低身体并快速拴紧体后的"避敌丝"，猛地冲向猎物。跳蛛捕食时能够精准地锁定猎物，这有赖于它的视觉系统。跳蛛的视觉系统复杂，是唯一一类视力能与人眼相匹敌的蜘蛛。

跳蛛会吐丝做巢穴和卵袋，而且几乎所有跳蛛都有一条拖在身后的"避敌丝"。当跳蛛在植被上滑落时，它们可以沿着这条丝返回最初的立足点；还有一些跳蛛在夜间时会沿着这条丝返回巢穴；悬挂于避敌丝上的跳蛛，常会借助风逃逸或转移到另一地点。另外，个别跳蛛也会建立捕虫网用于捕食。跳蛛还存在贝氏拟态（被捕食者欺骗捕食者，仅对拟态一方有利的习性）相关的行为，许多跳蛛在形态学和运动机制上都与蚂蚁相似，故模仿成蚂蚁是跳蛛最常见的拟态行为（郭建宇，2010）。

跳蛛食量大、耐干旱、耐饥饿，在非饥饿条件下也具有捕食害虫的习性。以棉蚜为食时，纵条蝇狮平均每头每日可捕食7.11头，整个成蛛期可食607.54头。纵条蝇狮捕食害虫的种类十分广泛，经野外和室内饲养观察，可捕食稻飞虱、叶蝉类、蚜虫类、蝇类、蚊类、麦蛾类、地老虎成虫、蚂蚁、小甲虫、蝗虫成若虫、尺蠖、菜青虫、网蟓等多种昆虫（刘凤想，2004；于红国等，2009）。

跳蛛的求偶和交配依赖于它复杂的视觉系统。雄性跳蛛和雌性跳蛛通常在外表上有很大差异，如羽状毛、体色、富有金属光泽的毛等，这些都在借助视觉系统进行交配的过程中起到很大作用。雄性跳蛛的求偶动作包括倾斜、振动、"Z"字形运动等复杂的动作；雌性跳蛛以蹲姿表示接受。交配对于跳蛛来说是一个复杂的过程。研究表明，跳蛛在求爱期间会以中波紫外线的方式传送信息。在紫外线下，雄性跳蛛身体上的鳞片呈白色和绿色，触肢呈绿色；没有紫外线时，雄性跳蛛身上则不存在色彩华丽的鳞片或触肢，雌性跳蛛也就很难对交配产生兴趣（郭建宇，2010）。

作为游猎型种类，纵条蝇狮在野外生活于水稻、茭白、杂草等植物上，平时多在植物上捕食害虫，当蜕皮、产卵时则将植物叶片卷成小筒状巢，在巢内蜕皮和交配。由于雄蛛历期较雌蛛短，雄蛛成熟后会找到亚雌蛛巢，并在亚雌蛛巢上方做巢而居，等候亚雌蛛蜕最后1次皮后而趁机进行交配。有时可见几头雄蛛为争雌蛛而打斗，打斗时雄蛛会举起第1对步足并两边摇摆，之后对峙时以第1对步足相抵，拼命前推并撕咬，落败的一方会突然闪开逃跑。纵条蝇狮有多次交配的习性。当雄蛛遇到雌蛛时，两蛛也会同时举起第1对步足，雄蛛开始摇摆，慢慢接近雌蛛，

将第1对步足按住雌蛛第1对步足进行抚摸。如果雌蛛不反对，其会将第1对步足放下，并边抚摸边从雌蛛头部爬到其腹部，用步足抚摸雌蛛腹部，待雌蛛将腹部侧向一边，雄蛛则迅速将触肢插入雌蛛生殖孔进行交配。交配时雄蛛腹部有规律地上下摆动，2～5 min后再换另一触肢进行交配，时间为5～10 min，然后马上分开，两蛛进行追逐，可再次交配。有时遭到雌蛛反对，雄蛛会追而不舍，不达目的不会罢休。怀卵的雌蛛也能再次交配。有时雄蛛为求得交配被雌蛛咬死当成美食（刘凤想等，2004）。

　　纵条蝇狮雌蛛一般在交配后7～12 d开始产卵，产卵前期的长短与食物、温度有关，食物充足、温度适宜的条件下，产卵前期较短。产卵一般在21:00—翌日9:00。产卵前雌蛛会将禾本科植物叶片卷成筒状巢，然后在巢内做产卵垫，做完产卵垫后稍息一会儿再开始产卵。纵条蝇狮雌蛛产卵时，几十甚至上百粒卵可在几秒钟内一次产下，1～2 min后显出卵粒。这时雌蛛再纺丝将卵粒盖住，然后会守伏在筒巢中，白天很少出来，直到卵孵化，若蛛蜕皮进入2龄，爬出卵袋开始分散后，雌蛛才会离开。在室内用玻璃指管饲养时，雌蛛也会做成丝状筒状巢，在巢内产卵。纵条蝇狮一生可产2～4个卵袋，每个卵袋最少有46粒，最多可达151粒，平均107.3粒。每头雌蛛的总产卵量最少为199粒，最多可达411粒，平均310粒。雌蛛交配1次，可以终身产受精卵，且卵孵化率很高，但产卵次序对卵的孵化率有一定的影响，以第1、2卵袋的孵化率较高（96.7%～100%），以后渐低，第3、4卵袋的卵孵率分别为89.0%～97.7%、78.7%～91.9%。雌蛛不交配也可以产卵，但卵不能孵化，且雌蛛易死亡。卵的发育历期受温度影响，25℃条件下为9 d，30℃下为7 d，32℃下为6.5 d，35℃和37℃下均为6 d（刘凤想等，2004）。

　　纵条蝇狮的雌雄若蛛一般均脱皮6次，有7个龄期。在不同温度条件下，各龄的发育历期不同，在25℃～32℃温区内，随着温度的升高历期逐渐缩短，32～35℃时最短；15～20℃和37℃时，若蛛因不能正常蜕皮而死亡。不同龄期若蛛的发育历期以2龄的最长；雌蛛的发育历期一般长于雄蛛（表3-35）（刘凤想等，2004）。

　　纵条蝇狮的寿命较长。室内有水和食物时，可活6～15个月。如果食物充足，其寿命更长（刘凤想等，2004）。

表3-35　不同温度下纵条蝇狮卵和幼蛛的发育历期

温度/℃	卵历期/d	幼蛛性别	幼蛛发育历期/d							
			1龄	2龄	3龄	4龄	5龄	6龄	7龄	合计
15	—	—	未见蜕皮发育							
20	—	—	多数未见蜕皮发育，个别能发育至3龄再死亡							
25	9	雌	4	21.8	10.4	14.5	11.0	7.8	11.8	81.3
		雄		21.5	10.0	13.3	8.8	8.3	11.5	77.4

续表

温度/℃	卵历期/d	幼蛛性别	幼蛛发育历期/d							
			1龄	2龄	3龄	4龄	5龄	6龄	7龄	合计
30	7	雌	3	19.6	10.1	10.1	10.6	10.0	10.1	73.5
		雄		18.3	8.7	10.0	10.7	10.0	8.3	69.0
32	6.5	雌	3	15.3	11.5	8.7	10.0	9.7	11.8	70.0
		雄		16.8	13.5	8.3	7.5	10.3	10.0	69.4
35	6	雌	2.5	13.3	9.3	11.3	10.0	9.7	15.7	71.8
		雄		13.0	10.2	11.6	9.8	12.6	9.4	69.1
37	6	—	2.5	不能正常蜕皮而死亡						

数据来源：刘凤想，常瑾，彭宇，等.2004.纵条蝇狮的生物学研究［J］.蛛形学报（2）：103-106.

（三）发生规律及其影响因子

发生规律　对优势种纵条蝇狮的研究相对较多。

纵条蝇狮在湖北每年可以完成1~2个世代，有世代重叠现象。一般于11月开始以成蛛、亚成蛛及4龄以上若蛛在稻田、茭白地及杂草下部等水源充足的地方越冬，以稻田、茭白地最多。翌年3月下旬至4月中旬开始活动，当日平均温度达到20~25℃时才开始发育，5月中旬大量亚成蛛开始成熟并交配，6月初为产卵盛期。纵条蝇狮产卵间隔一般在8~17d，最长可达25d以上，有多次产卵习性（刘凤想等，2004）。

纵条蝇狮在鲁东南沿海地区1年发生1代，10月下旬开始以不同龄期的若蛛在树木杂草中越冬，翌年4月上旬出蛰活动，若蛛5月中旬发育至成蛛，6月上旬开始交配，6月中旬开始产卵，7月上旬孵化为若蛛，10月下旬开始越冬；各虫态的发育历期为卵期9.5~14d，平均12.24d；若蛛期305~308d，平均305.8d；成蛛期75~103d，平均85.4d，全世代共经历403.4d（于红国等，2009）。

影响因子　影响稻田跳蛛发生的因子很多，一般可分为不可控和可控两大类。当某些生态因子适于某种类发生时，该种即成为优势种；若不适，即可能沦为一般性跳蛛，甚至演变为稀有种。

不可控生态因子：包括温度、经纬度、海拔、年降水、年积温、年无霜期和年日照时数等非生物因子。其中，起主导作用的是温度，它与海拔高度、日照时数多少、无霜期长短有密切关

系，是关键因子；其次是降水量，水源是蜘蛛生活的三大要素之一，重要性高于食物，并影响到温度升降。纵条蝇狮的发生与海拔高度的关系，据山东日照调查，海拔高度3 m左右时平均每棵标准树的纵条蝇狮数量为11头、海拔高度100 m左右时为5头、海拔高度200 m左右时为2头、海拔高度300 m以上未见（于红国等，2009）。因纬度不同，适宜海拔高度范围可能亦不相同，据武陵山地区调查，跳蛛主要出现在海拔高度400 m左右的稻田。

可控生态因子：影响稻田蜘蛛种群发生发展的可控生态因子有很多，主要有猎物种类与数量、稻苗长势、农药和肥料的使用、天敌等。猎物（害虫、中性昆虫和天敌等）是蜘蛛赖以生存的食物，没有猎物就没有蜘蛛，因此蜘蛛的种群数量会随猎物数量而变动。稻苗长势是影响蜘蛛生命活动的要素之一，良好的稻田长势是蜘蛛赖以生存的条件，其直接决定喜过隐蔽生活的蜘蛛生存条件的好坏。农药的不当使用可造成稻田蜘蛛种群的巨大损失，是影响稻田蜘蛛种群的主要因素之一。研究表明，移栽稻田喷施48%毒死蜱乳油100 mL，5～6 d田间蜘蛛的死亡率高达76%以上，10～11 d的死亡率仍达67%以上；在分蘖期（6月30日、7月15日）使用至蜘蛛进入稳定期后，蜘蛛种群总量仅维持在不用药处理种群总量的2/3左右；在孕穗期（8月30日、9月15日）使用至水稻成熟，蜘蛛总量仅维持在不用药处理种群总量的1/5以下。直播稻田在拔节孕穗期（8月12日）使用杀虫剂，药后2 d阿维菌素、毒死蜱、氯氰菊酯处理区对蜘蛛的杀伤率均在57%以上，吡虫啉、噻嗪酮、杀虫单、氯虫苯甲酰胺和吡蚜酮等农药对蜘蛛相对安全。肥料的施用本身并不是影响稻田蜘蛛发生的直接因素，但肥料的施用有利于稻田害虫、中性昆虫等猎物的发生，进而有利于稻田蜘蛛的迁入和繁殖（张俊喜等，2013）。纵条蝇狮的天敌有寄生蜂等寄生性天敌以及蟾蜍、螳螂、鸟类、蜥蜴等捕食性天敌，对纵条蝇狮有较大危害，在山东日照观察到，仅卵粒寄生率就达8.78%（于红国等，2009）。此外，田间农事操作对跳蛛的影响大，可以通过以下方式保护田间跳蛛种群：①种植冬作绿肥、田埂不除草，为跳蛛提供越冬场所；②稻田灌水时在四周放草把以避免杀伤跳蛛；③在田埂种植大豆以提供跳蛛栖息场所和食物等。

九、肖 蛸

肖蛸属蛛形纲Arachnida蜘蛛目Araneae肖蛸科Tetragnathidae，稻田发生量大，主要分布在水稻冠层上部，和新园蛛类蜘蛛共同在水稻上层结网捕食，主要捕食触网的稻飞虱、叶蝉、蛾类、蚊蝇类等在水稻冠层飞行的昆虫，每天可捕食猎物的量可达自身体重的2～10倍，是稻田害虫最为重要的捕食性天敌之一。

（一）种类构成及优势种

稻田常见的肖蛸有华丽肖蛸 *Tetragnatha nitens*、圆尾肖蛸 *T. vermiformis*、锥腹肖蛸 *T. maxillosa*、爪哇肖蛸 *T. javana*、长螯肖蛸 *T. mandibulata*、伊犁锯螯蛛 *Dyschiriognatha nitens*、四斑状螯蛛 *D. quadrimaculat*（别名：四斑锯螯蛛）、栉齿锯螯蛛 *D. dentata*、黑头桂齐蛛 *Guizygiella melanocrania* 等。据对全国各稻区117个样点的调查，锥腹肖蛸、伊犁锯螯蛛、华丽肖蛸和圆尾肖蛸为稻田优势种，其田间最大虫口数量分别居于全部蜘蛛种类的第5、8、11和16位。其中，锥腹肖蛸在39个样点（占33.3%）处于优势种地位（数量占蜘蛛总量的比例≥10%），排名肖蛸科第1位，亦居于稻田全部蜘蛛种类的第3位（王洪全和石光波，2002）。

（二）生活习性

肖蛸科蜘蛛生境较广，在稻田、棉田、茶园等多种生活环境中都可以生存，喜在植株间结网。锥腹肖蛸长江流域及以南稻田等潮湿生境中数量较多；华丽肖蛸在丘陵稻区发生量较大，仅次于锥腹肖蛸；伊犁锯螯蛛多生活于水稻田及溪边杂草；圆尾肖蛸生活在稻田、棉田、茶园、近水边植物以及竹林中。

肖蛸的交配一般在网上进行。亚成蛛蜕下最后一次皮，性成熟之后就可寻找异性进行交配。圆尾肖蛸雌雄蛛有多次交配习性，但交配一次终身可产受精卵。其交配活动可在1d之内的任何时间进行，每次交配时间2～7min，以第1次交配时间最长，交配时间的长短和次数的多少不影响其产卵量和孵化率。交配前雄蛛逐渐靠近雌蛛，在网边经多次相靠，在瞬间拥抱成团相交。交尾后，雄蛛在瞬间离去，有的在瞬间被雌蛛泌丝捆绑而吃掉（陈文华和赵敬钊，1989）。锥腹肖蛸在交配时，一般雄蛛表现主动。

肖蛸一般结水平网，也有见结倾斜网的，但未见结垂直网的。圆尾肖蛸结网多在17:00以后，结1张新网需时约1.5h。网的直径大小依蜘蛛个体大小而异，成蛛所结网的直径约30cm，2龄若蛛所结网的直径仅5cm大小。网多结在近水潮湿的地方，如湖边、河堤、水沟边的杂草上。网的高度多在30～50cm，一般不超过80cm（陈文华和赵敬钊，1989）。华丽肖蛸没有利用旧网的习性，每天均需结网。该蛛昼伏夜出，一般17:00以后出来结网（王洪全和周家友，1983）。

圆尾肖蛸交尾后5～7d即可产卵，产卵时间多在 5:00左右。雌蛛多把卵产在枝叶背面，产卵时先泌丝涂在叶面上铺一个底，然后由上而下地把卵产在上面，呈长条状排列。产完卵后，再由上而下地泌丝，覆盖在长条状卵上面成长条的白色卵囊。最后在卵囊上由上而下泌出黑褐色

泡沫状零星的点做卵囊表面的保护层（张志军等，2012）。

圆尾肖蛸雌蛛护卵习性很强，特别是初期几乎只要有卵袋就有雌蛛守护。往往1个卵袋内的还未孵化，又在原卵袋旁产下另一个卵袋，1头雌蛛可守2～3个卵袋。护卵时，雌蛛前两对足伸向前方，后两对足伸向后方，整个身体呈1条直线形；有时整个身体伏在卵袋上，有时在卵袋旁进行看护。

圆尾肖蛸雌蛛一生产卵囊1～6个，不同世代平均1.5～3.6个；每个卵囊内含卵21～167粒，平均56.3～80.3粒；单雌产卵24～466粒，平均87.9～289.0粒（陈文华和赵敬钊，1989）。华丽肖蛸最多产卵囊10个，最少产卵囊1个，一般产卵囊5～7个，其中以第3代产卵囊最多，平均7.17个，以5代产卵囊数最少，平均5个。一般每个卵囊含卵量为58～92粒，不同世代间有差异，其中以第1代含卵量最少，平均58.5；第2代最多，平均92.41粒。对华丽肖蛸卵囊孵化率观察结果表明，在128个卵囊中，100%孵化的有76个，占总卵囊数的59.38%；未孵化的有24个，占总卵囊数的18.75%；被螨类等寄生的占8.59%。不同世代间卵囊孵化率有所不同，第4代孵化率最高，100%孵化的占当代卵囊的77%，未见未孵卵囊，但寄生率最高（15%）；第1代卵孵化率最低，100%孵化的仅有36.3%，未孵化卵囊达50%（王洪全和周家友，1983）。

圆尾肖蛸若蛛共蜕皮6～8次，以7次为主（占69.2%），6次次之（占28.0%），8次最少（仅占2.8%）；越冬代若蛛期约180d，其他各代若蛛期32.2～44.2d，其中第1～7龄若蛛的历期分别为2d、7.6～11.0d、4.1～7.0d、3.4～5.9d、4.6～6.8d、3.3～5.0d和5.3～6.5d（陈文华和赵敬钊，1989）；1～7龄若蛛的发育起点温度分别为2.0℃、8.64℃、13.70℃、12.16℃、10.00℃、9.67℃和16.65℃，有效积温分别为54.00d·℃、138.29d·℃、46.76d·℃、62.77d·℃、83.52d·℃、89.85d·℃和50.51d·℃（赵敬钊和陈文华，1991）。

华丽肖蛸若蛛一般蜕皮5～6次，以6次为主（占78.5%），5次次之（21.5%）；第1～6龄若蛛历期分别为3～9d、7～17d、7～15.4d、6～9.3d、7～9.3d、6.4～10d；若蛛成活率通常较低，且不同世代间有所不同，其中第1代最高（58.3%），第4代最低（仅22.0%），第2、3、5代分别为36.0%、41.9%、55.0%，各代若蛛的平均成活率只有38.3%。华丽肖蛸总体上雌蛛多于雄蛛，雌蛛占55.2%，雄蛛占44.8%，但不同世代间有差异，其中第1、2、4代雌蛛多于雄蛛，雌雄比为（1.2～2）：1，第3、5代雄蛛多于雌蛛，雌雄比为1：（1.2～1.6）（王洪全和周家友，1983）。

圆尾肖蛸的雌蛛寿命一般长于雄蛛，雌、雄成蛛寿命分别为8.7～27.2d、6.0～11.8d（赵敬钊和陈文华，1991）。华丽肖蛸成蛛的寿命一般约为60d，最长可超过110d；不同世代间差异较大，第1、2、3、4、5代的平均历期分别为55.6d（37～84d）、45.7d（33～59d）、70.7d（49～101d）、51.8d（43～69d）和72.0d（40～109d），第3、5代成蛛的寿命较长（王洪全和周家友，1983）。

圆尾肖蛸是叶蝉、小造桥虫、棉铃虫等的重要捕食性天敌。据观察，5头成蛛4d内网捉飞虱38头、蚜虫312头、麦蛾类23头、螟蛾类29头、蝇科类31头、蚊虫37头、草青蛉5头、瓢虫4头，共网捉各类昆虫489头，平均每头日捉量24.41头，成蛛期每头可网捉1925.5头猎物（张志军等，2012）。锥腹肖蛸可以飞虱、叶蝉、蚜虫、地老虎、卷叶蛾、棉铃虫以及蚊子、蝇类等多种害虫为食。据室内测定，锥腹肖蛸对不同害虫的日捕食量：棉二点叶蝉2.4头，棉小造桥虫初孵幼虫19头，斜纹夜蛾初孵幼虫5头，棉蚜6头。罗茂海（2014）通过基于特异引物的PCR检测，研究了广西兴安稻田采集的华丽肖蛸和锥腹肖蛸体内的猎物构成，发现两种肖蛸均可捕食褐飞虱、白背飞虱、二化螟、大螟、稻纵卷叶螟、黑尾叶蝉和大青叶蝉，除大青叶蝉外，均是水稻主要的害虫种类，其中对褐飞虱、二化螟、大螟、白背飞虱的捕食相对较多，体现了华丽肖蛸和锥腹肖蛸对水稻害虫的捕食控制能力（表3-36）。试验中还发现，田间华丽肖蛸体内可检测到锥腹肖蛸的残留，锥腹肖蛸体内也能检测到华丽肖蛸的残留，说明这两种肖蛸间存在相互捕食的现象。

表 3-36 广西兴安稻田两种肖蛸体内各类害虫的检出率

单位：%

肖蛸种类	褐飞虱	白背飞虱	大螟	二化螟	稻纵卷叶螟	大青叶蝉	黑尾叶蝉
华丽肖蛸	9.23	2.85	8.43	6.09	2.03	1.28	2.44
锥腹肖蛸	11.71	6.10	3.66	10.98	3.15	3.25	6.91

数据来源：罗茂海，刘玉娣，侯茂林. 2014.华丽肖蛸和锥腹肖蛸不同龄期饥饿耐受性研究［J］.应用昆虫学报，51（2）：496-503.

肖蛸有一定的耐饥饿能力。华丽肖蛸、锥腹肖蛸若蛛在没有食物的条件下，耐饥饿时间与其自身体重（或龄期）成正比，即体重越重则存活天数越多，体重越轻则存活天数越少，不同龄期组的存活时间具有极显著差异（表3-37）（罗茂海等，2014）。华丽肖蛸雌成蛛耐饥能力强于5龄幼蛛和雄性亚成蛛，它们停食后存活时间分别为20d、18～19d、15d（王洪全和周家友，1983）。

表 3-37 华丽肖蛸和锥腹肖蛸不同龄期幼蛛的耐饥力

指标	华丽蟏蛸 *T. nitens*				锥腹肖蛸 *T. maxillosa*			
	2～3龄	4～5龄	6～7龄	平均	2～3龄	4～5龄	6～7龄	平均
T_{50}	13.01	21.31	31.47	21.93	5.17	21.12	32.59	19.63
T_{95}	23.51	30.41	43.15	32.36	30.41	28.27	45.98	27.69

数据来源：罗茂海，刘玉娣，侯茂林. 2014.华丽肖蛸和锥腹肖蛸不同龄期饥饿耐受性研究［J］.应用昆虫学报，51（2）：496-503.

注：T_{50}、T_{95}分别指饥饿半致死时间和饥饿95%致死时间。

肖蛸有较强的耐干旱能力。华丽肖蛸在停止供水的情况下，4龄若蛛可活23d，亚成蛛可活13d，成蛛可达55d，而且交配后的雌蛛仍可产卵，不过产的卵袋数较少，一般只产3个卵袋。雌

性成蛛的耐干旱能力较强,亚成蛛最差(王洪全和周家友,1983)。

(三)发生规律及其影响因子

发生规律 主要见于圆尾肖蛸、华丽肖蛸的研究。

圆尾肖蛸: 在湖北武汉,室内饲养1年发生4代,有世代重叠现象。第1代从4月下旬至6月中旬,第2代从6月下旬至8月中旬,第3代从8月中旬至10月上旬,越冬代从10月中旬至翌年4月上旬。以低龄若蛛越冬,一般成蛛10月中旬所产卵孵化后,若蛛即进入越冬状况而停止发育。室外越冬场所多为树下的杂草丛,持续至翌年3月上旬,气温在9℃以上开始活动。世代历期因代次而不同,其中,越冬代最长,约200d;第1代52.6d,第2代52.7d,第3代45.9d(陈文华和赵敬钊,1989)。在山东日照1年发生1代,以不同龄期的若蛛在枯枝落叶、杂草丛、树木翘皮中越冬。翌年4月中旬开始出蛰,7月上旬分别发育至成蛛并交配,8月下旬开始产卵、孵化,10月上旬孵化结束,11月上旬开始越冬。各虫态发育历期,卵期平均7.6d,若蛛期平均316.3d,成蛛期平均78.9d(张志军等,2012)。

华丽肖蛸: 在湖南长沙室内空调饲养条件下(1—2月温度17~20℃,湿度70%~80%,其余月份温度25~28℃,湿度约85%),1年可发生5个世代,自然条件下的代次要少于此数,且以成蛛和若蛛越冬。完成1个世代及各龄若蛛的历期,均因不同代次而有差异,越冬代的世代历期最长,约为200天,第1代平均为52.64d,第2代平均为52.67d,第3代平均为45.85d,雌蛛完成1个世代所需的时间要比雄蛛长。各虫态历期:卵历期以第3代历期最长,平均11.55d,越冬代(第5代)最短,平均6.33d;若蛛历期以第1代最长,平均61.94d,第3代历期最短,少则34d,多则48d;成蛛寿命33~109d(王洪全和周家友,1983)。

影响因子 主要有温度、食料以及天敌、农药等。

温度: 温度对肖蛸若蛛的生长发育及成蛛的寿命、繁殖均有显著影响。据陈文华和赵敬钊等(1989)、赵敬钊和陈文华(1991)的观察,在20℃、23℃、26℃、29℃、32℃、35℃等不同的恒温条件下,圆尾肖蛛若蛛期存活率分别为68.4%、68.6%、70.6%、63.2%、55.6%和55.0%;若蛛历期雌性分别为85.5d、56.5d、48.3d、43.1d、41.8d和33.3d,雌性分别为73.5d、46.6d、42.7d、34.3d、32.2d和28.4d,历期随温度升高而缩短;成蛛寿命雌性分别为27.2d、18.7d、15.0d、20.7d、14.5d和8.7d,雄性分别为11.8d、8.0d、9.0d、10.3d、9.3d和6.0d;每雌平均产卵袋数分别为2.1个、1.9个、2.4个、3.6个、2.3个和1.5个,平均产卵量分别为151.2粒、106.8粒、158.0粒、289.0粒、132.0粒和87.9粒;平均卵孵化率分别为89.0%、86.6%、90.7%、90.4%、84.2%和75.0%,其中29℃条件下的产卵袋数、产卵量均为最高,成虫寿命和卵孵化率为次高；35℃下的成虫寿命、产卵袋数、产卵量和卵孵化率均为最低。温度影响肖蛸越冬出蛰的早晚，如果翌年春暖来得早或冬季来得晚，蜘蛛就出蛰早，越冬也晚；相反就出蛰晚，越冬早。温度还导致不同纬度或海拔高度肖蛸分布不同，圆尾肖蛸在山东日照近海的丝山林区海拔高度200m以上区域未见分布（张志军等，2012）。

食物：食物种类对肖蛸的生长发育和繁殖均有明显影响。据观察，圆尾肖蛸以棉蚜为食繁殖力最弱，多数个体不产卵，仅少部分个体产卵，且只产1个卵袋，若蛛不能存活；以野蝇或多种蚊子为食时最强，每雌产卵囊数、产卵量和若蛛存活率均较高，若蛛发育历期较短；果蝇与蚊子混合饲喂略差于单喂果蝇或单喂蚊子，果蝇、棉蚜和野蝇三者混合饲喂再次之，存活与发育均明显下降，而棉蚜与野蝇混合饲喂的肖蛸若蛛的存活更低，发育更慢，且产卵量明显下降（表3-38）（陈文华和赵敬钊等，1989）。

表3-38 取食不同种类食物对圆尾肖蛸生长发育和繁殖情况的影响

食物种类	成蛛期繁殖情况		若蛛期生长发育情况	
	每雌产卵袋数/个	每雌产卵量/粒	存活率/%	发育历期/d
棉蚜 Aphis gossypii	0.3	23.0	0	—
果蝇 Droshila sp.	2.3	225.0	54.2	37.5
野蝇（学名不详）	3.7	297.0	88.2	24.3
蚊子（多种蚊子混合）	4.7	323.2	85.7	28.7
果蝇＋野蝇	3.6	295.0	82.4	30.4
棉蚜＋野蝇	2.9	183.0	14.3	37.1
棉蚜＋果蝇＋野蝇	3.1	302.0	66.7	33.7

数据来源：陈文华，赵敬钊. 1989. 圆尾肖蛸的生物学和它对害虫的控制作用［J］. 湖北大学学报（自科版），11（3）：51-60.

天敌：肖蛸的天敌有寄生蜂等寄生性天敌以及鸟类、蜘蛛等捕食性天敌。据山东日照观察，野外采集的圆尾肖蛸卵块，被卵寄生蜂的寄生比例可达18%；鸟类捕食和蜘蛛之间互相残杀也很普遍（张志军等，2012）。

农药：农药是田间影响肖蛸的最重要因素。喷施农药防治稻飞虱和稻螟虫后，圆尾肖蛸半小时内，部分个体开始在叶下面摇头，然后掉落地面，滚成团而死亡，其他个体也相继死亡，2d内死亡率达100%（张志军等，2012）。

十、球　　蛛

球蛛属蛛形纲Arachnida蜘蛛目Araneae球蛛科Theridiidae，生活在稻丛之间，结不规则网，主要捕食稻飞虱、稻叶蝉、蚊蝇类等小型昆虫，是稻田主要捕食性天敌之一。

（一）种类构成及优势种

稻田常见球蛛有八斑丽蛛 *Coleosoma octomaculata*（又名：八斑鞘腹蛛 *Chrysso octomaculata*）、叉斑齿螯蛛 *Enoplognatha japonica*、拟青球蛛 *Theridion subpallens*、宋氏希蛛 *Achaearanea songi*、滑鞘腹蛛 *Coleosoma blandum*、富阳齿螯蛛 *Enoplognatha fuyangensis*、唇双刃蛛 *Rhomphaea labiata* 等种类。主要优势种为八斑鞘腹蛛，长江流域晚稻田内可占总蛛数量的70%～80%（刘汉才等，2001）。据对全国各稻区117个样点的调查，八斑鞘腹蛛在25个样点（占21.4%）处于优势种地位（数量占蜘蛛总量的比例≥10%），排名球蛛科第1位，且居于稻田全部蜘蛛种类的第4位，其最大的田间虫口数量亦排名全部蜘蛛种类的第4位（王洪全和石光波，2002）。

（二）生活习性

八斑鞘腹蛛的研究相对较多。该蛛多在稻丛基部结不规则的小网，能在网上捕食，亦可在网上交尾。八斑鞘腹蛛不像肖蛸或园蛛那样完全依赖于网上捕食，其大部分时间营游猎生活，不过它不像蟹蛛和跳蛛那样活动性大。因此，从生活习性看，八斑鞘腹蛛介于结网和游猎性蜘蛛之间。

八斑鞘腹蛛雌性亚成蛛蜕皮后就能立即进行交尾。据室内观察，雌雄成蛛放在一起15 min左右，雌蛛开始吐丝结网，后雌蛛不动，此时雄蛛用足擅动蛛丝，然后将第1对步足伸向雌蛛。如雌蛛不动，雄蛛即冲向雌蛛，进行交尾。雌雄分离后，若雌蛛不动，雄蛛可再次进行交尾，一般可连续3～5次，历时30 min（赵敬钊等，1979）。八斑鞘腹蛛不论交尾与否均能产卵，但不经交尾而产的卵均不能孵化。产卵的时间均在夜间，其产卵前期的长短与2个因素有关，一是温度，如已交尾的雌蛛，在鄂南地区5月、6月、9月、10月平均为7d左右，7月和8月平均为5d。二是交尾状况，在7月和8月，未交尾的产卵前期为10d。雌蛛一生只交尾1次，可以多次产卵。一般八斑鞘腹蛛一生可产卵囊4个，最多产卵囊6个；卵囊呈圆球形，由母蛛携带；先产的卵囊常大于后产的卵囊（赵敬钊等，1979）。八斑鞘腹蛛有很强的护卵习性，一般用右侧第4对步足和纺器一起携带卵囊，纺器吐丝粘着卵囊，第4对步足刺钩挂着卵囊，抱得很紧，不易脱落。若人为把卵囊取下，雌蛛表现为不安，四处寻找卵囊，寻到卵囊后又再抱起。若把2头雌蛛的卵囊互换，亦可以携带。若把2头雌蛛的卵囊去掉放在一个瓶子内，然后放进一个卵囊，则2头雌蛛会互相争夺卵囊。由此可见，八斑鞘腹蛛的护卵习性很强，但对自身产的卵没有辨别能力。

在鄂南地区，5—10月八斑鞘腹蛛卵的发育历期平均约为7d，7—8月为5d。孵化时，孵囊明显膨大，颜色变深。刚孵出的若蛛一般不吃也不动，数十个若蛛堆集在一孵囊内；经2～4d蜕第1次皮，然后爬出卵囊，开始觅食扩散。如果把卵囊从母蛛身上取下，单独放在培养皿内，仍然可照常孵出，可见若蛛爬出卵囊并不需要母蛛的特别"帮助"。若蛛共4龄。1龄全身光滑无毛，有光泽，包在卵囊内不动。4龄已可分辨雌雄，雌蛛生殖厣突出，雄亚成蛛的触肢开始膨大。

在水稻、棉、麦、豆、油菜地采集的八斑鞘腹蛛，成蛛、亚成蛛雌蛛明显多于雄蛛，但在室内从2龄开始饲养到成蛛，雌蛛和雄蛛大致相等，雌雄性比大致为1∶1。在自然条件下，雌蛛多于雄蛛的原因是雄蛛的寿命比雌蛛短。4—6月，八斑鞘腹蛛雌蛛寿命为60d左右；7—8月约为40d；越冬代成蛛的寿命为150d以上，雄蛛的寿命要短于雌蛛。因此，八斑鞘腹蛛的寿命与温度有关，温度愈高则寿命愈短。

八斑鞘腹蛛的食性较广。据室内试验，八斑鞘腹蛛能捕食棉铃虫初孵幼虫，日捕食量最高为68头，最低为27头，平均为32头；对棉蚜的日捕食量最高为38头，最低为5头，平均为21.5头，而且单用蚜虫从初孵幼蛛开始饲养，能够正常发育到成蛛；未见捕食棉铃虫的卵、斜纹夜蛾初孵幼虫、棉小造桥虫初孵幼虫（赵敬钊等，1992）。

在猎物密度不变的情况下，八斑鞘腹蛛的捕食量随其自身密度的加大而下降。相互干扰作用对该雌成蛛的捕食作用率有明显影响，随着捕食者和猎物密度的增加，相互干扰作用增强，捕食作用率下降。雌蛛的日捕食量较雄蛛多，亚成蛛次之，若蛛最少。

（三）发生规律及其影响因子

发生规律　在鄂南地区室内饲养观察，八斑鞘腹蛛1年发生完整的6代，第7代不完整，有世代重叠现象。一般每年10月中下旬开始以第6代、第7代成蛛、亚成蛛、若蛛在多种冬播作物上越冬；翌年3月下旬开始活动，其中越冬的成虫开始产第1代卵，5月中旬开始出现第1代成蛛，5月下旬、6月下旬、7月中旬、8月中旬、9月中旬、10月中旬分别开始产第2、3、4、5、6、7代的卵，10月中下旬第6代成蛛、亚成蛛和第7代若蛛开始越冬。第1～6代为完整世代，其全

世代历期分别为48.3d、35.4d、39.9d、28.1d、27.3d和46.2d，温度是导致不同世代间差异的主要原因；各世代均以第1龄历期最短（2～3d），第2龄最长（8～21d），第3、4龄居中，分别为3～15d和3～14d（赵敬钊等，1979）。

八斑鞘腹蛛的雌雄成蛛、亚成蛛和若蛛均能越冬，但以亚成蛛越冬的数量最多，2～3龄若蛛越冬的数量次之，成蛛越冬数量最少。在2000—2001年的8次越冬调查中，共获得蜘蛛245头，其中成蛛3头，占1.22%；亚成蛛149头，占60.82%；2～3龄若蛛93头，占37.96%（孙林水等，1990），说明亚成蛛是越冬的主要虫态，其占比达60%以上。八斑鞘腹蛛在自然情况下一般有较强的抗寒能力，室外和室内差别不大，取食和不取食差别不大，关键是水分，断水则死亡率高。如在室内，无水有食的死亡率达90%，无水无食的死亡率则达100%。

八斑鞘腹蛛的越冬场所比较广，在鄂南地区的大部分冬播作物上均见有较多的越冬蛛，如麦田、油菜田、苕子田、蚕豆田、蔬菜田，其中以蚕豆田最多（赵敬钊等，1979）。

影响因子 主要包括温度、天敌和农药等。

温度：温度对八斑鞘腹蛛存活率的影响非常明显，26～29℃为其存活最佳温度。在环境温度为25℃时，其种群增长指数最大，繁殖一代后种群数量约增加27.8倍（孙林水等，1990）。在恒温条件下，八斑鞘腹蛛的捕食量与温度呈抛物线关系，30℃时捕食量最大，低于此温度，捕食量随温度上升而增多；而高于该温度，捕食量随温度升高而下降。

天敌：黄星聚蛛姬蜂等多种姬蜂和一种金小蜂可寄生八斑鞘腹蛛的卵；豆娘以及蚁类是八斑鞘腹蛛的常见捕食性天敌。

农药：田间施药导致八斑鞘腹蛛的种群数量明显减少。历年用药量高的地区该蜘蛛的数量明显较少。

十一、蟹　　蛛

蟹蛛属蛛形纲Arachnida蜘蛛目Araneae蟹蛛科Thomisidae。其多数种类头胸部和腹部短宽，步足向左右伸展，能横行，宛如螃蟹，是游猎型蜘蛛。蟹蛛不结网，常静伏稻丛中等候捕食过往的稻飞虱、叶蝉及蚊蝇类等昆虫，是稻田害虫的一类重要捕食性天敌。

（一）种类构成及优势种

蟹蛛的主要种类有三突伊氏蛛 *Ebrechtella tricuspidata*、鞍形花蟹蛛 *Xysticus ephippiatus*、波纹花蟹蛛 *X. croceus*、冲绳蟹蛛 *Thomisus okinawensis*、尖腹锯足蛛 *Runcinia acuminata* 和条纹绿蟹蛛 *Oxytate striatipes*（王洪全等，1996），其中三突伊氏蛛和鞍形花蟹蛛为蟹蛛的优势种。

三突伊氏蛛分布于中国除青藏以外的广大地区，其捕食范围很广，是稻田重要天敌之一，常在植株上辗转巡弋，跟踪追捕猎取食物的能力强于其他蜘蛛。

（二）生活习性

蟹蛛一般以稻田、棉田、果园、蔬菜地等中的作物上的害虫为食。蟹蛛不会结网，是昼间游猎型蜘蛛，一般以"守株待兔"的方式进行捕食。它通常会静候在叶面、花丛及树枝上，前2对步足试探性地展开，捕捉路过的昆虫。蟹蛛的眼只能看清非常近的物体，但能感知20cm远的动静。如果昆虫到距离它0.5~1.0cm的位置，则以前足捕捉，并以毒液注入虫体使之麻痹，然后通过所扎的小孔吸食猎物体液（宋大祥等，1997）。蟹蛛具有"以小博大"的精神，能捕食比自己体型大得多的昆虫，如蝴蝶、豆娘、蚊子等。三突伊氏蛛一般喜占据植株上部空间，其原因可能是上部更易捕到食物。三突伊氏蛛也会捕食同类或其他蛛类，若长期捕食一种猎物，则发育缓慢。三突伊氏蛛有2种捕食方式：游猎捕食和静伏捕食。但是无论哪种捕食方式，所捕食对象都是活的猎物（王志明等，1995）。

蟹蛛亚成蛛蜕下最后一层皮后就能进行交配，交配完成后，雄蛛迅速离开，未见有雌蛛残食雄蛛的现象。雌蛛交配后2~10min开始活动，但需要一段时间才开始产卵，产卵前它会先寻找合适的场所，之后会分泌蛛丝将叶片边缘卷起来做成1个粽子状的卵室。卵室的大小随蜘蛛个体和叶片大小而异。蟹蛛有护卵的习性，雌蛛在产卵之后，会终日伏在卵袋上，不食不动。当有其他昆虫或蜘蛛靠近时，会放下卵袋进行抵抗或捕食（宋大祥等，1997）。

三突伊氏蛛4月中旬开始交配，当雄蛛与雌蛛相遇之后，雄蛛织一精网，将精液洒在上面，然后左、右触肢交替吸吮，动作缓慢，雌蛛则在叶面上耐心等待。然后雄蛛很快爬到雌蛛身边，用第1对步足多次向雌蛛做试探动作，当雌蛛不动时，雄蛛即伏到雌蛛背上，来回爬动，并用足紧抱雌蛛。当雌雄蛛的头部同向时，雄蛛即把触肢末端的膨大部伏在雌蛛的外雌器上，进行授精。授精时，可以明显看到雄蛛的贮精囊膨大呈1白色球状，并不断收缩（平均每分钟收缩3~4次），雄蛛腹部也进行弹动。雄蛛2个触肢均能授精，而且在大多数情况下是交换进行。每次授

精的时间不一，最少的只有1min，最长的19min。雄蛛可多次交尾，一般是第1次时间最长，以后时间逐渐减少。1次交尾之后，雌雄蛛分离，雄蛛又回到精网上释放精液，此时若雌蛛不动，雄蛛仍可再次进行交尾。刚交尾后的雌蛛亦可以同另一雄蛛进行再次交尾。交尾过的雌雄蛛可以在一起"生活"（赵敬钊等，1980；丛建国等，1990）。

交尾之后的三突伊氏蛛雌蛛，一般要经过10~20d之后才开始产卵。产卵在水稻、棉花、蔬菜、树木、杂草等的叶片尖端。产卵前雌蛛会用蛛丝把植物的叶片卷起，呈半圆形，然后用丝做成卵囊底部，将卵产在丝底上，再分泌蛛丝将其卵粒包着，即成1个白色的卵囊。卵囊直径为3~11mm。每个卵囊内包含卵粒最少的为50粒，最多为176粒，平均为102.3粒。卵粒呈圆球形，透明带微绿色。产卵的时间都在晚上。未经交尾的雌蛛不能产卵。1次交尾之后，雌蛛可以产多个卵囊，但必须等前1个卵囊孵化之后，再产下1个卵囊。1头雌蛛最多可产3个卵囊，共300粒左右；也有只产1个卵囊的雌蛛。产下卵后，三突伊氏蛛雌蛛会伏在卵囊上面或卵囊附近进行看护，很少离开卵囊。当其他虫子接近卵囊时，雌蛛即有捕食或进行示威的动作，以便赶走敌害。从未发现有雄蛛守卵者。护卵中当雄蛛接近时，雌蛛仍可进行再次交尾；也可以捕食一些爬近的虫子，但从不远离卵巢觅食，因此常看到一些雌蛛在守卵后期身体非常衰弱。一直到若蛛从卵粒孵出并在卵囊内蜕出第1次皮，破卵囊而出来分散之后，三突伊氏蛛雌蛛才会离开觅食（赵敬钊等，1980）。

鞍形花蟹蛛雄性比雌性先完成发育。交配时雄蛛爬上雌蛛背，用步足卡住雌蛛步足，雌蛛不动，雄蛛转180°将头部朝向雌蛛腹部末端，用第1、2对步足将雌蛛撬起。雄蛛将触肢伸向雌蛛的生殖孔近处，然后用第1、2对步足卡住雌蛛步足，雌蛛难以活动。雄蛛在交配前，有的先将触肢用口器舐几下，随后将触肢插入雌蛛生殖孔内。交配时雄蛛精囊膨大，白色发亮，体躯不断摇动，每抽动1次，即射精1次。每分钟精巢膨大6~18次，平均7~8次。左右触肢各插入1次。右触肢交配时间为28~31min，平均29.55min；左触肢交配时间为23~28min，平均24.35min。交配全程耗时51.5~59min，平均55.33min。交配完后雄蛛迅速离开，未见雌雄蛛相互残杀的现象。结束交配的雌蛛静止2~10min后开始活动，通常在交配后17~21d（平均19.3d）产卵。雌蛛一般将卵产在植株叶片上。产卵前，雌蛛会先纺丝将叶缘粘在一起，形成1个粽子状的卵室。卵室多长3cm、宽2cm、高2cm。产卵时间为23:00—24:00。产卵前，蜘蛛在室内先纺丝织垫，随后将卵产在垫上，成堆积状。卵块大小不一，长0.7~0.8cm，宽0.25~0.3cm。排卵时间约30s。产卵后，吸住纺丝织成的上垫将卵块覆盖，将上垫和下垫合成卵袋。排卵后的雌蛛腹部立即收缩，体型缩短。1头雌蛛一生多数只产1个卵囊，也有少数产2个卵囊，以第1个卵囊的卵数为多。鞍形花蟹蛛雌蛛有护卵习性。护卵期间不食不动，终日在卵袋上。当触动雌蛛时，雌蛛步足紧紧抱住卵袋，奋力抗阻。据观察，当寄生蜂落在卵袋上试图产卵寄生时，雌蛛可用步足捕捉，导致寄生蜂可能无法接近卵囊（曲天文，1981）。

卵孵化时，三突伊氏蛛卵囊膨大。若蛛出卵壳后并不马上爬出卵囊，等蜕1次皮后成为2龄若蛛才爬出卵囊。1龄若蛛在卵囊里面相互堆集在一起，不甚活动，一般认为是不取食的，但有研究人员观察到1龄若蛛可以残食它附近未孵化的卵粒。因此，以爬出卵囊的若蛛数作为数据统计蜘蛛的孵化率可能与实际有一定的差异。三突伊氏蛛的孵化率最低为52.26%，最高为100%，平均为92.39%（赵敬钊等，1980）。

蜕皮前数日，三突伊氏蛛即躲入它的荫蔽所，停止取食。蜕皮时，步足色变暗，透过旧皮可以看见新的毛感器，同时腹部向后与头胸部拉开，从背面可以看见腹柄。多数蜘蛛倒挂在1根蜕皮丝上，但也有的蜘蛛只是背部朝下躺着。蟹蛛的蜕皮过程一般可分为3个阶段：①打开背甲，即由螯肢来回的活动增加了额部的张力，在头胸部的额部及两侧裂开；②脱出腹部，即由于腹部肌肉的波状收缩，腹部完全由旧皮中脱出；③抽出附肢，即附肢几乎同时从旧皮中脱出，这是蜕皮中最困难的一步，如脱不好，蜘蛛会因此死亡。蟹蛛雄蛛的体型较雌蛛小，因而雄蛛达到性成熟的蜕皮次数比雌蛛少（宋大祥等，1997）。若蛛每蜕皮1次，身体显著增大。初蜕皮，体色较浅，以后逐渐变深。三突伊氏蛛、鞍形花蟹蛛的雌性若蛛均蜕皮6次（包括在卵囊内1次），雄蛛则蜕皮5次。

成蛛寿命的长短与温度有关，温度越高则寿命越短，温度低则寿命延长。例如，在7—8月（高温），三突伊氏蛛成蛛寿命在40～50d，而越冬代雌蛛可活200d以上（赵敬钊等，1980）。寿命的长短还与性别有关，雌蛛的寿命一般长于雄蛛，如鞍形花蟹蛛雌蛛成蛛寿命为25～144d，雄成蛛寿命为25～44d。

蟹蛛具有较强的耐饥力。三突伊氏蛛可以很长时间不取食而不致饿死，但其耐饥力与多种因素有关：①水。断食喂水的三突伊氏蛛比断食断水的三突伊氏蛛抗饥力强，如越冬代在有水条件下可以活140d左右，而在无水条件下只能活60d左右。②温度。低温条件下三突伊氏蛛的抗饥力要强于高温条件下的，在断食给水条件下，越冬代最长可活156d，一般在148d左右，在春末和夏初（3—5月）可活50d左右，在炎热的夏天（8月）仅活19d。③性别、虫龄。雌蛛的抗饥力要大于雄蛛，在断食给水情况下，雌蛛一般可活18～19d，而雄蛛只能活15～16d；成蛛或者高龄若蛛比低龄若蛛的抗饥力要强，在断食给水的情况下，三突伊氏蛛成蛛可活20～30d，而2龄若蛛只能活7d（赵敬钊等，1980）。

保护色这一特殊的适应现象在蟹蛛中较常见，如弓足梢蛛 *Misumena vatia* 在白花上多呈白色，在黄花上多呈黄色，改变体色一般要数天。生活在树上的刺跗逍遥蛛 *Philodromus spinitarsis* 呈树皮的颜色，这无疑既可防止蟹蛛被天敌发现，也便于其捕捉昆虫（宋大祥等，1997）。三突伊氏蛛的体色与环境极相似，在静止时不易被发觉。不同环境条件下，蛛体颜色常有变化，以适应环境，特别是腹末的斑纹，会随着三突伊氏蛛的发育而逐渐变大变深。蟹蛛一般白天出来活动。与某些其他不结网的蜘蛛一样，它能将丝粘在一处，并突然悬挂在丝上而坠落。这既是一种运动方式，也是一种逃避敌害的办法。如想终止降落，蟹蛛可用其一侧的第4足从侧面拉住丝（宋大祥等，1997）。三突伊氏蛛具有飞航习性，飞行距离可达4m。蟹蛛有假死性。除护卵雌蛛外，若蛛和成蛛在捕食期间，若晃动稻株，即很快吐丝落地，静止后不久会再次返回稻丛中。

节肢动物遇到危险时通常可以自动切断其附肢以逃生。蟹蛛的自切常发生在若蛛或尚继续蜕皮的成蛛。倘若用手拉或挤压蜘蛛步足的腿节，步足就会自动脱落，但触动其步足的后跗节或跗节则一般不会自切。如将蜘蛛麻醉，其步足不会自动脱落，由此证明自切是蟹蛛主动的动作。步足自切的部位总是在基节和转节之间。外力的拉动不是自切主要的原因，重要的是腿节和转节之间产生强的拉力，而造成关节的膜从背方裂开。自切不会造成危险，因为自切的部位只有一条肌肉穿过，这一肌肉很容易脱离转节而收到基节腔内。所有其他肌肉都附着在关节膜边缘的骨质片上，这些肌肉的收缩使骨片靠拢而使基节的开口封闭。自切主要是逃避危险的一种手段，且在蜕皮时，如有1条足不能完整脱出时，也可使用这种方法；即使蜕皮顺利，但有的足受伤或畸形，蜘蛛就把这样的附肢吃掉，这也可算是一种自切。若蛛失去1条足，通常情况下蜕皮时能够再生，但受自切的时间影响，如在两次蜕皮间的前1/4时期内自切则可再生，而之后自切则不能再生。再生受激素控制。步足在旧的基节内生长，所以无法从外面看到。由于基节腔空间有限，所以在腔内再生的足是折叠的。蜕皮后出现的新足较原来的足小一些，但各节比例正常，甚至爪、刺和感受器都有，但感受器不完全。例如，刚再生的足上缺少跗节器，感觉毛也较正常的少，但在之后的蜕皮中会迅速得到补充。不但步足能再生，触肢、螯肢、下唇甚至纺器都能再生。如果只是附肢末端失去（步足并未自切），失去部分可在受伤处直接再生。再生出来的足如又自切，在下一次蜕皮时还能再生。蜘蛛在蜕最后一次皮时仍能将足自切，但在其基节内看不到再生迹象（宋大祥等，1997）。三突伊氏蛛具有较强的再生能力。曾观察到，有1头跗节折断的三突伊氏蛛，在下一次蜕皮后，折断的跗节已重新长好（王志明等，1995）。

（三）发生规律及其影响因子

发生规律 以三突伊氏蛛和鞍形花蟹蛛的研究为例简介如下。

三突伊氏蛛：湖北武汉1年发生2～3代，其中雌蛛一般一年发生2代，雄蛛发生3代。春末孵出的雄若蛛在夏初完成发育，在夏末成熟；在夏末孵出的雄若蛛在晚秋成熟；晚秋孵出的雄若蛛进入越冬，在次年夏初成熟；也有部分夏末孵出的雄若蛛发育成熟后直接越冬。因此，越冬雄蛛较少，根据野外调查结果，仅占8.21%。雌蛛与雄蛛有所不同，1年之内只发生2代。春末孵出的雌若蛛，在夏末初秋成熟；夏末孵出的雌若蛛大多数进入越冬，于次年初春成熟；初夏孵出的雌若蛛于晚秋成熟，或产卵孵出若蛛越冬，于次年初夏成熟，或直接以成蛛越冬。这样越冬雌成蛛更少，调查结果表明仅为3.69%。因此，根据孵出的季节，雄蛛在生活周期上的长短具有明显变化，相当复杂。而雌蛛的生活周期相对稳定（李代芹等，1991）。在山东，三突伊氏蛛1年发生1代，以若蛛或成蛛在树干翘皮裂缝及地面土石缝中越冬。调查发现，70%为成蛛或亚成蛛，若蛛仅约占30%，多分布在隐蔽场所，较少群居在一起，越冬蛛体表无任何保护物。翌年4月下旬开始出蛰，捕食蚜虫等猎物，此时雄蛛大部分发育成熟，雌蛛则多处于亚成蛛状态。三突伊氏蛛以爬行为主，游猎于植株上进行捕食。室内喂养的三突伊氏蛛在饲养管的壁上拉网，粘丝较多，且较稀疏，蚜虫等猎物多粘在丝上被取食；野外吐丝较少，更不明显。春季活动早于食蚜蝇、瓢虫和草蛉等天敌，5月下旬至6月上旬发育成熟，开始交尾产卵，从6月上旬至7月上旬野外可见卵囊，6月中旬为产卵盛期，至7月中旬很少发现卵囊，卵期平均14d。若蛛孵出后不久即分散取食，至10月中下旬开始越冬（曲爱军等，1996）。三突伊氏蛛在15～30℃、相对湿度65%～70%的条件下，各虫态的历期及产卵前期是随着温度的升高而缩短的，因此不同世代的历期有所差异：第1代，卵期13～14d，1龄8d，2龄20.1d，3龄11.7d，4龄9.6d，5龄7.4d，6龄9.6d，共计79.8d；第2代，卵期8～9d，1龄2d，2龄14.2d，3龄7.7d，4龄6.8d，5龄10.3d，6龄14.5d，共计66.8d；第3代，卵期12～13d，1龄3d，2龄25d，3龄越冬，不同龄期历期差异较大，一般2龄最长，1龄最短（赵敬钊等，1980）。

鞍形花蟹蛛：在辽宁1年1个世代。越冬成蛛在翌年5月下旬开始产卵，6月中旬至7月中旬为产卵盛期。若蛛发生在6月中旬至10月中旬，7月中旬为发生盛期。10月中下旬出现少数成蛛，10月下旬开始以若蛛、亚成蛛和成蛛等虫态钻入树洞、石缝、乱叶里，不食不动休眠越冬；越冬雌成蛛寿命长，可达9个月。鞍形花蟹蛛雌性若蛛1～7龄的发育历期分别为7.0d、21.3d、11.0d、27.3d、18.6d、13.3d、35.3d，若蛛期133.8d；雄性若蛛1～6龄的发育历期分别为7.0d、17.4d、20.8d、15.4d、15.0d、35d，若蛛期111.6d（曲天文，1981）。

影响因子 气候、天敌、农药等均是影响蟹蛛发生的重要因子。

气候：三突伊氏蛛在初春温度达8～10℃时即可活动。据吉林敦化观察，在5月中旬至6月下旬，气温平均为15～21℃，最高可达20～26℃，无论成、若蛛，均能积极活动觅食，发育也较快。至9月，气温常低于20℃，若蛛发育缓慢。该蛛对湿度要求较为严格，在平均温度为18～21℃时，在饲养瓶内放置卵囊和1～3龄若蛛在不同湿度条件下饲养，发现当相对湿度低于60%时，三突伊氏蛛的卵与初孵若蛛均极难发育，甚至死亡（王志明等，1995）。三突伊氏蛛喜散射光。在自然条件下，随光照时间延长，发育加快。在室内以充足食物饲养三突伊氏蛛若蛛，但缩短光照时间，使之光照时间比野外光照时间短，结果10余天后，室内的三突伊氏蛛的发育与野外的约相差1个龄期（王志明等，1995）。

天敌：鞍形花蟹蛛的天敌有蚂蚁、姬蜂、线虫以及螨类、白僵菌，这些天敌会危害鞍形花蟹蛛的生长发育，进而严重影响鞍形花蟹蛛种群的发生，不利于鞍形花蟹蛛种群的生长发展（曲天文，1981）。

农药：研究表明，在不同防治措施的稻田中，稻田蜘蛛数量和物种数以不施农药对照区最多，其次为生物农药防治区，化学农药防治区最少，这说明化学农药对稻田蜘蛛亚群落多样性的影响大于生物农药。

主要参考文献

安瑞军，张立明，张宁，等，1998.龟纹瓢虫*Propylaea japonica*（Thunberg）生物学特性研究初报［J］.哲里木畜牧学院学报，8（3）：48-51.

白耀宇，蒋明星，程家安，2005.转*Bt*基因水稻对两种弹尾虫及尖钩宽黾蝽捕食作用的影响［J］.昆虫学报（1）：43-48.

白义川，谷希树，徐维红，等，2009.美洲斑潜蝇寄生蜂对设施蔬菜常用农药的敏感性评价［J］.华北农学报，24（3）：83-86.

包增涛，王欣，2016.室内饲养草间钻头蛛的生物学特性［J］.安徽农业科学，44（36）：179-180.

曹宝剑，2014.两种太阳能诱虫灯下稻田昆虫群落和主要种数量动态的比较［D］.南京：南京农业大学.

曹瑞麟，钱永庆，1988.江苏省主要农林害虫天敌的保护利用［J］.江苏农业科学（6）：26-27.

陈常铭，1982.长沙地区稻田昆虫群落动态的研究［J］.湖南农学院学报，1：47-56.

陈常铭，宋慧英，肖铁光，1980.湖南稻田天敌昆虫资源［J］.湖南农学院学报（1）：35-46.

陈常铭，肖铁光，胡淑恒，1981.纵卷叶螟绒茧蜂（*Apanteles cypris* Nixon）生物学特性初步观察［J］.湖南农学院学报（2）：17-21.

陈常铭，肖铁光，胡淑恒，1985.黑肩绿盲蝽的初步研究［J］.植物保护学报（1）：69-73.

陈东，1987.江西稻螟赤眼蜂的观察［J］.中国生物防治学报，3（2）：54.

陈洪凡，黄建华，王丽思，2015.诱虫灯下稻飞虱及其天敌种群数量动态分析［J］.山西农业大学学报（自然科学版），35（2）：175-178.

陈华才，程家安，2004.螟蛉盘绒茧蜂的生活习性及其在生物防治中的应用［J］.昆虫知识（5）：414-417.

陈华才，娄永根，程家安，2002.二化螟绒茧蜂对二化螟及其寄主植物挥发物的趋性反应［J］.昆虫学报（5）：617-622.

陈华才，娄永根，程家安，2003.寄主昆虫及被害水稻的挥发物对螟蛉绒茧蜂寄主选择行为的影响［J］.浙江大学学报（农业与生命科学版）（1）：21-26.

陈建明，程家安，何俊华，1994.温度和食物对黑肩绿盲蝽发育、存活和繁殖的影响［J］.昆虫学报（1）：63-70.

陈建明，黄次伟，冯炳灿，等，1997.3种杀菌剂对草间小黑蛛和尖钩宽黾蝽的影响［J］.植物保护（2）：47-48.

陈建明，俞晓平，吕仲贤，等，1998.不同猎物对尖钩宽黾蝽生长、发育和繁殖的影响［J］.浙江农业学报（2）：27-29.

陈建明，俞晓平，吕仲贤，等，1999.温度和密度对尖钩宽黾蝽越冬代成虫耐饥力和生殖力影响 [J].浙江农业学报（6）：349-352.

陈建明，俞晓平，吕仲贤，等，2000.越冬代尖钩宽黾蝽耐饥力的研究 [J].应用生态学报，11 （4）：609-611.

陈洁，秦秋菊，孙文琰，等，2008.温度对异色瓢虫实验种群的影响 [J].植物保护学报，35（5）： 405-409.

陈军，宋大祥，1999.狼蛛科蜘蛛的繁殖行为 [J].蛛形学报，8（1）：55-62.

陈科伟，周靖，龚静，等，2006.高温对玉米螟赤眼蜂试验种群的影响 [J].应用生态学报，17 （7）：1250-1253.

陈泰鲁，1979.我国黑卵蜂属新纪录 [J].动物分类学报（3）：214.

陈文华，赵敬钊，1989.圆尾肖蛸的生物学和它对害虫的控制作用 [J].湖北大学学报（自科版）， 11（3）：51-60.

陈玉托，叶细养，卢美东，等，2006.水稻螟虫种群组分和三化螟卵寄生性天敌调查 [J].广东农 业科学（9）：69-70.

陈毓祥，1985.稻飞虱天敌：螯蜂种类调查及其幼虫分类初步 [J].贵州农业科学（5）：43-47.

陈毓祥，1988.六种稻虱螯蜂幼虫囊状物的识别 [J].昆虫知识（1）：44-46.

陈毓祥，1989.贵州省思南县稻虱螯蜂的调查研究 [J].昆虫知识（2）：77-79.

陈毓祥，杨坤胜，1987.稻虱红螯蜂生物学特性初步观察 [J].昆虫知识（4）：237-239.

陈媛，2016.螟蛉盘绒茧蜂寄生对稻纵卷叶螟生长发育和生化代谢影响的研究 [D].重庆：西南 大学.

成燕清，刘雪源，张宗泽，等，2011.环洞庭湖双季稻区农药减量使用效果研究 [J].作物研究， 25（5）：445-450.

程遐年，徐国民，1991.两种稻虱缨小蜂种群生态的比较 [J].昆虫学报（4）：405-412.

程遐年，吴进才，马飞，2003.褐飞虱研究与防治 [M].北京：中国农业出版社.

程绪生，刘怀，赵志模，2005.抛秧稻田节肢动物及杂草群落结构研究 [J].西南农业大学学报 （自然科学版）（6）：847-850，867.

程忠方，1980.稻纵卷叶螟寄生性天敌的初步研究 [J].浙江农业科学（4）：177-182.

丛建国，1990.油菜田三突花蛛的生物学特性初报 [J].动物学杂志，25（6）：7-9.

崔素贞，杨雨琴，1995.龟纹瓢虫生物学特性及其对棉铃虫的捕食功能 [J].中国棉花，22（1）： 24-25.

戴长庚，何佳春，李鸿波，等，2016.黔中稻区二化螟的越冬幼虫虫口密度及其自然寄生率 [J]. 贵州农业科学，44（1）：62-65.

淡燕萍，魏小娥，1989.星豹蛛生物学特性的初步研究 [J].动物学研究，10（1）：79-83.

邓莉，罗志良，戴开甲，等，1997.黑卵蜂寄主识别利它素的性质研究［J］.武汉大学学报（自然科学版）（6）：90-93.

邓望喜，1981.褐飞虱及白背飞虱空中迁飞规律的研究［J］.植物保护学报（2）：73-82.

丁朝阳，2015.广德县水稻主要害虫发生规律及绿色防控技术研究［D］.合肥：安徽农业大学.

丁冬苏，罗俊根，孙淑萍，2009.江西省姬蜂昆虫资源［J］.江西林业科技，5：25-30.

丁宗泽，陈茂林，李沛元，等，1988.太湖稻区褐飞虱天敌及其控制作用［J］.江苏农业学报（1）：37-42.

丁宗泽，吴中林，綦立正，等，1987.褐飞虱种群动态的研究Ⅱ：影响田间种群数量变动的一些生物学参数［J］.南京农业大学学报（4）：42-47.

董慈祥，李国泉，杨青蕊，等，1995.星豹蛛生物学生态学及保护利用的初步研究［J］.山东农业科学，2（12）：29-30.

董代文，郑军，王守林，2003.稻田寄生蜂类群与垂直分布调查初报［J］.昆虫天敌（2）：64-67.

董德山，林梅，1985.稻纵卷叶螟寄生蜂的初步探讨［J］.植物保护，11（3）：50.

杜文梅，王秀梅，臧连生，等，2015.低温冷藏对越冬代异色瓢虫种群适合度的影响［C］// 中国植物保护学会.病虫害绿色防控与农产品质量安全——中国植物保护学会2015年学术年会论文集：623.

方正尧，1990.桂东地区稻弄蝶寄生天敌发生动态观察［J］.广西植保，3：17-21.

傅子碧，卓文禧，1980.黑肩绿盲蝽的特性及其保护与利用［J］.福建农业科技（3）：8-10，5.

高保宗，姚玲，叶淑卿，1965.三化螟寄生蜂初步考察［J］.安徽农业科学（4）：38.

高凤宝，1980.纵卷叶螟绒茧峰的生物学特性观察［J］.昆虫知识（1）：3-4.

高会会，2015.高CO_2浓度对褐飞虱生长发育及其天敌黑肩绿盲蝽捕食作用的影响［D］.武汉：华中农业大学.

高其康，胡萃，钟香臣，1995.黑卵蜂（*Telenomus theophilae* Wu et Chen）的寄生行为［J］.Entomologia Sinica（4）：330-336.

庚镇城，谈家桢，1980.异色瓢虫的几个遗传学问题［J］.自然杂志，3（7）：512-518.

古德祥，林一中，周汉辉，1989.青翅蚁形隐翅虫在稻田捕食性天敌中的地位与作用［J］.生物防治通报（1）：13-15.

顾秀慧，贝亚维，郜海燕，等，1987.缨小蜂对稻虱卵的寄生作用及其评价的方法［J］.浙江农业科学（6）：286-288.

郭慧芳，方继朝，谢艳飞，等，2002.不同稻螟发生区螟卵寄生蜂的自然寄生作用［J］.中国生物防治（1）：13-16.

郭建宇，2010.海南岛跳蛛科分类研究（蛛形纲：蜘蛛目）［D］.保定：河北大学硕士学位论文.

郭明昉，1992.赤眼蜂寄生行为研究Ⅱ：雌虫交配行为与子代性别比［J］.环境昆虫学报，14

（2）：51-53.

郭胜涛，2011.中国园蛛属分类研究（蜘蛛目：圆蛛科）［D］.保定：河北大学.

郭世平，杨再学，1995.稻纵卷叶螟寄生性天敌的控制作用观察［J］.植物保护（5）：21-23.

韩永强，郝丽霞，侯茂林，2009.北方稻田和茭白田二化螟越冬代幼虫生物学特性的比较［J］.中国生态农业学报，17（3）：541-544.

韩宇，2015.转 *Bt* 基因抗虫水稻对褐飞虱主要天敌的潜在风险评价［D］.武汉：华中农业大学.

杭三保，1993.二化螟幼虫被绒茧蜂寄生后血细胞的变化［J］.江苏农学院学报（3）：9.

杭三保，陈培红，吴达璋，1989.二化螟绒茧蜂生态学特性的研究［J］.江苏农学院学报（1）：23-26.

杭三保，洪彬，陆自强，1992.二化螟幼虫被二化螟绒茧蜂寄生后巨形细胞的产生和变化［J］.江苏农学院学报（2）：12.

杭三保，黄东林，吴达璋，1989.二化螟绒茧蜂对寄主二化螟幼虫取食量和生长发育的影响［J］.江苏农学院学报（3）：33-36.

杭三保，林冠伦，1989.二化螟绒茧蜂生物学特性的研究［J］.生物防治通报（1）：16-19.

郝德君，2003.东北地区姬蜂科（Ichneumonidae）分类研究［D］.哈安滨：东北林业大学.

何富刚，刘丽娟，张广学，1983.龟纹瓢虫生物学特性及发生规律的研究［J］.辽宁农业科学，5：39-42.

何继龙，马恩沛，沈允昌，等，1994.异色瓢虫生物学特性观察［J］.上海农学院学报，12（2）：119-124.

何佳春，胡阳，李波，等，2014.稻田飞虱主要天敌种类及发生动态的调查［C］//2014年中国植物保护学会年会论文集：422.

何晶晶，2013.影响黑肩绿盲蝽大量繁殖的生态学因子［D］.杭州：杭州师范大学.

何俊华，1986.水稻害虫天敌图说［M］.上海：上海科学技术出版社.

何俊华，陈学新，马云，1996.中国经济昆虫志　五十一册：膜翅目姬蜂科［M］.北京：科学出版社.

何俊华，陈樟福，徐加生，1983.浙江省水稻害虫天敌图册［M］.杭州：浙江科学技术出版社.

何俊华，许再福，2002.中国动物志　昆虫纲　第二十九卷　膜翅目　螯蜂科［M］.北京：科学出版社.

何丽芬，邱鸿贵，1990.影响松毛虫赤眼蜂性比的因素［J］.环境昆虫学报，12（2）：66-70.

何雨婷，2020.稻田三种常见螯蜂的基本生物学特性及控害作用研究［D］.长沙：湖南农业大学.

何雨婷，何佳春，魏琪，等，2020.三种稻田常见螯蜂对半翅目害虫的寄主偏好性及控害作用［J］.昆虫学报，63（8）：999-1009.

何忠雪，罗全丽，陆金鹏，2017.丁硫克百威防治白背飞虱和南方水稻黑条矮缩病效果［J］.植物

医生（30）：48-51.

胡鹤龄，杨牡丹，裘学军，等，1989.应用人工配合饲料饲育隐斑瓢虫幼虫的研究［J］.浙江林业科技，9（6）：1-7.

胡鹤龄，张时敏，杨金宽，等，1978.日本松干蚧的重要天敌——隐斑瓢虫的研究［J］.昆虫学报，21（3）：279-289.

胡进生，1992.二种稻虱缨小蜂空间寄生习性的观察［J］.昆虫知识（2）：107-109.

胡淑恒，肖铁光，陈常铭，1987.稻虱红螯蜂的研究［J］.湖南农学院学报（1）：49-58.

胡兴啟，吴嗣勋，1987.寄生性天敌对稻纵卷叶螟控制作用观察［J］.昆虫天敌（4）：187-189，198.

湖北省农业科学院植物保护研究所，1978.水稻害虫及及天敌图册［M］.武汉：湖北人民出版社.

黄德超，梁广文，曾玲，等，2005.不同耕种稻田昆虫天敌资源调查［J］.昆虫天敌（4）：145-152.

黄建华，1990.稻田周围植物上鳞翅目昆虫卵寄生蜂调查［J］.福建农学院学报（3）：289-294.

黄金，2018.保定地区异色瓢虫不同越冬时期生物学特性与滞育规律研究［D］.保定：河北农业大学.

黄芊，蒋显斌，凌炎，等，2018.广西稻田黏虫及其寄生性天敌昆虫发生种类调查初报［J］.西南农业学报，31（1）：78-83.

黄信飞，1982.褐稻虱的天敌——黄腿螯蜂的初步观察［J］.昆虫知识（5）：12-15.

黄秀枝，廖庭，招权广，等，2013.南宁市稻纵卷叶螟寄生蜂种类与发生情况调查［J］.环境昆虫学报，35（2）：204-209.

黄振东，周新苗，蒲占湑，等，2019.空间和猎物密度对异色瓢虫取食柑橘木虱的影响［J］.应用昆虫学报，56（1）：85-90.

黄振胜，陈玉俊，陈再福，等，1988.琼山县稻田害虫天敌的资源及其作用分析（水稻害虫天敌资源调查）［J］.海南大学学报（自然科学版）（2）：36-46.

纪桐云，1983.安徽省农业害虫天敌资源调查简报［J］.安徽农业科学（3）：49-54.

季恒清，2000.梭毒隐翅虫越冬场所及习性的研究［J］.四川师范学院学报（自然科学版）（3）：267-269.

贾春生，2011.侵染黑肩绿盲蝽的突破虫霉新记录［J］.中国生物防治学报（27）：338-343.

江化琴，2015.螟蛉盘绒茧蜂生物学特性及其对稻纵卷叶螟控制能力的研究［D］.重庆：西南大学.

江化琴，陈媛，刘映红，2014.螟蛉盘绒茧蜂的过寄生行为及其对子代生长发育的影响［J］.昆虫学报，57（10）：1213-1218.

江西省宜丰县农业局植保站，宜春地区农业局植保科，1984.夹色姬蜂研究初报［J］.昆虫知识，（1）：15-17.

江永成，1995.稻红瓢虫的生物学特性及其保护利用［J］.昆虫知识，32（2）：114-115.

江永成，朱培尧，1993.异色瓢虫研究综述［J］.江西植保，16（1）：30-34.

姜晓环，王恩东，杨康，等，2015.几种常见杀虫剂及杀菌剂对异色瓢虫的影响［J］.植物保护，41（4）：151-153.

姜永厚，傅强，程家安，等，2004.转 *Bt* 基因水稻对二化螟绒茧蜂生物学特性的影响［J］.昆虫学报（1）：124-129.

姜永厚，傅强，程家安，等，2005.转 *sck+cry1Ac* 基因水稻对二化螟及二化螟绒茧蜂存活和生长发育的影响［J］.昆虫学报（4）：554-560.

蒋明星，祝增荣，朱金良，等，1999.不同生境中水稻二化螟的自然寄生情况［J］.中国生物防治（4）：145-149.

蒋娜娜，茆国锋，李婷，等，2018.黑肩绿盲蝽对水稻挥发物单一组分的嗅觉行为反应［J］.生态环境学报，27（2）：262-267.

蒋显斌，黄芊，凌炎，等，2016.利用黑肩绿盲蝽兼性取食特性评价转基因水稻生态风险［J］.中国生物防治学报，32（3）：311-317.

解大明，2002.思南县稻田稻纵卷叶螟幼虫寄生天敌种类初步观察［J］.植物医生（2）：20.

金孟肖，杨绍龙，李伟群，等，1982.广西螟卵啮小蜂研究［J］.昆虫天敌（1）：1-12.

金啸，尹晓辉，朱国念，等，2011.四种杀菌剂对两种赤眼蜂的毒性分析及敏感性比较［J］.农药学学报，13（6）：649-652.

金行模，张纯胄，1980.褐腰赤眼蜂生物学特性，田间发生动态以及保护利用途径的研究［J］.浙江农业科学（2）：68-74.

金行模，张纯胄，1980.稻飞虱缨小蜂初步研究［J］.昆虫天敌（3）：51-57.

金行模，张纯胄，姜王森，1979.几种飞虱缨小蜂的生物学特性和田间发生情况的考查［J］.浙江农业科学（6）：27-31.

李伯传，何俭兴，1991.三种稻虱卵寄生缨小蜂消长规律及保护利用考查［J］.昆虫天敌（4）：156-161.

李炳夫，1992.稻纵卷叶螟姬小蜂生物学研究［J］.昆虫知识，29（4）：217-218.

李超，刘洋，陈恺林，等，2017.灌溉方式对优质晚稻田褐飞虱及黑肩绿盲蝽迁入及迁出的影响［J］.中国生态农业学报，25（1）：86-94.

李朝晖，2019.扬州地区二化螟主要寄生蜂越冬特点及盘绒茧蜂的研究应用［D］.扬州：扬州大学.

李春泉，1995.新化县稻田生物群落的演替与水稻害虫治理［J］.湖南农业大学学报（5）：448-451.

李代芹，赵敬钊，1991.三突花蛛的生活史、生物学特性及蜘蛛目生活史分类初论［J］.湖北大学学报（自然科学版），13（2）：170-174.

李芳，胡世金，1983.夹色姬蜂观察［J］.江西植保，3：6.

李含毅，夜梦承，1996.黏虫绒茧蜂生物学特性研究［J］.陕西农业科学（6）：5-6，24.

李剑泉，佐锐，赵志模，等，2002.拟水狼蛛的生物学生态学特性［J］.生态学报，22（9）：1478-1484.

李君保，黎萍，冉文浩，等，2019.绿僵菌CQMa 421对水稻稻飞虱和稻纵卷叶螟的田间防效初探［J］.南方农业（13）：37-39.

李君保，冉文秀，2019.枯草芽孢杆菌可湿性粉剂防治水稻穗颈瘟田间试验探讨［J］.农业与技术（39）：16-18.

李丽娟，鲁新，张国红，等，2017.不同温度下两种赤眼蜂发育特性的差异［J］.东北农业科学，42（3）：23-26.

李丽英，张月华，张荣华，1983.赤眼蜂生长发育与温度关系的种间及种内差异［J］.环境昆虫学报（1）：6-10.

李敏，洛芳珍，刘佳，等，2020.星豹蛛生物生态学研究现状及展望［J］.草业科学，37（6）：1183-1193.

李清，2010.氯虫苯甲酰胺等药剂对双季水稻主要捕食性天敌影响研究［D］.长沙：湖南农业大学.

李实福，邹汉玄，1985.草间小黑蛛生物学特性的初步研究［J］.动物学杂志，29（1）：1-3.

李帅，陈文龙，金道超，等，2014.不同水稻挥发物对稻虱红螯蜂雌虫的引诱作用［J］.植物保护学报，41（2）：203-209.

李帅，陈文龙，金道超，2015.稻虱红单节螯蜂寄生不同虫龄白背飞虱对二者发育表现的影响［J］.昆虫学报，58（11）：1237-1244.

李文凤，1995.螟黄足绒茧蜂的初步观察［J］.昆虫天敌（1）：7-8，17.

李文江，1985.螟甲腹茧蜂对粟灰螟的寄生率调查［J］.生物防治通报（4）：41.

李新文，2004.氟虫腈等几种杀虫剂对水稻三种主要害虫的防效及对捕食性天敌影响的研究［D］.长沙：湖南农业大学.

李秀花，姚洪渭，叶恭银，2011.二化螟盘绒茧蜂寄生对寄主二化螟幼虫免疫反应的影响［J］.植物保护学报，38（4）：313-319.

李友才，陈发扬，1980.安徽省水稻害虫寄生性天敌昆虫资源调查初报［J］.安徽师大学报（自然科学版）（1）：65-71.

李友才，陈发扬，1986.沟渠豹蛛生活史的观察［J］.动物学杂志，21（1）：7-10.

李志胜，徐墩明，庄家祥，等，2002.稻田周围杂草上寄生蜂资源初步调查［J］.武夷科学，18：19-23.

梁朝巍，2011.江西省有机稻米生产基地天敌昆虫资源调查［J］.山东农业科学（9）：94-98.

梁锋，谭德锦，韩凌云，等，2017.19%三氟苯嘧啶·氯虫苯甲酰胺悬浮剂对水稻主要害虫的田间防治效果及对两种天敌的影响［J］.南方农业学报，48（10）：1824-1831.

廖永林，李怡峰，张振飞，等，2014.台湾稻螟蛹寄生蜂—霍氏啮小蜂［J］.环境昆虫学报，36（3）：408-411.

林冠伦，胡进生，1985.稻虱缨小蜂的发生和消长［J］.昆虫天敌（1）：1-4.

林冠伦，刘峰，胡建生，1986.稻虱螯蜂在江苏的发生［J］.江苏农学院学报（4）：47-50.

林乃铨，1981.闽北稻田赤眼蜂发生动态调查［J］.福建农学院学报（3）：39-49.

林一中，古德祥，1988.几种常用农药对青翅蚁形隐翅虫的影响［J］.昆虫天敌（1）：6-8.

凌炎，黄芊，蒋显斌，等，2015.连续取食抗吡虫啉褐飞虱对黑肩绿盲蝽生物学特性的影响［J］.华中农业大学学报，34（1）：45-48.

刘陈，2017.食物和杀虫剂对黑肩绿盲蝽生长、发育和生殖的影响［D］.扬州：扬州大学.

刘崇乐，1963.中国经济昆虫志 鞘翅目 瓢虫科［M］.北京：科学出版社.

刘冬香，王德其，1982.三化螟、稻纵卷叶螟寄生蜂调查初报［J］.昆虫天敌（1）：23-27.

刘恩柱，1981.稻纵卷叶螟寄生性天敌的初步研究［J］.江西农业科技（1）：14-15.

刘凤想，常瑾，彭宇，等，2004.纵条绳狮的生物学研究［J］.蛛形学报（2）：103-106.

刘汉才，曾青兰，2001.八斑球腹蛛的生物学特性［J］.咸宁师专学报，21（6）：94-96.

刘慧，方小端，刘经贤，等，2017.螟黄赤眼蜂的过寄生繁殖及其对后代的影响［J］.中国植保导刊，37（7）：5-10.

刘克俭，1980.稻苞虫寄生性天敌发生动态调查初报［J］.昆虫天敌，4：42-44.

刘树生，江丽辉，李月红，2003.寄生蜂成虫在寄主搜索过程中的学习行为［J］.昆虫学报，46（2）：228-236.

刘思仪，2017.黑肩绿盲蝽植物源引诱剂研究［D］.武汉：华中农业大学.

刘星，2009.冀中农区瓢虫种群动态及与环境的关系研究［D］.北京：北京林业大学.

刘雨芳，2014.转 *Bt* 抗虫稻对地上非靶标节肢动物的生态风险性［J］.应用昆虫学报，51（5）：1133-1142.

刘雨芳，尤民生，王锋，等，2005.转 *cry 1 Ac/sck* 基因抗虫水稻对稻田捕食性节肢动物群落的影响及生态安全评价［C］// 农业生物灾害预防与控制研究，2005中国植物保护学会年会论文集：8.

刘雨芳，张古忍，古德祥，2000.农田生态系统中生境与植被多样性对节肢动物群落的影响及其作用机制探讨［J］.湘潭师范学院学报，21（6）：74-78.

刘志诚，张爱兵，陈文华，1999.温度对星豹蛛实验种群增长的影响［J］.蛛形学报，8（1）：41-43.

刘自然，1995.二化螟沟姬蜂的新寄主及其寄生习性［J］.昆虫知识，5：299.

柳丰，2006.施用农药对食虫沟瘤蛛摄食量及生育力影响研究［D］.长沙：湖南师范大学.

龙林根，1986.稻苞虫羽角姬小蜂生物学特性初步观察［J］.昆虫知识（1）：39-40.

娄永根，程家安，庞保平，等，1999.增强稻田天敌作用的途径探讨［J］.浙江农业学报，11（6）：

333-338.

娄永根，杜孟浩，郭华伟，等，2002.水稻品种对黑肩绿盲蝽生长、发育、存活及繁殖的影响［J］.植物保护学报（3）：193-198.

陆炜炜，2017.亚致死浓度杀虫剂对黑肩绿盲蝽生殖的影响［D］.扬州：扬州大学.

陆自强，刘世元，刘学儒，1983.纵卷叶螟绒茧蜂寄生习性研究初报［J］.昆虫知识（3）：127-129.

陆自强，熊登榜，1983.斑足突眼隐翅虫研究［J］.昆虫天敌（4）：224-227.

陆自强，朱健，1984.江苏农田捕食性隐翅虫种类初记［J］.昆虫天敌（1）：20-27.

罗茂海，刘玉娣，侯茂林，2014.华丽肖蛸和锥腹肖蛸不同龄期饥饿耐受性研究［J］.应用昆虫学报，51（2）：496-503.

罗肖南，卓文禧，1980a.稻飞虱卵寄生蜂——缨小蜂生物学特性及保护利用的探讨［J］.福建农学院学报（2）：44-60.

罗肖南，卓文禧，1980b.稻飞虱卵寄生蜂——缨小蜂的研究（一）［J］.昆虫知识，（3）：105-110.

罗肖南，卓文禧，1981.稻飞虱卵寄生蜂——缨小蜂的研究（三）三种缨小蜂寄生行为的选择性［J］.昆虫知识，（1）：3-6.

罗肖南，卓文禧，1986.稻田飞虱与天敌数量消长关系及其自然控制作用考查［J］.昆虫天敌，（2）：72-79.

罗肖南，卓文禧，王逸民，1990.青翅蚁形隐翅虫的研究［J］.昆虫知识，（2）：77-79.

吕小红，杜磊，曲爱军，2006.异色瓢虫显明变种对寄主植物和猎物复合体的行为反应［J］.中国生物防治，22（4）：279-282.

吕仲贤，俞晓平，HEONG L K，等，2005.稻田氮肥施用量对黑肩绿盲蝽捕食功能的影响［J］.昆虫学报（1）：48-56.

马春森，何余容，张国红，等，1997.温湿度对越冬异色瓢虫（*Harmonia axyridis*）存活的影响［J］.生态学报，17（1）：23-28.

马恒，郐军锐，金道超，2011.常用杀虫剂对稻纵卷叶螟绒茧蜂的安全性评价［C］// 中国植物保护学会2011年学术年会论文集：874.

马恒，郐军锐，杨洪，等，2017.纵卷叶螟绒茧蜂对稻纵卷叶螟的控制作用［J］.山地农业生物学报，36（5）：31-35.

毛润乾，2002.稻田飞虱卵寄生蜂群落结构和动态的初步研究［J］.昆虫学报，45（3）：408-412.

毛沙江洋，吴琼，时敏，等，2017.黄眶离缘姬蜂卵巢和毒液器官的形态学及其超微结构［J］.环境昆虫学报，39（3）：168-177.

梅象信，宋宏伟，卢绍辉，等，2008.异色瓢虫生物学特性初探［J］.河南林业科技，28（4）：14-15，22.

那娃兹，2018.氯虫苯甲酰胺和氟啶虫胺腈对捕食性天敌异色瓢虫的潜在影响研究［D］.武汉：华中农业大学.

潘丹丹，刘中现，陆明星，等，2016.扬州地区水稻二化螟寄生蜂种类及主要寄生蜂发生动态［J］.环境昆虫学报，38（6）：1106-1113.

庞雄飞，1984.和谐瓢虫属一些种名的订正［J］.昆虫天敌，6（3）：145-148.

彭宇，胡萃，赵敬钊，等，1999a.真水狼蛛的抗逆力研究［J］.蛛形学报，8（2）：73-75.

彭宇，刘凤想，赵敬钊，等，1999b.真水狼蛛的生物学和田间种群动态研究［J］.蛛形学报，8（2）：80-84.

彭宇，赵敬钊，陈建，等，2000.食物对真水狼蛛发育和繁殖的影响［J］.昆虫天敌，22（1）：11-15.

蒲天胜，1980.八斑和瓢虫斑纹变异初步观察［J］.广西农业科学（3）：31-32，49.

蒲天胜，1983.六斑月瓢虫斑纹变异的初步观察［J］.广西农业科学（4）：35.

蒲蛰龙，1978.利用啮小蜂防治水稻三化螟　害虫生物防治的原理和方法［M］.北京：科学出版社，101-106.

亓东明，郑发科，2007.龟纹瓢虫的行为学观察［J］.四川动物，26（3）：632-634.

齐会会，张云慧，王健，等，2014.稻飞虱及黑肩绿盲蝽在探照灯下的扑灯节律［J］.植物保护学报，41（3）：277-284.

乔飞，2014.稻田生态系统捕食性天敌群内捕食作用研究［D］.杭州：浙江大学.

乔飞，王光华，王雪芹，等，2016.稻田穗期主要捕食性天敌对两种盲蝽集团内捕食的初步研究［J］.应用昆虫学报（53）：1091-1102.

秦钟，章家恩，张锦，等，2011.稻鸭共作系统中稻飞虱及主要捕食性天敌的空间生态位［J］.生态学杂志，30（7）：1361-1369.

秦钟，章家恩，张锦，等，2012.稻鸭共作系统中稻飞虱及主要捕食性天敌类群之间的关系［J］.中国水稻科学，26（4）：457-466.

邱鸿贵，丁德诚，何丽芬，1981.螟卵啮小蜂接受寄主行为的研究：对寄主卵龄和已寄生寄主的识别［J］.昆虫学研究集刊，2：27-34.

邱鸿贵，丁德诚，邱中良，1984.螟卵啮小蜂交配行为的观察［J］.昆虫学研究集刊，4：77-84.

邱良妙，刘新，占志雄，2008.龟纹瓢虫和四斑月瓢虫对龙眼角颊木虱的捕食功能反应［J］.福建农林大学学报（自然科学版），37（3）：239-242.

曲爱军，孙绪艮，卢西平，等，2004.异色瓢虫显现变种对寄主的寻找行为研究［J］.昆虫天敌，26（1）：12-17.

曲爱军，朱承美，白世红，等，1996.三突花蛛生物学特性及对苹黄蚜捕食作用研究［J］.山东林业科技（3）：42-43.

曲天文，张希功，戚奎恩，1981.柞蚕害虫鞍形花蟹蛛生活史及生态的研究［J］.蚕业科学（4）：

240-244.

任月萍, 刘生祥, 2007. 龟纹瓢虫生物学特性及其捕食效应的研究[J]. 宁夏大学学报(自然科学版), 28(2): 158-161.

邵英, 程建军, 刘芳, 2013. 白背飞虱及其天敌黑肩绿盲蝽的趋光性研究[J]. 应用昆虫学报(3): 38-44.

佘刚, 1988. 螟甲腹茧蜂寄生二化螟幼虫[J]. 昆虫天敌(2): 123.

佘刚, 何荣蓉, 1988. 成都水稻二化螟寄生性天敌的调查研究[J]. 生物防治通报, 4(1): 6-9.

佘乾能, 1965. 稻螟赤眼蜂(*Trichogramma japonica* Asbm.)观察简报[J]. 昆虫知识(1): 67.

申昭灿, 陈龙, 邬家栋, 等, 2017. 稻田寄生蜂和鳞翅目昆虫的多样性及变化动态[J]. 中国生物防治学报, 33(5): 590-596.

沈斌斌, 庞雄飞, 1989. 印度长颈步甲和青翅蚁形隐翅虫对稻纵卷叶螟卵捕食作用数学模型的探讨[J]. 昆虫天敌(4): 156-163.

盛金坤, 王国红, 1992. 南昌地区瓢虫柄腹姬小蜂生物学特性的研究[J]. 生物防治通报(3): 110-114.

盛金坤, 杨子琦, 1981. 江西水稻主要害虫寄生性天敌种类调查[J]. 江西农业大学学报(2): 27-38.

施祖华, 李庆宝, 李欣, 等, 2003. 弯尾姬蜂与菜蛾啮小蜂的种间竞争关系[J]. 中国生物防治, 19(3): 97-102.

施祖华, 刘树生, 1993. 温湿度对松毛虫赤眼蜂种群增长的影响[J]. 生态学报, 13(4): 328-323.

石庆型, 龙见坤, 罗庆怀, 等, 2013. 贵阳市石板镇水稻三个不同生育期中寄生蜂多样性比较[J]. 山地农业生物学报, 32(3): 237-242.

时敏, 陈学新, 2015. 我国寄生蜂调控寄主生理的研究进展[J]. 中国生物防治学报, 31(5): 620-637.

时敏, 唐璞, 王知知, 等, 2020. 中国寄生蜂研究及其在害虫生物防治中的作用[J]. 应用昆虫学报, 57(3): 491-548.

宋大祥, 朱明生, 1997. 中国动物志 蛛形纲: 蜘蛛目 蟹蛛科、逍遥蛛科[M]. 北京: 科学出版社.

宋慧英, 1983. 稻纵卷叶螟天敌初步研究[J]. 湖南农学院学报(1): 73-81.

宋慧英, 1983. 水稻麦长管蚜 *Macrosiphum granariun* Kirby 寄生天敌研究初报[J]. 湖南农学院学报(4): 103-108.

宋慧英, 陈常铭, 萧铁光, 等, 1996. 湖南省水稻害虫天敌昆虫名录(二)[J]. 湖南农业大学学报(5): 54-63.

宋丽群, 高燕, 许再福, 等, 2004. 美丽青背姬小蜂寄生和繁殖特性研究[J]. 昆虫天敌(3): 113-

121.

孙超,苏建亚,沈晋良,等,2008.杀虫剂对二化螟卵寄生性天敌稻螟赤眼蜂室内安全性评价[J].中国水稻科学(1):93-98.

孙翠英,龙见坤,潘盛波,等,2015.贵州不同区域水稻各生育期稻田寄生蜂的多样性差异[J].贵州农业科学,43(1):53-61.

孙林水,赵敬钊,余克庆,1990.温度对八斑鞘腹蛛实验种群生长的影响[J].生物学杂志,9(5):10-13.

孙志鸿,丘念曾,吴运新,等,1980.广州稻田害虫天敌资源调查报告[J].昆虫天敌(4):21-30.

谭乾开,黎华寿,廖昌庆,等,2006.锐劲特对南亚热带稻区水稻虫害与天敌影响的评价[J].农业环境科学学报,25(21):272-275.

唐斌,汪延生,周强,等,2008.赤眼蜂种质资源的描述规范及重要指标分析[J].环境昆虫学报,30(1):59-63.

唐江霞,2004.水稻—白背飞虱—尖钩宽黾蝽的相互关系研究[D].长沙:湖南农业大学.

唐耀华,陈洋,何佳春,等,2014.黑肩绿盲蝽对不同虫态褐飞虱的捕食量及捕食选择性[C]//中国植物保护学会.2014年中国植物保护学会学术年会论文集:480.

陶方玲,林华锋,陈才泼,1993.捕食性天敌对稻纵卷叶螟幼虫各龄期个体选择捕食作用研究[J].昆虫天敌(4):167-170.

滕树兵,徐志强,2004.四种材料作为异色瓢虫产卵载体的适合性别比较[J].昆虫知识,41(5):455-458.

田方文,2001.蝗虫天敌星豹蛛生物学特性及捕食功能研究[J].植保技术与推广,21(7):3-4,6.

田筑萍,1987.贵州稻纵卷叶螟幼虫期寄生蜂的调查[J].生物防治通报(2):72.

汪波,汪昕蕾,张晓津,等,2014.温度和猎物密度对斜纹猫蛛捕食的影响[J].湖北农业科学,53(17):4056-4058.

汪信庚,刘树生,1998.小菜蛾蛹主要天敌颈双缘姬蜂的生物学[J].昆虫学报,4:3-5.

王昌贵,谷昭威,陈冬,等,2002.斜纹猫蛛生物学特性的观察[J].动物学杂志,37(4):46-48.

王昌贵,王翠珍,宫维克,1994.横纹金蛛生物学特性初步研究[J].蛛形学报,3(2):141-143.

王昌贵,于红国,王翠珍,1995.横纹金蛛生物学特性的观察[J].动物学研究(1):30,42,48.

王承纶,王辉先,王野岸,等,1981.松毛虫赤眼蜂 *Trichogramma dendrolimi* Matsumura 个体发育与温度的关系[J].动物学研究(4):317-326.

王峰巍,王甦,张帆,等,2010.不同温度对经吡虫啉处理的异色瓢虫捕食能力的影响[J].环境昆虫学报,32(4):504-509.

王洪平,纪树凯,翟文博,2009.温度对异色瓢虫生长发育和繁殖的影响[J].昆虫知识,46(3):

449-452.

王洪全,石光波,2002.中国稻田蜘蛛优势种及其成因探讨[J].蛛形学报,11(2):85-93.

王洪全,颜亨梅,杨海明,1996.中国稻田蜘蛛生态与利用研究[J].中国农业科学,29(5):69-76.

王洪全,周家友,1983.华丽肖蛸(*Tetragnatha nitens* Audouin)的生物学初步研究[J].湖南师范大学自然科学学报(S2):43-49.

王洪全,周家友,李发荣,等,1980.草间小黑蛛(*Erigonidium graminicolum* Sundevall,1829)的生物学研究[J].湖南师范大学自然科学学报(1):54-66.

王惠长,陈明贵,彭洪忠,1995.稻虱红螯蜂寄生和捕食性研究[J].耕作与栽培(2):32-33.

王雷英,黄静,董新阳,等,2015.两种赤眼蜂在米蛾卵上的过寄生及个体发育[J].中国生物防治学报(4):481-486.

王良衍,魏爱芬,陈飞虎,1983.异色瓢虫人工饲养的研究:不同饲养密度对瓢虫成育率和产卵量的影响[J].浙江林业科技,3(3):30-32.

王佩娟,1982.螯蜂的种类特性及其利用[J].广东农业科学(2):15-16.

王伟,王文霞,刘万学,等,2012.芙新姬小蜂生物学特性及其应用研究进展[J].中国生物防治学报,28(4):575-582.

王彦华,俞瑞鲜,赵学平,等,2012.新烟碱类和大环内酯类杀虫剂对四种赤眼蜂成虫急性毒性和安全性评价[J].昆虫学报,55(1):36-45.

王野岸,庞雄飞,1986.稻虱缨小蜂寄主范围的调查[J].昆虫天敌,8(4):225-229.

王志明,皮忠庆,等,1995.三突花蛛在落叶松人工林内生物学及作用的初步研究[J].动物学杂志,30(1):13-16.

王智,2007.拟环纹豹蛛的生物生态学研究[J].昆虫学报,50(9):927-932.

王致能,2011."蜂、蛙"技术对水稻主要病虫害防控研究[D].长沙:湖南农业大学.

王助引,1990.广西稻田隐翅虫已知种及其分布[J].西南农业学报,4:75-80.

王子辰,田俊策,王国荣,等,2016.稻田非鳞翅目害虫靶标农药对稻螟赤眼蜂的安全性评价[J].中国生物防治学报,32(1):19-24.

魏建华,冉瑞碧,1983.龟纹瓢虫的研究[J].昆虫天敌,5(2):89-93.

温州地区农业科学研究所植保组,1975.叶蝉卵褐腰赤眼蜂生物学特性及保护的初步研究[J].应用昆虫学报(1):15-18.

温州市农科所植保室褐稻虱课题组,1982.褐稻虱天敌——黄腿螯蜂的初步观察[J].温州农业科技(21):26-30.

温州市农科所生物防治课题组,1986.稻虱红螯蜂的初步观察[J].温州农业科技(2):9-11.

邬学勤,彭宇,刘凤想,2004.携幼行为对简突水狼蛛生长发育的影响[J].蛛形学报,13(1):

44-47.

吴敦肃，1986.螟卵啮小蜂生态学的研究［J］.生态学杂志（4）：25-29.

吴光荣，陈琇，1987.黑肩绿盲蝽的生物学特性及其捕食作用的研究［J］.浙江农业大学学报
　　（2）：102-107.

吴慧芬，郭源，周新华，等，1980.祁阳县水稻害虫天敌资源调查［J］.湖南农业科技（3）：52-
　　55.

吴进才，陆自强，杨金生，等，1993.稻田主要捕食性天敌的栖境生态位与捕食作用分析［J］.昆
　　虫学报，36（3）：323-331.

吴利勤，2012.不同温度和密度下黑肩绿盲蝽对褐飞虱的功能反应［J］.现代农业科技（5）：186-
　　187.

吴顺凡，姚洪渭，卢增斌，等，2012.稻田常用农药对四地区二化螟盘绒茧蜂雌成蜂的触杀毒性
　　［J］.植物保护学报，39（4）：369-375.

吴鋆，李映萍，1955.水稻二化螟卵寄生蜂初步观察［J］.华中农业科学（3）：150-152.

仵光俊，张淑莲，陈志杰，1988.星豹蛛的生物学特性［J］.陕西农业科学（3）：21-22.

夏松云，叶承思，1965.稻螟预测预报中螟卵寄生率的检查法［J］.昆虫知识（4）：47-50.

肖铁光，胡淑恒，陈常铭，1987.稻田宽黾蝽的研究——Ⅰ.形态特征和生物学特性［J］.湖南农
　　学院学报（2）：49-56.

肖铁光，王文艺，何建云，等，2004.草坪主要害虫及天敌种类消长动态调查［C］∥中国草学会
　　草坪专业委员会.中国草学会草坪专业委员会第六届全国会员代表大会及第九次学术研讨会
　　论文汇编：3.

辛德育，谢植干，高国庆，等，2017.柬埔寨稻田节肢动物群落结构及多样性比较研究［J］.广西
　　植保，3：1-4.

熊致富，1982.九江直纹稻苞虫寄生性天敌昆虫研究初报［J］.江西植保，4：4-9.

徐敦明，李志胜，刘雨芳，等，2004.稻田及其毗邻杂草地寄生蜂群落结构与特征［J］.生物多样
　　性，3：312-318.

徐国民，程遐年，1988.两种稻虱缨小蜂对稻飞虱的控制作用［J］.生物防治通报（3）：102-105.

徐国民，程遐年，1989.温度对稻虱缨小蜂实验种群增长的影响［J］.南京农业大学学报（1）：53-
　　59.

徐红星，于莹，郑许松，等，2017.模拟干旱胁迫对稻虱缨小蜂的影响［J］.植物保护学报，44
　　（1）：54-59.

徐来杰，王月娥，1999.稻纵卷叶螟绒茧蜂生物学特性初步研究［J］.植保技术与推广（6）：3-5.

徐培桢，1959.稻红瓢虫研究［J］.昆虫知识（10）：316.

许美昌，1985.稻纵卷叶螟黑色卵（寄生卵）发育起点和有效积温的测定及其应用［J］.昆虫知识

（6）：32-33.

许维岸，李照会，李强，1997.绒茧蜂生物学和生态学特性［J］.山东农业大学学报（2）：127-133.

许子良，张帆君，1984.纵卷叶螟绒茧蜂生物学特性及其利用的探讨［J］.昆虫知识（2）：76-81.

闫香慧，2010.褐飞虱和白背飞虱落地后的发生规律及预测预报研究［D］.重庆：西南大学.

杨经萱，郑传刚，2000.西昌农田害虫天敌名录初报［J］.西昌农业高等专科学校学报，14（2）：49-55.

杨绍龙，黄建新，金孟肖，1982.稻飞虱、稻叶蝉天敌——螯蜂的研究［J］.昆虫天敌，4（2）：1-12.

杨贤国，1996.稻田宽黾蝽对黑尾叶蝉的捕食作用［J］.湖南教育学院学报（5）：177-181.

叶熹骞，时敏，陈学新，2014.寄生蜂携带的多DNA病毒的起源及其特征［J］.中国科学，44（4）：342-350.

叶正襄，汪笃栋，1980.螟蛉绒茧蜂的初步研究［J］.植物保护（2）：22-24.

尹长民，彭贤锦，颜享梅，2012.湖南动物志 蜘蛛类（上、下）［M］.长沙：湖南科学技术出版社.

尤民生，侯有明，刘雨芳，等，2004.农田非作物生境调控与害虫综合治理［J］.昆虫学报，47（2）：260-268.

游兰韶，黎家文，熊漱琳，等，1999.苍耳螟寄生蜂种类调查及黄眶离缘姬蜂生物学特性研究［J］.武夷科学，15：55-63.

于红国，谷昭威，等，2009.纵条蝇狮生物学特性观察研究［J］.山东林业科技，39（3）：73-74.

于莹，2014.干旱后复水对褐飞虱及其寄生性天敌稻虱缨小蜂的影响［D］.南京：南京农业大学.

俞晓平，胡萃，HEONG K L，1996.非作物生境对农业害虫及其天敌的影响［J］.中国生物防治，12（3）：130-133.

俞晓平，胡萃，HEONG K L，1998.不同生境源的稻飞虱卵寄生蜂对寄主的选择和寄生特性［J］.昆虫学报（1）：42-48.

虞国跃，2010.异色瓢虫与隐斑瓢虫的区别及其色斑型和横脊的频率［J］.昆虫知识，47（3）：568-575.

禹云裘，1984.稻螟卵啮小峰的生物学特性［J］.植物保护（1）：23-24.

袁伟，何飞，朱友清，等，2007.三化螟卵块寄生蜂-螟卵啮小蜂研究概况［J］.昆虫天敌（2）：69-75.

云南省农科所植保组，1974.稻螟卵寄生蜂种类及自然寄生情况考查［J］.云南农业科技（3）：15-21.

曾玲，梁广文，吴佳教，2004.不同种类杀虫剂对美洲斑潜蝇及天敌的作用评价［J］.华南农业大学学报（2）：44-47.

曾玲，詹根祥，梁广文，2002.潜蝇类天敌底比斯釉姬小蜂研究概述［C］//中国昆虫学会.昆虫学创新与发展—中国昆虫学会2002年学术年会论文集：6.

张傲雪，2019.绿色防控技术对稻飞虱和天敌的影响及亚致死剂量吡蚜酮对黑肩绿盲蝽的评价［D］.扬州：扬州大学.

张彩霞，吴运新，1983.食虫瘤胸蛛生物学特性的观察［J］.昆虫天敌，5（2）：108-111.

张纯胄，金莉芬，1988.杀虫剂对稻纵卷叶螟两种优势种天敌的毒效测定［J］.昆虫天敌（3）：139-145.

张纯胄，金莉芬，1992.稻虱褐螯蜂生物学的初步研究［J］.昆虫天敌（2）：57-61.

张贵有，张阁，1990.黏虫绒茧蜂生活习性的初步观察［J］.植物保护（3）：27.

张洁，胡良雄，刘杰，等，2010.稻田与非稻田生境越冬节肢动物群落调查与分析［J］.中山大学学报（自然科学版），49（5）：118-121.

张荆，王金玲，刘广纯，等，1983.湿度和温湿组合对玉米螟赤眼蜂的影响［J］.昆虫天敌（3）：11-16.

张娟，曾玲，梁广文，等，2010.稻田越冬害虫及其捕食性节肢动物类群的空间分布动态［J］.环境昆虫学报，32（3）：299-306.

张俊喜，胡春林，成晓松，等，2013.稻田蜘蛛的特性及利用［J］.浙江农业科学（1）：50-55.

张润杰，1989.早稻田捕食性天敌种群数量变动及其数学模拟［J］.中山大学学报论丛（1）：24-28.

张若芷，何荣蓉，佘则，1985.二化螟幼虫寄生蜂饲养观察［J］.农业科学导报（1）：70-72.

张唯伟，董怡，张传清，等，2019.稻田常用农药对螟黄赤眼蜂的影响［J］.热带生物学报，10（3）：283-287.

张伟，2012.光周期和食物对异色瓢虫生长发育和生殖滞育的影响［D］.保定：河北农业大学.

张孝羲，耿济国，陆自强，1981.稻纵卷叶螟寄生性天敌的初步观察［J］.昆虫知识（1）：6-8.

张翌楠，王福海，许士文，等，2019.北京地区寄生性天敌昆虫及常见种类的应用［J］.北京农业职业学院学报，33（2）：20-27.

张英健，尤斌，1980.稻纵卷叶螟卵寄生天敌调查［J］.环境昆虫学报（1）：54-56.

张宇皓，2016.水稻挥发物对二化螟及稻田寄生蜂的引诱效果研究［D］.杭州：浙江大学.

张兆清，1986.螟蛉绒茧蜂生物学生态学特性研究［J］.昆虫天敌（2）：84-89,97.

张振飞，肖汉祥，李燕芳，等，2014.水稻品种'Rathu Heenati'、'玉香油占'对稻飞虱及其捕食性天敌田间种群动态的影响［J］.植物保护，40（2）：58-65,84.

张征田，彭宇，2004.食物对草间钻头蛛生长发育及耐药性的影响研究［J］.湖北大学学报（自科版），26（1）：65-66.

张志军，王昌贵，李宜文，等，2012.圆尾肖蛸生物学特性观察研究［J］.现代农业科技（22）：

116-117.

章士美, 2000.昆虫的生殖方式[J].江西植保(1): 33-19.

章士美, 江永成, 薛芳森, 1982.稻红瓢虫的研究[J].昆虫天敌, 4(3): 28-31.

赵厚印, 1981.稻纵卷叶螟绒茧蜂初步观察[J].安徽农业科学(3): 85-90.

赵敬钊, 刘凤想, 1987.食虫瘤胸蛛的生活史[J].动物学报, 33(1): 51-58.

赵敬钊, 刘凤想, 陈文华, 1979.八斑球腹蛛生物学特性的观察[J].昆虫天敌, 2(4): 25-34.

赵敬钊, 刘凤想, 陈文华, 1980.三突花蛛的生活史及其对棉虫控制的初步研究[J].动物学报
(3): 255-261.

赵敬钊, 马安宁, 1988.黄褐新园蛛和茶色新园蛛幼蛛各龄期的比较[J].四川动物, 7(3): 10-
12.

赵敬钊, 马安宁, 1990.角园蛛生活习性的观察[J].四川动物, 9(3): 20-21.

赵敬钊, 孙林水, 1992.八斑鞘腹蛛对棉铃虫幼虫的捕食作用及其模拟模型的研究[J].湖北大
学学报(自然科学版), 14(4): 392-397.

赵敬钊, 张宣达, 董发祥, 1979.环境因素对螟卵啮小蜂繁殖力的影响[J].昆虫学报(3): 289-
293.

赵丽, 王娟, 胡吉林, 等, 2014.黄褐新园蛛(*Neoscona scylla*)的生物生态学特性[J].江苏农业
科学, 42(11): 161-164.

赵修复, 1975.福建省稻纵卷叶螟天敌调查[J].福建农业科技(6): 24-41.

赵修复, 1987.寄生蜂分类纲要[M].北京: 科学出版社.

赵学铭, 齐杰昌, 阎瑞萍, 1989.星豹蛛生物学特性及保护利用初探[J].昆虫天敌, 11(3):
110-115.

赵学平, 俞瑞鲜, 苍涛, 等, 2008.不同农药对褐飞虱及其天敌黑肩绿盲蝽的影响[J].农药
(47): 74-76.

赵燕燕, 田俊策, 郑许松, 等, 2017.酢浆草和车轴草作为螟黄赤眼蜂田间蜜源植物的可行性分
析[J].浙江农业学报, 29(1): 106-112.

赵志模, 1986.重庆市北碚区稻田寄生蜂类群初步考察[J].昆虫天敌(3): 125-136.

浙江农大植保专业昆虫学教研组, 1973.水稻害虫主要天敌的自然控制作用、药剂影响及协调防
治的必要性[J].科技简报(19): 17-22.

郑静君, 黄立胜, 李国君, 等, 2016.甘蓝夜蛾核型多角体病毒对水稻稻纵卷叶螟防治作用初探
[J].中国植保导刊, 36(11): 39-42.

郑许松, 何晶晶, 徐红星, 等, 2014.黑肩绿盲蝽耐饥饿能力的研究[J].应用昆虫学报(51): 67-
72.

郑许松, 田俊策, 钟列权, 等, 2017."秕谷草—伪褐飞虱—中华淡翅盲蝽"载体植物系统的可行

性[J].应用生态学报,28(3):941-946.

郑许松,俞晓平,吕仲贤,等,2003.不同营养源对稻虱缨小蜂寿命及寄生能力的影响[J].应用生态学报(10):1751-1755.

钟平生,梁广文,曾玲,2012.3种非嗜食植物粗提物对稻田寄生天敌的影响[J].江西农业大学学报,34(3):478-482.

钟平生,吴耀琪,钟振芳,2010.有机稻田主要天敌类群发生动态调查.西南农业学报,23(4):1107-1110.

周传波,陈安福,1981.黑肩绿盲蝽捕食大螟卵[J].昆虫天敌(4):25.

周浩东,裴强,闫香慧,等,2010.褐飞虱和白背飞虱与主要天敌时间生态位研究[J].西南师范大学学报(自然科学版),35(5):80-86.

周慧,张扬,吴伟坚,2012.稻纵卷叶螟绒茧蜂对寄主的搜索行为[J].生态学报,32(7):2223-2229.

周慧,张扬,吴伟坚,等,2011.纵卷叶螟绒茧蜂对稻纵卷叶螟幼虫的功能反应[J].环境昆虫学报,33(1):86-89.

周强,张学武,张古忍,等,1997.稻田中多种天敌对稻飞虱的控制作用[J].植物保护(2):3-6.

周霞,谢翔,谭燕华,等,2020.三亚南繁区稻田捕食性天敌研究[J].热带作物学报,41(8):1642-1647.

周至宏,1981.广西稻田害虫天敌-姬蜂和茧蜂调查初报[J].广西农业科学,12:32-36.

朱金亮,1978.赤眼蜂的生物学特性研究[J].南昌大学学报(理科版)(1):129-134.

朱明华,1989.黑肩绿盲蝽的迁飞观察[J].昆虫知识(6):350-353.

朱平阳,盛仙俏,方德华,等,2013.黑肩绿盲蝽成虫取食植物花后对下一代生长和捕食能力的影响[J].中国植保导刊,33(10):17-21.

朱平阳,郑许松,张发成,等,2017.生态工程控害技术提高稻纵卷叶螟天敌功能团的种群数量[J].中国生物防治学报,33(3):351-363.

朱雪晶,姚英娟,徐雪亮,等,2011.江西皿蛛科蜘蛛区系结构研究[J].江西科学,29(6):714-717,817.

诸茂龙,陈亨康,朱宝南,等,1999.单双季稻混栽地区第三代螟虫的发生特点及防治[J].浙江农业学报,11(4):170-173.

祝汝佐,何俊华,1974.我国水稻螟虫主要寄生蜂的识别(三)——黑卵蜂[J].昆虫知识(3):10-12.

祝增荣,陈琇,1987.黑肩绿盲蝽的两种天敌——尖钩宽黾蝽和稻虱缨小蜂[J].昆虫知识(6):351.

祝增荣，程家安，陈琇，1993.稻虱缨小蜂的寄主选择性和适宜性［J］.昆虫学报（4）：430-437.

祝长清，1986.稻螟小黑卵蜂生物学特性观察简报［J］.昆虫知识（2）：78-79.

祝梓杰，2015.中华淡翅盲蝽种群生物学——生物与非生物环境因素对发育、存活和繁殖的影响［D］.杭州：浙江大学.

祝梓杰，王桂瑶，乔飞，等，2017.基于MaxEnt模型的两种捕食性盲蝽潜在分布区及其适生性分析［J］.昆虫学报，60（3）：335-346.

庄肃学，谷昭威，王昌贵，等，2011.茶色新园蛛生物学特性观察［J］.山东林业科技，41（1）：67-68.

卓文禧，赵士熙，罗肖南，1992.温度对稻飞虱卵寄生蜂——缨小蜂实验种群的影响［J］.华东昆虫学报（1）：61-66.

邹祥云，姚秋生，1978.螟卵啮小蜂成虫习性和利用研究［J］.昆虫知识（4）：104-106.

佐佐治宽之，1998.テントウムシの自然史［M］.东京：东京大学出版会.

ALHMEDI A，HANBRUGE E，FRANCIS F，2010. Intraguild interacions and aphid predators：biological efficiency of *Harmonia axyridis* and *Episyrphus balteatus*［J］. Journal of Applied Entomology，134：34-44.

ALTIERI M A，1993. Ethno-science and biodiversity: key dements in the design of sustainable pest management systems for a small farmer in developing countries［J］. Agriculture Ecosystem and Environment，46：257-272.

ALTIERI M A，1994. Biodiversity and pest management in agroecosystems［M］. New York：Food Products Press，1-34.

ALTIERI M A，1999. The ecological role of biodiversiry in agroecosystems［J］. Agriculture Ecosystem and Environment，74：19-31.

ANDREW C，ROSENHEIM J A，1996. Impact of a natural enemy overwintering refuge and its interaction with the surrounding landscape［J］. Ecological Entomology，21（2）：155-164.

ARTHUR A P，1971. Associative learning by *Nemeritis canescens*（Hymenoptera: Ichneumonidae）［J］. Canadian Entomologist，103：1137-1141.

BABUL H M，POEHLING H M，2006. Non - target effects of three biorationale insecticides on two endolarval parasitoids of *Liriomyza sativae*（Dipt.，Agromyzidae）［J］. Journal of Applied Entomology，130（6-7）：360-367.

BARUFFALDI L，COSTA f，RODRIGUEZ A，et al.，2010. Chemical Communication in *Schizocosa malitiosa*：Evidence of a female contact sex pheromone and persistence in the field［J］. Journal of Chemical Ecology，36：759-767.

BOIVIN G，2010. Reproduction and Immature development of egg parasitoids. In：Consoli F L，

Parra J，Zucchi R A eds. Egg Parasitoids in Agroecosystems with Emphasis on *Trichogramma*［M］. Dordrecht：Springer Press，1–23.

BONG L J，NEOH K B，JAAL Z，et al.，2012. Lifetable of *Paederus fuscipes*（Coleoptera：Staphylinidae）［J］. Journal of Medical Entomology，49（3）：451–460.

CARCUPINO M，GUGLIELMINO A，OLMI M，et al.，1998. Morphology and ultrastructure of the cephalic vesicles in two species of the *Gonatopus* genus：*Gonatopus camelinus* Kieffer and *Gonatopus clavipes*（Thunberg）（Hymenoptera，Dryinidae，Gonatopodinae）［J］. Invertebrate Reproduction and Development，34（2–3）：177–186.

CHANDRA G，1980. Dryinid parasitoids of rice leafhoppers and planthoppers in the Philippines（Ⅰ）. Taxonomy and bionomics［J］. Acta Oecologica，Oecologia Applicata，1（2）：161–172.

CHANTARASA–ARD S，HIRASHIMA Y，HIRAO J，1984. Host range and host suitability of *Anagrus incarnatus* Haliday（Hymenoptera：Mymaridae），an egg parasitoid of delphacid planthoppers［J］. Applied Entomology and Zoology，19（4）：491–497.

CHEN Y，LAI F X，SUN Y Q，et al.，2015. CrylAb rice does not impact biological characters and functional response of *Cyrtorhinus lividipennis* preying on *Nilaparvata lugens* eggs［J］. Journal of integrative agriculture（14）：2011–2018.

CHUA T H，DYCK V A，1982. Assessment of *Psudogonatopus flavifemur* E. & H.（Dryinidae：Hymenoptera）as a biocontrol agent against the rice brown planthopper［C］. In Proceedings of the International Conference on Plant Protection in the Tropics，Kuala Lumpur：Plant Protection Society，253–265.

CHUA T H，DYCK V A，PENA N B，1984. Functional response and searching efficiency in *Pseudogonatopus flavifemur* Esaki and Hash.（Hymenoptera：Dryinidae），a parasite of rice planthoppers［J］. Researches on Population Ecology，26（1）：74–83.

CLEMENTE C J，MCMASTER K A，FOX E，2010. The visual system of the Australian wolf spider *Lycosa leuckarti*（Araneae：Lycosidae）visual acuity and the functional role of the eyes［J］. Journal of Arachnology，38（3）：398–406.

FÉLIX S，SOARES A O，2004. Intraguild predation between the aphidophagous ladybird beetles *Harmonia axyridis* and *Coccinella undecimpunctata*（Coleoptera：Coccinellidae）：the role of bodyweight［J］. European Journal of Entomology，101：237–242.

FENG W B，BONG L J，DAI S M，et al.，2019. Effect of imidacloprid exposure on life history traits in the agricultural generalist predator *Paederus* beetle：Lack of fitness cost but strong hormetic effect and skewed sex ratio［J］. Ecotoxicology and Environmental Safety，174：390–400.

GHORBANI R，SERAJ A A，ALLAHYARI H，et al.，2019.Functional response of *Trichogramma*

evanescens parasitizing tomato leaf miner, tuta absoluta on three tomato varieties [J]. Journal of Agricultural Science and Technology, 21: 117-127.

GORDON S D, UETZ G W, 2012. Environmental interference: impact of acoustic noise on seismic communication and mating success [J]. Behavioral Ecology, 23 (4): 707-714.

GUERRIERI E, VIGGIANI G, 2005. A review of the encyrtid (Hymenoptera: Chalcidoidea) parasitoids of Dryinidae (Hymenoptera: Chrysidoidea) with description of a new species of *Cheiloneurus* [J]. Systematics and Biodiversity, 2 (3): 305-317.

GUGLIELMINO A, VIRLA E G, 1998. Postembryonic development of *Gonatopus lunatus* Klug (Hymenoptera: Dryinidae: Gonatopodinae), with remarks on its biology [J]. Annales de la Société Entomologique de France (Nouvelle Série), 34 (3): 321-333.

GURR G M, LIU J, READ DM Y, et al., 2011. Parasitoids of Asian rice planthopper (Hemiptera: Delphacidae) pests and prospects for enhancing biological control by ecological engineering [J]. Annals of Applied Biology, 158 (2): 149-176.

HAN Y, MA F, NAWAZ M, et al., 2017. The tiered-evaluation of the effects of transgenic *Cry1c* rice on *Cyrtorhinus lividipennis*, a main predator of *Nilaparvata lugens* [J]. Scientific Reports (7): 42572.

HAN Y, MENG J, CHEN J, et al., 2014. Bt rice expressing Cry 2 Aa does not harm *Cyrtorhinus lividipennis*, a main predator of the nontarget herbivore *Nilapavarta lugens* [J]. PloS One, 9 (11): e112315

HEIMPEL G E, LUNDGREN J G, 2000. Sexual ration of commercially reared biological control agents [J]. Biological Control, 19: 77-93.

HEONG K L, BLEIH S, LAZARO A A, 1990. Predation of *Cyrtorhinus lividipennis* Reuter on eggs of the green leafhopper and brown planthopper in rice [J]. Researches on Population Ecology (32): 255-262.

HERNÁNDEZ R, GUO K, HARRIS M, et al., 2011. Effects of selected insecticides on adults of two parasitoid species of *Liriomyza trifolii*: *Ganaspidium nigrimanus* (Figitidae) and *Neochrysocharis formosa* (Eulophidae) [J]. Insect Science, 18 (5): 512-520.

HODEK I, CERYNGIER P, 2000. Sexual activity in Coccinellidae (Coleoptera): A review [J]. European Journal of Entomology, 97: 449-456.

ITO E, YAMADA Y Y, 2014. Self-conspecific discrimination and superparasitism strategy in the ovicidal parasitoid *Echthrodelphax fairchildii* (Hymenoptera: Dryinidae) [J]. Insect Science, 21 (6): 741-749.

JOCQUE R, ALDERWEIRELDT M, 2005. Lycosidae: the grassland spiders [J]. Acta Zoologica

Bulgarica，1：125－130.

KHANM M，NAWAZ M，HUA H，et al.，2018. Lethal and sublethal effects of emamectin benzoate on the rove beetle，*Paederus fuscipes*，a non-target predator of rice brown planthopper，*Nilaparvata lugens*［J］. Ecotoxicology and Environmental Safety，165：19－24.

KIM J，1990. Developmental period and oviposition of *Pseudogonatopus nudus* Perkins（Hymenoptera：Dryinidae），a nymphal parasitoid of the whitebacked planthopper，*Sogatella furcifera* Horvath（Homoptera：Delphacidae）［J］. Korean Journal of Applied Entomology，29（3）：165－169.

KIM J，KIM C，CHO D，1984. Studies on the nymphal parasitism，*Haplogonatopus atratus* Esaki et Hashimoto（Dryinidae）of the small brown planthopper，*Laodelphax striatellus* Fallen（I）［J］. Korean Journal of Plant Protection，23（2）：116－118.

KITAMURA K，1982. Compatative studies on the biology of dryinid wasps in Japan（I）：Preliminary report on the predacious and parasitic efficiency of *Haplogonatopus atratus* Esaki et Hashimoto（Hymenoptera：Dryinidae）［J］. Bulletin of the Faculty of Agriculture，Shimane University，16：172－176.

KITAMURA K，1983. Comparative studies on the biology of dryinid wasps in Japan（2）. Relationship between temperature and the developmental velocity of *Haplogonatopus atratus* Esaki et Hashimoto（Hymenoptera：Dryinidae）［J］. Bulletin of the Faculty of Agriculture，Shimane University，17：147－151.

KITAMURA K，1985. Comparative studies on the biology of dryinid wasps in Japan（3）. Immature stages and morphology of *Haplogonatopus atratus* Esaki et Hashimoto（Hymenoptera：Dryinidae）［J］. Bulletin of the Faculty of Agriculture，Shimane University，19：154－158.

KITAMURA K，1986. Comparative studies on the biology of dryinid wasps in Japan（4）. Longevity，oviposition and host-feeding of adult female of *Haplogonatopus atratus* Esaki et Hashimoto（Hymenoptera：Dryinidae）［J］. Bulletin of the Faculty of Agriculture，Shimane University，20：191－195.

KITAMURA K，1988. Comparative studies on the biology of dryinid wasps in Japan（5）. Development and reproductive capacity of hosts attacked by *Haplogonatopus apicalis*（Hymenoptera，Dryinidae）and the development of progenies of the parasites in their hosts［J］. Kontyu，56（3）：659－666.

KITAMURA K，1989a. Comparative studies on the biology of dryinid wasps in Japan（6）. Hibernation and development of *Haplogonatopus atratus* Esaki et Hashimoto（Hymenoptera：Dryinidae）on overwintering leaf-and planthoppers（Homoptera：Auchenorrhyncha）［J］. Japanese

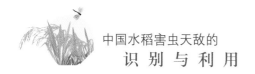
Journal of Applied Entomology and Zoology, 33（1）: 24–30.

KITAMURA K, 1989b. Comparative studies on the biology of dryinid wasps in Japan（8）. The daily periodicity of oviposition and predation of *Haplogonatopus atratus* Esaki et Hashimoto （Hymenoptera: Dryinidae）[J]. Japanese Journal of Applied Entomology and Zoology, 33（3）: 140–141.

KITAMURA K, 1989c. Comparative studies on the biology of dryinid wasps in Japan（9）. Development of *Haplogonatopus apicalis*（Hymenoptera, Dryinidae）[J]. Bulletin of the Faculty of Agriculture, Shimane University, 23: 55–59.

KITAMURA K, 1989d. Comparative studies on the biology of dryinid wasps in Japan（10）. Development of *Pseudogonatopus fulgori*（Hymenoptera, Dryinidae）[J]. Bulletin of the Faculty of Agriculture, Shimane University, 23: 60–63.

KITAMURA K, IWAMI J, 1998. Comparative studies on the biology of dryinid wasps in Japan（14）. Sex allocation and size of *Haplogonatopus apicalis*（Hymenoptera: Dryinidae）, in relation to instars of host nymphs and host sex[J]. Japanese Journal of Entomology, 1（1）: 1–8.

KO K, LIU Y, HOU M, et al., 2015. Toxicity of insecticides targeting rice planthoppers to adult and immature stages of *Trichogramma chilonis*（Hymenoptera: Trichogrammatidae）[J]. Journal of Economic Entomology, 108（1）: 69–76.

KOYAMA K, 1991. Parasitism by the dryinid wasp, *Haplogonatopus atratus* Esaki et Hashimoto and predation on the white-backed planthopper, *Sogatella furcifera* Horvath[J]. Proceedings of the Kanto-Tosan Plant Protection Society, 38: 153–154.

KOYAMA K, ABE Y, YAGI S, et al., 1989. Rearing of adults of the dryinid wasp（*Haplogonatopus atratus* Esaki et Hashimoto）on an artificial diet[J]. Japanese Journal of Applied Entomology and Zoology, 33（3）: 151–152.

KOYAMA K, TAKAYAMA T, MITSUHASHI J, et al., 1988. Method for rearing of *Haplogonatopus atratus* Esaki et Hashimoto[J]. Proceedings of the Kanto-Tosan Plant Protection Society, 35: 121–122.

LI X, LI B, MENG L, 2019. Oviposition strategy for superparasitism in the gregarious parasitoid *Oomyzus sokolowskii*（Hymenoptera: Eulophidae）[J]. Bulletin of Entomological Research, 109（2）: 221–228.

LIU H Y, UENO T, 2012. The importance of food and host on the fecundity and longevity of a host-feeding parasitoid wasp[J]. Journal of the Faculty of Agriculture, Kyushu University, 57（1）, 121–125.

LOU Y G, MA B, CHENG J A, 2005. Attraction of the parasitoid *Anagrus nilaparvatae* to rice volatiles induced by the rice brown planthopper *Nilaparvata lugens*［J］. Journal of Chemical Ecology，31（10）：2357-2372.

LOU Y G，CHENG J A，2001. Host-recognition kairomone from *Sogatella furcifera* for the parasitoid *Anagrus nilaparvatae*［J］. Entomologia Experimentalis et Applicata，101（1）：59-67.

LOU Y G，HUA X Y，TURLINGS T C J，et al.，2006. Differences in induced volatile emissions among rice varieties result in differential attraction and parasitism of *Nilaparvata lugens* eggs by the parasitoid *Anagrus nilaparvatae* in the field［J］. Journal of Chemical Ecology，32（11）：2375-2387.

MANICKAVASAGAM S，PRABHU A，KANAGARAJAN R，2006. Record of a hyperparasitoid on *Pseudogonatopus nudus* Perkins（Dryinidae：Chrysidoidea）parasitizing *Nilaparvata lugens*（Stål）from Asia［J］. International Rice Research Notes，31（1）：24-25.

MAO G F，TIAN J X，LI T，et al.，2018. Behavioral responses of *Anagrus nilaparvatae* to common terpenoids，aromatic compounds，and fatty acid derivatives from rice plants［J］. Entomologia Experimentalis et Applicata，166（6）：483-490.

MCAUSLANE H J，VINSON S B，WILLIAMS H J，1991. Stimuli influencing host microhabitat location in the parasitoid *Campoletis sonorensis*［J］. Entomologia Experimentalis et Applicata，58：267-277.

MEISNER M，HARMON J P，HARVEY C T，et al.，2011. Intraguild predation on the parasitoid *Aphidius ervi* by the generalist predator *Harmonia axyridis*：the threat and its avoidance［J］.Entomologia Experimentalis et Applicata，138：193-201.

MITA T，SANADA-MORIMURA S，Matsumura M，et al.，2013. Genetic variation of two apterous wasps *Haplogonatopus apicalis* and *H. oratorius*（Hymenoptera：Dryinidae）in East Asia［J］. Applied Entomology and Zoology，48（2）：119-124.

MIURA T，HIRASHIMA Y，CHUJOMT，et al.，1981. Egg and nymphal parasites of rice leafhoppers and planthoppers：A result of field studies in Taiwan in 1979（Part 1）［J］. Esakia（16）：39-50.

MIURA T，HIRASHIMA Y，WONGSIRI T. 1979. Egg and nymphal parasites of rice leafhoppers and planthoppers：A result of field studies in Thailand in 1977［J］. Esakia（13）：21-44.

OBRYCKI J J，KRAFSUR E S，BOGRAN C E，et al.，2001. Comparative studies of three populations of the lady beetle predator *Hippodamia convergens*（Coleoptera：Coccinellidae）［J］. Florida Entomologist，84（1）：55-62.

OLMI M，XU Z，2015. Dryinidae of the Eastern Palaearctic region（Hymenoptera：Chrysidoidea）［J］. Zootaxa，3996（1）：1-253.

OMAR M，AZMAN A，OLMI M，1996. *Anteon yasumatsui* Olmi，parasitoid of *Nephotettix nigropictus*（Stål）and *N. malayanus* Ishihara and Kawase in Malaysia（Hymenoptera Dryinidae and Homoptera Cicadellidae）［J］. Frustula Entomologica，19：182-188.

OMKAR，MISHRA G，2005. Mating in aphid ophagous ladybirds：Costs and benefits［J］. Journal of Applied Entomology，129：432-436.

OSAWA N，1992a. Effect of pupation site on pupal cannibalism and parasitism in the ladybird beetle *Harmonia axyridis* Pallas（Coleoptera，Coccinellidae）［J］. Japanese Journal of Entomology，60：131-135.

OSAWA N，1992b. A life table of the ladybird beetle *Harmonia axyridis* Pallas（Coleoptera，Coccinellidae）in relation to the aphid abundance［J］. Japanese Journal of Entomology，60：575-579.

OSAWA N，1993. Population field studies of the aphid ophagous ladybird beetle *Harmonia axyridis*（Coleoptera：Coccinellidae）：Life tables and key factor analysis［J］. Population Ecology，35：335-348.

OSAWA N，2000. Population field studies on the aphid ophagous ladybird beetle *Harmonia axyridis*（Coleoptera：Coccinellidae）：Resource tracking and population characteristics［J］. Population Ecology，42：115-127.

PENG Y，ZHANG F，GUI S L，et al.，2013. Comparative growth and development of spiders reared on live and dead prey［J］. PLoS One，8（12）：e83663.

PETILLON J，MONTAIGNE W，RENAULT D，2009. Hypoxic coma as a strategy to survive inundation in a salt-marsh inhabiting spider［J］. Biology Letters，5（4）：442-445.

POPHALY D，RAO T B，KALODE M，1978. Biology and predation of the mirid bug，*Cyrtorhinus lividipennis* Reuter on plant and leafhoppers in rice［J］. Indian Journal of Plant Protection（6）：7-14.

PREETHA G，STANLEY J，SURESH S，et al.，2009. Toxicity of selected insecticides to *Trichogramma chilonis*：Assessing their safety in the rice ecosystem［J］. Phytoparasitica，37（3）：209-215.

QIAN H T，CONG B，2013. Effect of some environmental and biological factorson reproductive characters of *Trichogramma* spp. ［J］. African Journal of Agricultural Research，8（19）：2195-2203.

QUICKE D L J，2015. The Braconid and Ichneumonid Parasitoid Wasps：Biology，Systematics，Evolution and Ecology［M］. Chichester：John Wiley & Sons，Ltd.

REYES T M，GABRIEL B P，2015. The life-history and consumption habits of *Cyrtorhinus lividipennis* Reuter（Hemiptera：Miridae）［J］. Philippine Entomologist：79-88.

RILEY J R, REYNOLDS D R, SMITH A D, et al., 1994. Observations on the autumn migration of *Nilaparvata lugens* (Homoptera: Delphacidae) and other pests in east central China [J]. Bulletin of Entomological Research (84): 389-402.

ROBERTS J A, UETZ G, 2004. Chemical signaling in a wolf Spider: A test of ethospecies discrimination [J]. Journal of Chemical Ecology, 30: 1271-1284.

SAHRAGARD A, JERVIS M, KIDD N, 1991. Influence of host availability on rates of oviposition and host-feeding, and on longevity in Dicondylus indianus Olmi (Hym., Dryinidae), a parasitoid of the rice brown planthopper, *Nilaparvata lugens* (Stål) (Hem., Delphacidae) [J]. Journal of Applied Entomology, 112 (1-5): 153-162.

SHI Z H, LI Q B, LI X, 2004. Interspecific competition between *Diadegma semiclausum* Hellen (Hym., Braconidae) in parasitizing *Plutella xylostella* (L.) (Lep. Plutelidae) [J]. Journal of Applied Entomology, 128 (6): 437-444.

SHIN Y H, 1970. On the bionomics of *Itoplectis narangae* (Ashmead) (Ichneumonidae, Hymenoptera) [J]. Journal of the Faculty of Agriculture, Kyushu University, 16 (1): 1-75.

SHIRAZI J, 2006. Effect of temperature and photoperiod on the biological characters of *Trichogramma chilonis* Ishii (Hymenoptera: Trichogrammatidae) [J]. Pakistan Journal of Biological Sciences, 9 (5): 820-824.

SHORT J R T, 1959. A description and classification of the final instar larvae of the Ichneumonidae (Insecta, Hymenoptera) [J]. Proceedings of the National Academy of Sciences of the United States of America. 110: 391-511.

SIVAPRAGASAM A, ASMA A, 1985. Development and reproduction of the mirid bug, *Cyrtorhinus lividipennis* (Heteroptera: Miridae) and its functional response to the brownplanthopper [J]. Applied Entomology and Zoology (20): 373-379.

SMITH S M, 1996. Biological control with *Trichogramma*: advances, success, and potential of their use [J]. Annual Review Entomology, 41: 375-406.

SONG Y, HEONG K, 1997. Changes in searching responses with temperature of *Cyrtorhinus lividipennis* reuter (Hemiptera: Miridae) on the eggs of the brown planthopper, *Nilaparvata lugens* (Stål) (Homoptera: Delphacidae) [J]. Population Ecology (39): 201-206.

STRAND M R, 2012. Polydnavirus gene expression profiling: what we know now [M]. In: Beckage NB, Drezen JM, eds. Parasitoid Viruses: Symbionts and Pathogens. New York: Academic Press, 139-147.

SUNDAS R Q, 2016. Effects of temperature and host-plant on fitness of parasitoid (*Chelonus murakatae*) of the stripped stem borer (*Chilo suppressalis*) [D]. 武汉: 华中农业大学.

TANAKA K，ENDO S，KAZANO H，2000. Toxicity of insecticides to predators of rice planthoppers：Spiders，the mirid bug and the dryinid wasp［J］. Applied Entomology and Zoology，35（1）：177-187.

TIAN J C，ROMEIS J，LIU K，et al.，2017. Assessing the effects of *Cry1C* rice and *Cry2A* rice to *Pseudogonatopus flavifemur*，a parasitoid of rice planthoppers［J］. Scientific Reports，7（1）：7838.

TIAN J C，WANG Z C，WANG G R，et al.，2017. The effects of temperature and host age on the fecundity of four *Trichogramma* species，egg parasitoids of the *Cnaphalocrocis medinalis*（Lepidoptera：Pyralidae）［J］. Journal of Economic Entomology，110：949-953.

TIAN J C，WANG G W，ROMEIS J，et al.，2016. Different performance of two *Trichogramma*（Hymenoptera：Trichogrammatidae）species feeding on sugars［J］. Environmental Entomology，45：1316-1321.

UENO T，UENO K，2007. The effects of host-feeding on synovigenic egg development in an endoparasitic wasp，*Itoplectis naranyae*［J］. Journal of Insect Science，7：1-13.

UENO T，1997. Host age preference and sex allocation in the pupal parasitoid *Itoplectis naranyae*（Hymenoptera：Ichneumonidae）［J］. Annals of the Entomological Society of America，90（5）：640-645.

UENO T，1998. Selective host-feeding on parasitized hosts by the parasitoid *Itoplectis naranyae*（Hymenoptera：Ichneumonidae）and its implication for biological control［J］. Bulletin of Entomological Research，88（4）：461-466.

UETZ G W，ROBERTS J A，TAYLOR P W，2009. Multimodal communication and mate choice in wolf spiders：female responses to multimodal vs. unimodal male signals in two sibling wolf spider species［J］. Animal Behaviour，278：299-305.

WANG H Y，YANG Y，SU J Y，et al.，2008. Assessment of the impact of insecticides on *Anagrus nilaparvatae*（Pang et Wang）（Hymenoptera：Mymanidae），an egg parasitoid of the rice planthopper，*Nilaparvata lugens*（Hemiptera：Delphacidae）［J］. Crop Protection，27（3-5）：514-522.

XIANG C Y，REN N，WANG X，et al.，2008. Preference and performance of *Anagrus nilaparvatae*（Hymenoptera：Mymaridae）：Effect of infestation duration and density by *Nilaparvata lugens*（Homoptera：Delphacidae）［J］. Environmental Entomology，37（3）：748-754.

XU Z F，OLMI M，HE J H，2013. Dryinidae of the Oriental region（Hymenoptera：Chrysidoidea）［J］. Zootaxa，3614（1）：1-460.

YADAV K P，PAWAR A D，1989. New record of dryinid parasitoid of brown planthopper,

Nilaparvata lugens Stål. and white-backed planthopper, *Sogatella furcifera* Horváth [J]. Entomon, 14 (3-4): 369-370.

YAMADA Y Y, KAWAMURA M, 1999. Sex identification of eggs of a dryinid parasitoid, *Haplogonatopus atratus*, based on oviposition behaviour [J]. Entomologia Experimentalis et Applicata, 93 (3): 321-324.

YAMADA Y, IKAWA K, 2003. Adaptive significance of facultative infanticide in the semi-solitary parasitoid *Ecthrodelphax fairchildii* [J]. Ecological Entomology, 28 (5): 613-621.

YUAN X H, SONG L W, ZHANG J J, et al., 2012. Performance of four Chinese *Trichogramma* species as biocontrol agents of the rice striped stem borer, *Chilo suppressalis*, under various temperature and humidity regimes [J]. Journal of Pest Science, 85: 497-504.

ZHAO X P, WU C X, WANG Y H, et al., 2012. Assessment of toxicity risk of insecticides used in rice ecosystem on *Trichogramma japonicum*, an egg parasitoid of rice lepidopterans [J]. Journal of Economic Entomology, 105 (1): 92-101.

ZHU J, LI Y, JIANG H, et al., 2018. Selective toxicity of the mesoionic insecticide, triflumezopyrim, to rice planthoppers and beneficial arthropods [J]. Ecotoxicology, 27 (4): 411-419.

ZHU J, LI Y, TANG Y Y, et al., 2020. Juvenile hormone-mediated reproduction induced by a sublethal concentration of imidacloprid in *Cyrtorhinus lividipennis* (Hemiptera: Miridae) [J]. Journal of Asia-Pacific Entomology (23): 98-106.

ZHU P Y, WANG G W, ZHENG X S, et al., 2015. Selective enhancement of parasitoids of rice Lepidoptera pests by sesame (*Sesamum indicum*) flowers [J]. Biocontrol, 60 (2): 157-167.

第四编 天敌的保护与利用

自20世纪60年代"绿色革命"开始，水稻矮秆替代高秆，化肥大量施用，导致病虫害加重，继而大量使用化学农药。据调查，我国水稻病虫害防治中，化学防治面积占全部防治措施的80%以上。然而，过度依赖化学农药会严重威胁到水稻生产的可持续性，如水稻害虫的"3R"问题（抗药性、农药残留和害虫再猖獗）是水稻生产面临的一个迫切需要解决的问题。

稻田生态系统中，水稻—害虫—天敌是最基本的食物链关系。利用天敌对害虫的自然控害功能，降低害虫的发生数量和灾变频率，可减少对农药的依赖，实现水稻害虫绿色防控的关键环节。害虫天敌利用有两个主要途径，一是田间自然天敌的保护和利用，二是人工繁育并释放天敌进行补充。本篇拟从这两个方面对稻田天敌的保护利用的相关研究成果进行简要总结，以期服务于水稻害虫的绿色防控。

第一章 稻田自然天敌的保护与利用

稻田是一个以生产稻谷为目标、人为干扰十分频繁的生态系统，人们每年都要种植1～2季甚至3季水稻，每季水稻不但要进行从播种至收割的耕作管理，还要经历水稻生长期间的病虫草害防控。这种频繁的农事操作对田间天敌的负面影响巨大，采取什么措施对天敌进行有效的保护和利用是20世纪70年代提出"预防为主，综合防治"植保方针以来的研究热点。

通过40多年的研究和实践，目前已基本形成了具有实用价值的两个技术途径：一是通过生态工程技术改善天敌库源，降低害虫发生数量和灾变频率；二是通过合理用药协调化学防治与天敌的矛盾，其中后者是前者的支撑技术之一。通过这两个技术途径，可有效实现对田间自然天敌的保护和利用，减少对化学农药的依赖，实现水稻害虫绿色防控的目的。

一、基于生态工程的水稻害虫天敌保护与利用

生态工程控害是指通过生境管理等措施来保护和利用害虫天敌，为天敌提供食物、寄主和庇护所，从而提高天敌数量，促进天敌的控害功能，达到控制害虫的目的（Gurr et al.，2017；

Westphal et al., 2015），是一种可以逆转目前过度依赖化学农药控害的有效途径。

生态工程控害技术最早由马世俊先生于1979年提出（孙鸿良和齐晔，2017）。在过去40余年中，生态工程控害技术在多种农作物系统中取得了显著进展，包括水稻（Lu et al., 2015; Gurr et al., 2016）、小麦（Zhao et al., 2013）、棉花（Liu et al., 2018）、茶园（Chen et al., 2019）、大豆（Zhang et al., 2012）、十字花科蔬菜（Li et al., 2016）和果园（Wan et al., 2019a）等。

水稻害虫生态工程控害技术研究萌芽20世纪70年代的IPM研究，随着对诱集植物及非作物生境在水稻生态系统中的重要性，特别是杂草生境对水稻害虫天敌的促进作用（Brader，1979; Qiu et al., 1998, Yu et al., 1996; 尤民生等，2004）的认识，人们在稻田害虫天敌种类的调查及非稻田生境对害虫天敌作用及其利用方面开展了大量研究（孙志鸿等，1980; 陶方玲等，1996; 尤民生和吴中孚，1989; 尤民生等，2004; 俞晓平等，1996; 张文庆等，2001）。2008年科学家明确提出应用生态工程技术控制水稻害虫，并建立示范区开展试验研究与示范，并于次年形成理论体系框架（Gurr，2009）。经过十余年的研究和完善，目前已建立了一套从稻田天敌种群数量保护到种群数量的促进，再到害虫天敌功能的提高较为完善且实用性较强的技术体系。该体系包括控害技术（表4-1）及其配套支撑技术两部分（表4-2），并在浙江等地建立一批示范区样板（图4-1），在我国南方稻区得到较广泛的推广运用。

表4-1 水稻害虫生态工程控害技术体系（提高稻田系统控害能力）

目的	技术	保护利用的天敌种类	目标害虫	技术说明	相关文献
为天敌提供庇护场所	冬季种植绿肥（紫云英 Astragalus sinicus）	捕食性、寄生性	水稻害虫	冬季种植紫云英稻田中的节肢动物天敌的种类、密度和多样性均显著高于冬闲田	袁伟等，2010
	非稻田生境禾本科杂草	寡索赤眼蜂 Oligosita spp. 缨小蜂 Anagrus spp.	稻飞虱	马唐 Digitaria sanguinalis 与牛筋草 Eleusine indica 是寡索赤眼蜂的最适寄主；看麦娘 Alopecurus aequalis 与游草 Leersia hexandra 是缨小蜂的最适寄主	朱平阳等，2015a
	插花种植茭白 Zizania latifolia	蜘蛛	水稻害虫	茭白田为蜘蛛提供越冬、避难及繁殖场所。在茭白由附近的稻田中，蜘蛛数量增加约30%	郑许松等，2002

续表

目的	技术	保护利用的天敌种类	目标害虫	技术说明	相关文献
增加载体植物系统为天敌提供替代寄主	茭白–长绿飞虱 S. procerus–缨小蜂 Anagrus spp.	缨小蜂 Anagrus spp.	稻飞虱	茭白上的长绿飞虱卵是缨小蜂的替代寄主，在水稻种植前期可以建立较高的缨小蜂种群	俞晓平等，1999；郑许松等，1999
	秕谷草 L. sayanuka–伪褐飞虱 Nilaparvata. muiri–缨小蜂 Anagrus spp. 或中华淡翅盲蝽 T. chinensis	缨小蜂 Anagrus spp.，中华淡翅盲蝽 T. chinensis	稻飞虱	秕谷草是伪褐飞虱的最适寄主，伪褐飞虱不为害水稻，褐飞虱无法在秕谷草上完成世代，伪褐飞虱卵是褐飞虱主要天敌缨小蜂的替代寄主及中华淡翅盲蝽的替代猎物。在有秕谷草–伪褐飞虱–缨小蜂和中华淡翅盲蝽为载体系统的稻田中的稻飞虱种群数量显著减少	Zheng et al.，2017；郑许松等，2017a
为天敌提供营养源	芝麻 S. indicum	蔗虱缨小蜂 A. ptabilis，稻虱缨小蜂 A. nilaparvatae	稻飞虱	两种缨小蜂显著偏好芝麻花，且有芝麻花存在时，两种缨小蜂的寿命显著延长、寄生量显著提高	Zhu et al.，2013
	大豆 G. max、玉米花粉	稻虱缨小蜂 A. nilaparvatae	稻飞虱	稻虱缨小蜂的寿命显著延长、寄生量显著提高	郑许松等，2003
	芝麻 S. indicum	黑肩绿盲蝽 C. lividipennis	稻飞虱	黑肩绿盲蝽的寿命显著延长、产卵量及捕食量显著提高	朱平阳 et al.，2015a；Zhu et al.，2014
		螟蛉绒茧蜂 A. ruficrus	稻纵卷叶螟	显著延长螟蛉绒茧蜂、二化螟绒茧蜂及赤眼蜂的寿命；显著提高赤眼蜂的寄生量；促进稻螟赤眼蜂的田间扩散能力；芝麻对二化螟等鳞翅目害虫无促进作用	Zhu et al.，2015；田俊策等，2018
		二化螟绒茧蜂 C. chilonis	二化螟		
		赤眼蜂 Trichogramma spp.	二化螟、稻纵卷叶螟		
	酢浆草 O. corniculata	螟黄赤眼蜂 T. chilonis	二化螟、稻纵卷叶螟	赤眼蜂的寿命显著延长、寄生量显著提高	赵燕燕等，2017

续表

目的	技术	保护利用的天敌种类	目标害虫	技术说明	相关文献
降低害虫种群基数	种植诱虫植物香根草 *Vetiveria zizanioides*	—	二化螟、大螟	螟虫偏好在香根草上产卵，但不能完成生活史；香根草营养不足	陈先茂等，2007；郑许松等，2009；鲁艳辉等，2018

注：* 稻飞虱：褐飞虱 *Nilaparvata lugens*、白背飞虱 *Sogatella furcifera* 和灰飞虱 *Laodelphax striatellus*。

表 4-2　水稻生态工程控害技术体系的支撑技术

技术措施	技术名称	目标害虫	技术说明	相关文献
人工补充天敌	人工繁殖并释放天敌	水稻螟虫	赤眼蜂防控稻田螟虫技术已被广泛研究	见田俊策第一章
	稻-鸭共作系统	水稻害虫	减少无效分蘖；促进气体交换和土壤有机质分解；增强水稻抗逆性；减少水稻病虫害；提高水稻品质	陈灿等，2015；刘百龙等，2017；Long et al.，2013
	稻-鱼共作系统	水稻害虫	延长分蘖期10～12 d；提高产量；减少化学品的使用	吴敏芳等，2016；张剑等，2017
降低害虫种群基数	性信息素诱捕	水稻螟虫	螟虫防治效果达50%以上；每季减少农药1～2次	杜永均等，2013；司兆胜等，2016
使用生物农药	苏云金杆菌 *Bacillus thuringiensis*（*Bt*）	水稻螟虫	RSB 和 RLF 的疗效分别为二化螟防效65%～97%；稻纵卷叶螟防效88%～97%	Xu et al.，2017
	甘蓝夜蛾核型多角体病毒（MbNPV）	水稻螟虫	稻纵卷叶螟药后7日防效大于86%；二化螟药后30日防效大于88%	王国荣等，2016；郑静君等，2016；翟宏伟和柴媛媛，2013
	金龟子绿僵菌 *Metarhizium anisopliae*	稻飞虱	有效抑制稻飞虱种群数量	Tang et al.，2019
减少农药施用量	水稻栽后40 d内不使用农药	水稻害虫	水稻前期减少使用1～2次农药，对水稻的生长和产量没有显著影响	郭荣等，2013；胡国文等，1996

技术措施	技术名称	目标害虫	技术说明	相关文献
合理使用化肥	"三控施肥"技术（控肥、控苗、控病虫）	水稻害虫	氮肥施用量减少200～250kg/hm^2；产量提高5%以上，主要害虫为害明显降低	王国荣等，2015；郑许松等，2015
	增施硅肥	水稻害虫	抑制飞虱产卵；抑制稻纵卷叶螟取食；延长二化螟暴露天敌时间	杨国庆等，2014；韩永强等，2010

图4-1　水稻害虫生态工程控制示范区（示田间景观布局，浙江）

（一）生态工程控害技术——提高稻田系统的自然控害能力

过度施用化肥农药是水稻集约化生产的普遍现象（Heong et al.，2015）。生物多样性的减少导致害虫天敌生态系统服务减弱，进而引发水稻害虫重发与频发（Lu et al.，2015）。近几十年来，稻田非作物生境的重要性得到进一步确认，科学家开展了大量的关于促进害虫天敌提供生态系统服务的研究（Lu et al.，2015；Wan et al.，2018；刘雨芳等，2019）。生境管理措施是生态工程控害的重要组成部分，目的是提供生态系统服务（Gurr et al.，2004；Gurr et al.，2017）。通过生境管理，在稻田系统中为天敌引入多种植物资源，如为天敌提供庇护所的庇护植物、为天敌提供替代寄主（猎物）的载体植物、为天敌提供营养源的显花植物等（Gurr et al.，2017）可增强稻田生态系统的稳定性，从而更好地解决害虫管理问题。

目前，较为实用有效的技术主要包括：为田间天敌提供庇护场所、增加载体植物系统为天敌提供替代寄主、种植蜜源作物为天敌提供营养源、种植诱虫植物降低害虫种群基数等4个方面的技术。其中，前3个方面的技术以保护和利用自然天敌为核心。

为天敌提供庇护所

水稻田冬季种植绿肥作物紫云英*Astragalus sinicus*为越冬天敌提供庇护所及食物；秸秆还田为蜘蛛等捕食性天敌提供庇护所；在水稻种植期保留稻田周围的马唐、牛筋草等禾本科植物及插花种植茭白等保育天敌。通过这些措施，可为土著天敌提供庇护所及食物，增强天敌在水稻种植早期的控害功能，害虫种群数量控制在经济阈值水平以内（陈桂华等，2016；黄德超等，2005）。

为天敌提供替代寄主（猎物）

在水稻害虫数量较少的冬季休耕期及水稻种植的早期，载体植物可以为有益节肢动物提供猎物或寄主，从而持续建立较高数量的天敌种群（Zheng et al.，2017），避免了土著天敌因缺少水稻害虫而灭绝，而无法实现土著天敌控制害虫的生态系统服务功能。在载体植物系统中，对载体植物具有专食性的植食性节肢动物是理想的天敌替代寄主（猎物），替代寄主（猎物）没有为害农作物的风险。同时，载体植物系统中的害虫天敌必须能够及时、足量分散到整个农作物系统中。

目前，有两个比较成熟的载体植物系统应用于水稻生产，一个是茭白 *Zizania latifolia* – 长绿飞虱 *Saccharosydne procerus* – 缨小蜂 *Anagrus* spp.（ZSA）系统，另一个是秕谷草 *Leersia sayanuka* – 伪褐飞虱 *Nilaparvata muiri* – 缨小蜂 *Anagrus* spp.（LNA）或 中华淡翅盲蝽 *Tytthus chinensis*（LNT）系统（表4-1）。研究表明，褐飞虱无法在秕谷草上完成生活史，伪褐飞虱无法在水稻上完成生活史，因此稻田系统引入秕谷草不会成为褐飞虱的寄主。田间试验结果表明，稻田系统载入ZSA载体植物系统显著降低了褐飞虱的种群密度（Zheng et al.，2017）。ZSA载体植物系统中的长绿飞虱是茭白的主要害虫，但长绿飞虱不为害水稻，且长绿飞虱的卵是稻飞虱主要卵期寄生蜂缨小蜂 *Anagrus* spp.的寄主，冬后的茭白田有很高的缨小蜂种群，可以为水稻种植期的早期稻田供应大量缨小蜂。通过在稻田系统插花种植茭白，可以为水稻的整个生育期培育

大量缨小蜂以控制稻田中的稻飞虱（俞晓平等，1999；郑许松等，1999）。

为天敌提供营养源

显花植物可以通过延长天敌的寿命及增加天敌的繁殖力来增强天敌的控害功能（Lu et al.，2014）。大量的研究证实，生态系统中存在显花植物时，天敌的数量和繁殖力都有所增加（Lu et al.，2014；Zhao et al.，2016；王建红等，2017）。在稻田系统的生态工程控害技术中，芝麻 Sesamum indicum 是最受欢迎的显花植物，也是研究得最多、最成熟的显花植物。种植显花植物作为水稻生态工程控害技术的核心内容，已被农业农村部列为农业主推技术在全国推广（吕仲贤和郭荣，2014）。

然而，目前大部分关于显花植物促进天敌的研究仅是通过对几种给定的候选植物进行试验验证来确定最佳物种，存在局限性与盲目性。此外，"特定的天敌物种"或"特定的显花植物物种"可能对其他作物系统或其他地区缺乏足够的信息和应用价值。因此，探索筛选促进天敌的显花植物的一般规律具有重要的实际意义。Russell（2015）对已发表的关于显花植物延长寄生性天敌寿命的研究资料进行Meta分析，发现柳叶菜科、石竹科、唇形科、玄参科、菊科和豆科等显花植物能够显著延长寄生性天敌的寿命，但藜科显花植物对寄生性天敌的寿命无影响。利用生态特征（如：天敌的头宽、生殖力或花的颜色、类型等）筛选能够促进天敌的显花植物，或许更容易被理解和接受。有研究表明，在种有显花植物条带的油菜 Brassica napus 系统中，影响寄生性天敌种群的是显花植物花的特征，而不是寄生性天敌的寄主（露尾甲 Meligethes spp. 和象甲 Ceutorhynchus spp.）；显花植物的花色、花瓣的紫外反射及花蜜的可得性是三个主要的特征；黄色花、紫外反射率高且花蜜外露的显花植物是油菜系统中促进寄生性天敌的理想显花植物（Hatt et al.，2018）。此外，种有显花植物条带的作物（油菜 Brassica napus、冬小麦 Triticum aestivum）系统中，捕食性天敌瓢虫 Harmonia axyridis、Propylea quatuordecimpunctata 和草蛉 Chrysoperla carnea 的种群数量在显花植物紫外反射类型的花中数量较高，食蚜蝇 Episyrphus balteatus 与 Eupeodes corollae 更偏好于敞开类型的花（Hatt et al.，2019）。朱平阳等（2020a）研究了已发表文献资料中的显花植物与天敌的特征相关性，通过Meta结合贝叶斯网络（BN）分析建立模型，用于识别能够促进寄生性天敌寿命的显花植物。同时，通过模型分析得出，对寄生性天敌寿命有最佳的促进作用的特征组合是复伞形花序或总状花序且花冠深度较浅（<5 mm）的显花植物，及有较高生殖力（>100卵/雌）的寄生性天敌。因可获取的特征数据量有限，这个模型所包含的特征参数还有待补充完善。此外，这套模型是否也可以用于对捕食性天敌有促进作用显花植物的筛选，还有待进一步研究。

20世纪中后期欧美各国相继兴起的在农业系统中增加显花植物条带（或野花植物带 wildflower strip）为害虫天敌、传粉昆虫提供蜜源和栖息地，具有强化害虫天敌支持系统，达到提高授粉率、减少农药施用、改良修复农地土壤、净化水源、抑制杂草等多样的生态系统服务功能（吴学峰等，2019）。然而，这些研究也只停留在对显花植物条带种类调查及显花植物条带对节肢动物天敌种群与控害效果的影响方面（Azpiazu et al.，2020；Dively et al.，2020），未能明确哪些是对害虫天敌起到关键作用的显花植物，或者哪类显花植物组合可以最大限度地促进害虫天敌的控害作用。目前在稻田系统中还鲜有这方面的研究。

种植诱虫植物香根草诱杀水稻螟虫，降低螟虫发生基数

相比于水稻，水稻螟虫二化螟和大螟等更偏好在香根草 *Vetiveria zizanioides* 上产卵，然而，它们在香根草上却无法完成生活史（陈先茂等，2007；高广春等，2015；鲁艳辉等，2017；郑许松等，2009）。研究表明，香根草中的生物活性物质对螟虫具有毒性，可抑制螟虫幼虫的生长；香根草提取物能够破坏螟虫超氧化物歧化酶（SOD）、过氧化氢酶（CAT）和过氧化物酶（POD）的动态平衡，抑制酯酶和细胞色素P450酶的活性，最终导致幼虫丧失解毒代谢功能。此外，对水稻螟虫来说，香根草的营养成分也低于水稻（高广春等，2011、2015；鲁艳辉等，2017）。利用香根草的这些特性，在稻田周围种植香根草可以有效诱集螟虫产卵，减少稻田中的螟虫种群数量，从而减少稻田系统针对螟虫的化学农药的施用（鲁艳辉等，2018）。香根草作为诱虫植物，在稻田系统中的最佳种植期为3月底至4月初，种植株间距3～5 m、行距50～60 m为最优种植格局（陈先茂等，2007；郑许松等，2017b）。

（二）生态工程控害的配套支撑技术

生态工程控害的配套支撑技术包括强化生态和农药化肥减量增效的水稻共作模式、合理使用化肥、性信息素诱捕降低害虫种群基数、使用生物农药、人工释放天敌、合理用药等方面技术。除人工释放天敌、合理用药以减少农药使用在本篇其他章节介绍外，现将其他相关技术介绍如下。

强化生态、农药化肥减量增效的水稻共作模式

　　水稻害虫生态工程防控是生态工程的一部分，旨在设计一种新的可持续的水稻生态系统。与传统的单一水稻种植模式相比，种养结合的共作模式，如"稻-鸭""稻-渔""稻-鳖"等，其生态系统结构与功能更符合可持续的生态系统，是值得期待的健康稻田生态模式的例证（Xu et al.，2017）。"稻-鱼"共作模式在我国有着悠久的历史（Huang et al.，2014），它可以降低稻田中植食性害虫的数量，减少杂草的丰富度和生物量，增加捕食性天敌的种群数量，减少农药的使用，并提高土壤和水稻的质量（Wan et al.，2019b；Xie et al.，2011）。最重要的是，"稻-鱼"共作模式的经济效益比单一稻作模式高出10%以上（Wan et al.，2019b）。"稻-鸭"共作模式在过去的20年里已经得到了广泛的推广，与传统的养殖模式相比，可以减少使用30%以上的化肥和50%的农药，显著提高水稻品质（Huang et al.，2014）。随着共作模式研究探索的深入，稻田系统中新的共作模式不断涌现，如"稻-蟹""稻-小龙虾""稻-甲鱼""稻-蛙"等（图4-2）。

A."稻-鸭"共作模式

B."稻-鱼"共作模式

C."稻-蟹"共作模式

D."稻-蛙"共作模式

图4-2　稻田常见的共作模式

合理使用化肥

稻田中过度使用化肥在亚洲很常见，中国最为严重（Cheng，2009；Ding et al.，2018；Wang et al.，2019）。过量施用氮肥可以提高水稻植株的营养，促进稻飞虱的取食，提高存活率及生殖能力（Lu et al.，2007）。稻飞虱、稻纵卷叶螟、二化螟等水稻害虫在许多地区的暴发，与长期过度施用氮肥密切相关（Hu et al.，2016；Lu et al.，2007；Lu and Heong，2009）。过度使用氮肥除了对植食性害虫有直接影响外，还会通过间接的介导对害虫天敌产生影响，减弱天敌"自上而下"控制作用，加剧害虫暴发。研究表明，增加水稻氮肥的使用量，能够增加褐飞虱卵的体积和营养水平，延长其关键的捕食性天敌黑肩绿盲蝽 Cyrtorhinus lividipennis 的若虫历期和雌虫寿命、增加雌虫体重和产卵量等生态参数。但是这并没有促进黑肩绿盲蝽的控害能力，高氮处理反而延长了黑肩绿盲蝽对猎物的处理时间，降低了黑肩绿盲蝽捕食褐飞虱卵的数量（Zhu et al.，2020b）。同时，水稻高氮肥处理也能显著延长褐飞虱卵寄生蜂稻虱缨小蜂 Anagrus flaveolus 的发育历期，增大雌蜂前翅尺寸，降低繁殖力。更关键的是，缨小蜂能够利用视觉线索区分不同氮水平下受褐飞虱为害的水稻植株，高氮肥处理显著降低了缨小蜂对褐飞虱卵的搜索效率和寄生水平（Zhu et al.，2020b）。田间试验结果也证实，高氮施肥的农田会对天敌产生负面影响，从而增加褐飞虱暴发的风险（朱平阳等，2017b）。钟旭华等（2010）开发了稻田"三控"施肥技术，提出通过氮肥后移，优化施用量等措施来减少水稻无效分蘖数，提高水稻产量，并最大限度地控制水稻病虫害的发生（黄农荣等，2010；钟旭华等，2010）。

均衡施用水稻必需营养元素可以提高稻田肥料的利用效率，促进水稻健康生长。如钾肥可以提高水稻植株活力，增强水稻对稻纵卷叶螟害虫的抗性（de Kraker et al.，2000）。水稻对害虫的抗性与硅肥的使用之间也存在一定正相关性，硅肥可诱导水稻对害虫等胁迫的抗性或耐受性（Tripathi et al.，2014），如害虫侵袭（Liu et al.，2017；韩永强等，2010；杨国庆等，2014）、倒伏（邓接楼等，2011）、高温和干旱（Agarie et al.，1998）等胁迫。此外，硅肥还可以抑制水稻害虫的取食和产卵，通过增加害虫在水稻植株表面的暴露时间，提高害虫对寄生性天敌的吸引力，从而有助于防治害虫（Liu et al.，2017；韩永强等，2010；杨国庆等，2014）。

性信息素诱捕技术降低水稻螟虫种群基数

害虫防控的策略还包括通过化学的、视觉的或音频的信号来改变害虫的行为（Rodriguez-Saona and Stelinski，2009）。然而，目前因农药成本低且方便，用这些方法来防控昆虫尚未得到

广泛应用（Matson et al.，1997；Potts et al.，2010）。利用性信息素干扰害虫行为是近些年的研究热点，也取得了不少相关研究成果、研发出许多相关的性诱产品。在稻田系统中，可以利用性信息素防治水稻二化螟和稻纵卷叶螟（Xu et al.，2017）。与传统的水盆诱捕器（必须定期更换盆中水）和粘胶诱捕器（必须定期更换粘卡）相比，新型干式诱捕器（在水稻种植期设置后不需要改变任何东西）具有设置简单、操作方便、维护成本低、省时省力等特点，目前推广较多、市场较认可（司兆胜等，2016）。通过稻田系统大规模应用性信息素诱捕螟虫，防治效果可达50%以上，结合其他防控措施控制水稻螟虫，可以减少1～2次化学农药的使用（杜永均等，2013；司兆胜等，2016）。值得注意的是，水稻二化螟和稻纵卷叶螟诱芯不能同时放置在一个诱捕器中，否则会完全失去对两种害虫的诱集能力（朱平阳等，2013）。因稻纵卷叶螟性信息素中的两中醇会明显干扰二化螟性信息素对二化螟的引诱作用（Liang et al.，2020）。

使用对天敌安全的生物制剂

生物农药在农业生产中越来越受欢迎，因为它们满足了人们日益增长的对环境和食品安全的需求。苏云金芽孢杆菌（*Bt*）是目前使用量最大的生物农药，用于防治水稻二化螟和稻纵卷叶螟（Xu et al.，2017）。甘蓝夜蛾核型多角体病毒（*Mamestra brassicae* nuclear polyhedrosis virus，MbNPV）、球包白僵菌 *Beauveria bassiana* 和短稳杆菌 *Empedobacter brevis* 对水稻鳞翅目害虫具有较高的杀灭活性（王国荣等，2016；Xu et al.，2017；郑静君等，2016）。稻纵卷叶螟颗粒体病毒（*Cnaphalocrocis medinalis* granulo virus，Cnme GV）也是一种可能用于防治稻纵卷叶螟的生物农药（刘琴等，2013；张珊等．，2014）。金龟子绿僵菌 *Metarhizium anisopliae* CQMa421对稻田中稻飞虱的种群数量也有很好的抑制作用（Tang et al.，2019）。目前稻田系统中较理想的生物农药施用方法是在插秧前使用 *Bt* 和枯草芽孢杆菌预防和减少苗期水稻害虫的发生；必要时，用 *Bt* 防治水稻鳞翅目害虫和用白僵菌防治稻飞虱。

此外，尽管目前在稻田系统中使用信息素诱集害虫天敌的研究还鲜有报道，但也值得关注。该技术是在农田系统中人工引入害虫天敌的化学诱集物质（植物挥发物等信息素），通过对天敌的吸引诱集、扩散助迁，实现可持续控害。相关的研究进展有：研究发现柏木醇、正二十烷和2-茨酮是能吸引多种鳞翅目害虫的蛹寄生蜂霍氏啮小蜂 *Tetrastichus howardi* 的活性成分（郑溢华，2016）。一定浓度国槐挥发物组分中的 α-蒎烯、沉香醇和己醛对蚜异色瓢虫 *Harmonia axyridis* 有显著的引诱作用（薛皎亮等，2008）。适宜浓度的二十二烷、2-丁基-1-辛醇、雪松醇、1-十三醇对烟粉虱 *Bemisia tabaci* 的重要天敌小黑瓢虫 *Delphastus catalinae* 具有引诱作用（徐桂萍，

2011)。水稻方面,特定浓度的芳樟醇、2-壬酮、反-2-己烯醛、β-石竹烯和罗勒烯对二化螟绒茧蜂 *Cotesia chilonis* 有显著引诱作用(张宇皓,2016)。在特定浓度下,正壬醇(10mg/L)、2-庚醇(1mg/L)、香叶基丙酮(0.1mg/L)和 β-石竹烯(0.01mg/L)对稻虱缨小蜂具有显著引诱效果(李婷等,2018)。大田试验研究表明,Z-3-己烯乙酸酯、Z-3-己烯醛和芳樟醇能明显提高稻虱缨小蜂对褐飞虱卵的寄生作用(汪鹏和娄永根,2013)。异石竹烯与反-2-十二烯醇对黑肩绿盲蝽成虫有显著的诱集作用(Liu et al.,2019)。通过与种植田间显花植物等功能植物、淹没式释放天敌等生态工程控害技术结合,可实现"push-pull"策略中"吸引-奖励"(attract-reward)功能,以及提升天敌控害能力。研究植物挥发物等信息素对害虫天敌行为及功能的作用,对稻田系统中利用天敌防治害虫具有十分重要的意义。随着研究的深入,该技术在保护和利用天敌中的作用值得期待。

(三)水稻生态工程控害技术的案例分析——以浙江省金华市为例

自2008年起,浙江省农业科学院和金华市植物保护站与国际水稻研究所合作,开展了利用生态工程技术控制水稻害虫的开创性尝试,以期通过生态工程方法解决水稻害虫问题。示范基地位于金华市汤溪镇寺平村,属丘陵地带,紧邻九峰山风景区及九峰水库,水资源优质丰富。虽然这里原有的生态系统没有受到很大的破坏,但由于水稻集约化种植和过度使用农药化肥,水稻系统生物多样性遭到严重破坏。生态工程控害技术主要包括进行生境管理培育天敌,特别是种植显花植物;水稻在移植后30d不使用农药;合理施用氮肥;生物诱集减少害虫虫源基数;协调农业措施降低害虫自然增长率等。其目标是减少化学农药使用量的60%～80%,产量损失控制在3%以内,并逐步恢复稻田生态控害功能。

提升生物防控作用

田间调查结果表明,生态工程控害区稻田中的缨小蜂 *Anagrus* spp. 和豆娘等节肢动物天敌数量比常规种植的对照区高出4倍以上(陈桂华等,2016)。青蛙种类在生态工程控害区稻田中更为丰富(孔绅绅等,2016)。通过实施水稻生态工程控害技术,增加稻田中稻飞虱卵期寄生性

天敌数量，能显著减少稻飞虱的种群数量（朱平阳等，2015）。通过连续5年的跟踪调查发现，生态工程控害区稻田中稻纵卷叶螟的天敌功能团的数量显著高于常规种植的对照区稻田，包括蜻蜓目和蟌蛉等捕食性天敌功能团、幼虫寄生性天敌功能团（朱平阳等，2017c）。此外，实施水稻生态工程控害技术可以有效提高稻田中水生捕食性天敌及中性昆虫的种群数量，对提高水稻生长后期的天敌自然控害能力有积极作用（朱平阳等，2017a）。应用生态工程控害技术，丰富了稻田生态系统中节肢动物生物多样性，增加了天敌种群数量，稻田生态控害功能得以修复，水稻害虫被持续控制在较低的水平（郑许松等，2017c）。

减少农药的使用

实施水稻生态工程控害技术，可大大减少化学农药的使用。2009年和2011年，浙江省金华市汤溪镇的水稻害虫生态工程控害区稻田均未使用化学杀虫剂，农药用量比常规种植区稻田减少75%以上（陈桂华等，2016）。

增加经济效益

通过实施水稻生态工程控害技术，稻田中害虫种群数量在整个水稻生长季都维持在一个较低的水平，且与常规种植区稻田相比，未发现有水稻产量损失（Gurr et al.，2016）。化学杀虫剂使用量减少了75%以上，每公顷可节省2000元以上的农药和劳动力成本（陈桂华等，2016）。此外，稻米品种受到公众的广泛认可和好评，大米价格显著提高（刘桂良等，2014）。类似的结果在浙江的宁波、丽水、温岭和温州等多个地区得到证实。

（四）水稻生态工程控害技术的推广应用

水稻生态工程控害技术已于2014年作为水稻病虫害绿色防控技术的关键技术形成金华市地方标准（陈桂华等，2017），并于2017年形成浙江省地方标准（吕仲贤等，2017），标准化技术促进了水稻生态工程控害技术在浙江省的推广。作为水稻病虫害绿色防治的主要技术，水稻生态工程控害技术得到了浙江省植保检疫与核实农药管理总站和各地植物保护站的大力推广。截至2018年，浙江省已建成示范区900余处，水稻面积超过$5.38 \times 10^5 \mathrm{hm}^2$（数据来自浙江省植物保护检疫总站）。2014年起，农业农村部已将水稻生态工程控害技术列为全国农业主推技术（吕仲贤和郭荣，2014），在江西、江苏、湖南、湖北、安徽、上海、贵州、云南和广西等地已推广$3 \times 10^6 \mathrm{hm}^2$，具有显著的经济、生态和社会效益。

（五）展　　望

近几十年，特别是21世纪以来，农作物生态工程控害技术研究发展迅速，形成了诸多新的研究方向（Gurr et al.，2004）。这些技术研究延伸到多个营养水平，从系统水平促进害虫天敌、抑制害虫和提高作物产量。目前，在我国"绿色植保"这一理念已经被广泛接受（Lu et al.，2012），它强调采取的植保措施须符合生态上可持续原则，生态工程控害技术正是体现了"绿色植保"的一种具体措施。

生态工程控害技术通过多样性的、友好的、可持续的方式防治农业害虫，具有广阔前景，越来越受到生物防治专家和农业从业者的认可（Lu et al.，2015；Settele et al.，2019）。但目前水稻生态工程控害技术仍然需要不断补充和完善：如怎样更多、更好、更便捷地筛选用于促进天敌的显花植物，形成一套具体的筛选方法及评价方法；在研究生态工程控害技术时，需立足于整个稻田系统，整体评价该技术对稻田系统乃至整个流域的影响。应用水稻生态工程控害时还需要一个科学的评价体系。这些知识与技术缺口，限制了目前生态工程控害技术在更广阔的农业生态系统中的推广与应用。

随着政府部门对可持续农业发展的高度重视，我国生态工程控害技术必将得以进一步发展。以生态为基础的害虫防控，在世界范围也越来越受到重视（Pretty，2018；Reddy，2017；Zhao et al.，2016）。水稻生态工程控害技术在亚洲其他国家的稻田系统也开展了大量的探索研究（Ginigaddara，2018），如菲律宾（Horgan et al.，2017）、越南（Settele et al.，2019）、孟加拉国（Ali et al.，2019）和印度（Chandrasekar et al.，2017）。随着研究和推广的深入，生态工程控害必将成为今后大众普遍接受的病虫害防治技术。

二、基于合理用药的天敌保护技术

我国是一个人口大国，人多耕地少，维持有一定数量的稻谷供给，确保我国口粮安全，仍将是我国相当长一段时期内水稻生产的基本目标。因此，水稻生产仍将要求必要的化肥、农药投入，确保维持较高的水稻产量水平。在此情况下，水稻生长期间仍可能有多种病虫害交织发生，尤其是两迁害虫、螟虫和纹枯病、稻瘟病等重点病虫害暴发时，很难做到完全不用化学农药。为保护自然天敌和人工释放天敌，在明确化学农药对天敌影响的基础上，选择低生态风险的农药品种和施用技术，协调化学农药与天敌保护利用的矛盾，一直是有关研究的重点。现将有关研究进展总结如下，以期为天敌保护利用提供依据。

（一）农药对天敌的影响

对天敌的直接杀伤作用

用喷雾法和浸虫法测定农药对捕食性天敌黑肩绿盲蝽 *Cyrtorhinus lividipennis* 成虫的影响发现，杀虫剂丁硫克百威、溴氰菊酯、残杀威、稻丰散、吡虫啉和杀菌剂异稻瘟净、除草剂丙草胺、丁草胺和乙草胺等对黑肩绿盲蝽成虫有较大的杀伤作用（Fabelcar et al.，1984；Heinrichs et al.，1984；Chen et al.，1999；李开煌等，1985；黄凤宽，1992）。不同种类的药剂对同种赤眼蜂 *Trichogramma* spp. 成蜂的毒性存在明显差异，且同一种类的不同药剂对同种赤眼蜂成蜂的毒性也不同（王彦华等，2012）。在新烟碱类杀虫剂中，噻虫嗪和烯啶虫胺对不同赤眼蜂都表现出最高的毒性，其次是啶虫脒，而氯噻啉、噻虫啉和吡虫啉的急性毒性相对较低；在大环内酯类杀虫剂中，依维菌素和阿维菌素对同种赤眼蜂成蜂的急性毒性高于甲氨基阿维菌素苯甲酸盐的毒性。王子辰等（2016）药膜法结果显示，毒死蜱对稻螟赤眼蜂成蜂的 LC_{50} 为 0.382mg/L，属于极高风险性；三唑酮的 LC_{50} 为 49.539mg/L，属高风险性。扫弗特、丁草胺、异稻瘟净、甲基立枯磷对尖沟宽黾蝽 *Microvelia horvathi* 和黑肩绿盲蝽成虫均有较大的杀伤作用，而多菌灵、三环唑和叶青双对黑肩绿盲蝽成虫有一定的杀伤作用（陈建明等，1999）。丁草胺还对草间小黑蛛 *Erigonidium graminicola* 和拟水狼蛛 *Pirata subpiraticus* 等有较强的杀伤力（陈建明等，1996；徐建祥等，1997）。对水稻稻瘟病和纹枯病具有很高杀菌活性的新型杀菌剂啶菌噁唑，对赤眼蜂急性接触毒性的 LC_{50} 为 9.57×10^{-3} mg/cm^2，为中等毒性（李肇丽等，2009）。氟环唑对 3 种赤眼蜂均表现出很高的急性毒性，其毒性比环丙唑醇、己唑醇和戊唑醇的毒性高2~3个数量级，且对3种赤眼蜂的毒性风险属高风险（祝小祥等，2014）。

对天敌行为的影响

　　农药除了对天敌具有直接杀伤作用以外，还可能影响残存天敌的搜索、交配、定位和竞争等行为。例如，亚致死浓度的溴氰菊酯处理的黑肩绿盲蝽无法辨别被褐飞虱侵害的稻株和健康稻株，从而影响了其搜索和捕食褐飞虱卵的能力（Zhang et al.，2015）；亚致死浓度的吡虫啉处理可干扰稻虱缨小蜂的定向和寄生行为，稻虱缨小蜂不能辨别被褐飞虱侵害稻株和健康稻株的挥发物，从而影响其对害虫猎物的搜索（Liu et al.，2010）。三唑磷和溴氰菊酯对稻虱缨小蜂也有类似的负效应（Liu et al.，2012）。吡蚜酮处理可显著缩短拟水狼蛛的求偶时长；阿维菌素、吡蚜酮及氯虫苯甲酰胺处理可显著缩短拟水狼蛛的交配时长，并显著降低其攻击次数（吴进才，2017）。

对天敌控害功能的影响

　　在多数情况下，农药可以直接杀死天敌。但是，有的时候天敌接触农药后并没有死亡，而是处于半死或麻醉状态，导致天敌的控害功能显著下降或丧失。氧乐果、溴氰·毒死蜱、杀虫双、吡虫·噻嗪酮等4种杀虫剂对梭毒隐翅虫 *Paederus fuscipes* 残存个体的捕食功能的影响超过其致死作用（孟庆玉和郑发科，2006）。稻田施用1次杀虫双，拟水狼蛛捕食褐飞虱的功能约需7d才能恢复到正常水平，且施用浓度越高，狼蛛的功能减退越明显，功能恢复越慢（包善微等，2011）。亚致死剂量的吡虫啉处理能降低黑肩绿盲蝽对白背飞虱卵的捕食率（Widiarta et al.，2001）。高浓度吡虫啉处理显著降低稻虱缨小蜂对褐飞虱卵的寄生率，而氯虫苯甲酰胺和吡蚜酮无显著影响（Liu et al.，2010）。

对天敌繁殖能力的影响

　　氯虫苯甲酰胺、吡蚜酮、吡虫啉、三唑磷处理可显著降低拟水狼蛛产卵量，不同药剂处理

后，未带卵囊蜘蛛的产卵量显著减少，带卵囊的则无影响。同时，不同药剂处理影响拟水狼蛛卵子形成及胚胎发育的过程。电镜观察发现，不同药剂处理后拟水狼蛛的卵黄颗粒变小，排列松散；卵母细胞内的线粒体数量减少，内质网发生断裂，这些都可能造成胚胎发育所需能量及营养供应不足、遗传物质变少，并影响卵黄及卵子形成，导致卵子数量和质量下降（吴进才，2017）。药剂对天敌生殖的影响并非全是负面的，三唑磷、溴氰菊酯、吡蚜酮、氯虫苯甲酰胺亚致死浓度刺激黑肩绿盲蝽生殖，产卵量显著高于对照（吴进才，2017）。虽然一些低剂量药剂可刺激天敌生殖，但并不意味着药剂对天敌具有正面效应，一是刺激天敌生殖的药剂同样会刺激飞虱生殖（如三唑磷、溴氰菊酯等），二是刺激天敌生殖的正面效应可能被药剂对天敌行为、功能及高剂量致死影响的负面效应所抵消，总体可能是负效应。

另外，用毒死蜱处理成虫前各虫态的稻螟赤眼蜂，均对其羽化率和羽化蜂畸形率造成显著影响，用井冈霉素、三唑酮和吡蚜酮处理后均显著降低羽化率，其中井冈霉素处理幼虫期和蛹期，三唑酮和吡蚜酮处理除预蛹期外，各虫期均造成羽化蜂畸形率升高（王子辰等，2016），从而影响天敌的繁殖力。

对天敌的间接影响

有些除草剂，如丁草胺和除草醚等，还能通过杀伤中性昆虫如三带喙库蚊幼虫来间接影响稻田捕食性天敌蜘蛛的种群（徐建祥等，1997）。

（二）对天敌安全的合理用药技术

合理用药策略

水稻播种或移栽后一个月左右是稻田天敌重建的关键时期。通过种子处理（直播田）或送嫁药（移栽田）等局部施药方式，防治播种或移栽后一段时间内的病虫害，进而大田前期不用药，是确保大田天敌重建的关键，也是合理用药、协调化学防治与天敌保护利用矛盾的一个重要策略。

此外，对于大田难以避免的用药，选择对天敌较安全的药剂品种、组合，或使用对天敌影响相对较小的的施药方式，是合理用药的又一策略。

根据对天敌的安全性选择合适药剂

在不同种类农药对蜘蛛的影响方面，杀虫剂对蜘蛛的毒性大于杀菌剂和除草剂，且有机氯和拟除虫菊酯类杀虫剂对蜘蛛高毒，有机磷类次之。而对于药剂的评价标准，也从单纯依靠室内LC_{50}值，发展到结合田间使用浓度综合进行评价（王玺等，2013）。

大量室内和田间研究结果表明，氯虫苯甲酰胺在田间使用剂量下对有益节肢动物有良好的选择性，如对主要寄生蜂和传粉昆虫几乎无不良影响。王玺等（2013）采用浸渍法评价了氯虫苯甲酰胺、阿维菌素、吡蚜酮、噻嗪酮等8种当前水稻螟虫、稻纵卷叶螟及稻飞虱等重要害虫的常用防治药剂对草间钻头蛛 Hylyphantes graminicola 和八斑鞘腹蛛 Coleosoma octomaculatum 的室内安全性，结果用毒死蜱、阿维菌素和甲维盐处理过的草间钻头蛛的死亡率均为100%；以安全系数为标准进行安全性评价，吡蚜酮、噻嗪酮、噻虫嗪、异丙威和氯虫苯甲酰胺为低风险性农药，毒死蜱为中等到高风险性农药，甲维盐为高风险性农药，阿维菌素为高到极高风险性农药。此外，毒死蜱、阿维菌素和甲维盐对捕食性天敌如拟水狼蛛、食虫沟瘤蛛、黑肩绿盲蝽、狭臀瓢虫、拟猎蝽和寄生性天敌如稻螟赤眼蜂、广赤眼蜂等都有毒性，其不仅直接杀死天敌，还对天敌的寄生能力、繁殖力、寿命以及子代产生不利影响。刘其全等（2016）测定了11种水稻田常用的杀虫剂对捕食性天敌拟环纹豹蛛的室内毒力，氯虫苯甲酰胺对拟环纹豹蛛较安全，而异丙威、仲丁威、毒死蜱、阿维菌素等对天敌有一定影响，建议在天敌盛发期应慎用或少用，以减少这些药剂对天敌的杀伤，从而保护稻田天敌，充分发挥其控害作用。王子辰等（2016）提出了在稻螟赤眼蜂释放期应减少井冈霉素和吡蚜酮的使用，禁止使用三唑酮和毒死蜱。

表4-3　对天敌有高风险的常用杀虫剂或杀菌剂

药剂名称	对天敌的风险或影响
吡虫啉	杀伤黑肩绿盲蝽
烯啶虫胺	对赤眼蜂高毒
噻虫嗪	对赤眼蜂高毒
呋虫胺	对赤眼蜂高毒
吡蚜酮	降低拟水狼蛛产卵量
阿维菌素	对天敌杀伤作用大，为高到极高风险农药，且缩短拟水狼蛛的交配时长，显著降低其攻击次数
甲维盐	

续表

药剂名称	对天敌的风险或影响
氯虫苯甲酰胺	缩短拟水狼蛛的交配时长，并显著降低其攻击次数
毒死蜱	对天敌具中到高风险性毒性；影响赤眼蜂羽化率
氟环唑	对赤眼蜂高毒
三环唑	对黑肩绿盲蝽成虫有一定的杀伤作用
三唑磷	显著降低拟水狼蛛产卵量

选择合理的施药方式

梁锋等（2017）使用19%三氟苯嘧啶·氯虫苯甲酰胺悬浮剂防治稻飞虱，药后21 d其防效均在85%以上；对天敌蜘蛛有一定影响，药后1~7 d田间蜘蛛数量有所下降，随后开始回升并超过药前水平；对田间黑肩绿盲蝽的影响不明显。而利用10%三氟苯嘧啶SC 22.5~90.0 g a.i./hm² 拌种水稻，可有效降低直播稻和机插秧田田间稻飞虱种群数量，对水稻安全，对天敌蜘蛛影响较小，可在水稻生产中推广应用（张国等，2019）。

注意施药间隔时间

在人工释放天敌时，也要充分考虑最后一次施药的间隔时间。在各供试药剂的田间推荐使用剂量下，噻虫嗪和阿维菌素对赤眼蜂的持续杀伤时间最长，在施药后第10天处理赤眼蜂成蜂，其死亡率仍达到64.15%和35.07%，与对照相比差异显著；丁硫克百威、毒死蜱、辛硫磷、吡虫啉和嘧菌酯后7 d处理赤眼蜂成蜂，成蜂的死亡率与对照差异不显著（徐华强，2014）。扑虱灵、吡虫啉处理对于稻虱缨小蜂寄生率的影响有一定的时间效应，用药5 d后稻虱缨小蜂的寄生率变化已不显著（徐志英等，2006）。生产上用这2种药剂时应注意药剂的浓度和施药时间的间隔，以最大限度地保护天敌的功能、确保天敌功能较快恢复。

第二章　天敌的人工饲养与释放

农田自然生态系统，天敌的发生通常具有滞后性，往往需要人工补充天敌才能实现对一些重要害虫的有效控制。因此，开展天敌的规模化人工饲养和释放是实现天敌有效控害的必要手段。

一、赤眼蜂类

赤眼蜂 *Trichogramma* spp. 的人工饲养和释放是研究最早，也最为成功的天敌，已被广泛用于水稻、玉米等作物鳞翅目害虫的防治。现从人工饲养、释放两方面进行简要介绍。

（一）人工饲养与繁育

人工释放天敌的首要工作是饲养和繁育足够的天敌虫源，因此相关工作很受重视。赤眼蜂的饲养包括寄主卵的生产，种蜂的采集、纯化和保存，种蜂的复壮，蜂卡的制备和保存等主要环节。

寄主卵的生产

中间寄主卵的大量生产是赤眼蜂大量繁育的关键，目前赤眼蜂的人工饲养已发展出小卵繁育、大卵繁育和人工卵繁育3种方式。

基于小卵的赤眼蜂繁育方法：小卵是指其1粒卵内可寄生1～2粒赤眼蜂卵，培育出1～2头赤眼蜂的寄生卵。目前应用较广的是米蛾 *Corcyra cephalonica* 卵和麦蛾 *Sitotroga cerealella* 卵。其中，麦蛾卵被德国等国广泛用于广赤眼蜂 *T. evanescens* 和玉米螟赤眼蜂 *T. ostriniae* 的繁育（Greenberg et al.，1998）。麦蛾卵的优点是容易饲育，缺点是卵体积小，1粒卵只能繁育1头蜂，而且繁育的赤眼蜂生活力较低，不耐冷藏。米蛾卵是我国主要采用的赤眼蜂寄主，被广泛用于

稻螟赤眼蜂 *T. japonicum*、螟黄赤眼蜂 *T. chilonis*、松毛虫赤眼蜂 *T. dendrolimi* 等多种赤眼蜂的繁育（张俊杰等，2015）。

目前已有很多关于米蛾人工饲料筛选的研究报道，常用饲料的配方见表4-4，其主要原料是玉米粉、麦麸或稻糠、豆粉，可添加少量的蔗糖、酵母等（邱式邦等，1980）。张玉琢等（1991）研究表明，饲料中含90%米糠和10%玉米粉时，米蛾的繁殖倍数可达 82.8 倍，而仅用麦麸作为饲料时繁殖倍数仅为36.8 倍。黄文功等（2017）研究认为，饲料配方为70%玉米粉+20%米糠+7%白砂糖+3%酵母时，米蛾生长周期短，单蛾产卵量最高。张俊杰等（2012）认为，70%玉米粉+20%麦麸+7%白砂糖+3%酵母的配方最好。张国红等（2016）通过对比4种饲料配方室内饲养米蛾，结果显示，用玉米粉+豆粉+麦麸配方饲养的米蛾各项生物学指标均优于其他3种类似的配方。除了饲料配方之外，饲养技术也很重要。张玉琢等（1991）认为比较合理的饲养密度为每千克饲料投米蛾卵 4000 粒，盲目增加饲养密度并不能提高米蛾的繁殖倍数。张俊杰等（2012）研究发现，接种密度为5粒/cm² 时，繁殖倍数最高。邸宁等（2019）研究发现，在温度25～28℃相对湿度72%～82%、饲养密度为每千克饲料8000～10000粒时，米蛾的发育历期最短，出蛾相对较集中，繁殖倍数较高。

表4-4　常用的米蛾饲料配方

饲料配方	玉米粉	麦麸	米糠	豆粉	白砂糖	酵母	参考文献
配方一	10%	90%	—	—	—	—	邱式邦等，1980
配方二	10%	—	90%	—	—	—	张玉琢等，1991
配方三	70%	20%	—	—	7%	3%	张俊杰等，2012
配方四	70%	10%	—	20%	—	—	张国红等，2016
配方五	70%	—	20%	—	7%	3%	黄文功等，2017

米蛾成虫羽化后会大量攀附于框盖上，大部分米蛾成虫的收集装置都利用其该特点进行收集米蛾成虫。如李德伟等（2018）利用成虫的该特点通过拍打收集，而陈梅珠等（2017）则通过排气泵连接到自制喇叭形捕蛾器进行收集。除此之外，国内还有其他多种收集方法，包括CO_2麻痹（张俊杰等，2015）（图4-3）、网罩合并法（王兵等，2015）（图4-4、图4-5）等。米蛾成虫一般收集在40目左右网制笼罩中，待其产卵后用毛刷等工具扫卵收集。获取的卵紫外线杀胚后用于繁育赤眼蜂。

图 4-3　米蛾饲养盒及米蛾成虫羽化收集箱（张俊杰等，2015）

注：米蛾成虫羽化收集箱和一个充满气态 CO_2 的钢瓶用一根胶管连接，胶管上连接有一个可以控制开、关的阀门，以便控制 CO_2 气体进入收集箱。将到羽化期的米蛾饲养盘纵向排列到羽化 装置内，在米蛾发育条件下继续发育，待其羽化出蛾。每天在收集成虫前，通入 CO_2 气体 3～5min，使米蛾成虫短时间内窒息昏迷，成虫全部集中于装置底部盒内，然后集中收起放入产卵装置。

图 4-4　饲养盒及网罩盘盖合并收集成虫

注：一种特制的饲养盒及其网罩盘盖，米蛾羽化后将盘盖对扣后完成米蛾成虫的收集。

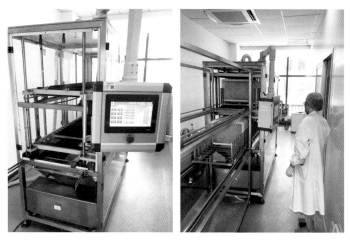

图 4-5　米蛾卵自动取卵机

注：将图 4-4 所示的对扣盘盖送入自动取卵机中，由取卵机完成扫卵工作。

　　基于大卵的赤眼蜂繁育方法：大卵是指其1粒卵内可寄生数十粒赤眼蜂卵，培育出几十头赤眼蜂的寄生卵，包括柞蚕 *Antherea pernyi* 卵、蓖麻蚕 *Philosamia cynthia ricini* 卵等。由于柞蚕卵比蓖麻蚕卵具有较高的繁蜂效率，且资源丰富、价格低廉、容易获得，因此目前大卵以柞蚕卵为主。大卵虽然繁育效率高，但只能繁育松毛虫赤眼蜂和螟黄赤眼蜂等少数几种赤眼蜂，在蜂种繁育上有一定的限制。柞蚕卵繁育赤眼蜂目前已经实现了工厂化，成功研制出了多种配套生产设备，包括柞蚕卵干燥系统、绿卵破碎机、非寄生卵分离机、寄生卵包装机等（张俊杰等，2015）。目前大卵蜂主要用于防治玉米螟。自2004年以来，吉林省累计推广松毛虫赤眼蜂（大卵蜂）防治玉米螟近 $1.3 \times 10^7 hm^2$，同时与小卵蜂混用防治二化螟（张俊杰等，2015）。

　　基于人工卵的赤眼蜂繁育：赤眼蜂具有在秋葵植物液滴的干燥表面、木槿汁、玻璃珠、水银以及植物种子等非自然基质产卵的行为特性，这为开展人工饲料（卵）繁育赤眼蜂提供了基础（陆文卿，1979）。自1979年起，国内多家科研单位如广东省昆虫研究所、广东省农业科学院植物保护研究所、武汉大学、湖北省农业科学院、中国科学院动物研究所、北京市农林科学院植物保护环境保护研究所等都开展了利用人工卵培育赤眼蜂的研究与应用工作。经过多年的努力，科研人员在繁殖技术、人工培养液和卵膜材料上取得了显著进展，在饲料配方、繁蜂种类、机械化生产等方面取得了重大突破，并将这些技术应用于松毛虫、甘蔗螟虫、玉米螟、棉铃虫、烟青虫等多种农林害虫的防治，应用面积超过 $1.5 \times 10^5 hm^2$（王素琴，2001）。

蜂种的采集、纯化和保存

　　常用的蜂种采集方法有两种：一为直接采集法，即田间采集被寄生的卵块带回室内培养；二为间接采集法，即室内准备好米蛾卵卡（或其他赤眼蜂寄主卵卡），挂于田间一星期后带回室内培养。待出蜂后根据形体、色泽和雄性外生殖器性状进行鉴别分类。纯化培养后的蜂种可以装入试管使用米蛾卵（或其他寄主卵）繁育。预蛹期放入4℃冰箱保存，最长1个月时间应取出扩繁1次。

种蜂的复壮

　　常用的种蜂复壮方法有两种：一是通过更替寄主卵来实现，如米蛾卵和二胡螟卵交替繁殖、米蛾卵和柞蚕卵交替繁殖等；二是通过加大蜂卡和卵卡的距离，使得赤眼蜂必须经过一定距离的飞翔才能到达寄主卵，以保证后代蜂的健壮。

蜂卡的制备

以米蛾卵作为赤眼蜂扩繁寄主时要先制作卵卡，最简单的卵卡就是在一张纸片上涂上胶水（也可以使用双面胶），然后撒上米蛾卵。在规模化生产时，一般会用厂家规模化制备的各种预制卵卡纸。大规模繁蜂时，一般会试制一些专用繁蜂箱。对于繁蜂器具没有特别的要求，只需要透光、透气、不跑蜂。繁蜂时根据不同的蜂种以蜂卵比为1:（5～10）的比例接蜂繁育，24h后去除母蜂于发育室（25～27℃，相对湿度70%～75%）培育至预蛹（3～5d）即制成蜂卡（图4-6）。

以柞蚕卵作为赤眼蜂扩繁寄主时要先将柞蚕卵破腹取出，洗净、晾干（图4-7），随后将种蜂卵与寄主卵按1:（25～30）比例均匀混拌后放于暗室内产卵24～48h。产卵过后用筛网除去种蜂、卵壳及死蜂，之后将寄生卵放于发育室（25～27℃，相对湿度70%～75%）发育至预蛹前后（4～5d）。柞蚕卵繁育的赤眼蜂可以蜂卡的方式包装，即在卡纸固定区域内涂上乳白胶，再将寄主卵均匀撒在卡纸上；也可以通过机器包装成盒式放蜂器（图4-8）。

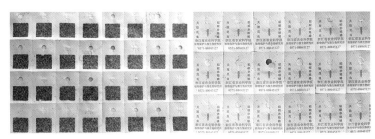

图4-6　米蛾卵繁育的赤眼蜂蜂卡

图4-7　柞蚕卵干燥仪（左）和破碎机（右）（张俊杰等，2015）

图4-8　寄生卵包装机（左）及所生产的含寄生卵的盒式放蜂器（右）（张俊杰等，2015）

蜂卡的保存

　　蜂卡可在4℃冰箱短期保存，一般不超过1周（货架期）。时间过长，赤眼蜂的羽化率会明显下滑，从而影响释放效果。目前，赤眼蜂货架期过短是限制赤眼蜂规模化应用的瓶颈，尚待进一步研究解决。

（二）赤眼蜂的释放

　　虽然我国从20世纪70年代开始就开展了大量的利用赤眼蜂防治水稻鳞翅目害虫的工作，但未能建立规范的释放技术。近几年来，国家对作物病虫害绿色防控和减药增效提出了更高的要求，利用赤眼蜂生物防治害虫的方法再一次受到重视。国内相关科研单位在室内和稻田开展了一系列的相关试验，针对蜂种选择、田间释放技术、放蜂注意事项等进行了规范化研究，这为赤眼蜂的科学释放提供了大量依据。

蜂种选择

因不同赤眼蜂对害虫卵的寄生偏好性有所差异，因此针对特定的防治对象，选择合适的蜂种十分重要。就稻纵卷叶螟而言，多种赤眼蜂对其都有控制作用，但稻螟赤眼蜂的寄生效果最好，同时子代出蜂数也高于其他赤眼蜂，尤其是在高温下与其他赤眼蜂的差异更加明显（Tian et al.，2017）。不同赤眼蜂对二化螟卵的寄生结果显示，在18～26℃下松毛虫赤眼蜂对二化螟卵的寄生量要高于稻螟赤眼蜂、螟黄赤眼蜂和玉米螟赤眼蜂，而在高温时稻螟赤眼蜂对二化螟卵的寄生力要显著高于其他几种蜂（Yuan et al.，2012），不同环境温度下适宜的赤眼蜂种类有所不同。但是东北和南方田间释放结果表明，稻螟赤眼蜂对二化螟卵的寄生率和控害效果均高于螟黄赤眼蜂和松毛虫赤眼蜂（武琳琳等，2016；李姝等，2018）。因此，稻田二化螟和稻纵卷叶螟的防治，赤眼蜂蜂种选择均以稻螟赤眼蜂最佳。

除了蜂种之外，由于不同地区的气候和农事操作有差异，赤眼蜂不同地理种群也有不一样的适应性。田俊策等（2017a）针对稻螟赤眼蜂的南方（浙江）种群与北方（吉林）种群进行比较，发现高温（34℃）条件下，稻螟赤眼蜂南方种群对米蛾卵的寄生力和其出蜂数分别为26.6粒和9.5头，显著高于北方种群的11.7粒和4.0头。同时，2个种群对毒死蜱的敏感性明显不同，毒死蜱对南方种群的LC_{50}为0.382mg/L，显著高于北方种群的0.046mg/L。因此，选择合适的赤眼蜂地理种群也值得注意。

释放适期

Tian等（2017）发现赤眼蜂对稻纵卷叶螟1日龄、2日龄和3日龄卵的寄生能力没有显著差异，但对4日龄的卵寄生能力显著下降。Zhang等（2014）也报道，随着二化螟卵日龄的增长，赤眼蜂对二化螟卵的寄生力呈明显下降趋势。以稻螟赤眼蜂为例，其对0日龄、2日龄和4日龄二化螟卵的每雌平均寄生力分别为17.4粒、8.1粒和0.4粒。因此，赤眼蜂的释放适期一般在二化螟、稻纵卷叶螟成虫始发期，便于释放的赤眼蜂与早期的害虫卵相遇，确保其防效。

释放数量和次数

许燎原等（2016）研究发现，每亩8000头或10000头赤眼蜂的放蜂量对稻纵卷叶螟具有较好的防治效果，而每亩5000头放蜂量对稻纵卷叶螟的防治效果要显著低于每亩8000头或10000头赤眼蜂的放蜂量。祝新等（2016）报道，每亩10000头赤眼蜂的放蜂量对稻纵卷叶螟的防治效果要好于每亩6000头赤眼蜂的放蜂量，但差异不显著。

在释放次数上，庄家祥（2014）的报道显示，利用稻螟赤眼蜂防治稻纵卷叶螟时，以5d的释放间隔，释放3次的防治效果要显著高于释放2次的防治效果。

释放密度

合适的释放密度不仅可以保证赤眼蜂的控害效果，还可以减少释放赤眼蜂所需的人力，节约成本。田俊策等（2017b）的报道显示，稻螟赤眼蜂在距释放点8m内均有很好的控制效果。庄家祥（2014）和王蓉等（2017）的研究结果也显示，每亩5个放蜂点的释放密度即可有效地控制稻纵卷叶螟，与每亩8个放蜂点的释放密度没有显著差异。李姝等（2018）也报道了类似的结果，但年份之间有一定差异。每亩8个放蜂点的防治效果要好于每亩5个放蜂点和每亩3个放蜂点的防治效果，与每亩5个放蜂点的处理没有显著性差异，且在某些年份要显著高于每亩3个点的处理。

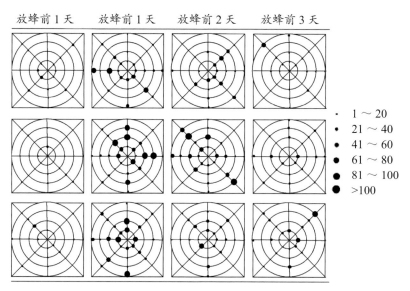

图4-9　稻螟赤眼蜂在田间的扩散寄生情况

注：圆心为放蜂点，交汇点为卵卡点（间隔4m），黑点表示被寄生米蛾卵数量。

释放位置

王蓉等（2017）的研究结果显示，防治稻纵卷叶螟时，放蜂点高于稻株顶端20cm和5cm的防治效果要低于放置在稻株上部叶片内、距顶端10cm的防治效果，放蜂点距叶冠层越高效果越差。李姝等（2018）的结果则显示，放蜂点距稻株顶部以上5cm的效果最好，其次为稻株叶冠内并距顶端10cm，距稻株顶部20cm以上的防治效果最差；但利用赤眼蜂防治二化螟时，放蜂高度处理之间差异不显著。

注意事项

在赤眼蜂释放的同时可能发生非靶标病虫害的为害，所以在这种情况下要十分注意其他农药对赤眼蜂的安全风险。王子晨等（2015）发现，非稻纵卷叶螟靶标的化学农药对赤眼蜂的毒性差异非常大。因此，放蜂期间避免使用对赤眼蜂具有毒性风险的农药。

根据Zhu等（2015）和Gurr等（2016）的研究结果发现，蜜源植物可以有效的提高赤眼蜂等寄生性天敌对害虫的寄生能力。田俊策等（2018）研究结果显示，田埂种植芝麻花可以提高稻螟赤眼蜂的寄生能力和扩散能力。

二、其他天敌

除赤眼蜂之外，人们对蜘蛛、捕食蝽、捕食螨等其他天敌的人工饲养也开展了大量的研究，部分天敌（如捕食螨）的饲养技术较成熟，在生产上得到了广泛应用。就稻田害虫防控相关的天敌而言，目前研究较多是蜘蛛、捕食性蝽，但相关技术尚较落后，尤其是规模化人工饲养技术尚不成熟，这是整块技术的瓶颈。现就研究相对较多的盲蝽、狼蛛的饲养技术进行介绍，便于读者参考和了解。

（一）盲蝽类天敌

　　黑肩绿盲蝽和中华淡翅盲蝽是稻田中2种主要的捕食性蝽类天敌，其中黑肩绿盲蝽为伴飞性天敌，随飞虱迁入稻区，不能在我国越冬；而中华淡翅盲蝽在我国水稻种植区广泛分布，且可以在当地越冬。它们都能取食稻飞虱和叶蝉的卵及低龄幼虫，具有十分重要的控害效果（罗肖南等，1986；吴伟坚等，2004）。

　　目前，已有多个科研单位开展了关于稻田盲蝽类室内大量繁育的研究，虽然还未能达到规模化生产程度，但为今后的发展提供了坚实的基础。

　　相关研究多集中于使用替代猎物和人工饲料来繁育盲蝽的工作，其中以黑肩绿盲蝽的研究相对较多，中华淡盲蝽的研究较少。后者仅见于谢宇凯等（2018）的报道，发现中华淡翅盲蝽在水稻和四季豆上种群趋势为22.9和11.2，可建立持续的种群，水稻和四季豆均可作为人工饲养中华淡翅盲蝽的替代寄主。对前者的主要研究有：以地中海实蝇卵作为替代猎物，黑肩绿盲蝽的种群增长速度与以自然寄主玉米飞虱为猎物时无显著差异（Liquido et al.，1985）。以米蛾卵作为替代猎物时，黑肩绿盲蝽羽化率可达50%～65%，但第2代繁殖力锐减（Manimaran and Manikavasagam，2000）。另有报道，以米蛾卵为替代猎物时，黑肩绿盲蝽的卵期、若虫历期和存活率、性比、产卵前期、单雌产卵量、卵孵化率等指标，均与以褐飞虱为猎物时无显著差异（刘陈，2017）。黑肩绿盲蝽人工饲料饲养方面也有一些尝试。何晶晶（2013）以柞蚕蛹匀浆液（30%）、鸡蛋黄（14%）、10%脱脂奶粉水溶液（26%）和无菌水30%为基础配方作为人工饲料，发现该人工饲料能基本满足黑肩绿盲蝽生长发育的需求，若虫存活率达55.4%，但若虫历期延长、雌虫体质量减轻、捕食能力较弱、若虫成活率降低。戈林泉等（2019）发明了一种用于黑肩绿盲蝽的人工饲料及其制备方法。该饲料饲养的黑肩绿盲蝽具有发育快、产卵量多、寿命长等优点，但用Parafilm膜双层包裹饲料的过程过于繁琐，不适合大规模应用，而且尚不清楚使用该饲料进行多代饲养的效果。显然，无论是替代猎物还是人工饲料，所饲养的黑肩绿盲蝽的效果均不如自然寄主（褐飞虱卵），而且使用替代寄主和人工饲料继代饲养可能对捕食性天敌的捕食能力及繁殖力造成不利影响（朱丹荔等，2018）。钟玉琪等（2020）报道了一种基于自然寄主的黑肩绿盲蝽规模化饲养技术，利用该饲养技术可连续饲养并提供龄期整齐的黑肩绿盲蝽成虫；经过6个月饲养，$10m^2$房间可日产黑肩绿盲蝽成虫1000～1600头，为黑肩绿盲蝽的规模化饲养提供了重要参考。

　　钟玉琪等（2020）建立的规模化饲养流程见图4-10。

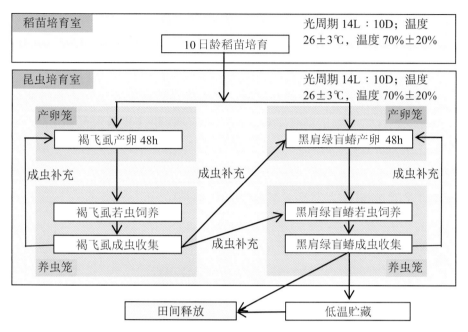

图4-10 基于自然寄主的黑肩绿盲蝽规模化饲养流程（钟玉琪等，2020）

稻苗培育

将感虫水稻（如TN1品种）种子浸泡后，催芽至露白，均匀播种于平铺了2cm厚普通花卉营养土的苗盘中。待土壤吸饱水之后，将其置于稻苗培养室中的养虫笼内培养，生长10d，用于褐飞虱产卵和饲养。稻苗培养室的环境条件为温度26±3℃，光周期14L∶10D，湿度70%±20%。

褐飞虱产卵

褐飞虱产卵在昆虫饲养室（温度26±3℃；光周期14L∶10D；湿度70%±20%）的产卵笼内进行。将1个稻苗盘放入产卵笼，接入产卵盛期的褐飞虱雌雄成虫各200头，每48h更换1次稻苗盘。因产卵日期较一致，可以获得发育比较整齐的褐飞虱种群。

褐飞虱若虫饲养

在褐飞虱产卵后的稻苗盘上标注产卵日期，然后将其转移到养虫笼，并定期（3 d/次，每次500 mL左右）加水，以保持土壤适当含水量。产卵后6～8 d褐飞虱若虫开始孵化。平均每株稻苗的褐飞虱若虫数达4头以上时，或叶片干枯发黄1/2以上时，养虫笼内添加一新稻苗盘，此时若虫会自行转移到新盘中，3 d后将稻苗枯萎的稻苗盘取出。在养虫笼内，10～15 d褐飞虱若虫羽化为成虫。每笼可获得2000头左右褐飞虱成虫。

褐飞虱成虫收集

褐飞虱成虫用吸虫器和玻璃管（直径3 cm，长18 cm）收集，每支玻璃管收集约100头成虫，用于继续产卵繁殖褐飞虱，或者用于产卵饲喂黑肩绿盲蝽。

黑肩绿盲蝽产卵

将1个稻苗盘放入产卵笼内，接入产卵盛期的褐飞虱雌雄成虫各300头、产卵盛期的黑肩绿盲蝽雌雄成虫各300头，待黑肩绿盲蝽产卵48 h后，更换稻苗盘。换出的稻苗盘中可获得黑肩绿盲蝽卵1200粒左右，将形成发育比较整齐的黑肩绿盲蝽种群。长期繁育中，用于产卵的黑肩绿盲蝽需补充来自田间的种群进行复壮。

黑肩绿盲蝽若虫饲养

在黑肩绿盲蝽产卵后的稻苗盘上标注产卵日期，然后将其转移到养虫笼，定期（3 d/次，每次500 mL左右）加水，以保持土壤适当含水量。产卵后第6 d，向养虫笼中添加产卵盛期的褐飞虱雌雄成虫各100头。产卵后8～10 d黑肩绿盲蝽若虫开始孵化，产卵后第12 d根据黑肩绿盲蝽若虫数量补充褐飞虱成虫，使得养虫笼中褐飞虱雌成虫与黑肩绿盲蝽若虫的比例为1∶2，同时补充与褐飞虱雌虫同量的褐飞虱雄虫。黑肩绿盲蝽若虫数量采用五点目测取样估算，每笼800～1000头。饲养期间，稻苗干枯发黄1/2以上时，添加一新稻苗盘，黑肩绿盲蝽若虫和褐飞虱成虫会自行转移到新稻苗盘中，3d后将稻苗枯萎的稻苗盘取出。在养虫室条件下，12～16d黑肩绿盲蝽羽化。

黑肩绿盲蝽成虫收集

黑肩绿盲蝽成虫的活动性和趋光性很强，只要轻晃稻苗，黑肩绿盲蝽成虫便会聚集到养虫笼顶部的光源处。用吸虫器可以快速收集黑肩绿盲蝽成虫，每饲养笼可获得500～800头。收集的黑肩绿盲蝽成虫可用于产卵继续繁殖，可直接用于田间释放，也可低温贮藏一定时间后进行田间释放。

黑肩绿盲蝽成虫低温贮藏

为适应田间释放的时间或延长货架期，需要对黑肩绿盲蝽成虫进行短时低温贮藏。具体方法为：将100头左右黑肩绿盲蝽成虫转移到底部铺了1cm厚的20%蜂蜜浸湿脱脂棉片的塑料杯（直径8cm、高10cm）中，杯子存放在温度为16℃的人工气候箱（自然光照，湿度70%±10%）中。杯口用橡皮筋与纱布封口，每2d/次用滴管加入20%蜂蜜，补充至无积水。脱脂棉易发霉，6d左右更换1次。如此贮藏，黑肩绿盲蝽雌成虫和雄成虫的平均寿命分别可达21.6d和17.0d，存活率80%以上的时间分别为13d和12d。

（二）蜘蛛类天敌

湖北大学研发了稻田狼蛛的室内批量饲养技术（获批国家发明专利，专利号ZL201922052196.X），为稻田蜘蛛的人工饲养提供了一个较好的方法。

批量饲养装置的制作

选用5kg装、带盖子（有柄，便于携带）的透明塑料瓶（直径15.3cm，高22.8cm，口径11.5cm，重140g）。在瓶盖上用电烙铁钻直径为1.5cm的圆孔，盖上木塞，供蜘蛛喂食用。在瓶身上钻50个直径1mm的小孔，供蜘蛛呼吸用（图4-11）。

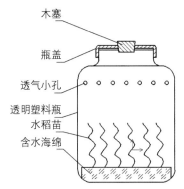

图4-11　狼蛛批量饲养装置的结构示意图

稻苗的种植

塑料桶底放直径15.3cm、厚2～3cm的圆形海绵，海绵吸足水后在其上种植20～30棵水稻。待水稻苗长至5～6cm（图4-12），即可用于饲养蜘蛛。种植水稻主要是营造一种水稻田环境，并且给蜘蛛提供一个"庇护所"。水稻的选取：选取新鲜的水稻种子，用水多次冲洗，冲去空壳，洗去大部细菌，促进其萌发。将清洗好并选出来的种子（20～30粒）均匀撒在海绵上，水分刚好浸湿海绵，5～7d后，水稻苗长到5～8cm高即可。

图4-12　狼蛛批量饲养装置的实物照片

狼蛛的采集与批量饲养

用扣管法从水稻田采集携带卵袋的狼蛛科蜘蛛（如拟环纹豹蛛、拟水狼蛛）。待蜘蛛卵孵化至2龄幼蛛分散开始营独立生活时，将60～90头2龄幼蛛转移至饲养瓶（图4-11）中并标号。将室内用常规方法饲养的果蝇先在CO_2下麻醉，然后把纸折成漏斗形状，将麻醉后的果蝇通过盖子上的圆孔加入到瓶内饲喂蜘蛛，每2天喂1次。也可以用其他食物如摇蚊、蟋蟀和家蝇等代替果蝇饲养蜘蛛。每天观察、记录蜘蛛的死亡和蜕皮情况。直到4～5龄时将蜘蛛移出饲养装置，或用于实验，或者用于田间释放。

狼蛛成活率和捕食能力的评价

成活率 随机选择用上述批量饲养装置所饲养的拟环纹豹蛛，以室内饲养的果蝇为猎物，测定拟环纹豹蛛对猎物的捕食能力。测定时，在玻璃管（直径为4cm、长度为12cm）中每管接1头蜘蛛，饥饿24h后投入一定数量的果蝇（10头或者15头），观察蜘蛛捕食情况并记录10min内捕食果蝇的数量。以室内用玻璃指管单头饲养的拟环纹豹蛛为对照，重复4次。

测定结果表明：饲喂15d、30d和45d后，拟环纹豹蛛的存活率分别为100%、49.67%和34.07%，饲养装置与玻璃指管单头饲养的蜘蛛的存活率无差异（刘凤想和赵敬钊，1997）（见表4-5）。

表4-5 不同饲养条件下拟环纹豹蛛的存活率（平均数 ±SE，%）

饲养方式	2龄幼蛛数量／只	时间／d		
		15	30	45
批量饲养装置	691（$n=9$）	100±0a	49.67±1.68a	34.07±2.02a
玻璃指管单头饲养	113（$n=3$）	95.92±3.27a	50.12±2.15a	33.25±2.24a

注：采用独立样本t-检验比较不同饲养方式拟环纹豹蛛的存活率。字母相同，表示无差异。

捕食能力 随机选择用批量饲养装置饲养的拟环纹豹蛛，以室内饲养的果蝇为猎物，测定拟环纹豹蛛对猎物的捕食能力。测定蜘蛛对猎物捕食能力的装置为玻璃管（直径为4cm、长度12cm）。每管接入1头蜘蛛，饥饿24h后投入一定数量的果蝇（10头或者15头），观察蜘蛛捕食情况并记录10min内捕食果蝇的数量。以室内用玻璃指管单头饲养的拟环纹豹蛛为对照，重复

4次。结果表明：果蝇密度越大，被蜘蛛捕食的数量越多（表4-6）。用批量饲养装置所饲养的拟环纹豹蛛的捕食量比用玻璃指管单头饲养的拟环纹豹蛛的捕食量大，且呈现持续的捕食状态，蜘蛛在管中来回爬动，捕食活力强。这说明批量饲养装置的饲养空间大，用水稻苗模拟了自然环境，有利于蜘蛛的生长。单管饲养的蜘蛛则在一处静等果蝇飞过，在捕捉到一定的果蝇后，捕食便停止。

表4-6 不同饲养方式所获得的拟环纹豹蛛在不同时间捕食果蝇的头数

蜘蛛类别	蜘蛛龄期	果蝇数量/只	时间/min				
			2	4	6	8	10
A	四龄	10	4	7	7	7	7
B	四龄		2	3	3	4	4
A	四龄	15	5	6	9	10	10
B	四龄		5	5	6	6	6
A	亚成蛛	15	5	8	9	9	10
B	亚成蛛		5	6	7	7	8
A	成蛛	15	5	6	7	8	9
B	成蛛		5	5	6	7	7

注：A为批量饲养装置饲养；B为玻璃指管单头饲养。

采用批量饲养装置饲养蜘蛛时，给蜘蛛喂食方便、饲养效率高，一次可为60～90头蜘蛛喂食；水稻苗为蜘蛛提供栖息场所，避免了蜘蛛相互残杀，蜘蛛存活率与用玻璃指管单头饲养的蜘蛛无差异；用批量饲养装置所饲养的拟环纹豹蛛的捕食量比用玻璃指管单头饲养的拟环纹豹蛛的捕食量大，捕食活力强。

主要参考文献

包善微，刘芳，戴红君，等，2011. 化学农药亚致死剂量对天敌昆虫的影响［J］. 中国植保导刊（12）：15-18，10.

陈灿，黄璜，郑华斌，等，2015. 稻田不同生态种养模式对稻米品质的影响［J］. 中国稻米，21（2）：17-19.

陈桂华，吕仲贤，朱平阳，等，2014. 水稻病虫草害绿色防控技术规范［S］. 金华：金华市质量技术监督局.

陈桂华，朱平阳，郑许松，等，2016. 应用生态工程控制水稻害虫技术在金华的实践［J］. 中国植保导刊，36（1）：31-36.

陈建明，黄次伟，冯炳灿，等，1996. 几种除草剂和杀菌剂对稻田天敌草间小黑蛛的影响［J］. 浙江农业学报（4）：253-254.

陈建明，俞晓平，吕仲贤，等，1999. 除草剂和杀菌剂对褐飞虱及其天敌的影响［J］. 植物保护学报，26（2）：162-166.

陈梅珠，朱洁，杨运萍，等，2017. 湛江蔗区赤眼蜂米蛾卵繁殖技术及应用现状［J］. 甘蔗糖业（3）：54-57.

陈先茂，彭春瑞，姚锋先，等，2007. 利用香根草诱杀水稻螟虫的技术及效果研究［J］. 江西农业学报，19（12）：51-52.

邓接楼，付国良，晏燕花，2011. 硅肥对水稻茎秆 SiO_2 含量与抗折力的影响［J］. 安徽农业科学，39（5）：2696-2698.

邸宁，魏瑜岭，王甦，等，2018. 米蛾人工饲养技术优化［J］. 中国生物防治学报，34（6）：831-837.

杜永均，郭荣，韩清瑞，2013. 利用昆虫性信息素防治水稻二化螟和稻纵卷叶螟应用技术［J］. 中国植保导刊，33（11）：39-42.

高广春，李军，郑许松，等，2015. 香根草提取物对二化螟生长发育及体内保护酶活力的影响［J］. 科技通报，31（5）：97-101.

高广春，徐红星，郑许松，等，2011. 香根草提取物对植物病原真菌的抑制作用［J］. 浙江农业学报，23（3）：568-571.

郭荣，韩梅，束放，2013. 减少稻田用药的病虫害绿色防控策略与措施［J］. 中国植保导刊，33（10）：38-41.

韩永强，刘川，侯茂林，2010. 硅介导的水稻对二化螟幼虫钻蛀行为的影响［J］. 生态学报，30

（21）：5967-5974.

何晶晶，2013.影响黑肩绿盲蝽大量繁殖的生态学因子［D］.杭州：杭州师范大学.

胡国文，郭玉杰，李绍石，等，1996.减少稻田用药的理论依据和实践（二）［J］.应用昆虫学报，
　33（2）：65-69.

黄德超，曾玲，梁广文，等，2005.不同耕种稻田害虫及天敌的种群动态［J］.应用生态学报，16
　（11）：2122-2125.

黄凤宽，1992.几种杀虫剂对几种捕食性天敌的毒性试验［J］.南方农业学报（3）：133-135.

黄农荣，胡学应，钟旭华，等，2010.水稻"三控"施肥技术的示范推广进展［J］.广东农业科学，
　37（12）：21-23.

黄文功，张树权，刘岩，等，2017.米蛾人工饲料配方筛选［J］.黑龙江农业科学（4）：41-43.

孔绅绅，郑善坚，朱平阳，等，2016.生态工程技术控害稻田中两栖动物多样性调查［J］.中国植
　保导刊，36（10）：10-14.

李德伟，邓艳，罗辑，等，2018.一种米蛾成虫的收集方法及装置［J］.农业研究与应用，31（6）：
　36-38.

李开煌，李砚芬，许雄，1985.叶飞散和杀灭菊酯对褐飞虱和黑肩绿盲蝽的毒力测定［J］.广东农
　业科学（2）：34-35.

李姝，郑和斌，陈立玲，等，2018.三种赤眼蜂对水稻二化螟田间控害效果比较［J］.中国生物防
　治学报，34（3）：336-341.

李婷，王成盼，蒋娜娜，等，2018.水稻挥发物对稻虱缨小蜂的引诱效果研究［J］.应用昆虫学
　报，55（3）：360-367.

李肇丽，蔡磊明，赵玉艳，等，2009.3种新型农药对赤眼蜂的急性毒性和安全性评价［J］.农药，
　48（6）：435-436.

李志宇，杨洪，赖凤香，等，2010.早稻田发生的摇蚊种类及动态［J］.中国水稻科学，18（6）：
　136-141.

梁锋，谭德锦，韩凌云，等，2017.19%三氟苯嘧啶·氯虫苯甲酰胺悬浮剂对水稻主要害虫的田
　间防治效果及对两种天敌的影响［J］.南方农业学报，48（10）：1824-1831.

刘百龙，赵世坚，陆燕，等，2017.大面积稻鸭共育种养技术［J］.中国稻米，23（2）：85-87.

刘桂良，张晓萌，赵丽稳，等，2014.应用生态工程控制水稻害虫技术及效益分析［J］.浙江农业
　科学，55（12）：1809-1811.

刘某承，白艳莹，曹智，等，2012.稻田病虫害生态防控模式及其在西南地区的应用［J］.中国生
　态农业学报，20（6）：734-738.

刘其全，邱良妙，林仁魁，等，2016.10种杀虫剂对水稻稻飞虱的田间药效与评价［J］.现代农药，

15（2）：50-53.

刘琴，徐健，王艳，等，2013.*CmGV*与*Bt*对稻纵卷叶螟幼虫的协同作用研究［J］.扬州大学学报（农业与生命科学版），34（4）：89-93.

刘雨芳，杨荷，阳菲，等，2019.生境异质度对稻田捕食性天敌及水稻害虫的生态调节有效性［J］.昆虫学报，62（7）：857-867.

鲁艳辉，高广春，郑许松，等，2017.诱集植物香根草对二化螟幼虫致死的作用机制［J］.中国农业科学，50（3）：486-495.

鲁艳辉，高广春，郑许松，等，2016.不同生育期和氮肥水平对水稻螟虫诱集植物香根草挥发物的影响［J］.中国生物防治学报，32（5）：604-609.

鲁艳辉，郑许松，吕仲贤，2018.水稻螟虫诱杀植物香根草的发现与应用［J］.应用昆虫学报，55（6）：1111-1117.

陆文卿，郎所，1979.拟澳洲赤眼蜂在人工平膜上的产卵行为［J］.环境昆虫学报（1）：20-28.

罗肖南，卓文禧，1986.稻田飞虱与天敌数量消长关系及其自然控制作用考查［J］.昆虫天敌（2）：72-79.

吕仲贤，陈桂华，郑许松，等，2017.水稻害虫生态工程控制技术规程：DB33/T 20619—2017［S］.杭州：浙江省质量技术监督局.

吕仲贤，郭荣，2014.水稻害虫生态工程控制技术//中华人民共和国农业部.2015年农业主导品种和主推技术［M］.北京：中国农业出版社.

孟庆玉，郑发科，2006.4种杀虫剂对梭毒隐翅虫捕食功能的影响［J］.华南农业大学学报，27（1）：110-112.

邱式邦，1980.改进米蛾饲养技术的研究［J］.植物保护学报，7（3）：153-158.

司兆胜，宫香余，翟宏伟，等，2016.昆虫性信息素配备新型飞蛾诱捕器群集诱杀水稻二化螟的效果研究［J］.中国稻米，22（4）：102-104.

孙超，苏建亚，沈晋良，等，2008.杀虫剂对二化螟卵寄生性天敌稻螟赤眼蜂室内安全性评价［J］.中国水稻科学，22（1）：93-98.

孙鸿良，齐晔，2017.从生态农业到生态文明建设——纪念马世骏先生诞辰100周年暨生态工程理念发表36周年［J］.中国生态农业学报，25（1）：8-12.

孙志鸿，丘念曾，吴运新，等，1980.广州稻田害虫天敌资源调查报告［J］.昆虫天敌（4）：21-30.

陶方玲，梁广文，庞雄飞，1996.不同生境区稻田节肢动物群落动态分析［J］.华南农业大学学报（1）：25-30.

田俊策，王国荣，郑许松，等，2018.芝麻花对稻螟赤眼蜂寄生和扩散能力的影响［J］.中国生物

防治学报，34（6）：4-9.

田俊策，王国荣，郑许松，等，2018.芝麻花对稻螟赤眼蜂寄生和扩散能力的影响［J］.中国生物
　　防治学报，34（6）：807-812.

田俊策，王子辰，王国荣，等，2017.南北种群稻螟赤眼蜂的寄生力、飞行能力和耐药性评价［J］.
　　中国生物防治学报，33（1）：32-38.

田俊策，王子辰，王国荣，等，2017.四种赤眼蜂的飞行能力和稻螟赤眼蜂的田间扩散能力评价
　　［J］.中国生物防治学报，33（1）：26-31.

汪鹏，娄永根，2013.稻飞虱卵期寄生蜂稻虱缨小蜂引诱剂的筛选与田间试验［J］.应用昆虫学
　　报，50（2）：431-440.

王兵，张帆，张君明，等，2015.自动收卵机专用米蛾饲养器具：201520921307.5［P］.2015-01-
　　30.

王国荣，韩尧平，黄福旦，等，2016.不同药剂防治单季晚稻稻纵卷叶螟的效果分析［J］.中国稻
　　米，22（4）：105-106.

王国荣，韩尧平，沈蔷，等，2015.施肥调节对水稻病虫害发生和产量的影响［J］.中国稻米，21
　　（6）：94-97.

王建红，李广，仇兰芬，等，2017.北京园林花灌木对天敌昆虫成虫补充营养引诱作用的研究［J］.
　　应用昆虫学报，54（1）：126-134.

王蓉，肖卫平，邵昌余，等，2017.人工释放稻螟赤眼蜂防治稻纵卷叶螟应用技术研究［J］.中国
　　植保导刊，37（11）：46-48.

王素琴，2001.利用人工卵繁育赤眼蜂的研究进展［J］.植保技术与推广，21（5）：40-41.

王玺，贾京京，张一帆，等，2013.8种水稻田常用杀虫剂对2种天敌蜘蛛的室内安全性评价［J］.
　　南京农业大学学报（3）：53-58.

王彦华，俞瑞鲜，赵学平，等，2012.新烟碱类和大环内酯类杀虫剂对四种赤眼蜂成蜂急性毒性
　　和安全性评价［J］.昆虫学报，55（1）：36-45.

王子辰，田俊策，王国荣，等，2016.稻田非鳞翅目害虫靶标农药对稻螟赤眼蜂的安全性评价［J］.
　　中国生物防治学报，32（1）：19-24.

吴进才，胡国文，唐健，等，1994.稻田中性昆虫对群落食物网的调控作用［J］.生态学报，14
　　（4）：381-386.

吴进才，2017.药剂诱导稻飞虱再猖獗及科学用药［J］.植物保护学报，44（6）：919-924.

吴孔明，陆宴辉，王振营，2009.我国农业害虫综合防治研究现状与展望［J］.昆虫知识，46
　　（6）：831-836.

吴敏芳，郭梁，张剑，等，2016.稻鱼共作对稻纵卷叶螟和水稻生长的影响［J］.浙江农业科学，

57（3）：446-449.

吴伟坚，余金咏，高泽正，等，2004.杂食性盲蝽在生物防治上的应用［J］.中国生物防治（1）：61-64.

吴学峰，高亦珂，谢哲城，等，2019.昆虫野花带在农业景观中的应用［J］.中国生态农业学报（中英文），27：1481-1491.

武琳琳，王立达，赵索，等，2016.不同种赤眼蜂对齐齐哈尔地区水稻二化螟的防治效果［J］.黑龙江农业科学（11）：67-68.

谢宇凯，郑许松，田俊策，等，2018.不同生存基质对中华淡翅盲蝽生长发育和繁殖的影响［J］.浙江农业学报，30（3）：432-436.

徐桂萍，2011.烟粉虱寄主植物挥发物对小黑瓢虫引诱作用的研究［D］.福州：福建农林大学.

徐华强，2014.常用农药对玉米螟赤眼蜂的风险性评价［D］.泰安：山东农业大学.

徐建祥，吴进才，程家安，1997.几种农用化学品对三带喙库蚊幼虫及拟水狼蛛的影响［J］.江苏农学院学报，18（3）：51-54.

徐志英，刘芳，宋英，等，2006.扑虱灵和吡虫啉对稻虱缨小蜂寄生率的影响［J］.昆虫知识，43（6）：789-793.

许燎原，赵丽稳，刘桂良，等，2016.赤眼蜂种类与释放数量对稻纵卷叶螟防治效果的影响［J］.中国植保导刊，36（8）：37-40.

薛皎亮，珺贺，谢映平，2008.植物挥发物对天敌昆虫异色瓢虫的引诱效应［J］.应用与环境生物学报，14（4）：494-498.

杨国庆，朱展飞，胡文峰，等，2014.叶面喷施硅和磷对水稻及其抗白背飞虱的影响［J］.昆虫学报，57（8）：927-934.

杨怀文，2015.我国农业害虫天敌昆虫利用三十年回顾（上篇）［J］.中国生物防治学报，31（5）：603-612.

尤民生，刘雨芳，侯有明，2004.农田生物多样性与害虫综合治理［J］.生态学报（1）：117-122.

尤民生，吴中孚，1989.稻田节肢动物群落的多样性［J］.福建农学院学报（4）：532-538.

俞晓平，胡萃，HEONG K L，1996.非作物生境对农业害虫及其天敌的影响［J］.中国生物防治，12（3）：130-133.

俞晓平，郑许松，陈建明，等，1999.茭白害虫长绿飞虱与稻田缨小蜂关系的研究［J］.昆虫学报，42（4）：387-393.

袁伟，刘洪，张士新，等，2010.长江农场有机稻田害虫与天敌群落评价［J］.上海农业学报，26（2）：132-136.

翟宏伟，柴媛媛，2013.甘蓝夜蛾核型多角体病毒20亿PIB/ml悬浮剂防治水稻二化螟田间药效

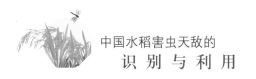
试验［J］.北方水稻，43（2）：64-65.

张国，于居龙，庄义庆，等，2019.三氟苯嘧啶对稻飞虱的控制效果与应用技术研究［J］.农学学报，9（4）：37-43.

张国红，丁岩，李丽娟，等，2016.米蛾人工饲养饲料配方筛选［J］.现代农村科技（3）：56-57.

张剑，胡亮亮，任伟征，等，2017.稻鱼系统中田鱼对资源的利用及对水稻生长的影响［J］.应用生态学报，28（1）：299-307.

张俊杰，杜文梅，阮长春，等，2012.不同饲料配方对米蛾生长发育及繁殖的影响［J］.吉林农业大学学报，34（6）：603-606.

张珊，贾茜雯，孙士锋，等，2014.一株稻纵卷叶螟颗粒体病毒的系统发育分析和流行病学调查［J］.环境昆虫学报，36（5）：756-762.

张唯伟，董怡，张传清，等，2019.稻田常用农药对螟黄赤眼蜂的影响［J］.热带生物学报，10（3）：283-287.

张文庆，古德祥，张古忍，2001.论短期农作物生境中节肢动物群落的重建Ⅱ.群落重建的分析和调控［J］.生态学报（6）：1020-1024.

张宇皓，李婷，莫建初，2016.二化螟盘绒茧蜂及稻虱缨小蜂对挥发物的嗅觉反应［J］.应用昆虫学报，53（3）：491-498.

张玉琢，程美真，1991.利用米糠和麦麸作饲料饲养米蛾的研究［J］.生物防治通报，7（2）：71-73.

赵燕燕，田俊策，郑许松，等，2017.酢浆草和车轴草作为螟黄赤眼蜂田间蜜源植物的可行性分析［J］.浙江农业学报，29（1）：106-112.

郑静君，黄立胜，李国君，等，2016.甘蓝夜蛾核型多角体病毒对水稻稻纵卷叶螟防治作用初探［J］.中国植保导刊，36（11）：39-42.

郑许松，程丽萍，王会福，等，2015.施肥调节对稻纵卷叶螟发生和水稻产量的影响［J］.浙江农业学报，27（9）：1619-1624.

郑许松，刘桂良，陈宇博，等，2017.单季晚稻区应用生态工程技术控制水稻主要害虫的实践［J］.植物保护学报，44（6）：950-957.

郑许松，鲁艳辉，钟列权，等，2017.诱虫植物香根草控制水稻二化螟的最佳田间布局［J］.植物保护，43（6）：103-108.

郑许松，田俊策，钟列权，等，2017."秕谷草-伪褐飞虱-中华淡翅盲蝽"载体植物系统的可行性［J］.应用生态学报，28（3）：941-946.

郑许松，徐红星，陈桂华，等，2009.苏丹草和香根草作为诱虫植物对稻田二化螟种群的抑制作用评估［J］.中国生物防治学报，25（4）：299-303.

郑许松，俞晓平，吕仲贤，等，1999.稻飞虱天敌在茭白田与水稻田之间的迁移规律[J].浙江农业学报，11（6）：339-343.

郑许松，俞晓平，吕仲贤，等，2002.茭白田蜘蛛的群落结构及多样性调查[J].环境昆虫学报，24（2）：53-59.

郑许松，俞晓平，吕仲贤，等，2003.不同营养源对稻虱缨小蜂寿命及寄生能力的影响[J].应用生态学报，14（10）：1751-1755.

郑溢华，2016.霍氏啮小蜂对寄主的定位机制研究[J].广州：华南农业大学.

钟旭华，梁向明，黄农荣，等，2010.水稻化肥减量化栽培技术规范[J].广东农业科学，37（12）：71-73.

钟玉琪，廖晓兰，侯茂林，2020.基于自然寄主的黑肩绿盲蝽大规模饲养技术[J].中国生物防治学报，36（6）：981-986.

朱平阳，HEONG K L，VILLAREAL S，等，2017.氮肥影响节肢动物天敌对褐飞虱种群的自然控制作用[J].生态学报，37（16）：5542-5549.

朱平阳，盛仙俏，方德华，等，2013.黑肩绿盲蝽成虫取食植物花后对下一代生长和捕食能力的影响[J].中国植保导刊，33（10）：17-21.

朱平阳，盛仙俏，冯凤，等，2013.应用性信息素诱集二化螟和稻纵卷叶螟技术[J].浙江农业科学，54（7）：825-826，829.

朱平阳，郑许松，姚晓明，等，2015.提高稻飞虱卵期天敌控害能力的稻田生态工程技术[J].中国植保导刊，35（7）：27-32.

朱平阳，郑许松，张发成，等，2017.生态工程控害技术提高稻纵卷叶螟天敌功能团的种群数量[J].中国生物防治学报，33（3）：351-363.

朱平阳，郑许松，张发成，等，2017.应用生态工程技术控制水稻害虫对水生昆虫数量的影响[J].中国水稻科学，31（2）：207-215.

祝小祥，苍涛，王彦华，等，2014.三唑类杀菌剂对三种赤眼蜂成蜂的急性毒性及风险评估[J].昆虫学报，57（6）：688-695.

祝新，欧阳承，何军，等，2016.人工释放赤眼蜂防治稻纵卷叶螟示范初报[J].中国农业信息（8）：110-111.

AGARIE S，UCHIDA H，AGATA W，et al.，1998. Effects of silicon on transpiration and leaf conductance in rice plants（*Oryza sativa* L.）[J]. Plant Production Science，1（2）：89-95.

ALI M，BARI M，HAQUE S，et al.，2019. Establishing next-generation pest control services in rice fields：eco-agriculture[J]. Scientific Reports，9（1）：10180.

AZPIAZU C，MEDINA P，ADÁN Á，et al.，2020. The role of annual flowering plant strips on a

Melon crop in central Spain [J]. Influence on pollinators and crop. Insects, 11（1）: 66.

BABENDREIER D, WAN M, TANG R, et al., 2019. Impact assessment of biological control-based integrated pest management in rice and maize in the Greater Mekong Subregion [J]. Insects, 10（8）: 226.

BRADER L, 1979. Integrated pest control in the developing world [J]. Annual Review of Entomology, 24（1）: 225–254.

CHANDRASEKAR K, MUTHUKRISHNAN N, SOUNDARARAJAN R P., 2017. Ecological engineering cropping methods for enhancing predator, *Cyrtorhinus lividipennis*（Reuter）and suppression of planthopper, *Nilaparvata lugens*（Stål）in rice—effect of border cropping systems [J]. International Journal of Current Microbiology and Applied Sciences, 6（12）: 330–338.

CHEN L L, YUAN P, POZSGAI G, et al., 2019. The impact of cover crops on the predatory mite *Anystis baccarum*（Acari, Anystidae）and the leafhopper pest *Empoasca onukii*（Hemiptera, Cicadellidae）in a tea plantation [J]. Pest Management Science, 75（12）: 3371–3380.

CHENG J A, 2009. Rice planthopper problems and relevant causes in China. In K. L. Heong and B. Hardy（Eds.）, Planthoppers: new threats to the sustainability of intensive rice production systems in Asia. Philippines, Los Baños: International Rice Research Institute: 157–178.

CONWAY G R, PRETTY J N, 1991. Unwelcome harvest: agriculture and pollution [M]. London: Earthscan Publications Ltd.

KRAKER J D, RABBINGE R, HUIS A V, et al., 2000. Impact of nitrogenous-fertilization on the population dynamics and natural control of rice leaf folders（Lep.: Pyralidae）[J]. International Journal of Pest Management, 46（3）: 225–235.

DING W, XU X, HE P, et al., 2018. Improving yield and nitrogen use efficiency through alternative fertilization options for rice in China: A meta-analysis [J]. Field Crops Research, 227: 11–18.

DIVELY G P, LESLIE A W, HOOKS C R R, 2020. Evaluating wildflowers for use in conservation grass buffers to augment natural enemies in neighboring cornfields [J]. Ecological Engineering, 144: 105703.

FABELLAR L T, HEINRICHS E A, 1984. Toxicity of insecticides to predators of rice brown planthoppers, *Nilaparvata lugens*（Stål）（Homoptera: Delphacidae）[J]. Environmental Entomology（3）: 832–837.

GINIGADDARA G, 2018. Ecological Intensification in Asian Rice Production Systems [J]. Sustainable Agriculture Reviews（31）: 1–23.

GREENBERG S M, MORRISON R K, DONALD A, et al., 1998. A Review of the scientific literature and methods for production of factitious hosts for use in mass rearing of *Trichogramma* spp. (Hymenoptera: Trichogrammatidae) in the Former Soviet Vnion, the United States, Western Europe and China [J]. Journal of Economic Entomology, 33 (1): 350-358.

GURR G M, LU Z, ZHENG X, et al., 2016. Multi-country evidence that crop diversification promotes ecological intensification of agriculture [J]. Nature Plants, 2 (3): 16014.

GURR G M, WRATTEN S D, Altieri M A, 2004. Ecological engineering for pest management: advances in habitat manipulation for arthropods [M]. Collingwood: CSIRO publishing.

GURR G M, WRATTEN S D, LANDIS D A, et al., 2017. Habitat management to suppress pest populations: progress and prospects [J]. Annual Review of Entomology, 62 (1): 91-109.

HATT S, UYTENBROECK R, LOPES T, et al., 2019. Identification of flower functional traits affecting abundance of generalist predators in perennial multiple species wildflower strips [J]. Arthropod-Plant Interactions, 13 (1): 127-137.

HATT S, UYTTENBROECK R, LOPES T, et al., 2018. Effect of flower traits and hosts on the abundance of parasitoids in perennial multiple species wildflower strips sown within oilseed rape (*Brassica napus*) crops [J]. Arthropod-Plant Interactions, 12 (6): 787-797.

HEINRICHS E A, MOCHIDA O, 1984. From secondary to major pest status: the case of insecticide induced rice brown planthopper, *Nilaparvata lugens* resurgence [J]. Protection Ecology (7): 201-208.

HEONG K L, WONG L, REYES J, 2015. Addressing planthopper threats to Asian rice farming and food security: Fixing insecticide misuse//In K. L. HEONG, J. A.CHENG, M. M.ESCALADA (Eds.). Rice Planthoppers: Ecology, Management, Socio Economics and Policy [M]. Hangzhou: Springer & Zhejiang University Press.

HOLLAND J M, BIANCHI F J, ENTLING M H, et al., 2016. Structure, function and management of semi-natural habitats for conservation biological control: a review of European studies [J]. Pest Management Science, 72 (9): 1638-1651.

HORGAN F G, 2017. Insect herbivores of rice: their natural regulation and ecologically based management. In B. S. CHAUHAN, K. JABRAN, G. MAHAJAN (Eds.), Rice Production Worldwide [M]. Berlin: Springer International Publishing.

HU X F, CHENG C, LUO F, et al., 2016. Effects of different fertilization practices on the incidence of rice pests and diseases: A three-year case study in Shanghai, in subtropical southeastern China [J]. Field Crops Research, 196: 33-50.

HUANG S, WANG L, LIU L, et al., 2014. Nonchemical pest control in China rice: a review [J].

Agronomy for Sustainable Development，34（2）：275–291．

KO K，LIU Y D，HOU M L，et al.，2015. Toxicity of insecticides targeting rice planthoppers to adult and immature stages of *Trichogramma chilonis*（Hymenoptera：Trichogrammatidae）［J］. Journal of Economic Entomology，108（1）：69–76．

LI Z，FENG X，LIU S S，et al.，2016. Biology，ecology，and management of the diamondback moth in China［J］. Annual Review of Entomology，61：277–296．

LIANG Y Y，MEI L，FU X G，et al.，2020. Mating disruption of *Chilo suppressalis* from sex pheromone of another pyralid rice pest *Cnaphalocrocis medinalis*（Lepidoptera：Pyralidae）［J］. Journal of Economic Entomology，113（2）：646–653．

LIU B，YANG L，YANG F，et al.，2016. Landscape diversity enhances parasitism of cotton bollworm（*Helicoverpa armigera*）eggs by *Trichogramma chilonis* in cotton［J］. Biological Control，93：15–23．

LIU B，YANG L，ZENG Y，et al.，2018. Secondary crops and non-crop habitats within landscapes enhance the abundance and diversity of generalist predators［J］. Agriculture Ecosystems and Environment，258：30–39．

LIU F，BAO S W，SONG Y，et al.，2010. Effects of imidacloprid on the orientation behavior and parasitizing capacity of Anagrus nilaparvatae，an egg parasitoid of Nilaparvata lugens［J］. Biological Control，55（4）：473–483．

LIU F，ZHANG X，GUI Q Q，et al.，2012. Sublethal effects of four insecticides on *Anagrus nilaparvatae*（Hymenoptera：Mymaridae），and important egg parasitoid of the rice planthopper *Nilaparvata lugens*（Homoptera：Delphacidae）［J］. Crop Protection，37（2）：13–19．

LIU J，ZHU J，ZHANG P，et al.，2017. Silicon supplementation alters the composition of herbivore induced plant volatiles and enhances attraction of parasitoids to infested rice plants［J］. Frontiers in Plant Science，8：1265．

LIU S，ZHAO J，HAMADA C，et al.，2019. Identification of attractants from plant essential oils for Cyrtorhinus lividipennis，an important predator of rice planthoppers［J］. Journal of Pest Science，92（2）：769–780．

LONG P，HUANG H，LIAO X，et al.，2013. Mechanism and capacities of reducing ecological cost through rice-duck cultivation［J］. Journal of the Science of Food and Agriculture，93：2881．

LOU Y G，ZHANG G R，ZHANG W Q，et al.，2013. Biological control of rice insect pests in China ［J］. Biological Control，67（1）：8–20．

LU Z X，HEONG K L，2009. Effects of nitrogen-enriched rice plants on ecological fitness of planthoppers. In K. L. HEONG and B. HARDY（Eds.）. Planthoppers：new threats to the sustainability of intensive rice production systems in Asia［M］. Los Baños：International Rice Research Institute.

LU Z X，YANG Y J，YANG P Y，et al.，2012. China's 'Green Plant Protection' Initiative：Coordinated Promotion of Biodiversity-Related Technologies // In GURR G M，WRATTEN S D，SNYDER W E，et al. Biodiversity and Insect Pests：Key Issues for Sustainable Management［M］. John Wiley & Sons，Ltd.：230−240.

LU Z X，YU X P，HEONG K L，et al.，2007. Effect of nitrogen fertilizer on herbivores and its stimulation to major insect pests in rice［J］. Rice Science，14（1）：56−66.

LU Z X，ZHU P Y，GURR G M，et al.，2015. Rice pest management by ecological engineering：A pioneering attempt in China//In HEONG K L，CHENG J A，ESCALADA M M（Eds.）. Rice Planthoppers：Ecology，Management，Socio Economics and Policy［M］. Hangzhou：Springer & Zhejiang University Press.

LU Z X，ZHU P Y，GURR G M，et al.，2014. Mechanisms for flowering plants to benefit arthropod natural enemies of insect pests：Prospects for enhanced use in agriculture［J］. Insect Science，21（1）：1−12.

MATSON P A，PARTON W J，POWER A G，et al.，1997. Agricultural intensification and ecosystem properties［J］. Science，277（5325）：504−509.

PATHAK M，1968. Ecology of common insect pests of rice［J］. Annual Review of Entomology，13（1）：257-294.

POTTS S G，BIESMEIJER J C，KREMEN C，et al.，2010. Global pollinator declines：trends，impacts and drivers［J］. Trends in Ecology & Evolution，25（6）：345−353.

PREETHA G，STANLEY J，SURESH S，et al.，2009. Toxicity of selected insecticides to Trichogramma chilonis：Assessing their safety in the rice ecosystem［J］. Phytoparasitica，37（3）：209-215.

PRETTY J，2018. Intensification for redesigned and sustainable agricultural systems［J］. Science，362：908.

QIU D，GU D，ZHANG G，et al.，1998. The effects of species pools on the community reestablishment of predatory arthropods in rice fields［J］. Acta Scientiarum Naturalium Universitatis Sunyatseni，37（5）：70−73.

REDDY P P，2017. Agro-ecological Approaches to Pest Management for Sustainable Agriculture［M］. Berlin：Springer International Publishing.

RODRIGUEZ-SAONA C R, STELINSKI L L, 2009. Behavior-Modifying Strategies IPM: Theory and Practice. In R. Peshin, & A. K. Dhawan (Eds.). Integrated Pest Management: Innovation-Development Process: Volume 1[M]. Dordrecht: Springer Netherlands.

SETTELE J, SPANGENBERG J H, HEONG K L, et al., 2019. Rice ecosystem services in South-East Asia: the legato project, its approaches and main results with a focus on biocontrol services// In SCHRÖTER M, BONN A, KLOTZ S, et al. Atlas of ecosystem services: drivers, risks, and societal responses[M]. Cham: Springer International Publishing.

SHIELDS M W, JOHNSON A C, PANDEY S, et al., 2019. History, current situation and challenges for conservation biological control[J]. Biological Control, 131: 25-35.

TANG J F, LIU X Y, DING Y C, et al., 2019. Evaluation of Metarhizium anisopliae for rice planthopper control and its synergy with selected insecticides[J]. Crop Protection, 21: 132-138.

TRIPATHI D K, SINGH V P, GANGWAR S, et al., 2014. Role of silicon in enrichment of plant nutrients and protection from biotic and abiotic stresses. In Improvement of Crops in the Era of Climatic Changes[M]. New York: Springer.

WAN N F, CAI Y M, SHEN Y J, et al., 2018. Increasing plant diversity with border crops reduces insecticide use and increases crop yield in urban agriculture[J]. eLife, 7: e35103.

WAN N F, JI X Y, DENG J Y, et al., 2019. Plant diversification promotes biocontrol services in peach orchards by shaping the ecological niches of insect herbivores and their natural enemies[J]. Ecological Indicators, 99: 387-392.

WAN N F, LI S X, LI T, et al., 2019. Ecological intensification of rice production through rice-fish co-culture[J]. Journal of Cleaner Production, 234: 1002-1012.

WANG J, FU P H, WANG F, et al., 2019. Optimizing nitrogen management to balance rice yield and environmental risk in the Yangtze River's middle reaches[J]. Environmental Science and Pollution Research, 26 (5): 4901-4912.

WAY M J, HEONG K L, 1994. The role of biodiversity in the dynamics and management of insect pests of tropical irrigated rice—A review[J]. Bulletin of Entomological Research, 84 (4): 567-588.

WESTPHAL C, VIDAL S, HORGAN F G, et al., 2015. Promoting multiple ecosystem services with flower strips and participatory approaches in rice production landscapes[J]. Basic and Applied Ecology, 16 (8): 681-689.

WIDIARTA I N, MATSMURA M, SUZUKI Y, et al., 2001. Effects of sublethal doses of imidacloprid on the fecundity of green leafhoppers, *Nephotettix* spp. (Hemiptera: Cicadellidae) and their natural enemies［J］. Applied Entomology and Zoology，36（4）：501−507.

XIE J，HU L L，TANG J J，et al.，2011. Ecological mechanisms underlying the sustainability of the agricultural heritage rice–fish coculture system［J］. Proceedings of the National Academy of Sciences of the United States of America，108（50）：E1381.

XU H X，YANG Y J，LU Y H，et al.，2017. Sustainable management of rice insect pests by non-chemical-insecticide technologies in China［J］. Rice Science，24（2）：61−72.

YASUMATSU K，TORH T，1968. Impact of parasites，predators，and diseases on rice pests［J］. Annual Review of Entomology，13（1）：295−324.

YUAN L P，2014. Development of hybrid rice to ensure food security［J］. Rice Science，21（1）：1−2.

ZHANG W，SWINTON S M，2012. Optimal control of soybean aphid in the presence of natural enemies and the implied value of their ecosystem services［J］. Journal of Environmental Management，96（1）：7−16.

ZHANG X，XU Q J，LU W W，et al.，2015. Sublethal effects of four insecticides on the generalist predator *Cyrtorhinus lividipennis*［J］. Journal of Pest Science，88（2）：383-392.

ZHANG Z Q，ZHOU C，XU Y Y，et al.，2016. Effects of intercropping tea with aromatic plants on population dynamics of arthropods in Chinese tea plantations［J］. Journal of Pest Science，90（1）：1−11.

ZHAO X P，WU C X，WANG Y H，et al.，2012. Assessment of toxicity risk of insecticides used in rice ecosystem on *Trichogramma japonicum*，an egg parasitoid of rice Lepidopterans［J］. Journal of Economic Entomology，105（1）：92-101.

ZHAO Z H，HUI C，HE D H，et al.，2013. Effects of position within wheat field and adjacent habitats on the density and diversity of cereal aphids and their natural enemies［J］. Biological Control，58（6）：765−776.

ZHAO Z H，REDDY G V P，HUI C，et al.，2016. Approaches and mechanisms for ecologically based pest management across multiple scales［J］. Agriculture Ecosystems and Environment，230：199−209.

ZHENG X S，LU Y H，ZHU P Y，et al.，2017. Use of banker plant system for sustainable management of the most important insect pest in rice fields in China［J］. Scientific Reports，7：45581.

ZHU P Y，GURR G M，LU Z X，et al.，2013. Laboratory screening supports the selection of sesame（Sesamum indicum）to enhance *Anagrus* spp. parasitoids（Hymenoptera：Mymaridae）of rice

planthoppers［J］. Biological Control, 64（1）: 83–89.

ZHU P Y, LU Z X, HEONG K L, et al., 2014. Selection of nectar plants for use in ecological engineering to promote biological control of rice pests by the predatory bug, *Cyrtorhinus lividipennis*,（Heteroptera: Miridae）［J］. PLoS ONE, 9: e108669.

ZHU P Y, WANG G W, ZHENG X S, et al., 2015. Selective enhancement of parasitoids of rice Lepidoptera pests by sesame（Sesamumindicum）flowers［J］. Biocontrol, 60（2）: 157–167.

ZHU P Y, ZHENG X S, XIE G, et al., 2020. Relevance of the ecological traits of parasitoid wasps and nectariferous plants for conservation biological control: a hybrid meta-analysis［J］. Pest Management Science, 76（5）: 1881–1892.

ZHU P Y, ZHENG X S, XU H X, et al., 2020. Nitrogen fertilization of rice plants improves ecological fitness of an entomophagous predator but dampens its impact on prey, the rice brown planthopper, *Nilaparvata lugens*［J］. Journal of Pest Science, 93: 747–755.

ZHU P Y, ZHENG X S, XU H X, et al., 2020. Nitrogen fertilizer promotes the rice pest *Nilaparvata lugens* via impaired natural enemy, *Anagrus flaveolus*, performance［J］. Journal of Pest Science, 93: 757–766.

附　表

录入第2编的381种寄生蜂的样本采集数量、方式以及地理分布、寄生对象

序号	寄生蜂名称	寄生蜂学名	收集到的样本数量	收样方式					地域分布				寄生对象				天敌
				马氏网	机动吸虫器	网扫	拨查	灯诱	收样地点		文献记录		水稻害虫			重寄生	捕食性天敌
									省份数	样点数	国内省份数	国外国家数	鳞翅目	半翅目	其他		
一、小蜂总科 Chalcidoidea																	
（一）赤眼蜂科 Trichogrammatidae																	
1	稻螟赤眼蜂	Trichogramma japonicum	***	✓	✓	✓			14	28	19	7	✓	✓			
2	螟黄赤眼蜂	Trichogramma chilonis	***	✓	✓	✓			5	8	22	1	✓	✓			
3	松毛虫赤眼蜂	Trichogramma dendrolimi	***	✓	✓				6	12	19	3	✓				
4	黏虫赤眼蜂	Trichogramma leucaniae	**	✓	✓				3	6	13	2	✓				
5	玉米螟赤眼蜂	Trichogramma ostriniae		✓	✓				1	3	15	2	✓				
6	长突墓素赤眼蜂	Oligosita shibuyae	***	✓	✓	✓			14	27	14	1		✓			
7	飞虱墓素赤眼蜂	Oligosita yasumatsui	**	✓	✓				1	5	8	3		✓			
8	叶蝉墓素赤眼蜂	Oligosita nephotetticum	***	✓		✓			2	8	7	2		✓			
9	伊索墓素赤眼蜂	Oligosita aesopi	**	✓	✓				2	4	3	3					
10	短角墓素赤眼蜂	Oligosita breviconis				✓			2	2	2						
11	红色墓素赤眼蜂	Oligosita erythrina	***	✓	✓				10	16	8	1		✓			
12	褐腰赤眼蜂	Paracentrobia andoi	***	✓	✓	✓			12	26	16	5		✓			
13	印度毛翅赤眼蜂	Chaetostricha terebrator		✓		✓			2	2	6	1		✓			
（二）缨小蜂科 Mymaridae																	
14	稻虱缨小蜂	Anagrus nilaparvatae	***	✓	✓	✓			14	30	17	14		✓			
15	蔗虱缨小蜂	Anagrus optabilis	***	✓	✓	✓			10	16	12	16		✓			
16	长管缨翅缨小蜂	Anagrus perforator			✓				1	2	10	5		✓			
17	伪稻虱缨小蜂	Anagrus toyae	**	✓	✓				5	7	2			✓			
18	黄尾缨翅缨缨小蜂	Anagrus flaviapex		✓					2	2	1			✓			

续表

序号	寄生蜂名称	寄生蜂学名	收集到的样本数量	马氏网	机动吸虫器	网扫	拨查	灯诱	省份数	样点数	国内省份数	国外国家数	鳞翅目	半翅目	其他	重寄生	捕食性天敌
19	羊光缨翅缨小蜂	*Anagrus semiglabrus*		✓					4	4	4	2					
20	浅黄稻虱缨小蜂	*Anagrus flaveolus*	**	✓	✓	✓			4	6	3	18		✓			
21	象甲长缘缨小蜂	*Anaphes victus*	**	✓	✓				2	3	1	1			✓		
22	黑足长缘缨小蜂	*Anaphes pullicrurus*	***	✓	✓				3	7	2	1			✓		
23	负泥虫缨小蜂	*Anaphes nipponicus*	***	✓	✓				10	21	8	1			✓		
24	斑胸柄翅缨小蜂	*Gonatocerus tarae*	***	✓	✓	✓			12	25	8	2		✓			
25	那若亚柄翅缨小蜂	*Gonatocerus narayani*			✓				2	3	5	2		✓			
26	金色柄翅缨小蜂	*Gonatocerus chrysis*	***	✓	✓				8	14	4						
27	瘤额柄翅缨小蜂	*Gonatocerus kabashae*	**	✓	✓	✓			3	4	3	1					
28	短毛柄翅缨小蜂	*Gonatocerus brachychaetus*		✓	✓				5	7	7						
29	黑色柄翅缨小蜂	*Gonatocerus ater*	**	✓	✓				2	7	7	9		✓			
30	模式缨小蜂	*Mymar pulchellum*	***	✓	✓	✓			8	12	3	8					
31	斯里兰卡缨小蜂	*Mymar taprobanicum*	***	✓	✓	✓			12	26	13	23		✓			
32	叶蝉纯毛缨小蜂	*Himopolynema hishimonus*		✓	✓				2	4	2	2		✓			
33	异色毛翅缨小蜂	*Chaetomymar bagicha*		✓					1	2	1	1					
34	马纳尔多线缨小蜂	*Polynema manaliense*		✓					1	2	1	1		✓			
35	短脊多线缨小蜂	*Polynema brevicarinae*	**	✓					1	2	1	1					
36	多线缨小蜂	*Polynema* sp.		✓					1	2	3						
37	暗微翅缨小蜂	*Alaptus fusculus*		✓					5	5	5	3		✓			
38	小颚弯翅缨小蜂	*Comptoptera minorignatha*	**	✓					1	2	4						
39	日本弯翅缨小蜂	*Comptoptera japonica*		✓					1	2	2	1					
40	平缘爱丽缨小蜂	*Erythmelus rex*		✓					2	2	4	14					✓
41	微小裂骨缨小蜂	*Schizophragma parvula*		✓					1	2	3	1					

续表

序号	寄生蜂名称	寄生蜂学名	收集到的样本数量	马氏网	机动吸虫器	网扫	灯诱	收样地点 省份数	收样地点 样点数	文献记录 国内省份数	文献记录 国外国家数	水稻害虫 鳞翅目	水稻害虫 半翅目	水稻害虫 其他	重寄生	天敌 重寄生	天敌 捕食性天敌
\(三\) 姬小蜂科 Eulophidae																	
42	稻苞虫兔唇姬小蜂	*Dimmockia secunda*	***	✓		✓	✓	10	15	15		✓				✓	
43	棉大卷叶螟羽角姬小蜂	*Sympiesis derogatae*	***	✓	✓			2	2	3							
44	白柄潜蝇姬小蜂	*Diglyphus albiscapus*	**	✓	✓			3	4	3	2			✓			
45	蝼蛄裹尸姬小蜂	*Euplectrus noctuidiphagus*	***	✓	✓	✓		9	16	14		✓					
46	夜蛾长距姬小蜂	*Euplectrus laphygmae*			✓			2	2	4	12	✓					
47	纵卷叶螟狭面姬小蜂	*Stenonesius maculatus*	***	✓	✓	✓		13	21	11		✓					
48	螟蛉狭面姬小蜂	*Stenomesius tabashii*	***	✓	✓			3	5	11	1	✓					
49	柠黄瑟姬小蜂	*Cirrospilus pictus*	***	✓	✓			10	18	2	1				✓		
50	竹舟蛾毛瑟姬小蜂	*Trichopilus lutelieaturs*	**	✓				1	2	1							
51	梨潜皮蛾柄腹姬小蜂	*Pediobius pyrgo*	**	✓		✓		9	12	27	6	✓					
52	稻苞虫柄腹姬小蜂	*Pediobius mitsukurii*	***	✓	✓		✓	9	19	14	2	✓					
53	皱背柄腹姬小蜂	*Pediobius ataminensis*	***	✓		✓		2	3	8	1				✓		
54	瓢虫柄腹姬小蜂	*Pediobius foveolatus*		✓		✓		1	2	2	3						✓
55	底比斯金色姬小蜂	*Chrysocharis pentheus*	**	✓	✓			2	5	7	5						
56	点腹新金姬小蜂	*Neochrysocharis punctiventris*	***	✓	✓			2	2	3	3						
57	美丽新金姬小蜂	*Neochrysocharis formosa*	**	✓	✓	✓		5	5	6	6						
58	稻纵卷叶螟叶啮小蜂	*Tetrastichus shaxianensis*	***	✓	✓	✓		7	7	10	7	✓					
59	螟卵啮小蜂	*Tetrastichus schoenobii*	***	✓	✓			11	17	13	7	✓					
60	卡拉啮小蜂	*Tetrastichus chara*	**	✓	✓			3	4	1	1						
61	吉丁虫啮小蜂	*Tetrastichus jinzhouicus*		✓				2	2	1							
62	霍氏啮小蜂	*Tetrastichus howardi*	***	✓	✓	✓		3	5	1	1	✓					
63	天牛卵长尾啮小蜂	*Aprostocetus fukutai*	**	✓		✓		3	4	6	1						

续表

序号	寄生蜂名称	寄生蜂学名	收集到的样本数量	收样方式					地域分布				寄生对象				天敌
									收样地点		文献记录		水稻害虫				
				马氏网	机动吸虫器	网扫	拨查	灯诱	省份数	样点数	国内省份数	国外国家数	鳞翅目	半翅目	其他	重寄生	捕食性天敌
64	胶昀红眼长尾啮小蜂	Aprostocetus purpureus	***	✓		✓			4	4	4	1					
65	丝绒长尾啮小蜂	Aprostocetus crino		✓					2	3	1	2					
66	浅沟长尾啮小蜂	Aprostocetus asthenogmus	**	✓					1	1	1	3					
67	毛利长尾啮小蜂	Aprostocetus muiri			✓				2	3	2			✓			
68	大角长尾啮小蜂	Aprostocetus sp.	**	✓					2	3	2						
(四) 金小蜂科 Pteromalidae																	
69	中国蟓卵金小蜂	Acroclisoides sinicus	**	✓	✓	✓			3	6	6			✓			
70	谷象金小蜂	Anisopteromalus calandrae	**	✓	✓				2	2	13						
71	丽楔缘金小蜂	Pachymeuron formosum	**	✓					2	3	20	4					✓
72	食蚜蝇楔缘金小蜂	Pachyneuron groenlandicum	**	✓	✓	✓			7	12	16	6					✓
73	绒茧克氏金小蜂	Trichomalopsis apanteloctena	***	✓	✓	✓	✓		12	25	23	7	✓				
74	稻克氏金小蜂	Trichomatopsis oryzae	***	✓	✓		✓		4	11	11	3			✓		
75	素木克氏金小蜂	Trichomalopsis shirakii	***	✓	✓		✓		2	2	16	3	✓		✓		
76	白蛾锥索金小蜂	Conomorium cuneae		✓					1	5	6						
77	蝶蛹金小蜂	Pteromalus puparum	**	✓	✓				1	2	6	3					
78	方恶小蠹狄金小蜂	Dinotiscus eupterus		✓					1	2	6	3					
79	斑腹瘿蚊金小蜂	Propicroscytus mirificus		✓					3	3	6	5			✓		
80	双色尖角金小蜂	Callitula bicolor	***	✓					8	14	5	1					
81	飞虱狭翅金小蜂	Panstenon oxylus	**	✓	✓				4	7	8	7	✓				
82	黄领狭翅金小蜂	Panstenon collaris	***	✓	✓	✓			5	9	1	1					
83	狭翅金小蜂 sp.	Panstenon vallecularis		✓	✓	✓			1	3	1	1					
84	横节斯夫金小蜂	Sphegigaster stepicola		✓					2	2	5	3					

序号	寄生蜂名称	寄生蜂学名	收集到的样本数量	收样方式					地域分布				寄生对象				天敌
				马氏网	机动吸虫器	网扫	搜查	灯诱	收样地点		文献记录		水稻害虫		其他	重寄生	捕食性天敌
									省份数	样点数	国内省份数	国外国家数	鳞翅目	半翅目			
（五）扁股小蜂科 Elasmidae																	
85	赤带扁股小蜂	*Elasmus cnaphalocrocis*	***	✓	✓				12	19	11	1	✓				
86	白足扁股小蜂	*Elasmus corbetti*	***	✓	✓				5	7	11	1	✓				
87	菲岛扁股小蜂	*Elasmus philippenensis*	**	✓	✓				2	2	2	2	✓				
88	甘蔗白螟扁股小蜂	*Elasmus zehntneri*		✓	✓				3	3	3	1					
89	三化螟扁股小蜂	*Elasmus albopictus*	***	✓					6	12	4	1	✓				
90	新乌扁股小蜂	*Elasmus neofunereus*		✓					1	3							
（六）旋小蜂科 Eupelmidae																	
91	花鞘旋小蜂	*Eupelmus testaceiventris*	**	✓	✓				2	7	1	9			✓		
92	格式旋小蜂	*Eupelmus grayi*		✓	✓				2	2	1	1					
93	旋小蜂	*Eupelmus sp.*		✓					1	1							
94	舞毒蛾平腹小蜂	*Anastatus japonicus*	**	✓	✓				2	5	15	3					
95	天蛾卵平腹小蜂	*Anastatus acherontiae*	**	✓					3	3	1	1					
（七）跳小蜂科 Encyrtidae																	
96	黑棒扁体跳小蜂	*Rhopus nigroclavatus*	**	✓					2	3	5	11					
97	黄色扁体跳小蜂	*Rhopus flavus*	**	✓					2	2	2	2					
98	印度粉蚧跳小蜂	*Aenasius indicus*	**	✓					2	2	2	1					
99	草居丽突跳小蜂	*Leptomastidea herbicola*		✓					1	2	7	1					
100	五斑佳丽跳小蜂	*Callipteroma sexguttata*		✓					2	2	3	14					
101	黄褐佳丽跳小蜂	*Callipteroma testacea*		✓					1	1	2	1					
102	韩国羽盾跳小蜂	*Caenohomalopoda koreana*		✓					1	2	2	2					
103	微食皂马跳小蜂	*Zaomma lambinus*	**	✓					3	3	10	11					
104	长缘刷盾跳小蜂	*Cheiloneurus claviger*	***	✓	✓				1	3	9	8					
105	黑角刷盾跳小蜂	*Cheiloneurus axillaris*		✓					2	2	1	1					

续表

序号	寄生蜂名称	寄生蜂学名	收集到的样本数量	收样方式					地域分布				寄生对象				天敌
									收样地点		文献记录		水稻害虫			重寄生	捕食性天敌
				马氏网	机动吸虫器	网扫	拨查	灯诱	省份数	样点数	国内省份数	国外国家数	鳞翅目	半翅目	其他		
106	蜡蚧扁角跳小蜂	Anicetus ceroplastis		√					2	2	13	1					
107	锤角阔柄跳小蜂	Metaphycus claviger		√					2	2	3	1					
108	札幌艾菲跳小蜂	Aphycus sapproensis		√					2	2	2	1					
109	隐尾瓢虫跳小蜂	Homalotylus flaminius	***	√	√				5	5	9	10					√
110	长尾瓢虫跳小蜂	Homalotylus longicaudus		√					2	2	2						
111	红黄花翅跳小蜂	Microterys rufofulvus		√					2	2	4	1					
112	白蜡虫花翅跳小蜂	Microterys ericeri		√					2	3	8	1					
113	盾蚧汤氏跳小蜂	Thomsonisca amathus	**	√					3	3	6	8					
114	南方凤蝶卵跳小蜂	Ooencyrtus papilionis	***	√	√				1	2	2	1					
115	蚜虫蚜蝇跳小蜂	Syrphophagus aphidivorus	**	√	√	√	√		2	2	11	4		√			
116	黑角毁螯跳小蜂	Echthrogonatopus nigricornis	***	√	√	√	√		7	13	14					√	
		(八) 蚜小蜂科 Aphelinidae															
117	中华四节蚜小蜂	Pteroptrix chinensis		√					2	2	10	3					
118	长白蚜长棒蚜小蜂	Marlatiella prima		√					2	2	3						
119	岭南黄蚜小蜂	Aphytis lingnanensis	***	√			√		3	4	5	12					
120	桑盾蚧黄蚜小蜂	Aphytis proclia	***	√	√				3	4	8	13					
121	豹纹花翅蚜小蜂	Marietta picta			√				1	1	4	9					
122	线茎甲蚜小蜂	Centrodora lineascapa		√					1	2	2	1					
123	横带蚜小蜂	Aphelinus maculatus		√					1	1	6	3					
124	苹果绵蚜蚜小蜂	Aphelinus mali	***	√		√			7	14	4	8					
125	裸带花角蚜小蜂	Ablerus calvus		√		√			1	1	1						
126	浅黄恩蚜小蜂	Encarsia sophia	**	√	√	√	√		4	4	11	4					
		(九) 小蜂科 Chalcididae															
127	广大腿小蜂	Brachymeria lasus	***	√			√		10	16	22	20	√				

续表

序号	寄生蜂名称	寄生蜂学名	收集到的样本数量	马氏网	机动吸虫器	网扫	拨查	灯诱	收样省份数	收样样点数	文献记录国内省份数	文献记录国外国家数	鳞翅目	半翅目	其他	重寄生	捕食性天敌
128	无脊大腿小蜂	*Brachymeria excarinata*	***	✓	✓		✓		13	25	13	9	✓				
129	次生大腿小蜂	*Brachymeria secundaria*	***	✓	✓				9	14	15	22				✓	
130	红腿大腿小蜂	*Brachymeria podagrica*		✓					1	2	21	16					✓
131	希姆大腿小蜂	*Brachymeria hime*	**	✓					3	3	4	5					
132	粉蝶大腿小蜂	*Brachymeria femorata*	**	✓					4	6	13	35	✓				
133	黑腿大腿小蜂	*Brachymeria lugubris*		✓					1	1							
134	日本截胫小蜂	*Haltichella nipponensis*		✓	✓				1	1	6	2					
135	日本霍克小蜂	*Hockeria nipponica*	**	✓	✓				3	4	10	2					
136	红腿霍克小蜂	*Hockeria yamamotoi*		✓					1	1	1	1					
137	木暖霍克小蜂	*Hockeria epimactis*		✓					1	1	1						
138	分脸回头小蜂	*Antrocephalus dividens*		✓					2	2	11	4					
139	石井回头小蜂	*Antrocephalus ishii*	**	✓					4	4	4	1					
140	箱根回头小蜂	*Antrocephalus hakonensis*		✓					2	2	11	2					
141	红足回头小蜂	*Antrocephalus nasutus*	**	✓					1	3							
142	心腹凸腿小蜂	*Kriechbaumerella cordigaster*		✓					1	1							
143	贝克角头小蜂	*Dirhinus bakeri*	**	✓	✓				2	4	5	5					✓
144	喜马拉雅角头小蜂	*Dirhinus himalayanus*		✓					1	2	5	10					
145	烟翅角头小蜂	*Dirhinus auratus*		✓					1	1							
146	细角毛缘小蜂	*Lasiochalcidia gracilantenna*		✓					1	1	2						
147	红腹脊柄小蜂	*Epitranus erythrogaster*		✓					1	2	7	10	✓			✓	
148	红腿小蜂	*Chalcis sispes*	**	✓					2	4			✓			✓	
		（十）广肩小蜂科 Eurytomidae															
149	黏虫广肩小蜂	*Eurytoma verticillata*	***	✓	✓	✓	✓		12	23	18	3				✓	✓

续表

序号	寄生蜂名称	寄生蜂学名	收集到的样本数量	马氏网	机动吸虫器	网扫	拨查	灯诱	省份数	样点数	国内省份数	国外国家数	鳞翅目	半翅目	其他	重寄生	捕食性天敌
									收样地点		文献记录		水稻害虫			天敌	
150	刺蛾广肩小蜂	*Eurytoma monemae*		✓					1	1	3	2					
151	天蛾广肩小蜂	*Eurytoma manilensis*	**	✓	✓				1	1	1						
152	栗瘿广肩小蜂	*Eurytoma brunniventris*	**	✓					2	2	2	3					
153	竹瘿广肩小蜂	*Aiolomorphus rhopaloides*	**	✓					1	2	5	1					
（十一）长尾小蜂科 Torymidae																	
154	中华螳小蜂	*Podagrion mantis*	**	✓	✓				5	5	7	3					✓
155	黑腹齿腿长尾小蜂	*Monodontomerus nigriabdominalis*		✓					1	1	4		✓				
156	栗瘿长尾小蜂	*Torymus sinensis*	***	✓	✓				4	9	12	1					
157	褐斑长尾小蜂	*Torymus fuscomaculatus*	**	✓					1	1							
（十二）棒小蜂科 Signiphoridae																	
158	福建卡棒小蜂	*Chartocerus fujianensis*		✓					1	1	1						
（十三）蚜小蜂科 Eucharitidae																	
159	分盾蚜小蜂	*Stilbula* sp.		✓					1	1	2	1					
（十四）褶翅小蜂科 Leucospidae																	
160	束腰褶翅小蜂	*Leucospis petiolata*		✓			✓		2	2							
161	褶翅小蜂	*Leucospis* sp.		✓			✓		1	1							
二、柄腹柄翅小蜂总科																	
（一）柄腹柄翅小蜂科 Mymarommatidae																	
162	赵氏柄腹柄翅小蜂	*Palaeomymar chaoi*		✓					1	1	1						
三、姬蜂总科 Ichneumonoide																	
（一）茧蜂科 Braconidae																	
163	中华阿姬蝇志茧蜂	*Amyosoma chinense*	***	✓	✓	✓	✓	✓	10	23	14	6	✓				
164	暝黑纹茧蜂	*Bracon onukii*	****	✓	✓	✓	✓	✓	9	17	21	4	✓				

续表

序号	寄生蜂名称	寄生蜂学名	收集到的样本数量	收样方式 马氏网	机动吸虫器	网扫	拨查	灯诱	收样地点 省份数	样点数	文献记录 国内省份数	国外国家数	寄主害虫 鳞翅目	半翅目	其他	天敌 重寄生	捕食性天敌
165	黄胸光茧蜂	*Bracon isomera*		✓					1	1	9	1					
166	三化螟热茧蜂	*Tropobracon luteus*		✓					1	1	12	9					
167	诺氏盾茧蜂	*Aspidobracon noyesi*	**	✓				✓	2	2	6	3	✓				
168	螟黄足盘绒茧蜂	*Cotesia flavipes*	***	✓	✓		✓		1	3	15	14	✓				
169	二化螟盘绒茧蜂	*Cotesia chilonis*	***	✓	✓	✓	✓	✓	2	7	9	2	✓				
170	螟岭盘绒茧蜂	*Cotesia ruficrus*	***	✓	✓	✓	✓	✓	7	15	22	5	✓				
171	黄柄盘绒茧蜂	*Cotesia flavistipula*						✓	1	1	7						
172	菜粉蝶盘绒茧蜂	*Cotesia glomeratus*		✓				✓	2	2	34	4					
173	黏虫盘绒茧蜂	*Cotesia kariyai*	**	✓	✓	✓			5	10	21	3	✓				
174	纵卷叶螟绒茧蜂	*Apanteles cypris*	***	✓	✓	✓	✓	✓	11	27	17	7	✓				
175	棉大卷叶螟绒茧蜂	*Apanteles opacus*	**			✓		✓	2	2	13	4					
176	三化螟稻绒茧蜂	*Exoryza schoenobii*	**	✓	✓	✓			6	9	13	2	✓				
177	弄蝶长绒茧蜂	*Dolichogenidea baoris*	**	✓	✓				3	4	17	7	✓				
178	稻螟小腹茧蜂	*Microgaster russata*	***	✓			✓	✓	8	15	16	3	✓				
179	马尼拉陡胸茧蜂	*Snellenius manilae*	***	✓	✓	✓	✓		3	4	5	1	✓				
180	瘤侧沟茧蜂	*Microplitis tuberculifer*	**	✓	✓		✓	✓	2	3	14	5	✓				
181	暗翅拱茧蜂	*Fornicia obscuripennis*		✓	✓			✓	2	4	8						
182	长须澳茧蜂	*Austrozele longipalpis*						✓	1	1	5	4					
183	混腔室茧蜂	*Aulacocentrum confusum*	**	✓	✓			✓	4	5	11						
184	菲岛腔室茧蜂	*Aulacocentrum philippinense*	**	✓	✓			✓	2	4	9	3					
185	纵卷叶螟长体茧蜂	*Macrocentrus cnaphalocrocis*	***	✓	✓			✓	3	6	13	2	✓				
186	螟虫长体茧蜂	*Macrocentrus linearis*	**	✓	✓			✓	4	5	12		✓				
187	两色长体茧蜂	*Macrocentrus bicolor*		✓	✓				2	2	3	3					

续表

| 序号 | 寄生蜂名称 | 寄生蜂学名 | 收集到的样本数量 | 收样方式 | | | | | 地域分布 | | | | 寄生对象 | | | | 天敌 |
				马氏网	机动吸虫器	网扫	拨查	灯诱	收样地点 省份数	样点数	文献记录 国内省份数	国外国家数	水稻害虫 鳞翅目	半翅目	其他	重寄生	捕食性天敌
188	黏虫脊茧蜂	Aleiodes mythimnae	**	✓					1	3	13	1	✓				
189	静脊茧蜂	Aleiodes aethris		✓		✓			2	2	8						
190	凸脊茧蜂	Aleiodes convexus		✓					1	1	9						
191	暝蛉脊茧蜂	Aleiodes narangae	**	✓				✓	4	5	19	5	✓				
192	毒蛾脊茧蜂	Aleiodes lymantriae						✓	1	1	2	2					
193	暗翅刺茧蜂	Spinaria fuscipennis		✓				✓	1	2	5	3					
194	暗褀茧蜂	Zele caligatus						✓	1	1	11	3					
195	黏虫悬茧蜂	Meteorus gyrator	***		✓			✓	2	3	19		✓				
196	斑痣悬茧蜂	Meteorus pulchricornis	***	✓	✓			✓	5	7	13	14	✓				
197	冈田长柄茧蜂	Streblocera okadai		✓					1	1	14	2			✓		
198	红胸优茧蜂	Euphorus rufithorax		✓					1	1	2						
199	暝甲腹茧蜂	Chelonus munakatae	***	✓	✓		✓	✓	9	15	21	3	✓				
200	棉红铃虫小甲腹茧蜂	Chelonus pectinophorae	**	✓				✓	2	2	10	2					
201	章氏小甲腹茧蜂	Chelonus zhangi	**	✓				✓	3	3	8						
202	浙江合腹茧蜂	Phanerotomella zhejiangensis			✓			✓	1	1	1						
203	中华合腹茧蜂	Phanerotomella sinensis						✓	2	4	5						
204	黄愈腹茧蜂	Phanerotoma flava	***	✓		✓		✓	6	11	15	2					
205	东方愈腹茧蜂	Phanerotoma orientalis	**					✓	1	2	9	4					
206	愈腹茧蜂	Phanerotoma sp.						✓	1	1	3						
207	截距滑茧蜂	Homolobus truncator		✓					2	2	18	3					
208	稻纵卷叶螟索翅茧蜂	Hormius moniliatus	**		✓			✓	1	1	4	1	✓				
209	刀腹茧蜂	Xiphozele sp.		✓				✓	1	2	1						
210	两色刺足茧蜂	Zombrus bicolor						✓	1	1	13	4					
211	黄头柄腹茧蜂	Spathius xanthocephalus						✓	1	1	3						

续表

序号	寄生蜂名称	寄生蜂学名	收集到的样本数量	收样方式					地域分布				寄生对象				
				马氏网	机动吸虫器	网扫	拨查	灯诱	收样地点		文献记录		水稻害虫			重寄生	天敌
									省份数	样点数	国内省份数	国外国家数	鳞翅目	半翅目	其他		捕食性天敌
212	斑头陡盾茧蜂	*Ontsira palliatus*	**	✓				✓	3	4	8	13					
213	红头角腰茧蜂	*Pambolus ruficeps*		✓					1	1	3						
214	纵卷叶螟黑折脉茧蜂	*Cardiochiles fuscipennis*	***	✓	✓	✓		✓	12	20	6	4	✓				
215	横带折脉茧蜂	*Cardiochiles philippensis*	***	✓	✓	✓		✓	2	2	7	6	✓				
216	赛氏黄体茧蜂	*Scheonlandella szepligetii*		✓					1	2	2	3					
217	日本真径茧蜂	*Euagathis japonica*							1	1	10	10					
218	显闭腔茧蜂	*Bassus conspicuus*	**	✓				✓	3	3	4	13	✓				
219	棉褐带卷蛾闭腔茧蜂	*Bassus oranae*	**					✓	2	3	7	5					
220	平额闭腔茧蜂	*Bassus parallelus*		✓				✓	1	1	2						
221	豆食心闭腔茧蜂	*Bassus glycinivorellae*		✓					1	1	7						
222	潜痕颚蝇茧蜂	*Opiognathus aulaciferus*						✓	1	1	1						
223	短胸潜蝇茧蜂	*Opius amputatus*		✓	✓	✓		✓	1	4	1						
224	横纹潜蝇茧蜂	*Opius isabella*	**	✓				✓	1	1	2						
225	稻小潜蝇茧蜂	*Opius* sp.	***	✓					4	7	8				✓		
226	潜蝇茧蜂	*Opius* sp. 1	**	✓		✓		✓	3	4	2						
227	粒玻潜蝇茧蜂	*Utetes punctata*		✓	✓				1	1	1						
228	锐齿反颚茧蜂	*Aspilota acutidentata*	**	✓	✓	✓		✓	5	11	6	1				✓	
229	食蝇反颚茧蜂	*Aphaereta scaptomyae*	**	✓	✓	✓			1	3	1	3					
230	红柄反颚茧蜂	*Aspilota parvicornis*		✓					1	1	3	3					
231	离颚茧蜂	*Dacnusa* sp.	***	✓					2	2	2				✓		
232	烟蚜茧蜂	*Aphidius gifuensis*	**	✓	✓			✓	2	4	26	3		✓			
233	广双瘤蚜茧蜂	*Binodoxys communis*	***	✓	✓			✓	5	5	18	2					
234	棉蚜双瘤蚜茧蜂	*Binodoxys gossypiaphis*		✓		✓			1	1	2			✓			
235	龙首双瘤蚜茧蜂	*Binodoxys carinatus*		✓					1	1	2			✓			

续表

序号	寄生蜂名称	寄生蜂学名	收集到的样本数量	收样方式					地域分布				寄生对象				天敌
				马氏网	机动吸虫器	网扫	拨查	灯诱	收样省份数	样点数	国内省份数	国外国家数	水稻害虫 鳞翅目	半翅目	其他	重寄生生	捕食性天敌
236	菜少脉蚜茧蜂	*Diaeretiella rapae*	**	✓	✓	✓	✓		4	6	24			✓			
237	蚜外茧蜂	*Praoon sp.*		✓					2	2	2						
（二）姬蜂科 Ichneumonidae																	
238	夹色奥姬蜂	*Auberteterus alternecoloratus*	***	✓	✓	✓	✓		4	8	12	3	✓				
239	黑尾姬蜂	*Ischnojoppa luteator*	**	✓	✓		✓		1	2	18	14	✓				
240	黄斑丽姬蜂	*Lissosculpta javanica*		✓	✓	✓		✓	1	1	2	3					
241	东方新模姬蜂	*Neotypus nobilitator orientalis*		✓		✓			2	2	10	3					
242	趋稻厚唇姬蜂	*Phaeogenes sp.*	***		✓			✓	6	9	13		✓				
243	弄蝶武姬蜂	*Ulesta agitate*		✓	✓				2	2	5	2	✓				
244	黏虫白星姬蜂	*Vulgichneumon leucaniae*	**	✓			✓		7	10	23	2	✓				
245	稻纵卷叶螟白星姬蜂	*Vulgichneumon diminutus*	***	✓			✓		3	4	14	3	✓				
246	桑蟥聚瘤姬蜂	*Gregopimpla kuwanae*	**	✓	✓				3	3	21	3	✓				
247	螟岭埃姬蜂	*Itoplectis naranyae*	***	✓	✓		✓		10	16	22	6	✓				
248	满点黑瘤姬蜂	*Pimpla aethiops*	***	✓	✓				9	16	24	13	✓				
249	野蚕黑瘤姬蜂	*Pimpla luctuosus*	**	✓	✓				5	7	19	3	✓				
250	红足黑瘤姬蜂	*Pimpla rufipes*		✓	✓				1	1	12	1					
251	暗黑瘤姬蜂	*Pimpla pluto*		✓					1	1	7	3					
252	日本黑瘤姬蜂	*Pimpla nipponicus*		✓	✓				1	3	16	4	✓				
253	金脊伪瘤姬蜂	*Pseudopimpla carinata*		✓					1	1	6						
254	黑纹囊爪姬蜂黄瘤亚种	*Theronia zebra diluta*		✓					2	2	14	3	✓				
255	黄星聚蛛姬蜂	*Tromatobia flavistellata*		✓					3	3	14	1					✓
256	金蛛聚蛛姬蜂	*Tromatobia argiopei*		✓					1	1	1	1					✓

序号	寄生蜂名称	寄生蜂学名	收集到的样本数量	收样方式					地域分布				寄生对象				天敌
									收样地点		文献记录		水稻害虫				
				马氏网	机动吸虫器	网扫	拨查	灯诱	省份数	样点数	国内省份数	国外国家数	鳞翅目	半翅目	其他	重寄生	捕食性天敌
257	广黑点瘤姬蜂	*Xanthopimpla punctata*	***	✓				✓	6	12	23	16	✓				
258	松毛虫黑点瘤姬蜂	*Xanthopimpla pedator*	**	✓	✓	✓	✓		2	7	20	8	✓				
259	无斑黑点瘤姬蜂	*Xanthopimpla flavolineata*	**	✓					3	5	13	15	✓				
260	短刺黑点姬蜂指名亚种	*Xanthopimpla brachycentra brachycentra*			✓				1	1	9	1					
261	裳蛾黑点瘤姬蜂	*Xanthopimpla naenia*		✓				✓	1	2	3	5					
262	优黑点瘤姬蜂指名亚种	*Xanthopimpla honorata honorata*		✓					2	2	7	10					
263	棘胫黑点瘤姬蜂	*Xanthopimpla xystra*		✓					1	1	1	1					
264	择捉光背姬蜂	*Aclastus etorofuensis*	**	✓		✓			1	2	5	2				✓	
265	游走巢姬蜂中华亚种	*Acroricnus ambulator chinensis*				✓		✓	2	2	6						
266	蛛卵权姬蜂	*Agasthenes swezeyi*	***	✓	✓			✓	4	6	7	4					✓
267	褐黄菲姬蜂	*Allophatnus fulvitergus*			✓				1	1	9	3					
268	台湾双注姬蜂	*Arthula foemosanus*		✓					1	1	4						
269	负泥虫沟姬蜂	*Bathythrix kawanae*	**	✓					3	4	20	2			✓		
270	紫绿姬蜂	*Chlorocryptus purpuratus*		✓				✓	2	2	17	3	✓				
271	斜纹夜蛾刺姬蜂	*Diatora prodeniae*	**	✓	✓	✓			4	6	13	2				✓	
272	二化螟茧姬蜂	*Gambrus wadai*		✓					2	2	5	1	✓				
273	红足茧姬蜂	*Gambrus ruficoxatus*		✓					1	1	8	3	✓		✓		
274	熊本沟姬蜂	*Gelis kumamotensis*		✓					1	1	3	1					
275	横带驼姬蜂	*Goryphus basilaris*	***	✓	✓	✓	✓	✓	8	16	16	5	✓				
276	花胸驼姬蜂	*Gotra octocincta*	**	✓		✓			6	8	16	2			✓	✓	
277	黑角脸姬蜂	*Nipponaetes haeussleri*	**	✓				✓	4	5	5	4				✓	
278	皱卫姬蜂	*Paraphylax rugatus*		✓					1	2	2	2					

续表

序号	寄生蜂名称	寄生蜂学名	收集到的样本数量	收样方式 马氏网	机动吸虫器	网扫	拨查	灯诱	地域分布 收样地点 省份数	样点数	文献记录 国内省份数	国外国家数	寄生对象 水稻害虫 鳞翅目	半翅目	其他	天敌 重寄生	捕食性天敌
279	棉铃虫齿唇姬蜂	*Campoletis chlorideae*	**	✓	✓				4	4	19	8	✓				
280	具柄凹眼姬蜂指名亚种	*Casinaria pedunculata pedunculata*	**	✓	✓			✓	7	12	16	8	✓				
281	螟蛉悬茧姬蜂	*Charops bicolor*	***	✓				✓	11	20	22	11	✓				
282	短翅悬茧姬蜂	*Charops brachypterus*	**	✓	✓				4	6	15	4	✓				
283	半闭弯尾姬蜂	*Diadegma semiclausum*	**	✓	✓	✓			2	3	9	9					
284	台湾弯尾姬蜂	*Diadegma akoensis*	**	✓					6	7	17	1	✓				
285	大螟钝唇姬蜂	*Eriborus terebramus*	**	✓		✓	✓		2	3	16	16	✓				
286	中华钝唇姬蜂	*Eriborus sinicus*	***	✓	✓	✓	✓		8	17	15	3	✓				
287	稻纵卷叶螟钝唇姬蜂	*Eriborus vulgaris*	**	✓	✓				4	6	10	5	✓				
288	负泥虫姬蜂	*Lemophagus japonicus*		✓				✓	2	2	12	1			✓		
289	中华黄缝姬蜂	*Xanthocampoplex chinensis*		✓					1	1	2						
290	湖南黄缝姬蜂	*Xanthocampoplex hunanensis*		✓					1	1	1						
291	中华齿腿姬蜂	*Pristomerus chinensis*		✓				✓	1	2	17	2	✓				
292	光盾齿腿姬蜂	*Pristomerus scutellaris*		✓					1	1	9	2					
293	红胸齿腿姬蜂	*Pristomerus erythrothoracis*		✓					2	2	6	2					
294	菲岛抱缘姬蜂	*Temelucha philippinensis*	***	✓		✓	✓	✓	14	28	17	5	✓				
295	螟黄抱缘姬蜂	*Temelucha biguttula*	**	✓					1	4	19	4	✓				
296	三化螟抱缘姬蜂	*Temelucha stangli*	**	✓			✓		2	3	9	4	✓				
297	黄眶离缘姬蜂	*Trathala flavoorbitalis*	***	✓		✓	✓	✓	13	23	24	11	✓				
298	稻纵卷叶螟黄脸姬蜂	*Chorinaeus facialis*	***	✓		✓	✓		3	9	14		✓				
299	黄盾凸脸姬蜂	*Exochus scutellaris*	**	✓				✓	2	3	6						
300	缘盾凸脸姬蜂	*Exochus scutellatus*		✓					1	1	2	2					

948

| 序号 | 寄生蜂名称 | 寄生蜂学名 | 收集到的样本数量 | 收样方式 | | | | | 地域分布 | | | | 寄生对象 | | | | |
| | | | | 马氏网 | 机动吸虫器 | 网扫 | 拨查 | 灯诱 | 收样地点 | | 文献记录 | | 水稻害虫 | | | 重寄生 | 天敌 |
									省份数	样点数	国内省份数	国外国家数	鳞翅目	半翅目	其他		捕食性天敌
301	光爪等距姬蜂	*Hypsicera lita*	**	✓	✓			✓	2	2	3						
302	细线细颚姬蜂	*Enicospilus lineolatus*	**					✓	2	4	17	9					
303	黄头细颚姬蜂	*Enicospilus flavocephalus*						✓	1	1	8	8					
304	黑斑细颚姬蜂	*Enicospilus melanocarpus*	***	✓	✓			✓	6	10	17	15					
305	同心细颚姬蜂	*Enicospilus concentralis*						✓	1	1	3	6					
306	东方拟瘦姬蜂	*Netelia orientalis*	**	✓				✓	1	1	5	4	✓				
307	盘背菱室姬蜂	*Mesochorus discitergus*	**	✓					4	6	21	11				✓	
308	中华横脊姬蜂	*Stictopisthus chinensis*		✓	✓				2	2	3					✓	
309	花胫蚜蝇姬蜂	*Diplazon laetatorius*	***	✓			✓	✓	7	12	24						✓
310	四角蚜蝇姬蜂指名亚种	*Diplazon tetragonus tetragonus*		✓				✓	1	2	6	13					✓
311	稻切叶螟细柄姬蜂	*Leptobatopsis indica*	**	✓	✓			✓	8	13	14	10	✓				
312	褐足拱脸姬蜂	*Orthocentrus fulvipes*						✓	1	2	3	22					
313	强脊草蛉姬蜂	*Brachycyrtus nawaii*	**	✓	✓				4	5	9	4					
314	东方短须姬蜂	*Tersilochus orientalis*		✓				✓	2	2	3					✓	✓

四、广腹细蜂总科 Platygastroidea

（一）缘腹细蜂科 Scelionidae

序号	寄生蜂名称	寄生蜂学名	收集到的样本数量	马氏网	机动吸虫器	网扫	拨查	灯诱	省份数	样点数	国内省份数	国外国家数	鳞翅目	半翅目	其他	重寄生	捕食性天敌
315	二化螟黑卵蜂	*Telenomus chilocolus*	***	✓	✓		✓		3	6	7		✓				
316	等腹黑卵蜂	*Telenomus dignus*	***	✓	✓		✓		2	6	14	3	✓				
317	稻螟小黑卵蜂	*Telenomus gifuensis*	***	✓	✓				9	16	14	1		✓			
318	长腹黑卵蜂	*Telenomus rowani*	**	✓	✓				5	9	16	4	✓				
319	松毛虫黑卵蜂	*Telenomus dendrolimi*		✓					2	2	16	2					
320	稻蝽沟卵蜂	*Trissolcus mitsukurii*	***	✓					11	15	14			✓			
321	沟卵蜂	*Trissolcus* sp.	**	✓					2	2							
322	细颚黑卵蜂	*Trimorus* sp.		✓					1	2							

序号	寄生蜂名称	寄生蜂学名	收集到的样本数量	收样方式					地域分布				寄生对象					天敌
				马氏网	机动吸虫器	网扫	拨查	灯诱	收样地点		文献记录		水稻害虫		其他	重寄生		捕食性天敌
									省份数	样点数	国内省份数	国外国家数	鳞翅目	半翅目				
323	异角扁体缘腹细蜂	Platyscelio abnormis		✓					2	2								
324	秘扁体缘腹细蜂	Platyscelio mysterium		✓					1	3								
325	飞蝗黑卵蜂	Scelio uvarovi	**	✓	✓				3	3	5	1						
326	棕褐常腹卵蜂	Idris fusciceps	**	✓	✓	✓			1	2					✓			
327	窄盾卵蜂	Baeus sp.	***	✓	✓	✓			13	22								
328	菲岛粒卵蜂	Gryon philippinense	**	✓	✓				3	4								
329	日本粒卵蜂	Gryon japonicum		✓		✓			3	3				✓				
330	克劳氏螯卵蜂	Macroteleia crawfordi	***	✓	✓	✓			9	13								
331	印度螯卵蜂	Macroteleia indica		✓		✓			1	3								
332	长腹螯卵蜂	Macroteleia dolichopa		✓					2	2								

五、分盾细蜂总科 Ceraphronoidea

（一）分盾细蜂科 Ceraphronidae

序号	寄生蜂名称	寄生蜂学名	收集到的样本数量	马氏网	机动吸虫器	网扫	拨查	灯诱	省份数	样点数	国内省份数	国外国家数	鳞翅目	半翅目	其他	重寄生	捕食性天敌
333	斐济隐分盾细蜂	Aphanogmus fijiensis	**	✓	✓		✓		1	3							
334	灰胫隐分盾细蜂	Aphanogmus fumipennis		✓	✓				1	2							
335	隐分盾细蜂	Aphanogmus sp.	***	✓	✓		✓		2	3							
336	菲岛分盾细蜂	Ceraphron manilae	***	✓	✓		✓		7	12	14	1					
337	长侧脊分盾细蜂	Ceraphron parvalatus		✓					2	2						✓	
338	螯蜂黄分盾细蜂	Ceraphron sp.	***	✓			✓		10	16	3						

（二）大痣细蜂科 Megaspilidae

| 339 | 分颊大痣细蜂 | Conostigmus divisifrons | | ✓ | | | | ✓ | 1 | 2 | 2 | >10 | | | | | |
| 340 | 蚜大痣细蜂 sp. | Dendrocerus sp. | ** | ✓ | | | | | 1 | 2 | 3 | | | | | | |

六、细蜂总科 Proctotrupoidea

（一）锤角细蜂科 Diapriidae

| 341 | 果蝠毛锤角细蜂 | Trichopria drosophilae | *** | ✓ | | | | | 5 | 11 | 9 | >20 | | | | ✓ | |
| 342 | 遗基脉锤角细蜂 | Basalys exsul | ** | ✓ | | | | | 2 | 5 | 3 | 1 | | | | ✓ | |

序号	寄生蜂名称	寄生蜂学名	收集到的样本数量	收样方式					地域分布				寄生对象					
									收样地点		文献记录		水稻害虫			天敌		
				马氏网	机动吸虫器	网扫	拨查	灯诱	省份数	样点数	国内省份数	国外国家数	鳞翅目	半翅目	其他	重寄生	捕食性天敌	
343	猎广基脉锤角细蜂	Basalys orion		✓					1	2	3	1						
344	钝柄锤角细蜂	Turripria sp.		✓					1	1	2							
345	斜脉锤角细蜂	Chilomicrus sp.		✓					1	2	2							
346	细沟喙头锤角细蜂	Coptera strauziae	**	✓				✓	1	4	2	2						
347	镰颚锤角细蜂	Aclista sp.		✓					1	1	1	5						
348	突颜锤角细蜂	Belyta sp.		✓					1	2	2							
349	异角锤角细蜂	Synacra sp.		✓					1	1	1							
七、瘿蜂总科 Cynipoidea																		
（一）环腹瘿蜂科 Figitidae																		
350	中华蚜重瘿蜂	Alloxysta chinensis	***	✓	✓				3	6	3	1						
351	异剑盾狭背瘿蜂	Prosaspicera confusa				✓			1	1	5	1						
352	钝刻匙胸瘿蜂	Diglyphosema conjungens	**	✓	✓				2	2	1	1						
353	钝柄匙胸瘿蜂	Leptopilina circum		✓	✓				1	2	1							
354	短柄匙胸瘿蜂	Leptopilina thetus	**	✓	✓				1	1	1	2						
八、旗腹蜂总科 Evanioidea																		
（一）褶翅蜂科 Gasteruptiidae																		
355	褶翅蜂	Gasteruption sp.		✓			✓		1	1	1	1						
（二）旗腹蜂科 Evaniidae																		
356	熟练旗腹蜂	Parevania laeviceps		✓	✓				3	3	5	2						
357	背额旗腹蜂	Prosevania sp.		✓	✓				1	1	2							
九、青蜂总科 Chrysidoidea																		
（一）螯蜂科 Dryinidae																		
358	黄腿双距螯蜂	Gonatopus flavifemur	***	✓	✓	✓	✓	✓	11	27	14	6		✓				
359	黑双距螯蜂	Gonatopus nigricans	**	✓	✓	✓			2	3	19			✓				
360	中华双距螯蜂	Gonatopus nearcticus		✓	✓				1	2	3	8		✓				

续表

序号	寄生蜂名称	寄生蜂学名	收集到的样本数量	收样方式					地域分布				寄生对象				
				马氏网	机动吸虫器	网扫	拨查	灯诱	收样省份数	样点数	文献记录国内省份数	文献记录国外国家数	水稻害虫鳞翅目	水稻害虫半翅目	其他	天敌重寄生	天敌捕食性天敌
361	稻虱红单节螯蜂	Haplogonatopus apicalis	***	√					10	29	20	8		√			
362	黑腹单节螯蜂	Haplogonatopus oratorius	***	√					1	4	22	16		√			
363	两色食虱螯蜂	Echthrodelphax fairchildii	***	√	√	√			10	17	18	9		√			
364	红食虱螯蜂	Echthrodelphax rufus		√	√	√		√	1	2	5	2		√			
365	食蟏蛸螯蜂	Dryinus pyrillivorus		√					1	2	6	7		√			
366	褐黄螯蜂	Dryinus indicus		√					1	1	7	7		√			
367	大裸爪螯蜂	Conganteon gigas		√					1	1	1						
368	爪哇单爪螯蜂	Anteon hilare		√					1	2	13	12					
369	安松单爪螯蜂	Anteon yasumatsui	**	√					2	2	5	7		√			
370	阿卜单爪螯蜂	Anteon abdulnouri		√					1	1	2	8		√			
371	沙捞越单爪螯蜂	Anteon sarawaki		√					1	2	1	2					
372	马来亚足螯蜂	Aphelopus malayanus		√					1	1	4	8		√			
373	白脸常足螯蜂	Aphelopus albifacialis		√					1	1	4						
（二）肿腿蜂科 Bethylidae																	
374	白唇基常足螯蜂	Aphelopus albiclypeus		√					2	2	8	3					
375	日本棱角肿腿蜂	Goniozus japonicus	***	√	√		√		3	4	3	2					
376	纵卷棱角肿腿蜂	Goniozus sp.	***	√	√		√		7	11	5		√				
377	豆卷螟棱角肿腿蜂	Goniozus lamprosemae		√					1	1	1						
378	红跗头甲肿腿蜂	Cephalonomia tarsalis		√					1	1	1	7					
379	头甲肿腿蜂	Cephalonomia sp.		√					1	1	2						
380	异胸甲肿腿蜂	Alloplastanoxus sp.		√					1	1	1						
381	日寄甲肿腿蜂	Epyris yamatonis	***	√	√				1	3	2	1					
合计				351	150	81	42	77					91	41	16	15	15

注："***""**"分别表示收集样品个体数量很多、多，空缺者数量少或一般。收样方式和寄生对象内容标"√"者表示"有"。

拉丁学名索引

Baryceratina	401	Blepharipa zibina	572
Basalys	505, 508	*Botrytis bassiana*	582
Basalys exsul	508	*Botrytis bassiana tenella*	584
Basalys orion	509	*Brachycyrtus*	468
Bassus	334, 335	*Brachycyrtus nawaii*	468
Bassus carpocapsae	335	*Brachymeria*	205, 206
Bassus conspicuus	335	*Brachymeria excarinata*	205, 208
Bassus festivus	336	*Brachymeria femorata*	205, 211
Bassus glycinivorellae	338	*Brachymeria fonscolombei*	210
Bassus laetatorius	462	*Brachymeria hime*	205, 210
Bassus oranae	336	*Brachymeria lasus*	205, 206
Bassus parallelus	337	*Brachymeria lugubris*	205, 212
Bassus variablis	335	*Brachymeria obscurata*	206
Bathythrichina	400	*Brachymeria ornatipes*	211
Bathythrix	400, 408	*Brachymeria podagrica*	205, 210
Bathythrix kuwanae	408	*Brachymeria secundaria*	205, 208
Beauveria	581	Brachymeriini	205
Beauveria bassiana	582	*Bracon*	264, 265
Beauveria brongniartii	584	*Bracon chinensis*	264
Beauveria doryphorae	584	*Bracon albolineatus*	264
Beauveria tenella	584	*Bracon dorsalis*	268
Belyta	505, 516	*Bracon glomeratus*	277
Belyta sp.	517	*Bracon isomera*	267
Belytinae	505, 514	*Bracon linearis*	294
Bethylidae	560	*Bracon moniliatus*	320
Bianor angulosus	694	*Bracon onukii*	266
Bianor hotingchiehi	694	*Bracon truncator*	319
Binodoxys	351, 352	Braconidae	255
Binodoxys carinatus	354	Braconinae	258, 263
Binodoxys communis	353		
Binodoxys gossypiaphis	353	**C**	
Blastothtrix rosae	199	*Caenohomalopoda*	163, 172

957

中文名索引